"十三五"国家重点图书出版规划项目
湖北省公益学术著作出版专项资金资助项目
智能制造与机器人理论及技术研究丛书
总主编 丁 汉 孙容磊

智能系统新概念数学方法概论

(上册)

朱剑英◎编著

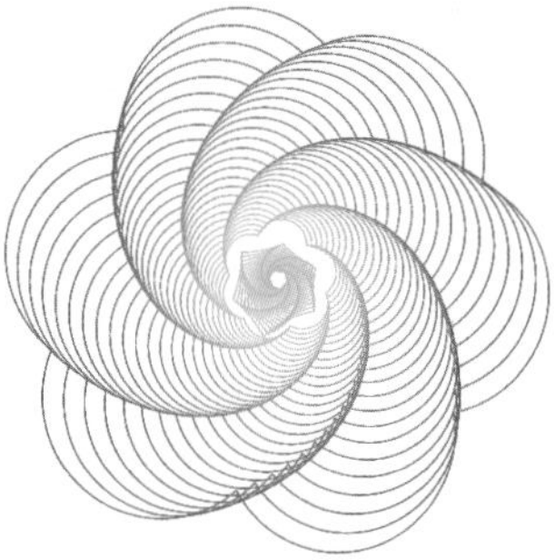

ZHINENG XITONG XINGAINIAN SHUXUE FANGFA GAILUN

華中科技大学出版社
http://www.hustp.com
中国·武汉

内 容 简 介

本书全面、系统汇集并研究了当前和未来在智能系统(包括人工智能)领域所应用的经典与非经典的智能数学方法,至今在国内外尚未见有同类著作发表。本书的特点是:

(1) 从三次数学危机的历史高度出发论证了智能科学、技术、工程的必然发展趋势与创新空间;

(2) 以人工智能科学发展的三大学派——逻辑主义学派、联结主义学派、行为主义学派为线索,介绍与论证了相关的经典与非经典数学方法;

(3) 紧密结合当前与未来人工智能的广泛而深入的应用,精选了十大学科(数理逻辑、集合论、概率论、数理统计、运筹学、图论、组合优化、模糊数学、神经网络、遗传算法)做了全面、系统、精要、启发式的论述与研讨;

(4) 每章都结合所介绍的数学原理和方法,阐述了作者关于创新发展的思悟和建议。

本书适合在智能系统(包括人工智能)领域工作的所有教学、科研、生产人员学习、参考和应用。

图书在版编目(CIP)数据

智能系统新概念数学方法概论:上下册/朱剑英编著. —武汉:华中科技大学出版社,2022.1
(智能制造与机器人理论及技术研究丛书)
ISBN 978-7-5680-5766-0

Ⅰ.①智… Ⅱ.①朱… Ⅲ.①智能系统-数学方法-研究 Ⅳ.①TP18

中国版本图书馆 CIP 数据核字(2021)第 254606 号

智能系统新概念数学方法概论(上下册) 朱剑英 编著
ZHINENG XITONG XINGAINIAN SHUXUE FANGFA GAILUN

策划编辑:俞道凯
责任编辑:戢凤平 刘 飞
封面设计:原色设计
责任监印:周治超
出版发行:华中科技大学出版社(中国·武汉) 电话:(027)81321913
武汉市东湖新技术开发区华工科技园 邮编:430223
录 排:武汉市洪山区佳年华文印部
印 刷:湖北新华印务有限公司
开 本:710mm×1000mm 1/16
印 张:47.75 插页:5
字 数:882 千字
版 次:2022 年 1 月第 1 版第 1 次印刷
定 价:298.00 元(含上下册)

智能制造与机器人理论及技术研究丛书

专家委员会

主任委员 熊有伦（华中科技大学） 朱剑英（南京航空航天大学）

委　　员 （按姓氏笔画排序）

卢秉恒（西安交通大学） 朱　荻（南京航空航天大学） 阮雪榆（上海交通大学）
杨华勇（浙江大学） 张建伟（德国汉堡大学） 邵新宇（华中科技大学）
林忠钦（上海交通大学） 蒋庄德（西安交通大学） 谭建荣（浙江大学）

顾问委员会

主任委员 李国民（佐治亚理工学院）

委　　员 （按姓氏笔画排序）

于海斌（中国科学院沈阳自动化研究所） 王飞跃（中国科学院自动化研究所）
王田苗（北京航空航天大学） 尹周平（华中科技大学）
甘中学（宁波市智能制造产业研究院） 史铁林（华中科技大学）
朱向阳（上海交通大学） 刘　宏（哈尔滨工业大学）
孙立宁（苏州大学） 李　斌（华中科技大学）
杨桂林（中国科学院宁波材料技术与工程研究所） 张　丹（北京交通大学）
孟　光（上海航天技术研究院） 姜钟平（美国纽约大学）
黄　田（天津大学） 黄明辉（中南大学）

编写委员会

主任委员 丁　汉（华中科技大学） 孙容磊（华中科技大学）

委　　员 （按姓氏笔画排序）

王成恩（上海交通大学） 方勇纯（南开大学） 史玉升（华中科技大学）
乔　红（中国科学院自动化研究所） 孙树栋（西北工业大学） 杜志江（哈尔滨工业大学）
张定华（西北工业大学） 张宪民（华南理工大学） 范大鹏（国防科技大学）
顾新建（浙江大学） 陶　波（华中科技大学） 韩建达（南开大学）
蔺永诚（中南大学） 熊　刚（中国科学院自动化研究所） 熊振华（上海交通大学）

作者简介

▶ **朱剑英** 南京航空航天大学教授、博导。南京航空航天大学原校长，国际生产工程科学院（CIRP）院士，国家973计划咨询专家。原国务院学位委员会学科评议组成员，中国生产工程学会名誉理事长，中国航空学会原副理事长，《机械制造与自动化》杂志的编委会主任、《模糊系统与数学》杂志的常务编委、《航空学报》《中国机械工程》《机械科学与技术》《兵器装备工程学报》《新型工业化》《四川兵工学报》等杂志的编委和特约编委。从事机械制造、机械电子工程、航空制造、机器人技术、智能机器系统、智能控制等方面的研究。主持过20多项国家级科研任务，获10多项国家级、省部级科技类奖项。著有《航空发动机制造工艺学》《智能系统非经典数学方法》等15本著作，发表论文200余篇。

总序

近年来,“智能制造＋共融机器人”特别引人瞩目,呈现出“万物感知、万物互联、万物智能”的时代特征。智能制造与共融机器人产业将成为优先发展的战略性新兴产业,也是中国制造 2049 创新驱动发展的巨大引擎。值得注意的是,智能汽车与无人机、水下机器人等一起所形成的规模宏大的共融机器人产业,将是今后 30 年各国争夺的战略高地,并将对世界经济发展、社会进步、战争形态产生重大影响。与之相关的制造科学和机器人学属于综合性学科,是联系和涵盖物质科学、信息科学、生命科学的大科学。与其他工程科学、技术科学一样,它也是将认识世界和改造世界融合为一体的大科学。20 世纪中叶,*Cybernetics* 与 *Engineering Cybernetics* 等专著的发表开创了工程科学的新纪元。21 世纪以来,制造科学、机器人学和人工智能等领域异常活跃,影响深远,是“智能制造＋共融机器人”原始创新的源泉。

华中科技大学出版社紧跟时代潮流,瞄准智能制造和机器人的科技前沿,组织策划了本套“智能制造与机器人理论及技术研究丛书”。丛书涉及的内容十分广泛。热烈欢迎各位专家从不同的视野、不同的角度、不同的领域著书立说。选题要点包括但不限于:智能制造的各个环节,如研究、开发、设计、加工、成形和装配等;智能制造的各个学科领域,如智能控制、智能感知、智能装备、智能系统、智能物流和智能自动化等;各类机器人,如工业机器人、服务机器人、极端机器人、海陆空机器人、仿生/类生/拟人机器人、软体机器人和微纳机器人等的发展和应用;与机器人学有关的机构学与力学、机动性与操作性、运动规划与运动控制、智能驾驶与智能网联、人机交互与人机共融等;人工智能、认知科学、大数据、云制造、物联网和互联网等。

本套丛书将成为有关领域专家、学者学术交流与合作的平台,青年科学家茁壮成长的园地,科学家展示研究成果的国际舞台。华中科技大学出版社将与施普林格(Springer)出版集团等国际学术出版机构一起，针对本套丛书进行全球联合出版发行，同时该社也与有关国际学术会议、国际学术期刊建立了密切联系，为提升本套丛书的学术水平和实用价值、扩大丛书的国际影响营造了良好的学术生态环境。

近年来，高校师生、各领域专家和科技工作者等各界人士对智能制造和机器人的热情与日俱增。这套丛书将成为有关领域专家学者、高校师生与工程技术人员之间的纽带，增强作者与读者之间的联系，加快发现知识、传授知识、增长知识和更新知识的进程，为经济建设、社会进步、科技发展做出贡献。

最后，衷心感谢为本套丛书做出贡献的作者和读者，感谢他们为创新驱动发展增添正能量、聚集正能量、发挥正能量。感谢华中科技大学出版社相关人员在组织、策划过程中的辛勤劳动。

华中科技大学教授

中国科学院院士

2017 年 9 月

前言

本人曾于2001年4月在华中科技大学出版社出版过《智能系统非经典数学方法》一书，当时正处于“人工智能”第二次“回暖”(1997—2010年)的初期。1997年国际商业机器公司(IBM)的超级计算机“深蓝”战胜了国际象棋世界冠军卡斯帕罗夫；2006年Hinton和他的学生研发了深度学习技术；2008年IBM提出“智慧地球”概念。这些都大大推进了人工智能研究和应用的发展，人工智能开始了第二次“回暖”。2010年开始了大数据时代。随着大数据、云计算、互联网、物联网等信息技术的发展，泛在感知数据和图形的处理器等计算平台推动了以深度神经网络为代表的人工智能技术飞速发展，大幅跨越了科学与应用之间的“技术鸿沟”，诸如图像识别、文字识别、人脸识别、指纹识别、掌纹识别、语言翻译、人机对话、智能金融、智能机器人、智能制造、智能交通、智能医疗、人机对弈、无人驾驶、5G智能手机、5G智能影视等最先进的人工智能技术相继进入了实用阶段，这大大促进了经济、社会的发展和人类生活、环境的改善，人工智能迎来了爆发式增长的新高潮。但是，实践远远地走到理论的前面，支撑人工智能技术的智能数学理论和方法却没有相应的重大突破。为此，我欣然应华中科技大学出版社之邀请，在84岁高龄，编著这本《智能系统新概念数学方法概论》。

本书全面、系统汇集并研究了当前和未来在智能系统(包括人工智能)领域所应用的经典与非经典的智能数学方法，至今在国内外尚未见有同类著作发表。本书的特点是：

(1) 从三次数学危机的历史高度出发论证了智能科学、技术、工程的必然发展趋势与创新空间；

(2) 以人工智能科学发展的三大学派——逻辑主义(logicism)学派、联结主义(connectionism)学派、行为主义(actionism)学派为线索,介绍与论证了相关的经典与非经典数学方法;

(3) 紧密结合当前与未来人工智能的广泛而深入的应用,精选了十大学科(数理逻辑、集合论、概率论、数理统计、运筹学、图论、组合优化、模糊数学、神经网络、遗传算法)做了全面、系统、精要、启发式的论述与研讨;

(4) 每章都结合所介绍的数学原理和方法,阐述了作者关于创新发展的思悟和建议。

本书引用的各学科有关数学原理和方法,基本上都来自首先出现的原著,许多应用实例则选自国内近期出版的教材。本人对这些原著和教材的作者们表示诚挚的敬意和衷心的感谢!

本书由本人的学生王化明教授做了全面细致的校对和修正,并由他的学生王心成、郝琳博、郃凤阳、高能杰、朱雄伟、于金龙、赵新闯、易文韬、曹文卓、沈颖、徐轲等人协助修正,在此对他们的工作与贡献致以衷心的感谢!

本书在编辑出版过程中,得到华中科技大学出版社的热情支持,在此表示衷心的感谢!

由于本书所涉及的学科较多、内容庞杂,更由于本人的学术浅薄,本书在内容选择、编排和论述方面一定存在不少不足之处,恳请读者批评指正。

本书适合在智能系统(包括人工智能)领域工作的所有教学、科研、生产人员学习、参考和应用。

朱剑英

2021 年 4 月 10 日

上册目录

第 1 章
绪论

1.1 什么是系统

1.1.1 系统的定义

大千世界，浩瀚纷纭。人类如何认识如此五彩缤纷、气象万千的世界？人类认识世界是从聚类开始的，也就是说，把某些性质相似的事物归为一类，从总体上研究该类中事物的联系及各种事物对总体发展的影响。“物以类聚”“世界是一个整体”，这是人类祖先对世界整体认识的一种朴素的系统思想。

古代中国人为了解释世界，提出阴阳五行学说，他们认为阴阳二气相互调和、消长形成了万事万物的发展变化，并由此而生出五行：金、木、水、火、土。阴阳五行学说后来就成为中医的理论基础。中国后来的许多思想家进一步完善、发展了这一思想，如王阳明说“万物一体”，董仲舒说“天人合一”，他后来更进一步说“天人一物、内外一理”，这就把系统的思想从物质世界发展到精神世界了。

西方朴素的系统思想，最早体现在古希腊的原子论中。德谟克利特的著作就题名为《世界大系统》，他认为世界是由最小的物质原子组成的。亚里士多德发展了朴素的系统思想，他认为万事万物皆由四种因素——目的因、动力因、形式因、质料因构成。四因说对世界进行了许多分析，并给出了宇宙系统模型。亚里士多德还提出“整体大于部分之和”的系统思想，这一思想后来发展成系统论的基本原则。

“系统”这一词来源于拉丁文的“systema”和希腊文的“synistanai”，在英文韦氏字典和牛津字典中的解释是：“系统是处于一定关系中工作在一起的一组事物，或是思想理论、原理等的有序集合”（“group of things or parts working together in a regular relation” or “ordered set of ideas, theories, principles, etc.”）。中国《现代汉语词典》（商务印书馆，1998 年修订本）中对系统的解释是：“系统是同类事物按一定的关系组成的整体。”这些都是语言学的解释。关于系统的科学解释是20世纪30年代以后，特别是第二次世界大战以后，随着“自动控制”学说形成和发展而不断完善的。系统论的创始人贝塔朗菲对系统给的定义是：“处于一定相互联系中与环境发生关系的各组成部分的整体。”“工程控制论”的创始人钱学森教授有过一个简明的概括：“系统是指依一定秩序相互联系着的一组事物。”在现代，许多自动控制科学家在其系统论和控制论的著作中，对系统给定了大体相似的定义。汇总他们的意见可以得到如下的关于系统的解释：

系统是由相互联系、相互作用的具有不同特征的若干部分（要素、子系统）组成的具有一定结构、确定功能的相对稳定和可以辨识的动态整体。

1.1.2 系统的特征

由上述解释可知，系统具有如下的特征：

(1) 整体性。这是系统最基本的特性。所谓系统，就是整体。整体既可以是物质的，也可以是精神的，或是信息的（物质、精神二者兼有）。德国哲学家黑格尔关于系统的整体性有许多精辟的见解，如“整体决定部分的质”“离开整体去考虑部分，则不可能认识部分”“整体中的部分是动态相关和依存的”等等。

(2) 关联性。互相联系、互相作用才能形成动态稳定的整体。稳定联系形成系统的结构，本质联系形成系统的规律。

(3) 结构性。结构是系统中的必然联系。它是指系统内部各组成要素或子系统之间在空间或时间方面有机联系或相互作用的方式、顺序。有了结构，系统才能工作、运行和发展，从这一意义上说，结构是系统的基石。

(4) 目的性。目的性就是系统的功能性、方向性。凡是系统均有一定的功能。人们希望在一定的环境中，系统的功能达到最佳。这就是系统的优化。人们还希望系统能向着一定的目标发展，比利时物理学家普里高津从热力学第二定律出发，提出开放系统“耗散结构”理论，回答了开放系统如何从无序走向有序的问题，他因此而获得了诺贝尔化学奖。

(5) 动态性。运动是事物的基本特征，物质和运动是联系在一起不可分割的。只有运动，系统各部分才发生相互关系。系统本身也处于运动、变化的过程中；也只有通过运动才能辨识系统和调控系统。系统的稳定是动态平衡状态的稳定。

(6) 调控性。通过调控可使系统达到稳定、有序地工作。如果系统本身具有调控功能，那么这就是系统的自组织、自适应性。自然界的系统都具有自调控性，这就是达尔文的“适者生存、优胜劣汰”进化论的思想基础。人为的系统，其核心问题就是调控系统使其达到最佳的性能。

在上述列举的系统特征中，最重要的特征是关联性。古今中外的所有学人无不把“相互联系着的一组事物”作为系统的定义。现代科技和产业对系统进行分类、辨识、调节、优化、管理、控制无不以关联性为基础。

1.1.3 认识系统的基本方法

人们认识系统的最基本的思想方法有两类。

1. 分析、演绎法

把系统中的要素、结构、联系、作用、行为、性能等细分开来，逐一研究，通过类比寻找规律，根据规律演绎其变化和运动。

2. 综合、归纳法

把系统中的要素、结构、联系、作用、行为、性能等综合起来，从总体上研究，采取精简化、抽象化、浓缩化、符号化和类比的方法，归纳出一般规律。

通常在研究系统时，这两种方法是结合在一起考虑的。事实上，演绎法与归纳法二者的结合是近代自然科学使用的一般方法。杨振宁博士认为，中国过去重归纳法轻演绎法，这是中国近代科学不发达的一个重要原因。传统中国文化的中心是“理”。什么是“理”呢？就是以思考来归纳“天人之一切”。中国传统的归纳思想比比皆是，如“无极而太极”“万物皆归属阴阳”“中医八纲：阴阳、表里、寒热、虚实”等等。但是只有归纳而无演绎就不可能有近代科学，更不可能有近代的系统科学。近代微积分、近代力学、近代控制论都是归纳思考和演绎思考二者相结合的产物。

系统的要素、结构、联系、作用、行为、性能等及系统整体都有一定的表现形式，用数学符号和数学方法来描述这些形式就是建立系统的数学模型。系统的数学模型具有形式简单、便于计算、便于分析、易于改进、通用性好等优点，现在已成为分析、研究和设计系统的基本工具。

1.2 什么是智能系统

1.2.1 智能系统的定义

现代科学技术的飞速发展及现代经济、社会的巨大进步，展现了许多开放的、复杂的巨型系统，也为系统科学的研究提出了如何使系统智能化的问题。

具有人类智能或能模拟人类智能的系统称之为智能系统。

智能系统可以分成下列几种类型：

(1) 人类本身的人体系统，特别是人脑系统；

(2) 人类以其智能直接参与活动的系统，如金融系统、保险系统、体育系统等的经济系统与社会系统；

(3) 人与机器共同工作的人机系统；

(4) 模拟或部分模拟人类智能的机器系统，如智能计算机系统、智能机器人系统、智能制造系统、智能控制系统等。

上述前两类智能系统是“人本系统”，也就是关于人类本身的系统，而后两类智能系统则是“人为系统”，是人类改造自然为人类谋利益而创造的系统。“人本系统”是生命科学、认知科学及社会科学研究的对象，而“人为系统”则是工程科学研究的对象。

1.2.2 控制论发展的三阶段

工程科学研究“人为系统”的目的是要创造出能在最佳状态工作的、代替或部分代替人类体力劳动和脑力劳动的机器。研究的核心问题是如何对系统进行调控以使系统达到最佳工作状态并且进一步能使系统“自我修正”、达到“愈用愈好用”。关于这一核心问题的科学就是控制论。控制论是在第二次世界大战后建立的，到现在已经过去了 70 多年，大体上经历了三个阶段。

1. 经典控制论阶段(从 20 世纪 40 年代末到 60 年代初)

经典控制论主要研究的是单输入单输出的线性系统的控制问题。所用的数学工具主要是拉普拉斯变换、传递函数、根轨迹、复变函数论等。1948 年，Norbert Wiener 把生物系统与通信系统联系起来提出了控制论，用时间序列观点来处理信息。我国著名科学家钱学森在 1954 年出版了《工程控制论》，为经典控制论奠定了理论基础，并指出了今后进一步研究的方向。这本书出版后，几乎为所有自动控制方面的论文所引用，它是自动控制学科中最具远见卓识的著作之一。

2. 现代控制论阶段(从 20 世纪 60 年代初到 80 年代初)

1960 年，美国科学家 Kalman 对自动控制理论的发展做了一个基本的总结，提出了现代控制理论。现代控制理论可以处理多输入多输出的问题，还可以处理随机系统的分析与控制问题。他所使用的数学手段是状态空间法、Z 变换、极大值原理、动态规划、概率论、Kalman 滤波等。在处理非线性问题时，先将非线性因素转化成线性因素，然后再处理。由于需要被控对象的精确数学模型，对微分方程组要进行大量的复杂计算和难于实现实时控制，这一理论在实际工程中并未得到大量的应用。

3. 大系统智能控制论阶段(从 20 世纪 80 年代初起)

随着生产、科技、经济及社会的发展，人们面临着越来越多的复杂大系统。

无论是经典控制论还是现代控制论都不能用于这样的复杂大系统的建模、分析与设计，因而引起了人们对复杂大系统理论与方法研究的极大兴趣。实际上，在 20 世纪 60 年代初，就有人提出了“大系统理论”，到 70 年代就逐渐成为一个专门的领域，到 80 年代才开始系统深入地研究，并广泛地应用到各种经济系统、社会系统、工程系统和生产系统中。

从大系统理论刚提出来，人们就发现绝大多数大系统都是有人参与的系统，即使是对于自然界的大系统，如天气预报系统、水利系统等，要认识这些系统并对这些系统进行“干预”也必须要有人们的经验和知识。这就是说，复杂大系统就是复杂智能大系统。

尽管对智能大系统的概念和理论有许多不同的意见，但在以下几方面，科学家们还是取得了共识。

(1) 智能大系统一般存在非线性、不确定性、离散性、时变性和不完全性，因此一般无法获得精确的系统模型。对于这样的系统，经典控制论和现代控制论都是无能为力的。

(2) 智能大系统模型的维数一般都很高，使得在对系统进行分析、设计、仿真时，需要大量的计算时间和存储空间，甚至会形成所谓的“维数灾难”。

(3) 智能大系统内部结构复杂，往往包含了许多子系统，各子系统之间及子系统内部元素之间具有较强的非线性耦合，解耦十分困难。

(4) 智能大系统内部各子系统存在多个不同的性能指标和不同的时标，为此要考虑多个目标综合优化，这使问题更复杂。

(5) 当人参与到大系统中时，对系统的控制就是一种具有人的智能的控制。

(6) 为了简化计算，研究智能大系统时，往往要提出许多比较苛刻的假设，而这些假设在应用中往往与实际不相吻合。

(7) 人与机永远不能完全彼此替代，研究智能系统应该采取人机结合的方针，把人的心智与机器的智能两者结合起来，发展人机结合或人机共生的智能系统。

(8) 智能大系统控制论是控制论、人工智能、概率论、统计学、信息论、系统论、运筹学、博弈论、神经网络、脑科学、认知学、组合优化、离散数学、模糊数学等学科交叉、渗透、有机结合的产物。

对于研究智能大系统理论的思想方法，正如钱学森教授所说，是“从定性到定量的综合集成法(metasynthesis)”，他还把由此发展的智能大系统理论称为“大成智慧学”。

由于问题太复杂，相关学科(特别是脑科学和认知学科)发展还不成熟，基础数学学科还不能提供完善的数学手段，因此智能大系统理论至今还没有形成一套完整的理论与方法，很多问题还有待进一步研究。

1.3 什么是人工智能

1.3.1 人工智能的起源

人工智能起源于数理逻辑（理论基础）和计算机技术（实现工具）。

对人工智能的诞生起重大影响的科学家及他们的重要贡献列举如下：

(1) 早在公元前，古希腊哲学家亚里士多德（Aristotle，公元前 384—前 322）就在他的名著《工具论》中提出了形式逻辑的一些主要定律，他提出的三段论至今仍是演绎推理的基本依据。

(2) 英国哲学家培根（F. Bacon，1561—1626）曾系统地提出了归纳法，还提出了著名的“知识就是力量”的警句，这对研究人类思维过程的人工智能的起源产生了重要影响。

(3) 德国数学家莱布尼兹（G. W. Leibniz，1646—1716）提出了万能符号和推理计算的思想，他认为可以建立一种通用的符号语言来进行推理演算。这一思想不仅为数理逻辑的产生和发展奠定了基础，而且是现代思维设计思想的萌芽。

(4) 英国逻辑学家布尔（G. Boole，1815—1864）创立了布尔代数，他在《思维法则》一书中首次用符号语言描述了思维活动的推理法则。

(5) 英国数学家图灵（A. M. Turing，1912—1954）被称为计算机科学之父、人工智能之父，是计算机逻辑的奠基者。1936 年他提出了“图灵机”重要概念和模型，为之后电子数字计算机的问世奠定了理论基础。第二次世界大战期间，他曾为英国军方破解了德国的著名密码系统“谜”（Enigma），帮助盟军取得了“二战”的胜利，他也因此获得“不列颠帝国勋章”。1950 年，图灵提出著名的“图灵测试”，并发表了著名的《机器能思考吗？》论文，成为划时代之作，他因此赢得了“人工智能之父”的桂冠。

(6) 美国神经生理学家麦克洛奇（W. McCulloch）与数理逻辑学家匹兹（W. Pitts）在 1943 年建成了第一个神经网络模型（MP 模型），开创了微观人工智能的研究工作，为后来人工神经网络的研究奠定了基础。

(7) 美国数学家莫切利（J. W. Mauchly）和埃柯特（J. P. Eckert）1946 年在宾夕法尼亚大学摩尔电工学院研制了世界上第一台电子数字计算机 ENIAC，为人工智能的研究奠定了物质基础。

(8) 匈牙利数学家冯·诺依曼（J. V. Neumann，1903—1957）是代数论、集

合论、量子力学、博弈论的创立者。他被誉为电子计算机时代的开创者，至今的计算机仍然是冯·诺依曼型计算机。

(9) 美国数学家维纳(N. Wiener，1874—1956)是控制论的创始人，是 20 世纪世界最著名的一位数学家。控制论向人工智能渗透，形成了今天行为主义的人工智能学派。

(10) 美国应用数学家香农(C. E. Shannon，1916—2001)是信息论的创始人，他用电路实现了逻辑代数公式。在其出版的《通信的数学原理》中，首次规定了用二进制位作为通信单位，是计算机发展史上的一个里程碑。他在人工智能研究方面主编和汇编了《自动机研究》等重要专著，被誉为人工智能研究方面的先驱者。

1.3.2 人工智能的提出

1955 年 8 月 31 日，麻省理工学院的麦卡锡(J. McCarthy)与明斯基(Minsky)、IBM 公司信息研究中心的罗彻斯特(N. Rochester)、贝尔实验室的香农(C. E. Shannon)等人拟写了一份"两个月，十人共同研究人工智能(AI)"的研究计划。

1956 年夏季，他们又邀请了 IBM 公司的莫尔(T. More)和塞缪尔(A. C. Samuel)、麻省理工学院的塞尔夫里奇(U. Selfrige)和索罗门夫(R. Sulomonff)及兰德公司和卡内基梅隆大学的纽厄尔(A. Newell)、西蒙(H. A. Simon)等十人在达特茅斯大学正式举行了一次学术会议，讨论关于机器智能的有关问题，历时两个月。会上，提交了上述研究计划，并由麦卡锡提议采用"人工智能(artificial intelligence)"这一术语来代表有关机器智能这一研究方向，该提议得到参会人员的赞同。达特茅斯会议标志着人工智能作为一门新兴学科正式诞生了。后来麦卡锡发明了 LISP 语言，他被称为"人工智能之父"。

1.3.3 人工智能的定义

至今尚无正式的统一的人工智能的定义，要给人工智能下一个准确的定义是困难的。在不清楚人类智能的前提下，当然不可能清楚理解人工智能和机器智能。到目前为止，人工智能的实现都是"结果性"的，没有人类思维的过程。即使如此，为了普及和应用人工智能，还是要有一个"简单明了"的人工智能的定义。

在 1956 年的达特茅斯会议上，人工智能被定义为"computer processes that attempt to emulate the human thought processes that are associated with activities that require the use of intelligence"。简而言之，人工智能是力图模拟人类

智能思维过程的计算机程序。

麦卡锡在1955年将人工智能定义为“创造智能机器的科学与工程学”。

《牛津高阶英汉双解词典》(第6版,2008年)的定义:Artificial Intelligence (“AI”)—an area of study concerned with making computers copy intelligent human behavior。

《现代汉语词典》(第6版,2014年)的定义:人工智能是计算机科学技术的一个分支,利用计算机模拟人类智力活动。

百度平台对人工智能的定义:人工智能是研究人类智能活动的规律,构造具有一定智能的人工系统,研究如何让计算机去完成以往需要人的智力才能胜任的工作,也就是研究如何应用计算机的软硬件来模拟人类某些智能行为的基本理论、方法和技术。

美国麻省理工学院温斯顿教授的定义:人工智能就是研究如何使计算机去做过去只有人才能做的智能工作。

我国清华大学蔡自兴、徐光祐教授(蔡自兴、徐光祐:《人工智能及其应用》第2版,清华大学出版社,1996年)的定义:人工智能是智能机器所执行的通常与人类智能有关的功能,如判断、推理、证明、识别、感知、理解、设计、思考、规划、学习和问题求解等思维活动。

还有许多专家学者提出的定义,在此不再赘述。

以上所有定义中,都没有涉及人类智能(思维)的本质解释,因此,这些定义都是“见仁见智”“各执其说”罢了。

1.3.4 人工智能的发展起伏

人工智能自1956年在达特茅斯会议上提出至今已60多年。最初是“黄金时代”,后经历了两次“寒冬”,又经历了两次“回暖”,到现在,进入了“蓬勃发展”时期。

1. 人工智能的“黄金时代”(1956—1969年)

人工智能概念提出后,相继取得了一批令人瞩目的研究成果。1957年纽厄尔、西蒙等研究了一种不依赖于具体领域的通用问题求解器GRS(general problem solver)。1958年,麦卡锡发明了LISP计算机分时编程语言,该语言至今仍在人工智能领域广泛使用。1962年,世界上首款工业机器人“龙尼梅特”开始在通用汽车公司的装配线上服役。1968年,道格拉斯·恩格尔巴特发明计算机鼠标。1972年,维诺格拉德在麻省理工学院建立了一个用自然语言指挥机器人动作的系统SHIRDLD,它能用普通的英语句子与人交流,还能做出决策并执行操作。此外,在机器定理证明、用跳棋与人对弈等方面也做出了可喜成果,掀起了人工智能发展的第一个高潮。

2. 人工智能的第一次“寒冬”(1969—1980 年)

20 世纪 70 年代初，人工智能遭遇瓶颈。1969 年，明斯基和帕泊特发表了专著 *Perceptrons*，指出“感知器”仅能解决一阶谓词逻辑问题，不能解决高阶谓词逻辑问题(例如异或“XOR”这样的问题)。这些论点使相当一部分研究人员对人工神经网络的研究前景失去信心，于是从 20 世纪 70 年代初，人工神经网络的研究进入了低潮。

影响人工智能研究的另一个重要原因是研究经费。当时，因计算机内存有限，处理速度不高，计算机处理问题出现了困难。而同时，人们又对人工智能的期望过高，往往提出许多不切实际的问题。由于这些问题人工智能都不能解决，结果导致研究经费大量削减，人工智能的研究进入了“低谷”。

3. 人工智能的第一次“回暖”(1980—1987 年)

有两件事使人工智能再获新生。其一是专家系统的研究获得了突破。自从 1965 年第一个专家系统 DENDRAL 在美国斯坦福大学问世以来，经过 10 多年的努力，到 20 世纪 80 年代中期，各种专家系统已遍布各个专业领域，取得了很大的成功。专家系统可以模拟人类专家的知识和经验解决特定的实际问题。专家系统在医疗、化工、地质等领域的应用取得成功，推动了人工智能走入应用发展的高潮。其二是提出了研制第五代计算机的问题。1981 年，日本经济产业省率先拨款 8.5 亿美元支持第五代计算机项目。其目标是制造出能与人对话、能翻译语言、解释图像、能像人一样进行推理的机器。当时，欧美几个国家纷纷做出响应。第五代计算机就是智能计算机，它的研制大大推动了人工智能的发展。

这个时期，人工神经网络方法也有了重大进展。1982 年霍普菲尔德(Hopfield)发布了离散型神经网络模型，他引入李雅普诺夫(Lyapunov)函数(称为“计算能量函数”)，给出了网络稳定判据。1984 年他又发布了连续型神经网络模型，其中神经元工作的动态方程可以用运算放大器来实现，从而实现了神经网络的电子线路仿真。后来，霍普菲尔德的神经网络还解决了数字计算机不善于解决的 TSP(travelling salesman problem)旅行商问题。

1986 年，鲁梅哈特(Rumelhart)和麦克雷伦德(Meclelland)提出多层网的“逆推”(或称“反传”，back propagation)学习算法，简称 BP 算法。该算法可以求解“感知器”不能解决的问题，从实践上证实了人工神经网络具有很强的运算能力。BP 算法是目前应用最广泛的深度学习(deep learning)的理论基础。

4. 人工智能的第二次“寒冬”(1987—1997 年)

随着人工智能应用规模不断扩大，专家系统存在的应用领域狭窄、缺乏常识性知识、知识获取困难、推理方法单一、缺乏分布式功能、难以与现有数据库兼容等问题逐渐暴露出来。各国政府机构大幅削减对人工智能的资助。美国国防部高级研究计划局(DARPA)的新任领导认为人工智能并非“下一个浪潮”,而大量削减了对人工智能研究的资助,人工智能进入了第二次“寒冬”。

5. 人工智能的第二次“回暖”(1997—2010 年)

网络技术特别是互联网技术的发展,加速了人工智能的创新研究,促使了人工智能技术走向实用化。1997 年国际商业机器公司(IBM)的超级计算机“深蓝”战胜了国际象棋世界冠军卡斯帕罗夫。2006 年 Hinton 和他的学生研发了深度学习技术,2008 年 IBM 提出“智慧地球”概念。这些都大大推进了人工智能研究和应用的发展,人工智能开始了第二次“回暖”。

6. 人工智能的蓬勃发展时期(2010 年至今)

2010 年开始了大数据时代。随着大数据、云计算、互联网、物联网等信息技术的发展,泛在感知数据和图形的处理器等计算平台推动了以深度神经网络为代表的人工智能技术飞速发展,大幅跨越了科学与应用之间的“技术鸿沟”,诸如图像识别、文字识别、人脸识别、指纹识别、掌纹识别、语言翻译、人机对话、智能金融、智能机器人、智能制造、智能交通、智能医疗、人机对弈、无人驾驶等人工智能技术大大促进了经济、社会的发展和人类生活、环境的改善,人工智能迎来了爆发式增长的新高潮。

美国是人工智能的发源国。经过六七十年的发展,无论在认知科学、算法理论、技术创新和工业应用等方面,美国的人工智能都领先于世界各国。

2016 年 3 月,谷歌人工智能程序“AlphaGo”与韩国棋手李世石在围棋上正面交锋,李世石最终以 1∶4 的成绩不敌 AlphaGo,投子认输。2017 年 5 月,AlphaGo 在中国乌镇围棋峰会上挑战排名世界第一的世界围棋冠军柯洁,并以 3∶0 获胜。两次竞赛成功地显示了人工智能的“能力”。

近年来,美国已将发展人工智能列入国家的发展战略。2016 年,美国奥巴马政府的 National Science & Technology Council 发布了《国家人工智能研究与发展战略计划》(*The National Artificial Intelligence Research and Development Strategic Plan*)。特朗普政府更于 2019 年发布了一份该计划的战略更新(*The National Artificial Intelligence Research and Development Strategic Plan*:2019 *Update*),不但对七个领域(人工智能研究投资、人机协作开发、人工智能伦理法律与社会影响、人工智能系统的安全性、公共数据集、人工智能评估标准、人工智能研发人员需求)进行了全面更新,而且还特别增加了第八项战略:公私伙伴关系。

这个时期,中国人工智能的发展也特别迅速。网购、快递、送餐、网约车、智能手机、智能支付、智能交通、智能金融、工业机器人、无人机等创新行业飞快地在中国出现。这些行业不但促进了中国人工智能技术的发展，而且大大改变了中国社会生活的面貌。

在信息技术的基础建设方面，中国北斗卫星导航系统(BDS)从1994年启动研发，经过二十多年的攻坚克难，终于在2019年年底前，比计划时间提前一年开启为全球服务。其配套的根服务器IPV9远优于美国卫星定位系统(GPS)配套的根服务器IPV6。2020年6月23日，我国北斗卫星导航系统的最后一颗卫星——第55颗卫星从酒泉卫星发射基地成功发射升空，我国比计划提前半年实现了北斗卫星导航系统的正式全球服务。

在政策法规方面，国家和地方都十分重视。2015年5月，我国发布了实施制造强国战略的第一个十年行动纲要——《中国制造2025》，其核心是加快新一代信息技术与制造业深度融合。紧接着又于2015年7月发布了《国务院关于积极推进“互联网+”行动的指导意见》，2016年4月发改委等三部委联合发布《机器人产业发展规划(2016—2020)》，2016年5月科技部等四部委联合发布《“互联网+”人工智能三年行动实施方案》，这说明我国已把人工智能放到了一个很重要的位置。

2017年7月国务院发布了《新一代人工智能发展规划》(国发〔2017〕35号)，工业和信息化部同年12月也发布了《促进新一代人工智能产业发展三年行动计划(2018—2020)》(工信部科〔2017〕315号)。这些计划以国家法规的权威，提出要把人工智能与各行各业深度融合，构建数据驱动、人机协同、跨界融合的智能经济形态。人工智能已提升到国家战略的高度，它已成为引领科技、经济、社会发展的重要驱动力。

根据《中国新一代人工智能发展报告2019》(人民日报2019.05.26)发布的数据，我国人工智能论文发文量已占世界第一。从2013年至2018年，全球人工智能领域的论文文献产出共30.5万篇，其中我国发表论文7.4万篇，占比近三成，超越美国的5.2万篇。中国在人工智能领域论文全球占比从1997年的4.26%增长至2017年的27.68%，遥遥领先其他国家。截至2018年年底，全球共成立人工智能企业15916家，我国人工智能企业数量为3341家，位居世界第二。中国人工智能人才总量也居世界第二位。截至2017年年底，中国人工智能人才拥有量达到18232人，占世界总量的8.9%，仅次于美国(13.9%)。中国人工智能企业的融资规模也居全球第二，但中国人工智能论文的影响力(FWCI)指标相对落后。美国人工智能论文影响力(FWCI)、PCT专利数量、企业数量和融资规模等指标都居全球第一，整体实力领跑全球。

1.3.5 人工智能的主要学派

到目前为止，人工智能主要有如下三大学派：

1. 符号主义(symbolicism)学派

符号主义学派又称逻辑主义(logicism)学派、认知主义(recognitionism)学派、心理学主义(psychlogism)学派、计算机主义(computerism)学派。

符号主义学派认为人工智能源于逻辑学。这个学派用形式符号表示知识,以逻辑学、认知心理学为手段,进行推理、运算,以此得到新的知识。所以,他们的研究路线就是:符号表示知识→依据数理逻辑→启发式算法→专家系统→知识工程。

数理逻辑从 19 世纪末起迅速发展,到 20 世纪 30 年代开始用于描述智能行为。计算机出现后,又在计算机上实现了逻辑演绎系统。

这一派的代表人物有纽厄尔、西蒙和尼尔逊,他们都是早期研究人工智能的学者。他们的代表性研究成果是 1959 年纽厄尔和西蒙等人研制的被称为逻辑理论机的数学定理证明程序 LT。该程序证明了 38 条数学定理,表明可以用计算机研究人的思维过程,模拟人类智能活动。

在人工智能其他学派出现之后,符号主义仍然是人工智能的主流学派。由于当前的应用主要关注的是图像识别、语言翻译、网络商务、机器人服务等,涉及人类智能的初级阶段,与符号主义的逻辑推理关系不大,因此这方面后来的发展受到影响。

2. 联结主义(connectionism)学派

联结主义学派又称仿生学主义(bionicsism)学派、生理学主义(physiologism)学派、人工神经网络(artificial neural network,ANN)学派。

联结主义学派认为人工智能源于仿生学,特别是仿人脑神经元模型。它的代表性成果是 1943 年由神经生理学家麦克洛奇和数理逻辑学家皮兹创立的脑神经元模型(MP 模型)。他们从神经元开始,进而研究神经网络模型和脑模型。他们还用电子装置模仿人脑的结构和功能,开辟了人工智能的又一发展道路。20 世纪 60—70 年代,联结主义对以感知器(perceptron)为代表的脑模型研究曾出现过热潮。但由于当时技术条件的限制,脑模型的研究在 70 年代至 80 年代初期落入低潮。直到霍普菲尔德教授在 1982 年和 1984 年发表了两篇重要论文,提出用硬件模拟神经网络时,联结主义才又重新抬头。1986 年,鲁梅尔哈特等人提出多层神经网络反向传播(BP)算法。此后,联结主义势头大振,从模型到算法,从理论分析到过程实现,为神经网络计算机走向市场打下基础。

3. 行为主义(actionism)学派

行为主义学派又称机器人学主义(roboticsism)学派、进化主义(evolutionism)学派、控制论主义(cyberneticsism)学派。

行为主义学派认为人工智能源于控制论。控制论思想早在 20 世纪 40—50

年代就成为时代思潮的重要部分，影响了早期的人工智能工作者。维纳和麦克洛奇等人提出的控制论和自组织系统以及钱学森等人提出的工程控制论和生物控制论，影响了许多领域。控制论把神经系统的工作原理与信息论、计算机科学联系起来。早期的研究工作重点是模拟人在控制过程中的智能行为和作用，如自寻优、自适应、自校正、自镇定、自组织和自学习等控制系统的研究，并进行“控制论动物”的研制。到 20 世纪 60—70 年代，上述这些控制论系统的研究取得了一定进展，播下智能控制和智能机器人的种子，并在 20 世纪 80 年代诞生了智能控制和智能机器人系统。行为主义是近年来才以人工智能新学派的面孔出现的，曾引起许多人的兴趣与研究。这一学派的代表作首推布鲁克斯(R. A. Brooks)的“六足行走机器人”，它被看作新一代的“控制论动物”，是一个基于“感知-动作”模式的模拟昆虫行为的控制系统。

未来，人工智能可能会更多地应用于经济、科技、医疗、工程、社会等大系统。在大数据、云计算、互联网、物联网的背景下，大系统的智能化管理、控制和优化亟待新理论、新算法、新器件的支持，需要以上三个学派共存合作，取长补短，融合集成。正如钱学森教授所说，要发展智能大系统理论，应用“从定性到定量的综合集成法(metasynthesis)”，创立“大成智慧学”。

1.4 什么是智能数学

1.4.1 数学是基础的基础

数学是关于客观现实的“数”和“形”及其关系的科学。万事万物皆有“数”和“形”，所以分门别类研究万事万物存在形式和变化规律的各门科学就必须依靠数学。

当前，高科技是国家强盛、民族复兴、人民幸福的最有力的保证。发展高科技的关键是高科技的基础研究。古希腊伟大哲学家柏拉图在两千多年前就说过：“数学是一切知识中的最高形式。”马克思也说过：“一种科学只有成功地应用数学时，才算达到了真正完美的地步。”这就是说，高科技的基础研究只有成功地应用了数学才能取得完美的结果。数学真正是基础的基础。

拿破仑曾经说过：“一个国家只有数学蓬勃地发展了，才能展现它国力的强大。数学的发展和至善与国家繁荣昌盛密切相关。”他的话，从战略意义上充分说明了数学的重要性。

我们学习、研究和应用智能系统和人工智能也必须从数学开始。英国哲学家培根说：“数学是打开科学大门的钥匙。”因此，我们要在智能领域进行创新研究，并取得重大进展和成果，就要很好地利用数学这把钥匙，打开智能系统科学和人工智能科学的大门。

1.4.2 建立智能数学学科的困难

至目前为止，智能数学还没有形成一门系统的数学学科，甚至可以说离形成一个完整的数学体系还很远。主要的困难在于：

1. 人类认知的秘密尚未解开

认知科学尚未形成，人类心智活动的机制尚不清楚，更不要说像“灵感”“顿悟”这类只可意会不可言传的高级心智活动了。连语言都很难表达的心智活动，要用数学的符号和形式化的公式来描述和求解，谈何容易！

2. 智能数学的奠基问题没有解决

牛顿 1666 年提出微积分概念到现在已过去 300 多年。微积分理论一开始没有一个牢固的基础，因此招致各方面的非难和攻击。后来经过 200 多年的努力，到 1900 年 Cantor 建立了集合论，才解决了经典数学的奠基问题。微积分奠基于 Cauchy 的极限论，极限论奠基于 Dedekind 的实数论，实数论又奠基于 Cantor 的集合论，这样，从集合论—实数论—极限论—微积分就形成了经典数学的完整体系，经典数学的大厦就这样建成了。在智能数学领域，情形完全不同，经典集合论以二值逻辑为基础，它当然不能作为基于非二值逻辑的智能数学的理论基础，那么什么是智能数学的逻辑基础和集合论基础呢？现在还不清楚。

3. 迄今为止，智能数学所应用的数学手段就其本质而言仍是经典数学的方法

20 世纪以来，发展了许多非经典数学的方法，如模糊数学、神经网络、遗传算法等，但所有这些方法都是以经典数学的运算方法为基础的。从所提出的新概念角度来说，各种非经典数学所提的算法概念尚不能与微积分所提的“无穷”和“极限”概念相等价。

4. 智能计算机至今没有建成

智能计算机既是基于智能数学研发的，又是智能数学赖以发展的工具。智能计算机是 1981 年 10 月由东京大学教授元冈・达（T・Motoka）提出的，日本、美国、西欧花费了巨资进行了研究。如今 40 多年过去了，智能计算机并未建成。根本的原因在于建立在二值逻辑基础上的现代计算机与人类的思维逻辑不相符合。人的思维逻辑是什么？现在还不知道！但可以肯定，不是二值逻辑！许多有远见的科学家认为，根本不可能做出可以代替人脑的智能计算机，电脑不可能代替人脑，当然人脑也不可能代替电脑（电脑是不知疲倦的）。最好的选择是:发展人机共生(人机交互)的智能系统。这方面的研究工作现在刚刚开始,它将是未来重点研究的领域。

1.4.3 重大的研究与应用项目

目前,在智能系统和人工智能领域工作的科学家,还是根据研究及应用的需要,采用并创新发展已有的各门数学学科的数学理论和方法。

我们先总结一下60多年来,科学家们在人工智能领域所从事的重大的研究与应用项目:

(1) 问题求解;

(2) 专家系统;

(3) 机器学习;

(4) 深度学习;

(5) 深度学习的完善;

(6) 机器视觉;

(7) 识别技术(包括文字、证件、图形、人脸、指纹、掌纹、视频等的识别技术);

(8) 语音技术(包括语音识别、语音合成、语言翻译、文本挖掘、情感分析等);

(9) 人机对话;

(10) 人机对弈;

(11) 智能手机(5G);

(12) 智能支付(包括二维码及应用各种识别技术的智能支付);

(13) 智能金融;

(14) 智能商务(包括网购、快递、送餐、网约车等);

(15) 智能交通(包括网约车、网租自行车、智能交管、无人驾驶车、无人机等);

(16) 智能制造;

(17) 智能医疗;

(18) 智能教育;

(19) 智能政务;

(20) 智能安防;

(21) 智能家居;

(22) 智能电网;

(23) 智能天气预报;

(24) 智能传感器；
(25) 智能芯片；
(26) 智能机器人；
(27) 企业智能管理；
(28) 智能控制；
(29) 大系统智能控制；
(30) 智能软件设计，等等。

近年来人工智能技术飞速发展，可以预见未来20年将会是人工智能时代，各行各业都将应用人工智能技术以求得本行业的创新发展。目前，人工智能研究领域的许多专家学者对未来智能系统和人工智能的研究方向提出了许多好建议，所提出的需要研究的重大研究项目有：

(1) 智能农业；
(2) 智能信息检索技术；
(3) 视网膜识别；
(4) 虹膜识别；
(5) 掌纹识别；
(6) 自动规划；
(7) 区块链技术；
(8) 大数据集成技术；
(9) 通用智能芯片；
(10) 类脑智能技术(包括边缘智能技术)；
(11) 智能量子计算机；
(12) 企业自建数据集、计算平台、芯片；
(13) 人工智能伦理和法律；
(14) 人工智能标准、基准和测试平台；
(15) 大力发展人工智能专业人才的教育与培训，等等。

1.4.4 所涉及的数学学科和数学方法

根据以上这些已完成的重大研究项目和未来的重大研究方向，可以汇总出这些研究项目所涉及的数学学科和数学方法如下：

(1) 概率论 (Probability Theory)；
(2) 统计学(Statistics)；
(3) 数理逻辑(Mathematical Logic)；
(4) 模糊数学(Fuzzy Mathematics)；

(5) 离散数学(Discrete Mathematical);
(6) 神经网络(Neural Network);
(7) 深度学习(Deep Learning);
(8) 遗传算法(Genetic Algorithm);
(9) 组合数学(Combinatorial Mathematics);
(10) 组合优化(Combinatorial Optimization);
(11) 现代控制论(Modern Cybernetics);
(12) 运筹学(Operations Research);
(13) 博弈论(Game Theory);
(14) 图论(Graph Theory);
(15) 模式识别(Patter Recognition);
(16) 系统工程(System Engineering);
(17) 灰色系统理论(Gray System Theory);
(18) 粗集理论(Coarse Set Theory);
(19) 蚁群算法(Ant Group Algorithm);
(20) 计算几何(Computational Geometry);
(21) 相似理论(Similarity Theory);
(22) 优化理论(Optimization Theory);
(23) 时间序列分析(Time Series Analysis);
(24) 小波分析(Wavelet Analysis);
(25) 图像处理(Image Processing);
(26) 计算机视觉(Computer Vision);
(27) 自然语言处理(Natural Language Processing);
(28) 知识表示(Knowledge Representation);
(29) 启发搜索(Heuristic Search);
(30) 基于约束的搜索(Constraint Based Search);
(31) 算术推理(Arithmetic Reasoning);
(32) 定性推理(Qualitative Reasoning);
(33) 机器学习(Machine Learning);
(34) 机器证明(Machine Proving);
(35) 可信度理论(Confidence Theory);
(36) 多值逻辑(Multiple Logic);
(37) Petri 网络(Petri Network);
(38) 免疫网络(Immune Network);

(39) 人工生命(Artificial Life);
(40) 联想记忆(Associative Memory);
(41) 黑板结构(Blackboard Architecture);
(42) 多智能体系统(Multiple-agent System);
(43) 专家系统(Expert System);
(44) 成组技术(Group Technology);
(45) 并行计算(Parallel computing);
(46) 生物制造计算(Biological Manufacturing Computation);
(47) Holonic 制造计算(Holonic Manufacturing Computation);
(48) 模拟退火(Simulated Annealing);
(49) 数据挖掘(Data Mining);
(50) 大数据处理(Massive Data Processing);
(51) 网络流理论(Network Flow Theory);
(52) 网格计算(Grid Computing);
(53) 物联网(The Internet of Things);
(54) 云计算(Cloud Computing);
(55) 分形与分维(Fractal Theory);
(56) 可靠性理论(Reliability Theory);
(57) 混沌理论(Chaos Theory);
(58) 智能综合集成(Intelligent Meta-synthesis);
(59) 区块链计算(Block-chain Computing);
(60) 类脑计算(Brian-like Computing);
(61) 量子计算(Quantum Computing),等等。

尽管智能数学学科还未建立,但是研究和发展用于智能系统和人工智能领域的数学理论和方法还是有重大意义的。我们要在各门数学理论和方法的基础上,结合自己的应用,创新发展新的计算概念、计算理论和计算方法,让“经典数学+智能”成为真正的“智能数学”。

由于篇幅所限,本书在上述众多的智能系统和人工智能所涉及的数学学科和数学方法中,仅能根据重要性选择应用最多的学科和方法加以扼要介绍。为便于读者参考和应用,书后列有附录和参考文献。

第2章
三次数学危机及其启示

2.1 什么是数学危机？数学危机有什么意义？

2.1.1 什么是数学危机？

所谓数学危机，是指在数学发展的某个历史阶段中，出现了一种相当激化的，涉及整个数学理论基础的矛盾。

数学理论基础是指关于构筑某数学体系的最原始、最根本的对象、公设、公理、原则及其推理、运算方法的理论。数学理论基础出了问题，那么在此基础上的整个"数学殿堂"就会倒塌，该数学体系就会陷入自相矛盾的状态，而不能令人信服，甚至在某种情况下就不能应用。

每一次数学危机的出现，都引起了许多数学家及其他科学家的关注，他们对数学研究对象和范围进行扩充，对根本的数学理论和方法加以改善，从而克服了"危机"，使数学科学发生了飞跃式的革命性变化，甚至带动其他科学和产业发生了革命。

2.1.2 三次数学危机

在数学历史上，发生过三次数学危机。第一次数学危机是关于有理数与无理数的危机。这一次数学危机导致数学研究对象从有理数推广到无理数，进一步促使人们从依靠直观感觉与经验转向依靠证明，推动了公理几何学与逻辑学的诞生和发展。

第二次数学危机是关于微积分基础理论的危机。这一次危机引导数学研究对象进一步从有限向无限{无限大、无限小}、从静态向动态(从常量向变量)的发展，促使 Dedekind 的实数论、Cauchy 的 ε-δ 方法和极限论以及 Cantor 的集合论的产生和发展。

第三次数学危机是关于集合论的危机。这一次危机出现在 20 世纪，可以说到现在还没有解决。可以预计，关于这次危机的数学理论基础的研究，将会使数学研究对象进一步扩充：从确定向非确定，从精确向非精确，从清晰向模糊，从有序向混沌的扩充，一句话，即从非智能向智能发展，最终会引导智能数学的产生。

2.2 第一次数学危机

2.2.1 公元前 5 世纪人们的普遍认识

公元前 5 世纪，人们普遍认为"宇宙间的一切现象都能归结为整数或整数比"。"整数或整数比"，现在称为有理数。当时希腊有一个学派，称作 Pythagoras（毕达哥拉斯）学派，他们也深信这一信条，而且认为"数的和谐与数是万物之本源"，他们这里所说的数就是有理数。Pythagoras 学派还有一个贡献，就是证明了毕达哥拉斯定理（勾股弦定理）——直角三角形斜边的平方等于两个直角边的平方和（此定理我国古代已有证明）。

2.2.2 Hippasus 的发现和他的证明

Pythagoras 学派中有一个人，叫 Hippasus，他发现了等腰直角三角形的直角边与斜边不可通约。他的证明（反证法）过程如下：

取一直角边均为 1 的等腰直角三角形，如果其斜边为整数比，约去分子分母间的公因数 k 为 m/n，那么 m 与 n 中至少有一个是奇数（不可能两个都是偶数，因为若是，则还可以约去，最后至少有一个是奇数才不能再约）。

由勾股弦定理知，有 $1^2+1^2=(m/n)^2$，于是 $2=m^2/n^2$，故 $m^2=2n^2$，所以 m 是偶数（只有偶数的平方才是偶数，奇数的平方不可能是偶数）。

那么，一方面由于 m 与 n 中必有一个为奇数，因 m 是偶数，而知 n 为奇数；另一方面，既然 m 为偶数，亦可表为 $m=2l$，于是 $4l^2=2n^2$，故 $n^2=2l^2$，因而 n 亦为偶数，矛盾。

2.2.3 Hippasus 的伟大发现是淹不死的

Hippasus 的发现说明，等腰直角三角形的斜边是无法用整数或整数比来表示的。这就严重触犯了 Pythagoras 学派的信条，同时也冲击了当时希腊人的普遍见解，直接动摇了这个历史时期的数学基础。相传 Pythagoras 学派因此而将 Hippasus 投入海中处死，因为他在宇宙间搞出了一个直接否定他们学派信条的怪物，而且他不顾学派的规定，敢于向学生披露新的数学思想。当然，Hippasus

的伟大发现是淹不死的，它迫使人们去认识和理解“整数与整数比(有理数)不能包括一切几何量”。Hippasus 悖论的提出迫使 Pythagoras 学派提出“单子”这一概念去解决这一矛盾。“单子”是一种如此之小的度量单位，以致本身是不可度量却同时要保持为一种单位。这或许是企图通过“无限”来解决问题的最早努力。但 Pythagoras 学派的这种努力又引起了 Zeno 的非难。Zeno 认为一个“单子”或者是 0，或者不是 0，如果是 0，则无穷多个“单子”相加也产生不了长度，如果不是 0，则由无穷多个“单子”组成的有限线段应该是无限长，不论何说都矛盾。

如上所说的矛盾局面，以及当时许多其他的悖论，都被视为构成数学第一次危机的组成部分。

解决这一矛盾比较容易，只要把数学研究的对象从有理数扩大到无理数，从有限扩充到无限，使人们从依靠直观感觉转向依靠公理出发的证明便解决了问题。从此，公理几何学与逻辑学便诞生了。

2.3 第二次数学危机

2.3.1 牛顿-莱布尼兹发明了微积分

数学史上把 18 世纪微积分诞生以来在数学界出现的混乱局面，称为数学的第二次危机。微积分由牛顿于 1666 年 10 月写在他的一篇名为《论流数》的论文中，这篇手稿没有发表。他最早发表的论微积分的论文是《运用无限多项方程的分析》，写于 1669 年，发表于 1711 年。但现在公认的微积分起源时间是 1666 年(虽然在牛顿的手稿中还有更早的记录，1665 年 5 月 20 日的牛顿手稿中，首先出现“流技术”的记载)。德国人莱布尼兹 1684 年发表在《学艺》(Acta Eruditorum)上的论文《一种求极大极小和切线的新方法，它也适用于分式和无理量，以及这种新方法的奇妙类型的计算》也独立地提出了微积分的概念和方法，所以现在统一称牛顿-莱布尼兹发明了微积分。

2.3.2 自由落体的瞬时速度

在 17 世纪和整个 18 世纪，微积分理论的产生及其在各个领域里的广泛应用，使得微积分理论得到了飞速的发展。但在另一方面，当时的整个微积分理论却是建立在含混不清的无穷的概念上的，因而没有一个牢固的基础，遭到了来自各个方面的非难和攻击。

牛顿与莱布尼兹研究微积分，是从求自由落体的瞬时速度开始的。如图

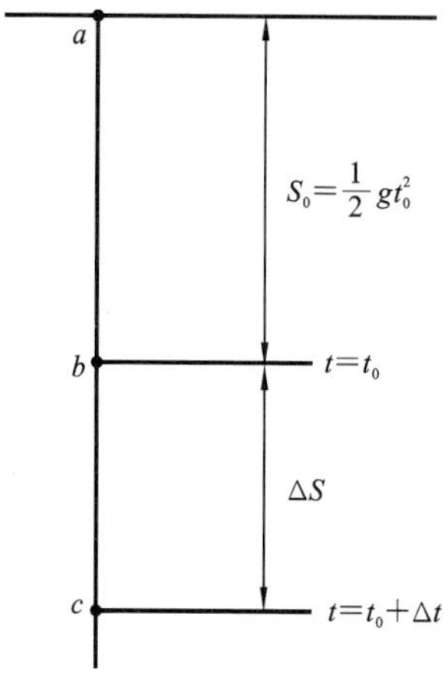

图 2.3.1　自由落体

2.3.1所示，物体从 a 点自由下落，当 $t=t_0$ 时，下落的距离为

$$S_0=\frac{1}{2}gt_0^2$$

当 $t=t_0+\Delta t$ 时，其下降距离为

$$S_0+\Delta S=\frac{1}{2}g(t_0+\Delta t)^2$$

现在要求在 $t=t_0$ 时（物体在 b 点）的瞬时速度。为此，他们先求 t_0 至 $t_0+\Delta t$ 这 Δt 秒内物体下落的平均速度。物体在这 Δt 秒内下降的距离为

$$\begin{aligned}\Delta S&=\frac{1}{2}g(t_0+\Delta t)^2-S_0\\&=g\Delta t(t_0+\Delta t/2)\end{aligned}\qquad(2.3.1)$$

因而，物体在 Δt 秒内的平均速度为

$$\frac{\Delta S}{\Delta t}=g\Delta t(t_0+\Delta t/2)/\Delta t=g(t_0+\Delta t/2)\qquad(2.3.2)$$

当 Δt 很小时，Δt 可略去不计，而 c 点就无限接近于 b 点，于是平均速度就是瞬时速度，也就是说瞬时速度值为 gt_0。

2.3.3 Berkeley 悖论和牛顿的解释

牛顿和莱布尼兹上述求瞬时速度的思想遭到大主教 Berkeley 的质疑，他在 1734 年攻击说：所谓瞬时速度是 $\Delta S/\Delta t$ 在 Δt 趋向于 0 时的值，那么 ΔS 或 Δt 是什么东西？如果 ΔS 和 Δt 是 0，则 $\Delta S/\Delta t$ 就是 0/0，从而无意义。如果它们不是 0，即使极为微小，其结果只能是近似值，绝不是所求瞬时速度的精确值。总之，不论它们是 0 或不是 0，都将导致荒谬。针对式(2.3.2)，他还说，显然，当时间间隙 Δt 越小时，平均速度就与瞬时速度或真正速度越接近。但是不论 Δt 多么小，只要 Δt 不等于 0，则平均速度就不等于该点的速度或真正速度。如果 $\Delta t=0$，即所考虑的就是 b 点的速度，此时没有距离的改变，从而所说的 $\Delta S/\Delta t$ 变成了没有意义的 0/0，也无法求得真正的速度。

牛顿和莱布尼兹也曾为摆脱此困境而分别提出种种解释，例如：

(1) 说 Δt 是无穷小，故 Δt 不等于 0，因而认为 $\Delta S/\Delta t=g\Delta t(t_0+\Delta t/2)/\Delta t$ 有意义，并可化简为 $g(t_0+\Delta t/2)$，但无穷小与有限量相比，可以忽略不计，于是 $g(t_0+\Delta t/2)$ 就变成 gt_0，它就是 $t=t_0$ 时的点速度；

(2) 说 $g\Delta t(t_0+\Delta t/2)/\Delta t$ 的终极比(ultimate ratio)为 gt_0，也就是 $t=t_0$ 时的点速度；

(3) 说 Δt 趋于 0 时,既不在 Δt 变为 0 之前,也不在 Δt 变为 0 之后,而正好在 Δt 刚刚达到 0 之时,$g\Delta t(t_0+\Delta t/2)/\Delta t$ 之值为 gt_0。

不论哪种说法,无非都是为消除如下的矛盾而使之能摆脱困境。这个矛盾是:一方面,要使 $g\Delta t(t_0+\Delta t/2)/\Delta t$ 有意义,必须 Δt 不等于 0;另一方面,要使 $t=t_0$ 时的真正速度为 gt_0,则又必须 $\Delta t=0$。那么同一个数量 Δt 在同一个问题中,如何能既等于 0,同时又不等于 0 呢?这个矛盾,人们称之为 Berkeley 悖论。

在这一时期,各方面对微积分的攻击和非难很多,其中最激烈的要算大主教 Berkeley。

文献[1]中说:"Berkeley 批判了 Newton 的许多论点,例如在《求曲边形面积》一文中,Newton 说他避免了无穷小,他给 x 以增量,展开$(x+0)^n$,减去 x^n,再除以 0,求出 x^n 的增量与 x 的增量之比,然后扔掉 0 的项,从而得到 x^n 的流数。Berkeley 说 Newton 首先给 x 以一个增量,然后让它是 0,这违背了背反律。""至于导数被当作 y 与 x 消失了的增量之比,即 $\mathrm{d}y$ 与 $\mathrm{d}x$ 之比,Berkeley 说它们既不是有限量,也不是无穷小量,但又不是无。这些变化率只不过是消失了的量的鬼魂。"

2.3.4 解决了微积分理论的奠基问题

大主教 Berkeley 之所以猛烈攻击微积分,主要是因为他对当时自然科学的发展对宗教信仰造成的日益增长的威胁极为恐惧。但也正是由于当时的微积分理论没有一个牢固的基础,才致使来自各方面的非难和攻击看上去言之有物。所以,在整个 18 世纪,对于微分和积分运算的研究具有一种特殊的痛苦:一方面是纯粹分析领域及其应用领域内的一个接一个的光辉发现,另一方面与这些奇妙的发现相对照的,却是由其基础的含糊性所导致的矛盾愈来愈尖锐。这就不能不迫使数学家们认真对待这个 Berkeley 悖论,以便解除数学的第二次危机。经过了差不多两个世纪的努力,直到 1900 年,才解决了微积分理论的奠基问题。图 2.3.2 表示了微积分的不同层次的基础。

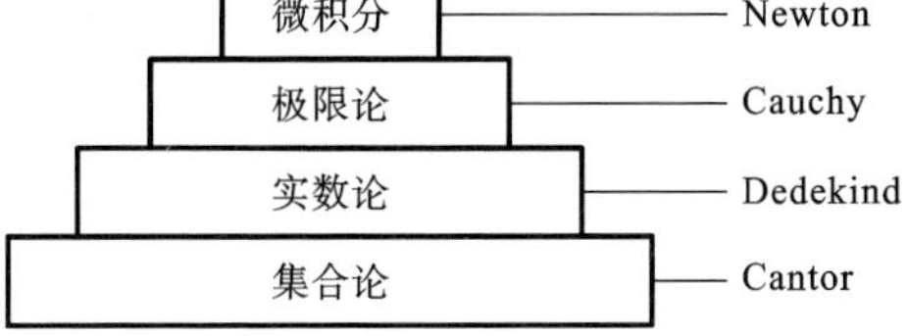

图 2.3.2　经典数学奠基于集合论

首先,Cauchy 详细而有系统地发现了极限论。他证明了极限的存在,进一步说明了无限与有限的关系,他举出了许多实例,表明无限数列之和的极限是有限数。所以牛顿的微积分理论到此得到了有力的解答：平均速度在时间间隔Δt趋近于0时的极限就是瞬时速度。有极限概念和无极限概念对人们的认识来说是一个飞跃。在无极限概念的范畴中来认识事物，即使是合理的事，也认为是不合理的，跳出了这个框子，认识就前进了一大步。这种情况正如中国古诗所说："不识庐山真面目，只缘身在此山中。"这对我们是极有启发的。

其次，Dedekind 在实数论的基础上证明了极限论的基本定理。后来 Cantor 和 Weierstrass 都加入了为微积分理论寻找牢固的基础而努力工作的学者的行列，他们发展了ε-δ方法和极限理论，避开了实体无限小和无限大概念的设想和使用，最后使微积分奠定在集合论的基础上，这就是今天所说的标准分析。

2.4 第三次数学危机

2.4.1 Russell 悖论

微积分的理论基础问题，由于极限论、实数论和集合论的建立而得到了解决。第二次数学危机历经两个世纪，终于排除了。人们松了一口气，于是在1900年，在巴黎召开的国际数学会议上，法国大数学家 Poincare 宣称："数学的严格性，看来今天才可以说是实现了。"事实上，当时的数学家都喜气洋洋，非常乐观。

但是这种安全的想象未能维持多久，不到两年，著名的 Russell（罗素）悖论被公之于世。Russell 悖论是关于 Cantor 集合论的悖论。只要用逻辑术语来替代集合论术语，Russell 悖论便直接牵涉到逻辑理论本身，从而是直接冲击了集合论与逻辑学这两门被数学家认为最严谨的学科。这样，Russell 悖论便惊动了整个西方哲学界、逻辑学界和数学界，使得许多数学家和逻辑学家不得不认真对待和研究 Russell 悖论问题。

事情还得从 Cantor 集合论的最原始的思想开始。Cantor 建立原始集合论的一个最重要的思想方法就是概括原则。该原则自然、直观，使用又方便。在 Cantor 的早期工作中，并没有将该原则的思想明确立为公理，而只是隐蔽地使用。直到 Frege，才公开而明确地把它作为公理模式使用。所谓概括原则，通俗地说，就是任给一个性质p（或概念），我们就能把所有满足所给性质p的对象，也仅由这些具有性质p的对象汇集在一起而构成一个集合。用符号表示就是

$$G=\{g \mid p(g)\} \tag{2.4.1}$$

式中，"|"左边的g表示集合G的任一元素，而"|"右边的$p(g)$表示G的元素g具有性质p，而$\{\ \}$表示把所有具有性质p的对象g汇集成一个集合。因此，概

括原则的另一表达式就是

$$\forall g(g\in G)\leftrightarrow p(g) \quad (2.4.2)$$

亦即 G 的任一元素 g 必有性质 p，而任一具有性质 p 的对象必为集合 G 的元素。

针对 Cantor 的集合论原始构集思想，Russell 指出，有两种集合，一种是本身分子集，例如“一切概念所组成的集合”，由于它本身也是一个概念，所以必为该集合自身的一个元素。又如“一切集合所组成的集合”也是一个本身分子集，因为按定义，任何集合都是该集合的元素，而其本身既为一集合，因而也不能例外地为该集合(即其自身)的一个元素。这种集合有性质 $x\in x$，集合可以写成 $\Sigma=\{x|x\in x\}$。另一种是非本身分子集，即其本身不是它自身的元素。例如，自然数集合绝不是某个自然数，因此自然数集合 **N** 不可能是 **N** 的一个元素，即 $\mathbf{N}\notin\mathbf{N}$，一般地写成 $x\notin x$，对应的集合写成 $\Sigma=\{x|x\notin x\}$。如此，任给一个集合 Σ，则 Σ 要么是本身分子集，即 $\Sigma\in\Sigma$，要么是非本身分子集，即 $\Sigma\notin\Sigma$。现根据 Cantor 的概括原则，可将一切非本身分子集汇集起来构成一集，亦即

$$\Sigma=\{x|x\notin x\} \quad (2.4.3)$$

此处，$x\notin x$ 表示集合 x 不是它自身的元素，即 x 为一非本身分子集。现在要问上述一切非本身分子集($x\notin x$)构成的集合 Σ 是哪一种集？即问此集合 Σ 是本身分子集，还是非本身分子集？若设 Σ 是本身分子集，则有 $\Sigma\in\Sigma$，而 Σ 的每一元素都是非本身分子集，即性质 $x\notin x$，所以作为 Σ 之元素的 Σ 也必须是一个非本身分子集，故 $\Sigma\notin\Sigma$。此即出现了矛盾。再设 Σ 为一非本身分子集，即 $\Sigma\notin\Sigma$，由 Σ 的构造知，任何非本身分子集都是 Σ 的元素，故 Σ 作为非本身分子集，亦应为 Σ 的一个元素，即 $\Sigma\in\Sigma$。两种说法都矛盾，都说不通，这就是著名的 Russell 悖论。

2.4.2 理发师悖论

Russell 悖论作为古典集合论中的一个悖论，人们不仅很快发现它可化归为最基本的逻辑概念的形式，而且进一步发现能用日常语言来表述它的基本原则。Russell 自己就在 1919 年把它改为著名的“理发师悖论”，现陈述如下：

李家村上所有有刮胡子习惯的男人可分为两类，一类是自己给自己刮胡子的，另一类则是自己不给自己刮胡子的。李家村上有一个有刮胡子习惯的理发师自己约定：“给且仅给村子里自己不给自己刮胡子的人刮胡子。”现在要问这个理发师自己是属于哪一类的人？如果说他是属于自己给自己刮胡子的一类，则按他自己约定，他不应该给他自己刮胡子，因而是一个自己不给自己刮胡子的人。再设他是属于自己给自己刮胡子的一类，则按他自己的约定，他必须给

他自己刮胡子,因此他又是一个自己给自己刮胡子的人了。哪种说法都不通,这就是所谓的“理发师悖论”。

其实在 Russell 悖论出现以前,古典集合论的创始者 Cantor 于 1895 年第一个在他自己所创立的集合论中发现了悖论,但他没有公开,也不敢公开。后来这个由 Cantor 发现的悖论由 Burali-Forti 发现了,并公之于世,人们称为 Burali-Forti 悖论。不过当时没有引起数学家的不安,因为大家认为这只涉及一些专门的技术问题,只要做些小修改,便能解决问题。

在 Russell 悖论出现后,相继出现了许多悖论,如法国人 Richard 于 1905 年提出的一个语义悖论和与其类同的一系列悖论。又如 Grelling 于 1908 年提出的一个关于形容词的悖论,直到 1953 年,沈有鼎先生还构造并发表了几个著名的悖论:“无根据和有根据悖论”“循环与非循环悖论”“n 循环与非 n 循环悖论”。

在数学史上,人们把集合论悖论的出现及其所引起的争论局面称为数学第三次危机。因此,在一定程度上讲,数学第三次危机乃是前两次危机的发展和深化,因为集合论悖论涉及的问题更加深刻,涉及的范围更为广阔。

2.4.3 在数理逻辑领域排除悖论而形成的诸流派

集合论中出现的悖论,大大促进了数学家去探索数学推理在什么情况下有效,什么情况下无效,数学命题在怎样的情况下具有真理性,在怎样的情况下失灵。于是,在 20 世纪初,数学基础论这一学科就诞生了。摆在从事数学基础问题研究的数学家面前的首要任务,就是如何为数学的有效性建立可靠的依据。由于在这一工作中所持的基本观点的不同,在数学基础论的研究中形成了各种学派。其中,主要的流派有:

(1) Russell 的逻辑主义学派;

(2) Brouwer 的直觉主义学派;

(3) Hilbert 的 Hilbert 主义学派;

(4) Cohen 的现代形式主义学派。

2.4.4 在集合论领域排除悖论而形成的 BG 和 ZFC 系统

以上是在数理逻辑范畴说的情况。在集合论范畴,为了排除集合论中的悖论,促使了现代公理集合论的诞生,其中最著名的有两个,即由 Bernays 与 Gödel 建立的 BG 公理集合论系统和由 Zermelo 与 Fraenkel 建立的 ZFC 公理集合论系统。特别是后者,是现在普遍公认最完善的一个系统。这些系统有一个共同点,即在保留概括原则的合理因素的前提下,对造集的任意性加以适当限制。ZFC 系统包括了外延、空集、配对、并集、幂集、子集(即划分)、无穷、选择、替换、正则等 10 条非逻辑公理。Zermelo 于 1908 年建立了他的集合论公理系统，几经改进，最后由 Fraenkel 与 Skolem 在 1921—1923 年间给了一个严格的解释，进而形成著名的 ZF 系统。ZF 系统是承认选择公理的，通常写成 ZFC 系统，其中英文字母 C 表示该系统接受选择公理。

ZFC 系统的真实目的是为分析学奠定严格的基础。如前所述，微积分的基础已通过 Cauchy 的极限论归约到 Dedekind 的实数论，而实数论的不矛盾性又归约于集合论的不矛盾性。ZFC 系统是以如下的路线来为微积分奠基的：首先由无穷公理来保证自然数集的合法性，再由幂集使实数集合法化，然后再由子集公理来保证实数集中满足性质 p 的元所组成的子集的合法性。这样一来，只要 ZFC 系统无矛盾，严格的微积分理论就能在 ZFC 公理集合论上建立起来了。但是，问题正在于 ZFC 系统本身的无矛盾性至今没有被证明，所以至今不能保证在这个系统中今后不会出现悖论。虽然在 ZFC 系统中能够排除已经出现的那些集合论的悖论，并且 ZFC 系统应用到今天，尚未出现过其他矛盾，但是，Poincare 指出："我们设置栅栏，把羊群围住，免受狼的侵袭，但是很可能在围栅栏时就已经有一条狼被围在其中了。"

由于 ZFC 系统不能保证在这个系统中今后不会出现悖论，从这个意义上来说，第三次数学危机并没有彻底解决，甚至可以说，我们还处在第三次数学危机中。

2.5 数理逻辑及其发展

2.5.1 为避免悖论，人们发现"四件事不能同时成立"

数理逻辑与集合论是数学基础理论中配对的两个方面。实际上，集合论中的悖论，只要把术语及形式化符号加以改变，就成了数理逻辑中的悖论。

关于古典集合论中出现悖论的研究，人们发现如下四件事不能同时成立：

(1) $x \notin x$ 是一个性质(含 x 的语句)；

(2) 任何一个性质 $\varphi(x)$，决定一个集合 A，亦即 $x \in A \longleftrightarrow \varphi(x)$，实际上就是承认概括原则；

(3) 集合也是个体(即论域中的研究对象)，因而 x 的出现均可用 A 取代；

(4) $p \longleftrightarrow \neg p$ 为一矛盾，实际上就是承认排中律。

现在我们用反证法来证明上述(1)～(4)不能同时成立。我们反设(1)～(4)同时成立，则由(1)知，可取 $x \notin x$ 是一个性质 $\varphi(x)$，于是由(2)知有集合 A 使得 $x \in A \longleftrightarrow x \notin x$，再由(3)知可用 A 取代 x 的出现，故有 $A \in A \longleftrightarrow A \notin A$，

而由(4)必须承认 $A\in A \leftarrow\rightarrow A\notin A$ 为一矛盾。这表明原设不真,亦即上述(1)～(4)中至少要否定一条,不可能同时成立。

2.5.2 否定上述“四件事之一”,形成了众多的数理逻辑系统

事实上,Russell 否定了(1),从而展开了他的“分支类型论”;Zemelo 与 Fraenkel 否定了(2),从而构造了他们的“ZFC 公理集合论系统”;Bernays 与 Gödel 否定了(3),从而建立了他们的“BG 公理集合论系统”;苏联逻辑学家 Bochvar 否定了(4),从而发展了他的“多值逻辑”。前三个理论都是保留了二值逻辑而修改了概括原则,而 Bochvar 的理论则是保留概括原则而把二值逻辑修改成多值逻辑,从而促进了多值逻辑的发展。

多值逻辑作为一种逻辑系统,是在 20 世纪 20 年代分别由波兰逻辑学家 L. Lukasiewicz 和美国逻辑学家 E. L. Post 独立提出的,现在作为非经典逻辑中的一种,是发展最快的一种非经典逻辑。

20 世纪 50 年代,中国逻辑学家莫绍揆教授证明了:若 Lukasiewicz 有穷值逻辑系统 L_n($3\leqslant n\leqslant\omega$)配上概括原则的公式集合 Σ 必定出现悖论,但莫绍揆教授没有能回答 Lukasiewicz 无穷值逻辑系统 L_i 中配上概括原则是否会出现悖论。中国逻辑学家朱梧槚教授和他的合作者,于 1985 年在第 15 届国际多值逻辑学术会议上发表了《有穷值和无穷值悖论》一文,证明了如果我们保留概括原则公式集 Σ_0,则不管是哪种经典逻辑系统,也不管是有穷值逻辑系统 L_n 还是无穷值逻辑系统 L_i,都不可避免地存在悖论在系统中。也就是说,在经典数学范围内,保留概括原则,仅仅依靠改二值逻辑为多值逻辑,并由此而给出悖论解释方法与发展数学基础理论是不能实现的。

2.5.3 21 世纪以来新出现的众多逻辑系统是否有悖论?缺少研究!

21 世纪是知识经济、信息社会和智能科技的世纪,其标志是出现了大量应用人工智能的智能系统。以人工智能和智能系统为背景的各种非经典逻辑大量涌现。除了多值逻辑外,模态逻辑、中介逻辑、模糊逻辑、各种非单调推理逻辑(包括缺少逻辑、自认知逻辑、限定论、信念修正、开放逻辑等等)一个接一个出现。

值得指出的是:尽管概括原则在经典数学范围内已经到了“山穷水尽疑无路”的地步,但并不排除概括原则在非经典智能数学系统中依然存在“柳暗花明又一村”的可能。

事实上,朱梧槚教授和他的合作者们多年来致力于中介逻辑 ML 与中介公理集合论 MS 的研究,他们提出了精确谓词及模糊谓词均可造集的“泛概括原

则”，并且证明了在中介公理集合论 MS 中，既能有效地排除历史上已出现的各种悖论，又能保留概括原则的全部内容。

2.6 第三次数学危机的新发展及数学危机的启示

2.6.1 经典数学与现实世界的矛盾——“秃头悖论”

经典数学是考虑精确数量与空间的科学，它不考虑不精确的数量和没有形体的质量。但是现实世界是数量和质量的统一，既无无质量的数量，也无无数量的质量。从“质、数统一”的观点来看，经典数学与现实世界是脱离的。从以下的中国古典的“秃头悖论”很容易明白上述结论。

我们知道，在经典数学中，数学归纳法是一个基本的数学证明方法。我们将数学归纳法应用到“秃头悖论”，就有以下的情况：

若某人拔掉 1 根头发不秃，

若某人拔掉 2 根头发不秃，

……

设某人拔掉 n 根头发也不秃，

则按常识知，此人拔掉 $n+1$ 根头发也不秃。

（人们的常识是：不能以一发之差来决定是否是秃头，即若此人不是秃头，拔一根头发当然不是秃头，若此人是秃头，则装一根头发仍然是秃头。）

结论是：此人把所有头发拔光也不秃，与实际矛盾。

“秃头悖论”说明，经典数学没有考虑到数量变化过程中的质量变化，因而导致违反常识的结论。

2.6.2 数学危机给我们的启示

人们认识世界愈来愈深化，在信息化、智能化的今天，人们在处理世界各种问题时，除了应用数量外，更多的是应用质来分析。例如，“天冷了就要多穿衣”，“冷”是多少温度？没有精确数量，多穿衣的“多”，也不是纯粹数量。这样就自然地提出要在经典数学以外，发展一种既考虑质又考虑数的非经典智能数学，包括它的理论基础——非经典智能集合论与非经典智能逻辑，或者统一称为智能数学体系。

第一次、第二次数学危机的解决，是通过扩充数学研究的对象实现的。第一次数学危机，使数学研究的对象从有理数扩充到无理数；第二次数学危机的解决，是将数学研究的对象从无穷数列扩充到无穷数列的极限而实现的。第三次数学危机是关于集合论的危机，危机的解决是通过对造集的任意性加以适当限制而实现的。其中最著名的ZFC公理集合论系统，是现在普遍公认最完善的一个系统。虽然它能够排除已经出现的所有的那些集合论的悖论，但ZFC系统不能保证在这个系统中今后不会出现悖论，从这个意义上来说，第三次数学危机并没有彻底解决。

当前，智能化已成为世界经济、社会、科技发展的主流，由于智能化的引入，新一代数学危机问题又产生了，数学面临着其研究对象从“纯数与形”到“质、数统一”的，再一次扩充的新局面。经典数学将孕育并产生出非经典智能数学。但这有待于全世界的科学家，特别是数学家为智能数学的理论奠基做出新的贡献。

实践常常走在数学理论的前面，各种科学问题的解决，已经等不及数学家为其预先准备好数学理论和方法了。事实上，现今很多数学理论问题已经不是由数学家提出的，而更多的是由其他科学家提出的。如作为神经网络基础的神经元模型，是1943年由神经生理学家W. McCulloch提出的。模糊数学、模糊集合论、模糊逻辑问题，是由计算机专家兼控制论专家L. A. Zadeh于1965年提出的。而遗传算法，则是由美国密执安大学的J. H. Holland教授于1975年提出的。他们都不是纯数学家。

特别要指出的是：当前，大量的非经典智能数学问题正不断地在工程实践中出现，许多工程专家结合工程实践独立地创造性地发展了许多非经典智能数学方法，这些方法不系统、不严格，甚至只在局部范围可用，但毕竟为智能数学理论的发展提供了宝贵的实际背景；特别是很多非经典智能数学方法本身就直接涉及集合论和逻辑学，它们既是数学方法，也是数学理论基础。为智能系统和人工智能创立其智能数学的基础理论体系，要求世界各国的科学家、工程师和数学家结合起来，共同为数学、科学、技术和工程的发展做出创造性的贡献。

第3章
数理逻辑及集合论

人工智能起源于数理逻辑。最初的人工智能学派，即符号主义学派就是以数理逻辑为基本数学手段研究符号表示、基本算法、问题求解、推理技术、定理证明等一系列人工智能的基础理论与技术。例如，美国的纽厄尔和西蒙在1956年合作编制了一个名为逻辑理论机(the logic theory machine，LT)的程序系统。后来他们在1963年又完成了怀特黑德和罗素的名著《数学原理》第二章中的全部52条定理的证明。所以本书介绍的数学方法就从数理逻辑开始。

集合论是整个数学的基础，数学是其他科学学科的基础，因此集合论是基础的基础。第二次数学危机使数学研究的对象从有限扩充到无限。在第二次数学危机中，虽然出现了罗素悖论和其他许多悖论，但经过修正后的公理集合论系统(BG公理集合论系统和ZFC公理集合论系统)很好地排除了至今出现的所有悖论(尽管BG和ZFC系统本身的无矛盾性至今没有被证明)。所以经典数学(以微积分为基础的数学)的奠基问题可以说基本解决了。

自从人工智能出现以后，数学研究的对象要从精确扩充到非精确、从确定扩充到非确定、从清晰扩充到模糊，即要从经典数学发展到智能数学。此时，数学的奠基问题就严峻地摆在世界学人的面前。现在虽已有许多学者尝试研究这个问题，但至今提不出好的解决方案。本人估计，这个问题可能短期内得不到解决。

在人的智能本质和机理不清楚的前提下，一切人工智能技术和智能数学的理论和方法都是基础不牢的"空中楼阁"。但是即便如此，应用人工智能和发展智能数学的意义还是十分重大的。事实上，实践总是走在理论的前面。虽然理论可以指导实践，但是检验真理的唯一标准是实践！我们要勇敢地创造性地去应用人工智能和发展智能数学理论与方法，一面实践，一面总结经验，不断发展理论，不断提高理论和实践，经过无数次的"实践—理论—再实践—再理论"的循环，达到人工智能技术的尽善尽美和智能数学的完美建立。

3.1 什么是数理逻辑

逻辑学是研究人如何正确地思维以达到认识客观真理的科学。它包括形式逻辑和辩证逻辑两部分。形式逻辑又名静态逻辑或初等逻辑，它着重研究思维形式的结构及其推理规律。辩证逻辑又名动态逻辑或高等逻辑。它全面研究思维的形式、结构、内容及其辩证发展的规律。形式逻辑反映的是认识过程处在量变阶段的规律，它完成的是已知规律的逻辑推理。辩证逻辑反映的是认识过程处在质变阶段的规律，它研究的是人的认识的发生、发展和完善的全过程。

关于数理逻辑的定义，目前有多种说法和争论。朱梧槚教授曾在他的著作《数理逻辑引论》中列举了十多种定义，并归纳了一种比较通用的说法（本人作了简约）：数理逻辑是用数学方法研究逻辑问题（如推理的有效性、证明的真实性、数学的真理性和计算的能行性等）的科学。目前数理逻辑仅局限在形式逻辑的范围内，是形式逻辑的一个分支。

经典数理逻辑以命题演算和一阶谓词演算为基础，主要研究演绎推理。1897 年，Gottlob Frege (1848—1925) 在他的《概念演算》一书中，建立了命题演算和一阶谓词演算的公理基础，从而完成了演绎推理的数学化工作。直到 1930 年，K. Godel (1906—1978)才证明了命题演算系统和一阶谓词演算系统的完备性和可靠性，也就是说演绎推理的有效性得到了证明。但是证明的真实性和数学的真理性问题，由于涉及逻辑的语义内容，至今尚未解决。

从 20 世纪 30 年代开始，人们尝试用数学方法研究各种各样的非经典推理，从而促进了诸如模态逻辑、非单调逻辑、多值逻辑、归纳逻辑、似然逻辑、模糊逻辑、中介逻辑等非经典逻辑的诞生和发展。通常认为数理逻辑的研究领域并不包括这些非经典逻辑系统，数理逻辑仅由逻辑演算、集合论、模型论、证明论和递归论五个部分组成。但是，目前由于智能系统和人工智能的应用愈来愈普遍，因此各种各样的非经典逻辑推理系统，似应纳入数理逻辑的研究对象之中。

本书在经典数理逻辑部分，仅介绍命题逻辑和一阶谓词逻辑，它们是经典数理逻辑的基础。亦即我们仅关心逻辑推理在形式上的有效性，而不涉及推理的内容本身。所以，本章所述的数理逻辑理论和方法仅适用于以二值逻辑为基础的计算机及相关的系统。对于现代许多非经典的逻辑推理问题，我们将择要另章讨论。

3.2 命题逻辑

3.2.1 命题和命题定理

1. 命题

命题(proposition)是一个具有真假意义的陈述句(sentence)。亦即命题是在二值逻辑意义下的判断句，它总是肯定或否定某事物的某性质。如果一个命题是真，则称它的真值是“真”(true)，记作 T；如果一个命题是假，则称它的真值为“假”(false)，记作 F。没有真假意义的语句(例如感叹句、祈使句、疑问句等)不是命题。一个给定的命题也不能同时既是真又是假，但可以在一种条件下为真，在另一种条件下为假。

例如：“狗是动物”和“$2<5$”都是真命题；“车是动物”和“$2>5$”都是假命题；“$1+1=10$”在二进制中为真，在其他进制中为假；而“您贵姓?”“快开门!”和“好冷啊!”都不是命题。

如果一个命题不能进一步分解为更简单的命题，则此命题称为原子命题(或本原命题、原始命题)。上例中的命题全是原子命题。使用适当的联结词，可以把原子命题组合成复合命题或分子命题。例如，“我看书或者游泳”和“如果今天天气暖和我就去旅行”都是复合命题。常用大写英文字母 $A,B,C,\cdots,P,Q,R,\cdots$ 表示命题，例如用“P”表示命题“水往低处流”时，记作

P：水往低处流。

当“P”表示某个特定命题时，就说 P 是一个命题常量，它的真值就是该特定命题的真值。当“P”仅是任意命题的位置标志符时，我们说 P 是一个命题变元，它没有真值。在数理逻辑中，命题变元不代表一个确定的命题，没法确定其真值，但可以用任意一个给定的命题取代它。这时就可以给出 P 的真值，也就是说可以给命题变元任意指派真值。在命题逻辑中常把命题变元简称变元。

特别要着重指出的是：在经典数理逻辑中，任何一个确定的命题，都是非真即假的，亦即其真值只取“真”或“假”，这是二值逻辑对命题的要求。试考虑下述陈述句：

(1) 张三聪明。

(2) 如果你心情乐观，那么你就会健康。

(3) 公共汽车内非常拥挤。

粗略地看，上述三个陈述句也应该是在二值逻辑意义下的命题。然而仔细分析，即可发现上述三个陈述句中出现之“聪明”“乐观”“健康”和“拥挤”等都有一定的含糊性。是否认为张三聪明，往往因人而异，因而往往不能确切地做出判断。亦即某人可能认为张三颇聪明，而另一个人可能认为张三不大聪明，甚或张三在某件事的处理上显得聪明，而在另一件事的处理上却表现得笨拙，因而难说陈述句(1)是个非真即假的判断。陈述句(2)(3)也有类同的情形。总之上述三个陈述句我们就不认为是二值逻辑意义下的命题，但可认为是某种非经典逻辑意义下的命题，如模糊逻辑或多值逻辑意义下的命题。当然，若对其中所出现的“聪明”“乐观”“拥挤”等概念，完全人为地定出一个是或不是的标准或条件，使之成为在此标准下的精确概念，那么上述三个陈述句也可被认为是在

此标准下，符合二值逻辑意义的命题。

2. 联结词及其真值表

在自然语言中有“不”“或者”“如果……，则……”“当且仅当”等联结词(connective)。在数理逻辑中也有类似的严格定义过的联结词。常用的命题联结词有五个，它们的定义如表 3.2.1 所示。

表 3.2.1 命题联结词真值表

命题	P	Q	$\neg P$	$P\wedge Q$	$P\vee Q$	$P\to Q$	$P\leftrightarrow Q$
真值	F	F	T	F	F	T	T
	F	T	T	F	T	T	F
	T	F	F	F	T	F	F
	T	T	F	T	T	T	T

其中：

(1) “$\neg$”称为否定词(negation)或补词，它与后面的 P 一起构成一个与 P 的真值正好相反的复合命题$\neg P$。($\neg P$ 读作“非 P”。)

值得指出的是：P 与$\neg P$ 必须在内涵上互相否定，并且互补。例如 $2+2=5$ 的否命题不能是 $2+2<5$，因为两数之间的关系，除了“$=$”和“$<$”两种关系之外，还有“$>$”关系，$2+2=5$ 与 $2+2<5$ 两个命题不互补。

(2) “$\wedge$”称为合取词(conjunction)或“与”词，它联结任意两个命题 P 和 Q，生成一个复合命题 $P\wedge Q$。只有 P 和 Q 两个命题的真值都为真(T)时，复合命题 $P\wedge Q$ 的真值才为真(T)，其他情况都为假(F)。($P\wedge Q$ 读作“P 与 Q”或“P 且 Q”。)

数理逻辑中的“与”词及“且”词，在自然语言中有不同的表述，并非只能用“和”“与”“及”“且”表示，如在表 3.2.2 中，“一起”“并且”“而”“但”都是合取词。

在数理逻辑中，合取词联结的两个命题在内容上可以有联系，也可以无联系。如在表 3.2.2 中，“$38=2\times 19$”与“今天下雨”就没有什么联系。数理逻辑所关注的只是命题的真假值，而不关注命题的具体内容。

表 3.2.2 合取词联结的两个命题

P	Q	$P\wedge Q$
张三登上了山顶	李四登上了山顶	张三和李四一起登上了山顶
$38=2\times 19$	今天下雨	$38=2\times 19$ 并且今天下雨
小明 18 岁	小冬 8 岁	小明 18 岁而小冬才 8 岁
张华数学成绩 100 分	张华英语成绩不及格	张华数学成绩 100 分但英语成绩不及格

(3) “$\vee$”称为析取词(disjunction)或“或”词，它联结任意两个命题 P 和 Q，生成一个复合命题 $P\vee Q$。只有 P 与 Q 两个命题的真值都是假(F)时，复合命题 $P\vee Q$ 的真值才为假(F)，其他情况都为真(T)。($P\vee Q$ 读作“P 或 Q”。)

此处要注意：对于“或”的理解有两种不同的含义，即有所谓可兼的“或”与不可兼的“或”(亦称相容的和不相容的)。例如，在命题 P 与 Q 中，只要有一个命题的真值为真(当然两个命题都为真时也可)，$P\vee Q$ 的真值就为真，这就是可兼的“或”。又如，对于“你要么坐 2 排 3 座(命题 P)，要么坐 5 排 7 座(命题 Q)”这个复合命题，其中“要么”是联结词“$\vee$”，显然在自然语言情况下，两个座位只能坐一个(P 与 Q 中只能有一个为真)，不能同时坐两个座位(不能 P 与 Q 同时为真)，同时坐两个座位就是可兼的，不能同时坐两个座位就是不可兼的。在自然语言中，我们常采用不可兼的“或”。但在数理逻辑中，我们采用可兼的“或”。

(4) “$\rightarrow$”称为条件词 (conditional)或蕴涵词，它联结任意两个命题 P 和 Q，生成一个复合命题 $P\rightarrow Q$。只有 P 的真值为真(T)，Q 的真值为假(F)时，复合命题 $P\rightarrow Q$ 的真值才为假(F)，其他情况都为真(T)。也就是说，P 为假时，无论 Q 是真是假，$P\rightarrow Q$ 都是真。($P\rightarrow Q$ 读作“如果 P，则 Q”或“P 蕴涵 Q”“P 推出 Q”。)

在经典二值逻辑中的蕴涵表达式 $P\rightarrow Q$ 与日常语言中对“如果 P，则 Q”的理解有所不同。从逻辑的角度来说，复合命题 $P\rightarrow Q$ 的真假值，完全决定于 P 与 Q 这两个命题的真假值，并不考虑前件 P 和后件 Q 在内容上有无因果关系。试考察复合命题“如果 $2+2=3$，则太阳就从西边升起来”是真命题还是假命题。设 P 为“$2+2\neq 3$”，Q 为“太阳从东边升起来”，就有：“如果 $2+2=3$”，亦即“如果 P 为假(F)”，及“太阳从西边升起来”，亦即 Q 为假(F)，这就是说“P 为 F 时，Q 为 F”。按照蕴涵词的定义，在此情况下蕴涵 $P\rightarrow Q$ 为真，也就是说：蕴涵复合命题 $P\rightarrow Q$“如果 $2+2=3$，则太阳就从西边升起来”是真命题。从常理的角度来看，这个说法多么别扭，简直使人难以接受，但从数理逻辑的角度看，确是可行的。

(5) “$\leftrightarrow$”称为双条件词 (biconditional)或等值词，它联结任意两个命题 P 和 Q，生成一个等值复合命题 $P\leftrightarrow Q$。当 P 与 Q 的真值相同时，复合命题 $P\leftrightarrow Q$ 的真值才为真(T)，其他两种情况都为假(F)。($P\leftrightarrow Q$ 读作“P 当且仅当 Q”或“P 等值 Q”“P 等价 Q”。)

3. 日常语句的符号表达式举例

现在我们举例说明如何用命题符号和命题联结词写出日常语句的符号表达式。

例 3.2.1.1 设 P 表示“今天下雪”，Q 表示“我将要进城”，R 表示“我有时

间”,则

(1) 如果今天不下雪,而我又有时间的话,那么我将要进城。

其符号表达式为$(\neg P\wedge R)\rightarrow Q$。

(2) 无论今天下雪与否,只要我有时间,我就要进城。

其符号表达式为$((P\vee\neg P)\wedge R)\rightarrow Q$。

(3) 如果今天下雪,我就不进城了。

其符号表达式为 $P\rightarrow\neg Q$。

(4) 只有当今天不下雪,而我又有时间,我才进城去。

其符号表达式为$(\neg P\wedge R)\leftrightarrow Q$。

例 3.2.1.2 设 P 表示“进来的是张三”,Q 表示“进来的是李四”。

语句“门开了,进来的不是张三就是李四”。

其符号表达式可为 $P\vee Q$。注意:此处并不排斥张三、李四一起进来,此处的析取词是可兼的。

例 3.2.1.3 令 P 表示“这本书借给您”,Q 表示“这本书借给他”。

语句“这本书要么借给您,要么借给他”。

其符号表达式可为$(P\wedge\neg Q)\vee(\neg P\wedge Q)$。此处应注意:不能将该语句直接表达为 $P\vee Q$,因为一本书不能同时借给两个人,而析取词$\vee$是可兼的。

4. 合式公式及其真值表

1) 合式公式

在命题逻辑中,合乎形式建成规则要求而形成的公式称为合式公式(wff)。命题逻辑讨论的公式都是合式公式,它的定义如下:

(1) 孤立的命题变元或逻辑常量(T、F)是一个合式公式(叫原子公式);

(2) 如果 A 是一个合式公式,则$\neg A$ 也是一个合式公式;

(3) 如果 A 和 B 是一个合式公式,则$(A\wedge B)$、$(A\vee B)$、$(A\rightarrow B)$和$(A\leftrightarrow B)$都是合式公式;

(4) 当且仅当经过有限次使用规则(1)(2)(3)得到的由命题变元、联结词符号和圆括号所组成的字符串,才是合式公式。

为了减少括号的使用次数,特做如下简化规定:

(1) 联结词运算的优先级从高到低为$\neg$,$\wedge$,$\vee$,$\rightarrow$,$\leftrightarrow$;

(2) 同级联结词中,先出现的先运算;

(3) 最外层的括号可以省去。

例如合式公式

$$((\neg((\neg P)\wedge(\neg Q))\vee R)\rightarrow(((R\vee P)\vee Q)\vee S))$$

可以写成

$$(\neg(\neg P) \wedge (\neg Q) \vee R) \rightarrow (R \vee P \vee Q \vee S)$$

注意：命题公式只是按一定规则组成的字符串，无真、假可言，所以它还不是命题。只有当公式中的命题变元全部被确定的命题替换后，公式才变成命题，并有真值。

所以，命题公式可视为一个函数。它的定义域是{F,T}，它的值域也是{F,T}。

设有一个由 n 个变元 $P_1, P_2, \cdots, P_n$ 所组成的公式 A，则 A 的取值由这 n 个变元唯一确定。如果给$(P_1, P_2, \cdots, P_n)$以一组确定的值(P_i=T 或 F，$i=1,2,\cdots,n$)，则 A 有一确定的真值(T 或 F)。我们把变元的一组取值称为公式的一个真值指派。显然，由 n 个变元组成的公式有 2^n 个不同的真值指派。

2）真值表

由公式的所有真值指派和对应的公式所组成的表称为该公式的真值表。上述基本联结词的定义就是用真值表给出的，其他任何公式的真值表都可以由基本联结词的真值表导出。例如公式$(P\rightarrow Q)\wedge(Q\rightarrow P)$的真值表的构造如表 3.2.3 所示。

表 3.2.3　公式$(P\rightarrow Q)\wedge(Q\rightarrow P)$的真值表

命题公式	P	Q	$P\rightarrow Q$	$Q\rightarrow P$	$(P\rightarrow Q)\wedge(Q\rightarrow P)$
真值	F	F	T	T	T
	F	T	T	F	F
	T	F	F	T	F
	T	T	T	T	T

给定一个公式，如果对于所有的真值指派，它的真值都是 T，则称该公式为永真式(或重言式)；如果对于所有的真值指派，它的真值都是 F，则称该公式为永假式(或不可满足式)。除了这两种极端情况外，一般的命题公式的真值有 T 有 F。称非永假的公式为可满足的公式。

5. 等价和永真蕴涵

等价(equivalence)：设 A、B 都是命题公式，$P_1, P_2, \cdots, P_n$ 是出现在 A 和 B 中的所有命题变元；如果对于这 n 个变元的任何一个真值指派集合，A 和 B 的真值都相等，则称公式 A 等价于公式 B，记作 $A \Leftrightarrow B$。

“等价”又可定义为：“$A \Leftrightarrow B$ 当且仅当 $A \leftrightarrow B$ 是一个永真式”。

永真蕴涵(tautogical implication)：命题公式 A 永真蕴涵命题公式 B，当且仅当 $A \rightarrow B$ 是一个永真式，记作 $A \Rightarrow B$，读成“A 永真蕴涵 B”，简称“A 蕴涵 B”。

6. 命题定律

利用真值表，我们可以证明一批常用的蕴涵式和等价式，统称为命题定律，它们是：

1）蕴涵式

I_1　$P\wedge Q\Rightarrow P$　化简式

I_2　$P\wedge Q\Rightarrow Q$　化简式

I_3　$P\Rightarrow P\vee Q$　附加式

I_4　$Q\Rightarrow P\vee Q$　附加式

I_5　$\neg P\Rightarrow P\rightarrow Q$

I_6　$Q\Rightarrow P\rightarrow Q$

I_7　$\neg(P\rightarrow Q)\Rightarrow P$

I_8　$\neg(P\rightarrow Q)\Rightarrow\neg Q$

I_9　$P, Q\Rightarrow P\wedge Q$

I_{10}　$\neg P, P\vee Q\Rightarrow Q$　析取三段论

I_{11}　$P, P\rightarrow Q\Rightarrow Q$　假言推理

I_{12}　$\neg Q, P\rightarrow Q\Rightarrow\neg P$　拒取式

I_{13}　$P\rightarrow Q, Q\rightarrow R\Rightarrow P\rightarrow R$　假言三段论

I_{14}　$P\vee Q, P\rightarrow R, Q\rightarrow R\Rightarrow R$

I_{15}　$(P\rightarrow R)\Rightarrow(R\vee P\rightarrow R\vee Q)$

I_{16}　$(P\rightarrow Q)\Rightarrow(R\wedge P\rightarrow R\wedge Q)$

2）等价式

等价式可分为七组。

第一组：交换律

E_1　$P\vee Q\Leftrightarrow Q\vee P$

E_2　$P\wedge Q\Leftrightarrow Q\wedge P$

E_3　$P\leftrightarrow Q\Leftrightarrow Q\leftrightarrow P$

第二组：结合律

E_4　$(P\vee Q)\vee R\Leftrightarrow P\vee(Q\vee R)$

E_5　$(P\wedge Q)\wedge R\Leftrightarrow P\wedge(Q\wedge R)$

E_6　$(P\leftrightarrow Q)\leftrightarrow R\Leftrightarrow P\leftrightarrow(Q\leftrightarrow R)$

第三组：分配律

E_7　$P\wedge(Q\vee R)\Leftrightarrow(P\wedge Q)\vee(P\wedge R)$

E_8　$P\vee(Q\wedge R)\Leftrightarrow(P\vee Q)\wedge(P\vee R)$

E_9　$P\rightarrow(Q\rightarrow R)\Leftrightarrow(P\rightarrow Q)\rightarrow(P\rightarrow R)$

第四组:否定深入

E_{10} $\neg\neg P \Leftrightarrow P$ 双重否定

E_{11} $\neg(P \wedge Q) \Leftrightarrow \neg P \vee \neg Q$ 德·摩根律

E_{12} $\neg(P \vee Q) \Leftrightarrow \neg P \wedge \neg Q$ 德·摩根律

E_{13} $\neg(P \rightarrow Q) \Leftrightarrow P \wedge \neg Q$

E_{14} $\neg(P \leftrightarrow Q) \Leftrightarrow \neg P \leftrightarrow Q \Leftrightarrow P \leftrightarrow \neg Q$

E_{15} $\neg P \rightarrow \neg Q \Leftrightarrow Q \rightarrow P$

E_{16} $\neg P \leftrightarrow \neg Q \Leftrightarrow P \leftrightarrow Q$

第五组:变元等同

E_{17} $P \wedge P \Leftrightarrow P$

E_{18} $P \vee P \Leftrightarrow P$

E_{19} $P \wedge \neg P \Leftrightarrow \mathrm{F}$

E_{20} $P \vee \neg P \Leftrightarrow \mathrm{T}$

E_{21} $P \rightarrow P \Leftrightarrow \mathrm{T}$

E_{22} $P \rightarrow \neg P \Leftrightarrow \neg P$

E_{23} $\neg P \rightarrow P \Leftrightarrow P$

E_{24} $P \leftrightarrow P \Leftrightarrow \mathrm{T}$

E_{25} $P \leftrightarrow \neg P \Leftrightarrow \mathrm{F}$

第六组:常值与变元的联结

E_{26} $\mathrm{T} \wedge P \Leftrightarrow P$

E_{27} $\mathrm{F} \wedge P \Leftrightarrow \mathrm{F}$

E_{28} $\mathrm{T} \vee P \Leftrightarrow \mathrm{T}$

E_{29} $\mathrm{F} \vee P \Leftrightarrow P$

E_{30} $\mathrm{T} \rightarrow P \Leftrightarrow P$

E_{31} $\mathrm{F} \rightarrow P \Leftrightarrow \mathrm{T}$

E_{32} $P \rightarrow \mathrm{T} \Leftrightarrow \mathrm{T}$

E_{33} $P \rightarrow \mathrm{F} \Leftrightarrow \neg P$

E_{34} $\mathrm{T} \leftrightarrow P \Leftrightarrow P$

E_{35} $\mathrm{F} \leftrightarrow P \Leftrightarrow \neg P$

第七组:联结词化归

E_{36} $P \wedge Q \Leftrightarrow \neg(\neg P \vee \neg Q)$

E_{37} $P \vee Q \Leftrightarrow \neg(\neg P \wedge \neg Q)$

E_{38} $P \rightarrow Q \Leftrightarrow \neg P \vee Q$

E_{39} $P \leftrightarrow Q \Leftrightarrow (P \rightarrow Q) \wedge (Q \rightarrow P)$

E_{40}　$P \leftrightarrow Q \Leftrightarrow (P \wedge Q) \vee (\neg P \wedge \neg Q)$

7. 命题定律的验证举例

现在我们利用联结词的定义及公式的真值表，来对上述定律进行举例验证。

例 3.2.1.4　验证蕴涵式 $I_1: P \wedge Q \Rightarrow P$ 和 $I_2: P \wedge Q \Rightarrow Q$。

我们根据变元 P、Q 的真值指派和联结词"$\wedge$"和"$\Rightarrow$"的定义，写出以上两公式对应的真值表，如表 3.2.4 所示。

表 3.2.4　定律 $I_1: P \wedge Q \Rightarrow P$ 和 $I_2: P \wedge Q \Rightarrow Q$ 的真值表

P	Q	$P \wedge Q$	$P \wedge Q \rightarrow P$	$P \wedge Q \rightarrow Q$
F	F	F	T	T
F	T	F	T	T
T	F	F	T	T
T	T	T	T	T

由表 3.2.4 可知，对于 P 与 Q 的所有真值指派，I_1 和 I_2 两式均为永真蕴涵式，定律得证。

例 3.2.1.5　验证 $E_7: P \wedge (Q \vee R) \Leftrightarrow (P \wedge Q) \vee (P \wedge R)$ 及 $E_8: P \vee (Q \wedge R) \Leftrightarrow (P \vee Q) \wedge (P \vee R)$。

一个公式中，如有 n 个变元，则其真值指派数为 2^n。上述分配律公式中有 3 个变元，因此共有 8 个真值指派。根据这些指派和联结词的定义，可以列出 E_7 和 E_8 的真值表，如表 3.2.5 所示。

表 3.2.5　分配律 $E_7: P \wedge (Q \vee R) \Leftrightarrow (P \wedge Q) \vee (P \wedge R)$ 及 $E_8: P \vee (Q \wedge R) \Leftrightarrow (P \vee Q) \wedge (P \vee R)$ 的真值表

序号	P,Q,R	$P \wedge (Q \vee R)$	$(P \wedge Q) \vee (P \wedge R)$	$P \vee (Q \wedge R)$	$(P \vee Q) \wedge (P \vee R)$
1	F,F,F	F	F	F	F
2	F,F,T	F	F	F	F
3	F,T,F	F	F	F	F
4	F,T,T	F	F	T	T
5	T,F,F	F	F	T	T
6	T,F,T	T	T	T	T
7	T,T,F	T	T	T	T
8	T,T,T	T	T	T	T

由表 3.2.5 可知，分配律 E_7 与 E_8 中等价式两边对所有的真值指派均有相同的真值，因此分配律 E_7 与 E_8 得证。

当变元数很多时，全部真值指派数很大，以致难以验证。此时可取部分指派（称为有缺指派）来验证。一般取所得公式的真值为真（T）的指派数等于变元数。例如上述分配律公式所涉及的变元数为 3，我们就选 3 个使公式得到真值为真（T）的指派，如表 3.2.5 中序号为 6、7、8 的指派："T，F，T""T，T，F""T，T，T"。

3.2.2 范式

我们知道，具有相同真值表的公式可以有无穷多个，但它们都是等价的。为了研究的方便，我们需要找到它们的标准形式——范式（normal form）。

3.2.2.1 析取范式和合取范式

文字：本书将原子公式及其否定统称为文字。

基本积：仅由文字构成的合取式称为基本积。

基本和：仅由文字构成的析取式称为基本和。

1. 析取范式

由基本积的析取构成的命题公式称为析取范式。例如：

$$\neg P \vee (P \wedge Q) \vee (P \wedge \neg R) \vee (\neg P \wedge \neg Q)$$

其中的每一个基本积称为析取项。

任意给定一个命题公式 A 都可以化成与之等价的析取范式：

$$A \Leftrightarrow A_1 \vee A_2 \vee \cdots \vee A_n \quad (n \geqslant 1)$$

其中 $A_i(i=1,2,\cdots,n)$ 是基本积。

求公式 A 的析取范式的步骤如下：

(1) 利用等价式 E_{38} 和 E_{39}（或 E_{40}）消去公式中的→和↔联结词；

(2) 利用德·摩根律（E_{11} 和 E_{12}）将联结词¬深入到变元，并用双重否定律（E_{10}）化简到变元前最多只有一个¬；

(3) 利用分配律（E_7 和 E_8）将公式最终化成析取范式。

2. 合取范式

由基本和的合取构成的命题公式称为合取范式。例如：

$$P \wedge (\neg P \vee Q) \wedge (P \vee \neg Q) \wedge (\neg P \vee \neg R)$$

其中的每一个基本和称为合取项。

任意给定一个命题公式 A 都可以化成与之等价的合取范式：

$$A \Leftrightarrow A_1 \wedge A_2 \wedge \cdots \wedge A_n \quad (n \geqslant 1)$$

其中 $A_i(i=1,2,\cdots,n)$ 是基本和。

求公式 A 的合取范式的步骤与析取范式的类同。

析取范式和合取范式可以解决公式表达的标准化问题，但它们都不唯一，同一公式可以写出许多与之等价的析取范式或合取范式。主范式可以解决公式表达的唯一性问题。

3.2.2.2 主析取范式和主合取范式

1. 主析取范式

如果析取范式中的每一个变元或它的否定形式在每一个析取项中必出现一次且仅出现一次，则该析取范式称为主析取范式。

求一个命题公式的主析取范式的方法如下：

(1) 将给定公式化为析取范式；

(2) 除去析取范式中所有的永假的析取项(即含有 $P\wedge\neg P$ 的析取项)；

(3) 若析取项中有同一变元多次出现，则用 $P\wedge P\Leftrightarrow P$ 化简成只出现一次；

(4) 若给定公式中的变元 Q 或 $\neg Q$ 未出现在某析取项中，则用等价式 $P\Leftrightarrow P\wedge(Q\vee\neg Q)\Leftrightarrow(P\wedge Q)\vee(P\wedge\neg Q)$，引入 Q 或 $\neg Q$，然后除去相同的析取项。

例 3.2.2.1 求公式 $(P\wedge(P\rightarrow Q))\vee Q$ 的主析取范式。

解
$$\begin{aligned}(P\wedge(P\rightarrow Q))\vee Q &\Leftrightarrow(P\wedge(\neg P\vee Q))\vee Q\\ &\Leftrightarrow((P\wedge\neg P)\vee(P\wedge Q))\vee Q\\ &\Leftrightarrow(P\wedge Q)\vee Q\\ &\Leftrightarrow(P\wedge Q)\vee(P\wedge Q)\vee(\neg P\wedge Q)\\ &\Leftrightarrow(\neg P\wedge Q)\vee(P\wedge Q)\quad\text{(主析取范式)}\end{aligned}$$

求给定公式的主析取范式的方法除了上述推导法外，还有一种真值表法，其中需要用到极小项概念。

极小项 主析取范式中的析取项称为极小项。它具有如下性质：

(1) n 个变元可构成 2^n 个极小项；

(2) 极小项为真的充要条件是：若命题出现在极小项中，则该命题的真值指派为 T；若命题的否定出现在极小项中，则该命题的真值指派为 F。

例如 P、Q、R 构成的极小项及极小项为 T 的真值指派，如表 3.2.6 所示。

表 3.2.6 P、Q、R 构成的极小项及极小项为 T 的真值指派

序号	极小项	极小项为 T 的真值指派
0	$\neg P\wedge\neg Q\wedge\neg R$	F,F,F
1	$\neg P\wedge\neg Q\wedge R$	F,F,T
2	$\neg P\wedge Q\wedge\neg R$	F,T,F

续表

序号	极小项	极小项为 T 的真值指派
3	$\neg P\wedge Q\wedge R$	F,T,T
4	$P\wedge\neg Q\wedge\neg R$	T,F,F
5	$P\wedge\neg Q\wedge R$	T,F,T
6	$P\wedge Q\wedge\neg R$	T,T,F
7	$P\wedge Q\wedge R$	T,T,T

根据极小项的性质可知，给定一个公式 A 的真值表，使 A 取真值 T 的所有真值指派对应的极小项构成的析取式 B，即是与 A 等价的主析取范式。

例如 $A=(P\wedge(P\rightarrow Q))\vee Q$ 的真值表及对应的极小项如表 3.2.7 所示。

表 3.2.7　$A=(P\wedge(P\rightarrow Q))\vee Q$ 的真值表及对应的极小项

序号	P	Q	$(P\wedge(P\rightarrow Q))\vee Q$	对应的极小项
0	F	F	F	$\neg P\wedge\neg Q$
1	F	T	T	$\neg P\wedge Q$
2	T	F	F	$P\wedge\neg Q$
3	T	T	T	$P\wedge Q$

由表 3.2.7 可见 A 的主析取范式为

$$B=(\neg P\wedge Q)\vee(P\wedge Q)=\sum(1,3)$$

此处 $\sum(1,3)$ 是主析取范式的简略记法，意思是该主析取范式由 1、3 号极小项构成。

2. 主合取范式

如果合取范式中的每一个变元或它的否定形式在每一个合取项中必出现一次且仅出现一次，则该合取范式称为主合取范式。

求一个命题公式的主合取范式的方法与主析取范式的类似。

例 3.2.2.2　求公式 $(P\wedge(P\rightarrow Q))\vee Q$ 的主合取范式。

解　$(P\wedge(P\rightarrow Q))\vee Q\Leftrightarrow(P\wedge(\neg P\vee Q))\vee Q$

$\Leftrightarrow(P\vee Q)\wedge(\neg P\vee Q)\vee Q$

$\Leftrightarrow(P\vee Q)\wedge(\neg P\vee Q)$　（主合取范式）

与求主析取范式一样，除了推导法外，还有真值表法，其中用到极大项概念。

极大项　主合取范式中的合取项称为极大项。它具有如下性质：

(1) n 个变元可构成 2^n 个极大项；

(2) 极大项为假的充要条件是：若命题出现在极大项中，则该命题的真值指派为 F；若命题的否定出现在极大项中，则该命题的真值指派为 T。

例如 P、Q、R 构成的极大项及极大项为 F 的真值指派如表 3.2.8 所示。

表 3.2.8　P、Q、R 构成的极大项及极大项为 F 的真值指派

序号	极大项	极大项为 F 的真值指派
0	$P\vee Q\vee R$	F,F,F
1	$P\vee Q\vee\neg R$	F,F,T
2	$P\vee\neg Q\vee R$	F,T,F
3	$P\vee\neg Q\vee\neg R$	F,T,T
4	$\neg P\vee Q\vee R$	T,F,F
5	$\neg P\vee Q\vee\neg R$	T,F,T
6	$\neg P\vee\neg Q\vee R$	T,T,F
7	$\neg P\vee\neg Q\vee\neg R$	T,T,T

根据极大项的性质可知，给定一个公式 A 的真值表，使 A 取真值 F 的所有真值指派对应的极大项构成的合取式 B，即是与 A 等价的主合取范式。

例如从 $A=(P\wedge(P\rightarrow Q))\vee Q$ 的真值表（表 3.2.7）可知 A 的主合取范式为

$$B=(P\vee Q)\wedge(\neg P\vee Q)=\prod(0,2)$$

此处$\prod(0,2)$是主合取范式的简略记法，意思是该主合取范式由表 3.2.7 中的 0、2 号极大项构成。

由此可见一个给定公式的主合取范式与主析取范式的构成项的序号正好是互补的，即它的主合取范式中有的极大项序号，正好是它的主析取范式中没有的极小项序号；它的主合取范式中没有的极大项序号，正好是它的主析取范式中有的极小项序号。

为了使主范式在书写上也具有唯一性，还要严格规定公式命题变元的次序和极大(小)项的次序。一般是按英文字母表的次序来给定命题变元的次序，然后用 0 代表极大(小)项中的 $P(\neg P)$，用 1 代表极大(小)项中的$\neg P(P)$，形成 2^n 个不同的二进制编码。用这个二进制码从小到大对各项排序，就可以得到一个唯一表达的主合(析)取范式。

主合(析)取范式的唯一性，使得我们常常把一个命题公式化成它的主合(析)取范式进行研究。主合(析)取范式具有如下一些性质：

(1) 公式 A 为永假(真)式的充要条件是它的主合(析)取范式包含有所有

的极大(小)项;

(2) 公式 A 为永真(假)式的充要条件是它的主合(析)取范式为“空”;

(3) 两公式等价的充要条件是它的主合(析)取范式完全一致;

(4) 两个公式不等价时,由它们的主合(析)取范式可知如何修改公式使之等价。

3.2.3 命题逻辑中的推论规则

在数理逻辑中关心的仅是论证的有效性,即从给定的前提出发如何推导出正确的结论来,至于前提本身是否正确,则不在研究之列。推论规则是保证推理有效性的一组规则,常用的有:

(1) 代换规则　用任一规则 A 全部代换永真式 B 中某个变元 P_i 的所有出现,形成的新公式 B'(称为 B 的代换实例)仍然是永真式,即 $B \Rightarrow B'$。

(2) 取代规则　若 A'是公式 A 中的子公式且 $A' \Leftrightarrow B'$,用 B'取代 A 中的 A' 的一处或多处出现,所得的新公式为 B,则有 $A \Leftrightarrow B$。

(3) 分离规则　若公式 A 和 $A \to B$ 均为永真式,则 B 必为永真式。

(4) 反证法　$P \Rightarrow Q$,当且仅当 $P \wedge \neg Q \Leftrightarrow \mathrm{F}$。

为了简化推导过程的书写形式,常用一个公式序列来表示,为此引入另外三个规则。

(1) P 规则　在推导的任何步骤上都可以引入前提。

(2) T 规则　在推导时,如果前面的步骤中有一个或多个公式永真蕴涵公式 S,则可以把 S 引入推导过程之中。

(3) CP 规则　如果能从 R 和前提集合中推导出 S 来,则可以从前提集合推导出 $R \to S$ 来。

例 3.2.3.1　试证明 $R \to S$ 可由前提 $P \to (Q \to S)$,$\neg R \vee P$ 和 Q 推导出来。

解　如果将 R 作为假设前提,使它和原前提一起推出 S,则本题得证。

(1) $\neg R \vee P$	(P 规则)
(2) R	(P 规则,假设前提)
(3) P	(T 规则,(1),(2),I_{10})
(4) $P \to (Q \to S)$	(P 规则)
(5) $Q \to S$	(T 规则,(3),(4),I_{11})
(6) Q	(P 规则)
(7) S	(T 规则,(5),(6),I_{11})
(8) $R \to S$	(CP 规则)

3.2.4 卡诺图法

前述求主析取范式和主合取范式的方法比较麻烦，它要求先建立真值表，然后经过多个步骤的演算，最后对照真值表求得所需的真值指派，才能得到正确的结果。能否有简便的方法呢？

下面我们介绍比较简便的卡诺(Karnough)图法。

图 3.2.1 称为卡诺图，它由许多小方格组成。每个小方格代表一个真值指派或一个基本项(析取项)，每一行或一列代表一个变元或变元之否定。

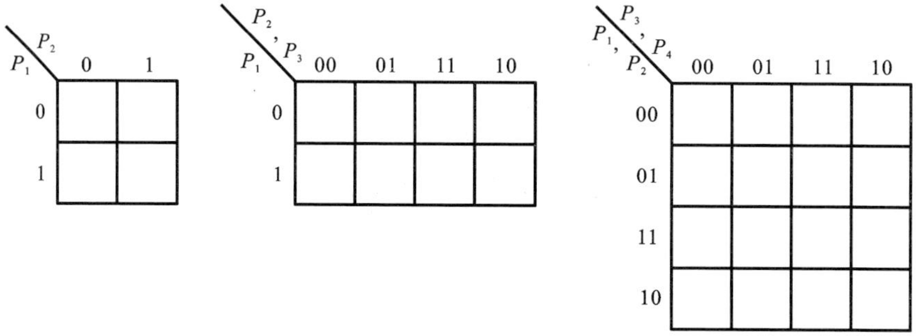

(1) 二变元　　(2) 三变元　　(3) 四变元

图 3.2.1 卡诺图

1. 用卡诺图表示联结词的真值表

为了表示简洁，我们将联结词符号加以简化。将合取符号“∨”省去，如将 $P_1 \vee P_2$ 写成 $P_1 P_2$，再将真值“T”代之以“1”，真值“F”代之以“0”。这样，根据联结词的定义，就可以用卡诺图中的小方格来表示联结词所联结的命题公式的真值表，并将选定方格加上符号“√”。

图 3.2.2 是表示“$\neg P_1$”“$P_1 \wedge P_2$”“$P_1 \vee P_2$”“$P_1 \to P_2$”“$P_2 \to P_1$”“$P_1 \leftrightarrow P_2$”的真值指派的卡诺图。

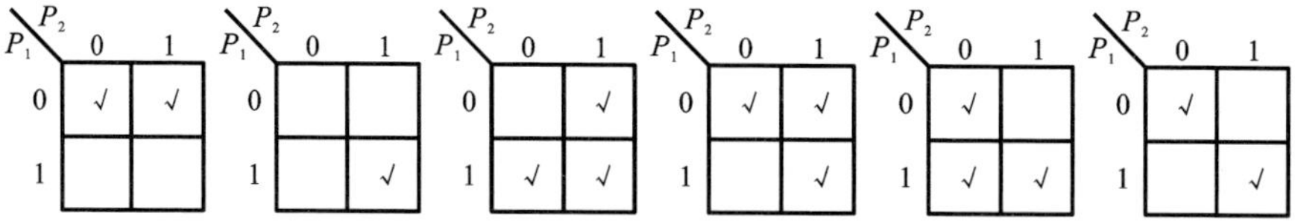

(1) $\neg P_1$　(2) $P_1 \wedge P_2$　(3) $P_1 \vee P_2$　(4) $P_1 \to P_2$　(5) $P_2 \to P_1$　(6) $P_1 \leftrightarrow P_2$

图 3.2.2 两个变元加联结词的卡诺图

2. 用卡诺图验证定律

例 3.2.4.1 验证分配律 E_7：$P \wedge (Q \vee R) \Leftrightarrow (P \wedge Q) \vee (P \wedge R)$。

解 我们分别列出命题公式 $P\wedge(Q\vee R)$ 和 $(P\wedge Q)\vee(P\wedge R)$ 的卡诺图，如图 3.2.3 所示。

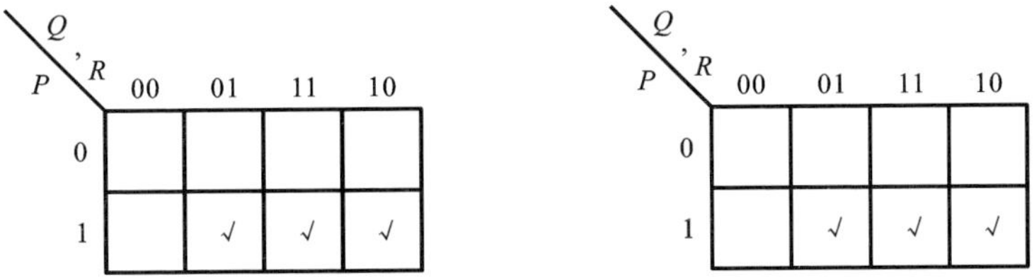

（1）命题公式$P\wedge(Q\vee R)$的卡诺图　　（2）命题公式$(P\wedge Q)\vee(P\wedge R)$的卡诺图

图 3.2.3　命题公式 $P\wedge(Q\vee R)$ 和 $(P\wedge Q)\vee(P\wedge R)$ 的卡诺图

由图 3.2.3 可以看出，命题公式 $P\wedge(Q\vee R)$ 与命题公式 $(P\wedge Q)\vee(P\wedge R)$ 有完全相同的真值指派，故分配律 E_7 得证。

例 3.2.4.2 验证分配律 E_9：$P\to(Q\to R)\Leftrightarrow(P\to Q)\to(P\to R)$。

解 我们分别列出命题公式 $P\to(Q\to R)$ 和 $(P\to Q)\to(P\to R)$ 的卡诺图，如图 3.2.4 所示。

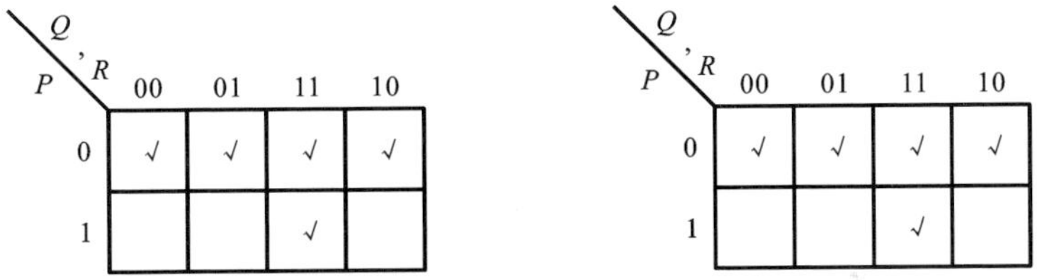

（1）命题公式$P\to(Q\to R)$的卡诺图　　（2）命题公式$(P\to Q)\to(P\to R)$的卡诺图

图 3.2.4　命题公式 $P\to(Q\to R)$ 和 $(P\to Q)\to(P\to R)$ 的卡诺图

由图 3.2.4 可以看出，命题公式 $P\to(Q\to R)$ 与命题公式 $(P\to Q)\to(P\to R)$ 有完全相同的真值指派，故分配律 E_9 得证。

例 3.2.4.3 验证化归律 E_{39}：$P\leftrightarrow Q\Leftrightarrow(P\to Q)\wedge(Q\to P)$。

解 我们分别列出命题公式 $P\leftrightarrow Q$ 和 $(P\to Q)\wedge(Q\to P)$ 的卡诺图，如图 3.2.5 所示。

（1）命题公式$P\leftrightarrow Q$的卡诺图　　（2）命题公式$(P\to Q)\wedge(Q\to P)$的卡诺图

图 3.2.5　命题公式 $P\leftrightarrow Q$ 和 $(P\to Q)\wedge(Q\to P)$ 的卡诺图

由图 3.2.5 可以看出，命题公式 $P\leftrightarrow Q$ 与命题公式 $(P\rightarrow Q)\wedge(Q\rightarrow P)$ 有完全相同的真值指派，故化归律 E_{39} 得证。

3. 用卡诺图化简命题公式并求主析取范式

例 3.2.4.4 用卡诺图求命题公式 $(P\wedge(P\rightarrow Q))\vee Q$ 的主析取范式。

解 首先列出命题公式 $(P\wedge(P\rightarrow Q))\vee Q$ 的卡诺图，根据联结词的定义勾出选中的真值方格，如图 3.2.6 所示。

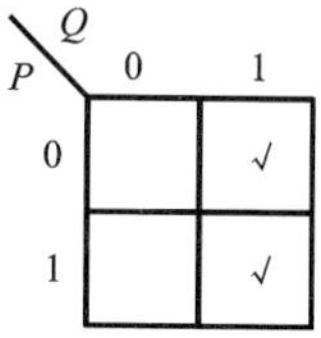

图 3.2.6 命题公式 $(P\wedge(P\rightarrow Q))\vee Q$ 的卡诺图

再由打钩的方格写出对应的主析取范式：$(\neg P\wedge Q)\vee(P\wedge Q)$。这与例 3.2.2.1所求得的结果完全相同。

例 3.2.4.5 用卡诺图求命题公式 $(\neg P_1\wedge\neg P_2\wedge\neg P_3\wedge\neg P_4)\vee(\neg P_1\wedge\neg P_2\wedge P_3)\vee(\neg P_1\wedge\neg P_3\wedge P_4)\vee(\neg P_1\wedge P_2\wedge\neg P_3)\vee(P_1\wedge\neg P_2\wedge P_3)\vee(P_1\wedge\neg P_2\wedge\neg P_3\wedge\neg P_4)$ 的最简析取范式。

解 首先列出命题公式 $(\neg P_1\wedge\neg P_2\wedge\neg P_3\wedge\neg P_4)\vee(\neg P_1\wedge\neg P_2\wedge P_3)\vee(\neg P_1\wedge\neg P_3\wedge P_4)\vee(\neg P_1\wedge P_2\wedge\neg P_3)\vee(P_1\wedge\neg P_2\wedge P_3)\vee(P_1\wedge\neg P_2\wedge\neg P_3\wedge\neg P_4)$ 的卡诺图，并勾出各析取项所对应的真值指派（方格可以重复勾出），如图 3.2.7 所示。

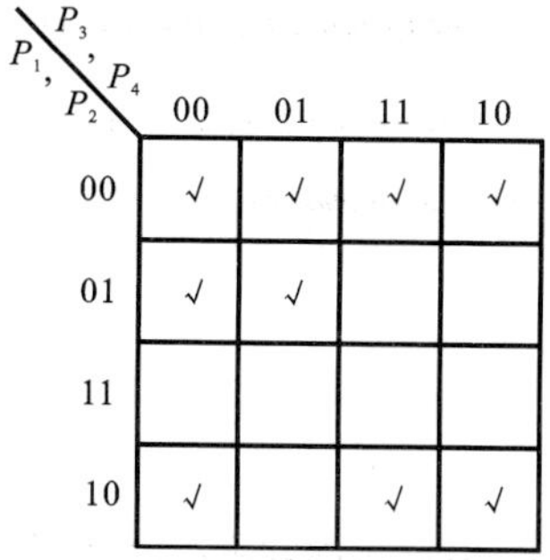

图 3.2.7 四元命题公式的卡诺图

为了求取最简析取范式，我们在卡诺图中要将打钩的方格组合起来，形成较大的方块（或长方块）。此时应将第一行和第四行的方格看成相邻的方格，最左列和最右列的方格看成相邻的方格。在此例中，我们可以画出三个较大的方块（小方格可以重复），再根据这三个较大方块的真值指派，就可写出相应的最简析取范式：

$$(\neg P_1 \wedge \neg P_3) \vee (\neg P_2 \wedge P_3) \vee (\neg P_2 \wedge \neg P_4)$$

3.3 谓词逻辑

数理逻辑的目标是通过符号化的前提和合理的推理规则求得有效推理的结论。我们将沿着这一思路展开本节的内容。

3.3.1 一阶谓词和量词

在命题逻辑中，原子命题是不能再分割的基本研究单位，这种处理方法对研究命题间的关系是合适的。但当我们深入研究命题内部的成分、结构和逻辑特征时，命题逻辑的局限性就暴露出来了。例如，像下面这种非常简单的三段论推理，在命题逻辑中就无法进行：

"所有的人都是要死的，

苏格拉底是人，

所以苏格拉底总是要死的。"

这是因为这三个命题之间具有内在的逻辑联系，只有对命题中的主语和谓语进行研究，才能形成这种推理。为了研究命题内部的谓词逻辑和命题之间的共同逻辑特征，发展了谓词逻辑，它是基于命题中的谓词分析的一种逻辑。谓词逻辑又分为不同的阶，发展得比较成熟而又获得普遍应用的是一阶谓词逻辑。我们仅讨论这种逻辑中的基本知识。

1. 谓词和个体

在谓词演算中，原子命题被分解为谓词和个体两部分。所谓个体是指可以独立存在的事物，它可以是一个抽象的概念，也可以是一个具体的东西。如椅子、猫、计算机、自然数、复数、智能、情操、定理等等。谓词是用来刻画个体的性质或关系的词。例如，有以下复合句子：

"我喜爱音乐和游泳"

在这个句子中，个体是我、音乐、游泳；谓词是喜爱。通常用英文大写字母表示谓词，用英文小写字母表示个体。例如，用 L 表示喜爱，分别用 i,m,s 表示"我""音乐""游泳"，用联结词"$\wedge$"表示"与"，则上述复合句可写成：

$$L(i,m) \wedge L(i,s)$$

普通命题也可以表示成谓词形式。如命题"李洪是大学生"，其中"…是大学生"是谓词，用"S"表示，"李洪"是个体，用"l"表示，则"李洪是大学生"这个命题的谓词形式就是：$S(l)$。

在谓词中包含的个体数目称为谓词的元数。与一个个体相联的谓词称为一元谓词，与多个个体相联的谓词称为多元谓词。如 $S(x)$ 是一元谓词，$L(x,y)$ 是二元谓词，而命题"西安在宝鸡和潼关之间"要用一个三元谓词来刻画。如"西安""宝鸡""潼关"是个体，分别用 x、b、t 表示，"在……之间"是谓词，用"Z"表示，则命题"西安在宝鸡和潼关之间"可写成：

$$Z(x,b,t)$$

一般来说，在多元谓词中，个体间的次序很重要，不可随意交换。

任何个体的变化都有一个范围，称为个体域（或论域），它可以是有限的，也可以是无限的。所有个体域的总和称为全总个体域。以某个体域为变化范围的变元称为个体变元。

一个 n 元谓词常可表示成 $P(x_1,x_2,\cdots,x_n)$，一般讲它是一个以变元的个体域为定义域，以{T,F}为值域的 n 元泛函，常称 $P(x_1,x_2,\cdots,x_n)$ 为谓词变元命名式，它还不是命题，仅告诉我们该谓词变元是 n 元的以及个体变元之间的次序如何。只有将其中的谓词赋予确定的含义，给每个个体变元都代之以确定的个体后，该谓词才变成一个确定的命题，有确定的真值。

例如有一个谓词变元命名式 $S(x,y,z)$，它还不是命题，无真值可言。如令 $S(x,y,z)$ 表示 x 在 y 和 z 之间，则它是一个谓词常量命名式，但仍然不是命题，无真值可言。若进一步代入确定的个体表示 x、y、z，如"西安在宝鸡和潼关之间"，则是一个真命题。又如"宝鸡在西安和潼关之间"，则是一个假命题。这两个具体的命题都是 $S(x,y,z)$ 的代换实例。

在谓词 $P(x_1,x_2,\cdots,x_n)$ 中，如果谓词变元 $x_i(i=1,2,\cdots,n)$ 都是一些简单的事物，如物名、简单的概念等，则称 P 为一阶谓词。若个体变元中有些变元本身就是一阶谓词，例如"说今天要下雨是不准确的"就是二阶谓词，因为其中的个体"今天要下雨"本身是一阶谓词。更高阶谓词的概念可以类推。

在一阶谓词逻辑中，个体域的确定可以和谓词在语义上没有任何联系。例如，$S(x)$：x 是大学生，x 的个体域可以是{李洪，张斌，桌子，月亮，理想}。但在自然语言中这是不允许的。

有了谓词的概念和符号表示，就可以更深刻地刻画周围的事物。命题逻辑中的五个联结词，都可以直接搬过来使用。

2. 量词

试考察两个谓词

$$P(x):x^2-1=(x+1)(x-1)$$

$$Q(x):x+3=1$$

它们都以有理数为个体域，显然，对于个体域中的所有个体，$P(x)$ 均为 T，然而

只有 $x=-2$ 时，$Q(x)$才为 T。

怎样来刻画谓词与个体之间的这种不同的关系呢？为此，我们引入了一个新的概念——量词。量词有两种：全称量词和存在量词。

符号"$(\forall x)P(x)$"表示命题："对于个体域中所有个体 x，谓词 $P(x)$均为 T"，其中"$(\forall x)$"为全称量词，读作"对于所有的 x"。谓词 $P(x)$称为$(\forall x)$的辖域或作用范围。

符号"$(\exists x)Q(x)$"表示命题："在个体域中存在某些个体使谓词 $Q(x)$为 T"，其中"$(\exists x)$"为存在量词，读作"存在 x"。谓词 $Q(x)$称为$(\exists x)$的辖域或存在范围。

当一元谓词常量命名式的个体域确定后，经某个量词的作用（称为量化），其将被转化为一个命题，可以确定其真值。例如对上述谓词 $P(x)$和 $Q(x)$来说，命题$(\forall x)P(x)$、$(\exists x)Q(x)$和$(\exists x)P(x)$的真值都为 T，而命题$(\forall x)Q(x)$的真值为 F。

这就是说，将谓词转化成命题的方法有二：①将谓词中的个体元全部换成确定的个体；②使谓词量化。

注意：

(1) 量词本身并不是一个独立的逻辑概念，可以用联结词$\wedge$、$\vee$代替。设个体域是有限集合 S：

$$S=\{a_1,a_2,\cdots,a_n\}$$

由量词的意义可以看出，对任意谓词 $A(x)$有：

$$(\forall x)A(x)\Leftrightarrow A(a_1)\wedge A(a_2)\wedge\cdots\wedge A(a_n)$$

$$(\exists x)A(x)\Leftrightarrow A(a_1)\vee A(a_2)\vee\cdots\vee A(a_n)$$

上述关系可以推广到 $n\to\infty$ 的情形。

(2) 由量词所确定的命题的真值与个体域有关，如上述命题$(\exists x)Q(x)$的真值，当个体域是有理数或整数时为 T；当个体域是自然数时为 F。

有时，为了方便，个体域一律用全称个体域，每个个体变元的真正变化范围则用一个特性谓词来刻画。但须注意：对于全称量词，此特性谓词应作为蕴涵之前件；对于存在量词，此特性谓词应作为合取式之一项。例如 $R(x)$表示 x 为实数，它刻画上述 $P(x)$和 $Q(x)$中的个体变元的特性，则可有下述永真命题成立：

$$(\forall x)(R(x)\to P(x))$$

$$(\exists x)(R(x)\wedge P(x))$$

$$(\exists x)(R(x)\wedge Q(x))$$

对于二元谓词 $P(x,y)$，可能存在以下几种量化的可能：

$$(\forall x)(\forall y)P(x,y) \quad (\forall x)(\exists y)P(x,y)$$
$$(\exists x)(\forall y)P(x,y) \quad (\exists x)(\exists y)P(x,y)$$
$$(\forall y)(\forall x)P(x,y) \quad (\exists y)(\forall x)P(x,y)$$
$$(\forall y)(\exists x)P(x,y) \quad (\exists y)(\exists x)P(x,y)$$

其中$(\exists x)(\forall y)P(x,y)$代表$(\exists x)((\forall y)P(x,y))$。

一般而言，量词的先后次序不可交换。

例如：x 和 y 的个体域都是所有鞋子的集合，$P(x,y)$表示一只鞋子 x 可与另一只鞋子 y 配对，则

$$(\exists x)(\forall y)P(x,y)$$

表示“存在一只鞋子 x，它可以与任何一只鞋子 y 配对”，这是不可能的，是个假命题；而

$$(\forall y)(\exists x)P(x,y)$$

表示“对任何一只鞋子 y，总存在一只鞋子 x 可与它配对”，这是真命题。

可见

$$(\exists x)(\forall y)P(x,y) \not\Leftrightarrow (\forall y)(\exists x)P(x,y)$$

3. 合式谓词公式

若 P 为不能再分解的n 元谓词变元，$x_1,x_2,\cdots,x_n$ 是个体变元，则称 $P(x_1, x_2,\cdots,x_n)$为原子公式或原子谓词公式。当 $n=0$ 时，P 表示命题变元即原子命题公式。所以命题逻辑是谓词逻辑的特例。

由原子谓词公式出发，通过命题联结词，可以组合成复合谓词公式，称为分子谓词公式。下面定义谓词逻辑的合式公式(wff)(简称为公式)：

(1) 原子谓词公式是合式公式；

(2) 若 A 是合式公式，则$\neg A$ 也是一个合式公式；

(3) 若 A 和 B 都是合式公式，则$(A\wedge B)$、$(A\vee B)$、$(A\rightarrow B)$和$(A\leftrightarrow B)$也都是合式公式；

(4) 如果 A 是合式公式，x 是任意变元，且 A 中无$(\forall x)$或$(\exists x)$出现，则$(\forall x)A$ 和$(\exists x)A$ 都是合式公式；

(5) 当且仅当有限次使用规则(1)至(4)所得的公式，才是合式公式。

在命题逻辑中关于使用圆括号的若干规定在谓词逻辑中继续有效。

例 3.3.1.1 试将下列命题表示为谓词公式：任何整数或者为正或者为负。

解 对于所有的 x，如果 x 为整数，则 x 或为正的或为负的。

我们用 $I(x)$表示“x 是整数”，$P(x)$表示“x 是正数”，$N(x)$表示“x 是负数”，则根据上述意译，可将给定的命题用下列谓词公式来表示：

$$(\forall x)I(x)\Rightarrow(P(x)\vee N(x))$$

4. 自由变元和约束变元

在谓词公式中，如果有形同$(\forall x)A$或$(\exists x)A$的部分(其中A是任意谓词公式)，则称它们为x约束部分。x在x约束部分的出现称为约束出现，该x称为约束变元。变元的非约束出现称为自由出现，该变元称为自由变元。约束变元与自由变元举例如表 3.3.1 所示。

表 3.3.1 约束变元与自由变元

公　式	约束变元	自由变元
$(\forall x)P(x,y)$	x	y
$(\forall x)Q(y)$	x	y
$(\forall x)(P(x)\rightarrow(\exists y)Q(x,y))$	x,y	—
$(\exists x)P(x)\wedge Q(x)$	x	x

谓词$P(x)$的量化，就是从变元x的整个个体域着眼，对性质$P(x)$所做的一个全称判断或特称判断。其结果是将谓词变成了一个命题。所以$(\forall x)$和$(\exists x)$可以看成一个消元运算。对于多元谓词，仅使其中一个变元变化仍不能将谓词变成命题。若n元谓词$P(x_1,x_2,\cdots,x_n)$经量化后仍有k个自由变元，则降为一个k元谓词$Q(y_1,y_2,\cdots,y_k)(k<n)$，只有经过$n$次量化使其中的所有变元都成为约束变元时，$n$元谓词才变为一个命题。

所以，在一般情况下给定一个谓词公式$A(x)$，仅表明在该公式中只有一个自由变元x，但并不限制在该公式中还存在若干约束变元。例如以下各公式都可以写成$A(x)$：

(1) $(\forall y)(P(y)\wedge Q(x,y))$；

(2) $(\forall x)R(x)\vee S(x)$；

(3) $(\exists y)S(y)\rightarrow S(x)$；

(4) $(\forall y)P(x,y)\vee Q(x)$。

在上述公式中，作为公式$A(x)$，它们对y的关系是不一样的。如果在式(1)中以y代替x，会出现新的约束变元，而在式(3)中以y代替x，则不会出现新的约束变元。

如果用y代换谓词公式$A(x)$中的x，不会产生变元的新的约束出现，则称$A(x)$对y是自由的。

上面式(3)对y是自由的，式(2)如果改名为$(\forall z)R(z)\vee S(x)$，则对y也是自由的。式(1)和式(4)对y是不自由的。

在谓词逻辑中，正确区分约束变元和自由变元是很重要的。

5. 谓词公式的解释

一般情况下，一个谓词公式 A 含有三类变元：谓词变元、命题变元和自由个体变元。设 A 的个体域是 D，如果用一组谓词常量、命题常量和 D 中的个体(将它们简记为 I)代换公式 A 中的相应变元，则该公式 A 转化为一个命题，可以确定其真值(记作 P)。称 I 为公式 A 在 D 中的一个解释(或指派)，称 P 为公式 A 关于解释 I 的真值。

给定一个谓词公式 A，它的个体域是 D，若在 D 中无论怎样构成 A 的解释，其真值都为 T，则称公式 A 在 D 中是永真的；如果公式 A 对任意个体域都是永真的，则称公式 A 是永真的；如果公式 A 对任意个体域中的任何一个解释都为 F，则称公式 A 为永假的(或不可满足的)；若公式 A 不是永假的，则公式 A 是可满足的。

给定任意两个谓词公式 A 和 B，D 是它们共同的个体域，若 $A \rightarrow B$ 在 D 中是永真式，则称遍及 D 有 $A \Rightarrow B$；若 D 是全总个体域，则称 $A \Rightarrow B$。若 $A \Rightarrow B$ 且 $B \Rightarrow A$，则称 $A \Leftrightarrow B$。

上面我们已经把命题逻辑中的永真式、等价和蕴涵等概念推广到谓词逻辑。显然，命题逻辑中的那些常用等价式和蕴涵式可以全部推广到谓词逻辑中来。一般来说，只要把原式中的命题公式用谓词公式代替，且把这种代替贯穿于整个表达式，命题逻辑中的永真式就转化成谓词逻辑中的永真式了。例如：

$$\mathrm{I}_1' \quad P(x) \wedge Q(x,y) \Rightarrow P(x)$$

$$\mathrm{E}_{10}' \quad \neg\neg P(x_1,x_2,\cdots,x_n) \Leftrightarrow P(x_1,x_2,\cdots,x_n)$$

3.3.2 含有量词的等价式和蕴涵式

下面介绍谓词逻辑中特有的一些等价式和蕴涵式，它们是因为量词的引入而产生的。无论是对有限个体域或是无限个体域，它们都是正确的。

1. 量词转换律

令 $\neg(\forall x)A(x)$ 表示对整个被量化的命题 $(\forall x)A(x)$ 的否定，而不是对 $(\forall x)$ 的否定，于是有：

$$\begin{aligned}\neg(\forall x)A(x) &\Leftrightarrow \neg(A(a_1) \wedge A(a_2) \wedge \cdots \wedge A(a_n)) \\ &\Leftrightarrow \neg A(a_1) \wedge \neg A(a_2) \wedge \cdots \wedge \neg A(a_n) \\ &\Leftrightarrow (\exists x)\neg A(x)\end{aligned}$$

同样可有：

$$\neg(\exists x)A(x) \Leftrightarrow (\forall x)\neg A(x)$$

上述等价关系推广到无限个体域后仍然是成立的。

2. 量词辖域的扩张及收缩律

设 P 中不出现约束变元 x，则有：

$$
\begin{aligned}
(\forall x)A(x) \vee P &\Leftrightarrow (A(a_1) \wedge A(a_2) \wedge \cdots) \vee P \\
&\Leftrightarrow (A(a_1) \vee P) \wedge (A(a_2) \vee P) \wedge \cdots \\
&\Leftrightarrow (\forall x)(A(x) \vee P)
\end{aligned}
$$

同样的方法可以证明以下三个等价式也成立：

$$(\forall x)A(x) \wedge P \Leftrightarrow (\forall x)(A(x) \wedge P)$$

$$(\exists x)A(x) \vee P \Leftrightarrow (\exists x)(A(x) \vee P)$$

$$(\exists x)A(x) \wedge P \Leftrightarrow (\exists x)(A(x) \wedge P)$$

3. 量词分配律

对任意谓词公式 $A(x)$和 $B(x)$有：

$$
\begin{aligned}
(\forall x)(A(x) \wedge B(x)) &\Leftrightarrow (A(a_1) \wedge B(a_1)) \wedge (A(a_2) \wedge B(a_2)) \wedge \cdots \\
&\Leftrightarrow (A(a_1) \wedge A(a_2) \wedge \cdots) \wedge (B(a_1) \wedge B(a_2) \wedge \cdots) \\
&\Leftrightarrow (\forall x)A(x) \wedge (\forall x)B(x)
\end{aligned}
$$

即$(\forall x)$对 $\wedge$ 服从分配律。

同样，有：

$$(\exists x)(A(x) \vee B(x)) \Leftrightarrow (\exists x)A(x) \vee (\exists x)B(x)$$

即$(\exists x)$对 $\vee$ 服从分配律。

但是，$(\forall x)$对 $\vee$、$(\exists x)$对 $\wedge$ 都不服从分配律，仅满足：

$$(\exists x)(A(x) \wedge B(x)) \Rightarrow (\exists x)A(x) \wedge (\exists x)B(x)$$

$$(\forall x)(A(x) \vee (\forall x)B(x) \Rightarrow (\forall x)(A(x) \vee B(x))$$

总结以上结论，并用类似的方法，可得出谓词逻辑中特有的一些重要等价式和蕴涵式如下。

量词分配律：

E_{41}　$(\exists x)(A(x) \vee B(x)) \Leftrightarrow (\exists x)A(x) \vee (\exists x)B(x)$

E_{42}　$(\forall x)(A(x) \wedge B(x)) \Leftrightarrow (\forall x)A(x) \wedge (\forall x)B(x)$

量词转换律：

E_{43}　$\neg(\exists x)A(x) \Leftrightarrow (\forall x)\neg A(x)$

E_{44}　$\neg(\forall x)A(x) \Leftrightarrow (\exists x)\neg A(x)$

量词辖域扩张及收缩律：

E_{45}　$(\forall x)A(x) \vee P \Leftrightarrow (\forall x)(A(x) \vee P)$

E_{46}　$(\forall x)A(x) \wedge P \Leftrightarrow (\forall x)(A(x) \wedge P)$

E_{47}　$(\exists x)A(x) \vee P \Leftrightarrow (\exists x)(A(x) \vee P)$

E_{48}　$(\exists x)A(x) \wedge P \Leftrightarrow (\exists x)(A(x) \wedge P)$

其他等价式：

E_{49}　$(\forall x)A(x)\to B\Leftrightarrow(\exists x)(A(x)\to B)$

E_{50}　$(\exists x)A(x)\to B\Leftrightarrow(\forall x)(A(x)\to B)$

E_{51}　$A\to(\forall x)B(x)\Leftrightarrow(\forall x)(A\to B(x))$

E_{52}　$A\to(\exists x)B(x)\Leftrightarrow(\exists x)(A\to B(x))$

E_{53}　$(\exists x)(A(x)\to B(x))\Leftrightarrow(\forall x)A(x)\to(\exists x)B(x)$

蕴涵式：

I_{17}　$(\forall x)A(x)\vee(\forall x)B(x)\Rightarrow(\forall x)(A(x)\vee B(x))$

I_{18}　$(\exists x)(A(x)\wedge B(x))\Rightarrow(\exists x)A(x)\wedge(\exists x)B(x)$

I_{19}　$(\exists x)A(x)\to(\forall x)B(x)\Rightarrow(\forall x)(A(x)\to B(x))$

I_{20}　$(\forall x)(A(x)\to B(x))\Rightarrow(\forall x)A(x)\to(\forall x)B(x)$

4. 量词次序的交换

从量词的意义出发，还可以给出一组量词交换式：

B_1　$(\forall x)(\forall y)P(x,y)\Leftrightarrow(\forall y)(\forall x)P(x,y)$

B_2　$(\forall x)(\forall y)P(x,y)\Rightarrow(\exists y)(\forall x)P(x,y)$

B_3　$(\forall y)(\forall x)P(x,y)\Rightarrow(\exists x)(\forall y)P(x,y)$

B_4　$(\exists y)(\forall x)P(x,y)\Rightarrow(\forall x)(\exists y)P(x,y)$

B_5　$(\exists x)(\forall y)P(x,y)\Rightarrow(\forall y)(\exists x)P(x,y)$

B_6　$(\forall x)(\exists y)P(x,y)\Rightarrow(\exists y)(\exists x)P(x,y)$

B_7　$(\forall y)(\exists x)P(x,y)\Rightarrow(\exists x)(\exists y)P(x,y)$

B_8　$(\exists x)(\exists y)P(x,y)\Rightarrow(\exists y)(\exists x)P(x,y)$

3.3.3　谓词逻辑中的推论规则

谓词逻辑是一种比命题逻辑范围更加广泛的形式语言系统。命题逻辑中的推理规则都可以无条件地推广到谓词逻辑中来。除此之外，谓词逻辑中还有一些自己独有的推理规则。

(1) 约束变元的改名规则　谓词公式中约束变元的名称是无关紧要的，我们认为$(\forall x)P(x)$和$(\forall y)P(y)$具有相同的意义。因此，需要时可以改变约束变元的名称，但必须遵守以下改名规则：

① 欲改名之变元应是某量词作用范围内的变元，且应同时更改该变元在此量词辖域内的所有约束出现，而公式的其余部分不变；

② 新的变元符号应是此量词辖域内原先没有的。

(2) 自由变元的代入规则　自由变元也可以改名，但必须遵守以下代入规则：

① 欲改变自由变元 x 之名，必改 x 在公式中的每一个自由出现；

② 新变元不应该在原公式中以任何约束形式出现。

(3) 命题变元的代换规则　用任一谓词公式 A，代换永真公式 B 中某一命题变元 P_i 的所有出现，形成的新公式 B' 仍然是永真式(但在 A 的个体变元中，不应有 B 中的约束变元出现)，并有 $B \Rightarrow B'$。

(4) 取代规则　设 $A'(x_1, x_2, \cdots, x_n) \Rightarrow B'(x_1, x_2, \cdots, x_n)$ 都是含 n 个自由变元的谓词公式，且 A' 是 A 的子式。若在 A 中用 B' 取代 A' 的一处或多处出现后所得的新公式是 B，则有 $A \Leftrightarrow B$。如果 A 为永真式，则 B 也是永真式。

关于量词的增删，还有四条规则：

(1) 全称规定规则 US　从 $(\forall x)A(x)$ 可得出结论 $A(y)$，其中 y 是个体域中任一个体。即

$$(\forall x)A(x) \Rightarrow A(y)$$

使用 US 规则的条件是，对于 y 公式 $A(x)$ 必须是自由的。根据 US 规则，在推论过程中可以移去全称量词。

(2) 存在规定规则 ES　从 $(\exists x)A(x)$ 可得出结论 $A(y)$，其中 y 是个体域中某一特殊个体。即

$$(\exists x)A(x) \Rightarrow A(y)$$

使用 ES 规则的条件是，y 必须是在前面没有出现过的，以免发生混淆。这就是说：①在给定的所有前提中，y 都不是自由的；②在居先的任何推导步骤上，y 不是自由的。根据 ES 规则，在推论中可以移去存在量词。

(3) 存在推广规则 EG　从 $A(x)$ 可得出结论 $(\exists y)A(y)$，其中 x 是个体域中某一个体。即

$$A(x) \Rightarrow (\exists y)A(y)$$

使用 EG 规则的条件是，对于 y 公式 $A(x)$ 必须是自由的。根据 EG 规则，在推论过程中可以附上存在量词。

(4) 全称推广规则 UG　从 $A(x)$ 可得出结论 $(\forall y)A(y)$，其中 x 应是个体域上任一个体。即

$$A(x) \Rightarrow (\forall y)A(y)$$

使用 UG 规则的条件是：①在任何给定的前提中，x 都不是自由的；②在使用 ES 规则而得到的一个居先步骤上，如果 x 是自由的，则由于使用 ES 规则而引入的任何新变元在 $A(x)$ 中都不是自由出现的。根据 UG 规则，在推论过程中可以附上全称量词。

例 3.3.3.1　试证明 $(\exists x)M(x)$ 是前提 $(\forall x)(H(x) \rightarrow M(x))$ 和 $(\exists x)H(x)$ 的逻辑结论。

解　(1) $\exists(x)H(x)$　　(P 规则)

(2) $H(y)$　　(ES 规则,(1))

(3) $(\forall x)(H(x)\rightarrow M(x))$　　(P 规则)

(4) $H(y)\rightarrow M(y)$　　(US 规则,(3))

(5) $M(y)$　　(T 规则,(2),(4),I_{11})

(6) $\exists(x)M(x)$　　(EG 规则,(5))

3.3.4　谓词公式的范式

命题逻辑中的四种范式都可以直接推广到谓词逻辑中来,只要把原子命题公式换成原子谓词公式即可。此外,根据量词在公式中出现的情况不同,谓词公式的范式又可分为前束范式和斯柯林范式。

1. 前束范式

设有一谓词公式,如果其中所有量词均非否定地出现在公式的最前面,且它们的辖域为整个公式,则称为前束范式。例如:

$$(\forall x)(\forall y)(\exists z)(P(x,y)\vee Q(x,z)\wedge R(x,y,z))$$

是前束范式。

任一公式都可以化为与之等价的前束范式,其方法如下:

(1) 消去公式中联结词$\leftrightarrow$和$\rightarrow$(E_{38},E_{39});

(2) 将公式内的否定符号深入谓词变元(E_{11},E_{12},E_{43},E_{44}),并化简到谓词变元前最多只有一个$\neg$(E_{10});

(3) 利用改名、代入规则使所有的约束变元均不同,且使自由变元与约束变元亦不同;

(4) 扩充量词的辖域至整个公式(E_{45},E_{46},E_{47},E_{48})。

例 3.3.4.1　试将公式$((\forall x)P(x)\vee(\exists y)R(y))\rightarrow(\forall x)F(x)$化为前束范式。

解　$((\forall x)P(x)\vee(\exists y)R(y))\rightarrow(\forall x)F(x)$

$\Leftrightarrow\neg((\forall x)P(x)\vee(\exists y)R(y))\vee(\forall x)F(x)$　　(1)

$\Leftrightarrow(\neg(\forall x)P(x)\wedge\neg(\exists y)R(y))\vee(\forall x)F(x)$　　(2)

$\Leftrightarrow((\exists x)\neg P(x)\wedge\neg(\forall y)\neg R(y))\vee(\forall x)F(x)$

$\Leftrightarrow((\exists x)\neg P(x)\wedge(\forall y)\neg R(y))\vee(\forall z)F(z)$　　(3)

$\Leftrightarrow(\exists x)(\forall y)(\forall z)((\neg P(x)\wedge\neg R(y))\vee F(z))$　　(4)

2. 斯柯林范式

如果前束范式中所有的存在量词均在全称量词之前,则称这种形式为斯柯林范式,例如:

$$(\exists x)(\exists z)(\forall y)(P(x,y) \vee Q(y,z) \vee R(y))$$

是斯柯林范式。

任何一个公式都可以化为与之等价的斯柯林范式，其方法如下：

(1) 先将给定公式化为前束范式；

(2) 将前束范式中所有自由变元用全称量词约束(UG)；

(3) 若经上述改造后的公式 A 中，第一个量词不是存在量词，则可以将 A 等价变换成如下形式：

$$(\exists u)(A \wedge (G(u) \vee \neg G(u)))$$

其中 u 是 A 中没有的个体变元；

(4) 如果前束由 n 个存在量词开始，然后是 m 个全称量词，后面还跟着存在量词，则可以利用下述等价式将这些全称量词逐一移到存在量词之后去：

$$(\exists x_1)\cdots(\exists x_n)(\forall y)P(x_1,\cdots x_n,y)$$

$$\Leftrightarrow (\exists x_1)\cdots(\exists x_n)(\exists y)((P(x_1,\cdots x_n,y) \wedge \neg H(x_1,\cdots x_n,y)) \vee (\forall z)H(x_1,\cdots x_n,z))$$

其中 $P(x_1,\cdots,x_n,y)$ 是一个前束范式，它仅含有 $x_1,\cdots,x_n$ 和 y 等 $n+1$ 个自由变元，H 是不出现于 P 内的 $n+1$ 元谓词。把等价式右边整理成前束范式，它的前束将是一个以 $(\exists x_1)\cdots(\exists x_n)(\exists y)$ 开头，后面跟上 P 中的全称量词和存在量词，最后是 $(\forall z)$。如此作用 m 次，就可将存在量词前的 m 个全称量词全部移到存在量词之后去。

斯柯林范式比前束范式更优越，它将任一公式分为三部分：存在量词序列，全称量词序列和不含量词的谓词公式。这大大方便了对谓词公式的研究。

3.4 集合论

集合论是德国著名数学家康托尔(G. Cantor，1845—1918)在 1874 年创立的，它是现代数学的基础。

3.4.1 集合的基本概念

1. 集合

某些特定的客体聚集在一起，就称为一个集合。例如全体中国人是一个集合，全体自然数是一个集合，思维中的一个概念也对应着一个集合。

集合一般用大写英文字母表示。集合中的客体一般都是那些确定的能够区分的事物，称为集合中的元素，常用小写英文字母表示元素。元素 a 属于集合 A，可简写成 $a \in A$，反之写成 $a \notin A$。$a_1 \in A,\cdots,a_n \in A$ 可简写成 $a_1,\cdots,a_n \in A$。

用{}表示集合的符号。例如元素 $a_1, a_2 \cdots, a_n$ 组成的集合，记为

$$A=\{a_1, a_2, \cdots, a_n\}$$

还有一种集合的表示法，称为谓词公式法。如果 $P(x)$ 是表示元素 x 具有某些性质 P 的谓词，则所有具有性质 P 的元素就构成了一个集合，记作 $A=\{x|P(x)\}$。显然有：

$$x\in A \Leftrightarrow P(x)$$

在集合中，元素的重复出现和排列次序都是没有意义的。集合本身可以是另一个集合的元素。不含任何元素的集合称为空集，记为$\varnothing$。如果一个集合包含了所要讨论的所有集合，则称该集合为全集，记作 E。显然：

$$\varnothing=\{x|P(x)\wedge \neg P(x)\}$$

$$E=\{x|P(x)\vee \neg P(x)\}$$

空集和全集都是唯一的。

2. 论域

论域是所论数学对象的全体，它可以是有限的，也可以是无限的。例如自然数的一部分，或是自然数的全体。但它不能是“不以自己为元素的集合”的全体，亦即不能是“非本身分子集”的集合。这样就避免了 Russell 悖论情况。事实上，我们研究某问题时，并不关心那些与所论问题无关的对象。

3. 外延、内涵、基数(势)

集合可以用来描述思维中的一个概念：符合某个概念 R 的那些客体的集合 A，称为该概念 R 的外延。集合 A 中诸客体共有的本质属性 $P(x)$，称为该概念 R 的内涵。内涵决定了概念的外延，外延反过来又限定了概念的内涵。例如“人”是一个概念，所有人的集合构成了“人”这个概念的外延，人所共有的本质属性则是“人”这个概念的内涵。

哲学上有一个重要的命题：一个概念的外延越大，则内涵越少；外延越小，则内涵越多。例如“黄种人”是“人”的一部分，它的外延比“人”小，但内涵比“人”多。“黄种男人”具有更多的内涵，同时具有更小的外延。

集合 A 中不同元素的数目称为集合的基数或势，常用 $\sharp A$ 表示。显然 $\sharp A$ 是一个非负的整数。若 $\sharp A$ 是有限值，则 A 称为有限集合，若 $\sharp A\to\infty$，则 A 称为无限集合。

4. 集合的包含和相等

设 A 和 B 是任意两个集合，如果 $(\forall x)(x\in A\to x\in B)=\mathrm{T}$，则称 A 是 B 的子集，或称 A 被 B 包含，或 B 包含 A，记作 $A\subseteq B$ 或 $B\supseteq A$。如果 $A\subseteq B$ 且 $A\supseteq B$，即 $(\forall x)(x\in A\leftrightarrow x\in B)=\mathrm{T}$，则称 A 等于 B，记作 $A=B$。如果 $A\subseteq B$ 且 $A\neq B$，则称 A 是 B 的真子集，或 B 真包含 A，记作 $A\subset B$ 或 $B\supset A$。

5. 幂集

设 A 是一个集合，A 的所有子集称为 A 的幂集，记作 $\mathscr{P}(A)$，即

$$\mathscr{P}(A)=\{x \mid x\subseteq A\}$$

并有 $\#\mathscr{P}(A)=2^{\#A}$。

3.4.2 集合的基本运算

1. 相交运算

定义集合 A 和 B 的相交运算为

$$A\cap B=\{x \mid x\in A\wedge x\in B\}$$

产生的新的集合 $A\cap B$ 称为 A 和 B 的交集。

2. 联合运算

定义集合 A 和 B 的联合运算为

$$A\cup B=\{x \mid x\in A\vee x\in B\}$$

产生的新的集合 $A\cup B$ 称为 A 和 B 的并集。

3. 差分运算

定义集合 A 和 B 的差分运算为

$$A-B=\{x \mid x\in A\wedge x\notin B\}$$

产生的新的集合 $A-B$ 称为 A 和 B 的差集(或 B 对 A 的相对补集)。B 对 E 的相对补集称为绝对补集，记作$\neg B$，即

$$\neg B=\{x \mid x\notin B\}$$

4. 对称差分运算

定义集合 A 和 B 的对称差分运算为

$$A+B=(A-B)\cup(B-A)=(A\cup B)-(A\cap B)$$

产生的新的集合称为 A 和 B 的对称差集。

上述四种运算的图形表示如图 3.4.1 所示(图中 X 表示全论域)。

3.4.3 集合定律

集合中的运算定律如下：

S_1　$A\cap B\subseteq A$

S_2　$A\cap B\subseteq B$

S_3　$A\subseteq A\cup B$

S_4　$B\subseteq A\cup B$

S_5　$A-B\subseteq A$

S_6　$A+B\subseteq A\cup B$

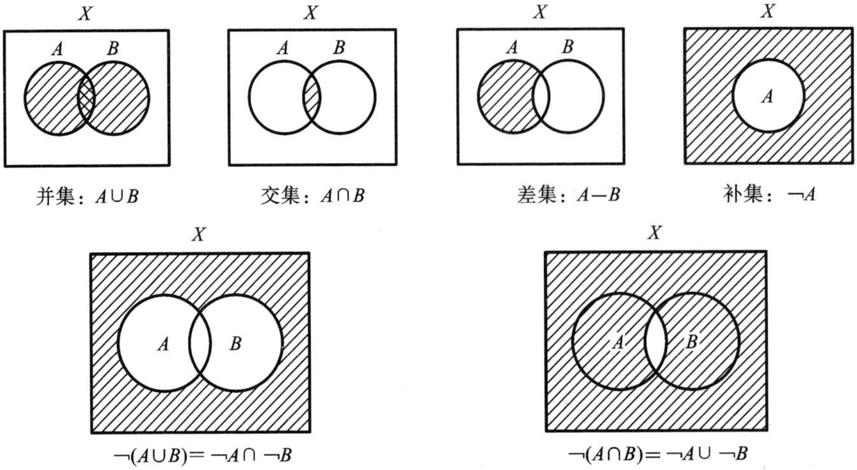

图 3.4.1 并交差补集及德·摩根律

S_7	$A\bigcup B=B\bigcup A$	交换律
S_8	$A\bigcap B=B\bigcap A$	交换律
S_9	$A+B=B+A$	交换律
S_{10}	$(A\bigcup B)\bigcup C=A\bigcup (B\bigcup C)$	结合律
S_{11}	$(A\bigcap B)\bigcap C=A\bigcap (B\bigcap C)$	结合律
S_{12}	$(A+B)+C=A+(B+C)$	结合律
S_{13}	$A\bigcap (B\bigcup C)=(A\bigcap B)\bigcup (A\bigcap C)$	分配律
S_{14}	$A\bigcup (B\bigcap C)=(A\bigcup B)\bigcap (A\bigcup C)$	分配律
S_{15}	$\neg\neg A=A$	双重否定律
S_{16}	$\neg(A\bigcap B)=\neg A\bigcup\neg B$	德·摩根律
S_{17}	$\neg(A\bigcup B)=\neg A\bigcap\neg B$	德·摩根律
S_{18}	$A\bigcap A=A$	等幂律
S_{19}	$A\bigcup A=A$	等幂律
S_{20}	$A\bigcap\neg A=\varnothing$	补余律
S_{21}	$A\bigcup\neg A=E$	补余律
S_{22}	$A\bigcap E=A$	同一律
S_{23}	$A\bigcup\varnothing=A$	同一律
S_{24}	$A-\varnothing=A$	同一律
S_{25}	$A+\varnothing=A$	同一律
S_{26}	$A\bigcap\varnothing=\varnothing$	零律
S_{27}	$A\bigcup E=E$	零律

S_{28}　$A\cup(A\cap B)=A$　　吸收律

S_{29}　$A\cap(A\cup B)=A$　　吸收律

S_{30}　$\neg\varnothing=E$

S_{31}　$\neg E=\varnothing$

S_{32}　$A-A=\varnothing$

S_{33}　$A\cap(B-A)=\varnothing$

S_{34}　$A\cup(B-A)=A\cup B$

S_{35}　$A-(B\cup C)=(A-B)\cap(A-C)$

S_{36}　$A-(B\cap C)=(A-B)\cup(A-C)$

S_{37}　$A-B=A\cap\neg B$

S_{38}　$A+B=(A\cap\neg B)\cup(\neg A\cap B)$

3.4.4　集合的特征函数

集合还可以用特征函数来描述。集合 A 的特征函数定义为

$$\psi_A(x)=\begin{cases}1 & \text{如果 } x\in A\\ 0 & \text{否则}\end{cases}$$

图 3.4.2 给出了集合 A 的特征函数。

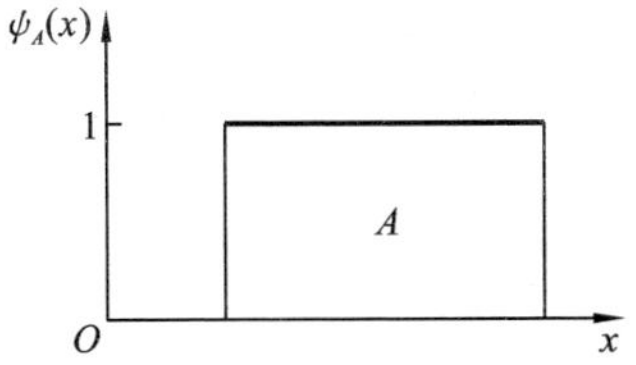

图 3.4.2　特征函数

特征函数有如下一些性质：

(1) $\psi_A(x)=0\Leftrightarrow A=\varnothing$；

(2) $\psi_A(x)=1\Leftrightarrow A=E$；

(3) $\psi_A(x)\leqslant\psi_B(x)\Leftrightarrow A\subseteq B$；

(4) $\psi_A(x)=\psi_B(x)\Leftrightarrow A=B$；

(5) $\psi_{A\cap B}(x)=\psi_A(x)\times\psi_B(x)$；

(6) $\psi_{A\cup B}(x)=\psi_A(x)+\psi_B(x)-\psi_{A\cap B}(x)$；

(7) $\psi_{\neg A}(x)=1-\psi_A(x)$；

(8) $\psi_{A-B}(x)=\psi_A(x)-\psi_{A\cap B}(x)$；

(9) $\psi_{A+B}(x)=\psi_A(x)+\psi_B(x)-2\psi_{A\cap B}(x)$。

利用上述性质可以更方便地证明许多集合定律。

如果 $A=\{x\mid P(x)\}$，且令 T=1，F=0，则有 $P(x)=\psi_A(x)$，故又可写成 $A=\{x\mid\psi_A(x)\}$，它表示 A 是所有使 $\psi_A(x)=1$ 的元素组成的集合。

3.4.5　二元关系

1. 笛卡儿乘积

有序对　一对以固定顺序排列着的客体称为有序对，常用 $\langle a,b\rangle$ 表示有序

对。与集合不同，有序对中的顺序是有意义的，且允许两个客体相同。

n 重序元 最简单的有序对是一个二重序元；如果一个有序对的第一元素是一个 $n-1$ 重序元($n\geqslant 3$)，则该有序对是 n 重序元。常将 n 重序元 $\langle\langle x_1,x_2,\cdots,x_{n-1}\rangle,x_n\rangle$ 简写成 $\langle x_1,x_2,\cdots,x_{n-1},x_n\rangle$。

笛卡儿乘积 集合 A 和 B 的笛卡儿乘积定义为

$$A\times B=\{\langle a,b\rangle\mid a\in A\wedge b\in B\}$$

集合 $A_1,A_2,\cdots,A_n$ 的笛卡儿乘积定义为

$$A_1\times A_2\times\cdots\times A_n=\{\langle a_1,a_2,\cdots,a_n\rangle\mid a_1\in A_1\wedge a_2\in A_2\wedge\cdots\wedge a_n\in A_n\}$$

简记 $A\times A=A^2$，$A^n\times A=A^{n+1}$。

集合的笛卡儿乘积不满足交换律和结合律，但满足分配律，即有：

(1) $A\times(B\cap C)=(A\times B)\cap(A\times C)$；

(2) $A\times(B\cup C)=(A\times B)\cup(A\times C)$；

(3) $(A\cap B)\times C=(A\times C)\cap(B\times C)$；

(4) $(A\cup B)\times C=(A\times C)\cup(B\times C)$。

2. 二元关系及其基本性质

二元关系 笛卡儿乘积 $A\times B$ 的任意一个子集 R 确定了一个由集合 A 到集合 B 的二元关系，如果 $\langle x,y\rangle\in R$，则可写成 xRy，否则写成 $x\bar{R}y$。关系 R 的定义域定义为

$$D(R)=\{x\mid(\exists y)(\langle x,y\rangle\in R)\}$$

关系 R 的值域定义为

$$R(R)=\{y\mid(\exists x)(\langle x,y\rangle\in R)\}$$

显然有 $D(R)\subseteq A$，$R(R)\subseteq B$。特称由 A 到 A 的关系为 A 中的关系。

从有限集合到有限集合的关系有三种表示方法，除前面所采用的以集合的形式表示外，还可用矩阵或图来表示。

关系矩阵 给定两个有限集合 $A=\{a_1,a_2,\cdots,a_m\}$ 和 $B=\{b_1,b_2,\cdots,b_n\}$，R 是从 A 到 B 的一个二元关系，则对应于关系 R 有一个矩阵 $[r_{ij}]_{m\times n}$，其中 $a_i\in A$，$b_j\in B$ 且

$$r_{ij}=\begin{cases}1, & \langle a_i,b_j\rangle\in R\\0, & \langle a_i,b_j\rangle\notin R\end{cases}$$

我们称 $[r_{ij}]_{m\times n}$ 是 R 的关系矩阵，并记作 $\boldsymbol{M}_R$。

关系图 将集合中的元素全部用小圆圈(或点)表示，称为结点。当且仅当 $\langle a_i,b_j\rangle\in R$ 时，作一条从 a_i 到 b_j 的有向线段连接这两个结点，称这个有向线段为有向边。于是给定一个关系 R，就可以得到一个对应的有向图，反之亦然。称这个有向图为 R 的关系图。

例 3.4.5.1 设集合 $A=\{1,2,3,4\}$，A 中的关系 R 可表示成 $R=\{\langle x,y\rangle \mid x\geqslant y\}$，则关系矩阵为

$$\boldsymbol{M}_R=\begin{bmatrix}1&0&0&0\\1&1&0&0\\1&1&1&0\\1&1&1&1\end{bmatrix}$$

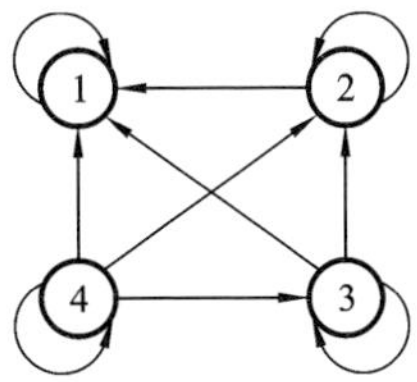

图 3.4.3 关系图

关系图如图 3.4.3 所示，图中有向边存在，当且仅当 $r_{ij}=1$。

在集合 X 中，有以下几种特殊的关系：

(1) 全域关系 $E_X=X\times X=\{\langle x_i,x_j\rangle \mid x_i,x_j\in X\}$；

(2) 空白关系 $Z_X=\varnothing$；

(3) 恒等关系 $I_X=\{\langle x,x\rangle \mid x\in X\}$。

如果 R 和 S 都是 Z 中的二元关系，则通过集合运算可得到一些新的关系：

$$R\cap S=\{\langle x_i,x_j\rangle \mid \langle x_i,x_j\rangle\in R\wedge \langle x_i,x_j\rangle\in S\}$$

$$R\cup S=\{\langle x_i,x_j\rangle \mid \langle x_i,x_j\rangle\in R\vee \langle x_i,x_j\rangle\in S\}$$

$$R-S=\{\langle x_i,x_j\rangle \mid \langle x_i,x_j\rangle\in R\wedge \langle x_i,x_j\rangle\notin S\}$$

X 中的二元关系 R 有如下基本性质：

R 是自反的$\Leftrightarrow(\forall x)(x\in X\rightarrow xRx)$

R 是对称的$\Leftrightarrow(\forall x)(\forall y)(\langle x,y\rangle\in X\wedge xRy\rightarrow yRx)$

R 是可传递的$\Leftrightarrow(\forall x)(\forall y)(\forall z)(x,y,z\in X\wedge xRy\wedge yRz\rightarrow xRz)$

R 是反自反的$\Leftrightarrow(\forall x)(x\in X\rightarrow x\bar{R}x)$

R 是反对称的$\Leftrightarrow(\forall x)(\forall y)(x,y\in X\wedge xRy\wedge yRx\rightarrow x=y)$

注意：

(1) 存在既不是自反的，又不是反自反的关系，例如 $X=\{1,2\}$ 中的二元关系：

$$R=\{\langle 1,1\rangle,\langle 1,2\rangle\}$$

(2) 存在既是对称的又是反对称的关系，例如 $X=\{1,2\}$ 中的二元关系：

$$R=\{\langle 1,1\rangle,\langle 2,2\rangle\}$$

3. 常见的二元关系

等价关系 设 R 是集合 X 中的一个二元关系，如果 R 是自反的、对称的和可传递的，则称 R 是 X 中的等价关系。

利用等价关系 R 可以在 X 中生成 x 的等价类，记作 $[x]_R$（或 $[x]$，或 x/R），即

$$[x]_R=\{y \mid y\in X\wedge xRy\}$$

各等价类的集合称为 X 对 R 的商集，记作 X/R，即

$$X/R=\{[x]_R \mid x\in X\}$$

相容关系 设 R 是集合 X 中的二元关系，如果 R 是自反的和对称的，则称 R 是 X 中的相容关系。

偏序关系 设 R 是集合 X 中的二元关系，如果 R 是自反的、反对称的和可传递的，则称 R 是 X 中的偏序关系。

4. 集合的覆盖和划分

设 S 是一个非空集合，$A=\{A_1,A_2,\cdots,A_n\}$ 是由 S 的若干子集构成的集合，即 $A_i\subseteq S(i=1,2,\cdots,n)$，如果

$$\bigcup_{i=1}^{n} A_i=S$$

则称 A 是 S 的一个覆盖。如果 A 是 S 的一个覆盖，且对任意 $i\neq j$ 有 $A_i\cap A_j=\varnothing$，则称 A 是 S 的一个划分。称 A 的元素 A_i 为划分的类，称划分中类的数目 n 为划分的秩。

上述划分 A 可写成

$$A=\{A_i\}_{i=1}^{n}$$

设非空集合有两个划分 A 和 A'，且

$$A=\{A_i\}_{i=1}^{n}$$

$$A'=\{A'_j\}_{j=1}^{m}$$

如果 A' 的每一个类 A'_j 都是 A 的某一个类 A_i 的子集，则称 A' 是 A 的加细。如果 A' 是 A 的加细，且 $A'\neq A$，则称 A' 是 A 的真加细。

5. 关系的复合和星闭包

设 R 是从 X 到 Y 的二元关系，S 是从 Y 到 Z 的二元关系，则从 X 到 Z 的复合关系 $R\circ S$ 定义为

$$R\circ S=\{\langle x,z\rangle \mid x\in X\wedge z\in Z\wedge(\exists y)(y\in Y\wedge\langle x,y\rangle\in R\wedge(y,z)\in S)\} \tag{3.4.1}$$

如果 $R(R)\cap D(S)\neq\varnothing$，则 $R\circ S\neq\varnothing$，反之亦然。

关系的复合运算并不满足交换律，但满足结合律。复合运算还对 $\cup$ 运算满足分配律，即可设 R_1,R_2,R_3,R_4 都是 X 中的二元关系，有：

$$(R_1\circ R_2)\circ R_3=R_1\circ(R_2\circ R_3)$$

$$R_1\circ(R_2\cup R_3)=R_1\circ R_2\cup R_1\circ R_3$$

$$(R_2\cup R_3)\circ R_4=R_2\circ R_4\cup R_3\circ R_4$$

复合运算的矩阵法 采用矩阵表示二元关系，再进行复合运算，可能更加直观和方便。

设有两个二元关系：$\boldsymbol{A}=[a_{ij}]_{m\times n}$，$\boldsymbol{B}=[b_{jk}]_{n\times s}$，则由复合运算的定义（公式

(3.4.1)),可得如下矩阵形式的复合运算公式:

$$C=A\circ B=[c_{ik}]_{m\times s} \tag{3.4.2}$$

式中,

$$c_{ik}=\bigvee_{j=1}^{n}(a_{ij}\wedge b_{jk}) \tag{3.4.3}$$

例 3.4.5.2 设有下列两个二元关系,求其复合关系 $\boldsymbol{C}=\boldsymbol{A}\circ\boldsymbol{B}$。

$$\boldsymbol{A}=\begin{bmatrix}1&0&0\\0&0&1\\1&0&0\\0&1&0\end{bmatrix}\begin{matrix}a_1\\a_2\\a_3\\a_4\end{matrix}\quad \boldsymbol{B}=\begin{bmatrix}1&0\\0&1\\1&1\end{bmatrix}\begin{matrix}b_1\\b_2\\b_3\end{matrix}$$

$$\begin{matrix}b_1&b_2&b_3\end{matrix}\qquad\qquad \begin{matrix}c_1&c_2\end{matrix}$$

解 按式(3.4.3),可得下述复合运算的结果:

$$\boldsymbol{C}=\boldsymbol{A}\circ\boldsymbol{B}=\begin{bmatrix}1&0&0\\0&0&1\\1&0&0\\0&1&0\end{bmatrix}\circ\begin{bmatrix}1&0\\0&1\\1&1\end{bmatrix}=\begin{bmatrix}1&0\\1&1\\1&0\\0&1\end{bmatrix}$$

复合运算也可用有向图表示,如图 3.4.4 所示。

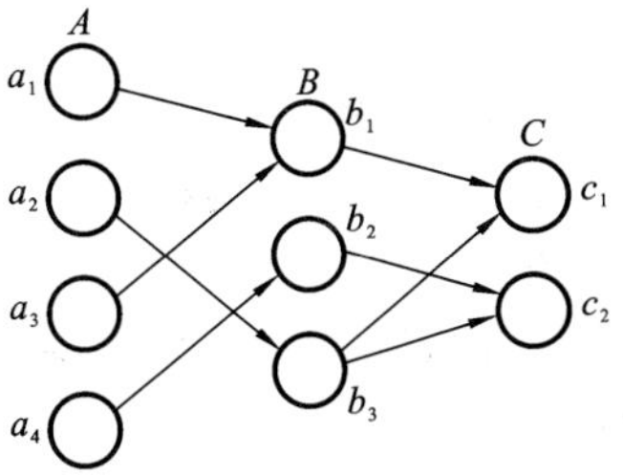

图 3.4.4 复合运算关系图

幂 集合 X 中的二元关系 R 的 n 次幂($n\in\mathbf{N}$)定义如下:

(1) $R^0=I_X$;

(2) $R^{n+1}=R^n\circ R\quad(n\in\mathbf{N})$。

R 满足指数律,即对任意 $m,n\in\mathbf{N}$ 有

(1) $R^m\circ R^n=R^{m+n}$;

(2) $(R^m)^n=R^{mn}$。

可传递闭包 设 R 是集合 X 中的二元关系,R 的可传递闭包 R^+ 定义为

$$R^+=\bigcup_{i=1}^{\infty}R^i$$

若 X 是有限集合,$\#X=n$,则有

$$R^+=\bigcup_{i=1}^{n}R^i$$

星闭包 R 的星闭包 R^* 定义为

$$R^*=R^0\cup R^+=\bigcup_{i=0}^{\infty}R^i$$

6. 函数和二元运算

函数 函数是一种从集合 X 到集合 Y 的特殊二元关系 f,它要求对任一 x

$\in X$，都存在唯一的一个 $y\in Y$，使得 $\langle x,y\rangle\in f$。记作函数 $f:X\to Y$。

显然，在函数里 $D(f)=X$，$R(f)\subseteq Y$，$y=f(x)$ 是单值的。

给定函数 $f:X\to Y$，如果 $R(f)=Y$，则称 f 是满射的函数（或映满的映射）；如果对任意 $x_1,x_2\in X$，有 $x_1\neq x_2\Rightarrow f(x_1)\neq f(x_2)$，则称 f 是内射的函数（或一对一的映射）；如果 f 既是内射的又是满射的，则称 f 是双射函数（或一一对应）。

二元运算　称函数 $f:X^n\to X$ 为 n 元运算。常用的是一元运算和二元运算。二元运算 $f:X^2\to X$ 有以下一些性质：

（1）封闭性　f 是封闭的，当且仅当对任意 $x_1,x_2\in X$，有 $f(x_1,x_2)\in X$；

（2）可交换性　f 是可交换的，当且仅当对任意 $x_1,x_2\in X$，有 $f(x_1,x_2)=f(x_2,x_1)$；

（3）可结合性　f 是可结合的，当且仅当对任意 $x_1,x_2,x_3\in X$，有 $f(f(x_1,x_2),x_3)=f(x_1,f(x_2,x_3))$；

（4）可分配性　设 f 和 g 都是 X 中的二元运算，f 对 g 是可分配的，当且仅当对任意 $x_1,x_2,x_3\in X$，有 $f(x_1,g(x_2,x_3))=g(f(x_1,x_2),f(x_1,x_3))$。

设“$\circ$”是 X 中的二元运算，它可能存在以下一些特异元素：

（1）幺元　如果存在一个特异元素 $e\in X$，使得对任意 $x\in X$，有 $e\circ x=x\circ e=x$，则称 e 是关于“$\circ$”运算的幺元。

（2）零元　如果存在一个特异元素 $0\in X$，使得对任意 $x\in X$，有 $0\circ x=x\circ 0=0$，则称 0 是关于“$\circ$”运算的零元。

（3）逆元　设“$\circ$”运算有幺元 e，对任一元素 $a\in X$，如果存在一个元素 $b\in X$ 使得 $b\circ a=a\circ b=e$，则称 a 关于“$\circ$”运算是可逆的，b 是 a 的逆元。显然，a 也是 b 的逆元。

（4）幂等元　任一元素 $a\in X$，如果满足 $a\circ a=a$，则称 a 关于“$\circ$”运算是幂等元。

第 4 章 概率论与数理统计

概率论与数理统计是研究和揭示随机现象统计规律性的数学学科，它从数量角度出发，对随机现象进行描述，为人们认识和利用随机现象的规律性提供了有力的理论工具，因此它的应用相当广泛，几乎覆盖到所有科学技术领域。工业、农业、国防与国民经济各个部门都要用到它。例如工业生产的质量控制、工业试验设计、农业种植规划、气象预报、地震预报等。此外，概率论与数理统计的理论与方法正在向各基础学科、工程学科、经济学科渗透，产生了各种边缘性的应用学科，如排队论、计量经济学、信息论、控制论、时向序列分析等。

最近 20 年来，人工智能在全球范围飞速发展。概率论与数理统计是人工智能联结主义学派的理论基础，它已成为人工智能研究的主流工具。当前人工智能的热点是机器学习和深度学习。概率论与数理统计的分布函数、数字特征(数学期望、方差、协方差、相关系数)、参数估计、假设检验、方差分析、回归分析、直方图等理论与方法广泛应用在机器学习和深度学习中。

鉴于概率论与数理统计的重要性，2011 年 2 月，国务院学位委员会将统计学独立出来，成为一级学科，并编入新的《学位授予和人才培养学科目录(2011年)》中。

4.1 概率论与数理统计发展简史及主要内容

4.1.1 发展简史

概率论起源于 17 世纪中叶人们对赌博问题的研讨。1654 年夏，法国数学家帕斯卡(B. Pascal，1623—1662)和费马(P. De Fermat，1601—1655)公布了他们对所谓机会问题的讨论。其中，费马建议了古典概率的算法，而帕斯卡讨论了赌博中的公正问题。

早期的关于概率论里程碑式的工作有：

(1) 1657 年，荷兰数学家惠更斯(Crisliaan Huygens，1629—1695)出版了

关于概率论的第一本著作 *On Calculations in Games of Chance*。

(2) 1713 年,瑞士数学家伯努利(Jacob Bernoulli,1654—1705)出版了著作 *The Art of Guessing*,此书奠定了概率论作为一门独立数学分支的基础,他在此书中证明了大数定律。

(3) 1730 年,出生于法国而后移居英国的教师棣莫弗(A. De Moivre,1667—1754)发表了专著 *The Analytic Method*,证明了概率论中的中心极限定理。

(4) 1812 年,著名的法国数学家和天文学家拉普拉斯(Pierre-Simon Laplace,1749—1827)发表了重要的《概率分析理论》一书,系统总结了前人关于概率的研究成果,明确了概率的古典定义,引入了概率论的分析方法,把概率论提高到一个新的阶段。1814 年,该书第二版的书名换成《概率的哲学导论》,在该书中,拉普拉斯给出了概率论的七个一般原理,这七个原理成为现代概率教科书中的古典概率论的核心内容。

(5) 1933 年,苏联的大数学家柯尔莫哥洛夫(Andrey Nikolaevich Kolmogorov,1903—1987)以德文出版了经典著作《概率论基础》,他从测度论出发改造了概率论,为概率论建立了概率论的柯尔莫哥洛夫公理化体系,并为大家接受。柯尔莫哥洛夫是 20 世纪最伟大的数学家之一,也是 20 世纪最有影响的少数几个数学家之一。

还有许多著名的学者在概率论早期研究中留下了他们的名字。如法国数学家泊松(Simeon-Denis Poisson,1781—1840),德国著名数学家高斯(J. C. F. Gauss,1777—1855),俄国数学家切比雪夫(Chebyshev,1821—1894),俄国数学家马尔可夫(Markov,1856—1922),奥地利数学家冯·米西斯(R. Von Mises,1883—1953),法国数学家博雷尔(Borel,1871—1956)等。

统计学始于何时?恐难找到一个明显的大家公认的起点。但统计学起源于国家治理的大数据收集确是公认的事实。统计(statistics)一词正是由国家(state)一词演化而来。中国古代典籍中,就有不少关于户口、钱粮、兵役、地震、水灾和旱灾等的记载。现今世界各国都设有统计局或类似的机构,对人口普查和经济发展数据进行收集、分析和处理,并由此提供资料给国家领导层做出国家未来发展的战略、战术决策。

关于统计学发展过程中里程碑式的工作大体上可归纳为:

(1) 英国统计学家格兰特(John Graunt,1620—1674)于 1662 年组织调查人口死亡率,并发表专著《从自然和政治方面观察死亡统计表》,标志着这门学科的诞生。

(2) 比利时统计学家凯特勒(Lambert Adolphe Jacques Quetelet,1796—

1874)，被统计学界称为“近代统计学之父”“国际统计会议之父”。他一生著作颇丰，其中有关统计学方面的就有 65 种之多。影响最大的有：《论人及其才能的发展》(1835 年)、《关于应用于道德科学、政治科学的概率论的书简》(1846 年)、《社会制度及其支配规律》(1848 年)和《社会物理学》(1869 年)。

(3) 英国生物学家高尔顿(Francis Galton，1822—1911)于 1889 年出版数理统计著作《自然的遗传》，引入回归分析法，给出了回归直线和相关系数的重要概念。

(4) 英国数学家和生物学家费希尔(Fisher Ronald Aylmer，1890—1962)于 1922 年出版了关于现代统计的基础性著作《理论统计的数学基础》，对统计中的多元分析、相关系数、样本分布及其在生物遗传与优生方面的应用，进行了系统深入的阐述。他的主要贡献在估计理论、假设检验、实验设计和方差分析等方面。他所领导的伦敦大学数理统计学派，在 20 世纪 30 年代到 40 年代在世界统计界占主导地位。

(5) 瑞典数学家克拉默尔(Cramer Harald，1893—1985)，曾任斯德哥尔摩大学校长，他 1946 年发表的《统计学的数学方法》总结了数理统计的成果，使现代数理统计趋于成熟。

从 17 世纪中叶概率论诞生到 20 世纪初建立了公理体系而成为一个数学分支，概率论经过了约 250 年历史。统计学的诞生与发展差不多与概率论并行。统计学起源于随机性大数据的收集、分析与处理，其量化要借助概率论的概念、理论与方法。但统计学更接近应用，它是概率论与实际应用之间的桥梁与工具。正是基于这一点，概率论与数理统计学这两个学科联系十分紧密。

现代以人工智能为基础的信息技术的发展依赖于随机性的大数据和云计算，其数据的收集、分析与处理必然要依靠概率论与数理统计。

概率论与数理统计是古老又现代的重要学科！

4.1.2 主要内容与结构

概率论与数理统计属于随机数学的分支，它们是密切联系的同类学科。但二者在内容方面又各有不同。

概率论根据大量同类随机现象的统计规律，对随机现象出现某种结果的可能性做出客观的科学判断。其中包括：对这种出现的可能性做出数量上的描述，比较这些可能性的大小、研究它们之间的联系，从而形成一整套数学理论和方法。

数理统计则应用概率论的概念和理论来研究大量随机现象的规律性；对通过学科安排的一定数量的实验所得到的统计方法给出严格的理论证明；判定各

种方法应用的条件及方法、公式、结论的可靠程度和局限性，从而使我们能从一组样本来判定是否能以相当大的概率来保证某一判断是正确的，并可以控制发生错误的概率。

概率论与数理统计的内容与结构如图 4.1.1 所示。

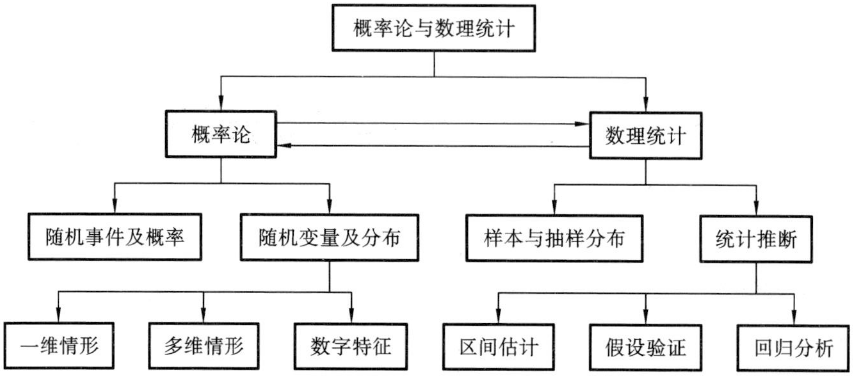

图 4.1.1　概率论与数理统计的内容与结构

概率论与数理统计作为一门学科与其他数学学科的主要不同点如下：

第一，观察、试验、调查是概率统计学科研究方法的基石，但概率统计学科依然具有本学科的定义、公理与定理。尽管这些定义、公理、定理源于自然界的随机规律，但它们是确定的，不存在任何随机性。

第二，概率统计的研究方法是“由部分推断全体”。由于概率统计研究的对象是大范围的随机现象，在进行试验、观察时，不可能也不必要全部进行，但是这一部分资料所得出的结论可以推广到全体范围。

第三，随机现象的随机性是相对试验、调查之前来说的，而真正得出结果后，对于每一次试验，它只能得到这些不确定结果中的某一确定结果。在研究这一现象时，应当注意在试验前能不能对这一现象找出它本身的内在规律。

4.2　随机事件及其概率

4.2.1　随机事件及其运算

1. 随机事件的集合表示

自然界与人类社会存在和发生的各种现象，大致可归结为两类：一类称为确定性现象，即一定的前提条件完全决定结果的现象，如在标准大气压下，水被加热到 100℃时一定沸腾；另一类称为随机现象，即前提条件不能完全决定结果的现象，如掷一枚均匀的硬币，可能出现正面，也可能不出现正面。

对于随机现象，做少数几次试验或观察，其结果无规律性，但做大量试验或长期观察，则可以看出其结果呈现出一种规律性，这种规律性称为统计规律性，它是随机现象自身所具有的特征。概率论就是研究随机现象及其统计规律性的一门数学学科。

概率论中把满足下列特点的试验称为随机试验：

(1) 试验可以在相同条件下重复进行；

(2) 试验有多种可能的结果，且知道试验可能出现的全部结果；

(3) 试验前不能预言会出现哪种结果。

随机试验用英文大写字母表示，如随机试验 E。每一次试验称为随机试验的样本，每一个试验可能的结果称为样本点，一般用 ω 表示。所有可能的试验结果组成的集合(即样本点组成的集合)称为随机试验 E 的样本空间，一般用 Ω 来表示。例如掷一枚硬币的试验用 E_1 表示，抛掷一颗均匀的骰子的试验用 E_2 表示，则 E_1 和 E_2 的样本空间分别为

$$\Omega_1=\{\text{正向},\text{反面}\}$$

$$\Omega_2=\{1,2,3,4,5,6\}$$

样本空间的引入使得我们能用集合这一数学工具来研究随机事件。这样，试验 E 的任一事件都是其样本空间的一个子集合，特别地，E 的必然事件就是其样本空间 Ω 自身，E 的不可能事件记为 $\varnothing$，它对应着空集。

2. 随机事件的关系与运算

设随机试验 E 的样本空间为 Ω，而 $A,B,A_i(i=1,2,\cdots)$ 是 Ω 的子集。

(1) 若 $A\subset B$，则称事件 B 包含事件 A，或称事件 A 是事件 B 的子事件，这指的是事件 A 发生必导致事件 B 发生。

(2) 若 $A\subset B$ 且 $B\subset A$，则称事件 A 与事件 B 相等，记为 $A=B$。

(3) 事件 $A\cup B=\{\omega|\omega\in A$ 或 $\omega\in B\}$ 称为事件 A 与事件 B 的和事件，当且仅当 A,B 中至少有一个发生时，事件 $A\cup B$ 发生，事件 $A\cup B$ 也是“或仅 A 发生或仅 B 发生或 A 与 B 都发生”。

类似的，称 $\bigcup_{i=1}^{n}A_i$ 为 n 个事件 $A_1,A_2,\cdots,A_n$ 的和事件，称 $\bigcup_{i=1}^{\infty}A_i$ 为可列个事件 $A_1,A_2,\cdots,A_n\cdots$ 的和事件。

(4) 事件 $A\cap B=\{\omega|\omega\in A$ 且 $\omega\in B\}$ 称为事件 A 与事件 B 的积事件，当且仅当 A,B 都发生时，事件 $A\cap B$ 发生，积事件 $A\cap B$ 也可简记为 AB。

类似的，称 $\bigcap_{i=1}^{n}A_i$ 为 n 个事件 $A_1,A_2,\cdots,A_n$ 的积事件，称 $\bigcap_{i=1}^{\infty}A_i$ 为可列个事件 $A_1,A_2,\cdots,A_n,\cdots$ 的积事件。

(5) 事件 $A-B=\{\omega|\omega\in A$ 且 $\omega\notin B\}$ 称为事件 A 与事件 B 的差事件，当且仅当 A 发生且 B 不发生时，事件 $A-B$ 发生。

(6) 若 $A\cap B=\varnothing$，则称事件 A 与事件 B 是互不相容的，或互斥的。这指的是事件 A 与事件 B 不能同时发生，这两个事件是两两不相容的。

(7) 若 $A\cup B=\Omega$ 且 $A\cap B=\varnothing$，则称事件 A 与事件 B 互为对立事件，或称事件 A 与事件 B 为互逆事件。这指的是，对每一次试验而言，事件 A 与事件 B 中必有一个发生，且仅有一个发生。A 的对立事件记为 $\overline{A}$，$\overline{A}=\Omega-A$，$A\cup\overline{A}=\Omega$，$A\cap\overline{A}=\varnothing$。

下面用图 4.2.1 来表示上述事件间的关系与运算，长方形表示样本空间，椭圆 A 与 B 分别表示事件 A 与 B。

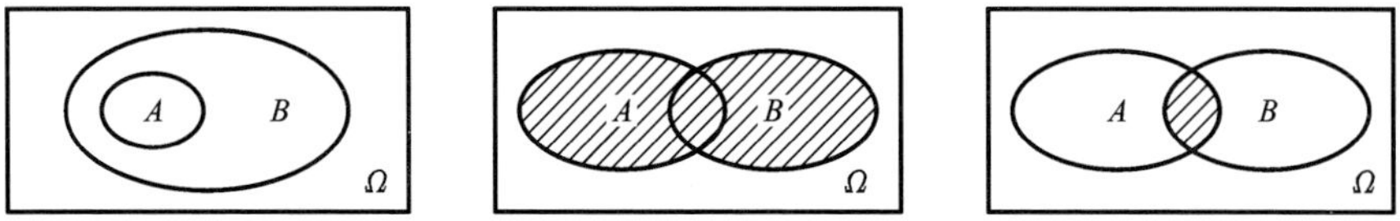

(1) $A\subset B$　　(2) $A\cup B$　　(3) $A\cap B$

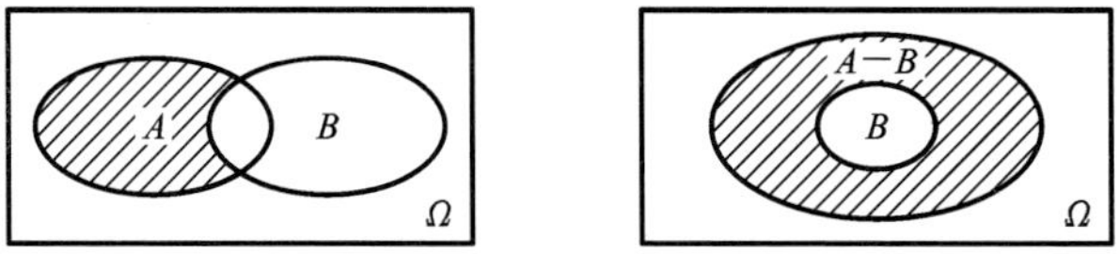

(4) $A-B$

(5) $A\cap B=\varnothing$　　(6) $A=B$

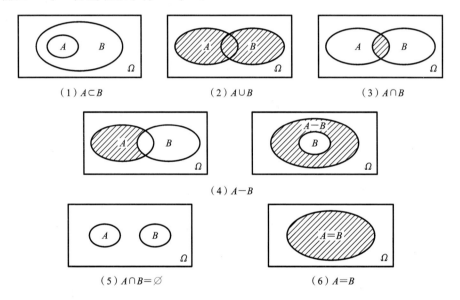

图 4.2.1　随机事件的关系与运算

与集合运算一样，事件之间的运算满足下述运算规律：

(1) 交换律：$A\cup B=B\cup A$，$A\cap B=B\cap A$。

(2) 结合律：$A\cup(B\cup C)=(A\cup B)\cup C$，$A\cap(B\cap C)=(A\cap B)\cap C$。

(3) 分配律：$A\cup(B\cap C)=(A\cup B)\cap(A\cup C)$，$A\cap(B\cup C)=(A\cap B)\cup(A\cap C)$。

(4) 对偶律：$\overline{A\cup B}=\overline{A}\cap\overline{B}$，$\overline{A\cap B}=\overline{A}\cup\overline{B}$。

这些运算律可以推广到任意多个事件上去。

例 4.2.1.1　设 A,B,C 是随机事件，则事件

“A,B 发生，C 不发生”可以表示为 $AB\overline{C}$；

“A,B,C 至少有两个发生”可以表示为 $AB\cup AC\cup BC$；

“A,B,C 恰好有两个发生”可以表示为 $AB\overline{C}\cup A\overline{B}C\cup\overline{A}BC$；

“A,B,C 中有不多于一个发生”可以表示为 $\overline{A}\overline{B}\overline{C}\cup A\overline{B}\overline{C}\cup\overline{A}B\overline{C}\cup\overline{A}\overline{B}C$。

例 4.2.1.2 试验为观察抛一枚骰子出现的点数，样本空间为 $\Omega=\{1,2,3,4,5,6\}$，设事件 $A=\{1,3,5\}$，$B=\{4,6\}$，$C=\{1,4\}$，求 $A\cap B$，$B\cup C$，$A\cup(B\cap C)$，$\overline{A\cup B}$，$C-A$。

解 $A\cap B=\{1,3,5\}\cap\{4,6\}=\varnothing$；

$B\cup C=\{4,6\}\cup\{1,4\}=\{1,4,6\}$；

$A\cup(B\cap C)=\{1,3,5\}\cup(\{4,6\}\cap\{1,4\})=\{1,3,5\}\cup\{4\}=\{1,3,4,5\}$；

$\overline{A\cup B}=\overline{\{1,3,5\}\cup\{4,6\}}=\overline{\{1,3,4,5,6\}}=\{2\}$；

$C-A=\{1,4\}-\{1,3,5\}=\{4\}$。

4.2.2 随机事件的概率

1. 古典概型

具有下述两个特征的随机试验，称为等可能性随机试验：

(1) 试验的样本空间只包含有限个样本点，即 $\Omega=\{\omega_1,\omega_2,\cdots,\omega_n\}$；

(2) 试验中每个基本事件发生的可能性相同，即 $P(\{\omega_1\})=P(\{\omega_2\})=\cdots=P(\{\omega_n\})$。

上述等可能性随机试验决定的概率模型简称古典概型。它是由拉普拉斯首先归纳提出的，是概率论发展初期的主要研究对象。

定义 4.2.2.1 概率的古典概型定义

若样本空间中有 n 个样本点，事件 A 含有 m 个样本点，则事件 A 的概率为

$$P(A)=\frac{m}{n}=\frac{\text{事件 } A \text{ 所含样本点的个数}}{\text{样本空间 } \Omega \text{ 所含样本点的个数}}$$

古典概型在实际应用中是最常应用的一种概型。它具有以下的性质：

(1) 对于任意事件 A，$0\leqslant P(A)\leqslant 1$；

(2) $P(\Omega)=1$，$P(\varnothing)=0$；

(3) 若 $A_1,A_2,\cdots,A_n$ 是两两不相容的事件，则

$$P(A_1\cup A_2\cup\cdots\cup A_n)=P(A_1)+P(A_2)+\cdots+P(A_n)$$

例 4.2.2.1 某产品共有 30 件，其中含正品 23 件，次品 7 件，从中任意取 5 件，试求被取出 5 件中恰好有 2 件是次品的概率。

解 记 A=“被取出 5 件中恰好有 2 件是次品”。题设“从中任意取 5 件”应理解为“一次取出 5 件”，故样本总数 $n=C_{30}^5$。事件 A 包含的样本点数 $m=C_7^2C_{23}^3$，则所求概率为

$$P(A)=\frac{C_7^2C_{23}^3}{C_{30}^5}=0.2610$$

例 4.2.2.2 某口袋中有 6 只球，其中 4 只白球，2 只红球，从袋中取球两次，每次随机地取一只，考虑两种取球方式：

(1) 第一次取一只球，观察其颜色后放回袋中，搅匀后再取一球，这种取球方式称作有放回取球；

(2) 第一次取一只球不放回袋中，第二次从剩余的球中再取一只球，这种取球方式称作无放回取球。

试分别就上面两种情况求：

(1) 取到的两只球都是白球的概率；

(2) 取到的两只球颜色相同的概率。

解 (1) 令 A_1 表示事件“取到的两只球都是白球”，则

有放回取球：$P(A_1)=\frac{4}{6}\times\frac{4}{6}=\frac{4}{9}$；

无放回取球：$P(A_1)=\frac{4}{6}\times\frac{3}{5}=\frac{2}{5}$。

(2) 令 A_2 表示事件“取到的两只球颜色相同”，则

有放回取球：$P(A_2)=\frac{4}{6}\times\frac{4}{6}+\frac{2}{6}\times\frac{2}{6}=\frac{5}{9}$；

无放回取球：$P(A_2)=\frac{4}{6}\times\frac{3}{5}+\frac{2}{6}\times\frac{1}{5}=\frac{7}{15}$。

上述第二部分的解题中应用了古典概型的“可加性”性质，即“取到的两只球颜色相同”的概率，是“取到的两只球是白色的概率”加“取到的两只球是红色的概率”。

2. 排列组合与二项式定理

在用古典概型进行概率计算时，常应用到排列组合与二项式定理。以下对此做一总结。

1）基本计数原理

(1) 加法原理。

设完成一件事有 m 种方式，第 1 种方式有 n_1 种方法，第 2 种方式有 n_2 种方法，…，第 m 种方式有 n_m 种方法，无论通过哪种方法都可以完成这件事，则完成这件事共有 $n_1+n_2+\cdots+n_m$ 种不同方法。

(2) 乘法原理。

设完成一件事有 m 个步骤，第 1 个步骤有 n_1 种方法，第 2 个步骤有 n_2 种方法，…，第 m 个步骤有 n_m 种方法，必须通过每一个步骤，才算完成这件事，则完成这件事总共有 $n_1\times n_2\times\cdots\times n_m$ 种不同的方法。

加法原理和乘法原理是两个很重要的计数原理，它们不但可以直接解决不少具体问题，而且是推导常用排列组合公式的基础，同时它们也是计算古典概率的基础。

2）关于排列

（1）选排列。

从 n 个不同元素中，每次取 $k(1\leqslant k\leqslant n)$ 个不同的元素，按一定的顺序排成一列，称为选排列，其排列总数为

$$\mathrm{A}_n^k=n(n-1)(n-2)\cdots(n-k+1)=\frac{n!}{(n-k)!} \tag{4.2.1}$$

（2）全排列。

当 $k=n$ 时的选排列称为全排列，其排列总数为

$$\mathrm{A}_n^n=n(n-1)(n-2)\cdot\cdots\cdot 2\cdot 1=n! \tag{4.2.2}$$

（3）可重复排列。

从 n 个不同元素中，每次取 $k(k\leqslant n)$ 个元素，允许重复，这种排列称为可重复排列，其排列总数为

$$n\cdot n\cdot n\cdot\cdots\cdot n=n^k \tag{4.2.3}$$

3）关于组合与二项式定理

（1）组合。

从 n 个不同元素中，每次取 $k(1\leqslant k\leqslant n)$ 个元素，不管其顺序合并成一组，称为组合，其组合总数为

$$\mathrm{C}_n^k=\frac{\mathrm{A}_n^k}{k!}=\frac{n!}{(n-k)!\ k!} \tag{4.2.4}$$

其中，C_n^k 常记为$\begin{bmatrix}n\\k\end{bmatrix}$，称为组合系数。

（2）二项式定理。

$$\begin{aligned}(a+b)^n &= \mathrm{C}_n^0a^n+\mathrm{C}_n^1a^{n-1}b+\mathrm{C}_n^2a^{n-2}b^2+\cdots+\mathrm{C}_n^{n-1}ab^{n-1}+\mathrm{C}_n^na^0b^n\\ &=\sum_{k=0}^{n}\mathrm{C}_n^ka^{n-k}b^k\end{aligned} \tag{4.2.5}$$

（3）组合与排列的关系。

$$\mathrm{A}_n^k=\mathrm{C}_n^k\cdot k! \tag{4.2.6}$$

（4）组合系数与二项式定理的关系。

组合系数 C_n^k 又常称为二项式系数，因为它出现在下面的二项式定理的公式中：

$$(a+b)^n=\sum_{k=0}^{n}\mathrm{C}_n^ka^kb^{n-k} \tag{4.2.7}$$

利用此公式，令 $a=b=1$，可得组合公式：

$$C_n^0+C_n^1+C_n^2+\cdots+C_n^{n-1}+C_n^n=2^n \tag{4.2.8}$$

3. 事件的频率

在相同条件下，将试验重复进行 n 次，其中事件 A 发生了 m 次，m 称为事件 A 在 n 次试验中发生的频数，比值 $f_n(A)=\dfrac{m}{n}$ 称为事件 A 在 n 次试验中发生的频率。

大量试验证实，随机事件 A 发生的频率 $f_n(A)$ 在试验次数 n 增大时，总呈现出稳定性，即稳定在某个常数附近。例如掷硬币，当试验的次数 n 不断增大时，"正面朝上"这一事件 A 出现的频率就稳定在 0.5 附近，$f_n(A)=0.5$。

频率具有以下三条性质：

(1) 非负性：$0\leqslant f_n(A)\leqslant 1$；

(2) 规范性：$f_n(\Omega)=1$；

(3) 有限可加性：若 $A_1,A_2,\cdots,A_k$ 是一组两两互不相容的事件，则

$$f_n(\bigcup_{i=1}^{k}A_i)=\sum_{i=1}^{k}f_n(A_i)$$

4. 概率的公理化定义(概率的统计定义)

频率的稳定性为人们用当 n 很大时的频率值近似地作为概率值提供了依据，由此，也得到了历史上概率的第一个一般定义。

定义 4.2.2.2 概率的公理化定义

设 Ω 是随机试验的样本空间，对 Ω 的每一个事件 A，对应一个实数 $P(A)$，如果满足下列三个条件：

(1) 非负性：对任意一个事件 A，有 $P(A)\geqslant 0$；

(2) 规范性：对必然事件 Ω，有 $P(\Omega)=1$；

(3) 可列可加性：设 $A_1,A_2,\cdots$ 是两两互不相容的事件，即对于 $i\neq j$，$A_iA_j=\varnothing$，$i,j=1,2,\cdots$，有

$$P(\bigcup_{i=1}^{\infty}A_i)=\sum_{i=1}^{\infty}P(A_i)$$

则称 $P(A)$ 为事件 A 的概率。

概率的这个公理化定义是苏联数学家柯尔莫哥洛夫在 1933 年给出的。

由概率的公理化定义，可以得到概率的一些基本性质。

(1) 性质 1：$P(\varnothing)=0$。

(2) 性质 2：(有限可加性)设事件 $A_1,A_2,\cdots,A_n$ 两两互不相容，则

$$P(\bigcup_{i=1}^{n}A_i)=\sum_{i=1}^{n}P(A_i)$$

(3) 性质 3：若事件 A,B 满足 $A\subset B$，则有

$$P(B-A)=P(B)-P(A),\quad P(B)\geqslant P(A)$$

(4) 性质 4：对任一事件 A，有 $P(\overline{A})=1-P(A)$。

(5) 性质 5：(加法公式)对任意两个事件 A,B，有

$$P(A\cup B)=P(A)+P(B)-P(AB)$$

性质(5)可以推广到任意很多个事件的情形，对于任意多个事件 A_1，A_2，…，A_n，有

$$P(\bigcup_{i=1}^{n}A_i)=\sum_{i=1}^{n}P(A_i)-\sum_{1\leqslant i<j\leqslant n}P(A_iA_j)+\sum_{1\leqslant i<j<k\leqslant n}P(A_iA_jA_k)-\cdots+(-1)^{n-1}P(\bigcap_{i=1}^{n}A_i)$$

特别地，对于三个事件 A_1,A_2,A_3，有

$$P(A_1\cup A_2\cup A_3)=P(A_1)+P(A_2)+P(A_3)-P(A_1A_2)-P(A_1A_3)-P(A_2A_3)+P(A_1A_2A_3)$$

例 4.2.2.3 设 $P(A)=0.4$，$P(B)=0.3$，$P(A\cup B)=0.6$，求 $P(A-B)$。

解 因为 $P(A-B)=P(A)-P(AB)$，所以先求 $P(AB)$，由加法公式得

$$P(AB)=P(A)+P(B)-P(A\cup B)=0.4+0.3-0.6=0.1$$

所以，$P(A-B)=P(A)-P(AB)=0.3$。

例 4.2.2.4 设 $P(A)=P(B)=P(C)=1/4$，$P(AB)=0$，$P(AC)=P(BC)=1/6$，求 A,B,C 都不出现的概率。

解 A,B,C 都不出现的概率为

$$\begin{aligned}P(\overline{A}\,\overline{B}\,\overline{C})&=1-P(A\cup B\cup C)\\&=1-P(A)-P(B)-P(C)+P(AB)\\&\quad+P(AC)+P(BC)-P(ABC)\\&=1-1/4-1/4-1/4+0+1+1/6+1/6-0\\&=1-5/12=7/12\end{aligned}$$

5. 概率的计算策略

1) 反求概率法

有时求可能性概率不方便，而求不可能性概率比较方便。此时可以先求不可能性事件的概率，再反求可能性事件的概率。

例 4.2.2.5 (生日问题)某班有 n 个学生，试求该班至少有两名学生的生日相同的概率。

解 设 $A=\{$至少有两名学生的生日相同$\}$，由假设知，本题直接计算事件 A 的概率比较复杂，此时可以用对立事件来求解，即有

$$\overline{A}=\{\text{没有两名学生的生日相同}\}$$

于是 n 个学生生日总数(配对)为

$$\underbrace{365\times365\times\cdots\times365}_{n个}=365^n$$

没有两名学生生日相同的总数(配对)为

$$365\times364\times\cdots\times(365-n+1)$$

于是

$$P(\overline{A})=\frac{365\times364\times\cdots\times(365-n+1)}{365^n}$$

则

$$P(A)=1-P(\overline{A})=1-\frac{365\times364\times\cdots\times(365-n+1)}{365^n}$$

先将 n 取不同值时,事件 A 的概率列于表 4.2.1 中。

表 4.2.1　不同 n 值对应的事件 A 的概率

n	20	30	40	50	64	100
$P(A)$	0.411	0.706	0.891	0.970	0.997	0.9999997

从表 4.2.1 可知,当一个班级的学生人数在 64 人以上时,至少有两个人生日相同的概率在 0.997 以上,即这一事件几乎是必然发生的。显然这一结果常使我们感到惊讶!

2) 几何概率法

当样本空间和样本点是一个连续的区域时,此时计算概率就要用几何概率法。

定义 4.2.2.3　概率的几何定义

在几何概率试验中,设样本空间为 Ω,随机事件 $A\subset\Omega$,则事件 A 发生的概率为

$$P(A)=\frac{S_A}{S_\Omega}=\frac{A\text{ 的几何度量}}{\Omega\text{ 的几何度量}}$$

其中几何度量可以指长度、面积、体积等。

例 4.2.2.6　(会面问题)甲、乙两人约在早上 8 点到 9 点之间在某地会面,先到者等候另一个人一刻钟,过时就离开。如果每人可以在指定的一小时内任意时刻到达,试计算两人能会面的概率。

解　这是一个几何概型问题。

记 8 点为计算时刻的 0 时,以分钟(min)为时间单位,以 x,y 分别表示甲、乙两人到达会面地点的时刻,则样本空间为 $\Omega=\{(x,y)\mid0\leqslant x\leqslant60,0\leqslant y\leqslant60\}$。

以 A 表示事件"两人会面",由于两人会面的充要条件是 $|x-y|\leqslant15,(x,y)\in\Omega$,所以

$$A=\{(x,y)\,|\,|x-y|\leqslant 15,(x,y)\in\Omega\}$$

以上讨论的几何表示如图 4.2.2 所示。

于是

$$P(A)=\frac{|S_A|}{|S_\Omega|}=\frac{60^2-45^2}{60^2}=\frac{7}{16}$$

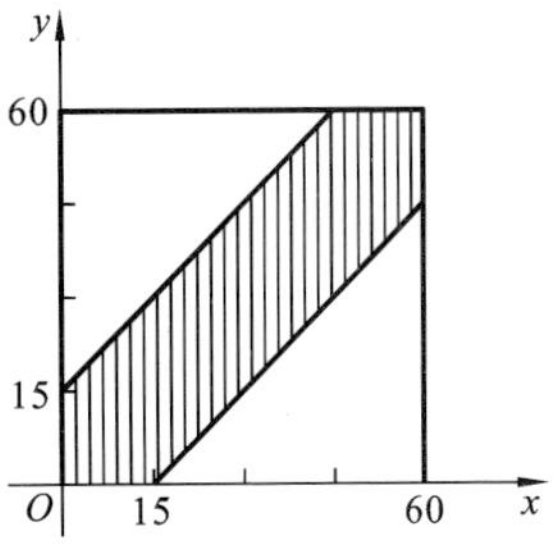

图 4.2.2 会面问题

4.2.3 条件概率

世界上万事万物都是互相联系、互相影响的。随机事件也不例外。我们常常会遇到这样的问题：在某个已知事件 B 发生的条件下，求事件 A 发生的概率。这就是条件概率，记为 $P(A|B)$。一般来说，事件 A 发生的概率 $P(A)$，与在 B 条件下 A 发生的条件概率 $P(A|B)$是不相同的。

我们先看一个实例，由此总结求条件概率的方法。

掷一枚质地均匀的骰子一次，观察其出现的点数。设事件 A 为“掷出 2 点”，事件 B 为“掷出偶数点”。

(1) 求掷出 2 点的概率 $P(A)$；

(2) 求掷出偶数点的概率 $P(B)$；

(3) 在已知掷出偶数点的情况下，求掷出 2 点的概率。

解 (1) 由题意，样本空间 $\Omega=\{1,2,3,4,5,6\}$，“掷出 2 点”是样本空间中的一种情况，于是有

$$P(A)=\frac{1}{6}$$

(2) “掷出偶数点”即 $B=\{2,4,6\}$，它是 Ω 的一个子集，显然

$$P(B)=\frac{3}{6}=\frac{1}{2}$$

(3) 在“掷出偶数点”的条件下，出现 2 点是 3 个偶数点中的一种情况，于是有

$$P(A|B)=\frac{1}{3}$$

这里 $P(A)\neq P(A|B)$，其原因在于事件 B 的发生改变了样本空间，即新的样本空间变成 B 了：$\Omega_B=B$。因此 $P(A|B)$是在新的样本空间 Ω_B 中由古典概率的计算公式得到的。我们将上面条件概率的结果加以如下形式的改写：

$$P(A|B)=\frac{1}{3}=\frac{1/6}{1/2}=\frac{P(AB)}{P(B)}$$

该式的物理意义是：条件事件 B 改变了样本空间，在新的样本空间下，事件 A 出现的样本点既属于 A 又属于 B，即属于 AB，因此 $P(A|B)$应为 $P(AB)$在

$P(B)$中的"比重"。由此,可以给出条件概率的定义。

定义 4.2.3.1 设 A,B 是两个随机事件,且 $P(B)>0$,称

$$P(A|B)=\frac{P(AB)}{P(B)} \tag{4.2.9}$$

为事件 B 发生的条件下事件 A 发生的条件概率。

条件概率亦具有概率的三条基本性质:

(1) 非负性:对任一事件 B,有 $P(A|B)\geqslant 0$;

(2) 规范性:$P(\Omega|B)=1$;

(3) 可列可加性:设 $A_1,A_2,\cdots$是两两互不相容的事件,则有

$$P(A_1\cup A_2\cup\cdots|B)=P(A_1|B)+P(A_2|B)+\cdots$$

既然条件概率也满足概率的公理化定义中的三公理,那么概率所具有的一些重要性质都适用于条件概率。例如,由上述三个基本性质,可以导出如下的一些性质:

$$P(\varnothing|B)=0$$

$$P(A|B)=1-P(\overline{A}|B)$$

$$P(A_1\cup A_2|B)=P(A_1|B)+P(A_2|B)-P(A_1A_2|B)$$

1. 条件概率的乘法公式

利用条件概率的定义,很自然地可以得到下述乘法公式。

定理 4.2.3.1 (乘法公式)设 A,B 是两个随机事件,

$$\begin{aligned}&\text{若 } P(B)>0,\text{则 } P(AB)=P(B)P(A|B)\\&\text{若 } P(A)>0,\text{则 } P(AB)=P(A)P(B|A)\end{aligned} \tag{4.2.10}$$

上面二式称为乘法公式。

乘法公式容易推广到多个事件的情形。

推论 设有 n 个随机事件 $A_1,A_2,\cdots,A_n$,则

$$P(A_1A_2\cdots A_n)=P(A_1)P(A_2|A_1)P(A_3|A_1A_2)\cdots P(A_n|A_1A_2\cdots A_{n-1})$$

例 4.2.3.1 在一批由 90 件正品、3 件次品组成的产品中,不放回接连取两件产品,问第一件取正品、第二件取次品的概率。

解 设事件 $A=\{$第一件取正品$\}$,事件 $B=\{$第二件取次品$\}$。按题意,

$$P(A)=\frac{90}{93},\quad P(B|A)=\frac{3}{92}$$

由乘法公式

$$P(AB)=P(A)P(B|A)=\frac{90}{93}\times\frac{3}{92}=0.0315$$

2. 全概率公式

下面先介绍样本空间的划分定义。

定义 4.2.3.2 若事件 $A_1, A_2, \cdots, A_n$ 满足下面两个条件：

(1) $A_1, A_2, \cdots, A_n$ 两两互不相容，即 $A_iA_j=\varnothing(1\leqslant i,j\leqslant n, i\neq j)$；

(2) $A_1\cup A_2\cup\cdots\cup A_n=\Omega$。

则称 $A_1, A_2, \cdots, A_n$ 为样本空间 Ω 的一个划分，或称其为一个完备事件组，如图 4.2.3 所示。

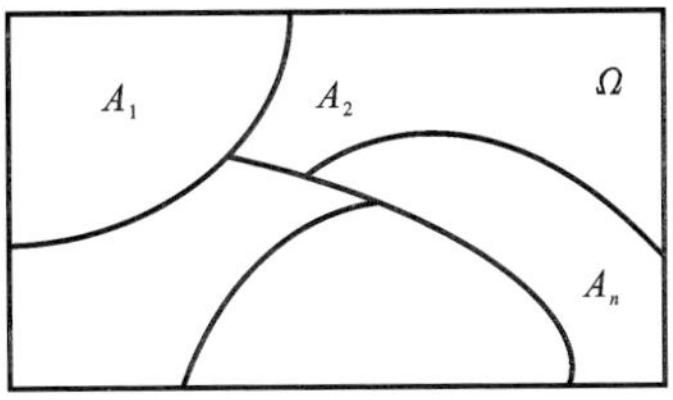

图 4.2.3 Ω 的一个划分

显然，全部基本事件构成一个完备事件组。任何事件 A 与 $\overline{A}$ 也构成完备事件组。

为了计算复杂事件的概率，经常把一个复杂事件分解为若干个互不相容的简单事件的和，通过分别计算简单事件的概率，来求得复杂事件的概率。

定理 4.2.3.2 （全概率公式）设 $A_1, A_2, \cdots, A_n$ 为样本空间 Ω 的一个划分，且 $P(A_i)>0(i=1,2,\cdots,n)$，则对 Ω 中的任意一个事件 B 都有

$$P(B) = P(A_1)P(B\mid A_1)+P(A_2)P(B\mid A_2)+\cdots+P(A_n)P(B\mid A_n)$$
$$=\sum_{i=1}^{n}P(A_i)P(B\mid A_i) \tag{4.2.11}$$

证明 因为 $A_1, A_2, \cdots, A_n$ 是一组两两互不相容的事件，又因为 $B\subset \sum_{i=1}^{n}A_i$，所以

$$B=B\Big(\sum_{i=1}^{n}A_i\Big)=\sum_{i=1}^{n}(A_iB)$$

由此得

$$P(B)=\sum_{i=1}^{n}P(A_iB)=\sum_{i=1}^{n}P(A_i)P(B\mid A_i)$$

例 4.2.3.2 七人轮流抓阄，抓一张参观票，求第二个人抓到的概率。

解 设 $A_i=\{$第 i 人抓到参观票$\}(i=1,2)$，于是

$$P(A_1)=\frac{1}{7},\quad P(\overline{A}_1)=\frac{6}{7},\quad P(A_2|A_1)=0,\quad P(A_2|\overline{A}_1)=\frac{1}{6}$$

由全概率公式有

$$P(A_2)=P(A_1)P(A_2|A_1)+P(\overline{A}_1)P(A_2|\overline{A}_1)$$
$$=\frac{1}{7}\times 0+\frac{6}{7}\times\frac{1}{6}=\frac{1}{7}$$

从这道题可以看到，第一个人和第二个人抓到参观票的概率一样；事实上，每个人抓到的概率都一样。这就是“抓阄不分先后原理”。

3. 贝叶斯公式

贝叶斯(Bayes)公式与全概率公式是相反的问题，即一事件已经发生，要考

察引发该事件发生的各种原因或情况的可能性大小。

定理 4.2.3.3 （贝叶斯公式）设 B 是样本空间 Ω 的一个事件，$A_1, A_2, \cdots, A_n$ 为样本空间 Ω 的一个划分，且 $P(B)>0, P(A_i>0)(i=1,2,\cdots,n)$，则在 B 已经发生的条件下，A_i 发生的条件概率为

$$P(A_i \mid B)=\frac{P(A_iB)}{P(B)}=\frac{P(A_i)P(B \mid A_i)}{\sum_{k=1}^{n} P(A_k)P(B \mid A_k)} \quad (i=1,2,\cdots,n) \tag{4.2.12}$$

这个公式称为贝叶斯公式。

证明 由条件概率的定义得

$$P(A_i|B)=\frac{P(A_iB)}{P(B)} \tag{4.2.13}$$

对式(4.2.13)的分子用乘法公式(4.2.10)，分母用全概率公式(4.2.11)，得

$$P(A_iB)=P(A_i)P(B|A_i) \tag{4.2.14}$$

$$P(B)=\sum_{k=1}^{n} P(A_k)P(B \mid A_k) \tag{4.2.15}$$

将式(4.2.14)、式(4.2.15)代入式(4.2.13)，即得

$$P(A_i \mid B)=\frac{P(A_i)P(B \mid A_i)}{\sum_{k=1}^{n} P(A_k)P(B \mid A_k)} \quad (i=1,2,\cdots,n)$$

式(4.2.12)中的 $P(A_i)$ 称为“先验概率”，即试验前已知的概率，它常常是以往经验的总结，而 $P(A_i|B)$ 则称为“后验概率”，它反映了试验对各种原因发生的可能性的新认识。贝叶斯公式其实就是根据先验概率求后验概率。

例 4.2.3.3 某地区居民的肝癌发病率为 0.0004。现用甲胎蛋白法进行普查。医学研究表明，化验结果是存有错误的。已知患有肝癌的人其化验结果 99%呈阳性（有病），而没患肝癌的人其化验结果 99%呈阴性（无病）。现某人的检查结果呈阳性，问他真的患肝癌的概率是多少？

解 设 B={检查结果呈阳性}，A={被检查者患有肝癌}，则$\{A,\overline{A}\}$就构成了样本空间 Ω 的一个最小有穷划分。由贝叶斯公式，所求概率即为

$$\begin{aligned} P(A|B) &= \frac{P(A)P(B|A)}{P(A)P(B|A)+P(\overline{A})P(B|\overline{A})} \\ &= \frac{0.0004\times 0.99}{0.0004\times 0.99+0.9996\times 0.01} \\ &= 0.0381 \end{aligned}$$

这个结果表明，在检查结果为阳性的人中，真患有肝癌的人不到 4%！这个结果真令人吃惊，但仔细分析一下就可以理解了。因为肝癌的发病率很低，在 1

万人中约有 4 人，而约有 9996 人不患肝癌，却有 $9996\times0.01=99.96$ 个呈阳性；另外 4 个真患有肝癌的检验报告中，约有 $4\times0.99=3.96$ 个呈阳性，呈阳性的总数为 $99.96+3.96=103.92$，所以真患有肝癌的 3.96 人约占的比例应是

$$\frac{3.96}{103.92}=0.0381$$

由此可见，当发病率很低(万分之 4)，而检错率较高(尽管绝对数是百分之 1)时，实际检错的人数比例可能就较大了。

4. 条件概率三公式的总结

条件概率三公式中，乘法公式是求积事件的概率，全概率公式是求一个复杂事件的概率，而贝叶斯公式是计算试验后对各种原因发生可能性的后验概率。

4.2.4 独立事件

一般来说，当 $P(B)>0$ 时，条件概率 $P(A|B)$ 与无条件概率 $P(A)$ 不相等，这说明在一般情况下事件 B 的发生对事件 A 的发生还是有影响的。如果 $P(A|B)=P(A)$，则说明事件 B 的发生对事件 A 的发生没有任何影响。此时可以认为事件 A、B 是相互独立的。由乘法公式知 $P(AB)=P(B)P(A|B)$，因此当事件 A、B 是相互独立时，有 $P(AB)=P(A)P(B)$。

定义 4.2.4.1 设 A、B 为两个任意事件，如果

$$P(AB)=P(A)P(B) \tag{4.2.16}$$

则称事件 A、B 是相互独立的。

由式(4.2.16)可知，若事件 A、B 中有一个是 $\varnothing$ 或 Ω，则 A、B 必然是互相独立的。

定理 4.2.4.1 若 A、B 相互独立，则 A 与 $\overline{B}$、$\overline{A}$ 与 B、$\overline{A}$ 与 $\overline{B}$ 也是相互独立的。

证明 先证 A 与 $\overline{B}$ 相互独立。

由于 $A=(AB)\cup(A\overline{B})$ 且 AB 与 $A\overline{B}$ 互斥，故由加法公式得

$$P(A)=P(AB)+P(A\overline{B})$$

注意到 A、B 互相独立，于是

$$\begin{aligned}P(A\overline{B})&=P(A)-P(AB)=P(A)-P(A)P(B)\\&=P(A)[1-P(B)]=P(A)P(\overline{B})\end{aligned}$$

所以 A 与 $\overline{B}$ 相互独立。

再由对称性，显然有 $\overline{A}$ 与 B 相互独立。

最后，利用上面的结果知，$\overline{A}$ 与 $\overline{B}$ 也是相互独立的。

应当指出，事件的独立性与事件的互不相容是两个完全不同的概念。事实

上，由定义可以证明，在 $P(A)>0$，$P(B)>0$ 的前提下，事件 A、B 互相独立与事件 A、B 互不相容是不能同时成立的（两事件互不相容，即 $A\cap B=\varnothing$，所以 $P(AB)=0$，而 A、B 互相独立，则有 $P(AB)=P(A)P(B)>0$，故二者不能同时成立）。

定理 4.2.4.2 设 A、B 是两事件，且 $P(B)>0$，若 A、B 互相独立，则

$$P(A)=P(A|B) \tag{4.2.17}$$

反之亦然。

证明 按定义 4.2.4.1，A、B 两事件互相独立，则有

$$P(AB)=P(A)P(B)$$

于是

$$P(A)=\frac{P(AB)}{P(B)}$$

按条件概率的定义 4.2.3.1，则有

$$P(A)=\frac{P(AB)}{P(B)}=P(A|B)$$

在实际问题中，一般不用定义来判定两事件 A、B 是否相互独立，而是相反，从试验的具体条件以及试验的具体本质分析去判断它们有无关联，是否独立。如果独立，就可以用定义中的公式来计算积事件的概率了。

定义 4.2.4.2 设 A、B、C 是三个事件，如果以下四个等式成立：

$$\left.\begin{aligned}P(AB)=P(A)P(B)\\P(AC)=P(A)P(C)\\P(BC)=P(B)P(C)\end{aligned}\right\} \tag{4.2.18}$$

$$P(ABC)=P(A)P(B)P(C) \tag{4.2.19}$$

则称事件 A、B、C 相互独立。若仅式(4.2.18)成立，则称 A、B、C 两两独立。

由定义 4.2.4.2 知，事件 A、B、C 相互独立，则必两两独立；但若事件 A、B、C 两两独立，则事件 A、B、C 不一定相互独立。

例 4.2.4.1 如图 4.2.4 所示，有四张同样大小的卡片，上面标有数字，从中任抽一张，每张被抽到的概率相同，验证其事件的独立情况。

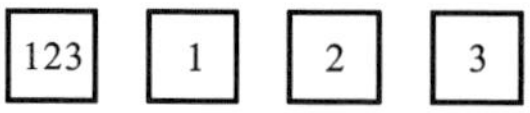

图 4.2.4 标有数字的卡片

解 令 $A_i=\{$抽到卡片上有数字 $i\}(i=1,2,3)$，则

$$P(A_i)=\frac{2}{4}=\frac{1}{2}$$

即
$$P(A_1)=P(A_2)=P(A_3)=\frac{1}{2}$$
而
$$P(A_1A_2)=\frac{1}{4}=P(A_1)P(A_2)$$
$$P(A_1A_3)=\frac{1}{4}=P(A_1)P(A_3)$$
$$P(A_2A_3)=\frac{1}{4}=P(A_2)P(A_3)$$

可见 A_i 两两之间是独立的，但是总体看来 $P(A_1A_2A_3)=1/4\neq P(A_1)P(A_2)P(A_3)=1/8$，$A_i$ 并不相互独立。因此对于多个事件的独立性要求比较严格。

定义 4.2.4.3 对任意 n 个事件 $A_1,A_2,\cdots,A_n$，若
$$P(A_iA_j)=P(A_i)P(A_j)\ (1\leqslant i<j\leqslant n)$$
$$P(A_iA_jA_k)=P(A_i)P(A_j)P(A_k)\ (1\leqslant i<j<k\leqslant n)$$
$$\vdots$$
$$P(A_1A_2\cdots A_n)=P(A_1)P(A_2)\cdots P(A_n)\text{(共 }2^n-n-1\text{ 个式子)}$$
均成立，则称 $A_1,A_2,\cdots,A_n$ 互相独立。

4.2.5 伯努利概型

随机现象的统计规律，往往是通过相同条件下由大量重复试验和观察而得以揭示。这种在相同条件下重复试验的数学模型在概率论中占有重要地位。

定义 4.2.5.1 具有以下两个特点的随机试验称为 n 次伯努利概型试验：

(1) 在相同条件下，重复 n 次做同一试验，每次试验只有两个可能结果 A 和 $\overline{A}$，且 $P(A)=p(0<p<1)$，$P(\overline{A})=1-p=q$；

(2) n 次试验是相互独立的(即每次试验结果出现的概率不受其他各次试验结果发生情况的影响)。

n 次伯努利概型试验简称为伯努利概型，它是一种很重要的数学模型，现实生活中大量的随机试验都可归结为伯努利概型。

例如，产品的抽样检验中的“合格品”与“次品”，打靶中的“命中”与“不中”，车间里的机器“出故障”与“未出故障”等，都是只有两个结果的伯努利概型。下面讨论在伯努利概型试验中，事件 A 在 n 次试验中恰好发生 k 次的概率。

定理 4.2.5.1 (二项概率公式)在 n 次伯努利概型中，每次试验事件 A 发生的概率为 $p(0<p<1)$，则在 n 次试验中，事件 A 恰好发生 k 次的概率为
$$P_n(k)=C_n^kp^kq^{n-k}\quad(k=0,1,2,\cdots,n)\tag{4.2.20}$$

其中,$q=1-p$。

证明 由于每次试验的独立性,n 次试验中事件 A 在指定的 k 次发生,而在其余 $n-k$ 次不发生的概率为 $p^k q^{n-k}$。

又因为在 n 次试验中,指定事件 A 在某 k 次发生的方式为 n 次中任取 k 次的不同组合数 C_n^k,利用概率的有限可加性得 $P_n(k)=C_n^k p^k q^{n-k}$。

例 4.2.5.1 若某厂家生产的每台仪器,以概率 0.7 可以直接出厂,以概率 0.3 需要进一步调试,经调试后以概率 0.8 可以出厂,以概率 0.2 定为不合格品不能出厂。现该厂生产了 n 台仪器(假定各台仪器的生产过程相互独立),求:① 全部能出厂的概率;② 其中恰有两台不能出厂的概率;③ 其中至少有两台不能出厂的概率。

解 设 $A=\{$某一台仪器可以出厂$\}$,则

$$P(A)=0.7+0.3\times0.8=0.94,\quad P(\overline{A})=1-0.94=0.06$$

① $P\{$全部能出厂$\}=C_n^n(0.94)^n$;

② $P\{$恰有两台不能出厂$\}=C_n^2(0.94)^{n-2}(0.06)^2$;

③ $P\{$其中至少两台不能出厂$\}=1-C_n^0(0.94)^n-C_n^1(0.94)^{n-1}(0.06)$。

例 4.2.5.2 某厂自称产品的次品率不超过 0.5%,经过抽样检查,任取 200 件产品就查出了 5 件次品,试问:上述的次品率是否可信?

解 设该厂产品的次品率为 0.005,任取 200 件产品,对其中任一件检查,其结果应只有 1 件次品。每次检查结果互不影响,即视为独立。所以此次试验为伯努利概型,$n=200$,$p=0.005$,故

$$P\{200\text{ 件中恰好出现 5 件次品}\}=P_{200}(5)=C_{200}^5(0.005)^5(0.995)^{195}\approx0.00298$$

此概率如此之小,应该说在一次检查中几乎不可能发生(这一事实称为“小概率原理”。它是统计推断理论中的主要依据,经常引用),可现在竟然发生了,因此认为此厂自称的次品率不超过 0.5%是不可信的。

4.3 随机变量及其分布

将随机事件看成随机变量,使随机试验的结果数量化,就可以用强有力的分析工具处理概率论问题。这在概率论发展史上是继概率论公理化后的又一重大研究成果。

4.3.1 随机变量

随机试验有多种结果,例如从一个装有编号为 0,1,2,…,9 的球的袋中任意摸一球,则其样本空间 $\Omega=\{\omega_0,\omega_1,\cdots,\omega_9\}$,其中 ω_i 表示“摸到编号为 i 的

球”，$i=0,1,2,\cdots,9$。ω_i 是样本点，用 X 表示摸到的球的编号，$X(\omega_i)=i,i=0,1,2,\cdots,9$，$X(\omega_i)=i$ 就是随机变量，它是定义在 Ω 上的单值实函数。

1. 随机变量的定义

定义 4.3.1.1 设随机试验 E 的样本空间 $\Omega=\{\omega\}$，$X=X(\omega)$ 是定义在 Ω 上的单值实函数，若对任意实数 x，集合 $\{\omega | X(\omega)\leqslant x\}$ 是随机事件，则称 $X=X(\omega)$ 为随机变量。

本书中一般以大写英文字母 X、Y、Z…表示随机变量，而以小写英文字母 x、y、z…表示实数。例如：

(1) 一射手对一射击目标连续射击，则他命中目标的次数 Y 为随机变量，Y 的可能取值为 $0,1,2,\cdots$，则 $Y=Y(y)=0,1,2,\cdots$。

(2) 某一公交车站每隔 5 min 有一辆汽车停靠，一位乘客不知道汽车到达的时间，则候车时间为随机变量 X，X 的可能取值为 $0\leqslant X\leqslant 5$，则 $X=X(x)$，$0\leqslant X\leqslant 5$。

上述两例中，例(1)的样本点取值是离散的，因此随机变量 Y(命中目标的次数)就是离散型随机变量；而例(2)的随机变量 X(候车时间)的取值是连续的，所以 X 就是连续型随机变量。

随机变量 $X=X(\omega)$ 是样本点 ω 的函数，为方便，通常写为 X，而集合 $\{\omega | X(\omega)\leqslant x\}$ 简记为 $\{X\leqslant x\}$。概率 $P\{X\leqslant 5\}$ 表示连续型随机变量 $X(\omega)\leqslant 5$ 的概率。

2. 离散型随机变量及其分布律

定义 4.3.1.2 设 X 是 Ω 上的随机变量，若 X 的全部可能取值为有限个或可列无限个(即 X 的全部可能取值可一一列举出来)，则称 X 为离散型随机变量。

定义 4.3.1.3 设离散型随机变量 X 的所有可能取值为 $x_i(i=1,2,\cdots)$，把事件的概率记为 $P\{X=x_i\}=p_i,i=1,2,\cdots$，则称

$$\begin{pmatrix} x_1,x_2,\cdots,x_i,\cdots \\ p_1,p_2,\cdots,p_i,\cdots \end{pmatrix}$$

为 X 的分布律或概率分布，也称概率函数。

常用表格形式来表示 X 的分布律：

X	x_1	x_2	$\cdots$	x_k	$\cdots$
P	p_1	p_2	$\cdots$	p_k	$\cdots$

由概率的定义知，$p_i(i=1,2,\cdots)$ 必然满足：

(1) 非负性：$p_i\geqslant 0$；

(2) 规范性：$\sum\limits_{i=1}^{+\infty} p_i=1$。

例 4.3.1.1 某篮球运动员投中篮圈的概率是 0.9，求他两次投篮投中次数 X 的概率分布。

解 X 的可取值为 0,1,2，记 $A_i=\{$第 i 次投篮投中篮圈$\}$，$i=1,2$，则

$$P(A_1)=P(A_2)=0.9$$

$$P\{X=0\}=P(\overline{A_1}\,\overline{A_2})=P(\overline{A_1})P(\overline{A_2})=0.1\times0.1=0.01 \quad (\text{两次均未投中})$$

$$P\{X=1\}=P(A_1\overline{A_2}\cup\overline{A_1}A_2)=P(A_1\overline{A_2})P(\overline{A_1}A_2)$$
$$=0.9\times0.1+0.1\times0.9=0.18 \quad (\text{仅一次投中，用加法原理})$$

$$P\{X=2\}=P(A_1A_2)=P(A_1)\times P(A_2)$$
$$=0.9\times0.9=0.81 \quad (\text{第一、二次均投中，用乘法原理})$$

且

$$P\{X=0\}+P\{X=1\}+P\{X=2\}=1$$

于是 X 的分布律可表示为

X	0	1	2
P	0.01	0.18	0.81

4.3.2 常用的离散型随机变量的概率分布

1. 0-1 分布

设随机变量 X 只可能取 0 和 1 两个值，它的分布律是

$$P\{X=k\}=p^k(1-p)^{1-k},\quad k=0,1,\quad 0<p<1 \tag{4.3.1}$$

则称 X 服从 0-1 分布。

0-1 分布的分布律也可用表格形式写成：

X	0	1
P_k	$1-p$	p

满足 0-1 分布的试验只包含两个结果，如抛掷硬币试验、检查产品的质量是否合格、某工厂的电力消耗是否超过负荷等。

2. 二项分布

设试验 E 只有两个可能的结果 A 及 $\overline{A}$，且

$$P(A)=p,\quad P(\overline{A})=1-p=q,\quad 0<p<1$$

将试验 E 独立地重复进行 n 次，则称这一串重复的独立试验为 n 重伯努利试验，简称伯努利试验。

用 X 表示 n 次试验中 A 发生的次数，用 A_k 表示 A 在第 k 次试验中发生，则

$$\{X=k\}=A_1A_2\cdots A_k\overline{A_{k+1}}\cdots\overline{A_n}\cup\overline{A_1}A_2\cdots A_kA_{k+1}\overline{A_{k+2}}\cdots\overline{A_n}$$
$$\cup\overline{A_1}\,\overline{A_2}A_3\cdots A_kA_{k+1}A_{k+2}\overline{A_{k+3}}\cdots\overline{A_n}\cup\cdots$$

共有 C_n^k 种,它们是两两不相容的,故在 n 次试验中 A 发生 k 次的概率(X 的分布律)为

$$P\{X=k\}=C_n^kp^k(1-p)^{n-k}\quad(k=0,1,\cdots,n)\qquad(4.3.2)$$

显然

$$P\{X=k\}\geqslant 0\quad(k=0,1,\cdots,n)$$

$$\sum_{k=1}^{n}P\{X=k\}=\sum_{k=1}^{n}C_n^kp^k(1-p)^{n-k}=[p+(1-p)]^n=1$$

即式(4.3.2)满足分布律的性质。

一般地,如果随机变量 X 的分布律由式(4.3.2)给出,则称随机变量 X 服从参数为 n,p 的二项分布(或伯努利分布),记作 $X\sim B(n,p)$。

特别地,当 $n=1$ 时,二项分布 $B(1,p)$ 的分布律为

$$P\{X=k\}=p^k(1-p)^{1-k}\quad(k=0,1)$$

这就是 0-1 分布。这也说明了 0-1 分布是二项分布在 $n=1$ 时的特例。

例 4.3.2.1 某射手射击的命中率为 0.6,在相同条件下独立射击 7 次,用 X 表示命中的次数,求随机变量 X 的分布律。

解 每次射击命中的概率是 0.6,独立射击 7 次是 7 重伯努利概型,因此,随机变量 $X\sim B(7,0.6)$,于是

$$P\{X=k\}=C_7^k0.6^k(1-0.6)^{7-k}=C_7^k0.6^k0.4^{7-k}\quad(k=0,1,2,\cdots,7)$$

计算可知 X 的分布律如下:

X	0	1	2	3	4	5	6	7
P_k	0.0016	0.0172	0.0774	0.1935	0.2903	0.2613	0.1306	0.0280

随机变量 X 的分布规律也可用图形表示,如图 4.3.1 所示。

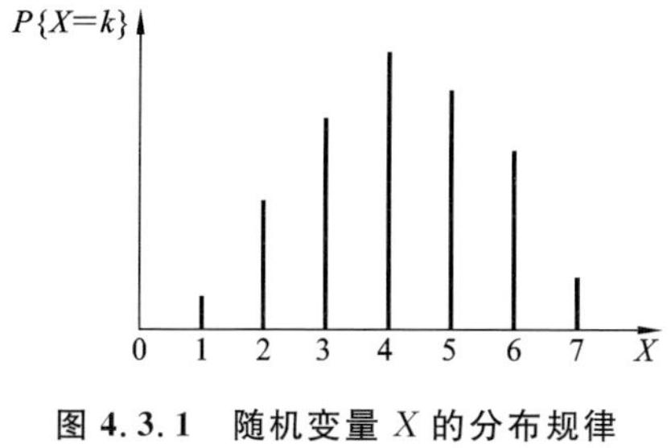

图 4.3.1 随机变量 X 的分布规律

从图 4.3.1 可以看到,当 k 增加时,概率 $P\{X=k\}$ 先是随之单调增大,直到达到最大 $P\{X=4\}$,然后单调减小。

由二项分布律公式(4.3.2)可以看出,当 n 很大 p 相对较小时,二项分布的计算较麻烦。例如上例中,若射手击中目标的概率为 0.01,而要求射击 400 发时,击中目标 4 次的概率。此时,利用二项分布式可得:

$$P_{400}(4)=C_{400}^{4}\times 0.01^{4}\times(1-0.01)^{396}\approx 0.19635$$

由上式可知,计算较麻烦。为了寻找快速且准确的计算方法,泊松最早取得成功。

3. 泊松分布

如果随机变量 X 的所有可能取值为 $0,1,2,\cdots$,并且

$$P\{X=k\}=\frac{\lambda^{k}}{k!}e^{-\lambda}\quad(k=0,1,2,\cdots)$$

其中 $\lambda>0$ 为常数,则称随机变量 X 服从参数为 λ 的泊松分布,记作 $X\sim P(\lambda)$。

容易验证

$$\frac{\lambda^{k}}{k!}e^{-\lambda}>0\quad(k=0,1,2,\cdots)$$

$$\sum_{k=0}^{\infty}\frac{\lambda^{k}}{k!}e^{-\lambda}=e^{-\lambda}\sum_{k=0}^{\infty}\frac{\lambda^{k}}{k!}=e^{-\lambda}e^{\lambda}=1$$

泊松定理 设 $X_n(n=1,2,\cdots)$ 为随机变量序列,并且 $X_n\sim B(n,p_n)(n=1,2,\cdots)$。如果 $\lim\limits_{n\to\infty}np_n=\lambda(\lambda>0$ 为常数),则有

$$\lim_{n\to\infty}P\{X_n=k\}=\lim_{n\to\infty}C_n^k p_n^k(1-p_n)^{n-k}=\frac{\lambda^{k}}{k!}e^{-\lambda}\quad(k=0,1,2,\cdots)$$

这就是说泊松分布是二项分布当随机试验次数 n 趋近无穷时的极限。

证明 设 $\lambda_n=np_n$,则 $p_n=\frac{\lambda_n}{n}$,从而对任意固定的非负整数 k,有

$$P\{X_n=k\}=C_n^k p_n^k(1-p_n)^{n-k}=\frac{n(n-1)(n-2)\cdots(n-k+1)}{k!}\left(\frac{\lambda_n}{n}\right)^{k}\left(1-\frac{\lambda_n}{n}\right)^{n-k}$$

$$=\frac{\lambda_n^k}{k!}\left(1-\frac{1}{n}\right)\left(1-\frac{2}{n}\right)\cdots\left(1-\frac{k-1}{n}\right)\left(1-\frac{\lambda_n}{n}\right)^{n-k}$$

对于固定的 k,当 $n\to\infty$ 时,

$$\lim_{n\to\infty}\lambda_n^k=\lim_{n\to\infty}(np_n)^k=\lambda^k$$

$$\lim_{n\to\infty}\left(1-\frac{1}{n}\right)\left(1-\frac{2}{n}\right)\cdots\left(1-\frac{k-1}{n}\right)=1$$

$$\lim_{n\to\infty}\left(1-\frac{\lambda_n}{n}\right)^{n}=e^{-\lambda}$$

$$\lim_{n\to\infty}\left(1-\frac{\lambda_n}{n}\right)=1$$

所以

$$\lim_{n\to\infty}P\{X_n=k\}=\lim_{n\to\infty}C_n^k p_n^k(1-p_n)^{n-k}=\frac{\lambda^k}{k!}e^{-\lambda} \tag{4.3.3}$$

定理得证。

例 4.3.2.2 若一年中某类保险者里面每个人死亡的概率为 0.002,现有 2000 个这类人参加人寿保险。参加者交纳 24 元保险金,而死亡时保险公司付给其家属 5000 元赔偿费,计算“保险公司亏本”和“保险公司盈利不少于 10000 元”的概率。

解 X 表示一年内的死亡人数,则 $X\sim B(2000,0.002)$,“保险公司亏本”表示收入小于支出,即 $24\times2000=48000<5000X$,即死亡人数大于 9 人时,“保险公司亏本”,计算如下:

$$\{X>9\}=\{\text{保险公司亏本}\}$$

$$P\{X>9\}=1-P\{X\leqslant9\}=1-\sum_{k=0}^{9}P\{X=k\}$$

$$=1-\sum_{k=0}^{9}C_{2000}^{k}(0.002)^k(0.998)^{2000-k}$$

上式是用二项分布公式(4.3.2)求得的结果,可见,计算 $P\{X=k\}$ 比较麻烦,此时可用近似公式泊松定理计算。因为 $\lambda=np=2000\times0.002=4$,所以

$$P\{X>9\}=1-P\{X\leqslant9\}\approx1-\sum_{k=0}^{9}\frac{4^k}{k!}e^{-4}=1-0.9919=0.0081$$

同理,死亡 7 人以下,保险公司就盈利不少于 10000($5000\times7=35000<48000$),表示为

$$\{X\leqslant7\}=\{\text{保险公司盈利不少于 10000 元}\}$$

此时的概率为

$$P\{X\leqslant7\}\approx\sum_{k=0}^{7}\frac{4^k}{k!}e^{-4}=0.9489$$

4. 几何分布

设试验 E 只有两个对立的结果 A 与 $\overline{A}$,并且 $P(A)=p$,$P(\overline{A})=1-p$,其中 $0<p<1$。将试验 E 独立重复地进行下去,直到 A 发生为止,用 X 表示所需要进行的试验次数,则 X 的所有可能取值为 1,2,3,…。事件 $\{X=k\}$ 表示在前 $k-1$ 次试验中 A 都不发生,而在第 k 次试验中 A 发生,所以

$$P\{X=k\}=(1-p)^{k-1}p\quad(k=1,2,3,\cdots) \tag{4.3.4}$$

显然

$$P\{X=k\}\geqslant0\quad(k=1,2,3,\cdots)$$

$$\sum_{k=1}^{\infty}P\{X=k\}=\sum_{k=1}^{\infty}(1-p)^{k-1}p=p\sum_{i=0}^{\infty}(1-p)^i=p\frac{1}{1-(1-p)}=1$$

即式(4.3.4)满足分布律的性质。

若随机变量 X 的分布律由式(4.3.4)给出，则称 X 服从参数为 p 的几何分布，记作 $X \sim G(p)$。

5. 超几何分布

口袋中有 N 个产品，其中 M 个为次品，从中不放回地抽取 $n(n \leqslant N)$ 个产品(或一次取出 n 个产品)，用 X 表示取到的次品数，则由古典概型可得 X 的分布律为

$$P\{X=k\}=\frac{C_M^k C_{N-M}^{n-k}}{C_N^n} \quad (k=0,1,2,\cdots,l,l=\min\{n,M\}) \tag{4.3.5}$$

可以验证，式(4.3.5)满足分布律的两条性质。一般地，如果随机变量 X 的分布律由式(4.3.5)给出，则称 X 服从超几何分布，记作 $X \sim H(N,M,n)$。

从直观上容易理解，当产品总数 N 很大而抽取个数 n 相对较小时，不放回抽样和有放回抽样差异很小，而在有放回抽样时，抽到的次品数 X 是服从二项分布 $B\left(n,\dfrac{M}{N}\right)$的，所以可以用二项分布近似表达超几何分布，即

$$P\{X=k\}=\frac{C_M^k C_{N-M}^{n-k}}{C_N^n} \approx C_n^k\left(\frac{M}{N}\right)^k\left(1-\frac{M}{N}\right)^{n-k} \tag{4.3.6}$$

事实上，在一定条件下，上述近似关系可以得到严格的数学证明。

例 4.3.2.3 某班有 20 名同学，其中有 5 名女生，现在从班上任选 4 名参加讲座，求被选到的女同学人数 X 的分布律。

解 被选到的女同学人数 X 可能取 0,1,2,3,4 这五个值，相应的概率应按下列式子来计算：

$$P\{X=k\}=\frac{C_5^k C_{15}^{4-k}}{C_{20}^4} \quad (k=0,1,2,3,4)$$

具体计算结果如下：

X	0	1	2	3	4
P	0.2817	0.4696	0.2167	0.0310	0.0010

4.4 连续型随机变量及其概率密度函数

对离散型随机变量，可用分布律 $P\{X=x_k\}=p_k(k=1,2,\cdots)$来刻画其概率分布情况，而对于连续型随机变量，考虑某个常数“点”的概率 $P\{X=x\}$是没有意义的。例如等公共汽车的时间点 $X=x$ 的概率严格说其概率为 0，因为这一事件不可能发生。等待公共汽车的事件是一个区间，比如是 2 点种到 3 点钟之

间。这时就要用连续型随机变量的概率密度函数来刻画其概率分布。

4.4.1 连续型随机变量

定义 4.4.1.1 如果将随机变量 X 的分布律推广成分布函数 $F(x)$，存在非负可积函数 $f(x)$，使得对任意的实数 x 有

$$F(x) = P\{X \leqslant x\} = \int_{-\infty}^{x} f(t)\mathrm{d}t \tag{4.4.1}$$

则称 X 为连续型随机变量。其中 $f(x)$ 称为 X 的概率密度函数，简称概率密度或密度函数；$F(x)$ 为 X 的分布函数，或称累积分布函数(见图 4.4.1)。

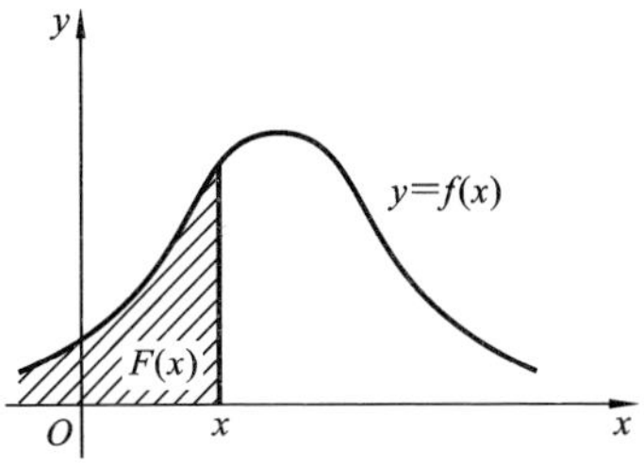

图 4.4.1 概率密度函数

1. 分布函数 $F(x)$ 的性质

分布函数是一个普通的函数，通过它能用数学分析的方法来研究随机变量。分布函数 $F(x)$ 在 x 处的函数值，表示 X 落在区间 $(-\infty, x]$ 上的概率。

分布函数 $F(x)$ 具有如下性质：

(1) $F(x)$ 是不减函数，对 $\forall\, x_1 < x_2 \in \mathbf{R}$，$F(x_1) \leqslant F(x_2)$。

(2) 规范性：$0 \leqslant F(x) \leqslant 1$，且

$$F(-\infty) = \lim_{x \to -\infty} F(x) = 0,\quad F(+\infty) = \lim_{x \to +\infty} F(x) = 1$$

事实上，事件“$X \leqslant -\infty$”和“$X \geqslant +\infty$”分别是不可能事件和必然事件。

(3) 右连续性。对 $\forall\, x_0 \in \mathbf{R}$，有 $\lim\limits_{x \to x_0^+} F(x) = F(x_0)$，若 $a < b \in \mathbf{R}$，$X \sim F(x)$，则有

$$P\{a < X \leqslant b\} = F(b) - F(a)$$
$$P\{X < a\} = \lim_{x \to a^-} F(x) = F(a^-)$$
$$P\{X = a\} = P\{X \leqslant a\} - P\{X < a\} = F(a) - F(a^-)$$
$$P\{X > a\} = 1 - F(a)$$
$$P\{X \geqslant a\} = 1 - F(a^-)$$
$$P\{a \leqslant X \leqslant b\} = F(b) - F(a^-)$$
$$P\{a \leqslant X < b\} = F(b^-) - F(a^-)$$
$$P\{a < X < b\} = F(b^-) - F(a)$$

2. 概率密度函数的性质

(1) 非负性：$f(x) \geqslant 0$，$x \in \mathbf{R}$。

(2) 规范性：$\int_{-\infty}^{+\infty} f(x)\mathrm{d}x = 1$。

此性质表明，任意一个满足上述两个性质的函数，一定可以作为某连续型随机变量的密度函数。

(3) 对任意实数 $x_1, x_2(x_1<x_2)$，

$$P\{x_1 < X \leqslant x_2\} = F(x_2) - F(x_1) = \int_{x_1}^{x_2} f(x)\mathrm{d}x$$
$$= P\{X \leqslant x_2\} - P\{X \leqslant x_1\}$$

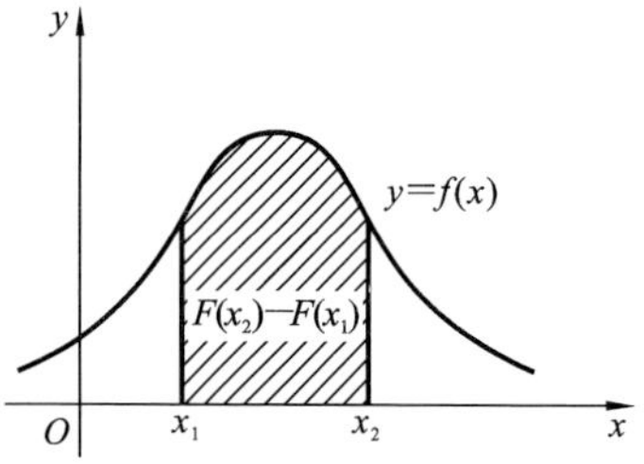

图 4.4.2 $P\{x_1<X\leqslant x_2\}$的图形表示

X 落在区间$(x_1, x_2]$中的概率恰好等于在区间$(x_1, x_2]$上曲线 $y=f(x)$之下的曲边梯形的面积(见图 4.4.2)。同时也可以发现，整个曲线 $y=f(x)$与 x 轴所围成的图形面积为 1。

(4) 若 $f(x)$在 x 处是连续的，则 $F'(x)=f(x)$，且有 $P\{x<X\leqslant x+\Delta x\}\approx f(x)\Delta x$，这表示 X 落在小区间$(x, x+\Delta x]$上的概率近似地等于 $f(x)\Delta x$。

例 4.4.1.1 设随机变量 X 的分布函数为

$$F(x)=\begin{cases} 0, & x\leqslant 0 \\ x^2, & 0<x\leqslant 1 \\ 1, & x>1 \end{cases}$$

求：(1) $P\{0.3<X<0.7\}$；

(2) X 的密度函数。

解 由连续型随机变量分布函数的性质，有：

(1) $P\{0.3<X<0.7\}=F(0.7)-F(0.3)=0.7^2-0.3^2=0.4$。

(2) X 的密度函数为

$$f(x)=F'(x)=\begin{cases} 2x, & 0<x<1 \\ 0, & \text{其他} \end{cases}$$

4.4.2 常用连续型分布

1. 均匀分布

设连续型随机变量 X 具有概率密度函数 $f(x)=\begin{cases} \dfrac{1}{b-a}, & a<x<b \\ 0, & \text{其他} \end{cases}$，则称 X 在区间(a,b)上服从均匀分布，记作 $X\sim U(a,b)$。

均匀分布的分布函数为

$$F(x)=\int_{-\infty}^{x}f(t)\mathrm{d}t=\begin{cases}0, & x<a\\ \int_{a}^{x}f(t)\mathrm{d}t, & a\leqslant x<b\\ \int_{a}^{b}f(t)\mathrm{d}t, & x\geqslant b\end{cases}=\begin{cases}0, & x<a\\ \dfrac{x-a}{b-a}, & a\leqslant x<b\\ 1, & x\geqslant b\end{cases}\tag{4.4.2}$$

图 4.4.3 所示为均匀分布密度函数 $f(x)$和分布函数 $F(x)$的图形。

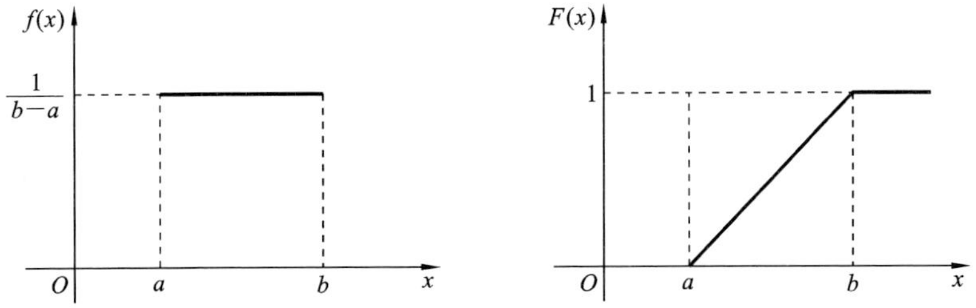

图 4.4.3　均匀分布密度函数 $f(x)$和分布函数 $F(x)$

设随机变量 $X\sim U[a,b]$，则对任意$[c,d]\subseteq[a,b]$，有

$$P\{c\leqslant X\leqslant d\}=\int_{c}^{d}\frac{1}{b-a}\mathrm{d}x=\frac{d-c}{b-a}$$

这表明 X 落在$[a,b]$内任一小区间$[c,d]$上的概率与该小区间的长度成正比，而与小区间$[c,d]$在$[a,b]$内的位置无关，这就是均匀分布的概率意义。

2. 指数分布

若随机变量 X 的概率密度函数为

$$f(x)=\begin{cases}\lambda\mathrm{e}^{-\lambda x}, & x>0(\lambda>0)\\ 0, & \text{其他}\end{cases}\tag{4.4.3}$$

则称 X 服从参数为 λ 的指数分布，简记为 $X\sim \mathrm{e}(\lambda)$。

例 4.4.2.1　某元件的寿命 X 服从指数分布，已知其参数 $\lambda=1/1000$，求三个这样的元件使用 1000 h 至少已有一个损坏的概率。

解　由题设知，X 的分布函数为

$$F(x)=\begin{cases}1-\mathrm{e}^{-\frac{x}{1000}}, & x\geqslant 0\\ 0, & x<0\end{cases}$$

由此得到

$$P\{X>1000\}=1-P\{X\leqslant 1000\}=1-F(1000)=\mathrm{e}^{-1}$$

各元件的寿命是否超过 1000 h 是独立的，用 Y 表示三个元件中使用1000 h 损坏的元件数，则 $Y\sim B(3,1-\mathrm{e}^{-1})$。所求概率为

$$P\{Y\geqslant 1\}=1-P\{Y=0\}=1-C_3^0(1-\mathrm{e}^{-1})^0(\mathrm{e}^{-1})^3=1-\mathrm{e}^{-3}$$

指数分布是一种应用广泛的连续型分布。许多“等待时间”，一些没有明显“衰老”机理的元件(如半导体元件)的寿命都可以用指数分布来描述，所以指数分布在排队论的可靠性理论等领域有着广泛的应用。

3. 正态分布

设连续型随机变量 X 具有概率密度函数：

$$f(x)=\frac{1}{\sqrt{2\pi}\sigma}e^{-\frac{(x-\mu)^2}{2\sigma^2}} \quad (-\infty<x<+\infty) \tag{4.4.4}$$

其中 $\mu,\sigma(\sigma>0)$为常数，则称 X 服从参数为 μ,σ 的正态分布或高斯(Gauss)分布，记为 $X\sim N(\mu,\sigma^2)$。X 的分布函数为

$$F(x)=\frac{1}{\sqrt{2\pi}\sigma}\int_{-\infty}^{x}e^{-\frac{(t-\mu)^2}{2\sigma^2}}dt \quad (-\infty<x<+\infty) \tag{4.4.5}$$

正态分布是概率论和数理统计中最重要的分布，它是自然界中十分常见的一种分布。例如测量的误差、人的身高和体重、农作物的产量、产品的尺寸和质量以及炮弹落地点等都可以服从正态分布。而且正态分布又具有许多良好的性质，可以用它作为一种其他不易处理的分布的近似，因此在理论和工程技术等领域，正态分布有着不可替代的重要意义。

X 的正态概率密度函数和正态概率分布函数如图 4.4.4 所示。

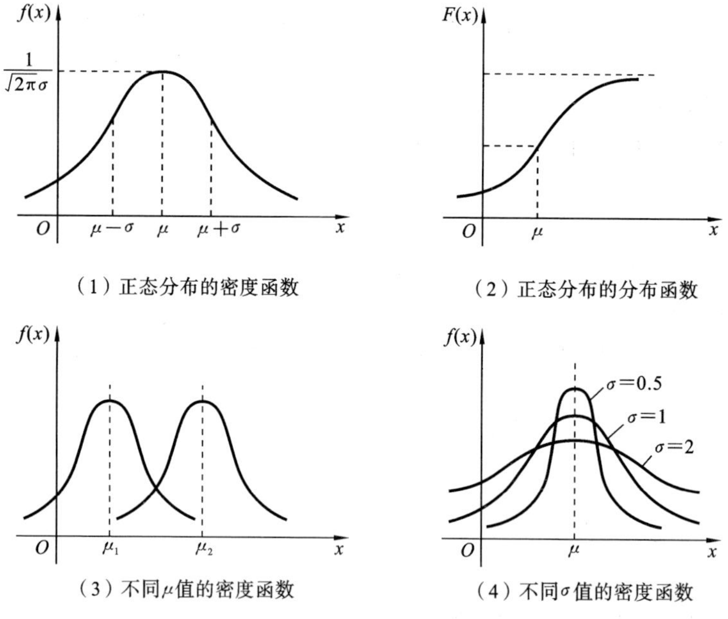

图 4.4.4　正态分布的密度函数和分布函数

从图 4.4.4 可以看到，正态分布的概率密度函数 $f(x)$的图形呈钟形，“中

间大，两头小”，从而得出 $f(x)$有以下性质：

性质 1 $f(x)$的图形关于 $x=\mu$ 对称。

性质 2 $f(x)$在 $x=\mu$ 处达到最大，最大值为$\frac{1}{\sqrt{2\pi}\sigma}$。

性质 3 $f(x)$在 $x=\mu\pm\sigma$ 处有拐点。

性质 4 x 离 μ 越远，$f(x)$值越小，当 x 趋向于无穷大时，$f(x)$趋于 0，即 $f(x)$以 x 轴为渐近线。

性质 5 当 μ 固定时，σ 愈大，$f(x)$的最大值愈小，即曲线愈平坦；σ 愈小，$f(x)$的最大值愈大，即曲线愈尖。

性质 6 当 σ 固定而改变 μ 时，就是将 $f(x)$图形沿 x 轴平移。

当 $\mu=0,\sigma=1$ 时，称 X 服从标准正态分布，其密度函数和分布函数常用 $\varphi(x)$和 $\Phi(x)$表示：

$$\begin{aligned}\varphi(x) &= \frac{1}{\sqrt{2\pi}}\mathrm{e}^{-\frac{x^2}{2}} \quad (-\infty < x < +\infty) \\ \Phi(x) &= \frac{1}{\sqrt{2\pi}}\int_{-\infty}^{x}\mathrm{e}^{-\frac{t^2}{2}}\mathrm{d}t \quad (-\infty < x < +\infty)\end{aligned} \tag{4.4.6}$$

它们的图形如图 4.4.5 所示。

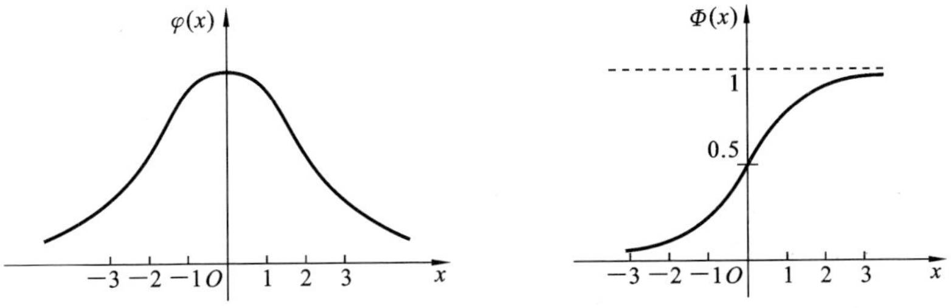

图 4.4.5 标准正态分布的密度函数和分布函数

标准正态分布记为 $X\sim N(0,1)$。标准正态分布的重要性在于任何一个一般的正态分布都可以通过线性变换转化为标准正态分布。

定理 4.4.2.1 设 $X\sim N(\mu,\sigma^2)$，作线性变换 $Y=\frac{X-\mu}{\sigma}$，则 $Y\sim N(0,1)$。

对于标准正态分布，已做出了标准正态分布的使用数据表，用户可以很方便地查出计算结果。在该表中，只对 $x\geqslant 0$ 给出了 $\Phi(x)$的函数值。因为 $\varphi(x)$是偶函数，所以当 $x<0$ 时，由标准正态分布的概率密度函数 $\varphi(x)$图形的对称性易知

$$\Phi(-x)=1-\Phi(x)$$

例 4.4.2.2 设 $X\sim N(\mu,\sigma^2)$，求 $P\{|X-\mu|<k\sigma\}$。

解 把正态随机变量 X 标准化为$\frac{X-\mu}{\sigma}$,得

$$P\{|X-\mu|<k\sigma\}=P\{\mu-k\sigma<X<\mu+k\sigma\}=P\left\{\frac{X-\mu}{\sigma}<k\right\}-P\left\{\frac{X-\mu}{\sigma}\leqslant -k\right\}$$
$$=\Phi(k)-\Phi(-k)=2\Phi(k)-1 \quad (k=1,2,3,\cdots)$$

查标准正态分布表可得:

$$P\{|X-\mu|<\sigma\}=0.6826$$
$$P\{|X-\mu|<2\sigma\}=0.9544$$
$$P\{|X-\mu|<3\sigma\}=0.9973$$

上式表明,正态随机变量 X 落在区间$(\mu-3\sigma,\mu+3\sigma)$内的概率已高达99.73%,因此可以认为 X 的值几乎不落在区间$(\mu-3\sigma,\mu+3\sigma)$之外。这就是著名的"$3\sigma$ 准则",它在工业生产中常用来作为质量控制的依据。

例 4.4.2.3 公共汽车车门的高度是按男子与车门顶部碰头机会在 0.01 以下来设计的。设男子的身高 $X\sim N(170,6^2)$(单位:cm),问车门高度应如何确定?

解 设车门高度为 h cm,按设计要求 $P\{X\geqslant h\}<0.01$,即

$$1-P\{X<h\}<0.01$$
$$P\{X<h\}>0.99$$

令

$$P\{X<h\}=\Phi\left(\frac{h-170}{\sqrt{6^2}}\right)>0.99$$

查表得 $\Phi(2.33)=0.9901>0.99$,所以 $h=170+13.98\approx184$。

因此要使得男子与车门碰头的机会在 0.01 以下,车门高度至少为 184 cm。

一般来说,一个随机变量如果受到许多随机因素的影响,而其中每一个因素都不起主导作用(作用微小),则它服从正态分布。这是正态分布在实践中得以广泛应用的原因。例如,产品的质量指标,元件的尺寸,某地区成年男子的身高、体重,测量误差,射击目标的水平或垂直偏差,信号噪声,农作物的产量等都服从或近似服从正态分布。

4.4.3 随机变量函数的分布函数

在许多实际问题中,所考虑的随机变量常常依赖于另一个随机变量。例如,有一批球,其直径 X 和体积 Y 都是随机变量,其中球的直径可以较方便地测量出来,而体积不易直接测量,但可以由公式 $Y=\frac{\pi}{6}X^3$ 计算得到,那么,若已知这批球的直径 X 的概率分布,能否得到其体积 Y 的概率分布呢?

1. 离散型随机变量的函数的分布律

例 4.4.3.1 设随机变量 X 的分布律如下：

X	-1	0	1	2
P	0.2	0.3	0.1	0.4

求 $Y=(X-1)^2$ 的分布律。

解 当 X 取值分别为 $-1,0,1,2$ 时，Y 的取值分别为 $4,1,0,1$，因此，Y 取每个值的概率分布为

$$P\{Y=0\}=P\{(X-1)^2=0\}=P\{X=1\}=0.1$$

$$P\{Y=1\}=P\{(X-1)^2=1\}=P\{X=0\}+P\{X=2\}=0.7$$

$$P\{Y=4\}=P\{(X-1)^2=4\}=P\{X=-1\}=0.2$$

所以得到随机变量 Y 的分布律如下：

Y	0	1	4
P	0.1	0.7	0.2

一般地，设离散型随机变量 X 的分布律为

$$P\{X=x_k\}=p_k \quad (k=1,2,\cdots)$$

记 $y_k=g(x_k)$ $(k=1,2,\cdots)$。如果函数值 y_k 互不相等，$Y=g(X)$的分布律为

$$P\{Y=y_k\}=p_k \quad (k=1,2,\cdots)$$

如果函数值 $y_k(k=1,2,\cdots)$中有相等的情形，把 Y 取这些相等的数值的概率相加，作为 Y 取该值的概率，便可得到 $Y=g(X)$的分布律。

2. 连续型随机变量的函数的分布函数及概率密度

连续型随机变量的每个取值点的概率是通过其概率密度函数的积分来取值的。

例 4.4.3.2 设随机变量 X 的概率密度为

$$f_X(x)=\begin{cases}2x, & 0<x<1\\ 0, & \text{其他}\end{cases}$$

求随机变量 $Y=3X+1$ 的概率密度。

解 先求随机变量 Y 的分布函数 $F_Y(y)$：

$$F_Y(y)=P\{Y\leqslant y\}=P\{3X+1\leqslant y\}=P\left\{X\leqslant \frac{y-1}{3}\right\}=\int_{-\infty}^{\frac{y-1}{3}} f_X(x)\mathrm{d}x$$

当 $y<1$ 时，$\frac{y-1}{3}<0$，$F_Y(y)=\int_{-\infty}^{\frac{y-1}{3}} 0\mathrm{d}x=0$；

当 $1\leqslant y<4$ 时，$0\leqslant\frac{y-1}{3}<1$，$F_Y(y)=\int_{-\infty}^{0} 0\mathrm{d}x+\int_{0}^{\frac{y-1}{3}} 2x\mathrm{d}x=\frac{(y-1)^2}{9}$；

当 $y\geqslant 4$ 时，$\frac{y-1}{3}\geqslant 1$，$F_Y(y)=\int_{-\infty}^{0}0\mathrm{d}x+\int_{0}^{1}2x\mathrm{d}x+\int_{1}^{\frac{y-1}{3}}0\mathrm{d}x=1$。

综上所述，

$$F_Y(y)=\begin{cases}0, & y<1\\ \frac{(y-1)^2}{9}, & 1\leqslant y<4\\ 1, & y\geqslant 4\end{cases}$$

再由概率密度与分布函数的关系，知 Y 的概率密度为

$$f_Y(y)=F'_Y(y)=\begin{cases}\frac{2(y-1)}{9}, & 1\leqslant y<4\\ 0, & \text{其他}\end{cases}$$

例 4.4.3.3 设随机变量 $X\sim N(0,1)$，求 $Y=X^2$ 的概率密度。

解 设随机变量 Y 的分布函数和概率密度分别为 $F_Y(y)$、$f_Y(y)$，则

$$F_Y(y)=P\{Y\leqslant y\}=P\{X^2\leqslant y\}$$

当 $y\leqslant 0$ 时，$F_Y(y)=P\{X^2\leqslant y\}=0$；

当 $y>0$ 时，$F_Y(y)=P\{X^2\leqslant y\}=P\{-\sqrt{y}\leqslant X\leqslant\sqrt{y}\}=\int_{-\sqrt{y}}^{\sqrt{y}}\varphi(x)\mathrm{d}x$。

于是随机变量 Y 的概率密度为

$$f_Y(y)=F'_Y(y)=\begin{cases}\frac{1}{2\sqrt{y}}[\varphi(\sqrt{y})+\varphi(-\sqrt{y})], & y>0\\ 0, & y\leqslant 0\end{cases}$$

$$=\begin{cases}\frac{1}{\sqrt{2\pi}}y^{-\frac{1}{2}}\mathrm{e}^{\frac{y}{2}}, & y>0\\ 0, & y\leqslant 0\end{cases}$$

从上面两个例子中看到，要求连续型随机变量 $Y=g(X)$ 的概率密度，总是先求 $Y=g(X)$ 的分布函数，然后通过求导数得到 $Y=g(X)$ 的概率密度，这种方法称为分布函数法。在计算过程中，关键的一步是从"$Y=g(X)\leqslant y$"中解出 X 应满足的不等式。下面就 $g(x)$ 是严格单调函数的情形给出一般的结果。

定理 4.4.3.1 设随机变量 X 的取值范围为 (a,b)（可以是无穷区间），其概率密度为 $f_X(x)$，函数 $y=g(x)$ 是处处可导的严格单调函数，它的反函数为 $x=h(y)$，则随机变量 $Y=g(X)$ 的概率密度为

$$f_Y(y)=\begin{cases}f_X[h(y)]\,|h'(y)|, & \alpha<y<\beta\\ 0, & \text{其他}\end{cases}\tag{4.4.7}$$

其中，$\alpha=\min\{g(a),g(b)\}$，$\beta=\max\{g(a),g(b)\}$。

证明 当 $g(x)$ 处处可导且严格单调增大时，它的反函数 $h(y)$ 在区间 (α,β) 内也处处可导，且严格单调增大，即 $h'(y)>0$，所以当 $y\leqslant\alpha$ 时，有

$$F_Y(y)=P\{Y\leqslant y\}=0$$

当 $y\geqslant\beta$ 时，有

$$F_Y(y)=P\{Y\leqslant y\}=1$$

当 $\alpha<y<\beta$ 时，有

$$F_Y(y)=P\{Y\leqslant y\}=P\{g(X)\leqslant y\}=P\{X\leqslant h(y)\}=\int_{-\infty}^{h(y)}f_X(x)\mathrm{d}x$$

于是 $Y=g(X)$ 的概率密度为

$$f_Y(y)=F'_Y(y)=\begin{cases}f_X[h(y)]h'(y), & \alpha<y<\beta\\ 0, & \text{其他}\end{cases}\tag{4.4.8}$$

当 $g(x)$ 处处可导且严格单调减小时，它的反函数 $h(y)$ 在区间 (α,β) 内也处处可导，且严格单调减小，即 $h'(y)<0$。于是当 $\alpha<y<\beta$ 时，有

$$\begin{aligned}F_Y(y)&=P\{Y\leqslant y\}=P\{g(X)\leqslant y\}=P\{X\geqslant h(y)\}=1-P\{X<h(y)\}\\&=1-\int_{-\infty}^{h(y)}f_X(x)\mathrm{d}x\end{aligned}$$

从而 $Y=g(X)$ 的概率密度为

$$f_Y(y)=F'_Y(y)=\begin{cases}-f_X[h(y)]h'(y), & \alpha<y<\beta\\ 0, & \text{其他}\end{cases}\tag{4.4.9}$$

合并式(4.4.8)与式(4.4.9)，$Y=g(X)$ 的概率密度由式(4.4.7)给出。

作为定理 4.4.3.1 的应用，下面证明正态分布的随机变量的线性函数仍然服从正态分布。

例 4.4.3.4 设随机变量 $X\sim N(\mu,\sigma^2)$，证明：对任意实数 $a,b(a\neq0)$，随机变量 $Y=aX+b\sim N(a\mu+b,(a\sigma)^2)$。

证明 由题意，随机变量 X 于 $(-\infty,+\infty)$ 内取值，$\alpha=-\infty$，$\beta=+\infty$，函数 $y=ax+b$ 是处处可导的严格单调函数，其反函数 $x=h(y)=\dfrac{y-b}{a}$ 的导数为 $h'(y)=\dfrac{1}{a}$，由定理 4.4.3.1 中的式(4.4.7)，$Y=aX+b$ 的概率密度为

$$\begin{aligned}f_Y(y)&=\frac{1}{|a|}f_X\left(\frac{y-b}{a}\right)=\frac{1}{|a|\sqrt{2\pi}\sigma}\mathrm{e}^{-\frac{\left(\frac{y-b}{a}-\mu\right)^2}{2\sigma^2}}\\&=\frac{1}{|a|\sqrt{2\pi}\sigma}\mathrm{e}^{-\frac{[y-(a\mu+b)]^2}{2(a\sigma)^2}}\quad(-\infty<y<+\infty)\end{aligned}$$

即随机变量 $Y=aX+b\sim N(a\mu+b,(a\sigma)^2)$。

例 4.4.3.5 设随机变量 X 在 $\left[-\dfrac{\pi}{2},\dfrac{\pi}{2}\right]$ 内服从均匀分布，$Y=\sin X$，试求随机变量 Y 的概率密度。

解 $Y=\sin X$ 对应的函数 $y=g(x)=\sin x$ 在 $\left[-\dfrac{\pi}{2},\dfrac{\pi}{2}\right]$ 上的反函数为

$$x=h(y)=\arcsin y,\quad h'(y)=\frac{1}{\sqrt{1-y^2}}$$

又 X 的概率密度为

$$f_X(x)=\begin{cases}\dfrac{1}{\pi}, & -\dfrac{\pi}{2}<x<\dfrac{\pi}{2}\\ 0, & \text{其他}\end{cases}$$

由定理 4.4.3.1 可得 $Y=\sin X$ 的概率密度为

$$f_Y(x)=\begin{cases}\dfrac{1}{\pi}\cdot\dfrac{1}{\sqrt{1-y^2}}, & -1<y<1\\ 0, & \text{其他}\end{cases}$$

4.5 多维随机变量及其分布

在很多随机现象中，试验的结果不能只用一个随机变量来描述。如在研究某地区儿童的发育情况时，需同时考虑身高、体重、肺活量等因素，这就是多维随机变量的情况。

我们先讨论二维随机变量及其分布，然后再推广到多维情况。

4.5.1 二维随机变量及其分布

定义 4.5.1.1 设随机试验 E，它的样本空间 $\Omega=\{\omega\}$。设 $X=X(\omega)$ 和 $Y=Y(\omega)$ 是定义在 Ω 上的随机变量，由它们构成的一个有序组 (X,Y) 称为二维随机向量或二维随机变量。

定义 4.5.1.2 设 (X,Y) 为二维随机变量，对于任意实数 x,y，二元函数

$$F(x,y)=P\{X\leqslant x,Y\leqslant y\}\tag{4.5.1}$$

称为二维随机变量 (X,Y) 的分布函数，或称为随机变量 X 与 Y 的联合分布函数。

式(4.5.1)中 $\{X\leqslant x,Y\leqslant y\}$ 表示 $\{X\leqslant x\}$ 与 $\{Y\leqslant y\}$ 这两个事件的积 $\{X\leqslant x\}\cap\{Y\leqslant y\}$，故 $F(x,y)$ 的几何意义是随机点 (X,Y) 落入以 (x,y) 为顶点而位于该点左下方的无穷矩形区域(见图 4.5.1)的概率。

而随机点 (X,Y) 落入矩形区域 $\{x_1<X\leqslant x_2,y_1<Y\leqslant y_2\}$ (见图 4.5.2)的概率为

$$\begin{aligned}P\{x_1<X\leqslant x_2,y_1<Y\leqslant y_2\}&=P(X\leqslant x_2,Y\leqslant y_2)-P(X\leqslant x_1,Y\leqslant y_2)\\&\quad-P(X\leqslant x_2,Y\leqslant y_1)+P(X\leqslant x_1,Y\leqslant y_1)\\&=F(x_2,y_2)-F(x_1,y_2)-F(x_2,y_1)+F(x_1,y_1)\end{aligned}\tag{4.5.2}$$

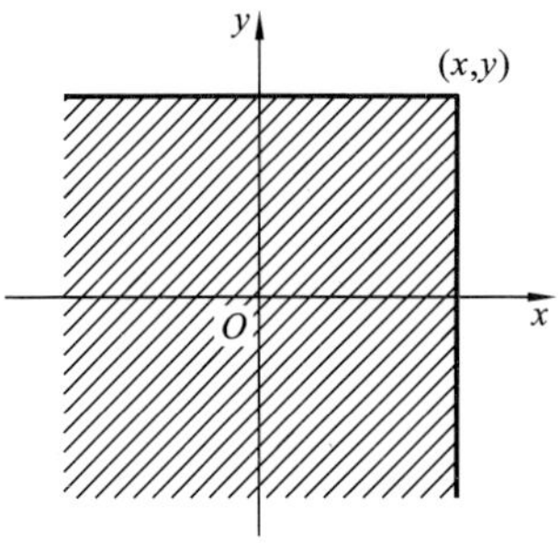

图 4.5.1　$P\{X\leqslant x,Y\leqslant y\}$

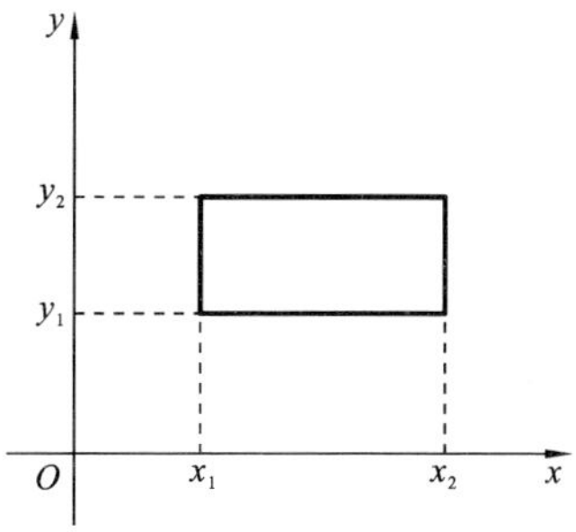

图 4.5.2　$P\{x_1<X\leqslant x_2,y_1<Y\leqslant y_2\}$

由分布函数 $F(x,y)$ 的定义及概率的性质，可以得到分布函数 $F(x,y)$ 具有以下性质：

(1) 单调性。$F(x,y)$ 对 x 或 y 都是不减函数，即若 $x_1<x_2$，$y_1<y_2$，则

$$F(x_1,y)\leqslant F(x_2,y),\quad F(x,y_1)\leqslant F(x,y_2)$$

(2) 有界性。$0\leqslant F(x,y)\leqslant 1$，且

$$F(-\infty,y)=\lim_{x\to-\infty}F(x,y)=0$$

$$F(x,-\infty)=\lim_{y\to-\infty}F(x,y)=0$$

$$F(-\infty,-\infty)=\lim_{(x,y)\to(-\infty,-\infty)}F(x,y)=0$$

$$F(+\infty,+\infty)=\lim_{(x,y)\to(+\infty,+\infty)}F(x,y)=1$$

(3) 右连续性。$F(x,y)$ 分别对 x,y 右连续，即有

$$F(x^+,y)=F(x,y),\quad F(x,y^+)=F(x,y)$$

(4) 非负性。对任意的 $x_1<x_2$，$y_1<y_2$，有

$$P\{x_1<X\leqslant x_2,y_1<Y\leqslant y_2\}=F(x_2,y_2)-F(x_1,y_2)-F(x_2,y_1)+F(x_1,y_1)\geqslant 0$$

具有上述四条性质的二元函数 $F(x,y)$ 一定是某个二维随机变量的分布函数。任一二维随机变量的分布函数必具有上述四条性质，其中性质(4)是二维场合特有的，也是合理的。但性质(4)不能由前三条性质推出，必须单独列出，因为存在这样的二元函数 $G(x,y)$ 满足以上性质(1)(2)(3)，但不满足性质(4)，因此不是二维随机变量的分布函数。

例 4.5.1.1　二元函数

$$G(x,y)=\begin{cases}0, & x+y<0\\ 1, & x+y\geqslant 0\end{cases}$$

满足性质(1)(2)(3)，但它不满足性质(4)。

从 $G(x,y)$ 的定义可以看出：若用直线 $x+y=0$ 将平面 xOy 一分为二，在右上半平面，$x+y\geqslant 0$，$G(x,y)=1$；在左下半平面，$x+y<0$，$G(x,y)=0$。满足单调性、有界性、右连续性，但在正方形区域

$$\{(x,y):-1\leqslant x\leqslant 1,-1\leqslant y\leqslant 1\}$$

的四个顶点，有 $G(-1,1)=1, G(1,-1)=1, G(1,1)=1, G(-1,-1)=0$，从而有

$$G(1,1)-G(-1,1)-G(1,-1)+G(-1,-1)=-1<0$$

所以 $G(x,y)$ 不满足性质(4)，故 $G(x,y)$ 不能成为二维随机变量的分布函数。

1. 边缘分布函数

设二维随机变量 (X,Y) 的联合分布函数为 $F(x,y)$，令 $y\to+\infty$，由于 $\{Y\leqslant+\infty\}$ 为必然事件，故有

$$F(x,+\infty)=\lim_{y\to+\infty}F(x,y)=P\{X\leqslant x,Y\leqslant+\infty\}=P\{X\leqslant x\}$$

这是由 (X,Y) 的联合分布函数 $F(x,y)$ 求得的 X 的分布函数，称为 X 的边缘分布函数，记作 $F_X(x)$，即

$$F_X(x)=F(x,+\infty) \tag{4.5.3}$$

类似地，在 $F(x,y)$ 中令 $x\to+\infty$，可得 Y 的边缘分布函数为

$$F_Y(y)=F(+\infty,y) \tag{4.5.4}$$

在三维随机变量 (X,Y,Z) 的联合分布函数 $F(x,y,z)$ 中，用类似的方法可以得到更多的边缘分布函数：

$$F_X(x)=F(x,+\infty,+\infty)$$

$$F_Y(y)=F(+\infty,y,+\infty)$$

$$F_Z(z)=F(+\infty,+\infty,z)$$

$$F_{XY}(x,y)=F(x,y+\infty)$$

$$F_{XZ}(x,z)=F(x,+\infty,z)$$

$$F_{YZ}(y,z)=F(+\infty,y,z)$$

例 4.5.1.2 设二维随机变量 (X,Y) 的联合分布函数为

$$F(x,y)=\begin{cases}1-e^{-2x}-e^{-3y}+e^{-2x-3y-5\max(x,y)}, & x>0,y>0\\ 0, & \text{其他}\end{cases}$$

求 X 和 Y 各自的边缘分布函数。

解 当 $x\leqslant 0$ 时，$F_X(x)=\lim\limits_{y\to+\infty}F(x,y)=0$。当 $x>0$ 时，

$$\begin{aligned}F_X(x)&=\lim_{y\to+\infty}F(x,y)=1-e^{-2x}-\lim_{y\to+\infty}e^{-3y}+e^{-2x}\lim_{y\to+\infty}e^{-3y-5\max(x,y)}\\&=1-e^{-2x}-0+e^{-2x}\times 0=1-e^{-2x}\end{aligned}$$

所以得到 X 的边缘分布函数为

$$F_X(x)=\begin{cases}1-e^{-2x}, & x>0\\ 0, & x\leqslant 0\end{cases}$$

类似地，可以得到 Y 的边缘分布函数为

$$F_Y(y)=\begin{cases}1-e^{-3y}, & y>0\\ 0, & y\leqslant 0\end{cases}$$

2. 随机变量的独立性

若一个随机变量的取值对另一个随机变量的取值没有影响，就称这两个随机变量相互独立。

定义 4.5.1.3 设(X,Y)是二维随机变量，如果对任意实数 x,y，有

$$P(X\leqslant x,Y\leqslant y)=P(X\leqslant x)P(Y\leqslant y)$$

则称随机变量 X 与 Y 相互独立。

由(X,Y)的联合分布函数与边缘分布函数的定义知，随机变量 X 与 Y 相互独立的充要条件为

$$F(x,y)=F_X(x)F_Y(y) \tag{4.5.5}$$

由式(4.5.5)知，当 X 与 Y 相互独立时，(X,Y)的联合分布函数 $F(x,y)$可由两个边缘分布函数 $F_X(x)$和 $F_Y(y)$确定。

4.5.2 二维离散型随机变量及其分布律

1. 联合分布律

定义 4.5.2.1 若随机变量(X,Y)只取有限个或可列个数对(x_i,y_i)，则称(X,Y)为二维离散型随机变量，称

$$P_{ij}=P(X=x_i,Y=y_j) \quad i,j=1,2,\cdots \tag{4.5.6}$$

为(X,Y)的联合分布律。也可以用如下列表形式描述联合分布律：

P_{ij}		Y				
		y_1	y_2	$\cdots$	y_j	$\cdots$
X	x_1	p_{11}	p_{12}	$\cdots$	p_{1j}	$\cdots$
	x_2	p_{21}	p_{22}	$\cdots$	p_{2j}	$\cdots$
	$\vdots$	$\vdots$	$\vdots$		$\vdots$	
	x_i	p_{i1}	p_{i2}	$\cdots$	p_{ij}	$\cdots$
	$\vdots$	$\vdots$	$\vdots$	$\cdots$	$\vdots$	$\cdots$

二维离散型随机变量(X,Y)的联合分布律的基本性质如下：

(1) 非负性：$p_{ij}\geqslant 0$；

(2) 正则性：$\sum\limits_j\sum\limits_i p_{ij}=1$。

例 4.5.2.1 一袋中有 1 个红球、2 个白球、3 个黑球。从中任取 4 球，以 X,Y 分别表示取出的 4 个球中红球及白球的个数。求：

(1) (X,Y)的联合分布律；

(2) 计算 $P(|X-Y|=1)$。

解 (1) 由题意知，X 可能的取值为 0，1；Y 可能的取值为 0，1，2。相应的概率为

$$P(X=0,Y=0)=0,\quad P(X=0,Y=1)=\frac{C_2^1C_3^3}{C_6^4}=\frac{2}{15}$$

$$P(X=0,Y=2)=\frac{C_2^2C_3^2}{C_6^4}=\frac{3}{15},\quad P(X=1,Y=0)\frac{C_1^1C_3^2}{C_6^4}=\frac{1}{15}$$

$$P(X=1,Y=1)=\frac{C_1^1C_2^1C_3^2}{C_6^4}=\frac{6}{15},\quad P(X=1,Y=2)=\frac{C_1^1C_2^2C_3^1}{C_6^4}=\frac{3}{15}$$

于是(X,Y)的联合分布律如下：

P_{ij}		Y		
		0	1	2
X	0	0	$\frac{2}{15}$	$\frac{3}{15}$
	1	$\frac{1}{15}$	$\frac{6}{15}$	$\frac{3}{15}$

(2) $$P(|X-Y|=1)=P(X=0,Y=1)+P(X=1,Y=0)+P(X=1,Y=2)$$

$$=\frac{2}{15}+\frac{1}{15}+\frac{3}{15}=\frac{6}{15}=\frac{2}{5}$$

2. 条件分布律

二维随机变量(X,Y)之间主要表现为独立与相依两类关系。当其中一个变量取值不变而求另一变量的分布，就是随机变量的条件分布问题。

定义 4.5.2.2 设二维离散型随机变量(X,Y)的联合分布律为

$$P(X=x_i,Y=y_j)=p_{ij},\quad i,j=1,2,\cdots$$

X 的边缘分布律和 Y 的边缘分布律分别为

$$P(X=x_i)=p_{i\cdot},\quad i=1,2,\cdots$$

$$P(Y=y_j)=p_{\cdot j},\quad j=1,2,\cdots$$

对于固定的 j，若 $P(Y=y_j)=p_{\cdot j}>0$，则称

$$P(X=x_i|Y=y_j)=\frac{P(X=x_i,Y=y_j)}{P(Y=y_j)}=\frac{p_{ij}}{p_{\cdot j}},\quad i=1,2,\cdots \tag{4.5.7}$$

为在 $Y=y_j$ 条件下随机变量 X 的条件分布律。

类似地，对于固定的 i，若 $P(X=x_i)=p_{i\cdot}>0$，则称

$$P(Y=y_j|X=x_i)=\frac{P(X=x_i,Y=y_j)}{P(X=x_i)}=\frac{p_{ij}}{p_{i\cdot}},\quad j=1,2,\cdots \tag{4.5.8}$$

为在 $X=x_i$ 条件下随机变量 Y 的条件分布律。

不难证明，条件分布律满足分布律的基本性质：

(1) 非负性：$P(X=x_i|Y=y_j)\geqslant 0, P(Y=y_j|X=x_i)\geqslant 0$。

(2) 正则性：$\sum_i P(X=x_i \mid Y=y_j)=1, \sum_j P(Y=y_j \mid X=x_i)=1$。

例 4.5.2.2 某医药公司 9 月和 8 月收到的青霉素针剂的订货单数分别为 X 和 Y，据以往积累的资料知 (X,Y) 的联合分布律如下：

P_{ij}		Y				
		51	52	53	54	55
X	51	0.06	0.05	0.05	0.01	0.01
	52	0.07	0.05	0.01	0.01	0.01
	53	0.05	0.10	0.10	0.05	0.05
	54	0.05	0.02	0.01	0.01	0.03
	55	0.05	0.06	0.05	0.01	0.03

试求：(1) X 和 Y 的边缘分布律；

(2) 8 月的订单数为 51 时，9 月订单数的条件分布律。

解 (1) 对 (X,Y) 的联合分布律分别行向求和、列向求和，得到 X 和 Y 的边缘分布律，分别列于联合分布律的右侧和下侧：

P_{ij}		Y					
		51	52	53	54	55	
X	51	0.06	0.05	0.05	0.01	0.01	0.18
	52	0.07	0.05	0.01	0.01	0.01	0.15
	53	0.05	0.10	0.10	0.05	0.05	0.35
	54	0.05	0.02	0.01	0.01	0.03	0.12
	55	0.05	0.06	0.05	0.01	0.03	0.20
		0.28	0.28	0.22	0.09	0.13	

(2) 8 月的订单数 $Y=51$ 的条件下，9 月订单数 X 的条件概率为

$$P(X=51|Y=51)=\frac{P(X=51,Y=51)}{P(Y=51)}=\frac{0.06}{0.28}=\frac{3}{14}$$

$$P(X=52|Y=51)=\frac{P(X=52,Y=51)}{P(Y=51)}=\frac{0.07}{0.28}=\frac{1}{4}$$

$$P(X=53|Y=51)=\frac{P(X=53,Y=51)}{P(Y=51)}=\frac{0.05}{0.28}=\frac{5}{28}$$

$$P(X=54|Y=51)=\frac{P(X=54,Y=51)}{P(Y=51)}=\frac{0.05}{0.28}=\frac{5}{28}$$

$$P(X=55|Y=51)=\frac{P(X=55,Y=51)}{P(Y=51)}=\frac{0.05}{0.28}=\frac{5}{28}$$

当 8 月的订单数 $Y=51$ 时，9 月的订单数的条件分布律如下：

X	51	52	53	54	55
$P(X=x_i\|Y=51)$	$\frac{3}{14}$	$\frac{1}{4}$	$\frac{5}{28}$	$\frac{5}{28}$	$\frac{5}{28}$

3. 离散型随机变量的独立性

定理 4.5.2.1 设(X,Y)是二维离散型随机变量，联合分布律及边缘分布律分别为

$$P_{ij}=P(X=x_i,Y=y_j)$$

$$P_{i\cdot}=P(X=x_i),\quad P_{\cdot j}=P(Y=y_j),\quad i,j=1,2,\cdots$$

则 X,Y 相互独立的充要条件为

$$P(X=x_i,Y=y_j)=P(X=x_i)P(Y=y_j)=p_{i\cdot}\,p_{\cdot j},\quad i,j=1,2,\cdots \tag{4.5.9}$$

例 4.5.2.3 设二维随机变量(X,Y)的联合分布律如下：

P_{ij}		Y		
		1	2	3
X	1	$\frac{1}{8}$	a	$\frac{1}{24}$
	2	b	$\frac{1}{4}$	$\frac{1}{8}$

试问 a,b 取什么值时，X,Y 相互独立？

解 由边缘分布律的定义知

$$P(X=1)=\sum_{j=1}^{3}P(X=1,Y=j)=\frac{1}{8}+a+\frac{1}{24}=a+\frac{1}{6}$$

$$P(X=2)=\sum_{j=1}^{3}P(X=2,Y=j)=b+\frac{1}{4}+\frac{1}{8}=b+\frac{3}{8}$$

$$P(Y=3)=\sum_{i=1}^{2}P(X=i,Y=3)=\frac{1}{8}+\frac{1}{24}=\frac{1}{6}$$

因为 X 与 Y 相互独立，所以有

$$P(X=1,Y=3)=P(X=1)P(Y=3)$$

$$P(X=2,Y=3)=P(X=2)P(Y=3)$$

即有

$$\frac{1}{24}=\left(a+\frac{1}{6}\right)\times\frac{1}{6}=\frac{1}{6}a+\frac{1}{36}$$

$$\frac{1}{8}=\left(b+\frac{3}{8}\right)\times\frac{1}{6}=\frac{1}{6}b+\frac{1}{16}$$

解得

$$a=\frac{1}{12},\quad b=\frac{3}{8}$$

随机变量的独立性定义可推广到 n 个随机变量 $X_1,X_2,\cdots,X_n$ 上去。

定义 4.5.2.3 设$(X_1,X_2,\cdots,X_n)$是 n 维离散型随机变量，X_i 的可能取值为 $x_{ik}(i=1,2,\cdots,n,k=1,2,\cdots)$，如果对任意一组 $x_{1k_1},\cdots,x_{nk_n}$，恒有

$$P(X_1=x_{1k_1},\cdots,X_n=x_{nk_n})=P(X_1=x_{1k_1})\cdots P(X_n=x_{nk_n})\quad(4.5.10)$$

成立，则称 $X_1,X_2,\cdots,X_n$ 是相互独立的。

4. 二维离散型随机变量函数的分布

设(X,Y)为二维离散型随机变量，$z=g(x,y)$为二元函数，则随机变量函数 $Z=g(X,Y)$为离散型随机变量，可以由(X,Y)的联合分布律求 $Z=g(X,Y)$的分布律。

定理 4.5.2.2 设二维离散型随机变量(X,Y)的联合分布律为

$$P(X=x_i,Y=y_j)=p_{ij},\quad i,j=1,2,\cdots$$

随机变量 $Z=g(X,Y)$的可能取值为 $z_k(k=1,2,\cdots)$，则 Z 的分布律为

$$P(Z=z_k)=\sum_{z_k=g(x_i,y_j)}P(X=x_i,Y=y_j),\quad k=1,2,\cdots$$

例 4.5.2.4 设(X,Y)的联合分布律如下所示，求 $Z=X+Y$ 的分布律。

P_{ij}		Y		
		-1	1	2
X	-1	$\frac{5}{20}$	$\frac{2}{20}$	$\frac{6}{20}$
	2	$\frac{3}{20}$	$\frac{3}{20}$	$\frac{1}{20}$

解 由 X 和 Y 的取值，可以得到随机变量 $Z=X+Y$ 的可能取值为$-2,0,1,3,4$，由(X,Y)的联合分布律得到

$$P(Z=-2)=P(X=-1,Y=-1)=\frac{5}{20}$$

$$P(Z=0)=P(X=-1,Y=1)=\frac{2}{20}$$

$$P(Z=1)=P(X=-1,Y=2)+P(X=2,Y=-1)=\frac{6}{20}+\frac{3}{20}=\frac{9}{20}$$

$$P(Z=3)=P(X=2,Y=1)=\frac{3}{20}$$

$$P(Z=4)=P(X=2,Y=2)=\frac{1}{20}$$

于是 $Z=X+Y$ 的分布律为

Z	-2	0	1	3	4
P	$\frac{5}{20}$	$\frac{2}{20}$	$\frac{9}{20}$	$\frac{3}{20}$	$\frac{1}{20}$

定理 4.5.2.3 （泊松分布的可加性）设随机变量 X,Y 相互独立，且 $X\sim P(\lambda_1)$，$Y\sim P(\lambda_2)$，则 $Z=X+Y\sim P(\lambda_1+\lambda_2)$。

证明从略。

定理 4.5.2.4 （二项分布的可加性）若随机变量 X,Y 相互独立，且 $X\sim B(n_1,p)$，$Y\sim B(n_2,p)$，则 $Z=X+Y\sim B(n_1+n_2,p)$。

证明从略。

4.5.3 二维连续型随机变量

1. 二维连续型随机变量的定义

定义 4.5.3.1 设随机变量(X,Y)的联合分布函数为 $F(x,y)$，如果存在一个非负可积函数 $f(x,y)$，使得对任意实数(X,Y)有

$$F(x,y)=P(X\leqslant x,Y\leqslant y)=\int_{-\infty}^{y}\int_{-\infty}^{x}f(u,v)\mathrm{d}u\mathrm{d}v \qquad (4.5.11)$$

则称(X,Y)为二维连续型随机变量，称 $f(x,y)$为(X,Y)的联合概率密度函数或联合密度函数，或简称(X,Y)的概率密度或密度函数。

由上述定义可知，联合概率密度函数 $f(x,y)$具有如下性质：

(1) 非负性：$f(x,y)\geqslant 0,(x,y)\in\mathbf{R}^2$。

(2) 正则性：$\int_{-\infty}^{+\infty}\int_{-\infty}^{+\infty}f(x,y)\mathrm{d}x\mathrm{d}y=1$。

(3) 若 $f(x,y)$在点(x,y)处连续，则有

$$\frac{\partial^2 F(x,y)}{\partial x\partial y}=f(x,y) \qquad (4.5.12)$$

(4) 设 D 为 xOy 平面上的任一区域，随机点(X,Y)落在 D 内的概率为

$$P((X,Y)\in D)=\iint_D f(x,y)\mathrm{d}x\mathrm{d}y \qquad (4.5.13)$$

与一维连续型随机变量相似，性质(1)和(2)是一个二元函数 $f(x,y)$为某二维随机变量(X,Y)的联合概率密度函数的充要条件。

例 4.5.3.1 设二维连续型随机变量(X,Y)的概率密度函数为

$$f(x,y)=\begin{cases} k\mathrm{e}^{-\frac{x+y}{2}}, & x>0,y>0 \\ 0, & \text{其他} \end{cases}$$

求：(1) 常数 k；

(2) $P(X+Y\leqslant 2)$。

解 (1) 由概率密度函数的性质(2)得

$$1=\int_{-\infty}^{+\infty}\int_{-\infty}^{+\infty}f(x,y)\mathrm{d}x\mathrm{d}y=\int_0^{+\infty}\int_0^{+\infty}k\mathrm{e}^{-\frac{x+y}{2}}\mathrm{d}x\mathrm{d}y=k\int_0^{+\infty}\mathrm{e}^{-\frac{x}{2}}\mathrm{d}x\int_0^{+\infty}\mathrm{e}^{-\frac{y}{2}}\mathrm{d}y=4k$$

解得 $k=\dfrac{1}{4}$。

(2) 事件 $X+Y\leqslant 2$ 表示随机变量(X,Y)的取值落在直线 $x+y=2$ 的左下侧区域，又因为(X,Y)仅在第一象限内取值，故 $P(X+Y\leqslant 2)$表示(X,Y)的取值落在图 4.5.3 所示的阴影部分的概率。

$$P(X+Y\leqslant 2)=\int_0^2\int_0^{2-x}\frac{1}{4}\mathrm{e}^{-\frac{x+y}{2}}\mathrm{d}y\mathrm{d}x$$

$$=\frac{1}{2}\int_0^2(\mathrm{e}^{-\frac{x}{2}}-\mathrm{e}^{-1})\mathrm{d}x$$

$$=1-2\mathrm{e}^{-1}$$

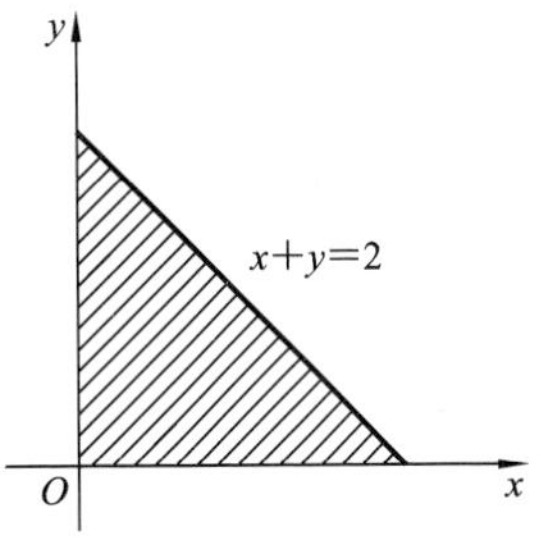

图 4.5.3 $P(X+Y\leqslant 2)$的几何表示

2. 常用二维连续型随机变量分布

1) 均匀分布

定义 4.5.3.2 设 D 为 xOy 平面上的任一有界区域，其面积为 S_D，若二维随机变量(X,Y)的联合概率密度为

$$f(x,y)=\begin{cases} \dfrac{1}{S_D}, & (x,y)\in D \\ 0, & (x,y)\notin D \end{cases} \tag{4.5.14}$$

则称(X,Y)服从区域 D 上的均匀分布，记为$(X,Y)\sim U(D)$。

例 4.5.3.2 设(X,Y)服从圆域 $D=\{(x,y)\mid x^2+y^2\leqslant 4\}$的均匀分布，求概率 $P(0<X<1,0<Y<1)$。

解 圆域 D 的面积 $S_D=4\pi$，所以(X,Y)的密度函数为

$$f(x,y)=\begin{cases} \dfrac{1}{4\pi}, & x^2+y^2\leqslant 4 \\ 0, & x^2+y^2>4 \end{cases}$$

所求概率为

$$P(0<X<1,0<Y<1)=\int_0^1\int_0^1\frac{1}{4\pi}\mathrm{d}x\mathrm{d}y=\frac{1}{4\pi}$$

2）正态分布

定义 4.5.3.3 若二维随机变量(X,Y)的联合概率密度函数为

$$f(x,y)=\frac{1}{2\pi\sigma_1\sigma_2\sqrt{1-\rho^2}}\exp\left\{-\frac{1}{2(1-\rho^2)}\left[\frac{(x-\mu_1)^2}{\sigma_1^2}-2\rho\frac{(x-\mu_1)(y-\mu_2)}{\sigma_1\sigma_2}+\frac{(y-\mu_2)^2}{\sigma_2^2}\right]\right\},\quad (x,y)\in\mathbf{R}^2 \tag{4.5.15}$$

其中，$\exp\{t\}=e^t$，$\mu_1,\mu_2,\sigma_1,\sigma_2,\rho$ 均为常数，且 $\sigma_1>0,\sigma_2>0,-1<\rho<1$，则称$(X,Y)$服从参数为 $\mu_1,\mu_2,\sigma_1,\sigma_2,\rho$ 的二维正态分布，记为$(X,Y)\sim N(\mu_1,\mu_2,\sigma_1^2,\sigma_2^2,\rho)$。

二维正态分布是概率论与数理统计中的一个重要分布，且有很好的性质。

3. 二维连续型随机变量的边缘概率密度

设二维连续型随机变量(X,Y)的联合分布函数为 $F(x,y)$，由式(4.5.3)和式(4.5.4)知，X 的边缘分布函数为

$$F_X(x)=F(x,+\infty)=\int_{-\infty}^{+\infty}\int_{-\infty}^{+\infty}f(u,v)\mathrm{d}u\mathrm{d}v=\int_{-\infty}^{x}\int_{-\infty}^{+\infty}f(u,v)\mathrm{d}v\mathrm{d}u$$

设 $\int_{-\infty}^{+\infty}f(u,v)\mathrm{d}v=f_X(u)$，则 $F_X(x)=\int_{-\infty}^{x}f_X(u)\mathrm{d}u$。

由一维连续型随机变量 X 的定义知，非负函数 $f_X(x)$为 X 的概率密度函数，则称 $f_X(x)$为 X 的边缘概率密度函数，即

$$f_X(x)=\int_{-\infty}^{+\infty}f(x,y)\mathrm{d}y \tag{4.5.16}$$

类似地，$F_Y(y)=F(+\infty,y)=\int_{-\infty}^{y}\int_{-\infty}^{+\infty}f(u,v)\mathrm{d}u\mathrm{d}v$。

设 $\int_{-\infty}^{+\infty}f(u,v)\mathrm{d}u=f_Y(v)$，有 $F_Y(y)=\int_{-\infty}^{y}f_Y(v)\mathrm{d}v$，称 $f_Y(y)$ 为 Y 的边缘概率密度函数，即

$$f_Y(y)=\int_{-\infty}^{+\infty}f(x,y)\mathrm{d}x \tag{4.5.17}$$

例 4.5.3.3 设二维连续型随机变量$(X,Y)\sim N(\mu_1,\mu_2,\sigma_1,\sigma_2,\rho)$，求 X 的边缘概率密度函数 $f_X(x)$和 Y 的边缘概率密度函数 $f_Y(y)$。

解 因为$(X,Y)\sim N(\mu_1,\mu_2,\sigma_1^2,\sigma_2^2,\rho)$，所以$(X,Y)$的联合概率密度函数为

$$f(x,y)=\frac{1}{2\pi\sigma_1\sigma_2\sqrt{1-\rho^2}}\exp\left\{-\frac{1}{2(1-\rho^2)}\left[\frac{(x-\mu_1)^2}{\sigma_1^2}-2\rho\frac{(x-\mu_1)(y-\mu_2)}{\sigma_1\sigma_2}+\frac{(y-\mu_2)^2}{\sigma_2^2}\right]\right\}$$

X 的边缘概率密度为

$$f_X(x)=\int_{-\infty}^{+\infty}\frac{1}{2\pi\sigma_1\sigma_2\sqrt{1-\rho^2}}\exp\left\{-\frac{1}{2(1-\rho^2)}\left[\frac{(x-\mu_1)^2}{\sigma_1^2}\right.\right.$$
$$\left.\left.-2\rho\frac{(x-\mu_1)(y-\mu_2)}{\sigma_1\sigma_2}+\frac{(y-\mu_2)^2}{\sigma_2^2}\right]\right\}\mathrm{d}y$$

因为

$$\frac{(x-\mu_1)^2}{\sigma_1^2}-2\rho\frac{(x-\mu_1)(y-\mu_2)}{\sigma_1\sigma_2}+\frac{(y-\mu_2)^2}{\sigma_2^2}$$
$$=\left(\frac{y-\mu_2}{\sigma_2}-\rho\frac{x-\mu_1}{\sigma_1}\right)^2+(1-\rho^2)\frac{(x-\mu_1)^2}{\sigma_1^2}$$

所以有

$$f_X(x)=\frac{\exp\left\{-\dfrac{(x-\mu_1)^2}{2\sigma_1^2}\right\}}{2\pi\sigma_1\sigma_2\sqrt{1-\rho^2}}\int_{-\infty}^{+\infty}\exp\left\{-\frac{1}{2(1-\rho^2)}\left(\frac{y-\mu_2}{\sigma_2}-\rho\frac{x-\mu_1}{\sigma_1}\right)^2\right\}\mathrm{d}y$$

令 $t=\frac{1}{\sqrt{1-\rho^2}}\left(\frac{y-\mu_2}{\sigma_2}-\rho\frac{x-\mu_1}{\sigma_1}\right)$，则

$$f_X(x)=\frac{\exp\left\{-\dfrac{(x-\mu_1)^2}{2\sigma_1^2}\right\}}{2\pi\sigma_1}\int_{-\infty}^{+\infty}\exp\left\{-\frac{t^2}{2}\right\}\mathrm{d}t$$
$$=\frac{\exp\left\{-\dfrac{(x-\mu_1)^2}{2\sigma_1^2}\right\}}{2\pi\sigma_1}\frac{1}{\sqrt{2\pi}}\int_{-\infty}^{+\infty}\exp\left\{-\frac{t^2}{2}\right\}\mathrm{d}t$$
$$=\frac{1}{\sqrt{2\pi}\sigma_1}\exp\left\{-\frac{(x-\mu_1)^2}{2\sigma_1^2}\right\}$$

该函数为正态分布 $N(\mu_1,\sigma_1^2)$的概率密度，即 X 的边缘分布为 $N(\mu_1,\sigma_1^2)$。

类似地，可以推广 Y 的边缘密度函数为

$$f_Y(y)=\frac{1}{\sqrt{2\pi}\sigma_2}\exp\left\{-\frac{(y-\mu_2)^2}{2\sigma_2^2}\right\}$$

即 Y 的边缘分布为 $N(\mu_2,\sigma_2^2)$。

由例 4.5.3.3 可以看出，二维正态分布 $N(\mu_1,\mu_2,\sigma_1^2,\sigma_2^2,\rho)$的两个边缘分布都是一维正态分布，并且都不依赖于 ρ，亦即对于给定的 $\mu_1,\mu_2,\sigma_1^2,\sigma_2^2$，不同的 ρ 对应不同的二维正态分布，但它们的边缘分布是一样的。这一事实表明，对于连续型随机变量，单由 X 和 Y 的边缘分布一般不能确定 X 和 Y 的联合分布，也就是说二维随机变量(X,Y)的联合概率密度函数 $f(x,y)$含有的信息量多于 X 和 Y 的边缘概率密度函数 $f_X(x)$和 $f_Y(y)$的信息量。

4. 二维连续型随机变量的条件分布

设二维随机变量(X,Y)的联合密度函数为 $f(x,y)$，边缘密度函数分别为

$f_X(x),f_Y(y)$。在离散型随机变量的情况下，其条件分布函数为

$$P(X\leqslant x|Y\leqslant y)$$

但是对于连续型随机变量 Y 有 $P(Y=y)=0$，所以无法用条件概率直接计算$P(X\leqslant x|Y\leqslant y)$。

一个很自然的想法是，将 $P(X\leqslant x|Y\leqslant y)$看成 $h\to 0$ 时 $P(X\leqslant x|y\leqslant Y\leqslant y+h)$的极限，即

$$\begin{aligned}P(X\leqslant x\mid Y\leqslant y)&=\lim_{h\to 0}P(X\leqslant x\mid y\leqslant Y\leqslant y+h)\\&=\lim_{h\to 0}\frac{P(X\leqslant x,y\leqslant Y\leqslant y+h)}{\lim\limits_{h\to 0}P(y\leqslant Y\leqslant y+h)}\\&=\lim_{h\to 0}\frac{\int_{-\infty}^{x}\int_{y}^{y+h}f(u,v)\mathrm{d}u\mathrm{d}v}{\int_{y}^{y+h}f_Y(v)\mathrm{d}v}\end{aligned}$$

当 $f_X(x),f_Y(y)$在 y 处连续时，由积分中值定理可得到

$$\lim_{h\to 0}\frac{1}{h}\int_{y}^{y+h}f_Y(v)\mathrm{d}v=f_Y(y),\quad \lim_{h\to 0}\frac{1}{h}\int_{y}^{y+h}f(u,v)\mathrm{d}v=f(u,y)$$

所以

$$P(X\leqslant x\mid Y\leqslant y)=\int_{-\infty}^{x}\frac{f(u,y)}{f_Y(y)}\mathrm{d}u \tag{4.5.18}$$

由式(4.5.18)知，在 $Y=y$ 条件下 X 的条件密度函数为

$$f(x|y)=\frac{f(x,y)}{f_Y(y)}$$

定义 4.5.3.4 对一切使 $f_Y(y)>0$ 的 y，给定 $Y=y$ 条件下 X 的条件分布函数和条件密度函数分别为

$$F(x\mid y)=\int_{-\infty}^{x}\frac{f(u,y)}{f_Y(y)}\mathrm{d}u \tag{4.5.19}$$

$$f(x|y)=\frac{f(x,y)}{f_Y(y)} \tag{4.5.20}$$

同理，对一切使 $f_X(x)>0$ 的 x，给定 $X=x$ 条件下 Y 的条件分布函数和条件密度函数分别为

$$F(y\mid x)=\int_{-\infty}^{y}\frac{f(x,v)}{f_X(x)}\mathrm{d}v \tag{4.5.21}$$

$$f(y|x)=\frac{f(x,y)}{f_X(x)} \tag{4.5.22}$$

无论条件分布函数 $F(x|y)$还是条件密度函数 $f(x|y)$，它们都是条件 $Y=y$ 的函数，不同条件(如 $Y=y_1$ 和 $Y=y_2$)下，条件分布函数 $F(x|y_1)$和 $F(x|y_2)$是不同的，条件密度函数 $f(x|y_1)$和 $f(x|y_2)$也不同。可见条件分布、密度函数

$F(x|y)$和 $f(x|y)$表示一簇分布、密度函数。

例 4.5.3.4 设二维连续型随机变量$(X,Y)\sim N(\mu_1,\mu_2,\sigma_1^2,\sigma_2^2,\rho)$，由例 4.5.3.3知，$X\sim N(\mu_1,\sigma_1^2)$，$Y\sim N(\mu_2,\sigma_2^2)$。由条件密度函数定义知

$$f(x|y)=\frac{f(x,y)}{f_Y(y)}$$

$$=\frac{\dfrac{1}{2\pi\sigma_1\sigma_2\sqrt{1-\rho^2}}\exp\left\{-\dfrac{1}{2(1-\rho^2)}\left[\dfrac{(x-\mu_1)^2}{\sigma_1^2}-2\rho\dfrac{(x-\mu_1)(y-\mu_2)}{\sigma_1\sigma_2}+\dfrac{(y-\mu_2)^2}{\sigma_2^2}\right]\right\}}{\dfrac{1}{\sqrt{2\pi}\sigma_2}\exp\left\{x-\left[\mu_1+\rho\dfrac{\sigma_1}{\sigma_2}(y-\mu_2)\right]\right\}}$$

令 $\mu_3=\mu_1+\rho\dfrac{\sigma_1}{\sigma_2}(y-\mu_2)$，$\sigma_3^2=\sigma_1^2(1-\rho^2)$，则

$$f(x|y)=\frac{1}{\sqrt{2\pi}\sigma_3}\exp\left\{-\frac{(x-\mu_3)^2}{2\sigma_3^2}\right\}$$

可见在 $Y=y$ 条件下，X 的条件分布仍为正态分布 $N(\mu_3,\sigma_3^2)$。

同理，在 $X=x$ 条件下，Y 的条件分布为正态分布 $N(\mu_4,\sigma_4^2)$，其中

$$\mu_4=\mu_2+\rho\frac{\sigma_2}{\sigma_1}(x-\mu_1),\quad \sigma_4^2=\sigma_2^2(1-\rho^2)$$

由此可以看出，二维正态分布的边缘分布和条件分布都是一维正态分布，这是正态分布的一个重要性质。

5. 连续型随机变量的独立性

随机变量 X 和 Y 相互独立的充要条件为

$$F(x,y)=F_X(x)F_Y(y)$$

又因为

$$F(x,y)=\int_{-\infty}^{x}\int_{-\infty}^{y}f(u,v)\mathrm{d}v\mathrm{d}u$$

$$F_X(x)F_Y(y)=\int_{-\infty}^{x}f_X(u)\mathrm{d}u\int_{-\infty}^{y}f_Y(v)\mathrm{d}v=\int_{-\infty}^{x}\int_{-\infty}^{y}f_X(u)f_Y(v)\mathrm{d}v\mathrm{d}u$$

由分布函数和密度函数的关系，得到

$$f(x,y)=f_X(x)f_Y(y)$$

反之，当 $f(x,y)=f_X(x)f_Y(y)$时，可以得到 $F(x,y)=F_X(x)F_Y(y)$，所以连续型随机变量 X 和 Y 相互独立的充要条件为

$$f(x,y)=f_X(x)f_Y(y) \tag{4.5.23}$$

设二维连续型随机变量(X,Y)呈正态分布：$(X,Y)\sim N(\mu_1,\mu_2,\sigma_1^2,\sigma_2^2,\rho)$，根据式(4.5.23)可以证明：$X$ 和 Y 相互独立的充要条件为$\rho=0$。

6. 二维连续型随机变量函数的分布函数

下面讨论已知二维随机变量(X,Y)的联合密度函数，求随机变量的函数 $Z=g(X,Y)$的密度函数。

1）和的分布

定理 4.5.3.1 设(X,Y)的联合密度函数为 $f(x,y)$，则随机变量 $Z=X+Y$ 的概率密度函数为

$$f_Z(z)=\int_{-\infty}^{+\infty}f(z-y,y)\mathrm{d}y=\int_{-\infty}^{+\infty}f(x,z-x)\mathrm{d}x \tag{4.5.24}$$

证明 设 $Z=X+Y$ 的分布函数为 $F_Z(z)$，则

$$F_Z(z)=P(Z\leqslant z)=P(X+Y\leqslant z)=\iint_{x+y\leqslant z}f(x,y)\mathrm{d}x\mathrm{d}y$$

$$=\int_{-\infty}^{+\infty}\int_{-\infty}^{z-y}f(x,y)\mathrm{d}x\mathrm{d}y$$

令 $t=x+y$，则

$$F_Z(z)=\int_{-\infty}^{+\infty}\int_{-\infty}^{z}f(t-y,y)\mathrm{d}t\mathrm{d}y=\int_{-\infty}^{z}\int_{-\infty}^{+\infty}f(t-y,y)\mathrm{d}y\mathrm{d}t$$

令 $f_Z(t)=\int_{-\infty}^{+\infty}f(t-y,y)\mathrm{d}y$，则有

$$F_Z(z)=\int_{-\infty}^{z}f_Z(t)\mathrm{d}t$$

由密度函数的定义知，非负函数 $f_Z(t)$为 Z 的概率密度函数，$Z=X+Y$ 的密度函数为

$$f_Z(z)=\int_{-\infty}^{+\infty}f(z-y,y)\mathrm{d}y$$

类似地，

$$F_Z(z)=\iint_{x+y\leqslant z}f(x,y)\mathrm{d}x\mathrm{d}y=\int_{-\infty}^{+\infty}\int_{-\infty}^{z-x}f(x,y)\mathrm{d}y\mathrm{d}x$$

经过变量代换，推出 $f_Z(t)=\int_{-\infty}^{+\infty}f(x,t-x)\mathrm{d}x$，即

$$f_Z(z)=\int_{-\infty}^{+\infty}f(x,z-x)\mathrm{d}x$$

综合以上证明得 $f_Z(z)=\int_{-\infty}^{+\infty}f(z-y,y)\mathrm{d}y=\int_{-\infty}^{+\infty}f(x,z-x)\mathrm{d}x$。

当 X 和 Y 相互独立，且 X 和 Y 的概率密度函数分别为 $f_X(x)$和 $f_Y(y)$时，有

$$f_Z(z)=\int_{-\infty}^{+\infty}f_X(x)f_Y(z-x)\mathrm{d}x=\int_{-\infty}^{+\infty}f_X(z-y)f_Y(y)\mathrm{d}y \tag{4.5.25}$$

称该式为函数 $f_X(x)$和 $f_Y(y)$的卷积公式。

例 4.5.3.5 （正态分布的可加性）设随机变量 $X\sim N(\mu_1,\sigma_1^2)$，$Y\sim N(\mu_2,\sigma_2^2)$，且 X 和 Y 相互独立，证明：$Z=X+Y\sim N(\mu_1+\mu_2,\sigma_1^2+\sigma_2^2)$。

证明 由 X 和 Y 的取值范围知 $Z=X+Y$ 的取值范围为$(-\infty,+\infty)$，由

式(4.5.25)知 $Z=X+Y$ 的概率密度函数为

$$f_Z(z)=\int_{-\infty}^{+\infty}f_X(z-y)f_Y(y)\mathrm{d}y$$
$$=\frac{1}{2\pi\sigma_1\sigma_2}\int_{-\infty}^{+\infty}\exp\left\{-\frac{1}{2}\left[\frac{(z-y-\mu_1)^2}{\sigma_1^2}+\frac{(y-\mu_2)^2}{\sigma_2^2}\right]\right\}\mathrm{d}y$$

因为

$$\frac{(z-y-\mu_1)^2}{\sigma_1^2}+\frac{(y-\mu_2)^2}{\sigma_2^2}=A\left(y-\frac{B}{A}\right)^2+\frac{(z-\mu_1-\mu_2)^2}{\sigma_1^2+\sigma_2^2}$$

其中

$$A=\frac{1}{\sigma_1^2}+\frac{1}{\sigma_2^2},\quad B=\frac{z-\mu_1}{\sigma_1^2}+\frac{\mu_2}{\sigma_2^2}$$

代回原式,可得

$$f_Z(z)=\frac{1}{2\pi\sigma_1\sigma_2}\exp\left\{-\frac{1}{2}\frac{(z-\mu_1-\mu_2)^2}{\sigma_1^2+\sigma_2^2}\right\}\int_{-\infty}^{+\infty}\exp\left\{-\frac{A}{2}\left(y-\frac{B}{A}\right)^2\right\}\mathrm{d}y$$

利用正态分布函数性质(2),于是得到

$$f_Z(z)=\frac{1}{\sqrt{2\pi(\sigma_1^2+\sigma_2^2)}}\exp\left\{-\frac{1}{2}\frac{(z-\mu_1-\mu_2)^2}{\sigma_1^2+\sigma_2^2}\right\}$$

该函数为正态分布 $N(\mu_1+\mu_2,\sigma_1^2+\sigma_2^2)$ 的密度函数,所以

$$Z=X+Y\sim N(\mu_1+\mu_2,\sigma_1^2+\sigma_2^2)$$

以上例子表明两个独立的正态变量之和仍为正态变量,结合定理 4.5.2.1 知,若

$$X\sim N(\mu_1,\sigma_1^2),\quad Y\sim N(\mu_2,\sigma_2^2)$$

且 X 和 Y 相互独立,则

$$Z=aX+bY+C\sim N(a\mu_1+b\mu_2+c,a^2\sigma_1^2+b^2\sigma_2^2)\tag{4.5.26}$$

其中,a,b 至少有一个不为零,称该性质为正态分布的线性可加性。

2)最大值与最小值的分布

设随机变量 X,Y 相互独立,且 X,Y 的分布函数分别为 $F_X(x)$,$F_Y(y)$。令

$$M=\max\{X,Y\},\quad N=\min\{X,Y\}$$

求 M,N 的分布函数 $F_M(z)$,$F_N(z)$。

最大函数 $M=\max\{X,Y\}$ 的分布函数为

$$F_M(z)=P(M\leqslant z)=P(\max\{X,Y\}\leqslant z)=P(X\leqslant z,Y\leqslant z)$$
$$=P(X\leqslant z)P(Y\leqslant z)=F_X(z)F_Y(z)\tag{4.5.27}$$

最小函数 $N=\min\{X,Y\}$ 的分布函数为

$$F_N(z)=P(N\leqslant z)=P(\min\{X,Y\}\leqslant z)=1-P(\min\{X,Y\}>z)$$
$$=1-P(X>z,Y>z)$$
$$=1-[1-F_X(z)][1-F_Y(z)]\tag{4.5.28}$$

以上结果可以推广到 n 个相互独立的随机变量的情况。设 $X_1, X_2, \cdots, X_n$ 是 n 个相互独立的随机变量，它们的分布函数分别为 $F_{X_i}(x_i)(i=1,2,\cdots,n)$，则

$$M=\max\{X_1, X_2, \cdots, X_n\}, \quad N=\min\{X_1, X_2, \cdots, X_n\}$$

的分布函数分别为

$$F_M(z)=F_{X_1}(z)F_{X_2}(z)\cdots F_{X_n}(z) \tag{4.5.29}$$

$$F_N(z)=1-[1-F_{X_1}(z)][1-F_{X_2}(z)]\cdots[1-F_{X_n}(z)] \tag{4.5.30}$$

特别地，当 $X_1, X_2, \cdots, X_n$ 相互独立且具有相同的分布函数 $F(x)$ 时，有

$$F_M(z)=[F(z)]^n \tag{4.5.31}$$

$$F_N(z)=1-[1-F(z)]^n \tag{4.5.32}$$

例 4.5.3.6 设 X, Y 相互独立，且都服从参数为 1 的指数分布，求 $M=\max\{X, Y\}$ 的概率密度函数。

解 设 X, Y 的分布函数分别为 $F_X(x), F_Y(y)$，则

$$F_X(x)=\begin{cases}1-\mathrm{e}^{-x}, & x>0\\ 0, & x\leqslant 0\end{cases}, \quad F_Y(y)=\begin{cases}1-\mathrm{e}^{-y}, & y>0\\ 0, & y\leqslant 0\end{cases}$$

由式(4.5.27)知，$M=\max\{X, Y\}$ 的分布函数为

$$F_M(z)=F_X(z)F_Y(z)=\begin{cases}(1-\mathrm{e}^{-z})^2, & z>0\\ 0, & z\leqslant 0\end{cases}$$

则 $M=\max\{X, Y\}$ 的概率密度函数为

$$f_M(z)=\begin{cases}2\mathrm{e}^{-z}(1-\mathrm{e}^{-z}), & z>0\\ 0, & z\leqslant 0\end{cases}$$

4.6 随机变量的数字特征

在研究和解决随机变量的实际问题时，往往不需要考虑随机变量的分布函数、概率密度函数和分布律，而只需要知道随机变量的某些特征。例如，比较两个班级的同一门课程的成绩，往往考虑这两个班该课程的平均成绩，以及班级中每个学生的成绩与平时成绩的偏离程度；又如检查一批棉花的质量，既要注意棉花纤维长度的平均程度，又要注意纤维长度与平均长度的偏离程度，平均长度越大，偏离程度越小，质量就越好。这些能描述随机变量在某些方面特征的数值，称作随机变量的数字特征。本节主要介绍随机变量常用的数字特征：数学期望、方差、相关系数、协方差和矩。

4.6.1 数学期望

先看一个引例。

引例 设某车工生产一种零件，检验人员每天随机抽取 10 件产品进行检查，经过 100 天观察得到次品数如表 4.6.1 所示，求此车工这 100 天生产的产品平均次品数。

表 4.6.1 次品检查结果

次品数 k	0	1	2	3
天数 n_k	10	30	40	20
频率 $f_k=\frac{n_k}{n}$	$\frac{10}{100}$	$\frac{30}{100}$	$\frac{40}{100}$	$\frac{20}{100}$

解 平均次品数等于总次品数除以总天数，此车工这 100 天生产的产品的平均次品数为

$$\frac{0\times 10+1\times 30+2\times 40+3\times 20}{100}$$

可将上式改写成

$$0\times\frac{10}{100}+1\times\frac{30}{100}+2\times\frac{40}{100}+3\times\frac{20}{100}=\sum_{k=0}^{3}k\frac{n_k}{n}=\sum_{k=0}^{3}kf_k$$

从上式可以看出，此车工这 100 天生产的产品的平均次品数是以 f_k 为权值的加权平均数。当观察的天数充分大时，频率稳定于概率，平均次品数也将趋于 $\sum\limits_{k=0}^{3}kp$，这是一个以概率 p 为权值的加权和。受此启发，由此引入随机变量的数学期望。

1. 离散型随机变量的数学期望

定义 4.6.1.1 设离散型随机变量 X 的分布律为

$$P\{X=x_k\}=p_k,\quad k=1,2,\cdots$$

若和式

$$\sum_{k=1}^{\infty}x_kp_k$$

绝对收敛，则称此和式 $\sum\limits_{k=1}^{\infty}x_kp_k$ 为随机变量 X 的数学期望，记作 $E(X)$，即

$$E(X)=\sum_{k=1}^{\infty}x_kp_k \tag{4.6.1}$$

若和式 $\sum\limits_{k=1}^{\infty}x_kp_k$ 不绝对收敛，则称随机变量 X 的数学期望不存在。

数学期望简称期望，又称为均值。式(4.6.1)的取值不因求和次序的改变而改变。它的物理解释为：具有单位质量的一根金属细棒，若其质量分布在坐

标为 $x_1, x_2, \cdots$ 的质点上，对应每个质点的质量为 p_k，$\sum_{k=1}^{\infty} p_k = 1$，则金属细棒的质心位置就是 $\sum_{k=1}^{\infty} x_k p_k$。因此用期望刻画分布的中心是合理的。

例 4.6.1.1 （0-1 分布的数学期望）设 X 服从 0-1 分布，求 $E(X)$。

解 X 服从 0-1 分布，所以 X 的分布律为

X	0	1
P_k	$1-p$	p

由式(4.6.1)得 X 的数学期望

$$E(X)=0\times(1-p)+1\times p=p \tag{4.6.2}$$

例 4.6.1.2 （泊松分布的数学期望）设 $X\sim P(\lambda)$，求 $E(X)$。

解 X 的分布律为

$$P\{x=k\}=\frac{\lambda^k}{k!}\mathrm{e}^{-\lambda}, \quad k=0,1,2,\cdots$$

由式(4.6.1)得 X 的数学期望

$$E(X)=\sum_{k=0}^{+\infty} k\frac{\lambda^k}{k!}\mathrm{e}^{-\lambda}=\lambda\mathrm{e}^{-\lambda}\sum_{k=1}^{+\infty}\frac{\lambda^{k-1}}{(k-1)!}=\lambda\mathrm{e}^{-\lambda}\mathrm{e}^{\lambda}=\lambda \tag{4.6.3}$$

例 4.6.1.3 （二项分布的数学期望）设 $X\sim B(n,p)$，求 $E(X)$。

解 二项分布的分布律为

$$P\{X=k\}=\mathrm{C}_n^k p^k q^{n-k} \quad (0<p<1, q=1-p, k=0,1,2,\cdots,n)$$

故

$$E(X)=\sum_{k=0}^{n} kp_k=\sum_{k=0}^{n} k\mathrm{C}_n^k p^k q^{n-k}=\sum_{k=0}^{n} k\frac{n!}{k!(n-k)!}p^k q^{n-k}$$

$$=\sum_{k=1}^{n}\frac{np(n-1)!}{(k-1)![(n-1)-(k-1)]!}p^{k-1}q^{[(n-1)-(k-1)]}$$

令 $k'=k-1, m=n-1$；当 $k=1$ 时，$k'=0$，当 $k=n$ 时，$k'=n-1=m$，于是有

$$E(X)=\sum_{k'=0}^{m}\frac{npm!}{k'!(m-k')!}p^{k'}q^{m-k'}=np\sum_{k'=0}^{m}\mathrm{C}_m^{k'}p^{k'}q^{m-k'}=np \tag{4.6.4}$$

即二项分布的数学期望 $E(X)=np$。这个结果在直观上也很容易理解。因为 X 是 n 次试验中某件事件 A 出现的次数，它在每次试验时出现的概率为 p，那么 n 次试验时当然平均出现了 np 次。

例 4.6.1.4 （分赌本问题）17 世纪中叶，一位赌徒向法国科学家帕斯卡提出了一个让他苦恼了很久的问题：甲乙两赌徒的赌技彼此不相上下，各出赌注 50 法郎，每局无平局，他们约定，谁先赢三局则得到全部 100 法郎的赌本，当甲

赢了两局、乙赢了一局时，因故要终止赌博，那么这 100 法郎如何分才算公平？

解　如果甲、乙两人平分，对甲是不合理的；依据现在的胜负结果 2∶1 来分，就没有考虑到后面比赛的随机性，也是不合理的。当时著名科学家帕斯卡提出一个合理分配方式：如果赌局继续下去，最多只需再赌两局就能决出胜负，其可能的结果为

$$\{甲甲,甲乙,乙甲,乙乙\}$$

其中，“甲乙”表示第一局甲胜、第二局乙胜，其余类推。因为赌技相当，所以这四种情况中有三种可使甲先赢三局，只有一种情况（乙乙）为乙先赢得三局，则

$$P(甲最终获胜)=\frac{3}{4},\quad P(乙最终获胜)=\frac{1}{4}$$

记 X 为甲最终所得，Y 为乙最终所得，则 X,Y 的分布律为

X	0	100
P_k	$\frac{1}{4}$	$\frac{3}{4}$

Y	0	100
P_k	$\frac{3}{4}$	$\frac{1}{4}$

由数学期望的定义，甲、乙的期望所得分别为

$$E(X)_{甲}=0\times\frac{1}{4}+100\times\frac{3}{4}=75\ (法郎)$$

$$E(X)_{乙}=0\times\frac{3}{4}+100\times\frac{1}{4}=25\ (法郎)$$

即甲得 75 法郎，乙得 25 法郎。这种分法不仅考虑了已赌局数，而且还含有对再赌下去的一种“期望”，这样分比前面提到的分法更为合理。

这就是数学期望这个名称的由来，其实这个名称称为“均值”更容易懂。

定义 4.6.1.2　设 X 为连续型随机变量，其概率密度函数为 $f(x)$，若 $\int_{-\infty}^{+\infty}|x|f(x)\mathrm{d}x<\infty$，则称 $\int_{-\infty}^{+\infty}xf(x)\mathrm{d}x$ 为随机变量 X 的数学期望，记作 $E(X)$，即

$$E(X)=\int_{-\infty}^{+\infty}xf(x)\mathrm{d}x \tag{4.6.5}$$

例 4.6.1.5　（均匀分布的数学期望）设 $X\sim U(a,b)$，求 $E(X)$。

解　X 的概率密度函数为

$$f(x)=\begin{cases}\dfrac{1}{b-a}, & a<x<b\\ 0, & 其他\end{cases}$$

由式(4.6.5)得 X 的数学期望

$$E(X)=\int_{-\infty}^{+\infty}xf(x)\mathrm{d}x=\int_{-\infty}^{a}xf(x)\mathrm{d}x+\int_{a}^{b}xf(x)\mathrm{d}x+\int_{b}^{+\infty}xf(x)\mathrm{d}x$$

$$=\int_{a}^{b}x\frac{1}{b-a}\mathrm{d}x=\frac{a+b}{2} \tag{4.6.6}$$

我们可以看到,均匀分布 $U(a,b)$ 的数学期望恰好是区间 (a,b) 的中点,这直观地表示了数学期望的意义。

例 4.6.1.6 (指数分布的数学期望)设 X 服从参数为 θ 的指数分布,求 $E(X)$。

解 X 的概率密度函数为

$$f(x)=\begin{cases}\theta\mathrm{e}^{-\theta x}, & x>0\\ 0, & \text{其他}\end{cases}$$

由式(4.6.5)得 X 的数学期望

$$E(X)=\int_{-\infty}^{+\infty}xf(x)\mathrm{d}x=\int_{-\infty}^{0}xf(x)\mathrm{d}x+\int_{0}^{+\infty}xf(x)\mathrm{d}x=\int_{0}^{+\infty}x\theta\mathrm{e}^{-\theta x}\mathrm{d}x$$

$$=-\int_{0}^{+\infty}x\mathrm{d}(\mathrm{e}^{-\theta x})=-x\mathrm{e}^{-\theta x}\Big|_{0}^{+\infty}+\int_{0}^{+\infty}\mathrm{e}^{-\theta x}\mathrm{d}x$$

$$=-\frac{1}{\theta}\mathrm{e}^{-\theta x}\Big|_{0}^{+\infty}=\frac{1}{\theta} \tag{4.6.7}$$

例 4.6.1.7 (正态分布的数学期望)设随机变量 $X\sim N(\mu,\sigma^2)$,求 X 的数学期望 $E(X)$。

解 $X\sim N(\mu,\sigma^2)$ 的概率密度函数为

$$f(x)=\frac{1}{\sqrt{2\pi}\sigma}\mathrm{e}^{\frac{-(x-\mu)^2}{2\sigma^2}},\quad -\infty<x<+\infty$$

于是

$$E(X)=\int_{-\infty}^{+\infty}xf(x)\mathrm{d}x=\int_{-\infty}^{+\infty}x\frac{1}{\sqrt{2\pi}\sigma}\mathrm{e}^{\frac{-(x-\mu)^2}{2\sigma^2}}\mathrm{d}x$$

令 $t=\frac{x-\mu}{\sigma}$,得

$$E(X)=\frac{1}{\sqrt{2\pi}}\int_{-\infty}^{+\infty}(\mu+\sigma t)\mathrm{e}^{\frac{-t^2}{2}}\mathrm{d}t=\mu+\frac{1}{\sqrt{2\pi}}\int_{-\infty}^{+\infty}\sigma t\mathrm{e}^{-\frac{t^2}{2}}\mathrm{d}t=\mu \tag{4.6.8}$$

式(4.6.8)的计算用到了奇函数关于对称区间积分为 0,因此 $\int_{-\infty}^{+\infty}t\mathrm{e}^{\frac{-t^2}{2}}\mathrm{d}t=0$。

需要指出的是,有些随机变量的数学期望并不存在,比如下面这个例子。

例 4.6.1.8 设随机变量 X 服从柯西分布,其概率密度函数为

$$f(x)=\frac{1}{\pi(1+x^2)},\quad -\infty<x<+\infty$$

求 X 的数学期望 $E(X)$。

解 因为

$$\int_{-\infty}^{+\infty} |x| f(x)\mathrm{d}x = \int_{-\infty}^{+\infty} |x| \frac{1}{\pi(1+x^2)}\mathrm{d}x$$
$$= \int_{-\infty}^{0} \frac{-x}{\pi(1+x^2)}\mathrm{d}x + \int_{0}^{+\infty} \frac{x}{\pi(1+x^2)}\mathrm{d}x$$

而

$$\int_{0}^{+\infty} \frac{x}{\pi(1+x^2)}\mathrm{d}x = \lim_{a\to\infty}\int_{0}^{a} \frac{x}{\pi(1+x^2)}\mathrm{d}x = \frac{1}{2\pi}\lim_{a\to\infty}\ln(1+a^2) = +\infty$$

所以无穷积分 $\int_{-\infty}^{+\infty}|x|\frac{1}{\pi(1+x^2)}\mathrm{d}x$ 不收敛，故 $E(X)$ 不存在。

2. 随机变量函数的数学期望

在很多实际问题中，常需要求随机变量函数的数学期望。设 X 是一个随机变量，$Y=g(X)$ 也是一个随机变量，求其数学期望，需要先求出 Y 的概率密度函数。但是这种求法往往比较麻烦，下面的定理给出了简便的方法。

定理 4.6.1.1 设 X 是随机变量，$y=g(x)$ 是实值连续函数，又 $Y=g(X)$，则有：

(1) 如果 X 为离散型随机变量，其分布律为

$$P\{X=x_k\}=p_k, \quad k=1,2,\cdots$$

若 $\sum_{k=1}^{\infty} |g(x_k)| p_k < \infty$，则 $E(Y)$ 存在，且

$$E(Y) = E[g(X)] = \sum_{k=1}^{\infty} g(x_k)p_k \tag{4.6.9}$$

(2) 如果 X 为连续型随机变量，其概率密度函数为 $f(x)$，若

$$\int_{-\infty}^{+\infty} |g(x)| f(x)\mathrm{d}x < \infty$$

则 $E(Y)$ 存在，且

$$E(Y) = E[g(X)] = \int_{-\infty}^{+\infty} g(x)f(x)\mathrm{d}x \tag{4.6.10}$$

定理证明略。

这个定理还可以推广到二维或多维随机变量的函数的情形。

定理 4.6.1.2 设 (X,Y) 是二维随机变量，则 $Z=g(X,Y)$ 也是随机变量（$g(x,y)$ 是连续函数）。

(1) 当 (X,Y) 是离散型随机变量，它的分布律为

$$P\{X=x_i,Y=y_j\}=p_{ij}, \quad i,j=1,2,\cdots$$

若双重和式 $\sum_{i=1}^{\infty}\sum_{j=1}^{\infty} g(x_i,y_j)p_{ij}$ 绝对收敛，则有

$$E(Z)=E[g(X,Y)]=\sum_{i=1}^{\infty}\sum_{j=1}^{\infty}g(x_i,y_j)p_{ij} \tag{4.6.11}$$

(2) 当(X,Y)是连续型随机变量,它的概率密度函数为 $f(x,y)$,若积分

$$\int_{-\infty}^{+\infty}\int_{-\infty}^{+\infty}g(x,y)f(x,y)\mathrm{d}x\mathrm{d}y$$

绝对收敛,则有

$$E(Z)=E[g(X,Y)]=\int_{-\infty}^{+\infty}\int_{-\infty}^{+\infty}g(x,y)f(x,y)\mathrm{d}x\mathrm{d}y \tag{4.6.12}$$

例 4.6.1.9 随机变量 X 的分布律为

X	-1	0	1	2
P_k	0.2	0.3	0.1	0.4

求 $Y=2X^2+1$ 的数学期望。

解 由式(4.6.9),有

$$\begin{aligned}E(Y)&=E(2X^2+1)=[2\times(-1)^2+1]\times0.2+(2\times0^2+1)\times0.3\\&\quad+(2\times1^2+1)\times0.1+(2\times2^2+1)\times0.4\\&=4.8\end{aligned}$$

例 4.6.1.10 设风速 v 在$(0,a)$上服从均匀分布,即具有概率密度

$$f(v)=\begin{cases}\dfrac{1}{a}, & 0<v<a\\ 0, & \text{其他}\end{cases}$$

又设飞机机翼受到的正压力 w 是 v 的函数:$w=kv^2$($k>0$,且为常数),求 w 的数学期望。

解 由式(4.6.10),有

$$E(w)=E[g(v)]=\int_{-\infty}^{+\infty}g(v)f(v)\mathrm{d}v=\int_0^a kv^2\frac{1}{a}\mathrm{d}v=\frac{1}{3}ka^2$$

例 4.6.1.11 二维随机变量的概率密度为

$$f(x,y)=\begin{cases}\dfrac{1}{4}x(1+3y^2), & 0<x<2,0<y<1\\ 0, & \text{其他}\end{cases}$$

求 $E(X)$,$E(Y)$,$E(XY)$,$E\left(\dfrac{Y}{X}\right)$。

解 $$E(X)=\int_{-\infty}^{+\infty}\int_{-\infty}^{+\infty}xf(x,y)\mathrm{d}x\mathrm{d}y=\frac{1}{4}\int_0^2x^2\mathrm{d}x\int_0^1(1+3y^2)\mathrm{d}y=\frac{4}{3}$$

$$E(Y)=\int_{-\infty}^{+\infty}\int_{-\infty}^{+\infty}yf(x,y)\mathrm{d}x\mathrm{d}y=\frac{1}{4}\int_0^2x\mathrm{d}x\int_0^1y(1+3y^2)\mathrm{d}y=\frac{5}{8}$$

$$E(XY)=\int_{-\infty}^{+\infty}\int_{-\infty}^{+\infty}xyf(x,y)\mathrm{d}x\mathrm{d}y=\frac{1}{4}\int_{0}^{2}x^{2}\mathrm{d}x\int_{0}^{1}y(1+3y^{2})\mathrm{d}y=\frac{5}{6}$$

$$E\left(\frac{Y}{X}\right)=\int_{-\infty}^{+\infty}\int_{-\infty}^{+\infty}\frac{y}{x}f(x,y)\mathrm{d}x\mathrm{d}y=\frac{1}{4}\int_{0}^{2}\mathrm{d}x\int_{0}^{1}y(1+3y^{2})\mathrm{d}y=\frac{5}{8}$$

3. 数学期望的性质

数学期望有如下重要性质：

(1) 若 C 为常数，则 $E(C)=C$。

(2) 若 C 为常数，X 为随机变量，则 $E(CX)=CE(X)$。

(3) 设 X,Y 为任意两个随机变量，则 $E(X+Y)=E(X)+E(Y)$。

(4) 设 X,Y 为相互独立的随机变量，则 $E(XY)=E(X)E(Y)$。

证明 (1) 可将 C 看成离散型随机变量，分布律为 $P\{X=C\}=1$，则 $E(C)=C$。

(2) 设 X 的密度函数为 $f(x)$，则有

$$E(CX)=\int_{-\infty}^{+\infty}Cxf(x)\mathrm{d}x=CE(X)$$

(3) 设二维随机变量 (X,Y) 的密度函数为 $f(x,y)$，边缘密度函数分别为 $f_X(x)$，$f_Y(y)$，则

$$\begin{aligned}E(X+Y)&=\int_{-\infty}^{+\infty}\int_{-\infty}^{+\infty}(x+y)f(x,y)\mathrm{d}x\mathrm{d}y\\&=\int_{-\infty}^{+\infty}\int_{-\infty}^{+\infty}xf(x,y)\mathrm{d}x\mathrm{d}y+\int_{-\infty}^{+\infty}\int_{-\infty}^{+\infty}yf(x,y)\mathrm{d}x\mathrm{d}y\\&=\int_{-\infty}^{+\infty}x\left[\int_{-\infty}^{+\infty}f(x,y)\mathrm{d}y\right]\mathrm{d}x+\int_{-\infty}^{+\infty}y\left[\int_{-\infty}^{+\infty}f(x,y)\mathrm{d}x\right]\mathrm{d}y\\&=\int_{-\infty}^{+\infty}xf_X(x)\mathrm{d}x+\int_{-\infty}^{+\infty}yf_Y(y)\mathrm{d}y\\&=E(X)+E(Y)\end{aligned}$$

(4) 若 X,Y 相互独立，其联合密度函数与边缘密度函数满足 $f(x,y)=f_X(x)f_Y(y)$，则

$$\begin{aligned}E(XY)&=\int_{-\infty}^{+\infty}\int_{-\infty}^{+\infty}xyf(x,y)\mathrm{d}x\mathrm{d}y=\int_{-\infty}^{+\infty}\int_{-\infty}^{+\infty}xyf_X(x)f_Y(y)\mathrm{d}x\mathrm{d}y\\&=\left[\int_{-\infty}^{+\infty}xf_X(x)\mathrm{d}x\right]\left[\int_{-\infty}^{+\infty}yf_Y(y)\mathrm{d}y\right]=E(X)E(Y)\end{aligned}$$

性质(3)和(4)可以推广到任意有限多个随机变量的情形。

例 4.6.1.12 设一电路中电流 I 与电阻 R 是两个相互独立的随机变量，其概率密度分别为

$$I(i)=\begin{cases}2i, & 0<i<1\\0, & \text{其他}\end{cases},\quad R(r)=\begin{cases}\dfrac{1}{9}r^{2}, & 0<r<3\\0, & \text{其他}\end{cases}$$

试求电压 $V=IR$ 的均值。

解 $$E(V)=E(IR)=E(I)E(R)=\left(\int_{-\infty}^{+\infty} iI(i)\mathrm{d}i\right)\left(\int_{-\infty}^{+\infty} rR(r)\mathrm{d}r\right)$$
$$=\left(\int_0^1 2i^2\mathrm{d}i\right)\left(\int_0^3 \frac{1}{9}r^3\mathrm{d}r\right)=\left(\frac{2}{3}i^3\Big|_0^1\right)\left(\frac{1}{36}r^4\Big|_0^3\right)=\frac{3}{2}$$

4.6.2 方差

随机变量的数学期望本质上表示的是随机变量的平均取值，但在实际问题中，我们常常还想了解随机变量在其平均值前后离散的程度，我们用方差来表示这一离散程度。

1. 方差的定义

定义 4.6.2.1 设 X 是一个随机变量，若函数 $[X-E(X)]^2$ 的数学期望 $E\{[X-E(X)]^2\}$ 存在，则称 $E\{[X-E(X)]^2\}$ 为 X 的方差，记作 $D(X)$ 或 $\mathrm{Var}(X)$，即

$$D(X)=E\{[X-E(X)]^2\} \tag{4.6.13}$$

在实际应用中，还引入 $\sqrt{D(X)}$，记作 $\sigma(X)$，称为标准差或均方差。

随机变量 X 的方差 $D(X)$ 反映了随机变量 X 的取值与数学期望 $E(X)$ 的偏离程度。若 $D(X)$ 较小，则意味着 X 的取值比较集中在 $E(X)$ 的附近；若 $D(X)$ 较大，则意味着 X 的取值比较分散。

由定义可知，方差 $D(X)$ 是随机变量的函数 $Y=g(X)=[X-E(X)]^2$ 的数学期望。对于离散型随机变量，有

$$D(X)=\sum_{k=1}^{\infty}[x_k-E(X)]^2 p_k \tag{4.6.14}$$

其中，$p_k=P\{X=x_k\}(k=1,2,\cdots)$ 是 X 的分布律。

对于连续型随机变量，有

$$D(X)=\int_{-\infty}^{+\infty}[x-E(X)]^2 f(x)\mathrm{d}x \tag{4.6.15}$$

其中，$f(x)$ 是 X 的概率密度。

随机变量的方差通常用下式来计算：

$$D(X)=E(X^2)-[E(X)]^2 \tag{4.6.16}$$

证明 由数学期望的性质，得

$$\begin{aligned} D(X)&=E\{[X-E(X)]^2\}=E\{X^2-2XE(X)+[E(X)]^2\}\\ &=E(X^2)-2E(X)E(X)+[E(X)]^2\\ &=E(X^2)-[E(X)]^2 \end{aligned} \tag{4.6.17}$$

例 4.6.2.1 (0-1 分布的方差)设 X 服从 0-1 分布，求 $D(X)$。

解 $E(X)=0\times(1-p)+1\times p=p$， $E(X^2)=0^2\times(1-p)+1^2\times p=p$

由式(4.6.17)，可知 X 的方差

$$D(X)=E(X^2)-[E(X)]^2=p-p^2=p(1-p) \tag{4.6.18}$$

例 4.6.2.2 （泊松分布的方差）设 $X\sim P(\lambda)$，求 $D(X)$。

解 X 的分布律为

$$P\{X=k\}=\frac{\lambda^k}{k!}\mathrm{e}^{-\lambda},\quad k=0,1,2,\cdots$$

在例 4.6.1.2 中已求得泊松分布的数学期望 $E(X)=\lambda$，又

$$\begin{aligned}E(X^2) &= E[X(X-1)+X] = E[X(X-1)]+E(X)\\ &= \sum_{k=0}^{+\infty}k(k-1)\frac{\lambda^k}{k!}\mathrm{e}^{-\lambda}+\lambda = \lambda^2\mathrm{e}^{-\lambda}\sum_{k=2}^{+\infty}\frac{\lambda^{k-2}}{(k-2)!}+\lambda\\ &= \lambda^2\mathrm{e}^{-\lambda}\mathrm{e}^{\lambda}+\lambda = \lambda^2+\lambda\end{aligned}$$

故 X 的方差为

$$D(X)=E(X^2)-[E(X)]^2=\lambda^2+\lambda-\lambda^2=\lambda \tag{4.6.19}$$

例 4.6.2.3 （均匀分布的方差）设 $X\sim U(a,b)$，求 $D(X)$。

解 X 的概率密度函数为

$$f(x)=\begin{cases}\dfrac{1}{b-a}, & 0<x<b\\ 0, & \text{其他}\end{cases}$$

由例 4.6.1.5 知均匀分布的数学期望为

$$E(X)=\frac{a+b}{2}$$

又可得

$$E(X^2)=\int_{-\infty}^{+\infty}x^2f(x)\mathrm{d}x=\int_a^b\frac{1}{b-a}x^2\mathrm{d}x=\frac{1}{3}(b^2+ab+a^2)$$

故 X 的方差为

$$D(X)=E(X^2)-[E(X)]^2=\frac{b^2+ab+a^2}{3}-\left(\frac{a+b}{2}\right)^2=\frac{(b-a)^2}{12} \tag{4.6.20}$$

例 4.6.2.4 （指数分布的方差）设 X 服从参数为 θ 的指数分布，求 $D(X)$。

解 X 的概率密度函数为

$$f(x)=\begin{cases}\theta\mathrm{e}^{-\theta x}, & x>0\\ 0, & \text{其他}\end{cases}$$

由例 4.6.1.6 已计算得 $E(X)=\dfrac{1}{\theta}$，又

$$E(X^2)=\int_{-\infty}^{+\infty}x^2f(x)\mathrm{d}x=\int_0^{+\infty}x^2\theta\mathrm{e}^{-\theta x}\mathrm{d}x=-\int_0^{+\infty}x^2\mathrm{d}(\mathrm{e}^{-\theta x})$$

$$=-x^2e^{-\theta x}\Big|_0^{+\infty}+2\int_0^{+\infty}xe^{-\theta x}\,dx=2\int_0^{+\infty}xe^{-\theta x}\,dx$$

$$=\frac{2}{\theta}\int_0^{+\infty}x\theta e^{-\theta x}\,dx=\frac{2}{\theta^2}$$

故

$$D(X)=E(X^2)-[E(X)]^2=\frac{2}{\theta^2}-\frac{1}{\theta^2}=\frac{1}{\theta^2}\tag{4.6.21}$$

例 4.6.2.5 （正态分布的方差）设随机变量 $X\sim N(\mu,\sigma^2)$，求 $D(X)$。

解 由例 4.6.1.7 可知，正态分布的数学期望 $E(X)=\mu$，其概率密度函数为

$$f(x)=\frac{1}{\sqrt{2\pi}\sigma}e^{-\frac{(x-\mu)^2}{2\sigma^2}}$$

故

$$D(X)=\int_{-\infty}^{+\infty}[x-E(x)]^2f(x)\,dx=\int_{-\infty}^{+\infty}(x-\mu)^2\frac{1}{\sqrt{2\pi}\sigma}e^{-\frac{(x-\mu)^2}{2\sigma^2}}\,dx$$

令 $t=\dfrac{x-\mu}{\sigma}$，得

$$D(X)=\frac{\sigma^2}{\sqrt{2\pi}}\int_{-\infty}^{+\infty}t^2e^{-\frac{t^2}{2}}\,dt=\frac{\sigma^2}{\sqrt{2\pi}}\int_{-\infty}^{+\infty}te^{-\frac{t^2}{2}}\,d\frac{t^2}{2}$$

$$=-\frac{\sigma^2}{\sqrt{2\pi}}\int_{-\infty}^{+\infty}t\,de^{-\frac{t^2}{2}}=-\frac{\sigma^2}{\sqrt{2\pi}}\left(te^{-\frac{t^2}{2}}\Big|_{-\infty}^{+\infty}-\int_{-\infty}^{+\infty}e^{-\frac{t^2}{2}}\,dt\right)$$

$$=\frac{\sigma^2}{\sqrt{2\pi}}\int_{-\infty}^{+\infty}e^{-\frac{t^2}{2}}\,dt=\sigma^2\tag{4.6.22}$$

可以看出，正态分布的概率密度函数中的两个参数 μ 和 σ 分别就是该分布的数学期望和均方差，因此，正态分布完全可由它的数学期望和方差确定。

2. 方差的性质

假设随机变量的方差都存在，则随机变量的方差具有下列性质：

(1) 若 C 为常数，则 $D(C)=0$。

(2) 若 C,a,b 为常数，X 为随机变量，则 $D(CX)=C^2D(X)$，$D(aX+b)=a^2D(X)$。

(3) 若 X、Y 为任意两个随机变量，则

$$D(X\pm Y)=D(X)+D(Y)\pm 2E\{[X-E(X)][Y-E(Y)]\}$$

特别地，若 X、Y 相互独立，则 $D(X\pm Y)=D(X)+D(Y)$。

(4) $D(X)=0$ 的充要条件是 X 以概率 1 取常数 C，即 $P\{X=C\}=1$，显然，这里 $C=E(X)$。

证明 性质(4)的证明略，下面证明性质(1)(2)(3)。

(1) $D(C)=E[C-E(C)]^2=E[C-C]^2=0$。

(2) $D(CX)=E\{[CX-E(CX)]^2\}=E\{C^2[X-E(X)]^2\}$

$=C^2E\{[X-E(X)]^2\}=C^2D(X)$

(3)
$$\begin{aligned}D(X\pm Y)&=E[(X\pm Y)-E(X\pm Y)]^2\\&=E\{[X-E(X)]\pm[Y-E(Y)]\}^2\\&=E[X-E(X)]^2+E[Y-E(Y)]^2\\&\quad\pm 2E[X-E(X)][Y-E(Y)]\\&=D(X)+D(Y)\pm 2E\{[X-E(X)][Y-E(Y)]\}\end{aligned}$$

若 X,Y 相互独立,则

$$\begin{aligned}E\{[X-E(X)][Y-E(Y)]\}&=E[XY-XE(Y)-YE(X)+E(X)E(Y)]\\&=E(XY)-E(X)E(Y)\\&=0\end{aligned}$$

于是得到

$$D(X\pm Y)=D(X)+D(Y)$$

性质(2)和(3)可推广到任意有限多个相互独立的随机变量之和的情况。设 n 个随机变量 $X_1,X_2,\cdots,X_n$ 相互独立,$C_1,C_2,\cdots,C_n$ 为任意常数,则

$$D\left(\sum_{i=1}^{n}C_iX_i\right)=\sum_{i=1}^{n}C_i^2D(X_i) \tag{4.6.23}$$

若 $X_i\sim N(\mu,\sigma^2)$,$i=1,2,\cdots,n$,且它们相互独立,$C_1,C_2,\cdots,C_n$ 是不全为零的常数,则它们的线性组合

$$\sum_{i=1}^{n}C_iX_i=C_1X_1+C_2X_2+\cdots+C_nX_n$$

仍服从正态分布,且

$$E\left(\sum_{i=1}^{n}C_iX_i\right)=\sum_{i=1}^{n}C_iE(X_i)=\sum_{i=1}^{n}C_i\mu_i$$

$$D\left(\sum_{i=1}^{n}C_iX_i\right)=\sum_{i=1}^{n}C_i^2D(X_i)=\sum_{i=1}^{n}C_i^2\sigma_i^2$$

于是

$$\sum_{i=1}^{n}C_iX_i\sim N\left(\sum_{i=1}^{n}C_i\mu_i,\sum_{i=1}^{n}C_i^2\sigma_i^2\right)$$

在理论研究和实际应用中,为了便于计算或者简化证明,往往会对随机变量进行所谓的"标准化"。设随机变量 X 的数学期望 $E(X)$ 和方差 $D(X)$ 都存在,记

$$X^*=\frac{X-E(X)}{\sqrt{D(X)}} \tag{4.6.24}$$

称 X^* 为 X 的标准化变量，此时，

$$E(X^*)=E\left[\frac{X-E(X)}{\sqrt{D(X)}}\right]=\frac{E[X-E(X)]}{\sqrt{D(X)}}=\frac{E(X)-E(X)}{\sqrt{D(X)}}=0$$

$$D(X^*)=D\left[\frac{X-E(X)}{\sqrt{D(X)}}\right]=\frac{D[X-E(X)]}{D(X)}=\frac{D(X)}{D(X)}=1$$

即 $X^*=\dfrac{X-E(X)}{\sqrt{D(X)}}$ 的数学期望为 0，方差为 1。

如随机变量 X 服从正态分布 $N(\mu,\sigma^2)$，由前面的例子可知 $E(X)=\mu$，$D(X)=\sigma^2$，则它的标准化变量 $X^*=\dfrac{X-\mu}{\sigma}$ 的数学期望为 $E(X^*)=0$，方差 $D(X^*)=1$，即 X^* 服从标准正态分布 $N(0,1)$。

由于标准化变量 X^* 是无量纲的，可以用于不同单位的比较，因而在统计分析中有着广泛的应用。

例 4.6.2.6 设随机变量 $X\sim B(n,p)$，求 $E(X)$和 $D(X)$。

解 由二项分布的定义可知，随机变量 X 是在 n 重伯努利试验中事件 A 的发生次数，且在每次试验中 A 发生的概率为 p，引入随机变量

$$X_i=\begin{cases}1, & A\text{ 在第 } i \text{ 次试验中发生，}\\ 0, & A\text{ 在第 } i \text{ 次试验中不发生，}\end{cases}\quad i=1,2,\cdots,n$$

由于 X_i 只依赖于第 i 次试验，而各次试验相互独立，所以 $X_1,X_2,\cdots,X_n$ 相互独立，且

$$X=X_1+X_2+\cdots+X_n$$

显然，X_i 服从 0-1 分布($i=1,2,\cdots,n$)，其分布律为

X_i	0	1
P_i	$1-p$	p

则

$$E(X_i)=0\times(1-p)+1\times p=p$$

$$E(X_i^2)=0^2\times(1-p)+1^2\times p=p$$

$$D(X_i)=E(X_i^2)-[E(X_i)]^2=p-p^2=p(1-p)$$

所以

$$\left.\begin{aligned}E(X)&=E(X_1+X_2+\cdots+X_n)=E(X_1)+E(X_2)+\cdots+E(X_n)=np\\ D(X)&=D(X_1+X_2+\cdots+X_n)=D(X_1)+D(X_2)+\cdots+D(X_n)=np(1-p)\end{aligned}\right\}\tag{4.6.25}$$

如果直接用定义去求，会比较麻烦，应用性质(3)来求则使计算大大简化。

表 4.6.2 给出了常用的概率分布的数学期望和方差。

表 4.6.2 常用的概率分布的数学期望和方差

分布名称及记号	参数	分布律或概率密度函数	数学期望	方差
0-1 分布 $B(1,p)$	$0<p<1$	$P\{X=k\}=p^k(1-p)^{1-k}$，$k=0,1$	p	$p(1-p)$
二项分布 $B(n,p)$	$n\geqslant 1$ $0<p<1$	$P\{X=k\}=C_n^k p^k(1-p)^{n-k}$，$k=0,1,\cdots,n$	np	$np(1-p)$
几何分布 $G(p)$	$0<p<1$	$P\{X=k\}=p(1-p)^{k-1}$，$k=1,2,\cdots$	$\frac{1}{p}$	$\frac{1-p}{p^2}$
泊松分布 $P(\lambda)$	$\lambda>0$	$P\{X=k\}=\frac{\lambda^k e^{-\lambda}}{k!}$，$k=0,1,2,\cdots$	λ	λ
均匀分布 $U(a,b)$	$a<b$	$f(x)=\begin{cases}\frac{1}{b-a}, & a<x<b\\ 0, & \text{其他}\end{cases}$	$\frac{a+b}{2}$	$\frac{(b-a)^2}{12}$
指数分布 $e(\lambda)$	$\lambda>0$	$f(x)=\begin{cases}\lambda e^{-\lambda x}, & x>0\\ 0, & x\leqslant 0\end{cases}$	$\frac{1}{\lambda}$	$\frac{1}{\lambda^2}$
正态分布 $N(\mu,\sigma^2)$	$-\infty<\mu<+\infty$ $\sigma>0$	$f(x)=\frac{1}{\sqrt{2\pi}\sigma}e^{\frac{-(x-\mu)^2}{2\sigma^2}}$	μ	σ^2

4.6.3 协方差与相关系数

对于二维随机变量，我们除了关心其数学期望(均值)和方差(偏离)外，还希望知道各个随机变量的分量之间的关联程度，这就要研究协方差与相关系数。

1. 协方差

定义 4.6.3.1 设(X,Y)是二维随机变量，$E\{[X-E(X)][Y-E(Y)]\}$称为随机变量 X 与 Y 的协方差，记为 $\mathrm{Cov}(X,Y)$，即

$$\mathrm{Cov}(X,Y)=E\{[X-E(X)][Y-E(Y)]\} \tag{4.6.26}$$

协方差具有如下重要性质：

(1) $\mathrm{Cov}(X,Y)=\mathrm{Cov}(Y,X)$；

(2) $\mathrm{Cov}(X,Y)=E(XY)-E(X)E(Y)$；

(3) $\mathrm{Cov}(aX,bY)=ab\mathrm{Cov}(X,Y)$，$a$，$b$ 是常数；

(4) $\mathrm{Cov}(X_1+X_2,Y)=\mathrm{Cov}(X_1,Y)+\mathrm{Cov}(X_2,Y)$；

(5) 若 X 与 Y 相互独立，则 $\mathrm{Cov}(X,Y)=0$；

(6) $D(X\pm Y)=D(X)+D(Y)\pm 2\mathrm{Cov}(X,Y)$。

性质(1)可以从定义 4.6.3.1 直接看出。性质(2)的证明如下：

$$\begin{aligned}\mathrm{Cov}(X,Y)&=E\{[X-E(X)][Y-E(Y)]\}\\&=E[XY-XE(Y)-YE(X)+E(X)E(Y)]\\&=E(XY)-E(X)E(Y)-E(Y)E(X)+E(X)E(Y)\\&=E(XY)-E(X)E(Y)\end{aligned}$$

性质(3)和性质(4)可以直接由定义 4.6.3.1 得出。若 X 与 Y 独立，则 $E(XY)=E(X)E(Y)$，从而由性质(2)即可得 $\mathrm{Cov}(X,Y)=0$，即性质(5)成立。由方差的定义知：

$$\begin{aligned}D(X\pm Y)&=E[(X\pm Y)-E(X\pm Y)]^2=E\{[X-E(X)]\pm[Y-E(Y)]\}^2\\&=E\{[X-E(X)]^2+[Y-E(Y)]^2\pm 2[X-E(X)][Y-E(Y)]\}\\&=D(X)+D(Y)\pm 2\mathrm{Cov}(X,Y)\end{aligned}$$

例 4.6.3.1 设(X,Y)的密度函数为

$$p(x,y)=\begin{cases}\dfrac{1}{3}(x+y), & 0\leqslant x\leqslant 1,0\leqslant y\leqslant 2\\ 0, & \text{其他}\end{cases}$$

求 $D(2X-3Y+8)$。

解 $D(2X-3Y+8)=D(2X-3Y)=4D(X)+9D(Y)-12\mathrm{Cov}(X,Y)$

$$p_X=\int_0^2\frac{1}{3}(x+y)\mathrm{d}y=\frac{2}{3}(x+1),\quad 0\leqslant x\leqslant 1$$

$$E(X)=\int_0^1 x\,\frac{2}{3}(x+1)\mathrm{d}x=\frac{5}{9},\quad E(X^2)=\int_0^1 x^2\,\frac{2}{3}(x+1)\mathrm{d}x=\frac{7}{18}$$

$$D(X)=E(X^2)-[E(X)]^2=\frac{13}{162}$$

同理可得

$$D(Y)=\frac{23}{81}$$

$$E(XY)=\int_0^1\int_0^2\frac{1}{3}xy(x+y)\mathrm{d}y\mathrm{d}x=\frac{2}{3}$$

$$\mathrm{Cov}(X,Y)=E(XY)-E(X)E(Y)=-\frac{1}{81}$$

$$D(2X-3Y+8)=\frac{245}{81}$$

2. 相关系数

协方差在一定程度上反映两个变量之间的相互关系，但它的值与随机变量所取的单位有关，为了不受变量单位的限制，我们引入相关系数的概念。

定义 4.6.3.2 设(X,Y)为二维随机变量，若 $D(X)$，$D(Y)$都存在，则称

$$\frac{\mathrm{Cov}(X,Y)}{\sqrt{D(X)D(Y)}}$$

为随机变量 X 和 Y 的相关系数，记为 ρ_{XY}，即

$$\rho_{XY}=\frac{\mathrm{Cov}(X,Y)}{\sqrt{D(X)D(Y)}} \tag{4.6.27}$$

相关系数与协方差 $\mathrm{Cov}(X,Y)$之间相差一个倍数，相关系数是标准尺度下的协方差，协方差依赖于 X 和 Y 的度量单位，如果将 X,Y 分别除以各自的标准差，则不受所用的度量单位的影响。

相关系数具有如下重要性质：

(1) 对于任意的随机变量 X 与 Y，有$|\rho_{XY}|\leqslant 1$；

(2) $|\rho_{XY}|=1$ 的充分必要条件为 $P\{Y=aX+b\}=1$，其中 a,b 均为常数，且 $a\neq 0$；

(3) 若 X,Y 相互独立，则它们不相关，$\rho_{XY}=0$。

例 4.6.3.2 设 $X\sim N(0,1)$，$Y=X^2$，求 ρ_{XY}。

解 由于 $E(X)=0,D(X)=1,E(Y)=1,D(Y)=2$，故

$$\rho_{XY}=\frac{E\{[X-E(X)][Y-E(Y)]\}}{\sqrt{D(X)}\sqrt{D(Y)}}=\frac{E[X(Y-1)]}{\sqrt{1}\sqrt{2}}$$
$$=\frac{1}{\sqrt{2}}E(XY)=\frac{1}{\sqrt{2}}E(X^3)=0$$

例 4.6.3.3 设$(X,Y)\sim N(\mu_1,\mu_2,\sigma_1^2,\sigma_2^2,\rho)$，求 ρ_{XY}。

解
$$\begin{aligned}\mathrm{Cov}(X,Y)&=E\{[X-E(X)][Y-E(Y)]\}\\&=E\{(X-\mu_1)(Y-\mu_2)\}\\&=\int_{-\infty}^{+\infty}\int_{-\infty}^{+\infty}(x-\mu_1)(y-\mu_2)\rho(x,y)\mathrm{d}x\mathrm{d}y=\rho\sigma_1\sigma_2\end{aligned}$$

从而

$$\rho_{XY}=\frac{\mathrm{Cov}(X,Y)}{\sqrt{D(X)D(Y)}}=\frac{\rho\sigma_1\sigma_2}{\sigma_1\sigma_2}=\rho$$

例 4.6.3.4 设 X 服从$[-\pi,\pi]$上的均匀分布，$X_1=\sin X$，$X_2=\cos X$，讨论 X_1 与 X_2 的独立性与相关性。

解 随机变量 X 的概率密度为

$$f(x)=\begin{cases}\dfrac{1}{2\pi}, & x\in[-\pi,\pi]\\ 0, & \text{其他}\end{cases}$$

$$E(X_1)=E(\sin X)=\int_{-\infty}^{+\infty}f(x)\sin x\mathrm{d}x=\frac{1}{2\pi}\int_{-\pi}^{\pi}\sin x\mathrm{d}x=0$$

$$E(X_2)=E(\cos X)=\int_{-\infty}^{+\infty}f(x)\cos x\mathrm{d}x=\frac{1}{2\pi}\int_{-\pi}^{\pi}\cos x\mathrm{d}x=0$$

$$E(X_1X_2)=E(\sin X\cos X)=\int_{-\infty}^{+\infty}f(x)\sin x\cos x\mathrm{d}x=\frac{1}{2\pi}\int_{-\pi}^{\pi}\sin x\cos x\mathrm{d}x=0$$

于是得

$$\mathrm{Cov}(X_1,X_2)=E(X_1X_2)-E(X_1)E(X_2)=0$$

故 $\rho_{X_1X_2}=0$，即 X_1 与 X_2 不相关，但 $X_1^2+X_2^2=1$，说明 X_1 与 X_2 不独立。

由以上讨论可知，“X,Y 不相关”与“X,Y 相互独立”是两个不同的概念，“X,Y 不相关”只说明 X 与 Y 之间不存在线性关系，而“X,Y 相互独立”说明 X 与 Y 之间完全无关，既不存在线性关系，也不存在非线性关系。因此由相互独立必能推出不相关，而不相关却不一定能得到相互独立。

4.6.4 矩与协方差矩阵

1. 矩与中心矩

定义 4.6.4.1 设 X 和 Y 是随机变量，若 $\mu_k=E(X^k)$，$k=1,2,\cdots$ 存在，称 μ_k 为 X 的 k 阶原点矩，简称 k 阶矩。

若 $m_k=E\{[X-E(X)]^k\}$，$k=1,2,\cdots$ 存在，称 m_k 为 X 的 k 阶中心矩。

若 $E(X^kY^l)$，$k,l=1,2,\cdots$ 存在，称它为 X 和 Y 的 $k+l$ 阶混合原点矩。

若 $E\{[X-E(X)]^k[Y-E(Y)]^l\}$，$k,l=1,2,\cdots$ 存在，称它为 X 和 Y 的 $k+l$ 阶混合中心矩。

显然，X 的数学期望 $E(X)$ 是 X 的一阶原点矩，一阶中心矩恒等于 0，方差 $D(X)$ 是 X 的二阶中心矩，协方差 $\mathrm{Cov}(X,Y)$ 是 X 和 Y 的二阶混合中心矩。

例 4.6.4.1 设随机变量 X 的分布律为

X	-2	0	2	3	4
P_k	$\frac{1}{6}$	$\frac{1}{12}$	$\frac{1}{6}$	$\frac{1}{3}$	$\frac{1}{4}$

求 μ_3 和 m_3。

解 由定义可得

$$E(X)=(-2)\times\frac{1}{6}+0\times\frac{1}{12}+2\times\frac{1}{6}+3\times\frac{1}{3}+4\times\frac{1}{4}=2$$

$$\mu_3=E(X^3)=(-2)^3\times\frac{1}{6}+0^3\times\frac{1}{12}+2^3\times\frac{1}{6}+3^3\times\frac{1}{3}+4^3\times\frac{1}{4}=25$$

$$\begin{aligned}m_3&=E[(X-2)^3]\\&=(-2-2)^3\times\frac{1}{6}+(0-2)^3\times\frac{1}{12}+(2-2)^3\times\frac{1}{6}\\&\quad+(3-2)^3\times\frac{1}{3}+(4-2)^3\times\frac{1}{4}=-9\end{aligned}$$

2. 协方差矩阵

下面介绍 n 维随机变量的协方差矩阵，首先介绍二维随机变量的协方差矩阵。

定义 4.6.4.2 设二维随机变量 (X_1,X_2) 的四个二阶中心矩都存在，分别记为

$$c_{11}=E\{[X_1-E(X_1)]^2\}=D(X_1)=\mathrm{Cov}(X_1,X_1)$$
$$c_{12}=E\{[X_1-E(X_1)][X_2-E(X_2)]\}=\mathrm{Cov}(X_1,X_2)$$
$$c_{21}=E\{[X_2-E(X_2)][X_1-E(X_1)]\}=\mathrm{Cov}(X_2,X_1)=c_{12}$$
$$c_{22}=E\{[X_2-E(X_2)]^2\}=D(X_2)=\mathrm{Cov}(X_2,X_2)$$

将它们排列成二阶矩阵的形式为

$$\boldsymbol{C}=\begin{bmatrix}c_{11} & c_{12}\\ c_{21} & c_{22}\end{bmatrix}\tag{4.6.28}$$

称此矩阵为随机变量 (X_1,X_2) 的协方差矩阵。

例 4.6.4.2 设二维随机变量 (X_1,X_2) 的协方差矩阵为 $\boldsymbol{C}=\begin{bmatrix}1 & 1\\ 1 & 4\end{bmatrix}$，$X=X_1-2X_2$，$Y=2X_1-X_2$，求 X 和 Y 的相关系数 ρ_{XY}。

解 由协方差矩阵的定义可得

$$D(X_1)=1,\quad D(X_2)=4,\quad \mathrm{Cov}(X_2,X_2)=1$$

再由方差和协方差的性质可得

$$\begin{aligned}D(X)&=D(X_1-2X_2)=D(X_1)+D(2X_2)-2\mathrm{Cov}(X_1,2X_2)\\&=D(X_1)+4D(X_2)-4\mathrm{Cov}(X_1,X_2)=1+4\times4-4\times1=13\end{aligned}$$

$$\begin{aligned}D(Y)&=D(2X_1-X_2)=D(2X_1)+D(X_2)-2\mathrm{Cov}(2X_1,2X_2)\\&=4D(X_1)+D(X_2)-4\mathrm{Cov}(X_1,X_2)=4\times1+4-4\times1=4\end{aligned}$$

$$\begin{aligned}\mathrm{Cov}(X,Y)&=\mathrm{Cov}(X_1-2X_2,2X_1-X_2)\\&=\mathrm{Cov}(X_1,2X_1)-\mathrm{Cov}(X_1,X_2)\\&\quad-\mathrm{Cov}(2X_2,2X_1)+\mathrm{Cov}(2X_2,X_2)\\&=2\times1-1-4\times1+2\times4=5\end{aligned}$$

$$\rho_{XY}=\frac{\mathrm{Cov}(X,Y)}{\sqrt{D(X)}\sqrt{D(Y)}}=\frac{5}{\sqrt{13}\sqrt{4}}=\frac{5\sqrt{13}}{26}$$

类似地，可以定义 n 维随机变量$(X_1,X_2,\cdots,X_n)$的二阶混合中心矩。

定义 4.6.4.3 设 n 维随机变量$(X_1,X_2,\cdots,X_n)$的二阶混合中心矩

$$c_{ij}=E\{[X_i-E(X_i)][X_j-E(X_j)]\}=\mathrm{Cov}(X_i,X_j),\quad i,j=1,2,\cdots,n$$

都存在，则称矩阵

$$\boldsymbol{C}=\begin{bmatrix} c_{11} & c_{12} & \cdots & c_{1n} \\ c_{21} & c_{22} & \cdots & c_{2n} \\ \vdots & \vdots & & \vdots \\ c_{n1} & c_{n2} & \cdots & c_{nn} \end{bmatrix} \tag{4.6.29}$$

为 n 维随机变量$(X_1,X_2,\cdots,X_n)$的协方差矩阵。由于 $c_{ij}=c_{ji}(i\neq j,i,j=1,2,\cdots,n)$，因此上述矩阵是一个对称矩阵。

一般地，n 维随机变量$(X_1,X_2,\cdots,X_n)$的分布不知道或者太复杂，以致在数学上不易处理，因此在实际应用中应用协方差矩阵就显得十分重要了。

若(X_1,X_2)服从二维正态分布，二维正态分布随机变量的概率密度为

$$f(x_1,x_2)=\frac{1}{2\pi\sigma_1\sigma_2\sqrt{1-\rho^2}}\mathrm{e}^{-\frac{1}{2(1-\rho^2)}\left[\frac{(x_1-\mu_1)^2}{\sigma_1^2}-2\rho\frac{(x_1-\mu_1)(x_2-\mu_2)}{\sigma_1\sigma_2}+\frac{(x_2-\mu_2)^2}{\sigma_2^2}\right]}$$

将此概率密度改写成另一种形式以便将它推广到 n 维随机变量中去，为此引入下面的矩阵，记

$$\boldsymbol{x}=\begin{bmatrix} x_1 \\ x_2 \end{bmatrix},\quad \boldsymbol{\mu}=\begin{bmatrix} \mu_1 \\ \mu_2 \end{bmatrix}$$

(X_1,X_2)的协方差矩阵为

$$\boldsymbol{C}=\begin{bmatrix} c_{11} & c_{12} \\ c_{21} & c_{22} \end{bmatrix}=\begin{bmatrix} \sigma_1^2 & \sigma_1\sigma_2\rho \\ \sigma_1\sigma_2\rho & \sigma_2^2 \end{bmatrix}$$

易知它的行列式 $\det\boldsymbol{C}=\sigma_1^2\sigma_2^2(1-\rho^2)$，$\boldsymbol{C}$ 的逆矩阵为

$$\boldsymbol{C}^{-1}=\frac{1}{\det C}\begin{bmatrix} \sigma_2^2 & -\sigma_1\sigma_2\rho \\ -\sigma_1\sigma_2\rho & \sigma_1^2 \end{bmatrix}$$

经计算可知

$$(\boldsymbol{x}-\boldsymbol{\mu})^{\mathrm{T}}\boldsymbol{C}^{-1}(\boldsymbol{x}-\boldsymbol{\mu})=\frac{1}{\det\boldsymbol{C}}\begin{bmatrix} x_1-\mu_1 & x_2-\mu_2 \end{bmatrix}\begin{bmatrix} \sigma_2^2 & -\sigma_1\sigma_2\rho \\ -\sigma_1\sigma_2\rho & \sigma_1^2 \end{bmatrix}\begin{bmatrix} x_1-\mu_1 \\ x_2-\mu_2 \end{bmatrix}$$

$$=\frac{1}{(1-\rho^2)}\left[\frac{(x_1-\mu_1)^2}{\sigma_1^2}-2\rho\frac{(x_1-\mu_1)(x_2-\mu_2)}{\sigma_1\sigma_2}+\frac{(x_2-\mu_2)^2}{\sigma_2^2}\right]$$

于是二维随机变量(X_1,X_2)的联合概率密度可写成

$$f(x_1,x_2)=\frac{1}{2\pi(\det\boldsymbol{C})^{\frac{1}{2}}}e^{-\frac{(\boldsymbol{x}-\boldsymbol{\mu})^{\mathrm{T}}\boldsymbol{C}^{-1}(\boldsymbol{x}-\boldsymbol{\mu})}{2}}=\frac{1}{(2\pi)^{\frac{2}{2}}(\det\boldsymbol{C})^{\frac{1}{2}}}e^{-\frac{(\boldsymbol{x}-\boldsymbol{\mu})^{\mathrm{T}}\boldsymbol{C}^{-1}(\boldsymbol{x}-\boldsymbol{\mu})}{2}}$$

由此推广到 n 维随机变量 $(X_1,X_2,\cdots,X_n)$ 的情况，记

$$\boldsymbol{x}=\begin{bmatrix}x_1\\x_2\\\vdots\\x_n\end{bmatrix},\quad \boldsymbol{\mu}=\begin{bmatrix}\mu_1\\\mu_2\\\vdots\\\mu_n\end{bmatrix}=\begin{bmatrix}E(X_1)\\E(X_2)\\\vdots\\E(X_n)\end{bmatrix}$$

如果 n 维随机变量 $(X_1,X_2,\cdots,X_n)$ 的概率密度为

$$f(x_1,x_2,\cdots,x_n)=\frac{1}{(2\pi)^{\frac{n}{2}}(\det\boldsymbol{C})^{\frac{1}{2}}}e^{-\frac{(\boldsymbol{x}-\boldsymbol{\mu})^{\mathrm{T}}\boldsymbol{C}^{-1}(\boldsymbol{x}-\boldsymbol{\mu})}{2}}$$

则 $(X_1,X_2,\cdots,X_n)$ 服从 n 维正态分布，其中矩阵 $\boldsymbol{C}$ 是 $(X_1,X_2,\cdots,X_n)$ 的协方差矩阵。n 维正态分布在理论研究和实际应用中都有重要的作用。

4.7 大数定律和中心极限定理

大数定律与中心极限定理是概率论中重要的理论。大数定律是叙述随机变量序列的前一些项的算术平均值在一定条件下收敛于随机变量序列均值的算术平均；中心极限定理是确定在什么条件下，随机变量的序列之和的分布逼近于正态分布。大数定律与中心极限定理能够解释许多实际现象。如大量独立重复试验中事件发生的频率具有稳定性，以及在解决实际问题中出现的随机变量服从正态分布或者近似正态分布。大数定律和中心极限定理的结论是利用正态分布来解决实际问题的理论依据。

4.7.1 大数定律

定理 4.7.1.1 （切比雪夫不等式）设随机变量 X 的数学期望 $E(X)=\mu$，方差 $D(X)=\sigma^2$，则对于任意 $\varepsilon>0$，有

$$P\{|X-\mu|\geqslant\varepsilon\}\leqslant\frac{\sigma^2}{\varepsilon^2}\qquad(4.7.1)$$

成立，这一不等式称为切比雪夫(Chebyshev)不等式。

证明 这里我们只对连续型随机变量给以证明。

设连续型随机变量 X 的概率密度为 $f(x)$，则(见图 4.7.1)

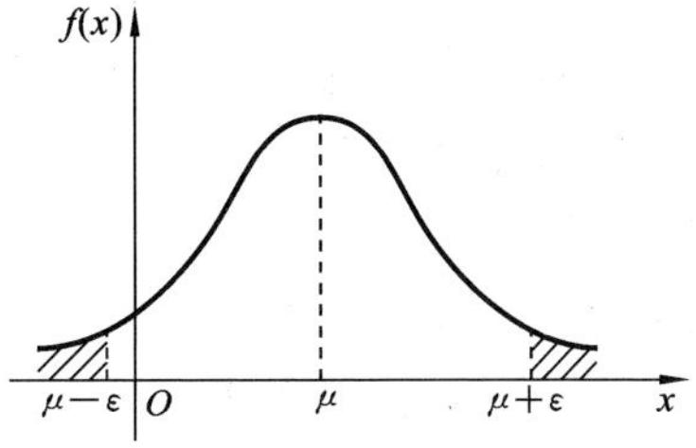

图 4.7.1 概率密度函数示意图

$$P\{|X-\mu|\geqslant\varepsilon\}$$

$$= \int_{|X-\mu| \geqslant \varepsilon} f(x)\mathrm{d}x \leqslant \int_{\frac{|x-\mu|}{\varepsilon} \geqslant 1} \frac{(x-\mu)^2}{\varepsilon^2} f(x)\mathrm{d}x$$

$$\leqslant \frac{1}{\varepsilon^2}\int_{-\infty}^{+\infty}(x-\mu)^2 f(x)\mathrm{d}x = \frac{\sigma^2}{\varepsilon^2}$$

切比雪夫不等式还可以写成如下的形式：

$$P\{|X-\mu|<\varepsilon\} \geqslant 1-\frac{\sigma^2}{\varepsilon^2} \tag{4.7.2}$$

切比雪夫不等式给出了在随机变量的分布未知，而仅知随机变量的期望和方差的情况下，事件$\{|X-\mu|<\varepsilon\}$概率下限的估计，在理论研究及实际应用中有重要的价值。

例 4.7.1.1 已知正常男性成人血液中，每一毫升的白细胞数平均是7300，均方差是 700，利用切比雪夫不等式估计每毫升血液中，白细胞数在5200～9400 之间的概率。

解 设 X 为每毫升正常男性成人血液中所含的白细胞数，依题意，有

$$E(X)=7300, \quad D(X)=700^2$$

$$P\{5200 \leqslant X \leqslant 9400\} = P\{|X-7300| \leqslant 2100\}$$

由切比雪夫不等式，即式(4.7.2)得

$$P\{|X-7300| \leqslant 2100\} \geqslant 1-\frac{700^2}{2100^2}=\frac{8}{9}$$

下面讨论几个大数定律，先引入依概率收敛的概念。

1. 依概率收敛

定义 4.7.1.1 设$\{X_n\}$为一随机变量序列，a 为一常数，若对任意 $\varepsilon>0$，有

$$\lim_{n\to\infty} P\{|X_n-a|<\varepsilon\}=1 \tag{4.7.3}$$

则称$\{X_n\}$依概率收敛于 a，记作 $X_n \xrightarrow{P} a$。

式(4.7.3)等价于

$$\lim_{n\to\infty} P\{|X_n-a| \geqslant \varepsilon\}=0$$

这个式子说明当 n 充分大时，X_n 与 a 之差的绝对值大于 ε 的概率很小。由于 ε 是任意的，这就保证了在大概率意义下 X_n 充分接近 a，或收敛于 a。

概率收敛不同于高等数学中的收敛概念，在定义时要兼顾随机变量的“取值”与“概率”两个特性，它常用于讨论“大数定律”，其中最直接的就是讨论频率关系的伯努利大数定律。

2. 伯努利大数定律

定理 4.7.1.2 设 f_A 是 n 次独立重复试验中事件 A 发生的次数，p 是事件 A 在每次试验中发生的概率，则对于任意 $\varepsilon>0$，有

$$\lim_{n\to\infty}P\left\{\left|\frac{f_A}{n}-p\right|<\varepsilon\right\}=1 \tag{4.7.4}$$

证明 记 f_A 为 X，则 $X\sim B(n,p)$，且

$$E(X)=np,\quad D(X)=np(1-p)$$

利用切比雪夫不等式可得，对任意 $\varepsilon>0$，有

$$P\left\{\left|\frac{X}{n}-E\left(\frac{X}{n}\right)\right|\geqslant\varepsilon\right\}\leqslant\frac{D\left(\frac{X}{n}\right)}{\varepsilon^2} \tag{4.7.5}$$

注意到

$$E\left(\frac{X}{n}\right)=\frac{1}{n}E(X)=\frac{np}{n}=p,\quad D\left(\frac{X}{n}\right)=\frac{1}{n^2}D(X)=\frac{p(1-p)}{n}$$

将它们代入式(4.7.5)，得

$$P\left\{\left|\frac{X}{n}-p\right|\geqslant\varepsilon\right\}\leqslant\frac{p(1-p)}{n\varepsilon^2}$$

由于 $p(1-p)\leqslant\frac{1}{4}$，从而

$$P\left\{\left|\frac{X}{n}-p\right|\geqslant\varepsilon\right\}\leqslant\frac{1}{4n\varepsilon^2}$$

令 $n\to\infty$，注意到概率的非负性，有

$$\lim_{n\to\infty}P\left\{\left|\frac{f_A}{n}-p\right|\geqslant\varepsilon\right\}=0$$

这说明 $\frac{f_A}{n}\xrightarrow{P}p$，从而式(4.7.4)得证。

伯努利大数定律的重要意义在于说明频率依概率收敛于概率，在试验次数很大时，便可以用事件发生的频率来替代事件发生的概率。在实践中，人们还认识到大量测量值的算术平均值也具有稳定性。与伯努利大数定律相似，有以下更一般的切比雪夫大数定律。

3. 切比雪夫大数定律

定理 4.7.1.3 设 $\{X_n\}$ 为一相互独立的随机变量序列(即对于任意正整数 n，$X_1,X_2,\cdots,X_n$ 相互独立)，且具有相同的数学期望与方差，即

$$E(X_k)=\mu,\quad D(X_k)=\sigma^2,\quad k=1,2,\cdots$$

作前 n 个随机变量的算术平均值

$$\overline{X}=\frac{1}{n}\sum_{k=1}^{n}X_k$$

则对于任意 $\varepsilon>0$，有

$$\lim_{n\to\infty}P\{|\overline{X}-\mu|<\varepsilon\}=1 \tag{4.7.6}$$

证明 由于

$$E\left(\frac{1}{n}\sum_{k=1}^{n}X_k\right)=\frac{1}{n}\sum_{k=1}^{n}E(X_k)=\frac{1}{n}n\mu=\mu$$

$$D\left(\frac{1}{n}\sum_{k=1}^{n}X_k\right)=\frac{1}{n^2}\sum_{k=1}^{n}D(X_k)=\frac{1}{n^2}n\sigma^2=\frac{\sigma^2}{n}$$

由切比雪夫不等式可得

$$\lim_{n\to\infty}P\left\{\left|\frac{1}{n}\sum_{k=1}^{n}X_k-\mu\right|<\varepsilon\right\}=1$$

定律得证。

该定律表明，当 n 很大时，随机变量 $X_1,X_2,\cdots,X_n$ 的算术平均值 $\overline{X}=\frac{1}{n}\sum_{k=1}^{n}X_k$ 接近于数学期望 $E(X_1)=E(X_2)=\cdots=E(X_n)=\mu$。这种接近是在概率意义之下的接近，通俗地说，在定理的条件下，当 n 无限增加时，n 个随机变量的算术平均值几乎变成一个常数。

例 4.7.1.2 设 $X_1,X_2,\cdots,X_n$ 为独立同分布的随机变量序列，均服从参数为 λ 的泊松分布，因为 $E(X_i)=\lambda,D(X_i)=\lambda,i=1,2,\cdots$，从而满足定理 4.7.1.3 的条件，由定理可知，对于任意 $\varepsilon>0$，有

$$\lim_{n\to\infty}P\left\{\left|\frac{1}{n}\sum_{k=1}^{n}X_k-\lambda\right|<\varepsilon\right\}=1$$

可以看出，伯努利大数定律是切比雪夫大数定律的特例，在它们的证明中都是以切比雪夫不等式为基础的，所以要求随机变量具有方差。进一步的研究表明，方差存在这个条件并不是必要的，下面的辛钦大数定律说明了这一情况。

4. 辛钦大数定律

定理 4.7.1.4 设 $\{X_n\}$ 为一相互独立的随机变量序列，服从同一分布，且具有数学期望 $E(X_k)=\mu,k=1,2,\cdots$，则对于任意常数 $\varepsilon>0$，有

$$\lim_{n\to\infty}P\left\{\left|\frac{1}{n}\sum_{k=1}^{n}X_k-\mu\right|<\varepsilon\right\}=1 \tag{4.7.7}$$

定理证明略。

显然辛钦大数定律为寻找随机变量的期望值提供了一条可实行的途径。

4.7.2 中心极限定理

在客观实际中有许多随机变量，它们是由大量的相互独立的随机因素的综合影响所形成的，而其中单个的因素在总的影响中所起的作用都是微小的，这种随机变量往往近似地服从正态分布，这种现象就是中心极限定理的客观背景。以下介绍三个常用的中心极限定理。

1. 独立同分布的中心极限定理

定理 4.7.2.1 设独立随机变量 $X_1,X_2,\cdots,X_n$ 服从同一分布，且数学期望和方差存在，$E(X_k)=\mu,D(X_k)=\sigma^2>0(k=1,2,\cdots)$，则随机变量之和 $\sum\limits_{k=1}^{n}X_k$ 的标准化变量

$$Y_n=\frac{\sum\limits_{k=1}^{n}X_k-E\left(\sum\limits_{k=1}^{n}X_k\right)}{\sqrt{D\left(\sum\limits_{k=1}^{n}X_k\right)}}=\frac{\sum\limits_{k=1}^{n}X_k-n\mu}{\sqrt{n}\sigma}$$

的分布函数 $F_n(x)$ 对于任意 x 满足

$$\lim_{n\to\infty}F_n(x)=\lim_{n\to\infty}P\left\{\frac{Y_n-n\mu}{\sqrt{n}\sigma}\leqslant x\right\}=\int_{-\infty}^{x}\frac{1}{\sqrt{2\pi}}\mathrm{e}^{-\frac{t^2}{2}}\mathrm{d}t=\Phi(x)\qquad(4.7.8)$$

证明略。

这就是说，均值为 μ、方差为 $\sigma^2>0$ 的独立同分布的随机变量 $X_1,X_2,\cdots,X_n$ 之和 $\sum\limits_{k=1}^{n}X_k$ 的标准化变量，在 n 充分大时，有

$$\frac{\sum\limits_{k=1}^{n}X_k-n\mu}{\sqrt{n}\sigma}\overset{\text{近似地}}{\sim}N(0,1)\qquad(4.7.9)$$

在一般情况下，很难求出 n 个随机变量之和 $\sum\limits_{k=1}^{n}X_k$ 的分布函数，式(4.7.9)表明，当 n 充分大时，可以通过 $\Phi(x)$ 给出其近似的分布，这样就可以利用正态分布对 $\sum\limits_{k=1}^{n}X_k$ 做出理论分析或实际计算，其好处是明显的。

将式(4.7.9)左端改写成 $\dfrac{\frac{1}{n}\sum\limits_{k=1}^{n}X_k-\mu}{\sigma/\sqrt{n}}=\dfrac{\overline{X}-\mu}{\sigma/\sqrt{n}}$，则上述结果可写成：当 n 充分大时，

$$\frac{\overline{X}-\mu}{\sigma/\sqrt{n}}\overset{\text{近似地}}{\sim}N(0,1)\quad\text{或}\quad\overline{X}\overset{\text{近似地}}{\sim}N(\mu,\sigma^2/n)\qquad(4.7.10)$$

这是独立同分布中心极限定理结果的另一个形式。这就是说，均值为 μ、方差为 $\sigma^2>0$ 的独立同分布的随机变量 $X_1,X_2,\cdots,X_n$ 的算术平均值 $\overline{X}=\frac{1}{n}\sum\limits_{k=1}^{n}X_k$，在 n 充分大时，近似地服从均值为 μ、方差为 σ^2/n 的正态分布。这一结果是数理统计中大样本统计推断的基础。

例 4.7.2.1 一个复杂的系统由 n 个相互独立起作用的部件组成，每个部件的可靠性为 0.9，必须有至少 80% 的部件正常工作才能使系统工作，问 n 至少为多少时，才能使系统的可靠性为 95%？

解 引入随机变量

$$X_i=\begin{cases}0, & \text{第 } i \text{ 个部件工作不正常},\\ 1, & \text{第 } i \text{ 个部件工作正常},\end{cases} \quad i=1,2,\cdots,n$$

则诸 X_i 相互独立，且服从相同的 0-1 分布，那么

$$E(X_i)=0.9,\quad D(X_i)=0.09,\quad i=1,2,\cdots,n$$

现欲使

$$P\left\{\sum_{i=1}^{n}X_i\geqslant 0.8n\right\}=0.95$$

即

$$P\left\{\frac{\sum_{i=1}^{n}X_i-n\times 0.9}{0.3\sqrt{n}}\geqslant\frac{0.8n-0.9n}{\sqrt{n\times 0.09}}\right\}=P\left\{\frac{\sum_{i=1}^{n}X_i-n\times 0.9}{0.3\sqrt{n}}\geqslant-\frac{0.1n}{0.3\sqrt{n}}\right\}=0.95$$

由独立同分布的中心极限定理，知 $\dfrac{\sum_{i=1}^{n}X_i-n\times 0.9}{0.3\sqrt{n}}$ 近似地服从 $N(0,1)$，于是上式成为

$$1-\Phi\left(\frac{-0.1n}{0.3\sqrt{n}}\right)=0.95$$

查表得 $\dfrac{\sqrt{n}}{3}=1.65$，所以

$$\sqrt{n}=4.95,\quad n=24.5$$

于是知，当 n 至少为 25 时，才能使系统的可靠性为 0.95。

2. 棣莫弗-拉普拉斯定理

定理 4.7.2.2 设随机变量 $\eta_n(n=1,2,\cdots)$ 服从参数为 $n,p(0<p<1)$ 的二项分布的极限分布，则对于任意 x，有

$$\lim_{n\to\infty}P\left\{\frac{\eta_n-np}{\sqrt{np(1-p)}}\leqslant x\right\}=\int_{-\infty}^{x}\frac{1}{\sqrt{2\pi}}\mathrm{e}^{-t^2/2}\mathrm{d}t=\Phi(x)\qquad(4.7.11)$$

定理 4.7.2.2 是定理 4.7.2.1 的特殊情形。该定理表明，正态分布是二项分布的极限分布。当 n 充分大时，可以利用式(4.7.11)来计算二项分布的概率。

例 4.7.2.2 某计算机系统有 120 个终端，每个终端有 5% 的时间在使用。若各个终端使用与否是相互独立的，试求有 10 个或更多终端在使用的概率。

解 以 X 表示在某时刻使用的终端数，则 X 服从参数为 $n=120, p=0.05$ 的二项分布，由棣莫弗-拉普拉斯定理可得

$$P\{10\leqslant X\leqslant 120\}=1-P\{X<10\}\approx 1-\Phi\left(\frac{10-6}{\sqrt{120\times 0.05\times 0.95}}\right)$$
$$=1-\Phi(1.65)=0.047$$

例 4.7.2.3 在每次试验中，事件 A 出现的概率为 $\frac{3}{4}$，用切比雪夫不等式估计，进行多少次独立重复试验才能使事件 A 出现的频率在 0.74～0.76 的概率至少为 0.90？

解 设 X 表示在 n 次独立重复试验中事件 A 发生的次数，则 $X\sim B(n, 3/4)$，X 的期望和方差分别是

$$E(X)=n\cdot\frac{3}{4}=0.75n,\quad D(X)=n\cdot\frac{3}{4}\cdot\frac{1}{4}=0.1875n$$

由切比雪夫不等式，得

$$P\left\{0.74\leqslant\frac{X}{n}\leqslant 0.76\right\}=P\left\{\left|\frac{X}{n}-0.75\right|\leqslant 0.01\right\}$$
$$=P\{|X-0.75n|\leqslant 0.01n\}$$
$$\geqslant 1-\frac{0.1875n}{(0.01n)^2}=1-\frac{1875}{n}$$

由此知，要使 $P\left\{0.74\leqslant\frac{X}{n}\leqslant 0.76\right\}\geqslant 0.90$，只要 $1-\frac{1875}{n}\geqslant 0.90$ 即可，由该式可解出 $n\geqslant 18750$，即至少要进行 18750 次试验才能达到要求。

例 4.7.2.4 利用中心极限定理重解例 4.7.2.3 的问题。

解 由中心极限定理可得

$$P\left\{0.74\leqslant\frac{X}{n}\leqslant 0.76\right\}=P\{|X-0.75n|\leqslant 0.01n\}$$
$$=P\left\{\left|\frac{X-0.75n}{\sqrt{0.1875n}}\right|\leqslant\frac{0.01n}{\sqrt{0.1875n}}\right\}$$
$$=P\left\{\left|\frac{X-0.75n}{\sqrt{0.1875n}}\right|\leqslant\sqrt{\frac{1}{1875}}\cdot\sqrt{n}\right\}$$
$$\approx 2\Phi\left(\sqrt{\frac{1}{1875}}\cdot\sqrt{n}\right)-1$$

所以要使 $P\left\{0.74\leqslant\frac{X}{n}\leqslant 0.76\right\}\geqslant 0.90$，只要 $2\Phi\left(\sqrt{\frac{1}{1875}}\cdot\sqrt{n}\right)-1\geqslant 0.90$ 即可，由此可得 $\Phi\left(\sqrt{\frac{1}{1875}}\cdot\sqrt{n}\right)\geqslant 0.95$。查标准正态分布表可得 $\sqrt{\frac{1}{1875}}\cdot\sqrt{n}\geqslant$

1.645，解得 $n>5074$，即重复试验 5074 次以上就能达到要求了。

显然，5074 远小于 18750，这说明切比雪夫不等式的估计精度是有限的，而中心极限定理却有较高的估计精度。

下面再介绍一个中心极限定理。

3. 李雅普诺夫定理

定理 4.7.2.3 设随机变量 $X_1, X_2, \cdots, X_n$ 相互独立，它们具有数学期望和方差：

$$E(X_k)=\mu_k,\quad D(X_k)=\sigma_k^2>0,\quad k=1,2,\cdots$$

记

$$B_n^2=\sum_{k=1}^{n}\sigma_k^2$$

若存在正数 δ，使得当 $n\to\infty$ 时，

$$\frac{1}{B_n^{2+\delta}}\sum_{k=1}^{n}E\{|X_k-\mu_k|^{2+\delta}\}\to 0$$

则随机变量之和 $\sum_{k=1}^{n}X_k$ 的标准化变量

$$Z_n=\frac{\sum_{k=1}^{n}X_k-E\left(\sum_{k=1}^{n}X_k\right)}{\sqrt{D\left(\sum_{k=1}^{n}X_k\right)}}=\frac{\sum_{k=1}^{n}X_k-\sum_{k=1}^{n}\mu_k}{B_n}$$

的分布函数 $F_n(x)$ 对于任意 x，满足

$$\lim_{n\to\infty}F_n(x)=\lim_{n\to\infty}P\left\{\frac{\sum_{k=1}^{n}X_k-\sum_{k=1}^{n}\mu_k}{B_n}\leqslant x\right\}=\int_{-\infty}^{x}\frac{1}{\sqrt{2\pi}}\mathrm{e}^{-\frac{t^2}{2}}\mathrm{d}t=\Phi(x)$$

该定理表明，在定理的条件下，随机变量

$$Z_n=\frac{\sum_{k=1}^{n}X_k-\sum_{k=1}^{n}\mu_k}{B_n}$$

在 n 很大时近似地服从正态分布 $N(0,1)$，由此可知，当 n 很大时，$\sum_{k=1}^{n}X_k=B_nZ_n+\sum_{k=1}^{n}\mu_k$ 近似地服从正态分布 $N\left(\sum_{k=1}^{n}\mu_k, B_n^2\right)$。这就是说，无论各个随机变量 $X_k(k=1,2,\cdots)$ 服从什么分布，只要满足定理条件，那么它们的和 $\sum_{k=1}^{n}X_k$ 在 n 很大时，就近似地服从正态分布。这就是为什么正态随机变量在概率论中占有重要地位的一个基本原因。在很多问题中，所考虑的随机变量可以表示成很多

独立的随机变量之和。例如：在任一指定时刻，一个城市的耗电量是大量用户耗电量的总和；一个物理试验的测量误差是由许多观察不到的、可加的微小误差所合成的，它们往往近似地服从正态分布。中心极限定理揭示了为什么在实际应用中会经常遇到正态分布，也揭示了产生正态分布变量的源泉。在数理统计中也将看到，中心极限定理是大样本统计推断的理论基础。

4.8 样本及抽样分布

前面所述的内容属于概率论部分，从本节开始，将介绍数理统计。

在概率论中所研究的随机变量，它的分布都假设是已知的，在这一前提下，研究它的性质、特点和规律性。例如求出它的数字特征，讨论随机变量的分布，介绍常用的各种分布等。在数理统计中研究的随机变量，它的分布是未知的，或者是不完全知道的，人们通过对所研究的随机变量进行重复独立的观察，得到许多观察值，对这些数据进行分析，从而对所研究的随机变量的分布和研究对象的客观规律性做出种种合理的估计和判断。

4.8.1 总体与样本

将试验的全部可能的观测值称为**总体**，每一个可能观测值称为**个体**，总体中所包含的个体数称为总体的容量，容量为有限的称为**有限总体**，容量为无限的称为**无限总体**。

总体中的每一个个体是随机试验的一个观测值，因此它是随机变量 X 的值，一个总体对应于一个随机变量 X，X 的分布函数和数字特征就分别称为总体的分布函数和数字特征。

在数理统计中，人们都是通过从总体中抽取一部分个体，根据获得的数据来对总体分布得出推断的，被抽出的部分个体称为总体的一个**样本**。

对总体 X 进行 n 次重复的、独立的观测，其结果记为 $X_1, X_2, \cdots, X_n$，称为来自总体 X 的一个**简单随机样本**，n 称为这个**样本的容量**。当 n 次观测一经完成，就得到一组实数 $x_1, x_2, \cdots, x_n$，它们依次是随机变量 $X_1, X_2, \cdots, X_n$ 的观测值，称为**样本值**。

定义 4.8.1.1 设 X 是具有分布函数 F 的随机变量，若 $X_1, X_2, \cdots, X_n$ 是具有同一分布函数 F 的、相互独立的随机变量，则称 $X_1, X_2, \cdots, X_n$ 为从分布函数 F（或总体 F，或总体 X）得到的容量为 n 的**简单随机样本**，简称**样本**，它们的观测值 $x_1, x_2, \cdots, x_n$ 称为**样本值**，又称为总体 X 的 n 个**独立的观测值**。

也可以将样本看成一个随机向量，写成$(X_1, X_2, \cdots, X_n)$，此时样本值相应地写成$(x_1,x_2,\cdots,x_n)$，若$(x_1,x_2,\cdots,x_n)$与$(y_1,y_2,\cdots,y_n)$都是相应于样本$(X_1,X_2,\cdots,X_n)$的样本值，一般来说它们是不相同的。

由定义，若$X_1,X_2,\cdots,X_n$为F的一个样本，则$X_1,X_2,\cdots,X_n$相互独立，且它们的分布函数都是F，所以$(X_1,X_2,\cdots,X_n)$的分布函数为

$$F^x(x_1,x_2,\cdots,x_n)=\prod_{i=1}^{n}F(x_i)$$

若X具有分布律$P\{X=x\}=p(x)$，则$(X_1,X_2,\cdots,X_n)$的分布律为

$$p^x(x_1,x_2,\cdots,x_n)=\prod_{i=1}^{n}p(x_i)$$

若X具有概率密度$f(x)$，则$(X_1,X_2,\cdots,X_n)$的概率密度为

$$f^x(x_1,x_2,\cdots,x_n)=\prod_{i=1}^{n}f(x_i)$$

4.8.2 样本分布函数和直方图

统计方法通常可以分为两类，描述性统计方法与推断性统计方法。描述性统计方法是通过图表、图形等直观方式，对资料进行加工，使其信息显示一目了然，其不足之处是不能进行深入的分析与判断。推断性统计方法是利用概率统计的思维方法，从样本中提取关于总体或总体中参数的更深入细致的信息。

1. 样本分布函数

定义 4.8.2.1 设$X_1,X_2,\cdots,X_n$是总体F的一个样本，用$S(x)$表示$X_1,X_2,\cdots,X_n$中不大于x的随机变量的个数，定义经验分布函数或样本分布函数$F_n(x)$为

$$F_n(x)=\frac{1}{n}S(x),\quad -\infty<x<\infty$$

对于一个样本值，经验分布函数为$F_n(x)$的观测值是很容易得到的($F_n(x)$的观测值仍以$F_n(x)$表示)。例如，设总体F具有一个样本值为1,2,3，则经验分布函数$F_3(x)$的观测值为

$$F_3(x)=\begin{cases}0, & x<1\\ \dfrac{1}{3}, & 1\leqslant x<2\\ \dfrac{2}{3}, & 2\leqslant x<3\\ 1, & x\geqslant 3\end{cases}$$

一般地，设$x_1,x_2,\cdots,x_n$是总体F的一个容量为n样本值，先将$x_1,x_2,\cdots,x_n$按从小到大的次序排列，并重新编号，设为

$$x_{(1)}\leqslant x_{(2)}\leqslant\cdots\leqslant x_{(n)}$$

则经验(样本)分布函数 $F_n(x)$ 的观测值为

$$F_n(x)=\begin{cases}0, & x<x_{(1)} \\ \dfrac{k}{n}, & x_{(k)}\leqslant x<x_{(k+1)},k=1,2,\cdots,n-1 \\ 1, & x>x_{(n)}\end{cases}$$

易知经验(样本)分布函数具有如下性质:

(1) $0\leqslant F_n(x)\leqslant 1$;

(2) $F_n(x)$ 是非减函数;

(3) $F_n(-\infty)=0,F_n(+\infty)=1$;

(4) $F_n(x)$ 在每个观测值 $x_{(i)}$ 处是右连续的,点 $x_{(i)}$ 是 $F_n(x)$ 的跳跃间断点,$F_n(x)$ 在该点的跃度就等于频率 $\dfrac{k}{n}$。

对于经验(样本)分布函数 $F_n(x)$,格里汶科(Glivenko)在 1933 年证明了以下结果。对于任一实数 x,当 $n\to\infty$ 时,$F_n(x)$ 以概率 1 一致收敛于分布函数 $F(x)$,即

$$P\{\lim_{n\to\infty}\sup_{-\infty<x<\infty}|F_n(x)-F(x)|=0\}=1$$

因此对于任一实数 x,当 n 充分大时,经验分布函数的任一个观测值 $F_n(x)$ 与总体分布函数 $F(x)$ 只有微小的差别,从而在实际中可以当作 $F(x)$ 来使用。这就是在数理统计中可以依据样本来推断总体的理论基础。

2. 直方图

直方图是大体上描述随机变量概率分布的矩形长条图形,通过试验样本的频率来作出,如图 4.8.1 所示。具体步骤如下:

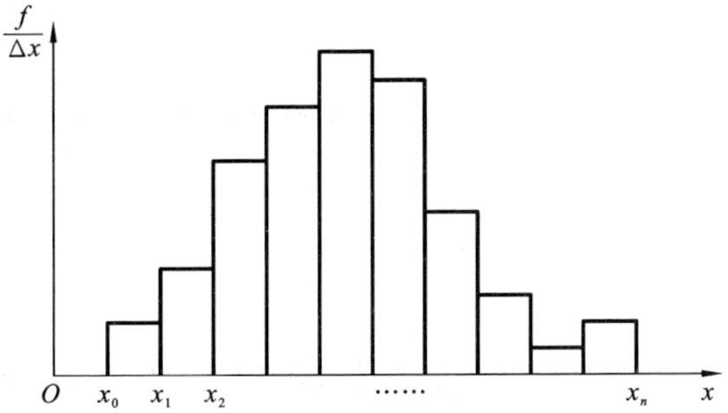

图 4.8.1 直方图

(1) 找出样本观测值 $x_1,x_2,\cdots,x_n$ 中的最小值和最大值,分别记作 x_1^* 与 x_n^*,即

$$x_1^*=\min\{x_1,x_2,\cdots,x_n\}$$

$$x_n^* = \max\{x_1, x_2, \cdots, x_n\}$$

(2) 适当选取略小于 x_1^* 的数 a 与略大于 x_n^* 的数 b,并用分点 $a=t_0<t_1<\cdots<t_{n-1}<t_n=b$,把区间$(a,b)$分成 n 个子区间:

$$[t_0,t_1),[t_1,t_2),\cdots,[t_{i-1},t_i),\cdots,[t_{n-1},t_n)$$

第 i 个子区间的长度为 $\Delta t_i=t_i-t_{i-1}$,$i=1,2,\cdots,n$。

各个子区间的长度可以相等,也可以不等,若使各子区间的长度相等,则有 $\Delta t_i=\dfrac{b-a}{n}$,$i=1,2,\cdots,n$。子区间的个数 n 一般取为 8～15 个,太多则会由于频率的随机摆动而使分布显得杂乱,太少则难以显示分布的特征。此外,为了方便,分点 t_i 应比样本观测值 x_i 多取一位小数。

(3) 把所有样本观测值逐个分到各子区间内,并计算样本的观测值落在各子区间内的频数 n_i 及频率 $f_i=n_i/n$,$i=1,2,\cdots,n$。

(4) 在 Ox 轴上截取各子区间,并以各子区间为底,以 $f_i/\Delta t_i$ 为高作小矩形,各个小矩形的面积 ΔS_i 就等于样本观测值落在该子区间内的频率,即

$$\Delta S_i=\Delta t_i \frac{f_i}{\Delta t_i}=f_i, \quad i=1,2,\cdots,n$$

所有小矩形的面积的和等于 1,即

$$\sum_{i=1}^{n}\Delta S_i = \sum_{i=1}^{n} f_i = 1$$

这样作出的所有小矩形就构成了直方图。

因为当样本容量 n 充分大时,随机变量 X 落在子区间$[t_{i-1},t_i]$内的频率近似等于其概率,即

$$f_i \approx P\{t_{i-1}\leqslant X\leqslant t_i\}, \quad i=1,2,\cdots,n$$

所以直方图大致地描述了总体 X 的概率分布。

4.8.3 抽样分布

1. 统计量

样本是进行统计推断的依据。在应用时,往往不是直接使用样本本身,而是针对不同的问题构造样本的适当函数,利用这些样本的函数进行统计推断。

定义 4.8.3.1 设 $X_1,X_2,\cdots,X_n$ 是来自总体 X 的一个样本,$g(X_1,X_2,\cdots,X_n)$是 $X_1,X_2,\cdots,X_n$ 的函数,若 g 中不含任何未知参数,则称 $g(X_1,X_2,\cdots,X_n)$是一统计量。

因为 $X_1,X_2,\cdots,X_n$ 都是随机变量,而统计量 $g(X_1,X_2,\cdots,X_n)$是随机变量的函数,因此统计量是一个随机变量。设 $x_1,x_2,\cdots,x_n$ 是相应于样本 $X_1,X_2,\cdots,X_n$ 的样本值,则称 $g(x_1,x_2,\cdots,x_n)$是 $g(X_1,X_2,\cdots,X_n)$的观测值。

下面列出几个常用的统计量。

设 $X_1, X_2, \cdots, X_n$ 是来自总体 X 的一个样本，$x_1, x_2, \cdots, x_n$ 是这一样本的观测值。定义样本均值为

$$\overline{X} = \frac{1}{n}\sum_{i=1}^{n} X_i$$

样本方差为

$$S^2 = \frac{1}{n-1}\sum_{i=1}^{n}(X_i - \overline{X})^2 = \frac{1}{n-1}\sum_{i=1}^{n}(X_i^2 - n\overline{X}^2)$$

样本标准差为

$$S = \sqrt{S^2} = \sqrt{\frac{1}{n-1}\sum_{i=1}^{n}(X_i - \overline{X})^2}$$

样本 k 阶(原点)矩为

$$A_k = \frac{1}{n}\sum_{i=1}^{n} X_i^k, \quad k = 1,2,\cdots$$

样本 k 阶中心矩为

$$B_k = \frac{1}{n}\sum_{i=1}^{n}(X_i - \overline{X})^k, \quad k = 1,2,\cdots$$

它们的观测值分别为

$$\bar{x} = \frac{1}{n}\sum_{i=1}^{n} x_i$$

$$S^2 = \frac{1}{n-1}\sum_{i=1}^{n}(x_i - \bar{x})^2 = \frac{1}{n-1}\sum_{i=1}^{n}(x_i^2 - n\bar{x}^2)$$

$$S = \sqrt{S^2} = \sqrt{\frac{1}{n-1}\sum_{i=1}^{n}(x_i - \bar{x})^2}$$

$$a_k = \frac{1}{n}\sum_{i=1}^{n} x_i^k, \quad k = 1,2,\cdots$$

$$b_k = \frac{1}{n}\sum_{i=1}^{n}(x_i - \bar{x})^k, \quad k = 1,2,\cdots$$

这些观测值仍分别称为样本均值、样本方差、样本标准差、样本 k 阶(原点)矩以及样本 k 阶中心矩。

若总体 X 的 k 阶矩 $E(X^k)=\mu_k$ 存在，则当 $n\to\infty$ 时，$A_k \xrightarrow{P} \mu_k$，$k=1,2,\cdots$，这是因为 $X_1, X_2, \cdots, X_n$ 独立且与 X 同分布，所以 $X_1^k, X_2^k, \cdots, X_n^k$ 独立且与 X^k 同分布，故有

$$E(X_1^k)=E(X_2^k)=\cdots=E(X_n^k)=\mu_k, \quad k=1,2,\cdots$$

由辛钦大数定律知

$$A_k = \frac{1}{n}\sum_{i=1}^{n} X_i^k \xrightarrow{P} \mu_k, \quad k = 1,2,\cdots$$

由 4.7 节所述的关于依概率收敛的序列性质知

$$g(A_1, A_2, \cdots, A_n) \xrightarrow{P} g(\mu_1, \mu_2, \cdots, \mu_n)$$

其中,g 为连续函数。这就是 4.9 节要介绍的矩估计法的理论根据。

2. 三个重要分布

统计量的分布称为抽样分布。在使用统计量进行统计推断时,常需要知道它的分布。当总体的分布函数已知时,抽样分布是确定的,然而要求出统计量的精确分布,一般来说是困难的。下面介绍来自正态总体的几个常用的统计量分布。

1) χ^2 分布

设 $X_1, X_2, \cdots, X_n$ 是来自总体服从 $N(0,1)$分布的样本,则称统计量

$$\chi^2 = X_1^2 + X_2^2 + \cdots + X_n^2 \tag{4.8.1}$$

服从自由度为 n 的 χ^2 分布,记为 $\chi^2 \sim \chi^2(n)$,此处的自由度是指式(4.8.1)右端包含的独立变量的个数。

$\chi^2(n)$分布的概率密度函数为

$$f(y) = \begin{cases} \dfrac{1}{2^{n/2}\Gamma(n/2)} y^{n/2-1} \mathrm{e}^{-y/2}, & y \geqslant 0 \\ 0, & \text{其他} \end{cases} \tag{4.8.2}$$

$f(y)$的图形如图 4.8.2 所示,现在来推求式(4.8.2)。首先知 $\chi^2(1)$分布即为 $\Gamma\left(\frac{1}{2}, \frac{1}{2}\right)$分布,$X_i^2 \sim \Gamma\left(\frac{1}{2}, \frac{1}{2}\right)$,$i = 1, 2, \cdots, n$。再由 $X_1, X_2, \cdots, X_n$ 的独立性可知 $X_1^2, X_2^2, \cdots, X_n^2$ 相互独立,从而由 Γ 分布的可加性知

$$\chi^2 = \sum_{i=1}^{n} X_i^2 \sim \Gamma\left(\frac{n}{2}, \frac{1}{2}\right)$$

即得 χ^2 的概率密度函数。

根据 Γ 分布的可加性,易得 χ^2 分布的性质如下:

(1) χ^2 分布的可加性。设 $\chi_1^2 \sim \chi^2(n_1)$,$\chi_2^2 \sim \chi^2(n_2)$,并且 χ_1^2, χ_2^2 相互独立,则有

$$\chi_1^2 + \chi_2^2 \sim \chi^2(n_1 + n_2)$$

(2) χ^2 分布的数学期望和方差。若 $\chi^2 \sim \chi^2(n)$,则有

$$E(\chi^2) = n, \quad D(\chi^2) = 2n$$

事实上,因 $X_i \sim N(0,1)$,故

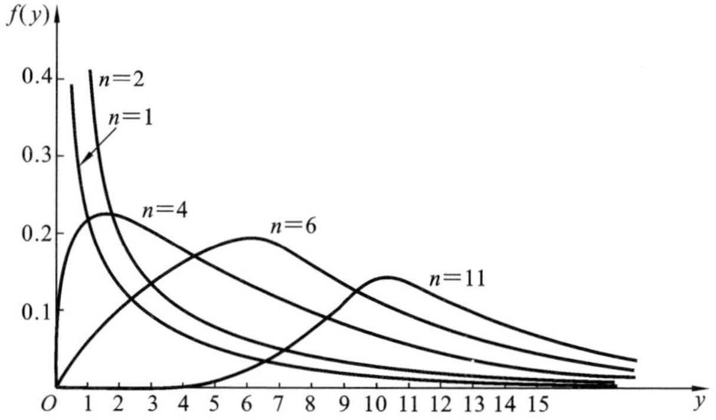

图 4.8.2　$\chi^2(n)$分布的概率密度函数图形

$$E(X_i^2)=D(X_i)=1,\quad E(X_i^4)=3$$

$$D(X_i^2)=E(X_i^4)-[E(X_i^2)]^2=3-1=2,\quad i=1,2,\cdots,n$$

于是

$$E(\chi^2)=E\left(\sum_{i=1}^{n}X_i^2\right)=\sum_{i=1}^{n}E(X_i^2)=n$$

$$D(\chi^2)=D\left(\sum_{i=1}^{n}X_i^2\right)=\sum_{i=1}^{n}D(X_i^2)=2n$$

(3) χ^2 分布的分位点。对于给定的正数 α，$0<\alpha<1$，称满足条件

$$P\{\chi^2>\chi_\alpha^2(n)\}=\int_{\chi_\alpha^2(n)}^{\infty}f(y)\mathrm{d}y=\alpha$$

的点 $\chi_\alpha^2(n)$为 $\chi^2(n)$分布的上 α 分位点，如图 4.8.3 所示，对于不同的 α，n，上 α 分位点的值已制成数表，可以直接查用。例如，对于 $\alpha=0.1$，$n=25$，查得 $\chi_{0.1}^2(25)=34.382$。但该表只详列到 $n=45$ 为止，费希尔(R. A. Fisher)曾证明，当 n 充分大时，有

$$\chi_\alpha^2(n)\approx\frac{1}{2}(Z_\alpha+\sqrt{2n-1})^2 \tag{4.8.3}$$

其中，Z_α 是标准正态分布的上 α 分位点，利用式(4.8.3)可以求得当 $n>45$ 时 $\chi^2(n)$分布的上 α 分位点的近似值。

例如，由式(4.8.3)可得 $\chi_{0.05}^2(50)\approx\frac{1}{2}(1.645+\sqrt{99})^2=67.221$(由更详细的数表得 $\chi_{0.05}^2(50)=67.505$)。

2) t 分布

设 $X\sim N(0,1)$，$Y\sim\chi^2(n)$，且 X，Y 独立，则称随机变量

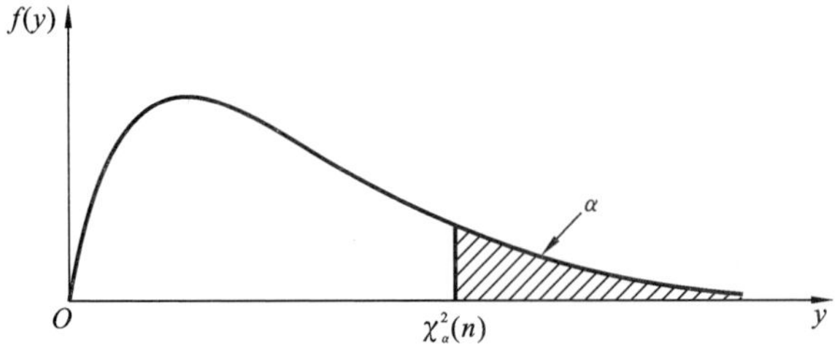

图 4.8.3　$\chi^2(n)$分布的上 α 分位点示意图

$$t=\frac{X}{\sqrt{Y/n}}$$

服从自由度为 n 的 t 分布，记为 $t\sim t(n)$。

t 分布又称学生氏(Student)分布。t 分布的概率密度函数为

$$h(t)=\frac{\Gamma[(n+1)/2]}{\sqrt{\pi n}\Gamma(n/2)}\left(1+\frac{t^2}{n}\right)^{-(n+1)/2},\quad -\infty<t<\infty$$

图 4.8.4 所示为 $h(t)$的图形。该图形关于 $t=0$ 对称，当 n 充分大时，其图形类似于标准正态变量概率密度函数的图形。事实上，利用 Γ 函数的性质可得

$$\lim_{n\to\infty}h(t)=\frac{1}{\sqrt{2\pi}}e^{-t^2/2}$$

故当 n 足够大时，t 分布近似于 $N(0,1)$分布。但对于较小的 n，t 分布与 $N(0,1)$分布相差较大。

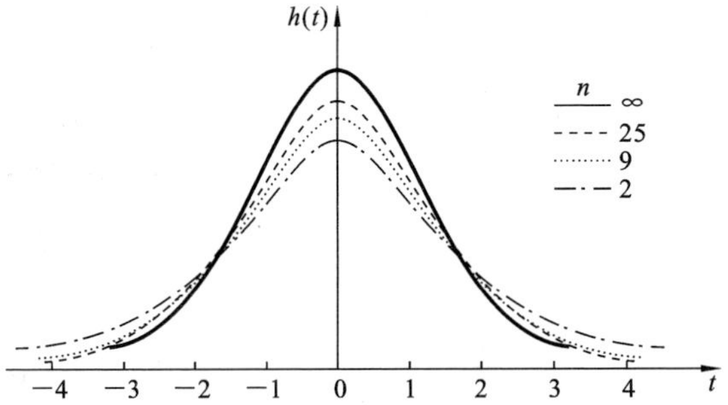

图 4.8.4　t 分布的概率密度函数图形

t **分布的分位点**：对于给定的 α，$0<\alpha<1$，称满足条件

$$P\{t>t_\alpha(n)\}=\int_{t_\alpha(n)}^{\infty}h(t)\mathrm{d}t=\alpha$$

的点 $t_\alpha(n)$为 $t(n)$分布的上 α 分位点，如图 4.8.5 所示。

由 t 分布的上 α 分位点的定义及 $h(t)$图形的对称性知

$$t_{1-\alpha}(n)=-t_\alpha(n)$$

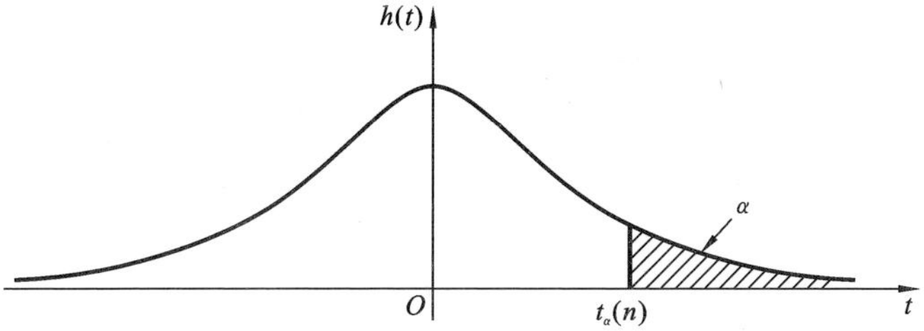

图 4.8.5　t 分布的上 α 分位点示意图

t 分布的上 α 分位点也可查表求得。在 $n>45$ 时，对于常用的 α 值，就用正态分布的上 α 分位点近似：

$$t_\alpha(n)\approx Z_\alpha$$

3）F 分布

设 $U\sim\chi^2(n_1)$，$V\sim\chi^2(n_2)$，且 U，V 独立，则称随机变量

$$F=\frac{U/n_1}{V/n_2}$$

服从自由度为(n_1,n_2)的 F 分布，记为 $F\sim F(n_1,n_2)$。

$F(n_1,n_2)$分布的概率密度函数为

$$\psi(y)=\begin{cases}\dfrac{\Gamma[(n_1+n_2)/2](n_1/n_2)^{n_1/2}y^{(n_1/2)-1}}{\Gamma(n_1/2)\Gamma(n_2/2)[1+(n_1y/n_2)]^{(n_1+n_2)/2}}, & y>0\\ 0, & \text{其他}\end{cases}$$

图 4.8.6 所示为 $\psi(y)$的图形。

由定义可知，若 $F\sim F(n_1,n_2)$，则

$$\frac{1}{F}\sim F(n_2,n_1)$$

F 分布的分位点：对于给定的 α，$0<\alpha<1$，称满足条件

$$P\{F>F_\alpha(n_1,n_2)\}=\int_{F_\alpha(n_1,n_2)}^{\infty}\psi(y)\mathrm{d}y=\alpha$$

的点 $F_\alpha(n_1,n_2)$为 $F(n_1,n_2)$分布的上 α 分位点（见图 4.8.7），该点的位置也可以查表得到。

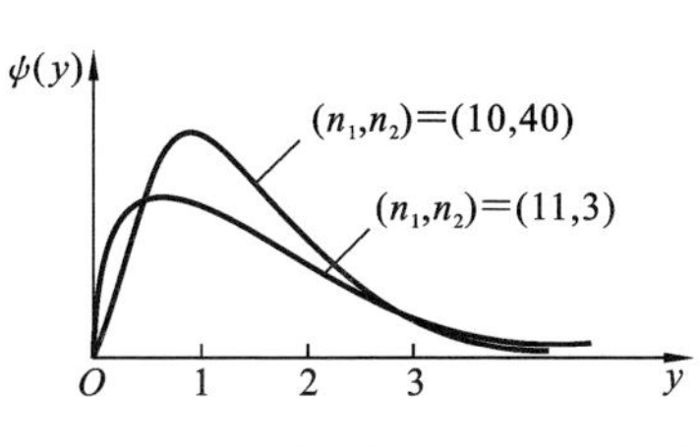

图 4.8.6　F 分布的概率密度函数图形

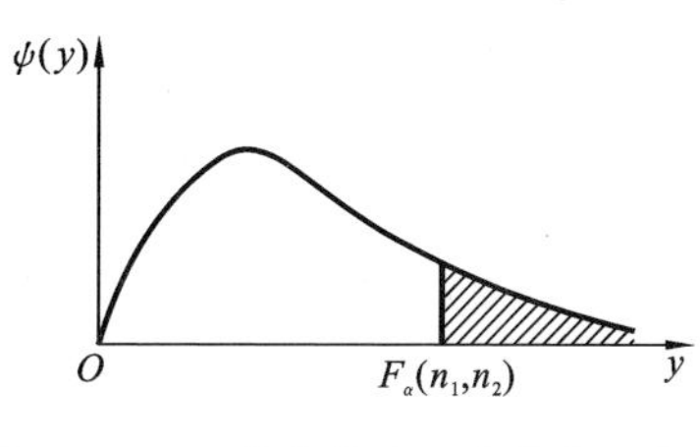

图 4.8.7　F 分布的上 α 分位点示意图

F 分布的上 α 分位点有如下的重要性质：

$$F_{1-\alpha}(n_1,n_2)=\frac{1}{F_\alpha(n_2,n_1)} \tag{4.8.4}$$

式(4.8.4)常用来求 F 分布表中未列出的一些上 α 分位点，如

$$F_{0.95}(12,9)=\frac{1}{F_{0.05}(9,12)}=\frac{1}{2.80}=0.357$$

3. 正态总体统计量的分布

设总体 X(不管服从什么分布，只要均值和方差存在)的均值为 μ，方差为 σ^2，$X_1,X_2,\cdots,X_n$ 是来自 X 的一个样本，$\overline{X}$，S^2 是样本均值和样本方差，则有

$$E(\overline{X})=\mu,\quad D(\overline{X})=\sigma^2/n$$

而

$$\begin{aligned}E(S^2)&=E\left[\frac{1}{n-1}\sum_{i=1}^{n}(X_i^2-n\overline{X}^2)\right]=\frac{1}{n-1}\left[\sum_{i=1}^{n}E(X_i^2)-nE(\overline{X}^2)\right]\\&=\frac{1}{n-1}\left[\sum_{i=1}^{n}(\sigma^2+\mu^2)-n(\sigma^2/n+\mu^2)\right]=\sigma^2\end{aligned}$$

即

$$E(S^2)=\sigma^2$$

进而设 $X\sim N(\mu,\sigma^2)$，则知 $\overline{X}=\dfrac{1}{n}\sum\limits_{i=1}^{n}X_i$ 也服从正态分布，于是得到以下定理。

定理 4.8.3.1 设 $X_1,X_2,\cdots,X_n$ 是来自正态总体 $N(\mu,\sigma^2)$的样本，$\overline{X}$ 是样本均值，则有

$$\overline{X}\sim N(\mu,\sigma^2/n)$$

对于正态总体 $N(\mu,\sigma^2)$的样本均值 $\overline{X}$ 和样本方差 S^2，有以下两个重要定理。

定理 4.8.3.2 设 $X_1,X_2,\cdots,X_n$ 是总体 $N(\mu,\sigma^2)$的样本，$\overline{X}$，S^2 分别是样本均值和样本方差，则有：

(1) $\dfrac{(n-1)S^2}{\sigma^2}\sim\chi^2(n-1)$；

(2) $\overline{X}$ 与 S^2 相互独立。

定理 4.8.3.3 设 $X_1,X_2,\cdots,X_n$ 是总体 $N(\mu,\sigma^2)$的样本，$\overline{X}$，S^2 分别是样本均值和样本方差，则有：

$$\frac{\overline{X}-\mu}{S/\sqrt{n}}\sim t(n-1) \tag{4.8.5}$$

证明 由定理 4.8.3.1、定理 4.8.3.2，得

$$\frac{\overline{X}-\mu}{S/\sqrt{n}}\sim N(0,1),\quad \frac{(n-1)S^2}{\sigma^2}\sim\chi^2(n-1)$$

且两者相互独立，由 t 分布的定义知

$$\frac{\overline{X}-\mu}{S/\sqrt{n}}\Big/\sqrt{\frac{(n-1)S^2}{\sigma^2(n-1)}}\sim t(n-1)$$

化简上式左边，即得式(4.8.5)。

对于两个正态总体的样本均值和样本方差有以下定理。

定理 4.8.3.4 设 $X_1,X_2,\cdots,X_{n_1}$ 与 $Y_1,Y_2,\cdots,Y_{n_2}$ 分别是来自正态总体 $N(\mu_1,\sigma_1^2)$ 与 $N(\mu_2,\sigma_2^2)$ 的样本，且这两个样本相互独立。设 $\overline{X}=\frac{1}{n_1}\sum_{i=1}^{n_1}X_i$，$\overline{Y}=\frac{1}{n_2}\sum_{i=1}^{n_2}Y_i$ 分别是这两个样本的样本均值；$S_1^2=\frac{1}{n_1-1}\sum_{i=1}^{n_1}(X_i-\overline{X})^2$，$S_2^2=\frac{1}{n_2-1}\sum_{i=1}^{n_2}(Y_i-\overline{Y})^2$ 分别是这两个样本的样本方差，则有

(1) $\frac{S_1^2/S_2^2}{\sigma_1^2/\sigma_2^2}\sim F(n_1-1,n_2-1)$；

(2) 当 $\sigma_1^2=\sigma_2^2=\sigma^2$ 时，

$$\frac{(\overline{X}-\overline{Y})-(\mu_1-\mu_2)}{S_w\sqrt{\frac{1}{n_1}+\frac{1}{n_2}}}\sim t(n_1+n_2-2)$$

其中，

$$S_w^2=\frac{(n_1-1)S_1^2+(n_2-1)S_2^2}{n_1+n_2-2},\quad S_w=\sqrt{S_w^2}$$

证明 (1) 由定理 4.8.3.2，知

$$\frac{(n_1-1)S_1^2}{\sigma_1^2}\sim\chi^2(n_1-1)$$

$$\frac{(n_2-1)S_2^2}{\sigma_2^2}\sim\chi^2(n_2-1)$$

由假设知 S_1^2,S_2^2 相互独立，则由 F 分布的定义知

$$\frac{(n_1-1)S_1^2}{(n_1-1)\sigma_1^2}\Big/\frac{(n_2-1)S_2^2}{(n_2-1)\sigma_2^2}\sim F(n_1-1,n_2-1)$$

即

$$\frac{S_1^2/S_2^2}{\sigma_1^2/\sigma_2^2}\sim F(n_1-1,n_2-1)$$

(2) 易知 $\overline{X}-\overline{Y}\sim N\left(\mu_1-\mu_2,\frac{\sigma^2}{n_1}+\frac{\sigma^2}{n_2}\right)$，即有

$$U=\frac{(\overline{X}-\overline{Y})-(\mu_1-\mu_2)}{\sigma\sqrt{\frac{1}{n_1}+\frac{1}{n_2}}}\sim N(0,1)$$

又由给定条件知 $\frac{(n_1-1)S_1^2}{\sigma_1^2}\sim\chi^2(n_1-1)$，$\frac{(n_2-1)S_2^2}{\sigma_2^2}\sim\chi^2(n_2-1)$ 且它们相互独

立，故由 χ^2 分布的可加性知

$$V=\frac{(n_1-1)S_1^2}{\sigma_1^2}+\frac{(n_2-1)S_2^2}{\sigma_2^2}\sim\chi^2(n_1+n_2-2)$$

又 U 与 V 相互独立，从而由 t 分布的定义知

$$\frac{U}{\sqrt{V/(n_1+n_2-2)}}=\frac{(\overline{X}-\overline{Y})-(\mu_1-\mu_2)}{S_w\sqrt{\dfrac{1}{n_1}+\dfrac{1}{n_2}}}\sim t(n_1+n_2-2)$$

以上所介绍的几个分布以及四个定理，在下面各节中都起着重要作用。应指出，它们都是在总体为正态分布这一基本假设下得到的。

4.9 参数估计

参数估计是根据从总体中抽取的样本估计总体分布中包含的未知参数的方法，它是统计推断的一种基本形式，是数理统计学的一个重要分支。

4.9.1 参数的点估计

设有一个总体 X，它的分布函数的形式已知，但它含有一个或多个未知参数 $\theta_1,\theta_2,\cdots,\theta_k$，设 $X_1,X_2,\cdots,X_n$ 为总体的一个样本，参数估计问题就是利用样本 $X_1,X_2,\cdots,X_n$ 提供的信息，对参数做出估计，或者对参数的某个函数做出估计。

一般的方法是：先构造 k 个统计量 $\hat{\theta}_1(X_1,X_2,\cdots,X_n),\hat{\theta}_2(X_1,X_2,\cdots,X_n),\cdots,\hat{\theta}_k(X_1,X_2,\cdots,X_n)$，再根据得到的样本值 $(x_1,x_2,\cdots,x_n)$，计算出 $\hat{\theta}_1(x_1,x_2,\cdots,x_n),\hat{\theta}_2(x_1,x_2,\cdots,x_n),\cdots,\hat{\theta}_k(x_1,x_2,\cdots,x_n)$，称数 $\hat{\theta}_1,\hat{\theta}_2,\cdots,\hat{\theta}_k$ 为未知参数 $\theta_1,\theta_2,\cdots,\theta_k$ 的估计值，对应的统计量为未知参数 $\theta_1,\theta_2,\cdots,\theta_k$ 的估计量，这种方法称为点估计。在不引起混淆的情况下，将估计值和估计量统称为估计。

点估计的方法很多，常规的有矩估计法和极大似然估计法。

1. 矩估计法

矩估计法是由英国统计学家波尔逊(K. Pearson)在 1894 年提出的。其基本想法是：若 $X_1,X_2,\cdots,X_n$ 为总体的样本，由辛钦大数定律可知，当 $n\to\infty$ 时，样本的原点矩会依概率收敛于总体 X 的原点矩。基于此就可以用样本的 k 阶原点矩 $A_k=\dfrac{1}{n}\sum\limits_{i=1}^{n}X_i^k$ 去估计总体 X 的 k 阶原点矩 $E(X^k)$，或者用样本的 k 阶中心矩 $B_k=\dfrac{1}{n}\sum\limits_{i=1}^{n}(X_i-\overline{X})^k$ 去估计总体 X 的 k 阶中心矩 $E\{[X-E(X)]^k\}$，建立含有待估计参数的方程，然后由此进一步来估计未知参数。这种求未知参数点估计的方法就是矩估计法。

下面给出求矩估计的具体步骤。设总体 X 的分布函数为 $F(x;\theta_1,\theta_2,\cdots,\theta_k)$，$\theta_1,\theta_2,\cdots,\theta_k$ 是 k 个待估计的未知参数。

(1) 求总体的 k 阶矩。

设 $a_k=E(X^k)$ 存在，对任意 $k(k=1,2,\cdots,k)$，有

$$a_k=E(X^k)=a_k(\theta_1,\theta_2,\cdots,\theta_k)$$

(2) 用样本矩作为总体矩的估计，即令 $E(X^k)=\dfrac{1}{n}\sum\limits_{i=1}^{n}X_i^k(k=1,2,\cdots,k)$，这便得到含 k 个参数 $\hat{\theta}_1,\hat{\theta}_2,\cdots,\hat{\theta}_k$ 的 k 元方程组 $\dfrac{1}{n}\sum\limits_{i=1}^{n}X_i^k=a_k(\hat{\theta}_1,\hat{\theta}_2,\cdots,\hat{\theta}_k)$；

(3) 求解上述 k 元方程组，可得

$$\hat{\theta}_k=\hat{\theta}_k(X_1,X_2,\cdots,X_n),\quad k=1,2,\cdots,k$$

以 $\hat{\theta}_k$ 作为参数 θ_k 的估计量，并称为未知参数 θ_k 的矩估计量，这种求估计量 $\hat{\theta}_k$ 的方法称为矩估计法。

例 4.9.1.1 设总体 $X\sim B(l,p)$，且已知 $(X_1,X_2,\cdots,X_n)$ 为来自总体 X 的样本，试求参数 p 的矩估计量。

解 已知 $E(X)=lp$，令 $lp=\overline{X}$，故参数 p 的矩估计量为 $\hat{p}=\dfrac{\overline{X}}{l}=\dfrac{1}{nl}\sum\limits_{k=1}^{n}X_k$。

例 4.9.1.2 设总体 X 的概率密度为 $f(x)=\begin{cases}(\theta+1)x^{\theta}, & 0<x<1\\ 0, & 其他\end{cases}$，其中 $\theta>-1$ 为未知参数，$X_1,X_2,\cdots,X_n$ 是来自总体 X 的一个样本容量为 n 的简单随机样本，试求 θ 的矩估计量。

解 因为

$$E(X)=\int_{-\infty}^{\infty}xf(x)\mathrm{d}x=\int_0^1 x(\theta+1)x^{\theta}\mathrm{d}x=\frac{\theta+1}{\theta+2}x^{\theta+2}\Big|_0^1=\frac{\theta+1}{\theta+2}$$

令 $\dfrac{\theta+1}{\theta+2}=\overline{X}$，从而得 θ 的矩估计量为 $\hat{\theta}=\dfrac{2\overline{X}-1}{1-\overline{X}}$。

例 4.9.1.3 设总体 X 的概率密度为 $f(x)=\begin{cases}\dfrac{\mathrm{e}^{-\frac{x-\mu}{\theta}}}{\theta}, & x\geqslant\mu\\ 0, & x<\mu\end{cases}$，其中 $\theta>0$，θ,μ 是未知参数，$X_1,X_2,\cdots,X_n$ 是总体 X 的样本，试求 θ,μ 的矩估计量。

解 因

$$E(X)=\int_{\mu}^{\infty}x\,\frac{1}{\theta}\mathrm{e}^{-(x-\mu)/\theta}\mathrm{d}x=\mu+\theta$$

$$E(X^2)=\int_{\mu}^{\infty}x^2\,\frac{1}{\theta}\mathrm{e}^{-(x-\mu)/\theta}\mathrm{d}x=\mu^2+2\theta\mu+2\theta^2$$

令

$$\begin{cases}\mu+\theta=\overline{X} \\ \mu^2+2\theta\mu+2\theta^2=\dfrac{1}{n}\sum\limits_{k=1}^{n}X_k^2\end{cases}$$

可以解得

$$\theta=\sqrt{\frac{1}{n}\sum_{k=1}^{n}X_k^2-\overline{X}^2},\quad \mu=\overline{X}-\sqrt{\frac{1}{n}\sum_{k=1}^{n}X_k^2-\overline{X}^2}$$

即 θ,μ 的矩估计量分别为

$$\hat{\theta}=\sqrt{\frac{1}{n}\sum_{k=1}^{n}X_k^2-\overline{X}^2},\quad \hat{\mu}=\overline{X}-\sqrt{\frac{1}{n}\sum_{k=1}^{n}X_k^2-\overline{X}^2}$$

例 4.9.1.4 设总体 $X\sim e(\lambda)$，其中 $\lambda>0$ 为未知参数，且已知 $X_1,X_2,\cdots,X_n$ 为总体 X 的一个样本，试求 λ 的矩估计。

解 因为 $E(X)=\dfrac{1}{\lambda}$，令 $\dfrac{1}{\lambda}=\overline{X}$，即 λ 的矩估计量为 $\hat{\lambda}=\dfrac{1}{\overline{X}}$，又由于 $D(X)=\dfrac{1}{\lambda^2}$，令 $\dfrac{1}{\lambda}=S$ 或 $\dfrac{1}{\lambda}=\sqrt{B_2}$，即 λ 的矩估计量为 $\hat{\lambda}=\dfrac{1}{\sqrt{\dfrac{1}{n-1}\sum\limits_{k=1}^{n}(X_k-\overline{X})^2}}$ 或 $\hat{\lambda}=\dfrac{1}{\sqrt{\dfrac{1}{n}\sum\limits_{k=1}^{n}(X_k-\overline{X})^2}}$。可见，一个参数的矩估计量可以有多个。

例 4.9.1.5 设总体 X 服从泊松分布 $P(\lambda)$，其中 $\lambda>0$ 未知，$X_1,X_2,\cdots,X_n$ 是从该总体中抽取的样本，试求参数 λ 的矩估计。

解 因为 $E(X)=\lambda$，$D(X)=\lambda$，所以，若从数学期望考虑，λ 的矩估计为 $\hat{\lambda}=\overline{X}$；若从方差考虑，$\lambda$ 的矩估计为 $\hat{\lambda}=\dfrac{(n-1)S^2}{n}$。

2. 极大似然估计法

极大似然估计法是建立在极大似然原理基础上的估计法。极大似然原理的直观想法是：将在试验中发生概率较大的事件推断为最有可能出现的事件。例如，甲、乙、丙等多人同时向同一目标各发射 1 弹，终点裁判报告，仅有 1 弹命中目标，其余均未击中。甲、乙、丙三人除甲是专业射手外，乙、丙均为无射击经验的学生。无疑，自然可以认定击中的 1 弹应是命中率最大的甲射出的。这种以概率大小作为判断依据的思想，便是极大似然原理的具体体现。

一般地，设 $x_1,x_2,\cdots,x_n$ 为来自总体 X 的样本观测值，如果当位置参数 θ 取 $\hat{\theta}$ 时，$(x_1,x_2,\cdots,x_n)$ 被取到的概率最大，则称 $\hat{\theta}$ 为 θ 的极大似然估计量，也称最大似然估计量。其求法如下：

(1) 求似然函数 $L(x_1,x_2,\cdots,x_n,\theta)$。

若总体为离散型分布，其分布律为

$$P(X=x_i)=p(x_i,\theta),\quad i=1,2,\cdots$$

其中 θ 为未知参数，对给定的样本观测值$(x_1,x_2,\cdots,x_n)$，令

$$L(x_1,x_2,\cdots,x_n,\theta)=\prod_{i=1}^{n}p(x_i,\theta) \tag{4.9.1}$$

若总体为连续型分布，其概率密度函数为 $f(x,\theta)$，其中 θ 为未知参数，对给定的样本观测值$(x_1,x_2,\cdots,x_n)$，令

$$L(x_1,x_2,\cdots,x_n,\theta)=\prod_{i=1}^{n}f(x_i,\theta) \tag{4.9.2}$$

由式(4.9.1)及式(4.9.2)看出，似然函数 $L(x_1,x_2,\cdots,x_n,\theta)$反映了样本观测值被取到的概率。

(2) 求 $L(x_1,x_2,\cdots,x_n,\theta)$的最大值点 $\hat{\theta}$。

若似然函数 L 是 θ 的可微函数，则最大值点 θ 必满足似然方程：

$$\frac{\mathrm{d}L}{\mathrm{d}\theta}=0 \tag{4.9.3}$$

从该方程中解得 θ，经过检验即可得到 L 的最大值点 $\hat{\theta}$，$\hat{\theta}$ 就是 θ 的极大似然估计量。

由于 L 为乘积函数，而 L 与 $\ln L$ 在同一处取得最大值，所以由下面的对数似然方程：

$$\frac{\mathrm{d}(\ln L)}{\mathrm{d}\theta}=0 \tag{4.9.4}$$

求解 $\hat{\theta}$ 比由方程(4.9.3)求解要方便得多。

方程(4.9.3)、方程(4.9.4)视参数的个数进行求导或对各参数求偏导。

例 4.9.1.6 设总体 $X\sim N(\mu,\sigma^2)$，求参数 μ,σ^2 的最大似然估计量。

解 设$(X_1,X_2,\cdots,X_n)$是总体 X 的样本，其观测值为$(x_1,x_2,\cdots,x_n)$，记 $\theta=(\mu,\sigma^2)$，由于总体 $X\sim N(\mu,\sigma^2)$，即 X 的概率密度为

$$p(x,\theta)=\frac{1}{\sqrt{2\pi}\sigma}\mathrm{e}^{-\frac{(x-\mu)^2}{2\sigma^2}}$$

则似然函数为

$$L(\theta)=\prod_{i=1}^{n}\frac{1}{\sqrt{2\pi}\sigma}\mathrm{e}^{-\frac{(x-\mu)^2}{2\sigma^2}}=\frac{1}{(2\pi)^{\frac{n}{2}}\sigma^n}\mathrm{e}^{-\frac{1}{2\sigma^2}\sum_{i=1}^{n}(x_i-\mu)^2}$$

$$\ln L(\theta)=-\frac{n}{2}\ln(2\pi)-\frac{n}{2}\ln\sigma^2-\frac{1}{2\sigma^2}\sum_{i=1}^{n}(x_i-\mu)^2$$

似然方程为

$$\left.\frac{\partial\ln L(\theta)}{\partial\mu}\right|_{\substack{\mu=\hat{\mu}\\ \sigma^2=\hat{\sigma}^2}}=\frac{1}{\hat{\sigma}^2}\sum_{i=1}^{n}(x_i-\hat{\mu})=0$$

$$\left.\frac{\partial \ln L(\theta)}{\partial \sigma^2}\right|_{\substack{\mu=\hat{\mu}\\ \sigma^2=\hat{\sigma}^2}}=-\frac{n}{2\hat{\sigma}^2}+\frac{1}{2\hat{\sigma}^4}\sum_{i=1}^{n}(x_i-\hat{\mu})^2=0$$

解似然方程得

$$\hat{\mu}=\frac{1}{n}\sum_{i=1}^{n}x_i=\bar{x},\quad \hat{\sigma}^2=\frac{1}{n}\sum_{i=1}^{n}(x_i-\bar{x})^2=S_n^2$$

所求的最大似然估计量为$\hat{\mu}=\overline{X}$,$\hat{\sigma}^2=S_n^2$。

例 4.9.1.7 设总体 X 服从两点分布 $B(1,p)$,其中 p 为未知参数,试求参数 p 的最大似然估计量。

解 设样本$(X_1,X_2,\cdots,X_n)$的一个观测值为$(x_1,x_2,\cdots,x_n)$,由于总体 $X\sim B(1,p)$,故有

$$P(X=x)=p^x(1-p)^{1-x},\quad x=0,1$$

由式(4.9.1),得似然函数为

$$L(p)=\prod_{i=1}^{n}p^{x_i}(1-p)^{1-x_i}=p^{\sum\limits_{i=1}^{n}x_i}(1-p)^{n-\sum\limits_{i=1}^{n}x_i}$$

则对数似然函数为

$$\ln L(p)=\Big(\sum_{i=1}^{n}x_i\Big)\ln p+\Big(n-\sum_{i=1}^{n}x_i\Big)\ln(1-p)$$

由似然方程式,有

$$\left.\frac{\mathrm{d}[\ln L(p)]}{\mathrm{d}p}\right|_{p=\hat{p}}=\frac{1}{\hat{p}}\sum_{i=1}^{n}x_i-\frac{n-\sum\limits_{i=1}^{n}x_i}{1-\hat{p}}=0$$

即

$$\hat{p}=\frac{1}{n}\sum_{i=1}^{n}x_i=\bar{x}$$

所以 p 的最大似然估计量为 $\hat{p}=\overline{X}$。

例 4.9.1.8 设某种电子元件的寿命 T 服从参数为λ 的指数分布,今测得 n 个元件的失效时间为 $x_1,x_2,\cdots,x_n$,试求 λ 的极大似然估计值。

解 指数分布的密度函数为

$$f(x,\lambda)=\begin{cases}\lambda \mathrm{e}^{-\lambda x}, & x>0\\ 0, & x\leqslant 0\end{cases}$$

按式(4.9.2),似然函数为

$$L=\prod_{i=1}^{n}\lambda \mathrm{e}^{-\lambda x_i}=\lambda^n \mathrm{e}^{-\lambda\sum\limits_{i=1}^{n}x_i},\quad x_i>0,i=1,2,\cdots,n$$

取对数得

$$\ln L=n\ln\lambda-\lambda\sum_{i=1}^{n}x_i$$

于是得对数似然方程：

$$\frac{\mathrm{d}(\ln L)}{\mathrm{d}\lambda}=\frac{n}{\lambda}-\sum_{i=1}^{n}x_i=0$$

由此解得 λ 的极大似然估计值为

$$\hat{\lambda}=\frac{n}{\sum_{i=1}^{n}x_i}=\frac{1}{\overline{x}}$$

极大似然估计值的不变性原理：设 $\hat{\theta}$ 是 θ 的极大似然估计，$g(\theta)$ 是 θ 的函数，且具有单值的反函数，则 $g(\hat{\theta})$ 是 $g(\theta)$ 的极大似然估计。

一般情况下，如果要得到参数 $\theta_1,\theta_2,\cdots,\theta_k$ 的连续函数的估计量，只需要将 $\theta_1,\theta_2,\cdots,\theta_k$ 的估计量直接代入函数中就可以了，即 $g(\theta_1,\theta_2,\cdots,\theta_k)$ 的估计量为 $g(\hat{\theta}_1,\hat{\theta}_2,\cdots,\hat{\theta}_k)$。

例如，在正态分布总体 $N(\mu,\sigma^2)$ 中，σ^2 的极大似然估计值为

$$\hat{\sigma^2}=\frac{1}{n}\sum_{i=1}^{n}(x_i-\overline{x})^2$$

$\sigma=\sqrt{\sigma^2}$ 是 σ^2 的函数，且具有单值的反函数，则 σ 的极大似然估计值为

$$\hat{\sigma}=\sqrt{\frac{1}{n}\sum_{i=1}^{n}(x_i-\overline{x})^2}$$

同样地，$\ln\sigma$ 的极大似然估计值为

$$\ln\hat{\sigma}=\ln\sqrt{\frac{1}{n}\sum_{i=1}^{n}(x_i-\overline{x})^2}$$

4.9.2 估计量的评选标准

对于同一个未知参数，不同的方法得到的估计量可能不同，那么在多个可能的估计量中，应该选用哪一个估计量？用什么标准来评价一个估计量的好坏呢？常用的标准有三个：无偏性、有效性和一致性。下面分别介绍它们。

1. 无偏性

定义 4.9.2.1 设 $X_1,X_2,\cdots,X_n$ 是从总体 X 中抽取的样本，$\hat{\theta}=\hat{\theta}(X_1,X_2,\cdots,X_n)$ 是总体参数 θ 的估计量，如果 $E(\hat{\theta})$ 存在，且对于任意 $\theta\in\Theta$ 都有

$$E(\hat{\theta})=\theta \tag{4.9.5}$$

则称 $\hat{\theta}$ 是 θ 的无偏估计量。如果有 θ 的一列估计 $\hat{\theta}_n=\hat{\theta}_n(X_1,X_2,\cdots,X_n)(n=1,2,\cdots)$，满足关系式

$$\lim_{n\to\infty}E(\hat{\theta}_n)=\theta \tag{4.9.6}$$

则称 $\hat{\theta}_n$ 是 θ 的渐近无偏估计(量)。

例 4.9.2.1 证明对任何总体，样本均值 $\overline{X}$ 为总体均值 $E(X)$ 的无偏估计量。

证明 因为

$$E(\overline{X}) = E\left(\frac{1}{n}\sum_{i=1}^{n}X_i\right) = \frac{1}{n}\sum_{i=1}^{n}E(X_i) = E(X)$$

所以 $\overline{X}$ 是 $E(X)$ 的无偏估计量。

例 4.9.2.2 样本方差 S_n^2 不是总体方差 $D(X)=\sigma^2$ 的无偏估计量，但为 σ^2 的渐近无偏估计量。

解 因为

$$E(S_n^2)=\frac{n-1}{n}\sigma^2$$

但

$$\lim_{n\to\infty}\frac{n-1}{n}\sigma^2=\sigma^2$$

所以 S_n^2 为 σ^2 的渐近无偏估计量。

修正样本方差 $S_n^{*2}=\dfrac{n}{n-1}S_n^2$ 是总体方差 σ^2 的无偏估计量，事实上

$$E(S_n^{*2})=\frac{n}{n-1}E(S_n^2)=\sigma^2$$

一个估计量 $\hat{\theta}$ 如果不是无偏估计量，就称这个估计量是有偏的，且称 $E(\hat{\theta})-\theta$ 为估计量 $\hat{\theta}$ 的偏差值。

2. 有效性

仅仅要求估计的无偏性还是很不够的，有的估计虽然无偏，但是取偏离 θ 很远的值的概率很大，这种无偏估计量显然是不够理想的。为了使估计有更好的优良性，应在无偏的基础上进一步使方差尽量小。这是因为精度常用平方误差的均值 $E[(\hat{\theta}-\theta)^2]$ 来衡量，当 θ 无偏时，$E(\hat{\theta})=\theta$，于是有 $E[(\hat{\theta}-\theta)^2]=D(\hat{\theta})$。从这个意义来说，无偏估计量以方差较小者为好。

定义 4.9.2.2 设 $\hat{\theta}_1=\hat{\theta}_1(X_1,X_2,\cdots,X_n)$ 和 $\hat{\theta}_2=\hat{\theta}_2(X_1,X_2,\cdots,X_n)$ 都是总体未知参数 θ 的无偏估计量，若对任意 θ，恒有

$$D(\hat{\theta}_1)\leqslant D(\hat{\theta}_2) \tag{4.9.7}$$

则称 $\hat{\theta}_1$ 为比 $\hat{\theta}_2$ 有效的估计量。如果在 θ 的所有无偏估计量中，$\hat{\theta}$ 的方差最小，则称 $\hat{\theta}$ 为 θ 的一致有效方差无偏估计。

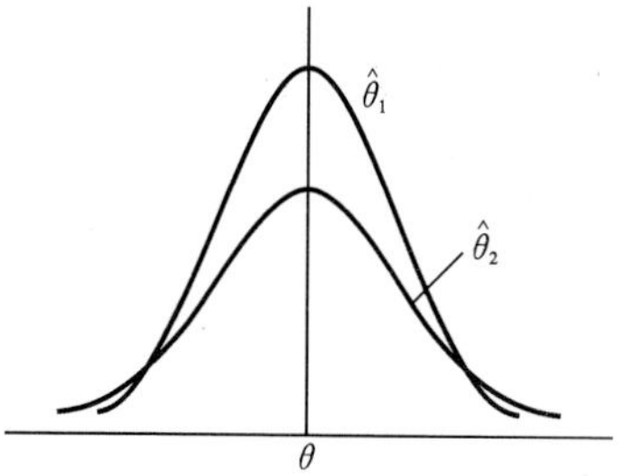

图 4.9.1 $\hat{\theta}_1,\hat{\theta}_2$ **的分布密度形状**

设 $\hat{\theta}_1,\hat{\theta}_2$ 分布的均值都是 θ，若 $\hat{\theta}_1$ 比 $\hat{\theta}_2$ 有效，那么 $\hat{\theta}_1$ 的分布形状较尖，而 $\hat{\theta}_2$ 的分布形状较为平坦（见图 4.9.1），也就是说 $\hat{\theta}_1$ 在 θ 附

近取值的概率比 $\hat{\theta}_2$ 的大，这就是有效性的直观含义。

例 4.9.2.3 设总体 X 的均值为 μ，方差为 σ^2，且 σ^2 不为零。X_1,X_2,X_3 是总体 X 的样本。记 $\hat{\mu}_1=\frac{1}{3}(X_1+X_2+X_3)=\overline{X}$，$\hat{\mu}_2=\frac{X_1}{2}+\frac{X_2}{3}+\frac{X_3}{6}$。试问总体均值 μ 的两个估计量 $\hat{\mu}_1$ 与 $\hat{\mu}_2$ 哪个有效？

解 因为 $E(\hat{\mu}_1)=E(\overline{X})=\mu$，$E(\hat{\mu}_2)=E\left(\frac{1}{2}X_1+\frac{1}{3}X_2+\frac{1}{6}X_3\right)=\frac{1}{2}\mu+\frac{1}{3}\mu+\frac{1}{6}\mu=\mu$，故 $\hat{\mu}_1$ 与 $\hat{\mu}_2$ 都是总体均值 μ 的无偏估计量，又因为

$$D(\hat{\mu}_1)=D\left(\frac{1}{3}X_1+\frac{1}{3}X_2+\frac{1}{3}X_3\right)=\frac{1}{9}\sigma^2+\frac{1}{9}\sigma^2+\frac{1}{9}\sigma^2=\frac{1}{3}\sigma^2$$

$$D(\hat{\mu}_2)=D\left(\frac{1}{2}X_1+\frac{1}{3}X_2+\frac{1}{6}X_3\right)=\frac{1}{4}\sigma^2+\frac{1}{9}\sigma^2+\frac{1}{36}\sigma^2=\frac{7}{18}\sigma^2$$

故 $D(\hat{\mu}_1)=\frac{1}{3}\sigma^2<D(\hat{\mu}_2)=\frac{7}{18}\sigma^2$，所以 $\hat{\mu}_1$ 较 $\hat{\mu}_2$ 有效。

根据有效性，若 θ 的一个无偏估计 $\underline{\theta}$ 满足对于 θ 的任意一个无偏估计 $\hat{\theta}$ 都有

$$D(\underline{\theta})\leqslant D(\hat{\theta})$$

则 $\underline{\theta}$ 是 θ 的一个很好的估计。那么如何求这样的估计呢？一个方法就是求出 θ 的无偏估计量方差的下界，再找到一个无偏估计量，使其方差达到该下界，则该无偏估计量即为所求。罗-克拉美(Rao-Cramer)证明了，若 $\hat{\theta}$ 是参数 θ 的无偏估计量，则

$$D(\hat{\theta})\geqslant\frac{1}{nE\left[\frac{\partial}{\partial\theta}\ln f(x;\theta)^2\right]}\tag{4.9.8}$$

其中，$f(x;\theta)$ 是总体 X 的概率分布或概率密度，该不等式称为罗-克拉美不等式。如果 θ 的一个无偏估计量 $\hat{\theta}$ 达到罗-克拉美不等式的下界，则称 $\hat{\theta}$ 为最有效的估计量，简称有效估计量。

3. 一致性

无偏性和有效性是在样本容量 n 固定的情况下建立起来的评判估计量优良性的准则，然而估计量 $\hat{\theta}(X_1,X_2,\cdots,X_n)$ 依赖于样本容量 n，当样本容量 n 增大时，由样本提供的总体的信息也随之增多，因而用 $\hat{\theta}$ 对 θ 进行估计时，随着 n 的增大，这种估计也应更加准确有效。也就是说，我们有理由要求当样本容量 n 无限增大时，估计量能在某种意义上越来越接近于被估计的参数的真值，这就是估计量的一致性。

定义 4.9.2.3 设 $\hat{\theta}(X_1,X_2,\cdots,X_n)$ 是总体参数 θ 的估计量，若对于任意 θ

$\in\Theta$，当 $n\to\infty$ 时，$\hat{\theta}(X_1,X_2,\cdots,X_n)$ 依概率收敛于 θ，即对于任意 $\varepsilon>0$，有

$$\lim_{n\to\infty}P(|\hat{\theta}-\theta|<\varepsilon)=1$$

则称 $\hat{\theta}(X_1,X_2,\cdots,X_n)$ 是总体参数 θ 的一致估计量或相合估计量。

例 4.9.2.4 设 $X_1,X_2,\cdots,X_n$ 是总体 X 的一个样本，给定 $k\geqslant1$，$A_k=\frac{1}{n}\sum_{i=1}^{n}X_i^k$ 是样本的 k 阶原点矩，$\mu_k=E(X^k)$ 是总体 X 的 k 阶原点矩。证明：A_k 是 μ_k 的一致估计量。

证明 由于 $X_1,X_2,\cdots,X_n$ 是总体 X 的一个样本，所以 $X_1,X_2,\cdots,X_n$ 独立同分布，并且

$$E(X_i^k)=E(X^k)<\infty$$

由辛钦大数定律，对于任意 $\varepsilon>0$，有

$$\lim_{n\to\infty}P\left(\left|\frac{1}{n}\sum_{i=1}^{n}X_i^k-E(X^k)\right|<\varepsilon\right)=1 \tag{4.9.9}$$

即

$$\lim_{n\to\infty}P(|A_k-\mu_k|<\varepsilon)=1$$

所以 A_k 是 μ_k 的一致估计量。

当 $k=1$ 时，由上面的例 4.9.2.4 可知，样本均值 $\overline{X}$ 是总体均值 μ 的一致估计量。

例 4.9.2.5 设 $X_1,X_2,\cdots,X_n$ 是总体 X 的一个样本，$\hat{\theta}_n(X_1,X_2,\cdots,X_n)$ 是总体参数 θ 的无偏估计量，且 $\lim\limits_{n\to\infty}D(\hat{\theta}_n)=0$。证明：$\hat{\theta}_n$ 是 θ 的一致估计量。

证明 由于 $E(\hat{\theta}_n)=\theta$，由切比雪夫不等式，对于任意 $\varepsilon>0$，有

$$P(|\hat{\theta}_n-\theta|\geqslant\varepsilon)\leqslant\frac{D(\hat{\theta}_n)}{\varepsilon^2}$$

因为 $\lim\limits_{n\to\infty}D(\hat{\theta}_n)=0$，故

$$\lim_{n\to\infty}P(|\hat{\theta}_n-\theta|\geqslant\varepsilon)=0$$

即

$$\lim_{n\to\infty}P(|\hat{\theta}_n-\theta|<\varepsilon)=1 \tag{4.9.10}$$

所以 $\hat{\theta}_n$ 是 θ 的一致估计量。

一致性是对估计量的基本要求，若估计量不具有一致性，则无论样本容量 n 取得多么大，都不能将参数估计得足够准确，这样的估计量是不可取的。

值得指出的是，就衡量估计量的一些标准来看，参数的极大似然估计量比矩估计量具有更好的性质。因为在求矩估计量时，只涉及总体的一些数字特征，没有用到总体的分布，因此矩估计量只用到总体的部分信息。而在求极大似然估计量时需要用到总体的分布，因此它更多地集中了总体的信息，在体现

总体分布特征上具有很好的性质。但是在应用计算中，求参数的极大似然估计会比求矩估计量更加复杂。

4.9.3 参数的区间估计

参数的点估计是用一个确定的值去估计未知的参数，看来似乎精确，实际上把握不大。为了使估计的结论更可信，需要引入区间估计。例如为了估计湖中的鱼数而进行抽样调查，得到一个实际样本，并且根据该样本的值得到鱼数 N 的极大似然估计为 1000 条。但实际上，N 的真值可能大于 1000 条也可能小于 1000 条，为此希望确定一个区间来估计参数真值，并且希望能以比较高的可靠程度相信它包含真参数值(根据概率来度量可靠程度)。一般说来区间估计的精确度较高。

定义 4.9.3.1 设总体 X 的分布中含有参数 θ，$X_1, X_2, \cdots, X_n$ 是来自总体 X 中的样本，α 是一个给定参数，$0<\alpha<1$，若能找到两个统计量 $\hat{\theta}_1=\hat{\theta}_1(X_1, X_2, \cdots, X_n)$ 和 $\hat{\theta}_2=\hat{\theta}_2(X_1, X_2, \cdots, X_n)$ 使得

$$P(\hat{\theta}_1<\theta<\hat{\theta}_2)=1-\alpha$$

则称区间$(\hat{\theta}_1, \hat{\theta}_2)$为参数 θ 的置信度为 $1-\alpha$ 的置信区间，分别称 $\hat{\theta}_1$，$\hat{\theta}_2$ 为置信下限和置信上限，$1-\alpha$ 称为置信水平或置信度。把这种估计未知参数的方法称为区间估计。

注意：

(1) 置信区间的长度 $\hat{\theta}_2-\hat{\theta}_1$ 反映了估计的精确度。

(2) α 反映了估计的可靠程度，α 越小，$1-\alpha$ 越大，估计可靠程度越高，但这时 $\hat{\theta}_2-\hat{\theta}_1$ 往往增大，因而估计的精确度降低。通常选取 $1-\alpha=0.90, 0.95, 0.99$。

(3) α 确定后，置信区间的选取方式不唯一，常选区间长度最小的那个。

求置信区间的一般步骤如下：

(1) 寻找一个样本的函数 $T=T(X_1, X_2, \cdots, X_n; \theta)$，它含有待估参数，不含有其他未知参数，$T$ 的分布已知，且分布不依赖于待估参数。称具有这种性质的函数 T 为枢轴量。

(2) 对于给定的置信水平 $1-\alpha$，根据 T 的分布定出两个常数 a，b 使得

$$P(a<T(X_1, X_2, \cdots, X_n; \theta)<b)=1-\alpha$$

(3) 将 $a<T(X_1, X_2, \cdots, X_n; \theta)<b$ 等价变形为 $\hat{\theta}_1<\theta<\hat{\theta}_2$，则

$$P(a<T(X_1, X_2, \cdots, X_n; \theta)<b)=P(\hat{\theta}_1<\theta<\hat{\theta}_2)=1-\alpha$$

于是区间$(\hat{\theta}_1, \hat{\theta}_2)$为参数 θ 的置信度为 $1-\alpha$ 的置信区间。

关于枢轴量 $T=T(X_1, X_2, \cdots, X_n; \theta)$ 的构造，通常可以从 θ 的点估计出发

来考虑。

例 4.9.3.1 设 $X_1,X_2,\cdots,X_n$ 是取自正态分布总体 $N(\mu,\sigma^2)$ 的样本，其中 σ^2 已知，μ 未知，求参数 μ 的置信水平为 0.95 的置信区间。

解 由于 $\overline{X}$ 是 μ 的无偏估计，且有 $\overline{X}\sim N(\mu,\sigma^2/n)$，从而

$$T=\frac{\overline{X}-\mu}{\sigma/\sqrt{n}}\sim N(0,1)$$

所以 T 就是一个枢轴量。根据标准正态分布的上 α 分位点的定义，有

$$P\left(-1.96<\frac{\overline{X}-\mu}{\sigma/\sqrt{n}}<1.96\right)=\Phi(1.96)-\Phi(-1.96)=0.95$$

将上式等价变形为

$$P\left(\overline{X}-1.96\frac{\sigma}{\sqrt{n}}<\mu<\overline{X}+1.96\frac{\sigma}{\sqrt{n}}\right)=0.95$$

所以 $\left(\overline{X}-1.96\frac{\sigma}{\sqrt{n}},\overline{X}+1.96\frac{\sigma}{\sqrt{n}}\right)$ 为所求的置信区间。

4.9.4 正态总体均值与方差的区间估计

正态总体是实际问题中常见的总体，本节讨论正态总体均值与方差的区间估计。

1. 单个正态总体均值与方差的区间估计

设总体 $X\sim N(\mu,\sigma^2)$，$X_1,X_2,\cdots,X_n$ 是取自总体 X 的样本，$\overline{X}$ 是样本均值，S^2 是样本方差。

1）方差 σ^2 已知，均值 μ 的置信区间

将上一节中例 4.9.3.1 的方法一般化，由 $X\sim N(\mu,\sigma^2/n)$，选取枢轴量

$$U=\frac{\overline{X}-\mu}{\sigma/\sqrt{n}}\sim N(0,1)$$

对给定的置信水平 $1-\alpha$，因为标准正态分布的概率密度对称，可以给定分位数 $Z_{\alpha/2}$，使得

$$P\left(-Z_{\alpha/2}<\frac{\overline{X}-\mu}{\sigma/\sqrt{n}}<Z_{\alpha/2}\right)=1-\alpha$$

再将上式等价变形为

$$P\left(\overline{X}-Z_{\alpha/2}\frac{\sigma}{\sqrt{n}}<\mu<\overline{X}+Z_{\alpha/2}\frac{\sigma}{\sqrt{n}}\right)=1-\alpha$$

所以参数 μ 的置信水平为 $1-\alpha$ 的置信区间为

$$\left(\overline{X}-Z_{\alpha/2}\frac{\sigma}{\sqrt{n}},\overline{X}+Z_{\alpha/2}\frac{\sigma}{\sqrt{n}}\right) \tag{4.9.11}$$

2）方差 σ^2 未知，均值 μ 的置信区间

由于方差 σ^2 未知，选取枢轴量

$$T=\frac{\overline{X}-\mu}{S/\sqrt{n}}\sim t(n-1)$$

给定置信水平 $1-\alpha$，因为 t 分布的概率密度对称，可以给定分位数 $t_{\alpha/2}(n-1)$，使得

$$P\left(-t_{\alpha/2}(n-1)<\frac{\overline{X}-\mu}{S/\sqrt{n}}<t_{\alpha/2}(n-1)\right)=1-\alpha$$

将上式等价变形为

$$P\left(\overline{X}-t_{\alpha/2}(n-1)\frac{S}{\sqrt{n}}<\mu<\overline{X}+t_{\alpha/2}(n-1)\frac{S}{\sqrt{n}}\right)=1-\alpha$$

所以参数 μ 的置信水平为 $1-\alpha$ 的置信区间为

$$\left(\overline{X}-t_{\alpha/2}(n-1)\frac{S}{\sqrt{n}},\overline{X}+t_{\alpha/2}(n-1)\frac{S}{\sqrt{n}}\right) \tag{4.9.12}$$

3）均值 μ 已知，方差 σ^2 的置信区间

选取枢轴量

$$Q=\frac{1}{\sigma^2}\sum_{i=1}^{n}(X_i-\mu)^2\sim\chi^2(n)$$

对给定置信水平 $1-\alpha$，确定分位数 $\chi^2_{1-\alpha/2}$ 和 $\chi^2_{\alpha/2}$，使得

$$P\left(\chi^2_{1-\alpha/2}(n)<\frac{1}{\sigma^2}\sum_{i=1}^{n}(X_i-\mu)^2<\chi^2_{\alpha/2}(n)\right)=1-\alpha$$

将上式等价变形为

$$P\left(\frac{1}{\chi^2_{\alpha/2}(n)}\sum_{i=1}^{n}(X_i-\mu)^2<\sigma^2<\frac{1}{\chi^2_{1-\alpha/2}(n)}\sum_{i=1}^{n}(X_i-\mu)^2\right)=1-\alpha$$

所以参数 σ^2 的置信水平为 $1-\alpha$ 的置信区间为

$$\left(\frac{1}{\chi^2_{\alpha/2}(n)}\sum_{i=1}^{n}(X_i-\mu)^2,\frac{1}{\chi^2_{1-\alpha/2}(n)}\sum_{i=1}^{n}(X_i-\mu)^2\right) \tag{4.9.13}$$

4）均值 μ 未知，方差 σ^2 的置信区间

选取枢轴量

$$K=\frac{(n-1)S^2}{\sigma^2}\sim\chi^2(n-1)$$

对给定置信水平 $1-\alpha$，确定分位数 $\chi^2_{1-\alpha/2}(n-1)$ 和 $\chi^2_{\alpha/2}(n-1)$，使得

$$P\left(\chi^2_{1-\alpha/2}(n-1)<\frac{(n-1)S^2}{\sigma^2}<\chi^2_{\alpha/2}(n-1)\right)=1-\alpha$$

将上式等价变形为

$$P\left(\frac{(n-1)S^2}{\chi^2_{\alpha/2}(n-1)}<\sigma^2<\frac{(n-1)S^2}{\chi^2_{1-\alpha/2}(n-1)}\right)=1-\alpha$$

所以参数 σ^2 的置信水平为 $1-\alpha$ 的置信区间为

$$\left(\frac{(n-1)S^2}{\chi^2_{\alpha/2}(n-1)},\frac{(n-1)S^2}{\chi^2_{1-\alpha/2}(n-1)}\right) \tag{4.9.14}$$

例 4.9.4.1 某工厂生产一批滚珠，其直径 X(单位：mm)服从正态分布 $N(\mu,\sigma^2)$，现从某天的产品中随机抽取 6 件，测得直径分别为 15.1、14.8、15.2、14.9、14.6、15.1。

(1) 若 $\sigma^2=0.06$，求 μ 的置信水平为 0.95 的置信区间。

(2) 若 σ^2 未知，求 μ 的置信水平为 0.95 的置信区间。

(3) 求方差 σ^2 的置信水平为 0.90 的置信区间。

解 (1) 因为 $\sigma^2=0.06$ 已知，所以 μ 的置信区间为

$$\left(\overline{X}-Z_{\alpha/2}\frac{\sigma}{\sqrt{n}},\overline{X}+Z_{\alpha/2}\frac{\sigma}{\sqrt{n}}\right)$$

现在 $\alpha=1-0.95$，$\alpha/2=0.025$，查表得 $Z_{\alpha/2}=Z_{0.025}=1.96$，根据给定的数据算得 $\bar{x}=14.95$，所以 μ 的置信区间为

$$\left(14.95-1.96\frac{\sqrt{0.06}}{\sqrt{6}},14.95+1.96\frac{\sqrt{0.06}}{\sqrt{6}}\right)=(14.75,\ 15.15)$$

(2) 因为 σ^2 未知，所以 μ 的置信区间为

$$\left(\overline{X}-t_{\alpha/2}(n-1)\frac{S}{\sqrt{n}},\overline{X}+t_{\alpha/2}(n-1)\frac{S}{\sqrt{n}}\right)$$

现在 $\alpha=1-0.95$，$\alpha/2=0.025$，查表得 $t_{\alpha/2}(n-1)=t_{0.025}(5)=2.5706$，根据给定的数据算得 $\bar{x}=14.95$，$S^2=\frac{1}{5}\sum_{i=1}^{6}(x_i-\bar{x})^2=0.051$，所以 μ 的置信区间为

$$\left(14.95-2.5706\frac{\sqrt{0.051}}{\sqrt{6}},14.95+2.5706\frac{\sqrt{0.051}}{\sqrt{6}}\right)=(14.71,15.187)$$

(3) 这是 μ 未知的情况，所以 σ^2 的置信区间为

$$\left(\frac{(n-1)S^2}{\chi^2_{\alpha/2}(n-1)},\frac{(n-1)S^2}{\chi^2_{1-\alpha/2}(n-1)}\right)$$

现在 $\alpha=1-0.90$，$\alpha/2=0.05$，查表得

$$\chi^2_{\alpha/2}(n-1)=\chi^2_{0.05}(5)=11.071,\quad \chi^2_{1-\alpha/2}(n-1)=\chi^2_{0.95}(5)=1.145$$

根据给定数据算得 $S^2=\frac{1}{5}\sum_{i=1}^{6}(x_i-\bar{x})^2=0.051$，所以 σ^2 的置信区间为

$$\left(\frac{5\times 0.051}{11.071},\frac{5\times 0.051}{1.145}\right)=(0.023,0.223)$$

2. 两个正态总体均值差与方差比的区间估计

假设两个总体 $X\sim N(\mu_1,\sigma_1^2)$ 和 $Y\sim N(\mu_2,\sigma_2^2)$，从中分别独立地抽取样本 $X_1,X_2,\cdots,X_{n_1}$ 和 $Y_1,Y_2,\cdots,Y_{n_2}$，$\overline{X}$，$\overline{Y}$ 和 S_1^2，S_2^2 分别表示两个样本的均值与方差。

1）σ_1^2,σ_2^2 已知，$\mu_1-\mu_2$ 的置信区间

当 σ_1^2,σ_2^2 已知时，由于 $\overline{X}-\overline{Y}\sim N\left(\mu_1-\mu_2,\frac{\sigma_1^2}{n_1}+\frac{\sigma_2^2}{n_2}\right)$，选取枢轴量

$$U=\frac{\overline{X}-\overline{Y}-(\mu_1-\mu_2)}{\sqrt{\frac{\sigma_1^2}{n_1}+\frac{\sigma_2^2}{n_2}}}\sim N(0,1)$$

对给定的置信水平 $1-\alpha$，可以确定分位数 $Z_{\alpha/2}$，使得

$$P\left(-Z_{\alpha/2}<\frac{\overline{X}-\overline{Y}-(\mu_1-\mu_2)}{\sqrt{\frac{\sigma_1^2}{n_1}+\frac{\sigma_2^2}{n_2}}}<Z_{\alpha/2}\right)=1-\alpha$$

将上式等价变形为

$$P\left(\overline{X}-\overline{Y}-Z_{\alpha/2}\sqrt{\frac{\sigma_1^2}{n_1}+\frac{\sigma_2^2}{n_2}}<\mu_1-\mu_2<\overline{X}-\overline{Y}+Z_{\alpha/2}\sqrt{\frac{\sigma_1^2}{n_1}+\frac{\sigma_2^2}{n_2}}\right)=1-\alpha$$

所以参数 $\mu_1-\mu_2$ 的置信水平为 $1-\alpha$ 的置信区间为

$$\left(\overline{X}-\overline{Y}-Z_{\alpha/2}\sqrt{\frac{\sigma_1^2}{n_1}+\frac{\sigma_2^2}{n_2}},\overline{X}-\overline{Y}+Z_{\alpha/2}\sqrt{\frac{\sigma_1^2}{n_1}+\frac{\sigma_2^2}{n_2}}\right)\tag{4.9.15}$$

2）σ_1^2,σ_2^2 未知，但 $\sigma_1^2=\sigma_2^2$，$\mu_1-\mu_2$ 的置信区间

当 σ_1^2,σ_2^2 未知，但 $\sigma_1^2=\sigma_2^2=\sigma^2$ 时，由于

$$\overline{X}-\overline{Y}\sim N\left(\mu_1-\mu_2,\frac{\sigma_1^2}{n_1}+\frac{\sigma_2^2}{n_2}\right)$$

$$\frac{(n_1-1)S_1^2}{\sigma^2}+\frac{(n_2-1)S_2^2}{\sigma^2}\sim\chi^2(n_1+n_2-2)$$

并且上述两个变量独立，所以选取枢轴量

$$T=\frac{\overline{X}-\overline{Y}-(\mu_1-\mu_2)}{S_w\sqrt{\frac{1}{n_1}+\frac{1}{n_2}}}\sim t(n_1+n_2-2)$$

其中

$$S_w=\sqrt{\frac{(n_1-1)S_1^2+(n_2-1)S_2^2}{n_1+n_2-2}}$$

于是对给定置信水平 $1-\alpha$，$\mu_1-\mu_2$ 的置信区间为

$$\left(\overline{X}-\overline{Y}-t_{\alpha/2}(n_1+n_2-2)S_w\sqrt{\frac{1}{n_1}+\frac{1}{n_2}},\overline{X}-\overline{Y}+t_{\alpha/2}(n_1+n_2-2)S_w\sqrt{\frac{1}{n_1}+\frac{1}{n_2}}\right) \tag{4.9.16}$$

3) σ_1^2,σ_2^2 **未知，但** $n_1=n_2$，$\mu_1-\mu_2$ **的置信区间**

当 σ_1^2,σ_2^2 未知，但 $n_1=n_2=n$ 时，令 $Z_i=X_i-Y_i$，则 $Z_i\sim N(\mu_1-\mu_2,\sigma_1^2+\sigma_2^2)$，且 $Z_1,Z_2,\cdots,Z_n$ 独立同分布，所以 $Z_1,Z_2,\cdots,Z_n$ 可以视为总体

$$Z\sim N(\mu_1-\mu_2,\sigma_1^2+\sigma_2^2)$$

的样本，于是得到 $\mu_1-\mu_2$ 的置信水平为 $1-\alpha$ 的置信区间为

$$\left(\overline{X}-\overline{Y}-t_{\alpha/2}(n-1)\frac{S_z}{\sqrt{n}},\overline{X}-\overline{Y}+t_{\alpha/2}(n-1)\frac{S_z}{\sqrt{n}}\right) \tag{4.9.17}$$

其中

$$S_z^2=\frac{1}{n-1}\sum_{i=1}^{n}(Z_i-\overline{Z})^2,\quad \overline{Z}=\overline{X}-\overline{Y}$$

4) μ_1,μ_2 **都已知，**$\dfrac{\sigma_1^2}{\sigma_2^2}$**的置信区间**

当 μ_1,μ_2 都已知时，由于

$$\frac{1}{\sigma_1^2}\sum_{i=1}^{n_1}(X_i-\mu_1)^2\sim\chi^2(n_1),\quad \frac{1}{\sigma_2^2}\sum_{j=1}^{n_2}(Y_j-\mu_2)^2\sim\chi^2(n_2)$$

并且上述两个变量独立，所以选取枢轴量

$$F=\frac{\dfrac{1}{n_1\sigma_1^2}\displaystyle\sum_{i=1}^{n_1}(X_i-\mu_1)^2}{\dfrac{1}{n_2\sigma_2^2}\displaystyle\sum_{j=1}^{n_2}(Y_j-\mu_2)^2}\sim F(n_1,n_2)$$

对于给定置信水平 $1-\alpha$，可以确定分位数 $F_{1-\alpha/2}(n_1,n_2)$，$F_{\alpha/2}(n_1,n_2)$，使得

$$P\left(F_{1-\alpha/2}(n_1,n_2)<\frac{\dfrac{1}{n_1\sigma_1^2}\displaystyle\sum_{i=1}^{n_1}(X_i-\mu_1)^2}{\dfrac{1}{n_2\sigma_2^2}\displaystyle\sum_{j=1}^{n_2}(Y_j-\mu_2)^2}<F_{\alpha/2}(n_1,n_2)\right)=1-\alpha$$

将上式等价变形为

$$P\left(\frac{n_2}{n_1F_{\alpha/2}(n_1,n_2)}\cdot\frac{\displaystyle\sum_{i=1}^{n_1}(X_i-\mu_1)^2}{\displaystyle\sum_{j=1}^{n_2}(Y_j-\mu_2)^2}<\frac{\sigma_1^2}{\sigma_2^2}<\frac{n_2}{n_1F_{1-\alpha/2}(n_1,n_2)}\cdot\frac{\displaystyle\sum_{i=1}^{n_1}(X_i-\mu_1)^2}{\displaystyle\sum_{j=1}^{n_2}(Y_j-\mu_2)^2}\right)$$
$$=1-\alpha$$

所以参数$\frac{\sigma_1^2}{\sigma_2^2}$的置信水平为 $1-\alpha$ 的置信区间为

$$\left(\frac{n_2}{n_1 F_{\alpha/2}(n_1,n_2)}\cdot\frac{\sum_{i=1}^{n_1}(X_i-\mu_1)^2}{\sum_{j=1}^{n_2}(Y_j-\mu_2)^2},\frac{n_2}{n_1 F_{1-\alpha/2}(n_1,n_2)}\cdot\frac{\sum_{i=1}^{n_1}(X_i-\mu_1)^2}{\sum_{j=1}^{n_2}(Y_j-\mu_2)^2}\right)$$

(4.9.18)

5）μ_1,μ_2 未知，$\frac{\sigma_1^2}{\sigma_2^2}$的置信区间

当 μ_1,μ_2 未知时，由于

$$\frac{(n_1-1)S_1^2}{\sigma_1^2}\sim\chi^2(n_1-1),\quad \frac{(n_2-1)S_2^2}{\sigma_2^2}\sim\chi^2(n_2-1)$$

并且上述两个变量独立，所以选取枢轴量

$$F=\frac{\sigma_2^2}{\sigma_1^2}\frac{S_1^2}{S_2^2}\sim F(n_1-1,n_2-1)$$

对于给定置信水平 $1-\alpha$，$\frac{\sigma_1^2}{\sigma_2^2}$的置信区间为

$$\left(\frac{S_1^2}{S_2^2}\cdot\frac{1}{F_{\alpha/2}(n_1-1,n_2-1)},\frac{S_1^2}{S_2^2}\cdot\frac{1}{F_{1-\alpha/2}(n_1-1,n_2-1)}\right)\qquad(4.9.19)$$

例 4.9.4.2 两台包装机包装同一种产品，为了比较它们生产的稳定性，分别抽测 10 包成品，称重后得样本方差分别为 $S_1^2=5.23$，$S_2^2=4.17$。设成品净重服从正态分布，试求两台包装机所包装成品净重的方差之比的置信区间(置信度为 0.95)。

解 由题设知，$n_1=n_2=10$，$\alpha=0.05$，故$\frac{\alpha}{2}=0.025$，$1-\frac{\alpha}{2}=0.975$，查 F 分布表知 $F_{0.975}(9,9)=4.03$，从而可得$\frac{\sigma_1^2}{\sigma_2^2}$的置信度为 0.95 的置信下、上限为

$$\frac{S_1^2}{S_2^2}\Big/F_{1-\alpha/2}(n_1-1,n_2-1)=\frac{5.23}{4.17}\Big/4.03=0.311$$

$$\frac{S_1^2}{S_2^2}\Big/F_{\alpha/2}(n_1-1,n_2-1)=\frac{S_1^2}{S_2^2}\cdot F_{1-\alpha/2}(n_2-1,n_1-1)=\frac{5.23\times4.03}{4.17}=5.054$$

于是，所求置信区间为(0.311，5.054)。总的来说，第一台包装机的方差较第二台的偏大，即生产不如第二台稳定。

4.9.5 单侧置信区间

在一些实际问题中，人们常常只关心未知参数的置信下限或置信上限。例

如，估计机器设备的使用寿命，关心平均寿命的下限是多少；而对大批产品的次品率的估计，关心次品率的上限是多少。这就是单侧置信区间的问题。

定义 4.9.5.1 设总体 X 的分布中含有参数 θ，$X_1,X_2,\cdots,X_n$ 是来自总体 X 中的样本，α 是一个给定的数，$0<\alpha<1$，若统计量 $\hat{\theta}_1=\hat{\theta}_1(X_1,X_2,\cdots,X_n)$ 满足

$$P(\hat{\theta}_1<\theta)=1-\alpha$$

则称区间$(\hat{\theta}_1,+\infty)$为参数 θ 的置信度为 $1-\alpha$ 的单侧置信区间。称 $\hat{\theta}_1$ 为单侧置信下限。

若统计量 $\hat{\theta}_2=\hat{\theta}_2(X_1,X_2,\cdots,X_n)$满足

$$P(\theta<\hat{\theta}_2)=1-\alpha$$

则称区间$(-\infty,\hat{\theta}_2)$为参数 θ 的置信度为 $1-\alpha$ 的单侧置信区间。称 $\hat{\theta}_2$ 为单侧置信上限。

下面只对正态总体的情形给出单侧置信区间的求法，其方法的核心是使用和双侧置信区间相同的枢轴量。

例 4.9.5.1 已知灯泡寿命 X(单位：h)服从正态分布，从中随机地抽取 5 只做寿命试验，测得寿命分别为 1050、1100、1120、1250、1280。求灯泡寿命均值的置信水平为 0.95 的单侧置信下限与灯泡寿命方差的置信水平为 0.90 的单侧置信上限。

解 (1) 由题设条件，$X\sim N(\mu,\sigma^2)$，μ,σ^2 未知，由所给的数据，计算出

$$\bar{x}=\frac{1}{5}\sum_{i=1}^{5}x_i=1160,\quad S^2=\frac{1}{4}\sum_{i=1}^{5}(x_i-\bar{x})^2=9950$$

因为方差 σ^2 未知，选取枢轴量

$$T=\frac{\overline{X}-\mu}{S/\sqrt{n}}\sim t(n-1)$$

对给定的置信水平 $1-\alpha$，确定分位数 $t_\alpha(n-1)$，使得

$$P\left(\frac{\overline{X}-\mu}{S/\sqrt{n}}<t_\alpha(n-1)\right)=1-\alpha$$

将上式等价变形为

$$P\left(\overline{X}-t_\alpha(n-1)\frac{S}{\sqrt{n}}<\mu\right)=1-\alpha$$

所以 μ 的置信水平为 $1-\alpha$ 的单侧置信下限为

$$\mu_1=\overline{X}-t_\alpha(n-1)\frac{S}{\sqrt{n}}$$

代入数据得

$$\mu_1=1160-2.1318\,\frac{\sqrt{9950}}{\sqrt{5}}=1064.9$$

(2) 因为方差 σ^2 未知,选取枢轴量

$$K=\frac{(n-1)S^2}{\sigma^2}\sim\chi^2(n-1)$$

对给定的置信水平 $1-\alpha$,确定分位数 $\chi^2_{1-\alpha/2}(n-1)$,使得

$$P\left(\chi^2_{1-\alpha/2}(n-1)<\frac{(n-1)S^2}{\sigma^2}\right)=1-\alpha$$

将上式等价变形为

$$P\left(\sigma^2<\frac{(n-1)S^2}{\chi^2_{1-\alpha/2}(n-1)}\right)=1-\alpha$$

所以 σ^2 的置信水平为 $1-\alpha$ 的单侧置信上限为

$$\sigma_2^2=\frac{(n-1)S^2}{\chi^2_{1-\alpha/2}(n-1)}$$

代入数据得

$$\sigma_2^2=\frac{4\times 9950}{0.711}=5597$$

4.10 假设检验

统计推断就是由样本来推断总体,它包括参数估计和假设检验两个基本问题。4.9 节讨论了参数估计问题,本节将讨论假设检验。

4.10.1 假设检验的基本概念和基本原理

在总体的分布函数是完全未知或只知其形式但不知其参数的情况下,为了推断总体的某些未知特性,先提出某些关于总体的假设,例如提出总体服从泊松分布的假设,又如对正态总体提出数学期望等于 μ_0 的假设等,再根据样本对所提出的假设做出是接受还是拒绝的决策,这就是假设检验。

尽管具体的假设检验问题种类很多,但进行假设检验的思想方法却是相同的。

进行假设检验的基本方法类似数学证明中的反证法,但它是用概率来进行反证。具体地说,就是为了检验一个假设是否成立,在“假定该假设成立”的前提下进行推导,看会得到什么结果。如果导致了一个不合理现象出现,则表明“假定该假设成立”不正确,即“原假设不成立”,此时,拒绝这个假设。如果没有导致不合理现象出现,便没有理由拒绝这个假设,则接受这个假设。其中“不合理现象”的标准便是“小概率原理”。所谓“小概率原理”,是指“小概率事件在一次试验中几乎是不可能发生的”,如果做一次试验,结果小概率事件发生了,则

认为是不合理现象，于是对“假定原假设成立”产生怀疑，即拒绝原假设。

现在来看几个具体例子。

例 4.10.1.1 某厂有一批产品 200 件，按规定次品率不超过 3%才能出厂，今在其中任意抽取 10 件，发现 10 件产品中有 2 件次品，问这批产品能否出厂？

解 这一批产品可看作一个总体，次品率设为 p，其为总体的一个参数，实际上所要解决的问题是：判断是否 $p \leqslant 0.03$？

我们用“小概率原理”来解决这个问题。“小概率”并没有统一的标准，是根据具体情况在检验之前事先指定的，通常选 0.1、0.05、0.01 等。这种界定小概率的值常用 α 表示，称其为显著性水平或检验水平。所提出的假设用 H_0 表示，称 H_0 为原假设或零假设，并把原假设的对立假设用 H_1 表示，称 H_1 为备择假设。

下面利用上述基本方法对本例做假设检验。

方便起见，将原假设 $H_0: p \leqslant 0.03$ 分成 $p=0.03$ 及 $p<0.03$ 两种情况，并取 $\alpha=0.05$，即概率小于 0.05 的事件为小概率事件。

对于假设 $p=0.03$ 的情况，依此假设，可知 200 件产品中有 6 件次品。设“任意抽取 10 件，有 2 件次品”的事件为 A，则

$$P(A)=\frac{C_{194}^{8} C_{6}^{2}}{C_{200}^{10}}=\frac{\dfrac{194 \times 193 \times \cdots \times 187}{8 \times 7 \times \cdots \times 1} \times \dfrac{6 \times 5}{2 \times 1}}{\dfrac{200 \times 199 \times \cdots \times 191}{10 \times 9 \times \cdots \times 1}} \approx 0.0287$$

因为 $0.0287<0.05$，所以按事先选取的标准，这是小概率事件。

对于假设 $p<0.03$ 的情况，依此假设，此时 200 件产品中次品数少于 6 件，则事件 A 的概率更小(例如取 $p=0.02$，则可计算出 $P(A) \approx 0.0125<0.0287$)。

依据小概率原理，拒绝 $p \leqslant 0.03$ 的假设，认为这批产品不能出厂。

例 4.10.1.2 某厂生产的滚球直径服从正态分布 $N(15.1, 0.05)$。现从某天生产的滚球中随机抽取 6 个，测得其平均直径为 $\bar{x}=14.95$ mm，假定方差不变，问这天生产的滚球是否符合要求？

解 依题意，这天生产的滚球直径服从正态分布 $N(\mu, 0.05)$，如果这天生产的滚球符合要求，滚球直径应该在 15.1 mm 附近波动，即随机变量 X 的期望 $\mu=15.1$；否则认为不符合要求。这样所要解决的问题是：判断是否 $\mu=15.1$？

本例的总体是连续型随机变量。为解决连续型随机变量在单点处概率为 0 所带来的问题，我们要采取以下的解法。

(1) 提出假设，原假设 $H_0: \mu=\mu_0=15.1$，备择假设可取 $H_1: \mu \neq 15.1$。

(2) 选取与原假设 $\mu=15.1$ 有关的检验统计量

$$U=\frac{\overline{X}-\mu_0}{\sigma/\sqrt{n}}=\frac{\overline{X}-15.1}{\sqrt{0.05}/\sqrt{6}}$$

由此可知 $U\sim N(0,1)$。

(3) 给定检验水平 α，此题 $\alpha=0.05$，根据 $U\sim N(0,1)$ 的特点，知 U 的取值应集中在 $X=0$ 处附近。查正态分布表可知：

$$P(|U|\geqslant 1.96)=0.05$$

即"$|U|\geqslant 1.96$"是一个概率为 5% 的小概率事件，将 1.96 称为临界值。这样就把检验统计量的可能取值范围 $(-\infty,+\infty)$ 分成两个区域：一为 $|U|\geqslant 1.96$，称其为拒绝域；二为 $|U|<1.96$，称其为接受域，如图 4.10.1 所示。

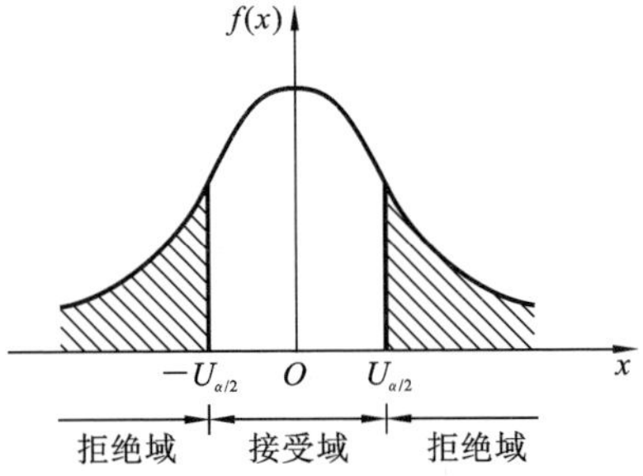

图 4.10.1 拒绝域与接受域

若实际计算的 U 值落入拒绝域中，意味着小概率事件在一次试验中发生了，因此拒绝原假设，接受备择假设。若实际计算的 U 值落入接受域中，就不拒绝原假设，认为原假设成立。

(4) 计算 U 的观测值：

$$u=\frac{\overline{x}-15.1}{\sqrt{0.05}/\sqrt{6}}=\frac{14.95-15.1}{\sqrt{0.05}/\sqrt{6}}=-1.643$$

(5) 做出判断。

因为 $|u|=1.643<1.96$，即 U 的观测值落在接受域中，所以不能拒绝原假设，即认可 $\mu=15.1$，认为这天生产的滚球符合要求。

根据前面所述的反证法思想及小概率原则，我们将假设检验的一般步骤归纳如下：

(1) 根据实际问题提出原假设 H_0 和备择假设 H_1；

(2) 根据检验对象，构造检验统计量 $T(X_1,X_2,\cdots,X_n)$，使当 H_0 为真时，T 有确定的分布；

(3) 由给定的显著性水平 α，确定 H_0 的拒绝域 W，使

$$P(T\in W)=\alpha$$

(4) 由样本观测值计算统计量观测值 t；

(5) 做出判断：当 $t\in W$ 时，则拒绝 H_0，否则不拒绝 H_0，即认为在显著性水平 α，H_0 与实际情况差异不显著。

其中第(3)步中的拒绝域常表现为临界值的形式，如 $W=\{T>\lambda\}$、$W=\{T<\lambda\}$、$W=\{|T|>\lambda\}$等。

4.10.2 单正态总体参数的假设检验

1. 方差已知时正态总体均值的假设检验(U 检验)

设 $X_1,X_2,\cdots,X_n$ 是来自正态总体 $N(\mu,\sigma_0^2)$的一个样本,其中 μ 未知,$-\infty<\mu<+\infty$,σ_0^2 已知。要检验假设 $H_0:\mu=\mu_0$,$H_1:\mu\neq\mu_0$。其中 μ_0 为已知常数,取检验的统计量为

$$U=\frac{\overline{X}-\mu_0}{\sigma_0/\sqrt{n}} \tag{4.10.1}$$

当 H_0 成立时,U 服从标准正态分布 $N(0,1)$,且当 H_0 成立时,$|\overline{X}-\mu_0|$的值应较小,故$|U|$的值也应较小。若根据一次抽样结果发现$|U|$的值较大,自然怀疑 H_0 不成立。对于给定的检验水平 $\alpha(0<\alpha<1)$,查标准正态分布表得分位数 $u_{\alpha/2}$,使得

$$P\{|U|\geqslant u_{\alpha/2}\}=\alpha$$

因此检验的拒绝域为

$$W=\{(x_1,x_2,\cdots,x_n):|u|\geqslant u_{\alpha/2}\} \tag{4.10.2}$$

其中 u 为统计量 U 的观测值。这种利用标准正态分布的统计量作为检验统计量的假设检验称为 U 检验。

例 4.10.2.1 某工厂生产的铜丝的折断力(单位:N)服从正态分布 $N(\mu,8^2)$。某日抽取 10 根铜丝进行折断力试验,测得结果如下:

578　572　570　568　572

570　572　596　584　570

根据以往的经验知 $\mu=576$,试问是否可以认为该日生产的铜丝合格($\alpha=0.10$)?

解 (1) 提出假设 $H_0:\mu=576$,$H_1:\mu\neq576$。

(2) 检验统计量 $U=\dfrac{\overline{X}-576}{8/\sqrt{10}}$,在 H_0 成立的条件下,$U=\dfrac{\overline{X}-576}{8/\sqrt{10}}\sim N(0,1)$。

(3) 给定显著性水平 $\alpha=0.10$,查标准正态分布表可得临界值 $u_{0.05}=1.645$,使得 $P\{|U|\geqslant u_{0.05}\}=0.10$。

因此检验的拒绝域为 $W=\{(x_1,x_2,\cdots,x_n):|u|\geqslant u_{0.05}=1.645\}$

(4) 由样本值计算 U 的观测值 u。

这里 $n=10$,计算得样本均值 $\overline{x}=575.2$,于是

$$|u|=\left|\frac{575.2-576}{8}\cdot\sqrt{10}\right|=0.316<1.645$$

(5) 做判断:因为 $u\notin W$,所以接受 H_0,即在显著性水平 $\alpha=0.10$ 下可以认为该日生产的铜丝合格。

2. 方差未知时正态总体均值的假设检验（t 检验）

设 $X_1, X_2, \cdots, X_n$ 是来自正态总体 $N(\mu, \sigma^2)$ 的一个样本，μ, σ^2 均未知，要检验假设

$$H_0: \mu=\mu_0, \quad H_1: \mu\neq\mu_0 \quad (\mu_0 \text{ 为已知常数})$$

当方差 σ^2 已知时，采用统计量 $U=\dfrac{\overline{X}-\mu_0}{\sigma/\sqrt{n}}$，现在 σ^2 未知，U 不再是统计量了，很自然的想法是用修正样本方差 S_n^{*2} 来代替总体的方差 σ^2，依照 U 的形式，构造一个统计量

$$T=\frac{\overline{X}-\mu_0}{S_n^*}\sqrt{n} \tag{4.10.3}$$

当 $\mu=\mu_0$ 成立时，由抽样分布一节（4.8.3 节）的定理知 T 服从自由度为 $n-1$ 的 t 分布。于是，对于给定的 α，查 t 分布表得临界值 $t_{\alpha/2}(n-1)$，使得

$$P\{|T|\geqslant t_{\alpha/2}(n-1)\}=\alpha$$

因此检验的拒绝域为

$$W=\{(x_1, x_2, \cdots, x_n): |t|\geqslant t_{\alpha/2}(n-1)\} \tag{4.10.4}$$

其中 t 为统计量 T 的观测值。当获得样本观测值 $(x_1, x_2, \cdots, x_n)$ 后，可求得 t 值，若 $|t|\geqslant t_{\alpha/2}(n-1)$，则拒绝 H_0，若 $|t|<t_{\alpha/2}(n-1)$，则接受 H_0，这种假设检验称为 t 检验。

例 4.10.2.2 设某次考试的考生成绩服从正态分布，从中随机地抽取 36 位考生的成绩，算得平均成绩为 66.5 分，修正的标准差为 15 分，在显著性水平 0.05 下，是否可以认为这次考试全体考生的平均成绩为 70 分？

解 设本次考试的学生成绩为 X，且 $X\sim N(\mu, \sigma^2)$。

(1) 提出假设 $H_0: \mu=70, H_1: \mu\neq 70$。由于 σ^2 未知，所以用 t 检验法。

(2) 取检验统计量 $T=\dfrac{\overline{X}-\mu_0}{S_n^*/\sqrt{n}}$，在 H_0 成立的条件下，$T=\dfrac{\overline{X}-\mu_0}{S_n^*/\sqrt{n}}\sim t(n-1)$。

(3) 给定显著性水平 $\alpha=0.05$，由 $n=36$，查表可得临界值 $t_{0.025}(35)=2.0301$，使得

$$P\{|T|\geqslant t_{\alpha/2}(n-1)\}=\alpha$$

因此检验的拒绝域为

$$W=\{(x_1, x_2, \cdots, x_n): |t|\geqslant 2.0301\}$$

(4) 由样本值 $n=36, \bar{x}=66.5, S_n^*=15$，计算 T 的观测值：

$$|t|=\left|\frac{66.5-70}{15}\cdot\sqrt{36}\right|=1.4<2.0301$$

(5) 做判断：因为 $t\notin W$，所以接受 H_0，即在显著性水平 $\alpha=0.05$ 下，可以认

为这次考试全体考生的平均成绩为 70 分。

3. 均值未知时正态总体方差的假设检验(χ^2 检验)

此处仅讨论 μ 未知时,σ^2 的假设检验问题(因为 μ 已知时,σ^2 的假设检验比较少见,同时这种情况与 μ 未知时的讨论类似)。首先讨论如下的三种假设检验问题:

(1) $H_0:\sigma^2=\sigma_0^2, H_1:\sigma^2\neq\sigma_0^2$;

(2) $H_0:\sigma^2=\sigma_0^2, H_1:\sigma^2>\sigma_0^2$;

(3) $H_0:\sigma^2=\sigma_0^2, H_1:\sigma^2<\sigma_0^2$。

我们取

$$\chi^2=\frac{(n-1)S^2}{\sigma^2},\quad S^2=\frac{1}{n-1}\sum_{k=1}^{n}(X_k-\overline{X})^2$$

作为检验统计量,则当 $H_0:\sigma^2=\sigma_0^2$ 为真时,$\chi^2\sim\chi^2(n-1)$。

对于给定的检验水平 α,查 χ^2 分布临界值表可确定出拒绝域与接受域。

对于情况(1)的假设检验问题,取 $\chi^2_{1-\alpha/2}(n-1)$ 和 $\chi^2_{\alpha/2}(n-1)$,使得

$$P\{\chi^2\leqslant\chi^2_{1-\alpha/2}(n-1)\}=\frac{\alpha}{2},\quad P\{\chi^2\geqslant\chi^2_{\alpha/2}(n-1)\}=\frac{\alpha}{2}$$

从而得到其拒绝域为

$$(0,\chi^2_{1-\alpha/2}(n-1))\cup(\chi^2_{\alpha/2}(n-1),+\infty)\tag{4.10.5}$$

对于情况(2)(3)的假设检验问题,同样只给出相应的结果,见表 4.10.1 及图 4.10.2。

表 4.10.1 χ^2 检验问题的拒绝域

假设检验问题	拒　绝　域
$H_0:\sigma^2=\sigma_0^2, H_1:\sigma^2\neq\sigma_0^2$	$(0,\chi^2_{1-\alpha/2}(n-1))\cup(\chi^2_{\alpha/2}(n-1),+\infty)$
$H_0:\sigma^2=\sigma_0^2, H_1:\sigma^2>\sigma_0^2$	$(\chi^2_{\alpha/2}(n-1),+\infty)$
$H_0:\sigma^2=\sigma_0^2, H_1:\sigma^2<\sigma_0^2$	$(0,\chi^2_{1-\alpha/2}(n-1))$

这种利用服从 χ^2 分布的检验统计量进行的假设检验称为 χ^2 检验。

例 4.10.2.3 某车间生产的密封圈的寿命服从正态分布,且生产一直比较稳定。今从产品中随机抽取 9 个样品,测得它们使用寿命的均值 $\overline{x}=287.89$ h,方差 $S^2=20.36$,问是否可相信该车间生产的密封圈寿命的方差为 20($\alpha=0.05$)?

解 设 X 表示该车间生产的密封圈寿命,则 $X\sim N(\mu,\sigma^2)$。

(1) 假设 $H_0:\sigma^2=20, H_1:\sigma^2\neq20$;

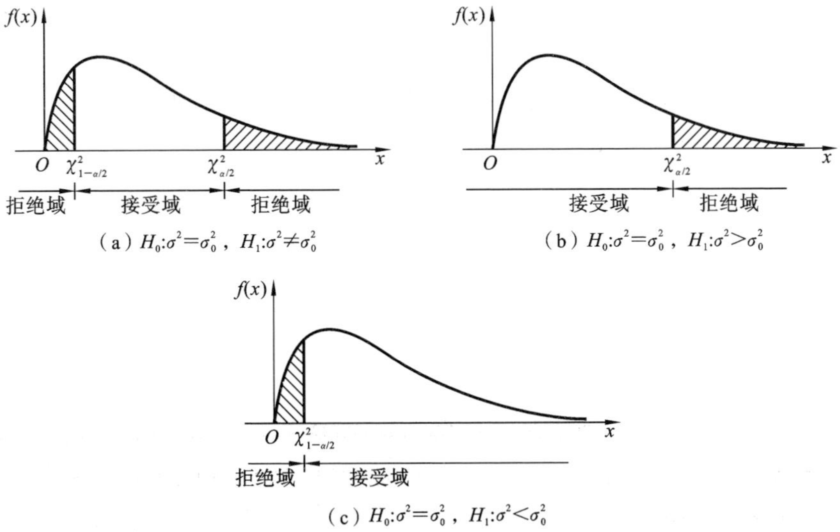

图 4.10.2　χ^2 检验问题的接受域和拒绝域

(2) 选取检验统计量 $\chi^2=\dfrac{(n-1)S^2}{\sigma^2}\sim\chi^2(n-1)$；

(3) 对 $\alpha=0.05$，查 χ^2 分布临界值表，得

$$\chi^2_{\alpha/2}(8)=\chi^2_{0.025}(8)=17.54,\quad \chi^2_{1-\alpha/2}(8)=\chi^2_{0.975}(8)=2.18$$

从而得到拒绝域为 $(0,2.18)\cup(17.54,+\infty)$。

(4) 计算检验统计量的观测值

$$\chi_0^2=\frac{(n-1)S^2}{\sigma^2}=\frac{8\times 20.36}{20}=8.144$$

(5) 因 $2.18<8.144<17.54$，对于 $\alpha=0.05$，χ_0^2 落在接受域内，可相信该车间生产的密封圈寿命的方差为 20。

4.10.3　两个正态总体参数的假设检验

在生产实践中常遇到这样的问题：两个厂生产同一种产品，需要对这两个厂的产品质量进行比较，这属于两个总体参数的假设检验问题。本节主要讨论两个总体的均值差与方差比的假设检验。

1. 两个正态总体均值差 $\mu_1-\mu_2$ 的假设检验

设两个总体 $X\sim N(\mu_1,\sigma_1^2)$，$Y\sim N(\mu_2,\sigma_2^2)$，从这两个总体中分别抽取容量为 n_1 和 n_2 的两个独立样本 $X_1,X_2,\cdots,X_{n_1}$ 及 $Y_1,Y_2,\cdots,Y_{n_2}$；样本均值与样本方差分别为

$$\overline{X}=\frac{1}{n_1}\sum_{i=1}^{n_1}X_i,\quad S_1^2=\frac{1}{n_1-1}\sum_{i=1}^{n_1}(X_i-\overline{X})^2$$

$$\overline{Y}=\frac{1}{n_2}\sum_{j=1}^{n_2}Y_j,\quad S_2^2=\frac{1}{n_2-1}\sum_{j=1}^{n_2}(Y_j-\overline{Y})^2$$

设检验假设

$$H_0:\mu_1=\mu_2,\quad H_1:\mu_1\neq\mu_2 \tag{4.10.6}$$

(1) 若已知 σ_1^2,σ_2^2,则可知当 H_0 成立时,统计量

$$U=\frac{\overline{X}-\overline{Y}}{\sqrt{\dfrac{\sigma_1^2}{n_1}+\dfrac{\sigma_2^2}{n_2}}}\sim N(0,1) \tag{4.10.7}$$

从而可知,此时拒绝域为

$$W=\{|u|\geqslant u_{\alpha/2}\} \tag{4.10.8}$$

(2) 若 σ_1^2,σ_2^2 未知,但 $\sigma_1^2=\sigma_2^2$,则可知当 H_0 成立时,统计量

$$T=\frac{\overline{X}-\overline{Y}}{S_w\sqrt{\dfrac{1}{n_1}+\dfrac{1}{n_2}}}\sim t(n_1+n_2-2) \tag{4.10.9}$$

其中 $S_w=\sqrt{\dfrac{(n_1-1)S_1^2+(n_2-1)S_2^2}{n_1+n_2-2}}$,拒绝域为

$$W=\{|t|\geqslant t_{\alpha/2}(n_1+n_2-2)\} \tag{4.10.10}$$

这里需要用到两个总体方差 σ_1^2 与 σ_2^2 相等的条件。这个条件常常从已有的经验中得到,或者是事先进行了两个方差相等的检验,并且得到了肯定的结论。因此,在实际应用中遇到这类问题时,一般要先进行方差相等的检验,只有在两个总体的方差被认为相等后,才能用 t 检验法进行两个正态总体均值相等的假设检验。

例 4.10.3.1 设甲乙两煤矿出煤的含灰率 X,Y 可以认为都服从正态分布,$X\sim N(\mu_1,7.5)$,$Y\sim N(\mu_2,6.2)$,为检验煤矿的含灰率有无显著性差异,从两矿中各取样若干份,分析结果为:

甲矿含灰率(%) 24.3 20.8 23.7 21.3 17.4

乙矿含灰率(%) 18.2 16.9 20.2 16.7

试在显著性水平 $\alpha=0.05$ 下,检验"含灰率无差异"这个假设。

解 本例中,σ_1^2,σ_2^2 均已知,要检验假设 $H_0:\mu_1=\mu_2$。

取检验统计量 $U=\dfrac{\overline{X}-\overline{Y}}{\sqrt{\dfrac{\sigma_1^2}{n_1}+\dfrac{\sigma_2^2}{n_2}}}\sim N(0,1)$。

对给定的显著性水平 $\alpha=0.05$,查正态分布表得临界值 $u_{\alpha/2}=u_{0.025}=1.96$,

从而拒绝域为 $W=\{|u|>1.96\}$。

已知 $n_1=5, n_2=4, \sigma_1^2=7.5, \sigma_2^2=6.2$，由样本观测值算得 $\bar{x}=21.5, \bar{y}=18$，代入得统计量的观测值为 $u=2.004$。可见 $|u|\in W$，故否定 H_0，即在 $\alpha=0.05$ 的显著性水平下，认为甲矿含灰率与乙矿含灰率有显著差异。

2. 两个正态总体方差比的假设检验

设 $(X_1, X_2, \cdots, X_{n_1})$ 是来自正态总体 $N(\mu_1, \sigma_1^2)$ 的样本，$(Y_1, Y_2, \cdots, Y_{n_2})$ 是来自正态总体 $N(\mu_2, \sigma_2^2)$ 的样本，且两样本相互独立，μ_1, μ_2 均未知，需检验假设

$$H_0: \sigma_1^2=\sigma_2^2, \quad H_1: \sigma_1^2\neq\sigma_2^2$$

要比较 σ_1^2 与 σ_2^2 的大小，自然想到用它们的无偏估计量 S_1^{*2} 与 S_2^{*2} 进行比较，注意到如下事实：

$$\frac{(n_1-1)S_1^{*2}}{\sigma_1^2}\sim\chi^2(n_1-1), \quad \frac{(n_2-1)S_2^{*2}}{\sigma_2^2}\sim\chi^2(n_2-1)$$

且它们相互独立，因此统计量

$$F=\frac{\dfrac{(n_1-1)S_1^{*2}}{\sigma_1^2(n_1-1)}}{\dfrac{(n_2-1)S_2^{*2}}{\sigma_2^2(n_2-1)}}=\frac{\dfrac{S_1^{*2}}{\sigma_1^2}}{\dfrac{S_2^{*2}}{\sigma_2^2}} \tag{4.10.11}$$

当 $H_0: \sigma_1^2=\sigma_2^2$ 成立时，统计量 F 服从自由度为 (n_1-1, n_2-1) 的 F 分布，于是对给定的检验水平 $\alpha(0<\alpha<1)$，查 F 分布表得临界值 $F_{\alpha/2}(n_1-1, n_2-1)$ 及 $F_{1-\alpha/2}(n_1-1, n_2-1)$，使得

$$P\{F\geqslant F_{\alpha/2}(n_1-1, n_2-1)\}=P\{F\leqslant F_{1-\alpha/2}(n_1-1, n_2-1)\}=\frac{\alpha}{2}$$

于是得检验的拒绝域为

$$\begin{aligned} W=&\{(x_1, x_2, \cdots, x_{n_1}; y_1, y_2, \cdots, y_{n_2}): F_0\geqslant F_{\alpha/2}(n_1-1, n_2-1)\}\cup \\ &\{(x_1, x_2, \cdots, x_{n_1}; y_1, y_2, \cdots, y_{n_2}): F_0\leqslant F_{1-\alpha/2}(n_1-1, n_2-1)\}\end{aligned}$$

其中 F_0 为统计量 F 的观测值。由 F 分布临界值的性质知

$$F_{1-\alpha/2}(n_1-1, n_2-1)=\frac{1}{F_{\alpha/2}(n_2-1, n_1-1)}$$

例 4.10.3.2 现有两箱灯泡，其寿命均服从正态分布，今从第一箱中抽取 9 只，算得寿命的样本均值 $\bar{x}=1532$，修正样本方差 $S_1^{*2}=432$；从第二箱中抽取 18 只，算得寿命的样本均值 $\bar{y}=1412$，修正样本方差 $S_2^{*2}=380$；对显著性水平 $\alpha=0.05$，检验是否可以认为这两箱灯泡的寿命服从同一正态分布。

解 设第一箱、第二箱灯泡的寿命分别为 X, Y, X 与 Y 独立，

$$X\sim N(\mu_1, \sigma_1^2), \quad Y\sim N(\mu_2, \sigma_2^2)$$

(1) 检验两箱灯泡寿命的方差是否有显著差异。

① 提出假设 $H_0:\sigma_1^2=\sigma_2^2, H_1:\sigma_1^2\neq\sigma_2^2$。

② 取检验统计量 $F=\dfrac{S_1^{*2}/\sigma_1^2}{S_2^{*2}/\sigma_2^2}=\dfrac{S_1^{*2}}{S_2^{*2}}\sim F(n_1-1,n_2-1)=F(8,17)$(在 H_0 成立的条件下)。

③ 给定显著性水平 $\alpha=0.05$。

查 F 分布表得临界值 $F_{\alpha/2}(n_1-1,n_2-1)$ 及 $F_{1-\alpha/2}(n_1-1,n_2-1)$,使得

$$P\{F\geqslant F_{\alpha/2}(n_1-1,n_2-1)\}=P\{F\leqslant F_{1-\alpha/2}(n_1-1,n_2-1)\}=\frac{\alpha}{2}$$

本题中 $\alpha=0.05$,查 F 分布表得临界值 $F_{0.025}(8,17)=3.061$ 及 $F_{0.025}(17,8)=4.05$,而

$$F_{0.975}(8,17)=\frac{1}{F_{0.025}(17,8)}=\frac{1}{4.05}\approx 0.247$$

拒绝域为

$$W=\{(x_1,x_2,\cdots,x_{n_1};y_1,y_2,\cdots,y_{n_2}):F\leqslant F_{0.975}(8,17)=0.247\}\cup$$
$$\{(x_1,x_2,\cdots,x_{n_1};y_1,y_2,\cdots,y_{n_2}):F\geqslant F_{0.025}(8,17)=3.061\}$$

④ 由样本值计算 F 的观测值 $f\approx 1.137$。

⑤ 做判断:因为 $f\notin W$,所以接受 H_0,即认为 $\sigma_1^2=\sigma_2^2$。

(2) 检验两箱灯泡寿命的均值是否有显著差异。

① 提出假设 $H_0:\mu_1=\mu_2, H_1:\mu_1\neq\mu_2$。

② 取检验统计量

$$T=\frac{(\overline{X}-\overline{Y})}{\sqrt{(n_1-1)S_1^2+(n_2-1)S_2^2}}\sqrt{\frac{n_1n_2(n_1+n_2-2)}{n_1+n_2}}$$

其中,$S_1^2=\dfrac{1}{9-1}\sum\limits_{i=1}^{9}(x_i-\bar{x})^2$,$S_2^2=\dfrac{1}{18-1}\sum\limits_{i=1}^{18}(y_i-\bar{y})^2$。

在 H_0 成立的条件下,

$$T=\frac{(\overline{X}-\overline{Y})}{\sqrt{(n_1-1)S_1^2+(n_2-1)S_2^2}}\sqrt{\frac{n_1n_2(n_1+n_2-2)}{n_1+n_2}}\sim t(n_1+n_2-2)=t(25)$$

③ 给定显著性水平 $\alpha=0.05$,查表得 $t_{0.025}(25)=2.06$,使得 $P\{|T|\geqslant t_{0.025}(25)\}=0.05$,拒绝域为 $W=\{(x_1,x_2,\cdots,x_{n_1};y_1,y_2,\cdots,y_{n_2}):|t|\geqslant 2.06\}$。

④ 由样本值计算 T 的观测值 $t\approx 14.76$。

⑤ 做判断:因为 $t\in W$,所以否定 H_0,即不能认为 $\mu_1=\mu_2$。

综上所述,不能认为这两箱灯泡的寿命服从同一正态分布。

3. 正态总体的单侧假设检验

前面介绍的检验都是对形如

$$H_0:\theta=\theta_0,\quad H_1:\theta\neq\theta_0$$

的假设所做的。检验统计量 T 太大或太小都意味着 H_0 不真，所以 H_0 的拒绝域都有两个临界值。这种检验称为双侧假设检验。

在实际问题中，检验统计量仅仅太大才意味着 H_0 不真，或仅仅太小才意味着 H_0 不真，这时假设都表现为

$$H_0:\theta\leqslant\theta_0,H_1:\theta>\theta_0 \quad 或 \quad H_0:\theta\geqslant\theta_0,H_1:\theta<\theta_0$$

H_0 的拒绝域也只有一个临界值。这种检验称为单侧假设检验。

例 4.10.3.3 已知某厂生产的超高压导线的拉断力服从正态分布，其均值为 215000 N，今有一批这种导线，从中取 5 根做试验，得其拉断力（单位：N）为

236000　225000　200000　217000　209000

试问这批导线的拉断力是否小于正常值（$\alpha=0.05$）？

解 设这批导线的拉断力 $X\sim N(\mu,\sigma^2)$，按题意应做单侧假设检验

$$H_0:\mu\geqslant 215000,\quad H_1:\mu<215000$$

显然，如果 X 太小就意味着 H_0 不合理。"太小"的标准由统计量

$$T=\frac{\overline{X}-215000}{S_n^*}\sqrt{n}\sim t(n-1)$$

的分布和显著性水平 0.05 下的分位点 $-t_\alpha(n-1)$ 决定，如图 4.10.3 所示，即 H_0 的拒绝域为

$$T=(\overline{X}-\mu_0)\bigg/\frac{S_n^*}{\sqrt{n}}<-t_\alpha(n-1) \tag{4.10.12}$$

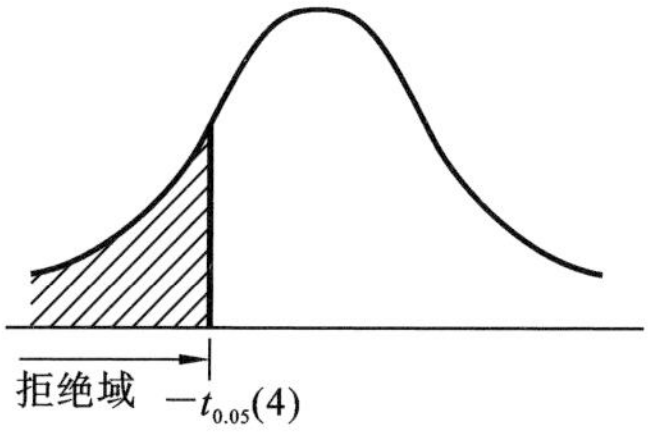

图 4.10.3　统计量的分布和拒绝域示意图

由试验数据计算得

$$t=\frac{217400-215000}{13939.15/\sqrt{5}}=0.385$$

因 $t>-t_{0.05}(4)=-2.1318$，所以接受 H_0，即这批导线的拉断力不小于正常值。

从该例题看出，在将实际问题表示成统计假设时，总是将"大于"或"小于"表示成备择假设 H_1，这样做能使拒绝 H_0 的理由更自然。

正态总体假设检验表如表 4.10.2 所示。

表 4.10.2　正态总体假设检验表

<table>
<tr><th>总体条件</th><th>原假设 H_0</th><th>备择假设 H_1</th><th>核心</th><th>检验统计量</th><th>分布</th><th>拒绝域</th></tr>
<tr><td rowspan="3">$N(\mu,\sigma^2)$
σ^2 已知</td><td>$\mu=\mu_0$</td><td>$\mu\neq\mu_0$</td><td rowspan="3">$\overline{X}$</td><td rowspan="3">$U=\dfrac{\overline{X}-\mu_0}{\sigma/\sqrt{n}}$</td><td rowspan="3">$N(0,1)$</td><td>$|u|>u_{\alpha/2}$</td></tr>
<tr><td>$\mu\leqslant\mu_0$</td><td>$\mu>\mu_0$</td><td>$u>u_\alpha$</td></tr>
<tr><td>$\mu\geqslant\mu_0$</td><td>$\mu<\mu_0$</td><td>$u<-u_\alpha$</td></tr>
<tr><td rowspan="3">$N(\mu,\sigma^2)$
σ^2 未知</td><td>$\mu=\mu_0$</td><td>$\mu\neq\mu_0$</td><td rowspan="3">$\overline{X}$</td><td rowspan="3">$T=\dfrac{\overline{X}-\mu_0}{S^*/\sqrt{n}}$</td><td rowspan="3">$t(n-1)$</td><td>$|t|>t_{\alpha/2}(n-1)$</td></tr>
<tr><td>$\mu\leqslant\mu_0$</td><td>$\mu>\mu_0$</td><td>$t>t_\alpha(n-1)$</td></tr>
<tr><td>$\mu\geqslant\mu_0$</td><td>$\mu<\mu_0$</td><td>$t<-t_\alpha(n-1)$</td></tr>
<tr><td rowspan="3">$N(\mu,\sigma^2)$
μ 已知</td><td>$\sigma^2=\sigma_0^2$</td><td>$\sigma^2\neq\sigma_0^2$</td><td rowspan="3">$\sum\limits_{i=1}^{n}(X_i-\mu)^2$</td><td rowspan="3">$\chi^2=\dfrac{\sum\limits_{i=1}^{n}(X_i-\mu)^2}{\sigma_0^2}$</td><td rowspan="3">$\chi^2(n)$</td><td>$\chi^2>\chi^2_{\alpha/2}(n)$
$\chi^2<\chi^2_{1-\alpha/2}(n)$</td></tr>
<tr><td>$\sigma^2\leqslant\sigma_0^2$</td><td>$\sigma^2>\sigma_0^2$</td><td>$\chi^2>\chi^2_\alpha(n)$</td></tr>
<tr><td>$\sigma^2\geqslant\sigma_0^2$</td><td>$\sigma^2<\sigma_0^2$</td><td>$\chi^2<\chi^2_{1-\alpha}(n)$</td></tr>
<tr><td rowspan="3">$N(\mu,\sigma^2)$
μ 未知</td><td>$\sigma^2=\sigma_0^2$</td><td>$\sigma^2\neq\sigma_0^2$</td><td rowspan="3">S_n^{*2}</td><td rowspan="3">$\chi^2=\dfrac{(n-1)S_n^{*2}}{\sigma_0^2}$</td><td rowspan="3">$\chi^2(n-1)$</td><td>$\chi^2>\chi^2_{\alpha/2}(n-1)$
$\chi^2<\chi^2_{1-\alpha/2}(n-1)$</td></tr>
<tr><td>$\sigma^2\leqslant\sigma_0^2$</td><td>$\sigma^2>\sigma_0^2$</td><td>$\chi^2>\chi^2_\alpha(n-1)$</td></tr>
<tr><td>$\sigma^2\geqslant\sigma_0^2$</td><td>$\sigma^2<\sigma_0^2$</td><td>$\chi^2<\chi^2_{1-\alpha}(n-1)$</td></tr>
<tr><td rowspan="3">$N(\mu_1,\sigma_1^2)$
$N(\mu_2,\sigma_2^2)$
σ_1^2,σ_2^2 已知</td><td>$\mu_1=\mu_2$</td><td>$\mu_1\neq\mu_2$</td><td rowspan="3">$\overline{X}-\overline{Y}$</td><td rowspan="3">$U=\dfrac{\overline{X}-\overline{Y}}{\sqrt{\dfrac{\sigma_1^2}{n_1}+\dfrac{\sigma_2^2}{n_2}}}$</td><td rowspan="3">$N(0,1)$</td><td>$|u|>u_{\alpha/2}$</td></tr>
<tr><td>$\mu_1\leqslant\mu_2$</td><td>$\mu_1>\mu_2$</td><td>$u>u_\alpha$</td></tr>
<tr><td>$\mu_1\geqslant\mu_2$</td><td>$\mu_1<\mu_2$</td><td>$u<-u_\alpha$</td></tr>
<tr><td rowspan="3">$N(\mu_1,\sigma_1^2)$
$N(\mu_2,\sigma_2^2)$
σ_1^2,σ_2^2 未知</td><td>$\mu_1=\mu_2$</td><td>$\mu_1\neq\mu_2$</td><td rowspan="3">$\overline{X}-\overline{Y}$</td><td rowspan="3">$T=\dfrac{\overline{X}-\overline{Y}}{S_w\sqrt{\dfrac{1}{n_1}+\dfrac{1}{n_2}}}$
$S_w=\sqrt{\dfrac{(n_1-1)S_1^2+(n_2-1)S_2^2}{n_1+n_2-2}}$</td><td rowspan="3">$t(n_1+n_2-2)$</td><td>$|t|>t_{\alpha/2}(n_1+n_2-2)$</td></tr>
<tr><td>$\mu_1\leqslant\mu_2$</td><td>$\mu_1>\mu_2$</td><td>$t>t_\alpha(n_1+n_2-2)$</td></tr>
<tr><td>$\mu_1\geqslant\mu_2$</td><td>$\mu_1<\mu_2$</td><td>$t<-t_\alpha(n_1+n_2-2)$</td></tr>
<tr><td rowspan="3">$N(\mu_1,\sigma_1^2)$
$N(\mu_2,\sigma_2^2)$
μ_1,μ_2 已知</td><td>$\sigma_1^2=\sigma_2^2$</td><td>$\sigma_1^2\neq\sigma_2^2$</td><td rowspan="3">$\sum\limits_{i=1}^{n_1}(X_i-\mu_1)^2$
$\sum\limits_{j=1}^{n_2}(Y_j-\mu_2)^2$</td><td rowspan="3">$F=\dfrac{n_2\sum\limits_{i=1}^{n_1}(X_i-\mu_1)^2}{n_1\sum\limits_{j=1}^{n_2}(Y_j-\mu_2)^2}$</td><td rowspan="3">$F(n_1,n_2)$</td><td>$F>F_{\alpha/2}(n_1,n_2)$
$F<F_{1-\alpha/2}(n_1,n_2)$</td></tr>
<tr><td>$\sigma_1^2\leqslant\sigma_2^2$</td><td>$\sigma_1^2>\sigma_2^2$</td><td>$F>F_\alpha(n_1,n_2)$</td></tr>
<tr><td>$\sigma_1^2\geqslant\sigma_2^2$</td><td>$\sigma_1^2<\sigma_2^2$</td><td>$F<F_{1-\alpha}(n_1,n_2)$</td></tr>
<tr><td rowspan="3">$N(\mu_1,\sigma_1^2)$
$N(\mu_2,\sigma_2^2)$
μ_1,μ_2 未知</td><td>$\sigma_1^2=\sigma_2^2$</td><td>$\sigma_1^2\neq\sigma_2^2$</td><td rowspan="3">$\dfrac{S_1^{*2}}{S_2^{*2}}$</td><td rowspan="3">$F=\dfrac{S_1^{*2}}{S_2^{*2}}$</td><td rowspan="3">$F(n_1-1,n_2-1)$</td><td>$F>F_{\alpha/2}(n_1-1,n_2-1)$
$F<F_{1-\alpha/2}(n_1-1,n_2-1)$</td></tr>
<tr><td>$\sigma_1^2\leqslant\sigma_2^2$</td><td>$\sigma_1^2>\sigma_2^2$</td><td>$F>F_\alpha(n_1-1,n_2-1)$</td></tr>
<tr><td>$\sigma_1^2\geqslant\sigma_2^2$</td><td>$\sigma_1^2<\sigma_2^2$</td><td>$F<F_{1-\alpha}(n_1-1,n_2-1)$</td></tr>
<tr><td rowspan="3">任意总体
σ^2 已知</td><td>$\mu=\mu_0$</td><td>$\mu\neq\mu_0$</td><td rowspan="3">$\overline{X}$</td><td rowspan="3">$U=\dfrac{\overline{X}-\mu_0}{\sigma/\sqrt{n}}$
（σ 未知时用 S 代替）</td><td rowspan="3">$N(0,1)$
近似</td><td>$|u|>u_{\alpha/2}$</td></tr>
<tr><td>$\mu\leqslant\mu_0$</td><td>$\mu>\mu_0$</td><td>$u>u_\alpha$</td></tr>
<tr><td>$\mu\geqslant\mu_0$</td><td>$\mu<\mu_0$</td><td>$u<-u_\alpha$</td></tr>
</table>

4.11 方差分析与回归分析

在科学实验、生产实践和社会生活中，常常要研究一些变量（随机的或非随机的）之间的关系，这些就是方差分析与回归分析要研究的问题。方差分析着重考虑一个或一些变量对特定变量有无影响及影响的程度大小，由于其方法基于样本方差的分析，故而得名；回归分析则着重于寻求变量之间近似的函数关系。

4.11.1 方差分析

在实际问题中，影响一个事件的因素往往很多。例如，在工业生产中，产品的质量往往受到原材料、设备、技术及员工素质等因素的影响。但这些因素的影响程度是不同的。人们希望找出对事件最终结果有显著影响的因素，这就是方差分析要解决的问题。

1. 方差分析的基本原理

在方差分析中，人们通过试验，取得一系列观察的数据，然后根据数理统计的基本原理，求得对事件有显著影响的因素。在试验中，将要考察的对象的某种特征指标称为试验指标（experimental index），影响试验指标的可以控制的条件称为试验的因素（factor）。为了考察一个因素对试验指标的影响，一般将它控制在 n 个不同状态上，每个状态称为因素的一个水平（level）。在一项试验过程中只有一个因素在改变的称为单因素试验，多于一个因素在改变的称为多因素试验。方便起见，我们用大写字母 A,B,C 等表示因素，用大写字母加下标表示该因素的水平，如 $A_1,A_2,\cdots,A_r$。在每个水平 A_i 下考察的指标可以看作一个总体 Y_i，故有 r 个总体。方差分析的基本问题就是用统计方法考察各个因素水平下指标总体的均值之间有无显著差异。若有显著差异，则称该因素水平显著，否则称不显著。

方差分析是区别各因素效应的一种有效的统计方法，它是 20 世纪 20 年代由英国统计学家费希尔（R. A. Fisher）首先应用到农业试验中去的，后来发现这种方法的应用范围十分广泛，可以成功地应用在试验工作的很多方面。

方差分析的基本步骤如下：

(1) 建立方差分析试验的观测值数据表。

数据表应包括在各因素水平下各试验个体的指标观测值。

(2) 提出假设。

我们要做的工作是比较各个水平下的均值是否相同，即要对下述假设进行检验：

$$H_0:\mu_1=\mu_2=\cdots=\mu_r,\quad H_1:\mu_1,\mu_2,\cdots,\mu_r \text{ 不全相等}$$

显然，检验假设 H_0 可以用 t 检验法，只要检验任何相邻两个总体平均数相等就可以了，但是这样做要检验 $r-1$ 次，非常烦琐，所以一般采用“离差平方和分解法”。

(3) 确定检验统计量。

确定检验统计量的原则是：比较样本的均值和实际考察对象的指标均值是否一致。为了全面、合理地比较，我们利用“离差平方和分解法”确定检验统计量并进行具体计算。

(4) 给定显著性水平 α。

(5) 做判断：判定拒绝域和接受域，做出是否接受 H_0 的判断。

2. 单因素试验的方差分析

我们通过一个具体实例，来介绍单因素试验的方差分析。

例 4.11.1.1 在饲料养鸡增肥的研究中，某研究所提出三种饲料配方：A_1 是以鱼粉为主的饲料，A_2 是以槐树粉为主的饲料，A_3 是以苜蓿粉为主的饲料。为比较三种饲料的效果，特选 24 只相似的雏鸡随机均分为三组，每组各喂一种饲料，60 天后观察它们的重量。试验结果见表 4.11.1。

表 4.11.1 三种饲料养鸡试验结果

饲料	鸡重/g							
A_1	1073	1009	1060	1001	1002	1012	1009	1028
A_2	1107	1092	990	1109	1090	1074	1122	1001
A_3	1093	1029	1080	1021	1022	1032	1029	1048

1）建立试验的观测值数据表

所建的数据表如表 4.11.1 所示。表中考察了一个因素，即饲料配方，它有三个水平，即三种配方饲料，分别记为 A_1,A_2,A_3。每个水平下考察的指标是鸡在 60 天后的重量，每个水平下选择了 8 只鸡做试验，60 天后第 j 只鸡的重量用 y_{ij} 表示，它们可以看作一个总体，现有 3 个水平，故有 3 个总体。假定：

(1) 每个 A_i 下的总体均为正态总体，记为 $y_i \sim N(\mu_i,\sigma_i^2)$，$i=1,2,3$。

(2) 各个总体的方差相同，记为 $\sigma_1^2=\sigma_2^2=\sigma_3^2=\sigma^2$。

(3) 从每一总体中抽取的样本相互独立，即所有的试验结果 y_{ij} 都相互独立。

2）提出假设

我们假设各个水平下的均值都相同，即

$$H_0: \mu_1=\mu_2=\cdots=\mu_r, \quad H_1: \mu_1, \mu_2, \cdots, \mu_r \text{ 不全相等} \tag{4.11.1}$$

如果 H_0 成立，说明因素 A 的 r 个水平均值相同，称因素 A 的 r 个水平之间没有显著差异，简称 A 不显著；反之，如果 H_0 不成立，说明因素 A 的 r 个水平均值不全相同，称因素 A 的 r 个水平之间有显著差异，简称 A 显著。

我们用 t 检验法来检验 H_0。为对式(4.11.1)进行检验，需要从每一个水平下的总体抽取样本。为方便讨论，设从第 i 个水平 A_i 下的总体均获得 m 个试验结果。

记 y_{ij} 表示第 i 个总体的第 j 次重复试验结果，共得如下 $r\times m$ 个试验结果(见表 4.11.2)：

$$y_{ij}, \quad i=1,2,\cdots,r, j=1,2,\cdots,m$$

表 4.11.2　得到的 $r\times m$ 个试验结果

水平	A_1	A_2	…	A_r
总体	y_1	y_2	…	y_r
样本	y_{11}	y_{21}	…	y_{r1}
	y_{12}	y_{22}	…	y_{r2}
	⋮	⋮	⋮	⋮
	y_{1m}	y_{2m}	…	y_{rm}
样本总和	T_1	T_2	…	T_r
样本均值	$\overline{y_1}$	$\overline{y_2}$	…	$\overline{y_r}$
总体均值	μ_1	μ_2	…	μ_r

为了使检验更加全面和合理，我们要将提出的假设式(4.11.1)加以改造。

在水平 A_i 下的试验结果 y_{ij} 与该水平下的指标均值 μ_i 一般总是有差距的，记 $\varepsilon_{ij}=y_{ij}-\mu_i$，称为随机误差。于是有

$$y_{ij}=\mu_i+\varepsilon_{ij} \tag{4.11.2}$$

式(4.11.2)称为试验结果 y_{ij} 的数据结构式。把上述三个假设都用于数据结构式，就可以写出单因素方差分析的统计模型：

$$\left.\begin{array}{l} y_{ij}=\mu_i+\varepsilon_{ij}, \quad i=1,2,\cdots,r, j=1,2,\cdots,m \\ \text{诸 } \varepsilon_{ij} \text{ 相互独立，且同服从 } N(0,\sigma^2) \end{array}\right\} \tag{4.11.3}$$

显然 $y_{ij}\sim N(\mu_i,\sigma^2)$。为了能更好地描述数据，引入

$$\mu=\frac{1}{r}(\mu_1+\mu_2+\cdots+\mu_r)=\frac{1}{r}\sum_{i=1}^{r}\mu_i \tag{4.11.4}$$

称其为总均值，并称

$$d_i=\mu_i-\mu, \quad i=1,2,\cdots,r \tag{4.11.5}$$

为因素 A 的第 i 水平 A_i 的主效应，简称为 A_i 的效应。

显然，

$$\sum_{i=1}^{r} d_i = 0$$

因此模型式(4.11.3)可以改写为

$$\left.\begin{aligned} & y_{ij} = \mu + d_i + \varepsilon_{ij}, i = 1,2,\cdots,r, j = 1,2,\cdots,m \\ & \sum_{i=1}^{r} d_i = 0 \\ & \text{诸 } \varepsilon_{ij} \text{ 相互独立,且同服从 } N(0,\sigma^2) \end{aligned}\right\} \tag{4.11.6}$$

假设式(4.11.1)可改写为

$$H_0: d_1 = d_2 = \cdots = d_r = 0, \quad H_1: d_1, d_2, \cdots, d_r \text{ 不全为 } 0$$

3）确定检验统计量

确定检验统计量总的依据是，比较样本的均值和实际考察对象指标的均值是否一致。在实际对象指标的均值和方差都不知道的情况下，我们只能依据样本数据来计算出相应的全面而合理的对象的原均值和方差。为此，我们应用“离差平方和分解法”来确定检验统计量。

(1) 平方和的自由度。

统计学中，把 k 个数据 $y_1, y_2, \cdots, y_k$ 分别对其均值 $\bar{y} = \frac{1}{k}\sum_{i=1}^{k} y_i$ 的偏差的平方和

$$Q = \sum_{i=1}^{k} (y_i - \bar{y})^2$$

称为 k 个数据的离差平方和，有时简称平方和。离差平方和常用来度量若干个数据集中或分散的程度，它是用来度量若干个数据间差异(即波动的大小)的一个重要的统计量。

显然，在构成离差平方和 Q 的 k 个离差 $y_1 - \bar{y}, \cdots, y_k - \bar{y}$ 间有一个恒等式：

$$\sum_{i=1}^{k} (y_i - \bar{y}) = 0$$

这说明在 Q 中独立的离差只有 $k-1$ 个。在统计学中，把平方和中独立的离差的个数称为该平方和的自由度，常记为 f。如上述的 Q 的自由度为 $f_Q = k-1$。

(2) 平方和分解式。

下面从平方和的分解着手，导出假设检验问题式(4.11.1)的检验统计量。

引入总离差平方和

$$S_T = \sum_{i=1}^{r}\sum_{j=1}^{m} (y_{ij} - \bar{y})^2 \tag{4.11.7}$$

其中，

$$\bar{y} = \frac{1}{n}\sum_{i=1}^{r}\sum_{j=1}^{m} y_{ij}, \quad n = r \times m \tag{4.11.8}$$

$\bar{y}$ 是全体数据的总平均。S_T 能反映全部试验数据之间的差异，因此 S_T 又称为总变差。

又记水平 A_i 下的总体的样本平均值（又称组内平均）为

$$\bar{y}_{i\cdot} = \frac{1}{m}\sum_{j=1}^{m} y_{ij}, \quad i = 1,2,\cdots,r \tag{4.11.9}$$

显然，

$$\bar{y} = \frac{1}{m \times r}\sum_{i=1}^{r} m\bar{y}_{i\cdot}$$

将 S_T 写成

$$\begin{aligned} S_T &= \sum_{i=1}^{r}\sum_{j=1}^{m}[(y_{ij} - \bar{y}_{i\cdot}) + (\bar{y}_{i\cdot} - \bar{y})]^2 \\ &= \sum_{i=1}^{r}\sum_{j=1}^{m}(y_{ij} - \bar{y}_{i\cdot})^2 + 2\sum_{i=1}^{r}\sum_{j=1}^{m}(y_{ij} - \bar{y}_{i\cdot})(\bar{y}_{i\cdot} - \bar{y}) + \sum_{i=1}^{r}\sum_{j=1}^{m}(\bar{y}_{i\cdot} - \bar{y})^2 \end{aligned}$$

注意到上式右端第二项

$$2\sum_{i=1}^{r}\sum_{j=1}^{m}(y_{ij} - \bar{y}_{i\cdot})(\bar{y}_{i\cdot} - \bar{y}) = 2\sum_{i=1}^{r}[(\bar{y}_{i\cdot} - \bar{y})(m\bar{y}_{i\cdot} - m\bar{y}_{i\cdot})] = 0$$

于是可将 S_T 分解为

$$S_T = \sum_{i=1}^{r}\sum_{j=1}^{m}(y_{ij} - \bar{y}_{i\cdot})^2 + \sum_{i=1}^{r}\sum_{j=1}^{m}(\bar{y}_{i\cdot} - \bar{y})^2$$

记

$$S_E = \sum_{i=1}^{r}\sum_{j=1}^{m}(y_{ij} - \bar{y}_{i\cdot})^2, \quad S_A = \sum_{i=1}^{r}\sum_{j=1}^{m}(\bar{y}_{i\cdot} - \bar{y})^2$$

分别称 S_E 与 S_A 为组内离差平方和与组间离差平方和，则

$$S_T = S_E + S_A \tag{4.11.10}$$

式(4.11.10)表明，总离差平方和等于组内离差（平方和）加上组间离差（平方和）。称式(4.11.10)为平方和分解。

显然，S_E 表示在各个水平 A_i 下，样本观测值与样本均值的差异之和，S_E 的各项 $(y_{ij} - \bar{y}_{i\cdot})^2$ 仅反映组内数据与组内平均的随机误差，这是随机误差引起的试验结果的差异，故 S_E 称作误差平方和；$S_A = \sum_{i=1}^{r}\sum_{j=1}^{m}(\bar{y}_{i\cdot} - \bar{y})^2 = \sum_{i=1}^{r} m(\bar{y}_{i\cdot} - \bar{y})^2$ 的各项表示在各个水平 A_i 下的样本均值与数据总平均值的差异，除了反映随机误差外，还反映了第 i 水平 A_i 的效应，即 S_A 是由各个水平 A_i 的效应的差异以及随机误差引起的，故 S_A 称作效应平方和。

综上分析，有以下定理。

定理 4.11.1.1 总离差平方和等于误差平方和加上效应平方和，即

$$S_T = S_E + S_A$$

其中，

$$S_T = \sum_{i=1}^{r}\sum_{j=1}^{m}(y_{ij} - \bar{y})^2, \quad S_E = \sum_{i=1}^{r}\sum_{j=1}^{m}(y_{ij} - \bar{y}_{i\cdot})^2, \quad S_A = \sum_{i=1}^{r}\sum_{j=1}^{m}(\bar{y}_{i\cdot} - \bar{y})^2$$

方差分析检验的思想就是要分析在总离差平方和中究竟是 S_A 所占的比例大，还是 S_E 所占的比例大。若是前者，就说明因素 A 的水平显著；否则就说明因素 A 的水平不显著。

(3) S_E、S_A 的统计特性。

定理 4.11.1.2 在单因素方差分析模型式(4.11.6)及前述记号下，有：

① $\frac{S_E}{\sigma^2} \sim \chi^2(n-r)$，从而 $E(S_E) = (n-r)\sigma^2$。

② $E(S_A) = (r-1)\sigma^2 + m\sum_{i=1}^{r} d_i^2$，进一步，若 H_0 成立，则有$\frac{S_A}{\sigma^2} \sim \chi^2(r-1)$。

③ S_A 与 S_E 相互独立。

(4) 检验方法。

离差平方和 $Q = \sum_{i=1}^{k}(y_i - y)^2$ 的大小与数据 $y_1, y_2, \cdots, y_k$ 的个数(自由度)有关，一般说来，数据越多，其离差平方和越大。为了便于在离差平方和之间进行比较，统计上引入均方和的概念，它定义为

$$MS = Q/f_Q$$

其意为平均每个自由度上有多少平方和，它比较好地反映了一组数据 $y_1, y_2, \cdots, y_k$ 的离散程度。现在要对效应平方和与误差平方和进行比较，用其均方和

$$MS_A = S_A/f_A, \quad MS_E = S_E/f_E$$

进行比较更为合理，因为均方和排除了自由度不同产生的干扰，故用

$$F = \frac{MS_A}{MS_E} = \frac{S_A/f_A}{S_E/f_E} \tag{4.11.11}$$

作为检验 H_0 的统计量。

4）给出显著性水平并做判断

(1) 检验统计量的分布及拒绝域。

定理 4.11.1.3 在单因素方差分析模型式(4.11.6)及前述记号下，有：

① $F = \frac{MS_A}{MS_E} = \frac{S_A/f_A}{S_E/f_E} \sim F(f_A, f_E)$，即$\frac{S_A/(r-1)}{S_E/(n-r)} \sim F(r-1, n-r)$。

② H_0 的拒绝域为 $W = \{F \geqslant F_{1-\alpha}(f_A, f_E)\}$，即 $W = \{F \geqslant F_{1-\alpha}(n-r, r-1)\}$。其中，$F_{1-\alpha}(f_A, f_E)$为 $F(f_A, f_E)$的上侧 $1-\alpha$ 分位数。

即对于给定的显著性水平 α，可做如下判断：

① 如果 $F \geqslant F_{1-\alpha}(f_A, f_E)$，则否定 H_0，即认为因素 A 显著。

② 如果 $F < F_{1-\alpha}(f_A, f_E)$，则接受 H_0，即认为因素 A 不显著。

(2) 方差分析表。

为便于计算，通常将计算过程列成一张表，称为方差分析表(见表 4.11.3)。

表 4.11.3　单因素试验的方差分析表

方差来源	平方和	自由度	均方和	F 比
因素 A	S_A	$r-1$	$MS_A = S_A/(r-1)$	$F = MS_A/MS_E$
误差	S_E	$n-r$	$MS_E = S_E/(n-r)$	—
总和	S_T	$n-1$	—	—

上述离差平方和的计算公式汇总如下：

$$\left.\begin{aligned}
T_i &= \sum_{j=1}^{m} y_{ij} \\
\bar{y}_{i\cdot} &= \frac{1}{m}\sum_{j=1}^{m} y_{ij} = \frac{1}{m}T_i \\
T &= \sum_{i=1}^{r} T_i \\
\bar{y} &= \frac{1}{n}T \\
S_T &= \sum_{i=1}^{r}\sum_{j=1}^{m} y_{ij}^2 - \frac{T^2}{n} \\
S_A &= \frac{1}{m}\sum_{i=1}^{r} T_i^2 - \frac{T^2}{n} \\
S_E &= S_T - S_A
\end{aligned}\right\} \tag{4.11.12}$$

一般可将计算过程列表进行，见例 4.11.1.2。

例 4.11.1.2　采用例 4.11.1.1 的数据，对鸡饲料的试验结果进行方差分析(见表4.11.4)。

表 4.11.4　对例 4.11.1.1 中数据的处理计算结果

因素水平	数据(原始数据－1000)								T_i	T_i^2	$\sum_{j=1}^{m} y_{ij}^2$
A_1	73	9	60	1	2	12	9	28	194	37636	10024
A_2	107	92	－10	109	90	74	122	1	585	342225	60335
A_3	93	29	80	21	22	32	29	48	354	125316	20984
总计									1133	505177	91363

利用式(4.11.12)，可算得各离差平方和：

$$S_T = \sum_{i=1}^{r}\sum_{j=1}^{m} y_{ij}^2 - \frac{T^2}{n} = 91363 - \frac{1}{24} \times 1133^2 = 37876.04$$

$$f_T = n-1 = 24-1 = 23$$

$$S_A = \frac{1}{m}\sum_{i=1}^{r} T_i^2 - \frac{T^2}{n} = \frac{1}{8} \times 505177 - \frac{1}{24} \times 1133^2 = 9660.08$$

$$f_A = r-1 = 3-1 = 2$$

$$S_E = S_T - S_A = 37876.04 - 9660.08 = 28215.96$$

$$f_E = f_T - f_A = 23 - 2 = 21$$

把上述诸平方和及其自由度填入方差分析表，并继续计算得到均方和以及 F 比，见表 4.11.5。

表 4.11.5　方差分析表计算结果

来源	平方和	自由度	均方和	F 比
因子 A	9660.08	2	4830.04	3.59
误差 e	28215.96	21	1343.62	—
总和 T	37876.04	23	—	—

若取 $\alpha=0.05$，则 $F_{1-\alpha}(r-1,n-r)=F_{0.95}(2,21)=3.47$。

由于 $F=3.59>3.47$，故认为因素 A(饲料)是显著的，即三种饲料对鸡的增肥作用有明显的差别。为此，可以进一步求出总体均值 μ，各主效应 d_i 和误差方差 σ^2 的估计。仍以各因素水平下试验次数相同的情形为例，进行参数估计。

(1) 点估计。

由模型式(4.11.6)知，诸 y_{ij} 相互独立，且 $y_{ij} \sim N(\mu+d_i,\sigma^2)$。因此可使用极大似然方法求出一般平均 μ、主效应 d_i 和误差 σ^2 的估计：

$$\hat{\mu} = \bar{y}$$

$$\hat{d} = \bar{y}_{i\cdot} - \bar{y}, \quad i=1,\cdots,r$$

$$\hat{\sigma}_M^2 = \frac{1}{n}\sum_{i=1}^{r}\sum_{j=1}^{m}(y_{ij} - \bar{y}_{i\cdot})^2 = \frac{S_E}{n}$$

由极大似然估计的不变性，各水平均值 μ_i 的极大似然估计为

$$\hat{\mu}_i = \hat{\mu} + \hat{d}_i = \bar{y} + (\bar{y}_{i\cdot} - \bar{y}) = \bar{y}_{i\cdot}$$

由于 $\hat{\sigma}_M^2$ 不是 σ^2 的无偏估计，实际应用中通常采用如下的误差方差的无偏估计：

$$\sigma^2 = \frac{1}{n-r}\sum_{i=1}^{r}\sum_{j=1}^{m}(y_{ij} - \bar{y}_{i\cdot})^2 = MS_E$$

(2) μ_i 的置信区间。

由定理 4.11.2 知，$\bar{y}_{i\cdot} \sim N\left(\mu_i, \frac{\sigma^2}{m}\right)$，$\frac{S_E}{\sigma^2} \sim \chi^2(f_E)$，且两者独立，故

$$\frac{\sqrt{m}(\bar{y}_{i\cdot} - \mu_i)}{\sqrt{S_E/f_E}} \sim t(f_E)$$

由此给出水平 A_i 的均值 μ_i 的 $1-\alpha$ 置信区间为

$$[\bar{y}_{i\cdot} - \hat{\sigma} t_{1-\alpha/2}(f_E)/\sqrt{m}, \bar{y}_{i\cdot} + \hat{\sigma} t_{1-\alpha/2}(f_E)/\sqrt{m}] \qquad (4.11.13)$$

例 4.11.1.2 中已经指出各饲料因素是显著的，此处再给出各水平均值的估计。

因素 A 的三个水平均值的估计分别为

$$\hat{\mu}_1 = 1000 + \frac{194}{8} = 1024.25$$

$$\hat{\mu}_2 = 1000 + \frac{585}{8} = 1073.13$$

$$\hat{\mu}_3 = 1000 + \frac{354}{8} = 1044.25$$

从点估计来看，水平 A_2（以槐树粉为主的饲料）是最优的。误差方差的无偏估计为

$$\hat{\sigma}^2 = \frac{1}{n-r}\sum_{i=1}^{r}\sum_{j=1}^{m}(y_{ij} - \bar{y}_{i\cdot})^2 = MS_E = 1343.62$$

进一步，利用式(4.11.13)可给出各水平 A_i 的均值 μ_i 的 $1-\alpha$ 置信区间。此处 $\hat{\sigma} = \sqrt{1343.62} = 36.66$，若取 $\alpha = 0.05$，查 t 分位数表，得

$$t_{1-\alpha/2}(f_E) = t_{0.975}(21) = 2.0796$$

$$\hat{\sigma} t_{0.975}(21)/\sqrt{8} = 26.95$$

于是因素 A 的三个水平均值的 0.95 置信区间分别为

$$\hat{\mu}_1 = 1024.25 \mp 26.95 = [991.30, 1051.20]$$

$$\hat{\mu}_2 = 1073.13 \mp 26.95 = [1046.18, 1100.08]$$

$$\hat{\mu}_3 = 1044.25 \mp 26.95 = [1017.30, 1071.20]$$

至此可以看到，在单因素试验的数据分析中可得到如下三个结果：

(1) 因素 A 是显著的。

(2) 试验的误差方差 σ^2 的估计。

(3) 诸水平均值 μ_i 的点估计与区间估计。

需要说明的是，因素 A 显著的情况下，通常只需要对较优的水平均值做参数估计；在因素 A 不显著的情况下，则无须做参数估计。

3. 双因素试验的方差分析

1）双因素等重复试验的方差分析

（1）统计模型。

假设考虑两个因素 A,B 对某项指标值的影响。因素 A 有 r 个水平 $A_1,\cdots,A_r$；因素 B 有 s 个水平 $B_1,\cdots,B_s$。现对因素 A,B 的水平的每对组合 (A_i,B_j)，$i=1,2,\cdots,r$，$j=1,2,\cdots,s$ 都做 $m(m\geqslant 2)$ 次试验（称为等重复试验），得到表 4.11.6所示的结果。

表 4.11.6　对因素 A、B 做等重复试验的结果表示

因素		B			
		B_1	B_2	$\cdots$	B_s
A	A_1	$y_{111},y_{112},\cdots,y_{11m}$	$y_{121},y_{122},\cdots,y_{12m}$	$\cdots$	$y_{1s1},y_{1s2},\cdots,y_{1sm}$
	A_2	$y_{211},y_{212},\cdots,y_{21m}$	$y_{221},y_{222},\cdots,y_{22m}$	$\cdots$	$y_{2s1},y_{2s2},\cdots,y_{2sm}$
	$\vdots$	$\vdots$	$\vdots$	$\vdots$	$\vdots$
	A_r	$y_{r11},y_{r12},\cdots,y_{r1m}$	$y_{r21},y_{r22},\cdots,y_{r2m}$	$\cdots$	$y_{rs1},y_{rs2},\cdots,y_{rsm}$

在水平组合 (A_i,B_j) 下考察的指标可以看作一个总体，现有 $r\times s$ 对水平组合，故有 $r\times s$ 个总体，假定：

① 每对组合 (A_i,B_i) 下的总体均为正态总体，记为 $N(\mu_{ij},\sigma_{ij}^2)$，$i=1,2,\cdots,r$；$j=1,2,\cdots,s$。

② 各总体的方差相同，均为 σ^2。

③ 从每一总体中抽取的样本是相互独立的，即所有的试验结果 y_{ij} 都相互独立。

这三个假定都可以用统计方法进行验证。

在水平组合 (A_i,B_j) 下的试验结果 y_{ijk} 与该水平组合下的指标均值 μ_{ij} 一般总是有差距的，记 $\varepsilon_{ijk}=y_{ijk}-\mu_{ij}$，称为随机误差。于是有

$$y_{ijk}=\mu_{ij}+\varepsilon_{ijk},\quad k=1,2,\cdots,m,i=1,2,\cdots,r,j=1,2,\cdots,s \tag{4.11.14}$$

其中，μ_{ij}，σ^2 均为未知参数。

式(4.11.14)称为试验结果 y_{ijk} 的数据结构式，把三个假定都用于数据结构式，就可以写出双因素方差分析的统计模型：

$$\left.\begin{array}{l} y_{ijk}=\mu_{ij}+\varepsilon_{ijk},i=1,2,\cdots,r,j=1,2,\cdots,s,k=1,2,\cdots,m \\ \varepsilon_{ijk}\sim N(0,\sigma^2) \\ \text{诸 } \varepsilon_{ijk} \text{ 相互独立} \end{array}\right\} \tag{4.11.15}$$

为了能更好地描述数据，引入

$$\mu = \frac{1}{rs}\sum_{i=1}^{r}\sum_{j=1}^{s}\mu_{ij}$$

称其为总均值。

$$\mu_{i\cdot} = \frac{1}{s}\sum_{j=1}^{s}\mu_{ij}, \quad i = 1,2,\cdots,r, i \text{ 固定}$$

$$\mu_{\cdot j} = \frac{1}{r}\sum_{i=1}^{r}\mu_{ij}, \quad j = 1,2,\cdots,s, j \text{ 固定}$$

并称 $\alpha_i = \mu_{i\cdot} - \mu, i=1,2,\cdots,r$ 为因素 A 的第 i 水平 A_i 的主效应，简称为 A_i 的效应；$\beta_j = \mu_{\cdot j} - \mu, j=1,2,\cdots,s$ 为因素 B 的第 j 水平 B_j 的主效应，简称为 B_j 的效应。

易见

$$\sum_{i=1}^{r}\alpha_i = 0, \quad \sum_{j=1}^{s}\beta_j = 0$$

这样可将 μ_{ij} 表示为

$$\mu_{ij} = \mu + \alpha_i + \beta_j + (\mu_{ij} - \mu_{i\cdot} - \mu_{\cdot j} + \mu)$$

记

$$\gamma_{ij} = \mu_{ij} - \mu_{i\cdot} - \mu_{\cdot j} + \mu$$

称 γ_{ij} 为水平 A_i 和水平 B_j 的交互效应，这是由 A_i, B_j 搭配起来联合作用而引起的。

易见

$$\sum_{i=1}^{r}\gamma_{ij} = 0, \quad j = 1,2,\cdots,s, j \text{ 固定}$$

$$\sum_{j=1}^{s}\gamma_{ij} = 0, \quad i = 1,2,\cdots,r, i \text{ 固定}$$

因此模型式(4.11.15)可以改写为

$$\left.\begin{array}{l} y_{ijk} = \mu + \alpha_i + \beta_j + \gamma_{ij} + \varepsilon_{ijk}, i = 1,2,\cdots,r, j = 1,2,\cdots,s, k = 1,2,\cdots,m \\ \text{诸 } \varepsilon_{ijk} \text{ 相互独立} \\ \sum_{i=1}^{r}\alpha_i = 0, \sum_{j=1}^{s}\beta_j = 0 \\ \sum_{i=1}^{r}\gamma_{ij} = 0, j = 1,2,\cdots,s \\ \sum_{j=1}^{s}\gamma_{ij} = 0, i = 1,2,\cdots,r \end{array}\right\} \tag{4.11.16}$$

其中，$\mu, \alpha_i, \beta_j, \gamma_{ij}$ 及 σ^2 都是未知参数。

式(4.11.16)就是所要研究的双因素试验方差分析的数学模型，对于这一模型要检验以下三个假设：

$$H_{01}:\alpha_1=\alpha_2=\cdots=\alpha_r=0,\quad H_{11}:\alpha_1,\alpha_2,\cdots,\alpha_r\text{ 不全为零}\tag{4.11.17}$$

$$H_{02}:\beta_1=\beta_2=\cdots=\beta_s=0,\quad H_{12}:\beta_1,\beta_2,\cdots,\beta_s\text{ 不全为零}\tag{4.11.18}$$

$$H_{03}:\gamma_1=\gamma_2=\cdots=\gamma_{rs}=0,\quad H_{13}:\gamma_1,\gamma_2,\cdots,\gamma_{rs}\text{ 不全为零}\tag{4.11.19}$$

如果 H_{01} 成立，那么 μ_{ij} 与 i 无关，这表明因素 A 对试验结果无显著影响；如果 H_{02} 成立，那么 μ_{ij} 与 j 无关，这表明因素 B 对试验结果无显著影响。

(2) 平方和分解。

与单因素情况类似，对这些问题的检验方法也是建立在平方和分解上的。

① 平方和分解式。

下面从离差平方和的分解着手，导出假设检验问题式(4.11.17)～式(4.11.19)的检验统计量。引入下述记号：

$$\bar{y}=\frac{1}{rsm}\sum_{i=1}^{r}\sum_{j=1}^{s}\sum_{k=1}^{m}y_{ijk}$$

$$\bar{y}_{i\cdot}=\frac{1}{sm}\sum_{j=1}^{s}\sum_{k=1}^{m}y_{ijk},\quad i=1,2,\cdots,r,i\text{ 固定}$$

$$\bar{y}_{\cdot j}=\frac{1}{rm}\sum_{i=1}^{r}\sum_{k=1}^{m}y_{ijk},\quad j=1,2,\cdots,s,j\text{ 固定}$$

$$\bar{y}_{ij\cdot}=\frac{1}{m}\sum_{k=1}^{m}y_{ijk},\quad i=1,2,\cdots,r,j=1,2,\cdots,s,i、j\text{ 固定}$$

再引入总离差平方和

$$S_T=\sum_{i=1}^{r}\sum_{j=1}^{s}\sum_{k=1}^{m}(y_{ijk}-\bar{y})^2$$

S_T 能反映全部试验数据之间的差异，将 S_T 写成

$$S_T=\sum_{i=1}^{r}\sum_{j=1}^{s}\sum_{k=1}^{m}[(y_{ijk}-\bar{y}_{ij\cdot})+(\bar{y}_{i\cdot}-\bar{y})+(\bar{y}_{\cdot j}-\bar{y})+(\bar{y}_{ij\cdot}-\bar{y}_{i\cdot}-\bar{y}_{\cdot j}+\bar{y})]^2$$

则

$$S_T=\sum_{i=1}^{r}\sum_{j=1}^{s}\sum_{k=1}^{m}(y_{ijk}-\bar{y}_{ij\cdot})^2+sm\sum_{i=1}^{r}(\bar{y}_{i\cdot}-\bar{y})^2+rm\sum_{j=1}^{s}(\bar{y}_{\cdot j}-\bar{y})^2$$
$$+m\sum_{i=1}^{r}\sum_{j=1}^{s}(\bar{y}_{ij\cdot}-\bar{y}_{i\cdot}-\bar{y}_{\cdot j}+\bar{y})^2$$

即得到(离差)平方和的分解式

$$S_T=S_E+S_A+S_B+S_{A\times B}\tag{4.11.20}$$

其中，

$$S_E = \sum_{i=1}^{r}\sum_{j=1}^{s}\sum_{k=1}^{m}(y_{ijk} - \bar{y}_{ij\cdot})^2$$

$$S_A = sm\sum_{i=1}^{r}(\bar{y}_{i\cdot} - \bar{y})^2$$

$$S_B = rm\sum_{j=1}^{s}(\bar{y}_{\cdot j} - \bar{y})^2$$

$$S_{A\times B} = m\sum_{i=1}^{r}\sum_{j=1}^{s}(\bar{y}_{ij\cdot} - \bar{y}_{i\cdot} - \bar{y}_{\cdot j} + \bar{y})^2$$

S_E 称为误差平方和；S_A，S_B 分别称为因素 A，B 的效应平方和；$S_{A\times B}$称为因素 A，B 的交互效应平方和。

下面给出前述几个平方和的解释。

S_E 是由随机误差引起的，故称 S_E 为误差平方和；S_A 的各项除了反映随机误差外，还反映了第 i 水平 A_i 的效应 α_i，即 S_A 是由各个水平 A_i 的效应 α_i 的差异以及随机误差引起的，故 S_A 称为因素 A 的效应平方和；S_B 的各项除了反映随机误差外，还反映了第 j 水平 B_j 的效应，即 S_B 是由各个水平 B_j 的效应的差异以及随机误差引起的，故 S_B 称为因素 B 的效应平方和；$S_{A\times B}$是由两因素的各对水平组合(A_i，B_j)的交互效应的差异以及随机误差引起的，故 $S_{A\times B}$称为因素 A 与因素 B 的交互效应平方和。

② S_E，S_A，S_B，$S_{A\times B}$的统计特性。

定理 4.11.1.4 在双因素试验方差分析的数学模型式(4.11.16)的离差平方和分解式 $S_T = S_E + S_A + S_B + S_{A\times B}$ 中，$\frac{S_A}{\sigma^2}$，$\frac{S_B}{\sigma^2}$，$\frac{S_{A\times B}}{\sigma^2}$，$\frac{S_E}{\sigma^2}$分别服从自由度为 $r-1$，$s-1$，$(r-1)(s-1)$，$rs(m-1)$的 χ^2 分布，且它们相互独立。

推论 在双因素方差分析模型式(4.11.16)及前述记号下，若 H_{01}，H_{02}，H_{03}都成立，则

$$F_A = \frac{MS_A}{MS_E} = \frac{S_A/(r-1)}{S_E/rs(m-1)} \sim F(r-1, rs(m-1))$$

$$F_B = \frac{MS_B}{MS_E} = \frac{S_B/(s-1)}{S_E/rs(m-1)} \sim F(s-1, rs(m-1))$$

$$F_{A\times B} = \frac{MS_{A\times B}}{MS_E} = \frac{S_{A\times B}/(r-1)(s-1)}{S_E/rs(m-1)} \sim F((r-1)(s-1), rs(m-1))$$

(3) 检验方法。

给定 α，查表得 $F_\alpha(r-1, rs(m-1))$，$F_\alpha(s-1, rs(m-1))$，$F_\alpha((r-1)(s-1), rs(m-1))$的值。由一次抽样所得的子样值算得 F_A，F_B，$F_{A\times B}$的值。

① 若 $F_A \geqslant F_\alpha(r-1, rs(m-1))$，则拒绝 H_{01}，即认为因素 A 对试验结果有

影响；否则接受 H_{01}，即认为因素 A 对试验结果没有显著影响。

② 若 $F_B \geqslant F_\alpha(s-1, rs(m-1))$，则拒绝 H_{02}，即认为因素 B 对试验结果有影响；否则接受 H_{02}，即认为因素 B 对试验结果没有显著影响。

③ 若 $F_{A\times B} \geqslant F_\alpha((r-1)(s-1), rs(m-1))$，则拒绝 H_{03}，即认为因素 A,B 的交互作用对试验结果有影响；否则接受 H_{03}，即认为因素 A,B 的交互作用对试验结果没有显著影响。

计算 $F_A, F_B, F_{A\times B}$ 的数值可用下面的双因素试验的方差分析表（表 4.11.7）。

表 4.11.7　双因素等重复试验的方差分析表

方差来源	平方和	自由度	均方和	F 比
因素 A	S_A	$r-1$	$MS_A=\dfrac{S_A}{r-1}$	$F_A=\dfrac{MS_A}{MS_E}$
因素 B	S_B	$s-1$	$MS_B=\dfrac{S_B}{s-1}$	$F_B=\dfrac{MS_B}{MS_E}$
交互作用	$S_{A\times B}$	$(r-1)(s-1)$	$MS_{A\times B}=\dfrac{S_{A\times B}}{(r-1)(s-1)}$	$F_{A\times B}=\dfrac{MS_{A\times B}}{MS_E}$
误差	S_E	$rs(m-1)$	$MS_E=\dfrac{S_E}{rs(m-1)}$	—
总和	S_T	$rsm-1$	—	—

记

$$T_{\cdots} = \sum_{i=1}^{r}\sum_{j=1}^{s}\sum_{k=1}^{m} y_{ijk}$$

$$T_{ij\cdot} = \sum_{k=1}^{m} y_{ijk},\quad i = 1,2,\cdots,r, j = 1,2,\cdots,s$$

$$T_{i\cdot\cdot} = \sum_{j=1}^{s}\sum_{k=1}^{m} y_{ijk},\quad i = 1,2,\cdots,r$$

$$T_{\cdot j\cdot} = \sum_{i=1}^{r}\sum_{k=1}^{m} y_{ijk},\quad j = 1,2,\cdots,s$$

可以按照下述各式计算表 4.11.7 中的平方和：

$$S_T = \sum_{i=1}^{r}\sum_{j=1}^{s}\sum_{k=1}^{m} y_{ijk}^2 - \frac{T_{\cdots}^2}{rsm}$$

$$S_A = \frac{1}{sm}\sum_{i=1}^{r} T_{i\cdot\cdot}^2 - \frac{T_{\cdots}^2}{rsm}$$

$$S_B = \frac{1}{rm}\sum_{j=1}^{s} T_{\cdot j\cdot}^2 - \frac{T_{\cdots}^2}{rsm}$$

$$S_{A\times B}=\left(\frac{1}{m}\sum_{i=1}^{r}\sum_{j=1}^{s}T_{ij\cdot}^{2}-\frac{T_{\cdots}^{2}}{rsm}\right)-S_A-S_B$$

$$S_E=S_T-S_A-S_B-S_{A\times B}$$

例 4.11.1.3 一种火箭使用四种燃料、三种推进器做射程试验。每种燃料与每种推进器的组合各发射火箭两次，得射程见表 4.11.8(以海里计)。假设此例符合双因素方差分析模型所需的条件。

表 4.11.8 各组合条件下的射程

推进器(*B*)		B_1	B_2	B_3
燃料(*A*)	A_1	58.2	56.2	65.3
		52.6	41.2	60.8
	A_2	49.1	54.1	51.6
		42.8	50.5	48.4
	A_3	60.1	70.9	39.2
		58.3	73.2	40.7
	A_4	75.8	58.2	48.7
		71.5	51.0	41.4

试在显著性水平 $\alpha=0.05$ 下，检验不同的燃料(因素 *A*)、不同的推进器(因素 *B*)下的射程是否有显著差异，交互作用是否显著?

解 需要检验 H_{01}, H_{02}, H_{03}[式(4.11.17)～式(4.11.19)]。$T_{\cdots}, T_{ij\cdot}, T_{i\cdot\cdot}, T_{\cdot j\cdot}$ 的计算见表 4.11.9。

表 4.11.9 计算数据表

因素		推进器(*B*)			
		B_1	B_2	B_3	$T_{i\cdot\cdot}$
燃料(*A*)	A_1	58.2 52.6 (110.8)	56.2 41.2 (97.4)	65.3 60.8 (126.1)	334.3
	A_2	49.1 42.8 (91.9)	54.1 50.5 (104.6)	51.6 48.4 (100)	296.5
	A_3	60.1 58.3 (118.4)	70.9 73.2 (144.1)	39.2 40.7 (79.9)	342.4
	A_4	75.8 71.5 (147.3)	58.2 51.0 (109.2)	48.7 41.1 (90.1)	346.6
$T_{\cdot j\cdot}$		468.4	455.3	396.1	1319.8

表 4.11.9 中括号内的数是 $T_{ij\cdot}$，现在 $r=4, s=3, m=2$，故有

$$T_{\cdots}=\sum_{i=1}^{r}\sum_{j=1}^{s}\sum_{k=1}^{m}y_{ijk}=\sum_{i=1}^{r}T_{i\cdot\cdot}=334.3+296.5+342.4+346.6=1319.8$$

或

$$T_{\cdots}=\sum_{i=1}^{r}\sum_{j=1}^{s}\sum_{k=1}^{m}y_{ijk}=\sum_{j=1}^{s}T_{\cdot j\cdot}=468.4+455.3+396.1=1319.8$$

$$S_T=\sum_{i=1}^{r}\sum_{j=1}^{s}\sum_{k=1}^{m}y_{ijk}^2-\frac{T_{\cdots}^2}{rsm}=(58.2^2+\cdots+41.4^2)-\frac{1319.8^2}{24}=2638.29833$$

$$S_A=\frac{1}{sm}\sum_{i=1}^{r}T_{i\cdot\cdot}^2-\frac{T_{\cdots}^2}{rsm}=\frac{1}{6}(334.3^2+296.5^2+342.4^2+346.6^2)-\frac{1319.8^2}{24}$$
$$=261.67500$$

$$S_B=\frac{1}{rm}\sum_{i=1}^{r}T_{\cdot j\cdot}^2-\frac{T_{\cdots}^2}{rsm}=\frac{1}{8}(468.4^2+455.3^2+396.1^2)-\frac{1319.8^2}{24}$$
$$=370.98083$$

$$S_{A\times B}=\left(\frac{1}{m}\sum_{i=1}^{r}\sum_{j=1}^{s}T_{ij\cdot}^2-\frac{T_{\cdots}^2}{rsm}\right)-S_A-S_B$$
$$=\left[\frac{1}{2}(110.8^2+91.9^2+\cdots+90.1^2)-\frac{1319.8^2}{24}\right]-S_A-S_B$$
$$=1768.69250$$

$$S_E=S_T-S_A-S_B-S_{A\times B}=236.95000$$

根据上述数据得方差分析表(见表 4.11.10)。

表 4.11.10 方差分析表

方差来源	平方和	自由度	均方和	F 比
因素 A	$S_A=261.675$	3	87.225	4.42
因素 B	$S_B=370.980$	2	185.490	9.39
交互作用	$S_{A\times B}=1768.692$	6	294.78	14.9
误差	$S_E=236.950$	12	19.7458	—
总和	$S_T=2368.298$	23	—	—

由于 $F_{0.05}(3,12)=3.49<F_A$，$F_{0.05}(2,12)=3.89<F_B$，所以在显著性水平 $\alpha=0.05$ 下，拒绝 H_{01}，H_{02}，即认为不同燃料或不同推进器下的射程有显著差异，也就是说，燃料和推进器这两个因素对射程都是显著的。

又 $F_{0.05}(6,12)=3.00<F_{A\times B}$，故拒绝 H_{03}，值得注意的是，$F_{0.001}(6,12)=8.38$ 也远小于 $F_{A\times B}=14.9$，故交互作用是显著的。

从表 4.11.9 可看出，A_4 与 B_1 或 A_3 与 B_2 的搭配都使火箭射程比其他水平的搭配要远得多，在实际中就选最优的搭配方式来实施。

2）双因素无重复试验的方差分析

在以上的讨论中，考虑了双因素的交互作用。为了检查交互作用是否显著，对于两个因素的每一对组合(A_i, B_j)至少要做两次试验，这是因为在模型式(4.11.16)中，若$k=1$，$\gamma_{ij}+\varepsilon_{ijk}$总以结合在一起的形式出现，这样就不能将交互作用与误差分离开来。如果在处理实际问题时，已经知道不存在交互作用，或已知交互作用对试验的指标影响很小，则可以不考虑交互作用。此时，即使$k=1$，也能对因素A，B的效应进行分析。对两个因素的每一对组合(A_i, B_j)只做一次试验，所得结果见表 4.11.11。

表 4.11.11 双因素无重复试验结果表示

因素		B			
		B_1	B_2	…	B_s
A	A_1	y_{11}	y_{12}	…	y_{1s}
	A_2	y_{21}	y_{22}	…	y_{2s}
	⋮	⋮	⋮	⋮	⋮
	A_r	y_{r1}	y_{r2}	…	y_{rs}

设$y_{ij} \sim N(\mu_{ij}, \sigma^2)$，各$y_{ij}$相互独立，$i=1,2,\cdots,r$，$j=1,2,\cdots,s$。其中，$\mu_{ij}$，$\sigma^2$均为未知的参数，或写成

$$\left.\begin{array}{l} y_{ij}=\mu_{ij}+\varepsilon_{ij}, i=1,2,\cdots,r, j=1,2,\cdots,s \\ \varepsilon_{ij} \sim N(0,\sigma^2)，各\ \varepsilon_{ij}\ 独立 \end{array}\right\} \tag{4.11.21}$$

沿用前文中的记号，注意到现在假设交互效应不存在，此时，$\gamma_{ij}=0$，$i=1,2,\cdots,r$，$j=1,2,\cdots,s$。故$\mu_{ij}=\mu+\alpha_i+\beta_j$，于是式(4.11.21)可写成

$$\left.\begin{array}{l} y_{ij} = \mu+\alpha_i+\beta_j+\varepsilon_{ij} \\ \varepsilon_{ij} \sim N(0,\sigma^2)，各\ \varepsilon_{ij}\ 独立 \\ i = 1,2,\cdots,r, j = 1,2,\cdots,s \\ \sum\limits_{i=1}^{r}\alpha_i = 0, \sum\limits_{j=1}^{s}\beta_j = 0 \end{array}\right\} \tag{4.11.22}$$

这就是现在要研究的方差分析的模型。对这个模型所要检验的假设有以下两个：

$$\left.\begin{array}{l} H_{01}:\alpha_1=\alpha_2=\cdots=\alpha_r=0 \\ H_{11}:\alpha_1,\alpha_2,\cdots,\alpha_r\ 不全为\ 0 \end{array}\right\} \tag{4.11.23}$$

$$\left.\begin{array}{l} H_{02}:\beta_1=\beta_2=\cdots=\beta_s=0 \\ H_{12}:\beta_1,\beta_2,\cdots,\beta_s\ 不全为\ 0 \end{array}\right\} \tag{4.11.24}$$

与双因素重复试验完全类似，可得双因素无重复试验的方差分析表，见表 4.11.12。

表 4.11.12 双因素无重复试验方差分析表

方差来源	平方和	自由度	均方和	F 比
因素 A	S_A	$r-1$	$MS_A=\frac{S_A}{r-1}$	$F_A=\frac{MS_A}{MS_E}$
因素 B	S_B	$s-1$	$MS_B=\frac{S_B}{s-1}$	$F_B=\frac{MS_B}{MS_E}$
误差	S_E	$(r-1)(s-1)$	$MS_E=\frac{S_E}{(r-1)(s-1)}$	—
总和	S_T	$rs-1$	—	—

给定显著性水平 α，查表可得 $F_\alpha(r-1,(r-1)(s-1))$，$F_\alpha(s-1,(r-1)(s-1))$ 的值。由一次抽样后所得的子样值算得 F_A，F_B 的值。

① 若 $F_A \geqslant F_\alpha(r-1,(r-1)(s-1))$，则拒绝 H_{01}，即认为因素 A 对试验结果有影响；否则接受 H_{01}，即认为因素 A 对试验结果没有显著影响。

② 若 $F_B \geqslant F_\alpha(s-1,(r-1)(s-1))$，则拒绝 H_{02}，即认为因素 B 对试验结果有影响；否则接受 H_{02}，即认为因素 B 对试验结果没有显著影响。

记

$$T_{\cdot\cdot} = \sum_{i=1}^{r}\sum_{j=1}^{s} y_{ij}$$

$$T_{i\cdot} = \sum_{j=1}^{s} y_{ij}, \quad i = 1,2,\cdots,r$$

$$T_{\cdot j} = \sum_{i=1}^{r} y_{ij}, \quad j = 1,2,\cdots,s$$

表 4.11.12 中的数据可用下述式子来计算：

$$\left.\begin{aligned} S_T &= \sum_{i=1}^{r}\sum_{j=1}^{s} y_{ij}^2 - \frac{T_{\cdot\cdot}^2}{rs} \\ S_A &= \frac{1}{s}\sum_{i=1}^{r} T_{i\cdot}^2 - \frac{T_{\cdot\cdot}^2}{rs} \\ S_B &= \frac{1}{r}\sum_{j=1}^{s} T_{\cdot j}^2 - \frac{T_{\cdot\cdot}^2}{rs} \\ S_E &= S_T - S_A - S_B \end{aligned}\right\} \tag{4.11.25}$$

例 4.11.1.4 下面给出了某 5 个不同地点在不同时间空气中的颗粒状物（以 mg/m^3 计）含量的数据，见表 4.11.13。设本题符合模型式(4.11.22)中的条件，试在显著性水平 $\alpha=0.05$ 下检验：在不同时间下颗粒状物含量的均值有无显著差异；在不同地点下颗粒状物含量的均值有无显著差异。

解 按题意需要检验假设式(4.11.23)、式(4.11.24)。$T_{i\cdot}$，$T_{\cdot j}$ 已算出载

于表 4.11.13 中，现在 $r=4, s=5$。由式(4.11.25)得到

表 4.11.13 空气中的颗粒状物含量

因素		B(地点)					
		1	2	3	4	5	$T_{i\cdot}$
A(时间)	1975 年 10 月	76	67	81	56	51	331
	1976 年 1 月	82	59	67	54	70	376
	1976 年 5 月	68	59	67	54	42	290
	1996 年 8 月	63	56	64	58	37	278
$T_{\cdot j}$		289	251	308	227	200	1275

$$\begin{cases} S_T = \sum_{i=1}^{r}\sum_{j=1}^{s} y_{ij}^2 - \dfrac{T_{\cdot\cdot}^2}{rs} = 76^2 + 67^2 + \cdots + 37^2 - \dfrac{1275^2}{20} = 3571.75 \\ S_A = \dfrac{1}{s}\sum_{i=1}^{r} T_{i\cdot}^2 - \dfrac{T_{\cdot\cdot}^2}{rs} = \dfrac{1}{5}(331^2 + 376^2 + 290^2 + 278^2) - \dfrac{1275^2}{20} = 1182.95 \\ S_B = \dfrac{1}{r}\sum_{j=1}^{s} T_{\cdot j}^2 - \dfrac{T_{\cdot\cdot}^2}{rs} = \dfrac{1}{4}(289^2 + 251^2 + 308^2 + 227^2 + 200^2) - \dfrac{1275^2}{20} \\ \quad = 1947.50 \\ S_E = S_T - S_A - S_B = 441.30 \end{cases}$$

从而得方差分析表，见表 4.11.14。

表 4.11.14 方差分析表

方差来源	平方和	自由度	均方和	F 比
因素 A	$S_A=1182.95$	3	394.32	$F_A=10.72$
因素 B	$S_B=1947.50$	4	486.888	$F_B=13.24$
误差	$S_E=441.30$	12	36.78	—
总和	$S_T=3571.75$	19	—	—

由于 $F_{0.05}(3,12)=3.49<10.72$，$F_{0.05}(4,12)=3.26<13.24$，所以在显著性水平 $\alpha=0.05$ 下，拒绝 H_{01}，H_{02}，即认为不同时间下或不同地点下的颗粒状物含量的均值有显著差异。在本例中，认为时间和地点对颗粒状物含量的影响均为显著。

4.11.2 回归分析

1. 回归分析的基本概念

现实世界事物之间的关系从量的侧面看有两种情况，一种是确定性的关

系，如函数关系；另一种是统计相关关系，如人的身高 x 与体重 y 之间的关系，它们虽无严格确定的函数关系，但有一种不确定的或然关系，或称统计相关关系。

回归分析就是处理这种统计相关关系的数学方法。一切事物都处在变动之中，变量是事物在量的方面的表现。在回归分析中，如果变量是人为可控制的，非随机的，则称控制变量，另一种是随机的，随着控制变量的变化而变化的，称为随机因变量，引起随机因变量变化的变量称为自变量，它可以是随机变量也可以是确定性的量。随机因变量和自变量之间的关系称为回归关系。

由一个或一组非随机变量来估计或预测某一个随机变量的观测值时，所建立的数学模型以及进行统计的统计分析，称为回归分析。如果这个数学模型是线性的，则称为线性回归关系。

回归分析有很广泛的应用，例如试验数据的一般处理、经验公式的求得、因素分析、产品质量的控制、气象及地震预报、自动控制中数学模型的制定等。

2. 一元线性回归分析方程

设随机变量 y 与控制变量 x 之间存在着相关关系，反映 y 与 x 之间关系的最重要的数字特征当然是 y 的数学期望与 x 之间的关系，称 $\mu(x)=E(y)$ 为 y 对 x 的回归函数。回归分析的一个重要内容就是估计 $\mu(x)=E(y)$，然后利用估计结果做预测和控制。

为估计 $\mu(x)$，通常指定 x 的 n 个观测值 $x_1,x_2,\cdots,x_n$，做 n 次独立试验，取得 y 的相应的观测值 $y_1,y_2,\cdots,y_n$，再由 n 组数据 $(x_1,y_1),(x_2,y_2),\cdots,(x_n,y_n)$ 来估计 $\mu(x)=E(y)$。

实际中常用近似作图法描绘 $\mu(x)$ 的图形：先将 n 组观测数据 $(x_1,y_1),(x_2,y_2),\cdots,(x_n,y_n)$ 看成 xOy 平面上的 n 个点，并把这些点描在 xOy 平面上，这种图称作散点图；然后在平面上引一条直线或曲线，使它最好地与这些散点分布相吻合，即使这些散点最大可能地分布在所引直线或曲线上或其附近，这一直线或曲线就近似地描绘出函数 $y=\mu(x)$ 的图形。当然这是很粗糙的描述方法，回归分析提供了研究回归函数 $y=\mu(x)$ 的精确的统计推断方法。

本节讨论最简单的但常用的一元正态线性回归分析，这里 y 为正态变量，回归函数 $\mu(x)=\beta_0+\beta_1 x$ 为 x 的线性函数。

1）一元线性回归模型

设 y 是可观测的随机变量，x 是一般变量，它们之间存在着如下关系：

$$\left.\begin{array}{l} y=\beta_0+\beta_1 x+\varepsilon \\ \varepsilon\sim N(0,\sigma^2) \end{array}\right\} \tag{4.11.26}$$

其中，未知参数 β_0,β_1,σ^2 不依赖于 x，称线性函数

$$y=\beta_0+\beta_1 x$$

为随机变量 y 对 x 的线性回归函数；称变量 x 为回归变量，β_0，β_1 为回归系数。

由模型式(4.11.26)可知，随机变量 $y\sim N(\beta_0+\beta_1 x,\sigma^2)$ 依赖于 x 的值。假设 $x_1,x_2,\cdots,x_n$ 为 x 的任意 n 个值(可以有部分相同的，但假定不完全相同)，而 $y_1,y_2,\cdots,y_n$ 分别是 $x_1,x_2,\cdots,x_n$ 处对 y 独立观测的结果，那么 $y_i=\beta_0+\beta_1 x_i+\varepsilon_i$，$i=1,2,\cdots,n$，且相互独立。由此可得

$$\left.\begin{aligned} &y_i=\beta_0+\beta_1 x_i+\varepsilon_i,\\ &\varepsilon_i\sim N(0,\sigma^2),\end{aligned}\quad i=1,2,\cdots,n\right\} \tag{4.11.27}$$

且 $\varepsilon_1,\varepsilon_2,\cdots,\varepsilon_n$ 相互独立。

式(4.11.26)和式(4.11.27)都称为一元正态线性回归模型。今后也称 $(y_1,y_2,\cdots,y_n)$ 为取自随机变量 y 的独立的随机样本。但需注意，$(y_1,y_2,\cdots,y_n)$ 不是简单随机样本，因为 $(y_1,y_2,\cdots,y_n)$ 不是同分布的。

2）未知参数的估计

采用极大似然估计法来估计线性回归模型中的未知参数。由式(4.11.27)知，y_i 的概率密度为

$$f(y_i;\beta_0,\beta_1)=\frac{1}{\sqrt{2\pi}\sigma}\exp\left\{-\frac{1}{2\sigma^2}(y_i-\beta_0-\beta_1 x_i)^2\right\},\quad i=1,2,\cdots,n$$

故似然函数为

$$\begin{aligned} L(y_1,y_2,\cdots,y_n;\beta_0,\beta_1) &= \prod_{i=1}^{n} f(y_i;\beta_0,\beta_1)\\ &= (2\pi\sigma^2)^{-\frac{n}{2}}\exp\left\{-\frac{1}{2\sigma^2}\sum_{i=1}^{n}(y_i-\beta_0-\beta_1 x_i)^2\right\}\end{aligned}$$

于是

$$\ln L=-\frac{n}{2}\ln(2\pi\sigma^2)-\frac{1}{2\sigma^2}\sum_{i=1}^{n}(y_i-\beta_0-\beta_1 x_i)^2$$

令

$$\left.\begin{aligned} \frac{\partial \ln L}{\partial \beta_0} &= \frac{1}{\sigma^2}\sum_{i=1}^{n}(y_i-\beta_0-\beta_1 x_i)=0\\ \frac{\partial \ln L}{\partial \beta_1} &= \frac{1}{\sigma^2}\sum_{i=1}^{n}(y_i-\beta_0-\beta_1 x_i)x_i=0\end{aligned}\right\} \tag{4.11.28}$$

$$n\beta_0+n\beta_1\bar{x}=n\bar{y}$$

则

$$n\beta_0\bar{x}+\sum_{i=1}^{n}\beta_1 x_i^2=\sum_{i=1}^{n}x_i y_i \tag{4.11.29}$$

称式(4.11.29)为正规方程组。由式(4.11.29)解得

$$\left.\begin{aligned}\hat{\beta}_0 &= \bar{y}-\hat{\beta}_1\bar{x}\\ \hat{\beta}_1 &= \frac{\sum_{i=1}^{n}(x_i-\bar{x})(y_i-\bar{y})}{\sum_{i=1}^{n}(x_i-\bar{x})^2}\end{aligned}\right\} \tag{4.11.30}$$

未知参数 σ^2 的似然估计可由似然方程

$$\frac{\partial \ln L}{\partial \sigma^2}=-\frac{n}{2\sigma^2}+\frac{1}{2\sigma^4}\sum_{i=1}^{n}(y_i-\beta_0-\beta_1 x_i)^2=0$$

与式(4.11.28)联立解出：

$$\hat{\sigma}^2=\frac{1}{n}\sum_{i=1}^{n}(y_i-\hat{\beta}_0-\hat{\beta}_1 x_i)^2=\frac{1}{n}Q \tag{4.11.31}$$

其中，$Q=\sum_{i=1}^{n}(y_i-\hat{\beta}_0-\hat{\beta}_1 x_i)^2$ 称为残差平方和，$\hat{\beta}_0$，$\hat{\beta}_1$ 由式(4.11.30)确定。

如果把线性回归函数中的系数换成相应的估计值 $\hat{\beta}_0$，$\hat{\beta}_1$，则得

$$\hat{y}=\hat{\beta}_0+\hat{\beta}_1 x$$

称此方程为随机变量 y 对 x 的经验线性回归方程，简称回归方程；其图形称为回归直线。给定 x_0 后，称 $\hat{y}_0=\hat{\beta}_0+\hat{\beta}_1 x_0$ 为回归值(在不同场合也称为拟合值、预测值)。回归方程式为线性回归函数 $y=\beta_0+\beta_1 x$ 的估计。

为计算方便，引入记号

$$\left.\begin{aligned}L_{xx} &= \sum_{i=1}^{n}(x_i-\bar{x})^2=\sum_{i=1}^{n}x_i^2-n\bar{x}^2\\ L_{xy} &= \sum_{i=1}^{n}(x_i-\bar{x})(y_i-\bar{y})=\sum_{i=1}^{n}x_i y_i-n\bar{x}\bar{y}\\ L_{yy} &= \sum_{i=1}^{n}(y_i-\bar{y})^2=\sum_{i=1}^{n}y_i^2-n\bar{y}^2\end{aligned}\right\} \tag{4.11.32}$$

利用这些记号，由式(4.11.30)、式(4.11.31)可得

$$\hat{\beta}_1=\frac{L_{xy}}{L_{xx}}$$

$$\hat{\sigma}^2=\frac{1}{n}(L_{yy}-\hat{\beta}_1 L_{xy})$$

3) $\hat{\beta}_0$ 与 $\hat{\beta}_1$ 的数学期望与方差 σ^2 的无偏估计

定理 4.11.2.1 关于线性回归函数 $y=\beta_0+\beta_1 x$ 中的回归系数的估计 $\hat{\beta}_0$ 和 $\hat{\beta}_1$ 及 σ^2，有下述结论：

(1) $E(\hat{\beta}_1)=\beta_1$，$D(\hat{\beta}_1)=\dfrac{\sigma^2}{L_{xx}}$，从而

$$\hat{\beta}_1 \sim N\left(\beta_1, \frac{\sigma^2}{L_{xx}}\right) \tag{4.11.33}$$

(2) $E(\hat{\beta}_0)=\beta_0, D(\hat{\beta}_0)=\sigma^2\left(\frac{1}{n}+\frac{\bar{x}^2}{L_{xx}}\right)$，从而

$$\hat{\beta}_0 \sim N\left(\beta_0, \sigma^2\left(\frac{1}{n}+\frac{\bar{x}^2}{L_{xx}}\right)\right) \tag{4.11.34}$$

(3)
$$\mathrm{Cov}(\hat{\beta}_0, \hat{\beta}_1)=-\frac{\bar{x}^2}{L_{xx}}\sigma^2 \tag{4.11.35}$$

(4) 对于给定的 x_0，有 $\hat{y}_0 \sim N\left(\beta_0+\beta_1 x_0, \left(\frac{1}{n}+\frac{(x_0-\bar{x})^2}{L_{xx}}\right)\sigma^2\right)$。

注：(1) 由式(4.11.33)、式(4.11.34)可知，$\hat{\beta}_0, \hat{\beta}_1$ 分别是 β_0, β_1 的无偏估计，且它们波动的大小(即方差)不仅与随机变量 y 的方差 σ^2 有关，而且还与回归变量 x 的取值的分散程度有关。如果 x 的取值的分散程度较大(即 L_{xx} 较大)，那么它们的波动就比较小，也就是估计比较精确；反之，若 x 在一个比较小的范围取值，那么对 β_0, β_1 的估计 $\hat{\beta}_0, \hat{\beta}_1$ 就不会很精确。

(2) 由式(4.11.34)可知，观测数据的个数 n 越大，$D(\hat{\beta}_0)$ 越小，这些对安排试验都有一定的指导意义。

(3) 对于给定的 x_0，$\hat{y}_0$ 是 $E(y_0)=\beta_0+\beta_1 x_0$ 的无偏估计。

(4) 由式(4.11.35)可知，除 $\bar{x}$ 等于零外，$\hat{\beta}_0, \hat{\beta}_1$ 是线性相关的。

(5) $\hat{\sigma}^2=\frac{1}{n}(L_{yy}-\hat{\beta}_1 L_{xy})$ 不是 σ^2 的无偏估计，它的修正量 $S^2=\frac{n}{n-2}\hat{\sigma}^2$ 才是 σ^2 的无偏估计。在实际中常用 S^2 去估计 σ^2。

例 4.11.2.1 在一段时间内，分 5 次测得某种商品的价格 x(单位：万元)和需求量 y(单位：t)之间的一组数据如表 4.11.15 所示。

表 4.11.15 价格与需求量观测数据

序号	1	2	3	4	5
价格 x	1.4	1.6	1.8	2	2.2
需求量 y	12	10	7	5	3

已知 $\sum_{i=1}^{5} x_i y_i = 62, \sum_{i=1}^{5} x_i^2 = 16.6$。

(1) 画出散点图。

(2) 求出 y 对 x 的回归方程。

(3) 如价格定为 1.9 万元，预测需求量大约是多少(精确到 0.01 t)？

解 (1) 散点图如图 4.11.1 所示。

(2) 这里 $n=5$。因为

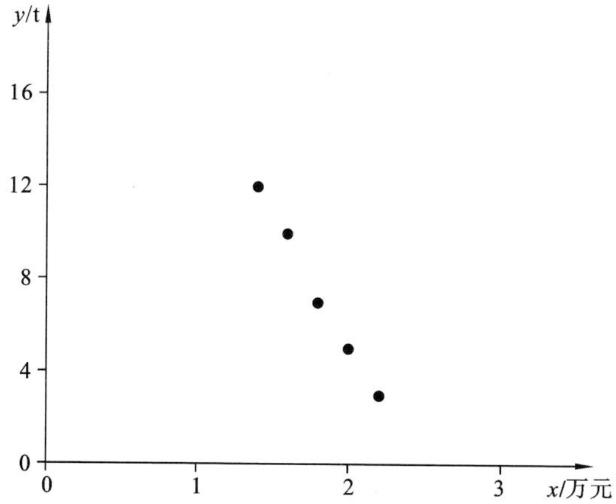

图 4.11.1　散点图

$$\bar{x}=\frac{1}{n}\sum_{i=1}^{n}x_i=\frac{1}{5}\times(1.4+1.6+1.8+2+2.2)=\frac{1}{5}\times 9=1.8$$

$$\bar{y}=\frac{1}{n}\sum_{i=1}^{n}y_i=\frac{1}{5}\times(12+10+7+5+3)=\frac{1}{5}\times 37=7.4$$

$$\sum_{i=1}^{n}x_iy_i=1.4\times 12+1.6\times 10+1.8\times 7+2\times 5+2.2\times 3=62$$

$$\sum_{i=1}^{n}x_i^2=1.4^2+1.6^2+1.8^2+2^2+2.2^2=16.6$$

故

$$L_{xx}=\sum_{i=1}^{n}(x_i-\bar{x})^2=\sum_{i=1}^{n}x_i^2-n\bar{x}^2=16.6-5\times 1.8^2=0.4$$

$$L_{xy}=\sum_{i=1}^{n}(x_i-\bar{x})(y_i-\bar{y})=\sum_{i=1}^{n}x_iy_i-n\bar{x}\bar{y}=62-5\times 1.8\times 7.4=-4.6$$

$$\hat{\beta}_1=\frac{L_{xy}}{L_{xx}}=\frac{-4.6}{0.4}=-11.5,\quad \hat{\beta}_0=\bar{y}-\hat{\beta}_1\bar{x}=7.4-(-11.5)\times 1.8=28.1$$

于是 y 对 x 的回归方程为 $\hat{y}=\hat{\beta}_0+\hat{\beta}_1x=28.1-11.5x$。

(3) 当价格定为 1.9 万元，即 $x=1.9$ 时，由回归方程可预测需求量大约为

$$\hat{y}=28.1-11.5\times 1.9=6.25(\mathrm{t})$$

3. 回归方程的显著性检验

从回归系数的似然估计可以看出，对任意给出的 n 组数据 (x_i,y_i) 都可以求出 $\hat{\beta}_0$，$\hat{\beta}_1$，从而给出回归方程 $\hat{y}=\hat{\beta}_0+\hat{\beta}_1x$，但是这样给出的回归方程不一定有意义。

对回归方程是否有意义做判断就是做出如下的显著性检验：

$$H_0:\beta_1=0,\quad H_1:\beta_1\neq 0$$

拒绝 $H_0:\beta_1=0$ 表示回归方程显著。在一元回归方程中有三种等价的检验方法，使用其中任何一种即可，下面分别加以介绍。

1) F 检验

采用方差分析的思想，从数据出发研究各 y_i 不同的原因。首先引入记号：

记 $\hat{y}_i=\hat{\beta}_0+\hat{\beta}_1 x_i$，$\hat{y}_i$ 称为回归值，$y_i-\hat{y}_i$ 称为残差。数据差的波动用总偏差平方和

$$S_T=\sum_{i=1}^{n}(y_i-\bar{y})^2=L_{yy}$$

表示，引起 y_i 不同的原因主要有两个因素：其一是 $H_0:\beta_1=0$ 可能不真，$E(y)=\beta_0+\beta_1 x$ 随 x 的变化而变化，从而在不同的 x 的观测值处的回归值不同，其波动用回归平方和

$$S_R=\sum_{i=1}^{n}(\hat{y}_i-\bar{y})^2$$

来表示；其二是其他一切因素，包括随机误差、x 对 $E(y)$ 的非线性影响等，这样在得到回归值以后，y 的观测值与回归值之间还有差距，这可用残差平方和

$$S_E=\sum_{i=1}^{n}(y_i-\hat{y}_i)^2$$

来表示。注意到 $\hat{\beta}_0$，$\hat{\beta}_1$ 满足正规方程组：

$$n\beta_0+n\beta_1\bar{x}=n\bar{y}$$

$$n\beta_0\bar{x}+\sum_{i=1}^{n}\beta_1 x_i^2=\sum_{i=1}^{n}x_i y_i$$

利用

$$\hat{y}_i=\hat{\beta}_0+\hat{\beta}_1 x_i=(\bar{y}-\hat{\beta}_1\bar{x})+\hat{\beta}_1 x_i=\bar{y}+\hat{\beta}_1(x_i-\bar{x})$$

于是有

$$\begin{aligned}S_T&=\sum_{i=1}^{n}(y_i-\bar{y})^2=\sum_{i=1}^{n}[(y_i-\hat{y}_i)+(\hat{y}_i-\bar{y})]^2\\&=\sum_{i=1}^{n}(y_i-\hat{y}_i)^2+\sum_{i=1}^{n}(\hat{y}_i-\bar{y})^2=S_E+S_R\end{aligned}\tag{4.11.36}$$

称式(4.11.36)为一元线性回归的平方和分解式。关于 S_E，S_R 所含有的成分，可由如下定理说明。

定理 4.11.2.2 在一元线性回归场合下的平方和分解式 $S_T=S_E+S_R$ 中：

(1) $E(S_R)=\sigma^2+\beta_1^2 L_{xx}$；

(2) $E(S_E)=(n-2)\sigma^2$。

进一步讲，有关 S_E，S_R 的分布，有如下的定理。

定理 4.11.2.3 (1) $\frac{S_E}{\sigma^2}\sim\chi^2(n-2)$;

(2) 若 $H_0:\beta_1=0$ 成立,则有$\frac{S_R}{\sigma^2}\sim\chi^2(1)$;

(3) S_R 与 S_E 相互独立(或 $\hat{\beta}_1$ 与 S_E,$\bar{y}$ 相互独立)。

如同方差分析那样,可以考虑采用 F 作为统计量:

$$F=\frac{S_R}{S_E/(n-2)}$$

在 $H_0:\beta_1=0$ 成立时,$F=\frac{S_R}{S_E/(n-2)}=\frac{S_R/\sigma^2}{\frac{S_E}{\sigma^2}\Big/(n-2)}\sim F(1,n-2)$。其中,$f_R=1$,$f_E=n-2$。给定显著性水平 α,拒绝域为 $F>F_\alpha(1,n-2)$。

例 4.11.2.2 由专业知识知道,合金的强度 y 与合金中碳的含量 x 有关。为了生产强度满足用户需要的合金,在冶炼时如何控制碳的含量?能否预测某炉合金的强度?为了解决这个问题,就需要研究两个变量之间的关系。首先是收集数据,把收集到的数据记录为(x_i,y_i),$i=1,2,\cdots,n$,本例中收集了 12 组数据,列于表 4.11.16 中。

表 4.11.16 碳含量与合金强度数据

序号	$x/(\%)$	$y/(\times10^7\ \mathrm{Pa})$	序号	$x/(\%)$	$y/(\times10^7\ \mathrm{Pa})$
1	0.10	42.0	7	0.16	49.0
2	0.11	43.0	8	0.17	53.0
3	0.12	45.0	9	0.18	50.0
4	0.13	45.0	10	0.20	55.0
5	0.14	45.0	11	0.21	55.0
6	0.15	47.5	12	0.23	60.0

为了找出两个变量之间的回归函数,可以画一张散点图(图略):把每一对数(x_i,y_i),$i=1,2,\cdots,n$ 看成直角坐标系中的一个点,在坐标系中画 n 个点。从散点图可以发现 12 个点基本上在一条直线附近,这说明两个变量之间存在一个线性相关关系。若记 y 轴方向上的误差为 ε,这个关系式可以表示为 $y=\beta_0+\beta_1x+\varepsilon$,这便是 y 关于 x 的一元线性回归的数据结构式。这里总假设 x 为一般的变量,是非随机变量,其值是可以精确测量或严格控制的,β_0,β_1 为未知参数,通常假定

$$E(\varepsilon)=0,\quad \mathrm{Var}(\varepsilon)=\sigma^2$$

在对未知参数做区域估计或假设检验时,还需要假定随机误差服从正态分

布，即

$$y \sim N(\beta_0 + \beta_1 x, \sigma^2)$$

由于 β_0，β_1 未知，需要从收集到的数据(x_i, y_i)，$i=1,2,\cdots,n$ 出发进行估计。在收集数据时，一般要求观测独立进行，即假定 $y_1, y_2, \cdots, y_n$ 相互独立。综合上述诸项假定，本例就对应一个简单常用的一元线性回归模型：

$$\begin{cases} y_i = \beta_0 + \beta_1 x_i + \varepsilon_i, \\ \varepsilon_i \sim N(0, \sigma^2), \end{cases} \quad i=1,2,\cdots,n$$

（1）列表估计 $\hat{\beta}_0$，$\hat{\beta}_1$（见表 4.11.17）。

表 4.11.17　$\hat{\beta}_0$、$\hat{\beta}_1$ 估计表

$\sum_{i=1}^{n} x_i = 1.90$	$n = 12$	$\sum_{i=1}^{n} y_i = 590.5$
$\bar{x}=0.1583$		$\bar{y}=49.2083$
$\sum_{i=1}^{n} x_i^2 = 0.3194$	$\sum_{i=1}^{n} x_i y_i = 95.9250$	$\sum_{i=1}^{n} y_i^2 = 29392.75$
$n\bar{x}^2=0.3008$	$n\bar{x}\bar{y}=93.4958$	$n\bar{y}^2=29057.52$
$L_{xx}=0.0186$	$L_{xy}=2.4292$	$L_{yy}=335.23$
	$\beta_1=\dfrac{L_{xy}}{L_{xx}}=130.60$	
	$\hat{\beta}_0=\bar{y}-\hat{\beta}_1\bar{x}=28.53$	

由此给出回归方程为 $\hat{y}=28.53+130.60x$。

（2）回归方程显著性的假设检验。

经计算，

$$S_R=\hat{\beta}_1^2 L_{xx}=130.60^2 \times 0.0186=317.26, \quad f_R=1$$

$$S_T=L_{yy}=335.23, \quad f_T=11$$

$$S_E=S_T-S_R=335.23-317.26=17.97, \quad f_E=10$$

下面列出用于假设检验的方差分析表(见表 4.11.18)

表 4.11.18　方差分析表

来源	平方和	自由度	均方和	F 比
回归	$S_R=317.26$	$f_R=1$	$MS_R=317.62$	176.55
残差	$S_E=17.97$	$f_E=10$	$MS_E=1.797$	—
总计	$S_T=335.23$	$f_T=11$	—	—

若取 $\alpha=0.01$，则 $F_\alpha(1,n-2)=F_{0.01}(1,10)=10.04$，由于 $F=176.55>10.04$，因此在显著性水平 $\alpha=0.01$ 下回归方程是显著的。

2）t 检验

对 $H_0:\beta_1=0$ 和 $H_1:\beta_1\neq 0$ 的检验也可基于 t 分布进行。

由于 $\hat{\beta}_1\sim N\left(\beta_1,\dfrac{\sigma^2}{L_{xx}}\right),\dfrac{S_E}{\sigma^2}\sim\chi^2(n-2)$，且 $\hat{\beta}_1$ 与 $\dfrac{S_E}{\sigma^2}$ 相互独立，故在 H_0 为真时，有

$$t=\frac{\hat{\beta}_1}{\hat{\sigma}/\sqrt{L_{xx}}}\sim t(n-2) \tag{4.11.37}$$

其中 $\hat{\sigma}=\sqrt{S_E/(n-2)}$。由于 $\sigma_{\hat{\beta}_1}=\sigma/\sqrt{L_{xx}}$，故称 $\hat{\sigma}_{\hat{\beta}_1}=\hat{\sigma}\sqrt{L_{xx}}$ 为 $\hat{\beta}_1$ 的标准误差，即 $\hat{\beta}_1$ 的标准差的估计，式(4.11.37)表示的统计量可以用来检验假设 $H_0:\beta_1=0$ 和 $H_1:\beta_1\neq 0$，对给定的显著性水平 α，拒绝域为

$$W=\{t\mid |t|>t_\alpha(n-2)\}$$

注意到 $t^2=F$，因此 t 检验与 F 检验是等同的。比如对本例，若使用 t 检验，可算得 $t=\dfrac{130.60}{1.7970/\sqrt{0.0186}}=9.913$，若取 $\alpha=0.01$，则 $t_\alpha(n-2)=t_{0.01}(10)=3.169$。由于 $t=9.913>3.169$，因此在显著性水平 $\alpha=0.01$ 下回归方程是显著的。

3）相关系数检验

当一元线性回归方程是反映两个随机变量 x 与 y 间的线性相关关系时，它的显著性检验还可以通过二维总体相关系数 ρ 的检验来进行。它的一对假设是

$$H_0:\rho=0 \quad 和 \quad H_1:\rho\neq 0 \tag{4.11.38}$$

所用的检验统计量为样本相关系数：

$$r=\frac{L_{xy}}{\sqrt{L_{xx}}\sqrt{L_{yy}}}$$

其中，(x_i,y_i)，$i=1,2,\cdots,n$ 是容量为 n 的二维样本。利用施瓦茨不等式可以证明：样本相关系数也满足 $|r|\leqslant 1$，其中等号成立的条件是存在两个数 a,b，使得对 $i=1,2,\cdots,n$，有 $y_i=a+bx_i$。

由此可见，n 个点 (x_i,y_i)，$i=1,2,\cdots,n$ 在散点图上的位置与样本相关系数 r 有关。

(1) $r=\pm 1$，n 个点完全在一条上升或下降的直线上。

(2) $r>0$，当 x 增大时，y 有线性增大趋势，此时称正相关。

(3) $r<0$，当 x 增大时，y 有线性减小趋势，此时称负相关。

(4) $r=0$，n 个点可能毫无规律，也可能呈现某种曲线趋势，此时称不相关。

根据样本相关系数的上述性质，式(4.11.38)中原假设 $H_0:\rho=0$ 的拒绝

域为

$$W=\{r \mid |r| \geqslant C\}$$

其中的临界值 C 可由 $H_0:\rho=0$ 成立时样本相关系数的分布给出，该分布与自由度 $n-2$ 有关。对给定的显著性水平 α，由 $P(W)=P\{|r| \geqslant C\}=\alpha$ 可知，临界值 C 应是 $H_0:\rho=0$ 成立下 $|r|$ 的双侧 α 分位数，记为 $C=r_\alpha(n-2)$。

其实可以用 F 分布来确定临界值 C。由样本相关系数的定义可知统计量 r,F 间的关系：

$$r^2=\frac{L_{xy}^2}{L_{xx}L_{yy}}=\frac{[L_{xy}/L_{xx}]^2 L_{xx}}{L_{xy}}=\frac{\hat{\beta}_1^2 L_{xx}}{L_{xy}}=\frac{S_R}{S_T}=\frac{S_R}{S_R+S_E}=\frac{S_R/S_E}{S_R/S_E+1} \tag{4.11.39}$$

而

$$F=\frac{MS_R}{MS_E}=\frac{S_R/1}{S_E/(n-2)}=\frac{(n-2)S_R}{S_E} \tag{4.11.40}$$

综合式(4.11.39)与式(4.11.40)可得

$$r^2=\frac{F}{F+(n-2)} \tag{4.11.41}$$

式(4.11.41)表明，$|r|$ 是 F 的严格单调增函数，故可由 F 分布的上侧 α 分位数 $F_\alpha(1,n-1)$ 得到 $|r|$ 的上侧 α 分位数为

$$C=r_\alpha(n-2)=\sqrt{\frac{F_\alpha(1,n-2)}{F_\alpha(1,n-2)+(n-2)}}$$

比如：$\alpha=0.01$，$n=12$，查表知 $F_\alpha(1,n-2)=F_{0.01}(1,10)=10.04$，于是

$$r_\alpha(n-2)=r_{0.01}(10)=\sqrt{\frac{10.04}{10.04+10}}=0.708$$

为方便实际使用，人们已对 $r_\alpha(n-2)$ 编制了专门的数据表。仍以例 4.11.2.2 为例，可以计算得到

$$r=\frac{L_{xy}}{\sqrt{L_{xx}L_{yy}}}=\frac{2.4292}{\sqrt{0.0186\times 335.23}}=0.9728$$

若取 $\alpha=0.01$，查表得 $r_{0.01}(10)=0.708$。由于 $r=0.9728>0.708$，因此在给定显著性水平下回归方程是显著的。

4. 估计与预测

1）预测 y 的值

回归方程的一个重要应用是，对于给定的点 $x=x_0$，可以一定的置信度预测对应的 y 的观测值的取值范围，即所谓的预测区间，预测区间的求法如下。

设 y_0 是在 $x=x_0$ 处随机变量 y 的观测结果，则它满足

$$y_0=\beta_0+\beta_1 x_0+\varepsilon_0,\quad \varepsilon_0\sim N(0,\sigma^2)$$

可以取 x_0 处的回归值 $\hat{y}_0=\hat{\beta}_0+\hat{\beta}_1 x_0$ 作为 $y_0=\beta_0+\beta_1 x_0+\varepsilon_0$ 的预测值，得到

$$t=\frac{y_0-\hat{y}_0}{\hat{\sigma}\sqrt{1+\frac{1}{n}+\frac{(x_0-\bar{x})^2}{L_{xx}}}}\sim t(n-2)$$

因此，对给定的显著性水平 α，有

$$P\left\{\frac{|y_0-\hat{y}_0|}{\hat{\sigma}\sqrt{1+\frac{1}{n}+\frac{(x_0-\bar{x})^2}{L_{xx}}}}<t_\alpha(n-2)\right\}=1-\alpha$$

或

$$P\left\{\hat{y}_0-t_\alpha(n-2)\hat{\sigma}\sqrt{1+\frac{1}{n}+\frac{(x_0-\bar{x})^2}{L_{xx}}}<y_0<\hat{y}_0+t_\alpha(n-2)\hat{\sigma}\sqrt{1+\frac{1}{n}+\frac{(x_0-\bar{x})^2}{L_{xx}}}\right\}$$
$$=1-\alpha$$

区间

$$\left(\hat{y}_0-t_\alpha(n-2)\hat{\sigma}\sqrt{1+\frac{1}{n}+\frac{(x_0-\bar{x})^2}{L_{xx}}},\hat{y}_0+t_\alpha(n-2)\hat{\sigma}\sqrt{1+\frac{1}{n}+\frac{(x_0-\bar{x})^2}{L_{xx}}}\right) \tag{4.11.42}$$

称为 y_0 的置信度为 $1-\alpha$ 的预测区间。由此可见，预测区间与置信区间意义相似，只是后者是对未知参数而言的，而前者是对随机变量而言的。

由式(4.11.42)可知，预测区间的长度与样本容量 n、x 的偏差平方和 L_{xx}、x_0 到 $\bar{x}$ 的距离 $|x_0-\bar{x}|$ 都有关系。对于给定的置信度 $1-\alpha$，x_0 愈靠近 $\bar{x}$，预测区间的宽度就愈窄，预测就愈精密。另外，若 $x_1,x_2,\cdots,x_n$ 较为集中，那么 L_{xx} 就会较小，也会导致预测的精度降低。因此，在收集数据时，要使 $x_1,x_2,\cdots,x_n$ 尽量分散，这对提高精度有利。由此可见，在 $x_0=\bar{x}$ 处预测区间最短，远离 $\bar{x}$ 的预测区间愈来愈长，呈喇叭状。记

$$\delta(x_0)=t_\alpha(n-2)\hat{\sigma}\sqrt{1+\frac{1}{n}+\frac{(x_0-\bar{x})^2}{L_{xx}}}$$

则上述预测区间可写成

$$(\hat{y}_0(x_0)-\delta(x_0),\hat{y}_0(x_0)+\delta(x_0)) \tag{4.11.43}$$

对于给定的样本观测值，作出 $y_1(x)=\hat{y}(x)-\delta(x)$ 和 $y_2(x)=\hat{y}(x)+\delta(x)$，则这两条曲线形成包含回归直线 $\hat{y}=\hat{\beta}_0+\hat{\beta}_1 x$ 的带域，这一带域在 $x_0=\bar{x}$ 处最窄。

例 4.11.2.3 求例 4.11.2.2 中碳含量 $x_0=0.16$ 时合金的强度 y_0 的预测区间(取 $1-\alpha=0.95$)。

解 由例 4.11.2.2 的求解知，合金的强度 y 对碳含量 x 的回归方程为 $\hat{y}=28.53+130.60x$，将 $x_0=0.16$ 代入回归方程，得预测值

$$\hat{y}_0=28.53+130.60\times 0.16=49.43$$

查表得 $t_\alpha(n-2)=t_{0.05}(10)=2.2281$，又

$$\hat{\sigma}=\sqrt{\frac{S_E}{n-2}}=\sqrt{\frac{17.9703}{12-2}}=1.3405$$

$$\begin{aligned}\delta&=t_\alpha(n-2)\hat{\sigma}\sqrt{1+\frac{1}{n}+\frac{(x_0-\bar{x})^2}{L_{xx}}}\\&=2.2281\times 1.3405\times\sqrt{1+\frac{1}{12}+\frac{(0.16-0.1583)^2}{0.0186}}=3.11\end{aligned}$$

故由式(4.11.42)可算得，当 $x_0=0.16$ 时，y_0 在置信度为 0.95 的预测区间为

$$(49.43-3.11,49.43+3.11)=(46.32,52.54)$$

2) $E(y_0)$的估计

在 $x=x_0$ 时，其对应的因变量 y_0 是一个随机变量。y_0 有一个分布，经常需要对该分布的均值给出估计。该分布的均值 $E(y_0)=\hat{\beta}_0+\hat{\beta}_1x_0$，因此一个直观的估计应为

$$\hat{E}(y_0)=\hat{\beta}_0+\hat{\beta}_1x_0$$

简单起见，习惯上将上述估计记为 $\hat{y}_0$[注意，这里的 $\hat{y}_0$ 表示的是 $E(y_0)$的估计，而不表示 y_0 的估计，因为 y_0 是随机变量，它是没有估计的]。由于 $\hat{\beta}_0,\hat{\beta}_1$ 分别是 β_0,β_1 的无偏估计，因此 $\hat{y}_0$ 也是 $E(y_0)$的无偏估计。

为得到 $E(y_0)$的区间估计，需要知道 $\hat{y}_0$ 的分布，由定理 4.11.2.1 可得

$$\hat{y}_0\sim N\left(\hat{\beta}_0+\hat{\beta}_1x_0,\left[\frac{1}{n}+\frac{(x_0-\bar{x})^2}{L_{xx}}\right]\sigma^2\right)$$

又由定理 4.11.2.3 可知，$\frac{S_E}{\sigma^2}\sim\chi^2(n-2)$且与 $\hat{y}_0=\bar{y}+\hat{\beta}_1(x_0-\bar{x})$相互独立，则

$$\frac{\hat{y}_0-E(y_0)}{\sigma\sqrt{\frac{1}{n}+\frac{(x_0-\bar{x})^2}{L_{xx}}}}\Bigg/\sigma\sqrt{\frac{S_E}{n-2}}=\frac{\hat{y}_0-E(y_0)}{\hat{\sigma}\sqrt{\frac{1}{n}+\frac{(x_0-\bar{x})^2}{L_{xx}}}}\sim t(n-2)$$

于是 $E(y_0)$的 $1-\alpha$ 置信区间为

$$(\hat{y}_0(x_0)-\delta_0,\hat{y}_0(x_0)+\delta_0)\tag{4.11.44}$$

其中，$\delta_0=t_\alpha(n-2)\hat{\sigma}\sqrt{\frac{1}{n}+\frac{(x_0-\bar{x})^2}{L_{xx}}}$。

注意，上述 $E(y_0)$的 $1-\alpha$ 置信区间式(4.11.44)与 y_0 的预测区间式(4.11.43)的差别就在于根号里少一个 1，计算时要注意这个差别。这个差别导致置信区间

要比预测区间窄一些。

例 4.11.2.4 求例 4.11.2.2 中碳含量 $x_0=0.16$ 时，对应因变量 y_0 的均值 $E(y_0)$ 的 0.95 置信区间。

解 由例 4.11.2.2 知，合金的强度 y 对碳含量 x 的回归方程为 $\hat{y}=28.53+130.60x$，将 $x_0=0.16$ 代入回归方程，得预测值

$$\hat{y}_0=28.53+130.60\times 0.16=49.43$$

查表得 $t_\alpha(n-2)=t_{0.05}(10)=2.2281$，又

$$\hat{\sigma}=\sqrt{\frac{S_E}{n-2}}=\sqrt{\frac{17.9703}{12-2}}=1.3405$$

$$\begin{aligned}\delta_0&=t_\alpha(n-2)\hat{\sigma}\sqrt{\frac{1}{n}+\frac{(x_0-\bar{x})^2}{L_{xx}}}\\&=2.2281\times 1.3405\times\sqrt{\frac{1}{12}+\frac{(0.16-0.1583)^2}{0.0186}}=0.86\end{aligned}$$

故当 $x_0=0.16$ 时，y_0 在置信度为 0.95 的置信区间为

$$(49.43-0.86,49.43+0.86)=(48.57,50.29)$$

5. 一元线性回归分析

有时回归函数并非自变量的线性函数，但通过变换可以将之化为线性函数，从而利用一元线性回归对其进行分析，这样的问题是非线性回归问题。下面以一个例子说明上述非线性回归的分析步骤。

例 4.11.2.5 某地区不同身高的未成年男性的体重平均值见表 4.11.19。试建立 y 与 x 之间的回归方程。

表 4.11.19 某地区不同身高的未成年男性的体重平均值

身高 x/cm	体重 y/kg	身高 x/cm	体重 y/kg
60	6.13	120	20.92
70	7.90	130	26.86
80	9.99	140	31.11
90	12.15	150	38.85
100	15.02	160	47.25
110	17.50	170	55.05

解 根据表 4.11.19 中的数据画出散点图(见图 4.11.2)。

由散点图看出，样本点分布在某指数函数曲线 $y=C_1e^{C_2x}$ 的周围，于是令 $z=\ln y$，得表 4.11.20。

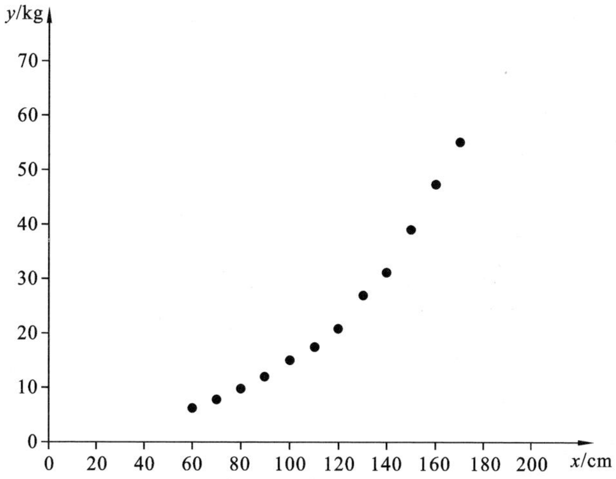

图 4.11.2　散点图

表 4.11.20　处理后的数据

x	z	x	z
60	1.81	120	3.04
70	2.07	130	3.29
80	2.30	140	3.44
90	2.50	150	3.66
100	2.71	160	3.86
110	2.86	170	4.01

根据表 4.11.20 画出散点图(见图 4.11.3)。

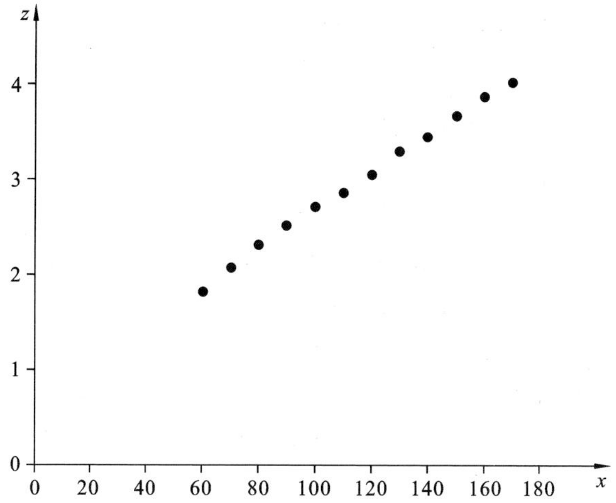

图 4.11.3　数据经处理后的散点图

从新得到的散点图可以看出，z 与 x 具有线性相关关系，因此可用一元线性回归分析方法。由表 4.11.20 中的数据可得 z 与 x 之间的回归直线方程 $\hat{z}=0.693+0.020x$，所以有 $\hat{y}=e^{0.693+0.020x}$。

6. 多元线性回归分析

多元线性回归分析是研究多个变量之间关系的回归分析方法，按因变量和自变量的数量对应关系，可划分为一个因变量对多个自变量的回归分析（简称"一对多"回归分析）及多个因变量对多个自变量的回归分析（简称"多对多"回归分析）；按回归模型类型，可划分为线性回归分析和非线性回归分析。限于篇幅，此处仅研究"一对多"回归分析。

1）多元线性回归模型的相关概念

在实际问题中，随机变量 y 往往与多个普通变量 $x_1,x_2,\cdots,x_p(p>1)$ 有关。对于自变量 $x_1,x_2,\cdots,x_p$ 的一组确定的值，y 有它的分布。若 y 的数学期望存在，则它是 $x_1,x_2,\cdots,x_p$ 的函数，记为 $E(y)=\mu(x_1,x_2,\cdots,x_p)$，它就是 y 关于 $x_1,x_2,\cdots,x_p$ 的回归。令人感兴趣的是 y 与 p 个自变量 $x_1,x_2,\cdots,x_p$ 存在线性关系：

$$y=\beta_0+\beta_1x_1+\cdots+\beta_px_p+\varepsilon \tag{4.11.45}$$

其中，$\beta_0,\beta_1,\cdots,\beta_p$ 都是与 $x_1,x_2,\cdots,x_p$ 无关的未知参数，ε 仍为随机误差。

式(4.11.45)称为回归方程，β_0 称为常数项或截距，β_k 称为 y 对 x_k 的回归系数或偏回归系数。$x_1,x_2,\cdots,x_p$ 称为解释变量或自变量，y 称为被解释变量或因变量，误差项 ε 解释了因变量的变动中不能完全被自变量所解释的部分。

设有 n 组样本观测数据：

$$(x_{11},x_{12},\cdots,x_{1p},y_1),\cdots,(x_{n1},x_{n2},\cdots,x_{np},y_n)$$

其中，x_{ij} 表示 x_j 在第 i 次的估计观测值（$i=1,2,\cdots,n;j=1,2,\cdots,p$）。于是有

$$\left.\begin{aligned}y_1&=\beta_0+\beta_1x_{11}+\cdots+\beta_px_{1p}+\varepsilon_1\\y_2&=\beta_0+\beta_1x_{21}+\cdots+\beta_px_{2p}+\varepsilon_2\\&\vdots\\y_n&=\beta_0+\beta_1x_{n1}+\cdots+\beta_px_{np}+\varepsilon_n\end{aligned}\right\} \tag{4.11.46}$$

式(4.11.46)称为一对多(p)元总体线性回归的数学模型，或多(p)元随机线性回归函数，简称多元线性回归的数学模型。

在多元线性回归模型式(4.11.46)中参数 $\beta_0,\beta_1,\cdots,\beta_p$ 是未知的，ε_i 是不可观测的。统计量分析的目标之一就是估计模型式(4.11.46)中的未知参数，即利用给定的一组随机样本 $(y_i,x_{i1},x_{i2},\cdots,x_{ip})$，$i=1,2,\cdots,n$，对

$$E(y_i|x_{i1},x_{i2},\cdots,x_{ip})=\beta_0+\beta_1x_{i1}+\cdots+\beta_px_{ip}$$

中的参数进行估计。若 $E(y_i|x_{i1},x_{i2},\cdots,x_{ip})$，$\beta_0,\beta_1,\beta_2,\cdots,\beta_p$ 的估计量分别记

为 $\hat{y}_i,\hat{\beta}_0,\hat{\beta}_1,\hat{\beta}_2,\cdots,\hat{\beta}_p$，则称

$$\hat{y}_i=\hat{\beta}_0+\hat{\beta}_1 x_{i1}+\cdots+\hat{\beta}_p x_{ip},\quad i=1,2,\cdots,n$$

为样本回归函数。

注：样本回归函数随着样本的不同而不同，也就是说 $\beta_0,\beta_1,\beta_2,\cdots,\beta_p$ 是随机变量，它们的随机性是由 $\hat{y}_i$ 的随机性[同一组 $(x_{i1},x_{i2},\cdots,x_{ip})$ 可能对应不同的 y_i]，$x_1,x_2,\cdots,x_p$ 各自的变异，以及 $x_1,x_2,\cdots,x_p$ 之间的相关性共同引起的。定义 $y_i-\hat{y}_i$ 为残差，记为 e_i，即 $e_i=y_i-\hat{y}_i$，这样 $y_i=\hat{y}_i+e_i$，或

$$y_i=\hat{\beta}_0+\hat{\beta}_1 x_{i1}+\cdots+\hat{\beta}_p x_{ip}+e_i,\quad i=1,2,\cdots,n \tag{4.11.47}$$

式(4.11.47)称为样本回归模型或者随机样本回归函数。样本回归模型中残差 e_i 可视为总体回归模型中误差 ε_i 的估计量 $\hat{\varepsilon}_i$。

2）多元线性回归模型的矩阵表示

多元线性回归模型比一元线性回归模型要复杂得多，故而引入矩阵这一工具简化计算和分析。设

$$\boldsymbol{X}=\begin{bmatrix}1 & x_{11} & x_{12} & \cdots & x_{1p}\\ 1 & x_{21} & x_{22} & \cdots & x_{2p}\\ \vdots & \vdots & \vdots & \cdots & \vdots\\ 1 & x_{n1} & x_{n2} & \cdots & x_{np}\end{bmatrix}_{n\times(p+1)},\ \boldsymbol{y}=\begin{bmatrix}y_1\\ y_2\\ \vdots\\ y_n\end{bmatrix}_{n\times 1},\ \boldsymbol{\beta}=\begin{bmatrix}\beta_0\\ \beta_1\\ \vdots\\ \beta_p\end{bmatrix}_{(p+1)\times 1},\ \boldsymbol{\varepsilon}=\begin{bmatrix}\varepsilon_1\\ \varepsilon_2\\ \vdots\\ \varepsilon_n\end{bmatrix}_{n\times 1}$$

则式(4.11.46)可表示为

$$\boldsymbol{y}=\boldsymbol{X\beta}+\boldsymbol{\varepsilon} \tag{4.11.48}$$

式(4.11.48)称为多(p)元线性回归模型的矩阵形式。记

$$\hat{\boldsymbol{\beta}}=\begin{bmatrix}\hat{\beta}_0\\ \hat{\beta}_1\\ \vdots\\ \hat{\beta}_p\end{bmatrix}_{(p+1)\times 1},\quad \boldsymbol{e}=\begin{bmatrix}e_0\\ e_1\\ \vdots\\ e_n\end{bmatrix}$$

则样本回归模型的矩阵形式表示为

$$\boldsymbol{y}=\boldsymbol{X}\hat{\boldsymbol{\beta}}+\boldsymbol{e}$$

3）回归系数的最小二乘法估计

(1) 参数的最小二乘法估计。

设 $\hat{\beta}_0,\hat{\beta}_1,\hat{\beta}_2,\cdots,\hat{\beta}_p$ 为 $\beta_0,\beta_1,\beta_2,\cdots,\beta_p$ 的最小二乘法估计值，于是 y_i 的观测值为

$$y_i=\beta_0+\beta_1 x_{i1}+\cdots+\beta_p x_{ip}+\varepsilon_i,\quad i=1,2,\cdots,n$$

令 $\hat{y}_i$ 为 y_i 的估计值，则有

$$\hat{y}_i=\hat{\beta}_0+\hat{\beta}_1 x_{i1}+\cdots+\hat{\beta}_p x_{ip},\quad i=1,2,\cdots,n$$

令

$$e_i = y_i - \hat{y}_i, \quad i=1,2,\cdots,n$$

称 e_i 为残差,它表示实际观测值 y_i 与估计值 $\hat{y}_i$ 的偏离程度。

和一元线性回归的情况一样,用极大似然估计法来估计参数,即取 $\hat{\beta}_0,\hat{\beta}_1,\hat{\beta}_2,\cdots,\hat{\beta}_p$ 使得当 $\beta_0=\hat{\beta}_0,\beta_1=\hat{\beta}_1,\cdots,\beta_p=\hat{\beta}_p$ 时,

$$Q=\sum_{i=1}^{n}e_i^2=\sum_{i=1}^{n}(y_i-\beta_0-\beta_1x_{i1}-\cdots-\beta_px_{ip})^2$$

达到最小。取 Q 分别关于 $\beta_0,\beta_1,\beta_2,\cdots,\beta_p$ 的偏导数,并令它们等于零,得

$$\left.\begin{aligned}
\frac{\partial Q}{\partial\beta_0}&=-2\sum_{i=1}^{n}(y_i-\beta_0-\beta_1x_{i1}-\beta_2x_{i2}-\cdots-\beta_px_{ip})=0\\
\frac{\partial Q}{\partial\beta_1}&=-2\sum_{i=1}^{n}(y_i-\beta_0-\beta_1x_{i1}-\beta_2x_{i2}-\cdots-\beta_px_{ip})x_{i1}=0\\
\frac{\partial Q}{\partial\beta_2}&=-2\sum_{i=1}^{n}(y_i-\beta_0-\beta_1x_{i1}-\beta_2x_{i2}-\cdots-\beta_px_{ip})x_{i2}=0\\
&\vdots\\
\frac{\partial Q}{\partial\beta_p}&=-2\sum_{i=1}^{n}(y_i-\beta_0-\beta_1x_{i1}-\beta_2x_{i2}-\cdots-\beta_px_{ip})x_{ip}=0
\end{aligned}\right\}\tag{4.11.49}$$

化简式(4.11.49)得

$$\left.\begin{aligned}
&n\beta_0+\beta_1\sum_{i=1}^{n}x_{i1}+\beta_2\sum_{i=1}^{n}x_{i2}+\cdots+\beta_p\sum_{i=1}^{n}x_{ip}=\sum_{i=1}^{n}y_i\\
&\beta_0\sum_{i=1}^{n}x_{i1}+\beta_1\sum_{i=1}^{n}x_{i1}^2+\beta_2\sum_{i=1}^{n}x_{i1}x_{i2}+\cdots+\beta_p\sum_{i=1}^{n}x_{i1}x_{ip}=\sum_{i=1}^{n}x_{i1}y_i\\
&\vdots\\
&\beta_0\sum_{i=1}^{n}x_{ip}+\beta_1\sum_{i=1}^{n}x_{i1}x_{ip}+\beta_2\sum_{i=1}^{n}x_{i2}x_{ip}+\cdots+\beta_p\sum_{i=1}^{n}x_{ip}^2=\sum_{i=1}^{n}x_{ip}y_i
\end{aligned}\right\}\tag{4.11.50}$$

式(4.11.50)称为正规方程组。为了方便求解正规方程组,将式(4.11.50)写成矩阵形式。引入矩阵

$$\boldsymbol{X}=\begin{bmatrix}1 & x_{11} & x_{12} & \cdots & x_{1p}\\ 1 & x_{21} & x_{22} & \cdots & x_{2p}\\ \vdots & \vdots & \vdots & & \vdots\\ 1 & x_{n1} & x_{n2} & \cdots & x_{np}\end{bmatrix}_{n\times(p+1)},\quad \boldsymbol{Y}=\begin{bmatrix}y_1\\ y_2\\ \vdots\\ y_n\end{bmatrix}_{n\times1},\quad \boldsymbol{\beta}=\begin{bmatrix}\beta_0\\ \beta_1\\ \vdots\\ \beta_p\end{bmatrix}_{(p+1)\times1}$$

于是式(4.11.50)即可写成

$$\boldsymbol{X}^{\mathrm{T}}\boldsymbol{X}\boldsymbol{\beta}=\boldsymbol{X}^{\mathrm{T}}\boldsymbol{Y}\tag{4.11.51}$$

这就是正规方程组的矩阵形式。

如果线性方程组(4.11.51)的系数矩阵 $\boldsymbol{A}=\boldsymbol{X}^{\mathrm{T}}\boldsymbol{X}$ 满秩，则 $\boldsymbol{A}^{-1}$ 存在，此时在式(4.11.51)两边左乘 $\boldsymbol{X}^{\mathrm{T}}\boldsymbol{X}$ 的逆矩阵 $(\boldsymbol{X}^{\mathrm{T}}\boldsymbol{X})^{-1}$，得到式(4.11.51)的解为

$$\hat{\boldsymbol{\beta}}=\begin{bmatrix}\hat{\beta}_0\\\hat{\beta}_1\\\vdots\\\hat{\beta}_p\end{bmatrix}=(\boldsymbol{X}^{\mathrm{T}}\boldsymbol{X})^{-1}\boldsymbol{X}^{\mathrm{T}}\boldsymbol{Y}$$

这就是要求的 $[\beta_0,\beta_1,\beta_2,\cdots,\beta_p]^{\mathrm{T}}$ 的极大似然估计。

“使 Q 达到最小”这个估计方法称为“最小二乘法”。这个重要方法归功于德国大数学家高斯在 1799—1809 年间的工作。这个方法在数理统计学中有广泛的应用。其好处之一在于计算简便，且这种方法导出的估计颇有些良好的性质。取

$$\hat{y}=\hat{\beta}_0+\hat{\beta}_1x_1+\cdots+\hat{\beta}_px_p \tag{4.11.52}$$

作为 $E(y)=\mu(x_1,x_2,\cdots,x_p)=\beta_0+\beta_1x_1+\cdots+\beta_px_p$ 的估计，方程(4.11.52)称为 p 元线性回归方程，简称回归方程。

例 4.11.2.6 下面给出了某种产品每件的平均单价 y(单位：元)与批量 x(单位：件)之间关系的一组数据，见表 4.11.21。

表 4.11.21 产品平均单价与批量的关系数据

x	20	25	30	35	40	50	60	65	70	75	80	90
y	1.81	1.70	1.65	1.55	1.48	1.40	1.30	1.26	1.24	1.21	1.20	1.18

画出散点图(图略)，选取模型

$$y=\beta_0+\beta_1x+\beta_2x^2+\varepsilon,\quad \varepsilon\sim N(0,\sigma^2)$$

令 $x_1=x,x_2=x^2$，则上式可写成

$$y=\beta_0+\beta_1x_1+\beta_2x_2+\varepsilon,\quad \varepsilon\sim N(0,\sigma^2)$$

这是一个二元线性回归模型，现在有

$$\boldsymbol{X}=\begin{bmatrix}1&20&400\\1&25&625\\1&30&900\\1&35&1225\\1&40&1600\\1&50&2500\\1&60&3600\\1&65&4225\\1&70&4900\\1&75&5625\\1&80&6400\\1&90&8100\end{bmatrix},\quad \boldsymbol{Y}=\begin{bmatrix}1.81\\1.70\\1.65\\1.55\\1.48\\1.40\\1.30\\1.26\\1.24\\1.21\\1.20\\1.18\end{bmatrix},\quad \boldsymbol{\beta}=\begin{bmatrix}\beta_0\\\beta_1\\\beta_2\end{bmatrix}$$

经计算，

$$XX^{T}=\begin{bmatrix}12 & 640 & 40100\\ 640 & 40100 & 2779000\\ 40100 & 2779000 & 201702500\end{bmatrix}$$

因为 $\Delta=|XX^{T}|=1.41918\times10^{11}\neq0$，故 XX^{T} 可逆，且

$$(XX^{T})^{-1}=\begin{bmatrix}4.8572925 & -1.957\times10^{10} & 170550000\\ -1.95717\times10^{10} & 848420000 & -7664000\\ 170550000 & -7684000 & 204702500\end{bmatrix}$$

即得正规方程组的解为

$$\boldsymbol{\beta}=\begin{bmatrix}\beta_0\\ \beta_1\\ \beta_2\end{bmatrix}=(\boldsymbol{X}^{T}\boldsymbol{X})^{-1}\boldsymbol{X}^{T}\boldsymbol{Y}=\begin{bmatrix}2.19826629\\ -0.02252236\\ 0.00012507\end{bmatrix}$$

于是得到回归方程为

$$\hat{y}=2.19826629-0.02252236x+0.00012507x^{2}$$

(2) 参数的最小二乘法估计量的性质。

性质 1 $\hat{\boldsymbol{\beta}}=[\hat{\beta}_0,\hat{\beta}_1,\hat{\beta}_2,\cdots,\hat{\beta}_p]^{T}$ 是 $\boldsymbol{\beta}=[\beta_0,\beta_1,\beta_2,\cdots,\beta_p]^{T}$ 的线性无偏估计，即

$$E(\hat{\boldsymbol{\beta}})=\boldsymbol{\beta}$$

也就是说，$\hat{\beta}_i$ 是 $\beta_i(i=0,1,2,\cdots,p)$ 的线性无偏估计。

性质 2 $\hat{\boldsymbol{\beta}}=[\hat{\beta}_0,\hat{\beta}_1,\hat{\beta}_2,\cdots,\hat{\beta}_p]^{T}$ 的协方差矩阵为

$$\mathrm{Cov}(\hat{\boldsymbol{\beta}},\hat{\boldsymbol{\beta}})=\sigma^{2}(\boldsymbol{X}^{T}\boldsymbol{X})^{-1}$$

4）回归方程及回归系数的显著性检验

设变量 y 对 $x_1,x_2,\cdots,x_p$ 的线性回归模型为

$$y=\beta_0+\beta_1x_1+\cdots+\beta_px_p+\varepsilon$$

其中，$\varepsilon\sim N(0,\sigma^{2})$。与一元线性回归一样，模型往往是一种假设，是否符合实际，还需进行假设检验：

$$H_0:\beta_1=\beta_2=\cdots=\beta_p=0,\quad H_1:\beta_1,\beta_2,\cdots,\beta_p\text{ 不全为零}$$

若在显著性水平 α 下拒绝 $H_0:\beta_1=\beta_2=\cdots=\beta_p=0$，就认为回归效果是显著的。

另外，与一元线性回归一样，多元线性回归方程的一个很重要的应用是，确定给定点 $(x_{01},x_{02},\cdots,x_{0p})$ 处对应的 y 的观测值的预测区间。

在实际问题中，与 y 有关的因素很多，如果全部作为自变量应用，则会导致所得的方程很庞大，为此要取消掉明显无影响或影响很小的因素，也可用逐步回归法除掉一些影响小的因素。一般，在计算机标准程序库中都有多元线性回归、逐步回归法的标准程序可供直接使用。

第 5 章 运筹学与组合优化

5.1 引言

运筹学是一门应用于管理组织系统的科学。它的研究对象是系统，研究的目的是使系统“多、快、好、省”地工作，简单说就是系统的优化。

运筹学起源于第二次世界大战初期的军事任务，战后又应用于生产恢复的组织管理，之后主要转向经济活动的研究。其主要目的是为管理人员提供决策的科学依据。21 世纪以来，随着计算机科学、信息技术、人工智能的发展，运筹学研究与应用的领域不断扩大，除了经济领域外，已扩充渗透到工业、农业、军事、科技、文化和社会生活等各个领域。

运筹学的英文名称是 Operations Research，简称 O. R. ，直译为“作业研究”或“运用研究”。《大英百科全书》的释义为“运筹学是一门应用于管理、有组织系统的科学”，“运筹学为掌管这类系统的人提供决策目标和数量分析的工具”。《中国大百科全书》的释义为“运筹学是用数学方法研究经济、民政和国防等部门在内外环境的约束条件下合理分配人力、物力、财力等资源，使实际系统有效运行的技术科学，它可以用来预测发展趋势、制定行动规划或优选可行方案”。我国学者把这门科学意译为“运筹学”，就是取自古语“运筹于帷幄之中，决胜于千里之外”，其意为运算筹划，出谋划策，以最佳策略取胜。这就极为恰当地概括了这门科学的精髓。

运筹学的主要内容有两方面：一是“规划论”（线性规划、非线性规划、整数规划、动态规划、多目标规划、随机规划等），另一是“优化论”（网络分析、排队论、对策论、决策论、存储论、可靠性理论、投入产出分析等）。规划论实际上也是优化论，只是因为这部分内容研究较早、较系统、较成熟，因而将其独立出来。规划论是运筹学的基础。从数学方法论的观点看，在运筹学中，线性规划是最核心的内容，其他的运筹学方法大多基于线性规划方法。

运筹学解决问题的工作步骤是：

(1) 根据实际问题,建立数学模型。将问题中的可控变量、参数和目标与约束之间的关系用数学模型表示。

数学模型的一般形式如下:

目标函数(评价准则)　max/min　$f(x,c,j)$;

约束条件　s. t.　$g(x,a,j)=b$

其中,s. t. 是英文 subject to 的缩写,意思是“受限制于”;x 为可控变量;a,b,c 为常系数;j 为随机因素。

(2) 用各种数学方法对数学模型进行求解。解可以是最优解、次优解、满意解。

(3) 解的检验和调整。用各种方法检查求解步骤和程序有无错误,检查解是否反映现实问题,再根据检查结果做一定的修正。

(4) 解的实际应用。实践是检验真理的唯一标准。根据实际应用中产生的问题对数学模型和求解方法再做调整与修正。

以上过程应反复进行。

最早建立运筹学会的国家是英国(1948 年),接着是美国(1952 年)、法国(1956 年)、日本和印度(1957 年)等。到 2005 年为止,国际上已有 48 个国家和地区建立了运筹学会或类似的组织。我国的运筹学会成立于 1980 年。1959 年,英、美、法三国的运筹学会发起成立了国际运筹学联合会(IFORS),各国的运筹学会纷纷加入,我国于 1982 年加入该会。此外,还有一些地区性组织,如欧洲运筹学协会(EURO)成立于 1975 年,亚太运筹学协会(APORS)成立于 1985 年。

在 20 世纪 50 年代中期,钱学森、许国志等教授将运筹学由西方引入我国,并结合我国的特点在国内推广应用。在此期间,以华罗庚教授为首的一大批数学家加入运筹学的研究队伍,使运筹数学的很多分支很快跟上了当时的国际水平。

5.2 线性规划

5.2.1 线性规划问题的标准形式

在运筹学中,线性规划(linear programming,LP)是最核心的内容,其他的运筹学方法大多基于线性规划方法。线性规划可以对一组在线性约束条件下的线性目标函数求得最优化的解。对于只有两个决策变量的线性规划问题,可以用图解法求解。单纯形法是求解线性规划问题的通用方法。

由于求解线性规划问题在运筹学中具有重要作用，我们希望线性规划问题有标准的数学模型。

线性规划问题的标准形式为

$$\left.\begin{array}{l} \max/\min\ z=c_1x_1+c_2x_2+\cdots+c_nx_n \\ \text{s. t.}\ \begin{cases} a_{11}x_1+a_{12}x_2+\cdots+a_{1n}x_n=b_1 \\ a_{21}x_1+a_{22}x_2+\cdots+a_{2n}x_n=b_2 \\ \vdots \qquad\quad \vdots \qquad\qquad \vdots \qquad \vdots \\ a_{m1}x_1+a_{m2}x_2+\cdots+a_{mn}x_n=b_m \\ x_1,x_2,\cdots,x_n\geqslant 0 \end{cases} \end{array}\right\} \tag{5.2.1}$$

其中，x_j 为决策变量，c_j，a_{ij} 和 b_i 为实常数，且 $b_i\geqslant 0$，$i=1,2,\cdots,m$；$j=1,2,\cdots,n$。

利用向量和矩阵符号可以简写为

$$\left.\begin{array}{l} \max/\min\ \boldsymbol{CX} \\ \text{s. t.}\ \begin{cases} \boldsymbol{AX}=\boldsymbol{b} \\ \boldsymbol{X}\geqslant 0 \end{cases} \end{array}\right\} \tag{5.2.2}$$

其中，$\boldsymbol{A}$ 为矩阵，$\boldsymbol{b}$，$\boldsymbol{C}$，$\boldsymbol{X}$ 均为向量：

$$\boldsymbol{A}=\begin{bmatrix} a_{11} & a_{12} & \cdots & a_{1n} \\ a_{21} & a_{22} & \cdots & a_{2n} \\ \vdots & \vdots & & \vdots \\ a_{m1} & a_{m2} & \cdots & a_{mn} \end{bmatrix}$$

$$\boldsymbol{C}=(c_1,c_2,\cdots,c_n)$$

$$\boldsymbol{b}=(b_1,b_2,\cdots,b_m)^{\mathrm{T}}$$

$$\boldsymbol{X}=(x_1,x_2,\cdots,x_n)^{\mathrm{T}}$$

在式(5.2.1)和式(5.2.2)中：$x_1,x_2,\cdots,x_n$ 称为决策变量(decision variable)，是线性规划问题中要求解的变量；$f(x_1,x_2,\cdots,x_n)=c_1x_1+c_2x_2+\cdots+c_nx_n$ 称为目标函数(objective function)，常数 $c_1,c_2,\cdots,c_n$ 称为费用系数(cost coefficient)；$\boldsymbol{A}$ 称为约束矩阵(constraint matrix)，列向量 $\boldsymbol{b}=(b_1,b_2,\cdots,b_m)^{\mathrm{T}}$ 称为右端向量(right-hand side vector)，条件 $x_j\geqslant 0$ $(j=1,2,\cdots,n)$称为非负约束。

在各种实际问题中，列出的模型不尽相同，目标函数可能是求最小值或最大值；约束条件可能是等式或不等式；变量可能有限制或没有限制。但是，任何一种线性规划模型都可以等价地转换为标准形式。

(1) 目标函数的转换。若原问题是求 $\max \boldsymbol{CX}$，则可以转换成求 $\min(-\boldsymbol{CX})$。

(2) 约束条件的转换。若约束条件是不等式

$$\sum_{j=1}^{n}a_{ij}x_j\leqslant b_i\left(\sum_{j=1}^{n}a_{ij}x_j\geqslant b_i\right)$$

则可以转换成

$$\begin{cases}\sum_{j=1}^{n} a_{ij}x_j + x_{n+i} = b_i \quad (\sum_{j=1}^{n} a_{ij}x_j - x_{n+i} = b_i) \\ x_{n+i} \geqslant 0\end{cases}$$

其中,引进的新变量 x_{n+i} 称为**松弛变量**(slack variable)。在目标函数中与松弛变量对应的费用系数取 0 值。

若等式约束 $\sum_{j=1}^{n} a_{ij}x_j = b_i$ 中的 $b_i<0$,则可将该等式的两端同乘以(−1)转换为 $-\sum_{j=1}^{n} a_{ij}x_j = -b_i$,此时,$(-b_i)>0$。

(3) 变量的非负约束。若某个变量的约束为 $x_j \leqslant \beta_j$(或 $x_j \geqslant \beta_j$),则可令 $x'_j = \beta_j - x_j$(或 $x'_j = x_j - \beta_j$),于是便有 $x'_j \geqslant 0$;若某个变量 x_j 没有限制,则可令 $x_j = x'_j - x''_j$,并增加约束 $x'_j \geqslant 0, x''_j \geqslant 0$。

例 5.2.1.1 某工厂有 A、B、C 三种类型的机床若干台,用这些机床制造不同类型的产品 P_1、P_2、P_3 和 P_4。表 5.2.1 给出了每种类型的机床数量以及用某种类型的机床制造一件某种类型的产品所需的时间(以 h 为单位)。假设制造这四种产品的每一件的利润分别是 3.5 元、4.2 元、6.5 元和 3.8 元,假定每台机床每周运行不超过 60 h,为了使获得的利润达到最大,问每周应制造这些产品各多少件?试建立该问题的数学模型。

表 5.2.1 机床类型和数量及生产单件不同产品的时间

机床类型	数量	P_1	P_2	P_3	P_4
A	20	2	2	0.5	1.5
B	30	0.5	2	1	2
C	15	1.5	1	3	1.5

解 设 P_1、P_2、P_3、P_4 四种产品每周产量分别为 x_1, x_2, x_3, x_4 件,则问题为在条件允许的范围内,选取 x_1, x_2, x_3, x_4 的值使总利润:

$$z = 3.5x_1 + 4.2x_2 + 6.5x_3 + 3.8x_4$$

达到最大。

由于每一类型的机床总运转时间在一周内分别不能超过极限值 60×20(A 型机床)、60×30(B 型机床)、60×15(C 型机床),又由于制造一件产品 P_1、P_2、P_3、P_4 分别需用 A 型机床 2 h、2 h、0.5 h 和 1.5 h,故有约束条件:

$$2x_1 + 2x_2 + 0.5x_3 + 1.5x_4 \leqslant 1200$$

类似地,对 B 和 C 型机床分别有约束条件:

$$0.5x_1 + 2x_2 + x_3 + 2x_4 \leqslant 1800$$

$$1.5x_1+x_2+3x_3+1.5x_4\leqslant 900$$

又因不可能制造出负数量的产品，故还应有约束条件：

$$x_1\geqslant 0,\quad x_2\geqslant 0,\quad x_3\geqslant 0,\quad x_4\geqslant 0$$

因此问题的数学模型为

$$\max\ z=3.5x_1+4.2x_2+6.5x_3+3.8x_4$$

$$\text{s. t.}\begin{cases}2x_1+2x_2+0.5x_3+1.5x_4\leqslant 1200\\0.5x_1+2x_2+x_3+2x_4\leqslant 1800\\1.5x_1+x_2+3x_3+1.5x_4\leqslant 900\\x_i\geqslant 0,\ i=1,2,3,4\end{cases}$$

例 5.2.1.2 将下列线性规划模型转化为标准形式：

$$\min\ -x_1+2x_2-3x_3$$

$$\text{s. t.}\begin{cases}x_1+x_2+x_3\leqslant 7\\x_1-x_2+x_3\geqslant 2\\3x_1-x_2-2x_3=-5\\x_1\geqslant 0,\ x_2\geqslant 0\end{cases}$$

解 对前面两个约束分别引进松弛变量 $x_6\geqslant 0$，$x_7\geqslant 0$，且规定其相应的费用系数 $c_6=0,c_7=0$。对等式约束的两端同乘以(−1)，再令 $x_3=x_4-x_5$，并添加约束 $x_4\geqslant 0,x_5\geqslant 0$。这样，给定的线性规划模型转化为标准形式：

$$\min\ -x_1+2x_2-3x_4+3x_5$$

$$\text{s. t.}\begin{cases}x_1+x_2+x_4-x_5+x_6=7\\x_1-x_2+x_4-x_5-x_7=2\\-3x_1+x_2+2x_4-2x_5=5\\x_1\geqslant 0,\ x_2\geqslant 0,x_4\geqslant 0\\x_5\geqslant 0,\ x_6\geqslant 0,x_7\geqslant 0\end{cases}$$

下面给出线性规划问题解的概念。

定义 5.2.1.1 式(5.2.1)和式(5.2.2)中，满足约束条件的向量 $\boldsymbol{x}=(x_1,x_2\cdots,x_n)^{\mathrm{T}}$ 称为线性规划问题的**可行解**(feasible solution)或**可行点**(feasible point)。可行点的集合，称为**可行域**(feasible region)。记作：

$$S=\{\boldsymbol{x}\in\boldsymbol{E}^n\,|\,\boldsymbol{A}\boldsymbol{x}=\boldsymbol{b},\ \boldsymbol{x}\geqslant 0\}$$

使目标函数取得最大(最小)值的可行解称为**最优解**(optimal solution)。

5.2.2 线性规划的图解法

如果线性规划问题只含有两个决策变量，那么，它的可行域可在平面上画出来，即可以用图解法求其最优解。举例说明如下。

例 5.2.2.1 求解线性规划问题：

$$\max z=-x_1+x_2$$

$$\text{s.t.}\begin{cases}x_1+x_2\leqslant 5\\-2x_1+x_2\leqslant 2\\x_1-2x_2\leqslant 2\\x_1,x_2\geqslant 0\end{cases}$$

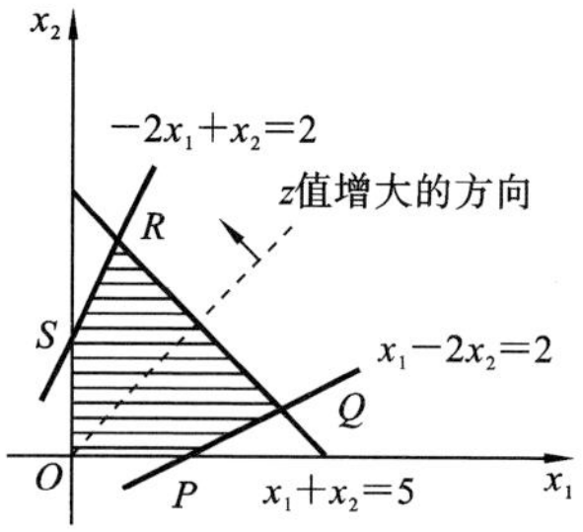

图 5.2.1 可行域及目标函数等值线(一)

解 (1) 分析约束条件，作出可行域的图形。

由解析几何知，一个两变量的线性方程表示为平面上的一条直线，两变量的线性不等式表示为一个半平面。例如：$x_1+x_2=5$ 表示平面上的一条直线 RQ，如图 5.2.1 所示。直线 RQ 将平面划分为上半平面和下半平面两个部分。$x_1+x_2\geqslant 5$ 表示包括直线 RQ 在内的上半平面，$x_1+x_2\leqslant 5$ 表示包括直线 RQ 在内的下半平面。所以满足不等式 $x_1+x_2\leqslant 5$ 的点位于直线 RQ 上或它的下方。同理，满足 $-2x_1+x_2\leqslant 2$ 的点位于直线 SR 上或它的下方；满足 $x_1-2x_2\leqslant 2$ 的点位于直线 PQ 上或它的上方；满足 $x_1\geqslant 0$ 的点位于纵坐标轴 Ox_2 上或它的右方；满足 $x_2\geqslant 0$ 的点位于横坐标轴 Ox_1 上或它的上方。同时满足所有约束条件的点位于五边形 $OPQRS$ 的边界上或它的内部。

上述五边形 $OPQRS$ 所围成的区域，称为线性规划问题的可行域。可行域上的任意一个点，称为线性规划问题的可行解。本题的要求是在可行域上找出一个可行解(x_1,x_2)，使其对应的目标函数 $z=-x_1+x_2$ 取得最大值。

(2) 考虑目标函数，作出目标函数的等值线。对于给定的 z，$-x_1+x_2$ 表示平面上的一条直线。由于该直线上的任意一个点对应的目标函数值都相等，因此，该直线称为目标函数的等值线。例如，给定 $z=0$，直线 $-x_1+x_2=0$ 是一条目标函数的等值线(见图 5.2.1 中的虚线)。如果把 z 看作参数，则 $-x_1+x_2=z$ 表示一族平行的目标函数的等值线，而且不难看出，随着 z 值的增大，等值线逐渐沿图 5.2.1 中箭头方向平行移动。反之，随着 z 值的减小，等值线逐渐沿图 5.2.1 中箭头的反方向平行移动。

(3) 向 z 值增大方向平行移动等值线。为了使目标函数取得最大值，我们平行移动等值线，使其在可行域内达到最大值，由图 5.2.1 可见，点 R 就是我们要求的点。点 R 是两条直线(方程)的交点，解这两个方程：

$$\begin{cases}x_1+x_2=5\\-2x_1+x_2=2\end{cases}$$

得点 R 的坐标 $x_1=1, x_2=4$，这就是线性规划问题的最优解，其对应的目标函数值 $z=-x_1+x_2=-1+4=3$，即线性规划问题的最优值。

例 5.2.2.2 求解线性规划问题：

$$\max z=2x_1+2x_2$$

$$\text{s.t.}\begin{cases}x_1-x_2\geqslant 1\\x_1-2x_2\geqslant 0\\x_1,x_2\geqslant 0\end{cases}$$

解 按例 5.2.2.1 的方法，首先由约束条件作出可行域(见图 5.2.2 中的阴影部分)。然后，把 z 看作参数作目标函数的等值线 $2x_1+2x_2=z$，如图 5.2.2中的虚线。由图可见，平行移动此等值线，始终在可行域内，故目标函数无最大值，此线性规划问题无最优解。

例 5.2.2.3 求解线性规划问题：

$$\min z=2x_1+2x_2$$

$$\text{s.t.}\begin{cases}x_1+x_2\geqslant 1\\x_1-3x_2\geqslant -3\\x_1\leqslant 3\\x_1,x_2\geqslant 0\end{cases}$$

解 作出可行域及目标函数的等值线 $2x_1+2x_2=z$，如图 5.2.3 所示。值得注意的是：等值线恰好与可行域的一条边界 PQ 平行。

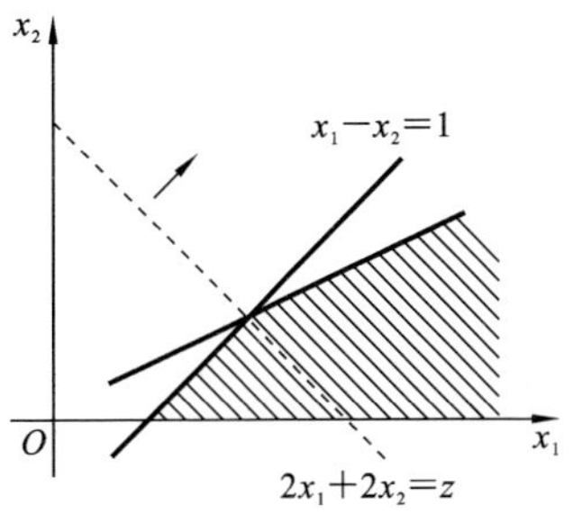

图 5.2.2 可行域及目标函数等值线(二)

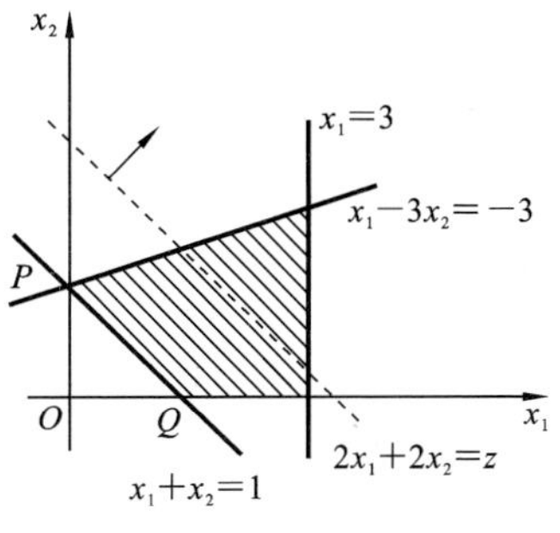

图 5.2.3 可行域及目标函数等值线(三)

为了求目标函数的最小值，将等值线沿图中箭头的反方向平行移动，当其经过 PQ 时，对应的目标函数取得最小值。由于等值线与可行域相交于 PQ，故 PQ 上的任意一点都是最优解。本题有无穷多个最优解。

在 PQ 上任取一点，例如 $P(0,1)$点，其对应的目标函数值 $z=2x_1+2x_2=2$ 为最优值。

例 5.2.2.4 求解线性规划问题：

$$\max\ z=5x_1+3x_2$$

$$\text{s. t.}\begin{cases}x_1+x_2\leqslant 1\\x_1+2x_2\geqslant 4\\x_1,x_2\geqslant 0\end{cases}$$

解 由于约束条件的四个半平面没有公共部分，因此这个线性规划问题没有可行解，也就没有可行域，当然不会有最优解，如图5.2.4所示。

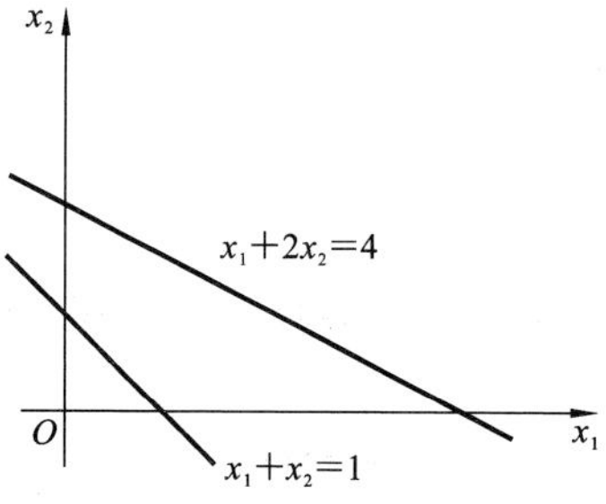

图 5.2.4 约束条件图示

综合以上四例，我们仍可以看出，两个变量的线性规划问题具有以下两个重要的性质。

性质 1 两个变量的线性规划问题的可行域(如果存在的话)是一个凸多边形(可能有界，也可能无界)。

性质 2 如果两个变量的线性规划问题有最优解，则最优解一定可以在可行域的某一个顶点处取得。

后文表明：以上两个性质对于多个变量的线性规划问题也是成立的。

5.2.3 线性规划的性质

1. 基、基变量、非基变量

设 $\boldsymbol{A}$ 是约束方程组(5.2.2)的系数构成的 $m\times n$ 阶矩阵，即

$$\boldsymbol{A}=\begin{bmatrix}a_{11}&a_{12}&\cdots&a_{1n}\\a_{21}&a_{22}&\cdots&a_{2n}\\\vdots&\vdots&\vdots&\vdots\\a_{m1}&a_{m2}&\cdots&a_{mn}\end{bmatrix}=(\boldsymbol{P}_1,\boldsymbol{P}_2,\cdots,\boldsymbol{P}_n)$$

$\boldsymbol{P}_j(j=1,2,\cdots,n)$是 $\boldsymbol{A}$ 的列向量。

设 $\boldsymbol{A}$ 的秩为 m，$\boldsymbol{B}$ 是 $\boldsymbol{A}$ 的任意一个 m 阶非奇异子矩阵(即 $|\boldsymbol{B}|\neq 0$)，则称 $\boldsymbol{B}$ 为线性规划问题的一个基(basis)。

显然，一个线性规划问题的基的个数不会超过 C_n^m。由线性代数知识可知，若 $\boldsymbol{B}$ 是线性规划问题的一个基，则 $\boldsymbol{B}$ 一定是由 m 个线性无关的列向量组成的子方阵。

$$\boldsymbol{B}=\begin{bmatrix}a_{11}&a_{12}&\cdots&a_{1m}\\a_{21}&a_{22}&\cdots&a_{2m}\\\vdots&\vdots&\vdots&\vdots\\a_{m1}&a_{m2}&\cdots&a_{mm}\end{bmatrix}=(\boldsymbol{P}_1,\boldsymbol{P}_2,\cdots,\boldsymbol{P}_m)$$

称 $\boldsymbol{P}_j(j=1,2,\cdots,m)$为关于基 $\boldsymbol{B}$ 的基向量，与基向量 $\boldsymbol{P}_j$ 对应的变量 $x_j(j=1,$

$2,\cdots,m$)称为关于基 $\boldsymbol{B}$ 的基变量(basic variable),其余的变量 $x_j(j=m+1,\cdots,n)$称为关于基 $\boldsymbol{B}$ 的非基变量(nonbasic variable)。

2. 基本解、基本可行解

当基 $\boldsymbol{B}=(\boldsymbol{P}_1,\boldsymbol{P}_2,\cdots,\boldsymbol{P}_m)$取定后,令所有关于基 $\boldsymbol{B}$ 的非基变量均为零,即令

$$x_{m+1}=x_{m+2}=\cdots=x_n=0$$

由于 $\boldsymbol{B}$ 非奇异,所以由约束方程组(5.2.2)可以求出唯一的一个解:

$$\boldsymbol{X}=(x_1,x_2,\cdots,x_m,0,\cdots,0)^{\mathrm{T}}$$

该解称为关于基 $\boldsymbol{B}$ 的基本解。

基本解不一定满足非负条件,即基本解不一定是可行解。满足非负条件的基本解,称为关于基 $\boldsymbol{B}$ 的**基本可行解**(basic feasible solution),相应的基 $\boldsymbol{B}$ 称为**可行基**(feasible basis)。显然,每一个基本可行解非零分量的个数不会超过 m,如果非零分量的个数小于 m,也就是存在着取值为零的基变量,则称该基本可行解为退化的(degenerate)基本可行解,若基本可行解的所有基变量都取正值,则称它是非退化的(non-degenerate)。

由此可见,一个线性规划问题的所有基本解分为基本可行解和不可行的基本解两类。由于基和基本解是一一对应的,所以相应地,一个线性规划问题的所有的基也分为两类:

(1) 基本可行解对应的基,称为可行基。特别地,当基本可行解是最优解时,它所对应的可行基称为最优可行基或最优基。

(2) 不可行的基本解对应的基,称为非可行基。

注意,有 m 个约束方程和 n 个变量的标准形式线性规划问题必有有限个基本解,其最大个数为

$$\binom{n}{m}=\frac{n!}{m!\ (n-m)!}$$

基本可行解的最大组数也小于或等于此式的值。

例 5.2.3.1 求线性规划问题的基本可行解:

$$\max\ z=2x_1+3x_2$$

$$\text{s.t.}\ \begin{cases}2x_1+x_2+x_3=2\\ x_1+3x_2+x_4=3\\ x_1,x_2,x_3,x_4\geqslant 0\end{cases}$$

解 该线性规划问题约束方程组的系数矩阵为

$$\boldsymbol{A}=\begin{bmatrix}2&1&1&0\\1&3&0&1\end{bmatrix}=(\boldsymbol{P}_1,\boldsymbol{P}_2,\boldsymbol{P}_3,\boldsymbol{P}_4)$$

$\boldsymbol{A}$ 的子矩阵 $\boldsymbol{B}_1=(\boldsymbol{P}_3,\boldsymbol{P}_4)=\begin{bmatrix}1&0\\0&1\end{bmatrix}$非奇异,因而 $\boldsymbol{B}_1$ 是一个基,关于基 $\boldsymbol{B}_1$

的基变量为 x_3 和 x_4，非基变量为 x_1 和 x_2。令非基变量 $x_1=x_2=0$，解约束方程组，得关于基 $\boldsymbol{B}_1$ 的基本解：

$$\boldsymbol{X}^{(1)}=(0,0,2,3)^{\mathrm{T}}$$

因为 $\boldsymbol{X}^{(1)}$ 满足非负条件，所以 $\boldsymbol{X}^{(1)}$ 是关于基 $\boldsymbol{B}_1$ 的一个基本可行解，$\boldsymbol{B}_1$ 是一个可行基。同理，$\boldsymbol{A}$ 的子矩阵 $\boldsymbol{B}_2=(\boldsymbol{P}_1,\boldsymbol{P}_2)=\begin{bmatrix}2 & 1\\1 & 3\end{bmatrix}$非奇异，因而它也是一个基，用同样的方法求得其对应的基本可行解：

$$\boldsymbol{X}^{(2)}=\left(\frac{3}{5},\frac{4}{5},0,0\right)^{\mathrm{T}}$$

即 $\boldsymbol{B}_2$ 也是一个可行基。其余的基本可行解读者可自行求出。

值得注意的是，虽然 $\boldsymbol{A}$ 的非奇异子矩阵 $\boldsymbol{B}_3=(\boldsymbol{P}_2,\boldsymbol{P}_4)=\begin{bmatrix}1 & 0\\3 & 1\end{bmatrix}$也是一个基，但其对应的基本解：

$$\boldsymbol{X}^{(3)}=(0,2,0,-3)^{\mathrm{T}}$$

不满足非负条件，故 $\boldsymbol{X}^{(3)}$ 不是基本可行解，$\boldsymbol{B}_3$ 为非可行基。

前面已说明，对于两个变量的线性规划问题，其可行域是凸多边形，并且若有最优解，则最优解一定可以在可行域的某一个顶点处取得。从直观上看，如图 5.2.5 所示的图形，它们的共同特征是连接图形中任意两点，所得线段上所有的点都在该图形之中，而如图 5.2.6 所示的图形则不具有这个特征。

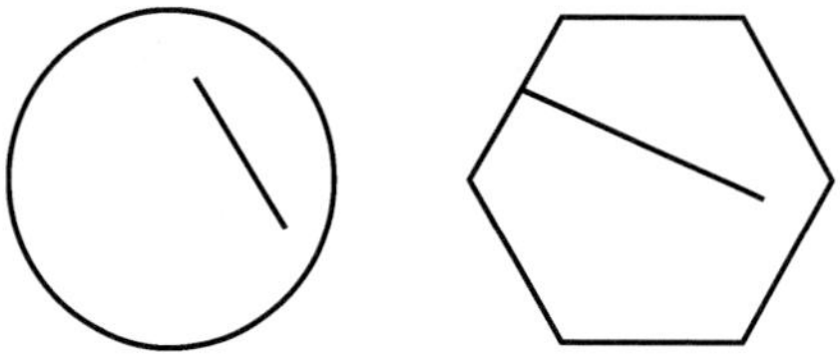

图 5.2.5　示意图(一)

图 5.2.6　示意图(二)

我们利用上述特征来定义凸集，设 D 是 n 维线性空间 $\mathbf{R}^n$ 的一个点集，若 D 中的任意两点 $x^{(1)}$ 和 $x^{(2)}$ 连线上的一切点 x 仍在 D 中，则称 D 为凸集。

5.2.4　单纯形法

单纯形法(simplex algorithm)是求解线性规划问题的基本方法之一，它是美国学者丹齐格(G. B. Dantzig)在 1947 年提出的，1953 年，他又提出了改进单纯形法。1954 年，比尔(Beale)提出了对偶单纯形法，随后又出现了原始-对偶单纯形法，使单纯形法更为完善。

单纯形法是基于线性规划问题的几何性质而提出的，因为单纯形本身就是一个几何概念，所以这种求解方法便称为单纯形法。

单纯形法的理论基础是线性规划问题的基本定理。

1. 线性规划问题的两个基本定理

定理 5.2.4.1 如果线性规划问题式(5.2.1)有可行解，则一定存在基本可行解。

证明略。

定理 5.2.4.2 如果线性规划问题式(5.2.1)有最优可行解，则一定存在最优基本可行解。

证明略。

2. 单纯形法的基本思路

首先从可行域中找一个基本可行解，然后判别它是否为最优解，若是，则停止计算；否则，就找一个更好的基本可行解，再进行检验。如此反复，经过有限次迭代，直至找到最优解，或者判定它无界(即无有限最优解)为止。

上述迭代过程可以用代数运算形式或表格形式来进行。代数运算形式比较烦琐，表格形式简练，但是代数运算形式能详细地说明单纯形法的迭代过程。因此，本节首先介绍单纯形法的代数运算形式，以使读者了解迭代的全过程。在此基础上，再介绍单纯形法的表格形式。

单纯形法是解线性规划和非线性规划问题的基本数学方法，应用十分广泛，不同应用者采用了不同的数学符号和不同的表格形式。为了保持原作者的书写习惯，本书汇编时沿用了不同的原作符号和表格形式。这样做还有一个好处，就是给读者以更多的思考和创新的空间。

3. 单纯形法的引入

例 5.2.4.1 用单纯形法的代数运算形式求解下列线性规划问题：

$$\left.\begin{array}{l}\max\ z=7x_1+15x_2\\ \text{s.t.}\begin{cases}x_1+x_2\leqslant 6\\ x_1+2x_2\leqslant 8\\ x_2\leqslant 3\\ x_1,x_2\geqslant 0\end{cases}\end{array}\right\}\tag{5.2.3}$$

解 (1) 化为标准型。引入松弛变量 x_3,x_4,x_5，将上述问题化为标准型：

$$\left.\begin{array}{l}\max\ z=7x_1+15x_2\\ \text{s.t.}\begin{cases}x_1+x_2+x_3=6\\ x_1+2x_2+x_4=8\\ x_2+x_5=3\\ x_1,x_2,\cdots,x_5\geqslant 0\end{cases}\end{array}\right\}\tag{5.2.4}$$

(2) 找一个初始基本可行解 $\boldsymbol{X}^{(0)}$。上述标准型约束方程组的系数矩阵

$$\boldsymbol{A}=\begin{bmatrix}1&1&1&0&0\\1&2&0&1&0\\0&1&0&0&1\end{bmatrix}$$

含有 3 个线性无关的单位列向量：

$$\boldsymbol{P}_3=\begin{bmatrix}1\\0\\0\end{bmatrix}\quad \boldsymbol{P}_4=\begin{bmatrix}0\\1\\0\end{bmatrix}\quad \boldsymbol{P}_5=\begin{bmatrix}0\\0\\1\end{bmatrix}$$

从而 $\boldsymbol{A}$ 的子矩阵：

$$\boldsymbol{B}_0=(\boldsymbol{P}_3,\boldsymbol{P}_4,\boldsymbol{P}_5)=\begin{bmatrix}1&0&0\\0&1&0\\0&0&1\end{bmatrix}$$

非奇异，它是线性规划问题式(5.2.4)的一个基。由于约束方程组右端常数项均为非负，所以 $\boldsymbol{B}_0$ 显然是一个可行基，x_3,x_4,x_5 为关于可行基 $\boldsymbol{B}_0$ 的基变量，x_1,x_2 为关于可行基 $\boldsymbol{B}_0$ 的非基变量。为求初始基本可行解，只要在式(5.2.4)的约束方程组中令非基变量 $x_1=x_2=0$，则有 $x_3=6,x_4=8,x_5=3$，它们就是约束方程组的右端常数项。于是得到初始基本可行解：

$$\boldsymbol{X}^{(0)}=(0,0,6,8,3)^{\mathrm{T}}$$

其对应的目标函数值：

$$z_0=7\times0+15\times0=0$$

(3) 检验 $\boldsymbol{X}^{(0)}$ 是否为最优解。由目标函数的表达式 $z=7x_1+15x_2$ 可知，非基变量 x_1 和 x_2 的系数为正数，如果把非基变量 x_1 和 x_2 转换为基变量，而且取正值，则会使目标函数的值增大。可见 $\boldsymbol{X}^{(0)}$ 不是最优解。

(4) 第一次迭代。每经过一次迭代，就得到一个新的基本可行解。因此，每次迭代以后，哪些变量作为基变量，哪些变量作为非基变量就要发生变化。

那么选哪些变量(原来的非基变量)来作为新的基变量呢？我们从原来的非基变量 x_1 和 x_2 中选取 x_2 作为新的基变量，因为在目标函数中 x_2 的系数大于 x_1 的系数，选取 x_2 作为新的基变量，可以得到较大的目标函数值。但是 x_2 的取值不能任意增大，它要受到约束方程组的限制。同时要从原来的基变量 x_3,x_4,x_5 中选出一个作为非基变量。那么选哪一个作为非基变量呢？这两个问题，都要通过式(5.2.4)的约束方程组来解决。

由式(5.2.4)的约束方程组可得：

$$\text{s.t.}\begin{cases}x_3=6-x_1-x_2\\x_4=8-x_1-2x_2\\x_5=3-x_2\end{cases}\tag{5.2.5}$$

将 $x_1=0$，$x_2=\theta$ 代入方程组(5.2.5)，为了让 θ 取尽可能大的值，同时又考虑到 x_3，x_4，x_5 必须取非负值，则 θ 的值应满足：

$$x_3=6-\theta\geqslant0$$
$$x_4=8-2\theta\geqslant0$$
$$x_5=3-\theta\geqslant0$$

即

$$x_2=\theta=\min\left\{\frac{6}{1},\frac{8}{2},\frac{3}{1}\right\}=3$$

相应地有：

$$x_3=6-3=3$$
$$x_4=8-2\times3=2$$
$$x_5=3-3=0$$

由此可见，从原来的基变量 x_3，x_4，x_5 中选取较小的那个变量作为“出局”的非基变量，即选取 x_5“出局”。如此得到第一次迭代后的基本可行解：

$$\boldsymbol{X}^{(1)}=(0,\ 3,\ 3,\ 2,\ 0)^{\mathrm{T}}$$

其对应的目标函数值：

$$z_1=7\times0+15\times3=45\geqslant z_0$$

(5) 检验 $\boldsymbol{X}^{(1)}$ 是否为最优解。将式(5.2.4)的约束方程组改写为用非基变量 x_1，x_5 来表示基变量 x_2，x_3，x_4 的表达式：

$$\begin{cases}x_3=3-x_1+x_5\\x_4=2-x_1+x_5\\x_2=3-x_5\end{cases}\tag{5.2.6}$$

将式(5.2.6)代入目标函数，得目标函数用非基变量 x_1 和 x_5 表示的表达式：

$$z=45+7x_1-15x_5$$

非基变量 x_1 的系数是正数，如果把非基变量 x_1 转换为基变量，而且取正值，则会使目标函数值进一步增大。由此可见，$\boldsymbol{X}^{(1)}$ 还不是最优解。

(6) 第二次迭代。与第一次迭代的道理相同，应选取非基变量 x_1，使它成为基变量，让它取尽可能大的值，x_5 仍作为非基变量取值为零，从基变量 x_2，x_3，x_4 中选出一个作为非基变量。x_1 的取值也按同样的方法来确定。

将 $x_1=\theta, x_5=0$ 代入式(5.2.6)，并考虑到 x_2, x_3, x_4 必须取非负值，因此 θ 的值应满足：

$$\begin{cases} x_3=3-\theta\geqslant 0 \\ x_4=2-\theta\geqslant 0 \\ x_2=3\geqslant 0 \end{cases}$$

即

$$x_1=\theta=\min\left\{\frac{3}{1},\frac{2}{1}\right\}=2$$

相应地有：

$$\begin{cases} x_3=3-2=1 \\ x_4=2-2=0 \\ x_2=3 \end{cases}$$

可见 x_4 成为非基变量，得第二次迭代后的基本可行解：

$$\boldsymbol{X}^{(2)}=(2,3,1,0,0)^{\mathrm{T}}$$

对应的目标函数值：

$$z_2=45+7\times 2-15\times 0=59\geqslant z_1$$

(7) 检验 $\boldsymbol{X}^{(2)}$ 是否为最优解。同前面检验 $\boldsymbol{X}^{(1)}$ 一样，将式(5.2.4)的约束方程组改写为用非基变量 x_4、x_5 来表示基变量 x_1、x_2、x_3 的表达式，可在式(5.2.6)的基础上移项后得：

$$\begin{cases} x_3=1+x_4-x_5 \\ x_1=2-x_4+x_5 \\ x_2=3-x_5 \end{cases} \tag{5.2.7}$$

将式(5.2.7)代入目标函数，得目标函数用非基变量 x_4 和 x_5 来表示的表达式：

$$z=59-7x_4-8x_5$$

此时，目标函数中的非基变量 x_4、x_5 的系数都不大于零。可见，目标函数的值已经不可能再继续增大，目标函数已经取得最大值 59，故 $\boldsymbol{X}^{(2)}$ 是最优解。

通过以上例题分析，可以归纳出单纯形法的步骤：

(1) 建立实际问题的线性规划数学模型。

(2) 把一般的线性规划问题化为标准型。

(3) 确定初始基本可行解。

(4) 检验所得到的基本可行解是否为最优解。

(5) 迭代，求得新的基本可行解。

(6) 重复(4)和(5),直到得到最优解或者判定无最优解。

综上所述,我们可以总结出单纯形法的基本过程,如图 5.2.7 所示。

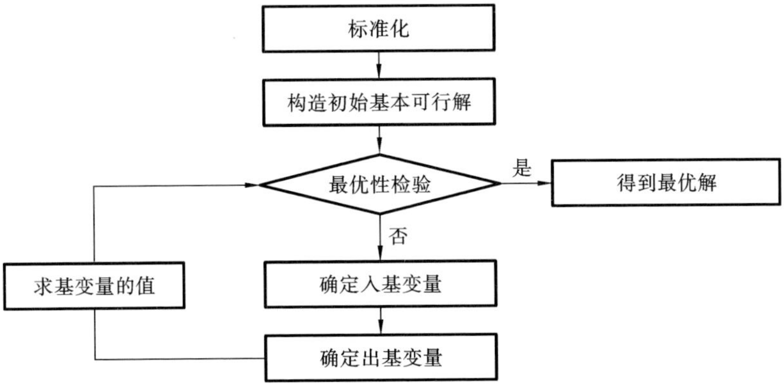

图 5.2.7　单纯形法的基本过程

4. 单纯形表

用表格法来求解线性规划问题比用代数运算法简单得多。单纯形表的实质就是把线性规划问题中的系数分离出来,然后利用这些系数将目标函数、约束方程组以及迭代过程用表格形式表达出来,从而简化单纯形法的计算。

用单纯形法求解线性规划问题时,首先将问题化为标准型,然后看其是不是规范型,若不是规范型,则需将其化为规范型(规范型是加入人工变量后的标准型)。我们从规范型出发进行讨论。

给出以 $x_1,x_2,\cdots,x_m$ 为基变量的规范型:

$$\left.\begin{aligned}&\max\ z=c_1x_1+c_2x_2+\cdots+c_nx_n\\&\text{s.t.}\begin{cases}x_1+a_{1(m+1)}x_{m+1}+\cdots+a_{1n}x_n=b_1\\x_2+a_{2(m+1)}x_{m+1}+\cdots+a_{2n}x_n=b_2\\\quad\vdots\\x_m+a_{m(m+1)}x_{m+1}+\cdots+a_{mn}x_n=b_m\\x_j\geqslant 0(j=1,2,\cdots,n)\end{cases}\end{aligned}\right\}\tag{5.2.8}$$

其中,$b_i\geqslant 0\ (i=1,2,\cdots,m)$。

从规范型出发,可得到初始可行基:

$$\boldsymbol{B}_0=(\boldsymbol{P}_1,\boldsymbol{P}_2,\cdots,\boldsymbol{P}_m)=\begin{bmatrix}1&0&\cdots&0\\0&1&\cdots&0\\\vdots&\vdots&&\vdots\\0&0&\cdots&1\end{bmatrix}$$

及初始基本可行解:

$$X^{(0)}=(b_1, b_2,\cdots, b_m, 0,\cdots,0)^{\mathrm{T}}$$

为了检验所得到的基本可行解是不是最优解，需求出所有非基变量的检验数 $\sigma_j(j=m+1,\cdots,n)$，并要得到基本可行解所对应的目标函数值 z_0。

将式(5.2.8)的目标函数和约束方程组的系数分离出来，写成表格形式，见表 5.2.2。

表 5.2.2　单纯形表

c_j		c_1	c_2	$\cdots$	c_m	c_{m+1}	$\cdots$	c_n	b	θ
$\boldsymbol{C_B}$	$\boldsymbol{X_B}$	x_1	x_2	$\cdots$	x_m	x_{m+1}	$\cdots$	x_n		
c_1	x_1	1	0	$\cdots$	0	$a_{1(m+1)}$	$\cdots$	a_{1n}	b_1	θ_1
c_2	x_2	0	1	$\cdots$	0	$a_{2(m+1)}$	$\cdots$	a_{2n}	b_2	θ_2
$\vdots$	$\vdots$	$\vdots$	$\vdots$		$\vdots$	$\vdots$	$\vdots$	$\vdots$	$\vdots$	$\vdots$
c_m	x_m	0	0	$\cdots$	1	$a_{m(m+1)}$	$\cdots$	a_{mn}	b_m	θ_m
σ_j		0	0		0	σ_{m+1}	$\cdots$	σ_n	z_0	

表 5.2.2 中各部分的含义如下：

(1) c_j 行：填入式(5.2.8)中目标函数所含变量 x_j 的系数 $c_j(j=1,2,\cdots,n)$。

(2) $\boldsymbol{X_B}$ 列：填入基变量。

(3) $\boldsymbol{C_B}$ 列：填入式(5.2.8)中目标函数所含基变量的系数。

(4) b 列：填入基本可行解中基变量的值。

(5) σ_j 行：填入所有变量的检验数，其中基变量的检验数为零，非基变量的检验数为 c_j 减去 $\boldsymbol{C_B}$ 与对应的 $\boldsymbol{P}_j$ 元素积之和的差。若所有非基变量的检验数 $\sigma_j\leqslant 0$，则其对应的基本可行解为最优解；若至少存在一个 $\sigma_k\geqslant 0(m+1\leqslant k\leqslant n)$，而且所有 $a_{ik}\leqslant 0(i=1,2,\cdots,m)$，则问题无最优解。$\sigma_j$ 行最后一列为基本可行解对应的目标函数值 z_0（目标函数值为 b 列与 $\boldsymbol{C_B}$ 对应元素积之和）。

(6) 中间一块矩形区域：填入约束方程组的系数矩阵。

(7) θ 列：这一列数字是在确定入基变量后，按 θ 法则计算出来的 θ 值，利用这一列值进行计算来确定出基变量。具体分析如下。

首先确定入基变量。根据目标函数 z 用非基变量来表示的表达式可知，要使目标函数值能较快增大，通常总是选择正的检验数中的最大的一个所对应的非基变量作为入基变量。

入基变量的确定法则如下：

若
$$\max\{\sigma_j\mid\sigma_j>0\}=\sigma_k$$
则取 x_k 为入基变量。

然后确定出基变量。设迭代以后得到基本可行解 $\boldsymbol{X}'=(x_1',x_2',\cdots,x_n')^{\mathrm{T}}$，

由此可知，基本可行解 $\boldsymbol{X}'$ 的 n 个分量为

$$\begin{cases} x'_j=0 \ (j=m+1,\cdots,k-1,k+2,\cdots,n) \\ x'_k=\theta\geqslant 0 \ (\theta \text{ 取尽可能大的值}) \\ x'_i=b_i-a_{ik}\theta \ (i=1,2,\cdots,m) \end{cases}$$

为了使 $x'_1,x'_2,\cdots,x'_m$ 中有一个成为非基变量且取值为零，其余变量要求保持非负，故 θ 的取值应满足以下的法则。

出基变量的确定法则如下：

若
$$\theta=\min\left\{\frac{b_j}{a_{ik}}\middle| a_{ik}>0\right\}=\frac{b_l}{a_{lk}}(1\leqslant l\leqslant m)$$

则取 x_l 为出基变量。

以上法则也称为 θ 法则。

需要指出，随着迭代过程的进行，哪些变量作为基变量，哪些变量作为非基变量会发生变化，相应的 $\boldsymbol{X_B}$ 列、$\boldsymbol{C_B}$ 列、b 列、σ_j 行以及系数矩阵都会发生变化，从而得到一系列的单纯形表。为便于比较，以下仍采用相同的例子。

例 5.2.4.2 用单纯形法的表格形式求解下列线性规划问题：

$$\max z=7x_1+15x_2$$
$$\text{s.t.}\begin{cases} x_1+x_2\leqslant 6 \\ x_1+2x_2\leqslant 8 \\ x_2\leqslant 3 \\ x_1,x_2\geqslant 0 \end{cases}$$

解 列入松弛变量 x_3,x_4,x_5，化为规范型：

$$\max z=7x_1+15x_2$$
$$\text{s.t.}\begin{cases} x_1+x_2+x_3=6 \\ x_1+2x_2+x_4=8 \\ x_2+x_5=3 \\ x_1,x_2,\cdots,x_5\geqslant 0 \end{cases}$$

建立初始单纯形表如表 5.2.3 所示。

表 5.2.3 初始单纯形表

c_j		7	15	0	0	0	b	θ
$\boldsymbol{C_B}$	$\boldsymbol{X_B}$	x_1	x_2	x_3	x_4	x_5		
0	x_3	1	1	1	0	0	6	6/1
0	x_4	1	2	0	1	0	8	8/2
0	x_5	0	[1]	0	0	1	3	3/1
σ_j		7	15	0	0	0	0	

由上述初始单纯形表可以看出，初始基本可行解为

$$X^{(0)}=(0,0,6,8,3)^{\mathrm{T}}$$

其对应的目标函数值

$$z_0=0$$

为了检验 $X^{(0)}$ 是否为最优解，可从表 5.2.3 中最后一行得到非基变量 x_1 和 x_2 的检验数 $\sigma_1=7,\sigma_2=15$ 均大于零，故 $X^{(0)}$ 不是最优解。

因为 $\max\{\sigma_1,\sigma_2\}=\max\{7,15\}=15$，所以取 x_2 为入基变量，并把变量 x_2 所在列称为“主列”。

又因为 $\theta=\min\left\{\frac{b_i}{a_{i2}}\middle|a_{i2}>0\right\}=\min\{6/1,8/2,3/1\}=3$，所以取 x_5 为出基变量，并把变量 x_5 所在的行称为“主行”。主行和主列交叉处的数称为“主元素”，即表 5.2.3 中带有符号“[ ]”的数。

以[1]为主元素，用高斯消去法（即初等行变换法）进行第一次迭代运算，使主列 $\begin{bmatrix}1\\2\\1\end{bmatrix}$ 变为 $\begin{bmatrix}0\\0\\1\end{bmatrix}$，其他数字也做相应的变化，并重新求出检验数，得第一次迭代后的单纯形表，如表 5.2.4 所示。

表 5.2.4 第一次迭代后的单纯形表

c_j		7	15	0	0	0	b	θ
C_B	X_B	x_1	x_2	x_3	x_4	x_5		
0	x_3	1	0	1	0	−1	3	3/1
0	x_4	[1]	0	0	1	−2	2	2/1
15	x_2	0	1	0	0	1	3	—
σ_j		7	0	0	0	−15	45	

由表 5.2.4 可得

$$X^{(1)}=(0,3,3,2,0)^{\mathrm{T}},\quad z_1=45$$

由于 $\sigma_1=7>0$，故取 x_1 为入基变量。又因为 $\theta=\min\{3/1,2/1,—\}=2$，故取 x_4 为出基变量。

采用第一次迭代同样的方法，找到主行、主列、主元素后进行第二次迭代，得到单纯形表，如表 5.2.5 所示。

表 5.2.5　第二次迭代后的单纯形表

c_j		7	15	0	0	0	b	θ
$\boldsymbol{C_B}$	$\boldsymbol{X_B}$	x_1	x_2	x_3	x_4	x_5		
0	x_3	0	0	1	−1	1	1	
7	x_1	1	0	0	1	−1	2	
15	x_2	0	1	0	0	1	3	
σ_j		0	0	0	−7	−8	59	

由表 5.2.5 可得

$$\boldsymbol{X}^{(2)}=(2,\ 3,\ 1,\ 0,\ 0)^{\mathrm{T}},\quad z_2=59$$

这时，非基变量的检验数均不大于零，故 $\boldsymbol{X}^{(2)}$ 为最优解，$z_2=59$ 为最优值。实际计算时，在写法上还可进一步简化。

例 5.2.4.3　用单纯形法解线性规划问题：

$$\max z=6x_1+2x_2+10x_3+8x_4$$

$$\text{s.t.}\begin{cases}5x_1+6x_2-4x_3-4x_4\leqslant 20\\3x_1-3x_2+2x_3+8x_4\leqslant 25\\4x_1-2x_2+x_3+3x_4\leqslant 10\\x_1,x_2,x_3,x_4\geqslant 0\end{cases}$$

解　列入松弛变量 x_5,x_6,x_7，化为规范型：

$$\max z=6x_1+2x_2+10x_3+8x_4$$

$$\text{s.t.}\begin{cases}5x_1+6x_2-4x_3-4x_4+x_5=20\\3x_1-3x_2+2x_3+8x_4+x_6=25\\4x_1-2x_2+x_3+3x_4+x_7=10\\x_1,x_2,\cdots,x_7\geqslant 0\end{cases}$$

运算过程如表 5.2.6 所示。

表 5.2.6　运算单纯形表

c_j		6	2	10	8	0	0	0	b	θ
$\boldsymbol{C_B}$	$\boldsymbol{X_B}$	x_1	x_2	x_3	x_4	x_5	x_6	x_7		
0	x_5	5	6	−4	−4	1	0	0	20	—
0	x_6	3	−3	2	8	0	1	0	25	25/2
0	x_7	4	−2	[1]	3	0	0	1	10	10/1
σ_j		6	2	10	8	0	0	0	0	

续表

c_j		6	2	10	8	0	0	0	b	θ
$\boldsymbol{C_B}$	$\boldsymbol{X_B}$	x_1	x_2	x_3	x_4	x_5	x_6	x_7		
0	x_5	21	−2	0	8	1	0	4	60	—
0	x_6	−5	[1]	0	2	0	1	−2	5	5/1
10	x_3	4	−2	1	3	0	0	1	10	—
σ_j		−34	22	0	−22	0	0	10	100	
0	x_5	11	0	0	12	1	2	0	70	—
2	x_2	−5	1	0	2	0	1	−2	5	—
10	x_3	−6	0	1	7	0	2	−3	20	—
σ_j		76	0	0	−66	0	−22	34	210	

根据前面所讲的无最优解判别准则，因为存在一个 $\sigma_7=34>0$，且所有 $a_{i7}\leqslant 0$，故本题无最优解。

前面所讲的单纯形法是针对求最大值问题的。对于求最小值问题，可以按前面章节介绍的方法转化为求最大值问题，然后再来求解。为了方便，我们也可以直接对最小值问题进行求解，只要将最优性检验和入基变量的确定法则做相应的改变就行了，如表 5.2.7 所示。

表 5.2.7　单纯形法在求解最大值和最小值问题中的区别

法　　则	最大值问题	最小值问题
最优性检验	所有非基变量的检验数 $\sigma_j\leqslant 0$	所有非基变量的检验数 $\sigma_j\geqslant 0$
入基变量的确定	若 $\max\{\sigma_j\mid\sigma_j\geqslant 0\}=\sigma_k$，取 x_k 为入基变量	若 $\min\{\sigma_j\mid\sigma_j<0\}=\sigma_k$，则取 x_k 为入基变量
出基变量的确定	若 $\theta=\min\left\{\frac{b_i}{a_{ik}}\middle| a_{ik}>0\right\}=\frac{b_i}{a_{ik}}$，则取 x_i 为出基变量（i 为所有基变量的下标）	

单纯形法求解最大值问题的步骤可归纳如下：

(1) 将一般线性规划问题化为标准型后，进一步化为规范型，必要时需要用人工变量法。一般情况下，线性规划问题化为标准型以后不一定是规范型，这时可以人为地增加一些非负变量，将标准型化为规范型。这样的非负变量不同于决策变量和松弛变量，我们把它们称为人工变量。

增加了人工变量以后的线性规划问题，已经不是原来的问题了。因此，它的解不一定是我们所需要的解。人工变量法的关键就是通过一定的方法，在最终所得的最优解中，使所有人工变量的取值为零，从而回到原来的问题。

(2) 找出初始可行基，确定初始基本可行解，建立初始单纯形表。

(3) 若所有非基变量的检验数 $\sigma_j \leqslant 0$，则已得到最优解，停止计算，否则转到下一步。

(4) 在所有正的检验数中，若有一个 σ_k 对应的系数列向量 $\boldsymbol{P}_k \leqslant 0$，则此线性规划问题无最优解，停止计算，否则转入下一步。

(5) 在所有正的检验数中，若最大的一个为 σ_k，则取 x_k 为入基变量。

(6) 根据 θ 法则确定出基变量。

(7) 进行迭代运算，求得新的单纯形表和新的基本可行解，然后转到第(3)步。

求解最小值问题的步骤，只要将上述步骤做相应改变即可。

5.2.5 单纯形法的发展与改进

用单纯形法解线性规划问题时，需要先有一个初始基本可行解，得到初始基本可行解并非易事。在标准型的约束矩阵 $\boldsymbol{A}$ 中，若含有一个单位矩阵，且右端的常数项 $\boldsymbol{b}$ 非负，则很容易得到一个初始基本可行解。为此，我们在上一节中提出要引入人工变量，以便建立线性规划问题的规范型，因为从规范型出发，我们可以很容易得到初始可行基。

设线性规划问题的标准型为

$$\max z = c_1x_1 + c_2x_2 + \cdots + c_nx_n$$

$$\text{s.t.} \begin{cases} a_{11}x_1 + a_{12}x_2 + \cdots + a_{1n}x_n = b_1 \\ a_{21}x_1 + a_{22}x_2 + \cdots + a_{2n}x_n = b_2 \\ \quad\vdots \\ a_{m1}x_1 + a_{m2}x_2 + \cdots + a_{mn}x_n = b_m \\ x_1, x_2, \cdots, x_n \geqslant 0 \end{cases} \tag{Ⅰ}$$

系数矩阵中不含 m 个线性无关的单位列向量。因此，这个标准型不是规范型。现引入人工变量 $x_{n+1}, x_{n+2}, \cdots, x_{n+m}$，将它变为规范型：

$$\max z = c_1x_1 + c_2x_2 + \cdots + c_nx_n$$

$$\text{s.t.} \begin{cases} a_{11}x_1 + a_{12}x_2 + \cdots + a_{1n}x_n + x_{n+1} = b_1 \\ a_{21}x_1 + a_{22}x_2 + \cdots + a_{2n}x_n + x_{n+2} = b_2 \\ \quad\vdots \\ a_{m1}x_1 + a_{m2}x_2 + \cdots + a_{mn}x_n + x_{n+m} = b_m \\ x_1, x_2, \cdots, x_{n+m} \geqslant 0 \end{cases}$$

人工变量 $x_{n+1}, x_{n+2}, \cdots, x_{n+m}$ 的系数均为 1，因此组成 m 个单位列向量

$$\boldsymbol{P}_1 = \begin{bmatrix} 1 \\ 0 \\ \vdots \\ 0 \end{bmatrix}, \quad \boldsymbol{P}_2 = \begin{bmatrix} 0 \\ 1 \\ \vdots \\ 0 \end{bmatrix}, \quad \cdots, \quad \boldsymbol{P}_m = \begin{bmatrix} 0 \\ 0 \\ \vdots \\ 1 \end{bmatrix}$$

从而 $\boldsymbol{A}$ 的子矩阵：

$$\boldsymbol{B}_0=(\boldsymbol{P}_1,\boldsymbol{P}_2,\cdots,\boldsymbol{P}_m)=\begin{bmatrix}1 & 0 & \cdots & 0\\0 & 1 & \cdots & 0\\\vdots & \vdots & & \vdots\\0 & 0 & \cdots & 1\end{bmatrix}$$

是非奇异的，它是线性规划问题的一个基。由于约束方程组右端常数项均为非负，所以 $\boldsymbol{B}_0$ 是一个可行基。$x_{n+1},x_{n+2},\cdots,x_{n+m}$ 为 $\boldsymbol{B}_0$ 的基变量，$x_1,x_2,\cdots,x_n$ 为 $\boldsymbol{B}_0$ 的非基变量。为求初始基本可行解，只要在约束方程组中令非基变量等于 0，就可求得初始基本可行解为 $(0,0,\cdots,b_1,\cdots,b_m)^{\mathrm{T}}$。

用单纯形法进行迭代，要求经过多次迭代以后，最终使所有人工变量取值为零。为达到这个目的，下面介绍两种方法——大 M 法和二阶段法。

1. 大 M 法

所谓大 M 法，就是在约束方程中加入人工变量后，对于每一个人工变量 x_k，在目标函数中增加一项"$-M\cdot x_k$"(M 是充分大的正数)，构成一个新的目标函数，只要有一个人工变量取正值，则新的目标函数就不可能取得最大值，故可用这种方法来迫使所有人工变量的取值为零。

于是，我们构造辅助线性规划问题：

$$\max z=c_1x_1+c_2x_2+\cdots+c_nx_n-Mx_{n+1}-\cdots-Mx_{n+m}$$

$$\text{s. t.}\begin{cases}a_{11}x_1+a_{12}x_2+\cdots+a_{1n}x_n+x_{n+1}=b_1\\a_{21}x_1+a_{22}x_2+\cdots+a_{2n}x_n+x_{n+2}=b_2\\\quad\vdots\\a_{m1}x_1+a_{m2}x_2+\cdots+a_{mn}x_n+x_{n+m}=b_m\\x_1,x_2,\cdots,x_{n+m}\geqslant 0\end{cases}\qquad(\text{Ⅱ})$$

对上述问题进行迭代，每次迭代前要选入基变量和出基变量，入基变量是原 $x_1,x_2,\cdots,x_n$ 中之一，出基变量则是人工变量之一，如此就得到辅助问题(Ⅱ)的最优解。在问题(Ⅱ)的最优解中，去掉人工变量部分，余下部分就是问题(Ⅰ)的最优解。

例 5.2.5.1 用大 M 法求解：

$$\max z=3x_1-x_2-x_3$$

$$\text{s. t.}\begin{cases}x_1-2x_2+x_3\leqslant 11\\-4x_1+x_2+2x_3\geqslant 3\\-2x_1+x_3=1\\x_1,x_2,x_3\geqslant 0\end{cases}$$

解 引入松弛变量 x_4,x_5，化为标准型：

$$\max z=3x_1-x_2-x_3$$

$$\text{s. t.}\begin{cases}x_1-2x_2+x_3+x_4=11\\-4x_1+x_2+2x_3-x_5=3\\-2x_1+x_3=1\\x_1,x_2,x_3,x_4,x_5\geqslant 0\end{cases}$$

为了化为规范型，在后面两个约束方程中分别引进人工变量 x_6 和 x_7，构造辅助问题：

$$\max w=3x_1-x_2-x_3-Mx_6-Mx_7$$

$$\text{s. t.}\begin{cases}x_1-2x_2+x_3+x_4=11\\-4x_1+x_2+2x_3-x_5+x_6=3\\-2x_1+x_3+x_7=1\\x_1,x_2,x_3,x_4,x_5,x_6,x_7\geqslant 0\end{cases}$$

求解过程如表 5.2.8 所示。

表 5.2.8　求解过程

c_j		3	−1	−1	0	0	$-M$	$-M$	b
$\boldsymbol{C_B}$	$\boldsymbol{X_B}$	x_1	x_2	x_3	x_4	x_5	x_6	x_7	
0	x_4	1	−2	1	1	0	0	0	11
$-M$	x_6	−4	1	2	0	−1	1	0	3
$-M$	x_7	−2	0	[1]	0	0	0	1	1
σ_j		$3-6M$	$-1+M$	$-1+3M$	0	$-M$	0	0	$-4M$
0	x_4	3	−2	0	1	0	0	−1	10
$-M$	x_6	0	[1]	0	0	−1	1	−2	1
−1	x_3	−2	0	1	0	0	0	1	1
σ_j		1	$-1+M$	0	0	$-M$	0	$1-3M$	$-1-M$
0	x_4	[3]	0	0	1	−2	2	−5	12
−1	x_2	0	1	0	0	−1	1	−2	1
−1	x_3	−2	0	1	0	0	0	1	1
σ_j		1	0	0	0	−1	$1-M$	$-1-M$	−2
3	x_1	1	0	0	1/3	−2/3	2/3	−5/3	4
−1	x_2	0	1	0	0	−1	1	−2	1
−1	x_3	0	0	1	2/3	−4/3	4/3	−7/3	9
σ_j		0	0	0	−1/3	−1/3	$\frac{1}{3}-M$	$\frac{2}{3}-M$	2

从而得到辅助问题的最优解：

$$(4,1,9,0,0,0,0)^{\mathrm{T}}$$

人工变量 x_6 和 x_7 的值均为零，去掉人工变量部分，得原线性规划问题的最优解：

$$(4,1,9,0,0)^{\mathrm{T}}$$

如果辅助问题的最优解中含有取值为正的人工变量，则原线性规划问题无可行解。

例 5.2.5.2 用大 M 法求解：

$$\max z=3x_1+2x_2$$

$$\text{s.t.}\begin{cases}2x_1+x_2\leqslant 2\\3x_1+4x_2\geqslant 12\\x_1,x_2\geqslant 0\end{cases}$$

解 引入松弛变量 x_3,x_4 和人工变量 x_5，得辅助问题：

$$\max z=3x_1+2x_2-Mx_5$$

$$\text{s.t.}\begin{cases}2x_1+x_2+x_3=2\\3x_1+4x_2-x_4+x_5=12\\x_1,x_2,\cdots,x_5\geqslant 0\end{cases}$$

求解过程如表 5.2.9 所示。

表 5.2.9 求解过程

c_j		3	2	0	0	$-M$	b
$\boldsymbol{C_B}$	$\boldsymbol{X_B}$	x_1	x_2	x_3	x_4	x_5	
0	x_3	2	[1]	1	0	0	2
$-M$	x_5	3	4	0	-1	1	12
σ_j		$3+3M$	$2+4M$	0	$-M$	0	$-12M$
2	x_2	2	1	1	0	0	2
$-M$	x_5	-5	0	-4	-1	1	4
σ_j		$-1-5M$	0	$-2-4M$	$-M$	0	$4-4M$

从而得辅助问题的最优解：

$$(0,2,0,0,4)^{\mathrm{T}},\quad \max w=4-4M$$

由于人工变量 $x_5=4>0$，故可以证明原问题无可行解。事实上，若原问题有可行解 $(x_1,x_2,x_3,x_4)^{\mathrm{T}}$，则辅助问题一定有可行解 $(x_1,x_2,x_3,x_4,0)^{\mathrm{T}}$，对应辅助问题的目标函数 $w=3x_1+2x_2>4-4M$，这与 $\max w=4-4M$ 矛盾。

还有一种情况，如果要求目标函数的最小值，这时只需要对每一个人工变量 x_k，在新的目标函数中增加一项“$+M\cdot x_k$”即可。以下举例来说明这种情况的计算方法。

例 5.2.5.3 用大 M 法解线性规划问题：

$$\min z=3x_1+2x_2-x_3$$

$$\text{s.t.}\begin{cases}x_1+x_2+x_3\leqslant 6\\x_1-x_2\geqslant 3\\x_2-x_3\geqslant 3\\x_1,x_2,x_3\geqslant 0\end{cases}$$

解 引入松弛变量 x_4,x_5,x_6 和人工变量 x_7,x_8，建立辅助问题：

$$\min w=3x_1+2x_2-x_3+Mx_7+Mx_8$$

$$\text{s.t.}\begin{cases}x_1+x_2+x_3+x_4=6\\x_1-x_2-x_5+x_7=3\\x_2-x_3-x_6+x_8=3\\x_1,x_2,\cdots,x_8\geqslant 0\end{cases}$$

用单纯形法求解，如表 5.2.10 所示。

表 5.2.10 求解过程

c_j		3	2	−1	0	0	0	M	M	b
$\boldsymbol{C_B}$	$\boldsymbol{X_B}$	x_1	x_2	x_3	x_4	x_5	x_6	x_7	x_8	
0	x_4	1	1	1	1	0	0	0	0	6
M	x_7	1	0	−1	0	−1	0	1	0	3
M	x_8	0	[1]	−1	0	0	−1	0	1	3
σ_j		$-M+3$	$-M+2$	$2M-1$	0	M	M	0	0	$6M$
0	x_4	1	0	2	1	0	1	0	−1	3
M	x_7	[1]	0	−1	0	−1	0	1	0	3
2	x_2	0	1	−1	0	0	−1	0	1	3
σ_j		$-M+3$	0	$M+1$	0	M	2	0	$M+2$	$3M+6$
0	x_4	0	0	3	1	1	1	−1	−1	0
3	x_1	1	0	−1	0	−1	0	1	0	3
2	x_2	0	1	−1	0	0	−1	0	1	3
σ_j		0	0	4	0	3	2	$M-3$	$M-2$	15

得原问题的最优解：

$$(3,\ 3,\ 0,\ 0,\ 0,\ 0)^{\mathrm{T}},\quad \min z=15$$

2. 二阶段法

二阶段法是分两个阶段来求解线性规划问题（Ⅰ）的方法。第一阶段构造辅助问题，从而求得问题（Ⅰ）的一个基本可行解，同时将问题（Ⅰ）化为规范型。第二阶段从求得的基本可行解出发，进行迭代运算，求得问题（Ⅰ）的最优解。

第一阶段，构造辅助问题：

$$\min w = x_{n+1} + x_{n+2} + \cdots + x_{n+m}$$

$$\text{s.t.} \begin{cases} a_{11}x_1 + a_{12}x_2 + \cdots + a_{1n}x_n + x_{n+1} = b_1 \\ a_{21}x_1 + a_{22}x_2 + \cdots + a_{2n}x_n + x_{n+2} = b_2 \\ \qquad\vdots \\ a_{m1}x_1 + a_{m2}x_2 + \cdots + a_{mn}x_n + x_{n+m} = b_m \\ x_1, x_2, \cdots, x_{n+m} \geqslant 0 \end{cases} \qquad (\text{Ⅲ})$$

然后用单纯形法解辅助问题（Ⅲ）。若得到 $\min w=0$，则最优解中所有人工变量的取值为零，只要从最优解中去掉人工变量的部分，余下部分就是问题（Ⅰ）的一个初始基本可行解；若得到 $\min w>0$，则最优解的人工变量中至少有一个取值大于零，这时可以证明问题（Ⅰ）无可行解。反之，若问题（Ⅰ）有可行解 $(x_1, x_2, \cdots, x_n)^{\mathrm{T}}$，则 $(x_1, x_2, \cdots, x_n, 0, \cdots, 0)^{\mathrm{T}}$ 是问题（Ⅲ）的可行解，其对应的目标函数值 $w=0$，这与 $\min w>0$ 矛盾。

第二阶段，在第一阶段求得问题（Ⅰ）的一个基本可行解以后，将第一阶段最终单纯形表中的人工变量部分去掉，并将目标函数的系数换成问题（Ⅰ）的目标函数的系数，然后用单纯形法继续求解。

例 5.2.5.4 用二阶段法求解：

$$\max z = 3x_1 - x_2 - x_3$$

$$\text{s.t.} \begin{cases} x_1 - 2x_2 + x_3 \leqslant 11 \\ -4x_1 + x_2 + 2x_3 \geqslant 3 \\ -2x_1 + x_3 = 1 \\ x_1, x_2, x_3 \geqslant 0 \end{cases}$$

解 引进松弛变量 x_4, x_5，化为标准型：

$$\max z = 3x_1 - x_2 - x_3$$

$$\text{s.t.} \begin{cases} x_1 - 2x_2 + x_3 + x_4 = 11 \\ -4x_1 + x_2 + 2x_3 - x_5 = 3 \\ -2x_1 + x_3 = 1 \\ x_1, x_2, x_3, x_4, x_5 \geqslant 0 \end{cases}$$

第一阶段，引入人工变量 x_6, x_7，构造辅助问题：

$$\min w = x_6 + x_7$$

$$\text{s. t.} \begin{cases} x_1 - 2x_2 + x_3 + x_4 = 11 \\ -4x_1 + x_2 + 2x_3 - x_5 + x_6 = 3 \\ -2x_1 + x_3 + x_7 = 1 \\ x_1, x_2, \cdots, x_7 \geqslant 0 \end{cases}$$

用单纯形法求解辅助问题，如表 5.2.11 所示。

表 5.2.11　第一阶段求解过程

c_j		0	0	0	0	0	1	1	b
$\boldsymbol{C_B}$	$\boldsymbol{X_B}$	x_1	x_2	x_3	x_4	x_5	x_6	x_7	
0	x_4	1	−2	1	1	0	0	0	11
1	x_6	−4	1	2	0	−1	1	0	3
1	x_7	−2	0	[1]	0	0	0	1	1
σ_j		6	−1	−3	0	1	0	0	4
0	x_4	3	2	0	1	0	0	−1	10
1	x_6	0	[1]	0	0	−1	1	−2	1
0	x_3	−2	0	1	0	0	0	1	1
σ_j		0	−1	0	0	1	0	3	1
0	x_4	3	0	0	1	−2	2	−5	12
0	x_2	0	1	0	0	−1	1	−2	1
0	x_3	−2	0	1	0	0	0	1	1
σ_j		0	0	0	0	0	1	0	0

从而得辅助问题的最优解：

$$(0,\ 1,\ 1,\ 12,\ 0,\ 0,\ 0)^{\mathrm{T}}, \quad \min w = 0$$

所以$(0,\ 1,\ 1,\ 12,\ 0)^{\mathrm{T}}$ 是原问题的一个初始基本可行解。

第二阶段，将表 5.2.11 的最终表中人工变量 x_6，x_7 的两列去掉，并将目标函数中 x_1，x_2，x_3，x_4，x_5 的系数分别换成 3，−1，−1，0，0，得表 5.2.12。

表 5.2.12　第二阶段求解方程

c_j		3	−1	−1	0	0	b
$\boldsymbol{C_B}$	$\boldsymbol{X_B}$	x_1	x_2	x_3	x_4	x_5	
0	x_4	[3]	0	0	1	−2	12
−1	x_2	0	1	0	0	−1	1
−1	x_3	−2	0	1	0	0	1
σ_j		1	0	0	0	−1	−2

续表

c_j		3	-1	-1	0	0	b
C_B	X_B	x_1	x_2	x_3	x_4	x_5	
3	x_1	1	0	0	$\frac{1}{3}$	$-\frac{2}{3}$	4
-1	x_2	0	1	0	0	-1	1
-1	x_3	0	0	1	$\frac{2}{3}$	$-\frac{4}{3}$	9
σ_j		0	0	0	$-\frac{1}{3}$	$-\frac{1}{3}$	2

从而得原问题的最优解：

$$(4,\ 1,\ 9,\ 0,\ 0)^{\mathrm{T}},\quad \max z=2$$

例 5.2.5.5　用二阶段法求解：

$$\max z=x_1+x_2$$

$$\text{s.t.}\begin{cases}x_1-x_2\geqslant 1\\-3x_1+x_2\geqslant 3\\x_1,x_2\geqslant 0\end{cases}$$

解　引进松弛变量 x_3、x_4，化为标准型：

$$\max z=x_1+x_2$$

$$\text{s.t.}\begin{cases}x_1-x_2-x_3=1\\-3x_1+x_2-x_4=3\\x_1,x_2,x_3,x_4\geqslant 0\end{cases}$$

第一阶段，引入人工变量 x_5，x_6，构造辅助问题：

$$\max w=x_5+x_6$$

$$\text{s.t.}\begin{cases}x_1-x_2-x_3+x_5=1\\-3x_1+x_2-x_4+x_6=3\\x_1,x_2,\cdots,x_6\geqslant 0\end{cases}$$

求解过程见表 5.2.13。

表 5.2.13　辅助问题求解过程

c_j		0	0	0	0	1	1	b
C_B	X_B	x_1	x_2	x_3	x_4	x_5	x_6	
1	x_5	1	-1	-1	0	1	0	1
1	x_6	-3	1	0	-1	0	1	3
σ_j		2	0	1	1	0	0	

所有非基变量的检验数非负，得到辅助问题的最优解：

$$\boldsymbol{X}=(0,\ 0,\ 0,\ 0,\ 1,\ 3)^{\mathrm{T}}$$

但将该解代入问题原来的约束条件中检验，可知该解不满足原约束条件，说明该解不是原问题的可行解。那么，如何解释这种现象呢？这就要对线性规划问题解的各种情况进行讨论了。

一个线性规划问题的解可能有三种情况。

1）有最优解

（1）有可行解，且有唯一最优解（目标函数的等值线与可行域最后交于一点）；

（2）有可行解，且有无穷多个最优解（目标函数的等值线与可行域最后的交点多于一点）。

唯一最优解与无穷多个最优解的情况如下：

若最终单纯形表非基变量的检验数都小于零，则线性规划问题有唯一的最优解。

若最终单纯形表中存在某个非基变量，其检验数等于零，则该线性规划问题有无穷多个最优解。

例 5.2.5.6 用二阶段法求解：

$$\min z=-x_1-2x_2$$

$$\text{s. t.}\begin{cases}x_1+x_3=4\\x_2+x_4=3\\x_1+2x_2+x_5=8\\x_j\geqslant 0,j=1,2,3,4,5\end{cases}$$

解 本题的目标函数是求极小化的线性函数。

可以令

$$z'=-z=x_1+2x_2$$

则

$$\min z=-x_1-2x_2\Rightarrow\max z'=x_1+2x_2$$

这两个线性规划问题具有相同的可行域与最优解，只是目标函数相差一个符号而已，计算过程如表 5.2.14 所示。

表 5.2.14 计算过程

c_j			1	2	0	0	0	θ
$\boldsymbol{C_B}$	$\boldsymbol{X_B}$	b	x_1	x_2	x_3	x_4	x_5	
0	x_3	4	1	0	1	0	0	—
0	x_4	3	0	[1]	0	1	0	$\frac{3}{1}$

续表

c_j			1	2	0	0	0	θ
$\boldsymbol{C_B}$	$\boldsymbol{X_B}$	b	x_1	x_2	x_3	x_4	x_5	
0	x_5	8	1	2	0	0	1	$\frac{8}{2}$
σ_j			1	2	0	0	0	0
0	x_3	4	1	0	1	0	0	$\frac{4}{1}$
2	x_2	3	0	1	0	1	0	—
0	x_5	2	[1]	0	0	−2	1	$\frac{2}{1}$
σ_j			1	0	0	−2	0	6
0	x_3	2	0	0	1	2	−1	$\frac{2}{2}$
2	x_2	3	0	1	0	1	0	$\frac{3}{1}$
1	x_1	2	1	0	0	−2	1	—
σ_j			0	0	0	0	−1	8

从而得最优解：

$$\boldsymbol{X}=(2,3,2,0,0)^{\mathrm{T}}$$

最优值：

$$\max z'=8, \quad \min z=-8$$

2）无最优解

(1) 有可行解，但无最优解(目标函数的等值线与可行域无最后的交点)；

(2) 无可行解，因而无最优解(约束条件互相矛盾，无公共区域)。

3）无界解

无界解是指线性规划问题有可行解，但是在可行域目标函数值是无界的，因而达不到有限最优值。因此，线性规划问题不存在最优解。例如线性规划问题：

$$\max z=2x_1+3x_2$$

$$\text{s. t.}\begin{cases}-3x_1+2x_2\leqslant 1\\ x_1-2x_2\leqslant 1\\ x_1,\ x_2\geqslant 0\end{cases}$$

其可行域如图 5.2.8 所示。易见，无论表示目标函数的直线沿目标函数值增加的方向如何移动，总与可行域有交点，永远达不到相切的位置，故该问题的解是无界解。从这个例子可见，若线性规划问题的解为无界解，则该问题可能缺乏必要的约束条件。

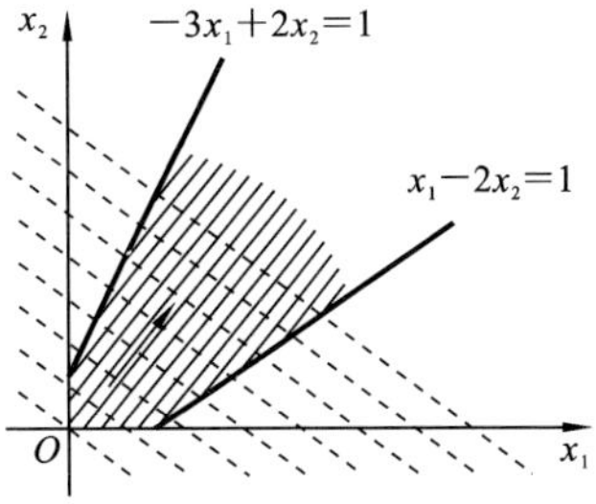

图 5.2.8 可行域示意图

又如以下例题：

$$\max z=-2x_1+2x_2+x_3$$

$$\text{s. t.}\begin{cases}3x_1-2x_2-2x_3\leqslant 1\\-2x_1+x_2-x_3\geqslant -4\\x_1,\ x_2,\ x_3\geqslant 0\end{cases}$$

首先将线性规划问题标准化，得

$$\max z=-2x_1+2x_2+x_3$$

$$\text{s. t.}\begin{cases}3x_1-2x_2-2x_3+x_4=1\\2x_1-x_2+x_3+\ x_5=4\\x_j\geqslant 0,j=1,2,\cdots,5\end{cases}$$

很明显，可以以 x_4，x_5 作为初始变量，得到初始单纯形表，如表 5.2.15 所示。

表 5.2.15 初始单纯形表

c_j		-2	2	1	0	0	b
$\boldsymbol{C_B}$	$\boldsymbol{X_B}$	x_1	x_2	x_3	x_4	x_5	
0	x_4	3	-2	-2	1	0	1
0	x_5	2	-1	1	0	1	4
σ_j		-2	2	1	0	0	

此时，x_2 的检验数大于 0，还没有得到最优解。但是我们以 x_2 作为入基变量，x_2 所在列的所有系数都小于 0，此时该线性规划问题存在无界解。

单纯形法是一个反复迭代的过程，这一过程通常都会在有限步终止，或者得到问题的最优解，或者可以判别最优解不存在。但在个别情况可能出现迭代过程的循环。可以证明，若各基本可行解中，基变量的值都不等于零，则单纯形法将在有限步终止，也就是不会出现迭代过程循环的现象。只有当基本可行解中某个基变量取值等于零时，才有可能出现循环，这样的基本可行解称为退化的基本可行解。在线性规划问题的单纯形计算中出现退化基本可行解的现象就称为退化。

在线性规划问题的求解过程中，退化是比较常见的现象。例如在用最小比值 θ 来确定出基变量时，可能会存在两个或两个以上的比值同时达到最小的情况，通常选择其中一个来确定出基变量，这样在下一步的迭代中就会出现基变量取值等于零的情况，从而出现退化。虽然退化比较常见，但实际上很少出现循环。因此在多数情况下，不需要理会退化现象。1955 年，Beala 给出了一个例子：

$$\max z=-\frac{3}{4}x_1+15x_2-\frac{1}{2}x_3+6x_4$$

$$\text{s. t.}\begin{cases}\frac{1}{4}x_1-6x_2-x_3+9x_4\leqslant 0\\ \frac{1}{2}x_1-9x_2-\frac{1}{2}x_3+3x_4\leqslant 0\\ x_3\leqslant 1\\ x_1,\ x_2,\ x_3,\ x_4\geqslant 0\end{cases}$$

在用单纯形法求解这个线性规划问题时，很明显，出现了退化，并且在迭代了 6 次后又回到了初始单纯形表，即出现了退化，因此迭代过程失效。

为了避免出现循环，1974 年勃兰特(Bland)提出了一个简便有效的规则：

(1) 在存在多个检验数 $\sigma_j>0$ 时，始终对应地选择下标值最小的变量为入基变量；

(2) 当计算比值 θ 时，出现两个或两个以上的最小值，则始终选择下标值最小的变量为出基变量。

但需注意，按勃兰特规则进行迭代时，可能会降低迭代的效率，且由于出现循环的概率很小，因此多数情况无须使用勃兰特规则。

3. 改进的单纯形法思想

在用单纯形表求解时，要经过多次迭代，计算工作量很大，其中很多中间数据是多余的。在用计算机进行计算时，为了减小计算机的存储量和计算量，需要对单纯形法进行改进。此外，改进单纯形法的每次迭代，可直接从原始数据出发，以减少计算的累积误差。改进单纯形法还能加深对单纯形法的理解以及便于进行对偶理论的研究。

我们的研讨从线性规划问题的矩阵形式的标准型，即式(5.2.2)开始：

$$\max z=\boldsymbol{CX}$$

$$\text{s. t.}\begin{cases}\boldsymbol{AX}=\boldsymbol{b}\\ \boldsymbol{X}\geqslant\boldsymbol{0}\end{cases}$$

其中：

$$\boldsymbol{C}=(c_1,c_2,\cdots,c_n)$$

$$\boldsymbol{A}=\begin{bmatrix}a_{11} & a_{12} & \cdots & a_{1n}\\ a_{21} & a_{22} & \cdots & a_{2n}\\ \vdots & \vdots & & \vdots\\ a_{m1} & a_{m2} & \cdots & a_{mn}\end{bmatrix}=(\boldsymbol{P}_1,\boldsymbol{P}_2,\cdots,\boldsymbol{P}_n)$$

$$\boldsymbol{P}_j=\begin{bmatrix}a_{1j}\\a_{2j}\\\vdots\\a_{mj}\end{bmatrix}\quad(j=1,2,\cdots,n)$$

$$\boldsymbol{X}=\begin{bmatrix}x_1\\x_2\\\vdots\\x_n\end{bmatrix},\quad \boldsymbol{b}=\begin{bmatrix}b_1\\b_2\\\vdots\\b_m\end{bmatrix},\quad \boldsymbol{0}=\begin{bmatrix}0\\0\\\vdots\\0\end{bmatrix}$$

对任意一个可行基 $\boldsymbol{B}$，为了确定，不妨假设 $\boldsymbol{B}=(\boldsymbol{P}_1,\boldsymbol{P}_2,\cdots,\boldsymbol{P}_m)$，相应地将 $\boldsymbol{A}$、$\boldsymbol{X}$、$\boldsymbol{C}$ 用分块矩阵表示为

$$\boldsymbol{A}=(\boldsymbol{B},\ \boldsymbol{N}),\quad \boldsymbol{N}=(\boldsymbol{P}_{m+1},\ \cdots,\ \boldsymbol{P}_n)$$

$$\boldsymbol{C}=(\boldsymbol{C_B},\ \boldsymbol{C_N}),\quad \boldsymbol{C_B}=(c_1,\ c_2,\ \cdots,\ c_m),\ \boldsymbol{C_N}=(c_{m+1},\ \cdots,\ c_n)$$

$$\boldsymbol{X}=\begin{bmatrix}\boldsymbol{X_B}\\\boldsymbol{X_N}\end{bmatrix},\quad \boldsymbol{X_B}=\begin{bmatrix}x_1\\x_2\\\vdots\\x_m\end{bmatrix},\quad \boldsymbol{X_N}=\begin{bmatrix}x_{m+1}\\\vdots\\x_n\end{bmatrix}$$

这时问题的标准型可表示为

$$\max z=(\boldsymbol{C_B},\ \boldsymbol{C_N})\begin{bmatrix}\boldsymbol{X_B}\\\boldsymbol{X_N}\end{bmatrix}$$

$$\text{s. t.}\begin{cases}(\boldsymbol{B},\ \boldsymbol{N})\begin{bmatrix}\boldsymbol{X_B}\\\boldsymbol{x_N}\end{bmatrix}=\boldsymbol{b}\\\boldsymbol{X_B}\geqslant\boldsymbol{0},\ \boldsymbol{X_N}\geqslant\boldsymbol{0}\end{cases}$$

即

$$\left.\begin{aligned}&\max z=\boldsymbol{C_B X_B}+\boldsymbol{C_N X_N}\\&\text{s. t.}\begin{cases}\boldsymbol{BX_B}+\boldsymbol{NX_N}=\boldsymbol{b}\\\boldsymbol{X_B}\geqslant\boldsymbol{0},\ \boldsymbol{X_N}\geqslant\boldsymbol{0}\end{cases}\end{aligned}\right\}\tag{5.2.9}$$

将约束方程两端乘 $\boldsymbol{B}^{-1}$，得

$$\boldsymbol{X_B}=\boldsymbol{B}^{-1}\boldsymbol{b}-\boldsymbol{B}^{-1}\boldsymbol{NX_N}\tag{5.2.10}$$

将式(5.2.10)代入式(5.2.9)中的目标函数，得到目标函数 z 用非基变量表示的表达式：

$$z=\boldsymbol{C_B B}^{-1}\boldsymbol{b}-\boldsymbol{C_B B}^{-1}\boldsymbol{NX_N}+\boldsymbol{C_N X_N}=\boldsymbol{C_B B}^{-1}\boldsymbol{b}+(\boldsymbol{C_N}-\boldsymbol{C_B B}^{-1}\boldsymbol{N})\boldsymbol{X_N}\tag{5.2.11}$$

由式(5.2.10)知，当 $\boldsymbol{X_N}=\boldsymbol{0}$ 时，$\boldsymbol{X_B}=\boldsymbol{B}^{-1}\boldsymbol{b}$，从而得到关于可行基 $\boldsymbol{B}$ 的基本可行解：

$$\boldsymbol{X}=\begin{bmatrix}\boldsymbol{X}_B\\ \boldsymbol{0}\end{bmatrix}=\begin{bmatrix}\boldsymbol{B}^{-1}\boldsymbol{b}\\ \boldsymbol{0}\end{bmatrix} \tag{5.2.12}$$

由式(5.2.11)得基本可行解 $\boldsymbol{X}$ 对应的目标函数值：

$$z=\boldsymbol{C}_B\boldsymbol{B}^{-1}\boldsymbol{b} \tag{5.2.13}$$

及非基变量的检验数向量：

$$\boldsymbol{\sigma}_N=\boldsymbol{C}_N-\boldsymbol{C}_B\boldsymbol{B}^{-1}\boldsymbol{N} \tag{5.2.14}$$

由式(5.2.14)可检验基本可行解 $\boldsymbol{X}$ 是不是最优解，当 $\boldsymbol{X}$ 不是最优解时可由式(5.2.14)确定入基变量 x_k，然后求出主列 $\boldsymbol{B}^{-1}\boldsymbol{P}_k$，并按 θ 法则确定出基变量，继续进行迭代。

由以上讨论可见，在用单纯形法求解线性规划问题式(5.2.2)时，有很多数据的计算是多余的，实际需要计算的数据如下：

(1) 由式(5.2.12)知，为了求得可行基 $\boldsymbol{B}$ 的基本可行解 $\boldsymbol{X}$，需要计算 $\boldsymbol{B}^{-1}\boldsymbol{b}$。

(2) 为了检验上述基本可行解 $\boldsymbol{X}$ 是不是最优解，需要计算检验数向量：

$$\boldsymbol{\sigma}_N=\boldsymbol{C}_N-\boldsymbol{C}_B\boldsymbol{B}^{-1}\boldsymbol{N}$$

(3) 若上述基本可行解 $\boldsymbol{X}$ 不是最优解，则当非基变量 x_k 的检验数 $\sigma_k>0$ 时，取 x_k 为入基变量。此时为了确定出基变量，需要计算主列 $\boldsymbol{B}^{-1}\boldsymbol{P}_k$。

容易看出，$\boldsymbol{B}$、$\boldsymbol{N}$、$\boldsymbol{b}$、$\boldsymbol{C}_N$、$\boldsymbol{C}_B$、$\boldsymbol{P}_k$ 均是原始数据。因此，计算上述数据的关键就是要求出可行基 $\boldsymbol{B}$ 的逆矩阵 $\boldsymbol{B}^{-1}$。

4. 改进单纯形法的步骤

改进单纯形法的步骤如下。

(1) 确定初始可行基 $\boldsymbol{B}$，并求出 $\boldsymbol{B}$ 的逆矩阵 $\boldsymbol{B}^{-1}$。通常取单位矩阵 $\boldsymbol{I}$ 为初始可行基，这时 $\boldsymbol{B}=\boldsymbol{B}^{-1}=\boldsymbol{I}$。

(2) 求出

$$\boldsymbol{X}_B=\boldsymbol{B}^{-1}\boldsymbol{b}=\boldsymbol{B}^{-1}\begin{bmatrix}b_1\\ b_2\\ \vdots\\ b_m\end{bmatrix}=\begin{bmatrix}b'_1\\ b'_2\\ \vdots\\ b'_m\end{bmatrix}$$

得到关于 $\boldsymbol{B}$ 的基本可行解：

$$\boldsymbol{X}=\begin{bmatrix}\boldsymbol{X}_B\\ \boldsymbol{X}_N\end{bmatrix}=\begin{bmatrix}\boldsymbol{B}^{-1}\boldsymbol{b}\\ \boldsymbol{0}\end{bmatrix}$$

(3) 求出 $\boldsymbol{\sigma}_N=\boldsymbol{C}_N-\boldsymbol{C}_B\boldsymbol{B}^{-1}\boldsymbol{N}$。若 $\boldsymbol{\sigma}_N\leqslant\boldsymbol{0}$，则停止计算，上述基本可行解 $\boldsymbol{X}$ 为最优解，否则转到步骤(4)。

(4) 若存在非基变量 x_j 的检验数 $\sigma_j>0$，且 $\boldsymbol{B}^{-1}\boldsymbol{P}_j\leqslant\boldsymbol{0}$，则停止计算，线性规划问题式(5.2.2)无最优解。否则，若 $\sigma_k=\max\{\sigma_j\,|\,\sigma_j>0\}$，则取 x_k 为入基

变量。

(5) 求出主列：

$$\boldsymbol{B}^{-1}\boldsymbol{P}_k=\boldsymbol{B}^{-1}\begin{bmatrix}a_{1k}\\a_{2k}\\\vdots\\a_{mk}\end{bmatrix}=\begin{bmatrix}a'_{1k}\\a'_{2k}\\\vdots\\a'_{mk}\end{bmatrix}$$

(6) 按 θ 法则求出：

$$\theta=\min\left\{\frac{b'_i}{a'_{ik}}\,\middle|\,a'_{ik}>0\right\}=\frac{b'_i}{a'_{ik}}\quad(i\text{ 为基变量的下标})$$

这时，取 x_i 为出基变量，从而可以得到新的可行基 $\overline{\boldsymbol{B}}$，再返回到步骤(1)。

例 5.2.5.7 用改进单纯形法求解：

$$\max z=2x_1+x_2$$

$$\text{s. t.}\begin{cases}x_1+x_2\leqslant 5\\-x_1+x_2\leqslant 0\\6x_1+2x_2\leqslant 21\\x_1,\ x_2\geqslant 0\end{cases}$$

解

$$\boldsymbol{C}=(2,1,0,0,0)$$

$$\boldsymbol{A}=\begin{bmatrix}1&1&1&0&0\\-1&1&0&1&0\\6&2&0&0&1\end{bmatrix}=(\boldsymbol{P}_1,\boldsymbol{P}_2,\boldsymbol{P}_3,\boldsymbol{P}_4,\boldsymbol{P}_5),\quad \boldsymbol{b}=\begin{bmatrix}5\\0\\21\end{bmatrix}$$

$$\boldsymbol{P}_1=\begin{bmatrix}1\\-1\\6\end{bmatrix},\quad \boldsymbol{P}_2=\begin{bmatrix}1\\1\\2\end{bmatrix},\quad \boldsymbol{P}_3=\begin{bmatrix}1\\0\\0\end{bmatrix},\quad \boldsymbol{P}_4=\begin{bmatrix}0\\1\\0\end{bmatrix},\quad \boldsymbol{P}_5=\begin{bmatrix}0\\0\\1\end{bmatrix}$$

选取初始可行基为

$$\boldsymbol{B}_0=(\boldsymbol{P}_3,\boldsymbol{P}_4,\boldsymbol{P}_5)=\begin{bmatrix}1&0&0\\0&1&0\\0&0&1\end{bmatrix}$$

第一次迭代：

$$\boldsymbol{B}_0^{-1}=\begin{bmatrix}1&0&0\\0&1&0\\0&0&1\end{bmatrix}$$

$$\boldsymbol{X}_B=\boldsymbol{B}_0^{-1}\boldsymbol{b}=\begin{bmatrix}1&0&0\\0&1&0\\0&0&1\end{bmatrix}\begin{bmatrix}5\\0\\21\end{bmatrix}=\begin{bmatrix}5\\0\\21\end{bmatrix}$$

得初始基本可行解：

$$X^{(0)}=(0,0,5,0,21)^{\mathrm{T}}$$

检验数向量：

$$\boldsymbol{\sigma}_{N_0}=C_{N_0}-C_{B_0}B_0^{-1}N_0=(2,1)-(0,0,0)\begin{bmatrix}1&0&0\\0&1&0\\0&0&1\end{bmatrix}\begin{bmatrix}1&1\\-1&1\\6&2\end{bmatrix}$$

$$=(2,1)-(0,0)=(2,1)$$

即 $\max\{\sigma_1,\sigma_2\}=\max\{2,1\}=2$，故取 x_1 为入基变量，主列：

$$B_0^{-1}P_1=\begin{bmatrix}1&0&0\\0&1&0\\0&0&1\end{bmatrix}\begin{bmatrix}1\\-1\\6\end{bmatrix}=\begin{bmatrix}1\\-1\\6\end{bmatrix}$$

则 $\theta=\min\left\{\frac{5}{1},\frac{21}{6}\right\}=\frac{21}{6}$，故取 x_5 为出基变量，从而得到新的可行基：

$$B_1=(P_3,P_4,P_1)=\begin{bmatrix}1&0&1\\0&1&-1\\0&0&6\end{bmatrix}$$

第二次迭代：

$$B_1^{-1}=\begin{bmatrix}1&0&1\\0&1&-1\\0&0&6\end{bmatrix}^{-1}=\begin{bmatrix}1&0&-1/6\\0&1&1/6\\0&0&1/6\end{bmatrix}$$

$$X_{B_1}=B_1^{-1}b=\begin{bmatrix}1&0&-1/6\\0&1&1/6\\0&0&1/6\end{bmatrix}\begin{bmatrix}5\\0\\21\end{bmatrix}=\begin{bmatrix}3/2\\7/2\\7/2\end{bmatrix}$$

得到关于基 B_1 的基本可行解：

$$X^{(1)}=\left(\frac{7}{2},0,\frac{3}{2},\frac{7}{2},0\right)^{\mathrm{T}}$$

检验数向量：

$$\boldsymbol{\sigma}_{N_1}=C_{N_1}-C_{B_1}B_1^{-1}N_1=(1,0)-(0,0,2)\begin{bmatrix}1&0&-1/6\\0&1&1/6\\0&0&1/6\end{bmatrix}\begin{bmatrix}1&0\\1&0\\2&1\end{bmatrix}$$

$$=(1,0)-(0,0,1/3)\begin{bmatrix}1&0\\1&0\\2&1\end{bmatrix}=(1,0)-(2/3,1/3)=(1/3,-1/3)$$

$\sigma_2=1/3>0$，故取 x_2 为入基变量，主列：

$$\boldsymbol{B}_1^{-1}\boldsymbol{P}_2=\begin{bmatrix}1&0&-1/6\\0&1&1/6\\0&0&1/6\end{bmatrix}\begin{bmatrix}1\\1\\2\end{bmatrix}=\begin{bmatrix}2/3\\4/3\\1/3\end{bmatrix}$$

$$\theta=\min\left\{\frac{3/2}{2/3},\frac{7/2}{4/3},\frac{7/2}{1/3}\right\}=\frac{3/2}{2/3}=\frac{9}{4}$$

故取 x_3 为出基变量，得到新的可行基：

$$\boldsymbol{B}_2=(\boldsymbol{P}_2,\boldsymbol{P}_4,\boldsymbol{P}_1)=\begin{bmatrix}1&0&1\\1&1&-1\\2&0&6\end{bmatrix}$$

第三次迭代：

按线性代数知识，可求得 $\boldsymbol{B}_2$ 的逆矩阵：

$$\boldsymbol{B}_2^{-1}=\begin{bmatrix}1&0&1\\1&1&-1\\2&0&6\end{bmatrix}^{-1}=\begin{bmatrix}3/2&0&-1/4\\-2&1&1/2\\-1/2&0&1/4\end{bmatrix}$$

$$\boldsymbol{X}_{B_2}=\boldsymbol{B}_2^{-1}\boldsymbol{b}=\begin{bmatrix}3/2&0&-1/4\\-2&1&1/2\\-1/2&0&1/4\end{bmatrix}\begin{bmatrix}5\\0\\21\end{bmatrix}=\begin{bmatrix}9/4\\1/2\\11/4\end{bmatrix}$$

得关于可行基 $\boldsymbol{B}_2$ 的基本可行解：

$$\boldsymbol{X}^{(2)}=\left(\frac{11}{4},\frac{9}{4},0,\frac{1}{2},0\right)^{\mathrm{T}}$$

检验数向量：

$$\boldsymbol{\sigma}_{\boldsymbol{N}_2}=\boldsymbol{C}_{\boldsymbol{N}_2}-\boldsymbol{C}_{\boldsymbol{B}_2}\boldsymbol{B}_2^{-1}\boldsymbol{N}_2=(0,0)-(1,0,2)\begin{bmatrix}3/2&0&-1/4\\-2&1&1/2\\-1/2&0&1/4\end{bmatrix}\begin{bmatrix}1&0\\0&0\\0&1\end{bmatrix}$$

$$=(0,0)-\left(\frac{1}{2},0,\frac{1}{4}\right)\begin{bmatrix}1&0\\0&0\\0&1\end{bmatrix}=(0,0)-\left(\frac{1}{2},\frac{1}{4}\right)=\left(-\frac{1}{2},-\frac{1}{4}\right)$$

此时，所有非基变量的检验数均不大于零，故 $\boldsymbol{B}_2$ 为最优基，$\boldsymbol{X}^{(2)}$ 为最优解。

最优解对应的目标函数值，即最优值：

$$z=\boldsymbol{C}_{\boldsymbol{B}_2}\boldsymbol{B}_2^{-1}\boldsymbol{b}=(1,0,2)\begin{bmatrix}3/2&0&-1/4\\-2&1&1/2\\-1/2&0&1/4\end{bmatrix}\begin{bmatrix}5\\0\\21\end{bmatrix}$$

$$=\left(\frac{1}{2},0,\frac{1}{4}\right)\begin{bmatrix}5\\0\\21\end{bmatrix}=\frac{31}{4}$$

上述例题的单纯形表也加以列出，以便学习改进单纯形法时进行比较，见表 5.2.16。

表 5.2.16　例 5.2.5.7 求解的单纯形表

c_j		2	1	0	0	0	b
$\boldsymbol{C_B}$	$\boldsymbol{X_B}$	x_1	x_2	x_3	x_4	x_5	
0	x_3	1	1	1	0	0	5
0	x_4	-1	1	0	1	0	0
0	x_5	[6]	2	0	0	1	21
σ_j		2	1	0	0	0	0
0	x_3	0	$\left[\frac{2}{3}\right]$	1	0	$-\frac{1}{6}$	$\frac{3}{2}$
0	x_4	0	$\frac{4}{3}$	0	1	$\frac{1}{6}$	$\frac{7}{2}$
2	x_1	1	$\frac{1}{3}$	0	0	$\frac{1}{6}$	$\frac{7}{2}$
σ_j		0	$\frac{1}{3}$	0	0	$-\frac{1}{3}$	7
1	x_2	0	1	$\frac{3}{2}$	0	$-\frac{1}{4}$	$\frac{9}{4}$
0	x_4	0	0	-2	1	$\frac{1}{2}$	$\frac{1}{2}$
2	x_1	1	0	$-\frac{1}{2}$	0	$\frac{1}{4}$	$\frac{11}{4}$
σ_j		0	0	$-\frac{1}{2}$	0	$-\frac{1}{4}$	$\frac{31}{4}$

在前一节提到过，改进单纯形法每次迭代运算的关键是求出可行基 $\boldsymbol{B}$ 的逆矩阵 $\boldsymbol{B}^{-1}$。一般来说，求逆矩阵的计算量是比较大的，尤其是当矩阵的阶数较高时更是如此。但是，如果利用相邻两次迭代的可行基逆矩阵之间的关系，则可简化运算过程，减少计算量。

设某一次迭代前的可行基为 $\boldsymbol{B}$，迭代后的可行基为 $\overline{\boldsymbol{B}}$，它们的逆矩阵分别为 $\boldsymbol{B}^{-1}$ 及 $\overline{\boldsymbol{B}}^{-1}$，并假设

$$\boldsymbol{B}=(\boldsymbol{P}_{i1},\cdots,\boldsymbol{P}_{i(r-1)},\boldsymbol{P}_{ir},\boldsymbol{P}_{i(r+1)},\cdots,\boldsymbol{P}_{im})$$

迭代时，入基变量为 $\overline{x}_k$，出基变量为 x_{ir}，则

$$\overline{\boldsymbol{B}}=(\boldsymbol{P}_{i1},\cdots,\boldsymbol{P}_{i(r-1)},\boldsymbol{P}_k,\boldsymbol{P}_{i(r+1)},\cdots,\boldsymbol{P}_{im})$$

主列为

$$\boldsymbol{B}^{-1}\boldsymbol{P}_k=\begin{pmatrix}a_{1k}\\a_{2k}\\\vdots\\a_{mk}\end{pmatrix}$$

由于 $\boldsymbol{B}^{-1}\boldsymbol{B}=\boldsymbol{I}$($m$ 阶单位矩阵),因此有:

$$\begin{aligned}\boldsymbol{B}^{-1}\boldsymbol{B}&=\boldsymbol{B}^{-1}(\boldsymbol{P}_{i1},\cdots,\boldsymbol{P}_{i(r-1)},\boldsymbol{P}_{ir},\boldsymbol{P}_{i(r+1)},\cdots,\boldsymbol{P}_{im})\\&=(\boldsymbol{B}^{-1}\boldsymbol{P}_{i1},\cdots,\boldsymbol{B}^{-1}\boldsymbol{P}_{i(r-1)},\boldsymbol{B}^{-1}\boldsymbol{P}_{ir},\boldsymbol{B}^{-1}\boldsymbol{P}_{i(r+1)},\cdots,\boldsymbol{B}^{-1}\boldsymbol{P}_{im})\\&=\boldsymbol{I}\end{aligned}$$

而

$$\begin{aligned}\boldsymbol{B}^{-1}\overline{\boldsymbol{B}}&=\boldsymbol{B}^{-1}(\boldsymbol{P}_{i1},\cdots,\boldsymbol{P}_{i(r-1)},\boldsymbol{P}_{ir},\boldsymbol{P}_{i(r+1)},\cdots,\boldsymbol{P}_{im})\\&=(\boldsymbol{B}^{-1}\boldsymbol{P}_{i1},\cdots,\boldsymbol{B}^{-1}\boldsymbol{P}_{i(r-1)},\boldsymbol{B}^{-1}\boldsymbol{P}_k,\boldsymbol{B}^{-1}\boldsymbol{P}_{i(r+1)},\cdots,\boldsymbol{B}^{-1}\boldsymbol{P}_{im})\end{aligned}$$

由此可见,$\boldsymbol{B}^{-1}\overline{\boldsymbol{B}}$ 的第 r 列中除主列 $\boldsymbol{B}^{-1}\boldsymbol{P}_k$ 外,其余各列均与 m 阶单位矩阵 $\boldsymbol{I}$ 相同,即

$$\begin{array}{c}\text{第 } r \text{ 列}\\ \begin{bmatrix}1 & & 0 & a'_{1k} & & & \\ & \ddots & & \vdots & & & \\ & & 1 & a'_{(r-1)k} & & & \\ & & & a'_{rk} & & & \\ & & & a'_{(r+1)k} & 1 & & \\ & & & \vdots & & \ddots & \\ 0 & & & a'_{mk} & 0 & & 1\end{bmatrix}\end{array} \tag{5.2.15}$$

这种特殊形式的矩阵的逆矩阵是不难求得的,可以验证,它的逆矩阵为

$$\boldsymbol{E}_{rk}=(\boldsymbol{B}^{-1}\overline{\boldsymbol{B}})^{-1}=\begin{array}{c}\text{第 } r \text{ 列}\\ \begin{bmatrix}1 & & & -\dfrac{a'_{1k}}{a'_{rk}} & 0 & & 0\\ & \ddots & & \vdots & & & \\ & & 1 & -\dfrac{a_{(r-1)k}}{a'_{rk}} & & & \\ & & & \dfrac{1}{a'_{rk}} & & & \\ & & & -\dfrac{a'_{(r+1)k}}{a'_{rk}} & 1 & & \\ & & & \vdots & & \ddots & \\ 0 & & & -\dfrac{a'_{mk}}{a'_{rk}} & 0 & & 1\end{bmatrix}\end{array} \tag{5.2.16}$$

由式(5.2.16)可知，为了求 $\boldsymbol{B}^{-1}\overline{\boldsymbol{B}}$ 的逆矩阵 $\boldsymbol{E}_{rk}$，只要将 $\boldsymbol{B}^{-1}\overline{\boldsymbol{B}}$ 的第 r 列、第 r 行元素 a'_{rk} 改为其倒数 $1/a'_{rk}$，第 r 列的其他元素均乘以 $-1/a'_{rk}$，即可得到 $\boldsymbol{E}_{rk}$。

由式(5.2.16)可得

$$\boldsymbol{E}_{rk}=(\boldsymbol{B}^{-1}\overline{\boldsymbol{B}})^{-1}=\overline{\boldsymbol{B}}^{-1}\cdot\boldsymbol{B}$$

两端右乘 $\boldsymbol{B}^{-1}$，得

$$\overline{\boldsymbol{B}}^{-1}=\boldsymbol{E}_{rk}\boldsymbol{B}^{-1} \tag{5.2.17}$$

也就是说，新基 $\overline{\boldsymbol{B}}$ 的逆矩阵可以由原基 $\boldsymbol{B}$ 的逆矩阵左乘 $\boldsymbol{E}_{rk}$ 而得到。

同理，新基 $\overline{\boldsymbol{B}}$ 对应的

$$\boldsymbol{X}_{\overline{\boldsymbol{B}}}=\overline{\boldsymbol{B}}^{-1}\boldsymbol{b}=\boldsymbol{E}_{rk}\boldsymbol{B}^{-1}\boldsymbol{b}=\boldsymbol{E}_{rk}\boldsymbol{X}_{\boldsymbol{B}} \tag{5.2.18}$$

即 $\boldsymbol{X}_{\overline{\boldsymbol{B}}}$ 可由 $\boldsymbol{X}_{\boldsymbol{B}}$ 左乘 $\boldsymbol{E}_{rk}$ 而得到。

5.2.6 Excel 的应用

Excel 是电子表格的应用软件。线性规划问题的单纯形表格法正好可借用 Excel 来求解。下面我们用一个简单的线性规划例子来说明如何在 Excel 中建立线性规划模型并求解。

例 5.2.6.1 用 Excel 软件求解下列线性规划数学模型。

$$\max z=3x_1+4x_2$$

$$\text{s. t. }\begin{cases}x_1+x_2\leqslant 6\\x_1+2x_2\leqslant 8\\x_2\leqslant 3\\x_1,x_2\geqslant 0\end{cases}$$

B2 ▼ f_x=3 * B4+4 * B5

	A	B	C	
1	目标函数	0		
2				
3	变量			
4	X1			
5	X2			
6				
7	约束			
8				
9				

图 5.2.9 建立线性规划模型

解 求解步骤如下。

(1) 启动 Excel。

打开“工具”菜单，如果没有“规划求解”选项，则单击“加载宏”。在弹出的“加载宏”窗口中，选中“规划求解”，单击“确定”按钮后返回 Excel。(这时在“工具”菜单中就会有“规划求解”选项。)

(2) 在 Excel 中创建线性规划模型。

首先在 Excel 中建立线性规划模型，如图 5.2.9 所示。以“目标函数”“变量”“约束”作为标签，能使我们很容易地理解每一部分的意思。

第一步，确定每个决策变量所对应的单元格的位置。单元格 B4 中为“X1”，单元格 B5 中为“X2”。

第二步，选择一个单元格，输入用来计算目标函数值的公式。在单元格 B2 中输入"=3 * B4+4 * B5"，如图 5.2.9 所示。

第三步，选择单元格，输入公式，计算每个约束条件左边的值。在单元格 A8 中输入"=B4+B5"，如图 5.2.10 所示。在单元格 A9 中输入"=B4+2 * B5"，如图 5.2.11 所示。在单元格 A10 中输入"=B5"，如图 5.2.12 所示。

第四步，选择一个单元格，输入约束条件右边的值。在单元格 C8 中输入"6"，C9 中输入"8"，C10 中输入"3"，如图 5.2.13 所示。

为便于理解，我们在单元格 B8 到 B10 内输入标签"<="表示约束条件中左右两边的关系。

A8 ▼ f_x=B4+B5

	A	B	C	
1	目标函数	0		
2				
3	变量			
4	X1			
5	X2			
6				
7	约束			
8	0			
9				

图 5.2.10　在单元格 A8 中输入公式

A9 ▼ f_x=B4+2 * B5

	A	B	C	
1	目标函数	0		
2				
3	变量			
4	X1			
5	X2			
6				
7	约束			
8	0			
9	0			
10				

图 5.2.11　在单元格 A9 中输入公式

A10 ▼ f_x=B5

	A	B	C	
1	目标函数	0		
2				
3	变量			
4	X1			
5	X2			
6				
7	约束			
8	0			
9	0			
10	0			

图 5.2.12　在单元格 A10 中输入公式

B10 ▼ f_x<=

	A	B	C	
1	目标函数	0		
2				
3	变量			
4	X1			
5	X2			
6				
7	约束			
8	0	<=	6	
9	0	<=	8	
10	0	<=	3	

图 5.2.13　在单元格中输入约束条件右边的值

(3) 使用 Excel 求解。

第一步,选择“工具”下拉菜单。

第二步,选择“规划求解”选项。

第三步,当出现“规划求解参数”对话框时(见图 5.2.14),在“设置目标单元格”栏中输入“B1”,在“等于”后选择“最大值”项,在“可变单元格”栏中输入“B4:B5”,然后单击“添加”按钮。

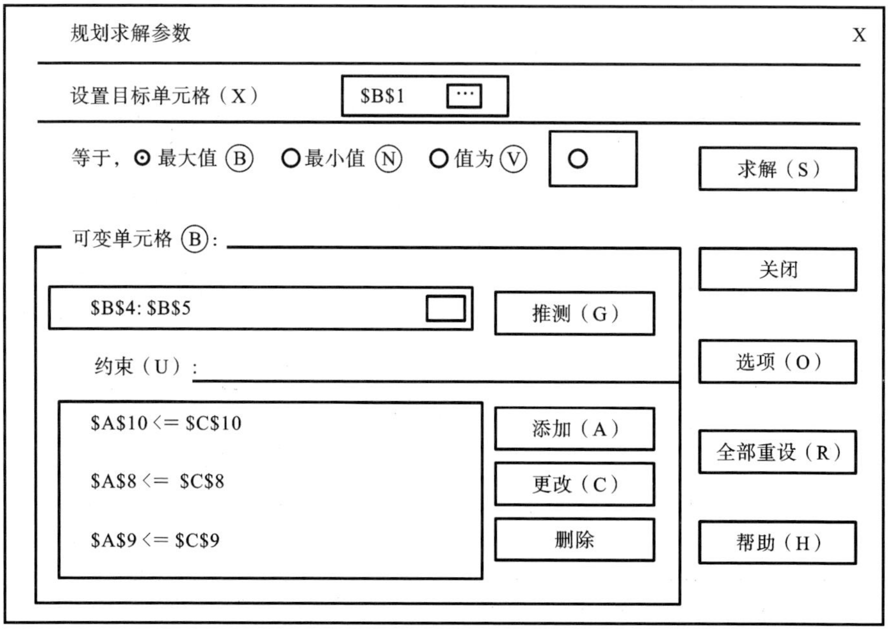

图 5.2.14 “规划求解参数”对话框

A10 ▼ f_x=B5

	A	B	C	
1	目标函数	20		
2				
3	变量			
4	X1	4		
5	X2	2		
6				
7	约束			
8	6	<=	6	
9	8	<=	8	
10	2	<=	3	

图 5.2.15 求解结果

第四步,当弹出“添加约束”对话框时,在“单元格引用位置”框中输入“A8”,选择“<=”,在“约束值”框中输入“C8”,然后单击“确定”按钮。

再次单击“添加”按钮,当弹出“添加约束”对话框时,在“单元格引用位置”框中输入“A9”,选择“<=”,在“约束值”框中输入“C9”,然后单击“确定”按钮。

再次单击“添加”按钮,当弹出“添加约束”对话框时,在“单元格引用位置”框中输入“A10”,选择“<=”,在“约束值”框中输入“C10”,然后单击“确定”按钮。

第五步，在“规划求解参数”对话框中选择“选项”。

第六步，在出现的对话框中选择“假定非负”，单击“确定”按钮。

第七步，在“规划求解参数”对话框中选择“求解”。

第八步，在出现的对话框中选择“保存规划求解结果”，单击“确定”按钮。图 5.2.15 所示为该线性规划问题的求解结果。

5.2.7 线性规划问题的对偶问题

对偶问题是线性规划问题中的一个重要问题，对它的研究具有重要意义和应用价值。线性规划有一个有趣的特性，就是对于一个求极大的线性规划问题都存在一个与其匹配的求极小的线性规划问题，并且这一对线性规划问题的解之间还存在着密切的关系。线性规划的这个特性称为对偶性。

对偶问题与原问题之间的关系在许多领域中都非常有用。其中一个关键应用就是对灵敏度分析的解释，而灵敏度分析是线性规划理论中的重要组成部分。因为在原始模型中大部分的参数都是一种估计值，如果条件发生了变化，那么就需要重新研究条件变化对最优解的影响，这就是灵敏度分析。

5.2.7.1 单纯形法的矩阵描述

用矩阵方式描述线性规划问题的求解过程，不但形式简单明了，而且有助于加深对单纯形法的理解，以及为对偶理论和灵敏度分析打下基础。

设有线性规划问题：

$$\max\ z=\boldsymbol{Cx}$$
$$\begin{cases}\boldsymbol{Ax}\leqslant \boldsymbol{b}\\ \boldsymbol{x}\geqslant 0\end{cases}$$

使用单纯形法求解，给该线性规划问题约束条件加上松弛变量 $\boldsymbol{x_S}=(x_{n+1},x_{n+2},\cdots,x_{n+m})^{\mathrm{T}}$，使线性规划问题化为标准型：

$$\max\ z=\boldsymbol{Cx}+0\boldsymbol{x_S}$$
$$\text{s.t.}\ \begin{cases}\boldsymbol{Ax}+\boldsymbol{Ix_S}=\boldsymbol{b}\\ \boldsymbol{x}\geqslant 0,\boldsymbol{x_S}\geqslant 0\end{cases}$$

选取松弛变量 $\boldsymbol{x_S}$ 为基变量，此时基解 $\boldsymbol{x_S}=\boldsymbol{b}$，目标函数值 $z=0$，非基变量的系数矩阵为 $\boldsymbol{A}$，非基变量的检验数为 $\boldsymbol{C}$。一般情况下，假设该线性规划问题的一个可行基为 $\boldsymbol{B}$，则可将上述标准型的决策变量进行划分，表示为$(\boldsymbol{x_B},\boldsymbol{x_N},\boldsymbol{x_S})^{\mathrm{T}}$。其中 $\boldsymbol{x_B}$ 为基变量，它的分量分别为矩阵 $\boldsymbol{B}$ 的列向量所对应的变量；$\boldsymbol{x_N}$ 和 $\boldsymbol{x_S}$ 为非基变量，$\boldsymbol{x_N}$ 由基变量和松弛变量以外的其他变量所构成。同样可将系数矩阵 $\boldsymbol{A}$ 进行划分，表示为$(\boldsymbol{B},\boldsymbol{N})$，目标函数的系数向量 $\boldsymbol{C}$ 也可表示为$(\boldsymbol{C_B},\boldsymbol{C_N})$，这样上述标准型就可写成

$$\max z=(\boldsymbol{C}_B,\boldsymbol{C}_N)\begin{bmatrix}\boldsymbol{x}_B\\\boldsymbol{x}_N\end{bmatrix}+0\boldsymbol{x}_S$$

$$\text{s.t.}\begin{cases}(\boldsymbol{B},\boldsymbol{N})\begin{bmatrix}\boldsymbol{x}_B\\\boldsymbol{x}_N\end{bmatrix}+\boldsymbol{I}\boldsymbol{x}_S=\boldsymbol{b}\\(\boldsymbol{x}_B,\boldsymbol{x}_N)\geqslant 0,\ \boldsymbol{x}_S\geqslant 0\end{cases}$$

即

$$\max z=\boldsymbol{C}_B\boldsymbol{x}_B+\boldsymbol{C}_N\boldsymbol{x}_N+0\boldsymbol{x}_S$$

$$\text{s.t.}\begin{cases}\boldsymbol{B}\boldsymbol{x}_B+\boldsymbol{N}\boldsymbol{x}_N+\boldsymbol{I}\boldsymbol{x}_S=\boldsymbol{b}\\\boldsymbol{x}_B,\boldsymbol{x}_N,\boldsymbol{x}_S\geqslant 0\end{cases}$$

为了得到基变量 $\boldsymbol{x}_B$ 的值,将第一个约束条件移项并两边左乘 $\boldsymbol{B}^{-1}$,得

$$\boldsymbol{x}_B=\boldsymbol{B}^{-1}\boldsymbol{b}-\boldsymbol{B}^{-1}\boldsymbol{N}\boldsymbol{x}_N-\boldsymbol{B}^{-1}\boldsymbol{x}_S \tag{5.2.19}$$

将式(5.2.19)代入问题的目标函数得

$$z=\boldsymbol{C}_B\boldsymbol{B}^{-1}\boldsymbol{b}+(\boldsymbol{C}_N-\boldsymbol{C}_B\boldsymbol{B}^{-1}\boldsymbol{N})\boldsymbol{x}_N-\boldsymbol{C}_B\boldsymbol{B}^{-1}\boldsymbol{x}_S \tag{5.2.20}$$

令非基变量 $\boldsymbol{x}_N=\boldsymbol{0},\boldsymbol{x}_S=\boldsymbol{0}$,得到问题的一个基本可行解:

$$\boldsymbol{x}=\begin{bmatrix}\boldsymbol{B}^{-1}\boldsymbol{b}\\\boldsymbol{0}\end{bmatrix} \tag{5.2.21}$$

对应的目标函数值为

$$z=\boldsymbol{C}_B\boldsymbol{B}^{-1}\boldsymbol{b} \tag{5.2.22}$$

从上述单纯形法的基本过程可以得到,若 $\boldsymbol{x}_B$ 为线性规划问题的一个基本可行解,则有:

(1) 线性规划问题的基变量的值为

$$\boldsymbol{x}_B=\boldsymbol{B}^{-1}\boldsymbol{b} \tag{5.2.23}$$

(2) 线性规划问题的目标函数值为

$$z=\boldsymbol{C}_B\boldsymbol{B}^{-1}\boldsymbol{b} \tag{5.2.24}$$

(3) 线性规划问题的检验数为

$$\boldsymbol{\sigma}=\boldsymbol{C}-\boldsymbol{C}_B\boldsymbol{B}^{-1}\boldsymbol{A},\quad \boldsymbol{\sigma}_S=-\boldsymbol{C}_B\boldsymbol{B}^{-1} \tag{5.2.25}$$

这是因为,从式(5.2.20)可以看到非基变量 $\boldsymbol{x}_N$ 的系数为 $\boldsymbol{C}_N-\boldsymbol{C}_B\boldsymbol{B}^{-1}\boldsymbol{N}$,即为非基变量 $\boldsymbol{x}_N$ 的检验数,而基变量 $\boldsymbol{x}_B$ 的检验数为零,且存在 $\boldsymbol{C}_B-\boldsymbol{C}_B\boldsymbol{B}^{-1}\boldsymbol{B}=\boldsymbol{0}$,所以 $\boldsymbol{\sigma}$ 包含了 $\boldsymbol{x}_B$ 和 $\boldsymbol{x}_N$ 的检验数,$\boldsymbol{\sigma}_S$ 是松弛变量 $\boldsymbol{x}_S$ 的检验数。

(4) 线性规划问题的 θ 法则可以表示为

$$\theta_l=\min_i\left\{\frac{(\boldsymbol{B}^{-1}\boldsymbol{b})_i}{(\boldsymbol{B}^{-1}\boldsymbol{P}_j)_i}\,\middle|\,(\boldsymbol{B}^{-1}\boldsymbol{P}_j)_i>0\right\}=\frac{(\boldsymbol{B}^{-1}\boldsymbol{b})_l}{(\boldsymbol{B}^{-1}\boldsymbol{P}_j)_l} \tag{5.2.26}$$

这里 $\boldsymbol{P}_j$ 是变量 $\boldsymbol{x}_j$ 的系数向量。

根据上述过程也可以得到单纯形表的矩阵描述如表 5.2.17 所示。

表 5.2.17　单纯形表的矩阵描述

变量	基变量	非基变量		基本解	目标函数值
	x_B	x_N	x_S		
系数矩阵	$\boldsymbol{I}$	$\boldsymbol{B}^{-1}\boldsymbol{N}$	$\boldsymbol{B}^{-1}$	$\boldsymbol{B}^{-1}\boldsymbol{b}$	$\boldsymbol{C}_B\boldsymbol{B}^{-1}\boldsymbol{b}$
检验数行	$\boldsymbol{0}$	$\boldsymbol{C}_N-\boldsymbol{C}_B\boldsymbol{B}^{-1}\boldsymbol{N}$	$-\boldsymbol{C}_B\boldsymbol{B}^{-1}$		

5.2.7.2　对偶问题的提出

对偶问题的提出来源于企业的科学管理。原问题是:企业如何在生产资源约束的条件下,取得最大的生产利润。对偶问题是:企业决定不生产产品而出售资源时,如何定价才使出售资源的收益不低于生产产品的收益。

我们从实例来讨论。

1. 企业在资源约束条件下组织生产以获取最大利润问题

例 5.2.7.1　设某企业在某一计划期内要安排生产甲、乙两种产品,已知生产单位产品需要 A、B、C 三种原材料,两种产品的单位利润、三种原材料的供应量以及生产单位产品的资源消耗如表 5.2.18 所示。

表 5.2.18　相关的生产数据

原材料	产品甲	产品乙	供应量
A	1	0	4
B	0	2	12
C	3	2	18
单位产品利润	3	5	

设甲、乙两种产品的产量分别是 x_1 和 x_2,则企业可得的总利润为

$$z=3x_1+5x_2$$

生产过程中,消耗的资源有一个限额,即原材料的供应量:

$$\begin{cases}x_1\leqslant 4\\2x_2\leqslant 12\\3x_1+2x_2\leqslant 18\end{cases}$$

企业的生产计划就是在资源约束的条件下,为取得最大利润,合理确定产量 x_1 和 x_2。用数学模型表示就是:

$$\max z=3x_1+5x_2$$

$$\text{s. t.}\begin{cases}x_1\leqslant 4\\2x_2\leqslant 12\\3x_1+2x_2\leqslant 18\\x_1,\ x_2\geqslant 0\end{cases}\qquad(5.2.27)$$

2. 企业在出售资源比生产更有利的条件下资源的定价问题

例 5.2.7.2 设例 5.2.7.1 中，该企业决定不生产甲、乙两种产品，而将其所拥有的资源 A、B、C 卖掉，那么企业如何来确定每种资源的价格呢？企业出售的原则是出售资源的收益不会低于生产产品所获得的收益。（因此企业应该知道资源的最低售价是多少。）

现假设三种资源的价格分别为 y_1、y_2、y_3。如果企业认为出售资源比生产产品更有利，则意味着生产产品甲消耗的资源出售后的收益不会小于生产该产品的收益，即有：

$$y_1+3y_3\geqslant 3$$

同理，对于产品乙也有：

$$2y_2+2y_3\geqslant 5$$

企业出售资源时的目标函数为

$$\min w=4y_1+12y_2+18y_3$$

将上述约束条件和目标函数综合起来，得到了一个新的线性规划模型，称之为原问题的对偶问题。现将这两个问题并列列出如下：

原问题	对偶问题
$\max z=3x_1+5x_2$ $\text{s.t.}\begin{cases}x_1\leqslant 4\\2x_2\leqslant 12\\3x_1+2x_2\leqslant 18\\x_1,\ x_2\geqslant 0\end{cases}$	$\min w=4y_1+12y_2+18y_3$ $\text{s.t.}\begin{cases}y_1+3y_3\geqslant 3\\2y_2+2y_3\geqslant 5\\y_1,\ y_2,\ y_3\geqslant 0\end{cases}$

对照这两个线性规划问题，可以发现：

(1) 原问题的目标函数是最大化的，而对偶问题的目标函数是最小化的。

(2) 原问题的价值系数（目标函数的系数）成为对偶问题的资源向量（约束矩阵的右端向量），而原问题的资源向量（约束矩阵的右端向量）成了对偶问题的价值系数（目标函数的系数）。

(3) 原问题共有 3 个约束条件，对应着对偶问题有 3 个变量，而原问题有 2 个变量，对应着对偶问题有 2 个约束条件。

(4) 原问题的约束条件都是"⩽"型的，对应着对偶变量都是非负的，而原问题的变量都是非负的，却对应着对偶问题的约束条件都是"⩾"型的。

(5) 原问题的约束矩阵（约束条件的系数矩阵）的行向量成为对偶问题的约束矩阵（约束条件的系数矩阵）的列向量，而原问题的约束矩阵的列向量则成为对偶问题的约束矩阵的行向量。

3. 对偶问题的表示

(1) 对称的对偶规划。

将上述规律一般化后，可得到更一般的情况下原问题与对偶问题之间的关系：

原问题(LP1)(或 P)	对偶问题(LP2)(或 D)
$\max z=\boldsymbol{cx}$ $\text{s.t.}\begin{cases}\boldsymbol{Ax}\leqslant\boldsymbol{b}\\ \boldsymbol{x}\geqslant\boldsymbol{0}\end{cases}$	$\min w=\boldsymbol{yb}$ $\text{s.t.}\begin{cases}\boldsymbol{yA}\geqslant\boldsymbol{c}\\ \boldsymbol{y}\geqslant\boldsymbol{0}\end{cases}$

在对称的对偶问题中：LP1 的变量 $\boldsymbol{x}$ 和 LP2 的变量 $\boldsymbol{y}$ 是非负的；两者约束条件的右端符号由≤改为≥；LP1 约束条件的右端向量是 LP2 的目标函数系数，而 LP2 约束条件的右端向量又是 LP1 的目标函数系数；LP2 约束条件的系数矩阵是 LP1 约束条件的系数矩阵的转置矩阵；LP1 约束方程的个数等于对偶问题目标函数的变量个数。

(2) 非对称的对偶规划。

这一类对偶问题的特点是 LP1 的不等式关系改为等式关系，LP2 中的目标函数变量 $\boldsymbol{y}$ 无限制；或原问题中有变量是负的。表示如下：

原问题(LP1)(或 P)	对偶问题(LP2)(或 D)
$\max z=\boldsymbol{cx}$ $\text{s.t.}\begin{cases}\boldsymbol{Ax}=\boldsymbol{b}\\ \boldsymbol{x}\geqslant\boldsymbol{0}\end{cases}$	$\min w=\boldsymbol{yb}$ $\boldsymbol{yA}\geqslant\boldsymbol{c}$ $\boldsymbol{y}$ 无限制

(3) 混合型对偶规划。

混合型对偶规划表示如下：

原问题(LP1)(或 P)	对偶问题(LP2)(或 D)
$\max \boldsymbol{z}=\boldsymbol{cx}$	$\min w=\boldsymbol{y}_1\boldsymbol{b}_1+\boldsymbol{y}_2\boldsymbol{b}_2+\boldsymbol{y}_3\boldsymbol{b}_3$
$\boldsymbol{A}_1\boldsymbol{x}\leqslant\boldsymbol{b}_1$	$\boldsymbol{y}_1\boldsymbol{A}_1+\boldsymbol{y}_2\boldsymbol{A}_2+\boldsymbol{y}_3\boldsymbol{A}_3\geqslant\boldsymbol{c}$
$\boldsymbol{A}_2\boldsymbol{x}=\boldsymbol{b}_2$	$\boldsymbol{y}_1\geqslant\boldsymbol{0}$
$\boldsymbol{A}_3\boldsymbol{x}\geqslant\boldsymbol{b}_3$	$\boldsymbol{y}_3\leqslant\boldsymbol{0}$
$\boldsymbol{x}\geqslant\boldsymbol{0}$	$\boldsymbol{y}_2$ 无限制

总结上述规则，原问题与对偶问题之间的关系如表 5.2.19 所示。

表 5.2.19　原问题与对偶问题之间的关系

<table>
<tr><th colspan="2">原问题(P)max</th><th colspan="2">对偶问题(D)min</th></tr>
<tr><td rowspan="3">变量</td><td>$\leqslant$</td><td rowspan="3">行约束</td><td>$\geqslant 0$</td></tr>
<tr><td>$\geqslant$</td><td>$\leqslant 0$</td></tr>
<tr><td>$=$</td><td>无限制(或$\in \mathbf{R}$)</td></tr>
<tr><td rowspan="3">行约束</td><td>$\geqslant 0$</td><td rowspan="3">变量</td><td>$\geqslant$</td></tr>
<tr><td>$\leqslant 0$</td><td>$\leqslant$</td></tr>
<tr><td>无限制(或$\in \mathbf{R}$)</td><td>$=$</td></tr>
</table>

例 5.2.7.3　写出下列线性规划问题的对偶问题。

P：

$$\min z = 6x_1 + 8x_2$$

$$\text{s. t.} \begin{cases} 3x_1 + x_2 \geqslant 4 \\ 5x_1 + 2x_2 \geqslant 7 \\ x_1 \geqslant 0,\ x_2 \geqslant 0 \end{cases}$$

解　对偶问题

D：

$$\max w = 4y_1 + 7y_2$$

$$\text{s. t.} \begin{cases} 3y_1 + 5y_2 \leqslant 6 \\ y_1 + 2y_2 \leqslant 8 \\ y_1 \geqslant 0,\ y_2 \geqslant 0 \end{cases}$$

例 5.2.7.4　写出下列线性规划问题的对偶问题。

P：

$$\min z = -5x_1 - 6x_2 - 7x_3$$

$$\text{s. t.} \begin{cases} -x_1 + 5x_2 - 3x_3 \geqslant 15 \\ -5x_1 - 6x_2 + 10x_3 \leqslant 20 \\ x_1 - x_2 - x_3 = -5 \\ x_1 \leqslant 0,\ x_2 \geqslant 0,\ x_3 \in \mathbf{R} \end{cases}$$

解　对偶问题

D：

$$\max w = 15y_1 + 20y_2 - 5y_3$$

$$\text{s. t.} \begin{cases} -y_1 - 5y_2 + y_3 \leqslant -5 \\ 5y_1 - 6y_2 - y_3 \geqslant -6 \\ -3y_1 + 10y_2 - y_3 = -7 \\ y_1 \geqslant 0,\ y_2 \leqslant 0,\ y_3 \in \mathbf{R} \end{cases}$$

5.2.7.3　对偶问题的基本性质

对偶问题与原问题之间存在着密切的关联性，这些性质为求解与分析线性规划问题提供了便利。

(1) 对称性。对偶问题与原问题是互为对偶关系。对偶问题的对偶问题就是原问题。

(2) 弱对偶性。若 $\hat{\boldsymbol{x}}$ 是原问题的可行解，$\hat{\boldsymbol{y}}$ 是其对偶问题的可行解，则存在

$$\boldsymbol{c}\hat{\boldsymbol{x}} \leqslant \hat{\boldsymbol{y}}\boldsymbol{b}$$

(3) 无界性。若原问题(对偶问题)的解为无界解，则其对偶问题(原问题)无可行解。反过来不一定成立，即当原问题(对偶问题)无可行解时，其对偶问题(原问题)或具有无界解或无可行解。

(4) 可行解是最优解时的性质。设 $\hat{\boldsymbol{x}}$ 为原问题的可行解，$\hat{\boldsymbol{y}}$ 是对偶问题的可行解，当 $\boldsymbol{c}\hat{\boldsymbol{x}}=\hat{\boldsymbol{y}}\boldsymbol{b}$ 时，$\hat{\boldsymbol{x}}$ 和 $\hat{\boldsymbol{y}}$ 分别为原问题与对偶问题的最优解。

(5) 对偶定理。若原问题有最优解，那么对偶问题也有最优解，且目标函数值相等。

(6) 互补松弛性。若 $\hat{\boldsymbol{x}}$、$\hat{\boldsymbol{y}}$ 分别是原问题和对偶问题的可行解，那么 $\hat{\boldsymbol{y}}\boldsymbol{x}_S=\boldsymbol{0}$ 和 $\boldsymbol{y}_S\hat{\boldsymbol{x}}=\boldsymbol{0}$ 当且仅当 $\hat{\boldsymbol{x}}$、$\hat{\boldsymbol{y}}$ 为最优解。

(7) 对偶问题的解与原问题检验数的对应关系。原问题单纯形表的检验数行对应其对偶问题的一个基本解。其对应关系如表 5.2.20 所示。

表 5.2.20　对偶问题的解与原问题检验数的对应关系

原问题变量	$\boldsymbol{x}_B$	$\boldsymbol{x}_N$	$\boldsymbol{x}_S$
原问题检验数	$\boldsymbol{0}$	$\boldsymbol{c}_N-\boldsymbol{c}_B\boldsymbol{B}^{-1}\boldsymbol{N}$	$-\boldsymbol{c}_B\boldsymbol{B}^{-1}$
对偶问题的解	$-\boldsymbol{y}_{S1}$	$-\boldsymbol{y}_{S2}$	$-\boldsymbol{y}$

表 5.2.20 中，$\boldsymbol{y}_{S1}$ 对应原问题中基变量 $\boldsymbol{x}_B$ 的剩余变量，$\boldsymbol{y}_{S2}$ 对应原问题中非基变量 $\boldsymbol{x}_N$ 的剩余变量。另外也可以发现对偶问题的解为 $\boldsymbol{y}=\boldsymbol{c}_B\boldsymbol{B}^{-1}$。

这些对偶问题的基本性质有着十分重要的应用，尤其是互补松弛性为我们提供了原问题与对偶问题最优解之间的对应关系。

例 5.2.7.5　(互补松弛性的应用)已知线性规划问题：

$$\min z=8x_1+6x_2+3x_3+6x_4$$

$$\text{s.t.}\begin{cases}x_1+2x_2+x_4\geqslant 3\\3x_1+x_2+x_3+x_4\geqslant 6\\x_3+x_4\geqslant 2\\x_1+x_3\geqslant 2\\x_j\geqslant 0,\ j=1,\ 2,\ 3,\ 4\end{cases}$$

的最优解为 $x^*=(1,\ 1,\ 2,\ 0)^{\mathrm{T}}$，试根据对偶理论，直接求出对偶问题的最优解。

解　首先写出该问题的对偶问题如下：

$$\max w=3y_1+6y_2+2y_3+2y_4$$

$$\text{s.t}\begin{cases}y_1+3y_2+y_4\leqslant 8\\2y_1+y_2\leqslant 6\\y_2+y_3+y_4\leqslant 3\\y_1+y_2+y_3\leqslant 6\\y_j\geqslant 0,\ j=1,2,3,4\end{cases}$$

假设原问题的 4 个约束条件对应的剩余变量为 $\boldsymbol{x}_S=(x_{S1},x_{S2},x_{S3},x_{S4})^{\mathrm{T}}$，对偶问题的 4 个约束条件对应的松弛变量为 $\boldsymbol{y}_S=(y_{S1},y_{S2},y_{S3},y_{S4})$。根据互补松弛性，当原问题和对偶问题达到最优解时存在 $\boldsymbol{y}_S\boldsymbol{x}^*=\boldsymbol{0}$，代入 $\boldsymbol{x}^*=(1,1,2,0)^{\mathrm{T}}$ 得到 $y_{S1}=y_{S2}=y_{S3}=0$，即对偶问题的前 3 个约束条件均为紧约束，也就是都为等式。另一方面，将原问题的最优解 $\boldsymbol{x}^*$ 代入其约束条件可解得 $x_{S1}=x_{S2}=x_{S3}=0$，$x_{S4}=1$。所以由 $\boldsymbol{y}^*\boldsymbol{x}_S=\boldsymbol{0}$，其中 $\boldsymbol{y}^*=(y_1^*,y_2^*,y_3^*,y_4^*)$为对偶问题的最优解，可以得到 $y_4^*=0$。综合这两方面的结果，可以得到：

$$\begin{cases}y_1^*+3y_2^*=8\\2y_1^*+y_2^*=6\\y_2^*+y_3^*=3\end{cases}$$

求解此方程组可以得到 $y_1^*=2,\ y_2^*=2,\ y_3^*=1$，所以对偶问题的最优解为 $\boldsymbol{y}^*=(2,2,1,0)$。

5.2.7.4　对偶单纯形法

对偶性质的另一个应用就是对偶单纯形法。根据前述性质可知：在单纯形表中进行迭代时，在 $\boldsymbol{b}$ 列中得到的是原问题的基本可行解，而在检验数行得到的是对偶问题的基本解。在初始单纯形表中，可以发现原问题得到的是一个基本可行解（$\geqslant 0$），而对偶问题的解是一个非可行解（检验数行的相反数有小于 0 的）。单纯形表的过程就是在保证原问题为基本可行解的条件下，逐步通过迭代运算和行变换将对偶问题的解由非可行解转化为可行解（检验数行的相反数都不小于 0），此时原问题和对偶问题的解都为可行解。根据对偶性质，原问题和对偶问题都达到了最优解。

由于原问题与对偶问题是相互对称的，所以也可将上述思路反过来考虑，就形成了对偶单纯形法的思路。如果原问题的解是非可行解（$\boldsymbol{b}$ 列存在负值），也可以在保证对偶问题的解为基本可行解的条件下（检验数行不大于 0），逐步通过迭代运算和行变换将原问题的解转化为可行解，当双方都达到基本可行解时，原问题和对偶问题也就都达到了最优解。

具体而言，对偶单纯形法的计算步骤如下：

（1）根据线性规划问题列出单纯形表。检查 $\boldsymbol{b}$ 列的值，若都为非负，检验数都为非正，则已得到最优单纯形表，停止计算。若 **b** 列的值存在负分量，而检验数均不大于 0，则进行下一步。

(2) 确定出基变量。将 $\min\limits_{i}\{(\boldsymbol{B}^{-1}\boldsymbol{b})_i \mid (\boldsymbol{B}^{-1}\boldsymbol{b})_i<0\}=(\boldsymbol{B}^{-1}\boldsymbol{b})_l$ 对应的基变量 x_l 确定为出基变量。

(3) 确定入基变量。在单纯形表中检验 x_l 所在行的各系数 a_{lj}，若所有 $a_{lj}\geqslant 0$，则无可行解，停止计算。若存在 $a_{lj}<0$，则计算

$$\theta_k=\min_{j}\left\{\frac{c_j-z_j}{a_{lj}} \mid a_{lj}<0\right\}=\frac{c_k-z_k}{a_{lk}}$$

于是确定非基变量 x_k 为入基变量。

(4) 以 x_l 为出基变量、x_k 为入基变量进行迭代运算，得到新的单纯形表，然后转到步骤(1)。

例 5.2.7.6 (对偶单纯形法)用对偶单纯形法求解下列线性规划问题：

$$\min z=5x_1+2x_2+4x_3$$

$$\text{s.t.}\begin{cases}3x_1+x_2+2x_3\geqslant 4\\6x_1+3x_2+5x_3\geqslant 10\\x_1,\ x_2,\ x_3\geqslant 0\end{cases}$$

解 首先注意到，如果按原问题的单纯形表进行求解，需在两个约束条件中加入剩余变量和人工变量才能得等到初始单纯形表。但是，如果应用对偶单纯形法则不用如此麻烦。可以先在约束条件两边分别乘(−1)，然后各自加一个松弛变量即可，即化为标准型：

$$\max z'=-z=-5x_1-2x_2-4x_3$$

$$\text{s.t.}\begin{cases}-3x_1-x_2-2x_3+x_4=-4\\-6x_1-3x_2-5x_3+x_5=-10\\x_j\geqslant 0,\ j=1,\ 2,\ \cdots,\ 5\end{cases}$$

建立此问题的单纯形表，然后利用对偶单纯形法进行求解，具体过程见表 5.2.21(为了适应不同的推荐，下列单纯形表采用不同的表格形式，但实质相同)。

表 5.2.21 对偶单纯形表

$c_j \rightarrow$			−5	−2	−4	0	0
$\boldsymbol{C_B}$	$\boldsymbol{X_B}$	$\boldsymbol{b}$	x_1	x_2	x_3	x_4	x_5
0	x_4	−4	−3	−1	−2	1	0
0	x_5	-10^*	−6	-3^*	−5	0	1
$\sigma_j=c_j-z_j$		0	−5	-2^*	−4	0	0

续表

$c_j \to$			-5	-2	-4	0	0
$\boldsymbol{C_B}$	$\boldsymbol{X_B}$	$\boldsymbol{b}$	x_1	x_2	x_3	x_4	x_5
0	x_4	$-\frac{2}{3}^*$	-1^*	0	$-\frac{1}{3}$	1	$-\frac{1}{3}$
-2	x_2	$\frac{10}{3}$	2	1	$\frac{5}{3}$	0	$-\frac{1}{3}$
$\sigma_j=c_j-z_j$		$-\frac{20}{3}$	-1^*	0	$-\frac{2}{3}$	0	$-\frac{2}{3}$
-5	x_1	$\frac{2}{3}$	1	0	$\frac{1}{3}$	-1	$\frac{1}{3}$
-2	x_2	2	0	1	1	2	-1
$\sigma_j=c_j-z_j$		$-\frac{22}{3}$	0	0	$-\frac{1}{3}$	-1	$-\frac{1}{3}$

表 5.2.21 求解最后一步中，所有的检验数均不大于 0，而且 $\boldsymbol{b}$ 列的值均不小于 0，所以为最优单纯形表。原问题的最优解为

$$x_1=\frac{2}{3},\quad x_2=2,\quad x_3=0;\quad z=\frac{22}{3}$$

例 5.2.7.7 求解下列线性规划问题的对偶问题：

$$\max\ y=5x_1+6x_2$$
$$\text{s.t.}\begin{cases}x_1+5x_2\leqslant 1\\3x_1+2x_2\leqslant 1\\x_i\geqslant 0,\ i=1,\ 2\end{cases}$$

对于这个问题，没有必要写出对偶问题再去求解，这里只需要用单纯形法对原问题求解，再根据对偶问题的性质得到对偶问题的最优可行解。对原问题引入松弛变量 x_3、x_4，得到下述标准线性规划问题：

$$\max\ y=5x_1+6x_2$$
$$\text{s.t.}\begin{cases}x_1+5x_2+x_3=1\\3x_1+2x_2+x_4=1\\x_i\geqslant 0,\ i=1,\ 2,\ 3,\ 4\end{cases}$$

显然，可用(0, 0, 1, 1)作为初始基本可行解，利用单纯形表格法可得表 5.2.22、表 5.2.23 和表 5.2.24(采用了不同的单纯形表格形式)。

表 5.2.22 单纯形表一

	x_1	x_2	解
x_3	1	5	1
x_4	$\boxed{3}$	2	1
y	-5	-6	0

表 5.2.23 单纯形表二

	x_4	x_2	解
x_3	$-\frac{1}{3}$	$\frac{13}{3}$	$\frac{2}{3}$
x_1	$\frac{1}{3}$	$\frac{2}{3}$	$\frac{1}{3}$
y	$\frac{5}{3}$	$-\frac{8}{3}$	$\frac{5}{3}$

表 5.2.24 单纯形表三

	x_4	x_3	解
x_2	$-\frac{1}{13}$	$\frac{3}{13}$	$\frac{2}{13}$
x_1	$\frac{5}{13}$	$-\frac{2}{13}$	$\frac{3}{13}$
y	$\frac{19}{13}$	$\frac{8}{13}$	$\frac{27}{13}$

由表 5.2.24 可得原问题的最优基本可行解为$\left(\frac{3}{13},\frac{2}{13},0,0\right)$，$\max y=\frac{27}{13}$。同时可得到对偶问题的最优基本可行解为$\left(\frac{8}{13},\frac{19}{13}\right)$，$\min z=\frac{27}{13}$。

5.2.8 线性规划的灵敏度分析

在实际应用中，许多线性规划问题的数据不能精确地知道，通常是根据经验估计或用预测方法得到的。因此，某些数据可能需要修改，有时还可能要增加新变量或新的约束。遇到上述情况时，要考虑某些条件变化对最优解的影响，并不需要从头开始计算，只需修改原问题的单纯形表中相应的部分，以便得到条件变化后新问题的单纯形表，再判断所得到的解是否是新问题的最优解，如果不是，可继续迭代求解。灵敏度分析(sensitivity analysis)就是研究这些问题的。

设有如下的线性规划问题：

$$\min z=\boldsymbol{Cx}$$
$$\text{s.t.}\begin{cases}\boldsymbol{Ax}=\boldsymbol{b}\\ \boldsymbol{x}\geqslant 0\end{cases}\tag{5.2.28}$$

假定已经求得它的最优单纯形表为表 5.2.25：

表 5.2.25 已求得的最优单纯形表

	$\boldsymbol{x_B}$	$\boldsymbol{x_N}$	右端
$\boldsymbol{x_B}$	$\boldsymbol{I}$	$\boldsymbol{B}^{-1}\boldsymbol{N}$	$\boldsymbol{B}^{-1}\boldsymbol{b}$
z	$\boldsymbol{0}$	$\boldsymbol{C_B B}^{-1}\boldsymbol{N}-\boldsymbol{C_N}$	$\boldsymbol{C_B B}^{-1}\boldsymbol{b}$

下面叙述各种变化时的灵敏度分析。

5.2.8.1 改变目标函数的系数向量

假定目标函数的系数向量 $\boldsymbol{C}$ 变成 $\hat{\boldsymbol{C}}$，这时，可行域一般不变化，故原问题的最优解还是新问题的基本可行解，但是需要修改目标行。新检验数为 $\hat{z}_j-\hat{c}_j=\hat{\boldsymbol{C}}_{\boldsymbol{B}}\boldsymbol{B}^{-1}a_j-\hat{c}_j$，新目标函数值为 $\hat{\boldsymbol{C}}_{\boldsymbol{B}}\boldsymbol{B}^{-1}\boldsymbol{b}$，然后，根据 $\hat{z}_j-\hat{c}_j\leqslant 0$ 是否满足，决定是

停止计算还是继续迭代。

特别地，当目标函数的系数向量只有一个分量 c_k 变成 $\hat{c}_k$ 时，可按以下方法处理：

(1) 对应的 x_k 是非基变量。

这时只需修改检验数 $z_k - c_k$。由于 $\boldsymbol{C_B}$ 不变化，故新检验数为

$$z_k - \hat{c}_k = z_k - c_k + (c_k - \hat{c}_k)$$

这样就得到了新问题的单纯形表。如果 $z_k - \hat{c}_k \leqslant 0$，则所得到的解还是新问题的最优解，否则由此开始继续迭代。

(2) 对应的 x_k 是基变量。

设 $x_k = x_{B_t}$，这时 c_{B_t} 变成 $\hat{c}_{B_t}$，新检验数中仍有基变量对应的检验数为 0，而非基变量对应的检验数为

$$\begin{aligned}\hat{z}_j - c_j &= \hat{\boldsymbol{C}}_{\boldsymbol{B}}\boldsymbol{B}^{-1}a_j - c_j \\ &= \boldsymbol{C_B}\boldsymbol{B}^{-1}a_j + (0,\cdots,0,\hat{c}_{B_t} - c_{B_t},\ 0,\ \cdots,\ 0)\boldsymbol{B}^{-1}a_j - c_j \\ &= z_j - c_j + (\hat{c}_k - c_k)\bar{a}_{tj} \end{aligned} \tag{5.2.29}$$

新目标函数值为

$$\hat{\boldsymbol{C}}_{\boldsymbol{B}}\boldsymbol{B}^{-1}\boldsymbol{b} = \hat{\boldsymbol{C}}_{\boldsymbol{B}}\bar{\boldsymbol{b}} = \boldsymbol{C_B}\bar{\boldsymbol{B}} + (\hat{c}_k - c_k)\bar{b}_t \tag{5.2.30}$$

故只需将第 t 行乘以 $(\hat{c}_k - c_k)$ 加到目标行上去，再令 x_k 对应的检验数 $\hat{z}_k - \hat{c}_k = 0$，便可得到新问题的单纯形表。

例 5.2.8.1 给定线性规划问题：

$$\min z = 5x_1 - 4x_2$$

$$\text{s.t.}\begin{cases} x_1 + x_2 \leqslant 4 \\ -x_1 + x_2 \leqslant 2 \\ x_1,\ x_2 \geqslant 0 \end{cases}$$

已经求得它的最优单纯形表为

	x_1	x_2	x_3	x_4	$\bar{\boldsymbol{b}}$
x_3	2	0	1	-1	2
x_2	-1	1	0	1	2
z	-1	0	0	-4	-8

试考虑下列问题的处理方法。

(1) 若 $c_1 = 5$ 变成 $\hat{c}_1 = -1$，求新问题的最优解。

(2) 若 $c_2 = -4$ 变成 $\hat{c}_2 = -2$，求新问题的最优解。

解 (1) 由于 x_1 是非基变量，故只需计算 $z_1 - \hat{c}_1$：

$$z_1 - \hat{c}_1 = z_1 - c_1 + (c_1 - \hat{c}_1) = -1 + 6 = 5$$

将所给最优单纯形表中 x_1 对应的检验数改成 5，得新问题的单纯形表如下：

	x_1	x_2	x_3	x_4	$\bar{\boldsymbol{b}}$
x_3	2	0	1	−1	2
x_2	−1	1	0	1	2
z	5	0	0	−4	−8

由于 $z_1-\hat{c}_1>0$，故需由此表开始继续迭代才能求得新问题的最优解。

(2) 当 $c_2=-4$ 变成 $\hat{c}_2=-2$ 时，仍然有 $\hat{z}_2-\hat{c}_2=\hat{z}_3-\hat{c}_3=0$。按式(5.2.29)和式(5.2.30)计算 $\hat{z}_1-c_1$，$\hat{z}_4-c_4$ 和新目标值 z，得新问题单纯形表如下：

	x_1	x_2	x_3	x_4	$\bar{\boldsymbol{b}}$
x_3	2	0	1	−1	2
x_2	−1	1	0	1	2
z	−3	0	0	−2	−4

由于 $\hat{z}_j-c_j\leqslant 0$ 得到满足，所以原问题的最优解 $\boldsymbol{x}=(0,2)^{\mathrm{T}}$ 还是新问题的最优解，而且目标函数最优值变成−4。

5.2.8.2 改变右端向量

设右端向量 $\boldsymbol{b}$ 变成 $\hat{\boldsymbol{b}}$，这时，只需修改右端一列便可得到新问题的单纯形表。新表右端一列为

$$\bar{\hat{\boldsymbol{b}}}=\boldsymbol{B}^{-1}\hat{\boldsymbol{b}},\quad \hat{z}=\boldsymbol{C}_B\bar{\hat{\boldsymbol{b}}}$$

检验数均不改变，故仍然有 $z_j-c_j\leqslant 0$。如果$\bar{\hat{\boldsymbol{b}}}\geqslant 0$，则已找到新问题的最优解，否则，单纯形表对应新问题的一个正则解。于是，可用对偶单纯形法继续求解新问题。

例 5.2.8.2 对于例 5.2.8.1 中的线性规划问题，若右端向量 $\boldsymbol{b}=\begin{bmatrix}4\\2\end{bmatrix}$变成$\hat{\boldsymbol{b}}=\begin{bmatrix}3\\5\end{bmatrix}$，求新问题的最优解。

解 由于

$$\boldsymbol{B}^{-1}=\begin{bmatrix}1 & -1\\0 & 1\end{bmatrix}$$

故

$$\bar{\hat{\boldsymbol{b}}}=\begin{bmatrix}1 & -1\\0 & 1\end{bmatrix}\begin{bmatrix}3\\5\end{bmatrix}=\begin{bmatrix}-2\\5\end{bmatrix}$$

$$\hat{z}=(c_3,c_2)\bar{\hat{\boldsymbol{b}}}=(0,-4)\begin{bmatrix}-2\\5\end{bmatrix}=-20$$

于是得下表：

	x_1	x_2	x_3	x_4	$\hat{\boldsymbol{b}}$
x_3	2	0	1	-1	-2
x_2	-1	1	0	1	5
$\hat{z}$	-1	0	0	-4	-20

此表对应新问题的一个正则解，故由此开始用对偶单纯形法求解新问题。

5.2.8.3　改变矩阵

设矩阵 $\boldsymbol{A}$ 的一列 $\boldsymbol{a}_k$ 变成 $\hat{\boldsymbol{a}}_k$，分两种情况：

(1) 相应的 x_k 是非基变量。

这时，基 $\boldsymbol{B}$ 不变，只需修改单纯形表中 x_k 对应的一列便可得新问题的单纯形表。

$$\bar{\hat{\boldsymbol{a}}}_k=\boldsymbol{B}^{-1}\hat{\boldsymbol{a}}_k$$

$$\hat{z}_k-c_k=\boldsymbol{C_B}\boldsymbol{B}^{-1}\hat{\boldsymbol{a}}_k-c_k$$

如果 $\hat{z}_k-c_k\leqslant 0$，则得到的表也是新问题的最优单纯形表；否则，需由此开始继续迭代，求解新问题。

(2) 相应的 x_k 是基变量。

设 $x_k=x_{B_t}$，这时基 $\boldsymbol{B}$ 发生变化，从而单纯形表中的右端列和非基变量对应的每一列都受影响，为了保持 $\boldsymbol{B}^{-1}$，求解下列辅助问题：

$$\min\ g=x_{n+1}$$

$$\text{s.t.}\ \begin{cases}a_1x_1+\cdots+\hat{a}_kx_k+\cdots+a_nx_n+a_kx_{n+1}=b\\x_j\geqslant 0\ j=1,\ \cdots,n,n+1\end{cases}\tag{5.2.31}$$

如果不考虑 x_k 的系数，则辅助问题的约束矩阵与原问题的相同，只是把 x_k 换成了 x_{n+1}。因而，令 x_{n+1} 为基变量，x_k 为非基变量，即在原问题的最优单纯形表中，将第 k 列移作 x_{n+1} 对应的列，再令 $\bar{\hat{\boldsymbol{a}}}_k=\boldsymbol{B}^{-1}\hat{\boldsymbol{a}}_k$，便可得到辅助问题的一个基本可行解，由此开始解辅助问题。若最优值 $g=0$，则辅助问题的最优解对应着新问题的一个基本可行解，从而可以由此开始求解新问题。

例 5.2.8.3　考虑例 5.2.8.1 中的线性规划问题，如果 $\boldsymbol{a}_2=\begin{bmatrix}1\\1\end{bmatrix}$ 变成 $\hat{\boldsymbol{a}}_2=\begin{bmatrix}-2\\1\end{bmatrix}$，求解新问题。

解　由于 x_2 是基变量，故构造如下的辅助问题：

$$\min g = x_5$$

$$\text{s. t.} \begin{cases} x_1 - 2x_2 + x_3 + x_5 = 4 \\ -x_1 + x_2 + x_4 + x_5 = 2 \\ x_1, \cdots, x_5 \geqslant 0 \end{cases}$$

因$\bar{\hat{\boldsymbol{a}}}_2 = \boldsymbol{B}^{-1}\hat{\boldsymbol{a}}_2 = \begin{bmatrix} 1 & -1 \\ 0 & 1 \end{bmatrix}\begin{bmatrix} -2 \\ 1 \end{bmatrix} = \begin{bmatrix} -3 \\ 1 \end{bmatrix}$,故得辅助问题的单纯形表如下:

	x_1	x_2	x_3	x_4	x_5	$\bar{\boldsymbol{b}}$
x_3	2	−3	1	−1	0	2
x_5	−1	[1]	0	1	1	2
g	−1	1	0	1	0	2
x_3	−1	0	1	2	3	8
x_2	−1	1	0	1	1	2
g	0	0	0	0	−1	0

此时,$g=0$,第一阶段结束,删去 g 行与 x_5 列,换上 z 行,再进行单纯形法迭代,求解新问题。得到的新表如下:

	x_1	x_2	x_3	x_4	$\bar{\boldsymbol{b}}$
x_3	−1	0	1	2	8
x_2	−1	1	0	1	2
z	−1	0	0	−4	−8

由于全部 $z_j - c_j \leqslant 0$,故求得新问题的最优解为 $\boldsymbol{x} = (0,2)^{\mathrm{T}}$,目标函数最优值为 $\hat{z} = -8$。

5.2.8.4 增加新变量

设增加一个新变量 x_{n+1},其目标函数系数为 c_{n+1},在约束矩阵中对应的向量为 $\boldsymbol{a}_{n+1}$,则把 x_{n+1} 看成非基变量,在原问题的最优单纯形表中增加一列:

$$\begin{bmatrix} \bar{\boldsymbol{a}}_{n+1} \\ z_{n+1} - c_{n+1} \end{bmatrix} = \begin{bmatrix} \boldsymbol{B}^{-1}\boldsymbol{a}_{n+1} \\ \boldsymbol{C_B}\boldsymbol{B}^{-1}\boldsymbol{a}_{n+1} - c_{n+1} \end{bmatrix}$$

就得到新问题的单纯形表。若 $z_{n+1} - c_{n+1} \leqslant 0$,则已找到新问题的最优解;否则,需继续用单纯形法求解新问题。

5.2.8.5 增加新的不等式约束

设原问题的最优单纯形表对应的约束为

$$\boldsymbol{x_B} + \boldsymbol{B}^{-1}\boldsymbol{N}\boldsymbol{x_N} = \boldsymbol{B}^{-1}\boldsymbol{b} \tag{5.2.32}$$

增加新约束 $\boldsymbol{a}^{(m+1)}\boldsymbol{x}\leqslant b_{m+1}$，其中，$\boldsymbol{a}^{(m+1)}$ 为 n 维向量，用 $\boldsymbol{a}_{\boldsymbol{B}}^{(m+1)}$ 和 $\boldsymbol{a}_{\boldsymbol{N}}^{(m+1)}$ 分别表示 $\boldsymbol{a}^{(m+1)}$ 中与原问题的 $\boldsymbol{B}$ 和 $\boldsymbol{N}$ 对应的两部分，引进松弛变量 x_{n+1}，将新约束化成等式：

$$\boldsymbol{a}_{\boldsymbol{B}}^{(m+1)}\boldsymbol{x}_{\boldsymbol{B}}+\boldsymbol{a}_{\boldsymbol{N}}^{(m+1)}\boldsymbol{x}_{\boldsymbol{N}}+x_{n+1}=b_{m+1} \tag{5.2.33}$$

将式(5.2.32)代入式(5.2.33)得

$$(\boldsymbol{a}_{\boldsymbol{N}}^{(m+1)}-\boldsymbol{a}_{\boldsymbol{B}}^{(m+1)}\boldsymbol{B}^{-1}\boldsymbol{N})\boldsymbol{x}_{\boldsymbol{N}}+x_{n+1}=b_{m+1}-\boldsymbol{a}_{\boldsymbol{B}}^{(m+1)}\boldsymbol{B}^{-1}\boldsymbol{b} \tag{5.2.34}$$

将式(5.2.33)作为第 $m+1$ 行写在原有的最优单纯形表中，并将原有第 $m+1$ 行移作第 $m+2$ 行。通过行初等变换将第 $m+1$ 行化成式(5.2.34)的形式，便可得到新问题的单纯形表。若 $b_{m+1}-\boldsymbol{a}_{\boldsymbol{B}}^{(m+1)}\boldsymbol{B}^{-1}\boldsymbol{b}\geqslant 0$，则已找到新问题的最优解；否则，得到的是新问题的一个正则解，由此开始用对偶单纯形法求解新问题。

例 5.2.8.4 考虑例 5.2.8.1 中的线性规划问题，设增加约束 $-3x_1+2x_2\leqslant 3$，求新问题的最优解。

解 引进松弛变量 x_5，则新的约束变成

$$-3x_1+2x_2+x_5=3$$

将此式写到原有最优单纯形表的第 3 行，将原有第 3 行移作第 4 行，得

	x_1	x_2	x_3	x_4	x_5	$\bar{\boldsymbol{b}}$
x_3	2	0	1	-1	0	2
x_2	-1	1	0	1	0	2
x_5	-3	2	0	0	1	3
z	-1	0	0	-4	0	-8

将 $\bar{\boldsymbol{a}}_{32}$ 消为 0，得

	x_1	x_2	x_3	x_4	x_5	$\bar{\boldsymbol{b}}$
x_3	2	0	1	-1	0	2
x_2	-1	1	0	1	0	2
x_5	-1	0	0	-2	1	-1
z	-1	0	0	-4	0	-7

由于 $\bar{b}_3=-1<0$，故得到的解是新问题的一个正则解。再由此开始，用对偶单纯形法求解新问题，得最优解为 $\boldsymbol{x}=(1,3)^{\mathrm{T}}$，目标函数最优值为-7。

5.2.8.6 增加新的等式约束

设增加一个新的等式约束 $\boldsymbol{a}^{(m+1)}\boldsymbol{x}=b_{m+1}$。如果原问题的最优解满足这个新等式，则它也是新问题的最优解；否则，不妨设原问题的最优解 $\boldsymbol{x}$ 使 $\boldsymbol{a}^{(m+1)}\boldsymbol{x}<$

b_{m+1}，引进人工变量 x_{n+1}，使新增加的约束成为等式 $\boldsymbol{a}^{(m+1)}\boldsymbol{x}+x_{n+1}=b_{m+1}$，然后用二阶段法求解新问题。

5.2.9 运输问题

运输问题是一类特殊的线性规划问题，最早研究这类问题的是美国学者希奇柯克(Hitchcock)，后来由柯普曼(Koopman)详细地加以讨论。由于运输问题的约束方程系数矩阵有其特殊的结构和性质，因而有比单纯形法更有效的方法来求解。

5.2.9.1 运输问题的数学模型

运输问题是基于现代交通网络中物资调运的实际情况而提出的。设企业有 m 个生产地 $\boldsymbol{A}_i$，$i=1,2,\cdots,m$，生产地 $\boldsymbol{A}_i$ 的产量为 a_i，另外有 n 个销售地 $\boldsymbol{B}_j$，$j=1,2,\cdots,n$，销售地 $\boldsymbol{B}_j$ 的需求量为 b_j。从 $\boldsymbol{A}_i$ 到 $\boldsymbol{B}_j$ 运输单位物资的费用为 c_{ij}，如图 5.2.16 所示。

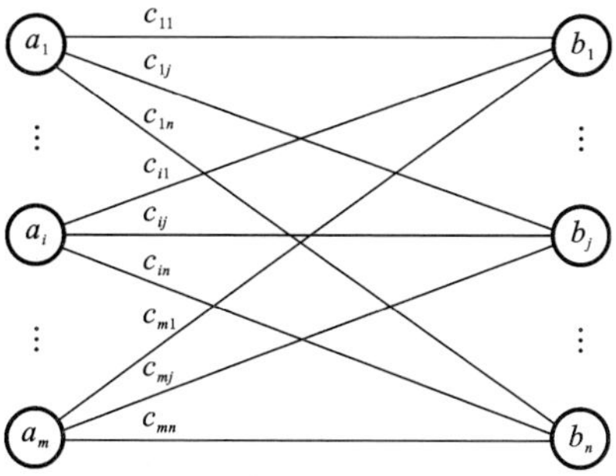

图 5.2.16 某企业的运输问题涉及的各量的表示

通常情况下，可采用表格形式来描述运输问题，如表 5.2.26 所示。

表 5.2.26 运输问题描述的表格形式

销地 产地	$\boldsymbol{B}_1$	$\boldsymbol{B}_2$	$\cdots$	$\boldsymbol{B}_n$	产量
$\boldsymbol{A}_1$	c_{11}	c_{12}	$\cdots$	c_{1n}	a_1
$\boldsymbol{A}_2$	c_{21}	c_{22}	$\cdots$	c_{2n}	a_2
$\vdots$	$\vdots$	$\vdots$		$\vdots$	$\vdots$
$\boldsymbol{A}_m$	c_{m1}	c_{m2}	$\cdots$	c_{mn}	a_m
销量	b_1	b_2	$\cdots$	b_n	—

为简化运输问题的分析过程，通常先假设产量与销量是平衡的，即

$$\sum_{i=1}^{m}a_i=\sum_{j=1}^{n}b_j$$

对于产销不平衡问题的具体处理方法，后面再叙述。

假设从产地 $\boldsymbol{A}_i$ 运往销地 $\boldsymbol{B}_j$ 的运量为 x_{ij}，在产销平衡的条件下，要求总运费最小的运输方案，可以建立如下的运输问题数学模型：

$$\min z=\sum_{i=1}^{m}\sum_{j=1}^{n}c_{ij}x_{ij}$$

$$\text{s. t.}\begin{cases}\sum_{i=1}^{m}x_{ij}=b_j, & j=1,2,\cdots,n\\ \sum_{j=1}^{n}x_{ij}=a_i, & i=1,2,\cdots,m\\ x_{ij}\geqslant 0\end{cases}\tag{5.2.35}$$

从该数学模型中，可以发现运输问题具有以下基本特点：

(1) 运输问题中包含了 mn 个决策变量、$m+n$ 个约束方程。

(2) 运输问题的系数矩阵比较特殊，它是一个 $(m+n)\times(mn)$ 矩阵，较为庞大，但矩阵中元素只有少数为 1，大部分为 0。如 x_{ij} 的系数列 $\boldsymbol{p}_{ij}$ 中只有第 i 个和第 $m+j$ 个位置为 1，其余为 0。

(3) 由于运输问题是产销平衡的运输问题，所以模型中的有效约束条件为 $m+n-1$ 个。

(4) 运输问题总存在可行解。因为在产销平衡的条件下，总是有办法按要求实现物资的调运，只是优与不优的问题。

5.2.9.2 运输问题的表上作业解法

运输问题是特殊的线性规划问题，且其系数矩阵具有稀疏性，所以通常使用表上作业法进行求解。表上作业法本质上是单纯形法，是求解运输问题的一种简化方法。下面我们通过实例来说明表上作业法的基本过程。

例 5.2.9.1 (表上作业法)已知某运输问题如表 5.2.27 所示。

表 5.2.27 某运输问题的相关数据

产地 \ 销地	$\boldsymbol{B}_1$	$\boldsymbol{B}_2$	$\boldsymbol{B}_3$	$\boldsymbol{B}_4$	产量
$\boldsymbol{A}_1$	3	2	7	6	50
$\boldsymbol{A}_2$	7	5	2	3	60
$\boldsymbol{A}_3$	2	5	4	5	25
销量	60	40	20	15	—

1. 初始解的确定

由于运输问题总是存在可行解，所以确定初始解有很多方法。但是一般希望得到初始解的过程既简便，又尽可能地接近最优解。下面介绍两种使用较为普遍的方法：最小元素法和伏格尔(Vogel)法。

(1) 最小元素法。

最小元素法的基本思想是就近供应，即从单位运价中最小的元素确定调运关系，然后次小，直至得到初始解为止。

首先，在运输问题的表格中找到最小元素，为 2，而且存在多个。此时任选一个即可，如首先选择 c_{12}，即从 $\boldsymbol{A}_1$ 运往 $\boldsymbol{B}_2$。$\boldsymbol{A}_1$ 的产量为 50，而 $\boldsymbol{B}_2$ 的需求量为 40，所以满足其要求，从 $\boldsymbol{A}_1$ 运送 40 个单位物资到 $\boldsymbol{B}_2$，之后 $\boldsymbol{A}_1$ 的产量还剩下 10，$\boldsymbol{B}_2$ 的需求量为 0，在后续计算中不再考虑 $\boldsymbol{B}_2$。如表 5.2.28 所示。

表 5.2.28 最小元素法(一)

产地＼销地	$\boldsymbol{B}_1$		$\boldsymbol{B}_2$		$\boldsymbol{B}_3$		$\boldsymbol{B}_4$		产量
$\boldsymbol{A}_1$		3	40	2		7		6	10
$\boldsymbol{A}_2$		7		5		2		3	60
$\boldsymbol{A}_3$		2		5		4		5	25
销量	60		0		20		15		—

注意表 5.2.28 中仍然是一个产销平衡的运输问题，所以重复上一步骤。选择最小元素 $c_{23}=2$，从 $\boldsymbol{A}_2$ 运送 20 个单位物资到 $\boldsymbol{B}_3$，$\boldsymbol{A}_2$ 的产量变为 40，$\boldsymbol{B}_3$ 的需求量变为 0，后续计算中不再考虑 $\boldsymbol{B}_3$，如表 5.2.29 所示。

表 5.2.29 最小元素法(二)

产地＼销地	$\boldsymbol{B}_1$		$\boldsymbol{B}_2$		$\boldsymbol{B}_3$		$\boldsymbol{B}_4$		产量
$\boldsymbol{A}_1$		3	40	2		7		6	10
$\boldsymbol{A}_2$		7		5	20	2		3	40
$\boldsymbol{A}_3$		2		5		4		5	25
销量	60		0		0		15		—

重复上述步骤，最终得到初始方案如表 5.2.30 所示。

表 5.2.30 最小元素法(三)

产地＼销地	$\boldsymbol{B}_1$		$\boldsymbol{B}_2$		$\boldsymbol{B}_3$		$\boldsymbol{B}_4$		产量
$\boldsymbol{A}_1$	10	3	40	2		7		6	50
$\boldsymbol{A}_2$	25	7		5	20	2	15	3	60
$\boldsymbol{A}_3$	25	2		5		4		5	25
销量	60		40		20		15		—

(2) 伏格尔法。

伏格尔法利用了优化理论中罚函数的思想。由于运输问题的目标函数是最小化的，所以每个产地运出的物资都应该尽量走最小运价的地方，如 $\boldsymbol{A}_1$ 应该尽量运往 $\boldsymbol{B}_2$，$\boldsymbol{A}_2$ 应该尽量运往 $\boldsymbol{B}_3$，$\boldsymbol{A}_3$ 应该尽量运往 $\boldsymbol{B}_1$。但是这样做达不到运输问题约束条件的要求，所以通常还会考虑次小运价，即在走最小运价无法实现要求时，加上次小运价后肯定能够实现运输问题的要求。但是每一个产地运出的物资应该尽量走最小运价，每一个销地应该尽量从最小运价的地方接货，而且次小运价与最小运价的差额越大，越应该首先考虑。比如，从 $\boldsymbol{A}_1$ 运出的物资，次小运价与最小运价的差额为 1，$\boldsymbol{A}_2$ 的是 1，$\boldsymbol{A}_3$ 的是 2，所以从产地的角度来考虑的话，应该首先考虑让 $\boldsymbol{A}_3$ 运出的物资走最小运价，不然走次小运价增加的运费最多。这一分析过程对于销地也是一样的。这就是伏格尔法的基本思想。

具体而言，在使用伏格尔法寻找初始方案时，首先分别计算行差与列差(次小值－最小值)，然后由最大差额所在行或列的最小元素所在位置确定调运关系。分配运量之后得到一个新产销平衡的运输问题，再重复这一步骤直至得到初始方案。

如在本例中，首先计算各行各列的差额如表 5.2.31 所示。

表 5.2.31　伏格尔法(一)

产地＼销地		$\boldsymbol{B}_1$			$\boldsymbol{B}_2$			$\boldsymbol{B}_3$			$\boldsymbol{B}_4$		产量	行差
$\boldsymbol{A}_1$		3			2			7			6		50	1
$\boldsymbol{A}_2$		7			5			2			3		60	1
$\boldsymbol{A}_3$		2			5			4			5		25	2
销量	60			40			20			15			—	—
列差	1			3			2			2			—	—

由表 5.2.31 可知，$\boldsymbol{B}_2$ 所在列的差额最大，所以首先应该考虑运往 $\boldsymbol{B}_2$ 的物资应该走最小运价，即应首先考虑从 $\boldsymbol{A}_1$ 运往 $\boldsymbol{B}_2$，$\boldsymbol{A}_1$ 的产量为 50，$\boldsymbol{B}_2$ 的需求量为 40，所以分配运量 40，如表 5.2.32 所示。然后不再考虑 $\boldsymbol{B}_2$，重新计算行差和列差，再确定调运关系，直至得到初始方案，如表 5.2.33 所示。

2. 最优性检验

最优性检验用于判断初始方案是不是总运费最小的最优方案。首先注意到运输问题是目标函数最小化的线性规划问题，所以，如果能够按单纯形法得到其检验数的话，最优性条件应该是所有检验数都不小于 0。

计算运输问题检验数最为常用的方法为位势法，它来源于对偶理论。设 $(u_1, u_2, \cdots, u_m, v_1, v_2, \cdots, v_n)$ 是对应于运输问题 $m+n$ 个约束条件的对偶变量，

表 5.2.32 伏格尔法(二)

<table>
<tr><th>销地
产地</th><th colspan="3">B_1</th><th colspan="3">B_2</th><th colspan="3">B_3</th><th colspan="3">B_4</th><th>产量</th><th>行差</th></tr>
<tr><td>A_1</td><td>10</td><td>3</td><td></td><td>40</td><td>2</td><td></td><td></td><td>7</td><td></td><td></td><td>6</td><td></td><td>10</td><td>3</td></tr>
<tr><td>A_2</td><td>25</td><td>7</td><td></td><td></td><td>5</td><td></td><td></td><td>2</td><td></td><td></td><td>3</td><td></td><td>60</td><td>1</td></tr>
<tr><td>A_3</td><td>25</td><td>2</td><td></td><td></td><td>5</td><td></td><td></td><td>4</td><td></td><td></td><td>5</td><td></td><td>25</td><td>2</td></tr>
<tr><td>销量</td><td colspan="3">60</td><td colspan="3">0</td><td colspan="3">20</td><td colspan="3">15</td><td>—</td><td>—</td></tr>
<tr><td>列差</td><td colspan="3">1</td><td colspan="3">—</td><td colspan="3">2</td><td colspan="3">2</td><td>—</td><td>—</td></tr>
</table>

表 5.2.33 伏格尔法(三)

<table>
<tr><th>销地
产地</th><th colspan="3">B_1</th><th colspan="3">B_2</th><th colspan="3">B_3</th><th colspan="3">B_4</th><th>产量</th></tr>
<tr><td>A_1</td><td>10</td><td>3</td><td></td><td>40</td><td>2</td><td></td><td></td><td>7</td><td></td><td></td><td>6</td><td></td><td>50</td></tr>
<tr><td>A_2</td><td>25</td><td>7</td><td></td><td></td><td>5</td><td></td><td>20</td><td>2</td><td></td><td>15</td><td>3</td><td></td><td>60</td></tr>
<tr><td>A_3</td><td>25</td><td>2</td><td></td><td></td><td>5</td><td></td><td></td><td>4</td><td></td><td></td><td>5</td><td></td><td>25</td></tr>
<tr><td>销量</td><td colspan="3">60</td><td colspan="3">40</td><td colspan="3">20</td><td colspan="3">15</td><td>—</td></tr>
</table>

根据对偶理论可知

$$\boldsymbol{C_B B}^{-1}=(u_1,u_2,\cdots,u_m,v_1,v_2,\cdots,v_n)$$

另外,运输问题中决策变量 x_{ij} 的系数向量为 $\boldsymbol{p}_{ij}$($\boldsymbol{p}_{ij}$ 中只有第 i 个和第 $m+j$ 个位置为 1,其余均为 0),于是,决策变量 x_{ij} 的检验数为

$$\begin{aligned}\sigma_{ij}&=c_{ij}-\boldsymbol{C_B B}^{-1}\boldsymbol{p}_{ij}\\&=c_{ij}-(u_1,u_2,\cdots,u_m,v_1,v_2,\cdots,v_n)\begin{pmatrix}0\\ \vdots\\ 1\\ 0\\ \vdots\\ 1\\ \vdots\\ 0\end{pmatrix}\begin{matrix}\\ \\ \leftarrow \text{第 } i \text{ 行}\\ \\ \\ \leftarrow \text{第 } m+j \text{ 行}\\ \\ \\ \end{matrix}\\&=c_{ij}-(u_i+v_j)\end{aligned}$$

通常可以根据基变量的检验数为 0 这一要求,求解出所有的 u_i 和 v_j 的值,再根据这些值就可求出非基变量的检验数了。但是在求解 u_i 和 v_j 的值时,只有 $m+n-1$ 个基变量,即只有 $m+n-1$ 个关于 u_i 和 v_j 这 $m+n$ 个变量的方程,这样是无法确定 u_i 和 v_j 的值的。这是因为运输问题只有 $m+n-1$ 个有效约束

条件，本应该对应着 $m+n-1$ 个对偶变量，说明我们多假设了一个对偶变量。这种情况可以通过令 u_i 和 v_j 中某一个值为 0 来解决，通常令 $u_1=0$。具体计算过程如下(见表 5.2.34)：

表 5.2.34　最优性检验(位势法)

销地 产地	B_1			B_2			B_3			B_4			产量	u_i
A_1	10	3		40	2			7	9		6	7	50	0
A_2	25	7			5	−1	20	2		15	3		60	4
A_3	25	2			5	4		4	7		5	7	25	−1
销量	60			40			20			15			—	—
v_j	3			2			−2			−1			—	—

首先，根据 $\sigma_B=0$ 求 u_i 和 v_j 的值，即

$$u_1=0$$

$$\sigma_{11}=0\Rightarrow c_{11}-(u_1+v_1)=0\Rightarrow v_1=3$$

$$\sigma_{12}=0\Rightarrow c_{12}-(u_1+v_2)=0\Rightarrow v_2=2$$

$$\sigma_{21}=0\Rightarrow c_{21}-(u_2+v_1)=0\Rightarrow v_2=4$$

$$\sigma_{23}=0\Rightarrow c_{23}-(u_2+v_3)=0\Rightarrow v_3=-2$$

$$\sigma_{24}=0\Rightarrow c_{24}-(u_2+v_4)=0\Rightarrow v_4=-1$$

$$\sigma_{31}=0\Rightarrow c_{31}-(u_3+v_1)=0\Rightarrow u_3=-1$$

然后，利用 $\sigma_{ij}=c_{ij}-(u_i+v_j)$ 计算所有非基变量的检验数，即

$$\sigma_{13}=c_{13}-(u_1+v_3)=9$$

$$\sigma_{14}=c_{14}-(u_1+v_4)=7$$

$$\sigma_{22}=c_{22}-(u_2+v_2)=-1$$

$$\sigma_{32}=c_{32}-(u_3+v_2)=4$$

$$\sigma_{33}=c_{33}-(u_3+v_3)=7$$

$$\sigma_{34}=c_{34}-(u_3+v_4)=7$$

由于 $\sigma_{22}=-1<0$，说明当前方案不是最优解。

3. 方案的调整

因当前方案不是最优解，需要进一步调整。根据单纯形法的思路，x_{22} 应该入基成为基变量(方案点)，即 x_{22} 的值应该不为 0，说明增加 A_2 到 B_2 的运输量可以减少总的运费。但另一方面，如果 x_{22} 入基成为基变量(方案点)，那么原来的基变量(方案点)就应该出来一个成为非基变量(非方案点)。那么哪一个应该出基呢？注意到运输问题有产销平衡的要求，如果 A_2 到 B_2 的运量 x_{22} 由 0

变为非 0，那么 $\boldsymbol{A}_1$ 到 $\boldsymbol{B}_2$ 的运量就必须要减少，这样 $\boldsymbol{A}_1$ 到 $\boldsymbol{B}_1$ 的运量就要增加，$\boldsymbol{A}_2$ 到 $\boldsymbol{B}_1$ 的运量就要减少，只有这样才能保证运输问题的约束条件得到满足。

这样的调整过程就形成了一个闭合的回路：$x_{22} \to x_{12} \to x_{11} \to x_{21} \to x_{22}$。在这条闭合回路上，奇数点的运量要增加 θ，偶数点的运量要减少 θ，如此得到一个新的运输方案，其中 $\theta = \min\{x_{ij} \mid x_{ij}$ 为偶数点$\}$为调整量，如表 5.2.35 所示。

表 5.2.35　方案调整

产地 \ 销地	$\boldsymbol{B}_1$			$\boldsymbol{B}_2$			$\boldsymbol{B}_3$			$\boldsymbol{B}_4$			产量	u_i
$\boldsymbol{A}_1$	10	3+		40	−2			7	9		6	7	50	0
$\boldsymbol{A}_2$	25	7−			+5	−1	20	2		15	3		60	4
$\boldsymbol{A}_3$	25	2			5	4		4	7		5	7	25	−1
销量	60			40			20			15			—	—
v_j	3			2			−2			−1			—	—

目前，这条闭合回路上的调整量为 25。调整后的新方案及其检验数计算如表 5.2.36 所示。

在调整后的方案中，所有的检验数都不小于 0，所以得到的即为最优调整方案，最小费用为 $z^* = 3\times35+2\times15+5\times25+2\times20+3\times15+2\times25=395$。

表 5.2.36　调整后的新方案

产地 \ 销地	$\boldsymbol{B}_1$			$\boldsymbol{B}_2$			$\boldsymbol{B}_3$			$\boldsymbol{B}_4$			产量	u_i
$\boldsymbol{A}_1$	35	3		15	2			7	8		6	6	50	0
$\boldsymbol{A}_2$		7	1	25	5		20	2		15	3		60	3
$\boldsymbol{A}_3$	25	2			5	4		4	6		5	6	25	−1
销量	60			40			20			15			—	—
v_j	3			2			−1			0			—	—

5.2.9.3　表上作业法的进一步讨论

在实际应用表上作业法求解运输问题时，可能会遇到如下的问题。

1. 适用条件

表上作业法适用的条件：一是目标函数是最小化的，即 c_{ij} 反映的是运输成本；二是约束条件都是等式，即运输问题是产销平衡的。

当 c_{ij} 不是成本数据，而是收益型数据时，运输问题转化为求解最优方案使收益最大化，此时表上作业法需做相应的调整。最直接的方法是按线性规划问题标准化的方法处理，将所有 c_{ij} 取相反数，然后按表上作业法的步骤进行运算。这样处理虽然简单，但涉及的数全是负数，运算起来不太方便。一般的做法是用 c_{ij} 中的最大值来减去所有的 c_{ij}，即设 $C=\max\limits_{i,j}\{c_{ij}\}$，令 $c'_{ij}=C-c_{ij}$，于是有

$$\begin{aligned} z' &= \sum_{i=1}^{m}\sum_{j=1}^{n} c'_{ij}x_{ij} = \sum_{i=1}^{m}\sum_{j=1}^{n}(C-c_{ij})x_{ij} \\ &= \sum_{i=1}^{m}\sum_{j=1}^{n} Cx_{ij} - \sum_{i=1}^{m}\sum_{j=1}^{n} c_{ij}x_{ij} \\ &= C\sum_{i=1}^{m} a_i - \sum_{i=1}^{m}\sum_{j=1}^{n} c_{ij}x_{ij} \\ &= K - Z \end{aligned}$$

这样，$\min z'$ 就与 $\max z$ 是一致的了。

另外，当供不应求，即总产量小于总需求量时，可增加一个虚拟的产地，它的产量为供需差额，从该虚拟产地运往各个销售地的单位运价均为 0，即所差的需求量并未满足。当出现了供过于求的情况时，可增加一个虚拟的销售地，其需求量为总产量与总需求量的差额，各个产地运往该销售地的运价也为 0，即多余的物资并未运输，而是在各个产地存储起来了。这两种方法总是可以将产销不平衡的运输问题转化为产销平衡的运输问题。但是需要注意的是，这里并没有考虑多余产量产生的费用和需求量未满足时产生的费用，如果要考虑这些费用，那么从虚拟产地运往各个销售地的单位运价就应该是各个销售地的单位缺货损失，而从各个产地运往虚拟销售地的运价就应该是各个产地单位物资的存储费用了。

2. 退化问题

运输问题本质上是线性规划问题，表上作业法的基础是单纯形法，所以在利用表上作业法求解运输问题时，也可能出现退化现象。

在用表上作业法求解初始解的过程中，每一次确定一个调运关系，以及根据产量与销量之间的大小关系确定调运方案后，总是划去一行或一列，但是当出现产地与销地的数量相等时，会同时划去这一行和这一列，这样会造成最后得到的初始方案缺少一个方案点。这是表上作业法的第一种退化现象产生的原因。为了可以使用表上作业法进行求解，此时应该在划去的这一行或这一列的某个位置添加一个 0 方案点，从而使方案点的个数为 $m+n-1$ 个。

表上作业法在进行方案调整时，在闭合回路上的奇数点位置会加上调整量，偶数点位置会减去调整量，该调整值为偶数点位置的最小运量。如果在这个闭合回路上存在着多个偶数点位置的运量均是最小值，会造成一个变量入基，多个变量出基，使得方案点的个数不足。此时，也应该保留多余的 0 方案，只让一个方案点出基，其他点为 0 方案点。这样才能保证方案点的个数为 $m+$

$n-1$ 个。

总之,两种处理方法的核心都是增加 0 方案点,使得方案点的个数为 $m+n-1$ 个。

5.3 整数规划

5.3.1 引言

整数规划(integer programming)是一类要求变量取整数值的数学规划。在线性规划中,若要求变量取整数值,则称为线性整数规划(linear integer programming),作为其特例,若要求变量只取 0 或 1,则称为 0-1 规划(0-1 programming),若只要求部分变量取整数值,则称为混合整数规划(mixed integer programming)。

整数规划与线性规划之间存在着密切关联性,我们容易想到利用解线性规划问题的单纯形法,通过取整或四舍五入来求得整数规划问题的解。但实际上,这样做是无法保证求得整数规划问题的最优解的。如整数规划问题:

$$\max z=20x_1+10x_2$$

$$\text{s.t.}\begin{cases}5x_1+4x_2\leqslant 24\\2x_1+5x_2\leqslant 13\\x_1,x_2\geqslant 0,\text{且取整数}\end{cases}$$

当不考虑其整数约束时,容易得到其最优解为

$$x_1=4.8,x_2=0;\quad \max z=96$$

但是该最优解并不满足整数要求,所以它不是整数规划问题的最优解。那么,我们将所得的解作整数化处理,例如对 x_1 作取整处理:令 $x_1\to x'_1=4$,或将其四舍五入得 $x''_1=5$,是否能得到整数规划问题的最优解呢?如图 5.3.1 所示,当取 $x'_1=4$ 时得到的解(4,0)显然是劣于解(4,1)的,而当取 $x''_1=5$ 时得到的解(5,0)已经不再是一个可行解了。

由此可见,这两种整数化处理的方法都无法确保解的最优性。尽管如此,还是可以从上述分析过程中得到如下一些对整数规划问题的基本认识:

(1) 整数规划问题对应的线性规划问题有最优解是整数规划问题有最优解的必要条件,而且当其对应的线性规划问题的最优解满足整数要求时,该解自然也是整数规划问题的最优解。

(2) 对于最大化的整数规划问题,如果存在最优解,则其最优值小于或等于其对应的线性规划问题的最优值。即整数规划问题的最优解可能在其对应的

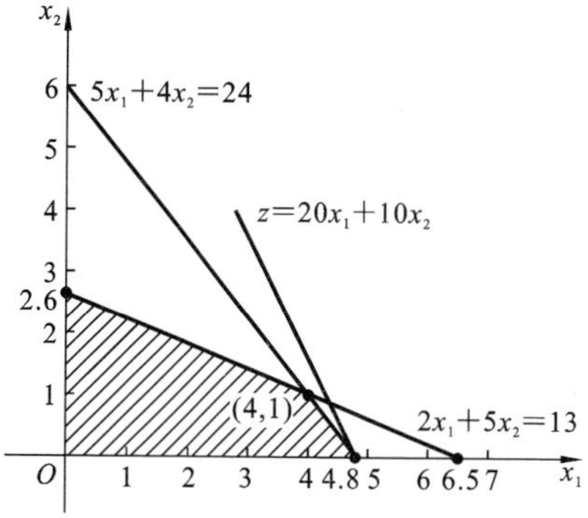

图 5.3.1　可行域图示

线性规划问题可行域的内部实现。

(3) 与线性规划问题相比，整数规划问题的可行解一般是有限个的。这样，对于一些简单的整数规划可以用枚举法求解。

整数规划问题是基于现实需要提出的。如在线性规划问题中，需要求解的变量是需要的人数、所需设备的台数或运输的车辆数，等等，这些变量都是离散型的整数，而不是连续型的变量。

下面列举一些实际的整数规划问题。

例 5.3.1.1　背包问题(knapsack problem)

一个背包的容积为 v，现有 n 种物品可装，物品 j 的重量为 w_j，体积为 v_j $(j=1,2,\cdots,n)$，问如何配装，使得既不超过背包的容积，又使装的总重量最大。

设

$$x_j=\begin{cases}1,\text{物品 } j \text{ 被装入背包}\\0,\text{物品 } j \text{ 不装入背包}\end{cases}$$

则问题可写成如下的形式：

$$\max \sum_{j=1}^{n} w_j x_j$$

$$\text{s. t.} \quad \sum_{j=1}^{n} v_j x_j \leqslant v$$

$$x_j \text{ 取 } 0 \text{ 或 } 1 (j=1,2,\cdots,n)$$

例 5.3.1.2　工厂设址问题(plant location problem)

有 n 个城市 $(1,2,\cdots,n)$，需要某种物资的数量为 $d_1,d_2,\cdots,d_n$，现计划建造 m 座工厂，假设在城市 j 建厂，规模为 S_j，而投资为 F_j，从城市 i 到城市 j 的单位运价为 C_{ij}，问 m 个工厂应设在何处，使得既能满足需要，又使总投资最省。

设

$$y_i=\begin{cases}1, & \text{若有一个工厂建在城市 } i\\ 0, & \text{城市 } i \text{ 不建厂}\end{cases}$$

设 x_{ij} 为从城市 i 运往城市 j 的物资总量,则问题可写成如下的形式:

$$\min\left\{\sum_{i,j}C_{ij}x_{ij}+\sum_{i}F_iy_i\right\}$$

$$\text{s. t.}\begin{cases}\sum_{j=1}^{n}x_{ij}\leqslant S_iy_i\,(i=1,2,\cdots,n)\\ \sum_{i=1}^{n}x_{ij}\geqslant d_j\,(j=1,2,\cdots,n)\\ \sum_{i=1}^{n}y_i=m\\ y_i \text{ 取 } 0 \text{ 或 } 1, x_{ij}\geqslant 0\ (i,j=1,2,\cdots,n)\end{cases}$$

例 5.3.1.3 离散变量的数学表示

设 x 只能取 $\{a_1,a_2,\cdots,a_k\}$ 中的一个数值,则可表示为如下的数学形式:

$$\sum_{i=1}^{k}a_iy_i=x$$

$$\sum_{i=1}^{k}y_i=1;\ y_i \text{ 取 } 0 \text{ 或 } 1$$

例 5.3.1.4 跳跃变量的数学表示

设 x 的值或者为零,或者 $L\leqslant x\leqslant U$,则可表示为如下数学形式:

$$x\geqslant Ly,\quad x\leqslant Uy,\quad y \text{ 取 } 0 \text{ 或 } 1$$

例 5.3.1.5 加工问题(job scheduling problem)

有 m 台同类型的机床,有 n 种零件在这种机床上加工,设加工时间分别为 $a_1,a_2,\cdots,a_n$,问如何分配,使各种机床的总加工任务相等,或尽可能均衡。

设

$$x_{ij}=\begin{cases}1, & \text{若 } a_j \text{ 在机床 } i \text{ 上加工}\\ 0, & \text{若 } a_j \text{ 不在机床 } i \text{ 上加工}\end{cases}$$

则问题可写成如下的形式:

$$\min x_0$$

$$\text{s. t.}\begin{cases}\sum_{j=1}^{n}a_jx_{ij}\leqslant x_0, & i=1,2,\cdots,m\\ \sum_{i=1}^{m}x_{ij}=1, & j=1,2,\cdots,n\\ x_{ij} \text{ 取 } 0 \text{ 或 } 1, & i=1,2,\cdots,m;j=1,2,\cdots,n\end{cases}$$

例 5.3.1.6 推销商问题(traveling salesman problem)

一个推销商从他家 $\boldsymbol{A}_0$ 出发，经过预先确定的村子 $\boldsymbol{A}_1,\cdots,\boldsymbol{A}_n$，然后回到家。假定，村子 $\boldsymbol{A}_i$ 到 $\boldsymbol{A}_j$ 的距离为 d_{ij}，问如何选定一个行走顺序 $\{\boldsymbol{A}_0,\boldsymbol{A}_{i1},\boldsymbol{A}_{i2},\cdots,\boldsymbol{A}_{in},\boldsymbol{A}_0\}$，经过要去的村子，并使总的行程最短。

对任意村子 $\boldsymbol{A}_i,\boldsymbol{A}_j$，引进 0-1 变量 x_{ij}，若所求的行走顺序中：紧跟着村子 $\boldsymbol{A}_i$ 后面的是 $\boldsymbol{A}_j$，则取 $x_{ij}=1$，否则 $x_{ij}=0$。此推销商问题可写成如下数学形式：

$$\min \sum_{i=0}^{n}\sum_{j=0}^{n} d_{ij}x_{ij}$$

$$\text{s. t.}\begin{cases}\sum\limits_{j=0}^{n} x_{ij}=1, & i=0,1,\cdots,n\\ \sum\limits_{i=0}^{n} x_{ij}=1, & j=0,1,\cdots,n\\ \sum\limits_{i\in S}\sum\limits_{j\in S} x_{ij}\geqslant 1, & \text{对任意的非空真子集 } S\subset\{0,1,\cdots,n\}\\ \sum\limits_{i=0}^{n}\sum\limits_{j=0}^{n} x_{ij}=n+1 \\ x_{ij}\text{ 取 } 0 \text{ 或 } 1, i,j=0,1,\cdots,n\end{cases}$$

第一、二组条件表示在所求的行走顺序中，紧接村子 $\boldsymbol{A}_i$ 的后面和前面，恰有一个村子；第三、四组条件保证行走路线恰构成一个回路。

整数规划问题的一般形式是

$$(P)\ \min x_0=f(x_1,x_2,\cdots,x_n) \tag{5.3.1}$$

$$\text{s. t.}\begin{cases}\sum\limits_{j=1}^{n} a_{ij}x_j=b_i, & i=1,2,\cdots,m\\ x_1,x_2,\cdots,x_n\geqslant 0 \\ x_1,x_2,\cdots,x_n \text{ 取整数值}\end{cases} \tag{5.3.2}$$

为了方便，以后记 $\boldsymbol{x}=(x_1,x_2,\cdots,x_n)^{\mathrm{T}}$，若 $f(x_1,x_2,\cdots,x_n)=\sum\limits_{i=1}^{n} c_ix_i$，则称$(P)$为线性整数规划问题。

1954 年，G. B. Dantzig，D. R. Fulkerson 和 S. M. Johnson 在研究推销商问题时，首先提出了破子圈方法和将问题分解成几个子问题之和的思想，这是整数规划中两大类型基本方法——割平面（cutting plane）方法和分支定界（branch and bound）法的萌芽。

1958 年，R. E. Gomory 创立了一般线性整数规划的割平面算法；1960 年，A. H. Land 和 A. G. Doig 首先对推销商问题提出了一个分解算法，紧接着，E. Balas 等人将其发展成一般线性整数规划的分支定界法，从而形成了独立的整数规划分支。

从计算复杂性(complexity)角度看，几乎所有的整数规划问题都属于困难问题，很少有精确的多项式算法(polynomial algorithm)。因此，近年来，对整数规划的研究，主要考虑各种特殊规划问题的近似算法。如推销商问题、背包问题、选址问题等的近似算法，从而派生了一个新的分支——多面体组合(polyhedral combinatorics)，这实际上已进入了组合最优化的研究领域。

特别要指出的是，从 20 世纪中叶至今发展起来的模糊数学、遗传算法(包括粗粒算法、蚁群算法、模拟退火算法等)、神经网络、大数据处理等非经典智能数学方法，在解决许多规划问题中发挥了更加快速而有效的作用。我们将在以后有关章节中加以介绍。

5.3.2 解法分析

如前所述，整数规划问题的最优解在其对应的线性规划问题的可行域内，但不能用线性规划问题的最优解的化整方法(或四舍五入法)来求得整数规划问题的最优解。因整数规划问题的可行解是可数的，当然可以用枚举法求解。但对于一些复杂的整数规划问题，枚举法面临着巨大的计算量。例如背包的装法，最多有 2^{n-1} 种方式，推销商的行走顺序，最多有 $n!$ 种。设想计算机每秒能比较一百万个方式，那么要比较 20！种方式，大约需要 800 年；对 2^{60} 种方式，就要 360 多个世纪。显然，这是不可能的。

下面，我们从一个实例的解法分析开始，介绍整数规划问题的一般解法。

例 5.3.2.1 求解下列整数规划问题：

$$\max z=3x_1+13x_2$$

$$\text{s.t.}\begin{cases}2x_1+9x_2\leqslant 40\\11x_1-8x_2\leqslant 82\\x_1,x_2\geqslant 0,x_1,x_2\text{ 取整数值}\end{cases}$$

解 这是一个两变量的整数规划问题，先用图形法求解此整数规划问题对应的线性规划问题。所求得的结果如图 5.3.2 所示。

线性规划问题的可行域是多边形 $OABD$ 的内域，其最优解在凸多边形的角点 B 处，即 $x_1=9.2,x_2=2.4$，最优值 $z=58.8$。整数规划问题的最优解可用枚举法求得为 $x_1=2,x_2=4,z=58$。从图上可以看出，在点 $B(9.2,2.4)$附近有 4 个整数点(9,2)、(10,2)、(10,3)和(9,3)，但这 4 个点都在可行域外，它们不是整数规划问题的可行解。

如果在可行域内能作出最接近的“整点凸包”，即多边形 $OEFGHIJ$，则可求得凸包上的线性规划问题的最优解，便可得到整数规划问题的最优解。但是对于一般的整数规划问题，求整点凸包是一个十分困难的问题。然而，Gomory

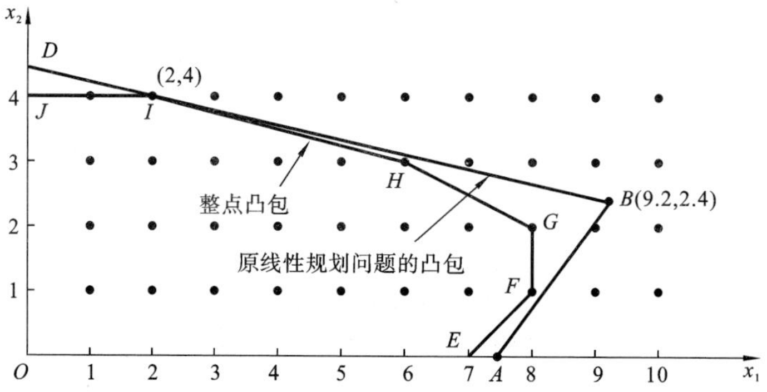

图 5.3.2　可行域和整点凸包

恰基于此想法，提出了割平面算法。

假如把上述整数规划问题，按照图 5.3.3 所示的树形方式，分解为 5 个可行域互不相交的整数规划子问题$\{P_1,P_2,P_3,P_4,P_5\}$之和，如图 5.3.4 所示，那么，P_3，P_5 的可行域是空集。而放弃整数性要求后，对应于 P_1 的线性规划问题的最优解为(2,4)，目标函数值 $z=58$；对应于 P_2 的线性规划问题的最优解为(6,3)，$z=57$；对应于 P_4 的线性规划问题的最优解为$\left(\frac{98}{11},2\right)$，$z=52\frac{8}{11}$。因此，容易看出，原整数规划问题的最优解为(2,4)。基于这种问题分解的思想，Land、Doig、Balas 等人提出了分支定界法(branch and bound method)和隐数法(implicit enumeration method)。

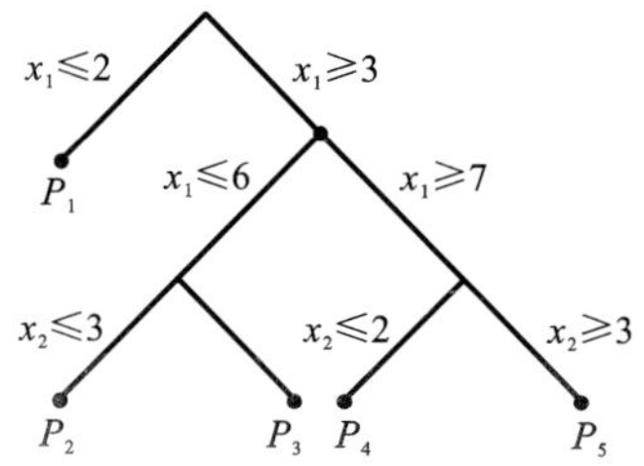

图 5.3.3　树形图

在求解整数规划问题时，用到三个基本技巧，现分析如下。

1. 分解(separation)

对任何整数规划问题($\boldsymbol{A}$)，其对应的线性规划问题记为 $\boldsymbol{B}$。令 $F(\boldsymbol{A})$表示($\boldsymbol{A}$)的可行解集合。若满足下述条件式(5.3.3)和式(5.3.4)，则称问题($\boldsymbol{A}$)已分解为子问题($\boldsymbol{A}_1$)，…，($\boldsymbol{A}_q$)之和：

$$\bigcup_{i=1}^{q} F(\boldsymbol{A}_i)=F(\boldsymbol{A}) \tag{5.3.3}$$

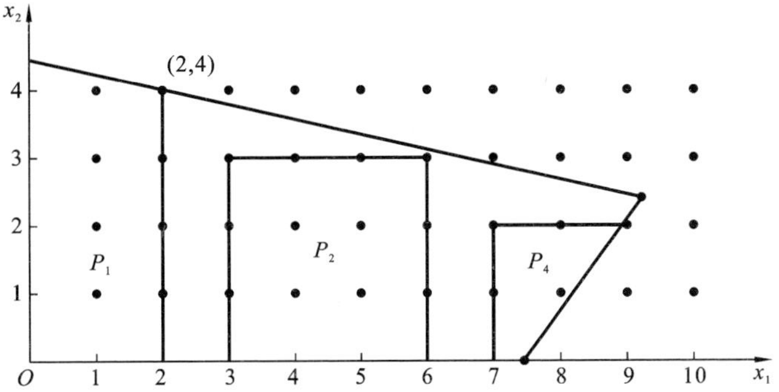

图 5.3.4　可行域的分解

$$F(\boldsymbol{A}_i)\cap F(\boldsymbol{A}_j)=\varnothing\,(1\leqslant i\neq j\leqslant q) \tag{5.3.4}$$

式(5.3.4)表示($\boldsymbol{A}$)的各子集(可行解子集)不相交。常用的分解方式是"两分法"。例如,若 x_j 是($\boldsymbol{A}$)的 0-1 变量(即 x_j 只能等于 0 或 1),则问题($\boldsymbol{A}$)可以按照条件"$x_j=0$"和"$x_j=1$"分解为两个子问题之和。

2. 松弛(relaxation)

对任何整数规划问题($\boldsymbol{A}$),凡是放弃($\boldsymbol{A}$)的某些约束条件,所得到的问题($\widetilde{\boldsymbol{A}}$)都称为($\boldsymbol{A}$)的松弛问题。对于($\boldsymbol{A}$)的任何松弛问题($\widetilde{\boldsymbol{A}}$),都具有如下明显的性质:

(1) 若($\widetilde{\boldsymbol{A}}$)没有可行解,则($\boldsymbol{A}$)也没有可行解。

(2) 对求最小值的目标函数而言,($\boldsymbol{A}$)的最小值不小于($\widetilde{\boldsymbol{A}}$)的最小值。

(3) 若($\widetilde{\boldsymbol{A}}$)的一个最优解是($\boldsymbol{A}$)的可行解,则它也是($\boldsymbol{A}$)的一个最优解。

常用的松弛方式是放弃变量的整数性要求。假如($\boldsymbol{A}$)是线性整数规划问题,那么松弛问题便是一个线性规划问题。

3. 探测(fathoming)

假设按某种规则,已将问题($\boldsymbol{A}$)分解为子问题($\boldsymbol{A}_1$),…,($\boldsymbol{A}_q$)之和,并且各($\boldsymbol{A}_i$)已有对应的松弛问题($\widetilde{\boldsymbol{A}}_i$),则有如下明显的性质:

(1) 若($\widetilde{\boldsymbol{A}}_i$)没有可行解,则已探明了($\boldsymbol{A}_i$)没有可行解,因此,可从($\boldsymbol{A}$)的分解表上把它删去。

(2) 假设已掌握($\boldsymbol{A}$)的一个可行解 x^*,它的目标函数值为 z^*。若松弛问题($\widetilde{\boldsymbol{A}}_i$)的最小值不小于 z^*,则已探明了($\boldsymbol{A}_i$)中没有比 x^* 更好的可行解,因此,无须再考虑($\boldsymbol{A}_i$),可从分解表上把它删去。

(3) 若($\widetilde{\boldsymbol{A}}_i$)的最优解是($\boldsymbol{A}_i$)的可行解,则已求得了($\boldsymbol{A}_i$)的一个最优解,因此无须再考虑($\boldsymbol{A}_i$)了,可从表上删去。这时,若($\boldsymbol{A}_i$)的最优解比 x^* 好,那么,替换 x^*,同时也刷新 z^* 的记录。

(4) 假如表上的各个($\widetilde{\mathbf{A}}_i$)的目标函数最小值都不比z^*小,那么已掌握的记录解x^*便是原问题(**A**)的最优解。

通常称情形(1)为可行性探测,(2)～(4)为最优性探测。

总之,求解整数规划问题(**A**),有以下步骤。首先,选定一种松弛方式,将(**A**)松弛成问题($\widetilde{\mathbf{A}}$),使得问题较易求解。若($\widetilde{\mathbf{A}}$)没有可行解,则(**A**)也没有可行解。若($\widetilde{\mathbf{A}}$)的最优解是(**A**)的可行解,则已求得(**A**)的最优解,若($\widetilde{\mathbf{A}}$)的最优解不是(**A**)的可行解,则有两条不同的途径可走。一是设法改进松弛问题($\widetilde{\mathbf{A}}$),坚持继续探测(**A**)。二是选定一种分解方式,把(**A**)分解成几个子问题之和,列表记录下来。赋予各子问题一个尽可能好的目标函数值的下界。然后,按一定的次序逐个进行探测,当某个子问题已经被探明时,就从表中删去,否则,继续对子问题进行分解。

对线性整数规划问题,不用分解技术的算法是割平面方法。它用线性规划问题作为松弛问题,通过逐次生成割平面条件来不断地改进松弛问题,使最后求得的松弛问题的最优解也是整数解。利用分解技术的算法有隐数法和分支定界法两类。它们通常都是用线性规划问题作为松弛问题。不同之处仅在于探测子问题的先后次序。隐数法是按照子问题表中"先入后出"的原则来确定探测的先后顺序,分支定界法是按照所赋予的下界的大小来确定探测的先后顺序。下界小的子问题优先探测。前者,计算程序比较简单,在计算过程中,需要保存的中间信息较少,而后者,选取子问题时有灵活性,因为人们可以期望在下界小的子问题中存在(整数)最优解。

5.3.3 分支定界法

分支定界法的基本思想是拆分排除。对于那些很难直接处理的大问题,可以把它拆分成越来越小的子问题,直到这些子问题能被处理。拆分工作就是把整个可行解的集合分成越来越小的子集;排除(剪枝)工作就是通过界定子集中最好的解接近最优解的程度,而将离最优解更远的子集舍弃掉。

我们以目标函数最大值为最优值的实例,来介绍分支定界法。设最大化整数规划问题为**A**,其对应的线性规划问题记为$\boldsymbol{B}_0$。首先解线性规划问题$\boldsymbol{B}_0$,若其最优解不符合**A**的整数要求,则$\boldsymbol{B}_0$的最优目标函数值一定是**A**的最优目标函数值z^*的上界,记为$\bar{z}$;而**A**的任意可行解的目标函数值一定是**A**的最优目标函数值z^*的下界,记为$\underline{z}$。分支定界法就是将$\boldsymbol{B}_0$的可行域分成子区域,逐步减小$\bar{z}$和增大$\underline{z}$,最终得到z^*。

例 5.3.3.1 (整数规划的分支定界法)利用分支定界法求解下列整数规划问题:

$$\max z=2x_1+3x_2$$
$$\text{s.t.}\begin{cases}5x_1+7x_2\leqslant 35\\4x_1+9x_2\leqslant 36\\x_1,x_2\geqslant 0 \text{ 且为整数}\end{cases}\tag{5.3.5}$$

解 首先不考虑该问题的整数约束，求解其对应的线性规划问题，容易得到最优解为

$$x_1=\frac{63}{17},\quad x_2=\frac{40}{17};\quad z_0=\frac{246}{17}$$

如图 5.3.5 所示，该解不符合整数要求，这时 z_0 可看作该整数规划问题最优目标函数值的上界 $\bar{z}$。另外可以任选一个整数规划问题的可行解，如 $x_1=x_2=0$，这时得到 $z=0$，将其作为整数规划问题最优解的下界，即

$$0=\underline{z}\leqslant z^*\leqslant z_0=\frac{246}{17}$$

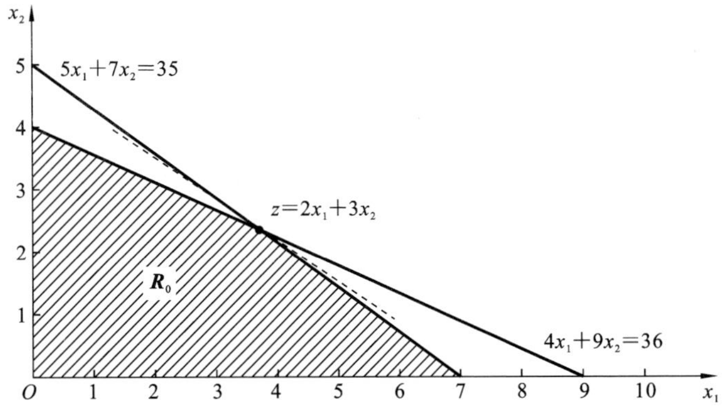

图 5.3.5 分支定界法(一)

注意到，$x_1=\frac{63}{17}$，存在 $3\leqslant x_1\leqslant 4$，所以为了得到整数规划问题的最优解，可以将对应的原线性规划问题分别添加约束条件 $x_1\leqslant 3$ 和 $x_1\geqslant 4$，从而形成新的两个分支 $\boldsymbol{B}_{11}$ 和 $\boldsymbol{B}_{12}$：

问题 $\boldsymbol{B}_{11}$

$$\max z=2x_1+3x_2$$
$$\text{s.t.}\begin{cases}5x_1+7x_2\leqslant 35\\4x_1+9x_2\leqslant 36\\x_1\leqslant 3\\x_1,x_2\geqslant 0\end{cases}$$

问题 $\boldsymbol{B}_{12}$

$$\max z=2x_1+3x_2$$
$$\text{s.t.}\begin{cases}5x_1+7x_2\leqslant 35\\4x_1+9x_2\leqslant 36\\x_1\geqslant 4\\x_1,x_2\geqslant 0\end{cases}$$

同时，将原可行域 $\boldsymbol{R}_0$ 也对应地划分为 $\boldsymbol{R}_{11}$ 和 $\boldsymbol{R}_{12}$ 两个区域，如图 5.3.6

所示。

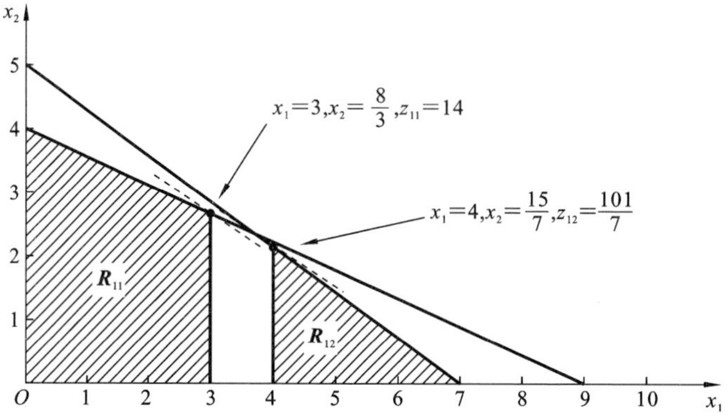

图 5.3.6 分支定界法(二)

分别求解问题 $\boldsymbol{B}_{11}$ 和 $\boldsymbol{B}_{12}$，可以得到其最优解分别为

$$\boldsymbol{B}_{11}: x_1=3, x_2=\frac{8}{3}; z_{11}=14$$

$$\boldsymbol{B}_{12}: x_1=4, x_2=\frac{15}{7}; z_{12}=\frac{101}{7}$$

得到的解仍然不满足整数的约束条件，但存在 $z^* \leqslant \max\{z_{11}, z_{12}\}$，所以修改 z^* 的上界，得到

$$0 \leqslant z^* \leqslant z_{12}=\frac{101}{7}$$

接下来重复上述步骤，对 $\boldsymbol{B}_{11}$ 问题分别添加约束条件 $x_2 \leqslant 2$ 和 $x_2 \geqslant 3$，得到新的两个分支 $\boldsymbol{B}_{111}$ 和 $\boldsymbol{B}_{112}$，即 $\boldsymbol{R}_{11}$ 区域划分为 $\boldsymbol{R}_{111}$ 和 $\boldsymbol{R}_{112}$ 两个可行域，如图 5.3.7 所示。

求解问题 $\boldsymbol{B}_{111}$ 和问题 $\boldsymbol{B}_{112}$，得到最优解分别为

$$\boldsymbol{B}_{111}: x_1=3, x_2=2; z_{111}=12$$

$$\boldsymbol{B}_{112}: x_1=\frac{9}{4}, x_2=3; z_{112}=\frac{27}{2}$$

由于 $\boldsymbol{B}_{111}$ 得到了整数可行解，所以可修改 z^* 的下界，而 $\boldsymbol{B}_{112}$ 得到的仍然是非整数解，所以修改 z^* 的上界，但在区域 $\boldsymbol{R}_{111} \cup \boldsymbol{R}_{112} \cup \boldsymbol{R}_{12}$ 中，由于 $z_{112} < z_{12}$，所以得到

$$12=z_{111} \leqslant z^* \leqslant z_{12}=\frac{101}{7}$$

一直重复上述过程，对问题的可行域不断进行切割，去掉非整数解，求解时若得到整数可行解，则考虑提高 z^* 的下界，若得到了非整数解则考虑降低 z^* 的下界，直到上、下界收敛到一起，这时便得到整数规划问题的最优解。对于该问

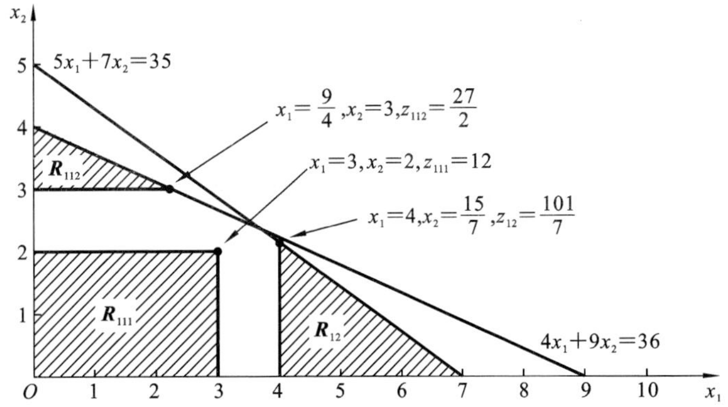

图 5.3.7　分支定界法(三)

题，最终可以得到问题的最优解为

$$x_1^*=4,\quad x_2^*=2;\quad z^*=14$$

5.3.4　割平面法

割平面法的基本思路：首先不考虑整数规划问题的整数约束条件，用一般解线性规划问题的单纯形法求解，得到问题的最优解，若满足整数要求则停止，否则，在最优单纯形表的基础上，考虑整数要求，增加整数约束条件（即割平面），将可行域中只包含非整数解，不包含整数解的部分切割掉，剩余部分的可行域中包含所有的整数解；然后再利用单纯形法继续求解增加约束条件的线性规划问题，得到新解后重复上述过程，直到切割后的可行域的一个整数坐标的极点恰好是问题的最优解。所以，割平面法的关键是构造割平面。

例 5.3.4.1　（整数规划问题的割平面法）求解如下整数规划问题：

$$\max z=7x_1+9x_2$$
$$\text{s.t.}\begin{cases}-x_1+3x_2\leqslant 6\\7x_1+x_2\leqslant 35\\x_1,x_2\geqslant 0,\text{且为整数}\end{cases}\tag{5.3.6}$$

解　首先不考虑问题的整数要求，求解其对应的线性规划问题，得到表 5.3.1 所示的最优单纯形表，图 5.3.8 反映了问题的可行域与最优解情况。

由表 5.3.1 可知，当前问题的最优解不满足整数要求。我们选择当前解中非整数解的变量 x_2（也可选择 x_1）所在的行进行变化，根据最优单纯形表有

$$x_2+\frac{7}{22}x_3+\frac{1}{22}x_4=\frac{7}{2}$$

为了反映出问题的整数要求，将上述变量之间的关系按下述要求进行变换：将系数与常数项都分解成整数和非负真分数之和，然后移项得到

表 5.3.1　对应线性规划问题的最优单纯形表

$c_j \rightarrow$			7	9	0	0
$\boldsymbol{C_B}$	$\boldsymbol{x_B}$	$\boldsymbol{b}$	x_1	x_2	x_3	x_4
9	x_2	$\frac{7}{2}$	0	1	$\frac{7}{22}$	$\frac{1}{22}$
7	x_1	$\frac{9}{2}$	1	0	$-\frac{1}{22}$	$\frac{3}{22}$
$c_j - z_j$		63	0	0	$-\frac{28}{11}$	$-\frac{15}{11}$

$$x_2-3=\frac{1}{2}-\left(\frac{7}{22}x_3+\frac{1}{22}x_4\right)$$

由于上式左端为两个整数的差，而等式右端为一个真分数减去某个数的差，所以存在

$$\frac{1}{2}-\left(\frac{7}{22}x_3+\frac{1}{22}x_4\right)\leqslant 0$$

且

$$-\frac{7}{22}x_3-\frac{1}{22}x_4+s_1=-\frac{1}{2}$$

此约束条件即为要求变量 x_2 为整数时对相关变量的约束。并且有 $x_2-3=-s_1$，以及 $x_2\leqslant 3$，此即为找到的第一个割平面，如图 5.3.9 所示。

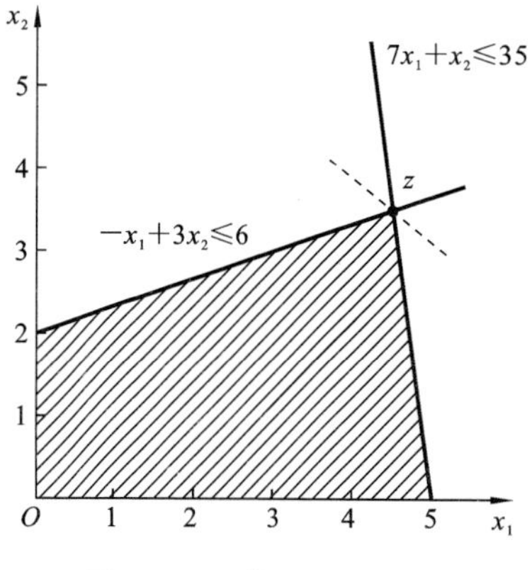

图 5.3.8　割平面法(一)

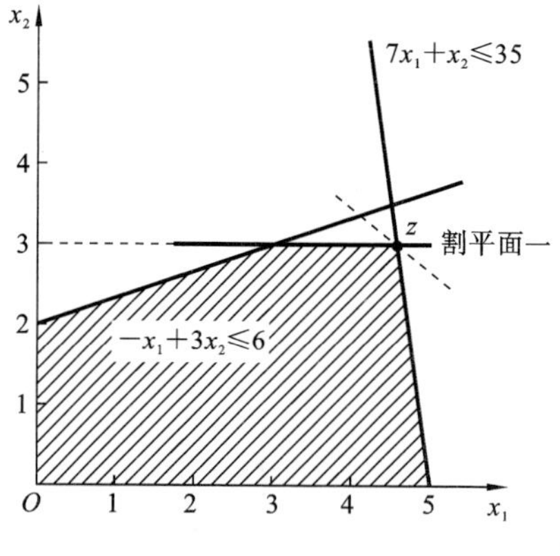

图 5.3.9　割平面法(二)

将上述约束条件加入前面的最优单纯形表中，并使用对偶单纯形法求解，结果如表 5.3.2 所示。

由表 5.3.2 可知，x_1 仍然是非整数解，根据表 5.3.2 中 x_1 所在行可以得到

$$x_1+\frac{1}{7}x_4-\frac{1}{7}s_1=\frac{32}{7}$$

表 5.3.2 加入约束条件后的单纯形表(一)

$c_j \to$			7	9	0	0	0
C_B	x_B	b	x_1	x_2	x_3	x_4	s_1
9	x_2	$\frac{7}{2}$	0	1	$\frac{7}{22}$	$\frac{1}{22}$	0
7	x_1	$\frac{9}{2}$	1	0	$-\frac{1}{22}$	$\frac{3}{22}$	0
0	s_1	$-\frac{1}{2}$	0	0	$-\frac{7}{22}$	$-\frac{1}{22}$	1
$c_j - z_j$		63	0	0	$-\frac{28}{11}$	$-\frac{15}{11}$	0
9	x_2	3	0	1	0	0	1
7	x_1	$\frac{32}{7}$	1	0	0	$\frac{1}{7}$	$-\frac{1}{7}$
0	x_3	$\frac{11}{7}$	0	0	1	$\frac{1}{7}$	$-\frac{22}{7}$
$c_j - z_j$		59	0	0	0	-1	-8

整理得到

$$x_1 - s_1 - 4 = \frac{4}{7} - \left(\frac{1}{7}x_4 + \frac{6}{7}s_1\right) \leqslant 0$$

且

$$-\frac{1}{7}x_4 - \frac{6}{7}s_1 + s_2 = -\frac{4}{7}$$

$$x_1 - s_1 \leqslant 4$$

又由于 $x_2 - 3 = -s_1$，所以 $x_1 + x_2 \leqslant 7$，此为第二个割平面，如图 5.3.10 所示。再将上式的约束加到前面最优单纯形表中，利用对偶单纯形法求解，结果如表 5.3.3 所示。

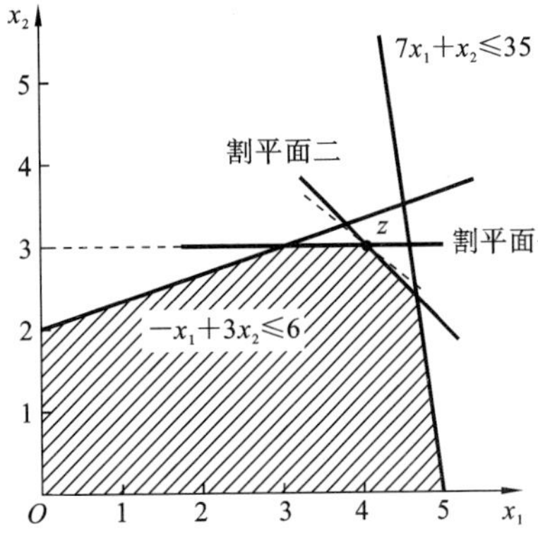

图 5.3.10 割平面法(三)

表 5.3.3 加入约束条件后的单纯形表(二)

$c_j \to$			7	9	0	0	0	0
C_B	x_B	b	x_1	x_2	x_3	x_4	s_1	s_2
9	x_2	3	0	1	0	0	1	0
7	x_1	$\frac{32}{7}$	1	0	0	$\frac{1}{7}$	$-\frac{1}{7}$	0

续表

$c_j\to$			7	9	0	0	0	0
C_B	x_B	b	x_1	x_2	x_3	x_4	s_1	s_2
0	x_3	$\frac{11}{7}$	0	0	1	$\frac{1}{7}$	$-\frac{22}{7}$	0
0	s_2	$-\frac{4}{7}$	0	0	0	$-\frac{1}{7}$	$-\frac{6}{7}$	1
c_j-z_j		59	0	0	0	−1	−8	0
9	x_2	3	0	1	0	0	1	0
7	x_1	4	1	0	0	0	−1	1
0	x_3	1	0	0	1	0	−4	1
0	x_4	4	0	0	0	1	6	−7
c_j-z_j		55	0	0	0	0	−2	−7

由此得到该问题的最优解为

$$x_1^*=4,\quad x_2^*=3;\quad z^*=55$$

上述即为割平面法求解整数规划问题的过程，现总结如下：

(1) 令 x_i 是相应线性规划问题最优解中的非整数解的基变量，根据最优单纯形表可以得到

$$x_i+\sum_k a_{ik}x_k=b_i \tag{5.3.7}$$

其中 $i\in B$，B 为基变量下标的集合；$k\in M$，M 为非基变量下标的集合。

(2) 将 b_i 和 a_{ik} 都分解成整数部分 N 和非负真分数 f 之和，即

$$b_i=N_i+f_i,\quad a_{ik}=N_{ik}+f_{ik}$$

代入式(5.3.7)后得到

$$x_i+\sum_k N_{ik}x_k-N_i=f_i-\sum_k f_{ik}x_k$$

(3) 由于所得等式左端为整数，而右端为非负真分数减去某个数，所以可以得到

$$f_i-\sum_k f_{ik}x_k\leqslant 0$$

即

$$x_i+\sum_k N_{ik}x_k\leqslant N_i$$

此即得到第一个切割方程。

(4) 重复上述过程，直到得到问题的整数最优解。

5.3.5 0-1 型整数规划

在整数规划问题中,0-1 型整数规划是其中较为特殊的一类情况,它要求决策变量的取值仅为 0 或 1。0-1 变量常作为逻辑变量来处理。在实际问题中,方案、地点、设备、企业等项目的最优选择,往往就是 0-1 型整数规划问题。此时选择的状态就是该变量取值为 1,未选中的则取值为 0。在某些约束条件下,要求解如何组合优选这些项目(变量)以达到最佳的组合效益,这便是 0-1 型整数规划问题。

对于 0-1 型整数规划问题,由于每个变量只取 0、1 两个值,人们自然想到用穷举法来解,即排出全部变量取值为 0-1 的每一种组合,算出目标函数在每一种组合(点)上的函数值,找出其中最大(小)值,即可求出问题的最优解。n 个变量的 0、1 二值组合的总数是 2^n,当 n 很大时,2^n 就很大,此时函数值的计算量就相当大。为此,我们希望设计一种算法,能在全部 2^n 项计算中,排除不包含最优解的排列组合,仅计算可能包含最优解的排列组合。因此,关键是寻求能舍去不包含最优解组合的判别法。这就是求解 0-1 型整数规划问题的"钥匙"。

5.3.5.1 过滤性隐枚举法

用隐枚举法解 0-1 规划问题的基本思想是:从所有变量均取 0 值出发,然后依次令一些变量取值为 1,直至得到一个可行解。若这个可行解不是最优解,我们可以认为第一个可行解就是目前得到的最好的可行解,由此引入一个过滤性条件作为新的约束条件加入原问题中,以排除一批相对较劣的可行解。然后再依次检查变量取 0 或 1 的各种组合,看是否能对前面所得到的最好可行解有所改进,直到获得最优解为止。这种方法称为过滤性隐枚举法。

例 5.3.5.1 求解下列 0-1 规划问题:

$$\max z=3x_1-2x_2+5x_3$$

$$\text{s.t.}\begin{cases} x_1+2x_2-x_3\leqslant 2 & (1)\\ x_1+4x_2+x_3\leqslant 4 & (2)\\ x_1+x_2\leqslant 3 & (3)\\ 4x_2+x_3\leqslant 6 & (4)\\ x_1,x_2,x_3=0,1 \end{cases}$$

解 首先用试探法求一个可行解。易看出 $x_1=1$,$x_2=0$,$x_3=0$ 是一个可行解,此时,$z=3$。

因为目标函数是求最大值,所以若认为目前得到的可行解是最好的可行解,则凡是目标函数值小于 3 的组合都不必再讨论,于是可增加一个约束:

$$3x_1-2x_2+5x_3\geqslant 3 \qquad (0)$$

从而舍去了不可能包含最优解的排列组合，称该式为**过滤性条件**。

这样，问题的约束条件变为5个，并且将过滤性条件(0)作为优先考虑的条件，按照(0)～(4)的顺序排好。本例中共有3个变量，每个变量取0或1两个值，如果用完全枚举法，共有 $2^3=8$ 个解。对每个解，依次代入约束条件(0)～(4)的左边，求出数值，看是否满足不等式条件，如果有任一条件不满足，则其他条件就不用检查了，因为它不是可行解，这样可以减少运算次数。本例的计算过程可列表进行，如表5.3.4所示。

表5.3.4　例5.3.5.1的计算过程

(x_1,x_2,x_3)	(0)	(1)	(2)	(3)	(4)	满足条件？是(√)否(×)	z 值
(0,0,0)	0					×	
(0,0,1)	5	−1	1	0	1	√	5
(0,1,0)	−2					×	
(0,1,1)	3	1	5			×	
(1,0,0)	3	1	1	1	0	√	3
(1,0,1)	8	0	2	1	1	√	8
(1,1,0)	1					×	
(1,1,1)	6	2	6			×	

由表5.3.4可知，最优解为

$$\boldsymbol{X}^*=(1,0,1)^{\mathrm{T}},\quad z^*=8$$

在计算过程中，若遇到 z 值已超过过滤性条件(0)右边的值，则应修改过滤性条件，使右边保持迄今为止最大值，然后继续计算。例如，当检查点(0,0,1)时，因 $z=5(>3)$，所以应将条件(0)修改成

$$3x_1-2x_2+5x_3\geqslant 5 \tag{0}$$

这种对过滤性条件的改变，可以进一步减少计算量。

注意：在实际计算时，还可以重新排列 x_j 的顺序，使目标函数中 x_j 的系数保持递增(或不减)，这样做也可以减少计算量。

在上例中，我们可将目标函数改写为

$$z=-2x_2+3x_1+5x_3$$

变量也可按 (x_2,x_1,x_3) 的顺序依次取值：(0,0,0)，(0,0,1)，(0,1,0)，…，(1,1,1)，如果再结合过滤性条件，更可以使计算简化。

我们将上例改写成

$$\max\ z=-2x_2+3x_1+5x_3$$

$$
\text{s.t.}\begin{cases}
-2x_2+3x_1+5x_3\geqslant 3 & (0)\\
2x_2+x_1-x_3\leqslant 2 & (1)\\
4x_2+x_1+x_3\leqslant 4 & (2)\\
x_2+x_1\leqslant 3 & (3)\\
4x_2+x_3\leqslant 6 & (4)\\
x_j=0 \text{ 或 } 1;j=1,2,3
\end{cases}
$$

计算过程如表 5.3.5 至表 5.3.7 所示。

表 5.3.5　计算过程(一)

(x_2,x_1,x_3)	约束条件					是否满足条件?	z 值
	(0)	(1)	(2)	(3)	(4)		
(0,0,0)	0					×	
(0,0,1)	5	−1	1	0	1	√	5

表 5.3.6　计算过程(二)

(x_2,x_1,x_3)	约束条件					是否满足条件?	z 值
	(0′)	(1)	(2)	(3)	(4)		
(0,1,0)	3					×	
(0,1,1)	8	0	2	1	1	√	8

表 5.3.7　计算过程(三)

(x_2,x_1,x_3)	约束条件					是否满足条件?	z 值
	(0″)	(1)	(2)	(3)	(4)		
(1,0,0)	−2					×	
(1,0,1)	3					×	
(1,1,0)	1					×	
(1,1,1)	6					×	

得到表 5.3.5 后，发现 $z=5$(大于 3)，所以改进过滤性条件，用

$$-2x_2+3x_1+5x_3\geqslant 5 \tag{0′}$$

代替(0)，继续进行。发现 $z=8$，因此，再改进过滤性条件，用

$$-2x_2+3x_1+5x_3\geqslant 8 \tag{0″}$$

代替(0′)，再继续进行。至此，z 值已不能再改进，即已得最优解 $x_2=0,x_1=1,x_3=1;z=8$。

5.3.5.2 分支隐枚举法

将分支定界法和隐枚举法结合起来求解 0-1 规划问题会更加规范和快速。这种方法称为**分支隐枚举法**。此法的要点是：首先将目标函数的系数都修改成正数，然后将目标函数各变量项按系数的大小顺序排列。约束方程中各变量的排列顺序同样改变。这样做的目的是使计算过程规范化，同时可以较容易地舍掉非可行解的变量组合。下面给出此法的详细求解过程。

设给定 0-1 规划问题模型为

$$(\text{I})\quad \min/\max z=\sum_{j=1}^{n}c_jx_j$$

$$\text{s.t.}\begin{cases}\sum\limits_{j=1}^{n}a_{ij}x_j\leqslant b_i,i=1,2,\cdots,m\\ x_j=0,1,j=1,2,\cdots,n\end{cases}$$

我们先将目标函数中的负数系数全部修改成正系数。若 c_j 为负，则令 $x_j=1-x'_j$。

例如：

$$\max z=2x_1-4x_2+6x_3$$

$$\text{s.t.}\begin{cases}3x_1+2x_2+x_3\leqslant 4\\ x_1-3x_2+4x_3\geqslant 2\\ x_j=0,1\ (j=1,2,3)\end{cases}$$

因为 x_2 的系数 $c_2=-4$，则令 $x_2=1-x'_2$，代入目标函数和约束条件，有

$$\max z=2x_1+4x'_2+6x_3-4$$

$$\text{s.t.}\begin{cases}3x_1-2x'_2+x_3\leqslant 2\\ x_1+3x'_2+4x_3\geqslant 5\\ x_1,x'_2,x_3=0,1\end{cases}$$

其次，我们再将目标函数中的变量的系数按由小到大的顺序排列，即

$$c_1\leqslant c_2\leqslant\cdots\leqslant c_n \tag{5.3.8}$$

这样，我们可以从使目标函数取最大值的点 $\boldsymbol{X}^{(0)}=(1,1,\cdots,1)$ 开始，然后根据函数值的不断减小来确定试探解，若某一试探解满足约束条件，则其就是所要求的最优解。

具体步骤叙述如下：

(1) 取 $\boldsymbol{X}^{(0)}=(1,1,\cdots,1)$ 为试探解。令

$$S_0=\sum_{j=1}^{n}c_j$$

显然，S_0 是目标函数 z 的一切可能取值中的最大者，如果 $\boldsymbol{X}^{(0)}$ 满足所有约

束条件，则 $\boldsymbol{X}^{(0)}$ 是规划问题(Ⅰ)的最优解，计算停止；否则，转下一步。

(2) 取试探解 $\boldsymbol{X}^{(1)}=(0,1,\cdots,1)$，令

$$S_1=\sum_{j=2}^{n}c_j$$

显然 S_1 仅小于 S_0，如果 $\boldsymbol{X}^{(1)}$ 满足约束条件，那么 $\boldsymbol{X}^{(1)}$ 就是规划问题(Ⅰ)的最优解，否则转下一步。

(3) 取试探解 $\boldsymbol{X}^{(2)}=(1,0,1,\cdots,1)$，令

$$S_2=\sum_{j=1,j\neq 2}^{n}c_j$$

由条件式(5.3.8)可知，S_2 仅小于 S_1，因此，如果 $\boldsymbol{X}^{(2)}$ 满足约束条件，则 $\boldsymbol{X}^{(2)}$ 是规划问题(Ⅰ)的最优解，否则转下一步。

(4) 若 $c_1+c_2<c_3$，则取试探解 $\boldsymbol{X}^{(3)}=(0,0,1,\cdots,1)$，这时

$$S_3=\sum_{j=3}^{n}c_j$$

若 $c_1+c_2=c_3$，则依次取试探解：$\boldsymbol{X}_1^{(3)}=(0,0,1,\cdots,1)$，$\boldsymbol{X}_2^{(3)}=(1,1,0,1,\cdots,1)$，这时

$$S_3^1=\sum_{j=3}^{n}c_j,\quad S_3^2=\sum_{j=1,j\neq 3}^{n}c_j$$

显然 S_3^1 或 S_3^2 都仅小于 S_2，因此，如果 $\boldsymbol{X}_1^{(3)}$ 或 $\boldsymbol{X}_2^{(3)}$ 满足约束条件，那就是要求的最优解，否则继续寻找可行解。

一般地，对于试探解

$$\boldsymbol{X}^{(k)}=(1,\cdots,1,\underset{\substack{\uparrow\\ \text{第 }k\text{ 个分量}}}{0},1,\cdots,1)$$

其相应的

$$S_k=\sum_{j=1,j\neq k}^{n}c_j$$

如果 $\boldsymbol{X}^{(k)}$ 满足约束条件，则 $\boldsymbol{X}^{(k)}$ 便是最优解，否则转下一步。

(5) 在前 k 个系数 c_j 中，若存在 $c_{j_1},c_{j_2},\cdots,c_{j_r}$ 满足

$$c_k<\pi_r=c_{j_1}+c_{j_2}+\cdots+c_{j_r}<c_{k+1}\quad(1\leqslant j_1,j_2,\cdots,j_r\leqslant k)\tag{5.3.9}$$

而且如果存在各个大小不等的 π_r 适合不等式(5.3.9)，例如有如下一些：

$$\pi_1<\cdots<\pi_r\cdots<\pi_t\tag{5.3.10}$$

适合不等式(5.3.9)，则依次取试探解

$$\begin{cases}\boldsymbol{X}_l^{(k+1)}=(x_1^{(k+1)},x_2^{(k+1)},\cdots,x_n^{(k+1)})\\ x_j^{(k+1)}=\begin{cases}0, & j=j_1,j_2,\cdots,j_l\\ 1, & 1\leqslant j\leqslant n,j\neq j_1,j_2,\cdots,j_l\end{cases}\end{cases}\quad l=p,\cdots,r,\cdots,t\tag{5.3.11}$$

进行试探，这时相应的

$$S_{k+1}^{l}=\sum_{j=1}^{n}c_j, l=p,\cdots,r,\cdots,t;j\neq j_1,j_2,\cdots,j_l$$

显然 S_{k+1}^{p} 的值仅小于 S_k 的值，其余的则有如下的关系式：

$$S_{k+1}^{l}<\cdots<S_{k+1}^{r}<\cdots<S_{k+1}^{p}$$

因此，如果对式(5.3.10)中的某个 π_l，试探解 $\boldsymbol{X}^{(k+1)}$ 满足规划问题(Ⅰ)的约束条件，则 $\boldsymbol{X}_l^{(k-1)}$ 便是最优解，否则转下一步。

(6) 若存在某个 $\pi_k=c_{j_1}+c_{j_2}+\cdots+c_{j_k}$，使得 $\pi_k=c_{k+1}$，则可分别取试探解 $\boldsymbol{X}_k^{(k+1)}$ 和 $\boldsymbol{X}^{(k+1)}$ 进行试探，其中 $\boldsymbol{X}_k^{(k+1)}$ 按式(5.3.11)定义，而

$$\boldsymbol{X}^{(k+1)}=(1,\cdots,1,\underset{\substack{\uparrow\\ \text{第 }k+1\text{ 个分量}}}{0},1,\cdots,1)$$

如果 $\boldsymbol{X}_k^{(k+1)}$ 或 $\boldsymbol{X}^{(k+1)}$ 满足规划问题(Ⅰ)的约束条件，则得到最优解，否则按步骤(6)继续试探，直至得到可行解为止。

以上探讨是对目标函数极大化而言的，若问题是求目标函数的极小值，求解步骤相同，只是试探解的顺序依次为

$$\boldsymbol{X}^{(0)}=(0,0,\cdots,0),\quad \boldsymbol{X}^{(1)}=(1,0,\cdots,0),\quad \boldsymbol{X}^{(2)}=(0,1,\cdots,0),\cdots$$

逐一进行试探，直到求得最优解为止。

例 5.3.5.2 求解规划问题：

$$(\text{Ⅰ})\quad \max z=-3x_1-7x_2+x_3-x_4$$

$$\text{s. t.}\begin{cases}2x_1-x_2+x_3-x_4\geqslant 1\\ x_1-x_2+6x_3+4x_4\geqslant 6\\ 5x_1+3x_2+x_4\geqslant 5\\ x_j=0,1;j=1,2,3,4\end{cases}$$

解 由于目标函数中变量 x_1,x_2,x_4 的系数均为负数，故作如下变换：

$$\begin{cases}x_1=1-x'_1\\ x_2=1-x'_2\\ x_3=x_3\\ x_4=1-x'_4\end{cases}$$

代入目标函数和约束条件，原规划问题(Ⅰ)经整理得规划问题(Ⅱ)：

$$(\text{Ⅱ})\quad \max z=x'_1+x'_2+3x_3+7x'_4-11$$

$$\text{s. t.}\begin{cases}x'_1+x_2{}'-2x_3+x'_4\geqslant 1\\ 6x'_1-4x'_2-x_3+x'_4\geqslant 2\\ x'_2+5x_3+3x'_4\leqslant 4\\ x'_1,x'_2,x_3,x'_4=0,1\end{cases}$$

因为 $c_1<c_2<c_3<c_4$，从 $\boldsymbol{X}'^{(0)}=(1,1,1,1)$开始进行试探。$\boldsymbol{X}'^{(0)}$不满足约束条件，故 $\boldsymbol{X}'^{(0)}$不是可行解，再选取 $\boldsymbol{X}'^{(1)}=(0,1,1,1)$进行试探，这样依次进行下去，见表 5.3.8。

表 5.3.8 试探计算过程

考虑	试探解	满足约束条件否？			S_k
	$\overline{\boldsymbol{X}}'^{(k)}$	(1)	(2)	(3)	
$c_1=c_2<c_3<c_4$	$X'^{(0)}=(1,1,1,1)$	√	√	×	
	$X'^{(1)}=(0,1,1,1)$	×			
	$X'^{(2)}=(1,0,1,1)$	×			
$c_1+c_2<c_3$	$X'^{(3)}_1=(0,0,1,1)$	×			
	$X'^{(3)}=(1,1,0,1)$	√	√	√	$S_3=-2$

由表 5.3.8 可知，$\boldsymbol{X}'^{(3)}=(1,1,0,1)$是规划问题(Ⅱ)的最优解，故 $\boldsymbol{X}^{(3)}=(1,0,1,0)$是原问题的最优解，$z^*=-2$。

例 5.3.5.3 求解规划问题：

$$(\text{Ⅰ})\quad \min z=8x_1+2x_2+5x_3+7x_4+4x_5$$

$$\text{s. t.}\begin{cases}-3x_1-3x_2+3x_3+2x_4+x_5\leqslant -2\\x_1-3x_2+x_3-x_4-2x_5\leqslant -4\\-2x_1+x_2-x_3+x_4+2x_5\geqslant 3\\x_j=0,1,\ j=1,2,\cdots,5\end{cases}$$

解 将目标函数按系数由小到大排序，得

$$z=2x_2+4x_5+5x_3+7x_4+8x_1$$

做如下变换：$x_2=y_1$，$x_5=y_2$，$x_3=y_3$，$x_4=y_4$，$x_1=y_5$，于是原规划问题变为

$$(\text{Ⅱ})\quad \min z=2y_1+4y_2+5y_3+7y_4+8y_5$$

$$\text{s. t.}\begin{cases}-3y_1+y_2+3y_3+2y_4-3y_5\leqslant -2 & (1)\\-3y_1-2y_2+y_3-y_4+y_5\leqslant -4 & (2)\\y_1+2y_2-y_3+y_4-2y_5\geqslant 3 & (3)\\y_j=0,1;\ j=1,2,\cdots,5\end{cases}$$

由于要求目标函数的极小值，故试探从 $\boldsymbol{Y}^{(0)}$开始：

$$\boldsymbol{Y}^{(0)}=(0,0,0,0,0)$$

表 5.3.9 所示为求解过程。

表 5.3.9 求解过程

考虑 c_k	$\boldsymbol{Y}^{(k)}$	满足约束条件否？(1)	(2)	(3)	S_k
$c_1<c_2<c_3<c_4<c_5$	$\boldsymbol{Y}^{(0)}=(0,0,0,0,0)$	×			$S_0=0$
	$\boldsymbol{Y}^{(1)}=(1,0,0,0,0)$	√	×		$S_1=2$
	$\boldsymbol{Y}^{(2)}=(0,1,0,0,0)$	×			$S_2=4$
	$\boldsymbol{Y}^{(3)}=(0,0,1,0,0)$	×			$S_3=5$
$c_3<c_1+c_2<c_4$	$\boldsymbol{Y}_1^{(4)}=(1,1,0,0,0)$	√	√	√	$S_4=6$

$\boldsymbol{Y}_1^{(4)}$ 是规划问题(Ⅱ)的最优解，于是 $\boldsymbol{X}_1^{(4)}=(0,1,0,0,1)$ 为原问题(Ⅰ)的最优解，$z=6$。

5.3.6 指派问题

指派问题(assignment problem)是生活中经常遇到的问题。例如：有 n 项工作，正好有 n 个人可以承担这些工作，每个人能承担其中一项工作，每一项工作也只能由一个人完成，但由于各人的专长不同，各人完成不同的工作的耗费不同。于是产生了指派问题：指派哪个人去完成哪项工作，可使完成 n 项工作的总耗费最少？

假设某人 i 完成某项工作 j 的耗费为 c_{ij}，$i=1,2,\cdots,n$，$j=1,2,\cdots,n$，则由 c_{ij} 可构成一效率矩阵 $\boldsymbol{C}$：

$$\boldsymbol{C}=\begin{bmatrix} c_{11} & c_{12} & \cdots & c_{1n} \\ c_{21} & c_{22} & \cdots & c_{2n} \\ \vdots & \vdots & & \vdots \\ c_{n1} & c_{n2} & \cdots & c_{nn} \end{bmatrix}$$

由于指派问题要求某人只能承担一项工作，所以对该人而言，指派的结果只有两种可能：要么指派了某项工作 j，要么未指派某项工作 j，二者仅取其一。这是一个非此即彼的选择，所以可以用 0-1 变量来描述，即

$$x_{ij}=\begin{cases}1, & \text{指派 } i \text{ 完成工作 } j \\ 0, & \text{不指派 } i \text{ 完成工作 } j\end{cases}$$

由此可以得到如下指派问题的数学模型：

$$
\min z = \sum_{i=1}^{n}\sum_{j=1}^{n} c_{ij}x_{ij}
$$

$$
\text{s. t. } \begin{cases} \sum_{i=1}^{n} x_{ij} = 1, j = 1,2,\cdots,n \\ \sum_{j=1}^{n} x_{ij} = 1, i = 1,2,\cdots,n \\ x_{ij} = 0 \text{ 或 } 1; i,j = 1,2,\cdots,n \end{cases} \tag{5.3.12}
$$

该模型中第一个约束条件表示,对某项工作 j 而言,只能由一个人承担,第二个约束条件表示,对某人 i 而言,他只能承担一项工作。由此可以发现,指派问题的可行解应该满足这样的条件:在由 x_{ij} 所构成的 0-1 矩阵中,每一行只能有一个 1,每一列也只能有一个 1。所以指派问题本质上是一个组合优化问题,只需要确定这 n 个 1 的位置以使得总的耗费最小。

求解指派问题的方法称为匈牙利法,是库恩(W. W. Kuhn)在 1955 年提出的。在指派问题的求解过程中,使用了匈牙利数学家康尼希(D. König)的一个关于效率矩阵中 0 元素的定理。

定理 5.3.6.1 如果将系数矩阵 $\boldsymbol{C}=(c_{ij})_{n\times n}$ 的任一行(列)各元素减去该行(列)的最小元素,得到新矩阵 $\boldsymbol{B}=(b_{ij})_{n\times n}$,则以 $\boldsymbol{B}$ 为系数矩阵的指派问题的最优解 $\boldsymbol{X}^*$ 也是原问题的最优解。

证明 假设 $\boldsymbol{C}$ 的第一行的最小元素为 m,令

$$
b_{ij} = \begin{cases} c_{ij} - m, & i=1 \\ c_{ij}, & \text{其他} \end{cases}
$$

假设 $\boldsymbol{X}^*$ 是以 $\boldsymbol{B}$ 为消耗系数矩阵的指派问题的最优解,$\boldsymbol{X}$ 是另外任意一个可行解(指派方案),则

$$
\begin{aligned}
& \sum_{i=1}^{n}\sum_{j=1}^{n} c_{ij}x_{ij}^* - \sum_{i=1}^{n}\sum_{j=1}^{n} c_{ij}x_{ij} \\
&= \sum_{i=2}^{n}\sum_{j=1}^{n} c_{ij}x_{ij}^* + \sum_{j=1}^{n} c_{1j}x_{1j}^* - \left(\sum_{i=2}^{n}\sum_{j=1}^{n} c_{ij}x_{ij} + \sum_{j=1}^{n} c_{1j}x_{1j}\right) \\
&= \sum_{i=2}^{n}\sum_{j=1}^{n} b_{ij}x_{ij}^* + \sum_{j=1}^{n} (b_{1j}+m)x_{1j}^* - \left[\sum_{i=2}^{n}\sum_{j=1}^{n} b_{ij}x_{ij} + \sum_{j=1}^{n} (b_{1j}+m)x_{1j}\right] \\
&= \sum_{i=1}^{n}\sum_{j=1}^{n} b_{ij}x_{ij}^* + m - \left(\sum_{i=1}^{n}\sum_{j=1}^{n} b_{ij}x_{ij} + m\right) \\
&= \sum_{i=1}^{n}\sum_{j=1}^{n} b_{ij}x_{ij}^* - \sum_{i=1}^{n}\sum_{j=1}^{n} b_{ij}x_{ij} \leqslant 0
\end{aligned}
$$

所以 $\boldsymbol{X}^*$ 也是原问题的最优解。这里我们选取第一行减去其最小元素 m,只是为了表述方便,显然其他所有行(列)减去该行(列)最小元素时都与第一行相

同，不改变其最优解。

根据上述定理，匈牙利法的基本思路是：将原系数矩阵进行一系列同解变换，变换的方法是将原系数矩阵中的行(列)各元素减去该行(列)的最小元素，从而得到一系列同解的指派问题，观察这一变换后的指派问题的效率(系数)矩阵，可直接得到其最优解，这个最优解就是原问题的最优解。

以下，我们以一个实例来说明匈牙利法求解指派问题的思路与过程。

例 5.3.3.1 (指派问题)某企业有 5 项工作需要展开，同时有 5 个人员可胜任这些工作，每个人完成不同工作所耗费的时间如表 5.3.10 所示。试确定一个最优指派方案，使得完成这 5 项工作花费的时间最少。

表 5.3.10 指派问题的效率矩阵

人员 \ 工作	1	2	3	4	5
1	39	65	69	66	57
2	64	84	24	92	22
3	49	50	61	31	45
4	48	45	55	23	50
5	59	34	30	34	18

对于指派问题，容易想到的是让每个人都承担自己最擅长的工作，每项工作都由最擅长的人来承担是耗费最小的一种指派方案。如在这个问题中，最好应该指派第一个人去完成工作 1，第二个人去完成工作 5……或者从工作角度而言，最好应该指派工作 1 给第一个人，指派工作 2 给第 5 个人……但是通常情况下，这种指派方式会发生冲突。如在该问题中，从工作 5 出发的第 2 人和第 5 人都擅长此工作，于是出现指派冲突。深入考虑可以发现，值得关注的是效率的相对值，而不是效率的绝对值，此外最优解是组合的最优，即总效率最优。为了更清楚地反映出这些效率值之间的相对关系，首先将效率矩阵的各行减去该行的最小值，然后再将各列减去该列的最小值，得到如下矩阵：

$$\boldsymbol{B}_1=\begin{bmatrix}0 & 10 & 28 & 27 & 18\\ 42 & 46 & 0 & 70 & 0\\ 18 & 3 & 28 & 0 & 14\\ 25 & 6 & 30 & 0 & 27\\ 41 & 0 & 10 & 16 & 0\end{bmatrix}$$

可以发现，在矩阵 $\boldsymbol{B}_1$ 中存在着一些 0 元素，这些 0 元素所在位置要么表示某人最擅长的工作，要么表示某工作谁最擅长。所以最优指派应该选择这些 0

元素所在位置。如果某一行或某一列只有一个 0 元素，则该 0 元素称为独立 0 元素。独立 0 元素在指派问题中有着重要作用，它表示相对来说某人只擅长一项工作，或者某工作只有一人擅长，所以在指派时首先应该考虑按独立 0 元素来进行指派。如矩阵 $\boldsymbol{B}_1$ 中，(1,1)位置的 0 无论从行或者列来看都是独立的，(2,3)位置的 0 元素从行来看不独立，但从列来看却是独立的，所以它也是独立 0 元素。

我们先按行检查独立 0 元素所在位置，并进行指派，然后再按列进行指派，重复这一过程，直到没有独立 0 元素为止。要注意的是，如果按行（列）找到一个独立 0 元素并进行了指派，就应删除独立 0 元素所在列（行）的其他 0 元素。如按行查找时，第三行有一个独立 0 元素，即应指派第 3 人去完成第 4 项工作，自然第 4 项工作就不能再由其他人来承担，所以应该删除第 4 列的其他 0 元素，即位置(4,4)的 0 元素。我们用⊙表示指派成功的点，用⊗表示被删除的 0 元素，得到如表 5.3.11 所示的指派方案。

表 5.3.11　指派问题的求解过程(一)

人员 \ 工作	1	2	3	4	5
1	⊙	10	28	27	18
2	42	46	⊙	70	⊗
3	18	3	28	⊙	14
4	25	6	30	⊗	27
5	41	⊙	10	16	⊗

表 5.3.11 所示的结果中，只存在着 4 个指派点，剩下第 4 个人和第 5 项工作没有指派。那么，是不是直接指派第 4 个人去完成第 5 项工作就行了呢？这显然不是好的指派方案，这一方案需要增加 27 个单位时间。但如果指派第 4 个人承担工作 4，第 3 个人承担工作 2，第 5 个人承担工作 5，只需要增加 3 个单位时间即可。尽管这一方案不一定是最优的，但它比直接指派第 4 个人去完成第 5 项工作的方案更优。产生指派不成功的原因在于：无论从人或工作的角度按最擅长进行指派存在冲突，即上述矩阵 $\boldsymbol{B}_1$ 中的独立 0 元素个数（4 个）是少于工作数（5 个）的。这样，按最擅长来考虑这一指派问题是没有办法指派成功的，所以必须考虑次擅长因素，即要从全局角度考虑某人或某项工作的第二擅长因素。更直观地讲，当前指派没有成功是由矩阵 $\boldsymbol{B}_1$ 中独立 0 元素不足而造成的，为了指派成功需要在考虑次擅长因素的情况下增加一些 0 元素。但是在这一过程中，需要将原有的 0 元素（最擅长因素下）“保护”起来。具体过程如下：

(1) 对未指派成功的行做标记"√"。

(2) 对已做标记的行所有含"⊗"元素的列做标记"√"。

(3) 对已做标记的列含有"⊙"元素的行做标记"√"。

(4) 重复(2)(3),直至得不到新做标记的行或列为止。

(5) 用直线画掉没做标记的行和做标记的列,所得到的直线数即为覆盖所有 0 元素的最小直线数。如果该数小于矩阵维度,则指派不能成功;如果该直线数等于矩阵维度,则能指派成功。

按此过程,该问题的标记结果如表 5.3.12 所示。

表 5.3.12　指派问题的求解过程(二)

人员＼工作	1	2	3	4	5	
1	~~⊙~~	~~10~~	~~28~~	~~27~~	~~18~~	
2	~~42~~	~~46~~	~~⊙~~	~~70~~	~~⊗~~	
3	18	3	28	⊙	14	√
4	25	6	30	⊗	27	√
5	~~41~~	~~⊙~~	~~10~~	~~16~~	~~⊗~~	
				√		

接着,增加 0 元素。首先在未被画掉的元素中选择最小元素((3,2)位置的 3),然后做标记的行减去这一最小元素,做标记的列加上这一最小元素,从而得到考虑次擅长因素的新效率矩阵 $\boldsymbol{B}_2$ 如下:

$$\boldsymbol{B}_2=\begin{bmatrix}0 & 10 & 28 & 30 & 18\\42 & 46 & 0 & 73 & 0\\15 & 0 & 25 & 0 & 11\\22 & 3 & 27 & 0 & 24\\41 & 0 & 10 & 19 & 0\end{bmatrix}$$

再按前述指派方法进行指派,得到如表 5.3.13 所示指派结果。

表 5.3.13　指派问题的求解过程(三)

人员＼工作	1	2	3	4	5
1	⊙	10	28	30	18
2	42	46	⊙	73	⊗
3	15	⊙	25	⊗	11
4	22	3	27	⊙	24
5	41	⊗	10	19	⊙

在表 5.3.13 中，共有 5 个指派点，所以指派成功，最优指派为：人 1—工作 1，人 2—工作 3，人 3—工作 2，人 4—工作 4，人 5—工作 5，所需总时间为 $z^{*}=154$。

上述利用匈牙利法求解指派问题的过程需注意：

(1) 指派问题要求目标函数最小化，且人数与工作数相等，所以在求解指派问题时，如果这些条件不能得到满足，首先应做相应处理，具体处理方法可参考运输问题的处理方法。

(2) 指派问题的求解过程是行列对称算法，所以在求解过程中，既可以按先行后列进行，也可以按先列后行进行，对最优结果不产生影响。

(3) 指派问题不会存在无可行解的情况，但是可能会产生非唯一解的情况。在求解过程中，可能会遇到由于 0 元素过多，造成每一行、每一列都不止一个 0 元素(这意味着存在多个最优指派方案)，这时可以将某行或某列中的一个 0 元素假设为独立 0 元素处理，再按前述方法进行指派，即可得到问题的一个指派方案。

5.4 目标规划

目标规划(goal programming)是在线性规划的基础上，为适应现代经济管理中多目标决策的需要而逐步发展起来的一个运筹学分支。1961 年，美国学者查恩斯(A. Charnes)和库柏(W. W. Coopor)在《管理模型及线性规划的工业应用》一书中，首次提出了目标规划的有关概念，并建立了相应的数学模型。1965 年，尤吉・艾吉里(Yuji Ijiri)引入了优先因子和权系数等概念，进一步扩充了目标规划的理论和方法，之后又经过许多学者的研究和改进，才形成了今天的目标规划的运筹学分支。

目标规划与线性规划相比有以下特点。

(1) 线性规划只讨论一个线性目标函数在一组线性约束条件下的极值问题，而实际问题中，往往要考虑多个目标的决策问题，这些目标可能相互矛盾，也可能没有统一的度量单位，很难比较。目标规划能统筹兼顾地处理多种目标的关系，求得更切合实际要求的解。

(2) 线性规划是在满足所有约束条件的可行解中求最优解，而在实际问题中，往往存在一些相互矛盾的约束条件，如何在这些相互矛盾的约束条件下找到一个满意解，就是目标规划所要讨论的问题。

(3) 线性规划问题中的约束条件是不分主次、同等对待的，是一律要满足的"硬约束"，而在实际问题中，多个目标和多个约束条件不是同等重要的，有轻重缓急和主次之分，如何考虑这些实际情况来建立数学模型并求解，则是目标规划的任务。

(4) 线性规划的最优解是绝对意义下的最优，为了求得这个最优解，要进行大量的计算，但在实际问题中，并不一定需要去找这种绝对最优解。目标规划所求的是满意解，它尽可能地达到或接近一个或几个已给定的指标值。这种满意解更能满足实际的需要。

目标规划是解决多个目标的最优化问题的基本方法，它把多目标决策问题转化为线性规划问题来求解，在现实中有着十分广泛的应用。

5.4.1 目标规划的数学模型

我们从实例出发，叙述目标函数的数学模型。

例 5.4.1.1 (目标规划)某企业生产 A，B 两种产品，已知相关数据如表 5.4.1 所示，试确定企业利润最大化的生产方案。

表 5.4.1 产品的生产参数

项目类别	A	B	资源量
原材料/kg	2	1	11
设备台时/h	1	2	10
利润/(元/件)	8	10	—

解 这是一个典型的单目标规划问题，可以利用线性规划进行求解。假设 A，B 两种产品的产量分别为 x_1 和 x_2，则可得到如下的线性规划模型：

$$\max z = 8x_1 + 10x_2$$

$$\text{s.t.} \begin{cases} 2x_1 + x_2 \leqslant 11 \\ x_1 + 2x_2 \leqslant 10 \\ x_1, x_2 \geqslant 0 \end{cases}$$

求解得到问题的最优解为 $x_1^* = 4, x_2^* = 3$，企业最大的利润为 $\max z = 62$ 元。

如果企业在做决策时还要考虑市场等一系列其他条件，如：

(1) 根据市场信息，产品 A 的销售量有下降的趋势，所以要求产品 A 的产量不大于产品 B 的产量；

(2) 超过计划供应原材料时，需要高价采购，会成本增加；

(3) 应尽可能充分利用设备台时，但不希望加班；

(4) 应尽可能达到并超过计划利润指标 56 元。

这样在考虑产品决策时，就成为多目标决策问题。目标规划方法是解决这类决策问题的基本方法之一，在建立目标规划模型的过程中，需要用到一些特有的概念，现简要介绍如下。

1. 正负偏差变量 d^+ 和 d^-

正偏差变量 d^+ 表示决策值超过目标的部分；负偏差变量 d^- 表示决策值未达到目标的部分。因决策值不可能既超过目标，同时又未达到目标，所以 $d^+ \times d^- = 0$ 总是成立的。

2. 绝对约束和目标约束

绝对约束是指必须严格满足的等式约束和不等式约束，如线性规划问题的所有约束条件，不能满足这些约束条件的解为非可行解，所以这些约束都是绝对约束。目标约束是目标规划所特有的，可把约束右端项看作要追求的目标值，在达到该目标值时允许发生正或负偏差，因此这些加入正、负偏差变量的约束都是目标约束，也可根据问题的需要将绝对约束变换为目标约束。如在例 5.4.1.1的目标函数 $z=8x_1+10x_2$ 中，若要求尽可能达到并超过计划利润指标 56 元，则可转化为目标约束 $8x_1+10x_2+d_1^- -d_1^+ =56$；绝对约束 $2x_1+x_2 \leqslant 11$，可变换为目标约束 $2x_1+x_2+d_2^- -d_2^+ =11$。

3. 优先因子(优先等级)与权系数

目标规划问题有多个目标，但决策者在要求达到这些目标时是有主次或轻重缓急之分的。在目标规划中，约定对要求第一位达到的目标赋予优先因子 P_1，第二位达到的目标赋予优先因子 P_2，…，并要求

$$P_k \gg P_{k+1}, \quad k=1,2,\cdots,K$$

表示 P_k 比 P_{k+1} 具有更大的优先权，即在优化时，应首先保证 P_1 级目标的实现，这时可不考虑次级目标；而 P_2 级目标是在实现 P_1 级目标的基础上才考虑的。以此类推，若区别具有相同优先因子的两个目标的差别，则可分别赋予它们不同的权系数 w_j。

4. 目标规划的目标函数

目标规划的目标函数(也称为准则函数)是按各目标约束的正、负偏差变量和赋予相应的优先因子而构造的。当每一目标值确定后，决策者的要求是尽可能缩小偏离目标值，因此目标规划的目标函数只能是

$$\min z=f(d^+,d^-)$$

通常它具有三种基本形式：

(1) 要求恰好达到目标值，即正、负偏差变量都要尽可能地小，这时有 $\min z=f(d^+,d^-)$。

(2) 要求不超过目标值，即允许达不到目标值，也就是正偏差变量要尽可能地小，这时有 $\min z=f(d^+)$。

(3) 要求超过目标值,即超过量不限,但必须是负偏差变量要尽可能地小,这是有 $\min z=f(d^{-})$。

对每一个具体的目标规划问题,可根据决策者的要求和赋予各目标的优先因子来构造目标函数。

如在例 5.4.1.1 中,决策者在原材料供应受严格限制的基础上还需考虑:首先是产品 B 的产量不低于产品 A 的产量;其次是充分利用设备的有效台时,不加班;再次是利润额不小于 56 元。按决策者的要求,分别赋予这三个目标优先因子 P_1、P_2、P_3,得到如下目标规划模型:

$$\min z=P_1d_1^{+}+P_2(d_2^{-}+d_2^{+})+P_3d_3^{-}$$

$$\text{s.t.}\begin{cases}2x_1+x_2\leqslant 11\ (\text{原材料供应量受严格限制})\\ x_1-x_2+d_1^{-}-d_1^{+}=0\ (\text{产品 B 的产量不低于 A 的})\\ x_1+2x_2+d_2^{-}-d_2^{+}=10\ (\text{充分利用设备台时,不加班})\\ 8x_1+10x_2+d_3^{-}-d_3^{+}=56\ (\text{利润额不小于 56 元})\\ x_1,x_2,d_i^{-},d_i^{+}\geqslant 0,\quad i=1,2,3\end{cases}$$

更一般地,目标规划的数学模型可以描述为

$$\min z=\sum_{l=1}^{L}\sum_{k=1}^{K}(w_{lk}^{-}d_k^{-}+w_{lk}^{+}d_k^{+})$$

$$\text{s.t.}\begin{cases}\sum_{j=1}^{n}c_{kj}x_j+d_k^{-}-d_k^{+}=g_k,k=1,2,\cdots,K\\ \sum_{j=1}^{n}a_{ij}x_j\leqslant(=\text{或}\geqslant)b_i,i=1,2,\cdots,m\\ x_j\geqslant 0,j=1,2,\cdots,n\\ d_k^{-},d_k^{+}\geqslant 0,k=1,2,\cdots,K\end{cases}$$

该目标规划包括 L 个优先等级,每个等级内包含 K 个不同的目标,它们的权重用 w_{lk}^{-} 和 w_{lk}^{+} 进行区别。

5.4.2 目标规划的图解法

与线性规划问题的图解法类似,对于只有两个决策变量的目标规划问题,可以利用图解法进行求解。如前述的目标规划问题:

$$\min z=P_1d_1^{+}+P_2(d_2^{-}+d_2^{+})+P_3d_3^{-}$$

$$\text{s.t.}\begin{cases}2x_1+x_2\leqslant 11\\ x_1-x_2+d_1^{-}-d_1^{+}=0\\ x_1+2x_2+d_2^{-}-d_2^{+}=10\\ 8x_1+10x_2+d_3^{-}-d_3^{+}=56\\ x_1,\ x_2,\ d_i^{-},\ d_i^{+}\geqslant 0,i=1,2,3\end{cases}$$

先在平面直角坐标系的第一象限内作出各约束条件的图形。绝对约束条件的作图与线性规划问题相同。作目标约束图形时，先令 $d_i^-=0,d_i^+=0$，作出相同的直线，然后在直线旁标上 d_i^-、d_i^+，表明目标约束可以沿 d_i^-、d_i^+ 所示方向平移，如图 5.4.1 所示。

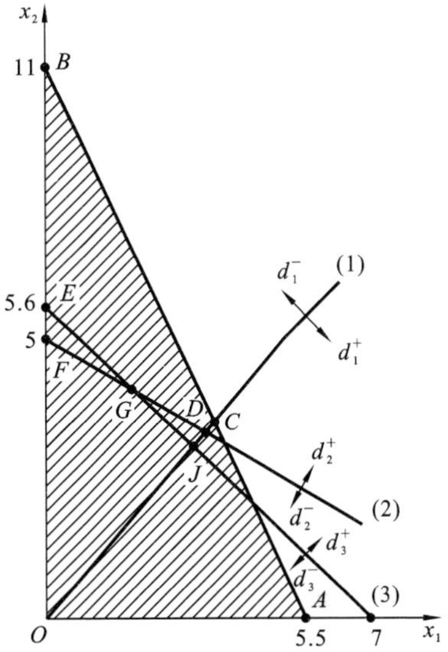

图 5.4.1 目标规划图解法(一)

在图 5.4.1 中，原材料受严格控制这一绝对约束条件将问题的可行解限制在三角形 OAB 内。然后考虑 P_1 级的目标约束，在目标函数中要求实现 $\min\ d_1^+$，从图中可见，可以满足 $d_i^+=0$，这时 x_1,x_2 只能在三角形 OBC 内或其边界上取值。接着考虑 P_2 级的目标约束，在目标函数中要求 $\min\{d_2^++d_2^-\}$，当 $d_2^+=0,d_2^-=0$ 时，x_1,x_2 可以在线段 FD 上取值。最后考虑 P_3 级的目标约束，在目标函数中要求 $\min\ d_3^-$，从图中可以发现 $d_3^-=0$ 可以实现，这时 x_1,x_2 只能在线段 GD 上取值。可求得 G 点的坐标为(2,4)，D 点的坐标为 $\left(\frac{10}{3},\frac{10}{3}\right)$，这样 G、D 的凸线性组合就是该目标规划的解。

注意，在目标规划求解时，把绝对约束作为最高优先级考虑，在本例中依先后次序都满足 $d_1^+=0,d_2^++d_2^-=0,d_3^-=0$，从而得到 $z^*=0$。但在大多数目标规划中并非如此，还可能出现非可行解的情况，所以将目标规划问题中的最优解称为满意解。

例 5.4.2.1 某手机厂装配 A、B 两种型号的手机，每装配一部手机需占用装配线 1 h，装配线每周计划开动 40 h。预计市场上 A 型手机的销量是 24 部，每部获利 80 元；B 型手机的销量为 30 部，每部可获利 40 元。该厂确定的目标如下：

第一优先级：充分利用装配线每周计划开动的 40 h；

第二优先级：装配线加班，但加班时间每周尽量不超过 10 h；

第三优先级：装配手机的数量要尽量满足市场需要，因 A 型手机利润高，取其权系数为 2。

试建立该问题的目标规划模型，并求解。

解 设 x_1、x_2 分别为 A、B 两种型号手机的产量，根据问题要求可以得到如下的目标规划模型：

$$\min z = P_1 d_1^- + P_2 d_2^+ + P_3(2d_3^- + d_4^-)$$

$$\text{s.t.} \begin{cases} x_1 + x_2 + d_1^- - d_1^+ = 40 \\ x_1 + x_2 + d_2^- - d_2^+ = 50 \\ x_1 + d_3^- - d_3^+ = 24 \\ x_2 + d_4^- - d_4^+ = 30 \\ x_1,\ x_2,\ d_i^-,\ d_i^+ \geqslant 0, \quad i = 1,2,3,4 \end{cases}$$

该模型的图解过程见图 5.4.2。

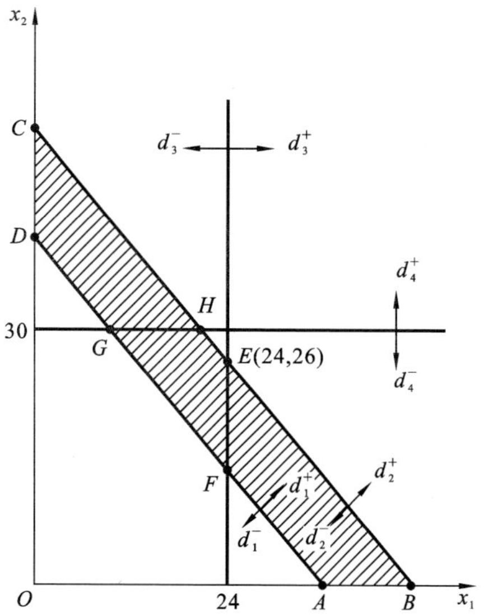

图 5.4.2　目标规划图解法(二)

由图 5.4.2 可知，在考虑具有 P_1 和 P_2 优先级的目标实现后，x_1 和 x_2 的取值区域为 $ABCD$。考虑 P_3 级目标要求时，因 d_3^- 的权系数大于 d_4^- 的，所以先取 $d_3^-=0$，这时 x_1 和 x_2 的取值区域为 $ABEF$，在 $ABEF$ 中只有 E 点使 d_4^- 取值最小，所以取 E 点为满意解，其坐标为(24,26)。

5.4.3　目标规划的单纯形法

从目标规划的数学模型可以发现，目标规划与线性规划没有本质区别，因此可用单纯形法进行求解。但考虑到目标规划数学模型的特点，特约定：

(1) 因目标规划问题的目标函数都是求最小化，所以以 $c_j - z_j \geqslant 0, j=1,2,\cdots,n$ 为单纯形表达到最优的条件；

(2) 因非基变量的检验数中含有不同等级的优先因子，即

$$c_j - z_j \sum_{k=1}^{K} d_{kj} P_k, \quad j = 1,2,\cdots,n$$

$$P_1 \gg P_2 \gg \cdots \gg P_k$$

从每个检查数的整体来看，检验数的正负首先取决于 P_1 的系数 d_{1j} 的正负。若 $d_{1j}=0$，这时此检验数的正负就取决于 P_2 的系数 d_{2j} 的正负，下面可依次类推。

利用单纯形法求解目标规划问题的步骤如下：

(1) 建立初始单纯形表，在表中检验数行按优先次序将优先因子分别列出排成 K 行，置 $k=1$。

(2) 检查检验数第 k 行中是否存在负数，且对应的前 $k-1$ 行的系数是零。若有，取其中最小者对应的变量为入基变量，转步骤(3)。若无负数，则转步骤(5)。

(3) 按最小比值规则确定出基变量，当存在两个或两个以上相同的最小比值时，选取具有较高优先级别的变量为出基变量。

(4) 按单纯形法进行基变换运算，建立新的计算表，返回步骤(2)。

(5) 若 $k=K$，则计算结束，表中的解即为满意解；否则，置 $k=k+1$，返回步骤(2)。

例 5.4.3.1 (目标规划的单纯形法)已知某目标规划问题为

$$\min z = P_1 d_1^- + P_2 d_4^+ + 5P_3 d_2^- + 3P_3 d_3^- + P_4 d_1^+$$

$$\text{s.t.} \begin{cases} x_1 + x_2 + d_1^- - d_1^+ = 80 \\ x_1 + d_2^- - d_2^+ = 60 \\ x_2 + d_3^- - d_3^+ = 45 \\ x_1 + x_2 + d_4^- - d_4^+ = 90 \\ x_j \geqslant 0,\ d_i^-,\ d_i^+ \geqslant 0, \quad j=1,2; i=1,2,3,4 \end{cases}$$

试利用单纯形法进行求解。

解 取 $d_1^-, d_2^-, d_3^-, d_4^-$ 为基变量，建立初始单纯形表如表 5.4.2 所示。

表 5.4.2 目标规划的单纯形表(一)

$c_j \to$			0	0	P_1	P_4	$5P_3$	0	$3P_3$	0	0	P_2	
$\boldsymbol{C_B}$	$\boldsymbol{x_B}$	b	x_1	x_2	d_1^-	d_1^+	d_2^-	d_2^+	d_3^-	d_3^+	d_4^-	d_4^+	θ
P_1	d_1^-	80	1	1	1	−1	0	0	0	0	0	0	80
$5P_3$	d_2^-	60	[1]	0	0	0	1	−1	0	0	0	0	60
$3P_3$	d_3^-	45	0	1	0	0	0	0	1	−1	0	0	—
0	d_4^-	90	1	1	0	0	0	0	0	0	1	−1	90

续表

$c_j \rightarrow$			0	0	P_1	P_4	$5P_3$	0	$3P_3$	0	0	P_2	
C_B	x_B	b	x_1	x_2	d_1^-	d_1^+	d_2^-	d_2^+	d_3^-	d_3^+	d_4^-	d_4^+	θ
$c_j - z_j$	P_1		−1	−1	0	1	0	0	0	0	0	0	—
	P_2		0	0	0	0	0	0	0	0	0	1	—
	P_3		−5	−3	0	0	0	5	0	3	0	0	—
	P_4		0	0	0	1	0	0	0	0	0	0	—

检查 P_1 级的检验数，因 x_1 的检验数小于 0，且最小，所以 x_1 入基。根据最小 θ 值，选择 d_2^- 出基，得到如表 5.4.3 所示的单纯形表。

表 5.4.3　目标规划的单纯形表(二)

$c_j \rightarrow$			0	0	P_1	P_4	$5P_3$	0	$3P_3$	0	0	P_2	
C_B	x_B	b	x_1	x_2	d_1^-	d_1^+	d_2^-	d_2^+	d_3^-	d_3^+	d_4^-	d_4^+	θ
P_1	d_1^-	20	0	[1]	1	−1	−1	1	0	0	0	0	20
0	x_1	60	1	0	0	0	1	−1	0	0	0	0	—
$3P_3$	d_3^-	45	0	1	0	0	0	0	1	−1	0	0	45
0	d_4^-	30	0	1	0	0	−1	1	0	0	1	−1	30
$c_j - z_j$	P_1		0	−1	0	1	1	−1	0	0	0	0	—
	P_2		0	0	0	0	0	0	0	0	0	1	—
	P_3		0	−3	0	0	5	0	0	3	0	0	—
	P_4		0	0	0	1	0	0	0	0	0	0	—

检查 P_1 级的检验数，因 x_2 的检验小于 0，且最小，所以让 x_2 入基，根据最小 θ 值，选择 d_1^- 出基，得到 5.4.4 所示的单纯形表。

表 5.4.4　目标规划的单纯形表(三)

$c_j \rightarrow$			0	0	P_1	P_4	$5P_3$	0	$3P_3$	0	0	P_2	
C_B	x_B	b	x_1	x_2	d_1^-	d_1^+	d_2^-	d_2^+	d_3^-	d_3^+	d_4^-	d_4^+	θ
0	x_2	20	0	1	1	−1	−1	1	0	0	0	0	—
0	x_1	60	1	0	0	0	1	−1	0	0	0	0	—
$3P_3$	d_3^-	25	0	0	−1	1	1	−1	1	−1	0	0	25
0	d_4^-	10	0	0	−1	[1]	0	0	0	0	1	−1	10

续表

$c_j \rightarrow$			0	0	P_1	P_4	$5P_3$	0	$3P_3$	0	0	P_2	
C_B	x_B	b	x_1	x_2	d_1^-	d_1^+	d_2^-	d_2^+	d_3^-	d_3^+	d_4^-	d_4^+	θ
c_j-z_j	P_1		0	0	1	0	1	0	0	0	0	0	—
	P_2		0	0	0	0	0	0	0	0	0	1	—
	P_3		0	0	3	−3	2	3	0	3	0	0	—
	P_4		0	0	0	1	0	0	0	0	0	0	—

由于 P_1、P_2 级的检验数都大于 0，在 P_3 级的 d_1^+ 的检验数小于 0，且它所对应的更高优先级的检验数为 0，所以 d_1^+ 入基。根据最小 θ 值，选择 d_4^- 出基，得到表 5.4.5 所示的单纯形。

表 5.4.5 目标规划的单纯形表(四)

$c_j \rightarrow$			0	0	P_1	P_4	$5P_3$	0	$3P_3$	0	0	P_2	
C_B	x_B	b	x_1	x_2	d_1^-	d_1^+	d_2^-	d_2^+	d_3^-	d_3^+	d_4^-	d_4^+	θ
0	x_2	30	0	1	0	0	−1	1	0	0	1	−1	—
0	x_1	60	1	0	0	0	1	−1	0	0	0	0	—
$3P_3$	d_3^-	15	0	0	0	0	1	−1	1	−1	−1	1	—
P_4	d_1^+	10	0	0	−1	1	0	0	0	0	1	−1	—
c_j-z_j	P_1		0	0	1	0	0	0	0	0	0	0	—
	P_2		0	0	0	0	0	0	0	0	0	1	—
	P_3		0	0	0	0	2	3	0	3	3	−3	—
	P_4		0	0	1	0	0	0	0	0	−1	1	—

表 5.4.5 中，尽管 P_3、P_4 级中还存在检验数小于 0 的情况，但其对应的更高优先级的检验数都大于 0，所以当前解为目标规划问题的满意解，解为 $x_1^*=60$，$x_2^*=30$。

5.4.4 目标规划应用举例

以下介绍一些目标规划的现实应用，以说明目标规划模型建立的一般方法。

例 5.4.4.1 一个小型的无线电广播台考虑如何最好地安排音乐、新闻和商业节目时间。依据法律，该台每天允许广播 12 h，其中商业节目用以盈利，每分钟可收入 250 美元，新闻节目每分钟需支出 40 美元，音乐节目每播 1 min 费用为 17.50 美元。法律规定，正常情况下商业节目只能占广播时间的 20%，每小时至少安排 5 min 新闻节目。问每天的广播节目如何安排？优先级设定如下：P_1 满足法律要求；P_2 每天的纯收入最大。试建立该问题的目标规划模型。

解 设每天用于商业、新闻、音乐节目的时间分别为 x_1, x_2, x_3（单位为 h）。首先考虑法律要求，每天广播时间不能超过 12 h，所以有

$$x_1 + x_2 + x_3 + d_1^- = 12$$

其次，商业节目只能占用广播时间的 20%，所以有

$$x_1 + d_2^- = 12 \times 20\% = 2.4$$

而且，每小时至少安排 5 min 的新闻节目，所以有

$$x_2 - d_3^+ = \frac{5}{60} \times 12 = 1$$

接下来考虑第二优先级的目标，要求每天的纯收入最大，可以利用线性规划求得每天的纯收入最大为 33600 美元，所以有

$$250 \times 60 x_1 - 40 \times 60 x_2 - 17.5 \times 60 x_3 + d_4^- - d_4^+ = 33600$$

这样得到该问题的目标规划模型为

$$\min z = P_1(d_1^- + d_2^- + d_3^+) + P_2 d_4^-$$

$$\text{s.t.} \begin{cases} x_1 + x_2 + x_3 + d_1^- = 12 \\ x_1 + d_2^- = 2.4 \\ x_2 - d_3^+ = 1 \\ 250x_1 - 40x_2 - 17.5x_3 + d_4^- - d_4^+ = 560 \\ x_1, x_2, x_3 \geqslant 0; d_i^-, d_i^+ \geqslant 0, i = 1,2,3,4 \end{cases}$$

求解过程略。

例 5.4.4.2 某农场有 3 万亩农田，欲种植玉米、大豆和小麦三种农作物，各种作物每亩需要施化肥的量分别为 0.12 t、0.20 t、0.15 t。预计秋后玉米每亩可收获 500 kg，售价为 0.24 元/kg；大豆每亩可收获 200 kg，售价为 1.20 元/kg；小麦每亩可收获 350 kg，售价为 0.70 元/kg。农场年初规划时，考虑如下几个方面的要求：

P_1：年终收益不低于 350 万元；

P_2：总产量不低于 1.25 万 t；

P_3：小麦产量以 0.5 万 t 为宜；

P_4：大豆产量不少于 0.2 万 t；

P_5：玉米产量不超过 0.6 万 t；

P_6：农场现能提供 5000 t 化肥，若不够，可在市场高价购买，但希望高价采购量越少越好。

试就该农场的生产计划建立数学模型。

解 假设玉米、大豆、小麦的种植面积分别为 x_1、x_2、x_3 亩，可得到如下目标规划模型：

$$\min z = P_1 d_1^- + P_2 d_2^- + P_3(d_3^- + d_3^+) + P_4 d_4^- + P_5 d_5^+ + P_6 d_6^+$$

$$\text{s.t.}\begin{cases} x_1 + x_2 + x_3 \leqslant 3\times 10^4 \\ 120x_1 + 240x_2 + 245x_3 + d_1^- - d_1^+ = 350\times 10^4 \\ 500x_1 + 200x_2 + 350x_3 + d_2^- - d_2^+ = 1250\times 10^4 \\ 350x_3 + d_3^- - d_3^+ = 500\times 10^4 \\ 200x_2 + d_4^- - d_4^+ = 200\times 10^4 \\ 500x_1 + d_5^- - d_5^+ = 600\times 10^4 \\ 0.12x_1 + 0.2x_2 + 0.15x_3 + d_6^- - d_6^+ = 5000 \\ x_1, x_2, x_3 \geqslant 0; d_i^-, d_i^+ \geqslant 0, i = 1, 2, \cdots, 6 \end{cases}$$

5.5 动态规划

动态规划(dynamic programming)是运筹学的一个重要分支，是解决多阶段决策过程(multistep decision process)最优化的数学方法。动态规划是由美国学者贝尔曼(R. E. Bellman)所建立的。1951 年，他提出了解决多阶段决策问题的“最优化原理”(principle of optimality)，把多阶段过程转化为一系列单阶段，逐个求解，创立了解决这类过程优化问题的新方法——动态规划。1957 年贝尔曼出版了他的名著 *Dynamic Programming*，标志着这一分支的诞生。

动态规划的成功之处在于，它可以把一个 n 维决策问题变换为 n 个一维最优化问题，一个一个地求解，这是经典极值方法所做不到的，它几乎超越了所有现存的计算方法，特别是经典优化方法。此外，动态规划能够求出全局极大或极小，这也是其他优化方法很难做到的。

动态规划面世以来，在经济管理、生产调度、工程技术和最优控制等方面得到广泛的应用。例如最短路线、库存管理、资源分配、设备更新、排序、装载等问题，用动态规划方法比用其他方法求解更为方便。

虽然动态规划主要用于求解以时间划分阶段的动态过程的优化问题，但是一些与时间无关的静态规划(如线性规划、非线性规划)，只要人为地引进时间因素，即将非动态规划问题转化成动态规划问题，把它视为多阶段决策过程，也可以用动态规划方法方便地求解。

多阶段决策过程示意图如图 5.5.1 所示。在实际问题中，可将过程分为若干互相联系的阶段，每一阶段都需要对输入的状态做出决策，得出优化的结果；

前一阶段的结果，经一定规划的状态和转移，就成为后一阶段的输入状态，后一阶段再根据约束要求做出最优决策；如此继续进行下去，组成一个决策的序列，达到全局优化的结果。

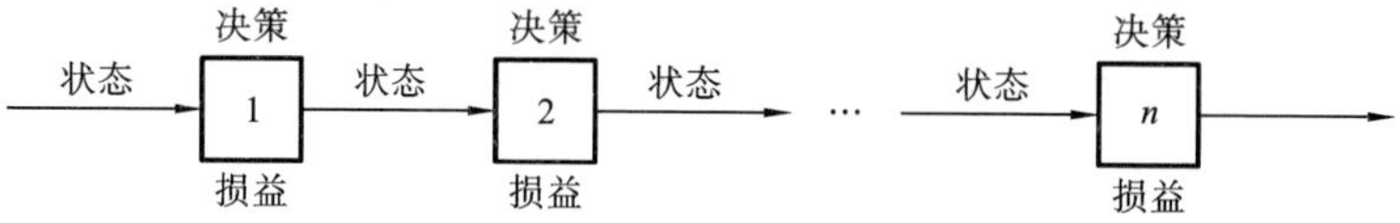

图 5.5.1　多阶段决策过程示意图

5.5.1　动态规划问题的基本概念

1. 典型问题

例 5.5.1.1　(背包问题)有一个人带一个背包上山，其可携带物品重量的限度为 a kg。设有 n 种物品可供他选择装入背包中。已知第 i 种物品每件重量为 W_i kg，在上山过程中的作用(价值)是携带数量 x_i 的函数 $c_i(x_i)$。问此人应如何选择携带物品(各几件)以使得所起作用(总价值)最大？

这就是著名的背包问题。类似的问题有工厂的下料问题、运输中的货物装载问题、卫星内的物品装载问题等。

例 5.5.1.2　(机器负荷分配问题)某种机器可以在高、低两种不同的负荷下进行生产。在高负荷下进行生产时，产品的年产量 h 和投入生产的机器数量 u 的关系为 $h=h(u)$。这时机器的年完好率为 a，即如果年初完好机器的数量为 u，则到年终时完好的机器数量就是 au，$0<a<1$。在低负荷下进行生产时，产品的年产量 l 与投入生产的机器数量 v 的关系为 $l=l(v)$，相应的机器年完好率为 b，$0<b<1$。

假定开始生产时完好的机器数量为 s，要求制定一个 5 年计划，在每年开始时决定如何重新分配完好的机器到两种不同的负荷下生产的数量，使 5 年内产品的总产量达到最高。

这类问题本质上是资源的合理调配问题，在实际管理中广泛存在。

例 5.5.1.3　(最短路线问题)如图 5.5.2 所示为一个线路网络，两点之间连线上的数字表示两点间的距离(或费用)。试求一条由 A_s 到 G_t 的铺管线路，使总距离最短(或总费用最小)。

在图 5.5.2 中，从 A_s 到 G_t 铺设管线可以划分为 6 个阶段：

第一阶段($A_s \to B_i$)　A_s 为起点，B_1、B_2 为终点，因而这时走的线路有两个选择，走到 B_1 或 B_2。

第二阶段($B_i \to C_j$)　若上一阶段的决策为 B_1，则现在有三条线路可供选择，走到 C_1、C_2 或 C_3；若上一阶段的决策为 B_2，则现在也有三条线路可供选择，

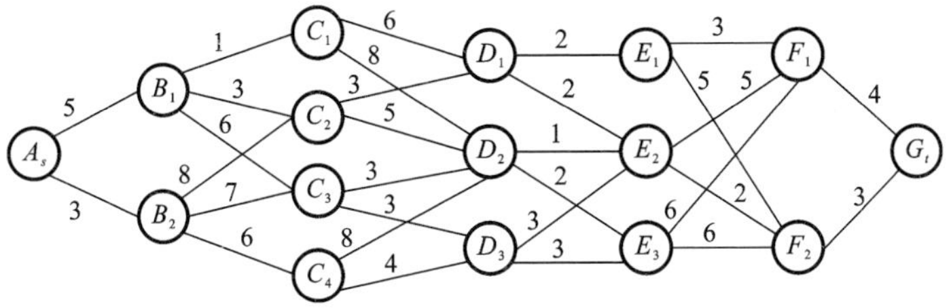

图 5.5.2 最短路线问题

走到 C_2、C_3 或 C_4。

第三阶段($C_i \to D_j$) 若上一阶段的决策为 C_1,则现在有两条线路可供选择,走到 D_1 或 D_2;若上一阶段的决策为 C_2,则现在有两条线路可供选择,走到 D_1 或 D_2;若上一阶段的决策为 C_3,则现在有两条线路可供选择,走到 D_2 或 D_3;若上一阶段的决策为 C_4,则现在有两条线路可供选择,走到 D_2 或 D_3。

第四阶段($D_i \to E_j$) 若上一阶段的决策为 D_1,则现在有两条线路可供选择,走到 E_1 或 E_2;若上一阶段的决策为 D_2,则现在有两条线路可供选择,走到 E_2 或 E_3;若上一阶段的决策为 D_3,则现在有两条线路可供选择,走到 E_2 或 E_3。

第五阶段($E_i \to F_j$) 若上一阶段的决策为 $E_i(i=1,2,3)$,则现在有两条线路可供选择,走到 F_1 或 F_2。

第六阶段($F_i \to G_t$) 若上一阶段的决策为 $F_i(i=1,2)$,则只有一条线路到 G_t。

2. 动态规划中的术语

根据过程的时间变量是离散的还是连续的,决策过程分为离散时间决策过程(discrete-time decision process)和连续时间决策过程(continuous-time decision process),根据过程的演变是确定的还是随机的,决策过程分为确定性决策过程(deterministic decision process)和随机性决策过程(stochastic decision process),其中,应用最广的是确定性多阶段决策过程。例 5.5.1.3 就是这类过程。

1) 阶段(k)

阶段(step)是对整个过程的自然划分。通常根据时间顺序或空间特征来划分阶段,以便按阶段的次序解优化问题。描述阶段的变量称为阶段变量,常用 k 表示。如前述的最短路线问题可以划分为 6 个阶段求解,则 $k=1,2,3,4,5,6$。

2) 状态(s_k)

状态(state)表示每个阶段开始时过程所处的自然状况或客观条件,它描述了所研究问题的过程特征并且具有无后效性,即当某阶段的状态给定后,在该阶段以后过程的发展不受该阶段以前各阶段状态的影响。也就是说，过程的历史只能通过当前的状态去影响它未来的发展，当前的状态是以往历史的一个总结。通常一个阶段有若干个状态，如例 5.5.1.3 中第一阶段有一个状态就是点 A_s，第二阶段有两个状态，即点集合 $\{B_1, B_2\}$。

描述状态的变量称为状态变量(state variable)，它可用一个数、一组数或一个向量来描述。常用 s_k 表示第 k 阶段的状态变量。如在例 5.5.1.3 中，第三阶段有 4 个状态，则 $s_k=\{C_1, C_2, C_3, C_4\}$。

3) 决策($u_k(s_k)$)

当一个阶段的状态确定后，可以做出各种选择从而演变到下一阶段的某个状态，这种选择手段称为决策(decision)，在最优控制问题中也称为控制(control)。

描述决策的变量称为决策变量(decision variable)，它可用一个数、一组数或一个向量来描述。常用 $u_k(s_k)$表示第 k 阶段状态处于 s_k 的决策变量，它是状态变量的函数。在实际问题中，决策变量的取值往往限制在某一范围内，此范围称为允许决策集合(set of admissible decisions)，常用 $D_k(s_k)$表示第 k 阶段从状态 s_k 出发的允许决策集合，显然有 $u_k(s_k) \in D_k(s_k)$。

4) 策略($p_{k,n}(s_k)$)

决策组成的序列称为策略(policy)。在动态规划中，从过程的第 k 阶段开始到终止状态为止的过程称为问题后部子过程(或称为 k 子过程)。由每段的决策，按顺序排列组成的决策函数序列 $\{u_k(s_k), u_{k+1}(s_{k+1}), \cdots, u_n(s_n)\}$，称为 k 子过程策略，简称为子策略，记为 $p_{k,n}(s_k)$，即

$$p_{k,n}(s_k)=\{u_k(s_k), u_{k+1}(s_{k+1}), \cdots, u_n(s_n)\}$$

当 $k=1$ 时，此决策函数序列称为全过程的一个策略，简称为策略，记为 $p_{1,n}(s_1)$，即

$$p_{1,n}(s_1)=\{u_1(s_1), u_2(s_2), \cdots, u_n(s_n)\}$$

在实际问题中可供选择的策略有一定的范围，此范围称为允许策略集合(set of admissible policies)，用 P 表示，从允许策略集合中找出最优效果的策略称为最优策略。

5) 状态转移方程($T_k(s_k, u_k)$)

状态转移方程(equation of state transition)确定了过程由一个状态到另一个状态的演变过程。给定第 k 阶段状态变量 s_k 的值，如果该阶段的决策变量 u_k 一经确定，则第 $k+1$ 阶段的状态变量 s_{k+1} 的值也就完全确定了，即 s_{k+1} 的值随 s_k 和 u_k 的值的变化而变化，这种确定的对应关系记为 $s_{k+1}=T_k(s_k, u_k)$，$k=1, 2, \cdots, n$，它描述了由第 k 阶段到第 $k+1$ 阶段的状态转移规律，称为状态转移方

程，T_k 称为状态转移函数。

6）指标函数($V_{k,n}$)和最优值函数($f_k(s_k)$)

指标函数(objective function)是衡量过程优势的数量指标，它是定义在全过程和所有后部子过程上的数量函数，用 $V_{k,n}$ 表示，即

$$V_{k,n}=V_{k,n}(s_k,u_k,s_{k+1},u_{k+1},\cdots,s_{n+1}),\quad k=1,2,\cdots,n$$

由于动态规划算法的需要，对于要构成动态规划模型的指标函数，应具有分离性，并满足递推关系，即

$$V_{k,n}(s_k,u_k,s_{k+1},u_{k+1},\cdots,s_{n+1})=\varphi_k(s_k,u_k,V_{k+1,n}(s_{k+1},u_{k+1},\cdots,s_{n+1}))$$

动态规划中常用的指标函数形式包括：

(1) 过程和它的任一子过程的指标是它所包含的各阶段指标的和，即

$$V_{k,n}(s_k,u_k,s_{k+1},u_{k+1},\cdots,s_{n+1})=\sum_{j=k}^{n}V_j(s_j,u_j)$$

其中 $V_j(s_j,u_j)$ 表示第 j 阶段的阶段指标，这时上式也可写成

$$V_{k,n}(s_k,u_k,s_{k+1},u_{k+1},\cdots,s_{n+1})=V_k(s_k,u_k)+V_{k+1,n}(s_{k+1},u_{k+1},\cdots,s_{n+1})$$

(2) 过程和它的任一子过程的指标是它所包含的各阶段指标的乘积，即

$$V_{k,n}=V_{k,n}(s_k,u_k,s_{k+1},u_{k+1},\cdots,s_{n+1})=\prod_{j=k}^{n}V_j(s_j,u_j)$$

它也可写成

$$V_{k,n}(s_k,u_k,s_{k+1},u_{k+1},\cdots,s_{n+1})=V_k(s_k,u_k)V_{k+1,n}(s_{k+1},u_{k+1},\cdots,s_{n+1})$$

指标函数的最优值称为最优值函数(optimal value function)，记为 $f_k(s_k)$，它表示从第 k 阶段的状态 s_k 开始到第 n 阶段的终止状态的过程中采取最优策略所得到的指标函数值，即

$$f_k(s_k)=\underset{\{u_k,\cdots,u_n\}}{\operatorname{opt}}V_{k,n}(s_k,u_k,s_{k+1},u_{k+1},\cdots,s_{n+1})$$

其中“opt”表示最优化，它可以是 min 或 max。

5.5.2 动态规划的求解原理

动态规划求解的基本原理是贝尔曼等人在 20 世纪 50 年代提出的最优性原理。该原理依据以下整个过程最优策略的性质：无论过去的状态和决策如何，对前面的决策所形成的状态而言，余下的诸决策必须构成本子策略的最优策略，即一个整体最优策略的各子策略必须是最优的，反之，只有各子策略是最优的，由这些子策略构成的整体策略才是最优的。

根据上述最优性原理，结合例 5.5.1.3 的最短路线问题，可以得到如下的结论：如果 P 是从 A_s 到 G_t 的最短路线，那么 P 上任一点到 G_t 的最短路线也应该是沿 P 的。若找到了 $A_s\to B_1\to C_2\to D_1\to E_2\to F_2\to G_t$ 是最短路线，则从 C_2

到 G_t 的最短路线必然是 $C_2 \to D_1 \to E_2 \to F_2 \to G_t$。

由此，我们可以得到两个寻找最优路线的具体方法：

(1) 动态规划的逆序解法。从最后一阶段开始，由后向前用逐步递推的方法，求出各点到 G_t 的最短路线，即由后向前逐步寻优，最后得到整个过程的最优路线。

(2) 动态规划的顺序解法。从 A_s 点出发，逐步向后寻找到各点的最短路线，最终确定 A_s 到 G_t 的最短路线。

这两种方法都是可行方法，没有本质区别。以下，具体介绍这两种方法的细节。

1. 动态规划的逆序解法

以例 5.5.1.3 为例，将问题划分为 6 个阶段。

当 $k=6$ 时，状态变量 $s_6=\{F_1, F_2\}$，而无论 $s_6=F_1$ 或 $s_6=F_2$ 都分别只有一条路线到达 G_t，所以有

$$f_6(F_1)=4, \quad f_6(F_2)=3$$

且 $u_6(F_1)=G_t$，$u_6(F_2)=G_t$。

当 $k=5$ 时，状态变量 $s_5=\{E_1, E_2, E_3\}$。若 $s_5=E_1$，则

$$\begin{aligned} f_5(E_1) &= \min\{d(E_1, F_1)+f_6(F_1), d(E_1, F_2)+f_6(F_2)\} \\ &= \min\{3+4, 5+3\}=7 \end{aligned}$$

所对应的决策 $u_5(E_1)=F_1$。同理有

$$\begin{aligned} f_5(E_2) &= \min\{d(E_2, F_1)+f_6(F_1), d(E_2, F_2)+f_6(F_2)\} \\ &= \min\{5+4, 2+3\}=5 \end{aligned}$$

决策为 $u_5(E_2)=F_2$；

$$\begin{aligned} f_5(E_3) &= \min\{d(E_3, F_1)+f_6(F_1), d(E_3, F_2)+f_6(F_2)\} \\ &= \min\{6+4, 6+3\}=9 \end{aligned}$$

决策为 $u_5(E_3)=F_2$。

按照上述思路，可以进一步计算得到：

当 $k=4$ 时，有

$$f_4(D_1)=7, \quad u_4(D_1)=E_2$$

$$f_4(D_2)=6, \quad u_4(D_2)=E_2$$

$$f_4(D_3)=8, \quad u_4(D_3)=E_2$$

当 $k=3$ 时，有

$$f_3(C_1)=13, \quad u_3(C_1)=D_1$$

$$f_3(C_2)=10, \quad u_3(C_2)=D_1$$

$$f_3(C_3)=9, \quad u_3(C_3)=D_2$$

$$f_3(C_4)=12,\quad u_3(C_4)=D_3$$

当 $k=2$ 时,有

$$f_2(B_1)=13,\quad u_2(B_1)=C_2$$
$$f_2(B_2)=16,\quad u_2(B_2)=C_3$$

当 $k=1$ 时,有

$$\begin{aligned}f_1(A_s)&=\min\{d(A_s,B_1)+f_2(B_1),d(A_s,B_2)+f_2(B_2)\}\\&=\min\{5+13,3+16\}=18\end{aligned}$$

此时的决策为 $u_1(A_s)=B_1$。

这样确定了 A_s 到 G_t 的最短距离为 18,最短路线计算的顺序反推为

$$A_s\to B_1\to C_2\to D_1\to E_2\to F_2\to G_t$$

从上述计算过程可以发现,在求解的各个阶段,利用了第 k 阶段与第 $k+1$ 阶段之间的递推关系:

$$\begin{cases}f_k(s_k)=\min\limits_{u_k\in D_k(s_k)}\{d(s_k,u_k(s_k))+f_{k+1}(s_k)\},k=6,5,\cdots,1\\f_7(s_7)=0(\text{或 }f_6(s_6)=d(s_6,G_t))\end{cases}$$

更一般地,第 k 阶段与第 $k+1$ 阶段之间的递推关系式可写成

$$\begin{cases}f_k(s_k)=\underset{u_k\in D_k(S_k)}{\text{opt}}\{V_k(s_k,u_k)+f_{k+1}(s_k)\},k=n,n-1,\cdots,1\\f_{n+1}(s_{n+1})=0\end{cases}\tag{5.5.1}$$

这种递推关系称为动态规划的基本方程(逆序解法),也称为固定末端的解法。其求解过程如图 5.5.3 所示。

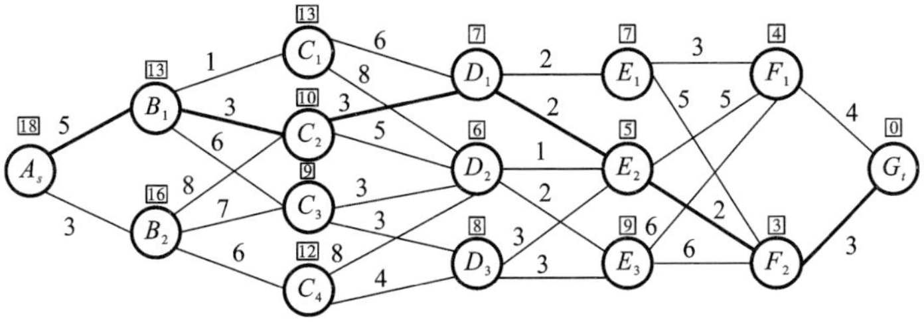

图 5.5.3 最短路线问题的逆序解法

2. 动态规划的顺序解法

由于线路网络的两端是固定的,且线路的距离是对称的,即从 A_s 到 G_t 的最短路线也是从 G_t 到 A_s 的最短路线,所以也可以从 A_s 出发逐步向后,寻找到 G_t 的最短路线,这种方法称为顺序解法,也称为固定始端的解法。其基本过程如下:

当 $k=1$ 时,从 A_s 点开始,有两种选择——走到 B_1 或 B_2,所以当第一阶段结束时,决策者可能的状态为 B_1 或 B_2,其对应的最优值函数为

$$f_1(s_2)=f_1(B_1)=5,\quad u_1(B_1)=A_s$$

或

$$f_1(s_2)=f_1(B_2)=3,\quad u_1(B_2)=A_s$$

当 $k=2$ 时，

$$f_2(C_1)=f_1(B_1)+d(B_1,C_1)=5+1=6,\quad u_2(C_1)=B_1$$

$$\begin{aligned}f_2(C_2)&=\min\{f_1(B_1)+d(B_1,C_2),f_1(B_2)+d(B_2,C_2)\}\\&=\min\{5+3,3+8\}=8,\quad u_2(C_2)=B_1\end{aligned}$$

$$\begin{aligned}f_2(C_3)&=\min\{f_1(B_1)+d(B_1,C_3),f_1(B_2)+d(B_2,C_3)\}\\&=\min\{5+6,3+7\}=10,\quad u_2(C_3)=B_2\end{aligned}$$

$$f_2(C_4)=f_1(B_2)+d(B_2,C_4)=3+6=9,\quad u_2(C_4)=B_2$$

当 $k=3$ 时，

$$\begin{aligned}f_3(D_1)&=\min\{f_2(C_1)+d(C_1,D_1),f_2(C_2)+d(C_2,D_1)\}\\&=\min\{6+6,8+3\}=11,\quad u_3(D_1)=C_2\end{aligned}$$

$$\begin{aligned}f_3(D_2)&=\min\{f_2(C_1)+d(C_1,D_2),f_2(C_2)+d(C_2,D_2),\\&\quad f_2(C_3)+d(C_3,D_2),f_2(C_4)+d(C_4,D_2)\}\\&=\min\{6+8,8+5,10+3,9+8\}=13,\quad u_3(D_2)=C_2\text{ 或 }C_3\end{aligned}$$

$$\begin{aligned}f_3(D_3)&=\min\{f_2(C_3)+d(C_3,D_3),f_2(C_4)+d(C_4,D_3)\}\\&=\min\{10+3,9+4\}=13,\quad u_3(D_3)=C_3\text{ 或 }C_4\end{aligned}$$

当 $k=4$ 时，

$$f_4(E_1)=f_3(D_1)+d(D_1,E_1)=11+2=13,\quad u_4(E_1)=D_1$$

$$\begin{aligned}f_4(E_2)&=\min\{f_3(D_1)+d(D_1,E_2),f_3(D_2)+d(D_2,E_2),f_3(D_3)+d(D_3,E_2)\}\\&=\min\{11+2,13+1,13+3\}=13,\quad u_4(E_2)=D_1\end{aligned}$$

$$\begin{aligned}f_4(E_3)&=\min\{f_3(D_2)+d(D_2,E_3),f_3(D_3)+d(D_3,E_3)\}\\&=\min\{13+2,13+3\}=15,\quad u_4(E_3)=D_2\end{aligned}$$

当 $k=5$ 时，

$$\begin{aligned}f_5(F_1)&=\min\{f_4(E_1)+d(E_1,F_1),f_4(E_2)+d(E_2,F_1),f_4(E_3)+d(E_3,F_1)\}\\&=\min\{13+3,13+5,15+6\}=16,\quad u_5(F_1)=E_1\end{aligned}$$

$$\begin{aligned}f_5(F_2)&=\min\{f_4(E_1)+d(E_1,F_2),f_4(E_2)+d(E_2,F_2),f_4(E_3)+d(E_3,F_2)\}\\&=\min\{13+5,13+2,15+6\}=15,\quad u_5(F_2)=E_2\end{aligned}$$

当 $k=6$ 时，

$$\begin{aligned}f_6(G_t)&=\min\{f_5(F_1)+d(F_1,G_t),f_5(F_2)+d(F_2,G_t)\}\\&=\min\{16+4,15+3\}=18,\quad u_6(G_t)=F_2\end{aligned}$$

这样，确定从 A_s 到 G_t 的最短路线仍然是 $A_s\rightarrow B_1\rightarrow C_2\rightarrow D_1\rightarrow E_2\rightarrow F_2\rightarrow G_t$，最短距离为 18，与逆序解法的结果相同。顺序解法的求解过程如图 5.5.4

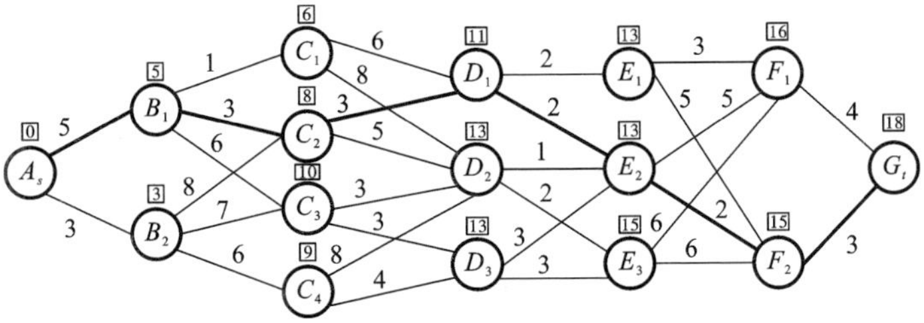

图 5.5.4　最短路线问题的顺序解法

所示。

动态规划的顺序解法的基本方程为

$$\begin{cases} f_k(s_{k+1}) = \underset{u_k \in D_k(s_k)}{\text{opt}} \{V_k(s_{k+1}, u_k) + f_{k-1}(s_k)\}, k=1,2,\cdots,n \\ f_0(s_1) = 0 \end{cases} \tag{5.5.2}$$

3. 动态规划的基本思想

由上述分析,可将动态规划的基本思想归纳如下:

(1) 动态规划方法的关键在于正确地写出基本的递推关系式和恰当的边界条件(即基本方程)。而要做到这一点,必须先将问题的过程划分成几个相互联系的阶段,恰当地选取状态变量和决策变量,并定义最优值函数,从而把一个多阶段决策问题化成一族同类型的子问题,逐个进行求解。即从边界条件开始,逐段递推寻优,在每一个子问题的求解中,均利用了它前面的子问题的最优结果,依次进行,最后一个子问题所得的最优解,就是整个问题的最优解。

(2) 在多阶段决策过程中,动态规划方法是既把当前阶段和未来各段分开,又把当前效益和未来效益结合起来考虑的一种最优化方法。因此,每段决策的选取是从全局来考虑的,与该段的最优选择答案一般是不同的。

(3) 在求整个问题的最优策略时,由于初始状态是已知的,而每段的决策都是该段状态的函数,故最优策略所经过的各段状态可逐次变换得到,从而确定最优路线。

在应用动态规划解决实际问题时,一般遵循这样的步骤:

(1) 将问题的过程划分成恰当的阶段。

(2) 正确选择状态变量 s_k,使它既能描述过程的演变,又要满足无后效性。

(3) 确定决策变量 u_k 及每阶段的允许策略集合 $D_k(s_k)$。

(4) 正确写出状态转移方程。

(5) 正确建立指标函数 $V_{k,n}$,它应满足下面三个基本要求:

① 指标函数 $V_{k,n}$ 是定义在全过程和所有后部子过程上的数量函数;

② 指标函数 $V_{k,n}$ 要具有可分离性,并满足递推关系;

③ 指标函数 $V_{k,n}$ 是严格单调的。

(6) 确定最优值函数,并建立动态规划的基本方程。

5.5.3 动态规划求解原理的典型应用

1. 动态规划的一般化应用

我们首先讨论仅有一个约束的数学规划问题：

$$\max \quad z=g_1(x_1)+g_2(x_2)+\cdots+g_n(x_n)$$

$$\text{s. t.}\begin{cases}a_1x_1+a_2x_2+\cdots+a_nx_n\leqslant b\\x_j\geqslant 0,j=1,2,\cdots,n\end{cases}$$

这里，当 $g_j(x_j),j=1,2,\cdots,n$ 均为线性函数时，该问题为线性规划问题；当 $g_j(x_j)$不全为线性函数时，该问题为非线性规划问题；当 x_j 有整数要求时，该问题则为整数规划问题。虽然这一类问题可在线性规划、非线性规划及整数规划中讨论，但是，用动态规划来解这一类问题有其特殊的优点和方便之处。

用动态规划求解这一类问题，首先要把问题划分为 n 个阶段，取 x_k 为第 k 阶段的决策变量，第 k 阶段的效益为 $g_k(x_k)(k=1,2,\cdots,n)$，指标函数为各阶段效益之和，即

$$V_{k,n}=\sum_{j=k}^{n}g_j(x_j),\quad k=1,2,\cdots,n$$

如果每个阶段只需要选择一个决策变量 x_k，并且只用一个状态变量 s_k 就足以描述系统的状态演变，这就是一维动态规划。

求解一维动态规划问题，基本上有两类方法：一类是解析法；一类是数值法。所谓解析法是指需要用到指标函数的数学公式表示式，并且能用经典求极值的方法得到最优解，即用解析的方法求得最优解。所谓数值法，又称为列表法，它在计算过程中不用或很少用到指标函数的解析性质，而是通过列表的方式来逐步求得最优解，它可以解决解析法难以解决的问题。下面通过实例来分别介绍这两种方法。

例 5.5.3.1 利用动态规划思想求解下述整数规划问题的最优解：

$$\max \quad z=4x_1+5x_2+6x_3$$

$$\text{s. t.}\begin{cases}3x_1+4x_2+5x_3\leqslant 10\\x_i\geqslant 0,i=1,2,3,\text{且 } x_i \text{ 为整数}\end{cases}$$

解 (1) 建立动态规划模型。

阶段变量：将给每一个变量 x_i 赋值看作一个阶段，划分为 3 个阶段，阶段变量 $k=1,2,3$。

设状态变量 s_k 表示从第 k 阶段到第 3 阶段约束右端最大值，则 $s_1=10$。

设决策变量 x_k 表示第 k 阶段赋给变量 x_k 的值($k=1,2,3$)，则状态转移方程为

$$s_2=s_1-3x_1,\quad s_3=s_2-4x_2$$

阶段指标为

$$V_1(s_1,x_1)=4x_1,\quad V_2(s_2,x_2)=5x_2,\quad V_3(s_3,x_3)=6x_3$$

基本方程为

$$\begin{cases} f_k(s_k)=\max\limits_{0\leqslant x_k\leqslant\left[\frac{s_k}{a_k}\right]}\{V_k(s_k,x_k)+f_{k+1}(s_{k+1})\},k=3,2,1 \\ f_4(s_4)=0 \end{cases}$$

其中 $a_1=3,a_2=4,a_3=5$,$[x]$表示不超过 x 的最大整数。

(2) 用逆序法求解。

当 $k=3$ 时,

$$f_3(s_3)=\max_{0\leqslant x_3\leqslant\frac{s_3}{5}}\{6x_3+f_4(s_4)\}=\max_{0\leqslant x_3\leqslant\frac{s_3}{5}}\{6x_3\}$$

由于 $s_3=\{0,1,2,\cdots,10\}$,所以当 $s_3=0,1,2,3,4$ 时,$x_3=0$;当 $s_3=5,6,7,8,9$ 时,x_3 可取 0 或 1;当 $s_3=10$ 时,x_3 可取 0,1,2,由此确定 $f_3(s_3)$,如表 5.5.1 所示。

表 5.5.1 计算过程(一)

s_3 \ x_3	$6x_3+f_4(s_4)$			$f_3(s_3)$	x_3^*
	0	1	2		
0	0			0	0
1	0			0	0
2	0			0	0
3	0			0	0
4	0			0	0
5	0	6		6	1
6	0	6		6	1
7	0	6		6	1
8	0	6		6	1
9	0	6		6	1
10	0	6	12	12	2

当 $k=2$ 时,有

$$f_2(s_2)=\max_{0\leqslant x_2\leqslant\frac{s_2}{4}}\{5x_2+f_3(s_3)\}=\max_{0\leqslant x_2\leqslant\frac{s_2}{4}}\{5x_2+f_3(s_2-4x_2)\}$$

当 $s_2=0,1,2,3$ 时,$x_2=0$;当 $s_2=4,5,6,7$ 时,x_2 可取 0 或 1;当 $s_2=8,9,10$ 时,x_2 可取 0,1,2,由此确定 $f_2(s_2)$,如表 5.5.2 所示。

当 $k=1$ 时，有

$$f_1(s_1)=\max_{0\leqslant x_1\leqslant \frac{s_1}{3}}\{4x_1+f_2(s_2)\}=\max_{0\leqslant x_1\leqslant \frac{s_1}{3}}\{4x_1+f_2(s_1-3x_1)\}$$

由于 $s_1=10$，所以 x_1 可取 0,1,2,3，由此确定 $f_1(s_1)$，如表 5.5.3 所示。

表 5.5.2 计算过程(二)

x_2 / s_2	$5x_2+f_3(s_2-4x_2)$			$f_2(s_2)$	x_2^*
	0	1	2		
0	0+0			0	0
1	0+0			0	0
2	0+0			0	0
3	0+0			0	0
4	0+0	5+0		5	1
5	0+6	5+0		6	0
6	0+6	5+0		6	0
7	0+6	5+0		6	0
8	0+6	5+0	10+0	10	2
9	0+6	5+6	10+0	11	1
10	0+12	5+6	10+0	12	0

表 5.5.3 计算过程(三)

x_1 / s_1	$4x_1+f_2(s_1-3x_1)$				$f_1(s_1)$	x_1^*
	0	1	2	3		
10	0+12	4+6	8+5	12+0	13	2

按计算顺序反推，可得最优解为 $x_1^*=2,x_2^*=1,x_3^*=0,\max z=13$。

例 5.5.3.2 用动态规划方法求解线性规划问题：

$$\max \quad z=4x_1+5x_2+6x_3$$

$$\text{s.t.}\begin{cases}3x_1+4x_2+5x_3\leqslant 10\\ x_i\geqslant 0, i=1,2,3\end{cases}$$

解 利用上例的分析，我们直接计算如下：

当 $k=3$ 时，有

$$f_3(s_3)=\max_{0\leqslant x_3\leqslant \frac{s_3}{5}}\{6x_3+f_4(s_4)\}=\max_{0\leqslant x_3\leqslant \frac{s_3}{5}}\{6x_3\}$$

注意,这里 $f_4(s_4)=0$ 为边界条件,再由函数 $6x_3$ 的单调性可知,它必在 $x_3=s_3/5$ 处取得极大值,故得

$$f_3(s_3)=\frac{6}{5}s_3,\quad x_3=\frac{s_3}{5}$$

这时 s_3 究竟等于多少还不知道,要等递推完成后,再用回代的方法确定。

当 $k=2$ 时,有

$$f_2(s_2)=\max_{0\leqslant x_2\leqslant\frac{s_2}{4}}\{5x_2+f_3(s_3)\}=\max_{0\leqslant x_2\leqslant\frac{s_2}{4}}\{5x_2+\frac{6}{5}s_3\}$$

再用状态转移方程 $s_3=s_2-4x_2$ 来替换上式中的 s_3,得

$$f_2(s_2)=\max_{0\leqslant x_2\leqslant\frac{s_2}{4}}\left\{5x_2+\frac{6}{5}(s_2-4x_2)\right\}=\max_{0\leqslant x_2\leqslant\frac{s_2}{4}}\left\{\frac{1}{5}x_2+\frac{6}{5}s_2\right\}=\frac{5}{4}s_2$$

$$x_2=\frac{s_2}{4}$$

当 $k=1$ 时,有

$$f_1(s_1)=\max_{0\leqslant x_1\leqslant\frac{s_1}{3}}\{4x_1+f_2(s_2)\}=\max_{0\leqslant x_1\leqslant\frac{s_1}{3}}\left\{4x_1+\frac{5}{4}(s_1-3x_1)\right\}$$

$$=\max_{0\leqslant x_1\leqslant\frac{s_1}{3}}\left\{\frac{1}{4}x_1+\frac{5}{4}s_1\right\}=\frac{4}{3}s_1$$

$$x_1=\frac{s_1}{3}$$

由于 $s_1\leqslant 10$ 及 $f_1(s_1)$关于 s_1 是单调增函数,故应取 $s_1=10$,这时

$$f_1(10)=\frac{4}{3}\times 10=\frac{40}{3}$$

这就是指标函数的最优值。

再回代求最优决策:由于 $s_1=10$,所以

$$x_1^*=\frac{s_1}{3}=\frac{10}{3},\quad s_2=s_1-3x_1=10-3\times\frac{10}{3}=0$$

$$x_2^*=\frac{s_2}{4}=0,\quad s_3=s_2-4x_2=0-4\times 0=0$$

$$x_3^*=\frac{s_3}{5}=0$$

即线性规划问题的最优解为

$$\boldsymbol{X}=\left(\frac{10}{3},0,0\right)^{\mathrm{T}}$$

最优值 $z^*=\frac{40}{3}$。

例 5.5.3.3 用动态规划方法求下述非线性规划问题：

$$\max \quad z=\prod_{j=1}^{3} j\cdot x_j$$

$$\text{s. t.}\begin{cases}x_1+3x_2+2x_3\leqslant 12\\ x_j\geqslant 0, j=1,2,3\end{cases}$$

解 把依次给变量赋值的过程看作各个阶段，则该问题可划分为 3 个阶段，即 $k=1,2,3$。状态变量 s_k 表示从第 k 阶段到第 3 阶段约束右端的最大值，因此 $s_1=12$。决策变量 x_k 表示第 k 阶段赋值给 x_k 的值，允许决策集合为

$$0\leqslant x_1\leqslant s_1,\quad 0\leqslant x_2\leqslant \frac{s_2}{3},\quad 0\leqslant x_3\leqslant \frac{s_3}{2}$$

状态转移方程为 $s_2=s_1-x_1, s_3=s_2-3x_2$；阶段指标为 $V_k(s_k,x_k)=kx_k$；基本方程为

$$f_k(s_k)=\max_{x_k\in D_k(s_k)}\{V_k(s_k,x_k)\cdot f_{k+1}(s_{k+1})\},\quad k=3,2,1$$

$$f_4(s_4)=1$$

当 $k=3$ 时，

$$f_3(s_3)=\max_{0\leqslant x_3\leqslant \frac{s_3}{2}}\{3x_3\cdot f_4(s_4)\}=\max_{0\leqslant x_3\leqslant \frac{s_3}{2}}\{3x_3\}$$

显然有 $x_3^*=\dfrac{s_3}{2}, f_3(s_3)=\dfrac{3s_3}{2}$。

当 $k=2$ 时，

$$f_2(s_2)=\max_{0\leqslant x_2\leqslant \frac{s_2}{3}}\{2x_2\cdot f_3(s_2-3x_2)\}=\max_{0\leqslant x_2\leqslant \frac{s_2}{3}}\{3x_2(s_2-3x_2)\}$$

令 $y_1=3x_2(s_2-3x_2)$，根据一阶导数条件$\dfrac{\mathrm{d}y_1}{\mathrm{d}x_2}=3s_2-18x_2=0$，得到

$$x_2^*=\frac{s_2}{6}$$

且有$\dfrac{\mathrm{d}^2y_1}{\mathrm{d}x_2^2}=-18<0$，所以 $x_2^*=\dfrac{s_2}{6}$时，y_1 取得最大值，故 $f_2(s_2)=\dfrac{s_2^2}{4}$。

当 $k=1$ 时，

$$f_1(s_1)=\max_{0\leqslant x_1\leqslant s_1}\{x_1\cdot f_2(s_1-x_1)\}=\max_{0\leqslant x_1\leqslant 12}\left\{x_1\cdot\frac{(12-x_1)^2}{4}\right\}$$

与前类似，利用一阶导数条件，得到 $x_1^*=4, f_1(s_1)=64$。

根据计算过程反推，得到该问题的最优解为

$$x_1^*=4,\quad x_2^*=\frac{4}{3},\quad x_3^*=2,\quad z^*=64$$

2. 资源分配问题

资源分配问题是将数量一定的一种或若干种资源适当分配给多个使用者，从而使得所有使用者总的效益最好。根据资源的种类数量，可以分为一维资源分配问题和多维资源分配问题。根据资源的数量是否连续，可以分为离散资源分配问题和连续资源分配问题。这里重点介绍一维资源分配问题。

1）离散的一维资源分配问题

这类问题的描述如下：现有某种资源，其数量为 q，用于生产 n 种产品，若分配数量 x_i 用于生产第 i 种产品，其收益为 $v_i(x_i)$，问应如何分配这种资源，才能使生产 n 种产品的总收益最大？

这个问题的静态规划模型为

$$\max \quad z=v_1(x_1)+v_2(x_2)+\cdots+v_n(x_n)$$

$$\text{s. t.} \begin{cases} x_1+x_2+\cdots+x_n=q \\ x_i\geqslant 0, i=1,2,\cdots,n \end{cases}$$

在该模型中，如果 $v_i(x_i)$ 为线性函数，则它是一个线性规划问题；如果 $v_i(x_i)$ 为非线性函数，则它是一个非线性规划问题。但当 n 较大时，求解较为烦琐。所以，对于这一类问题可以考虑使用动态规划方法进行求解。

根据动态规划的求解思路，可以将上述静态规划问题转化为如图 5.5.5 所示的动态规划问题。

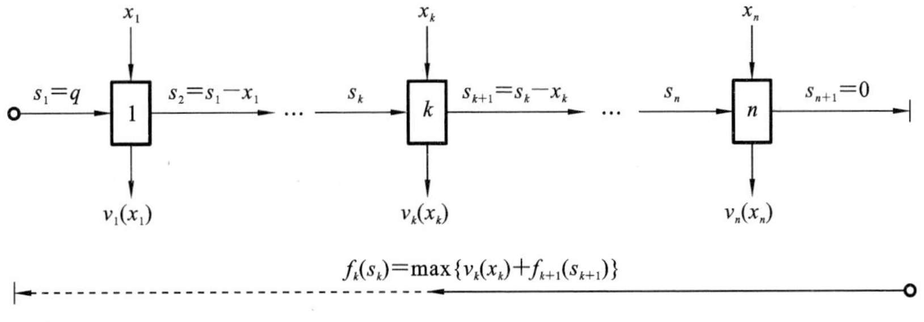

图 5.5.5 离散的一维资源分配问题

动态规划模型建立过程如下：

设状态变量 s_k 表示分配用于生产第 k 种产品至第 n 种产品的资源数量，则 $s_1=q$；设决策变量 x_k 表示分配给生产第 k 种产品的资源数量，则状态转移方程为

$$s_{k+1}=s_k-x_k$$

允许决策集为 $D_k(s_k)=\{x_k \mid 0\leqslant x_k\leqslant s_k\}$。

令最优值函数 $f_k(s_k)$ 表示以数量为 s_k 的资源分配给第 k 种产品至第 n 种产品所得到的最大总收入。动态规划的递推方程为

$$f_k(s_k)=\max_{0\leqslant x_k\leqslant s_k}\{v_k(x_k)+f_{k+1}(s_k-x_k)\},\quad k=n-1,n-2,\cdots,1$$

$$f_n(s_n)=\max_{x_n=s_n}\{v_n(x_n)\}$$

例 5.5.3.4 （离散的一维资源分配问题）某公司打算在三个不同的地区设置 4 个销售点，根据市场预测部门估计，在不同的地区设置不同数量的销售点，每月可得到的利润如表 5.5.4 所示。试确定各个地区设置多少个销售点，才能使每个月获得的总利润最大。

表 5.5.4 不同地区设置不同数量销售点的收益

地区 \ 点数	0	1	2	3	4
1	0	16	25	30	32
2	0	12	17	21	22
3	0	10	14	16	17

解 将问题按地区划分为 3 个阶段，$k=1,2,3$ 分别表示地区 1,2,3。设 s_k 为分配给第 k 个地区到第 3 个地区的销售点数，x_k 表示分配给第 k 个地区的销售点数，则 $0\leqslant x_k\leqslant s_k$ 且有 $s_{k+1}=s_k-x_k$. $v_k(x_k)$为分配 x_k 个销售点给第 k 个地区的收益值。这样得到动态规划的基本方程为

$$\begin{cases}f_k(s_k)=\max\limits_{0\leqslant x_k\leqslant s_k}\{v_k(x_k)+f_{k+1}(s_k-x_k)\},k=3,2,1\\ f_4(s_4)=0\end{cases}$$

当 $k=3$ 时，

$$f_3(s_3)=\max_{0\leqslant x_3\leqslant s_3}\{v_3(x_3)+f_4(s_4)\}$$

s_3 可能取值为 0,1,2,3,4，由于此时只有一个区域，所以 $x^*=s_3$。其数值计算如表 5.5.5 所示。

表 5.5.5 离散一维资源分配计算表(一)

s_3 \ x_3	$v_3(x_3)$					$f_3(s_3)$	x_3^*
	0	1	2	3	4		
0	0					0	0
1		10				10	1
2			14			14	2
3				16		16	3
4					17	17	4

当 $k=2$ 时，s_2 可能取值 0,1,2,3,4，根据基本方程，得

$$f_2(s_2)=\max_{x_2}\{v_2(x_2)+f_3(s_2-x_2)\}$$

计算过程如表 5.5.6 所示。

表 5.5.6　离散一维资源分配计算表(二)

s_2 \ x_2	$v_2(x_2)+f_3(s_2-x_2)$					$f_2(s_2)$	x_2^*
	0	1	2	3	4		
0	0					0	0
1	0+10	12+0				12	1
2	0+14	12+10	17+0			22	1
3	0+16	12+14	17+10	21+0		27	2
4	0+17	12+16	17+14	21+10	22+0	31	2,3

当 $k=1$ 时，$s_1=4$，根据基本方程，得

$$f_1(s_1)=\max_{x_1}\{v_1(x_1)+f_2(s_1-x_1)\}$$

计算过程如表 5.5.7 所示。

表 5.5.7　离散一维资源分配计算表(三)

s_1 \ x_1	$v_1(x_1)+f_2(s_1-x_1)$					$f_1(s_1)$	x_1^*
	0	1	2	3	4		
4	0+31	16+27	25+22	30+12	32+0	47	2

最后根据计算表的顺序反向推算，可以得到该问题的最优分配方案为 $x_1^*=2$，$x_2^*=1$，$x_3^*=1$，最大收益为 47。

上述即为离散的一维资源分配问题，在现实中原材料分配、投资分配、货物分配等问题都属于这类问题。

2）连续的一维资源分配问题

在资源分配问题中，如果资源量是连续变化的，这就是连续的一维资源分配问题。

设有数量为 s_1 的某种资源，可投入 A 和 B 两种生产。第一年中以数量 u_1 投入生产 A，剩下的量 s_1-u_1 则投入生产 B，年度所得收入为 $g(u_1)+h(s_1-u_1)$，其中 $g(u_1)$ 和 $h(u_1)$ 为已知函数，且 $g(0)=h(0)=0$。这种资源在投入 A、B 后，年终还可以回收再用于下一年的生产。设年回收率分别为 $0<a<1$ 和 $0<b<1$，则在第一年生产后，回收的资源量为 $s_2=au_1+b(s_1-u_1)$。第二年资源数量 s_2 中的 u_2 和 s_2-u_2 分别再投入 A、B 两种生产，则第二年可得收入为 $g(u_2)$

$+h(s_2-u_2)$。如此持续进行 n 年。那么，应当如何分配每年投入 A 生产的资源量 $u_1,u_2,\cdots,u_n$ 以使得 n 年的总收入最大？

由于这类问题具有明显的阶段性特征，而且各阶段（年度）之间相互联系，适合用动态规划的方法进行求解。

设 s_k 为状态变量，表示在第 k 阶段初可投入 A、B 两种生产的资源量，u_k 为决策变量，它表示在第 k 阶段中用于 A 生产的资源量，则 s_k-u_k 为用于 B 生产的资源量，且 $0\leqslant u_k\leqslant s_k$。状态转移方程为

$$s_{k+1}=au_k+b(s_k-u_k)$$

设最优值函数为 $f_k(s_k)$，它表示从第 k 阶段至第 n 阶段采取最优分配方案进行生产后所得到的最大总收入。由此可以得到该问题的动态规划基本方程为

$$\begin{cases}f_k(s_k)=\max\limits_{0\leqslant u_k\leqslant s_k}\{g(u_k)+h(s_k-u_k)+f_{k+1}(au_k+b(s_k-x_k))\},k=n-1,n-2,\cdots,1\\ f_n(s_n)=\max\limits_{0\leqslant u_n\leqslant s_n}\{g(u_n)+h(s_n-u_n)\}\end{cases}$$

例 5.5.3.5 （连续的一维资源分配问题）某工厂购进 100 台机器，准备生产 A、B 两种产品。若生产产品 A，每台机器每年可以收入 45 万元，损坏率为 65%；若生产产品 B，每台机器每年收入为 35 万元，损坏率为 35%，估计三年后将有新机器出现，旧机器将全部淘汰。试问每年应如何安排生产，使三年后的总收入最大？

解 将三年划分为 3 个阶段，即 $k=1,2,3$。设 s_k 为第 k 年年初所拥有的完好的机器数量，x_k 为第 k 年中用于生产产品 A 的机器数量，则用于生产产品 B 的机器数量为 s_k-x_k，故可以得到 $0\leqslant x_k\leqslant s_k$，状态转移方程为

$$s_{k+1}=0.35x_k+0.65(s_k-x_k)=0.65s_k-0.3x_k$$

设第 k 年工厂收入为 $d_k(s_k,x_k)$，则

$$d_k(s_k,x_k)=45x_k+35(s_k-x_k)=35s_k+10x_k$$

令 $f_k(s_k)$ 为最优值函数，它表示从第 k 年到第 3 年年末采取最优策略时工厂的最大收益，这样可以得到该问题的基本方程为

$$\begin{cases}f_k(s_k)=\max\limits_{0\leqslant x_k\leqslant s_k}\{35s_k+10x_k+f_{k+1}(0.65s_k-0.3x_k)\},k=3,2,1\\ f_4(s_4)=0\end{cases}$$

当 $k=3$ 时，有

$$\begin{aligned}f_3(s_3)&=\max_{0\leqslant x_3\leqslant s_3}\{35s_3+10x_3+f_4(0.65s_3-0.3x_3)\}\\&=\max_{0\leqslant x_3\leqslant s_3}\{35s_3+10x_3\}\end{aligned}$$

由于 $f_3(s_3)$ 是关于 x_3 的单调增函数，而 $0\leqslant x_3\leqslant s_3$，所以得到

$$x_3^* = s_3, f_3(s_3) = 45s_3$$

当 $k=2$ 时，有

$$\begin{aligned} f_2(s_2) &= \max_{0 \leqslant x_2 \leqslant s_2} \{35s_2 + 10x_2 + f_3(0.65s_2 - 0.3x_2)\} \\ &= \max_{0 \leqslant x_2 \leqslant s_2} \{35s_2 + 10x_2 + 45(0.65s_2 - 0.3x_2)\} \\ &= \max_{0 \leqslant x_2 \leqslant s_2} \{64.25s_2 - 3.5x_2\} \end{aligned}$$

由于 $f_2(s_2)$ 是关于 x_2 的单调减函数，而 $0 \leqslant x_2 \leqslant s_2$，所以得到

$$x_2^* = 0, \quad f_2(s_2) = 64.25s_2$$

当 $k=1$ 时，有

$$\begin{aligned} f_1(s_1) &= \max_{0 \leqslant x_1 \leqslant s_1} \{35s_1 + 10x_1 + f_2(0.65s_1 - 0.3x_1)\} \\ &= \max_{0 \leqslant x_1 \leqslant s_1} \{35s_1 + 10x_1 + 64.25(0.65s_1 - 0.3x_1)\} \\ &= \max_{0 \leqslant x_1 \leqslant s_1} \{76.7625s_1 - 9.275x_1\} \end{aligned}$$

由于 $f_1(s_1)$ 是关于 x_1 的单调减函数，而 $0 \leqslant x_1 \leqslant s_1$，所以得到

$$x_1^* = 0, \quad f_1(s_1) = 76.7625s_1$$

又 $s_1 = 100$，所以得到该工厂的三年生产计划为

$$x_1^* = 0, \quad s_2 = 65; \quad x_2^* = 0, \quad s_3 = 42.25; \quad x_3^* = s_3 = 42.25$$

即在第一、第二年将所有机器投入产品 B 的生产，最后一年将所有机器投入产品 A 的生产，这样所获最大收益为

$$f_1(s_1) = 76.7625s_1 = 7676.25(\text{万元})$$

3. 生产计划问题

设某企业对某产品要制定一项 n 个阶段的生产计划。假设已知市场需求库存的存储费用及产品每阶段的生产成本，求使总成本最小的阶段生产计划。

生产计划问题也可以用于商业经营，这时需要制定的是进货计划，使进货总成本最小。

设 d_k 为第 k 阶段对产品的需求量，x_k 为第 k 阶段该产品的生产量（或采购量），s_k 为第 k 阶段结束时的产品库存量，则有：

$$s_k = s_{k-1} + x_k - d_k$$

设 $c_k(x_k)$ 表示第 k 阶段生产产品量为 x_k 时的成本，一般而言它包括生产的固定成本 K 和可变成本 ax_k（其中 a 为单位可变成本），即

$$c_k(x_k) = \begin{cases} 0, & x_k = 0 \\ K + ax_k, & 0 < x_k \leqslant m \\ +\infty, & x_k > m \end{cases}$$

其中 m 为企业的单阶段的最大生产能力。

设 $h_k(s_k)$ 为第 k 阶段结束时，库存量 s_k 所需的存储费用。所以，第 k 阶段的总费用为 $c_k(x_k)+h_k(s_k)$。令最优值函数 $f_k(s_k)$ 表示从第 1 阶段初到第 k 阶段末库存量为 s_k 时的最小总费用，则可以得到该问题的顺序递推方程为

$$\begin{cases} f_k(s_k)=\min\limits_{0\leqslant x_k\leqslant \lambda_k}\{c_k(x_k)+h_k(s_k)+f_{k-1}(s_{k-1})\}, & k=1,2,\cdots,n \\ f_0(s_0)=0 \end{cases}$$

其中 $\lambda_k=\min\{s_k+d_k,m\}$。

例 5.5.3.6 （生产计划问题）某工厂未来 6 个月的供货需求如表 5.5.8 所示，要求每月月底交货。已知该厂的生产能力为每月 4 百件，该厂仓库的存货能力为 3 百件，每百件货物的费用为 1 万元，而且在进行生产的月份，工厂要支出日常费用 0.4 万元。仓库存储费用为每百件 0.1 万元。假设开始时及第 6 个月月底交货后无存货。试问每个月应各生产多少件商品，才能既满足供应需求又能使总费用最小？

表 5.5.8　工厂未来 6 个月的供货需求(单位:百件)

月份	1	2	3	4	5	6
需求量	1	2	5	3	2	1

解　按 6 个月将此问题划分为 6 个阶段。根据题设条件，该工厂的第 k 月的生产成本为

$$c_k(x_k)=\begin{cases} 0, & x_k=0 \\ 0.4+1\times x_k, & 0<x_k\leqslant 4 \\ +\infty, & x_k>4 \end{cases}$$

第 k 月的存储费用为 $h_k(s_k)=0.1s_k$。

(1) 当 $k=1$ 时，有

$$f_1(s_1)=\min_{\min\{s_1+1,4\}}\{c_1(x_1)+h_1(s_1)\}$$

若 $s_1=0$，则 $f_1(0)=\min\limits_{x_1=1}\{0.4+1\times x_1+0.1\times 0\}=1.4$，此时 $x_1^*=1$。

若 $s_1=1$，则 $f_1(1)=\min\limits_{x_1=2}\{0.4+1\times x_1+0.1\times 1\}=2.5$，此时 $x_1^*=2$。

若 $s_1=2$，则 $f_1(2)=\min\limits_{x_1=3}\{0.4+1\times x_1+0.1\times 2\}=3.6$，此时 $x_1^*=3$。

若 $s_1=3$，则 $f_1(3)=\min\limits_{x_1=4}\{0.4+1\times x_1+0.1\times 3\}=4.7$，此时 $x_1^*=4$。

(2) 当 $k=2$ 时，有

$$f_2(s_2)=\min_{x_2}\{c_2(x_2)+h_2(s_2)+f_1(s_2-x_2+d_2)\}$$

此时，考虑到后续要求与最大生产能力，s_2 至少应为 1，而 x_2 的取值一方面要保证当前需求 d_2 还要保证既定的 s_2，所以它的范围是变化的。

若 $s_2=1$，则

$$
\begin{aligned}
f_2(1)&=\min_{0\leqslant x_2\leqslant 3}\{c_2(x_2)+h_2(1)+f_1(3-x_2)\}\\
&=\min\{c_2(3)+h_2(1)+f_1(0),c_2(2)+h_2(1)+f_1(1),c_2(1)+h_2(1)\\
&\quad +f_1(2),c_2(0)+h_2(1)+f_1(3)\}\\
&=\min\{0.4+1\times 3+0.1\times 1+1.4,0.4+1\times 2+0.1\times 1+2.5,0.4+1\\
&\quad \times 1+0.1\times 1+3.6,0+0.1\times 1+4.7\}\\
&=4.8
\end{aligned}
$$

此时，$x_2^*=0$。

若 $s_2=2$，则

$$
\begin{aligned}
f_2(2)&=\min_{1\leqslant x_2\leqslant 4}\{c_2(x_2)+h_2(2)+f_1(4-x_2)\}\\
&=\min\{c_2(4)+h_2(2)+f_1(0),c_2(3)+h_2(2)+f_1(1),c_2(2)+h_2(2)\\
&\quad +f_1(2),c_2(1)+h_2(2)+f_1(3)\}\\
&=\min\{0.4+1\times 4+0.1\times 2+1.4,0.4+1\times 3+0.1\times 2+2.5,0.4+1\\
&\quad \times 2+0.1\times 2+3.6,0.4+1\times 1+0.1\times 2+4.7\}\\
&=6.0
\end{aligned}
$$

此时，$x_2^*=4$。

若 $s_2=3$，$f_2(3)=\min\limits_{2\leqslant x_2\leqslant 4}\{c_2(x_2)+h_2(3)+f_1(5-x_2)\}=7.2$，此时 $x_2^*=4$。

若 $s_2=4$，$f_2(4)=\min\limits_{3\leqslant x_2\leqslant 4}\{c_2(x_2)+h_2(4)+f_1(6-x_2)\}=8.4$，此时 $x_2^*=4$。

若 $s_2=5$，$f_2(5)=\min\limits_{4\leqslant x_2\leqslant 4}\{c_2(x_2)+h_2(5)+f_1(7-x_2)\}=9.6$，此时 $x_2^*=4$。

(3) 当 $k=3$ 时，有

$$f_3(s_3)=\min_{x_3}\{c_3(x_3)+h_3(s_3)+f_2(s_3-x_3+d_3)\}$$

若 $s_3=0$，$f_3(0)=\min\limits_{0\leqslant x_3\leqslant 4}\{c_3(x_3)+h_3(0)+f_2(5-x_3)\}=9.2$，此时 $x_3^*=4$。

若 $s_3=1$，$f_3(1)=\min\limits_{1\leqslant x_3\leqslant 4}\{c_3(x_3)+h_3(1)+f_2(6-x_3)\}=10.5$，此时 $x_3^*=4$。

若 $s_3=2$，$f_3(2)=\min\limits_{2\leqslant x_3\leqslant 4}\{c_3(x_3)+h_3(2)+f_2(7-x_3)\}=11.8$，此时 $x_3^*=4$。

若 $s_3=3$，$f_3(3)=\min\limits_{3\leqslant x_3\leqslant 4}\{c_3(x_3)+h_3(3)+f_2(8-x_3)\}=13.1$，此时 $x_3^*=4$。

若 $s_3=4$，$f_3(4)=\min\limits_{4\leqslant x_3\leqslant 4}\{c_3(x_3)+h_3(4)+f_2(9-x_3)\}=14.4$，此时 $x_3^*=4$。

(4) 当 $k=4$ 时，有

$$f_4(s_4)=\min_{x_4}\{c_4(x_4)+h_4(s_4)+f_3(s_4-x_4+d_4)\}$$

若 $s_4=0$，$f_4(0)=\min\limits_{0\leqslant x_4\leqslant 3}\{c_4(x_4)+h_4(0)+f_3(3-x_4)\}=12.6$，此时 $x_4^*=3$。

若 $s_4=1$，$f_4(1)=\min\limits_{0\leqslant x_4\leqslant 3}\{c_4(x_4)+h_4(1)+f_3(4-x_4)\}=13.7$，此时 $x_4^*=4$。

若 $s_4=2, f_4(2)=\min\limits_{1\leqslant x_4\leqslant 4}\{c_4(x_4)+h_4(2)+f_3(5-x_4)\}=15.1$，此时 $x_4^*=4$。

若 $s_4=3, f_4(3)=\min\limits_{2\leqslant x_4\leqslant 4}\{c_4(x_4)+h_4(3)+f_3(6-x_4)\}=16.5$，此时 $x_4^*=4$。

（5）当 $k=5$ 时，有

$$f_5(s_5)=\min_{x_5}\{c_5(x_5)+h_5(s_5)+f_4(s_5-x_5+d_5)\}$$

若 $s_5=0, f_5(0)=\min\limits_{0\leqslant x_5\leqslant 2}\{c_5(x_5)+h_5(0)+f_4(2-x_5)\}=15$，此时 $x_5^*=2$。

若 $s_5=1, f_5(1)=\min\limits_{0\leqslant x_5\leqslant 3}\{c_5(x_5)+h_5(1)+f_4(3-x_5)\}=16.1$，此时 $x_5^*=3$。

（6）当 $k=6$ 时，有

$$f_6(s_6)=\min_{x_6}\{c_6(x_6)+h_6(s_6)+f_5(s_6-x_6+d_6)\}$$

因为 $s_6=0$，所以 $f_6(0)=\min\limits_{0\leqslant x_6\leqslant 1}\{c_6(x_6)+h_6(0)+f_5(1-x_6)\}=16.1$，此时 $x_6^*=0$。

最后按计算顺序反向推算，可得到每个月的最优生产决策为

$$x_1^*=4,\quad x_2^*=0,\quad x_3^*=4,\quad x_4^*=3,\quad x_5^*=3,\quad x_6^*=0$$

最小费用为16.1万元。

4. 背包问题

背包问题是动态规划中的一个经典问题。该问题如下：有一人带一个背包上山，其可携带物品重量的限度为 a kg，设有 n 种物品可供选择装入背包中，其中第 i 种物品每件的重量为 W_i kg，所携带物品的价值是携带数量 x_i 的函数 $c_i(x_i)$，问此人应如何选择携带物品（各几件）以使得背包中装入物品的总价值最大？

这是一维背包问题，如果还考虑背包容量并已知不同物品的体积，那么这就是二维背包问题。下面以一实例来说明用动态规划求解背包问题的基本思路。

例 5.5.3.7 （背包问题）某货运汽车的载重量为13 t，现需运送5种货物，单件货物的重量及运输利润如表5.5.9所示。试确定如何装载这些货物，使运输利润最大。

表 5.5.9 单件货物重量及运输利润(一)

货物	A	B	C	D	E
重量/t	1	4	5	3	7
利润/百元	0.5	3	4	2	9

解 首先根据货物单位重量的价值（即用单件货物运输利润除以单件货物重量）将货物排序，结果如表5.5.10所示。

表 5.5.10 单件货物重量及运输利润(二)

货物	E	C	B	D	A
重量/t	7	5	4	3	1
利润/百元	9	4	3	2	0.5

然后根据表 5.5.10 按货物的种类将问题划分为 5 个阶段,即 $k=1,2,\cdots,5$。设 x_k 为第 k 种货物的装载数量,且要求 x_k 为整数,s_k 为第 k 种货物至第 5 种货物可用的装载重量,则 $s_1=13$。设第 k 种货物的单件重量为 w_k,单件货物运输利润为 r_k,则装载第 k 种货物 x_k 件时的利润为 r_kx_k。状态转移方程为

$$s_{k+1}=s_k-w_kx_k$$

$f_k(s_k)$为最优值函数,表示从第 k 种货物至第 5 种货物按最优装载量计算得到的最大利润值,则该问题的基本方程为

$$\begin{cases} f_k(s_k)=\max\limits_{0\leqslant x_k\leqslant\left[\frac{s_k}{w_k}\right]}\{r_kx_k+f_{k+1}(s_{k+1})\}, & k=4,3,2,1 \\ f_5(s_5)=\max\limits_{0\leqslant x_5\leqslant\left[\frac{s_5}{w_5}\right]}\{r_5x_5\} \end{cases}$$

其中,[ ]为取整运算。

当 $k=5$ 时,

$$f_5(s_5)=\max_{0\leqslant x_5\leqslant\left[\frac{s_5}{w_5}\right]}\{r_5x_5\}=\max_{0\leqslant x_5\leqslant\left[\frac{s_5}{1}\right]}\{0.5x_5\}$$

由于 s_5 最大可能取值为 13,根据其他货物的重量,s_5 必然为整数,所以$\left[\frac{s_5}{1}\right]$可能取值为 0 到 13 的整数,这样第 5 阶段的最优决策为

$$x_5^*=s_5,\quad f_5(s_5)=0.5x_5^*$$

当 $k=4$ 时,

$$\begin{aligned} f_4(s_4)&=\max_{0\leqslant x_4\leqslant\left[\frac{s_4}{w_4}\right]}\{r_4x_4+f_5(s_5)\}=\max_{0\leqslant x_4\leqslant\left[\frac{s_4}{3}\right]}\{2x_4+0.5(s_4-3x_4)\} \\ &=\max_{0\leqslant x_4\leqslant\left[\frac{s_4}{3}\right]}\{0.5x_4+0.5s_4\} \end{aligned}$$

由于$\left[\frac{s_4}{3}\right]$只能取 0,1,2,3,4,所以此阶段的最优决策为

$$\begin{array}{ll} 0.5s_4, & x_4^*=0 \text{ 即 } 0\leqslant s_4\leqslant 2 \\ 0.5(1+s_4), & x_4^*=1 \text{ 即 } 3\leqslant s_4\leqslant 5 \\ 0.5(2+s_4), & x_4^*=2 \text{ 即 } 6\leqslant s_4\leqslant 8 \\ 0.5(3+s_4), & x_4^*=3 \text{ 即 } 9\leqslant s_4\leqslant 11 \\ 0.5(4+s_4), & x_4^*=4 \text{ 即 } 12\leqslant s_4\leqslant 13 \end{array}$$

当 $k=3$ 时，有

$$f_3(s_3)=\max_{0\leqslant x_3\leqslant\left[\frac{s_3}{w_3}\right]}\{r_3x_3+f_4(s_4)\}=\max_{0\leqslant x_3\leqslant\left[\frac{s_3}{4}\right]}\{3x_3+f_4(s_3-4x_3)\}$$

具体计算过程如表 5.5.11 所示。

表 5.5.11　背包问题计算表

s_3 \ x_3	$3x_3+f_4(s_3-4x_3)$				$f_3(s_3)$	x_3^*
	0	1	2	3		
0	0				0	0
1	0+0.5				0.5	0
2	0+1				1	0
3	0+2				2	0
4	0+2.5	3+0			3	1
5	0+3	3+0.5			3.5	1
6	0+4	3+1			4	0,1
7	0+4.5	3+2			5	1
8	0+5	3+2.5	6+0		6	2
9	0+6	3+3	6+0.5		6.5	2
10	0+6.5	3+4	6+1		7	1,2
11	0+7	3+4.5	6+2		8	2
12	0+8	3+5	6+2.5	9+0	9	3
13	0+8.5	3+6	6+3	9+0.5	9.5	3

当 $k=2$ 时的计算请读者自行补上。

当 $k=1$，由于 $s_1=13$，所以 x_1 可取 0 或 1，所以

$$f_1(s_1)=\max_{0\leqslant x_1\leqslant\left[\frac{s_1}{w_1}\right]}\{r_1x_1+f_2(s_2)\}=\max_{0\leqslant x_1\leqslant\left[\frac{13}{7}\right]}\{9x_1+f_2(s_1-7x_1)\}$$

若 $x_1=1$，则 $f_1(s_1)=9+4.5=13.5$。

若 $x_1=0$，则 $f_1(s_1)=0+10=10$。

所以第一阶段的最优决策为 $x_1^*=1$。根据上述求解过程逆推得到该问题的最优决策为

$$x_1^*=1,\quad x_2^*=1,\quad x_3^*=0,\quad x_4^*=0,\quad x_5^*=1$$

即货物 E、C、A 各运 1 件，最大利润为 13.5 万元。

由上述求解过程发现，背包问题求解过程中由于要求决策变量必须是整数解，所以增加了求解过程的复杂性。一般情况下，应先将货物按单位重量价值

进行降序排列，而且在求解过程中还要结合问题的具体参数做出适当的调整。在较简单情况下可以利用分析得到某步的决策，如果情况复杂可充分利用表格的方式进行求解。

5. 不确定采购问题

在实际问题中，在多阶段决策的状态转移中出现了随机因素，即状态转移不能完全确定，它是按照某种已知的概率分布取值。具有这种性质的多阶段决策过程就称为随机性动态规划问题。同处理确定性问题类似，用动态规划的方法也可以处理这种随机性问题。

例 5.5.3.8 （不确定采购）某厂生产上需要在近五周内必须采购一批原料，而估计在未来五周内价格有波动，其浮动价格和概率已测得如表 5.5.12 所示。试求在哪一周以什么价格购入，可使其采购价格的数学期望值最小，并求期待值。

表 5.5.12　原料价格分布

单价	500	600	700
概率	0.3	0.3	0.4

解　这里价格是一个随机变量，是按某种已知的概率分布取值的。用动态规划方法处理，按采购期限 5 周分为 5 个阶段，将每周的价格看作该阶段的状态。设 y_k 为状态变量，表示第 k 周的实际价格；设 x_k 为决策变量，当 $x_k=1$ 时表示第 k 周决策为采购，当 $x_k=0$ 时表示第 k 周决策为不采购，决定等待；设 y_{kE} 表示第 k 周决定等待，而在以后采取最优决策时采购价格的期望值；设 $f_k(y_k)$ 表示第 k 周实际价格为 y_k 时，从第 k 周至第 5 周采取最优决策所得的最小期望值。则问题的逆序递推关系为

$$f_k(y_k)=\min\{y_k,y_{kE}\},\qquad y_k\in s_k$$

$$f_5(y_k)=y_5,\qquad y_5\in s_5,$$

其中

$$s_k=\{500,600,700\},\quad k=1,2,3,4,5$$

由 y_{kE} 和 $f_k(y_k)$ 的定义可知

$$y_{kE}=E[f_{k+1}(y_{k+1})]=0.3f_{k+1}(500)+0.3f_{k+1}(600)+0.4f_{k+1}(700)$$

并且得出最优决策为

$$x_k=1,\quad f_k(y_k)=y_k;\quad x_k=0,\quad f_k(y_k)=y_{kE}$$

当 $k=5$ 时，因 $f_5(y_5)=y_5$，$y_5\in s_5$，故有

$$f_5(500)=500,\quad f_5(600)=600,\quad f_5(700)=700$$

即在第 5 周时，若所需的原料尚未购入，则无论市场价格是多少，都必须采购，

不能再等。

当 $k=4$ 时，由于

$$\begin{aligned} y_{4E} &= 0.3f_5(500)+0.3f_5(600)+0.4f_5(700) \\ &= 0.3\times500+0.3\times600+0.4\times700 \\ &= 610 \end{aligned}$$

于是有

$$\begin{aligned} f_4(y_4) &= \min_{y_4\in s_4}\{y_4,y_{4E}\}=\min_{y_4\in s_4}\{y_4,610\} \\ &= \begin{cases} 500, & y_4=500 \\ 600, & y_4=600 \\ 610, & y_4=700 \end{cases} \end{aligned}$$

所以，第 4 周的最优决策为

$$x_4=\begin{cases} 1, & y_4=500 \text{ 或 } 600 \\ 0, & y_4=700 \end{cases}$$

当 $k=3$ 时，

$$\begin{aligned} y_{3E} &= 0.3f_4(500)+0.3f_4(600)+0.4f_4(700) \\ &= 0.3\times500+0.3\times600+0.4\times610=574 \end{aligned}$$

于是

$$\begin{aligned} f_3(y_3) &= \min_{y_3\in s_3}\{y_3,y_{3E}\}=\min_{y_3\in s_3}\{y_3,574\} \\ &= \begin{cases} 500, & y_3=500 \\ 574, & y_3=600 \text{ 或 } 700 \end{cases} \end{aligned}$$

所以，第 3 周的最优决策为

$$x_3=\begin{cases} 1, & y_3=500 \\ 0, & y_3=600 \text{ 或 } 700 \end{cases}$$

当 $k=2$ 时，

$$\begin{aligned} y_{2E} &= 0.3f_3(500)+0.3f_3(600)+0.4f_3(700) \\ &= 0.3\times500+0.3\times574+0.4\times574=551.8 \end{aligned}$$

于是

$$\begin{aligned} f_2(y_2) &= \min_{y_2\in s_2}\{y_2,y_{2E}\}=\min_{y_2\in s_2}\{y_2,551.8\} \\ &= \begin{cases} 500, & y_2=500 \\ 551.8, & y_2=600 \text{ 或 } 700 \end{cases} \end{aligned}$$

所以，第 2 周的最优决策为

$$x_2=\begin{cases} 1, & y_2=500 \\ 0, & y_2=600 \text{ 或 } 700 \end{cases}$$

当 $k=1$ 时，

$$y_{1E}=0.3f_2(500)+0.3f_2(600)+0.4f_2(700)$$
$$=0.3\times500+0.3\times551.8+0.4\times551.8=536.3$$

于是

$$f_1(y_1)=\min_{y_1\in s_1}\{y_1,y_{1E}\}=\min_{y_1\in s_1}\{y_1,536.3\}$$
$$=\begin{cases}500, & y_1=500\\ 536.3, & y_1=600\text{ 或 }700\end{cases}$$

所以，第 1 周的最优决策为

$$x_1=\begin{cases}1, & y_1=500\\ 0, & y_1=600\text{ 或 }700\end{cases}$$

由此可得最优采购策略为：在第 1、第 2、第 3 周时，若价格为 500 就采购，否则应该等待；在第 4 周时，价格为 500 或 600 时都应采购，否则就等待；在第 5 周时，无论什么价格都要采购。按照该最优策略进行采购时，采购价格的数学期望值为

$$\begin{aligned}&500\times0.3\times(1+0.7+0.7^2+0.7^3+0.7^3\times0.4)\\&+600\times0.3\times(0.7^3+0.4\times0.7^3)+700\times0.4^2\times0.7^3\\=&500\times0.8011+600\times0.1441+700\times0.0548\\\approx&525\end{aligned}$$

本节主要介绍了动态规划的基本思想与求解问题的思路，并对一些典型的动态规划问题的求解进行了分析。主要涉及的是确定性的动态规划问题。需要注意的是，动态规划问题的求解需要创造性的思维，针对不同问题设计求解的过程。

5.6 非线性规划

在现实生活中，很多优化决策问题中的变量之间并不完全是线性关系，更多的情况是在目标函数及约束条件中包含一些非线性因素，亦即最优化问题的可行域是由一组非线性不等式来描述的，这种情况下的最优化问题就称为非线性最优化问题。

线性规划、非线性规划、动态规划、多目标规划都属于函数优化问题，对于这类问题，尽管具体情况各不相同，但解决问题的思路都有如下的特点：

(1) 多目标函数优化问题常化为单目标函数优化问题求解；

(2) 多阶段优化问题常化为单阶段优化问题逐步求解；

(3) 多元非线性函数优化问题常化为一元函数优化问题逐步求解；

(4) 非线性函数优化问题常化为线性函数优化问题迭代求解；

(5) 有约束优化问题常化为无约束优化问题迭代求解；

(6) 求解的基本算法是导数法求极值。

以上不同函数优化方法的基本思想，如表 5.6.1 所示。

表 5.6.1　函数优化方法的基本思想

求解问题	优化算法	基本思想
线性规划问题	单纯形法	按规则迭代，选择基变量，求解基变量确定的线性方程组，得到问题的解
无约束非线性规划问题	梯度法	利用可微函数的特点，沿负梯度方向搜索，迭代求解最优解
	共轭梯度法	以共轭梯度作为搜索方向，提高搜索效率，一般比梯度法效率高
	牛顿法	对多元可微函数，沿可变尺度方向搜索，迭代求取最优解
	变尺度法	为避免计算二阶导数，在牛顿法的基础上构造 Hesse 逆矩阵，迭代求取最优解
	步长加速法	把多元函数优化问题化为多个一元函数优化问题处理
	最小二乘法	当目标函数是由若干个函数的平方和构成时，可以很方便地用解析法求解
有约束非线性规划问题	可行方向法	确定可行搜索方向，把约束优化问题转化为无约束优化问题求解
	罚函数法	利用罚函数，将约束优化问题转化为由目标函数和罚函数组成的辅助函数的无约束优化问题求解
多目标规划问题	化多为少，分层序列法	通过分层序列法，将多目标函数化为单目标函数再求解
动态规划问题	多阶段优化法	将问题分成多个阶段，每个阶段按单目标优化问题处理
函数优化问题汇总	导数法求极值	(1) 以凸集论为理论基础； (2) 以导数为零求极值为基本算法； (3) 以迭代法逐次逼近求最优解

5.6.1 非线性规划问题的数学模型

非线性规划处理的数学问题是在等式和/或不等式约束下优化目标函数，求出最优解，一般其数学模型表示为

$$\left.\begin{aligned}&\min f(\boldsymbol{x})\\&\text{s.t.}\begin{cases}g_i(\boldsymbol{x})\geqslant 0,\ i=1,2,\cdots,m\\h_j(\boldsymbol{x})=0,\ j=1,2,\cdots,l\end{cases}\end{aligned}\right\}\tag{5.6.1}$$

其中 $\boldsymbol{x}\in\mathbf{R}^n$，$f(\boldsymbol{x})$为目标函数(objective function)，$g_i(x)$，$h_j(x)$为约束函数(constraint function)，这些函数中，至少有一个是非线性函数。

约束条件有时写成集约束形式，令 $S=\{\boldsymbol{x}\mid g_i(\boldsymbol{x})\geqslant 0,\ i=1,2,\cdots,m;\ h_j(\boldsymbol{x})=0,\ j=1,2,\cdots,l\}$，称 S 为可行集或可行域(feasible region)，S 中的点称为可行点，这样，式(5.6.1)中的约束条件可用集约束表示为

$$\left.\begin{aligned}&\min f(\boldsymbol{x})\\&\text{s.t.}\ \ \boldsymbol{x}\in S\end{aligned}\right\}\tag{5.6.2}$$

特别地，当 $\mathbf{R}^n$ 中每一点均为可行点时，式(5.6.2)即

$$\min f(\boldsymbol{x}),\quad \boldsymbol{x}\in\mathbf{R}^n\tag{5.6.3}$$

式(5.6.3)称为无约束最优化问题(unconstrained optimization problem)。

例 5.6.1.1 设有 n 个市场，第 j 个市场的位置为(a_j,b_j)，对某种货物的需要量为 q_j，$j=1,2,\cdots,n$，现计划建立 m 个货栈，第 i 个货栈的容量为 c_i，$i=1,2,\cdots,m$。试确定货栈的位置，使各货栈到各市场的运输量与路程乘积之和最小。

建立数学模型，设第 i 个货栈的位置为(x_i,y_i)，$i=1,2,\cdots,m$，第 i 个货栈供给第 j 个市场的货物量为 w_{ij}，$i=1,2,\cdots,m$，$j=1,2,\cdots,n$，第 i 个货栈到第 j 个市场的距离为 d_{ij}，定义为

$$d_{ij}=\sqrt{(x_i-a_j)^2+(y_i-b_j)^2}\tag{5.6.4}$$

或

$$d_{ij}=|x_i-a_j|+|y_i-b_j|\tag{5.6.5}$$

目标是运输量与路程乘积之和为最小，如果距离按式(5.6.4)定义，就是使

$$\sum_{i=1}^{m}\sum_{j=1}^{n}w_{ij}\ \sqrt{(x_i-a_j)^2+(y_i-b_j)^2}$$

最小，约束条件是

(1) 每个货栈向各市场提供的货物量之和不能超过它的容量；

(2) 每个市场从各货栈得到的货物量之和等于它的需要量；

(3) 运输量不能为负数。

数学模型如下：

$$\min \sum_{i=1}^{m}\sum_{j=1}^{n} w_{ij}\sqrt{(x_i-a_j)^2+(y_i-b_j)^2}$$

$$\text{s.t.}\begin{cases}\sum_{j=1}^{n} w_{ij}\leqslant c_i, & i=1,2,\cdots,m\\ \sum_{i=1}^{m} w_{ij}=q_j, & j=1,2,\cdots,n\\ w_{ij}\geqslant 0, & i=1,2,\cdots,m;\ j=1,2,\cdots,n\end{cases}$$

由于目标函数是非线性函数，因此该问题是非线性规划问题。

下面给出最优解的概念。

定义 5.6.1.1 设 $f(\boldsymbol{x})$ 为目标函数，S 为可行域，$\boldsymbol{x}^*\in S$，若对每一个 $\boldsymbol{x}\in S$，均有 $f(\boldsymbol{x})\geqslant f(\boldsymbol{x}^*)$ 成立，则称 $\boldsymbol{x}^*$ 为极小化问题：

$$\min f(\boldsymbol{x})$$
$$\text{s.t. } \boldsymbol{x}\in S$$

的最优解（整体最优解，global optimal solution）。

定义 5.6.1.2 设 $f(\boldsymbol{x})$ 为目标函数，S 为可行域，$\boldsymbol{x}^*\in S$，若存在 $\boldsymbol{x}^*$ 的 ε 邻域

$$N_\varepsilon(\boldsymbol{x}^*)=\{\boldsymbol{x}\mid \|\boldsymbol{x}-\boldsymbol{x}^*\|<\varepsilon,\ \varepsilon>0\}$$

使得对每个 $\boldsymbol{x}\in S\cap N_\varepsilon(\boldsymbol{x}^*)$，$f(\boldsymbol{x})\geqslant f(\boldsymbol{x}^*)$ 成立，则称 $\boldsymbol{x}^*$ 为极小化问题：

$$\min f(\boldsymbol{x})$$
$$\text{s.t. } \boldsymbol{x}\in S$$

的局部最优解（local optimal solution）。

对于极大化问题，可类似地定义整体最优解和局部最优解。

5.6.2 凸集与凸函数

非线性规划的理论是以凸集论为基础的，凸集（convex set）和凸函数（convex function）在非线性规划的理论中具有重要作用。下面给出凸集和凸函数的一些基本知识。

1. 凸集

定义 5.6.2.1 设 S 为 $\mathbf{R}^n$ 中一个集合，若对 S 中任意两点，连接它们的线段仍属于 S；换言之，对 S 中任意两点 $\boldsymbol{x}^{(1)}$，$\boldsymbol{x}^{(2)}$ 及每个实数 $\lambda\in[0,1]$，都有

$$\lambda\boldsymbol{x}^{(1)}+(1-\lambda)\boldsymbol{x}^{(2)}\in S$$

则称 S 为凸集，$\lambda\boldsymbol{x}^{(1)}+(1-\lambda)\boldsymbol{x}^{(2)}$ 称为 $\boldsymbol{x}^{(1)}$ 和 $\boldsymbol{x}^{(2)}$ 的凸组合（convex combination）。

例 5.6.2.1 超平面(hyperplane) $\boldsymbol{H} \triangleq \{\boldsymbol{x} \mid \boldsymbol{p}^{\mathrm{T}}\boldsymbol{x}=a\}$为凸集。

例 5.6.2.2 半空间(half space) $\boldsymbol{H}^{-} \triangleq \{\boldsymbol{x} \mid \boldsymbol{p}^{\mathrm{T}}\boldsymbol{x}\leqslant a\}$为凸集。

例 5.6.2.3 射线 $\boldsymbol{L}=\{\boldsymbol{x} \mid \boldsymbol{x}=\boldsymbol{x}^{(0)}+\lambda\boldsymbol{d}, \lambda\geqslant 0\}$为凸集,其中 $\boldsymbol{d}$ 是给定的非零向量,$\boldsymbol{x}^{(0)}$为定点。

在凸集中,比较重要的特殊情形有凸锥和多面集。

定义 5.6.2.2 设有集合 $C\subset\mathbf{R}^n$,若对 C 中每一点 $\boldsymbol{x}$,当 λ 取任意非负数时都有 $\lambda\boldsymbol{x}\in C$,则称 C 为锥,若 C 又为凸集,则称 C 为凸锥(convex cone)。

例 5.6.2.4 n 维向量 $\boldsymbol{\alpha}^{(1)},\boldsymbol{\alpha}^{(2)},\cdots,\boldsymbol{\alpha}^{(k)}$的所有非负线性组合

$$\left\{\sum_{i=1}^{k}\lambda\boldsymbol{\alpha}^{(i)} \mid \lambda\geqslant 0,\ i=1,2,\cdots,k\right\}$$

为凸集。

定义 5.6.2.3 有限个半空间的交$\{\boldsymbol{x} \mid \boldsymbol{A}\boldsymbol{x}\leqslant\boldsymbol{b}\}$称为多面集(polyhedral set),其中 $\boldsymbol{A}$ 为 $m\times n$ 矩阵,$\boldsymbol{b}$ 为 m 维向量。在凸集的理论和应用中,极点及极方向的概念有重要作用。

定义 5.6.2.4 设 S 为非空凸集,$\boldsymbol{x}\in S$,若 x 不能表示成 S 中两个不同点的凸组合;换言之,若假设

$$\boldsymbol{x}=\lambda\boldsymbol{x}^{(1)}+(1-\lambda)\boldsymbol{x}^{(2)},\quad \lambda\in(0,1),\quad \boldsymbol{x}^{(1)},\boldsymbol{x}^{(2)}\in S$$

必推得 $\boldsymbol{x}=\boldsymbol{x}^{(1)}=\boldsymbol{x}^{(2)}$,则称 $\boldsymbol{x}$ 为凸集 S 的极点(extreme point)。

定义 5.6.2.5 设 S 为 $\mathbf{R}^n$ 中的闭凸集,$\boldsymbol{d}$ 为非零向量,如果对 S 中的每一个 $\boldsymbol{x}$,都有射线

$$\{\boldsymbol{x}+\lambda\boldsymbol{d} \mid \lambda\geqslant 0\}\subset S$$

则称向量 $\boldsymbol{d}$ 为 S 的方向;又设 $\boldsymbol{d}^{(1)},\boldsymbol{d}^{(2)}$是 S 的两个方向,若对任何正数 λ,都有 $\boldsymbol{d}^{(1)}\neq\lambda\boldsymbol{d}^{(2)}$,则称 $\boldsymbol{d}^{(1)}$和 $\boldsymbol{d}^{(2)}$是两个不同的方向;若 S 的方向 $\boldsymbol{d}$ 不能表示成该集合的两个不同方向的正线性组合,则称 $\boldsymbol{d}$ 为 S 的极方向(extreme direction)。

显然有界集不存在方向,因而也不存在极方向。对于无界集才有方向的概念。下面给出多面集的一个重要性质。

定理 5.6.2.1 [表示定理(representation theorem)]设 $S=\{\boldsymbol{x} \mid \boldsymbol{A}\boldsymbol{x}=\boldsymbol{b},\boldsymbol{x}\geqslant 0\}$为非空多面集,则有

(1) 极点集非空,且存在有限个极点,$\boldsymbol{x}^{(1)},\cdots,\boldsymbol{x}^{(k)}$;

(2) 极方向集合为空集的充要条件是 S 有界,若 S 无界,则存在有限个极方向 $\boldsymbol{d}^{(1)},\cdots,\boldsymbol{d}^{(l)}$;

(3) $\boldsymbol{x}\in S$ 的充要条件是

$$\boldsymbol{x}=\sum_{j=1}^{k}\lambda_j\boldsymbol{x}^{(j)}+\sum_{j=1}^{l}\mu_j\boldsymbol{d}^{(j)}$$

$$\sum_{j=1}^{k}\lambda_j = 1$$

$$\lambda_j \geqslant 0,\quad j=1,2,\cdots,k$$

$$\mu_j \geqslant 0,\quad j=1,2,\cdots,l$$

根据表示定理,对于多面集只需研究其极点和极方向。

下面是一般凸集所具有的重要性质。

定理 5.6.2.2 设 S 是 $\mathbf{R}^n$ 中的非空闭凸集,$\boldsymbol{y}\notin S$,则存在非零向量 $\boldsymbol{p}$ 及数 $\varepsilon>0$,使得对每个 $\boldsymbol{x}\in S,\boldsymbol{p}^{\mathrm{T}}\boldsymbol{y}\geqslant\varepsilon+\boldsymbol{p}^{\mathrm{T}}\boldsymbol{x}$ 成立。

定理表明,当 S 为闭凸集,$\boldsymbol{y}\notin S$ 时,能够作一个以 $\boldsymbol{p}$ 为法向量的超平面,使点 $\boldsymbol{y}$ 和凸集 S 各在一边,即将 $\boldsymbol{y}$ 和 S 分离。利用点和凸集分离定理,易证在凸集每一边界点处存在支撑超平面,使凸集位于此超平面的一侧。

定理 5.6.2.3 设 S 是 $\mathbf{R}^n$ 中一个非空闭凸集 $\boldsymbol{y}\in\alpha S$,则存在非零向量 $\boldsymbol{p}$,使得对每一 $\boldsymbol{x}\in clS,\boldsymbol{p}^{\mathrm{T}}\boldsymbol{y}\geqslant\boldsymbol{p}^{\mathrm{T}}\boldsymbol{x}$ 成立。其中 αS 表示集 S 的边界;clS 表示集合 S 的闭包(closure),即 S 的内点与边界点组成的集合。

若两个凸集的交集为空集,则可用超平面将其分离。

定理 5.6.2.4 设 S_1 和 S_2 是 $\mathbf{R}^n$ 中两个非空凸集,且 $S_1\cap S_2=\varnothing$,则存在非零向量 $\boldsymbol{p}$,使

$$\inf\{\boldsymbol{p}^{\mathrm{T}}\boldsymbol{x}\mid\boldsymbol{x}\in S_1\}\geqslant\sup\{\boldsymbol{p}^{\mathrm{T}}\boldsymbol{x}\mid\boldsymbol{x}\in S_2\}$$

利用凸集分离定理,可以证明 Farkas 定理和 Gordan 定理,它们在最优化理论的研究中具有重要作用。

定理 5.6.2.5 (Farkas 定理)设 $\boldsymbol{A}$ 为 $m\times n$ 矩阵,$\boldsymbol{C}$ 为 n 维向量,则 $\boldsymbol{Ax}\leqslant 0,\boldsymbol{C}^{\mathrm{T}}\boldsymbol{x}>0$ 有解的充要条件是 $\boldsymbol{A}^{\mathrm{T}}\boldsymbol{y}=\boldsymbol{C},\boldsymbol{y}\geqslant 0$ 无解。

这个定理把不等式组是否有解与方程组是否无非负解相联系。

定理 5.6.2.6 (Gordan 定理)设 $\boldsymbol{A}$ 为 $m\times n$ 矩阵,则 $\boldsymbol{Ax}<0$ 有解的充要条件是不存在非零向量 $\boldsymbol{y}\geqslant 0$,使 $\boldsymbol{A}^{\mathrm{T}}\boldsymbol{y}=0$。

2. 凸函数

定义 5.6.2.6 设 S 为 $\mathbf{R}^n$ 中的非空凸集,f 是定义在 S 上的实函数。如果对任意的 $\boldsymbol{x}^{(1)},\boldsymbol{x}^{(2)}\in S$ 及每个数 $\lambda\in(0,1)$,都有

$$f(\lambda\boldsymbol{x}^{(1)}+(1-\lambda)\boldsymbol{x}^{(2)})\leqslant\lambda f(\boldsymbol{x}^{(1)})+(1-\lambda)f(\boldsymbol{x}^{(2)})$$

则称 f 为 S 上的凸函数。

如果对任意相异的 $\boldsymbol{x}^{(1)},\boldsymbol{x}^{(2)}\in S$ 及每个数 $\lambda\in(0,1)$,都有

$$f(\lambda\boldsymbol{x}^{(1)}+(1-\lambda)\boldsymbol{x}^{(2)})<\lambda f(\boldsymbol{x}^{(1)})+(1-\lambda)f(\boldsymbol{x}^{(2)})$$

则称 f 为 S 上的严格凸函数(strict convex function)。

如果 $-f$ 为 S 上的凸函数,则称 f 为 S 上的凹函数(concave function)。

下面列举凸函数的一些性质。

定理 5.6.2.7 设 f 是定义在凸集 S 上的凸函数，实数 $\lambda \geqslant 0$，则 λf 也是定义在 S 上的凸函数。

定理 5.6.2.8 设 f_1 和 f_2 是定义在凸集 S 上的凸函数，则 f_1+f_2 也是定义在 S 上的凸函数。

由上述两个性质可知有限个凸函数的非负线性组合仍为凸函数。

定理 5.6.2.9 设 S 是 $\mathbf{R}^n$ 中一个非空凸集，f 是定义在 S 上的凸函数，则水平集(level set)$S_\alpha=\{\boldsymbol{x} \mid \boldsymbol{x} \in S, f(\boldsymbol{x}) \leqslant \alpha\}$是凸集。

关于连续性，有下列结论。

定理 5.6.2.10 设 S 是 $\mathbf{R}^n$ 中的一个凸集，f 是定义在 S 上的凸函数，则 f 在 S 内都连续。

定理 5.6.2.11 设 f 是定义在凸集 S 上的凸函数，$\boldsymbol{x} \in \mathbf{R}^n$，在 $\boldsymbol{x}$ 处 $f(\boldsymbol{x})$ 取有限值，则 f 在 $\boldsymbol{x}$ 处沿任何方向 $\boldsymbol{d}$ 的右侧导数及左侧导数都存在(包括$\pm\infty$)。

凸函数的重要性在于下面的基本性质。

定理 5.6.2.12 设 S 是 $\mathbf{R}^n$ 中的非空凸集，f 是定义在 S 上的凸函数，则 f 在 S 上的局部极小点是整体极小点，且极小点的集合为凸集。

运用凸函数的定义及性质判断一个函数是否为凸函数，一般说来，比较复杂。下面给出可微函数为凸函数的充分必要条件，应用这些条件不难判断一个可微函数是否为凸函数。先给出梯度和 Hesse 矩阵的定义。

定义 5.6.2.7 设函数 $f(\boldsymbol{x})$存在一阶偏导数，$\boldsymbol{x} \in \mathbf{R}^n$，则称向量

$$\nabla f(\boldsymbol{x})=\begin{pmatrix}\frac{\partial f(\boldsymbol{x})}{\partial \boldsymbol{x}_1} & \frac{\partial f(\boldsymbol{x})}{\partial \boldsymbol{x}_2} & \cdots & \frac{\partial f(\boldsymbol{x})}{\partial \boldsymbol{x}_n}\end{pmatrix}^{\mathrm{T}} \tag{5.6.6}$$

为 $f(\boldsymbol{x})$在点 $\boldsymbol{x}$ 处的梯度(gradient)。

梯度的方向是在该点函数值上升最快的方向。

定义 5.6.2.8 设函数 $f(\boldsymbol{x})$存在二阶偏导数，$\boldsymbol{x} \in \mathbf{R}^n$，则称矩阵

$$\nabla^2 f(\boldsymbol{x})=\begin{bmatrix}\frac{\partial^2 f(\boldsymbol{x})}{\partial \boldsymbol{x}_1^2} & \frac{\partial^2 f(\boldsymbol{x})}{\partial \boldsymbol{x}_1 \partial \boldsymbol{x}_2} & \cdots & \frac{\partial^2 f(\boldsymbol{x})}{\partial \boldsymbol{x}_1 \partial \boldsymbol{x}_n} \\ \frac{\partial^2 f(\boldsymbol{x})}{\partial \boldsymbol{x}_2 \partial \boldsymbol{x}_1} & \frac{\partial^2 f(\boldsymbol{x})}{\partial \boldsymbol{x}_2^2} & \cdots & \frac{\partial^2 f(\boldsymbol{x})}{\partial \boldsymbol{x}_2 \partial \boldsymbol{x}_n} \\ \cdots & \cdots & & \cdots \\ \frac{\partial^2 f(\boldsymbol{x})}{\partial \boldsymbol{x}_n \partial \boldsymbol{x}_1} & \frac{\partial^2 f(\boldsymbol{x})}{\partial \boldsymbol{x}_n \partial \boldsymbol{x}_2} & \cdots & \frac{\partial^2 f(\boldsymbol{x})}{\partial \boldsymbol{x}_n^2}\end{bmatrix} \tag{5.6.7}$$

为 $f(\boldsymbol{x})$在点 $\boldsymbol{x}$ 处的 Hesse 矩阵。

例 5.6.2.5 设二次函数 $f(\boldsymbol{x})=\frac{1}{2}\boldsymbol{x}^{\mathrm{T}}\boldsymbol{A}\boldsymbol{x}+\boldsymbol{b}^{\mathrm{T}}\boldsymbol{x}+c$，其中 $\boldsymbol{A}$ 为 n 阶对称方阵，$\boldsymbol{x}, \boldsymbol{b}$ 为 n 维列向量，c 为常数，则 $f(\boldsymbol{x})$在 $\boldsymbol{x}$ 处的梯度及 Hesse 矩阵分别为

$$\nabla f(\boldsymbol{x})=\boldsymbol{A}\boldsymbol{x}+\boldsymbol{b}$$

$$\nabla^2 f(\boldsymbol{x})=\boldsymbol{A}$$

下面列举可微凸函数的一阶、二阶判别条件。

定理 5.6.2.13 设 S 是 $\mathbf{R}^n$ 中的非空凸集，$f(\boldsymbol{x})$是定义在 S 上的可微函数，则 $f(\boldsymbol{x})$为凸函数的充要条件是对任意两点 $\boldsymbol{x}^{(1)},\boldsymbol{x}^{(2)}\in S$，

$$f(\boldsymbol{x}^{(2)})\geqslant f(\boldsymbol{x}^{(1)})+\nabla f(\boldsymbol{x}^{(1)})^{\mathrm{T}}(\boldsymbol{x}^{(2)}-\boldsymbol{x}^{(1)})$$

成立；而 $f(\boldsymbol{x})$为严格凸函数的充要条件是对任意相异的 $\boldsymbol{x}^{(1)},\boldsymbol{x}^{(2)}\in S$，

$$f(\boldsymbol{x}^{(2)})>f(\boldsymbol{x}^{(1)})+\nabla f(\boldsymbol{x}^{(1)})^{\mathrm{T}}(\boldsymbol{x}^{(2)}-\boldsymbol{x}^{(1)})$$

成立。此条件称为可微函数的一阶判别条件。

定理 5.6.2.14 设 S 是 $\mathbf{R}^n$ 中的非空开凸集，$f(\boldsymbol{x})$是定义在 S 上的二次可微函数，则 $f(\boldsymbol{x})$是凸函数的充要条件为在每一点 $\boldsymbol{x}\in S$ 处 Hesse 矩阵是半正定的。

定理 5.6.2.15 设 S 是 $\mathbf{R}^n$ 中的非空开凸集，$f(\boldsymbol{x})$是定义在 S 上的二次可微函数，如果在每一点 $\boldsymbol{x}\in S$ 处 Hesse 矩阵是正定的，则 $f(\boldsymbol{x})$为严格凸函数。

注意：最后一个定理的逆定理不成立。若 $f(\boldsymbol{x})$是定义在 S 上的严格凸函数，则在每一点 $\boldsymbol{x}\in S$ 处 Hesse 矩阵是半正定的。

利用以上几个定理容易判别一个可微函数是否为凸函数，特别对于二次函数，是很方便的。

例 5.6.2.6 给定二次函数

$$\begin{aligned}f(x_1,x_2)&=2x_1^2+x_2^2-2x_1x_2+x_1+1\\&=\frac{1}{2}(x_1,x_2)\begin{bmatrix}4&-2\\-2&2\end{bmatrix}\begin{bmatrix}x_1\\x_2\end{bmatrix}+x_1+1\end{aligned}$$

由于在每一点(x_1,x_2)处 Hesse 矩阵

$$\nabla^2 f(\boldsymbol{x})=\begin{bmatrix}4&-2\\-2&2\end{bmatrix}$$

是正定的，因此 $f(\boldsymbol{x})$是严格凸函数。

3. 凸规则

定义 5.6.2.9 若在式(5.6.1)中，$f(\boldsymbol{x})$是凸函数，$g_i(\boldsymbol{x})$是凹函数，$h_j(\boldsymbol{x})$是线性函数，则问题为求凸函数在凸集上的极小点。这类问题称为凸规则(convex program)。

凸规则是非线性规划中的一种重要特殊情形，它具有很好的性质，正如定理 5.6.2.12 所述，凸规则的局部极小点就是整体极小点，且极小点集合是凸集。如果凸规划的目标函数是严格凸函数，又存在极小点，则它的极小点是唯一的。

5.6.3 无约束非线性规划

1. 无约束问题的极值条件

考虑问题：

$$\min f(\boldsymbol{x}),\ \boldsymbol{x}\in \mathbf{R}^n$$

先给出局部极小点(local minimum point)的一阶必要条件。

定理 5.6.3.1 设函数 $f(\boldsymbol{x})$在点 $\bar{\boldsymbol{x}}$ 处可微,若 $\bar{\boldsymbol{x}}$ 是局部极小点,则梯度$\nabla f(\bar{\boldsymbol{x}})=0$。

再利用 $f(\boldsymbol{x})$的 Hesse 矩阵给定局部极小点的二阶必要条件。

定理 5.6.3.2 设函数 $f(\boldsymbol{x})$在点 $\bar{\boldsymbol{x}}$ 处二次可微,若 $\bar{\boldsymbol{x}}$ 是局部极小点,则梯度$\nabla f(\bar{\boldsymbol{x}})=0$,并且 Hesse 矩阵$\nabla^2 f(\boldsymbol{x})$是半正定的。

定理 5.6.3.3 设函数 $f(\boldsymbol{x})$在点 $\bar{\boldsymbol{x}}$ 处二次可微,若梯度$\nabla f(\bar{\boldsymbol{x}})=0$,且Hesse 矩阵$\nabla^2 f(\boldsymbol{x})$正定,则 $\bar{\boldsymbol{x}}$ 是局部极小点。

2. 一维搜索

对无约束非线性规划问题(式(5.6.3)),求 $f(\boldsymbol{x})$在 $\mathbf{R}^n$ 中的极小点,一般通过一系列一维搜索来实现,其核心问题是选择搜索方向。搜索方法不同则形成不同的最优化方法。

无约束问题的最优化方法一般分作两类:一类在计算过程中使用导数,可称为使用导数的最优化方法;另一类在计算过程中只用到目标函数,通常称为直接方法。在本节中,首先给出使用导数的方法,然后介绍直接方法。

第一类方法的基本思想是,沿目标函数 $f(\boldsymbol{x})$的负梯度方向进行搜索,通过迭代,求目标函数的极小点,即从 $\boldsymbol{x}^{(k)}$ 出发,按负梯度方向 $\boldsymbol{d}^{(k)}$ 搜索,从而得到 $\boldsymbol{x}^{(k)}$的后继点 $\boldsymbol{x}^{(k+1)}$,再从 $\boldsymbol{x}^{(k+1)}$ 出发,重复迭代公式的计算步骤,直至求得问题的解。这种方法称为一维搜索,或线搜索(line search)。

1) 黄金分割法(0.618 法)原理

设 f 是定义在区间$[a,b)$上的单变量 x 的函数,假定 f 是单峰的,即有唯一的极小点。在此假设下,可以选择两个试探点,使包含极小点的区间缩短,比如取点 $\lambda_1,\mu_1\in(a,b)$,令 $\lambda_1<\mu_1$,极小点记作 $\bar{x}$,必有下列两种情形之一:

(1) 如果 $f(\lambda_1)>f(\mu_1)$,则 $\bar{x}\in[\lambda_1,b]$;

(2) 如果 $f(\lambda_1)\leqslant f(\mu_1)$,则 $\bar{x}\in[a,\mu_1]$。

黄金分割法(golden section method)的基本思想是:通过选择试探点缩短包含极小点的区间,不定区间缩短到一定程度时,区间内任一点都可作为极小点的近似。

初始区间记作$[a_1,b_1]$,第 k 次迭代时,不定区间记作$[a_k,b_k]$。黄金分割法计算试探点的公式如下：

$$\lambda_k = a_k + 0.382(b_k - a_k) \tag{5.6.8}$$

$$\mu_k = a_k + 0.618(b_k - a_k) \tag{5.6.9}$$

运用黄金分割法，第 1 次迭代取两个试探点 λ_1 和 μ_1，以后每次迭代中，只需按照公式(5.6.8)或公式(5.6.9)新算一点。

计算步骤如下：

(1) 置初始区间$[a_1, b_1]$及精度要求 $L>0$，计算试探点 λ_1 和 μ_1，计算函数值 $f(\lambda_1)$和 $f(\mu_1)$，计算公式是

$$\lambda_1 = a_1 + 0.382(b_1 - a_1)$$

$$\mu_1 = a_1 + 0.618(b_1 - a_1)$$

令 $k=1$。

(2) 若 $b_k - a_k < L$，则停止计算。否则，当 $f(\lambda_k) > f(\mu_k)$时，转步骤(3)；当 $f(\lambda_k) \leqslant f(\mu_k)$时，转步骤(4)。

(3) 置 $a_{k+1} = \lambda_k, b_{k+1} = b_k, \lambda_{k+1} = \mu_k, \mu_{k+1} = a_{k+1} + 0.618(b_{k+1} - a_{k+1})$，计算函数值 $f(\mu_{k+1})$，转步骤(5)。

(4) 置 $a_{k+1} = a_k, b_{k+1} = \mu_k, \mu_{k+1} = \lambda_k, \lambda_{k+1} = a_{k+1} + 0.382(b_{k+1} - a_{k+1})$，计算函数值 $f(\lambda_{k+1})$，转步骤(5)。

(5) 置 $k=k+1$，返回步骤(2)。

2) Fibonacci 法

这种方法与黄金分割法类似，也是用于单峰函数的，在计算过程中，第 1 次迭代需要计算两个试探点，以后每次迭代只需计算一点，另一试探点取自上次迭代。Fibonacci 法与黄金分割法的主要区别在于区间长度缩短比率不是常数，而是由 Fibonacci 数确定。

定义 5.6.3.1 设有数列$\{F_k\}$，满足条件：

(1) $F_0 = F_1 = 1$；

(2) $F_{k+1} = F_k + F_{k-1},\ k=1,2,\cdots$

则称$\{F_k\}$为 Fibonacci 数列。

Fibonacci 数列表如下：

k	0	1	2	3	4	5	6	7	8	9	10	…
F_k	1	1	2	3	5	8	13	21	34	55	89	…

Fibonacci 法在迭代中计算试探点的公式为

$$\lambda_k = a_k + \frac{F_{n-k-1}}{F_{n-k+1}}(b_k - a_k), \quad k=1,\cdots,n-1 \tag{5.6.10}$$

$$\mu_k=a_k+\frac{F_{n-k}}{F_{n-k+1}}(b_k-a_k),\quad k=1,\cdots,n-1 \tag{5.6.11}$$

其中 n 是计算函数值的次数(不包括初始区间端点的计算),需要事先给定。

设初始区间长度 b_1-a_1 及精度要求(最终区间长度)L 已知,可以求出计算函数值的次数 n(不包括初始区间端点函数值的计算),令 $b_n-a_n\leqslant L$,即

$$\frac{1}{F_n}(b_1-a_1)\leqslant L$$

由此推出

$$F_n\geqslant\frac{b_1-a_1}{L} \tag{5.6.12}$$

先由式(5.6.12)求出 Fibonacci 数 F_n,再根据 F_n 求出计算函数值的次数 n。运用 Fibonacci 法时,应注意下列问题:

由于第 1 次迭代计算两个试探点,以后每次迭代只计算一个,这样经过 $n-1$ 次迭代就算完 n 个试探点,但是在 $n-1$ 次迭代中并没有选择新的试探点,根据公式(5.6.10)和公式(5.6.11),必有

$$\lambda_{n-1}=\mu_{n-1}=\frac{1}{2}(b_{n-1}+a_{n-1})$$

而 λ_{n-1} 和 μ_{n-1} 中的一个取自第 $n-2$ 次迭代中的试探点,为了在第 $n-1$ 次迭代中能够缩短不定区间,可在第 $n-2$ 次迭代之后,这时已确定出 $\lambda_{n-1}=\mu_{n-1}$,在 λ_{n-1} 的右边或左边取一点,令

$$\lambda_n=\lambda_{n-1},\ \mu_n=\lambda_{n-1}+\delta$$

其中辨别常数 $\delta>0$。

计算步骤如下:

(1) 给定初始区间 $[a_1,b_1]$ 和最终区间长度 L,求计算函数值的计算次数 n,使

$$F_n\geqslant\frac{b_1-a_1}{L}$$

置辨别常数 $\delta>0$,计算试探点 λ_1 和 μ_1,根据公式(5.6.10)有:

$$\lambda_1=a_1+\frac{F_{n-2}}{F_n}(b_1-a_1)$$

$$\mu_1=a_1+\frac{F_{n-1}}{F_n}(b_1-a_1)$$

计算函数值 $f(\lambda_1)$ 和 $f(\mu_1)$,置 $k=1$。

(2) 若 $f(\lambda_k)>f(\mu_k)$,则转步骤(3);否则,即 $f(\lambda_k)\leqslant f(\mu_k)$,则转步骤(4)。

(3) 令 $a_{k+1}=\lambda_k,b_{k+1}=b_k,\lambda_{k+1}=\mu_k$,计算试探点 μ_{k+1}:

$$\mu_{k+1}=a_{k+1}+\frac{F_{n-k-1}}{F_{n-k}}(b_{k+1}-a_{k+1})$$

若 $k=n-2$，则转步骤(6)；否则，计算函数值 $f(\mu_{k+1})$，转步骤(5)。

(4) 令 $a_{k+1}=a_k, b_{k+1}=\mu_k, \mu_{k+1}=\lambda_k$，计算 λ_{k+1}：

$$\lambda_{k+1}=a_{k+1}+\frac{F_{n-k-2}}{F_{n-k}}(b_{k+1}-a_{k+1})$$

若 $k=n-2$，则转步骤(6)；否则，计算函数值 $f(\lambda_{k+1})$，转步骤(5)。

(5) 置 $k=k+1$，转步骤(2)。

(6) 令 $\lambda_n=\lambda_{n-1}, \mu_n=\mu_{n-1}+\delta$，计算函数值 $f(\lambda_n)$和 $f(\mu_n)$。

若 $f(\lambda_n)>f(\mu_n)$，则令

$$a_n=\lambda_n, \quad b_n=b_{n-1}$$

若 $f(\lambda_n)\leqslant f(\mu_n)$，则令

$$a_n=a_{n-1}, \quad b_n=\lambda_n$$

停止计算，极小点含于区间$[a_n, b_n]$。

3) Newton 法

设目标函数 $f(x)$二次可微。

Newton 法的基本思想是：在估计点 x_k 附近使 $f'(x)$为线性函数，并求出这个线性函数的零点，这样就得到一个估计点 x_{k+1}。由此推出迭代公式：

$$x_{k+1}=x_k-\frac{f'(x_k)}{f''(x_k)} \tag{5.6.13}$$

运用公式(5.6.13)进行迭代，直至

$$|x_{k+1}-x_k|<\varepsilon \text{ 或 } |f'(x_k)|<\varepsilon$$

迭代终止，其中 ε 是事先给定的精度。

运用 Newton 法时，初始点的选择十分重要，若初始点靠近极小点，则很快收敛；如果初始点远离极小点，迭代产生的点列可能不收敛于极小点。

定理 5.6.3.4 设 $f(x)$存在连续三阶导数，$\bar{x}$ 满足 $f'(\bar{x})=0, f''(\bar{x})\neq 0$，初始点 x_1 充分接近 $\bar{x}$，则 Newton 法产生的序列$\{x_k\}$至少以二阶收敛速率收敛于 $\bar{x}$。

定理 5.6.3.4 用到收敛阶的概念，定义如下：

定义 5.6.3.2 设存在一序列$\{\boldsymbol{x}^{(k)}\}$，$\boldsymbol{x}^{(k)}\in\mathbf{R}^n$，收敛于点 $\bar{\boldsymbol{x}}$，并且对所有充分大的 k 有 $\boldsymbol{x}^{(k)}\neq\bar{\boldsymbol{x}}$，如果存在数 p 和 $\alpha\neq 0$，使得

$$\lim_{k\to\infty}\frac{\|\boldsymbol{x}^{(k+1)}-\bar{\boldsymbol{x}}\|}{\|\boldsymbol{x}^{(k)}-\bar{\boldsymbol{x}}\|^p}=\alpha$$

则称序列$\{\boldsymbol{x}^{(k)}\}$为 p 阶收敛。

如果 $p=1$，则称$\{\boldsymbol{x}^{(k)}\}$的收敛速率是线性的。

4) 割线法

割线法(secant method)的基本思想是：用割线逼近目标函数的导函数曲线

$y=f'(x)$，把割线的零点作为目标函数驻点的估计，如图 5.6.1 所示。

由此推出迭代公式：

$$x_{k+1}=x_k-\frac{x_k-x_{k-1}}{f'(x_k)-f'(x_{k-1})}f'(x_k) \tag{5.6.14}$$

用这个公式进行迭代，得到序列$\{x_k\}$，可以证明，在一定条件下，这个序列收敛于解。

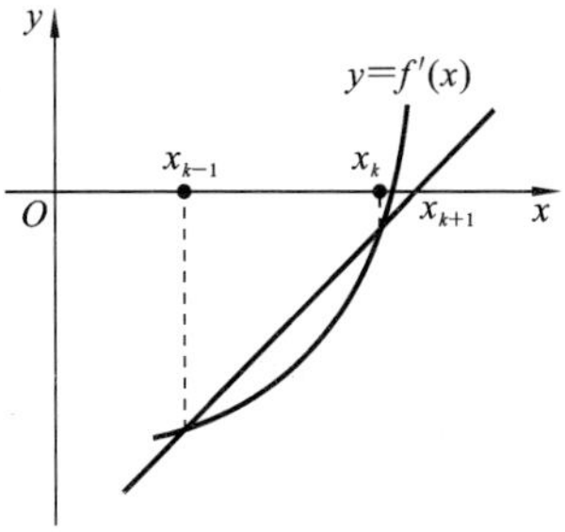

图 5.6.1　割线法图示

定理 5.6.3.5　设 $f(x)$存在连续三阶导数，$\bar{x}$ 满足 $f'(\bar{x})=0$，$f''(\bar{x})\neq 0$，若 x_1 和 x_2 充分接近 $\bar{x}$，则割线法产生的序列$\{x_k\}$收敛于$\bar{x}$，且收敛阶为 1.618。

5）抛物线法

抛物线法(parabolic method)的基本思想是：在极小点附近，用二次三项式逼近目标函数$f(x)$，令此二次三项式与 $f(x)$在三点 $x_1<x_2<x_3$ 处有相同的函数值，并假设 $f(x_1)>f(x_2)$，$f(x_2)<f(x_3)$，求二次三项式的极小点，作为$f(x)$极小点的一个估计。由此得到迭代公式如下：

$$\bar{x}_k=\frac{(x_2^2-x_3^2)f(x_1)+(x_3^2-x_1^2)f(x_2)+(x_1^2-x_2^2)f(x_3)}{2[(x_2-x_3)f(x_1)+(x_3-x_1)f(x_2)+(x_1-x_2)f(x_3)]} \tag{5.6.15}$$

$\bar{x}_k$ 作为 $f(x)$的极小点的一个估计，再从 $x_1,x_2,x_3,\bar{x}_k$ 中选择目标函数值最小的点及其左右两点，给予相应的下标，即中间一点记作 x_2，左右两点分别记作 x_1 和 x_3，代入公式(5.6.15)，求出极小点的新的估计值 $\bar{x}_{k+1}$，依次类推，产生点列$\{\bar{x}_k\}$。在一定的条件下，这个点列收敛于问题的解，其收敛阶为 1.3。在实际应用中，只要满足精度要求即可，一般用目标函数的下降量或位移来控制，即当

$$|f(\bar{x}_{k+1})-f(\bar{x}_k)|<\varepsilon$$

或者当

$$\|\bar{x}_{k+1}-\bar{x}_k\|<\delta$$

时，终止迭代，其中 ε,δ 为事先给定的允许误差。

注意：三个初始点 $x_1<x_2<x_3$ 的选择，必须满足

$$f(x_1)>f(x_2),\quad f(x_2)<f(x_3)$$

这样才能保证极小点在区间(x_1,x_3)内。

6）三次插值法

二点三次插值法(cubic interpolation method)的基本思想是：取两个初点 x_1 和 $x_2(x_1<x_2)$，使得 $f'(x_1)<0$ 及 $f'(x_2)>0$，构造一个三次多项式，使它

与 $f(x)$ 在 x_1 和 x_2 处有相同的函数值及导数值，用这个多项式的极小点作为 $f(x)$ 极小点的估计值。此方法的迭代公式为

$$\bar{x}=x_1+(x_2-x_1)\left[1-\frac{f'(x_2)+v+w}{f'(x_2)-f'(x_1)+2w}\right] \tag{5.6.16}$$

其中 v 和 w 利用下列公式计算：

$$s=\frac{3[f(x_2)-f(x_1)]}{x_2-x_1} \tag{5.6.17}$$

$$v=s-f'(x_1)-f'(x_2) \tag{5.6.18}$$

$$w^2=v^2-f'(x_1)f'(x_2) \tag{5.6.19}$$

若 $f'(\bar{x})$ 充分小，则 $\bar{x}$ 可作为 $f(x)$ 的可接受的极小点，否则，从 x_1,x_2 和 $\bar{x}$ 中确定两个插值点，再利用上述公式进行计算。

计算步骤如下：

(1) 给定初始点 x_1,x_2，计算 $f(x_1),f(x_2),f'(x_1),f'(x_2)$，要求满足条件：$x_2>x_1,f'(x_1)<0,f'(x_2)>0$，给定允许误差 $\delta>0$。

(2) 按照公式(5.6.17)～公式(5.6.19)和公式(5.6.16)计算 s,v,w 和 $\bar{x}$。

(3) 若 $|x_2-x_1|\leqslant\delta$，则停止计算，得到点 $\bar{x}$，否则，进行步骤(4)。

(4) 计算 $f(\bar{x}),f'(\bar{x})$，若 $f'(\bar{x})=0$，则停止计算，得到点 $\bar{x}$；若 $f'(\bar{x})<0$，则令 $x_1=\bar{x},f(x_1)=f(\bar{x}),f'(x_1)=f'(\bar{x})$，转步骤(2)；若 $f'(\bar{x})>0$，则令 $x_2=\bar{x},f(x_2)=f(\bar{x}),f'(x_2)=f'(\bar{x})$，转步骤(2)。

3. 最速下降法

最速下降法(steepest descent method)由法国数学家 Cauchy 于 1847 年首先提出。这种方法是在每次迭代中，沿最速下降方向(负梯度方向)进行搜索，迭代公式为

$$\left.\begin{aligned}&\boldsymbol{x}^{(k+1)}=\boldsymbol{x}^{(k)}+\lambda_k\boldsymbol{d}^{(k)}\\&\boldsymbol{d}^{(k)}=-\nabla f(\boldsymbol{x}^{(k)})\\&\lambda_k: f(\boldsymbol{x}^{(k)}+\lambda_k\boldsymbol{d}^{(k)})=\min_{\lambda\geqslant 0}f(\boldsymbol{x}^{(k)}+\lambda\boldsymbol{d}^{(k)})\end{aligned}\right\} \tag{5.6.20}$$

算法如下：

(1) 给定初始点 $\boldsymbol{x}^{(1)}\in\mathbf{R}^n$，允许误差 $\varepsilon>0$，置 $k=1$。

(2) 求搜索方向 $\boldsymbol{d}^{(k)}=-\nabla f(\boldsymbol{x}^{(k)})$。

(3) 若 $\|\boldsymbol{d}^{(k)}\|<\varepsilon$，则停止计算，否则，从 $\boldsymbol{x}^{(k)}$ 出发，沿 $\boldsymbol{d}^{(k)}$ 进行一维搜索，求 λ_k，使得

$$f(\boldsymbol{x}^{(k)}+\lambda_k\boldsymbol{d}^{(k)})=\min_{\lambda\geqslant 0}f(\boldsymbol{x}^{(k)}+\lambda\boldsymbol{d}^{(k)})$$

(4) 令 $\boldsymbol{x}^{(k+1)}=\boldsymbol{x}^{(k)}+\lambda_k\boldsymbol{d}^{(k)}$，置 $k=k+1$，转步骤(2)。

例 5.6.3.1 用最速下降法解下列问题：

$$\min f(\boldsymbol{x})=2x_1^2+x_2^2$$

初始点 $\boldsymbol{x}^{(1)}=(1,1)^{\mathrm{T}}$，$\varepsilon=\dfrac{1}{10}$。

解 (1) 第 1 次迭代。

目标函数 $f(\boldsymbol{x})$在点 x 处的梯度及搜索方向为

$$\nabla f(\boldsymbol{x})=\begin{bmatrix}4x_1\\2x_2\end{bmatrix},\quad \boldsymbol{d}^{(1)}=-\nabla f(\boldsymbol{x}^{(1)})=\begin{bmatrix}-4\\-2\end{bmatrix}$$

$\|\boldsymbol{d}^{(1)}\|=2\sqrt{5}>\dfrac{1}{10}$，从 $\boldsymbol{x}^{(1)}=(1,1)^{\mathrm{T}}$ 出发，沿方向 $\boldsymbol{d}^{(1)}$ 进行一维搜索，求得步长 $\lambda_1=\dfrac{5}{18}$，沿此方向得到极小点：

$$\boldsymbol{x}^{(2)}=\boldsymbol{x}^{(1)}+\lambda_1\boldsymbol{d}^{(1)}=\begin{bmatrix}-\dfrac{1}{9}\\ \dfrac{4}{9}\end{bmatrix}$$

(2) 第 2 次迭代。

$f(\boldsymbol{x})$在点 $\boldsymbol{x}^{(2)}$ 处的最速下降方向为

$$\boldsymbol{d}^{(2)}=-\nabla f(\boldsymbol{x}^{(2)})=\begin{bmatrix}\dfrac{4}{9}\\ -\dfrac{8}{9}\end{bmatrix}$$

$\|\boldsymbol{d}^{(2)}\|=\dfrac{4}{9}\sqrt{5}>\dfrac{1}{10}$，不满足精度要求，从 $\boldsymbol{x}^{(2)}$ 出发，沿方向 $\boldsymbol{d}^{(2)}$ 进行一维搜索，得到步长 $\lambda_2=\dfrac{5}{12}$，沿此方向得到极小点：

$$\boldsymbol{x}^{(3)}=\boldsymbol{x}^{(2)}+\lambda_2\boldsymbol{d}^{(2)}=\frac{2}{27}\begin{bmatrix}1\\1\end{bmatrix}$$

(3) 第 3 次迭代。

$f(\boldsymbol{x})$在点 $\boldsymbol{x}^{(3)}$ 处的最速下降方向为

$$\boldsymbol{d}^{(3)}=-\nabla f(\boldsymbol{x}^{(3)})=\frac{4}{27}\begin{bmatrix}-2\\-1\end{bmatrix}$$

由于 $\|\boldsymbol{d}^{(3)}\|>\dfrac{1}{10}$，不满足精度要求，再从 $\boldsymbol{x}^{(3)}$ 出发，沿 $\boldsymbol{d}^{(3)}$ 进行一维搜索，得到步长 $\lambda_3=\dfrac{5}{18}$，沿此方向得到极小点：

$$\boldsymbol{x}^{(4)}=\boldsymbol{x}^{(3)}+\lambda_3\boldsymbol{d}^{(3)}=\frac{2}{243}\begin{bmatrix}-1\\4\end{bmatrix}$$

这时有 $\|\nabla f(\boldsymbol{x}^{(4)})\|<\frac{1}{10}$，已满足精度要求，得到问题的近似解：

$$\bar{\boldsymbol{x}}=\frac{2}{243}\begin{bmatrix}-1\\4\end{bmatrix}$$

实际上，问题的最优解 $\boldsymbol{x}^*=(0,0)^{\mathrm{T}}$。

最速下降法在一定条件下是收敛的。

定理 5.6.3.6 设 $f(\boldsymbol{x})$ 是连续可微实函数，解集合 $\Omega=\{\bar{\boldsymbol{x}}\mid\nabla f(\boldsymbol{x})=0\}$，最速下降算法产生的序列 $\{\boldsymbol{x}^{(k)}\}$ 含于某个紧集，则序列 $\{\boldsymbol{x}^{(k)}\}$ 的每个聚点 $\hat{\boldsymbol{x}}\in\Omega$。

最速下降法产生的序列是线性收敛(linear convergence)的，而且收敛性质与极小点处 Hesse 矩阵 $\nabla^2 f(\bar{\boldsymbol{x}})$ 的特征值有关。

定理 5.6.3.7 设 $f(\boldsymbol{x})$ 存在连续二阶偏导数，$\bar{\boldsymbol{x}}$ 是局部极小点，Hesse 矩阵 $\nabla^2 f(\bar{\boldsymbol{x}})$ 的最小特征值 $a>0$，最大特征值为 A，算法产生的序列 $\{\boldsymbol{x}^{(k)}\}$ 收敛于 $\bar{\boldsymbol{x}}$，则目标函数值的序列 $\{f(\boldsymbol{x}^{(k)})\}$ 以不大于 $\left(\frac{A-a}{A+a}\right)^2$ 的收敛比线性地收敛于 $f(\bar{\boldsymbol{x}})$。

上述定理中，若令 $r=A/a$，则

$$\left(\frac{A-a}{A+a}\right)^2=\left(\frac{r-1}{r+1}\right)^2<1$$

r 是对称正定矩阵 $\nabla^2 f(\bar{\boldsymbol{x}})$ 的条件数(condition number)，这个定理表明，条件数越小，收敛越快；条件数越大，收敛越慢。

用最速下降法极小化目标函数时，相邻两个搜索方向是正交的，因此迭代产生的序列 $\{\boldsymbol{x}^{(k)}\}$ 所循路径是“之”字形的，当 $\boldsymbol{x}^{(k)}$ 接近极小点 $\bar{\boldsymbol{x}}$ 时，每次迭代移动的步长很小，这样就呈现出锯齿现象。当 Hesse 矩阵 $\nabla^2 f(\bar{\boldsymbol{x}})$ 的条件数比较大时，锯齿现象的影响尤为严重，对此可做如下分析：

粗略地讲，在极小点附近，目标函数一般可用二次函数近似，其等值面接近椭球面，长轴和短轴分别位于对应最小特征值和最大特征值的特征向量方向，其大小与特征值的平方根成反比，最小特征值与最大特征值相差越大，椭球面越扁，这就使得一维搜索沿着“斜长谷”进行。因此，当条件数很大时，要使迭代点充分接近极小点，就需要走很大的弯路，计算效率很低。

最速下降方向反映了目标函数的一种局部性质。从局部看，最速下降方向确是目标函数值下降最快的方向，选择这样的方向进行搜索是有利的，但从全局看，由于锯齿现象的影响，即使向着极小点移近不太大的距离，也要经历不小的“弯路”，因此收敛速度大为减慢。最速下降法并不是收敛最快的方法，相反，从全局看，它的收敛是比较慢的，因此，最速下降法一般适用于计算过程前期迭代，或作为间插步骤，当接近极小点时，再使用此法，试图达到迭代的终止，并非有利。

4. Newton **法**

1）Newton **法原理**

假设非线性规划问题式(5.6.3)中，$f(\boldsymbol{x})$为二次可微实函数，Newton 法的基本思想是，用一个二次函数局部地近似 $f(\boldsymbol{x})$，然后求出此近似函数的极小点，从而得到迭代公式：

$$\boldsymbol{x}^{(k+1)}=\boldsymbol{x}^{(k)}-\nabla^2 f(\boldsymbol{x}^{(k)})^{-1}\nabla f(\boldsymbol{x}^{(k)}) \tag{5.6.21}$$

其中$\nabla^2 f(\boldsymbol{x}^{(k)})^{-1}$是 Hesse 矩阵$\nabla^2 f(\boldsymbol{x}^{(k)})$的逆矩阵。这样，知道 $\boldsymbol{x}^{(k)}$后，算出在这一点处目标函数的梯度和 Hesse 逆矩阵，代入式(5.6.21)，便得到后继点 $\boldsymbol{x}^{(k+1)}$。用 $k+1$ 代替 k，再用式(5.6.21)计算，又得到 $\boldsymbol{x}^{(k+1)}$ 的后继点，依此类推，产生点列$\{\boldsymbol{x}^{(k)}\}$。在适当条件下，这个序列收敛。

定理 5.6.3.8 设 $f(\boldsymbol{x})$为二次连续可微函数，$\boldsymbol{x}\in\mathbf{R}^n$，$\bar{\boldsymbol{x}}$ 满足$\nabla f(\bar{\boldsymbol{x}})=0$，且$\nabla^2 f(\bar{\boldsymbol{x}})^{-1}$存在，又设初始点 $\boldsymbol{x}^{(1)}$ 充分接近 $\bar{\boldsymbol{x}}$，使得存在 $k_1,k_2>0$，满足 $k_1k_2<1$，且对每一个

$$\boldsymbol{x}\in\{\boldsymbol{x}\mid \|\boldsymbol{x}-\bar{\boldsymbol{x}}\|\leqslant\|\boldsymbol{x}^{(1)}-\bar{\boldsymbol{x}}\|\}$$

有

$$\|\nabla^2 f(\boldsymbol{x})^{-1}\|\leqslant k_1$$

$$\frac{\|\nabla f(\bar{\boldsymbol{x}})-\nabla f(\boldsymbol{x})-\nabla^2 f(\boldsymbol{x})(\bar{\boldsymbol{x}}-\boldsymbol{x})\|}{\|\bar{\boldsymbol{x}}-\boldsymbol{x}\|}\leqslant k_2$$

成立，则 Newton 法产生的序列收敛于 $\bar{\boldsymbol{x}}$。

当 Newton 法收敛时，有下列关系：

$$\|\boldsymbol{x}^{(k+1)}-\bar{\boldsymbol{x}}\|\leqslant c\|\boldsymbol{x}^{(k)}-\bar{\boldsymbol{x}}\|^2 \tag{5.6.22}$$

其中 c 是某个常数。由此可知，Newton 法至少二阶收敛。特别地，当 $f(\boldsymbol{x})$为二次凸函数时，运用 Newton 法，经一次迭代可达极小点。

注意：当初始点远离极小点时，Newton 法可能不收敛，原因之一，Newton 方向

$$\boldsymbol{d}=-\nabla^2 f(\boldsymbol{x})^{-1}\nabla f(\boldsymbol{x}) \tag{5.6.23}$$

不一定是下降方向，经迭代，目标函数值可能上升。此外，即使目标函数值下降，得到的点 $\boldsymbol{x}^{(k+1)}$ 也不一定是沿 Newton 方向的最好点或极小点，因此有阻尼 Newton 法。

2）**阻尼** Newton **法**

阻尼 Newton 法(damped Newton’s method)与原始 Newton 法的区别在于增加了沿 Newton 方向的一维搜索，其迭代公式为

$$\left.\begin{aligned}&\boldsymbol{x}^{(k+1)}=\boldsymbol{x}^{(k)}+\lambda_k\boldsymbol{d}^{(k)}\\&\boldsymbol{d}^{(k)}=-\nabla^2 f(\boldsymbol{x}^{(k)})^{-1}\nabla f(\boldsymbol{x}^{(k)})\\&\lambda_k: f(\boldsymbol{x}^{(k)}+\lambda_k\boldsymbol{d}^{(k)})=\min_{\lambda} f(\boldsymbol{x}^{(k)}+\lambda\boldsymbol{d}^{(k)})\end{aligned}\right\} \tag{5.6.24}$$

计算步骤如下：

(1) 给定初始点 $\boldsymbol{x}^{(1)}$，允许误差 $\varepsilon>0$，置 $k=1$。

(2) 计算 $\nabla f(\boldsymbol{x}^{(k)})$，$\nabla^2 f(\boldsymbol{x}^{(k)})^{-1}$。

(3) 若 $\|\nabla f(\boldsymbol{x}^{(k)})\|<\varepsilon$，则停止迭代，否则，令

$$\boldsymbol{d}^{(k)}=-\nabla^2 f(\boldsymbol{x}^{(k)})^{-1}\nabla f(\boldsymbol{x}^{(k)})$$

(4) 从 $\boldsymbol{x}^{(k)}$ 出发，沿 $\boldsymbol{d}^{(k)}$ 方向进行一维搜索：

$$\min_{\lambda} f(\boldsymbol{x}^{(k)}+\lambda\boldsymbol{d}^{(k)})=f(\boldsymbol{x}^{(k)}+\lambda_k\boldsymbol{d}^{(k)})$$

并令 $\boldsymbol{x}^{(k+1)}=\boldsymbol{x}^{(k)}+\lambda_k\boldsymbol{d}^{(k)}$。

(5) 置 $k=k+1$，转步骤(2)。

由于阻尼 Newton 法含有一维搜索，因此，每次迭代目标函数值一般有所下降(决不会上升)。可以证明，阻尼 Newton 法在适当条件下具有全局收敛性，且为二阶收敛。

原始 Newton 法和阻尼 Newton 法有共同的缺点：一是可能出现 Hesse 矩阵奇异的情况，因此不能确定后继点；二是即使 Hesse 矩阵非奇异，也未必正定，因而 Newton 方向不一定是下降方向，这就可能导致算法失效。

例 5.6.3.2 用阻尼 Newton 法求解下列问题：

$$\min f(\boldsymbol{x})\triangleq x_1^4+x_1x_2+(1+x_2)^2$$

解 取初始点 $\boldsymbol{x}^{(1)}=(0,0)^{\mathrm{T}}$，在点 $\boldsymbol{x}^{(1)}$ 处，函数 $f(\boldsymbol{x})$ 的梯度和 Hesse 矩阵分别为

$$\nabla f(\boldsymbol{x}^{(1)})=\begin{bmatrix}0\\2\end{bmatrix},\quad \nabla^2 f(\boldsymbol{x}^{(1)})=\begin{bmatrix}0 & 1\\1 & 2\end{bmatrix}$$

Newton 方向

$$\boldsymbol{d}^{(1)}=-\nabla^2 f(\boldsymbol{x}^{(1)})^{-1}\nabla f(\boldsymbol{x}^{(1)})=\begin{bmatrix}-2\\0\end{bmatrix}$$

从 $\boldsymbol{x}^{(1)}$ 出发沿 $\boldsymbol{d}^{(1)}$ 方向进行一维搜索，得到步长 $\lambda_1=0$，因此经一次迭代没有产生新点，仍然得到 $\boldsymbol{x}^{(1)}=(0,0)^{\mathrm{T}}$，显然，$\boldsymbol{x}^{(1)}$ 并不是问题的极小点。可见，从 $\boldsymbol{x}^{(1)}$ 出发，用阻尼 Newton 法求不出极小点，其原因在于 Hesse 矩阵 $\nabla^2 f(\boldsymbol{x}^{(1)})$ 非正定。

3) Marquardt-Levenberg 方法

为了使 Newton 法适用于 $\nabla^2 f(\boldsymbol{x}^{(k)})$ 不是正定矩阵的情形，人们对 Newton 法提出了若干修正方法，Marquardt-Levenberg 方法就是其中之一，这种方法的迭代公式为

$$\left.\begin{aligned}&\boldsymbol{x}^{(k+1)}=\boldsymbol{x}^{(k)}+\lambda_k\boldsymbol{d}^{(k)}\\&\boldsymbol{d}^{(k)}=-\boldsymbol{G}_k^{-1}\nabla f(\boldsymbol{x}^{(k)})\\&\boldsymbol{G}_k=\nabla^2 f(\boldsymbol{x}^{(k)})+\beta_k\boldsymbol{Q}_k\\&\lambda_k: f(\boldsymbol{x}^{(k)}+\lambda_k\boldsymbol{d}^{(k)})=\min_{\lambda\geqslant 0} f(\boldsymbol{x}^{(k)}+\lambda\boldsymbol{d}^{(k)})\end{aligned}\right\}\tag{5.6.25}$$

其中 β_k 是一个非负数，$\boldsymbol{Q}_k$ 是给定的正定矩阵。

迭代公式中，当 β_k 取得足够小时，$\boldsymbol{G}_k$ 的第二项 $\beta_k\boldsymbol{Q}_k$ 几乎不起作用，因此方法近似于 Newton 法；当 β_k 取得足够大时，$\boldsymbol{G}_k$ 中主要是 $\beta_k\boldsymbol{Q}_k$ 起作用，又若 $\boldsymbol{Q}_k$ 取为单位矩阵，此时近似于最速下降法。当 $\nabla^2 f(\boldsymbol{x}^{(k)})$ 非正定时，只要 β_k 取得足够大，便可保证 $\boldsymbol{G}_k$ 正定，从而 $\boldsymbol{d}^{(k)}$ 为下降方向。

计算步骤如下：

(1) 给定 $\boldsymbol{x}^{(1)}, \beta_1, \boldsymbol{Q}, \varepsilon, \alpha>1$，置 $k=1$。

(2) 求出 $\nabla f(\boldsymbol{x}^{(k)}), \nabla^2 f(\boldsymbol{x}^{(k)})$，置 $\beta=\beta_1$。

(3) 令 $\boldsymbol{G}=\nabla^2 f(\boldsymbol{x}^{(k)})+\beta\boldsymbol{Q}$。

(4) 若 $\boldsymbol{G}^{-1}$ 存在，则求出 $\boldsymbol{G}^{-1}$，转步骤(5)；若 $\boldsymbol{G}^{-1}$ 不存在，则置 $\beta=\alpha\beta$，转步骤(3)。

(5) 求 $\boldsymbol{d}^{(k)}=-\boldsymbol{G}^{-1}\nabla f(\boldsymbol{x}^{(k)})$。

(6) 求 $\boldsymbol{x}^{(k+1)}=\boldsymbol{x}^{(k)}+\lambda_k\boldsymbol{d}^{(k)}$，其中 λ_k 满足：

$$f(\boldsymbol{x}^{(k)}+\lambda_k\boldsymbol{d}^{(k)})=\min_{\lambda} f(\boldsymbol{x}^{(k)}+\lambda\boldsymbol{d}^{(k)})$$

若 $\lambda_k=0$，则置 $\beta=\alpha\beta$，转步骤(3)；如果 $\lambda_k\neq 0$，则转步骤(7)。

(7) 若 $\|\boldsymbol{x}^{(k+1)}-\boldsymbol{x}^{(k)}\|\leqslant\varepsilon$，则求得最优解 $\boldsymbol{x}^*=\boldsymbol{x}^{(k+1)}$；若 $\|\boldsymbol{x}^{(k+1)}-\boldsymbol{x}^{(k)}\|>\varepsilon$，则置 $k=k+1$，转步骤(2)。

5. 共轭梯度法

1）共轭方向

共轭梯度法(conjugate gradient method)是以共轭方向(conjugate direction)作为搜索方向的一类算法，先给出有关概念及性质。

定义 5.6.3.3 设 $\boldsymbol{A}$ 是 $n\times n$ 对称正定矩阵，若 $\mathbf{R}^n$ 中的两个方向 $\boldsymbol{d}^{(1)}$ 和 $\boldsymbol{d}^{(2)}$ 满足

$$\boldsymbol{d}^{(1)\mathrm{T}}\boldsymbol{A}\boldsymbol{d}^{(2)}=0$$

则称这两个方向关于 $\boldsymbol{A}$ 共轭，或称它们关于 $\boldsymbol{A}$ 正交。

若 $\boldsymbol{d}^{(1)}, \boldsymbol{d}^{(2)}, \cdots, \boldsymbol{d}^{(k)}$ 是 $\mathbf{R}^n$ 中的 k 个方向，它们两两关于 $\boldsymbol{A}$ 共轭，即满足

$$\boldsymbol{d}^{(i)\mathrm{T}}\boldsymbol{A}\boldsymbol{d}^{(j)}=0,\quad i\neq j, i,j=1,2,\cdots,k$$

则称这组方向是 $\boldsymbol{A}$ 共轭的，或称它们为 $\boldsymbol{A}$ 的 k 个共轭方向。

在上述定义中，如果 $\boldsymbol{A}$ 为单位矩阵，则两个方向关于 $\boldsymbol{A}$ 共轭等价于两个方向正交，因此共轭是正交概念的推广。实际上，如果 $\boldsymbol{A}$ 是一般的对称正定矩阵，$\boldsymbol{d}^{(i)}$ 和 $\boldsymbol{d}^{(j)}$ 关于 $\boldsymbol{A}$ 共轭，也就是方向 $\boldsymbol{d}^{(i)}$ 和方向 $\boldsymbol{d}^{(j)}$ 正交。

共轭方向具有下列性质：

定理 5.6.3.9 设 $\boldsymbol{A}$ 是 n 阶对称正定矩阵，$\boldsymbol{d}^{(1)}, \boldsymbol{d}^{(2)}, \cdots, \boldsymbol{d}^{(k)}$ 是 k 个 $\boldsymbol{A}$ 共轭的非零向量，则这组向量线性无关。

定理 5.6.3.10 设有二次函数

$$f(\boldsymbol{x})=\frac{1}{2}\boldsymbol{x}^{\mathrm{T}}\boldsymbol{A}\boldsymbol{x}+\boldsymbol{b}^{\mathrm{T}}\boldsymbol{x}+c$$

其中 $\boldsymbol{A}$ 是 n 阶对称正定矩阵，$\boldsymbol{d}^{(1)},\boldsymbol{d}^{(2)},\cdots,\boldsymbol{d}^{(k)}$ 是 $\boldsymbol{A}$ 共轭的非零向量，以任意 $\boldsymbol{x}^{(1)}\in\mathbf{R}^n$ 为初始点，依次沿方向 $\boldsymbol{d}^{(1)},\boldsymbol{d}^{(2)},\cdots,\boldsymbol{d}^{(k)}$ 进行一维搜索，得到点 $\boldsymbol{x}^{(2)}$，$\boldsymbol{x}^{(3)},\cdots,\boldsymbol{x}^{(k+1)}$，则 $\boldsymbol{x}^{(k+1)}$ 是函数 $f(\boldsymbol{x})$ 在线性流形(linear manifold)$\boldsymbol{x}^{(1)}+\boldsymbol{\beta}_k$ 上的唯一极小点，特别地，当 $k=n$ 时，$\boldsymbol{x}^{(n+1)}$ 是函数 $f(\boldsymbol{x})$ 在 $\mathbf{R}^n$ 上的唯一极小点，其中

$$\boldsymbol{\beta}_k=\left\{\boldsymbol{x}\mid \boldsymbol{x}=\sum_{i=1}^{k}\lambda_i\boldsymbol{d}^{(i)},\lambda_i\in(-\infty,+\infty)\right\}\tag{5.6.26}$$

是 $\boldsymbol{d}^{(1)},\boldsymbol{d}^{(2)},\cdots,\boldsymbol{d}^{(k)}$ 生成的子空间。

上述定理称为扩张子空间定理(expanding subspace theorem)。它表明，对于二次凸函数，若沿一组共轭方向搜索，经有限步迭代必达到极小点。这种性质称为二次终止性(quadratic termination)。利用扩张子空间定理，容易证明共轭方向的另一个性质。

定理 5.6.3.11 设 $f(\boldsymbol{x})=\frac{1}{2}\boldsymbol{x}^{\mathrm{T}}\boldsymbol{A}\boldsymbol{x}+\boldsymbol{b}^{\mathrm{T}}\boldsymbol{x}+c$，$\boldsymbol{A}$ 是 n 阶对称正定矩阵，又设 $\boldsymbol{d}^{(1)},\boldsymbol{d}^{(2)},\cdots,\boldsymbol{d}^{(k)}$ 是一组 $\boldsymbol{A}$ 共轭的非零向量，$\boldsymbol{x}^{(0)},\boldsymbol{x}^{(1)}\in\mathbf{R}^n$ 为任意两点，从 $\boldsymbol{x}^{(0)}$ 出发，依次沿此 k 个方向搜索，得到在流形 $\boldsymbol{x}^{(0)}+\boldsymbol{\beta}_k$ 上的极小点 $\boldsymbol{x}^{(a)}$，从 $\boldsymbol{x}^{(1)}$ 出发，依次沿这 k 个方向搜索，得到在流形 $\boldsymbol{x}^{(1)}+\boldsymbol{\beta}_k$ 上的极小点 $\boldsymbol{x}^{(b)}$，则

$$\boldsymbol{d}^{(1)},\boldsymbol{d}^{(2)},\cdots,\boldsymbol{d}^{(k)},\boldsymbol{d}^{(k+1)}=\boldsymbol{x}^{(b)}-\boldsymbol{x}^{(a)}$$

是 $\boldsymbol{A}$ 共轭的。

定理中的 $\boldsymbol{\beta}_k$ 是 $\boldsymbol{d}^{(1)},\boldsymbol{d}^{(2)},\cdots,\boldsymbol{d}^{(k)}$ 生成的子空间。

2）共轭梯度法

这是基于共轭方向的一类算法，为书写简便，用 $\boldsymbol{g}_k$ 表示函数 $f(\boldsymbol{x})$ 在点 $\boldsymbol{x}^{(k)}$ 的梯度，即令 $\boldsymbol{g}_k\triangleq\nabla f(\boldsymbol{x}^{(k)})$。

共轭梯度法由 Hesteness 和 Stiefel 于 1952 年为求解线性方程组而提出，后来用于求解无约束最优化问题，它是一种重要的方法。

共轭梯度法的基本思想是把共轭性与最速下降法相结合，利用已知点处的梯度构造一组共轭方向，并沿此组方向进行搜索，求出目标函数的极小点。根据共轭方向的基本性质，这种方法具有二次终止性。

先介绍 Fletcher-Reeves(FR)共轭梯度法用于二次凸函数的情形。考虑问题

$$\min f(\boldsymbol{x})\triangleq\frac{1}{2}\boldsymbol{x}^{\mathrm{T}}\boldsymbol{A}\boldsymbol{x}+\boldsymbol{b}^{\mathrm{T}}\boldsymbol{x}+c\tag{5.6.27}$$

其中 $\boldsymbol{x}\in\mathbf{R}^n$，$\boldsymbol{A}$ 是对称正定矩阵，c 是常数。运用 Fletcher-Reeves 共轭梯度法时，$\boldsymbol{x}^{(1)}$ 给定，令 $\boldsymbol{d}^{(1)}=-\boldsymbol{g}_1$，迭代公式为

$$\left.\begin{aligned}\boldsymbol{x}^{(k+1)}&=\boldsymbol{x}^{(k)}+\lambda_k\boldsymbol{d}^{(k)}\\ \lambda_k&=-\frac{\boldsymbol{g}_k^{\mathrm{T}}\boldsymbol{d}^{(k)}}{\boldsymbol{d}^{(k)^{\mathrm{T}}}\boldsymbol{A}\boldsymbol{d}^{(k)}}\\ \boldsymbol{d}^{(k+1)}&=-\boldsymbol{g}_{k+1}+\beta_k\boldsymbol{d}^{(k)}\\ \beta_k&=\frac{\boldsymbol{d}^{(k)^{\mathrm{T}}}\boldsymbol{A}\boldsymbol{g}_{k+1}}{\boldsymbol{d}^{(k)^{\mathrm{T}}}\boldsymbol{A}\boldsymbol{d}^{(k)}}=\frac{\|\boldsymbol{g}_{k+1}\|^2}{\|\boldsymbol{g}_k\|^2}\end{aligned}\right\}\tag{5.6.28}$$

计算步骤如下：

(1) 给定初始点 $\boldsymbol{x}^{(1)}$，置 $\boldsymbol{d}^{(1)}=-\boldsymbol{g}_1$，$k=1$。

(2) 从 $\boldsymbol{x}^{(k)}$ 出发，沿 $\boldsymbol{d}^{(k)}$ 搜索，求出 λ_k，令

$$\boldsymbol{x}^{(k+1)}=\boldsymbol{x}^{(k)}+\lambda_k\boldsymbol{d}^{(k)}$$

(3) 计算 $\boldsymbol{g}_{k+1}=\nabla f(\boldsymbol{x}^{(k+1)})$，若 $\boldsymbol{g}_{k+1}=\mathbf{0}$，则停止计算。

(4) 令

$$\beta_k=\frac{\|\boldsymbol{g}_{k+1}\|^2}{\|\boldsymbol{g}_k\|^2}$$

$$\boldsymbol{d}^{(k+1)}=-\boldsymbol{g}_{k+1}+\beta_k\boldsymbol{d}^{(k)}$$

(5) 置 $k=k+1$，返回步骤(2)。

例 5.6.3.3 用 Fletcher-Reeves 共轭梯度法求解下列问题：

$$\min f(\boldsymbol{x})\triangleq x_1^2+2x_2^2$$

初始点 $\boldsymbol{x}^{(1)}=(5,5)^{\mathrm{T}}$。

解 在点 $\boldsymbol{x}$ 处，目标函数 $f(\boldsymbol{x})$ 的梯度 $\nabla f(\boldsymbol{x})=\begin{bmatrix}2x_1\\4x_2\end{bmatrix}$。

第一次迭代：令

$$\boldsymbol{d}^{(1)}=-\boldsymbol{g}_1=\begin{bmatrix}-10\\-20\end{bmatrix}$$

从 $\boldsymbol{x}^{(1)}$ 出发，沿方向 $\boldsymbol{d}^{(1)}$ 进行一维搜索，求得步长

$$\lambda_1=-\frac{\boldsymbol{g}_1^{\mathrm{T}}\boldsymbol{d}^{(1)}}{\boldsymbol{d}^{(1)\mathrm{T}}\boldsymbol{A}\boldsymbol{d}^{(1)}}=\frac{5}{18}$$

$$\boldsymbol{x}^{(2)}=\boldsymbol{x}^{(1)}+\lambda_1\boldsymbol{d}^{(1)}=\begin{bmatrix}\dfrac{20}{9}\\-\dfrac{5}{9}\end{bmatrix}$$

第二次迭代：在点 $\boldsymbol{x}^{(2)}$ 处，目标函数的梯度为

$$\boldsymbol{g}_2=\begin{bmatrix}\dfrac{40}{9}\\-\dfrac{20}{9}\end{bmatrix}$$

构造搜索方向 $\boldsymbol{d}^{(2)}$，先计算因子 β_1：

$$\beta_1=\frac{\|\boldsymbol{g}_2\|^2}{\|\boldsymbol{g}_1\|^2}=\frac{4}{81}$$

再令搜索方向

$$\boldsymbol{d}^{(2)}=-\boldsymbol{g}_2+\beta_1\boldsymbol{d}^{(1)}=\frac{100}{81}\begin{bmatrix}-4\\1\end{bmatrix}$$

从 $\boldsymbol{x}^{(2)}$ 出发，沿 $\boldsymbol{d}^{(2)}$ 进行一维搜索，求 λ_2：

$$\lambda_2=-\frac{\boldsymbol{g}_2^{\mathrm{T}}\boldsymbol{d}^{(2)}}{\boldsymbol{d}^{(2)\mathrm{T}}\boldsymbol{A}\boldsymbol{d}^{(2)}}=\frac{9}{20}$$

$$\boldsymbol{x}^{(3)}=\boldsymbol{x}^{(2)}+\lambda_2\boldsymbol{d}^{(2)}=\begin{bmatrix}0\\0\end{bmatrix}$$

在 $\boldsymbol{x}^{(3)}$ 处，目标函数的梯度 $\boldsymbol{g}_3=(0,0)^{\mathrm{T}}$，经二次迭代即达极小点 $\boldsymbol{x}^{(3)}=(0,0)^{\mathrm{T}}$。取得如此好的结果并非偶然，Fletcher-Reeves 共轭梯度法用于二次凸函数时，有下列结论：

定理 5.6.3.12 对于正定二次函数 $f(\boldsymbol{x})=\dfrac{1}{2}\boldsymbol{x}^{\mathrm{T}}\boldsymbol{A}\boldsymbol{x}+\boldsymbol{b}^{\mathrm{T}}\boldsymbol{x}+c$（$\boldsymbol{A}$ 为 n 阶对称正定矩阵），具有精确一维搜索的 Fletcher-Reeves 共轭梯度法在 $m(\leqslant n)$ 次一维搜索后即终止，并且对所有 $i(1\leqslant i\leqslant m)$，有下列关系：

(1) $\boldsymbol{d}^{(j)\mathrm{T}}\boldsymbol{A}\boldsymbol{d}^{(j)}=0, j=1,2,\cdots,i-1$；

(2) $\boldsymbol{g}_i^{\mathrm{T}}\boldsymbol{g}_j=0, j=1,2,\cdots,i-1$；

(3) $\boldsymbol{g}_i^{\mathrm{T}}\boldsymbol{d}^{(i)}=-\boldsymbol{g}_i^{\mathrm{T}}\boldsymbol{g}_i\ (\boldsymbol{d}^{(i)}\neq\boldsymbol{0})$。

定理 5.6.3.12 表明，Fletcher-Reeves 共轭梯度法所产生的搜索方向 $\boldsymbol{d}^{(1)}$，$\boldsymbol{d}^{(2)},\cdots,\boldsymbol{d}^{(m)}$ 是 $\boldsymbol{A}$ 共轭的，根据定理 5.6.3.10，经有限次迭代必达到极小点。

这里要着重指出，选择最速下降方向作初始搜索方向（即 $\boldsymbol{d}^{(1)}=-\nabla f(\boldsymbol{x}^{(1)})$）是十分重要的，如果选择别的方向作为初始搜索方向，其余方向均按 Fletcher-Reeves 共轭梯度法构造，那么极小化正定二次函数时，这样构造出来的一组方向不能保证共轭性。

例 5.6.3.4 考虑问题

$$\min\ x_1^2+\frac{1}{2}x_2^2+\frac{1}{2}x_3^2$$

取初始点和初始搜索方向分别为

$$\boldsymbol{x}^{(1)}=\begin{bmatrix}1\\1\\1\end{bmatrix},\quad \boldsymbol{d}^{(1)}=\begin{bmatrix}-1\\-2\\0\end{bmatrix}$$

显然，$\boldsymbol{d}^{(1)}$不是目标函数在 $\boldsymbol{x}^{(1)}$处的最速下降方向。下面，用 Fletcher-Reeves 共轭梯度法构造两个搜索方向。

首先，从 $\boldsymbol{x}^{(1)}$出发，沿方向 $\boldsymbol{d}^{(1)}$搜索，求步长 λ_1，使它满足

$$f(\boldsymbol{x}^{(1)}+\lambda_1\boldsymbol{d}^{(1)})=\min_{\lambda} f(\boldsymbol{x}^{(1)}+\lambda\boldsymbol{d}^{(1)})$$

得到 $\lambda_1=\dfrac{2}{3}$，从而得出

$$\boldsymbol{x}^{(2)}=\boldsymbol{x}^{(1)}+\lambda_1\boldsymbol{d}^{(1)}=\begin{bmatrix}\frac{1}{3}\\-\frac{1}{3}\\1\end{bmatrix},\quad \boldsymbol{g}_2=\begin{bmatrix}\frac{2}{3}\\-\frac{1}{3}\\1\end{bmatrix}$$

令 $\boldsymbol{d}^{(2)}=-\boldsymbol{g}_2+\beta_1\boldsymbol{d}^{(1)}$，根据公式(5.6.28)，有

$$\beta_1=\frac{\boldsymbol{d}^{(1)\mathrm{T}}\boldsymbol{A}\boldsymbol{g}_2}{\boldsymbol{d}^{(1)\mathrm{T}}\boldsymbol{A}\boldsymbol{d}^{(1)}}=-\frac{1}{9}$$

则

$$\boldsymbol{d}^{(2)}=\begin{bmatrix}-\frac{5}{9}\\\frac{5}{9}\\-1\end{bmatrix}$$

再从 $\boldsymbol{x}^{(2)}$出发，沿 $\boldsymbol{d}^{(2)}$搜索，求得步长 $\lambda_2=\dfrac{21}{26}$，从而得到

$$\boldsymbol{x}^{(3)}=\boldsymbol{x}^{(2)}+\lambda_2\boldsymbol{d}^{(2)}=\begin{bmatrix}-\frac{9}{78}\\\frac{9}{78}\\\frac{5}{26}\end{bmatrix},\quad \boldsymbol{g}_3=\begin{bmatrix}-\frac{18}{78}\\\frac{9}{78}\\\frac{5}{26}\end{bmatrix}$$

令 $\boldsymbol{d}^{(3)}=-\boldsymbol{g}_3+\beta_2\boldsymbol{d}^{(2)}$，利用公式(5.6.28)算出 β_2，从而得到搜索方向

$$\boldsymbol{d}^{(3)}=\frac{1}{676}\begin{bmatrix}131\\-53\\-175\end{bmatrix}$$

容易验证，$\boldsymbol{d}^{(1)}$与 $\boldsymbol{d}^{(2)}$关于 $\boldsymbol{A}$ 共轭，$\boldsymbol{d}^{(2)}$与 $\boldsymbol{d}^{(3)}$关于 $\boldsymbol{A}$ 共轭，但是 $\boldsymbol{d}^{(1)}$与 $\boldsymbol{d}^{(3)}$不关于 $\boldsymbol{A}$ 共轭，因此向量组 $\boldsymbol{d}^{(1)}$，$\boldsymbol{d}^{(2)}$，$\boldsymbol{d}^{(3)}$不是关于 $\boldsymbol{A}$ 共轭的。在 Fletcher-Reeves

法中，初始搜索方向必须取最速下降方向，这一点绝不可忽视。

3）用于一般函数的共轭梯度法

Fletcher-Reeves 共轭梯度法用于一般可微函数时，迭代公式与公式(5.6.28)略有不同。由于 $f(\boldsymbol{x})$ 不一定为二次凸函数，因此在公式(5.6.28)中一维搜索步长公式不再适用，这时，可用前面介绍的一维搜索方法求步长 λ_k。

$$\lambda_k : f(\boldsymbol{x}^{(k)}+\lambda_k \boldsymbol{d}^{(k)})=\min_{\lambda \geqslant 0} f(\boldsymbol{x}^{(k)}+\lambda \boldsymbol{d}^{(k)}) \tag{5.6.29}$$

其余公式不变，即可用于一般函数的情形。Fletcher-Reeves 共轭梯度法的计算步骤如下：

(1) 给定点 $\boldsymbol{x}^{(1)}$，允许误差 $\varepsilon>0$，置 $\boldsymbol{y}^{(1)}=\boldsymbol{x}^{(1)}$，$\boldsymbol{d}^{(1)}=-\nabla f(\boldsymbol{y}^{(1)})$，$k=j=1$。

(2) 若 $\|\nabla f(\boldsymbol{y}^{(j)})\|<\varepsilon$，则停止计算，否则，进行一维搜索，求 λ_j，满足

$$f(\boldsymbol{y}^{(j)}+\lambda_j \boldsymbol{d}^{(j)})=\min_{\lambda \geqslant 0} f(\boldsymbol{y}^{(j)}+\lambda \boldsymbol{d}^{(j)})$$

令 $\boldsymbol{y}^{(j+1)}=\boldsymbol{y}^{(j)}+\lambda_j \boldsymbol{d}^{(j)}$。

(3) 如果 $j<n$，则进行步骤(4)，否则，进行步骤(5)。

(4) 计算 $\nabla f(\boldsymbol{y}^{(j+1)})$，置 $\boldsymbol{d}^{(j+1)}=-\nabla f(\boldsymbol{y}^{(j+1)}+\beta_j \boldsymbol{d}^{(j)})$，其中

$$\beta_j=\frac{\|\nabla f(\boldsymbol{y}^{(j+1)})\|^2}{\|\nabla f(\boldsymbol{y}^{(j)})\|^2} \tag{5.6.30}$$

置 $j=j+1$，转步骤(2)。

(5) 令 $\boldsymbol{x}^{(k+1)}=\boldsymbol{y}^{(n+1)}$，$\boldsymbol{y}^{(1)}=\boldsymbol{x}^{(k+1)}$，$\boldsymbol{d}^{(1)}=-\nabla f(\boldsymbol{y}^{(1)})$，置 $j=1$，$k=k+1$，转步骤(2)。

Fletcher-Reeves 共轭梯度法用于求任意函数的极小点时，一般说来，用有限步迭代是达不到的。迭代的延续可以采取不同的方案。这里是把 n 步作为一轮，每搜索一轮之后，取一次最速下降方向，开始下一轮。这种策略称为“重新开始”或“重置”，每 n 次迭代后以最速下降方向重新开始的共轭梯度法，有时称为传统的共轭梯度法。

共轭梯度法中，可以采取不同的公式计算 β_j（其他不变），因而形成不同的共轭梯度法，有以下几种常见的形式。

(1) Daniel 法。

这种方法中计算 β_j 的公式为

$$\beta_j=\frac{\boldsymbol{d}^{(j)\mathrm{T}} \nabla^2 f(\boldsymbol{x}^{(j+1)}) \boldsymbol{g}_{j+1}}{\boldsymbol{d}^{(j)\mathrm{T}} \nabla^2 f(\boldsymbol{x}^{(j+1)}) \boldsymbol{d}^{(j)}} \tag{5.6.31}$$

(2) Sorenson-Wolfe 法。

这种方法中计算 β_j 的公式为

$$\beta_j=\frac{\boldsymbol{g}_{j+1}^{\mathrm{T}}(\boldsymbol{g}_{j+1}-\boldsymbol{g}_j)}{\boldsymbol{d}^{(j)\mathrm{T}}(\boldsymbol{g}_{j+1}-\boldsymbol{g}_j)} \tag{5.6.32}$$

(3) Polak-Ribiere-Polyak 法。

这种方法中计算 β_j 的公式为

$$\beta_j=\frac{\boldsymbol{g}_{j+1}^{\mathrm{T}}(\boldsymbol{g}_{j+1}-\boldsymbol{g}_j)}{\boldsymbol{g}_j^{\mathrm{T}}\boldsymbol{g}_j} \tag{5.6.33}$$

对于极小化正定二次函数，当初始搜索方向取负梯度时，以上三种方法与 Fletcher-Reeves 共轭梯度法等价。但是，对一般函数 $f(\boldsymbol{x})$，上述四种方法求得的搜索方向并不相同。这些共轭梯度法计算的效果大体一致，由于 Fletcher-Reeves 共轭梯度法便于记忆和实现，所以人们往往把它作为共轭梯度法的代表。

共轭梯度法的收敛速度介于最速下降法与 Newton 法之间，迭代按周期进行，即每迭代 n 次要重新开始。

4）Best 加速

为提高收敛速度，在共轭梯度法中，沿 n 个共轭方向搜索之后，根据计算情况可采取一个加速步骤，加速方案如下：

已知一组共轭方向 $\boldsymbol{d}^{(1)},\boldsymbol{d}^{(2)},\cdots,\boldsymbol{d}^{(n)}$，从 $\boldsymbol{x}^{(1)}$ 出发，沿这组方向搜索得到点列 $\boldsymbol{x}^{(1)},\boldsymbol{x}^{(2)},\cdots,\boldsymbol{x}^{(n+1)}$，各点处的梯度记作 $\boldsymbol{g}_1,\boldsymbol{g}_2,\cdots,\boldsymbol{g}_{n+1}$。

（1）记矩阵 $\boldsymbol{M}=(\boldsymbol{d}^{(1)},\boldsymbol{d}^{(2)},\cdots,\boldsymbol{d}^{(n)})$。

（2）求向量组

$$\boldsymbol{g}_j=\frac{\boldsymbol{g}_{j+1}-\boldsymbol{g}_j}{\|\boldsymbol{x}^{(j+1)}-\boldsymbol{x}^{(j)}\|},\quad j=1,2,\cdots,n$$

构成矩阵 $\boldsymbol{D}=(\boldsymbol{g}_1,\boldsymbol{g}_2,\cdots,\boldsymbol{g}_n)$。

（3）求解 $\boldsymbol{w}$：

$$\boldsymbol{D}\boldsymbol{w}=\boldsymbol{g}_{n+1}$$

（4）求 $\boldsymbol{s}=-\boldsymbol{M}\boldsymbol{w},\alpha=\boldsymbol{g}_{n+1}^{\mathrm{T}}\boldsymbol{s}$。

（5）若 $\alpha<0$，则求 $\boldsymbol{x}^{(n+2)}=\boldsymbol{x}^{(n+1)}+\lambda_{n+1}\boldsymbol{s}$，其中 λ_{n+1} 由一维搜索确定，即使得

$$f(\boldsymbol{x}^{(n+2)})=\min_{\lambda} f(\boldsymbol{x}^{(n+1)}+\lambda\boldsymbol{s})$$

这样完成一个加速步骤。

若 $\alpha\geqslant 0$，则不加速。

以上从 $\boldsymbol{x}^{(n+1)}$ 到 $\boldsymbol{x}^{(n+2)}$ 称为一个加速步。

6. 拟 Newton 法

Newton 法突出的优点是收敛很快，但是，运用 Newton 法需要计算二阶偏导数，而且目标函数的 Hesse 矩阵可能是非正定的。为了克服 Newton 法的缺点，人们提出了拟 Newton 法。它的基本思想是，用不包含二阶导数的矩阵 $\boldsymbol{H}_k$ 取代 Newton 法中的 Hesse 逆矩阵 $\nabla^2 f(\boldsymbol{x}^{(k)})^{-1}$，再沿方向 $\boldsymbol{d}^{(k)}=-\boldsymbol{H}_k\boldsymbol{g}_k$ 进行一维搜索。由于构造近似矩阵 $\boldsymbol{H}_k$ 的方法不同，因而有不同的拟 Newton 法。经理论证明和实践检验，拟 Newton 法已经成为一类公认的比较有效的算法。

1）DFP 法

构造 Hesse 逆矩阵最早的、最巧妙的一种格式由 Davidon 提出，后来由 Fletcher 和 Powell 做了改进，称为 DFP 法，也称为变尺度法（variable metric method）。

DFP 公式：

$$\boldsymbol{H}_{k+1}=\boldsymbol{H}_k+\frac{\boldsymbol{p}^{(k)}\boldsymbol{p}^{(k)\mathrm{T}}}{\boldsymbol{p}^{(k)\mathrm{T}}\boldsymbol{q}^{(k)}}-\frac{\boldsymbol{H}_k\boldsymbol{q}^{(k)}\boldsymbol{q}^{(k)\mathrm{T}}\boldsymbol{H}_k}{\boldsymbol{q}^{(k)\mathrm{T}}\boldsymbol{H}_k\boldsymbol{q}^{(k)}} \tag{5.6.34}$$

$\boldsymbol{H}_1$ 为给定的 n 阶对称正定矩阵，一般令 $\boldsymbol{H}_1$ 为单位矩阵 $\boldsymbol{I}_n$（n 阶单位矩阵）。

计算步骤如下：

（1）给定初始点 $\boldsymbol{x}^{(1)}\in\mathbf{R}^n$，允许误差 $\varepsilon>0$。

（2）置 $\boldsymbol{H}_1=\boldsymbol{I}_n$，计算出在 $\boldsymbol{x}^{(1)}$ 处的梯度 $\boldsymbol{g}_1=\nabla f(\boldsymbol{x}^{(1)})$，置 $k=1$。

（3）令 $\boldsymbol{d}^{(k)}=-\boldsymbol{H}_k\boldsymbol{g}_k$。

（4）从 $\boldsymbol{x}^{(k)}$ 出发，沿方向 $\boldsymbol{d}^{(k)}$ 搜索，求步长 λ_k，使它满足

$$f(\boldsymbol{x}^{(k)}+\lambda_k\boldsymbol{d}^{(k)})=\min_{\lambda\geqslant 0}f(\boldsymbol{x}^{(k)}+\lambda\boldsymbol{d}^{(k)})$$

令 $\boldsymbol{x}^{(k+1)}=\boldsymbol{x}^{(k)}+\lambda_k\boldsymbol{d}^{(k)}$，计算 $\boldsymbol{g}_{k+1}=\nabla f(\boldsymbol{x}^{(k+1)})$。

（5）检验收敛准则，若满足 $\|\boldsymbol{g}_{k+1}\|\leqslant\varepsilon$，则停止迭代，得到 $\bar{\boldsymbol{x}}=\boldsymbol{x}^{(k+1)}$，否则，进行步骤（6）。

（6）若 $k=n$，则令 $\boldsymbol{x}^{(1)}=\boldsymbol{x}^{(k+1)}$，返回步骤（2），否则，进行步骤（7）。

（7）令 $\boldsymbol{p}^{(k)}=\boldsymbol{x}^{(k+1)}-\boldsymbol{x}^{(k)}$，$\boldsymbol{q}^{(k)}=\boldsymbol{g}_{k+1}-\boldsymbol{g}_k$，利用公式（5.6.34）计算 $\boldsymbol{H}_{k+1}$，置 $k=k+1$，返回步骤（3）。

例 5.6.3.5 用 DFP 法求解下列问题：

$$\min\ 2x_1^2+x_2^2-4x_1+2$$

初始点及初始矩阵分别取为

$$\boldsymbol{x}^{(1)}=\begin{bmatrix}2\\1\end{bmatrix},\quad \boldsymbol{H}_1=\begin{bmatrix}1&0\\0&1\end{bmatrix}$$

解 第一次迭代：在 $\boldsymbol{x}^{(1)}$ 处的梯度及搜索方向为

$$\boldsymbol{g}_1=\begin{bmatrix}4\\2\end{bmatrix},\quad \boldsymbol{d}^{(1)}=-\boldsymbol{H}_1\boldsymbol{g}_1=\begin{bmatrix}-4\\-2\end{bmatrix}$$

从 $\boldsymbol{x}^{(1)}$ 出发，沿方向 $\boldsymbol{d}^{(1)}$ 进行一维搜索，求步长 λ_1：

$$\min_{\lambda\geqslant 0}f(\boldsymbol{x}^{(1)}+\lambda\boldsymbol{d}^{(1)})$$

得到步长 $\lambda_1=\dfrac{5}{18}$。因此沿 $\boldsymbol{d}^{(1)}$ 方向搜索得到的点 $\boldsymbol{x}^{(2)}$ 及在此点目标函数的梯度分别为

$$\boldsymbol{x}^{(2)}=\boldsymbol{x}^{(1)}+\lambda_1\boldsymbol{d}^{(1)}=\begin{bmatrix}\frac{8}{9}\\\frac{4}{9}\end{bmatrix}$$

$$\boldsymbol{g}_2=\begin{bmatrix}-\frac{4}{9}\\\frac{8}{9}\end{bmatrix}$$

第二次迭代:令

$$\boldsymbol{p}^{(1)}=\lambda_1\boldsymbol{d}^{(1)}=\begin{bmatrix}-\frac{10}{9}\\-\frac{5}{9}\end{bmatrix}$$

$$\boldsymbol{q}^{(1)}=\boldsymbol{g}_2-\boldsymbol{g}_1=\begin{bmatrix}-\frac{40}{9}\\-\frac{10}{9}\end{bmatrix}$$

计算矩阵 $\boldsymbol{H}_2$ 及搜索方向 $\boldsymbol{d}^{(2)}$:

$$\begin{aligned}\boldsymbol{H}_2&=\boldsymbol{H}_1+\frac{\boldsymbol{p}^{(1)}\boldsymbol{p}^{(1)\mathrm{T}}}{\boldsymbol{p}^{(1)\mathrm{T}}\boldsymbol{q}^{(1)}}-\frac{\boldsymbol{H}_1\boldsymbol{q}^{(1)}\boldsymbol{q}^{(1)\mathrm{T}}\boldsymbol{H}_1}{\boldsymbol{q}^{(1)\mathrm{T}}\boldsymbol{H}_1\boldsymbol{q}^{(1)}}\\&=\frac{1}{306}\begin{bmatrix}86&-38\\-38&305\end{bmatrix}\end{aligned}$$

$$\boldsymbol{d}^{(2)}=-\boldsymbol{H}_2\boldsymbol{g}_2=\frac{4}{17}\begin{bmatrix}1\\-4\end{bmatrix}$$

从 $\boldsymbol{x}^{(2)}$ 出发,沿 $\boldsymbol{d}^{(2)}$ 方向搜索:

$$\min_{\lambda\geqslant 0}f(\boldsymbol{x}^{(2)}+\lambda\boldsymbol{d}^{(2)})$$

得到 $\lambda_2=\frac{17}{36}$,经第二次迭代得到的点 $\boldsymbol{x}^{(3)}$ 及在此点目标函数的梯度分别为

$$\boldsymbol{x}^{(3)}=\boldsymbol{x}^{(2)}+\lambda_2\boldsymbol{d}^{(2)}=\begin{bmatrix}1\\0\end{bmatrix}$$

$$\boldsymbol{g}_3=\nabla f(\boldsymbol{x}^{(3)})=\begin{bmatrix}0\\0\end{bmatrix}$$

因此,$\boldsymbol{x}^{(3)}$ 为最优解。

DFP 法具有正定性及二次终止性。

定理 5.6.3.13 若 $\boldsymbol{g}_i\neq 0, i=1,2,\cdots,n$,则用 DFP 法构造的矩阵 $\boldsymbol{H}_i$ $(i=1,2,\cdots,n)$ 为对称正定矩阵。

根据这个定理,DFP 法中搜索方向

$$d^{(k)}=-H_k g_k \tag{5.6.35}$$

必为下降方向。

定理 5.6.3.14 设用 DFP 法解下列问题：

$$\min f(x) \triangleq \frac{1}{2}x^{\mathrm{T}}Ax+b^{\mathrm{T}}x+c$$

其中 A 为 n 阶对称正定矩阵，初始点 $x^{(1)}\in\mathbf{R}^n$，令 H_1 为 n 阶对称正定矩阵，则

$$p^{(i)}Ap^{(j)}=0,\quad 1\leqslant i\leqslant j\leqslant k$$

$$H_{k+1}Ap^{(i)}=p^{(i)},\quad 1\leqslant i\leqslant k$$

成立，其中 $p^{(i)}=x^{(i+1)}-x^{(i)}=\lambda d^{(i)}$，$\lambda\neq 0$，$k\leqslant n$。

上述定理 5.6.3.14 中，当 $k=n$ 时，有 $H_{n+1}=A^{-1}$。它表明，DFP 方法中构造出来的搜索方向是一组 A 共轭方向，因此 DFP 法具有二次终止性。

关于 DFP 法用于一般函数时的收敛性，有如下结论：

如果 f 是 $\mathbf{R}^n$ 上的二次连续可微函数，对任意的 $\hat{x}\in\mathbf{R}^n$，存在常数 $m>0$，使得当 $x\in C(\hat{x})=\{x\mid f(x)\leqslant f(\hat{x})\}$，$y\in\mathbf{R}^n$ 时，有

$$m\|y\|^2\leqslant y^{\mathrm{T}}\nabla^2 f(x)y \tag{5.6.36}$$

则用 DFP 法产生的序列 $\{x^{(k)}\}$ 终止于或收敛于 f 在 $\mathbf{R}^n$ 上的唯一极小点。

2）拟 Newton 法的其他形式

BFGS 公式：

$$H_{k+1}^{\mathrm{BFGS}}=H_k+\left(1+\frac{q^{(k)\mathrm{T}}H_k q^{(k)}}{p^{(k)\mathrm{T}}q^{(k)}}\right)\frac{p^{(k)}p^{(k)\mathrm{T}}}{p^{(k)\mathrm{T}}q^{(k)}}-\frac{p^{(k)}q^{(k)\mathrm{T}}H_k+H_k q^{(k)}p^{(k)\mathrm{T}}}{p^{(k)\mathrm{T}}q^{(k)}} \tag{5.6.37}$$

这个重要公式是由 Broyden、Fletcher、Goldfarb 和 Shanno 于 1970 年提出的，它可以像 DFP 公式(5.6.34)一样使用。数值计算表明，BFGS 算法比较好，目前得到广泛应用。计算步骤与 DFP 法的相同，只需将 H_k 改为 H_k^{BFGS}。

秩 1 校正公式：

$$H_{k+1}=H_k+\frac{(p^{(k)}-H_k q^{(k)})(p^{(k)}-H_k q^{(k)})^{\mathrm{T}}}{q^{(k)\mathrm{T}}(p^{(k)}-H_k q^{(k)})} \tag{5.6.38}$$

计算步骤见 DFP 法，其中凡计算 H_k 之处，均需改用公式(5.6.38)。

采用秩 1 校正(rank-one correction)公式，算法在一定条件下是收敛的，并具有二次终止性，然而也存在一些困难。首先，仅当

$$q^{(k)\mathrm{T}}(p^{(k)}-H_k q^{(k)})>0 \tag{5.6.39}$$

时，由公式(5.6.38)得到的 H_{k+1} 才能保证正定性；其次，即使式(5.6.39)成立，由于舍入误差的影响，可能产生数值计算上的困难。

3）自选尺度的拟 Newton 算法

前面介绍的几种变尺度法具有二次终止性，这表示算法在早期阶段有迅速

进行的可能性。对于 n 很大的问题,往往希望在完成 n 次迭代之前就结束下降过程,因此保证算法在每一阶段都能迅速进行才是本质问题。自选尺度算法恰在这一点上具有优越性,它在每一步具有有利的特征值结构。

计算步骤如下:

(1) 给定初始点 $\boldsymbol{x}^{(1)}\in\mathbf{R}^n$,允许误差 $\varepsilon>0$。

(2) 令 $\boldsymbol{H}_1=\boldsymbol{I}_n,\boldsymbol{g}_1=\nabla f(\boldsymbol{x}^{(1)})$,置 $k=1$。

(3) 令 $\boldsymbol{d}^{(k)}=-\boldsymbol{H}_k\boldsymbol{g}_k$。

(4) 从 $\boldsymbol{x}^{(k)}$ 出发,沿方向 $\boldsymbol{d}^{(1)}$ 搜索,求步长 λ_k,使它满足

$$f(\boldsymbol{x}^{(k)}+\lambda_k\boldsymbol{d}^{(k)})=\min_{\lambda\geqslant 0}f(\boldsymbol{x}^{(k)}+\lambda\boldsymbol{d}^{(k)})$$

令 $\boldsymbol{x}^{(k+1)}=\boldsymbol{x}^{(k)}+\lambda_k\boldsymbol{d}^{(k)},\boldsymbol{g}_{k+1}=\nabla f(\boldsymbol{x}^{(k+1)})$。

(5) 若 $\|\boldsymbol{g}_{k+1}\|\leqslant\varepsilon$,则停止迭代,得到 $\bar{\boldsymbol{x}}=\boldsymbol{x}^{(k+1)}$,否则,进行步骤(6)。

(6) 若 $k=n$,则令 $\boldsymbol{x}^{(1)}=\boldsymbol{x}^{(k+1)}$,返回步骤(2),否则,进行步骤(7)。

(7) 令 $\boldsymbol{p}^{(k)}=\boldsymbol{x}^{(k+1)}-\boldsymbol{x}^{(k)},\boldsymbol{q}^{(k)}=\boldsymbol{g}_{k+1}-\boldsymbol{g}_k$,并计算

$$\boldsymbol{H}_{k+1}=\left(\boldsymbol{H}_k-\frac{\boldsymbol{H}_k\boldsymbol{q}^{(k)}\boldsymbol{q}^{(k)\mathrm{T}}\boldsymbol{H}_k}{\boldsymbol{q}^{(k)\mathrm{T}}\boldsymbol{H}_k\boldsymbol{q}^{(k)}}\right)\frac{\boldsymbol{p}^{(k)\mathrm{T}}\boldsymbol{q}^{(k)}}{\boldsymbol{q}^{(k)\mathrm{T}}\boldsymbol{H}_k\boldsymbol{q}^{(k)}}+\frac{\boldsymbol{p}^{(k)}\boldsymbol{p}^{(k)\mathrm{T}}}{\boldsymbol{p}^{(k)\mathrm{T}}\boldsymbol{q}^{(k)}}$$

置 $k=k+1$,返回步骤(3)。

计算中,尺度因子取作

$$\gamma_k=\frac{\boldsymbol{p}^{(k)\mathrm{T}}\boldsymbol{q}^{(k)}}{\boldsymbol{q}^{(k)\mathrm{T}}\boldsymbol{H}_k\boldsymbol{q}^{(k)}}\tag{5.6.40}$$

4) 适时方法

以最速下降法和 Newton 法的组合作为拟 Newton 法改进的基础,可以给出适时方法,其计算步骤如下:

(1) 给定 $\boldsymbol{x}^{(0)}$,置 $k=0$。

(2) 令 $\boldsymbol{D}_k=\boldsymbol{0}$($n$ 阶矩阵)。

(3) 令 $\boldsymbol{d}^{(k)}=-\boldsymbol{D}_k\nabla f(\boldsymbol{x}^{(k)})$。

(4) 求出 $\boldsymbol{z}^{(k)}=\boldsymbol{x}^{(k)}+\beta_k\boldsymbol{d}^{(k)}$,其中

$$\beta_k:f(\boldsymbol{x}^{(k)}+\beta_k\boldsymbol{d}^{(k)})=\min_{\beta}f(\boldsymbol{x}^{(k)}+\beta\boldsymbol{d}^{(k)})$$

(5) 求 $\boldsymbol{x}^{(k+1)}=\boldsymbol{z}^{(k)}-\alpha_k\nabla f(\boldsymbol{z}^{(k)})$,其中

$$\alpha_k:f(\boldsymbol{x}^{(k)}-\alpha_k\nabla f(\boldsymbol{z}^{(k)}))=\min_{\alpha}f(\boldsymbol{x}^{(k)}-\alpha\nabla f(\boldsymbol{z}^{(k)}))$$

令

$$\boldsymbol{p}^{(k)}=\boldsymbol{x}^{(k+1)}-\boldsymbol{z}^{(k)}$$

$$\boldsymbol{q}^{(k)}=\nabla f(\boldsymbol{x}^{(k+1)}-\nabla f(\boldsymbol{z}^{(k)}))$$

(6) 如果 $k=n$,则令 $k=0$,并置 $k=k+1$,返回步骤(2),否则,进行步骤(7)。

(7) 如果 $(\boldsymbol{p}^{(k)}-\boldsymbol{D}_k\boldsymbol{q}^{(k)})^{\mathrm{T}}\boldsymbol{q}^{(k)}>0$,令

$$D_{k+1}=D_k+\frac{(p^{(k)}-D_kq^{(k)})(p^{(k)}-D_kq^{(k)})^{\mathrm{T}}}{(p^{(k)}-D_kq^{(k)})^{\mathrm{T}}q^{(k)}}$$

置 $k=k+1$；否则，令

$$D_{k+1}=D_k$$

置 $k=k+1$，返回步骤(3)。

上述方法具有良好的收敛性，能够保证每一步至少像最速下降法那样快。

7. 最小二乘法

无约束最优化问题中，有些重要的特殊情形，比如目标函数由若干个函数的平方和构成，这类函数一般可以写成

$$F(\boldsymbol{x})=\sum_{i=1}^{m}f_i^2(\boldsymbol{x}),\quad \boldsymbol{x}\in\mathbf{R}^n \tag{5.6.41}$$

其中 $\boldsymbol{x}=(x_1,x_2,\cdots,x_n)^{\mathrm{T}}$，一般假设 $m\geqslant n$。我们把极小化这类函数的问题：

$$\min F(\boldsymbol{x})\triangleq\sum_{i=1}^{m}f_i^2(\boldsymbol{x}) \tag{5.6.42}$$

称为最小二乘问题(least square problem)。当每个 $f_i(\boldsymbol{x})$为 $\boldsymbol{x}$ 的线性函数时，称为线性最小二乘问题；当 $f_i(\boldsymbol{x})$是 $\boldsymbol{x}$ 的非线性函数时，称为非线性最小二乘问题。

由于目标函数 $F(\boldsymbol{x})$具有若干个函数平方和这种特殊形式，因此给求解带来方便。这类问题除了能够运用一般求解方法外，还有更为简便有效的解法。下面介绍最小二乘法(least square method)。

1）线性最小二乘问题的求解公式

假设在式(5.6.41)中，$f_i(\boldsymbol{x})$为线性函数：

$$f_i(\boldsymbol{x})=\boldsymbol{p}_i^{\mathrm{T}}\boldsymbol{x}-b_i,\ i=1,2,\cdots,m$$

其中 $\boldsymbol{p}_i$ 是 n 维列向量，b_i 是实数，则可以用矩阵乘积形式来表达 $\sum\limits_{i=1}^{m}f_i^2(\boldsymbol{x})$。

记

$$\boldsymbol{A}\triangleq\begin{bmatrix}\boldsymbol{p}_1^{\mathrm{T}}\\ \vdots\\ \boldsymbol{p}_m^{\mathrm{T}}\end{bmatrix},\quad \boldsymbol{b}\triangleq\begin{bmatrix}b_1\\ \vdots\\ b_m\end{bmatrix}$$

则 $\boldsymbol{A}$ 是 $m\times n$ 矩阵，$\boldsymbol{b}$ 是 m 维列向量，且

$$F(\boldsymbol{x})=\sum_{i=1}^{m}f_i^2(\boldsymbol{x})=(\boldsymbol{A}\boldsymbol{x}-\boldsymbol{b})^{\mathrm{T}}(\boldsymbol{A}\boldsymbol{x}-\boldsymbol{b})$$

设 $\boldsymbol{A}$ 列满秩，$\boldsymbol{A}^{\mathrm{T}}\boldsymbol{A}$ 为 n 阶对称正定矩阵，则目标函数 $F(\boldsymbol{x})$的整体极小点为

$$\bar{\boldsymbol{x}}=(\boldsymbol{A}^{\mathrm{T}}\boldsymbol{A})^{-1}\boldsymbol{A}^{\mathrm{T}}\boldsymbol{b} \tag{5.6.43}$$

对于线性最小二乘问题，只要 $\boldsymbol{A}^{\mathrm{T}}\boldsymbol{A}$ 非奇异，就可用公式(5.6.43)求解。

下面给出一个用最小二乘法求解线性方程组的例子，具体求解方法是，用公式给出最小二乘解，再分析该解是否为线性方程组的解。

例 5.6.3.6 求解下列线性方程组：

$$\begin{cases} x_1+x_2=3 \\ 2x_1-3x_2=2 \\ -x_1+4x_2=4 \end{cases}$$

解 设方程组的系数矩阵为 $\boldsymbol{A}$，右端向量为 $\boldsymbol{b}$，则

$$\boldsymbol{A}=\begin{bmatrix} 1 & 1 \\ 2 & -3 \\ -1 & 4 \end{bmatrix}, \quad \boldsymbol{b}=\begin{bmatrix} 3 \\ 2 \\ 4 \end{bmatrix}$$

将方程组写作 $\boldsymbol{Ax}=\boldsymbol{b}$。

求二次函数 $f(\boldsymbol{x})=(\boldsymbol{Ax}-\boldsymbol{b})^{\mathrm{T}}(\boldsymbol{Ax}-\boldsymbol{b})$ 的极小点。

先计算 $(\boldsymbol{A}^{\mathrm{T}}\boldsymbol{A})^{-1}$：

$$\boldsymbol{A}^{\mathrm{T}}\boldsymbol{A}=\begin{bmatrix} 6 & -9 \\ -9 & 26 \end{bmatrix}, \quad (\boldsymbol{A}^{\mathrm{T}}\boldsymbol{A})^{-1}=\begin{bmatrix} \frac{26}{75} & \frac{9}{75} \\ \frac{9}{75} & \frac{6}{75} \end{bmatrix}$$

再根据公式(5.6.43)，算出 $f(\boldsymbol{x})$ 的极小点：

$$\bar{\boldsymbol{x}}=\begin{bmatrix} \frac{13}{5} \\ \frac{7}{5} \end{bmatrix}$$

这个极小点称为最小二乘解。

函数 $f(\boldsymbol{x})$ 的极小值：

$$f_{\min}=(\boldsymbol{A}\bar{\boldsymbol{x}}-\boldsymbol{b})^{\mathrm{T}}(\boldsymbol{A}\bar{\boldsymbol{x}}-\boldsymbol{b})=3$$

此例中，$f_{\min}\neq 0$，表明线性方程组无解，当方程组有解时，最小二乘解也是线性方程组的解。

2）非线性最小二乘法

设在式(5.6.41)中 $f_i(\boldsymbol{x})$ 是非线性函数，且 $F(\boldsymbol{x})$ 存在连续偏导数，由于 $f_i(\boldsymbol{x})$ 是非线性函数，因此问题(5.6.42)为非线性最小二乘问题，不能使用公式(5.6.43)。解非线性最小二乘问题的基本思想是，通过解一系列线性最小二乘问题求非线性最小二乘问题的解。设 $\boldsymbol{x}^{(k)}$ 是解的第 k 次近似，在 $\boldsymbol{x}^{(k)}$ 处将 $f_i(\boldsymbol{x})$ 线性化，把原问题转化成线性最小二乘问题，运用公式(5.6.43)求出此问题的极小点 $\boldsymbol{x}^{(k+1)}$，把它作为非线性最小二乘问题解的第 $k+1$ 次近似，再从 $\boldsymbol{x}^{(k+1)}$ 出发，重复以上过程。

迭代公式如下：

$$\boldsymbol{x}^{(k+1)}=\boldsymbol{x}^{(k)}-(\boldsymbol{A}_k^{\mathrm{T}}\boldsymbol{A}_k)^{-1}\boldsymbol{A}_k^{\mathrm{T}}\boldsymbol{f}^{(k)} \tag{5.6.44}$$

其中

$$\boldsymbol{A}_k=\begin{bmatrix}\nabla f_1(\boldsymbol{x}^{(k)})^{\mathrm{T}}\\ \vdots \\ \nabla f_m(\boldsymbol{x}^{(k)})^{\mathrm{T}}\end{bmatrix}=\begin{bmatrix}\dfrac{\partial f_1(\boldsymbol{x}^{(k)})}{\partial x_1} & \dfrac{\partial f_1(\boldsymbol{x}^{(k)})}{\partial x_2} & \cdots & \dfrac{\partial f_1(\boldsymbol{x}^{(k)})}{\partial x_n}\\ \vdots & \vdots & & \vdots \\ \dfrac{\partial f_m(\boldsymbol{x}^{(k)})}{\partial x_1} & \dfrac{\partial f_m(\boldsymbol{x}^{(k)})}{\partial x_2} & \cdots & \dfrac{\partial f_m(\boldsymbol{x}^{(k)})}{\partial x_n}\end{bmatrix}$$

$$\boldsymbol{f}^{(k)}=\begin{bmatrix}f_1(\boldsymbol{x}^{(k)})\\ f_2(\boldsymbol{x}^{(k)})\\ \vdots \\ f_m(\boldsymbol{x}^{(k)})\end{bmatrix}$$

$\boldsymbol{x}^{(k+1)}$作为$F(\boldsymbol{x})$的极小点的第$k+1$次近似。

公式(5.6.44)可以写作

$$\boldsymbol{x}^{(k+1)}=\boldsymbol{x}^{(k)}-\boldsymbol{H}_k^{-1}\nabla F(\boldsymbol{x}^{(k)}) \tag{5.6.45}$$

其中

$$\nabla F(\boldsymbol{x}^{(k)})=2\boldsymbol{A}_k^{\mathrm{T}}\boldsymbol{f}^{(k)} \tag{5.6.46}$$

为目标函数$F(\boldsymbol{x})$在点$\boldsymbol{x}^{(k)}$处的梯度。

$\boldsymbol{H}_k^{-1}$为$\boldsymbol{H}_k$的逆矩阵，

$$\boldsymbol{H}_k=2\boldsymbol{A}_k^{\mathrm{T}}\boldsymbol{A}_k \tag{5.6.47}$$

显然，公式(5.6.45)与Newton迭代公式类似，通常称公式(5.6.44)或公式(5.6.45)为Gauss-Newton公式。

定义5.6.3.4 向量$\boldsymbol{d}^{(k)}=-(\boldsymbol{A}_k^{\mathrm{T}}\boldsymbol{A}_k)\boldsymbol{A}_k^{\mathrm{T}}\boldsymbol{f}^{(k)}$称为在点$\boldsymbol{x}^{(k)}$处的Gauss-Newton方向。

为保证每次迭代能使目标函数值下降（至少不能上升），在求出方向$\boldsymbol{d}^{(k)}$后，不直接用$\boldsymbol{x}^{(k)}+\boldsymbol{d}^{(k)}$作为第$k+1$次近似，而是从$\boldsymbol{x}^{(k)}$出发，沿这个方向进行一维搜索：

$$\min_{\lambda}F(\boldsymbol{x}^{(k)}+\lambda\boldsymbol{d}^{(k)})$$

求出步长λ_k后，令

$$\boldsymbol{x}^{(k+1)}=\boldsymbol{x}^{(k)}+\lambda_k\boldsymbol{d}^{(k)}$$

把$\boldsymbol{x}^{(k+1)}$作为第$k+1$次近似，依此类推，直至得到满足要求的解。

计算步骤如下：

(1) 给定初点 $\boldsymbol{x}^{(1)}$，允许误差 $\varepsilon>0$，置 $k=1$。

(2) 计算函数值 $f_i(\boldsymbol{x}^{(k)})$，$i=1,2,\cdots,m$，得到公式(5.6.44)中的向量 $\boldsymbol{f}^{(k)}$，再计算一阶偏导数：

$$a_{ij}=\frac{\partial f_i(\boldsymbol{x}^{(k)})}{\partial x_j},\quad i=1,2,\cdots,m;\ j=1,2,\cdots,n$$

得到 $m\times n$ 矩阵 $\boldsymbol{A}_k=(a_{ij})_{m\times n}$。

(3) 解方程组

$$\boldsymbol{A}_k^{\mathrm{T}}\boldsymbol{A}_k\boldsymbol{d}=-\boldsymbol{A}_k^{\mathrm{T}}\boldsymbol{f}^{(k)} \tag{5.6.48}$$

求得 Gauss-Newton 方向 $\boldsymbol{d}^{(k)}$。

(4) 从 $\boldsymbol{x}^{(k)}$ 出发，沿 $\boldsymbol{d}^{(k)}$ 进行一维搜索，求步长 λ_k，使得

$$F(\boldsymbol{x}^{(k)}+\lambda_k\boldsymbol{d}^{(k)})=\min_{\lambda}F(\boldsymbol{x}^{(k)}+\lambda\boldsymbol{d}^{(k)})$$

令 $\boldsymbol{x}^{(k+1)}=\boldsymbol{x}^{(k)}+\lambda_k\boldsymbol{d}^{(k)}$。

(5) 若 $\|\boldsymbol{x}^{(k+1)}-\boldsymbol{x}^{(k)}\|\leqslant\varepsilon$，则停止计算，得解 $\bar{\boldsymbol{x}}=\boldsymbol{x}^{(k+1)}$；否则，置 $k=k+1$，返回步骤(2)。

3) 最小二乘法的改进

前面介绍的最小二乘法，有时会出现矩阵 $\boldsymbol{A}_k^{\mathrm{T}}\boldsymbol{A}_k$ 是奇异阵或近奇异阵，这时求 $(\boldsymbol{A}_k^{\mathrm{T}}\boldsymbol{A}_k)^{-1}$ 或解方程组(5.6.48)会遇到很大的困难，甚至不能进行。因此人们对最小二乘法作了进一步修正。所用的基本技巧是把一个正定对角矩阵加到 $\boldsymbol{A}_k^{\mathrm{T}}\boldsymbol{A}_k$ 上去，改变原矩阵的特征值结构，使它变成条件数较好的对称正定矩阵，从而给出修正的最小二乘法。

下面给出修正方法之一，Marguardt 法。在这一算法中，令

$$\boldsymbol{d}^{(k)}=-(\boldsymbol{A}_k^{\mathrm{T}}\boldsymbol{A}_k+\alpha_k\boldsymbol{I})^{-1}\boldsymbol{A}_k^{\mathrm{T}}\boldsymbol{f}^{(k)} \tag{5.6.49}$$

其中 $\boldsymbol{I}$ 为 n 阶单位矩阵，α_k 是一个正实数。显然，当 $\alpha_k=0$ 时，$\boldsymbol{d}^{(k)}$ 就是 Gauss-Newton 方向。当 α_k 充分大时，逆矩阵 $(\boldsymbol{A}_k^{\mathrm{T}}\boldsymbol{A}_k+\alpha_k\boldsymbol{I})^{-1}$ 主要取决于 $\alpha_k\boldsymbol{I}$，这时 $\boldsymbol{d}^{(k)}$ 接近 $F(\boldsymbol{x})$ 在点 $\boldsymbol{x}^{(k)}$ 处的最速下降方向 $(-\nabla F(\boldsymbol{x}^{(k)}))$。一般地，当 $\alpha_k\in(0,+\infty)$ 时，式(5.6.49)所确定的方向 $\boldsymbol{d}^{(k)}$ 介于 Gauss-Newton 方向与最速下降方向之间。实际计算中，α_k 需选用合适的数值，不宜过大，也不宜太小。

计算步骤如下：

(1) 给定初始点 $\boldsymbol{x}^{(1)}$，初始参数 $\alpha_1>0$，增长因子 $\beta>1$，允许误差 $\varepsilon>0$，计算 $F(\boldsymbol{x}^{(1)})$，置 $\alpha=\alpha_1$，$k=1$。

(2) 置 $\alpha=\alpha/\beta$，计算

$$\boldsymbol{f}^{(k)}=(f_1(\boldsymbol{x}^{(k)}),\ \cdots,\ f_m(\boldsymbol{x}^{(k)}))^{\mathrm{T}}$$

$$A_k=\begin{bmatrix}\frac{\partial f_1(\boldsymbol{x}^{(k)})}{\partial x_1} & \cdots & \frac{\partial f_1(\boldsymbol{x}^{(k)})}{\partial x_n}\\ \vdots & & \vdots\\ \frac{\partial f_m(\boldsymbol{x}^{(k)})}{\partial x_1} & \cdots & \frac{\partial f_m(\boldsymbol{x}^{(k)})}{\partial x_n}\end{bmatrix}$$

(3) 解方程

$$(\boldsymbol{A}_k^{\mathrm{T}}\boldsymbol{A}_k+\alpha\boldsymbol{I})\boldsymbol{d}^{(k)}=-\boldsymbol{A}_k^{\mathrm{T}}\boldsymbol{f}^{(k)}$$

求得方向 $\boldsymbol{d}^{(k)}$,令

$$\boldsymbol{x}^{(k+1)}=\boldsymbol{x}^{(k)}+\boldsymbol{d}^{(k)}$$

(4) 计算 $F(\boldsymbol{x}^{(k+1)})$,若 $F(\boldsymbol{x}^{(k+1)})<F(\boldsymbol{x}^{(k)})$,则转步骤(6);否则,进行步骤(5)。

(5) 若 $\|\boldsymbol{A}_k^{\mathrm{T}}\boldsymbol{f}^{(k)}\|\leqslant\varepsilon$,则停止计算,得到解 $\bar{\boldsymbol{x}}=\boldsymbol{x}^{(k)}$;否则,置 $\alpha=\beta\alpha$,转步骤(3)。

(6) 若 $\|\boldsymbol{A}_k^{\mathrm{T}}\boldsymbol{f}^{(k)}\|\leqslant\varepsilon$,则停止计算,得到解 $\bar{\boldsymbol{x}}=\boldsymbol{x}^{(k+1)}$;否则,置 $k=k+1$,返回步骤(2)。

初始参数 α_1 和因子 β 应取适当数值,比如,根据经验可取 $\alpha_1=0.01$,$\beta=10$。

在上述算法中,若把停步准则改为梯度 $\nabla F(\boldsymbol{x}^{(k)})=0$ 时算法终止,则 Marguardt 法可能产生无穷序列 $\{\boldsymbol{x}^{(k)}\}$。这样,关于算法的收敛性,有下列定理:

定理 5.6.3.15 设 $\hat{\boldsymbol{x}}\in\mathbf{R}^n$,$F(\hat{\boldsymbol{x}})=\sigma$,水平集

$$S_\sigma=\{\boldsymbol{x}\mid F(\boldsymbol{x})\leqslant\sigma\}$$

有界,由式(5.6.47)所定义的 $\boldsymbol{H}_k$ 在 S_σ 上恒为正定矩阵,初始点 $\boldsymbol{x}^{(1)}\in S_\sigma$,则按 Marguardt 法产生的序列 $\{\boldsymbol{x}^{(k)}\}$ 满足:

(1) 当 $\{\boldsymbol{x}^{(k)}\}$ 为有穷序列时,序列的最后一个元素是 $F(\boldsymbol{x})$ 的稳定点;

(2) 当 $\{\boldsymbol{x}^{(k)}\}$ 为无穷序列时,它必有极限点,而且极限点必为 $F(\boldsymbol{x})$ 的稳定点。

8. 其他方法简介

1) 模式搜索法

模式搜索法(pattern search method)是由 Hook 和 Jeeves 于 1961 年提出的,故又称为 Hook-Jeeves 方法。其基本思想,从几何上讲,是寻找具有较小函数值的"山谷",力图使迭代产生的序列沿"山谷"逼近极小点。算法从初始基点开始,包括两种类型的搜索移动,即探测移动(exploratory move)和模式移动(pattern move)。探测移动依次沿 n 个坐标轴进行,用以确定新的基点和有利于函数值下降的方向。模式移动沿相邻两个基点连线方向进行,试图顺着"山谷"使函数值更快减小,两种移动交替进行。

2) Rosenbrock 算法

Rosenbrock 算法又称为转轴法,它与 Hook-Jeeves 方法有类似之处,也是

顺着“山谷”求函数极小点。

Rosenbrock 算法包括探测阶段和构造方向两部分内容。在探测阶段，从一点出发，依次沿 n 个单位正交方向进行探测移动，一轮探测之后，再从第 1 个方向开始继续探测。经过若干轮探测移动，完成一个探测阶段。然后构造一组新的单位正交方向，称之为转轴，在下一次迭代中，将沿这些方向进行探测。该方法中所用的探测方法与 Hook-Jeeves 方法的类似，其创新在于构造新的单位正交方向。具体分作两步，先利用当前的搜索方向和迭代中得到的数据构造一组线性无关的方向，然后将其正交化及单位化。下一个探测阶段，即沿此方向进行搜索。

3）可变多面体搜索法

这个方法是由 Nelder 和 Mead 在单纯形法的基础上修改而成的。他们用 $\mathbf{R}^n$ 中有 $n+1$ 个顶点的可变多面体（variable polyhedron）把具有 n 个独立变量的函数 $f(x)$ 极小化。其方法是，先求出单纯形（有 $n+1$ 个顶点的多面体）$n+1$ 个顶点上的函数值，确定出有最大函数值的点（称为最高点）和最小函数值的点（称为最低点），然后通过反射、扩展、压缩方法求出一个较好点，用它取代最高点，构成新的单纯形，或者通过向最低点收缩形成新的单纯形，用这种方法逼近极小点。反射、扩展、压缩根据对函数值的判断，通过反射系数、扩展系数、压缩系数求得。

4）Powell 法

Powell 法是一种有效的直接搜索法，这种方法本质上是共轭方向法。此法把整个计算过程分成若干个阶段，每一阶段（一轮迭代）由 $n+1$ 次一维搜索组成。在算法的每一阶段中，先依次沿着 n 个已知方向搜索，得一个最好点，然后沿本阶段的初始点与该最好点的连线方向进行搜索，求得这一阶段的最好点，再用最后的搜索方向取代前 n 个方向之一，开始下一阶段的迭代。

Powell 法用于极小化正定二次函数时，如果每轮迭代中前 n 个方向线性无关，那么完成 n 个阶段的迭代之后，必能得到 n 个 $\mathbf{A}$ 共轭的方向，这里 $\mathbf{A}$ 是二次函数的 Hesse 矩阵。因此 Powell 法在上述条件下具有二次终止性。

值得指出的是，在某轮迭代中，出现 n 个搜索方向线性相关，这样会导致即使对正定二次函数经 n 轮迭代后也达不到极小点，甚至任意迭代下去，永远达不到极小点。

为此，在使用 Powell 法时，必须使初始搜索方向线性无关，这样做能够保证以后每轮迭代中，前 n 个方向总是线性无关的，而且随着迭代的延续，搜索方向接近共轭的程度逐渐增加。

5.6.4 约束非线性规划

1. 约束问题的最优性条件

考虑约束问题：

$$\left.\begin{aligned}&\min\ f(\boldsymbol{x})\\&\text{s.t.}\ \ g_i(\boldsymbol{x})\geqslant 0,\ i=1,2,\cdots,m\\&\qquad h_j(\boldsymbol{x})=0,j=1,2,\cdots,l\end{aligned}\right\}\tag{5.6.50}$$

可行域为

$$S=\{\boldsymbol{x}\,|\,g_i(\boldsymbol{x})\geqslant 0,\ i=1,2,\cdots,m;\ h_j(\boldsymbol{x})=0,\ j=1,2,\cdots,l\}$$

下面介绍几个经常用到的概念。

定义 5.6.4.1 设 $f(\boldsymbol{x})$是 $\mathbf{R}^n$ 上的实函数，$\boldsymbol{d}$ 是非零向量，$\boldsymbol{x}\in\mathbf{R}^n$。若存在数 $\delta>0$，使得对每个实数 $\lambda\in(0,\delta)$，都有 $f(\bar{\boldsymbol{x}}+\lambda\boldsymbol{d})<f(\bar{\boldsymbol{x}})$，则称 $\boldsymbol{d}$ 为函数 $f(\boldsymbol{x})$ 在 $\bar{\boldsymbol{x}}$ 处的下降方向(descent direction)。

如果 $f(\boldsymbol{x})$是可微函数，且$\nabla f(\bar{\boldsymbol{x}})^{\mathrm{T}}\boldsymbol{d}<0$，则 $\boldsymbol{d}$ 必为 $f(\boldsymbol{x})$在 $\bar{\boldsymbol{x}}$ 处的下降方向。

定义 5.6.4.2 设集合 $S\subset\mathbf{R}^n$，$\boldsymbol{x}\in clS$，$\boldsymbol{d}$ 是非零向量，若存在数 $\delta>0$，使得对每一个数 $\lambda\in(0,\ \delta)$，都有 $\bar{\boldsymbol{x}}+\lambda\boldsymbol{d}\in S$，则称 $\boldsymbol{d}$ 为集合 S 在 $\bar{\boldsymbol{x}}$ 处的可行方向(feasible direction)。

S 在 $\bar{\boldsymbol{x}}$ 处所有可行方向组成的集合 $D=\{\boldsymbol{d}\,|\,\boldsymbol{d}\neq\mathbf{0},\ \bar{\boldsymbol{x}}\in clS,\ \exists\,\delta>0$，使得 $\forall\,\lambda\in(0,\ \delta)$，有 $\bar{\boldsymbol{x}}+\lambda\boldsymbol{d}\in S\}$称为在 $\bar{\boldsymbol{x}}$ 处的可行方向锥(cone of feasible direction)。

定义 5.6.4.3 设 S 是 $\mathbf{R}^n$ 中的一个非空集合，$\bar{\boldsymbol{x}}\in clS$，集合 $T=\{\boldsymbol{d}\,|$ 存在 $\boldsymbol{x}^{(k)}\in S,\ \boldsymbol{x}^{(k)}\to\bar{\boldsymbol{x}}$，以及 $\lambda_k>0$，使得 $\boldsymbol{d}=\lim\limits_{k\to\infty}\lambda_k(\boldsymbol{x}^{(k)}-\bar{\boldsymbol{x}})\}$，则称 T 为集合 S 在点 $\bar{\boldsymbol{x}}$ 处的切锥(tangent cone)。

根据上述定义，如果序列$\{\boldsymbol{x}^{(k)}\}\subset S$ 收敛于 $\bar{\boldsymbol{x}}$，$\boldsymbol{x}^{(k)}\neq\bar{\boldsymbol{x}}$，使得

$$\lim_{k\to\infty}\frac{(\boldsymbol{x}^{(k)}-\bar{\boldsymbol{x}})}{\|\boldsymbol{x}^{(k)}-\bar{\boldsymbol{x}}\|}=\boldsymbol{d}$$

则方向 $\boldsymbol{d}\in T$。

定义 5.6.4.4 问题(5.6.50)中，任给一点 $\bar{\boldsymbol{x}}\in S$ 后，有些不等式约束在 $\bar{\boldsymbol{x}}$ 处等号成立，它们的下标集不妨用 I 表示，即 $\forall\,i\in I$，均有 $g_i(\bar{\boldsymbol{x}})=0$ 成立，通常将约束条件 $g_i(\boldsymbol{x})\geqslant 0(i\in I)$和等式约束 $h_j(\bar{\boldsymbol{x}})=0(j=1,2,\cdots,l)$一并称为在 $\bar{\boldsymbol{x}}$ 处起作用的约束(active constraint)。

起作用的约束在 $\bar{\boldsymbol{x}}$ 的邻域限制了可行点的范围，也就是说，当点沿某些方向稍微离开 $\bar{\boldsymbol{x}}$ 时，仍能满足这些约束条件；而沿着另一些方向离开 $\bar{\boldsymbol{x}}$ 时，不论步长多么小，都将违背这些约束条件。

其余的约束情形则不同，当点稍微离开 $\bar{\boldsymbol{x}}$ 时，不论沿什么方向，都不会违背约束条件，这些约束称为在 $\bar{\boldsymbol{x}}$ 处不起作用的约束。

这里先给出一阶必要条件：

定理 5.6.4.1 （Fritz John 条件）设在问题(5.6.50)中，$\bar{\boldsymbol{x}}$ 为可行点，$I=\{i\,|\,g_i(\bar{\boldsymbol{x}})=0\}$，$f$ 和 $g_i(i\in I)$ 在点 $\bar{\boldsymbol{x}}$ 处可微，$g_i(i\notin I)$ 在点 $\bar{\boldsymbol{x}}$ 处连续，$h_j(j=1,2,\cdots,l)$ 在点 $\bar{\boldsymbol{x}}$ 处连续可微，如果 $\bar{\boldsymbol{x}}$ 是局部最优解，则存在不全为零的数 w_0、$w_i(i\in I)$ 和 $v_j(j=1,2,\cdots,l)$，使得

$$w_0\nabla f(\bar{\boldsymbol{x}})-\sum_{i\in I}w_i\nabla g_i(\bar{\boldsymbol{x}})-\sum_{j=1}^{l}v_j\nabla h_j(\bar{\boldsymbol{x}})=0$$
$$w_0,w_i\geqslant 0,i\in I$$

通常将满足 Fritz John 条件的点称为 Fritz John 点。

定理 5.6.4.2 （Kuhn-Tucker 定理）设在问题(5.6.50)中，$\bar{\boldsymbol{x}}$ 为可行点，$I=\{i\,|\,g_i(\bar{\boldsymbol{x}})=0\}$，$f$ 和 $g_i(i\in I)$ 在点 $\bar{\boldsymbol{x}}$ 处可微，$g_i(i\notin I)$ 在点 $\bar{\boldsymbol{x}}$ 处连续，$h_j(j=1,2,\cdots,l)$ 在点 $\bar{\boldsymbol{x}}$ 处连续可微，向量集 $\{\nabla g_i(\bar{\boldsymbol{x}}),\nabla h_j(\bar{\boldsymbol{x}})\,|\,i\in I,\ j=1,2,\cdots,l\}$ 线性无关，如果 $\bar{\boldsymbol{x}}$ 是局部最优解，则存在非负数 $w_i(i\in I)$ 和数 $v_j(j=1,2,\cdots,l)$，使得

$$\nabla f(\bar{\boldsymbol{x}})-\sum_{i\in I}w_i\nabla g_i(\bar{\boldsymbol{x}})-\sum_{j=1}^{l}v_j\nabla h_j(\bar{\boldsymbol{x}})=0$$

由上述定理可知，在最优解处，目标函数的梯度可用起作用约束梯度的非负线性组合及等式约束梯度的线性组合来表示。上述条件还可以写成等价形式：

$$\nabla f(\bar{\boldsymbol{x}})-\sum_{i=1}^{m}w_i\nabla g_i(\bar{\boldsymbol{x}})-\sum_{j=1}^{l}v_j\nabla h_j(\bar{\boldsymbol{x}})=0 \tag{5.6.51}$$
$$w_ig_i(\bar{\boldsymbol{x}})=0,\quad i=1,2,\cdots,m \tag{5.6.52}$$

式(5.6.52)称为互补松弛条件(complementary slackness condition)。

下面定义 Lagrange 函数：

$$\boldsymbol{L}(\boldsymbol{x},\boldsymbol{w},\boldsymbol{v})=f(\boldsymbol{x})-\sum_{i=1}^{m}w_ig_i(\boldsymbol{x})-\sum_{j=1}^{l}v_jh_j(\boldsymbol{x}) \tag{5.6.53}$$

则式(5.6.51)可写作 $\nabla_x\boldsymbol{L}(\bar{\boldsymbol{x}},\boldsymbol{w},\boldsymbol{v})=0$，其中 $\boldsymbol{w}=(w_1,\cdots,w_m)^{\mathrm{T}}$，$\boldsymbol{v}=(v_1,\cdots,v_l)^{\mathrm{T}}$ 称为 K-T 乘子，$\boldsymbol{w}$ 和 $\boldsymbol{v}$ 也称为 Lagrange 乘子(Lagrange multiplier)，一阶必要条件可以表达为

$$\left.\begin{array}{l}\nabla_x\boldsymbol{L}(\bar{\boldsymbol{x}},\boldsymbol{w},\boldsymbol{v})=0\\ g_i(\boldsymbol{x})\geqslant 0,\ i=1,2,\cdots,m\\ h_j(\boldsymbol{x})=0,\ j=1,2,\cdots,l\\ w_ig_i(\boldsymbol{x})=0,\ i=1,2,\cdots,m\\ w_i\geqslant 0,\ i=1,2,\cdots,m\end{array}\right\} \tag{5.6.54}$$

对于凸规划，下面给出最优解的充分条件。

定理 5.6.4.3 设在式(5.6.50)中，f 是凸函数，$g_i(i=1,2,\cdots,m)$是凹函数，$h_j(j=1,2,\cdots,l)$是线性函数，可行域为 S，$\bar{\boldsymbol{x}}\in S$，$I=\{i\mid g_i(\bar{\boldsymbol{x}})=0\}$，且在 $\bar{\boldsymbol{x}}$ 处 Kuhn-Tucker 必要条件成立，即存在 $w_i\geqslant 0\ (i\in I)$及 $v_j(j=1,2,\cdots,l)$使得

$$\nabla f(\bar{\boldsymbol{x}})-\sum_{i\in I}w_i\nabla g_i(\bar{\boldsymbol{x}})-\sum_{j=1}^{l}v_j\nabla h_j(\bar{\boldsymbol{x}})=0$$

则 $\bar{\boldsymbol{x}}$ 是整体最优解。

例 5.6.4.1 求下列问题的最优解：

$$\begin{aligned}\min\quad &(x_1-2)^2+(x_2-1)^2\\ \text{s.t.}\quad &-x_1^2+x_2\geqslant 0\\ &-x_1-x_2+2\geqslant 0\end{aligned}$$

解 先求满足 Kuhn-Tucker 必要条件的点，简称 Kuhn-Tucker 点，目标函数和约束函数的梯度分别是

$$\nabla f(\boldsymbol{x})=\begin{bmatrix}2(x_1-2)\\2(x_2-1)\end{bmatrix}$$

$$\nabla g_1(\boldsymbol{x})=\begin{bmatrix}-2x_1\\1\end{bmatrix}$$

$$\nabla g_2(\boldsymbol{x})=\begin{bmatrix}-1\\-1\end{bmatrix}$$

对于这个问题，一阶必要条件(5.6.54)如下：

$$\begin{gathered}2(x_1-2)+2w_1x_1+w_2=0\\2(x_2-1)-w_1+w_2=0\\w_1(-x_1^2+x_2)=0\\w_2(-x_1-x_2+2)=0\\-x_1^2+x_2\geqslant 0\\-x_1-x_2+2\geqslant 0\\w_1,w_2\geqslant 0\end{gathered}$$

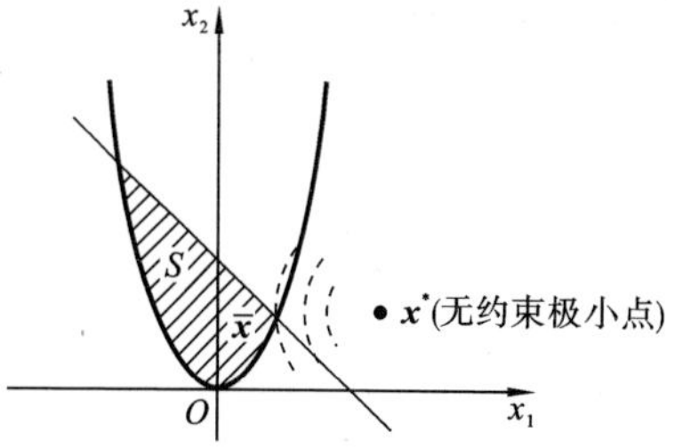

图 5.6.2 最优解示意图

求解上述问题，得到

$$x_1=1,\quad x_2=1,\quad w_1=\frac{2}{3},\quad w_2=\frac{2}{3}$$

即 $\bar{\boldsymbol{x}}=(1,\ 1)^{\mathrm{T}}$ 是 Kuhn-Tucker 点。由于本例是凸规划，根据定理 5.6.4.3，$\bar{\boldsymbol{x}}$ 是这个问题的整体最优解，参见图 5.6.2。

最后给出局部最优解的二阶必要条件和充分条件。

定理 5.6.4.4 设 $\bar{x}$ 是问题(5.6.50)的局部最优解，f，$g_i(i=1,2,\cdots,m)$ 和 $h_j(j=1,2,\cdots,l)$ 二阶连续可微，并存在满足式(5.6.54)的乘子 $\boldsymbol{w}=(w_1,\cdots,w_m)$ 和 $\boldsymbol{v}=(v_1,\cdots,v_l)$，再设在点 $\bar{x}$ 处约束规格(constraint qualification)$\bar{G}=\bar{T}$ 成立，则对每一个向量 $\boldsymbol{d}\in\bar{G}$，都有

$$\boldsymbol{d}^{\mathrm{T}}\ \nabla_x^2 L(\bar{\boldsymbol{x}},\boldsymbol{w},\boldsymbol{v})\boldsymbol{d}\geqslant 0$$

其中

$$\nabla_x^2\boldsymbol{L}(\bar{\boldsymbol{x}},\boldsymbol{w},\boldsymbol{v}) = \nabla^2 f(\bar{\boldsymbol{x}}) - \sum_{i=1}^{m} w_i\ \nabla^2 g_i(\bar{\boldsymbol{x}}) - \sum_{j=1}^{l} v_j\ \nabla^2 h_j(\bar{\boldsymbol{x}})$$

是 Lagrange 函数 $\boldsymbol{L}(\boldsymbol{x},\boldsymbol{w},\boldsymbol{v})$ 在点 $\bar{\boldsymbol{x}}$ 处关于 $\boldsymbol{x}$ 的 Hesse 矩阵。

为解释定理 5.6.4.4 中的 $\bar{G}$ 和 $\bar{T}$，运用在点 $\bar{\boldsymbol{x}}$ 处起作用的约束定义一个集合

$$\bar{S}=\left\{\boldsymbol{x}\ \middle|\ \begin{array}{l} g_i(\boldsymbol{x})=0,\ i\in I\ \text{且}\ w_i>0 \\ g_i(\boldsymbol{x})\geqslant 0,\ i\in I\ \text{且}\ w_i=0 \\ h_j(\boldsymbol{x})=0,\ j=1,2,\cdots,l \end{array}\right\}$$

定理中的集合 $\bar{G}$ 是 $\bar{S}$ 在 $\bar{\boldsymbol{x}}$ 处的线性化锥，其定义为

$$\bar{G}=\left\{\boldsymbol{d}\ \middle|\ \begin{array}{l} \nabla g_i(\bar{\boldsymbol{x}})^{\mathrm{T}}\boldsymbol{d}=0,\ i\in I\ \text{且}\ w_i>0 \\ \nabla g_i(\bar{\boldsymbol{x}})\boldsymbol{d}\geqslant 0,\ i\in I\ \text{且}\ w_i=0 \\ \nabla h_j(\bar{\boldsymbol{x}})^{\mathrm{T}}\boldsymbol{d}=0,\ j=1,2,\cdots,l \end{array}\right\} \tag{5.6.55}$$

$\bar{T}$ 是集合 $\bar{S}$ 在 $\bar{\boldsymbol{x}}$ 的切锥。定理 5.6.4.4 中所用约束规格即 $\bar{S}$ 的线性化锥与切锥相等，这个约束规格不便于检验，可代之以其他约束规格。比如，假设向量组 $\nabla g_i(\bar{\boldsymbol{x}})(i\in I)$，$\nabla h_j(\bar{\boldsymbol{x}})(j=1,2,\cdots,l)$ 线性无关，可以证明，若该假设成立，则定理 5.6.4.4 中所用约束规格也成立。

定理 5.6.4.5 设在问题(5.6.50)中，f，$g_i(i=1,2,\cdots,m)$ 和 $h_j(j=1,2,\cdots,l)$ 二次连续可微，$\bar{\boldsymbol{x}}$ 为可行点，存在乘子 $\bar{\boldsymbol{w}}=(\bar{w}_1,\cdots,\bar{w}_m)$ 和 $\bar{\boldsymbol{v}}=(\bar{v}_1,\cdots,\bar{v}_l)$ 使条件(5.6.54)成立，且对每个向量 $\boldsymbol{d}\in G$，都有

$$\boldsymbol{d}^{\mathrm{T}}\ \nabla_x^2\boldsymbol{L}(\bar{\boldsymbol{x}},\bar{\boldsymbol{w}},\bar{\boldsymbol{v}})\boldsymbol{d}>0$$

则 $\bar{\boldsymbol{x}}$ 是严格的局部最优解。

其中集合 G 是由 $\bar{G}$ 中非零向量组成的集合，$\bar{G}$ 的定义如式(5.6.55)。

例 5.6.4.2 考虑下列非线性规划：

$$\begin{array}{ll} \min & x_1^2+(x_2-2)^2 \\ \text{s.t.} & \beta x_1^2-x_2=0 \end{array}$$

其中 β 为某个实数，讨论点 $\boldsymbol{x}^{(0)}=(0,0)^{\mathrm{T}}$ 是否为局部最优解。

解 目标函数 $f(\boldsymbol{x})$ 和约束函数 $h(\boldsymbol{x})$ 在点 $\boldsymbol{x}^{(0)}$ 处的梯度分别为

$$\nabla f(\boldsymbol{x}^{(0)})=\begin{bmatrix} 0 \\ -4 \end{bmatrix},\quad \nabla h(\boldsymbol{x}^{(0)})=\begin{bmatrix} 0 \\ -1 \end{bmatrix}$$

设

$$\begin{bmatrix}0\\-4\end{bmatrix}-v\begin{bmatrix}0\\-1\end{bmatrix}=\begin{bmatrix}0\\0\end{bmatrix}$$

得到 $v=4$，可知 $\boldsymbol{x}^{(0)}$ 是 Kuhn-Tucker 点，Lagrange 函数为

$$\boldsymbol{L}(\boldsymbol{x},\boldsymbol{v})=x_1^2+(x_2-2)^2-v(\beta x_1^2-x_2)$$

它关于 $\boldsymbol{x}$ 的 Hesse 矩阵是

$$\nabla_x^2\boldsymbol{L}\begin{bmatrix}2-2\beta v & 0\\0 & 2\end{bmatrix}$$

在点 $\boldsymbol{x}^{(0)}$ 处有

$$\nabla_x^2\boldsymbol{L}(\boldsymbol{x}^{(0)},\boldsymbol{v})=\begin{bmatrix}2-8\beta & 0\\0 & 2\end{bmatrix}$$

集合 $\overline{G}$ 中的元素 $\boldsymbol{d}=(d_1,0)^{\mathrm{T}}$，其中 d_1 可取任何实数，这时有

$$\boldsymbol{d}^{\mathrm{T}}\ \nabla_x^2\boldsymbol{L}(\boldsymbol{x}^{(0)},\boldsymbol{v})\boldsymbol{d}=2(1-4\beta)d_1^2$$

当 $\beta<\dfrac{1}{4}$ 时，对每一个向量 $\boldsymbol{d}\in G$，有 $\boldsymbol{d}^{\mathrm{T}}\ \nabla_x^2\boldsymbol{L}(\boldsymbol{x}^{(0)},\boldsymbol{v})\boldsymbol{d}>0$，因此，$\boldsymbol{x}^{(0)}=(0,0)^{\mathrm{T}}$ 是局部最优解。

当 $\beta>\dfrac{1}{4}$ 时，对每一个向量 $\boldsymbol{d}\in G$，有 $\boldsymbol{d}^{\mathrm{T}}\ \nabla_x^2\boldsymbol{L}(\boldsymbol{x}^{(0)},\boldsymbol{v})\boldsymbol{d}<0$，此时在点 $\boldsymbol{x}^{(0)}$ 处不满足局部最优解的二阶必要条件，因此 $\boldsymbol{x}^{(0)}=(0,0)^{\mathrm{T}}$ 不是局部最优解。

当 $\beta=\dfrac{1}{4}$ 时，利用二阶条件得不出结论，可用其他方法进行判断，这时原问题为

$$\min\ x_1^2+(x_2-2)^2$$

$$\text{s.t.}\ \ \frac{1}{4}x_1^2-x_2=0$$

利用约束条件，从目标函数中消去一个变量，把约束问题转化成无约束问题：

$$\min\ 4x_2+(x_2-2)^2$$

易知 $\boldsymbol{x}^{(0)}=(0,0)^{\mathrm{T}}$ 是局部最优解。

可见 $\boldsymbol{x}^{(0)}$ 是否为局部最优解，与参数 β 的取值有关，当 $\beta\leqslant\dfrac{1}{4}$ 时，$\boldsymbol{x}^{(0)}$ 是局部最优解；当 $\beta>\dfrac{1}{4}$ 时，$\boldsymbol{x}^{(0)}$ 不是局部最优解。

2. Zoutendijk 可行方向法

可行方向法可看作无约束下降算法的自然推广，其典型策略是从可行点出发，沿着下降的可行方向进行搜索，求出使目标函数值下降的新的可行点。算法的主要步骤是选择搜索方向和确定沿此方向移动的步长，搜索方向的选择方

式不同就形成各种可行方向法。下面给出 Zoutendijk 可行方向法。

1）线性约束情形

考虑非线性规划问题：

$$\left.\begin{aligned} \min \quad & f(\boldsymbol{x}) \\ \text{s. t.} \quad & \boldsymbol{A}\boldsymbol{x} \geqslant \boldsymbol{b} \\ & \boldsymbol{E}\boldsymbol{x} = \boldsymbol{e} \end{aligned}\right\} \tag{5.6.56}$$

其中 $f(\boldsymbol{x})$ 是可微函数，$\boldsymbol{A}$ 为 $m\times n$ 矩阵，$\boldsymbol{E}$ 为 $l\times n$ 矩阵，$\boldsymbol{x}\in\mathbf{R}^n$，$\boldsymbol{b}$ 和 $\boldsymbol{e}$ 分别为 m 维及 l 维列向量，可行域记作

$$S=\{\boldsymbol{x}\mid \boldsymbol{A}\boldsymbol{x}\geqslant\boldsymbol{b},\boldsymbol{E}\boldsymbol{x}=\boldsymbol{e},\boldsymbol{x}\in\mathbf{R}^n\}$$

用可行方向法求解上述问题，整个过程分为两步，假设 $\boldsymbol{x}^{(k)}\in S$ 已知：第一步，在 $\boldsymbol{x}^{(k)}$ 处求一可行下降方向 $\boldsymbol{d}^{(k)}$；第二步，从 $\boldsymbol{x}^{(k)}$ 出发，沿 $\boldsymbol{d}^{(k)}$ 方向搜索，求出步长 λ_k，使得后继点 $\boldsymbol{x}^{(k+1)}\in S$。

为求可行下降方向 $\boldsymbol{d}^{(k)}$，需解下列线性规划问题：

$$\left.\begin{aligned} \min \quad & \nabla f(\boldsymbol{x}^{(k)})^{\mathrm{T}}\boldsymbol{d} \\ \text{s. t.} \quad & \boldsymbol{A}_1\boldsymbol{d}\geqslant 0 \\ & \boldsymbol{E}\boldsymbol{d}=0 \\ & |d_j|\leqslant 1,\quad j=1,2,\cdots,n \end{aligned}\right\} \tag{5.6.57}$$

其中 $\boldsymbol{A}_1$ 是不等式约束 $\boldsymbol{A}\boldsymbol{x}\geqslant\boldsymbol{b}$ 中，在 $\boldsymbol{x}^{(k)}$ 处起作用约束的系数矩阵，具体地，假设在 $\boldsymbol{x}^{(k)}$ 点可以写作

$$\boldsymbol{A}=\begin{bmatrix}\boldsymbol{A}_1\\ \boldsymbol{A}_2\end{bmatrix},\quad \boldsymbol{b}=\begin{bmatrix}\boldsymbol{b}_1\\ \boldsymbol{b}_2\end{bmatrix}$$

使得 $\boldsymbol{A}_1\boldsymbol{x}^{(k)}=\boldsymbol{b}_1$，$\boldsymbol{A}_2\boldsymbol{x}^{(k)}>\boldsymbol{b}_2$，约束条件 $|d_j|\leqslant 1$ 是为了获得一个有限解。

对于问题(5.6.57)，由于 $\boldsymbol{d}=\boldsymbol{0}$ 是可行解，因此目标函数的最优值必定小于或等于零。如果目标函数 $\nabla f(\boldsymbol{x}^{(k)})^{\mathrm{T}}\boldsymbol{d}$ 的最优值小于零，则得到下降可行方向 $\boldsymbol{d}$；如果目标函数 $\nabla f(\boldsymbol{x}^{(k)})^{\mathrm{T}}\boldsymbol{d}$ 的最优值为零，则如下面定理所述，$\boldsymbol{x}$ 是 Kuhn-Tucker 点。

定理 5.6.4.6 考虑问题(5.6.56)，设 $\boldsymbol{x}$ 是可行解，在点 $\boldsymbol{x}$ 处有 $\boldsymbol{A}_1\boldsymbol{x}=\boldsymbol{b}_1$，$\boldsymbol{A}_2\boldsymbol{x}>\boldsymbol{b}_2$，其中

$$\boldsymbol{A}=\begin{bmatrix}\boldsymbol{A}_1\\ \boldsymbol{A}_2\end{bmatrix},\quad \boldsymbol{b}=\begin{bmatrix}\boldsymbol{b}_1\\ \boldsymbol{b}_2\end{bmatrix}$$

则 $\boldsymbol{x}$ 为 Kuhn-Tucker 点的充要条件是问题(5.6.57)的目标函数最优值为零。

根据该定理，求解问题(5.6.57)的结果，或者得到下降可行方向，或者得到 Kuhn-Tucker 点。

方向 $\boldsymbol{d}^{(k)}$ 确定后，再求沿此方向移动的步长 λ_k，为此，求解下列问题：

$$\begin{aligned} \min\quad & f(\boldsymbol{x}^{(k)}+\lambda \boldsymbol{d}^{(k)}) \\ \text{s.t.}\quad & 0\leqslant \lambda \leqslant \lambda_{\max} \end{aligned} \tag{5.6.58}$$

其中 $\lambda_{\max}$ 是步长上限,加此上限的目的是使后继点为可行点,即使得

$$\boldsymbol{x}^{(k)}+\lambda_k \boldsymbol{d}^{(k)} \in S$$

确定 $\lambda_{\max}$ 的方法如下:

$$\hat{\boldsymbol{b}}=\boldsymbol{b}_2-\boldsymbol{A}_2\boldsymbol{x}^{(k)} \tag{5.6.59}$$

$$\hat{\boldsymbol{d}}=\boldsymbol{A}_2\boldsymbol{d}^{(k)} \tag{5.6.60}$$

$$\lambda_{\max}=\begin{cases} \min\left\{\dfrac{\hat{b}_i}{\hat{d}_i}\,\middle|\,\hat{d}_i<0\right\}, & \text{当 } \hat{\boldsymbol{d}}<0 \text{ 时} \\ \infty, & \text{当 } \hat{\boldsymbol{d}}\geqslant 0 \text{ 时} \end{cases} \tag{5.6.61}$$

其中 $\hat{b}_i$、$\hat{d}_i$ 分别为 $\hat{\boldsymbol{b}}$ 和 $\hat{\boldsymbol{d}}$ 的第 i 个分量。

计算步骤如下:

(1) 给定初始可行点 $\boldsymbol{x}^{(1)}$,置 $k=1$。

(2) 在点 $\boldsymbol{x}^{(k)}$ 处,把 $\boldsymbol{A}$ 和 $\boldsymbol{b}$ 分解成 $\begin{bmatrix}\boldsymbol{A}_1\\ \boldsymbol{A}_2\end{bmatrix}$ 和 $\begin{bmatrix}\boldsymbol{b}_1\\ \boldsymbol{b}_2\end{bmatrix}$,使得 $\boldsymbol{A}_1\boldsymbol{x}^{(k)}=\boldsymbol{b}_1$,$\boldsymbol{A}_2\boldsymbol{x}^{(k)}>\boldsymbol{b}_2$,计算 $\nabla f(\boldsymbol{x}^{(k)})$。

(3) 求线性规划问题:

$$\begin{aligned} \min\quad & \nabla f(\boldsymbol{x}^{(k)})^{\mathrm{T}}\boldsymbol{d} \\ \text{s.t.}\quad & \boldsymbol{A}_1\boldsymbol{d}\geqslant 0 \\ & \boldsymbol{E}\boldsymbol{d}=0 \\ & -1\leqslant d_j\leqslant 1,\quad j=1,2,\cdots,n \end{aligned}$$

得到最优解 $\boldsymbol{d}^{(k)}$。

(4) 如果 $\nabla f(\boldsymbol{x}^{(k)})^{\mathrm{T}}\boldsymbol{d}^{(k)}=0$,则停止计算,$\boldsymbol{x}^{(k)}$ 为 Kuhn-Tucker 点;否则,进行步骤(5)。

(5) 利用式(5.6.59)至式(5.6.61)计算 $\lambda_{\max}$,然后在$[0,\lambda_{\max}]$上进行一维搜索:

$$\begin{aligned} \min\quad & f(\boldsymbol{x}^{(k)}+\lambda \boldsymbol{d}^{(k)}) \\ \text{s.t.}\quad & 0\leqslant \lambda \leqslant \lambda_{\max} \end{aligned}$$

得到最优解 λ_k,令

$$\boldsymbol{x}^{(k+1)}=\boldsymbol{x}^{(k)}+\lambda_k \boldsymbol{d}^{(k)}$$

(6) 置 $k=k+1$,返回步骤(2)。

例 5.6.4.3 用 Zoutendijk 可行方向法解下列问题:

$$\begin{aligned} \min\quad & x_1^2+x_2^2-2x_1-4x_2+6 \\ \text{s.t.}\quad & -2x_1+x_2+1\geqslant 0 \\ & -x_1-x_2+2\geqslant 0 \end{aligned}$$

$$x_1 \geqslant 0$$
$$x_2 \geqslant 0$$

取初始可行点 $\boldsymbol{x}^{(1)}=(0,0)^{\mathrm{T}}$。

解 第一次迭代：

$\boldsymbol{x}^{(1)}$处目标函数的梯度$\nabla f(\boldsymbol{x}^{(1)})=(-2,-4)^{\mathrm{T}}$，起作用约束和不起作用约束的系数矩阵及右端分别为

$$\boldsymbol{A}_1=\begin{bmatrix}1 & 0\\0 & 1\end{bmatrix},\quad \boldsymbol{A}_2=\begin{bmatrix}-2 & 1\\-1 & -1\end{bmatrix}$$

$$\boldsymbol{b}_1=\begin{bmatrix}0\\0\end{bmatrix},\quad \boldsymbol{b}_2=\begin{bmatrix}-1\\-2\end{bmatrix}$$

求在 $\boldsymbol{x}^{(1)}$处的下降可行方向，为此需要解线性规划问题：

$$\begin{aligned}\min\quad & \nabla f(\boldsymbol{x}^{(k)})^{\mathrm{T}}\boldsymbol{d}\\ \text{s.t.}\quad & \boldsymbol{A}_1\boldsymbol{d}\geqslant 0\\ & |d_j|\leqslant 1, j=1,2\end{aligned}$$

即求解

$$\begin{aligned}\min\quad & -2d_1-4d_2\\ \text{s.t.}\quad & d_1\geqslant 0\\ & d_2\geqslant 0\\ & -1\leqslant d_1\leqslant 1\\ & -1\leqslant d_2\leqslant 1\end{aligned}$$

先用单纯形法求解此线性规划问题，得到最优解

$$\boldsymbol{d}^{(1)}=(1,1)^{\mathrm{T}}$$

再求步长 λ_1：

$$\hat{\boldsymbol{d}}=\boldsymbol{A}_2\boldsymbol{d}^{(1)}=(-1,-2)^{\mathrm{T}}$$
$$\hat{\boldsymbol{b}}=\boldsymbol{b}_2-\boldsymbol{A}_2\boldsymbol{x}^{(1)}=(-1,-2)^{\mathrm{T}}$$
$$\lambda_{\max}=\min\left\{\frac{-1}{-1},\frac{-2}{-2}\right\}=1$$

解一维搜索问题：

$$\begin{aligned}\min\quad & f(\boldsymbol{x}^{(1)}+\lambda\boldsymbol{d}^{(1)})\triangleq 2\lambda^2-6\lambda+6\\ \text{s.t.}\quad & 0\leqslant\lambda\leqslant 1\end{aligned}$$

得 $\lambda_1=1$，经第一次迭代得到点：

$$\boldsymbol{x}^{(2)}=\boldsymbol{x}^{(1)}+\lambda_1\boldsymbol{d}^{(1)}=(1,1)^{\mathrm{T}}$$

后面的迭代按同样方式进行。

第二次迭代，求得可行方向 $\boldsymbol{d}^{(2)}=(-1,1)^{\mathrm{T}}$。从 $\boldsymbol{x}^{(2)}$出发，沿 $\boldsymbol{d}^{(2)}$方向进行

一维搜索，得到步长 $\lambda_2=\frac{1}{2}$，因此

$$\boldsymbol{x}^{(3)}=\boldsymbol{x}^{(2)}+\lambda_2\boldsymbol{d}^{(2)}=\left(\frac{1}{2},\frac{3}{2}\right)^{\mathrm{T}}$$

第三次迭代，从 $\boldsymbol{x}^{(3)}$ 出发，在求可行方向时得到 $\boldsymbol{d}^{(3)}=(0,0)^{\mathrm{T}}$。

根据定理 5.6.4.6，$\boldsymbol{x}^{(3)}=\left(\frac{1}{2},\frac{3}{2}\right)^{\mathrm{T}}$ 一定是 Kuhn-Tucker 点，由于此例是凸规划，因此 $\boldsymbol{x}^{(3)}$ 是最优解，目标函数的最优值 $f_{\min}=f(\boldsymbol{x}^{(3)})=\frac{3}{2}$。

2）非线性约束情形

考虑问题：

$$\left.\begin{aligned}&\min\quad f(\boldsymbol{x})\\&\text{s. t.}\quad g_i(\boldsymbol{x})\geqslant 0,\quad i=1,2,\cdots,m\end{aligned}\right\}\tag{5.6.62}$$

其中 $\boldsymbol{x}\in\mathbf{R}^n$，$f(\boldsymbol{x})$ 和 $g_i(\boldsymbol{x})$ 均为可微函数。

为了确定在点 $\boldsymbol{x}$ 处的可行方向，需要求解下列线性规划问题：

$$\left.\begin{aligned}&\min\quad z\\&\text{s. t.}\quad \nabla f(\boldsymbol{x}^{\mathrm{T}})\boldsymbol{d}-z\leqslant 0\\&\qquad\ \ \nabla g_i(\boldsymbol{x})^{\mathrm{T}}\boldsymbol{d}+z\geqslant 0,i\in I\\&\qquad\ \ |d_j|\leqslant 1,j=1,2,\cdots,n\end{aligned}\right\}\tag{5.6.63}$$

其中 $I=\{i\,|\,g_i(\boldsymbol{x})=0\}$。

设问题(5.6.63)的最优解为$(\bar{z},\bar{\boldsymbol{d}})$，如果 $\bar{z}<0$，则 $\bar{\boldsymbol{d}}$ 是在 $\boldsymbol{x}$ 处的下降可行方向；如果 $\bar{z}=0$，则 $\boldsymbol{x}$ 为 Fritz John 点。

运用可行方向法求 $\boldsymbol{x}^{(k)}$ 的后继点时，先解线性规划问题(5.6.63)(其中 $\boldsymbol{x}$ 以 $\boldsymbol{x}^{(k)}$ 代入)，求出在点 $\boldsymbol{x}^{(k)}$ 处的可行下降方向 $\boldsymbol{d}^{(k)}$，然后确定沿 $\boldsymbol{d}^{(k)}$ 方向移动的步长 λ_k，为此需要求解下列一维搜索问题：

$$\left.\begin{aligned}&\min\quad f(\boldsymbol{x}^{(k)}+\lambda\boldsymbol{d}^{(k)})\\&\text{s. t.}\quad 0\leqslant\lambda\leqslant\lambda_{\max}\end{aligned}\right\}\tag{5.6.64}$$

其中

$$\lambda_{\max}=\sup\{\lambda\,|\,g_i(\boldsymbol{x}^{(k)})+\lambda\boldsymbol{d}^{(k)}\geqslant 0,\quad i=1,2,\cdots,m\}\tag{5.6.65}$$

计算步骤如下：

(1) 给定初始可行点 $\boldsymbol{x}^{(1)}$，置 $k=1$。

(2) 令 $I=\{i\,|\,g_i(\boldsymbol{x})=0\}$，解线性规划问题：

$$\begin{aligned}&\min\quad z\\&\text{s. t.}\quad \nabla f(\boldsymbol{x})^{\mathrm{T}}\boldsymbol{d}-z\leqslant 0\\&\qquad\ \ \nabla g_i(\boldsymbol{x})^{\mathrm{T}}\boldsymbol{d}+z\geqslant 0,i\in I\\&\qquad\ \ -1\leqslant d_j\leqslant 1,j=1,2,\cdots,n\end{aligned}$$

得到最优解$(z_k, \boldsymbol{d}^{(k)})$。

若 $z_k=0$，则停止计算，$\boldsymbol{x}^{(k)}$ 为 Fritz John 点；否则，进行步骤(3)。

(3) 求解一维搜索问题：

$$\begin{aligned} \min \quad & f(\boldsymbol{x}^{(k)}+\lambda \boldsymbol{d}^{(k)}) \\ \text{s.t.} \quad & 0 \leqslant \lambda \leqslant \lambda_{\max} \end{aligned}$$

其中 $\lambda_{\max}$ 由式(5.6.65)确定，得到最优解 λ_k。

(4) 令 $\boldsymbol{x}^{(k+1)}=\boldsymbol{x}^{(k)}+\lambda_k \boldsymbol{d}^{(k)}$，置 $k=k+1$，返回步骤(2)。

3）Topkis-Veinott 修正

Zoutendijk 法产生的序列可能不收敛于 Kuhn-Tucker 点，因此 Topikis 和 Veinott 对这种方法做了改进，把求方向的线性规划改写成：

$$\begin{aligned} \min \quad & z \\ \text{s.t.} \quad & \nabla f(\boldsymbol{x})^{\mathrm{T}} \boldsymbol{d}-z \leqslant 0 \\ & \nabla g_i(\boldsymbol{x})^{\mathrm{T}} \boldsymbol{d}+z \geqslant -g_i(\boldsymbol{x}), i=1,2,\cdots,m \\ & -1 \leqslant d_j \leqslant 1, j=1,2,\cdots,n \end{aligned}$$

经过修改，紧约束和非紧约束在确定下降可行方向中均起作用，并且在接近非紧约束边界时，不致发生方向突然改变。Topkis-Veinott 算法产生的序列 $\{\boldsymbol{x}^{(k)}\}$，其任一聚点是 Fritz John 点，即对任一聚点 $\bar{\boldsymbol{x}}$，存在不全为零的非负数 w_0 及 $w_i(i \in I)$，使得

$$w_0 \nabla f(\bar{\boldsymbol{x}})-\sum_{i \in I} w_i \nabla g_i(\bar{\boldsymbol{x}})=0$$

计算步骤如下：

(1) 给定初始可行点 $\boldsymbol{x}^{(1)}$，置 $k=1$。

(2) 求解线性规划问题：

$$\begin{aligned} \max \quad & z \\ \text{s.t.} \quad & \nabla f(\boldsymbol{x}^{(k)})^{\mathrm{T}} \boldsymbol{d}-z \leqslant 0 \\ & \nabla g_i(\boldsymbol{x}^{(k)})^{\mathrm{T}} \boldsymbol{d}+z \geqslant -g_i(\boldsymbol{x}^{(k)}), i=1,2,\cdots,m \\ & -1 \leqslant d_j \leqslant 1, j=1,2,\cdots,n \end{aligned}$$

得到最优解$(z_k, \boldsymbol{d}^{(k)})$。

(3) 若 $z_k=0$，则停止计算，$\boldsymbol{x}^{(k)}$ 为 Fritz John 点；否则，进行步骤(4)。

(4) 求步长 λ_k，解下列问题：

$$\begin{aligned} \min \quad & f(\boldsymbol{x}^{(k)}+\lambda \boldsymbol{d}^{(k)}) \\ \text{s.t.} \quad & 0 \leqslant \lambda \leqslant \lambda_{\max} \end{aligned}$$

其中 $\lambda_{\max}=\sup\{\lambda \mid g_i(\boldsymbol{x}^{(k)}+\lambda \boldsymbol{d}^{(k)}) \geqslant 0, i=1,2,\cdots,m\}$，求得最优解 λ_k。

(5) 令 $\boldsymbol{x}^{(k+1)}=\boldsymbol{x}^{(k)}+\lambda_k \boldsymbol{d}^{(k)}$，置 $k=k+1$，返回步骤(2)。

3. Rosen 梯度投影法

考虑问题：

$$\left.\begin{array}{ll}\min & f(\boldsymbol{x}) \\ \text{s. t.} & \boldsymbol{A}\boldsymbol{x}\geqslant \boldsymbol{b} \\ & \boldsymbol{E}\boldsymbol{x}=\boldsymbol{e}\end{array}\right\} \tag{5.6.66}$$

其中 $f(\boldsymbol{x})$是可微函数,$\boldsymbol{A}$ 为 $m\times n$ 矩阵,$\boldsymbol{E}$ 为 $l\times n$ 矩阵。

为了介绍 Rosen 梯度投影法(gradient projection method),先给出投影矩阵(projection matrix)的概念。

定义 5.6.4.5 设 $\boldsymbol{P}$ 为 n 阶矩阵,若 $\boldsymbol{P}=\boldsymbol{P}^{\mathrm{T}}$ 且 $\boldsymbol{P}^2=\boldsymbol{P}$,则称 $\boldsymbol{P}$ 为投影矩阵。

例 5.6.4.4 设 $\boldsymbol{M}$ 为 $m\times n$ 矩阵,秩为 m,令

$$\boldsymbol{Q}=\boldsymbol{M}^{\mathrm{T}}(\boldsymbol{M}\boldsymbol{M}^{\mathrm{T}})^{-1}\boldsymbol{M} \tag{5.6.67}$$

及

$$\boldsymbol{P}=\boldsymbol{I}-\boldsymbol{M}^{\mathrm{T}}(\boldsymbol{M}\boldsymbol{M}^{\mathrm{T}})^{-1}\boldsymbol{M} \tag{5.6.68}$$

则 $\boldsymbol{P}$ 和$\boldsymbol{Q}$ 均为投影矩阵。

投影矩阵具有下列性质:

(1) 若 $\boldsymbol{P}$ 为投影矩阵,则 $\boldsymbol{P}$ 为半正定矩阵。

(2) $\boldsymbol{P}$ 为投影矩阵的充要条件是$\boldsymbol{Q}=\boldsymbol{I}-\boldsymbol{P}$ 为投影矩阵。

(3) 设 $\boldsymbol{P}$ 和$\boldsymbol{Q}=\boldsymbol{I}-\boldsymbol{P}$ 是 n 阶投影矩阵,则

$$\boldsymbol{L}=\{\boldsymbol{P}\boldsymbol{x}\mid \boldsymbol{x}\in \mathbf{R}^n\}$$

与

$$\boldsymbol{L}^{\perp}=\{\boldsymbol{Q}\boldsymbol{x}\mid \boldsymbol{x}\in \mathbf{R}^n\}$$

是正交线性子空间,且任一 $\boldsymbol{x}\in \mathbf{R}^n$ 可唯一分解成 $\boldsymbol{x}=\boldsymbol{p}+\boldsymbol{q},\boldsymbol{p}\in \boldsymbol{L},\boldsymbol{q}\in \boldsymbol{L}^{\perp}$。

梯度投影法的基本思想仍然是从可行点出发,沿可行方向进行搜索。当迭代出发点在可行域内部时,沿负梯度方向搜索,当迭代出发点在某些约束的边界上时,将该点处的负梯度投影到 $\boldsymbol{M}$ 的零空间(null space)(即 $\boldsymbol{M}\boldsymbol{x}=\boldsymbol{0}$ 的解空间)。$\boldsymbol{M}$ 是以起作用约束的梯度为行构成的矩阵。下面的定理 5.6.4.7 表明,这样的投影是下降可行方向,再沿此方向进行搜索。因此,Rosen 梯度投影法也是一种可行方向法。

定理 5.6.4.7 设 $\boldsymbol{x}$ 是问题(5.6.66)的可行解,在 $\boldsymbol{x}$ 处有 $\boldsymbol{A}_1\boldsymbol{x}=\boldsymbol{b}_1,\boldsymbol{A}_2\boldsymbol{x}>\boldsymbol{b}_2$,其中

$$\boldsymbol{A}=\begin{bmatrix}\boldsymbol{A}_1\\ \boldsymbol{A}_2\end{bmatrix},\quad \boldsymbol{b}=\begin{bmatrix}\boldsymbol{b}_1\\ \boldsymbol{b}_2\end{bmatrix}$$

$\boldsymbol{M}\triangleq\begin{bmatrix}\boldsymbol{A}_1\\ \boldsymbol{E}\end{bmatrix}$为满秩矩阵,且

$$\boldsymbol{P}\triangleq\boldsymbol{I}-\boldsymbol{M}^{\mathrm{T}}(\boldsymbol{M}\boldsymbol{M}^{\mathrm{T}})^{-1}\boldsymbol{M}$$

$$\boldsymbol{P}\,\nabla f(\boldsymbol{x})\neq 0,\quad \boldsymbol{d}\triangleq-\boldsymbol{P}\,\nabla f(\boldsymbol{x})$$

则 $\boldsymbol{d}$ 是下降可行方向。

这个定理,在 $\boldsymbol{P}\nabla f(\boldsymbol{x})\neq 0$ 的假设下,给出用投影求下降可行方向的一种方法。

当 $\boldsymbol{P}\nabla f(\boldsymbol{x})=0$ 时,有两种可能,或者 $\boldsymbol{x}$ 是 Kuhn-Tucker 点,或者可以构造新的投影矩阵,以便求得下降可行方向。

定理 5.6.4.8 设 $\boldsymbol{x}$ 是问题(5.6.66)的可行解,在 $\boldsymbol{x}$ 处有 $\boldsymbol{A}_1\boldsymbol{x}=\boldsymbol{b}_1$,$\boldsymbol{A}_2\boldsymbol{x}>\boldsymbol{b}_2$,其中

$$\boldsymbol{A}=\begin{bmatrix}\boldsymbol{A}_1\\\boldsymbol{A}_2\end{bmatrix},\quad \boldsymbol{b}=\begin{bmatrix}\boldsymbol{b}_1\\\boldsymbol{b}_2\end{bmatrix}$$

$\boldsymbol{M}\triangleq\begin{bmatrix}\boldsymbol{A}_1\\\boldsymbol{E}\end{bmatrix}$为满秩矩阵,且

$$\boldsymbol{P}\triangleq\boldsymbol{I}-\boldsymbol{M}^{\mathrm{T}}(\boldsymbol{M}\boldsymbol{M}^{\mathrm{T}})^{-1}\boldsymbol{M}$$

$$\boldsymbol{W}\triangleq(\boldsymbol{M}\boldsymbol{M}^{\mathrm{T}})^{-1}\boldsymbol{M}\nabla f(\boldsymbol{x})=\begin{bmatrix}\boldsymbol{u}\\\boldsymbol{v}\end{bmatrix}$$

其中 $\boldsymbol{u}$ 和 $\boldsymbol{v}$ 分别对应于 $\boldsymbol{A}_1$ 和 $\boldsymbol{E}$,设 $\boldsymbol{P}\nabla f(\boldsymbol{x})=0$,则

(1) 如果 $\boldsymbol{u}\geqslant 0$,那么 $\boldsymbol{x}$ 为 Kuhn-Tucker 点;

(2) 如果 $\boldsymbol{u}$ 中含有负分量,不妨假设 $u_j<0$,这时从 $\boldsymbol{A}_1$ 中去掉 u_j 对应的行,得到 $\hat{\boldsymbol{A}}_1$,并且

$$\hat{\boldsymbol{M}}\triangleq\begin{bmatrix}\hat{\boldsymbol{A}}_2\\\boldsymbol{E}\end{bmatrix}$$

$$\hat{\boldsymbol{P}}\triangleq\boldsymbol{I}-\hat{\boldsymbol{M}}^{\mathrm{T}}(\hat{\boldsymbol{M}}\hat{\boldsymbol{M}}^{\mathrm{T}})^{-1}\hat{\boldsymbol{M}},\quad \boldsymbol{d}\triangleq-\hat{\boldsymbol{P}}\nabla f(\boldsymbol{x})$$

那么 $\boldsymbol{d}$ 为下降可行方向。

计算步骤如下:

(1) 给定初始可行点 $\boldsymbol{x}^{(1)}$,置 $k=1$。

(2) 在点 $\boldsymbol{x}^{(k)}$ 处,将 $\boldsymbol{A}$ 和 $\boldsymbol{b}$ 分解成$\begin{bmatrix}\boldsymbol{A}_1\\\boldsymbol{A}_2\end{bmatrix}$和$\begin{bmatrix}\boldsymbol{b}_1\\\boldsymbol{b}_2\end{bmatrix}$,使得 $\boldsymbol{A}_1\boldsymbol{x}^{(k)}=\boldsymbol{b}_1$,$\boldsymbol{A}_2\boldsymbol{x}^{(k)}>\boldsymbol{b}_2$。

(3) $\boldsymbol{M}\triangleq\begin{bmatrix}\boldsymbol{A}_1\\\boldsymbol{E}\end{bmatrix}$,如果 $\boldsymbol{M}$ 是空的,则 $\boldsymbol{P}\triangleq\boldsymbol{I}$(单位矩阵);否则,$\boldsymbol{P}\triangleq\boldsymbol{I}-\boldsymbol{M}^{\mathrm{T}}(\boldsymbol{M}\boldsymbol{M}^{\mathrm{T}})^{-1}\boldsymbol{M}$。

(4) $\boldsymbol{d}^{(k)}\triangleq-\boldsymbol{P}\nabla f(\boldsymbol{x}^{(k)})$,若 $\boldsymbol{d}^{(k)}\neq 0$,则转步骤(6);若 $\boldsymbol{d}^{(k)}=0$,则进行步骤(5)。

(5) 若 $\boldsymbol{M}$ 是空的,则停止计算,得到 $\boldsymbol{x}^{(k)}$;否则,

$$\boldsymbol{W}\triangleq(\boldsymbol{M}\boldsymbol{M}^{\mathrm{T}})^{-1}\boldsymbol{M}\nabla f(\boldsymbol{x}^{(k)})=\begin{bmatrix}\boldsymbol{u}\\\boldsymbol{v}\end{bmatrix}$$

如果 $\boldsymbol{u}\geqslant 0$,则停止计算,$\boldsymbol{x}^{(k)}$ 为 Kuhn-Tucker 点;如果 $\boldsymbol{u}$ 包含负分量,则选择一个负分量,比如 u_j,修正 $\boldsymbol{A}_1$,去掉 $\boldsymbol{A}_1$ 中对应 u_j 的行,返回步骤(3)。

(6) 求步长 λ_k,解下列问题:

$$\begin{aligned}&\min \quad f(\boldsymbol{x}^{(k)}+\lambda\boldsymbol{d}^{(k)})\\&\text{s.t.}\quad 0\leqslant\lambda\leqslant\lambda_{\max}\end{aligned}$$

其中 $\lambda_{\max}$ 由式(5.6.65)确定,得解 λ_k 后令 $\boldsymbol{x}^{(k+1)}=\boldsymbol{x}^{(k)}+\lambda_k\boldsymbol{d}^{(k)}$,置 $k=k+1$,返回步骤(2)。

例 5.6.4.5 用 Rosen 梯度投影法求解下列问题:

$$\begin{aligned}\min\quad & f(\boldsymbol{x})\triangleq 2x_1^2+2x_2^2-2x_1x_2-4x_1-6x_2\\ \text{s.t.}\quad & -x_1-x_2\geqslant -2\\ & -x_1-5x_2\geqslant -5\\ & x_1\geqslant 0\\ & x_2\geqslant 0\end{aligned}$$

初始点取作 $\boldsymbol{x}^{(1)}=(0,0)^{\mathrm{T}}$。

解 第一次迭代:在点 $\boldsymbol{x}^{(1)}$ 处梯度 $\nabla f(\boldsymbol{x}^{(1)})=\begin{bmatrix}-4\\-6\end{bmatrix}$。

在 $\boldsymbol{x}^{(1)}$ 处起作用约束指标集 $I=\{3,4\}$,即 $x_1\geqslant 0$ 和 $x_2\geqslant 0$ 是在 $\boldsymbol{x}^{(1)}$ 处的起作用约束,其余约束是不起作用约束。因此将约束系数矩阵 $\boldsymbol{A}$ 和右端 $\boldsymbol{b}$ 分解为

$$\boldsymbol{A}_1=\begin{bmatrix}1&0\\0&1\end{bmatrix},\quad \boldsymbol{A}_2=\begin{bmatrix}-1&-1\\-1&-5\end{bmatrix}$$

$$\boldsymbol{b}_1=\begin{bmatrix}0\\0\end{bmatrix},\quad \boldsymbol{b}_2=\begin{bmatrix}-2\\-5\end{bmatrix}$$

投影矩阵

$$\boldsymbol{P}=\boldsymbol{I}-\boldsymbol{A}_1^{\mathrm{T}}(\boldsymbol{A}_1\boldsymbol{A}_1^{\mathrm{T}})\boldsymbol{A}_1=\begin{bmatrix}0&0\\0&0\end{bmatrix}$$

负梯度方向在 $\boldsymbol{A}_1$ 的零空间上的投影

$$\boldsymbol{d}^{(1)}=-\boldsymbol{P}\,\nabla f(\boldsymbol{x}^{(1)})=\begin{bmatrix}0\\0\end{bmatrix}$$

计算向量 $\boldsymbol{W}$:

$$\boldsymbol{W}=(\boldsymbol{A}_1\boldsymbol{A}_1^{\mathrm{T}})\boldsymbol{A}_1\,\nabla f(\boldsymbol{x}^{(1)})=\begin{bmatrix}u_1\\u_2\end{bmatrix}=\begin{bmatrix}-4\\-6\end{bmatrix}$$

修正 $\boldsymbol{A}_1$,去掉 $\boldsymbol{A}_1$ 中对应 $u_2=-6$ 的行,即第 2 行,得到 $\hat{\boldsymbol{A}}_1=(1,0)$。

再求投影矩阵 $\hat{\boldsymbol{P}}$:

$$\hat{\boldsymbol{P}}=\boldsymbol{I}-\hat{\boldsymbol{A}}_1^{\mathrm{T}}(\hat{\boldsymbol{A}}_1\hat{\boldsymbol{A}}_1^{\mathrm{T}})^{-1}\hat{\boldsymbol{A}}_1=\begin{bmatrix}0&0\\0&1\end{bmatrix}$$

令投影方向

$$\hat{\boldsymbol{d}}^{(1)}=-\hat{\boldsymbol{P}}\nabla f(\boldsymbol{x}^{(1)})=\begin{bmatrix}0\\6\end{bmatrix}$$

求沿方向 $\hat{\boldsymbol{d}}^{(1)}$ 移动的步长 λ_1，求解

$$\left.\begin{aligned}\min\quad & f(\boldsymbol{x}^{(1)}+\lambda\hat{\boldsymbol{d}}^{(1)})\\ \text{s. t.}\quad & 0\leqslant\lambda\leqslant\lambda_{\max}\end{aligned}\right\}\tag{5.6.69}$$

为此，先求步长上限 $\lambda_{\max}$，由于

$$\hat{\boldsymbol{b}}=\boldsymbol{b}_2-\boldsymbol{A}_2\boldsymbol{x}^{(1)}=\begin{bmatrix}-2\\-5\end{bmatrix},\quad \hat{\boldsymbol{d}}=\boldsymbol{A}_2\hat{\boldsymbol{d}}^{(1)}=\begin{bmatrix}-6\\-30\end{bmatrix}$$

根据式(5.6.65)，有

$$\lambda_{\max}=\min\left\{\frac{-2}{-6},\frac{-5}{-30}\right\}=\frac{1}{6}$$

这样，问题(5.6.69)即

$$\begin{aligned}\min\quad & 72\lambda^2-36\lambda\\ \text{s. t.}\quad & 0\leqslant\lambda\leqslant\frac{1}{6}\end{aligned}$$

解得 $\lambda_1=\dfrac{1}{6}$。经第一次迭代，得到

$$\boldsymbol{x}^{(2)}=\boldsymbol{x}^{(1)}+\lambda_1\hat{\boldsymbol{d}}^{(1)}=\begin{bmatrix}0\\1\end{bmatrix}$$

第二次迭代与上次类似，经迭代得到

$$\boldsymbol{x}^{(3)}=\boldsymbol{x}^{(2)}+\lambda_2\hat{\boldsymbol{d}}^{(2)}=\begin{bmatrix}\dfrac{35}{31}\\[2mm]\dfrac{24}{31}\end{bmatrix}$$

第三次迭代，以 $\boldsymbol{x}^{(3)}$ 为始点，经简单计算易知，在 $\boldsymbol{x}^{(3)}$ 处投影方向

$$\boldsymbol{d}^{(3)}=-\boldsymbol{P}\nabla f(\boldsymbol{x}^{(3)})=\begin{bmatrix}0\\0\end{bmatrix}$$

而且 $\boldsymbol{W}=(\boldsymbol{A}_1\boldsymbol{A}_1^{\mathrm{T}})^{-1}\boldsymbol{A}_1\nabla f(\boldsymbol{x}^{(3)})=\dfrac{32}{31}>0$。

根据定理 5.6.4.8，$\boldsymbol{x}^{(3)}$ 为 Kuhn-Tucker 点，由于本例为凸规划，Kuhn-Tucker 点是整体最优解。

4. 既约梯度法

1）Wolfe 既约梯度法

Wolfe 于 1963 年提出产生下降可行方向的另一种方法，称为既约梯度法(reduced gradient method)，下面简述该算法原理。

考虑具有线性约束的非线性问题：

$$\left.\begin{aligned}\min \quad & f(\boldsymbol{x})\\ \text{s. t.} \quad & \boldsymbol{A}\boldsymbol{x}=\boldsymbol{b}\\ & \boldsymbol{x}\geqslant 0\end{aligned}\right\} \tag{5.6.70}$$

其中 $\boldsymbol{A}$ 为 $m\times n$ 矩阵，秩为 m，$\boldsymbol{b}$ 是 m 维列向量，f 是 $\mathbf{R}^n$ 上的连续可微函数。假设 $\boldsymbol{A}$ 的任意 m 个列均线性无关，并且约束条件的每个基本可行解均有 m 个正分量，在此假设下，每个可行解至少有 m 个正分量，至多有 $n-m$ 个零分量。

Wolfe 既约梯度法的基本思想是，把变量区分成基变量(basic variable)和非基变量(nonbasic variable)，它们之间的关系由约束条件 $\boldsymbol{A}\boldsymbol{x}=\boldsymbol{b}$ 确定，将基变量用非基变量表示，并且从目标函数中消去基变量，得到以非基变量为自变量的简化的目标函数，进而利用此函数的负梯度构造下降可行方向。简化目标函数关于非基变量的梯度称为目标函数的既约梯度(reduced gradient)，算法的中心问题是使用既约梯度构造搜索方向。

先给出既约梯度表达式。

可令

$$\boldsymbol{A}=(\boldsymbol{B},\boldsymbol{N}),\quad \boldsymbol{x}=\begin{bmatrix}\boldsymbol{x}_B\\ \boldsymbol{x}_N\end{bmatrix}$$

其中 $\boldsymbol{B}$ 是 $m\times n$ 阶可逆矩阵，$\boldsymbol{x}_B$ 和 $\boldsymbol{x}_N$ 分别是由基变量和非基变量构成的向量。问题(5.6.70)的等式约束中，将 $\boldsymbol{x}_B$ 用 $\boldsymbol{x}_N$ 表示：

$$\begin{aligned}&\boldsymbol{x}_B=\boldsymbol{B}^{-1}\boldsymbol{b}-\boldsymbol{B}^{-1}\boldsymbol{N}\boldsymbol{x}_N\\ &F(\boldsymbol{x}_N)=f(\boldsymbol{x}_B(\boldsymbol{x}_N),\boldsymbol{x}_N)\end{aligned} \tag{5.6.71}$$

原问题简化为仅在变量非负的限制下极小化 $F(\boldsymbol{x}_N)$，于是，问题(5.6.70)可以转化为求解下列问题：

$$\left.\begin{aligned}\min \quad & F(\boldsymbol{x})\\ \text{s. t.} \quad & \boldsymbol{x}_B,\boldsymbol{x}_N\geqslant 0\end{aligned}\right\} \tag{5.6.72}$$

利用复合函数求导数法则，可求得 $F(\boldsymbol{x}_N)$ 的梯度，即 $f(\boldsymbol{x})$ 的既约梯度：

$$r(\boldsymbol{x}_N)=\nabla F(\boldsymbol{x}_N)=\nabla_{x_N}f(\boldsymbol{x}_B(\boldsymbol{x}_N),\boldsymbol{x}_N)-(\boldsymbol{B}^{-1}\boldsymbol{N})^{\mathrm{T}}\nabla_{x_B}f(\boldsymbol{x}_B(\boldsymbol{x}_N),\boldsymbol{x}_N) \tag{5.6.73}$$

下面利用既约梯度构造搜索方向。

令搜索方向

$$\boldsymbol{d}^{(k)}=\begin{bmatrix}\boldsymbol{d}_B^{(k)}\\ \boldsymbol{d}_N^{(k)}\end{bmatrix}$$

其中 $\boldsymbol{d}_B^{(k)}$ 和 $\boldsymbol{d}_N^{(k)}$ 分别对应基变量和非基变量。

为使目标函数值下降，$\boldsymbol{d}_N^{(k)}$ 应取负既约梯度方向，但是当某个分量 $\boldsymbol{x}_{N_j}=0$

且 $r_j(\boldsymbol{x}_N)>0$ 时，沿负既约梯度方向移动将破坏可行性，因此定义 $\boldsymbol{d}_N^{(k)}$，使得

$$\boldsymbol{d}_{N_j}^{(k)}=\begin{cases}-\boldsymbol{x}_{n_j}^{(k)}r_j(\boldsymbol{x}_N^{(k)}), & r_j(\boldsymbol{x}_N^{(k)})>0\\ -r_j(\boldsymbol{x}_N^{(k)}), & r_j(\boldsymbol{x}_N^{(k)})\leqslant 0\end{cases} \tag{5.6.74}$$

并令

$$\boldsymbol{d}_B^{(k)}=-\boldsymbol{B}^{-1}\boldsymbol{N}\boldsymbol{d}_N^{(k)} \tag{5.6.75}$$

由于 $\boldsymbol{x}_B^{(k)}>0$，因此 $\boldsymbol{d}_B^{(k)}$ 对于 $\boldsymbol{x}_B^{(k)}$ 也一定是可行方向，最终得到

$$\boldsymbol{d}_B^{(k)}=\begin{bmatrix}-\boldsymbol{B}^{-1}\boldsymbol{N}\boldsymbol{d}_N^{(k)}\\ \boldsymbol{d}_N^{(k)}\end{bmatrix} \tag{5.6.76}$$

从 $\boldsymbol{x}^{(k)}$ 出发沿方向 $\boldsymbol{d}^{(k)}$ 移动的步长 λ，其上限由下式确定：

$$\lambda_{\max}=\begin{cases}\infty, & \boldsymbol{d}^{(k)}\geqslant 0\\ \min\left\{-\dfrac{x_j^{(k)}}{d_j^{(k)}}\,\middle|\, d_j^{(k)}<0\right\}, & 其他\end{cases} \tag{5.6.77}$$

容易证明，按照上述方式构造的方向 $\boldsymbol{d}$ 为零向量时，相应的点 $\boldsymbol{x}$ 为 Kuhn-Tucker 点；当 $\boldsymbol{d}$ 为非零向量时，它必是下降可行方向。

定理 5.6.4.9 设 $\boldsymbol{x}$ 是问题(5.6.70)的可行解，$\boldsymbol{A}=(\boldsymbol{B},\boldsymbol{N})$ 是 $m\times n$ 矩阵，$\boldsymbol{B}$ 为 m 阶可逆矩阵，$\boldsymbol{x}=(\boldsymbol{x}_B^{\mathrm{T}},\boldsymbol{x}_N^{\mathrm{T}})^{\mathrm{T}}$，$\boldsymbol{x}_B>0$，函数 f 在点 $\boldsymbol{x}$ 处可微。又设 $\boldsymbol{d}$ 是由式(5.6.74)和式(5.6.75)定义的方向，如果 $\boldsymbol{d}\neq\boldsymbol{0}$，则 $\boldsymbol{d}$ 是下降可行方向，而且 $\boldsymbol{d}=\boldsymbol{0}$ 的充要条件是 $\boldsymbol{x}$ 为 Kuhn-Tucker 点。

计算步骤如下：

(1) 给定初始可行点 $\boldsymbol{x}^{(1)}$，允许误差 $\varepsilon>0$ 置 $k=1$。

(2) 从 $\boldsymbol{x}^{(k)}$ 中选择 m 个大分量，它们的下标集记作 J_k，$\boldsymbol{A}$ 的第 j 列记作 $\boldsymbol{P}_j$，令 $\boldsymbol{B}$ 是由$\{\boldsymbol{P}_j\mid j\in J_k\}$构成的 m 阶矩阵，$\boldsymbol{N}$ 是由$\{\boldsymbol{P}_j\mid j\notin J_k\}$构成的 $m\times(n-m)$ 矩阵，由式(5.6.73)求出 $r(\boldsymbol{x}_N)$，并由式(5.6.74)和式(5.6.75)求出 $\boldsymbol{d}_N^{(k)}$ 和 $\boldsymbol{d}_B^{(k)}$，从而得到搜索方向 $\boldsymbol{d}^{(k)}$。

(3) 若 $\|\boldsymbol{d}^{(k)}\|\leqslant\varepsilon$，则停止计算，得到点 $\boldsymbol{x}^{(k)}$；否则，进行步骤(4)。

(4) 由式(5.6.77)求 $\lambda_{\max}$，从 $\boldsymbol{x}^{(k)}$ 出发，沿 $\boldsymbol{d}^{(k)}$ 搜索：

$$\begin{aligned}&\min\quad f(\boldsymbol{x}^{(k)}+\lambda\boldsymbol{d}^{(k)})\\&\text{s.t.}\quad 0\leqslant\lambda\leqslant\lambda_{\max}\end{aligned}$$

得到最优解 λ_k。

(5) 令 $\boldsymbol{x}^{(k+1)}=\boldsymbol{x}^{k}+\lambda_k\boldsymbol{d}^{(k)}$，置 $k=k+1$，转步骤(2)。

现举例说明上述计算过程。

例 5.6.4.6 用 Wolfe 既约梯度法求解下列问题：

$$\begin{aligned}\min\quad & 2x_1^2+x_2^2\\ \text{s.t.}\quad & x_1-x_2+x_3=2\\ & -2x_1+x_2+x_4=1\\ & x_j\geqslant 0,\ j=1,2,3,4\end{aligned}$$

解　取初始可行点 $\boldsymbol{x}^{(1)}=(1,3,4,0)^{\mathrm{T}}$。

第一次迭代：$J_1=\{2,3\}$，$\nabla f(\boldsymbol{x}^{(1)})=(4,6,0,0)^{\mathrm{T}}$，且

$$\boldsymbol{x}_B=\begin{bmatrix}x_2\\x_3\end{bmatrix}=\begin{bmatrix}3\\4\end{bmatrix},\quad \boldsymbol{x}_N=\begin{bmatrix}x_1\\x_4\end{bmatrix}=\begin{bmatrix}1\\0\end{bmatrix}$$

把约束方程的系数矩阵 $\boldsymbol{A}$ 分解成 $\boldsymbol{B}$ 和 $\boldsymbol{N}$：

$$\boldsymbol{B}=\begin{bmatrix}-1&1\\1&0\end{bmatrix},\quad \boldsymbol{N}=\begin{bmatrix}1&0\\-2&1\end{bmatrix},\quad \boldsymbol{B}^{-1}=\begin{bmatrix}0&1\\1&1\end{bmatrix}$$

根据式(5.6.73)至式(5.6.76)，求得既约梯度及搜索方向为

$$r(\boldsymbol{x}_N^{(1)})=\begin{bmatrix}16\\-6\end{bmatrix}$$

$$\boldsymbol{d}_N^{(1)}=\begin{bmatrix}\boldsymbol{d}_1^{(1)}\\\boldsymbol{d}_4^{(1)}\end{bmatrix}=\begin{bmatrix}-16\\6\end{bmatrix},\quad \boldsymbol{d}_B^{(1)}=\begin{bmatrix}\boldsymbol{d}_2^{(1)}\\\boldsymbol{d}_3^{(1)}\end{bmatrix}=\begin{bmatrix}-38\\-22\end{bmatrix}$$

$$\boldsymbol{d}^{(1)}=(-16,-38,-22,6)^{\mathrm{T}}$$

沿方向 $\boldsymbol{d}^{(1)}$ 的步长上限 $\lambda_{\max}=\dfrac{1}{16}$。

从 $\boldsymbol{x}^{(1)}$ 出发，沿 $\boldsymbol{d}^{(1)}$ 搜索，即求解下列问题：

$$\begin{aligned}&\min\quad 2(1-16\lambda)^2+(3-38\lambda)^2\\&\text{s. t.}\quad 0\leqslant\lambda\leqslant\frac{1}{16}\end{aligned}$$

解得 $\lambda_1=\dfrac{1}{16}$。

经第一次迭代，得到点

$$\boldsymbol{x}^{(2)}=\boldsymbol{x}^{(1)}+\lambda\boldsymbol{d}^{(1)}=\left(0,\frac{5}{8},\frac{21}{8},\frac{3}{8}\right)^{\mathrm{T}}$$

第二次迭代：从 $\boldsymbol{x}^{(2)}$ 出发，这时下标集 $J_2=\{2,3\}$，即基变量为 $\boldsymbol{x}_2,\boldsymbol{x}_3$。根据第一次迭代结果

$$\boldsymbol{x}_B^{(2)}=\begin{bmatrix}x_2\\x_3\end{bmatrix}=\begin{bmatrix}\frac{5}{8}\\\frac{21}{8}\end{bmatrix},\quad \boldsymbol{x}_N^{(2)}=\begin{bmatrix}x_1\\x_4\end{bmatrix}=\begin{bmatrix}0\\\frac{3}{8}\end{bmatrix}$$

既约梯度

$$\boldsymbol{r}(\boldsymbol{x}_N^{(2)})=\begin{bmatrix}\frac{5}{2}\\-\frac{5}{4}\end{bmatrix}$$

根据式(5.6.74)至式(5.6.76)计算得到

$$\boldsymbol{d}_N^{(1)}=\begin{bmatrix}d_1^{(2)}\\d_4^{(2)}\end{bmatrix}=\begin{bmatrix}0\\\frac{5}{4}\end{bmatrix},\quad \boldsymbol{d}_B^{(2)}=\begin{bmatrix}d_2^{(2)}\\d_3^{(2)}\end{bmatrix}=\begin{bmatrix}-\frac{5}{4}\\-\frac{5}{4}\end{bmatrix}$$

$$\boldsymbol{d}^{(2)}=\left(0,-\frac{5}{4},-\frac{5}{4},\frac{5}{4}\right)^{\mathrm{T}}$$

从 $\boldsymbol{x}^{(2)}$ 出发沿方向 $\boldsymbol{d}^{(2)}$ 的步长上限 $\lambda_{\max}=\frac{1}{2}$ 迭代得到

$$\boldsymbol{x}^{(3)}=\boldsymbol{x}^{(2)}+\lambda_2\boldsymbol{d}^{(2)}=(0,0,2,1)^{\mathrm{T}}$$

在进行第三次迭代时，发现搜索方向 $\boldsymbol{d}^{(3)}=(0,0,0,0)^{\mathrm{T}}$。根据定理 5.6.4.8，现行点 $\boldsymbol{x}^{(3)}=(0,0,2,1)^{\mathrm{T}}$ 是 Kuhn-Tucker 点。由于本例是凸规划，因此 $\boldsymbol{x}^{(3)}$ 是整体最优解。

2）广义既约梯度法

Abadie 和 Carpentier 把 Wolfe 既约梯度法推广到具有非线性约束的情形，给出广义既约梯度法（generalized reduced gradient method），简称为 GRG 算法。原来的既约梯度法则简称为 RG 算法。

考虑非线性规划问题：

$$\left.\begin{aligned}\min\quad & f(\boldsymbol{x})\\ \text{s. t.}\quad & \boldsymbol{h}(\boldsymbol{x})=0\\ & \boldsymbol{l}\leqslant\boldsymbol{x}\leqslant\boldsymbol{u}\end{aligned}\right\}\tag{5.6.78}$$

其中 $\boldsymbol{h}(\boldsymbol{x})=(h_1(\boldsymbol{x}),\cdots,h_m(\boldsymbol{x}))^{\mathrm{T}}$，$\boldsymbol{l}=(l_1,\cdots,l_n)^{\mathrm{T}}$，$\boldsymbol{u}=(u_1,\cdots,u_n)^{\mathrm{T}}$，$f$ 和 $h_j(j=1,2,\cdots,m)$ 是连续可微函数，$\boldsymbol{x}\in\mathbf{R}^n$，$m\leqslant n$。

类似于 RG 算法，把变量区分为基变量和非基变量，它们组成的向量分别用 $\boldsymbol{x}_B$ 和 $\boldsymbol{x}_N$ 表示，相应地，把 $\boldsymbol{h}(\boldsymbol{x})$ 的 Jacobi 矩阵：

$$\frac{\partial\boldsymbol{h}}{\partial\boldsymbol{x}}\triangleq\begin{bmatrix}\frac{\partial h_1}{\partial x_1} & \cdots & \frac{\partial h_1}{\partial x_n}\\ \vdots & & \vdots\\ \frac{\partial h_m}{\partial x_1} & \cdots & \frac{\partial h_m}{\partial x_n}\end{bmatrix}\tag{5.6.79}$$

分解成

$$\frac{\partial\boldsymbol{h}}{\partial\boldsymbol{x}}=\left(\frac{\partial\boldsymbol{h}}{\partial\boldsymbol{x}_B},\frac{\partial\boldsymbol{h}}{\partial\boldsymbol{x}_N}\right)$$

这里假设前 m 个分量是基变量，并假设矩阵 $\frac{\partial\boldsymbol{h}}{\partial\boldsymbol{x}_B}$ 非奇异。这样，$\boldsymbol{x}_B$ 可以用 $\boldsymbol{x}_N$ 表示，从而把目标函数化成只是 $\boldsymbol{x}_N$ 的函数，即

$$f(\boldsymbol{x}_B(\boldsymbol{x}_N),\boldsymbol{x}_N)=F(\boldsymbol{x}_N)$$

计算既约梯度

$$\boldsymbol{r}(\boldsymbol{x}_N)\triangleq\frac{\mathrm{d}f}{\mathrm{d}\boldsymbol{x}_N}\triangleq\nabla_{x_N}f-\left[\left(\frac{\partial\boldsymbol{h}}{\partial\boldsymbol{x}_B}\right)^{-1}\frac{\partial\boldsymbol{h}}{\partial\boldsymbol{x}_N}\right]^{\mathrm{T}}\nabla_{x_B}f \tag{5.6.80}$$

其中

$$\frac{\mathrm{d}f}{\mathrm{d}\boldsymbol{x}_N}=\left(\frac{\mathrm{d}f}{\mathrm{d}\boldsymbol{x}_{m+1}},\cdots,\frac{\mathrm{d}f}{\mathrm{d}\boldsymbol{x}_n}\right)^{\mathrm{T}} \tag{5.6.81}$$

下面说明怎样利用既约梯度解决搜索方向问题。对应非基变量 $\boldsymbol{x}_N$，定义一个向量 $\boldsymbol{d}_N^{(k)}$，使它的分量满足

$$d_{N_j}^{(k)}=\begin{cases}0, & x_{N_j}^{(k)}=l_{N_j}\text{ 且 }r_j(\boldsymbol{x}_N^{(k)})>0\\ & \text{或 }x_{N_j}^{(k)}=u_{N_j}\text{ 且 }r_j(\boldsymbol{x}_N^{(k)})<0\\ -r_j(\boldsymbol{x}_N^{(k)}), & \text{其他}\end{cases} \tag{5.6.82}$$

其中 $d_{N_j}^{(k)}$ 是 $\boldsymbol{d}_N^{(k)}$ 的第 j 个分量，$x_{N_j}^{(k)}$ 是 $\boldsymbol{x}_N^{(k)}$ 的第 j 个分量，l_{N_j} 和 u_{N_j} 分别是非基变量 x_{N_j} 的下界和上界。

由于 $\boldsymbol{h}(\boldsymbol{x})=0$ 是非线性方程组，不能像线性约束那样求出 $\boldsymbol{d}_B^{(k)}$ 的表达式。为从 $\boldsymbol{x}^{(k)}$ 出发求出使目标函数值下降的可行点，在定义 $\boldsymbol{d}_N^{(k)}$ 以后，取适当的步长 λ，令 $\hat{\boldsymbol{x}}_N=\boldsymbol{x}_N^{(k)}+\lambda\boldsymbol{d}_N^{(k)}$，且使得

$$\boldsymbol{l}_N\leqslant\hat{\boldsymbol{x}}_N\leqslant\boldsymbol{u}_N$$

再求解非线性方程组

$$\boldsymbol{h}(\boldsymbol{y},\hat{\boldsymbol{x}}_N)=0 \tag{5.6.83}$$

得到 $\hat{\boldsymbol{y}}$，若满足

$$f(\hat{\boldsymbol{y}},\boldsymbol{x}_N^{(k)})<f(\boldsymbol{x}_B^{(k)},\boldsymbol{x}_N^{(k)}) \tag{5.6.84}$$

并且

$$\boldsymbol{l}_B\leqslant\hat{\boldsymbol{y}}\leqslant\boldsymbol{u}_B \tag{5.6.85}$$

则得到新的可行点 $(\hat{\boldsymbol{y}},\hat{\boldsymbol{x}}_N)$；若 $\hat{\boldsymbol{y}}$ 不满足式(5.6.84)和式(5.6.85)，则减小步长 λ，重复以上过程。

计算步骤如下：

(1) 给定初始可行点 $\boldsymbol{x}^{(1)}$，允许误差 $\varepsilon_1,\varepsilon_2>0$，正整数 J，置 $k=1$。

(2) 将 $\boldsymbol{x}^{(k)}$ 分解成基变量和非基变量 $(\boldsymbol{x}_B^{(k)},\boldsymbol{x}_N^{(k)})$，按照式(5.6.80)计算既约梯度 $\boldsymbol{r}(\boldsymbol{x}_N)$，根据式(5.6.82)求得方向 $\boldsymbol{d}_N^{(k)}$。

(3) 若 $\|\boldsymbol{d}_N^{(k)}\|<\varepsilon_1$，则停止计算，得到 $\boldsymbol{x}^{(k)}$；否则，进行步骤(4)。

(4) 取 $\lambda>0$，令 $\hat{\boldsymbol{x}}_N=\boldsymbol{x}_N^{(k)}+\lambda\boldsymbol{d}_N^{(k)}$，若 $\boldsymbol{l}_N\leqslant\hat{\boldsymbol{x}}_N\leqslant\boldsymbol{u}_N$，则进行步骤(5)；否则，以 $\frac{1}{2}\lambda$ 代替 λ，再求 $\hat{\boldsymbol{x}}_N$，直至满足 $\boldsymbol{l}_N\leqslant\hat{\boldsymbol{x}}_N\leqslant\boldsymbol{u}_N$，再进行步骤(5)。

(5) 求解非线性方程组(5.6.83)，采用 Newton 法求解；

令 $\boldsymbol{y}^{(1)}=\boldsymbol{x}_B^{(k)}$，$j=1$，进行下列步骤：

① 令

$$\boldsymbol{y}^{(j+1)}=\boldsymbol{y}^{(j)}-\left[\frac{\partial \boldsymbol{h}(\boldsymbol{y}^{(j)},\hat{\boldsymbol{x}}_N)}{\partial \boldsymbol{x}_B}\right]^{-1}\boldsymbol{h}(\boldsymbol{y}^{(j)},\hat{\boldsymbol{x}}_N)$$

若 $f(\boldsymbol{y}^{(j+1)},\hat{\boldsymbol{x}}_B)<f(\boldsymbol{x}^{(k)})$，$\boldsymbol{l}_B\leqslant\boldsymbol{y}^{(j+1)}\leqslant\boldsymbol{u}_B$，并且 $\|\boldsymbol{h}(\boldsymbol{y}^{(j+1)},\hat{\boldsymbol{x}}_N)\|<\varepsilon_2$，则转步骤(6)；否则，进行②。

② 若 $j=J$，则以 $\frac{1}{2}\lambda$ 代替 λ，令 $\hat{\boldsymbol{x}}_N=\boldsymbol{x}_N^{(k)}+\lambda\boldsymbol{d}_N^{(k)}$，$\boldsymbol{y}^{(1)}=\boldsymbol{x}_B^{(k)}$，置 $j=1$，返回①；否则，置 $j=j+1$，返回①。

(6) 令 $\boldsymbol{x}^{(k+1)}=(\boldsymbol{y}^{(j+1)},\hat{\boldsymbol{x}}_N)$，置 $k=k+1$ 返回步骤(2)。

为了减少计算量，在解非线性方程组时，可用 $\left[\frac{\partial \boldsymbol{h}(\boldsymbol{x}^{(k)})}{\partial \boldsymbol{x}_B}\right]^{-1}$ 近似取代 $\left[\frac{\partial \boldsymbol{h}(\boldsymbol{y}^{(j)},\hat{\boldsymbol{x}}_N)}{\partial \boldsymbol{x}_B}\right]^{-1}$，由于前者在求既约梯度时已经计算，这样做并不增加工作量。

5. 其他将目标函数和约束函数线性化后再求解的方法简介

1）Frank-Wolfe 法

Frank-Wolfe 法是 Frank 和 Wolfe 于 1956 年提出求解非线性规划问题的一种方法。考虑非线性规划问题：

$$\begin{aligned}&\min\ f(\boldsymbol{x})\\&\text{s.t. }\ \boldsymbol{A}\boldsymbol{x}=\boldsymbol{b}\\&\qquad\ \boldsymbol{x}\geqslant 0\end{aligned}\tag{5.6.86}$$

其中 $\boldsymbol{A}$ 是 $m\times n$ 矩阵，秩为 m，$\boldsymbol{b}$ 是 m 维列向量，$f(\boldsymbol{x})$是连续可微函数，$\boldsymbol{x}\in\mathbf{R}^n$，问题的可行域为

$$S=\{\boldsymbol{x}\,|\,\boldsymbol{A}\boldsymbol{x}=\boldsymbol{b},\boldsymbol{x}\geqslant 0\}$$

Frank-Wolfe 算法的基本思想是，在每次迭代中，将目标函数 $f(\boldsymbol{x})$线性化，通过解线性规划问题求得下降可行方向，进而沿此方向在可行域内进行一维搜索。

函数 $f(\boldsymbol{x})$线性化的方法如下：

设 $f(\boldsymbol{x})$是非线性函数，$f(\boldsymbol{x})\triangleq(x_1-3)^2+(x_2-3)^2$，则在 $\boldsymbol{x}^{(1)}$ 处其线性化公式为

$$\begin{aligned}f(\boldsymbol{x})&\approx f(\boldsymbol{x}^{(1)}+\nabla f(\boldsymbol{x}^{(1)}))^{\mathrm{T}}(\boldsymbol{x}-\boldsymbol{x}^{(1)})\\&=16-4x_1-4x_2\end{aligned}\tag{5.6.87}$$

Frank-Wolfe 算法在进行一维搜索时，其所沿的搜索方向并不是最好的下降方向，因此算法收敛较慢，但在实际应用中仍是一种有用的算法。

2）近似规划方法

考虑非线性规划问题：

$$\left.\begin{aligned}&\min f(\boldsymbol{x})\\&\text{s.t. } g_i(\boldsymbol{x})\geqslant 0,\ i=1,2,\cdots,m\\&\qquad h_j(\boldsymbol{x})=0,\ j=1,2,\cdots,l\end{aligned}\right\}\tag{5.6.88}$$

其中 $\boldsymbol{x}\in\mathbf{R}^n$，$f(\boldsymbol{x})$、$g_i(\boldsymbol{x})(i=1,2,\cdots,m)$和 $h_j(\boldsymbol{x})(j=1,2,\cdots,l)$均存在一阶连续偏导数。

近似规划法(approximation programming method)的基本思想是，将问题(5.6.88)中的目标函数 $f(\boldsymbol{x})$和约束函数 $g_i(\boldsymbol{x})(i=1,2,\cdots,m)$，$h_j(\boldsymbol{x})(j=1,2,\cdots,l)$线性化，并对变量的取值范围加以限制，从而得到线性近似规划，再用单纯形法求解，把其最优解作为问题(5.6.88)的解的近似。每得到一个近似解后，再从这个解出发，重复以上步骤。这样，通过求解一系列线性规划问题，产生一个由线性规划最优解组成的序列，经验表明，这样的序列往往收敛于非线性规划问题的解。

用线性近似规划方法求解非线性规划问题时，应注意以下两点：

(1) 步长限制 δ_j 的选择对算法影响很大，如果 δ_j 取值太小，则算法收敛很慢；如果 δ_j 取值太大，则线性规划的最优解有可能不是原问题的可行解，这样不得不减小 δ_j，重解当前的线性规划问题，增加了计算量。

(2) 关于线性规划问题求解方法的选择，由于问题中变量有界，因此可用关于有界变量的单纯形法进行求解。否则，需引入变量的非负限制，化成标准形式，再用修正单纯形法求解。

3）割平面法

割平面法(cutting plane method)是通过一系列线性规划来求凸规划最优解的一种方法，问题一般可表示为

$$\left.\begin{aligned}&\min f(\boldsymbol{x})\triangleq \boldsymbol{cx}\\&\text{s.t. } g_i(\boldsymbol{x})\geqslant 0, i=1,2,\cdots,m\end{aligned}\right\}\tag{5.6.89}$$

其中 $\boldsymbol{c}$ 是 n 维行向量，$g_i(\boldsymbol{x})\geqslant 0,i=1,2,\cdots,m$ 是凹函数，问题的可行域为

$$S=\{\boldsymbol{x}\mid g_i(\boldsymbol{x})\geqslant 0,i=1,2,\cdots,m\}$$

一般凸规划均可写成上述形式，这是因为凸规划：

$$\begin{aligned}&\min f(\boldsymbol{x})\\&\text{s.t. } g_i(\boldsymbol{x})\geqslant 0,\ i=1,2,\cdots,m\end{aligned}$$

等价于凸规划：

$$\begin{aligned}&\min \boldsymbol{z}\\&\text{s.t. } \boldsymbol{z}-f(\boldsymbol{x})\geqslant 0\\&\qquad g_i(\boldsymbol{x})\geqslant 0,\ i=1,2,\cdots,m\end{aligned}$$

割平面法是由 Kelley 和 Cheney-Goldstein 于 1959 年到 1960 年给出的，也

称之为 KCG 法。

该法的基本思想是，用多面集取代可行域，并在多面集上极小化目标函数 $\boldsymbol{cx}$。运用这种方法时，首先假定可行域包含在由有限个线性不等式定义的紧集 S_1 中，然后解线性规划问题：

$$\begin{aligned}&\min \boldsymbol{cx}\\&\text{s. t. } \boldsymbol{x}\in S_1\end{aligned}$$

得到此问题的最优解 $\bar{\boldsymbol{x}}$ 后，在 $\bar{\boldsymbol{x}}$ 处将问题(5.6.89)中具有最小约束函数值的约束线性化，假设

$$g_r(\bar{\boldsymbol{x}})\triangleq\min\{g_i(\bar{\boldsymbol{x}})\mid i=1,2,\cdots,m\}$$

则将 $g_r(\boldsymbol{x})$线性化，并把线性化约束

$$g_r(\bar{\boldsymbol{x}})+\nabla g_r(\bar{\boldsymbol{x}})^{\mathrm{T}}(\boldsymbol{x}-\bar{\boldsymbol{x}})\geqslant 0 \tag{5.6.90}$$

加入确定 S_1 的线性约束集中，构成一个新的线性约束集，从而确定一个新的多面集 S_2，再求解线性规划问题：

$$\left.\begin{aligned}&\min \boldsymbol{cx}\\&\text{s. t. } \boldsymbol{x}\in S_2\end{aligned}\right\} \tag{5.6.91}$$

这时必有 $S_2\subset S_1$，因为条件(5.6.90)的引入，使得从 S_1 中割去了不满足条件(5.6.90)的点。

求出问题(5.6.91)的最优解后，重复上述做法，可构造出一系列多面集：

$$S_k\subset S_{k-1}\subset\cdots\subset S_2\subset S_1$$

它们都包含可行域 S，而且随 k 的增大，线性规划的可行域 S_k 越来越逼近原来问题的可行域 S。求解一系列线性规划问题，将产生由线性规划最优解组成的一个序列(至少有一个子序列)收敛于凸规划的最优解。

具体计算时，由于每次迭代与上一次相比只是增加一个新的约束条件，因此可用对偶单纯形法求解线性规划问题。

例 5.6.4.7 用割平面法求解下列问题：

$$\begin{aligned}&\min\ f(\boldsymbol{x})\triangleq-4x_1-x_2\\&\text{s. t. } g_1(\boldsymbol{x})=8-x_1^2-x_2^2\geqslant 0\\&\qquad g_2(\boldsymbol{x})=2x_2-x_1^2\geqslant 0\\&\qquad g_3(\boldsymbol{x})=3x_1+x_2-3\geqslant 0\end{aligned}$$

解 取初始多面集

$$S_1=\{\boldsymbol{x}\mid 0\leqslant x_1\leqslant 3,0\leqslant x_2\leqslant 3\}$$

容易验证 S_1 包含问题的可行域。解线性规划问题：

$$\begin{aligned}&\min\ -4x_1-x_2\\&\text{s. t. } \boldsymbol{x}\in S_1\end{aligned}$$

得到该线性规划问题的最优解为

$$x^{(1)}=\begin{bmatrix}x_1\\x_2\end{bmatrix}=\begin{bmatrix}3\\3\end{bmatrix}$$

由于 $g_1(\boldsymbol{x}^{(1)})=-10$，$g_2(\boldsymbol{x}^{(1)})=-3$，$\boldsymbol{x}^{(1)}$ 不满足原来的约束 $g_1(\boldsymbol{x})\geqslant 0$ 和 $g_2(\boldsymbol{x})\geqslant 0$，因此计算步骤中所用指标 $r=1$，即将 $g_1(\boldsymbol{x})$ 线性化。$g_1(\boldsymbol{x})\approx 26-6x_1-6x_2$，令 $S_2=\{\boldsymbol{x}\in S_1\mid 26-6x_1-6x_2\geqslant 0\}$，用对偶单纯形法解线性规划问题：

$$\begin{aligned}&\min\ -4x_1-x_2\\&\text{s.t.}\ \ \boldsymbol{x}\in S_2\end{aligned}$$

得到此线性规划问题的最优解为

$$\boldsymbol{x}^{(2)}=\begin{bmatrix}x_1\\x_2\end{bmatrix}=\begin{bmatrix}3\\\dfrac{4}{3}\end{bmatrix}$$

再判断 $\boldsymbol{x}^{(2)}$ 是否为原问题的最优解，由于 $g_1(\boldsymbol{x}^{(2)})=-\dfrac{25}{9}$，$g_2(\boldsymbol{x}^{(2)})=-\dfrac{19}{3}$，因此点 $\boldsymbol{x}^{(2)}$ 还不是原问题的可行解。这时 $r=2$，按算法规定，在 $\boldsymbol{x}^{(2)}$ 处将 $g_2(\boldsymbol{x})$ 线性化，得到

$$g_2(\boldsymbol{x})\approx 8-6x_1+2x_2$$

令 $S_3=\{\boldsymbol{x}\in S_2\mid 8-6x_1+2x_2\geqslant 0\}$，解线性规划问题：

$$\begin{aligned}&\min\ -4x_1-x_2\\&\text{s.t.}\ \ \boldsymbol{x}\in S_3\end{aligned}$$

得到该线性规划问题的最优解为

$$\boldsymbol{x}^{(3)}=\begin{bmatrix}x_1\\x_2\end{bmatrix}=\begin{bmatrix}\dfrac{25}{12}\\\dfrac{27}{12}\end{bmatrix}$$

目标函数值 $f(\boldsymbol{x}^{(3)})=-\dfrac{127}{12}$，$\boldsymbol{x}^{(3)}$ 已经接近原来问题的最优解 $\bar{\boldsymbol{x}}=(2,2)^{\mathrm{T}}$，如果需要得到更精确的近似解，可以继续做下去。

6. 罚函数法

考虑约束问题：

$$\left.\begin{aligned}&\min\ f(\boldsymbol{x})\\&\text{s.t.}\ \ g_i(\boldsymbol{x})\geqslant 0,\ i=1,2,\cdots,m\\&\qquad h_j(\boldsymbol{x})=0,\ j=1,2,\cdots,l\end{aligned}\right\}\tag{5.6.92}$$

其中 $f(\boldsymbol{x})$，$g_i(\boldsymbol{x})(i=1,2,\cdots,m)$，$h_j(\boldsymbol{x})(j=1,2,\cdots,l)$是 $\mathbf{R}^n$ 上的连续函数。

罚函数法(penalty function method)的基本思想是，利用目标函数和约束

函数组成辅助函数：

$$F(\boldsymbol{x},\sigma)=f(\boldsymbol{x})+\sigma P(\boldsymbol{x}) \tag{5.6.93}$$

$F(\boldsymbol{x},\sigma)$具有这样的性质：当点 $\boldsymbol{x}$ 位于可行域以外时，$F(\boldsymbol{x},\sigma)$取值很大，而且离可行域越远其值越大；当点 $\boldsymbol{x}$ 在可行域内时，函数 $F(\boldsymbol{x},\sigma)=f(\boldsymbol{x})$。这样，就将原来的问题转化成关于辅助函数 $F(\boldsymbol{x},\sigma)$的无约束极小值问题：

$$\min F(\boldsymbol{x},\sigma)\triangleq f(\boldsymbol{x})+\sigma P(\boldsymbol{x}) \tag{5.6.94}$$

在极小化过程中，若 $\boldsymbol{x}$ 不是可行点，则辅助函数中的第二项 $\sigma P(\boldsymbol{x})$取很大的正值，其作用迫使迭代点靠近可行域，因此求解问题(5.6.94)能够得到约束问题(5.6.92)的近似解，而且 σ 越大，近似程度越好。通常将 $\sigma P(\boldsymbol{x})$称为罚项，σ 称为**罚因子**，$F(\boldsymbol{x},\sigma)$称为**罚函数**。

罚函数可以有不同的定义方法，$P(\boldsymbol{x})$的一般形式为

$$P(\boldsymbol{x})=\sum_{i=1}^{m}\Phi(g_i(\boldsymbol{x}))+\sum_{j=1}^{l}\Psi(h_j(\boldsymbol{x})) \tag{5.6.95}$$

Φ 和 Ψ 是满足下列条件的连续函数：

当 $y\geqslant 0$ 时，$\Phi(y)=0$；当 $y<0$ 时，$\Phi(y)>0$。

当 $y=0$ 时，$\Psi(y)=0$；当 $y\neq 0$ 时，$\Psi(y)>0$。

函数 Φ 和 Ψ 的典型取法如下：

$$\Phi=[\max\{0,-g_i(\boldsymbol{x})\}]^{\alpha},\quad \Psi=|h_j(\boldsymbol{x})|^{\beta}$$

其中 $\alpha\geqslant 1,\beta\geqslant 1$，均为给定常数，通常取作 $\alpha=\beta=2$。

例 5.6.4.8 求解下列非线性规划问题：

$$\min f(\boldsymbol{x})\triangleq(x_1-1)^2+x_2^2$$

$$\text{s. t. } g(\boldsymbol{x})\triangleq x_2-1\geqslant 0$$

解 定义罚函数

$$\begin{aligned}F(\boldsymbol{x},\sigma)&=(x_1-1)^2+x_2^2+\sigma[\max\{0,-(x_2-1)\}]^2\\&=\begin{cases}(x_1-1)^2+x_2^2, & x_2\geqslant 1\\(x_1-1)^2+x_2^2+\sigma(x_2-1)^2, & x_2<1\end{cases}\end{aligned}$$

下面用解析法求解问题：

$$\min F(\boldsymbol{x},\sigma)$$

根据 $F(\boldsymbol{x},\sigma)$的定义，有

$$\frac{\partial F}{\partial x_1}=2(x_1-1)$$

$$\frac{\partial F}{\partial x_2}=\begin{cases}2x_2, & x_2\geqslant 1\\2x_2+2\sigma(x_2-1), & x_2<1\end{cases}$$

令

$$\frac{\partial F}{\partial x_1}=0,\quad \frac{\partial F}{\partial x_2}=0$$

得到罚函数的极小值点(原问题的近似解):

$$\bar{\boldsymbol{x}}_\sigma=\begin{bmatrix}x_1\\x_2\end{bmatrix}=\begin{bmatrix}1\\\dfrac{\sigma}{1+\sigma}\end{bmatrix}$$

令 $\sigma\rightarrow+\infty$,则

$$\bar{\boldsymbol{x}}_\sigma\rightarrow\bar{\boldsymbol{x}}=\begin{bmatrix}1\\1\end{bmatrix}$$

$\bar{\boldsymbol{x}}$ 为约束问题的最优解。

实际计算中,罚因子的选择很重要。如果 σ 太小,则罚函数的极小点远离约束问题的最优解;如果 σ 太大,则给计算增加困难。一般是取一个趋向无穷大的严格递增正数列 $\{\sigma_k\}$,从 σ_1 开始,对每个 k,求解无约束问题:

$$\min\ f(\boldsymbol{x})+\sigma_k P(\boldsymbol{x})\tag{5.6.96}$$

得到极小点序列 $\{\bar{\boldsymbol{x}}_{\sigma_k}\}$,在适当的条件下,这个序列收敛于约束问题的最优解。如此通过求一系列无约束问题来获得约束问题最优化的方法称为序列无约束极小化方法(sequential unconstrained minimization technique),简称 SUMT。

计算步骤如下:

(1) 给定初始点 $\boldsymbol{x}^{(0)}$,初始罚因子 σ_1,放大系数 $c>1$,允许误差 $\varepsilon>0$,置 $k=1$。

(2) 以 $\boldsymbol{x}^{(k-1)}$ 为初始点,求解无约束问题 $\min\ f(\boldsymbol{x})+\sigma_k P(\boldsymbol{x})$,设其极小点为 $\boldsymbol{x}^{(k)}$。

(3) 若 $\sigma_k P(\boldsymbol{x}^{(k)})<\varepsilon$,则停止计算,得到点 $\boldsymbol{x}^{(k)}$;否则令 $\sigma_{k+1}=c\sigma_k$,并置 $k=k+1$,返回步骤(2)。

在序列无约束极小化过程中,$F(\boldsymbol{x}^{(k)},\sigma_k)$ 和 $f(\boldsymbol{x}^{(k)})$ 递增,$P(\boldsymbol{x}^{(k)})$ 递减。

引理 5.6.4.1 设 $0<\sigma_k<\sigma_{k+1}$,$\boldsymbol{x}^{(k)}$ 和 $\boldsymbol{x}^{(k+1)}$ 分别为取罚因子 σ_k 及 σ_{k+1} 时无约束问题的极小点,则下列各式成立:

(1) $F(\boldsymbol{x}^{(k)},\sigma_k)\leqslant F(\boldsymbol{x}^{(k+1)},\sigma_{k+1})$;

(2) $P(\boldsymbol{x}^{(k)})\geqslant P(\boldsymbol{x}^{(k+1)})$;

(3) $f(\boldsymbol{x}^{(k)})\leqslant f(\boldsymbol{x}^{(k+1)})$。

约束问题的最优值与 $F(\boldsymbol{x}^{(k)},\sigma_k)$ 和 $f(\boldsymbol{x}^{(k)})$ 之间有下列关系:

引理 5.6.4.2 设 $\bar{\boldsymbol{x}}$ 是问题(5.6.92)的最优解,且对任意的 $\sigma_k>0$,由式(5.6.93)定义的 $F(\boldsymbol{x},\sigma_k)$ 存在极小点 $\boldsymbol{x}^{(k)}$,则对每一个 k,有

$$f(\bar{\boldsymbol{x}})\geqslant F(\boldsymbol{x}^{(k)},\sigma_k)\geqslant f(\boldsymbol{x}^{(k)})\tag{5.6.96}$$

成立。

罚函数法也称外点法，所产生的序列$\{\boldsymbol{x}^{(k)}\}$在适当的条件下是收敛的。

定理 5.6.4.10 设问题(5.6.92)的可行域 S 非空，且存在一个数 $\varepsilon>0$，使得集合

$$S_k=\{\boldsymbol{x}\mid g_i(\boldsymbol{x})\geqslant-\varepsilon, i=1,2,\cdots,m; |h_j(\boldsymbol{x})|\leqslant\varepsilon, j=1,2,\cdots,l\}$$

是紧集，又设$\{\sigma_k\}$是趋向无穷大的严格递增正数列，且对每个 k，式(5.6.96)存在最优解 $\boldsymbol{x}^{(k)}$，则$\{\boldsymbol{x}^{(k)}\}$存在一个收敛子序列$\{\boldsymbol{x}^{(k_j)}\}$，并且任何这样的收敛子序列的极限都是问题(5.6.92)的最优解。

7. 障碍函数法

这种方法又称为内点罚函数法，简称内点法，迭代中总是从内点出发，并保持在可行域内部进行搜索。这种方法适用于下列只有不等式约束的问题：

$$\left.\begin{aligned}&\min f(\boldsymbol{x})\\&\text{s.t. } g_i(\boldsymbol{x})\geqslant 0,\ i=1,2,\cdots,m\end{aligned}\right\}\tag{5.6.97}$$

其中 $f(\boldsymbol{x})$，$g_i(\boldsymbol{x})(i=1,2,\cdots,m)$是连续函数。现将可行域记作

$$S=\{\boldsymbol{x}\mid g_i(\boldsymbol{x})\geqslant 0,\ i=1,2,\cdots,m\}$$

为了保持迭代点含于可行域内部，我们定义障碍函数(barrier function)：

$$F(\boldsymbol{x},r)=f(\boldsymbol{x})+rB(\boldsymbol{x})\tag{5.6.98}$$

其中 r 是很小的正数，$B(\boldsymbol{x})$是连续函数，当点 $\boldsymbol{x}$ 趋向可行域边界时，$B(\boldsymbol{x})\to+\infty$，其两种重要的形式为

$$B(\boldsymbol{x})=\sum_{i=1}^{m}\frac{1}{g_i(\boldsymbol{x})}\tag{5.6.99}$$

及

$$B(\boldsymbol{x})=\sum_{i=1}^{m}\lg g_i(\boldsymbol{x})\tag{5.6.100}$$

这样，当 $\boldsymbol{x}$ 趋向边界时，函数 $F(\boldsymbol{x},r)\to+\infty$，否则，由于 r 很小，函数 $F(\boldsymbol{x},r)$的取值近似于 $f(\boldsymbol{x})$，因此可通过求解问题：

$$\left.\begin{aligned}&\min F(\boldsymbol{x},r)\\&\text{s.t. } \boldsymbol{x}\in\operatorname{int} S\end{aligned}\right\}\tag{5.6.101}$$

得到问题(5.6.97)的近似解。

由于 $B(\boldsymbol{x})$的作用，在可行域边界形成“围墙”，因此问题(5.6.101)的解 $\bar{\boldsymbol{x}}_r$ 含于可行域内部。$B(\boldsymbol{x})$的阻挡作用是自动实现的，因此从计算的观点看，问题(5.6.101)可当作无约束问题来处理。

根据障碍函数 $F(\boldsymbol{x},r)$的定义，r 取值越小，问题(5.6.101)的最优解越接近问题(5.6.97)的最优解；但是，r 太小将给问题(5.6.101)的计算带来很大困难。因此，仍采取序列无约束极小化方法，取一个严格单调递减且趋于零的障碍因子数列$\{r_k\}$，对每一个 k，从内部出发，求解问题：

$$\left.\begin{array}{l}\min F(\boldsymbol{x},r_k)\\ \text{s.t. } \boldsymbol{x}\in \text{int } S\end{array}\right\} \tag{5.6.102}$$

计算步骤如下：

(1) 给定初始内点 $\boldsymbol{x}^{(0)}\in \text{int } S$，允许误差 $\varepsilon>0$，初始参数 r_1 的缩小系数 $\beta\in(0,1)$，置 $k=1$。

(2) 以 $\boldsymbol{x}^{(k-1)}$ 为初始点，求解下列问题：

$$\begin{array}{l}\min f(\boldsymbol{x})+r_kB(\boldsymbol{x})\\ \text{s.t. } \boldsymbol{x}\in \text{int } S\end{array}$$

其中 $B(\boldsymbol{x})$ 由式(5.6.99)定义，设求得的极小点为 $\boldsymbol{x}^{(k)}$。

(3) 若 $r_kB(\boldsymbol{x}^{(k)})<\varepsilon$，则停止计算，得到点 $\boldsymbol{x}^{(k)}$；否则，令 $r_{k+1}=\beta r_k$，置 $k=k+1$，返回步骤(2)。

关于内点法的收敛性有下列结论：

定理 5.6.4.11 设在问题(5.6.97)中，可行域内部非空，且存在最优解，又设对每一个 r_k，由式(5.6.98)定义的 $F(\boldsymbol{x},r_k)$ 在 S 内部存在极小点，并且障碍函数法产生的序列$\{\boldsymbol{x}^{(k)}\}$存在子序列收敛于 $\bar{\boldsymbol{x}}$，则 $\bar{\boldsymbol{x}}$ 是问题(5.6.97)的最优解。

8. 外插技术

罚函数法当罚因子 σ_k 不断增大(r 不断减小)时，Hesse 矩阵会变为病态矩阵，经验表明，这种状况将减慢算法的收敛。为了加快函数的收敛，可以采取一些措施。外插法(extrapolation)就是为此目的提出来的。这种方法的基本思想是，利用前面若干个障碍因子 r_k 及相应的解 $\boldsymbol{x}^{(k)}$ 来预测下一个问题的解点。具体地讲，把罚函数 $F(\boldsymbol{x},r)$(对于外点法，相当于 $F(\boldsymbol{x},\sigma)=F\left(\boldsymbol{x},\dfrac{1}{r}\right)$)的极小点看作罚因子 r 的函数，记作 $\boldsymbol{x}(r)$。在某些条件下，$\boldsymbol{x}(r)$ 在 $r=0$ 附近是 r 的连续函数，因此用这个函数可求得原来问题的近似解。假设对于罚因子 $r_0>r_1>\cdots>r_t>0$ 求得相应罚函数 $F(\boldsymbol{x},r_k)$ 的极小点 $\boldsymbol{x}^{(0)},\boldsymbol{x}^{(1)},\cdots,\boldsymbol{x}^{(t)}$。现用这些数据将 $\boldsymbol{x}(r)$ 表示成 r 的一个 t 次多项式，设

$$\boldsymbol{x}(r)=\sum_{j=0}^{t}\boldsymbol{P}_jr^j \tag{5.6.103}$$

其中 $\boldsymbol{P}_j$ 为 n 维列向量。

将 r_k 及相应的解 $\boldsymbol{x}^{(k)}$ 代入式(5.6.103)，得到

$$\boldsymbol{x}^{(k)}=\sum_{j=0}^{t}\boldsymbol{P}_jr_k^j,\quad k=1,2,\cdots,t \tag{5.6.104}$$

由式(5.6.104)可确定列向量 $\boldsymbol{P}_j$，$j=0,1,2,\cdots,t$。

若在式(5.6.103)中，令 $r=0$，则得到 $\boldsymbol{x}(0)=\boldsymbol{P}_0$，$\boldsymbol{x}(0)$就是原问题最优解的一个更好的近似。我们也可以用 $\boldsymbol{x}(0)$作为初始点，求 $F(\boldsymbol{x},r_{t+1})$的极小点，从而

加速整个计算过程。

迭代公式如下：

给定 $r_0>0, c>1$，令 $r_i=r_0/c^i, i=1,2,\cdots,t$，假设已经求得 $F(\boldsymbol{x},r_i)$ 的极小点 $\boldsymbol{x}^{(i)}, i=0,1,\cdots,t$；令

$$\begin{cases}\boldsymbol{x}^{(i,0)}=\boldsymbol{x}^{(i)}, i=0,1,\cdots,t\\ \boldsymbol{x}^{(i,k)}=\dfrac{c^k\boldsymbol{x}^{(i,k-1)}-\boldsymbol{x}^{(i-1,k-1)}}{c^k-1}, \ i=1,2,\cdots,t;k=1,2,\cdots,i\end{cases} \tag{5.6.105}$$

则“最好”的估计 $\boldsymbol{x}^{(0)}\approx\boldsymbol{x}^{(i,t)}$。

9. 乘子法

在某些情况下罚函数的 Hesse 矩阵在迭代过程中会变成病态(ill-condition)，为了克服这个缺点 Hestenes 和 Powell 于 1968 年各自独立地提出了乘子法(multiplier method)。下面就两种情形来介绍。

1）等式约束情形

考虑等式约束问题：

$$\left.\begin{aligned}&\min\ f(\boldsymbol{x})\\&\text{s.t.}\ \ h_j(\boldsymbol{x})=0,\ j=1,2\cdots,l\end{aligned}\right\} \tag{5.6.106}$$

其中 f 和 $h_j(j=1,2,\cdots,l)$ 是二次连续可微函数，$\boldsymbol{x}\in\mathbf{R}^n$。

为介绍乘子法，先要定义增广 Lagrange 函数(乘子罚函数)：

$$\begin{aligned}\Phi(\boldsymbol{x},\boldsymbol{v},\sigma)&=f(\boldsymbol{x})-\sum_{j=1}^{l}\boldsymbol{v}_j h_j(\boldsymbol{x})+\frac{\sigma}{2}\sum_{j=1}^{l}h_j^2(\boldsymbol{x})\\&=f(\boldsymbol{x})-\boldsymbol{v}^{\mathrm{T}}\boldsymbol{h}(\boldsymbol{x})+\frac{\sigma}{2}\boldsymbol{h}(\boldsymbol{x})^{\mathrm{T}}\boldsymbol{h}(\boldsymbol{x})\end{aligned} \tag{5.6.107}$$

其中

$$\boldsymbol{v}=\begin{bmatrix}v_1\\ \vdots\\ v_l\end{bmatrix},\quad \boldsymbol{h}(\boldsymbol{x})=\begin{bmatrix}h_1(\boldsymbol{x})\\ \vdots\\ h_l(\boldsymbol{x})\end{bmatrix},\quad \sigma>0$$

$\Phi(\boldsymbol{x},\boldsymbol{v},\sigma)$ 与 Lagrange 函数的区别在于增加了罚项 $\frac{\sigma}{2}\boldsymbol{h}(\boldsymbol{x})^{\mathrm{T}}\boldsymbol{h}(\boldsymbol{x})$，而与罚函数的区别在于增加了乘子项 $(-\boldsymbol{v}^{\mathrm{T}}\boldsymbol{h}(\boldsymbol{x}))$。这种区别使得增广 Lagrange 函数与 Lagrange 函数及罚函数具有不同的性态，对于 $\Phi(\boldsymbol{x},\boldsymbol{v},\sigma)$，如果知道最优乘子 $\boldsymbol{v}$，只要取足够大的罚因子 σ，不必趋向无穷大就可通过极小化 $\Phi(\boldsymbol{x},\boldsymbol{v},\sigma)$ 求得问题(5.6.106)的局部最优解，但是，最优乘子 $\boldsymbol{v}$ 事先未知，因此先给定充分大的 σ 和 Lagrange 乘子的初步估计 $\boldsymbol{v}$，然后在迭代过程中修改 $\boldsymbol{v}$，力图使 $\boldsymbol{v}$ 趋向最优值。

设在第 k 次迭代中，Lagrange 乘子向量的估计为 $\boldsymbol{v}^{(k)}$，罚因子为 σ，$\Phi(\boldsymbol{x},\boldsymbol{v}^{(k)},\sigma)$ 的极小点为 $\boldsymbol{x}^{(k)}$，修正乘子 $\boldsymbol{v}$ 的公式为

$$v_j^{(k+1)}=v_j^{(k)}-\sigma h_j(\boldsymbol{x}^{(k)}),\quad j=1,2,\cdots,l \tag{5.6.108}$$

然后进行第 $k+1$ 次迭代，求 $\Phi(\boldsymbol{x},\boldsymbol{v}^{(k+1)},\sigma)$ 的无约束极小点，继续做下去，可望乘子 $\boldsymbol{v}^{(k)}\to\bar{\boldsymbol{v}}$，从而 $\boldsymbol{x}^{(k)}\to\bar{\boldsymbol{x}}$。如果 $\{\boldsymbol{v}^{(k)}\}$ 不收敛，或者收敛太慢，则增大参数 σ，再进行迭代。收敛快慢一般用 $\|\boldsymbol{h}(\boldsymbol{x}^{(k)})\|/\|\boldsymbol{h}(\boldsymbol{x}^{(k-1)})\|$ 来衡量。

计算步骤如下：

(1) 给定初始点 $\boldsymbol{x}^{(0)}$，乘子向量的初始估计 $\boldsymbol{v}^{(1)}$，参数 σ，允许误差 $\varepsilon>0$，常数 $\alpha>1$，$\beta\in(0,1)$，置 $k=1$。

(2) 以 $\boldsymbol{x}^{(k-1)}$ 为初始点，解无约束问题 $\min\Phi(\boldsymbol{x},\boldsymbol{v}^{(k)},\sigma)$，得解 $\boldsymbol{x}^{(k)}$。

(3) 若 $\|\boldsymbol{h}(\boldsymbol{x}^{(k)})\|<\varepsilon$，则停止计算，得到点 $\boldsymbol{x}^{(k)}$，否则，进行步骤(4)。

(4) 若

$$\frac{\|\boldsymbol{h}(\boldsymbol{x}^{(k)})\|}{\|\boldsymbol{h}(\boldsymbol{x}^{(k-1)})\|}\geqslant\beta$$

则置 $\sigma=\alpha\sigma$，转步骤(5)；否则，直接进行步骤(5).

(5) 用公式(5.6.108)计算 $v_j^{(k+1)}$，$j=1,2,\cdots,l$，置 $k=k+1$，转步骤(2)。

2) 一般情形

考虑问题：

$$\left.\begin{aligned}&\min\ f(\boldsymbol{x})\\&\text{s.t.}\ \ g_i(\boldsymbol{x})\geqslant 0,\ i=1,2,\cdots,m\\&\qquad h_j(\boldsymbol{x})=0,\ j=1,2,\cdots,l\end{aligned}\right\} \tag{5.6.109}$$

定义增广 Lagrange 函数

$$\begin{aligned}\Phi(\boldsymbol{x},\boldsymbol{w},\boldsymbol{v},\sigma)=&f(\boldsymbol{x})+\frac{1}{2\sigma}\sum_{i=1}^{m}\{[\max\{0,w_i-\sigma g_i(\boldsymbol{x})\}]^2-w_i^2\}\\&-\sum_{j=1}^{l}v_jh_j(\boldsymbol{x})+\frac{\sigma}{2}\sum_{j=1}^{l}h_j^2(\boldsymbol{x})\end{aligned} \tag{5.6.110}$$

迭代中，与只有等式约束情形类似，也是取定充分大的参数 σ，以及通过修正第 k 次迭代中的乘子 $\boldsymbol{w}^{(k)}$ 和 $\boldsymbol{v}^{(k)}$，得到第 $k+1$ 次迭代中的乘子 $\boldsymbol{w}^{(k+1)}$ 和 $\boldsymbol{v}^{(k+1)}$。

修正公式如下：

$$w_i^{(k+1)}=\max\{0,w_i^{(k)}-\sigma g_i(\boldsymbol{x}^{(k)})\},\quad i=1,2,\cdots,m \tag{5.6.111}$$

$$v_j^{(k+1)}=v_j^{(k)}-\sigma h_j(\boldsymbol{x}^{(k)}),\quad j=1,2,\cdots,l \tag{5.6.112}$$

算法与等式约束情形的相同。

附录 A
常用的数据表

A.1 标准正态分布表

$$\Phi(x)=\frac{1}{\sqrt{2\pi}}\int_{-\infty}^{x}e^{-\frac{t^2}{2}}\,dt$$

x	0.00	0.01	0.02	0.03	0.04	0.05	0.06	0.07	0.08	0.09
0.0	0.5000	0.5040	0.5080	0.5120	0.5160	0.5199	0.5239	0.5279	0.5319	0.5359
0.1	0.5398	0.5438	0.5478	0.5517	0.5557	0.5596	0.5636	0.5675	0.5714	0.5753
0.2	0.5793	0.5832	0.5871	0.5910	0.5948	0.5987	0.6026	0.6064	0.6103	0.6141
0.3	0.6179	0.6217	0.6255	0.6293	0.6331	0.6368	0.6406	0.6443	0.6480	0.6517
0.4	0.6554	0.6591	0.6628	0.6664	0.6700	0.6736	0.6772	0.6808	0.6844	0.6879
0.5	0.6915	0.6950	0.6985	0.7019	0.7054	0.7088	0.7123	0.7157	0.7190	0.7224
0.6	0.7257	0.7291	0.7324	0.7357	0.7389	0.7422	0.7454	0.7485	0.7517	0.7549
0.7	0.7580	0.7611	0.7642	0.7673	0.7703	0.7734	0.7764	0.7794	0.7823	0.7852
0.8	0.7881	0.7910	0.7939	0.7967	0.7995	0.8023	0.8051	0.8078	0.8106	0.8133
0.9	0.8159	0.8186	0.8212	0.8238	0.8264	0.8289	0.8315	0.8340	0.8365	0.8389
1.0	0.8413	0.8438	0.8461	0.8485	0.8508	0.8531	0.8554	0.8577	0.8599	0.8621
1.1	0.8643	0.8665	0.8686	0.8708	0.8729	0.8749	0.8770	0.8790	0.8810	0.8830
1.2	0.8849	0.8869	0.8888	0.8907	0.8925	0.8944	0.8962	0.8980	0.8997	0.9015
1.3	0.9032	0.9049	0.9066	0.9082	0.9099	0.9115	0.9131	0.9147	0.9162	0.9177
1.4	0.9192	0.9207	0.9222	0.9236	0.9251	0.9265	0.9278	0.9292	0.9306	0.9319
1.5	0.9332	0.9345	0.9357	0.9370	0.9382	0.9394	0.9406	0.9418	0.9430	0.9441
1.6	0.9452	0.9465	0.9474	0.9484	0.9495	0.9505	0.9515	0.9525	0.9535	0.9545

续表

x	0.00	0.01	0.02	0.03	0.04	0.05	0.06	0.07	0.08	0.09
1.7	0.9554	0.9564	0.9573	0.9582	0.9591	0.9599	0.9608	0.9616	0.9625	0.9633
1.8	0.9641	0.9648	0.9656	0.9664	0.9671	0.9678	0.9686	0.9693	0.9700	0.9706
1.9	0.9712	0.9719	0.9726	0.9732	0.9738	0.9744	0.9750	0.9756	0.9762	0.9767
2.0	0.9772	0.9778	0.9783	0.9788	0.9793	0.9798	0.9803	0.9808	0.9812	0.9817
2.1	0.9821	0.9826	0.9830	0.9834	0.9838	0.9842	0.9846	0.9850	0.9854	0.9857
2.2	0.9861	0.9864	0.9868	0.9871	0.9874	0.9878	0.9881	0.9884	0.9887	0.9890
2.3	0.9893	0.9896	0.9898	0.9901	0.9904	0.9906	0.9909	0.9911	0.9913	0.9916
2.4	0.9918	0.9920	0.9922	0.9925	0.9927	0.9929	0.9931	0.9932	0.9934	0.9936
2.5	0.9938	0.9940	0.9941	0.9943	0.9945	0.9946	0.9948	0.9949	0.9951	0.9952
2.6	0.9953	0.9955	0.9956	0.9957	0.9959	0.9960	0.9961	0.9962	0.9963	0.9964
2.7	0.9965	0.9966	0.9967	0.9968	0.9969	0.9970	0.9971	0.9972	0.9973	0.9974
2.8	0.9974	0.9975	0.9976	0.9977	0.9977	0.9978	0.9979	0.9979	0.9980	0.9981
2.9	0.9981	0.9982	0.9982	0.9983	0.9984	0.9984	0.9985	0.9985	0.9986	0.9986
3.0	0.9987	0.9987	0.9987	0.9988	0.9988	0.9989	0.9989	0.9989	0.9990	0.9990
3.1	0.9990	0.9991	0.9991	0.9991	0.9992	0.9992	0.9992	0.9992	0.9993	0.9993
3.2	0.9993	0.9993	0.9994	0.9994	0.9994	0.9994	0.9994	0.9995	0.9995	0.9995
3.3	0.9995	0.9995	0.9995	0.9996	0.9996	0.9996	0.9996	0.9996	0.9996	0.9997
3.4	0.9997	0.9997	0.9997	0.9997	0.9997	0.9997	0.9997	0.9997	0.9997	0.9998

A.2 泊松分布函数表

$$P(X \leqslant x) = \sum_{k=0}^{x} \frac{\lambda^k}{k!} e^{-\lambda}$$

k \ λ	0.1	0.2	0.3	0.4	0.5	0.6	0.7	0.8	0.9
0	0.9048	0.8187	0.7408	0.6703	0.6065	0.5488	0.4966	0.4493	0.4066
1	0.9953	0.9825	0.9631	0.9384	0.9098	0.8781	0.8442	0.8088	0.7725
2	0.9998	0.9989	0.9964	0.9921	0.9856	0.9769	0.9659	0.9526	0.9371
3	1.0000	0.9999	0.9997	0.9992	0.9982	0.9966	0.9942	0.9909	0.9865
4		1.0000	1.0000	0.9999	0.9998	0.9996	0.9992	0.9986	0.9977
5				1.0000	1.0000	1.0000	0.9999	0.9998	0.9997
6							1.0000	1.0000	1.0000

续表

k \ λ	1.0	1.5	2.0	2.5	3.0	3.5	4.0	4.5	5.0
0	0.3679	0.2231	0.1353	0.0821	0.0498	0.0302	0.0183	0.0111	0.0067
1	0.7358	0.5578	0.4060	0.2873	0.1991	0.1359	0.0916	0.0611	0.0404
2	0.9197	0.8088	0.6767	0.5438	0.4232	0.3208	0.2381	0.1736	0.1247
3	0.9810	0.9344	0.8571	0.7576	0.6472	0.5366	0.4335	0.3423	0.2650
4	0.9963	0.9814	0.9473	0.8912	0.8153	0.7254	0.6288	0.5321	0.4405
5	0.9994	0.9955	0.9834	0.9580	0.9161	0.8576	0.7851	0.7029	0.6160
6	0.9999	0.9991	0.9955	0.9858	0.9665	0.9347	0.8893	0.8311	0.7622
7	1.0000	0.9998	0.9989	0.9958	0.9881	0.9733	0.9489	0.9134	0.8666
8		1.0000	0.9998	0.9989	0.9962	0.9901	0.9786	0.9597	0.9319
9			1.0000	0.9997	0.9989	0.9967	0.9919	0.9829	0.9682
10				0.9999	0.9997	0.9990	0.9972	0.9933	0.9863
11				1.0000	0.9999	0.9997	0.9991	0.9976	0.9945
12					1.0000	0.9999	0.9997	0.9992	0.9980
13						1.0000	0.9999	0.9997	0.9993
14							1.0000	0.9999	0.9998
								1.0000	0.9999
									1.0000

k \ λ	5.5	6.0	6.5	7.0	7.5	8.0	8.5	9.0	9.5
0	0.0041	0.0025	0.0015	0.0009	0.0006	0.0003	0.0002	0.0001	0.0001
1	0.0266	0.0174	0.0113	0.0073	0.0047	0.0030	0.0019	0.0012	0.0008
2	0.0884	0.0620	0.0430	0.0296	0.0203	0.0138	0.0093	0.0062	0.0042
3	0.2017	0.1512	0.1118	0.0818	0.0591	0.0424	0.0301	0.0212	0.0149
4	0.3575	0.2851	0.2237	0.1730	0.1321	0.0996	0.0744	0.0550	0.0403
5	0.5289	0.4457	0.3690	0.3007	0.2414	0.1912	0.1496	0.1157	0.0885
6	0.6860	0.6063	0.5265	0.4497	0.3782	0.3134	0.2562	0.2068	0.1649
7	0.8095	0.7440	0.6728	0.5987	0.5246	0.4530	0.3856	0.3239	0.2687
8	0.8944	0.8472	0.7916	0.7291	0.6620	0.5925	0.5231	0.4557	0.3918
9	0.9462	0.9161	0.8774	0.8305	0.7764	0.7166	0.6530	0.5874	0.5218
10	0.9747	0.9574	0.9332	0.9015	0.8622	0.8159	0.7634	0.7060	0.6453

续表

k \ λ	5.5	6.0	6.5	7.0	7.5	8.0	8.5	9.0	9.5
11	0.9890	0.9799	0.9661	0.9467	0.9208	0.8881	0.8487	0.8030	0.7520
12	0.9955	0.9912	0.9840	0.9730	0.9573	0.9362	0.9091	0.8758	0.8364
13	0.9983	0.9964	0.9929	0.9872	0.9784	0.9658	0.9486	0.9261	0.8981
14	0.9994	0.9986	0.9970	0.9943	0.9897	0.9827	0.9726	0.9585	0.9400
15	0.9998	0.9995	0.9988	0.9976	0.9954	0.9918	0.9862	0.9780	0.9665
16	0.9999	0.9998	0.9996	0.9990	0.9980	0.9963	0.9934	0.9889	0.9823
17	1.0000	0.9999	0.9998	0.9996	0.9992	0.9984	0.9970	0.9947	0.9911
18		1.0000	0.9999	0.9999	0.9997	0.9993	0.9987	0.9976	0.9957
19			1.0000	1.0000	0.9999	0.9997	0.9995	0.9989	0.9980
20					1.0000	0.9999	0.9998	0.9996	0.9991
21						1.0000	0.9999	0.9998	0.9996
22							1.0000	0.9999	0.9999
23								1.0000	0.9999

A.3 t 分布数据表

$$P\{t(n)>t_\alpha(n)\}=\alpha$$

n \ α	0.45	0.4	0.35	0.30	0.25	0.20	0.15	0.10	0.05	0.025	0.01	0.005
1	0.158	0.325	0.510	0.727	1.000	1.376	1.963	3.078	6.314	12.706	31.821	63.657
2	0.142	0.289	0.445	0.617	0.816	1.061	1.386	1.886	2.920	4.303	6.965	9.925
3	0.137	0.277	0.424	0.584	0.765	0.978	1.250	1.638	2.353	3.182	4.541	5.841
4	0.134	0.271	0.414	0.569	0.741	0.941	1.910	1.533	2.132	2.776	3.747	4.604
5	0.132	0.267	0.408	0.559	0.727	0.920	1.156	1.476	2.015	2.571	3.365	4.032
6	0.131	0.265	0.404	0.553	0.718	0.906	1.134	1.440	1.943	2.447	3.143	3.707
7	0.130	0.263	0.402	0.549	0.711	0.896	1.119	1.415	1.895	2.365	2.998	3.499
8	0.130	0.262	0.399	0.546	0.706	0.889	1.108	1.397	1.860	2.306	2.896	3.355

续表

n \ α	0.45	0.4	0.35	0.30	0.25	0.20	0.15	0.10	0.05	0.025	0.01	0.005
9	0.129	0.261	0.398	0.543	0.703	0.883	1.100	1.383	1.833	2.262	2.821	3.250
10	0.129	0.260	0.397	0.542	0.700	0.879	1.093	1.372	1.813	2.228	2.764	3.169
11	0.129	0.260	0.396	0.540	0.697	0.876	1.088	1.363	1.796	2.201	2.718	3.106
12	0.128	0.259	0.395	0.539	0.695	0.873	1.083	1.356	1.782	2.179	2.681	3.055
13	0.128	0.259	0.394	0.538	0.694	0.870	1.079	1.350	1.771	2.160	2.650	3.012
14	0.128	0.258	0.393	0.537	0.692	0.868	1.076	1.345	1.761	2.145	2.624	2.977
15	0.128	0.258	0.393	0.536	0.691	0.866	1.074	1.341	1.753	2.131	2.602	2.947
16	0.128	0.258	0.392	0.535	0.690	0.865	1.071	1.337	1.746	2.120	2.583	2.921
17	0.128	0.257	0.392	0.534	0.689	0.863	1.069	1.333	1.740	2.110	2.567	2.898
18	0.127	0.257	0.392	0.534	0.688	0.862	1.067	1.330	1.734	2.101	2.552	2.878
19	0.127	0.257	0.391	0.533	0.688	0.861	1.066	1.328	1.729	2.093	2.539	2.861
20	0.127	0.257	0.391	0.533	0.687	0.860	1.064	1.325	1.725	2.086	2.528	2.845
21	0.127	0.257	0.391	0.532	0.686	0.859	1.063	1.323	1.721	2.080	2.518	2.831
22	0.127	0.256	0.390	0.532	0.686	0.858	1.061	1.321	1.717	2.074	2.508	2.819
23	0.127	0.256	0.390	0.532	0.685	0.858	1.060	1.319	1.714	2.069	2.500	2.807
24	0.127	0.256	0.390	0.531	0.685	0.857	1.059	1.318	1.711	2.064	2.492	2.797
25	0.127	0.256	0.390	0.531	0.684	0.856	1.058	1.316	1.708	2.060	2.485	2.787
26	0.127	0.256	0.390	0.531	0.684	0.856	1.058	1.315	1.706	2.056	2.479	2.779
27	0.127	0.256	0.389	0.531	0.684	0.855	1.057	1.314	1.703	2.052	2.473	2.771
28	0.127	0.256	0.389	0.530	0.683	0.855	1.056	1.313	1.701	2.048	2.467	2.763
29	0.127	0.256	0.389	0.530	0.683	0.854	1.055	1.311	1.699	2.045	2.462	2.756
30	0.127	0.256	0.389	0.530	0.683	0.854	1.055	1.310	1.697	2.042	2.457	2.750
40	0.126	0.255	0.388	0.529	0.681	0.851	1.050	1.303	1.684	2.021	2.423	2.704
60	0.126	0.254	0.387	0.527	0.679	0.848	1.045	1.296	1.671	2.000	2.390	2.660
120	0.126	0.254	0.386	0.526	0.677	0.845	1.041	1.289	1.658	1.980	2.358	2.617
∞	0.126	0.253	0.385	0.524	0.674	0.842	1.036	1.282	1.645	1.960	2.330	2.580

A.4 χ^2 分布数据表

$P\{\chi^2(n)>\chi_\alpha^2(n)\}=\alpha$

n \ α	0.995	0.99	0.975	0.95	0.9	0.75	0.5	0.25	0.1	0.05	0.025	0.01	0.005
1	0.00	0.00	0.00	0.00	0.02	0.10	0.45	1.32	2.71	3.84	5.02	6.63	7.88
2	0.01	0.02	0.05	0.10	0.21	0.58	1.39	2.77	4.61	5.99	7.38	9.21	10.60
3	0.07	0.11	0.22	0.35	0.58	1.21	2.37	4.11	6.25	7.81	9.35	11.34	12.84
4	0.21	030	0.48	0.71	1.06	1.92	3.36	5.39	7.78	9.49	11.14	13.28	14.86
5	0.41	0.55	0.83	1.15	1.61	2.67	4.35	6.63	9.24	11.07	12.83	15.09	16.75
6	0.68	0.87	1.24	1.64	2.20	3.45	5.35	7.84	10.64	12.59	14.45	16.81	18.55
7	0.99	1.24	1.69	2.17	2.83	4.25	6.35	9.04	12.02	14.07	16.01	18.48	20.28
8	1.34	1.65	2.18	2.73	3.49	5.07	7.34	10.22	13.36	15.51	17.53	20.09	21.95
9	1.73	2.09	2.70	3.33	4.17	5.90	8.34	11.39	14.68	16.92	19.02	21.67	23.59
10	2.16	2.56	3.25	3.94	4.87	6.74	9.34	12.55	15.99	18.31	20.48	23.21	25.19
11	2.60	3.05	3.82	4.57	5.58	7.58	10.34	13.70	17.28	19.68	21.92	24.72	26.76
12	3.07	3.57	4.40	5.23	6.30	8.44	11.34	14.85	18.55	21.03	23.34	26.22	28.30
13	3.57	4.11	5.01	5.89	7.04	9.30	12.34	15.98	19.81	22.36	24.74	27.69	29.82
14	4.07	4.66	5.63	6.57	7.79	10.17	13.34	17.12	21.06	23.68	26.12	29.14	31.32
15	4.60	5.23	6.26	7.26	8.55	11.04	14.34	18.25	22.31	25.00	27.49	30.58	32.80
16	5.14	5.81	6.91	7.96	9.31	11.91	15.34	19.37	23.54	26.30	28.85	32.00	34.27
17	5.70	6.41	7.56	8.67	10.09	12.79	16.34	20.49	24.77	27.59	30.19	33.41	35.72
18	6.26	7.02	8.23	9.39	10.86	13.68	17.34	21.60	25.99	28.87	31.53	34.81	37.16
19	6.84	7.63	8.91	10.12	11.65	14.56	18.34	22.72	27.20	30.14	32.85	36.19	38.58
20	7.43	8.26	9.59	10.85	12.44	15.45	19.34	23.83	28.41	31.41	34.17	37.57	40.00
21	8.03	8.90	10.28	11.59	13.24	16.34	20.34	24.93	29.62	32.67	35.48	38.93	41.40
22	8.64	9.54	10.98	12.34	14.04	17.24	21.34	26.04	30.81	33.92	36.78	40.29	42.80
23	9.26	10.20	11.69	13.09	14.85	18.14	22.34	27.14	32.01	35.17	38.08	41.64	44.18
24	9.89	10.86	12.40	13.85	15.66	19.04	23.34	28.24	33.20	36.42	39.36	42.98	45.56

续表

n \ α	0.995	0.99	0.975	0.95	0.9	0.75	0.5	0.25	0.1	0.05	0.025	0.01	0.005
25	10.52	11.52	13.12	14.61	16.47	19.94	24.34	29.34	34.48	37.65	40.65	44.31	46.93
26	11.16	12.2.	13.84	15.38	17.29	20.84	25.34	30.43	35.56	38.89	41.92	45.64	48.29
27	11.81	12.88	14.57	16.15	18.11	21.75	26.34	31.53	36.74	40.11	43.19	46.96	49.64
28	12.46	13.56	15.31	16.93	18.94	22.66	27.34	32.62	37.92	41.34	44.46	48.28	50.99
29	13.12	14.26	16.05	17.71	19.77	23.57	28.34	33.71	39.09	42.56	45.72	49.59	52.34
30	13.79	14.95	16.79	18.49	20.60	24.48	29.34	34.80	40.26	43.77	46.98	50.89	53.67
40	20.71	22.16	24.43	26.51	29.05	33.66	39.34	45.62	51.81	55.76	59.34	63.69	66.77
50	27.99	29.71	32.36	34.76	37.69	42.94	49.33	56.33	63.17	67.50	71.42	76.15	79.49
60	35.53	37.48	40.48	43.19	46.46	52.29	59.33	66.98	74.40	79.08	83.30	88.38	91.95

A.5 F 分布数据表

$P\{F(n_1,n_2)>F_{\alpha}(n_1,n_2)\}=\alpha$

$\alpha=0.05$

n_2 \ n_1	1	2	3	4	5	6	7	8	9	10	12	15	20	24	30	40	60	120	∞
1	161.45	199.50	215.7	224.58	230.16	233.99	236.77	238.88	240.54	241.88	243.91	245.95	248.01	249.05	250.10	251.14	252.20	253.25	254.3
2	18.51	19.00	19.16	19.25	19.30	19.33	19.35	19.37	19.38	19.40	19.41	19.43	19.45	19.45	19.46	19.47	19.48	19.49	19.50
3	10.13	9.55	9.28	9.12	9.01	8.94	8.89	8.85	8.81	8.79	8.74	8.70	8.66	8.64	8.62	8.59	8.57	8.55	8.53
4	7.71	6.94	6.59	6.39	6.26	6.16	6.09	6.04	6.00	5.96	5.91	5.86	5.80	5.77	5.75	5.72	5.69	5.66	5.63
5	6.61	5.79	5.41	5.19	5.05	4.95	4.88	4.82	4.77	4.74	4.68	4.62	4.56	4.53	4.50	4.46	4.43	4.40	4.36
6	5.99	5.14	4.76	4.53	4.39	4.28	4.21	4.15	4.10	4.06	4.00	3.94	3.87	3.84	3.81	3.77	3.74	3.70	3.67
7	5.59	4.74	4.35	4.12	3.97	3.87	3.79	3.73	3.68	3.64	3.57	3.51	3.44	3.41	3.38	3.34	3.30	3.27	3.23
8	5.32	4.46	4.07	3.84	3.69	3.58	3.50	3.44	3.39	3.35	3.28	3.22	3.15	3.12	3.08	3.04	3.01	2.97	2.93
9	5.12	4.26	3.86	3.63	3.48	3.37	3.29	3.23	3.18	3.14	3.07	3.01	2.94	2.90	2.86	2.83	2.79	2.75	2.71
10	4.96	4.10	3.71	3.48	3.33	3.22	3.14	3.07	3.02	2.98	2.91	2.85	2.77	2.74	2.70	2.66	2.62	2.58	2.54
11	4.84	3.98	3.59	3.36	3.20	3.09	3.01	2.95	2.90	2.85	2.79	2.72	2.65	2.61	2.57	2.53	2.49	2.45	2.40
12	4.75	3.89	3.49	3.26	3.11	3.00	2.91	2.85	2.80	2.75	2.69	2.62	2.54	2.51	2.47	2.43	2.38	2.34	2.30
13	4.67	3.81	3.41	3.18	3.03	2.92	2.83	2.77	2.71	2.67	2.60	2.53	2.46	2.42	2.38	2.34	2.30	2.25	2.21
14	4.60	3.74	3.34	3.11	2.96	2.85	2.76	2.70	2.65	2.60	2.53	2.46	2.39	2.35	2.31	2.27	2.22	2.18	2.13
15	4.54	3.68	3.29	3.06	2.90	2.79	2.71	2.64	2.59	2.54	2.48	2.40	2.33	2.29	2.25	2.20	2.16	2.11	2.07
16	4.49	3.63	3.24	3.01	2.85	2.74	2.66	2.59	2.54	2.49	2.42	2.35	2.28	2.24	2.19	2.15	2.11	2.06	2.01

续表

$\alpha=0.05$																			
n_2 \ n_1	1	2	3	4	5	6	7	8	9	10	12	15	20	24	30	40	60	120	∞
17	4.45	3.59	3.20	2.96	2.81	2.70	2.61	2.55	2.49	2.45	2.38	2.31	2.23	2.19	2.15	2.10	2.06	2.01	1.96
18	4.41	3.55	3.16	2.93	2.77	2.66	2.58	2.51	2.46	2.41	2.34	2.27	2.19	2.15	2.11	2.06	2.02	1.97	1.92
19	4.38	3.52	3.13	2.90	2.74	2.63	2.54	2.48	2.42	2.38	2.31	2.23	2.16	2.11	2.07	2.03	1.98	1.93	1.88
20	4.35	3.49	3.10	2.87	2.71	2.60	2.51	2.45	2.39	2.35	2.28	2.20	2.12	2.08	2.04	1.99	1.95	1.90	1.84
21	4.32	3.47	3.07	2.84	2.68	2.57	2.49	2.42	2.37	2.32	2.25	2.18	2.10	2.05	2.01	1.96	1.92	1.87	1.81
22	4.30	3.44	3.05	2.82	2.66	2.55	2.46	2.40	2.34	2.30	2.23	2.15	2.07	2.03	1.98	1.94	1.89	1.84	1.78
23	4.28	3.42	3.03	2.80	2.64	2.53	2.44	2.37	2.32	2.27	2.20	2.13	2.05	2.01	1.96	1.91	1.86	1.81	1.76
24	4.26	3.40	3.01	2.78	2.62	2.51	2.42	2.36	2.30	2.25	2.18	2.11	2.03	1.98	1.94	1.89	1.84	1.79	1.73
25	4.24	3.39	2.99	2.76	2.60	2.49	2.40	2.34	2.28	2.24	2.16	2.09	2.01	1.96	1.92	1.87	1.82	1.77	1.71
26	4.23	3.37	2.98	2.74	2.59	2.47	2.39	2.32	2.27	2.22	2.15	2.07	1.99	1.95	1.90	1.85	1.80	1.75	1.69
27	4.21	3.35	2.96	2.73	2.57	2.46	2.37	2.31	2.25	2.20	2.13	2.06	1.97	1.93	1.88	1.84	1.79	1.73	1.67
28	4.20	3.34	2.95	2.71	2.56	2.45	2.36	2.29	2.24	2.19	2.12	2.04	1.96	1.91	1.87	1.82	1.77	1.71	1.65
29	4.18	3.33	2.93	2.70	2.55	2.43	2.35	2.28	2.22	2.18	2.10	2.03	1.94	1.90	1.85	1.81	1.75	1.70	1.64
30	4.17	3.32	2.92	2.69	2.53	2.42	2.33	2.27	2.21	2.16	2.09	2.01	1.93	1.89	1.84	1.79	1.74	1.68	1.62
40	4.08	3.23	2.84	2.61	2.45	2.34	2.25	2.18	2.12	2.08	2.00	1.92	1.84	1.79	1.74	1.69	1.64	1.58	1.51
60	4.00	3.15	2.76	2.53	2.37	2.25	2.17	2.10	2.04	1.99	1.92	1.84	1.75	1.70	1.65	1.59	1.53	1.47	1.39
120	3.92	3.07	2.68	2.45	2.29	2.17	2.09	2.02	1.96	1.91	1.83	1.75	1.66	1.61	1.55	1.50	1.43	1.35	1.25
∞	3.84	3.00	2.60	2.37	2.21	2.10	2.01	1.94	1.88	1.83	1.75	1.67	1.57	1.52	1.46	1.39	1.32	1.22	1.00

续表

$\alpha=0.025$																			
n_2 \ n_1	1	2	3	4	5	6	7	8	9	10	12	15	20	24	30	40	60	120	∞
1	647.79	799.50	864.16	899.58	921.85	937.11	948.22	956.66	963.28	968.63	976.71	984.87	993.10	997.25	1001.41	1006.60	1009.80	1014.02	1018
2	38.51	39.00	39.17	39.25	39.30	39.33	39.36	39.37	39.39	39.40	39.41	39.43	39.45	39.46	39.46	39.47	39.48	39.49	39.50
3	17.44	16.04	15.44	15.10	14.88	14.73	14.62	14.54	14.47	14.42	14.34	14.25	14.17	14.12	14.08	14.04	13.99	13.95	13.90
4	12.22	10.65	9.98	9.60	9.36	9.20	9.07	8.98	8.90	8.84	8.75	8.66	8.56	8.51	8.46	8.41	8.36	8.31	8.26
5	10.01	8.43	7.76	7.39	7.15	6.98	6.85	6.76	6.68	6.62	6.52	6.43	6.31	6.28	6.23	6.18	6.12	6.07	6.02
6	8.81	7.26	6.60	6.23	5.99	5.82	5.70	5.60	5.52	5.46	5.37	5.27	5.17	5.12	5.07	5.01	4.96	4.90	4.85
7	8.07	6.54	5.89	5.52	5.29	5.12	4.99	4.90	4.80	4.76	4.67	4.57	4.47	4.42	4.36	4.31	4.25	4.20	4.14
8	7.57	6.06	5.42	5.05	4.82	4.65	4.53	4.43	4.36	4.30	4.20	4.10	4.00	3.95	3.89	3.84	3.78	3.73	3.67
9	7.21	5.71	5.08	4.72	4.48	4.32	4.20	4.10	4.03	3.96	3.87	3.77	3.67	3.61	3.56	3.51	3.45	3.39	3.33
10	6.94	5.46	4.83	4.47	4.24	4.07	3.95	3.85	3.78	3.72	3.62	3.52	3.42	3.37	3.31	3.26	3.20	3.14	3.08
11	6.72	5.26	4.63	4.28	4.04	3.88	3.76	3.66	3.59	3.53	3.43	3.33	3.23	3.17	3.12	3.06	3.00	2.94	2.88
12	6.55	5.10	4.47	4.12	3.89	3.73	3.61	3.51	3.44	3.37	3.28	3.18	3.07	3.02	2.96	2.91	2.85	2.79	2.72
13	6.41	4.97	4.35	4.00	3.77	3.60	3.48	3.39	3.31	3.25	3.15	3.05	2.95	2.89	2.84	2.78	2.72	2.66	2.60
14	6.30	4.86	4.24	3.89	3.66	3.50	3.38	3.29	3.21	3.15	3.05	2.95	2.84	2.79	2.73	2.67	2.61	2.55	2.49
15	6.20	4.77	4.15	3.80	3.58	3.41	3.29	3.20	3.12	3.06	2.96	2.86	2.76	2.70	2.64	2.59	2.52	2.46	2.40
16	6.12	4.69	4.08	3.73	3.50	3.34	3.22	3.12	3.05	2.99	2.89	2.79	2.68	2.63	2.57	2.51	2.45	2.38	2.32
17	6.04	4.62	4.01	3.66	3.44	3.28	3.16	3.06	2.98	2.92	2.82	2.72	2.62	2.56	2.50	2.44	2.38	2.32	2.25

续表

n_2 \ n_1 ($\alpha=0.025$)	1	2	3	4	5	6	7	8	9	10	12	15	20	24	30	40	60	120	∞
18	5.98	4.56	3.95	3.61	3.38	3.22	3.10	3.01	2.93	2.87	2.77	2.67	2.56	2.50	2.44	2.38	2.32	2.66	2.19
19	5.92	4.51	3.90	3.56	3.33	3.17	3.05	2.96	2.88	2.80	2.72	2.62	2.51	2.45	2.39	2.33	2.27	2.20	2.13
20	5.87	4.46	3.86	3.51	3.29	3.13	3.01	2.91	2.84	2.77	2.68	2.57	2.46	2.41	2.35	2.29	2.22	2.16	2.09
21	5.83	4.42	3.82	3.48	3.25	3.09	2.97	2.87	2.80	2.73	2.64	2.53	2.42	2.37	2.31	2.25	2.18	2.11	2.04
22	5.79	4.38	3.78	3.44	3.22	3.05	2.93	2.84	2.76	2.70	2.60	2.50	2.39	2.33	2.27	2.21	2.14	2.08	2.00
23	5.75	4.35	3.75	3.41	3.18	3.02	2.90	2.81	2.73	2.67	2.57	2.47	2.36	2.30	2.24	2.18	2.11	2.04	1.97
24	5.72	4.32	3.72	3.38	3.15	2.99	2.87	2.78	2.70	2.64	2.54	2.44	2.33	2.27	2.21	2.15	2.08	2.01	1.94
25	5.69	4.29	3.69	3.35	3.13	2.97	2.85	2.75	2.68	2.61	2.51	2.41	2.30	2.24	2.18	2.12	2.05	1.98	1.91
26	5.66	4.27	3.67	3.33	3.10	2.94	2.82	2.73	2.65	2.59	2.49	2.39	2.28	2.22	2.16	2.09	2.03	1.95	1.88
27	5.63	4.24	3.65	3.31	3.08	2.92	2.80	2.71	2.63	2.57	2.47	2.36	2.28	2.19	2.13	2.07	2.00	1.93	1.85
28	5.61	4.22	3.63	3.29	3.06	2.90	2.78	2.69	2.61	2.55	2.45	2.34	2.23	2.17	2.11	2.05	1.98	1.91	1.83
29	5.59	4.20	3.61	3.27	3.04	2.88	2.76	2.67	2.59	2.53	2.43	2.32	2.21	2.15	2.09	2.03	1.96	1.89	1.81
30	5.57	4.18	3.59	3.25	3.03	2.87	2.75	2.65	2.57	2.51	2.41	2.31	2.20	2.14	2.07	2.01	1.94	1.87	1.79
40	5.42	4.05	3.46	3.13	2.90	2.74	2.62	2.53	2.45	2.39	2.29	2.18	2.07	2.01	1.94	1.88	1.80	1.72	1.64
60	5.29	3.93	3.34	3.01	2.79	2.63	2.51	2.41	2.33	2.27	2.17	2.06	1.94	1.88	1.82	1.74	1.67	1.58	1.48
120	5.15	3.80	3.23	2.89	2.67	2.52	2.39	2.30	2.22	2.16	2.05	1.94	1.82	1.76	1.69	1.61	1.53	1.43	1.31
∞	5.02	3.69	3.12	2.79	2.57	2.41	2.29	2.19	2.11	2.05	1.94	1.83	1.71	1.64	1.57	1.48	1.39	1.27	1.00

续表

$\alpha=0.01$																			
n_2 \ n_1	1	2	3	4	5	6	7	8	9	10	12	15	20	24	30	40	60	120	∞
1	4052	4999.5	5403	5625	5764	5859	5928	5982	6022	6156	6106	6157	6209	6235	6261	6287	6313	6369	6366
2	98.50	99.00	99.17	99.25	99.30	99.33	99.36	99.37	99.39	99.40	99.42	99.43	99.45	99.46	99.47	99.47	99.48	99.49	99.50
3	34.12	30.82	29.46	28.71	28.24	27.91	27.67	27.49	27.35	27.23	27.05	26.87	26.69	26.60	26.50	26.41	26.32	26.22	26.13
4	21.20	18.00	16.69	15.98	15.52	15.21	14.98	14.80	14.66	14.55	14.37	14.20	14.02	13.93	13.84	13.75	13.65	13.56	13.46
5	16.26	13.27	12.06	11.39	10.97	10.67	10.46	10.29	10.16	10.05	9.89	9.72	9.55	9.47	9.38	9.29	9.20	9.11	9.02
6	13.75	10.92	9.78	9.15	8.75	8.47	8.26	8.10	7.98	7.87	7.72	7.56	7.40	7.31	7.23	7.14	7.06	6.97	6.88
7	12.25	9.55	8.45	7.85	7.46	7.19	6.99	6.84	6.72	6.62	6.47	6.31	6.16	6.07	5.99	5.91	5.82	5.74	5.65
8	11.26	8.65	7.59	7.01	6.63	6.37	6.18	6.03	5.91	5.81	5.67	5.52	5.36	5.28	5.20	5.12	5.03	4.95	4.86
9	10.56	8.02	6.99	6.42	6.06	5.80	5.61	5.47	5.35	5.26	5.11	4.96	4.81	4.73	4.65	4.57	4.48	4.40	4.31
10	10.04	7.56	6.55	5.99	5.64	5.39	5.20	5.06	4.94	4.85	4.71	4.56	4.41	4.33	4.25	4.17	4.08	4.00	3.91
11	9.65	7.21	6.22	5.67	5.32	5.07	4.89	4.74	4.63	4.54	4.40	4.25	4.10	4.02	3.94	3.86	3.78	3.69	3.60
12	9.33	6.93	5.95	5.41	5.06	4.82	4.64	4.50	4.39	4.30	4.16	4.01	3.86	3.78	3.70	3.62	3.54	3.45	3.36
13	9.07	6.70	5.74	5.21	4.86	4.62	4.44	4.30	4.19	4.10	3.96	3.82	3.66	3.59	3.51	3.43	3.34	3.25	3.17
14	8.86	6.51	5.56	5.04	4.69	4.46	4.28	4.14	4.03	3.94	3.80	3.66	3.51	3.43	3.35	3.27	3.18	3.09	3.00
15	8.68	6.36	5.42	4.89	4.56	4.32	4.14	4.00	3.89	3.80	3.67	3.52	3.37	3.29	3.21	3.13	3.05	2.96	2.87
16	8.53	6.23	5.29	4.74	4.44	4.20	4.03	3.89	3.78	3.69	3.55	3.41	3.26	3.18	3.10	3.02	2.93	2.84	2.75
17	8.40	6.11	5.18	4.67	4.34	4.10	3.93	3.79	3.68	3.59	3.46	3.31	3.16	3.08	3.00	2.92	2.83	2.75	2.65

续表

n_2 \ n_1	1	2	3	4	5	6	7	8	9	10	12	15	20	24	30	40	60	120	∞
	$\alpha=0.01$																		
18	8.29	6.01	5.09	4.58	4.25	4.01	3.84	3.71	3.60	3.51	3.37	3.23	3.08	3.00	2.92	2.84	2.75	2.66	2.57
19	8.18	5.93	5.01	4.50	4.17	3.94	3.77	3.63	3.52	3.43	3.30	3.15	3.00	2.92	2.84	2.76	2.67	2.58	2.49
20	8.10	5.85	4.94	4.43	4.10	3.87	3.70	3.56	3.46	3.37	3.23	3.09	2.94	2.86	2.78	2.69	2.61	2.52	2.42
21	8.02	5.78	4.87	4.37	4.04	3.81	3.64	3.51	3.40	3.31	3.17	3.03	2.88	2.80	2.72	2.64	2.55	2.46	2.36
22	7.95	5.72	4.82	4.31	3.99	3.76	3.59	3.45	3.35	3.26	3.12	2.98	2.83	2.75	2.67	2.58	2.50	2.40	2.31
23	7.88	5.66	4.76	4.26	3.94	3.71	3.54	3.41	3.30	3.21	3.07	2.93	2.78	2.70	2.62	2.54	2.45	2.35	2.26
24	7.82	5.61	4.72	4.22	3.90	3.67	3.50	3.36	3.26	3.17	3.03	2.89	2.74	2.66	2.58	2.49	2.40	2.31	2.21
25	7.77	5.57	4.68	4.18	3.85	3.63	3.46	3.32	3.22	3.13	2.99	2.85	2.70	2.62	2.54	2.45	2.36	2.27	2.17
26	7.72	5.53	4.64	4.14	3.82	3.59	3.42	3.29	3.18	3.09	2.96	2.81	2.66	2.58	2.50	2.42	2.33	2.23	2.13
27	7.68	5.49	4.60	4.11	3.78	3.56	3.39	3.26	3.15	3.06	2.93	2.78	2.63	2.55	2.47	2.38	2.29	2.20	2.10
28	7.64	5.45	4.57	4.07	3.75	3.53	3.36	3.23	3.12	3.03	2.90	2.75	2.60	2.52	2.44	2.35	2.26	2.17	2.06
29	7.60	5.42	4.54	4.04	3.73	3.50	3.33	3.20	3.09	3.00	2.87	2.73	2.57	2.49	2.41	2.33	2.26	2.14	2.03
30	7.56	5.39	4.51	4.02	3.70	3.47	3.30	3.17	3.07	2.98	2.84	2.70	2.55	2.47	2.39	2.30	2.21	2.11	2.01
40	7.31	5.18	4.31	3.83	3.51	3.29	3.12	2.99	2.89	2.80	2.66	2.52	2.37	2.29	2.20	2.11	2.02	1.92	1.80
60	7.08	4.98	4.13	3.65	3.34	3.12	2.95	2.82	2.72	2.63	2.50	2.35	2.20	2.12	2.03	1.94	1.84	1.73	1.60
120	6.85	4.79	3.95	3.48	3.17	2.96	2.79	2.66	2.56	2.47	2.34	2.19	2.03	1.95	1.86	1.76	1.66	1.53	1.38
∞	6.63	4.61	3.78	3.32	3.02	2.80	2.64	2.51	2.41	2.32	2.18	2.04	1.88	1.79	1.70	1.59	1.47	1.32	1.00

续表

$\alpha=0.005$																			
n_2 \ n_1	1	2	3	4	5	6	7	8	9	10	12	15	20	24	30	40	60	120	∞
1	16211	20000	21615	22500	23056	23437	23715	23925	24091	24224	24426	24630	24836	24940	25044	25148	25253	25359	25465
2	198.5	199	199.2	199.2	199.3	199.3	199.4	199.4	199.4	199.4	199.4	199.4	199.4	199.5	199.5	199.5	199.5	199.5	199.5
3	55.55	49.80	47.47	46.19	45.39	44.84	44.43	44.13	43.88	43.69	43.39	43.08	42.78	42.62	42.47	42.31	42.15	41.99	41.83
4	31.33	26.28	24.26	23.65	22.46	21.97	21.62	21.35	21.14	20.97	20.70	20.44	20.17	20.03	19.89	19.75	19.61	19.47	19.32
5	22.78	18.31	16.53	15.56	14.94	14.51	14.20	13.96	13.77	13.62	13.38	13.15	12.90	12.78	12.66	12.53	12.40	12.27	12.14
6	18.63	14.54	12.92	12.03	11.46	11.07	10.79	10.57	10.39	10.25	10.03	9.51	9.59	9.47	9.36	9.24	9.12	9.00	8.88
7	16.24	12.42	10.88	10.05	9.52	9.16	8.88	8.68	8.51	8.38	8.18	7.97	7.75	7.65	7.53	7.42	7.31	7.19	7.08
8	14.69	11.04	9.60	8.81	8.30	7.95	7.69	7.50	7.34	7.21	7.01	6.81	6.61	6.50	6.40	6.29	6.18	6.06	5.95
9	13.61	10.11	8.72	7.96	7.47	7.13	6.88	6.69	6.54	6.42	6.23	6.03	5.83	5.73	5.62	5.52	5.41	5.30	5.19
10	12.83	9.43	8.08	7.34	6.87	6.54	6.30	6.12	5.97	5.85	5.66	5.47	5.27	5.17	5.07	4.97	4.86	4.75	4.64
11	12.23	8.91	7.60	6.88	6.42	6.10	5.86	5.68	5.54	5.42	5.24	4.05	4.86	4.76	4.65	4.55	4.44	4.34	4.23
12	11.75	8.51	7.23	6.52	6.07	5.76	5.52	5.35	5.20	5.09	4.91	4.72	4.53	4.43	4.33	4.23	4.12	4.01	3.90
13	11.37	8.19	6.93	6.23	5.79	6.48	5.25	5.08	4.94	4.82	4.64	4.46	4.27	4.17	4.07	3.97	3.87	3.76	3.65
14	11.06	7.92	6.68	6.00	5.56	5.26	5.03	4.86	4.72	4.60	4.43	4.25	4.06	3.96	3.86	3.76	3.66	3.55	3.44
15	10.80	7.70	6.48	5.80	5.37	5.07	4.85	4.67	4.54	4.42	4.25	4.07	3.88	3.79	3.69	3.58	3.48	3.37	3.26
16	10.58	7.51	6.30	5.64	5.21	4.91	4.69	4.52	4.38	4.27	4.10	3.92	3.73	3.64	3.54	3.44	3.33	3.23	3.11
17	10.38	7.35	6.16	5.50	5.07	4.78	4.56	4.39	4.25	4.14	3.97	3.79	3.61	3.51	3.41	3.31	3.21	3.10	2.98

续表

$\alpha=0.005$																			
n_2 \ n_1	1	2	3	4	5	6	7	8	9	10	12	15	20	24	30	40	60	120	∞
18	10.22	7.21	6.03	5.37	4.96	4.66	4.44	4.28	4.14	4.03	3.86	3.68	3.50	3.40	3.30	3.20	3.10	2.99	2.87
19	10.07	7.09	5.92	5.27	4.85	4.56	4.34	4.18	4.04	3.93	3.76	3.59	3.40	3.31	3.21	3.11	3.00	2.89	2.78
20	9.94	6.99	5.82	5.17	4.76	4.47	4.26	4.09	3.96	3.85	3.68	3.50	3.32	3.22	3.12	3.02	2.92	2.81	2.69
21	9.83	6.89	5.73	5.09	4.68	4.39	4.18	4.01	3.88	3.77	3.60	3.43	3.24	3.15	3.05	2.95	2.84	2.73	2.61
22	9.73	6.81	5.65	5.09	4.61	4.32	4.11	3.94	3.81	3.70	3.54	3.36	3.18	3.08	2.98	2.88	2.77	2.66	2.55
23	9.63	6.73	5.58	4.95	4.54	4.26	4.05	3.88	3.75	3.64	3.47	3.30	3.12	3.02	2.92	2.82	2.71	2.60	2.48
24	9.55	6.66	5.52	4.89	4.49	4.20	3.99	3.83	3.69	3.59	3.42	3.25	3.06	2.97	2.87	2.77	2.66	2.55	2.43
25	9.48	6.60	5.46	4.84	4.43	4.15	3.94	3.78	3.64	3.54	3.37	3.20	3.01	2.92	2.82	2.72	2.61	2.50	2.38
26	9.41	6.54	5.41	4.79	4.38	4.10	3.89	3.73	3.60	3.49	3.33	3.15	2.97	2.87	2.77	2.67	2.56	2.45	2.33
27	9.34	6.49	5.36	4.74	4.34	4.06	3.85	3.69	3.56	3.45	3.28	3.11	2.93	2.83	2.73	2.63	2.52	2.41	2.29
28	9.28	6.44	5.32	4.70	4.30	4.02	3.81	3.65	3.52	3.41	3.25	3.07	2.89	2.79	2.69	2.59	2.48	2.37	2.25
29	9.23	6.40	5.28	4.66	4.26	3.98	3.77	3.61	3.48	3.38	3.21	3.04	2.86	2.76	2.66	2.56	2.45	2.33	2.21
30	9.18	6.35	5.24	4.62	4.23	3.95	3.74	3.58	3.45	3.34	3.18	3.01	2.82	2.73	2.63	2.52	2.42	2.30	2.18
40	8.83	6.07	4.98	4.37	3.99	3.71	3.51	3.35	3.22	3.12	2.95	2.78	2.60	2.50	2.40	2.30	2.18	2.06	1.93
60	8.49	5.79	4.73	4.14	3.76	3.49	3.29	3.13	3.01	2.90	2.74	2.57	2.39	2.29	2.19	2.08	1.96	1.83	1.69
120	8.18	5.54	4.50	3.92	3.55	3.28	3.09	2.93	2.81	2.71	2.54	2.37	2.19	2.09	1.98	1.87	1.75	1.61	1.43
∞	7.88	5.30	4.28	3.72	3.35	3.09	2.90	2.74	2.62	2.52	2.36	2.19	2.00	1.90	1.79	1.67	1.53	1.36	1.00

A.6 均值的 t 检验的样本容量

单边检测 双边检测 β		显著性水平 $\alpha=0.005$ $\alpha=0.01$					$\alpha=0.01$ $\alpha=0.02$					$\alpha=0.025$ $\alpha=0.05$					$\alpha=0.05$ $\alpha=0.1$					
		0.01	0.05	0.1	0.2	0.5	0.01	0.05	0.1	0.2	0.5	0.01	0.05	0.1	0.2	0.5	0.01	0.05	0.1	0.2	0.5	
$\delta=\frac{\lvert\mu_1-\mu_0\rvert}{\sigma}$	0.05																					0.05
	0.01																					0.01
	0.15																				122	0.15
	0.20										139					99					70	0.20
	0.25					110					90				128	64			139	101	45	0.25
	0.30				134	78				115	63			119	90	45		122	97	71	32	0.30
	0.35			125	99	58			109	85	47		109	88	67	34		90	72	52	24	0.35
	0.40		115	97	77	45		101	85	66	37	117	84	68	51	26	101	70	55	40	19	0.40
	0.45		92	77	62	37	110	81	68	53	30	93	67	54	41	21	80	55	44	33	15	0.45
	0.50	100	75	63	51	30	90	66	55	43	25	76	54	44	34	18	65	45	36	27	13	0.50
	0.55	83	63	53	42	26	75	55	46	36	21	63	45	37	28	15	54	38	30	22	11	0.55
	0.60	71	53	45	36	22	63	47	39	31	18	53	38	32	24	13	46	32	26	19	9	0.60
	0.65	61	46	39	31	20	55	41	34	27	16	46	33	27	21	12	39	28	22	17	8	0.65
	0.70	53	40	34	28	17	47	35	30	24	14	40	29	24	19	10	34	24	19	15	8	0.70
	0.75	47	36	30	25	16	42	31	27	21	13	35	26	21	16	9	30	21	17	13	7	0.75
	0.80	41	32	27	22	14	37	28	24	19	12	31	22	19	15	9	27	19	15	12	6	0.80
	0.85	37	29	24	20	13	33	25	21	17	11	28	21	17	13	8	24	17	14	11	6	0.85

续表

单边检测 双边检测 β		显著性水平																				
		$\alpha=0.005$ $\alpha=0.01$					$\alpha=0.01$ $\alpha=0.02$					$\alpha=0.025$ $\alpha=0.05$					$\alpha=0.05$ $\alpha=0.1$					
		0.01	0.05	0.1	0.2	0.5	0.01	0.05	0.1	0.2	0.5	0.01	0.05	0.1	0.2	0.5	0.01	0.05	0.1	0.2	0.5	
$\delta=\frac{\lvert\mu_1-\mu_0\rvert}{\sigma}$	0.90	34	26	22	18	12	29	23	19	16	10	25	19	16	12	7	21	15	13	10	5	0.90
	0.95	31	24	20	17	11	27	21	18	14	9	23	17	14	11	7	19	14	11	9	5	0.95
	1.0	28	22	19	16	10	25	19	16	13	9	21	16	13	10	6	18	13	11	8	5	1.0
	1.1	24	19	16	14	9	21	16	14	12	8	18	13	11	9	6	15	11	9	7		1.1
	1.2	21	16	14	12	8	18	14	12	10	7	15	12	10	8	5	13	10	8	6		1.2
	1.3	18	15	13	11	8	16	13	11	9	6	14	10	9	7		11	8	7	6		1.3
	1.4	16	13	12	10	7	14	11	10	9	6	12	9	8	7		10	8	7	5		1.4
	1.5	15	12	11	9	7	13	10	9	8	6	11	8	7	6		9	7	6			1.5
	1.6	13	11	10	8	6	12	10	9	7	5	10	8	7	6		8	6	6			1.6
	1.7	12	10	9	8	6	11	9	8	7		9	7	6	5		8	6	5			1.7
	1.8	12	10	9	8	6	10	8	7	7		8	7	6			7	6				1.8
	1.9	11	9	8	7	6	10	8	7	6		8	6	6			7	5				1.9
	2.0	10	8	8	7	5	9	7	7	6		7	6	5			6					2.0
	2.1	10	8	7	7		8	7	6	6		7	6				6					2.1
	2.2	9	8	7	6		8	7	6	5		7	6				6					2.2
	2.3	9	7	7	6		8	6	6			6	5				5					2.3
	2.4	8	7	7	6		7	6	6			6										2.4
	2.5	8	7	6	6		7	6	6			6										2.5
	3.0	7	6	6	5		6	5	5			5										3.0
	3.5	6	5	5			5															3.5
	4.0	6																				4.0

A.7 均值差的 t 检验的样本容量

单边检测 双边检测 β		显著性水平																				
		$\alpha=0.005$ $\alpha=0.01$					$\alpha=0.01$ $\alpha=0.02$					$\alpha=0.025$ $\alpha=0.05$					$\alpha=0.05$ $\alpha=0.1$					
		0.01	0.05	0.1	0.2	0.5	0.01	0.05	0.1	0.2	0.5	0.01	0.05	0.1	0.2	0.5	0.01	0.05	0.1	0.2	0.5	
$\delta=\dfrac{\lvert\mu_1-\mu_0\rvert}{\sigma}$	0.05																					0.05
	0.01																					0.01
	0.15																					0.15
	0.20																				137	0.20
	0.25															124					88	0.25
	0.30										123					87					61	0.30
	0.35					110					90					64				102	45	0.35
	0.40					85					70				100	50			108	78	35	0.40
	0.45				118	68				101	55			105	79	39		108	86	62	28	0.45
	0.50				96	55			106	82	45		106	86	64	32		88	70	51	23	0.50
	0.55			101	79	46		106	88	68	38		87	71	53	27	112	73	58	42	19	0.55
	0.60		101	85	67	39		90	74	58	32	104	74	60	45	23	89	61	49	36	16	0.60
	0.65		87	73	57	34	104	77	64	49	27	88	63	51	39	20	76	52	42	30	14	0.65
	0.70	100	75	63	50	29	90	66	55	43	24	76	55	44	34	17	66	45	36	26	12	0.70
	0.75	88	66	55	44	26	79	58	48	38	21	67	48	39	29	15	57	40	32	23	11	0.75
	0.80	77	58	49	39	23	70	51	43	33	19	59	42	34	26	14	50	35	28	21	10	0.80
	0.85	69	51	43	35	21	62	46	38	30	17	52	37	31	23	12	45	31	25	18	9	0.85

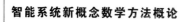

续表

单边检测 双边检测 β		显著性水平																				
		$\alpha=0.005$ $\alpha=0.01$					$\alpha=0.01$ $\alpha=0.02$					$\alpha=0.025$ $\alpha=0.05$					$\alpha=0.05$ $\alpha=0.1$					
		0.01	0.05	0.1	0.2	0.5	0.01	0.05	0.1	0.2	0.5	0.01	0.05	0.1	0.2	0.5	0.01	0.05	0.1	0.2	0.5	
$\delta=\dfrac{\lvert\mu_1-\mu_0\rvert}{\sigma}$	0.90	62	46	39	31	19	55	41	34	27	15	47	34	27	21	11	40	28	22	16	8	0.90
	0.95	55	42	35	28	17	50	37	31	24	14	42	30	25	19	10	36	25	20	15	7	0.95
	1.0	50	38	32	26	15	45	33	28	22	13	38	27	23	17	9	33	23	18	14	7	1.0
	1.1	42	32	27	22	13	38	28	23	19	11	32	23	19	14	8	27	19	15	12	6	1.1
	1.2	36	27	23	18	11	32	24	20	16	9	27	20	16	12	7	23	16	13	10	5	1.2
	1.3	31	23	20	16	10	28	21	17	14	8	23	17	14	11	6	20	14	11	9	5	1.3
	1.4	27	20	17	14	9	24	18	15	12	8	20	15	12	10	6	17	12	10	8	4	1.4
	1.5	24	18	15	13	8	21	16	14	11	7	18	13	11	9	5	15	11	9	7	4	1.5
	1.6	21	16	14	11	7	19	14	12	10	6	16	12	10	8	5	14	10	8	6	4	1.6
	1.7	19	15	13	10	7	17	13	11	9	6	14	11	9	7	4	12	9	7	6	3	1.7
	1.8	17	13	11	10	6	15	12	10	8	5	13	10	8	6	4	11	8	7	5		1.8
	1.9	16	12	11	9	6	14	11	9	8	5	12	9	7	6	4	10	7	6	5		1.9
	2.0	14	11	10	8	6	13	10	9	7	5	11	8	7	6	4	9	7	6	4		2.0
	2.1	13	10	9	8	5	12	9	8	7	5	10	8	6	5	3	8	6	5	4		2.1
	2.2	12	10	8	7	5	11	9	7	6	4	9	7	6	5		8	6	5	4		2.2
	2.3	11	9	8	7	5	10	8	7	6	4	9	7	6	5		7	5	5	4		2.3
	2.4	11	9	8	6	5	10	8	7	6	4	8	6	5	4		7	5	4	4		2.4
	2.5	10	8	7	6	4	9	7	6	5	4	8	6	5	4		6	5	4	3		2.5
	3.0	8	6	6	5	4	7	6	5	4	3	6	5	4	4		5	4	3			3.0
	3.5	6	5	5	4	3	6	5	4	4		5	4	4	3		4	3				3.5
	4.0	6	5	4	4		5	4	4	3		4	4	3			4					4.0

“十三五”国家重点图书出版规划项目
湖北省公益学术著作出版专项资金资助项目
智能制造与机器人理论及技术研究丛书
总主编 丁 汉 孙容磊

智能系统新概念数学方法概论

（下册）

朱剑英◎编著

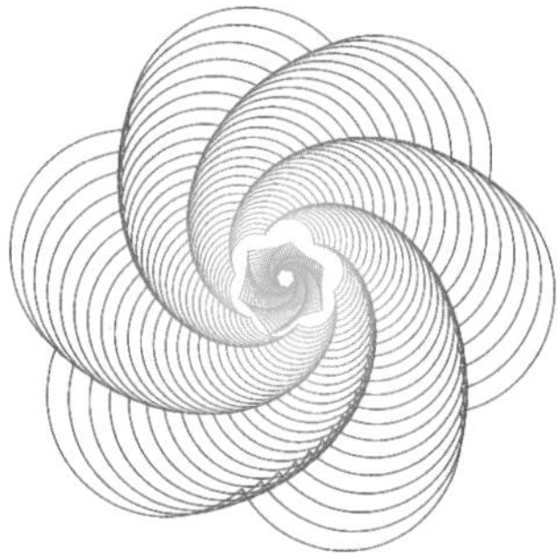

ZHINENG XITONG XINGAINIAN
SHUXUE FANGFA GAILUN

華中科技大學出版社
http://www.hustp.com
中国·武汉

内 容 简 介

本书全面、系统汇集并研究了当前和未来在智能系统(包括人工智能)领域所应用的经典与非经典的智能数学方法，至今在国内外尚未见有同类著作发表。本书的特点是：

(1) 从三次数学危机的历史高度出发论证了智能科学、技术、工程的必然发展趋势与创新空间；

(2) 以人工智能科学发展的三大学派——逻辑主义学派、联结主义学派、行为主义学派为线索，介绍与论证了相关的经典与非经典数学方法；

(3) 紧密结合当前与未来人工智能的广泛而深入的应用，精选了十大学科(数理逻辑、集合论、概率论、数理统计、运筹学、图论、组合优化、模糊数学、神经网络、遗传算法)做了全面、系统、精要、启发式的论述与研讨；

(4) 每章都结合所介绍的数学原理和方法，阐述了作者关于创新发展的思悟和建议。

本书适合在智能系统(包括人工智能)领域工作的所有教学、科研、生产人员学习、参考和应用。

图书在版编目(CIP)数据

智能系统新概念数学方法概论：上下册/朱剑英编著. —武汉：华中科技大学出版社，2022.1
(智能制造与机器人理论及技术研究丛书)
ISBN 978-7-5680-5766-0

Ⅰ.①智… Ⅱ.①朱… Ⅲ.①智能系统-数学方法-研究 Ⅳ.①TP18

中国版本图书馆 CIP 数据核字(2021)第 254606 号

智能系统新概念数学方法概论(上下册)
ZHINENG XITONG XINGAINIAN SHUXUE FANGFA GAILUN

朱剑英　编著

策划编辑：俞道凯
责任编辑：戢凤平　刘　飞
封面设计：原色设计
责任监印：周治超
出版发行：华中科技大学出版社(中国・武汉)　电话：(027)81321913
武汉市东湖新技术开发区华工科技园　邮编：430223
录　排：武汉市洪山区佳年华文印部
印　刷：湖北新华印务有限公司
开　本：710mm×1000mm　1/16
印　张：47.75　插页：5
字　数：882 千字
版　次：2022 年 1 月第 1 版第 1 次印刷
定　价：298.00 元(含上下册)

华中出版

下册目录

第 6 章
图论与网络优化

图是最形象的数学语言,它能直观地反映问题。通过图,不但可以简化问题的描述,而且可以很方便地对问题进行分析,并迅速得到问题求解的结果。所以在解决实际问题时,图有十分广泛的应用。图论和网络优化目前已广泛地应用在物理学、化学、控制论、信息论、人工智能、科学管理、计算机科学等诸多领域。在实际生活与生产活动中,许多问题都可以使用图与网络的相关理论与方法来解决。

6.1 基本概念

6.1.1 古典问题

1. “哥尼斯堡的七座桥”问题

图论的研究已有 200 多年的历史,早期图论与“数学游戏”有着密切关系,“哥尼斯堡的七座桥”问题便是其中之一。

200 多年前的东普鲁士有一座哥尼斯堡城(现属俄罗斯加里宁格勒),城中有一条河叫普雷格尔河,河中有两个岛屿共建七座桥,如图 6.1.1 所示。平时城中居民大都喜欢来这里散步,有人提出这样一个问题:一个散步者能否经过每座桥恰好一次最后回到原出发点。

当时有许多人都探讨了这个问题,但不得其解。著名数学家欧拉(Euler)于 1736 年发表了图论方面的第一篇论文,将此难题化成了一个数学问题:用点表示两岸或小岛,用点之间的连线表示陆地之间的桥,这样就得到了图 6.1.2 所示的一个图。从而,问题变为:在这个图中,是否可能从某一点出发只经过各条边一次且仅仅一次而又回到出发点? 即一笔画问题。

欧拉否定了这种可能性,原因是图中与每一个点相关联的线都是奇数条(要回到出发点,每一点相连的边,必须是偶数条)。

2. 哈密尔顿图

1859 年,哈密尔顿提出了一种游戏:在一个实心的 12 面体(见图 6.1.3)的

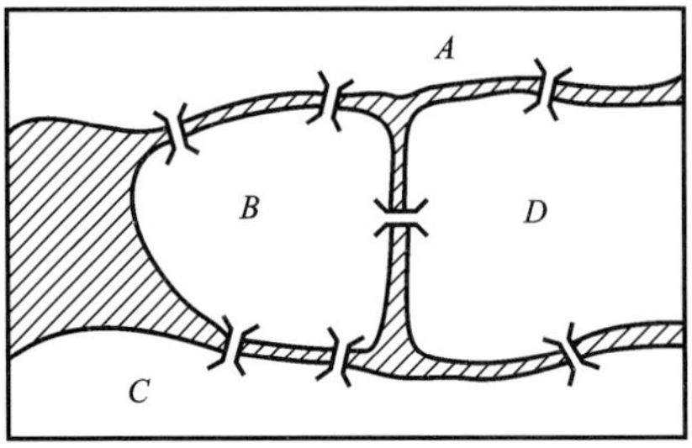

图 6.1.1

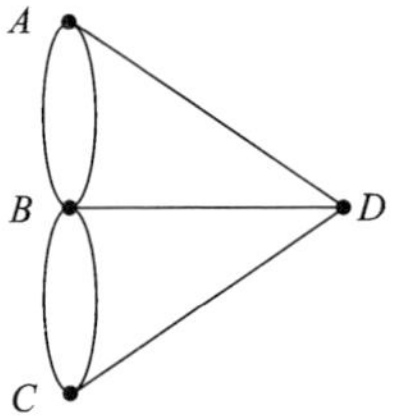

图 6.1.2

20 个顶点上标以世界上著名的城市名称，要求游戏者从某一城市出发，遍历各城市恰恰一次而返回原地，这就是“绕行世界问题”。我们可以按此问题作出如图 6.1.4 所示的图形，该问题变为：从某一点出发寻找一条路径，过所有 20 个点仅一次，再回到出发点。解决这个问题可以按图中的序号 1→2→3→4→…→20→1 所形成的一个闭合路径来完成。此路径称为哈密尔顿图。虽然这个“绕行世界问题”解决了，但是由此引出的“对于给定的连通图(见定义 6.1.5)，让它成为哈密尔顿图的充要条件是什么?”至今尚无定论，这是图论中一个著名的尚未解决的问题。

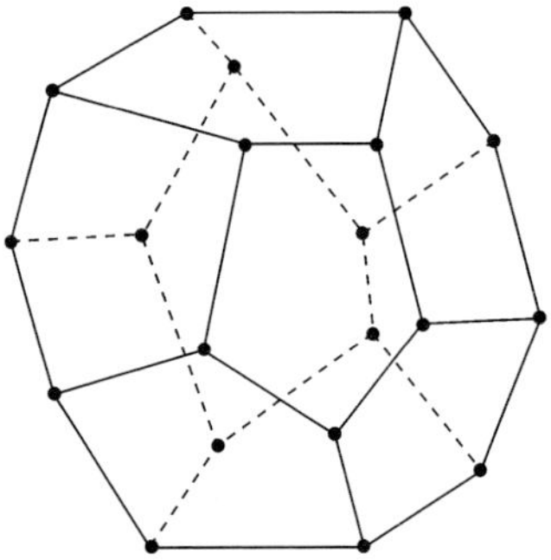

图 6.1.3

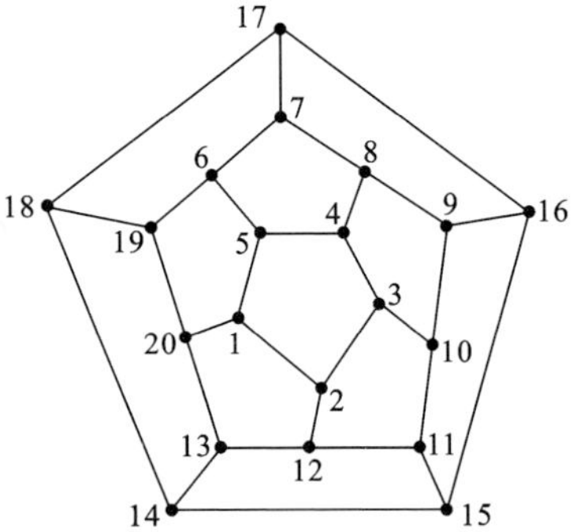

图 6.1.4

由此可见，图论中所研究的图是由实际问题抽象出来的逻辑关系图，这种图与几何中的图形和函数论中所研究的图形是不同的。逻辑关系图的画法具有一定的随意性，在保持相对位置和相互相连关系不变的前提下，点的位置不一定按实际情形来画，线的长度也不一定表示实际的长度，而且画成直线或曲线都可以。通俗地说，这种图是一种关系示意图。

6.1.2 基本定义与定理

图论中的图由点和边组成，点和边取决于实际问题的需要。例如，在“哥尼斯堡的七座桥”问题中，点表示陆地和岛屿，边表示桥。而在“绕行世界”问题中，点则表示城市，边则表示城市之间的通路。又如，若干球队比赛，可以用点表示球队，点间的连线表示哪两个球队比赛，如图 6.1.5(a)所示，这个图称为无向图。若要表示胜负结果，则可以用箭头表示：箭头指向的一方为负方，如图 6.1.5(b)所示，这种图称为有向图。

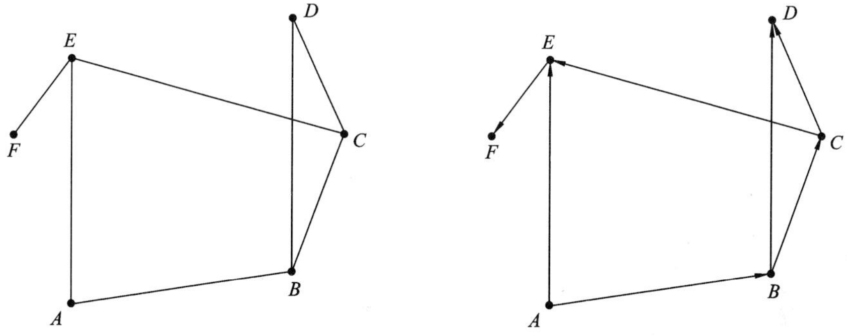

(a) 无向图　　(b) 有向图

图 6.1.5

定义 6.1.1　图由表示具体事物的点(顶点)的集合 $\boldsymbol{V}=\{v_1,v_2,\cdots,v_n\}$ 和表示事物之间关系边的集合 $\boldsymbol{E}=\{e_1,e_2,\cdots,e_m\}$ 所组成，且 $\boldsymbol{E}$ 中的元素 e_i 用 $\boldsymbol{V}$ 中的无序元素对 $[v_i,v_j]$ 表示，即 $e_i=[v_i,v_j]$，记为 $\boldsymbol{G}=(\boldsymbol{V},\boldsymbol{E})$，并称这类图为无向图。

例如，在图 6.1.6 中，有 8 条边，6 个顶点，即

$$\boldsymbol{V}=\{v_1,v_2,\cdots,v_6\},\quad \boldsymbol{E}=\{e_1,e_2,\cdots,e_8\}$$

其中：

$$e_1=[v_1,v_2]=[v_2,v_1]$$
$$e_2=[v_2,v_3]=[v_3,v_2]$$
$$e_3=[v_3,v_4]=[v_4,v_3]$$
$$e_4=[v_4,v_4]$$
$$e_5=[v_4,v_2]=[v_2,v_4]$$
$$e_6=[v_4,v_5]=[v_5,v_4]$$
$$e_7=[v_2,v_5]=[v_5,v_2]$$
$$e_8=[v_2,v_5]=[v_5,v_2]$$

定义 6.1.2

(1) 顶点数和边数：图 $\boldsymbol{G}=(\boldsymbol{V},\boldsymbol{E})$ 中，$\boldsymbol{V}$ 中元素的个数称为图 $\boldsymbol{G}$ 的顶点数，记作 $p(\boldsymbol{G})$ 或简记为 p；$\boldsymbol{E}$ 中元素的个数称作图 $\boldsymbol{G}$ 的边数，记为 $q(\boldsymbol{G})$，或简记

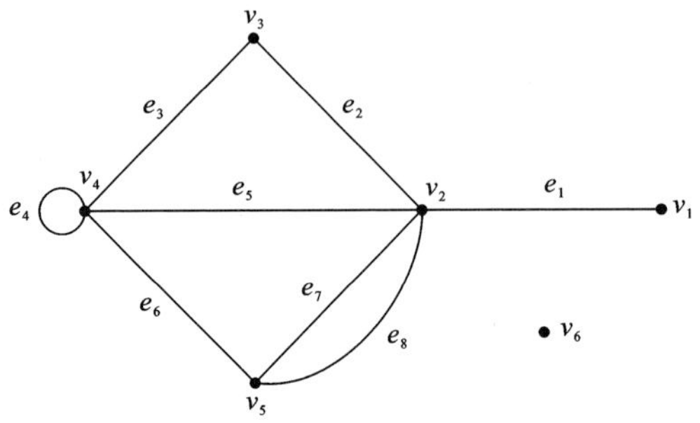

图 6.1.6

为 q。

(2) 端点和关联边:若 $e_i=[v_i,v_j]\in \boldsymbol{E}$,则称点 v_i,v_j 是边 e_i 的端点,边 e_i 是点 v_i 和 v_j 的关联边。

(3) 相邻点和相邻边:同一条边的两个端点称为相邻点,简称邻点;有公共端点的两条边称为相邻边,简称邻边。

(4) 多重边与环:具有相同端点的边称为多重边或平行边;两个端点落在一个顶点的边称为环。

(5) 多重图和简单图:含有多重边的图称为多重图;无环也无多重边的图称为简单图。

(6) 次:以 v_i 为端点的边的条数称为点 v_i 的次,记作 $d(v_i)$。

(7) 悬挂点和悬挂边:次为 1 的点称为悬挂点;与悬挂点相连的边称为悬挂边。

(8) 孤立点:次为零的点称为孤立点。

(9) 奇点与偶点:次为奇数的点称为奇点;次为偶数的点称为偶点。

例如,在图 6.1.6 中,$p(\boldsymbol{G})=6$,$q(\boldsymbol{G})=8$;$e_3=[v_4,v_3]$,v_4 与 v_3 是 e_3 的端点,e_3 是 v_4 和 v_3 的关联边;v_2 与 v_5 是邻点,e_3 与 e_2 是邻边;e_7 与 e_8 是多重边,e_4 是一个环;图 6.1.6 是一个多重图;v_1 是悬挂点,e_1 是悬挂边;v_6 是孤立点;v_2 是奇点,v_3 是偶点。

定理 6.1.1 图 $\boldsymbol{G}=(\boldsymbol{V},\boldsymbol{E})$中,所有点的次之和是边数的两倍,即

$$\sum_{v_i\in V} d(v_i)=2q$$

定理 6.1.1 是显然的,因为在计算各点的次时,每条边都计算了两次,于是图 $\boldsymbol{G}$ 中全部顶点的次之和就是边数的两倍。

定理 6.1.2 任一图 $\boldsymbol{G}=(\boldsymbol{V},\boldsymbol{E})$中,奇点的个数为偶数。

证明 设 $\boldsymbol{V}_1,\boldsymbol{V}_2$ 分别是 $\boldsymbol{G}$ 中奇点和偶点的集合,由定理 6.1.1 可知

$$\sum_{v_i \in \boldsymbol{V}_1} d(v_i) + \sum_{v_i \in \boldsymbol{V}_2} d(v_i) = \sum_{v_i \in \boldsymbol{V}} d(v_i) = 2q \qquad (6.1.1)$$

因为 $\sum_{v_i \in \boldsymbol{V}} d(v_i)$ 是偶数，而 $\sum_{v_i \in \boldsymbol{V}_2} d(v_i)$ 也是偶数，故 $\sum_{v_i \in \boldsymbol{V}_1} d(v_i)$ 必是偶数，由于偶数个奇数才能导致偶数，所以奇点的个数必须为偶数。

定义 6.1.3

(1) 链：在一个图 $\boldsymbol{G}=(\boldsymbol{V},\boldsymbol{E})$ 中，一个由点与边构成的交错序列 $(v_{i1}, e_{i1}, v_{i2}, e_{i2}, \cdots, v_{i(k-1)}, e_{i(k-1)}, v_{ik})$ 如果满足 $e_{it}[e_{it}, e_{it+1}]$ $(t=1,2,\cdots,k-1)$，则称此序列为一条联结 v_{i1}, v_{ik} 的链，记为 $\mu=(v_{i1}, v_{i2}, \cdots, v_{ik})$，称点 $v_{i2}, v_{i3}, \cdots, v_{i(k-1)}$ 为链中的中间点。

(2) 闭链与开链：若链 μ 中 $v_{i1}=v_{ik}$，即始点与终点重合，则称此链为闭链（圈）；否则，称之为开链。

(3) 简单链和初等链：若链 μ 中所含的边均不相同，则称之为简单链；若链 μ 中，顶点 $v_{i1}, v_{i2}, \cdots, v_{ik}$ 都不相同，则称此链为初等链。除非特别交代，以后我们讨论的均指初等链。

例如，图 6.1.6 中，$\mu_1=(v_2, e_2, v_3, e_3, v_4, e_6, v_5)$ 是一条链，由于链 μ_1 里所含的边和点均不相同，故是一条初等链；而 $\mu_2=(v_1, e_1, v_2, e_2, v_3, e_3, v_4, e_5, v_2, e_1, v_1)$ 是一条闭链。

定义 6.1.4

(1) 回路：一条闭的链称为回路。

(2) 通路：一条开的初等链称为通路。

(3) 简单的回路和初等回路：若回路中的边都互不相同，则称为简单回路；若回路中的边和顶点都互不相同，则称为初等回路或圈。

定义 6.1.5 一个图 $\boldsymbol{G}$ 的任意两个顶点之间，如果至少有一条通路将它们连接起来，则这个图 $\boldsymbol{G}$ 就称为连通图，否则称为不连通图。

例如，图 6.1.6 中，v_1 与 v_6 没有一条通路把它们连接起来，故此图是不连通图。本章以后讨论的图，除特别声明外，均指连通图。

定义 6.1.6

(1) 子图：设 $\boldsymbol{G}_1=\{\boldsymbol{V}_1, \boldsymbol{E}_1\}$，$\boldsymbol{G}_2=\{\boldsymbol{V}_2, \boldsymbol{E}_2\}$，如果 $\boldsymbol{V}_1 \subseteq \boldsymbol{V}_2$，又 $\boldsymbol{E}_1 \subseteq \boldsymbol{E}_2$，则称 $\boldsymbol{G}_1$ 为 $\boldsymbol{G}_2$ 的子图。

(2) 真子图：若 $\boldsymbol{V}_1 \subset \boldsymbol{V}_2$，$\boldsymbol{E}_1 \subset \boldsymbol{E}_2$，即 $\boldsymbol{G}_1$ 中不包含 $\boldsymbol{G}_2$ 中所有的顶点和边，则称 $\boldsymbol{G}_1$ 是 $\boldsymbol{G}_2$ 的真子图。

(3) 部分图：若 $\boldsymbol{V}_1=\boldsymbol{V}_2$，$\boldsymbol{E}_1 \subset \boldsymbol{E}_2$，即 $\boldsymbol{G}_1$ 中不包含 $\boldsymbol{G}_2$ 中所有的边，则称 $\boldsymbol{G}_1$ 是 $\boldsymbol{G}_2$ 的一个部分图。

(4) 支撑子图：若 $\boldsymbol{G}_1$ 是 $\boldsymbol{G}_2$ 的部分图，且 $\boldsymbol{G}_1$ 是连通图，则称 $\boldsymbol{G}_1$ 是 $\boldsymbol{G}_2$ 的支

撑子图。

(5) 生成子图：若 $\boldsymbol{G}_1$ 是 $\boldsymbol{G}_2$ 的真子图，且 $\boldsymbol{G}_1$ 是不连通图，则称 $\boldsymbol{G}_1$ 是 $\boldsymbol{G}_2$ 的生成子图。

例如，图 6.1.7 中，图(b)是图(a)的真子图，图(c)是图(a)的部分图，图(d)是图(a)的支撑子图，图(e)是图(a)的生成子图。

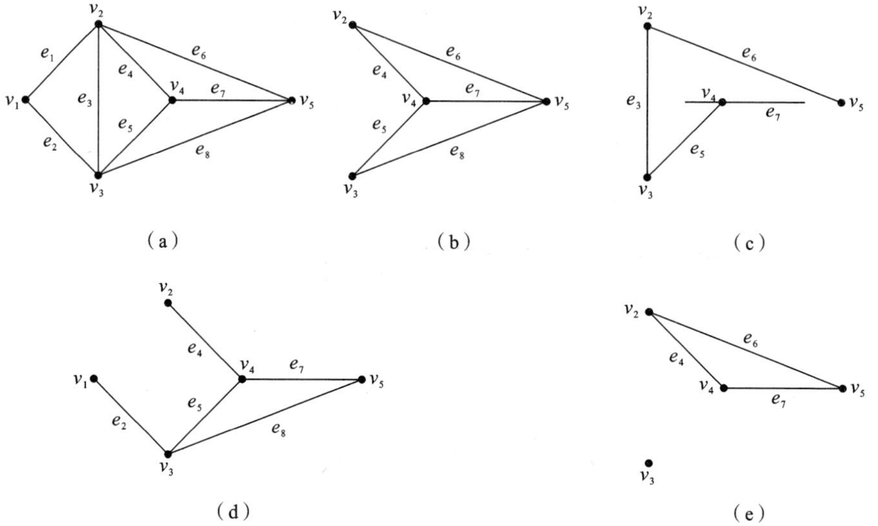

图 6.1.7

定义 6.1.7 设 $\boldsymbol{G}=(\boldsymbol{V},\boldsymbol{E})$ 中，对于任意一条边 $e\in \boldsymbol{E}$，如果相应都有一个权值 $W(e)$，则称 $\boldsymbol{G}$ 为赋权图，$W(e)$ 称为边 e 的权。

图 6.1.8 是一个赋权图。

$$e_1=[v_1,v_2],\ W(e_1)=1;\quad e_2=[v_1,v_3],\ W(e_2)=4$$
$$e_3=[v_2,v_3],\ W(e_3)=2;\quad e_4=[v_2,v_4],\ W(e_4)=3$$
$$e_5=[v_3,v_4],\ W(e_5)=1;\quad e_6=[v_2,v_5],\ W(e_6)=5$$
$$e_7=[v_4,v_5],\ W(e_7)=2;\quad e_8=[v_3,v_5],\ W(e_8)=3$$

可见，赋权图不仅指出各点之间的邻接关系，而且也表示各点之间连接的数量关系，所以赋权图在图的理论及应用方面有着重要的地位。

在很多实际问题中，事物之间的联系是带有方向性的。如图 6.1.5(b)所示，箭头的方向指向负方的球队。又如图 6.1.9 所示，v_1 表示某一水系的发源地，v_6 表示这个水系的入海口，图中的箭头则表示各支流的水流方向，图 6.1.9 是水系流向图。图 6.1.5(b)和图 6.1.9 称为有向图。下面给出有向图和赋权有向图的正规定义。

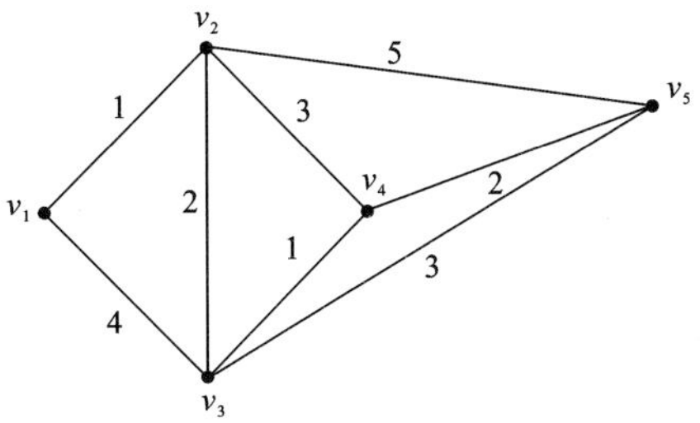

图 6.1.8

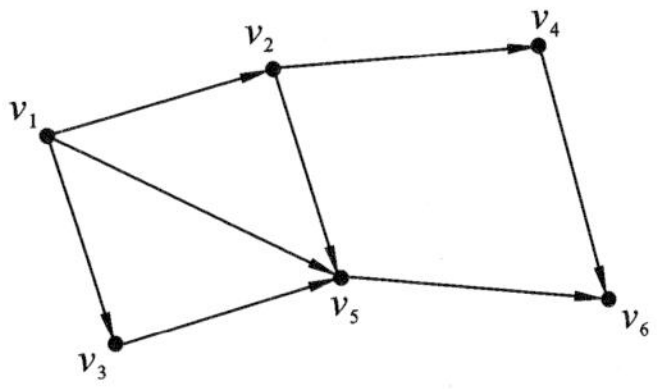

图 6.1.9

定义 6.1.8 设 $\mathbf{V}=\{v_1,v_2,\cdots,v_n\}$ 是由 n 个顶点组成的非空集合，$\mathbf{A}=\{a_1,a_2,\cdots,a_m\}$ 是由 m 条边组成的集合，且有 $\mathbf{A}$ 中元素 a_i 是 $\mathbf{V}$ 中的一个有序元素对 (v_i,v_j)，则称 $\mathbf{V}$ 和 $\mathbf{A}$ 构成了一个有向图，记作 $\mathbf{G}=(\mathbf{V},\mathbf{A})$，$a_i=(v_i,v_j)$ 表明 v_i 和 v_j 分别为边 a_i 的起点和终点，称有方向的边 a_i 为弧（在图中用带有箭头的线表示）。

例如，图 6.1.9 中，(v_1,v_2)，(v_1,v_3)，(v_2,v_5) 都是 $\mathbf{A}$ 中的元素，$\mathbf{A}$ 是弧的集合。

与无向图类似，在有向图中也可以定义多重边、环、简单图、链等概念。只是在无向图中，链与路、闭链与回路概念是一致的，而在有向图中，这两个概念却不能混为一谈。概括地说，一条路必定是一条链。然而在有向图中，一条链未必是一条路，只有在相邻的两弧的公共结点是其中一条弧的终点，同时又是另一条弧的始点时，这条链才能叫做一条路。

例如，图 6.1.9 中 $\{v_1,(v_1,v_2),v_2,(v_2,v_5),v_5,(v_5,v_6)\}$ 是一条链，也是一条路，而 $\{v_1,(v_1,v_2),v_2,(v_2,v_5),v_5,(v_3,v_5),v_3\}$ 是一条链但不是一条路。

图 6.1.10 是表示某地区交通运输公路分布、走向及相应费用的有向图。箭头表示走向，箭头旁边的数字表示费用。这类图称为赋权有向图。

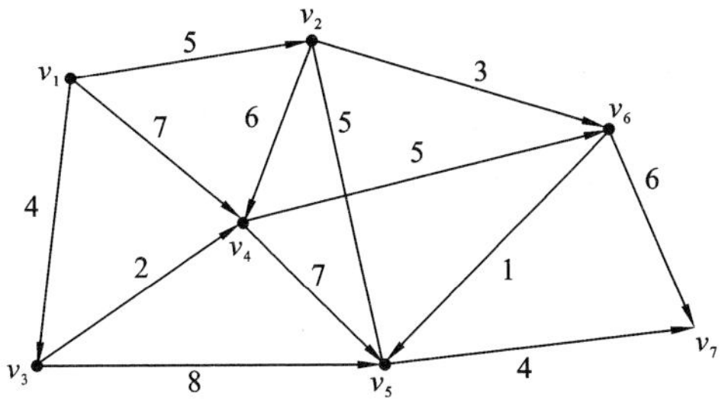

图 6.1.10

定义 6.1.9 设在有向图 $\mathbf{G}=(\mathbf{V},\mathbf{A})$ 中，对于任意一条弧 $a_{ij}\in\mathbf{A}$，如果相应都有一个权值 $W(a_{ij})$，则称 $\mathbf{G}$ 为赋权有向图，$W(a_{ij})$ 称为弧 a_{ij} 的权，简记为 W_{ij}

(权可以表示距离、费用和时间等)。

在实际工作中,有很多问题的可行解方案都可以通过一个赋权有向图来表示,例如,物流渠道的设计、物资运输路线的安排、装卸设备的更新、排水管道的铺设等。所以,赋权图被广泛应用于解决工程技术及科学管理等领域的最优化问题。

通常,我们称赋权图为网络,称赋权有向图为有向网络,称赋权无向图为无向网络。我们讨论的目标是要解决这些网络的计划与优化问题,其数学方法是:最小支撑树、最短路、网络最大流、最小费用等问题的求解方法。下面逐节加以介绍。

6.2 树与最小支撑树

6.2.1 树的定义及其性质

树是各图中最简单的一种图,由于模型简单,它在现实中应用非常广泛。

例 6.2.1 某企业组织机构如图 6.2.1(a)所示:

如果用图表示,则如图 6.2.1(b)所示,它是一个呈树枝形状的图,“树”的名称由此而来。

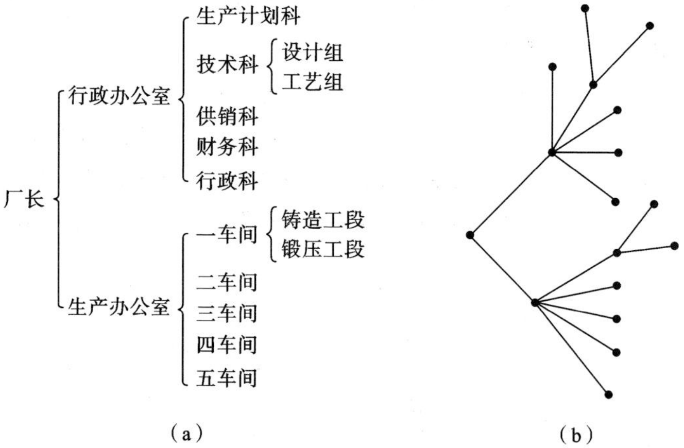

图 6.2.1

定义 6.2.1 一个无回路(圈)的连通无向图称为树。

树的性质如下:

(1) 树必连通,但无回路(圈);

(2) n 个顶点的树必有 $n-1$ 条边;

(3) 树中任意两点间,恰有一条初等链;

(4) 树连通,但去掉任一条边,必变为不连通;

(5) 树无回路(圈),但不相邻顶点连一条边,恰得一回路(圈)。

6.2.2 支撑树与最小树

定义 6.2.2 设图 $\boldsymbol{G}_1=(\boldsymbol{V},\boldsymbol{E}_1)$是图 $\boldsymbol{G}=\{\boldsymbol{V},\boldsymbol{E}\}$的支撑子图,如果 $\boldsymbol{G}_1$ 是一棵树,记 $\boldsymbol{T}=(\boldsymbol{V},\boldsymbol{E}_1)$,则称 $\boldsymbol{T}$ 是 $\boldsymbol{G}$ 的一棵支撑树。

定理 6.2.1 图 $\boldsymbol{G}$ 有支撑树的充分必要条件是图 $\boldsymbol{G}$ 的连通。

证明 必要性是显然的。

充分性的证明如下:

设 $\boldsymbol{G}$ 是连通图。

(1) 如果不含圈,由定义 6.2.1 可知,$\boldsymbol{G}$ 本身就是一棵树,从而 $\boldsymbol{G}$ 是它自身的支撑树。

(2) 如果 $\boldsymbol{G}$ 含圈,任取一圈,从圈中任意去掉一条边,得到 $\boldsymbol{G}$ 的一个支撑子图 $\boldsymbol{G}_1$。如果 $\boldsymbol{G}_1$ 不含圈,那么 $\boldsymbol{G}_1$ 是 $\boldsymbol{G}$ 的一棵支撑树(因为易见 $\boldsymbol{G}_1$ 是连通的);如果 $\boldsymbol{G}_1$ 仍含圈,那么从 $\boldsymbol{G}_1$ 中任取一个圈,从圈中再任意去掉一条边,得到 $\boldsymbol{G}$ 的一个支撑子图 $\boldsymbol{G}_2$。如此重复,最终可以得到 $\boldsymbol{G}$ 的一个支撑子图 $\boldsymbol{G}_k$,它不含圈,则 $\boldsymbol{G}_k$ 是 $\boldsymbol{G}$ 的一棵支撑树。

由以上充分性的证明中,提供了一个寻求连通图的支撑树的方法,这种方法称为“破圈法”。

例 6.2.2 在图 6.1.7(a)中,用破圈法求出图的一棵支撑树。

解 取一圈$\{v_1\ e_1\ v_2\ e_3\ v_3\ e_2\ v_1\}$去掉 e_3;取一圈$\{v_1\ e_1\ v_2\ e_4\ v_4\ e_5\ v_3\ e_2\ v_1\}$去掉 e_5;取一圈$\{v_2\ e_4\ v_4\ e_7\ v_5\ e_6\ v_2\}$去掉 e_7;取一圈$\{v_1\ e_1\ v_2\ e_6\ v_5\ e_8\ v_3\ e_2\ v_1\}$去掉 e_6。

如图 6.2.2 所示,此图是图 6.1.7(a)的一个支撑子图,且为一棵树(无圈),所以我们找到一棵支撑树 $\boldsymbol{T}_1=\{\boldsymbol{V},\boldsymbol{E}_1\}$,其中,$\boldsymbol{E}_1=\{e_1,e_4,e_2,e_8\}$。

不难发现,图的支撑树不是唯一的,对于上例若这样做:

取一圈$\{v_1\ e_1\ v_2\ e_3\ v_3\ e_2\ v_1\}$去掉 e_3;$\{v_1\ e_1\ v_2\ e_4\ v_4\ e_5\ v_3\ e_2\ v_1\}$去掉 e_4;取一圈$\{v_1\ e_1\ v_2\ e_6\ v_5\ e_8\ v_3\ e_2\ v_1\}$去掉 e_6;取一圈$\{v_4\ e_7\ v_5\ e_8\ v_3\ e_5\ v_4\}$去掉 e_8。

如图 6.2.3 所示,得到图 6.1.7(a)的另一棵支撑树 $\boldsymbol{T}_2=\{\boldsymbol{V},\boldsymbol{E}_2\}$,其中 $\boldsymbol{E}_2=\{e_1,e_2,e_5,e_7\}$。

求图 $\boldsymbol{G}$ 的支撑树还有另外一种方法“避圈法”,主要步骤是在图中任取一条边 e_1,找出一条不与 e_1 构成圈的边 e_2,再找出不与$\{e_1,e_2\}$构成圈的边 e_3……一般地,设 e 有$\{e_1,e_2,\cdots,e_k\}$,找出一条不与$\{e_1,e_2,\cdots,e_k\}$构成圈的边 e_{k+1},重复这个过程,直到不能进行下去为止,这时,由所有取出的边所构成的图是图 $\boldsymbol{G}$ 的一棵支撑树。

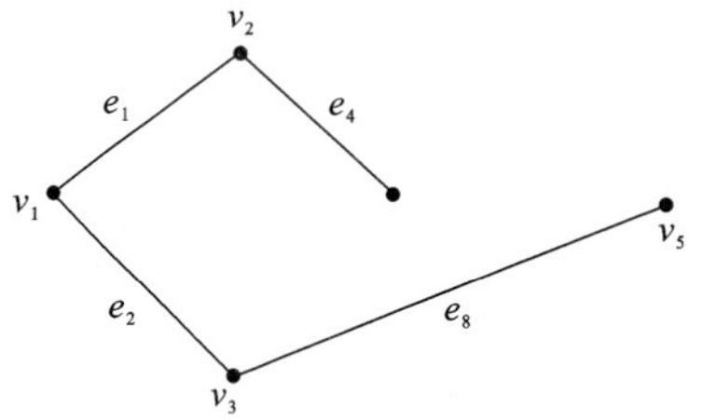

图 6.2.2

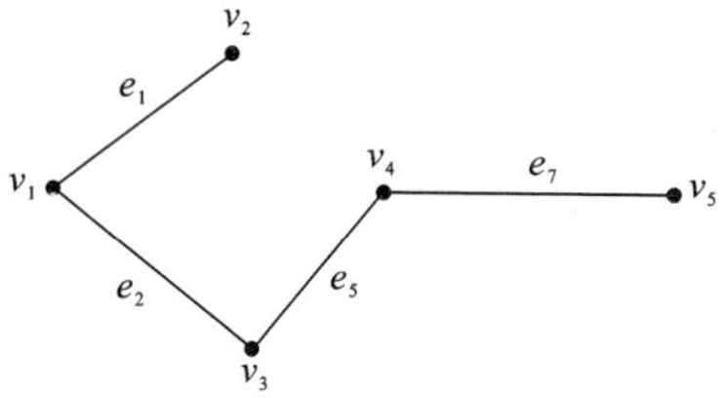

图 6.2.3

定义 6.2.3 设 $\boldsymbol{T}=(\boldsymbol{V},\boldsymbol{E}')$ 是赋权图 $\boldsymbol{G}=(\boldsymbol{V},\boldsymbol{E})$ 的一棵支撑树,称 $\boldsymbol{E}'$ 中全部边上的权数之和为支撑树 $\boldsymbol{T}$ 的权,记为 $W(\boldsymbol{T})$,记

$$W(\boldsymbol{T}) = \sum_{[v_i,v_j]\in \boldsymbol{T}} w_{ij} \tag{6.2.1}$$

如果支撑树 $\boldsymbol{T}^*$ 的权 $W(\boldsymbol{T}^*)$ 是 $\boldsymbol{G}$ 的所有支撑数的权中最小者,则称 $\boldsymbol{T}^*$ 是 $\boldsymbol{G}$ 的最小支撑树,简称为最小树,即

$$W(\boldsymbol{T}^*)=\min_{T}\{W(\boldsymbol{T})\} \tag{6.2.2}$$

式中对 $\boldsymbol{G}$ 的所有支撑树 $\boldsymbol{T}$ 取最小。

求最小树通常用以下两种方法。

(1) 破圈法:在给定连通图 $\boldsymbol{G}$ 中,任取一圈,去掉一条最大权边(如果有两条或两条以上的边都是权最大的边,则任意去掉其中一条),在余图中(是图 $\boldsymbol{G}$ 的支撑子图)任取一圈,去掉一条最大权边,重复下去,直到余图中无圈为止,即可得到图 $\boldsymbol{G}$ 的最小树。

例 6.2.3 用破圈法求图 6.1.7(a)(即图 6.1.8)的最小树。

解 取一圈 $\{v_1\ e_1\ v_2\ e_3\ v_3\ e_2\ v_1\}$ 去掉 e_2;取一圈 $\{v_2\ e_6\ v_5\ e_8\ v_3\ e_3\ v_2\}$ 去掉 e_6;取一圈 $\{v_2\ e_4\ v_4\ e_5\ v_3\ e_3\ v_2\}$ 去掉 e_4;取一圈 $\{v_4\ e_7\ v_5\ e_8\ v_3\ e_5\ v_4\}$ 去掉 e_8。

如图 6.2.4 所示,得到一棵支撑树,即为所求的最小树 $\boldsymbol{T}^*$,$W(\boldsymbol{T}^*)=1+2+1+2=6$。

(2) 避圈法(Kruskal 算法):在连通图 $\boldsymbol{G}$ 中,任取权值最小的一条边(若有两条或两条以上权相同且最小,则任取一条),在未选边中选一条权值最小的边,要求所选边与已选边不构成圈,重复下去,直到不存在与已选边不构成圈的边为止,那么已选边与顶点构成的图 $\boldsymbol{T}$ 就是所求最小树。

算法的具体步骤如下:

第 1 步:令 $i=1$,$\boldsymbol{E}_0=\varnothing$(空集)。

第 2 步:选一条边 $e_i\in \boldsymbol{E}\backslash\boldsymbol{E}_i$,且 e_i 是使图 $\boldsymbol{G}_i=(\boldsymbol{V},\boldsymbol{E}_{i-1}\cup\{e\}$ 中不含圈的所

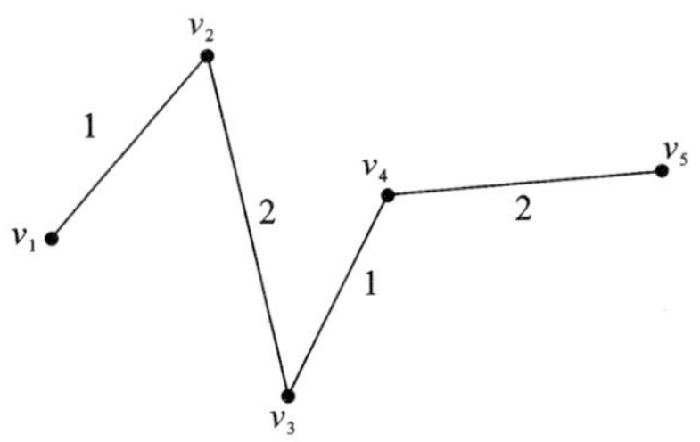

图 6.2.4

有边 $e(e\in \boldsymbol{E}\backslash \boldsymbol{E}_i)$)中权最小的边，如果这样的边不存在，则 $\boldsymbol{T}=(\boldsymbol{V},\boldsymbol{E}_{i-1})$是最小树。

第 3 步：把 i 换成 $i+1$，返回第 2 步。

例 6.2.4 用避圈法求图 6.1.7(a)(即图 6.1.8)的最小树。

解 在$\{e_1,e_2,\cdots,e_8\}$中权值最小的边有 e_1，e_5，从中任取一条 e_1；在$\{e_2,e_3,\cdots,e_8\}$中选取权值最小的边 e_5；在$\{e_2,e_3,\cdots,e_8\}$中权值最小的边有 e_3、e_7，从中任取一条边 e_3；在$\{e_2,e_4,e_6,e_7,e_8\}$中选取权值最小的边 e_7；在$\{e_2,e_4,e_6,e_8\}$中选取权值最小的边 e_4、e_8，但 e_4 与 e_8 都会与已选边构成圈，故停止，得到与图 6.2.4 一样的结果。

6.3 最短路问题

6.3.1 Dijkstra 标号法

1. 基本方法

最短路问题是网络分析与优化中的一个基本问题，它不仅可以直接应用于解决生产实际的许多问题，如管道铺设、线路安排、厂区布局等，而且经常被作为一个基本工具，用于解决其他的优化问题。

定义 6.3.1 给定一个赋权有向图 $\boldsymbol{D}=(\boldsymbol{V},\boldsymbol{A})$，记 $\boldsymbol{D}$ 中每一条弧 $a_{ij}=(v_i,v_j)$上的权 $w(a_{ij})=w_{ij}$，又给定 $\boldsymbol{D}$ 中的一个起点 v_s 和终点 v_t，设 $\boldsymbol{P}$ 是 $\boldsymbol{D}$ 中从 v_s 到 v_t 的一条路，则定义路 $\boldsymbol{P}$ 的权是 $\boldsymbol{D}$ 中所有弧的权之和，记为 $W(\boldsymbol{P})$，即

$$W(\boldsymbol{P}) = \sum_{(v_i,v_j)\in \boldsymbol{P}} w_{ij} \tag{6.3.1}$$

又若 $\boldsymbol{P}^*$ 是图 $\boldsymbol{D}$ 中从 v_s 到 v_t 的一条路，且满足

$$W(\boldsymbol{P}^*)=\min_{\boldsymbol{P}}\{W(\boldsymbol{P})\,|\,\boldsymbol{P}\text{ 为 } v_s \text{ 到 } v_t \text{ 的路}\} \tag{6.3.2}$$

式中，对 $\boldsymbol{D}$ 的所有从 v_s 到 v_t 的路 $\boldsymbol{P}$ 取最小，则称 $\boldsymbol{P}^*$ 为从 v_s 到 v_t 的最短路，$W(\boldsymbol{P}^*)$为从 v_s 到 v_t 的最短距离。

在一个图 $\boldsymbol{D}=(\boldsymbol{V},\boldsymbol{A})$ 中，求从 v_s 到 v_t 的最短路和最短距离的问题就称为最短路问题。

定理 6.3.1 设 $\boldsymbol{P}$ 是 $\boldsymbol{D}$ 中从 v_s 到 v_j 的最短路，v_i 是 $\boldsymbol{P}$ 中的一点，则从 v_s 沿 $\boldsymbol{P}$ 到 v_i 的路也是从 v_s 到 v_i 的最短路。

证明 可用反证法证明。设此结论不成立，设 $\boldsymbol{Q}$ 是从 v_s 到 v_i 的最短路，令 $\boldsymbol{P}'$ 是从 v_s 沿 $\boldsymbol{Q}$ 到达 v_i，再从 v_i 沿 $\boldsymbol{P}$ 到达 v_j 的路，则 $\boldsymbol{P}'$ 的权就比 $\boldsymbol{P}$ 的权小，这与 $\boldsymbol{P}$ 是从 v_s 到 v_j 的最短路矛盾。

求解最短路问题，目前公认最好的方法是由 Dijkstra 于 1959 年提出的标号法，它适用于所有的 $w_{ij}\geqslant 0$ 的情形。该方法的主要特点是以起始点 v_s 为中心向外层层扩展，直到扩展到终点 v_t 为止。每次扩展，都向外探寻最短路，执行过程中，给每一个顶点 v_j 标号为

$$(\lambda_j, l_j)$$

其中，λ_j 是正整数，它表示获得此标号的前一点的下标；l_j 或表示从起点 v_s 到该点 v_j 的最短路的权（称为固定标号，记为 $\boldsymbol{P}$ 标号），或表示从起点 v_s 到该点 v_j 的最短路的权的上界（称为临时标号，记为 $\boldsymbol{T}$ 标号）。事实上，网络中的点被划分为 $\boldsymbol{P}$ 和 $\boldsymbol{T}$ 两个集合。方法的每一步都去修改 $\boldsymbol{T}$ 标号，并且把某一个具有 $\boldsymbol{T}$ 标号的点改变为具有 $\boldsymbol{P}$ 标号的点，从而使 $\boldsymbol{D}$ 中具有 $\boldsymbol{P}$ 标号的顶点数多一个，这样至多经过 $n-1$ 步就可以求出 v_s 到各点的最短路。

以下举例说明如何根据定理 6.3.1 应用 Dijkstra 标号法求解最短路问题，然后再归纳出 Dijkstra 标号法的计算步骤。

例 6.3.1 图 6.3.1 所示为某地区的交通运输示意图，试问：从 v_1 出发，经哪条路线到达 v_8 才能使总行程最短？用 Dijkstra 标号法求解。

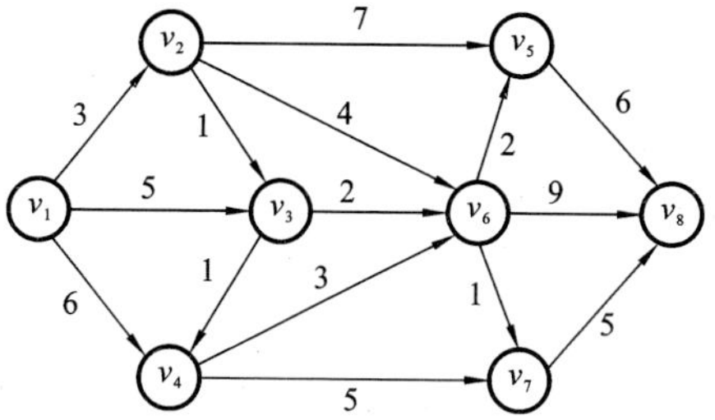

图 6.3.1

解 开始时，令 $i=0, s=1, S_0=\{v_1\}, \lambda_l=0, P(v_1)=0, T(v_j)=+\infty, \lambda_j=1$ $(j=2,3,\cdots,8), k=1$，即给起点 v_1 标 $(0,0)$，给其余的点标 $(1,+\infty)$，这时 v_1 为获得 P 标号的点，其余为 $\boldsymbol{T}$ 标号的点。

考察与 v_1 相邻的点 v_2, v_3, v_4（见图 6.3.2）。

因$(v_1,v_2)\in \boldsymbol{A}$，$v_2\notin \boldsymbol{S}_0$，故把 v_2 的临时标号修改为

$$T(v_2)=\min\{T(v_2),P(v_1)+w_{12}\}=\min(+\infty,0+3)=3$$

这时 $\lambda_2=1$，同理可得

$$T(v_3)=\min\{+\infty,0+5\}=5,\quad \lambda_3=1$$

$$T(v_4)=\min\{+\infty,0+6\}=6,\quad \lambda_4=1$$

其余点的 T 标号不变。

在所有的 $\boldsymbol{T}$ 标号中，最小的 $T(v_2)=3$，于是令 $\boldsymbol{P}(v_2)=3$，$\boldsymbol{S}_1=\boldsymbol{S}_0\{v_2\}=\{v_1,v_2\}$，$k=2$。

$i=1$：

这时 v_2 为刚获得 $\boldsymbol{P}$ 标号的点，考察与 v_2 相邻的点 v_5,v_6,v_3（见图 6.3.3）。

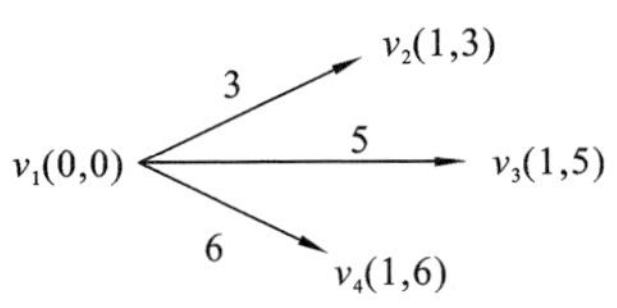

图 6.3.2

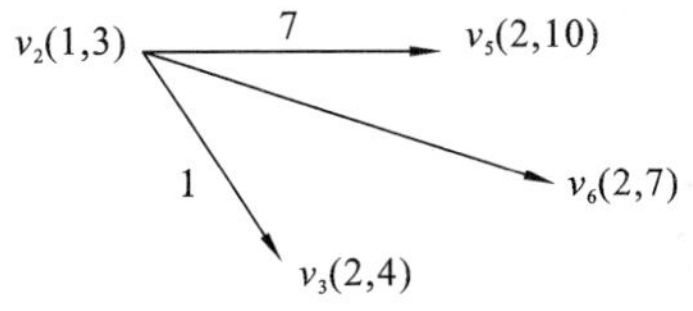

图 6.3.3

因$(v_2,v_5)\in \boldsymbol{A}$，$v_5\notin \boldsymbol{S}_1$，故把 v_5 的临时标号修改为

$$T(v_5)=\min\{T(v_5),P(v_2)+w_{25}\}=\min\{+\infty,3+7\}=10$$

这时 $\lambda_5=2$，同理可得

$$T(v_6)=\min\{+\infty,3+4\}=7,\quad \lambda=2$$

$$T(v_3)=\min\{T(v_3),P(v_2)+w_{23}\}=\min\{5,3+1\}=4,\quad \lambda_3=2 \tag{6.3.3}$$

在所有的 $\boldsymbol{T}$ 标号中，最小的 $T(v_3)=4$，于是令 $P(v_3)=4$，$S_2=S_1\cup\{v_3\}=\{v_1,v_2,v_3\}$，$k=3$。

$i=2$：

这时 v_3 为刚获得 $\boldsymbol{P}$ 标号的点，考察与 v_3 相邻的点 v_4,v_6（见图 6.3.4）。

因$(v_3,v_4)\in \boldsymbol{A}$，$v_4\notin \boldsymbol{S}_2$，故把 v_4 的临时标修改为

$$T(v_4)=\min\{T(v_4),P(v_3)+w_{34}\}=\min\{6,4+1\}=5,\quad \lambda_4=3$$

同理可得

$$T(v_6)=\min\{7,4+2\}=6,\quad \lambda_6=3$$

在所有的 $\boldsymbol{T}$ 标号中，最小的 $T(v_4)=5$，于是令 $P(v_4)=5$，$S_3=S_2\cup\{v_4\}=\{v_1,v_2,v_3,v_4\}$，$k=4$。

$i=3$：

这时 v_4 为刚获得 $\boldsymbol{P}$ 标号的点，考察与 v_4 相邻的点 v_6,v_7（见图 6.3.5）。

因为$(v_4,v_6)\in \boldsymbol{A}$，$v_6\notin \boldsymbol{S}_3$，故把 v_6 的临时标号修改为

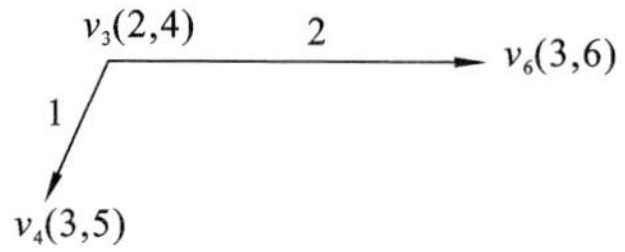

图 6.3.4

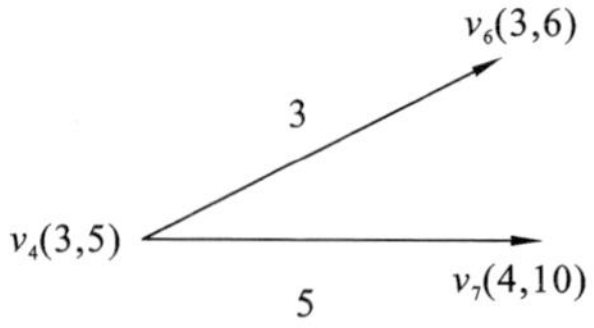

图 6.3.5

$$T(v_6)=\min\{T(v_6),P(v_4)+w_{46}\}=\min\{6,5+5\}=6$$

这时 v_6 的临时标号不修改，故 $\lambda_6=3$，同理可得

$$T(v_7)=\min\{+\infty,5+5\}=10,\quad \lambda_7=4$$

在所有的临时标号中，最小的为 $T(v_6)=6$，于是 $P(v_6)=6$，$S_4=S_3\cup\{v_6\}=\{v_1,v_2,v_3,v_4,v_6\}$，$k=6$。

$i=4$：

这时 v_6 为刚获得 $\boldsymbol{P}$ 标号的点，考察与 v_6 相邻的点 v_5、v_7、v_8（见图 6.3.6）。

因为 $(v_6,v_5)\in\boldsymbol{A}$，$v_5\notin\boldsymbol{S}_4$，故把 v_5 的临时标号修改为

$$T(v_5)=\min\{T(v_5),P(v_6)+w_{65}\}=\min\{10,6+2\}=8$$

这时，$\lambda_5=6$，同理可得

$$T(v_7)=\min\{10,6+1\}=7,\quad \lambda_7=6$$

$$T(v_8)=\min\{+\infty,6+9\}=15,\quad \lambda_8=6$$

在所有的临时标号中，最小的为 $T(v_7)=7$，于是令 $P(v_7)=7$，$S_5=S_4\cup\{v_7\}=\{v_1,v_2,v_3,v_4,v_6,v_7\}$，$k=7$。

$i=5$：

这时 v_7 为刚获得 $\boldsymbol{P}$ 标号的点，考察与 v_7 相邻的点 v_8（见图 6.3.7）。

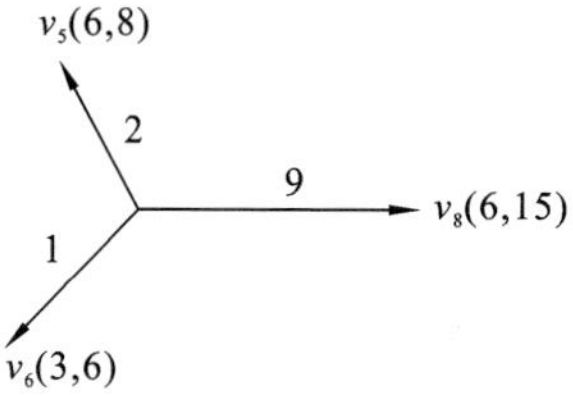

图 6.3.6

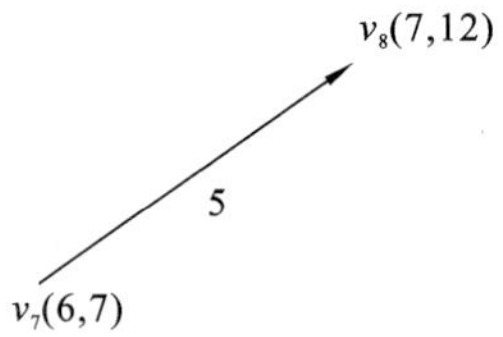

图 6.3.7

因为 $(v_7,v_8)\in\boldsymbol{A}$，$v_8\notin\boldsymbol{S}_5$，故把 v_8 的临时标号修改为

$$T(v_8)=\min\{T(v_8),P(v_7)+w_{78}\}=\min\{15,7+5\}=12$$

这时 $\lambda_8=7$。

在所有的临时标号中，最小的为 $T(v_5)=8$，于是令 $P\{v_5\}=8$，$S_6=S_5\cup\{v_5\}=\{v_1,v_2,v_3,v_4,v_5,v_6,v_7\}$，$k=5$。

$i=6$：

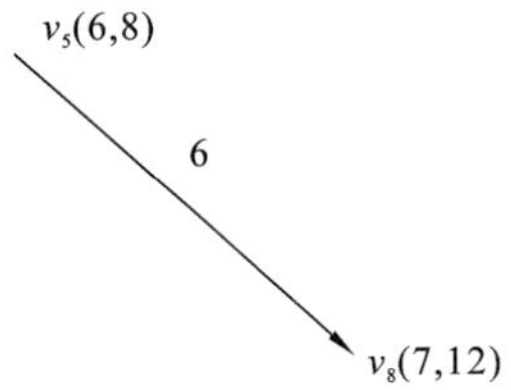

图 6.3.8

这时 v_5 为刚获得 $\boldsymbol{P}$ 标号的点，考察与 v_5 相邻的点 v_8(见 6.3.8)。

因为$(v_5,v_8)\in\boldsymbol{A}$，$v_8\notin\boldsymbol{S}_6$，故把 v_8 的临时标号修改为

$$T(v_8)=\min\{T(v_8),P(v_5)+w_{58}\}$$
$$=\min\{12,8+6\}=12$$

这时 v_8 的临时标号不修改，故 $\lambda_8=7$。

最后只剩下 v_8 一个临时标号点，故令

$$P(v_8)=T(v_8)=12,\quad \lambda_8=7$$

至此，找到从起点 v_1 到终点 v_8 的最短距离为 12，再根据第一个标号 λ_j，反向追踪求出最短路径为

$$v_1\rightarrow v_2\rightarrow v_3\rightarrow v_6\rightarrow v_7\rightarrow v_8$$

事实上，按照这个算法，也找出了从起点 v_1 到各中间点的最短路径和最短距离，例如

$$v_1\rightarrow v_2\rightarrow v_3\rightarrow v_6\rightarrow v_5$$

就是从 v_1 到 v_5 的最短路径，距离为 8。

以下再回过头将 Dijkstra 标号法的具体步骤汇总如下：

开始时，令算法段 $i=0$，$s=1$，第一标号集 $S_0=\{v_1\}$，$\lambda_1=0$，标号 $P(v_1)=0$，对于每一个 $v_j\neq v_s$，令 $T(v_j)=+\infty$，$\lambda_j=s$，$k=s$。

(1) 如果 $S_i=V$，算法终止，这时，对于每个 $v_j\in S_i$，$L_j=P(v_j)$；否则，转下一步。

(2) 设 v_k 是刚获得 $\boldsymbol{P}$ 标号的点，考察每个使$(v_k,v_j)\in A$，且 $v_j\notin S_i$ 的点 v_j，将 $T(v_j)$修改为

$$T(v_j)=\min\{T(v_j),P(v_k)+w_{kj}\} \tag{6.3.4}$$

如果 $T(v_j)>P(v_k)+w_{kj}$，则将 $T(v_j)$修改为 $P(v_k)+w_{kj}$，将 λ_j 修改成 k；否则不修改。

(3) 令

$$T(v_j)=\min_{v_j\notin S_i}\{T(v_j)\} \tag{6.3.5}$$

如果 $T(v_j)<+\infty$，则将 v_j 的下标变为 P 标号，即令 $P(v_j)=T(v_j)$，令 $S_{i+1}=S_i\{v_j\}$，$k=j$。

把 i 换成 $i+1$，返回(1)；否则终止。这时对于每一个 $v_j\in S_i$，有 $l(v_j)=P(v_j)$；而对于每一个 $v_j\notin S_i$，有 $l(v_j)=T(v_j)$。

为了简化计算，还可以采用每次只记录从起点 v_1 到各点的最短距离或上界的方法，为此我们引入记号

$$L_i=(L_1^{(i)},L_2^{(i)},\cdots,L_n^{(i)})$$

表示在第 i 次标号中各点的距离或上界。例如在例 6.3.1.1 中，我们也可以按如下方式进行：

$$L_0=(0,\infty,\infty,\cdots,\infty)$$

于是

$$L_1=(\underset{\cdot}{0},\underset{\cdot}{3},5,6,\infty,\cdots,\infty),\ v_1\to v_2$$

$$L_2=(\underset{\cdot}{0},\underset{\cdot}{3},\underset{\cdot}{4},6,10,7,\infty,\infty),\ v_2\to v_3$$

$$L_3=(\underset{\cdot}{0},\underset{\cdot}{3},\underset{\cdot}{4},\underset{\cdot}{5},10,6,\infty,\infty),\ v_3\to v_4$$

$$L_4=(\underset{\cdot}{0},\underset{\cdot}{3},\underset{\cdot}{4},\underset{\cdot}{5},10,\underset{\cdot}{6},10,\infty),\ v_3\to v_6$$

$$L_5=(\underset{\cdot}{0},\underset{\cdot}{3},\underset{\cdot}{4},\underset{\cdot}{5},8,\underset{\cdot}{6},\underset{\cdot}{7},15),\ v_6\to v_7$$

$$L_6=(\underset{\cdot}{0},\underset{\cdot}{3},\underset{\cdot}{4},\underset{\cdot}{5},\underset{\cdot}{8},\underset{\cdot}{6},\underset{\cdot}{7},12),\ v_6\to v_5$$

$$L_7=(\underset{\cdot}{0},\underset{\cdot}{3},\underset{\cdot}{4},\underset{\cdot}{5},\underset{\cdot}{8},\underset{\cdot}{6},\underset{\cdot}{7},\underset{\cdot}{12}),\ v_7\to v_8$$

有“·”号的点表示 P 标号点。

最后按后面的轨迹记录反向追踪可求得从起点到终点 v_8 的最短路径，且最后一轮标号 L_7 中所表示的就是从起点 v_1 到各点的最短距离。

2. 改进的标号法

另外，本算法在给某个点标号时，也可以通过找该点的各个来源点的方法来实现，具体做法如下：

开始时，给起点 v_s 标(0,0)，即 $\lambda_1=0,l(v_s)=0$。

一般地，在给点 v_j 标号时，要找出所有与 v_j 有弧相连且箭头指向 v_j 的各点(称为 v_j 的来源点)，不妨设 $v_{i1},v_{i2},\cdots,v_{im}$ 是 v_j 的来源点，其标号为 $l(v_{i1})$，$l(v_{i2}),\cdots,l(v_{im})$。$w(i_1,j),w(i_2,j),\cdots,w(i_m,j)$ 为弧 $(v_{i1},v_j),(v_{i2},v_j),\cdots,(v_{im},v_j)$ 的权重，则给定点 v_j 标以 $(v_k,l(v_j))$，其中

$$\begin{aligned}l(v_j)&=\min\{l(v_{i1})+w(v_{i1},v_j),l(v_{i2})+w(v_{i2},v_j),\cdots,l(v_{im})+w(v_{im},v_j)\}\\&=l(v_k)+w(v_k,v_j)\end{aligned}$$

根据定理 6.3.1 可知，由始点 v_s 到 v_j 的最短路径必是由 v_s 到某个 v_k 的最短路径再加上弧 (v_s,v_j) 的权重，v_k 是 v_1 到 v_j 最短路径上的点，且是 v_j 的来源点，显然，$l(v_j)$ 是 v_1 到 v_j 最短路径的长度。所以给每个顶点以标号 $(v_k,l(v_j))$，$j=1,2,\cdots,n$，即可获得最短路径线路和长度的信息。

下面，以图 6.3.1 为例，说明改进的标号法的具体过程。

首先给始点 v_1 标号，第一个标号表示的是来源点，第二个标号表示 $l(v_1)$，由于 v_1 是始点，故令始点的第一个标号为 0，令 $l(v_1)=0$，于是得到始点 v_1 的标号(0,0)。

v_2 的来源点是 v_1，且 $l(v_2)$ 可以由下式计算，即

$$l(v_2)=\min\{l(v_1)+w(v_1,v_2)\}=\min\{0+3\}=3$$

于是得到 v_2 的标号 $(v_1,3)$。

v_3 点的来源点 v_1、v_2，计算

$$\begin{aligned}l(v_3)&=\min\{l(v_1)+w(v_1,v_3),l(v_2)+w(v_2,v_3)\}\\&=\min\{0+5,3+1\}=4\end{aligned}$$

于是得到 v_3 的标号 $(v_2,4)$。

v_4 的来源点有 v_1、v_3，计算

$$\begin{aligned}l(v_4)&=\min\{l(v_1)+w(v_1,v_4),l(v_3)+w(v_3,v_4)\}\\&=\min(0+6,4+1)=5\end{aligned}$$

于是得到 v_4 的标号 $(v_3,5)$。

v_5 的来源点有 v_2、v_6，计算

$$\begin{aligned}l(v_5)&=\min\{l(v_2)+w(v_2,v_5),l(v_6)+w(v_6,v_5)\}\\&=\min\{3+7,6+2\}=8\end{aligned}$$

于是得到 v_5 的标号 $(v_6,8)$。

v_6 的来源点有 v_2、v_3、v_4，但 v_6 还未标号，而 v_6 的来源点都已获得标号，故可计算

$$\begin{aligned}l(v_6)&=\min\{l(v_2)+w(v_2,v_6),l(v_3)+w(v_3,v_6),l(v_4)+w(v_4,v_6)\}\\&=\min\{3+4,4+2,5+3\}=6\end{aligned}$$

于是得到 v_6 的标号 $(v_3,6)$。

v_7 的来源点是 v_4、v_6，计算

$$\begin{aligned}l(v_7)&=\min\{l(v_4)+w(v_4,v_7),l(v_6)+w(v_6,v_7)\}\\&=\min\{5+5,6+1\}=7\end{aligned}$$

于是得到 v_7 的标号 $(v_6,7)$。

最后终点 v_8 的来源点是 v_5、v_6、v_7，计算

$$\begin{aligned}l(v_8)&=\min\{l(v_5)+w(v_5,v_8),l(v_6)+w(v_6,v_8),l(v_7)+w(v_7,v_8)\}\\&=\min\{8+6,6+3,7+5\}=12\end{aligned}$$

所以在终点 v_8 处标上 $(v_7,12)$，标号过程结束，如图 6.3.9 所示。

我们沿第一个标号，由终点反向跟踪，很容易求得该网络的最短路径 $v_1\to v_2\to v_3\to v_6\to v_7\to v_8$，而终点 v_8 的第二个标号就是此最短路长度。

上述标号过程中，不仅可以求得 v_1 到 v_8 的最短路，而且从 v_1 到 $v_j(j=2,3,4,5,6,7)$ 的最短路也可求得。例如，从 v_1 到 v_5 的最短路径是 $v_1\to v_2\to v_3\to v_6\to v_5$，最短路长度为 8。

归纳上述例子，可以总结改进标号法的一般步骤如下：

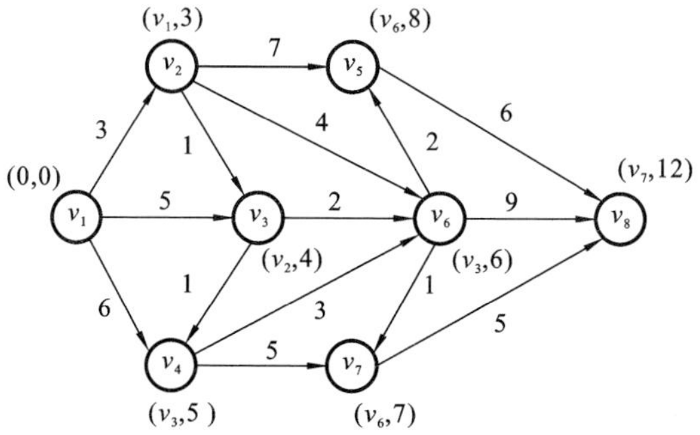

图 6.3.9

(1) 始点 v_s 标以(0,0)。

(2) 考虑需要标号的顶点 v_j,设 v_j 的来源点 $v_{i1},v_{i2},\cdots,v_{im}$ 均已获得标号,则 v_j 处应标以$(v_k,l(v_j))$,其中 $l(v_j)$按式(6.3.4)确定。

(3) 重复第(2)步,直至终点 v_j 也获得标号为止,$l(v_j)$就是最短路径的长度。

(4) 确定最短路径,从网络终点的第一个标号反向跟踪,即得到网络的最短路径。

综上所述,例 6.3.1 是非负权(即 $w(v_i,v_j)\geqslant 0$)网络最短路径的求解,对于含有负权(即 $w(v_i,v_j)<0$)网络的情形,改进的标号法也是适用的。

例 6.3.2 求图 6.3.10 所示从始点 v_1 到各点的最短路径。

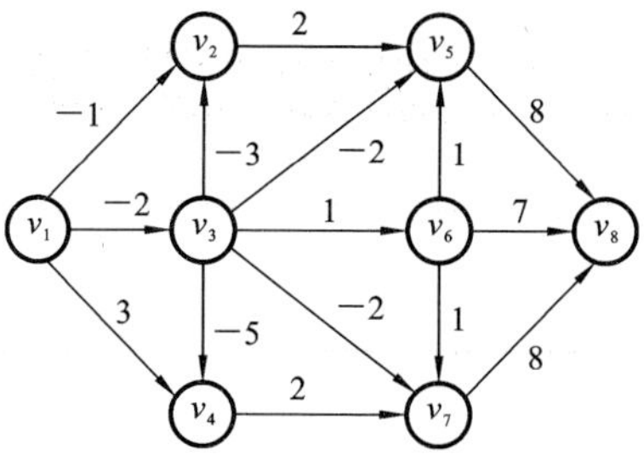

图 6.3.10

解 采用改进的标号法求解。

首先在始点 v_1 标以(0,0),然后在 v_3 处标以$(v_1,-2)$,由于

$$l(v_2)=\min\{l(v_1)+w(v_1,v_2),l(v_3)+w(v_3,v_2)\}$$
$$=\min\{0+(-1),-2+(-3)\}=-5$$
$$l(v_4)=\min\{l(v_1)+w(v_1,v_4),l(v_3)+w(v_3,v_4)\}$$
$$=\min\{0+3,-2+(-5)\}=-7$$

所以在 v_2 和 v_4 处依次标以$(v_3,-5)$和$(v_3,-7)$，然后在 v_6 处标以$(v_3,-1)$。

由于

$$
\begin{aligned}
l(v_5)&=\min\{l(v_2)+w(v_2,v_5),l(v_3)+w(v_3,v_5),l(v_6)+w(v_6,v_5)\}\\
&=\min\{-5+2,-2+(-2),-1+1\}=-4\\
l(v_7)&=\min\{l(v_6)+w(v_6,v_7),l(v_3)+w(v_3,v_7),l(v_4)+w(v_4,v_7)\}\\
&=\min\{-1+1,-2+(-2),-7+2\}=-5
\end{aligned}
$$

所以在 v_5 和 v_7 处分别标以$(v_3,-4)$和$(v_4,-5)$。

最后由于

$$
\begin{aligned}
l(v_8)&=\min\{l(v_5)+w(v_5,v_8),l(v_6)+w(v_6,v_8),l(v_7)+w(v_7,v_8)\}\\
&=\min\{-4+8,-1+7,-5+8\}=3
\end{aligned}
$$

所以在终点 v_8 处应标以$(v_7,3)$。

所有点都获得标号，标号结果如图 6.3.11 所示。反追踪得到 v_1 至 v_8 的最短路径为 $v_1\to v_3\to v_4\to v_7\to v_8$，长度为 3。

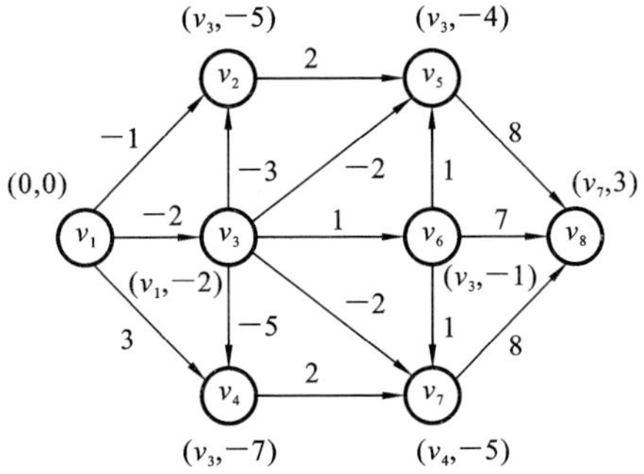

图 6.3.11

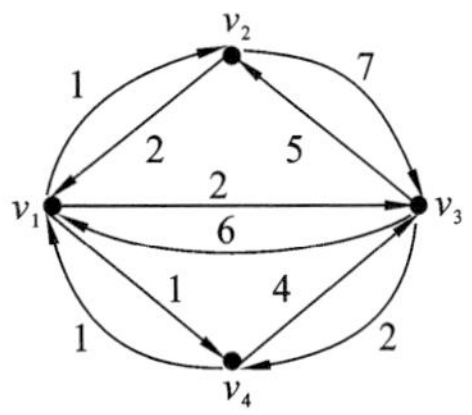

图 6.3.12

6.3.2 福劳德算法

设图 $\boldsymbol{G}$ 有 N 个顶点，用 d_{ij}^m 表示从顶点 i 到顶点 j 的最短路长度，但中间只允许经过前 m 个顶点(可以不通过其中一些点)，当 $d_{ij}^m=\infty$，即表示 i 点到 j 点无路。

d_{ij}^0 表示从 i 到 j 的最短路，无中间顶点，且当 $i=j$ 时，有 $d_{ij}^0=0$。

d_{ij}^N 表示从 i 到 j 的最短路长度，中间经过 N 个顶点。

$\boldsymbol{D}^m$ 是一个 $N\times N$ 矩阵，$\boldsymbol{D}^m=\{d_{ij}^m\}$，$m=1,2,\cdots,N$。

例如，图 6.3.12 中，有四个顶点：v_1,v_2,v_3,v_4，$m=1,2,3,4$。

$$d_{11}^0=0,\quad d_{32}^0=5,\quad d_{24}^0=\infty,\quad d_{23}^0=7$$

$$d_{23}^1=\min\{d_{21}^0+d_{13}^0,d_{23}^0\}=\min\{2+2,7\}=4$$

$$d_{32}^1=\min\{d_{31}^0+d_{12}^0,d_{32}^0\}=\min\{6+1,5\}=5$$

由此可知，从 i 到 m，从 j 到 m 及从 i 到 j 的最短路径分别为 d_{im}^{m-1}，d_{mj}^{m-1} 及 d_{ij}^{m-1}（只允许通过前 $m-1$ 个顶点）。由于不存在负回路，故从 i 到 j，只经过前 m 个顶点的最短路径必为下述两条路径之一：$d_{im}^{m-1}+d_{mj}^{m-1}$ 或 d_{ij}^{m-1}，即

$$d_{ij}^{m}=\min\{d_{im}^{m-1}+d_{mj}^{m-1},d_{ij}^{m-1}\}$$

可见，$\boldsymbol{D}^m$ 可由 $\boldsymbol{D}^{m-1}$ 递推得到，计算结果见表 6.3.1。

表 6.3.1

$d_{ij}^1=\min\{d_{i1}^0+d_{1j}^0,d_{ij}^0\}$	相应的路径
$d_{11}^1=d_{11}^0=0$	
$d_{12}^1=d_{12}^0=1$	(v_1,v_2)
$d_{13}^1=d_{13}^0=2$	(v_1,v_3)
$d_{14}^1=d_{14}^0=1$	(v_1,v_4)
$d_{21}^1=d_{21}^0=2$	(v_2,v_1)
$d_{22}^1=d_{22}^0=0$	
$d_{23}^1=\min\{d_{21}^0+d_{13}^0,d_{23}^0\}=\min\{2+2,7\}=4$	$(v_2,v_1)(v_1,v_3)$
$d_{24}^1=\min\{d_{21}^0+d_{14}^0,d_{24}^0\}=\min\{2+1,\infty\}=3$	$(v_2,v_1)(v_1,v_4)$
$d_{31}^1=d_{31}^0=6$	(v_3,v_1)
$d_{32}^1=\min\{d_{31}^0+d_{12}^0,d_{32}^0\}=\min\{6+1,5\}=5$ $d_{33}^1=0$	(v_3,v_2)
$d_{34}^1=\min\{d_{31}^0+d_{14}^0,d_{34}^0\}=\min\{6+1,2\}=2$	(v_3,v_4)
$d_{41}^1=d_{41}^0=1$	(v_4,v_1)
$d_{42}^1=\min\{d_{41}^0+d_{12}^0,d_{42}^0\}=\min\{1+1,\infty\}=2$	$(v_4,v_1)(v_1,v_2)$
$d_{43}^1=\min\{d_{41}^0+d_{13}^0,d_{43}^0\}=\min\{1+2,4\}=3$ $d_{44}^1=0$	$(v_4,v_1)(v_1,v_3)$

例 6.3.3 以图 6.3.12 为例，求任意两点间的最短路径。

解
$$\boldsymbol{D}^0=\begin{bmatrix}d_{11}^0 & d_{12}^0 & d_{13}^0 & d_{14}^0\\ d_{21}^0 & d_{22}^0 & d_{23}^0 & d_{24}^0\\ d_{31}^0 & d_{32}^0 & d_{33}^0 & d_{34}^0\\ d_{41}^0 & d_{42}^0 & d_{43}^0 & d_{44}^0\end{bmatrix}=\begin{bmatrix}0 & 1 & 2 & 1\\ 2 & 0 & 7 & \infty\\ 6 & 5 & 0 & 2\\ 1 & \infty & 4 & 0\end{bmatrix}$$

由此可得

$$\boldsymbol{D}^1=\begin{bmatrix}0 & 1 & 2 & 1\\ 2 & 0 & 4 & 3\\ 6 & 5 & 0 & 2\\ 1 & 2 & 3 & 0\end{bmatrix}$$

同理可计算出 $\boldsymbol{D}^2$、$\boldsymbol{D}^3$、$\boldsymbol{D}^4$ 及相应的最短路线，其最后的结果为

$$\boldsymbol{D}^4=\begin{bmatrix}0&1&2&1\\2&0&4&3\\3&4&0&2\\1&2&3&0\end{bmatrix}$$

对应路线如表 6.3.2 所示。

表 6.3.2

	v_1	v_2	v_3	v_4
v_1		(v_1,v_2)	(v_1,v_3)	(v_1,v_4)
v_2	(v_2,v_1)		$(v_2,v_1)(v_1,v_3)$	$(v_2,v_1)(v_1,v_4)$
v_3	$(v_3,v_4)(v_4,v_1)$	$(v_3,v_4)(v_4,v_1)(v_1,v_2)$		(v_3,v_4)
v_4	(v_4,v_1)	$(v_4,v_1)(v_1,v_2)$	$(v_4,v_1)(v_1,v_3)$	

* 注意：福劳德(Floyd)算法不允许网络中出现负回路。负回路是指在图中有一回路 c，其权重 $w(c)<0$。

例如，从 v_3 到 v_2 的最短路线为 $v_3\to v_4\to v_1\to v_2$，其路长为 4，从 v_2 到 v_4 的最短路线为 $v_2\to v_1\to v_4$，其路长为 3。

6.4 网络最大流问题

网络最大流问题是网络的另一个基本问题。20 世纪 50 年代“网络流理论”由福特(Ford)、富克逊(Fulkerson)建立，并得到广泛应用。

网络最大流问题顾名思义是解决网络上两顶点之间允许的最大通过流量的问题。现实中，许多系统包含了流量问题，例如公路系统中有车辆流，控制系统中有信息流，供水系统中有水流，金融系统中有现金流等。如图 6.4.1 所示

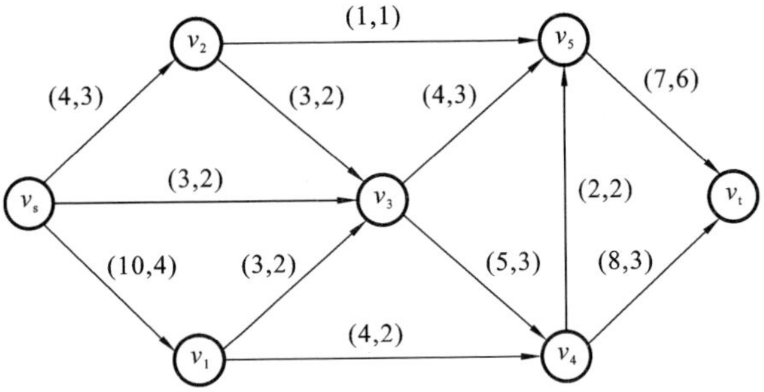

图 6.4.1

是联结某产品产地 v_s 和销售地 v_t 的交通网，每条弧 (v_i, v_j) 代表从 v_i 到 v_j 的运输线，产品经这条弧由 v_i 运输到 v_t，弧旁数字有两个，第 1 个数字表示这条运输线的最大通过能力，第 2 个数字表示现有流量。产品经过交通网从 v_s 运输到 v_t，现在要求制定一个运输方案使从 v_s 到 v_t 的产品数量最多。目前图 6.4.1 中表示的运输方案可以输送 9 个产品，但它是否已经到达了该交通网络的最大流量了呢？这正是网络最大问题要解决的。

6.4.1 基本概念与基本定理

定义 6.4.1(网络与流) 给定一个有向图 $\boldsymbol{D}=(\boldsymbol{V},\boldsymbol{A})$，在 $\boldsymbol{V}$ 中指定一个点，称为发点(记为 v_s)，另外指定一个点称为收点(记为 v_t)，其余的点称为中间点，对于每一条弧 $(v_i, v_j)\in A$ 对应一个 $C(v_i, v_j)\geqslant 0$(或简记为 C_{ij})，称为弧的容量，通常把这样的有向图称为一个网络，记为 $\boldsymbol{D}=(\boldsymbol{V},\boldsymbol{A},\boldsymbol{C})$。网络上的流是指定义在弧集合上的一个函数 $f=\{f(v_i, v_j)\}$，并称 $f(v_i, v_j)$ 为弧 (v_i, v_j) 上的流量，通常记为 f_{ij}。

在图 6.4.1 中，v_s 为发点，v_t 为收点，其他的点是中间点，弧旁的数字为 (C_{ij}, f_{ij})。图中所示的方案可以看作网络上的一个流，如 $f_{13}=2$，$f_{23}=2$ 等。

定义 6.4.2(可行流与最大流) 满足下述条件的流 f 称为可行流：

(1) 容量限制条件　对每一条弧 $(v_i, v_j)\in\boldsymbol{A}$，存在 $0\leqslant f_{ij}\leqslant C_{ij}$；

(2) 平衡条件　对于中间点，流出量等于流入量，即 $\forall_i (i\neq s,t)$ 有

$$\sum_{(v_i, v_j)\in\boldsymbol{A}} f_{ij}-\sum_{(v_j, v_i)\in\boldsymbol{A}} f_{ji}=0$$

对于发点 v_s，记

$$\sum_{(v_s, v_j)\in\boldsymbol{A}} f_{sj}-\sum_{(v_j, v_s)\in\boldsymbol{A}} f_{js}=v(f)$$

于是对于收点 v_t，有

$$\sum_{(v_t, v_j)\in\boldsymbol{A}} f_{tj}-\sum_{(v_j, v_t)\in\boldsymbol{A}} f_{jt}=-v(f)$$

式中：$v(f)$称为这个可行流的流量，即发点的净输出量(或收点的净输入量)。网络的最大流就是使得网络流量 $v(f)$达到的最大流量 $\{f_{ij}\}$。

由此可见，网络最大流问题可以归结为如下线性规划问题：

$$\max\quad v(f)$$

$$\text{s.t.}\begin{cases}0\leqslant f_{ij}\leqslant C_{ij}\\ \sum f_{ij}-\sum f_{ji}=\begin{cases}v(f), & i=s\\ 0, & i\neq s,t\\ -v(f), & i=t\end{cases}\end{cases}$$

根据可行流的定义，容易验证图6.4.1中给出的流量为可行流。对于网络中给定的可行流，若某条弧存在 $f_{ij}=C_{ij}$，则称其为饱和弧，如图6.4.1中的 (v_2,v_5) 和 (v_4,v_5)；若某条弧存在 $f_{ij}<C_{ij}$，则称其为非饱和弧；若某条弧存在 $f_{ij}=0$，则称其为零流弧；若 $f_{ij}>0$，则称其为非零流弧。

若 μ 是网络中连接发点 v_s 和收点 v_t 的一条链，定义链的方向是从 v_s 到 v_t，则链上的弧被分为两类：一类是弧的方向与链的方向一致，称为前向弧，前向弧的集合记为 μ^+；另一类弧的方向与链的方向相反，称为后向弧，后向弧的集合记为 μ^-，如图6.4.1所示，在链 $\mu=(v_s,v_1,v_3,v_4,v_t)$ 中，

$$\mu^+=\{(v_s,v_1),(v_1,v_3),(v_3,v_4),(v_4,v_t)\}$$

$$\mu^-=\{(v_4,v_3)\}$$

定义6.4.3(增广链) 设 f 是网络的一条可行流，μ 是从 v_s 到 v_t 的一条链。若 μ 满足下列条件，则称其为(关于可行流 f 的)一条增广链：

(1) 在弧 $(v_i,v_j)\in\mu^+$ 上，$0\leqslant f_{ij}<C_{ij}$，即前向弧 μ^+ 中的每条弧都是非饱和弧；

(2) 在弧 $(v_i,v_j)\in\mu^-$ 上，$0<f_{ij}\leqslant C_{ij}$，即后向弧 μ^- 中的每条弧都是非零流弧。

如图6.4.1中的链 $\mu=(v_s,v_1,v_3,v_5,v_4,v_t)$ 满足增广链的要求，为一增广链。

定义6.4.4(截集与截量) 给定网络 $\boldsymbol{D}=(\boldsymbol{V},\boldsymbol{A},\boldsymbol{C})$，若点集 $\boldsymbol{V}$ 被划分为两个非空集合 $\boldsymbol{S}$ 和 $\boldsymbol{T}$，且 $v_s\in\boldsymbol{S}$，$v_t\in\boldsymbol{T}$，$\boldsymbol{S}\cap\boldsymbol{T}\neq\varnothing$，$\boldsymbol{S}\cup\boldsymbol{T}\neq\boldsymbol{V}$，则将始点在 $\boldsymbol{S}$，终点在 $\boldsymbol{T}$ 中的所有弧构成的集合(记为 $(\boldsymbol{S},\boldsymbol{T})$)称为(分离 v_s 和 v_t 的)截集，把截集中所有弧的容量之和称为这个截集的容量(简称为截量)，记为 $C(\boldsymbol{S},\boldsymbol{T})$，即

$$C(\boldsymbol{S},\boldsymbol{T})=\sum_{(v_i,v_j)\in(\boldsymbol{S},\boldsymbol{T})}C_{ij}$$

显然，若把某一截集的弧从网络中去掉，则从 v_s 到 v_t 便不存在路，所以截集是从 v_s 到 v_t 的必经之路。而且不难证明，任何一个可行流的流量都不会超过任一截集的容量。

关于网络中的流量问题存在着如下的定理。

定理6.4.1 可行流 f^* 为最大流的充分必要条件是网络中不存在关于 f^* 的增广链。

证明 若 f^* 是最大流，设网络总存在关于 f^* 的增广链 μ，令

$$\theta=\min\{\min_{\mu^+}\{C_{ij}-f_{ij}^*\},\min_{\mu^-}f_{ij}^*\}$$

根据增广链的定义，可知 $\theta>0$。若令

$$f_{ij}^{**}=\begin{cases} f_{ij}^{*}+\theta, & (v_i,v_j)\in\mu^{+} \\ f_{ij}^{*}-\theta, & (v_i,v_j)\in\mu^{-} \\ f_{ij}^{*}, & (v_i,v_j)\notin\mu \end{cases}$$

容易验证$\{f_{ij}^{**}\}$仍然是一个可行流，但 $v(f^{**})=v(f^{*})+\theta>v(f^{*})$。这与 f^{*} 是最大流的假设矛盾，所以当网络达到最大流时网络不存在增广链。

另一方面，假设网络中不存在关于 f^{*} 的增广链，证明 f^{*} 是最大流。令 $v_s\in\boldsymbol{S}$，若 $v_i\in\boldsymbol{S}$ 且 $f_{ij}^{*}<C_{ij}$ 或者 $f_{ji}>0$，则令 $v_j\in\boldsymbol{S}$，由于不存在关于 f^{*} 的增广链，所以必有 $v_t\notin\boldsymbol{S}$。这样记 $\boldsymbol{T}=V\backslash\boldsymbol{S}$，于是得到一个截集$(\boldsymbol{S},\boldsymbol{T})$，而且必然存在

$$f_{ij}^{*}=\begin{cases} C_{ij}, & (v_i,v_j)\in(\boldsymbol{S},\boldsymbol{T}) \\ 0, & (v_i,v_j)\in(\boldsymbol{T},\boldsymbol{S}) \end{cases}$$

所以 $v(f^{*})=C(\boldsymbol{S},\boldsymbol{T})$，于是 f^{*} 必是最大流，定理得证。

在上述定理的证明中，若 f^{*} 是最大流，则网络中必存在一个截集$(\boldsymbol{S},\boldsymbol{T})$，使 $v(f^{*})=C(\boldsymbol{S},\boldsymbol{T})$。故有如下定理：

定理 6.4.2(最大流量最小截量定理) 任一网络 $\boldsymbol{D}$ 中，从 v_s 到 v_t 的最大流的流量等于分离 v_s 和 v_t 的最小截集的容量。

上述定理的证明过程同时也为求解网络最大流问题提供了求解的思路，即首先判断网络中是否存在关于当前流量的增广链，若没有，则达到最大流；若存在增广链，则可以通过定理证明的第一步方法去调整网络的流量，直至达到网络的最大流为止。

6.4.2 求解网络最大流的标号法

求解网络最大流的标号法包括两个基本过程：标号过程与调整过程。

1. 标号过程

标号过程的主要目的是寻找网络中的增广链。

开始时，总是先给 v_s 标上$(0,+\infty)$。标号中第一个数字 0 表示增广链的起点，第二个数字$+\infty$表示增广链的流量调整量，由于现在是起点，其调整假设为$+\infty$。这时，v_s 虽是标号的点，但是未检查点，网络中其余的点都是未标号点。一般地，取一个标号而未检查点 v_i，对所有未标号点 v_j。

(1) 若在弧(v_i,v_j)上，$f_{ij}<C_{ij}$，则给 v_j 标号$(v_i,l(v_j))$。标号的第一个数字表示 v_j 的标号是由 v_i 出发得到的，$l(v_j)$表示目前为止增广链可调整的流量，其确定方法为

$$l(v_j)=\min\{l(v_i),c_{ij}-f_{ij}\}$$

这样点 v_j 就成为一个新的标号而未检查点。

(2) 若在弧 (v_i,v_j) 上，$f_{ij}>C_{ij}$，则给 v_j 标号 $(-v_i,l(v_j))$。同样标号的第一个数字表示 v_j 的标号是由 v_i 反向出发得到的，$l(v_j)$ 表示目前为止增广链可调整的流量，其确定方法为

$$l(v_j)=\min\{l(v_i),f_{ji}\}$$

这样点 v_j 就成为一个新的标号而未检查点。

重复上述步骤，一旦 v_t 得到标号，表明找到了一条从 v_s 到 v_t 的增广链，转入下面的调整过程。若所有的标号都已检查过，而标号过程进行不下去时，则算法结束，这时的可行流就是网络的最大流。

2. 调整过程

利用网络中各点的第一个标号，从 v_t 出发，利用反向追踪的方法找出增广链 μ。然后令

$$f'_{ij}=\begin{cases}f_{ij}+l(v_t), & (v_i,v_j)\in\mu^+\\ f_{ij}-l(v_t), & (v_i,v_j)\in\mu^-\\ f_{ij}, & (v_i,v_j)\notin\mu\end{cases}$$

得到网络的新流量分布，再重复前述的标号过程。

例 6.4.1(最大流的标号法)　利用标号法求图 6.4.1 所示网络的最大流，弧旁数字为 (c_{ij},f_{ij})。

解　(1) 标号过程 1。

① 首先，给 v_s 标号 $(0,+\infty)$。

② 检查 v_s 点，从它出发可以给 v_1、v_2、v_3 标号，任取一个，如给 v_1 标 $(v_s,6)$。

③ 检查 v_1 点，可以给 v_3、v_4 标号，任取一个，如给 v_3 标 $(v_1,1)$。

④ 检查 v_3 点，可以给 v_4、v_5 标号，任取一个，如给 v_5 标 $(v_3,1)$。

⑤ 检查 v_5 点，可以给 v_4、v_t 标号，任取一个，如给 v_4 标 $(-v_5,1)$。

⑥ 检查 v_4 点，只可以给 v_t 标 $(v_4,1)$。

至此得到了网络中的一条增广链，如图 6.4.2 所示的双线，然后转入调整过程。

(2) 调整过程 1。

根据标号过程得到的增广链 $v_s\to v_1\to v_3\to v_5\to v_4\to v_t$，确定流量调整量为 $l(v_t)=1$，对该增广链的前向弧增加流量，后向弧减少流量，得到如图 6.4.3 所示的新流量，当前网络的流量 $v(f)=10$。

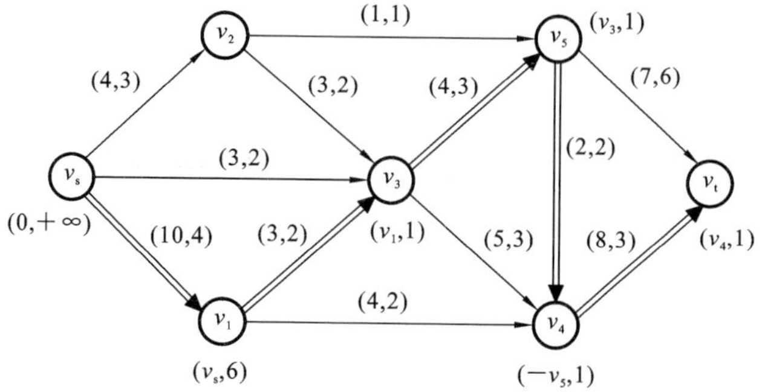

图 6.4.2

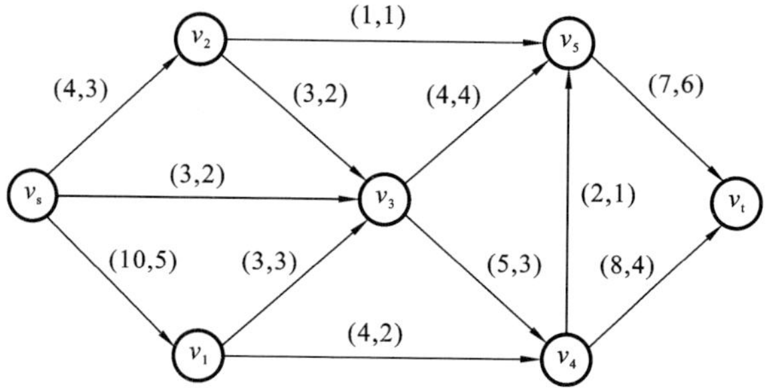

图 6.4.3

(3) 标号过程 2。

① 首先,给 v_s 标号$(0,+\infty)$。

② 检查 v_s 点,从它出发可以给 v_1、v_2、v_3 标号,任取一个,如给 v_1 标$(v_s,5)$。

③ 检查 v_1 点,只可以给 v_4 标$(v_1,2)$。

④ 检查 v_4 点,可以给 v_5、v_t 标号,任取一个,如给 v_t 标$(v_4,2)$。

至此得到网络中的一条增广链,如图 6.4.4 所示的双线,然后第二次转入调整过程。

(4) 调整过程 2。

根据标号过程得到的增广链 $v_s \to v_1 \to v_4 \to v_t$,确定流量调整为 $l(v_t)=2$,由于该增广链中的弧均为前向弧,因此所有前向弧增加流量,得到如图 6.4.5 所示的新流量,当前网络的流量 $v(f)=12$。

(5) 标号过程 3。

① 首先,给 v_s 标号$(0,+\infty)$。

② 检查 v_s 点,从它出发可以给 v_1、v_2、v_3 标号,但若给 v_1 标号后,无法继续

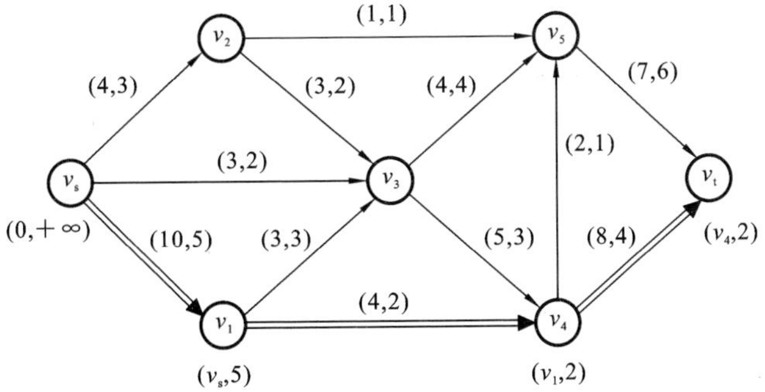

图 6.4.4

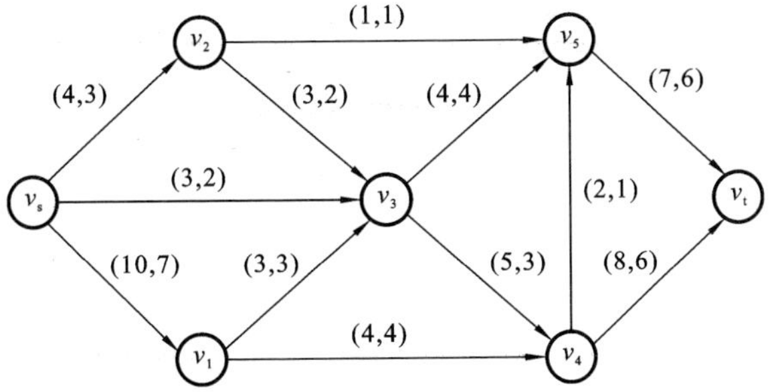

图 6.4.5

标号，所以在 v_2、v_3 中任取一个，如给 v_2 标(v_s,1)。

③ 检查 v_2 点，从它出发只能给 v_3 标(v_2,1)。

④ 检查 v_3 点，从它出发可以给 v_1 和 v_4 标号，但与前述原因相同，若给 v_1 标号后，无法继续标号，所以只能给 v_4 标(v_3,1)。

⑤ 检查 v_4 点，从它出发可以给 v_5 和 v_t 标号，所以给 v_t 标(v_4,1)。

至此得到了网络中的一条增广链，如图 6.4.6 所示的双线，然后第三次转入调整过程。

(6) 调整过程 3。

根据标号过程得到的增广链 $v_s \to v_2 \to v_3 \to v_4 \to v_t$，确定流量调整为 $l(v_t)=1$，由于该增广链中的弧均为前向弧，因此所有前向弧增加流量，得到如图 6.4.7 所示的新流量，当前网络的流量 $v(f)=13$。

(7) 标号过程 4。

① 首先，给 v_s 标号(0,+∞)。

② 检查 v_s 点，给 v_3 标(v_s,1)。

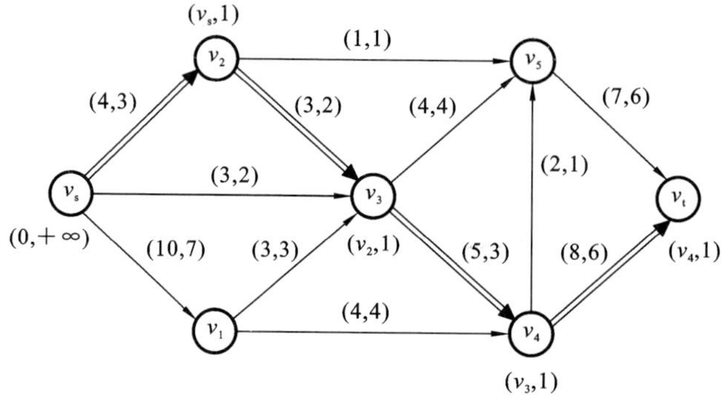

图 6.4.6

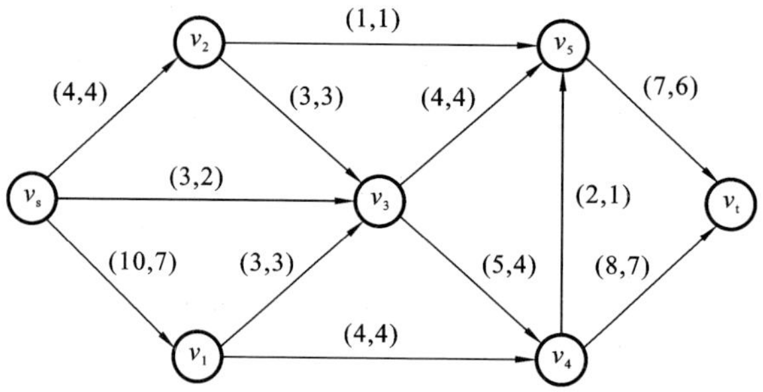

图 6.4.7

③ 检查 v_3 点,给 v_4 标(v_3,1)。

④ 检查 v_4 点,给 v_t 标(v_4,1)。

至此得到网络中的一条增广链,如图 6.4.8 所示的双线,然后第四次转入调整过程。

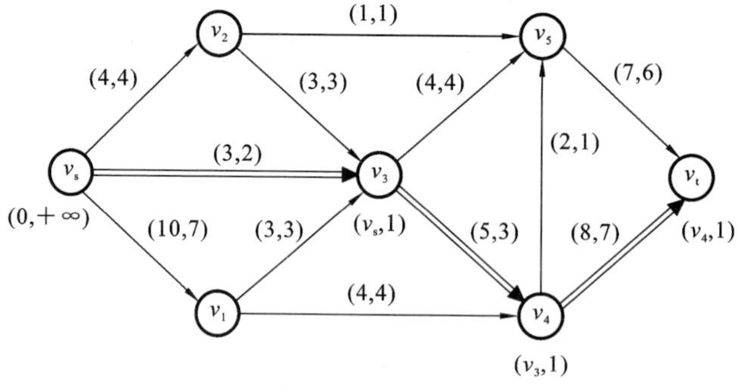

图 6.4.8

（8）调整过程 4。

根据标号过程得到的增广链 $v_s \to v_3 \to v_4 \to v_t$，确定流量调整为 $l(v_t)=1$，由于该增广链中的弧均为前向弧，因此所有前向弧增加流量，得到如图 6.4.9 所示的新流量，当前网络的流量 $v(f)=14$。

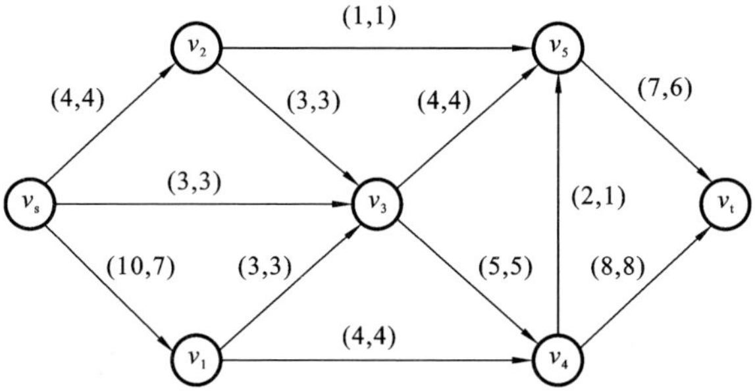

图 6.4.9

（9）标号过程 5。

① 首先，给 v_s 标号(0，$+\infty$)。

② 检查 v_s 点，只能给 v_1 标(v_s，3)。

③ 检查 v_1 点，不能给其他点标号。

至此已得到该网络的最大流量。而且此时网络中的点被分为两类：有标号的与无标号的，这两类点的划分正好可以得到网络的最小截集，如图 6.4.10 所示。

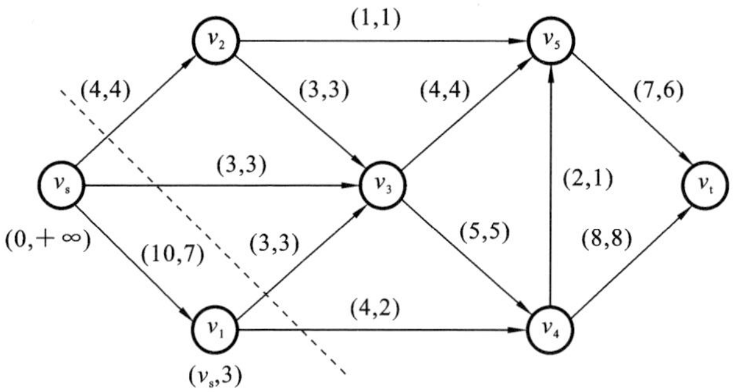

图 6.4.10

上述过程就是利用标号法求解最大流的基本方法。需要注意的是，网络中弧的容量一旦给定，网络最大流量就是确定的，但在一般情况下，这些流量在弧上的分配可能是不同的。因为在寻找增广链的过程中有时存在着多条线路可供选择，选择不同得到的流量分布就会不同。

6.5 最小费用最大流问题

前述网络最大流问题中，只考虑每条弧上的容量限制。在实际问题中，除了容量限制外，还要考虑每条弧上单位流量的费用。给定网络 $\boldsymbol{D}=(\boldsymbol{V},\boldsymbol{A},\boldsymbol{C})$，对于每条弧$(v_i,v_j)\in\boldsymbol{A}$ 上除了已给容量 c_{ij} 外，还要给定一个单位流量的费用 $b(v_i,v_j)\geqslant 0$(简记为 b_{ij})，所谓最小费用最大流问题就是要求一个最大流 f，使得流的总费用 $b(f)=\sum(v_i,v_j)\in Ab_{ij}f_{ij}$ 达到最小值。

从前面的网络最大流的求法中可以发现，当网络达到最大流时，流量在弧集合上的分布可能不同，这样使得同样的最大流量可能得到的流量费用也就不同，最小费用最大流就是要求当网络流量达到最大时费用最小的流量分布。所以最小费用最大流问题可以分解为两个步骤：首先确定网络的最大流量，然后调整弧集合流量的分布，以使得网络的费用最小。但在实际求解时，通常将上述两个过程整合到一起来进行。我们知道，确定网络的最小费用可以使用前面的最短路的求法，而最大流求法是在增广链上增加流量。只要保证根据费用确定网络中从 v_s 到 v_t 的最短路是增广链，这样在最短路增加流量所带来的费用增加是最少的(因为流量与费用都是非负的)。但是，如何保证从 v_s 到 v_t 的最短路总是增广链呢？增广链的要求是前向弧流量小于容量，后向弧的流量非负，所以当前向弧的流量等于容量或后向弧的流量为零时都不应该出现在最短路中。

为了实现上述要求，首先设网络的初始流量为零。然后将网络中的弧都转化为双向的弧，其费用权按如下方式确定：

$$w_{ij}=\begin{cases} b_{ij}, & f_{ij}<c_{ij} \\ +\infty, & f_{ij}=c_{ij} \end{cases}$$

$$w_{ji}=\begin{cases} -b_{ij}, & f_{ji}>0 \\ -\infty, & f_{ji}=0 \end{cases}$$

按此方式可以构造一个关于网络费用的赋权有向图 $w(f)$，其前向弧的流量均小于容量，后向弧的流量均不为 0，在该图中寻找从 v_s 到 v_t 的最短路，如果存在，则它必为一条增广链。然后在该增广链上按标号法调整网络流量，具体调整方法为

$$f_{ij}^{(k)}=\begin{cases} f_{ij}^{(k-1)}+\theta, & (v_i,v_j)\in\mu^+ \\ f_{ij}^{(k-1)}-\theta, & (v_i,v_j)\in\mu^- \\ f_{ij}^{(k-1)}, & (v_i,v_j)\notin\mu \end{cases}$$

其中，$\theta=\min\{\min\limits_{\mu^+}\{c_{ij}-f_{ij}\},\min\limits_{\mu^-}f_{ij}\}$。

按此方法即可增加网络流量，且增加的费用最少。若不存在从 v_s 到 v_t 的最短路，则表明网络已经达到最大流量，当前流量即最小费用最大流。

例 6.5.1（最小费用最大流） 求图 6.5.1 所示网络的最小费用最大流，弧旁数字为(b_{ij},c_{ij})。

解 （1）取 $f^0=0$，为初始可行流。

（2）构造赋权有向图 $w(f^{(0)})$，并求得从 v_s 到 v_t 的最短路 $v_s\rightarrow v_2\rightarrow v_t$，如图 6.5.2 所示。

（3）在原网络中确定该增广链的流量为 1，得到 $f^{(1)}$，如图 6.5.3 所示。

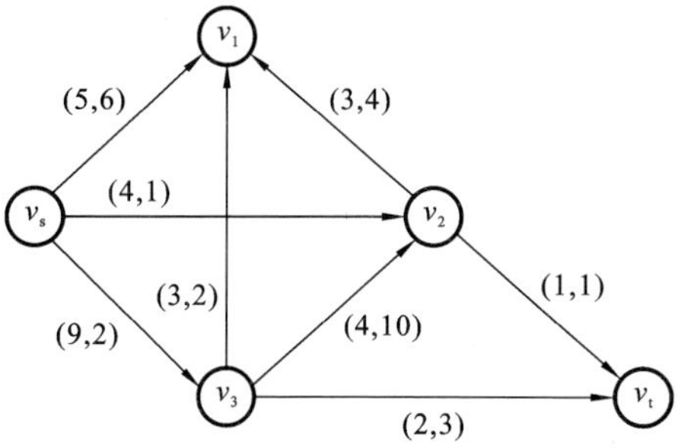

图 6.5.1

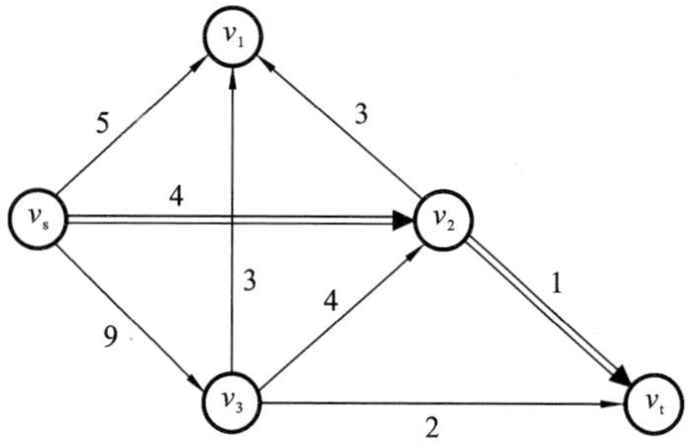

图 6.5.2 $w(f^{(0)})$

（4）根据 $f^{(1)}$ 作赋权有向图 $w(f^{(1)})$，并求得从 v_s 到 v_t 的最短路 $v_s\rightarrow v_3\rightarrow v_t$，如图 6.5.4 所示。

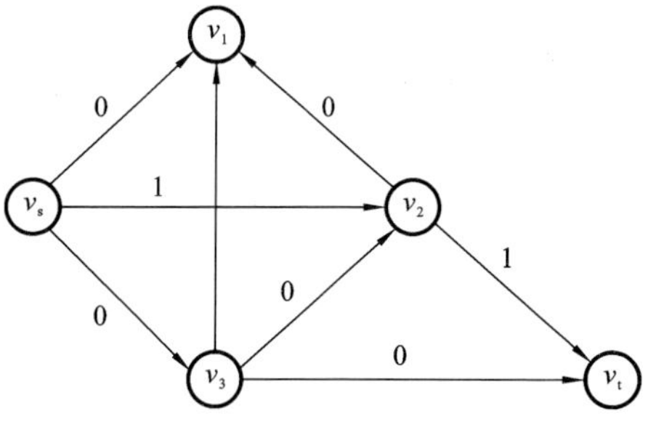

图 6.5.3 $f^{(1)},v(f^{(1)})=1$

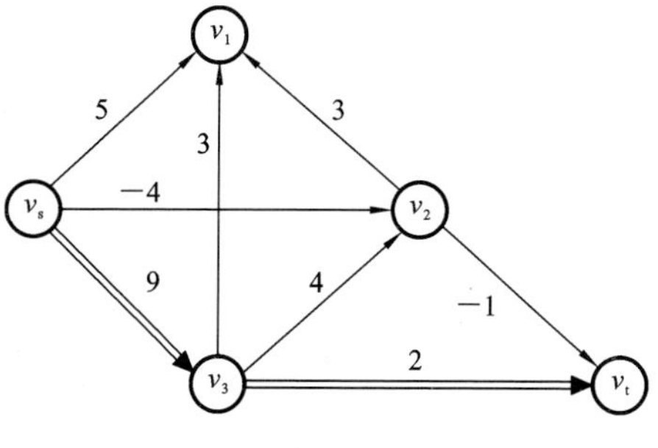

图 6.5.4 $w(f^{(1)})$

（5）在原网络中确定该增广链的流量调整量为 2，得到 $f^{(2)}$，如图 6.5.5 所示。

（6）根据 $f^{(2)}$ 作赋权有向图 $w(f^{(2)})$，如图 6.5.6 所示，该网络不存在从 v_s 到 v_t 的最短路，所以得到网络的最小费用最大流为 $f^{(2)}$，总费用为 27。

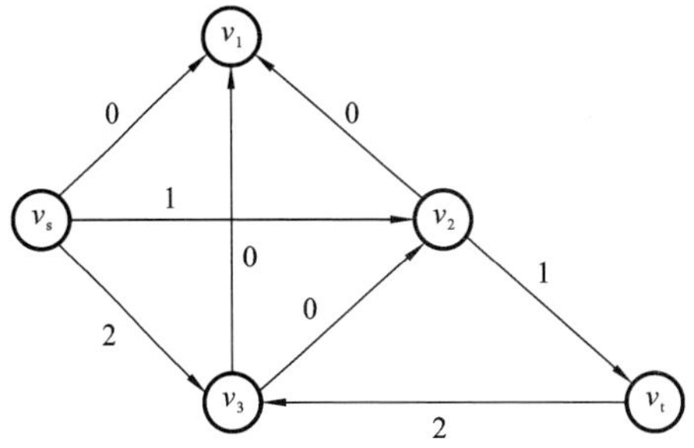

图 6.5.5　$f^{(2)}, v(f^{(2)})=3$

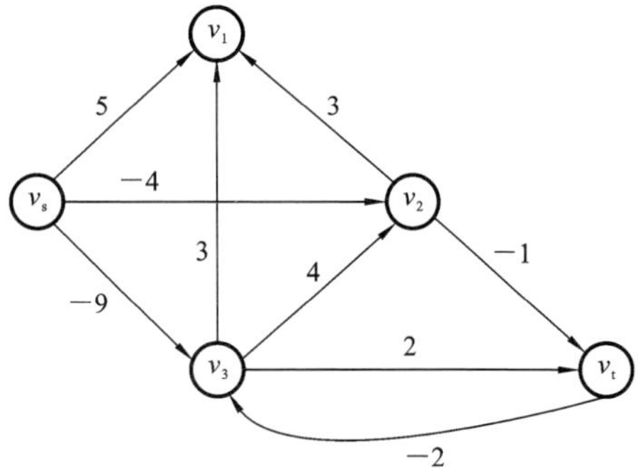

图 6.5.6　$w(f^{(2)})$

6.6　中国邮递员问题

中国邮递员问题是由我国学者管梅谷于 1962 年首先提出的。邮递员负责某一片区邮件的投递与收取工作，每天他从邮局出发，沿街道去收集和投递邮件，然后回到邮局。他期望把所有的街道只走一遍回到邮局，但有时必须重复走一些街道才能实现。问题是重复走哪些街道才是最省的？用图的语言描述就是：在一个连通图中，每条边上赋予一个非负的权 $w(e_{ij})$，要求一个圈（未必是简单图），使得过每条边至少一次，并使圈的总权最小。

可以发现，中国邮递员问题本质上是一笔画问题。一笔画问题与本章开始所讲的"哥尼斯堡的七座桥"问题有类似之处。给定一个连通多重图 $\boldsymbol{G}$，若存在一条链，过每条边一次而且仅一次，则称这条链为欧拉链。若存在一个简单圈，则称这个圈为欧拉圈。一个图若有欧拉圈，则称之为欧拉图。显然一个图，若能一笔画成，则这个图必是欧拉圈或含有欧拉链。

关于一笔画问题，有如下的性质：

定理 6.6.1　连通多重图 $\boldsymbol{G}$ 是欧拉图，当且仅当 $\boldsymbol{G}$ 中无奇点。

定理 6.6.2　连通多重图 $\boldsymbol{G}$ 有欧拉链，当且仅当 $\boldsymbol{G}$ 中恰有两个奇点。

上述定理提供了判断一个图是否能够一笔画成的依据，同时也为求解中国邮递员问题提供了思路。根据上述性质，如果邮递员所负责的区域图中没有奇点，他就可以从邮局出发，经过每一条街道仅一次回到邮局，这样所走的路程也是最短的。对于有奇点的图，就必须重复走一些街道才能回到出发点。所以，中国邮递员问题可以描述为：在一个包含奇点的连通图中，增加一些重复边使得该图中不再包含奇点，同时要求增加的重复边的总权最小。

求解中国邮递员问题的方法称为奇偶点图上作业法，其基本步骤如下。

(1) 初始可行方案的确定:配对图中所有奇点(因为图中的奇点总是偶数个),确定每对奇点之间的一条链(连通图任意两点之间至少有一条链),然后在这条链上所有的边都加重复边。这样可以使得图不再包含奇点。

(2) 可行方案的调整:最优方案应满足如下条件。

① 在最优方案中,图的每一条边上最多有一条重复边。如果某条边存在着多条重复边,应去掉偶数条边,使得该边最多有一条重复边。

② 在最优方案中,图中每个圈上的重复边的总权不应大于该圈总权的一半。如果存在重复边的总权大于该圈总权的一半,则应将现有的重复边去掉,而在没有重复边上加重复边。

当上述两个条件都得到满足时,就得到了中国邮递员问题的最优解了。

例 6.6.1(中国邮递员问题) 求解如图 6.6.1 所示的中国邮递员问题,边旁的数字为两点间的距离。

解 (1) 确定图中的奇点,包括 v_2,v_4,v_5,v_6,v_7,v_8,v_9,v_{11} 共 8 个。配对这些奇点,如(v_2,v_{11}),(v_4,v_7),(v_5,v_8),(v_6,v_9)组成 4 对。

(2) 在每对奇点间确定一条链,并对该链中的边都加上一条重复边。假设 4 对奇点之间的链分别为(v_2,v_{11}):$v_2 \to v_1 \to v_4 \to v_7 \to v_{10} \to v_{11}$;($v_4$,$v_7$):$v_4 \to v_7$;($v_5$,$v_8$):$v_5 \to v_6 \to v_9 \to v_8$;($v_6$,$v_9$):$v_6 \to v_9$。每条链上加重复边后得到图 6.6.2。

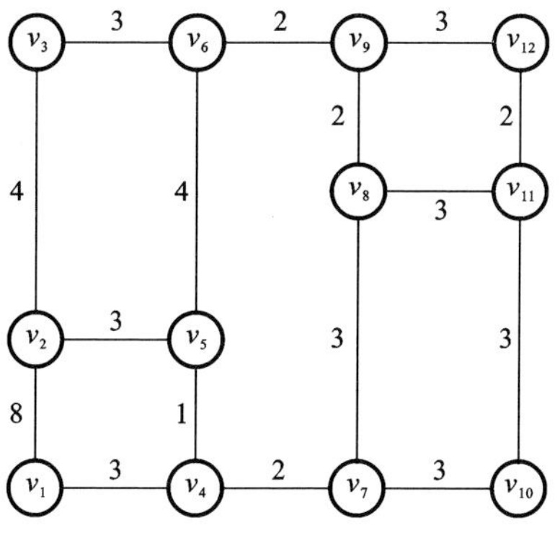

图 6.6.1

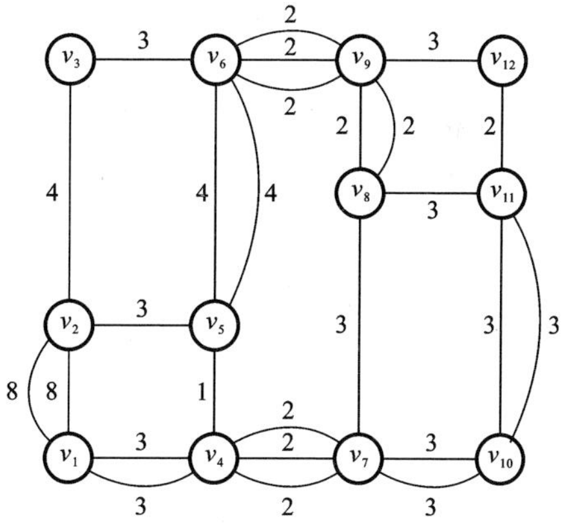

图 6.6.2

(3) 删除边(v_4,v_7)和(v_6,v_9)上多余的重复边,得到图 6.6.3,此时重复边的总权为 23。

(4) 在圈 $v_1 \to v_2 \to v_5 \to v_4 \to v_1$ 中,重复边的总权为 8+3=11,大于该圈总权的一半 7.5,所以将(v_1,v_2)和(v_1,v_4)的重复边去掉,在(v_2,v_5)和(v_4,v_5)上加上重复边得到图 6.6.4 所示的结果。此时重复边的总权为 16,减少了 7。

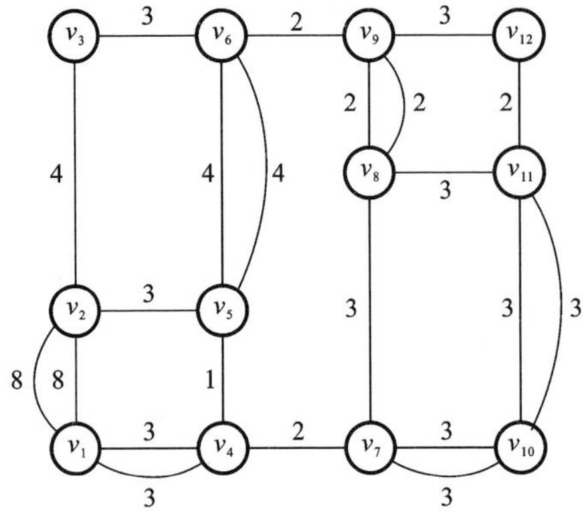

图 6.6.3

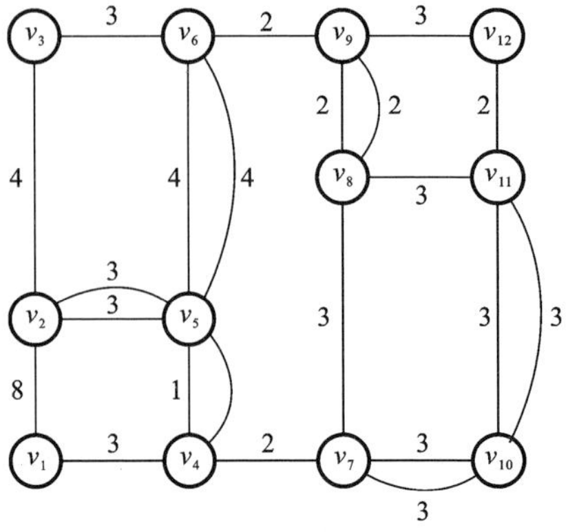

图 6.6.4

(5) 在所有的圈中都不存在重复边的总权大于该圈总权一半的情况，所以图 6.6.4 为该问题的最优解。

第 7 章 模糊数学

7.1 模糊集合论的基本概念

由于计算机科学及许多现代科学和现代工程的发展，特别是各个领域智能化的发展趋势，客观上迫切需要把数学研究的对象扩大到质与量统一的对象和具有模糊性概念的对象。换言之，数学研究的对象，不能只考虑“非此即彼”的集合和“二值逻辑”，而必须考虑边界不清晰的集合和非二值逻辑。在计算机领域，早在 20 世纪 80 年代初期，日本就提出要发展第五代计算机——智能计算机，但是到现在，几十年过去了，也没有能研制出来。究其原因，主要是计算机的逻辑基础没有改变，仍然是二值逻辑（又称经典逻辑），而人类智慧所依赖的逻辑却是非经典逻辑。这就使得新发展的数学，从一开始就涉及数学基础的两个学科：集合论与数理逻辑。这种情况与微积分刚出现时的情况不同。微积分刚出现时，是先建立数学方法而后逐步建立其数学基础。在诸多非经典数学中，发展最快、应用最多的就是模糊数学。关于模糊数学的第一篇论文是由 L. A. Zadeh 在 1965 年发表的。论文的题目是“模糊集合”，发表的杂志是美国的《信息与控制》。由此可见，新的数学发展方向往往是在技术学科领域中提出来的，而且一开始就是数学基础与数学方法同时发展的。

7.1.1 经典集合论的基本概念

1. 集合运算

由于经典集合论是经典数学的基础，同时了解模糊集合论又必须与经典集合论相对照，为了能循序渐进地学习模糊集合论，有必要先将经典集合论中的一些与模糊集合论有关的基本概念先给予介绍。

定义 7.1.1 论域是所论数学对象的全体。它可以是无穷集，例如自然数的全体。但它不能是“不以自己为元素的集合”的全体，即不能是“非本身分子集”的集合。这样就避免了 Russell 悖论的情况。事实上，我们研究某问题时，并不关心那些与所论问题无关的对象。

定义 7.1.2 设 X 是论域，A 是 X 的子集，即 A 的所有元素均是 X 的元素，或者说 A 是 X 中某些元素组成的集。

x 是 A 的元素（或 x 属于 A），记为 $x\in A$，x 不是 A 的元素（或 x 不属于 A），记为 $x\notin A$。在经典集合论范围内，对任一元素 x 而言，或者 $x\in A$，或者 $x\notin A$，二者必居其一。

A 是 X 的子集，记为

$$A\subset X$$

定义 7.1.3 集合用符号$\{\}$表示，例如，元素 $x_1,x_2,\cdots,x_n$ 组成的集合，记为 $\{x_1,x_2,\cdots,x_n\}$，若 P 是关于论域 X 中元素的一个性质，记号 $\{x\in X|x$ 具有 $P\}$或$\{x\in X|P(x)\}$表示 X 内具有性质 $P(x)$的一切元素的集合。不含任何元素的集叫空集，记为$\varnothing$。

定义 7.1.4 X 为论域，A、B 为 X 的子集，若 A 的元素也是 B 的元素，称 A 包含于 B，或 B 包含 A，或 A 是 B 的子集，记为 $A\subset B$。若 A 与 B 由相同的元素组成，即 $A\subset B$，且 $B\subset A$，则称 A 与 B 相等，记为 $A=B$。

定义 7.1.5 X 的所有子集组成的集合，称为 X 的幂集，记为

$$\mathscr{P}(X)=\{A|A\subset X\} \tag{7.1.1}$$

定义 7.1.6 若 A、$B\in\mathscr{P}(X)$，称集

$$A-B=A\backslash B=\{x\in X|x\in A \text{ 但 } x\notin B\} \tag{7.1.2}$$

为 A 与 B 的差集。特别地，$X\backslash A$ 称为 A（关于 X）的补集，记为 $\overline{A}$ 或 A^{C}。

定义 7.1.7 若 A、$B\in\mathscr{P}(X)$，称集

$$A\cup B=\{x\in X|x\in A \text{ 或 } x\in B\} \tag{7.1.3}$$

为 A 与 B 的并集；称集

$$A\cap B=\{x\in X|x\in A \text{ 且(与)} x\in B\} \tag{7.1.4}$$

为 A 与 B 的交集。

定义 7.1.8 符号 $\exists x$ 表示“有一个 x”，$\exists !\ x$ 表示“有且仅有一个 x”，$\forall x$ 表示“对于全体 x”。设 T 为某个指标集，X 的子集 $\{A_t|t\in T\}\subset\mathscr{P}(X)$，当 $T\neq\varnothing$时，X 的子集的并 $\bigcup\limits_{t\in T}A_t$ 和交 $\bigcap\limits_{t\in T}A_t$ 分别定义为

$$\bigcup_{t\in T}A_t=\{x\in X|\ \exists t\in T \text{ 使 } x\in A_t\} \tag{7.1.5}$$

$$\bigcap_{t\in T}A_t=\{x\in X|\ \forall t\in T, x\in A_t\} \tag{7.1.6}$$

特别地，当 A、$B\in\mathscr{P}(X)$时，A 与 B 的并 $A\cup B$ 及交 $A\cap B$ 就是定义 7.1.7 的情况，当 $T=\varnothing$，有

$$\bigcup_{t\in T}A_t=\varnothing,\quad \bigcap_{t\in T}A_t=\varnothing \tag{7.1.7}$$

命题 7.1.1 $\mathscr{P}(X)$的元素间的包含关系“$\subset$”有以下性质。

(1) 自反性：$\forall A\in\mathscr{P}(X)$，$A\subset A$。

(2) 反对称性：$\forall A、B\in\mathscr{P}(X)$，若 $A\subset B$ 且 $B\subset A$，则 $A=B$。

(3) 传递性：$\forall A、B、C\in\mathscr{P}(X)$，若 $A\subset B$ 且 $B\subset C$，则 $A\subset C$。

在一个非空集合上，可以建立若干运算，上述并、交、补就是集合上的运算。集合连同集合上的运算所组成的系统，称为代数系统，因此$(\mathscr{P}(X),\cup,\cap,^{C})$就是一个代数系统。

命题 7.1.2 代数系统$(\mathscr{P}(X),\cup,\cap,^{C})$有以下性质。

(1) 交换律(commutativity)：

$$A\cup B=B\cup A,\quad A\cap B=B\cap A$$

(2) 结合律(associativity)：

$$A\cup(B\cup C)=(A\cup B)\cup C$$
$$A\cap(B\cap C)=(A\cap B)\cap C$$

(3) 幂等律(idempotence)：

$$A\cup A=A, A\cap A=A$$

(4) 分配律(distributivity)：

$$A\cup(B\cap C)=(A\cup B)\cap(A\cup C)$$
$$A\cap(B\cup C)=(A\cap B)\cup(A\cap C)$$

(5) 两极律(identity)：

$$A\cap X=A, A\cup X=X$$
$$A\cap\varnothing=\varnothing, A\cup\varnothing=A$$

(6) 吸收律(absorption)：

$$A\cup(A\cap B)=A,\quad A\cap(A\cup B)=A$$

(7) 复原律(involution)：

$$(A^{C})^{C}=A \quad 或 \quad \overline{\overline{A}}=A$$

(8) 排中律(互补律)(excluded-middle law)：

$$A\cup\overline{A}=X,\quad A\cap\overline{A}=\varnothing$$

(9) 对偶律(de morgan law)：

$$\overline{(A\cap B)}=\overline{A}\cup\overline{B}$$
$$\overline{(A\cup B)}=\overline{A}\cap\overline{B}$$

(10) 对称差(symmetrical difference)：

$$(\overline{A}\cup B)\cap(A\cup\overline{B})=(\overline{A}\cap\overline{B})\cup(A\cap B)$$
$$(\overline{A}\cap B)\cap(A\cap\overline{B})=(\overline{A}\cup\overline{B})\cap(A\cup B)$$

以上并、交、补、差集的定义及对偶律可以用图 7.1.1 来形象地表示。

分配律与对偶律有以下更一般的形式：设 T 为某指标集，$\{A_t|t\in T\}\subset$

$\mathscr{P}(X)$，$A\in\mathscr{P}(X)$，有

（4′）分配律：

$$A\cap(\bigcup_{t\in T}A_t)=\bigcup_{t\in T}(A\cap A_t)$$
$$A\cup(\bigcap_{t\in T}A_t)=\bigcap_{t\in T}(A\cup A_t)$$

（9′）对偶率：

$$\overline{(\bigcup_{t\in T}A_t)}=\bigcap_{t\in T}\overline{A}A_t,\quad \overline{(\bigcap_{t\in T}A_t)}=\bigcup_{t\in T}\overline{A_t}$$

以上各命题的证明是显然的，故从略。

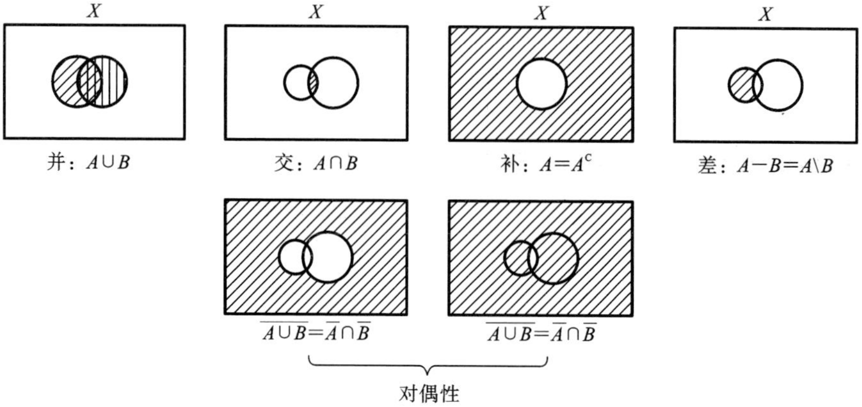

图 7.1.1　并、交、补、差集的定义及对偶律

2. 映射

定义 7.1.9　设 A、B 是两个集合，若有一规则 f，使每一个 $x\in A$ 唯一确定一个 $y\in B$ 与之对应，则称 f 是从 A 到 B 的一个映射，记为

$$f:A\rightarrow B$$

A 称为映射 f 的定义域，B 称为 f 的值域；y 称为在 x 作用下的象，记作 $y=f(x)$，并用符号

$$f:x\mapsto y$$

表示，x 称为 y 的一个原象。

由此可见，一个映射必须联系两个集合（可以是同一论域上的集合，也可以不是同一论域上的集合）和一个对应规则。

例 7.1.1　取 $A=[0,2\pi]$，$B=[-1,1]$，从 A 到 B 的映射：

$$f:A\rightarrow B$$
$$x\mapsto y=f(x)=\sin x$$

是我们熟知的正弦函数。

通常我们了解的函数都是映射，因此函数是映射的特殊形式。在现代数学

中，映射与函数是同义词。

定义 7.1.10 设 $A=B$，映射

$$I_A: A \to A$$
$$a \mapsto a$$

称为 A 上的单位映射（或恒等映射）。

映射相等：两个映射 $f: A\to B, g: C\to D$，若有 $A=C, B=D$，并且

$$\forall x\in A,\quad f(x)=g(x)$$

则称 f 和 g 这两个映射相等，记为 $f=g$。

单射（injection）：映射 $f: A\to B$，若有

$$\forall x、y\in A,\quad x\neq y \Rightarrow f(x)\neq f(y)$$

则称 f 为单射。

满射（surjection）：若有

$$\forall y\in B,\quad \exists x\in A \text{ 使 } y=f(x)$$

则称 f 为满射。

双射（bijection）：如果 f 既是单射，又是满射，则称 f 为双射。双射也叫一一对应。

例 7.1.2 设 $A=\{a,b,c\}, B=\{1,2,3,4\}$。

（1）若有对应规则 $f: a\mapsto 1, b\mapsto 1, c\mapsto 2$，则 f 为 A 到 B 的一个映射，但不是单射，也不是满射。

（2）若有对应规则 $g: a\mapsto 1, b\mapsto 2, c\mapsto 3$，则 g 为 A 到 B 的一个映射，g 是单射，但不是满射。

（3）若有对应规则 $h: a\mapsto 1, b\mapsto 2$，则 h 不是 A 到 B 的一个映射，因为 c 没有对应的象。

（4）若有对应规则 $k: a\mapsto 1, a\mapsto 2, b\mapsto 3, c\mapsto 4$，则 k 不是 A 到 B 的一个映射，因 a 在 k 作用下的象不唯一。

例 7.1.1 中的映射是满射而不是单射。

定义 7.1.11 设 f 是 A 到 B 的映射，$\forall S\subset A$，记

$$f(S)=\{f(x)\mid x\in S\}$$

这是 B 的一个子集，叫做 S 在 f 作用下的象（当 $S=\varnothing$ 时，规定 $f(S)=\varnothing$）。特别地，当 $S=A$ 时，$f(A)$ 称为映射 f 的象（参见图 7.1.2）。

$\forall T\subset B$，记

$$f^{-1}(T)=\{x\in A\mid f(x)\in T\}$$

这是 A 的一个子集，叫做在 f 作用下 T 的完全原象（当 $T=\varnothing$ 时，规定 $f^{-1}(\varnothing)=\varnothing$）。$f^{-1}(T)$ 又称为 f 的逆映射。显然，一个映射若可逆，则其逆映射是唯

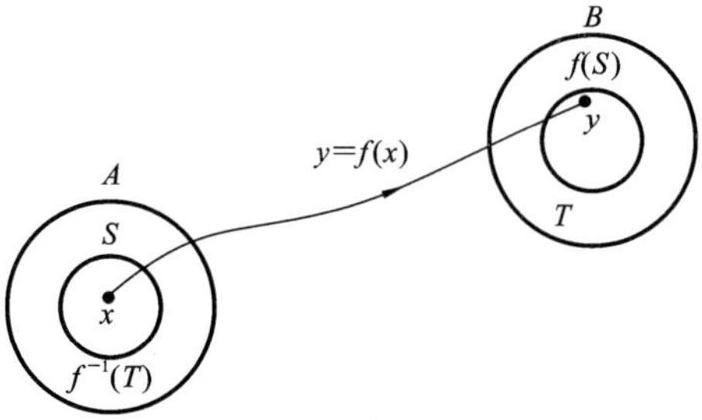

图 7.1.2　集合的映射与逆映射

一的。

定义 7.1.12　设 A、B、C 是三个集合，已知两个映射为 $f: A \to B$，$g: B \to C$，则可以确定一个 A 到 C 的映射

$$h: A \to C$$

$$a \mapsto h(a) = g(f(a))$$

称为映射 f 与 g 的合成映射（或复合映射），记为 $h = g \circ f$。

例 7.1.3　设 $A = \{a, b, c, d\}$，$B = \{\alpha, \beta, \gamma\}$，$C = \{1, 2\}$，已知映射 f 和 g 分别为

$$\begin{array}{ll} f: A \to B & g: B \to C \\ a \mapsto \alpha & \alpha \mapsto 1 \\ b \mapsto \alpha & \beta \mapsto 2 \\ c \mapsto \beta & \gamma \mapsto 2 \\ d \mapsto \gamma & \end{array}$$

则它们的合成映射 $h = g \circ f$ 为

$$\begin{array}{c} h: A \to C \\ a \mapsto 1 \\ b \mapsto 1 \\ c \mapsto 2 \\ d \mapsto 2 \end{array}$$

因为 f 不是单射，g 也不是单射，所以 f 和 g 都不可逆，合成映射 h 当然也不可逆。

3. 特征函数

定义 7.1.13　称下述映射

$$X \to \{0, 1\}$$

$$x \mapsto \mu_A(x)$$

中的函数 $\mu_A(x)$ 为 X 上集合 A 的特征函数，其值为

$$\mu_A(x)=\begin{cases}1, & x\in A\\ 0, & x\notin A\end{cases}$$

集合与特征函数可以互相唯一确定,集合是直观概念,特征函数则是它的数学表现。

集合若用特征函数来表现,则可写成

$$A=\{x\in X \mid \mu_A(x)=1\}$$

集合与特征函数在运算上有下列关系:

(1) $A\subset B\Leftrightarrow \forall x\in X, \mu_A(x)\leqslant\mu_B(x)$。

(2) $A=B\Leftrightarrow\mu_A(x)=\mu_B(x)$。

(3) $\mu_{A\cup B}(x)=\max\{\mu_A(x),\mu_B(x)\}, \forall x\in X$。

(4) $\mu_{A\cap B}(x)=\min\{\mu_A(x),\mu_B(x)\}, \forall x\in X$。

(5) $\mu_{\overline{A}}(x)=1-\mu_A(x), \forall x\in X$。

(6) $\mu_{\bigcup\limits_{t\in T}A_t}(x)=\sup\limits_{t\in T}\{\mu_{A_t}(x)\}$。

(7) $\mu_{\bigcap\limits_{t\in T}A_t}(x)=\inf\limits_{t\in T}\{\mu_{A_t}(x)\}$。

其中,sup 是上确界,inf 是下确界,在有限的情形下,sup=max,inf=min。有时上、下确界分别用内插符 ∨、∧ 来表示,即

$$\vee=\sup, \quad \wedge=\inf$$

为了简化,还可写成

$$\vee=+, \quad \wedge=\cdot$$

于是便有

$$\mu_{A\cup B}(x)=\mu_A(x)\vee\mu_B(x)$$

$$\mu_{A\cap B}(x)=\mu_A(x)\wedge\mu_B(x)$$

$$\mu_{\bigcup\limits_{t\in T}A_t}(x)=\bigvee_{t\in T}\mu_A(x)$$

$$\mu_{\bigcap\limits_{t\in T}A_t}(x)=\bigwedge_{t\in T}\mu_A(x)$$

例 7.1.4 考虑一个五元素的论域集

$$X=\{x_1,x_2,x_3,x_4,x_5\}$$

其中有一子集

$$A=\{x_1,x_3,x_5\}$$

则其特征函数为

$$\mu_A(x_1)=1, \quad \mu_A(x_2)=0, \quad \mu_A(x_3)=1$$

$$\mu_A(x_4)=0, \quad \mu_A(x_5)=1$$

用特征函数表示集合 A,可以写成

$$A=\{(x_1,1),(x_2,0),(x_3,1),(x_4,0),(x_5,1)\}$$

例 7.1.5 设在上述论域中有两个子集 A 和 B:

$$A=\{(x_1,1),(x_2,0),(x_3,1),(x_4,0),(x_5,1)\}$$
$$B=\{(x_1,1),(x_2,0),(x_3,1),(x_4,1),(x_5,1)\}$$

则可以求得

$$A\cap B=\{(x_1,1\cdot 1),(x_2,0\cdot 0),(x_3,1\cdot 1),(x_4,0\cdot 1),(x_5,1\cdot 1)\}$$
$$=\{(x_1,1),(x_2,0),(x_3,1),(x_4,0),(x_5,1)\}$$
$$A\cup B=\{(x_1,1+1),(x_2,0+0),(x_3,1+1),(x_4,0+1),(x_5,1+1)\}$$
$$=\{(x_1,1),(x_2,0),(x_3,1),(x_4,1),(x_5,1)\}$$
$$\overline{A\cap B}=\{(x_1,0),(x_2,1),(x_3,0),(x_4,1),(x_5,0)\}$$
$$\overline{A\cup B}=\{(x_1,0),(x_2,1),(x_3,0),(x_4,0),(x_5,0)\}$$

7.1.2 模糊集合的定义

在经典集合中排除了“非本身分子集的集合”，就排除了 Russel 悖论。在经典集合中可以用 Cantor 造集的概括原则，即任给一性质（概念）p，就对应地有一集合 G，它是由所有满足 p 的对象 g，而且仅由这些 g 所组成的：

$$G=\{g\mid p(g)\} \tag{7.1.8}$$

我们在前面已经说过，这里的性质 p 是“非此即彼”的清晰概念，它的特征函数的数值也仅是 0、1 两个值。$\mu_A(x)=1$ 表明 $x\in A$，即对象 x 满足性质（概念）p；$\mu_A(x)=0$，表明 $x\notin A$，即对象 x 不满足性质 p。二者必取其一，也仅取其一。

但是在现实生活中，人们经常使用的概念是非清晰的概念，它们没有明确的外延，不是“非此即彼”的，而是“亦此亦彼”的模糊概念，如“上午”“黄昏”“年轻”“年老”“强磁”“弱磁”，等等。它们不能用论域 X 上的经典集来表示。为此，必须把经典集及其运算加以拓广。拓广的最简单的方法就是把特征函数 $\mu_A(x)$ 的取值从值域 $\{0,1\}$ 拓广到区间 $[0,1]$。相应地我们把集合 A 拓广成模糊集 $\underset{\sim}{A}$，特征函数 $\mu_A(x)$ 就拓广成隶属度函数（简称隶属函数）$\mu_{\underset{\sim}{A}}(x)$。我们还是从一个实例开始。

例 7.1.6 如图 7.1.3 所示，x_1,x_2,x_3,x_4,x_5 是 5 个小块，它们组成论域 X，“圆块”是 X 上的一个模糊集，记为 $\underset{\sim}{A}$，它的隶属函数分别为：$\mu_{\underset{\sim}{A}}(x_1)=1$，$\mu_{\underset{\sim}{A}}(x_2)=0.75$，$\mu_{\underset{\sim}{A}}(x_3)=0.5$，$\mu_{\underset{\sim}{A}}(x_4)=0.25$，$\mu_{\underset{\sim}{A}}(x_5)=0$，则这一个模糊集 $\underset{\sim}{A}$ 可以写成如下的形式：

$$\underset{\sim}{A}=\{(x_1\mid 1),(x_2\mid 0.75),(x_3\mid 0.5),(x_4\mid 0.25),(x_5\mid 0)\}$$

定义 7.1.14 设论域为 X，x 为 X 中的元素。对于任意的 $x\in X$，给定了如下的映射：

$$X\to[0,1]$$

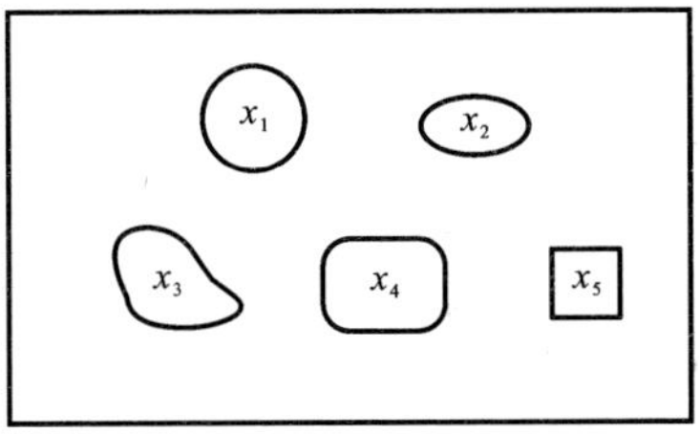

图 7.1.3　$X=\{x_1,x_2,x_3,x_4,x_5\}$

$$x \mapsto \mu_{\underset{\sim}{A}}(x) \in [0,1]$$

则称如下的“序偶”组成的集合

$$\underset{\sim}{A}=\{(x|\mu_{\underset{\sim}{A}}(x))\}, \quad \forall x \in X$$

为 x 上的模糊子集合(简称模糊集合)。$\mu_{\underset{\sim}{A}}(x)$称为 x 对 $\underset{\sim}{A}$ 的隶属函数,对某个具体的 x 而言,$\mu_{\underset{\sim}{A}}(x)$称为 x 对 $\underset{\sim}{A}$ 的隶属度。

X 上的一切模糊集的集记为 $\mathscr{F}(X)$。

正如经典集完全由特征函数刻画一样,模糊集也完全由隶属函数所刻画。当 $\underset{\sim}{A}$ 的值域蜕化为$\{0,1\}$时,$\underset{\sim}{A}$ 就是经典集。所以经典集是模糊集的特例。于是便有

$$\mathscr{P}(X) \subset \mathscr{F}(X)$$

空集$\varnothing$的隶属函数恒为 0:$\mu_{\varnothing}(x)\equiv 0$;集 X 的隶属度恒为 1:$\mu_X(x)\equiv 1$。

模糊集可以有几种表示法(为了简化,把 $\mu_{\underset{\sim}{A}}(x)$简记为 $\underset{\sim}{A}(x)$):

(1) $\underset{\sim}{A}=\{(x,\underset{\sim}{A}(x))|x\in X\}$

(2) $\underset{\sim}{A}=\{\dfrac{A(x)}{x}|x\in X\}$

(3) $\underset{\sim}{A}=\int_X \dfrac{\underset{\sim}{A}(x)}{x}$ (这里的“$\int$”不表示积分)

当 $X=\{x_1,x_2,x_3,\cdots,x_n\}$为有限集时,模糊集也可表示为

(4) $\underset{\sim}{A}=\dfrac{\underset{\sim}{A}(x_1)}{x_1}+\dfrac{\underset{\sim}{A}(x_2)}{x_2}+\cdots+\dfrac{\underset{\sim}{A}(x_n)}{x_n}$(这里的“+”不是求和)

(5) $\underset{\sim}{A}=(\underset{\sim}{A}(x_1),\underset{\sim}{A}(x_x),\cdots,\underset{\sim}{A}(x_n))$(向量表示式,$\underset{\sim}{A}(x)=0$ 的项不可略去)

例 7.1.7　令 N 使自然数的集合

$$N=\{0,1,2,3,4,5,6,\cdots\}$$

“小”是一个模糊集,用 $\underset{\sim}{A}$ 表示“小”,其相应的隶属函数如表 7.1.1 所示。

则模糊集 $\underset{\sim}{A}$ 可以写为

表 7.1.1　隶属函数

x	0	1	2	3	4	5	6	…
$\underset{\sim}{A}(x)$	1	0.8	0.6	0.4	0.2	0	0	…

$$\underset{\sim}{A}=\{(0,1),(1,0.8),(2,0.6),(3,0.4),(4,0.2),(5,0),(6,0),\cdots\}$$

例 7.1.8　以年龄作论域，Zadeh 给出“年老”($\underset{\sim}{O}(x)$)与“年轻”($\underset{\sim}{Y}(x)$)两个模糊集的隶属函数分别为

$$\underset{\sim}{O}(x)=\begin{cases}0, & 0\leqslant x\leqslant 50\\ \left[1+\left(\dfrac{x-50}{5}\right)^{-2}\right]^{-1}, & x>50\end{cases}$$

$$\underset{\sim}{Y}(x)=\begin{cases}1, & 0\leqslant x\leqslant 25\\ \left[1+\left(\dfrac{x-25}{5}\right)^{2}\right]^{-1}, & x>25\end{cases}$$

其对应的隶属函数曲线如图 7.1.4 所示。由图可以看出：年龄在 50 岁以下的人，肯定不是年老的人，年龄为 60 岁的人，$\underset{\sim}{O}(60)=0.8$，这表示他们属于“年老”的隶属度是 80%，而 $\underset{\sim}{O}(80)=0.97$，这表明年龄为 80 岁的人属于“年老”的程度是 97%。

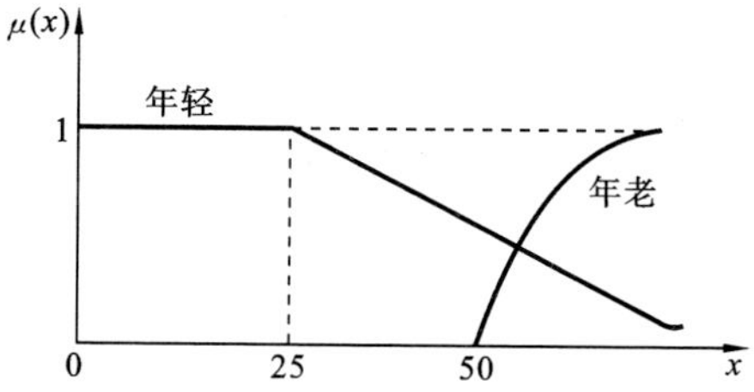

图 7.1.4　“年轻”“年老”隶属函数曲线

7.1.3　模糊集合的运算

定义 7.1.15　设 $\underset{\sim}{A}$、$\underset{\sim}{B}\in\mathscr{F}(X)$。

(1) 若 $\forall x\in X$ 有 $\underset{\sim}{A}(x)\leqslant\underset{\sim}{B}(x)$，称 $\underset{\sim}{A}$ 包含于 $\underset{\sim}{B}$ 或 $\underset{\sim}{B}$ 包含 $\underset{\sim}{A}$，记为 $\underset{\sim}{A}\subset\underset{\sim}{B}$。

(2) 若 $\forall x\in X$ 有 $\underset{\sim}{A}(x)=\underset{\sim}{B}(x)$，称 $\underset{\sim}{A}$ 与 $\underset{\sim}{B}$ 相等，记为 $\underset{\sim}{A}=\underset{\sim}{B}$。

由上述定义，易证下面的命题。

命题 7.1.3　$\mathscr{F}(X)$上的包含关系“$\subset$”有以下性质。

(1) $\forall\underset{\sim}{A}\in\mathscr{F}(X)$，$\varnothing\subset\underset{\sim}{A}\subset X$。

(2) 自反性：$\forall\underset{\sim}{A}\in\mathscr{F}(X)$，$\underset{\sim}{A}\subset\underset{\sim}{A}$。

(3) 反对称性：$\forall \underset{\sim}{A},\underset{\sim}{B}\in\mathscr{F}(X)$，若 $\underset{\sim}{A}\subset\underset{\sim}{B}$ 且 $\underset{\sim}{B}\subset\underset{\sim}{A}$，则 $\underset{\sim}{A}=\underset{\sim}{B}$。

(4) 传递性：$\forall \underset{\sim}{A},\underset{\sim}{B},\underset{\sim}{C}\in\mathscr{F}(X)$，若 $\underset{\sim}{A}\subset\underset{\sim}{B}$ 且 $\underset{\sim}{B}\subset\underset{\sim}{C}$，则 $\underset{\sim}{A}\subset\underset{\sim}{C}$。

定义 7.1.16 设 $\forall \underset{\sim}{A},\underset{\sim}{B}\in\mathscr{F}(X)$，则 $\underset{\sim}{A}$ 与 $\underset{\sim}{B}$ 的并、交、补运算定义如下。

(1) 并：$\underset{\sim}{C}=\underset{\sim}{A}\cup\underset{\sim}{B}\Leftrightarrow\forall x\in X,\underset{\sim}{C}(x)=\underset{\sim}{A}(x)\vee\underset{\sim}{B}(x)$。

(2) 交：$\underset{\sim}{D}=\underset{\sim}{A}\cap\underset{\sim}{B}\Leftrightarrow\forall x\in X,\underset{\sim}{D}(x)=\underset{\sim}{A}(x)\wedge\underset{\sim}{B}(x)$。

(3) 补：$\underset{\sim}{E}=\underset{\sim}{A}^{\mathrm{C}}\Leftrightarrow\forall x\in X,\underset{\sim}{E}(x)=1-\underset{\sim}{A}(x)$。

采用 Zadeh 的记号，还可以写成

(1) 并：
$$\underset{\sim}{A}\cup\underset{\sim}{B}=\int_{x\in X}\frac{\underset{\sim}{A}(x)\vee\underset{\sim}{B}(x)}{x} \tag{7.1.9}$$

(2) 交：
$$\underset{\sim}{A}\cap\underset{\sim}{B}=\int_{x\in X}\frac{\underset{\sim}{A}(x)\wedge\underset{\sim}{B}(x)}{x} \tag{7.1.10}$$

(3) 补：
$$\underset{\sim}{A}^{\mathrm{C}}=\int_{x\in X}\frac{1-\underset{\sim}{A}(x)}{x} \tag{7.1.11}$$

模糊集的运算，可以推广到任意指标集 T 的情形：

$$\underset{\sim}{A}=\bigcup_{t\in T}\underset{\sim}{A}_t\Leftrightarrow\forall x\in X,\quad \underset{\sim}{A}(x)=\bigvee_{t\in T}\underset{\sim}{A}_t(x) \tag{7.1.12}$$

$$\underset{\sim}{B}=\bigcap_{t\in T}\underset{\sim}{A}_t\Leftrightarrow\forall x\in X,\quad \underset{\sim}{B}(x)=\bigwedge_{t\in T}\underset{\sim}{A}_t(x) \tag{7.1.13}$$

上述 $\underset{\sim}{A}\cup\underset{\sim}{B},\underset{\sim}{A}\cap\underset{\sim}{B},\underset{\sim}{A}^{\mathrm{C}}$ 的隶属函数曲线如图 7.1.5 所示。

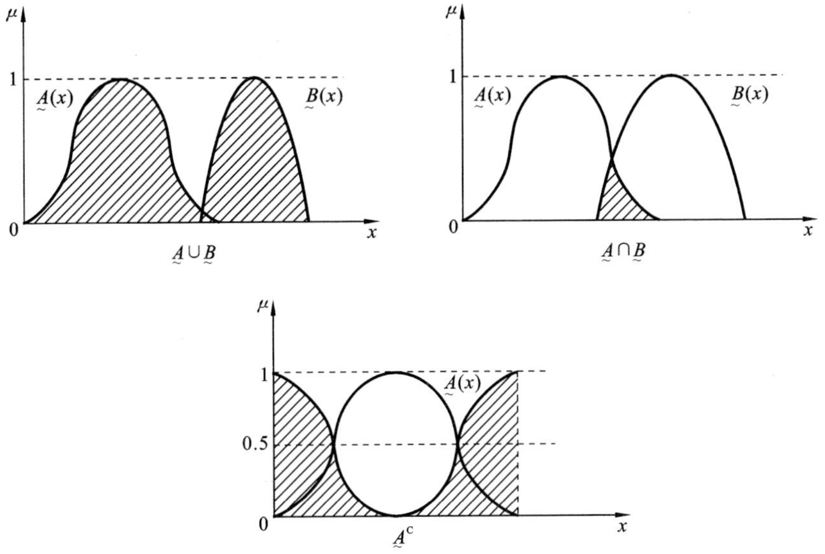

图 7.1.5 并、交、补运算的隶属函数

例 7.1.9 在例 7.1.6 中，再定义

$$\underset{\sim}{B}(\text{方块})=\frac{0.1}{x_1}+\frac{0.3}{x_2}+\frac{0.5}{x_3}+\frac{0.7}{x_4}+\frac{1}{x_5}$$

这时，就有

$$\underset{\sim}{A}\cup\underset{\sim}{B}(\text{或方或圆})=\frac{1\vee 0.1}{x_1}+\frac{0.75\vee 0.3}{x_2}+\frac{0.5\vee 0.5}{x_3}+\frac{0.25\vee 0.7}{x_4}+\frac{0\vee 1}{x_5}$$

$$=\frac{1}{x_1}+\frac{0.75}{x_2}+\frac{0.5}{x_3}+\frac{0.7}{x_4}+\frac{1}{x_5}\text{(采用第(4)种记法)}$$

$$\underset{\sim}{A}\cap\underset{\sim}{B}(\text{又方又圆})=(1\wedge 0.1,0.75\wedge 0.3,0.5\wedge 0.5,0.25\wedge 0.7,0\wedge 1)$$

$$=(0.1,0.3,0.5,0.25,0)\text{ (采用第(5)种记法)}$$

$$\underset{\sim}{A}^{\mathrm{C}}(\text{不圆})=\{(x_1,1-1),(x_2,1-0.75),(x_3,1-0.5),(x_4,1-0.25),(x_5,1-0)\}$$

$$=\{(x_1,0),(x_2,0.25),(x_3,0.5),(x_4,0.75),(x_5,1)\}$$

（采用第(1)种记法）

$$\underset{\sim}{B}^{\mathrm{C}}(\text{不方})=\int_{x\in X}\frac{1-0.1}{x_1}+\frac{1-0.3}{x_2}+\frac{1-0.5}{x_3}+\frac{1-0.7}{x_4}+\frac{1-1}{x_5}$$

$$=\int_{x\in X}\frac{0.9}{x_1}+\frac{0.7}{x_2}+\frac{0.5}{x_3}+\frac{0.3}{x_4}$$

命题 7.1.4 代数系统$(\mathscr{F}(X),\cup,\cap,{}^{\mathrm{c}})$有以下性质：

(1) 交换律：

$$\underset{\sim}{A}\cup\underset{\sim}{B}=\underset{\sim}{B}\cup\underset{\sim}{A},\underset{\sim}{A}\cap\underset{\sim}{B}=\underset{\sim}{B}\cap\underset{\sim}{A}$$

(2) 结合律：

$$\underset{\sim}{A}\cup(\underset{\sim}{B}\cup\underset{\sim}{C})=(\underset{\sim}{A}\cup\underset{\sim}{B})\cup\underset{\sim}{C}$$

$$\underset{\sim}{A}\cap(\underset{\sim}{B}\cap\underset{\sim}{C})=(\underset{\sim}{A}\cap\underset{\sim}{B})\cap\underset{\sim}{C}$$

(3) 幂等律：

$$\underset{\sim}{A}\cup\underset{\sim}{A}=\underset{\sim}{A},\quad \underset{\sim}{A}\cap\underset{\sim}{A}=\underset{\sim}{A}$$

(4) 分配律：

$$\underset{\sim}{A}\cup(\underset{\sim}{B}\cap\underset{\sim}{C})=(\underset{\sim}{A}\cup\underset{\sim}{B})\cap(\underset{\sim}{A}\cup\underset{\sim}{C})$$

$$\underset{\sim}{A}\cap(\underset{\sim}{B}\cup\underset{\sim}{C})=(\underset{\sim}{A}\cap\underset{\sim}{B})\cup(\underset{\sim}{A}\cap\underset{\sim}{C})$$

(5) 两极律：

$$\underset{\sim}{A}\cap X=\underset{\sim}{A},\quad \underset{\sim}{A}\cup X=X$$

$$\underset{\sim}{A}\cap\varnothing=\varnothing,\quad \underset{\sim}{A}\cup\varnothing=\underset{\sim}{A}$$

(6) 吸收律：

$$\underset{\sim}{A}\cup(\underset{\sim}{A}\cap\underset{\sim}{B})=\underset{\sim}{A}$$

$$\underset{\sim}{A}\cap(\underset{\sim}{A}\cup\underset{\sim}{B})=\underset{\sim}{A}$$

(7) 复原律：

$$(\underset{\sim}{A}^{C})^{C}=\underset{\sim}{A},\quad 或\quad \overline{\overline{\underset{\sim}{A}}}=\underset{\sim}{A}$$

(8) 对偶律：

$$(\underset{\sim}{A}\cap\underset{\sim}{B})^{C}=\underset{\sim}{A}^{C}\cup\underset{\sim}{B}^{C}$$

$$(\underset{\sim}{A}\cup\underset{\sim}{B})^{C}=\underset{\sim}{A}^{C}\cap\underset{\sim}{B}^{C}$$

(9) 对称差：

$$(\underset{\sim}{A}^{C}\cup\underset{\sim}{B})\cap(\underset{\sim}{A}\cup\underset{\sim}{B}^{C})=(\underset{\sim}{A}^{C}\cap\underset{\sim}{B}^{C})\cup(\underset{\sim}{A}\cap\underset{\sim}{B})$$

$$(\underset{\sim}{A}^{C}\cap\underset{\sim}{B})\cup(\underset{\sim}{A}\cap\underset{\sim}{B}^{C})=(\underset{\sim}{A}^{C}\cup\underset{\sim}{B}^{C})\cap(\underset{\sim}{A}\cup\underset{\sim}{B})$$

分配律与对偶律有更一般的形式：若$\{A_t \mid t\in T\}\subset\mathscr{F}(X)$，有

(4′)分配律：

$$\underset{\sim}{A}\cap(\bigcup_{t\in T}\underset{\sim}{A}_{t})=\bigcup_{t\in T}(\underset{\sim}{A}\cap\underset{\sim}{A}_{t})$$

$$\underset{\sim}{A}\cup(\bigcap_{t\in T}\underset{\sim}{A}_{t})=\bigcap_{t\in T}(\underset{\sim}{A}\cup\underset{\sim}{A}_{t})$$

(8′)对偶律：

$$(\bigcup_{t\in T}\underset{\sim}{A}_{t})^{C}=\bigcap_{t\in T}(\underset{\sim}{A}_{t}{}^{C})$$

$$(\bigcap_{t\in T}A_{t})^{C}=\bigcup_{t\in T}(\underset{\sim}{A}_{t}{}^{C})$$

证明 根据定义 7.1.11、定义 7.1.12，要证以上各式，只需对每个 $x\in X$，验证以上各式两边的隶属度相等即可。现以对偶律为例证明如下：$\forall x\in X$，

$$\begin{aligned}(\underset{\sim}{A}\cap\underset{\sim}{B})^{C}(x)&=1-(\underset{\sim}{A}\cap\underset{\sim}{B})(x)=1-[\underset{\sim}{A}(x)\wedge\underset{\sim}{B}(x)]\\&=[1-\underset{\sim}{A}(x)]\vee[1-\underset{\sim}{B}(x)]\\&=\underset{\sim}{A}^{C}(x)\vee\underset{\sim}{B}^{C}(x)=(\underset{\sim}{A}^{C}\cup\underset{\sim}{B}^{C})(x)\end{aligned}$$

故有

$$(\underset{\sim}{A}\cap\underset{\sim}{B})^{C}=(\underset{\sim}{A}^{C}\cup\underset{\sim}{B}^{C})$$

同理可证

$$(\underset{\sim}{A}\cup\underset{\sim}{B})^{C}=(\underset{\sim}{A}^{C}\cap\underset{\sim}{B}^{C})$$

特别应指出的是：与命题 7.1.2 相比较，$\mathscr{F}(X)$中的并、交、补运算不再满足互补律，即

$$\underset{\sim}{A}\cup\underset{\sim}{A}^{C}\neq X,\quad \underset{\sim}{A}\cap\underset{\sim}{A}^{C}\neq\varnothing$$

这是由于模糊集合不再表示“非此即彼”的概念，而是“亦此亦彼”的模糊概念了。

7.2 模糊集合的分解定理

7.2.1 模糊集合的截集

定义 7.2.1 设 $\underset{\sim}{A}\in\mathscr{F}(X)$，$\forall\lambda\in[0,1]$，记

$$(\underset{\sim}{A})_{\lambda}=\{x\in X\mid\underset{\sim}{A}(x)\geqslant\lambda\}\tag{7.2.1}$$

$$(\underset{\sim}{A})_{\underset{\cdot}{\lambda}}=\{x\in X\mid\underset{\sim}{A}(x)>\lambda\}\tag{7.2.2}$$

称$(\underset{\sim}{A})_{\lambda}$为$\underset{\sim}{A}$的 λ 截集，简记为 A_{λ}；称$(\underset{\sim}{A})_{\underset{\cdot}{\lambda}}$为$\underset{\sim}{A}$的 λ 强截集或开截集，简记为 $A_{\underset{\cdot}{\lambda}}$。

显然，A_{λ} 或 $A_{\underset{\cdot}{\lambda}}$ 都是 X 上的普通集，即 A_{λ}、$A_{\underset{\cdot}{\lambda}}\in\mathscr{P}(X)$。参见图 7.2.1，若 $\lambda_2\geqslant\lambda_1$，则显然有：$A_{\lambda_2}\subset A_{\lambda_1}$。

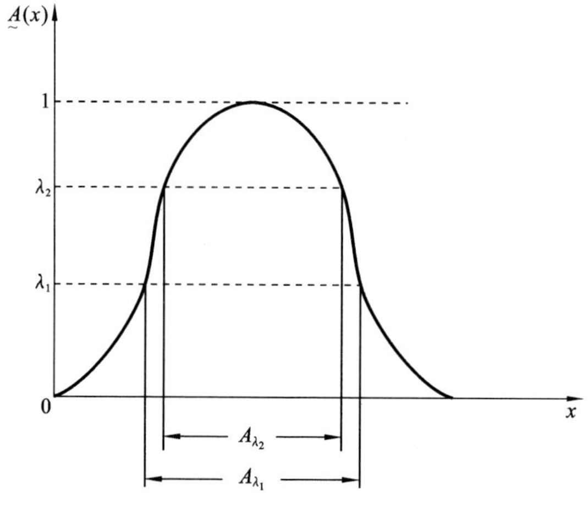

图 7.2.1 A_{λ_1}，A_{λ_2} 的示意图

命题 7.2.1 截集与强截集具有以下性质：

(1) $(\underset{\sim}{A}\cup\underset{\sim}{B})_{\lambda}=A_{\lambda}\cup B_{\lambda}$，$(\underset{\sim}{A}\cap\underset{\sim}{B})_{\lambda}=A_{\lambda}\cap B_{\lambda}$。

(2) $(\underset{\sim}{A}\cup\underset{\sim}{B})_{\underset{\cdot}{\lambda}}=A_{\underset{\cdot}{\lambda}}\cup B_{\underset{\cdot}{\lambda}}$，$(\underset{\sim}{A}\cap\underset{\sim}{B})_{\underset{\cdot}{\lambda}}=A_{\underset{\cdot}{\lambda}}\cap B_{\underset{\cdot}{\lambda}}$。

(3) $(\bigcup\limits_{t\in T}\underset{\sim}{A_t})_{\lambda}\supset\bigcup\limits_{t\in T}(\underset{\sim}{A_t})_{\lambda}$。

(4) $(\bigcup\limits_{t\in T}\underset{\sim}{A_t})_{\underset{\cdot}{\lambda}}\supset\bigcup\limits_{t\in T}(\underset{\sim}{A_t})_{\underset{\cdot}{\lambda}}$。

(5) $(\bigcap\limits_{t\in T}\underset{\sim}{A_t})_{\lambda}=\bigcap\limits_{t\in T}(\underset{\sim}{A_t})_{\lambda}$。

(6) $(\bigcap\limits_{t\in T}\underset{\sim}{A_t})_{\underset{\cdot}{\lambda}}=\bigcap\limits_{t\in T}(\underset{\sim}{A_t})_{\underset{\cdot}{\lambda}}$。

(7) $A_{\underset{\cdot}{\lambda}} \subset A_{\lambda}$。

(8) $\lambda \leqslant \eta \Rightarrow A_{\lambda} \supset A_{\eta}$ 且 $A_{\underset{\cdot}{\lambda}} \supset A_{\underset{\cdot}{\eta}}$。

(9) $A(\bigvee_{t\in T} \lambda_t) = \bigcap_{t\in T} A_{\lambda_t}$。

(10) $A(\bigvee_{\underset{\cdot}{\underline{t\in T}}} \lambda_t) = \bigcap_{t\in T} A_{\lambda_t}$。

(11) $(\underset{\sim}{A}^{C})_{\lambda} = (A_{\underset{\cdot}{\underline{1-\lambda}}})^{C}$。

(12) $(\underset{\sim}{A}^{C})_{\underset{\cdot}{\lambda}} = (A_{(1-\lambda)})^{C}$。

(13) $A_0 = X, A_1 = \varnothing$。

证明 (1) $x \in (\underset{\sim}{A} \cup \underset{\sim}{B})_{\lambda} \Leftrightarrow (\underset{\sim}{A} \cup \underset{\sim}{B})(x) \geqslant \lambda$

$$\Leftrightarrow \underset{\sim}{A}(x) \vee \underset{\sim}{B}(x) \geqslant \lambda$$

$$\Leftrightarrow \underset{\sim}{A}(x) \geqslant \lambda \text{ 或 } \underset{\sim}{B}(x) \geqslant \lambda$$

$$\Leftrightarrow x \in A_{\lambda} \text{ 或 } x \in B_{\lambda}$$

$$\Leftrightarrow x \in A_{\lambda} \cup B_{\lambda}$$

即
$$(\underset{\sim}{A} \cup \underset{\sim}{B})_{\lambda} = A_{\lambda} \cup B_{\lambda}$$

(2) 类似(1)的证明,略。

(3) $x \in \bigcup_{t\in T} (\underset{\sim}{A}_t)_{\lambda} \Rightarrow \exists\, t_0 \in T$ 使 $x \in (\underset{\sim}{A}_{t_0})_{\lambda}$

$$\Rightarrow \underset{\sim}{A}_{t_0}(x) \geqslant \lambda$$

$$\Rightarrow \bigvee_{t\in T} \underset{\sim}{A}_t(x) \geqslant \lambda$$

$$\Rightarrow (\bigcup_{t\in T} \underset{\sim}{A}_t)(x) \geqslant \lambda$$

$$\Rightarrow x \in (\bigcup_{t\in T} \underset{\sim}{A}_t)_{\lambda}$$

故
$$\bigcup_{t\in T} (\underset{\sim}{A}_t)_{\lambda} \subset (\bigcup_{t\in T} \underset{\sim}{A}_t)_{\lambda}$$

在以上推理中,第三步不一定可逆(极限值不是每一个点的值),故一般只有包含式成立而等号不一定成立。但如果把截集改成强截集,上述推理过程中的"$\geqslant$"需改成"$>$",这时推理过程每步可逆,因而(3)的等号成立,这就是(4)。

(5)、(6)请读者自证。

(7)、(8)结论显而易见,证明略。

(9) 一方面,$\lambda_t \leqslant \bigvee_{t\in T} \lambda_t \Rightarrow A_{\lambda_t} \supset A(\bigvee_{t\in T} \lambda_t)$

$$\Rightarrow \bigcap_{t\in T} A_{\lambda_t} \supset A(\bigvee_{t\in T} \lambda_t)$$

另一方面,$x \in \bigcap_{t\in T} A_{\lambda_t} \Rightarrow (\forall\, t \in T)(x \in A_{\lambda_t})$

$$\Rightarrow (\forall\, t \in T)(\underset{\sim}{A}(x) \geqslant \lambda_t)$$

$$\Rightarrow \underset{\sim}{A}(x) \geqslant \bigvee_{t\in T} \lambda_t$$

$$\Rightarrow x \in A(\bigvee_{t\in T} \lambda_t)$$

因此

$$\bigcap_{t\in T} A_{\lambda_t} \subset A(\bigvee_{t\in T} \lambda_t)$$

综合两方面的结论可得

$$\bigcap_{t\in T} A_{\lambda_t} = A(\bigvee_{t\in T} \lambda_t)$$

(10) 类似(9)的证明,略。

(11) $x \in (\underset{\sim}{A}^{C})_{\lambda} \Leftrightarrow \underset{\sim}{A}^{C}(x) \geqslant \lambda \Leftrightarrow 1 - \underset{\sim}{A}(x) \geqslant \lambda$

$$\Leftrightarrow \underset{\sim}{A}(x) \leqslant 1-\lambda \Leftrightarrow \underset{\sim}{A}(x) \ngtr 1-\lambda$$

$$\Leftrightarrow x \notin A_{\underset{\cdot}{\underline{1-\lambda}}} \Leftrightarrow x \in A^{C}_{\underset{\cdot}{\underline{1-\lambda}}}$$

(12) 类似(11)。

(13) 结论显而易见,证明略。 ※

定义 7.2.2 设 $\underset{\sim}{A} \in \mathscr{F}(X)$,称 A_1 为$\underset{\sim}{A}$的核,记作 Ker$\underset{\sim}{A}$,即

$$\mathrm{Ker}\underset{\sim}{A} = \{x \in X \mid \underset{\sim}{A}(x) = 1\} \tag{7.2.3}$$

称 A_0 为 $\underset{\sim}{A}$ 的支集(亦称支撑),记为 Supp$\underset{\sim}{A}$,即

$$\mathrm{Supp}\underset{\sim}{A} = \{x \in X \mid \underset{\sim}{A}(x) > 0\} \tag{7.2.4}$$

例 7.2.1 取 $\underset{\sim}{A} = \frac{1}{x_1} + \frac{0.8}{x_2} + \frac{0.6}{x_3} + \frac{0.5}{x_4} + \frac{0.2}{x_5} + \frac{0}{x_6}$,则有

$$A_1 = \{x_1\}, \quad A_{0.8} = \{x_1, x_2\}, \quad A_{0.6} = \{x_1, x_2, x_3\}$$

$$A_{0.2} = \{x_1, x_2, x_3, x_4, x_5\}, \quad A_0 = X$$

$$A_{\underset{\cdot}{1}} = \varnothing, \quad A_{\underset{\cdot}{0.7}} = \{x_1, x_2\}, \quad A_{\underset{\cdot}{0.4}} = \{x_1, x_2, x_3, x_4\}, \quad A_{\underset{\cdot}{0}} = \{x_1, x_2, x_3, x_4, x_5\}$$

命题 7.2.2 设 $\underset{\sim}{A} \in \mathscr{F}(X)$,$\{\lambda_t \mid t \in T\} \subset [0,1]$,$\beta = \inf\{\lambda_t \mid t \in T\}$,$\alpha = \sup\{\lambda_t \mid t \in T\}$,则

(1) $A_\alpha = \bigcap_{t\in T} A_{\lambda_t}$。

(2) $A_\beta \supset \bigcup_{t\in T} A_{\lambda_t}$。

(3) $A_{\underset{\cdot}{\alpha}} \subset \bigcap_{t\in T} A_{\underset{\cdot}{\lambda_t}}$。

(4) $A_{\underset{\cdot}{\beta}} = \bigcup_{t\in T} A_{\underset{\cdot}{\lambda_t}}$。

证明 只证明(1)和(2)。

$$x \in A_\alpha \Leftrightarrow \underset{\sim}{A}(x) \geqslant \alpha = \sup\{\lambda_t \mid t \in T\}$$

$$\Leftrightarrow \forall t \in T, \underset{\sim}{A}(x) \geqslant \lambda_t$$

$$\Leftrightarrow \forall t \in T, x \geqslant A_{\lambda_t}$$

$$\Leftrightarrow x\in \bigcap_{t\in T\sim} A\lambda_t$$

故 $A_\alpha=\bigcap\limits_{t\in T\sim} A_{\lambda_t}$，(1)成立。

$$\begin{aligned} x\in \bigcup_{t\in T} A_{\lambda_t} &\Leftrightarrow \exists\, t_0\in T, x\in A_{\lambda_{t_0}} \\ &\Leftrightarrow \exists\, t_0\in T, \underset{\sim}{A}(x)\geqslant \lambda_{t_0} \\ &\Rightarrow \underset{\sim}{A}(x)\geqslant \inf\{\lambda_t \mid t\in T\}=\beta \\ &\Rightarrow x\in A_\beta \end{aligned}$$

故 $\bigcup\limits_{t\in T} A_{\lambda_t}\subset A_\beta$，(2)成立。

当 $\alpha\neq 0$ 时，由于 $\vee\{\lambda\in[0,1]\mid\lambda<\alpha\}=\alpha$，根据命题 7.2.2(1)有

$$A_\alpha=\bigcap_{\lambda<\alpha} A_\lambda \tag{7.2.5}$$

同理，当 $\alpha\neq 1$，由于 $\wedge\{\lambda\in[0,1]\mid\lambda>\alpha\}=\alpha$，由命题 7.2.2(4)有

$$A_{\underset{\cdot}{\alpha}}=\bigcup_{\lambda>\alpha} A_{\underset{\cdot}{\lambda}} \tag{7.2.6}$$

命题 7.2.3 设 $\underset{\sim}{A}\in\mathscr{F}(X)$，则有

(1) $A_\alpha=\bigcap\limits_{\lambda<\alpha} A_{\underset{\cdot}{\lambda}}\ (\alpha\neq 0)$。

(2) $A_{\underset{\cdot}{\alpha}}=\bigcup\limits_{\lambda>\alpha} A_\lambda\ (\alpha\neq 1)$。

证明

$$\begin{aligned} x\in A_\alpha &\Leftrightarrow \underset{\sim}{A}(x)\geqslant\alpha \\ &\Leftrightarrow \forall\,\lambda<\alpha, \underset{\sim}{A}>\lambda \\ &\Leftrightarrow \forall\,\lambda<\alpha, x\in A_{\underset{\cdot}{\lambda}} \\ &\Leftrightarrow x\in \bigcap_{\lambda<\alpha} A_{\underset{\cdot}{\lambda}} \end{aligned}$$

故
$$A_\alpha=\bigcap_{\lambda<\alpha} A_{\underset{\cdot}{\lambda}}$$

$$\begin{aligned} x\in A_\alpha &\Leftrightarrow \underset{\sim}{A}(x)>\alpha \\ &\Leftrightarrow \exists\,\lambda>\alpha \text{ 使 } \underset{\sim}{A}(x)\geqslant\lambda \\ &\Leftrightarrow \exists\,\lambda>\alpha \text{ 使 } x\in A_\lambda \\ &\Leftrightarrow x\in \bigcap_{\lambda>\alpha} A_\lambda \end{aligned}$$

故
$$A_{\underset{\cdot}{\alpha}}=\bigcup_{\lambda>\alpha} A_\lambda$$
※

7.2.2 分解定理

分解定理是模糊数学的基本定理之一，它反映了模糊集和经典集之间的关系，并提供了由经典集来构造模糊集的方法。

定义 7.2.3 设 $\lambda\in[0,1]$，$\underset{\sim}{A}\in\mathscr{F}(X)$，由 λ、$\underset{\sim}{A}$ 构造一个新的模糊集，记为

$\lambda \underset{\sim}{A}$，其隶属函数为

$$\lambda \underset{\sim}{A}(x)=\lambda \wedge \underset{\sim}{A}(x), \quad \forall x \in X \tag{7.2.7}$$

称 $\lambda \underset{\sim}{A}$ 为数 λ 与模糊集 $\underset{\sim}{A}$ 的数乘。

命题 7.2.4 数乘有以下性质：

(1) $\lambda_1 \leqslant \lambda_2 \Rightarrow \lambda_1 \underset{\sim}{A} \subset \lambda_2 \underset{\sim}{A}$。

(2) $\underset{\sim}{A} \subset \underset{\sim}{B} \Rightarrow \lambda \underset{\sim}{A} \subset \lambda \underset{\sim}{B}$。

定理 7.2.1(分解定理Ⅰ) 设 $\underset{\sim}{A} \in \mathscr{F}(X)$，则

$$\underset{\sim}{A}=\bigcup_{\lambda \in[0,1]} \lambda A_\lambda \tag{7.2.8}$$

证明 只需证明：$\forall x \in X$，

$$\underset{\sim}{A}(x)=\Big(\bigcup_{\lambda \in[0,1]} \lambda A_\lambda\Big)(x)$$

由于

$$A_\lambda(x)=\begin{cases}1, & x \in A_\lambda \\ 0, & \text{其他}\end{cases}=\begin{cases}1, & \underset{\sim}{A}(x) \geqslant \lambda \\ 0, & \text{其他}\end{cases}$$

故有

$$\begin{aligned}\Big(\bigcup_{\lambda \in[0,1]} \lambda A_\lambda\Big)(x) &= \bigvee_{\lambda \in[0,1]}(\lambda \wedge A_\lambda(x)) \\ &=\Big[\bigvee_{0 \leqslant \lambda \leqslant A(x)}(\lambda \wedge A_\lambda(x))\Big] \vee\Big[\bigvee_{A(x)<\lambda \leqslant 1}(\lambda \wedge A_\lambda(x))\Big] \\ &=\bigvee_{0 \leqslant \lambda \leqslant A(x)}(\lambda \wedge A_\lambda(x))=\bigvee_{0 \leqslant \lambda \leqslant A(x)} \lambda=\underset{\sim}{A}(x)\end{aligned}$$

推论 1 若 $\underset{\sim}{A} \in \mathscr{F}(X)$，$\forall x \in X$，则 $\underset{\sim}{A}(x)=\vee\{\lambda \mid x \in A_\lambda\}$。

推论 2 $\underset{\sim}{A} \subset \underset{\sim}{B} \Leftrightarrow \forall \lambda \in[0,1], A_\lambda \subset B_\lambda$；$\underset{\sim}{A}=\underset{\sim}{B} \Leftrightarrow \forall \lambda \in[0,1], A_\lambda=B_\lambda$。

定理 7.2.2(分解定理Ⅱ) 设 $\underset{\sim}{A} \in \mathscr{F}(X)$，则

$$\underset{\sim}{A}=\bigcup_{\lambda \in[0,1]} \lambda A_{\underset{\cdot}{\lambda}} \tag{7.2.9}$$

证明类似定理 7.2.1(分解定理Ⅰ)。

定理 7.2.3(分解定理Ⅲ) 设 $\underset{\sim}{A} \in \mathscr{F}(X)$，若 $\{A'_\lambda \mid \lambda \in[0,1]\} \subset \mathscr{P}(X)$，满足条件 $A_{\underset{\cdot}{\lambda}} \subset A'_\lambda \subset A_\lambda$ $(\forall \lambda \in[0,1])$，则有

(1) $\underset{\sim}{A}=\bigcup\limits_{\lambda \in[0,1]} \lambda A'_\lambda$。 (7.2.10)

(2) 若 $\alpha<\beta$，则 $A'_\beta \subset A'_\alpha$。

(3) $\lambda \neq 0$ 时，$A_\lambda=\bigcap\limits_{\alpha<\lambda} A'_\alpha$； (7.2.11)

$\lambda \neq 1$ 时，$A_{\underset{\cdot}{\lambda}}=\bigcap\limits_{\alpha>\lambda} A'_\alpha$ (7.2.12)

证明 (1) 由 $A_{\underset{\cdot}{\lambda}} \subset A'_\lambda \subset A_\lambda$ 知 $\lambda A_{\underset{\cdot}{\lambda}} \subset \lambda A'_\lambda \subset \lambda A_\lambda$。

再由定理 7.2.1，有

$$\underset{\sim}{A}=\bigcup_{\lambda\in[0,1]}\lambda A_{\underset{\cdot}{\lambda}}\subset\bigcup_{\lambda\in[0,1]}\lambda A'_{\lambda}\subset\bigcup_{\lambda\in[0,1]}\lambda A_{\lambda}=\underset{\sim}{A}$$

从而

$$\underset{\sim}{A}=\bigcup_{\lambda\in[0,1]}\lambda A'_{\lambda}$$

（2）当 $\alpha<\beta$ 时有

$$A'_{\beta}\subset A_{\beta}\subset A_{\underset{\cdot}{\alpha}}\subset A'_{\alpha}$$

（3）先证明式(7.2.11)。

一方面 $\forall\alpha<\lambda$，有 $A_{\lambda}\subset A_{\underset{\cdot}{\alpha}}\subset A'_{\alpha}$，

故有

$$A_{\lambda}=\bigcap_{\alpha<\lambda}A'_{\alpha} \tag{7.2.13}$$

另一方面，由式(7.2.5)有

$$\bigcap_{\alpha>\lambda}A'_{\alpha}\subset\bigcap_{\alpha>\lambda}A_{\alpha}=A_{\lambda} \tag{7.2.14}$$

综合式(7.2.13)与式(7.2.14)得式(7.2.11)。

再证明式(7.2.12)。

一方面 $\alpha>\lambda$ 时，$A'_{\alpha}\subset A_{\alpha}\subset A_{\lambda}$，

故有

$$\bigcup_{\alpha>\lambda}A'_{\alpha}\subset A_{\lambda} \tag{7.2.15}$$

另一方面，由命题 7.2.2 知

$$\bigcup_{\lambda>\alpha}A'_{\lambda}\supset\bigcup_{\lambda>\alpha}A_{\underset{\cdot}{\lambda}}=A_{\underset{\cdot}{\alpha}} \tag{7.2.16}$$

综合式(7.2.15)与式(7.2.16)得式(7.2.12)。 ※

7.3 模糊集的隶属度

模糊集是客观世界数量与质量的统一体，人们刻画模糊集是通过模糊集的特有的性质，即隶属度来表现的。隶属度是人们认识客观事物所赋予的该元素隶属于该集合的程度，带有主观经验的色彩。现在的问题是如何使得主、客观尽可能地一致，并且在实践中不断修改，使得主观不断接近客观。

由于模糊现象的多样性和复杂性，现在还没有统一的、固定的方法来确定模糊集的隶属度，下面仅介绍一些较常应用的方法。

7.3.1 边界法

模糊集是没有明确的边界的。在论域中的元素的隶属度一般而言也是渐变的。但是客观事物有质变，人们对客观事物的主观反映也相应地有质变，这种质变就是隶属度取边界值 0 或 1。例如，在例 7.1.8 中，25 岁以下的人属于

“年轻”的隶属度为 1,50 岁以下的人属于“年老” 的隶属度为 0,另外,由常识可知,一般 50 岁以上的人不属于“年轻”的人,80 岁以上的人基本上都属“年老”的人,所以我们要寻求一个函数,使其能满足以上的极端条件。这样,我们就确定了其相应的隶属度。例如,在例 7.1.8 中,我们可以求得:$\underset{\sim}{O}(80)=0.97$,$\underset{\sim}{Y}(50)=0.038$。

我们再举一个实例,来说明这种方法。

例 7.3.1 设模糊集 $\underset{\sim}{I}$、$\underset{\sim}{R}$、$\underset{\sim}{E}$ 分别表示等腰三角形、直角三角形、正三角形。试建立这几个模糊集及等腰三角形、非典型三角形的隶属函数。

解 三角形的类别由它的三个内角 A、B、C 的度数确定,我们可以取论域为

$$X=\{(A,B,C)\mid A+B+C=180,A\geqslant B\geqslant C\}$$

因为$\triangle ABC$ 是等腰三角形的主要条件是“两内角相等”,故$(A-B)$或$(B-C)$为 0 时,即$(A-B)\wedge(B-C)=0$ 时,$\triangle ABC$ 肯定是等腰三角形,此时隶属度应为 1,另一个极端情况是 $A=120$,$B=60$,$C=0$,即$(A-B)\wedge(B-C)=60$ 时,$\triangle ABC$ 肯定不是等腰三角形,隶属度应为 0,即两个极端情况为

$$(A-B)\wedge(B-C)=0\leftrightarrow \underset{\sim}{I}(A,B,C)=1$$

$$(A-B)\wedge(B-C)=60\leftrightarrow \underset{\sim}{I}(A,B,C)=0$$

其余情况,隶属度位于区间(0,1)内,且$(A-B)\wedge(B-C)$越接近 0,隶属函数越接近 1,即$(A-B)\wedge(B-C)$由 0 增加到 60 时,隶属函数值应由 1 减少至 0,因而隶属函数可取为

$$\frac{60-(A-B)\wedge(B-C)}{60}=1-\frac{1}{60}(A-B)\wedge(B-C)$$

于是等腰三角形的模糊集 $\underset{\sim}{I}$ 的隶属函数可取为

$$\underset{\sim}{I}(A,B,C)=1-\frac{1}{60}(A-B)\wedge(B-C)$$

类似可求得

$$\underset{\sim}{R}(A,B,C)=1-\frac{1}{90}|A-90|$$

$$\underset{\sim}{E}(A,B,C)=1-\frac{1}{180}(A-C)$$

等腰直角三角形可以表示为等腰三角形与直角三角形的交集 $\underset{\sim}{I}\cap\underset{\sim}{R}$,因而

$$\begin{aligned}(\underset{\sim}{I}\cap\underset{\sim}{R})(A,B,C)&=\underset{\sim}{I}(A,B,C)\wedge\underset{\sim}{R}(A,B,C)\\&=1-\max\left[\frac{1}{60}(A-B)\wedge(B-C),\frac{1}{90}|A-90|\right]\end{aligned}$$

非典型三角形 $\underset{\sim}{T}=\underset{\sim}{I}^{c}\cap\underset{\sim}{R}^{c}\cap\underset{\sim}{E}^{c}$，因而

$$\underset{\sim}{T}(A,B,C)=(1-\underset{\sim}{I}(A,B,C))\wedge(1-\underset{\sim}{R}(A,B,C))\wedge(1-\underset{\sim}{E}(A,B,C))$$

$$=\frac{1}{180}\min[3(A-B),3(B-C),(A-C),2|A-90|]$$

7.3.2 模糊统计法

1. 直接统计法

对一群人进行调查，每个人对模糊集中的每个元素进行综合打分，若此元素完全属于该模糊集，则为 100 分。每个人打分后取其平均分(有时还去掉一个最高分，去掉一个最低分后再平均)，这个平均分就是隶属度。

例如由 10 个评委对某歌唱比赛进行评审，有许多人参加比赛，模糊集是“优秀歌手”，对其中某人 x_i 进行打分，打分的结果是：99、96、97、92、94、90、98、96、97、95，去掉最高分 99 和最低分 90，然后平均 $\frac{1}{8}(96+97+92+94+98+96+97+95)=95.6$，于是求得该人($x_i$)隶属于优秀歌手的程度是 0.956。

2. 隶属频率统计法

我们可以仿照确定随机事件概率的方法来确定隶属度。在经典概率统计中，若对事件 A 的发生与否作 n 次试验，统计事件 A 发生的频率(A 发生的频率=A 发生的次数/试验次数 n)，我们发现这个频率随 n 的增大而趋于一个稳定值，我们把这一稳定的频率，取为事件 A 发生的概率。

类似地，我们也可以对模糊事件作统计试验，先确定一个论域(如 0 至 150 岁)，然后对论域中的模糊集(“年轻人”)作清晰化的范围估计(实际上就是对模糊集 $\underset{\sim}{A}$ 作一次相对应的经典集的“显影”：A^*)。对于论域中的每一个具体的点 x_0 而言，它可以在某个范围估计中，也可以不在其中。每一次范围估计可以看成一次模糊统计试验，于是我们便可以计算 x_0 隶属于模糊集 $\underset{\sim}{A}$ 的频率如下：

$$x_0\text{ 隶属于 }\underset{\sim}{A}\text{ 的概率}=\frac{x_0\in A^*\text{ 的次数}}{n}$$

随着 n 的增大，隶属频率呈稳定性，隶属频率稳定值可取为 x_0 对 $\underset{\sim}{A}$ 的隶属度。

例 7.3.2 取年龄作论域 X，通过模糊试验确定 $x_0=27$(岁)对模糊集“年轻人”的隶属度。

张南伦曾对 129 名学生进行了调查试验，要求每个被调查者按自己的理解确定“年轻人”(即 $\underset{\sim}{A}$)的年龄范围(即 A^*)，每一次确定的范围都是一次试验，共进行了 129 次试验，其结果见表 7.3.1。根据表 7.3.1 计算的隶属频率见表 7.3.2。

表 7.3.1　关于“年轻人”年龄范围的调查

18～25	17～30	17～28	18～25	16～35	14～25
18～30	18～35	18～35	16～25	15～30	18～35
17～30	18～25	18～35	20～30	18～30	16～30
20～35	18～30	18～25	18～35	15～25	18～30
15～28	16～28	18～30	18～30	16～30	18～35
18～25	18～30	16～28	18～30	16～30	16～28
18～35	18～35	17～27	16～28	15～28	18～25
19～28	15～30	15～26	17～25	15～36	18～30
17～30	18～35	16～35	16～30	15～25	18～28
16～30	15～28	18～35	18～30	17～28	18～35
15～28	15～25	15～25	15～25	18～30	16～24
15～25	16～32	15～27	18～35	16～25	18～30
16～28	18～30	18～35	18～30	18～30	17～30
18～30	18～35	16～30	18～28	17～25	15～30
18～25	17～30	14～25	18～26	18～29	18～35
18～28	18～35	18～25	16～35	17～29	18～25
17～30	16～28	18～30	16～28	15～30	18～30
15～30	20～30	20～30	16～25	17～30	15～30
18～30	16～30	18～28	15～35	16～30	15～30
18～25	18～35	18～30	17～30	16～35	17～30
15～25	18～35	15～30	15～25	15～30	18～30
17～26	18～29	18～28			

表 7.3.2　27 岁对模糊集“年轻人”的隶属频率

n	10	20	30	40	50	60	70
隶属次数	6	14	23	31	39	47	53
隶属频率	0.60	0.70	0.77	0.78	0.78	0.78	0.76
n	80	90	100	110	120	129	
隶属次数	62	68	76	85	95	101	
隶属频率	0.78	0.76	0.76	0.75	0.79	0.78	

由表 7.3.2 可见，隶属频率随试验次数 n 增加而呈现稳定性，稳定值为 0.78，故有[年轻人](27)=0.78。

7.3.3 参照法

利用现有的一些函数，通过参照比较，选择最能代表所论模糊集的函数作为隶属函数。常用的一些参照函数有下列数种类型。

1. 偏大型(S 型)

这种类型的隶属函数随 x 的增大而增大，随所选函数的形式不同又分为以下类型。

1）升半矩形分布(图 7.3.1)

$$\underset{\sim}{A}(x)=\begin{cases}0, & x\leqslant a\\ 1, & x>a\end{cases}$$

2）升半 Γ 分布(图 7.3.2)

$$\underset{\sim}{A}(x)=\begin{cases}0, & x\leqslant a\\ 1-\mathrm{e}^{-k(x-a)}, & x>a\end{cases}$$

其中 $k>0$。

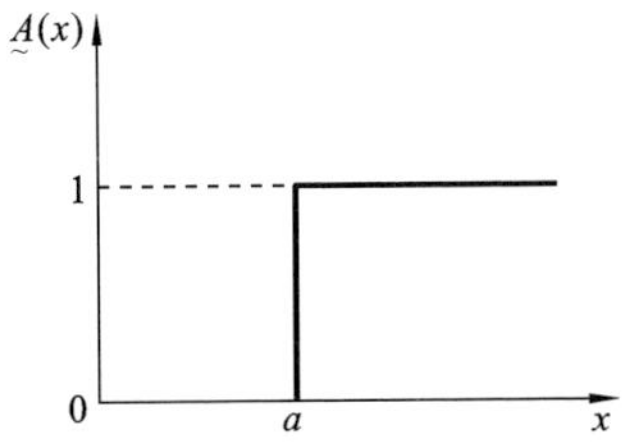

图 7.3.1 升半矩形分布

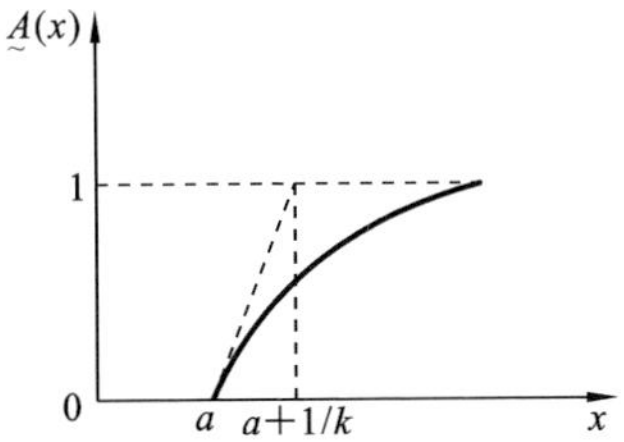

图 7.3.2 升半 Γ 分布

3）升半正态分布(图 7.3.3)

$$\underset{\sim}{A}(x)=\begin{cases}0, & x\leqslant a\\ 1-\mathrm{e}^{-k(x-a)^2}, & x>a\end{cases}$$

其中 $k>0$。

4）升半柯西分布(图 7.3.4)

$$\underset{\sim}{A}(x)=\begin{cases}0, & x\leqslant a\\ [1+\alpha(x-a)^{-\beta}]^{-1}, & x>a\end{cases}$$

其中 $\alpha>0,\beta>0$。

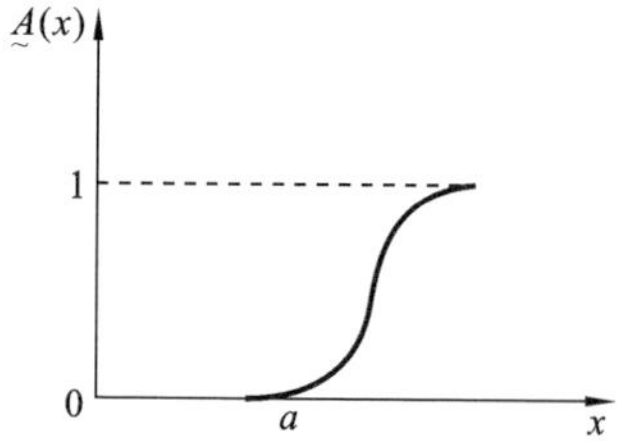

图 7.3.3　升半正态分布

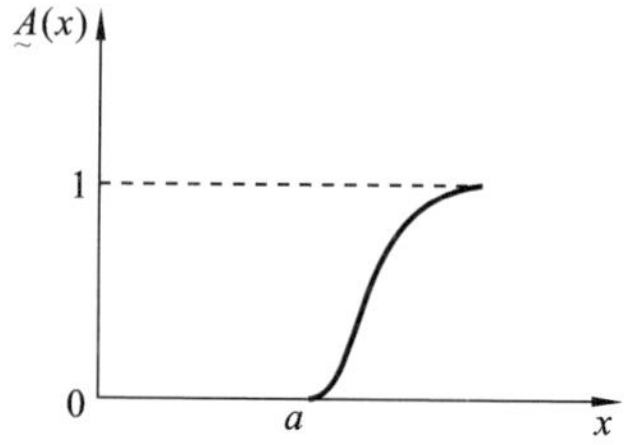

图 7.3.4　升半柯西分布

5）升半梯形分布(图 7.3.5)

$$\underset{\sim}{A}(x)=\begin{cases}0, & x\leqslant a\\ \dfrac{x-a_1}{a_2-a_1}, & a_1<x\leqslant a_2\\ 1, & a_2<x\end{cases}$$

6）升岭形分布(图 7.3.6)

$$\underset{\sim}{A}(x)=\begin{cases}0, & x\leqslant a_1\\ \dfrac{1}{2}+\dfrac{1}{2}\sin\dfrac{\pi}{a_2-a_1}\left(x-\dfrac{a_1+a_2}{2}\right), & a_1<x\leqslant a_2\\ 1, & a_2<x\end{cases}$$

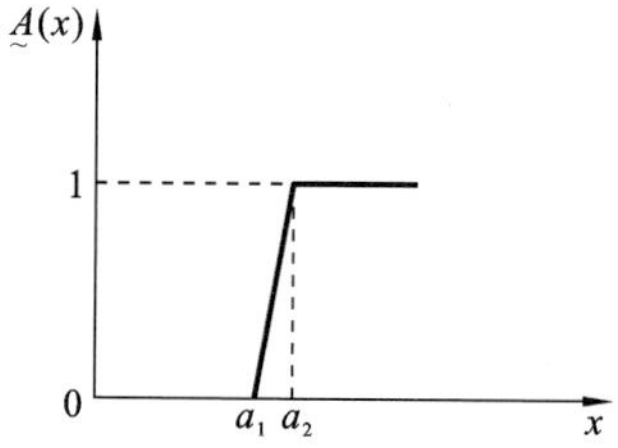

图 7.3.5　升半梯形分布

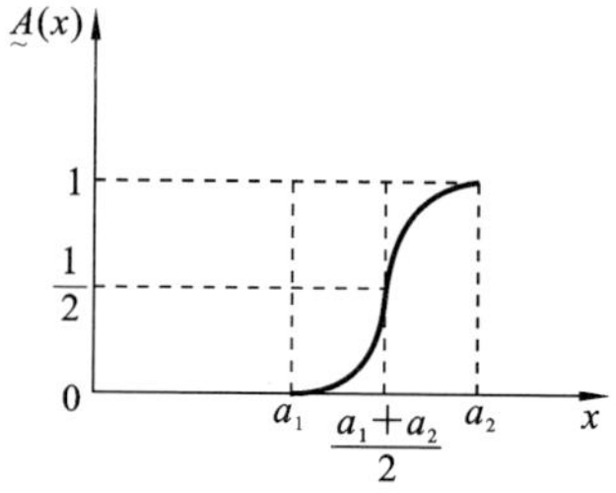

图 7.3.6　升岭形分布

2. 偏小型(Z 型)

这种类型的隶属函数随 x 增大而减小，又可分为以下类型。

1）降半矩形分布(图 7.3.7)

$$\underset{\sim}{A}(x)=\begin{cases}0, & x\leqslant a\\ 1, & x>a\end{cases}$$

2）降半 Γ 分布(图 7.3.8)

$$\underset{\sim}{A}(x)=\begin{cases}1, & x\leqslant a\\ e^{-k(x-a)}, & x>a\end{cases}$$

其中 $k>0$。

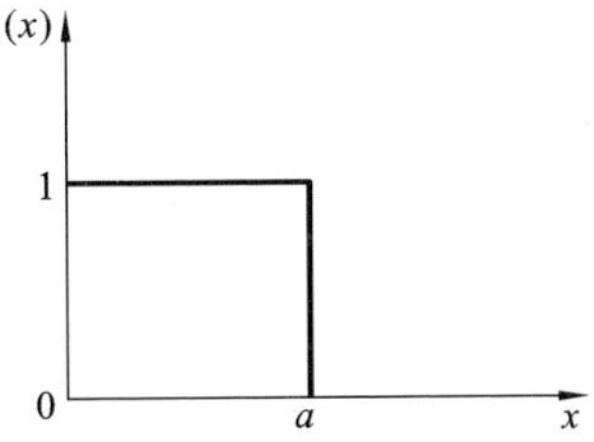

图 7.3.7　降半矩形分布

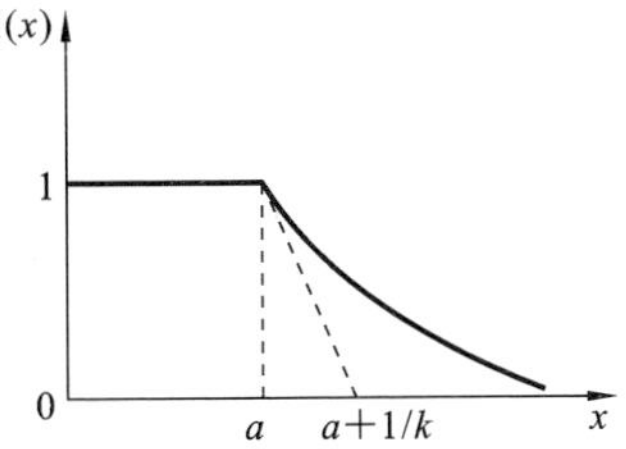

图 7.3.8　降半 Γ 分布

3）降半正态分布(图 7.3.9)

$$\underset{\sim}{A}(x)=\begin{cases}1, & x\leqslant a\\ e^{-k(x-a)^2}, & x>a\end{cases}$$

其中 $k>0$。

4）降半柯西分布(图 7.3.10)

$$\underset{\sim}{A}(x)=\begin{cases}1, & x\leqslant a\\ [1+\alpha(x-a)^{\beta}]^{-1}, & x>a\end{cases}$$

其中 $\alpha>0,\beta>0$。

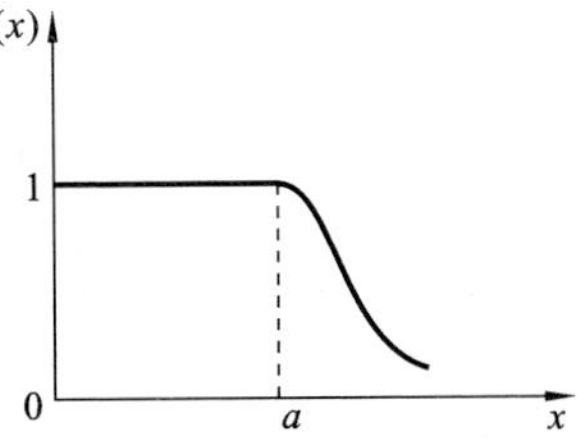

图 7.3.9　降半正态分布

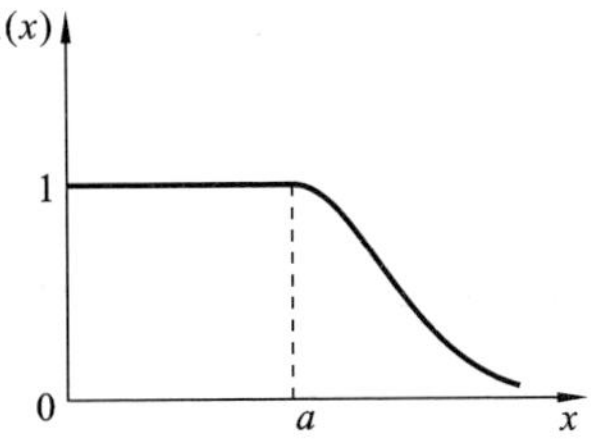

图 7.3.10　降半柯西分布

5）降半梯形分布(图 7.3.11)

$$\underset{\sim}{A}(x)=\begin{cases}1, & x\leqslant a_1\\ \dfrac{a_2-x}{a_2-a_1}, & a_1<x\leqslant a_2\\ 0, & a_2<x\end{cases}$$

6）降岭形分布(图 7.3.12)

$$\underset{\sim}{A}(x)=\begin{cases}1, & x\leqslant a_1\\ \dfrac{1}{2}-\dfrac{1}{2}\sin\dfrac{\pi}{a_2-a_1}\left(x-\dfrac{a_1+a_2}{2}\right) & a_1<x\leqslant a_2\\ 0, & a_2<x\end{cases}$$

3. 中间型(π 型)

这种类型的隶属函数在$(-\infty,a)$上为偏大型，在$(a,+\infty)$为偏小型，所以称为中间型，又可分为以下类型。

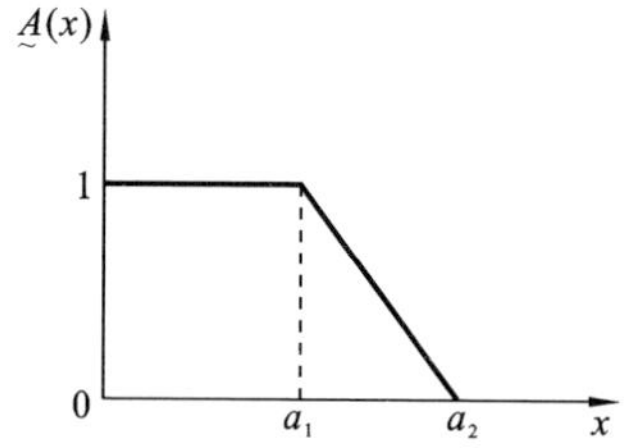

图 7.3.11　降半梯形分布

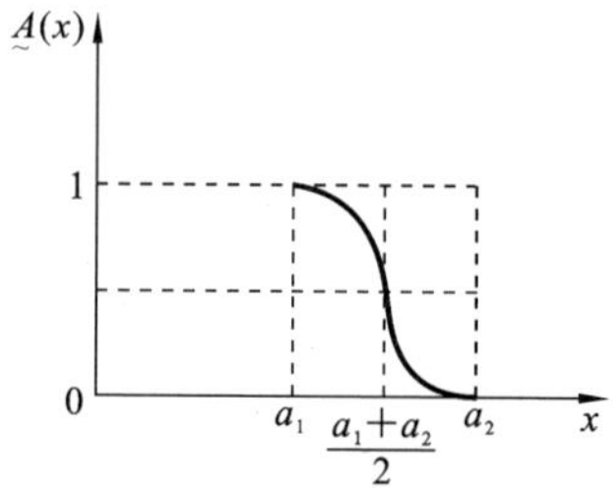

图 7.3.12　降岭形分布

1）矩形分布(图 7.3.13)

$$\underset{\sim}{A}(x)=\begin{cases}0, & x\leqslant a-b\\ 1, & a-b<x\leqslant a+b\\ 0, & a+b<x\end{cases}$$

2）尖 Γ 分布(图 7.3.14)

$$\underset{\sim}{A}(x)=\begin{cases}e^{k(x-a)}, & x\leqslant a\\ e^{-k(x-a)}, & x>a\end{cases}$$

其中 $k>0$。

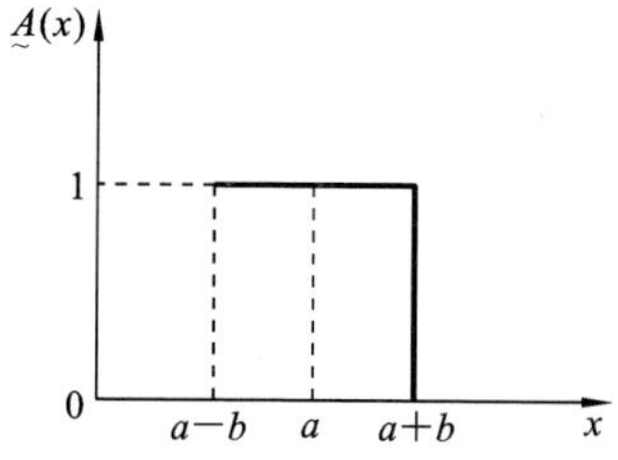

图 7.3.13　矩形分布

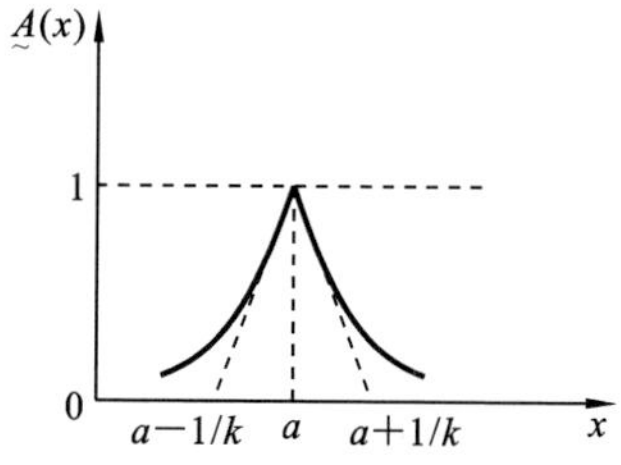

图 7.3.14　尖 Γ 分布

3）正态分布(图 7.3.15)

$$\underset{\sim}{A}(x)=e^{-k(x-a)^2}$$

其中 $k>0$。

4）柯西分布(图 7.3.16)

$$\underset{\sim}{A}(x)=[1+\alpha\,(x-a)^{\beta}]^{-1}$$

其中 $\alpha>0,\beta>0$ 为正偶数。

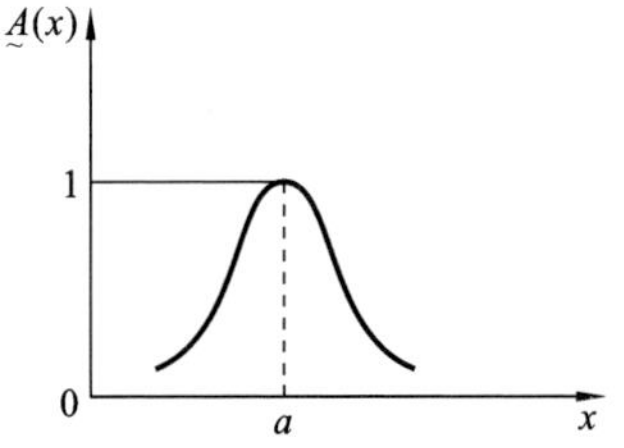

图 7.3.15　正态分布

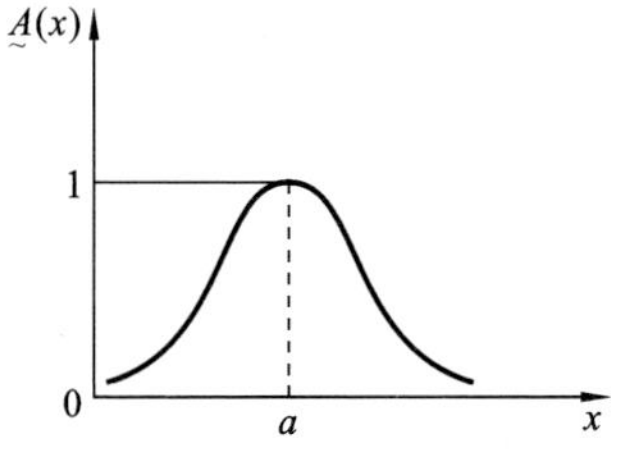

图 7.3.16　柯西分布

5）梯形分布(图 7.3.17)

$$\underset{\sim}{A}(x)=\begin{cases}0, & x\leqslant a-a_2\\ \dfrac{a_2+x-a}{a_2-a_1}, & a-a_2<x\leqslant a-a_1\\ 1, & a-a_1<x\leqslant a+a_1\\ \dfrac{a_2-x-a}{a_2-a_1}, & a+a_1<x\leqslant a+a_2\\ 0, & a+a_2<x\end{cases}$$

6）岭形分布(图 7.3.18)

$$\underset{\sim}{A}(x)=\begin{cases}0, & x\leqslant -a_2\\ \dfrac{1}{2}+\dfrac{1}{2}\sin\dfrac{\pi}{a_2-a_1}\left(x-\dfrac{a_1+a_2}{2}\right), & -a_2<x\leqslant -a_1\\ 1, & -a_1<x\leqslant a_1\\ \dfrac{1}{2}-\dfrac{1}{2}\sin\dfrac{\pi}{a_2-a_1}\left(x-\dfrac{a_1+a_2}{2}\right), & a_1<x\leqslant a_2\\ 0, & a_2<x\end{cases}$$

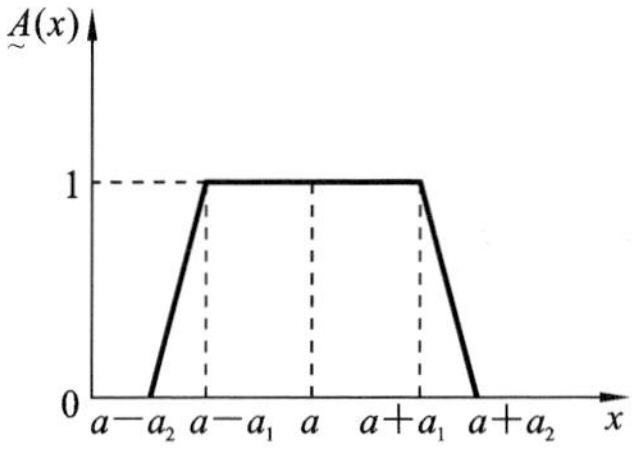

图 7.3.17　梯形分布

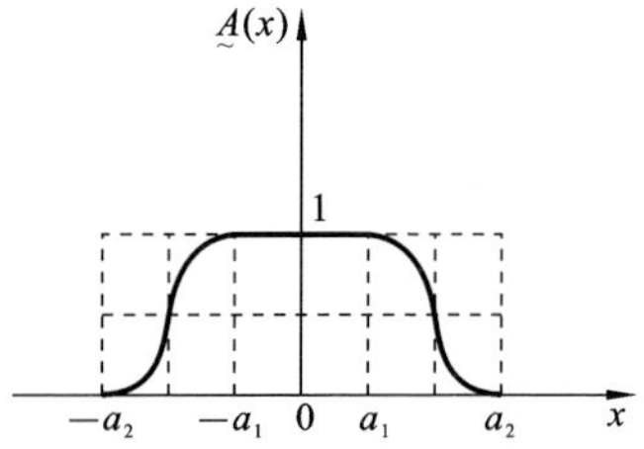

图 7.3.18　岭形分布

在实际应用中，通常将上述三种方法结合起来使用。例如，“年老”的模糊集 $\underset{\sim}{O}$ 的隶属度就参照了“偏大型”的“升半柯西分布”，并在其中令 $a=50$，$\alpha=\dfrac{1}{25}$，$\beta=2$，而“年轻”的模糊集 $\underset{\sim}{Y}$ 的隶属度就参照了“偏小型”的“降半柯西分布”，

并在其中令 $a=25,\alpha=25,\beta=2$。

7.4 模糊集合的扩张原理

7.4.1 经典集合的扩张原理

定义 7.4.1 设 X、Y 是经典集合，若给定 X 到 Y 的映射

$$f:X\to Y$$
$$x\mapsto f(x)=y$$

f 可以诱导出两个映射：一个是 $\mathscr{P}(X)$ 到 $\mathscr{P}(Y)$ 的映射，一个是 $\mathscr{P}(Y)$ 到 $\mathscr{P}(X)$ 的映射，前者仍记为 f，后者记为 f^{-1}，它们的定义如下：

$$\begin{cases} f:\mathscr{P}(X)\to\mathscr{P}(Y), \\ \quad A\mapsto f(A)=\{y\mid \exists x\in A, y\in f(x)\}; \\ f^{-1}:\mathscr{P}(Y)\to\mathscr{P}(X), \\ \quad B\mapsto f^{-1}(B)=\{x\mid f(x)\in B\} \end{cases} \tag{7.4.1}$$

由 $y=f(x)$ 这一个映射诱导出两个集映射 $f(A)$ 及 $f^{-1}(B)$，这种情况称为经典扩张原理。

命题 7.4.1 若用特征函数来表示集 $f(A)$ 集 $f^{-1}(B)$，则有

$$\begin{cases} f(A)(y)=\begin{cases} \bigvee\limits_{x\in f^{-1}(y)} A(x), & f^{-1}(y)\neq\varnothing \\ 0, & f^{-1}(y)=\varnothing \end{cases} & \text{(7.4.2(a))} \\ f^{-1}(B)(x)=B(f(x)) & \text{(7.4.2(b))} \end{cases}$$

证明 $\forall y\in Y$，

$$\begin{aligned} f(A)(y)=1 &\Leftrightarrow y\in f(A) \\ &\Leftrightarrow \exists x\in A \text{ 使 } y=f(x) \\ &\Leftrightarrow \exists x\in X \text{ 使 } A(x)=1 \text{ 且 } y=f(x) \\ &\Leftrightarrow \bigvee\{A(x)\mid x\in f^{-1}(y)\} \end{aligned}$$

故有

$$f(A)(y)=\begin{cases} \bigvee\limits_{x\in f^{-1}(y)} A(x), & f^{-1}(y)\neq\varnothing \\ 0, & f^{-1}(y)=\varnothing \end{cases} \quad (\text{约定} \bigvee\varnothing=0)$$

又有 $\forall x\in X$，

$$\begin{aligned} f^{-1}(B)(x)=1 &\Leftrightarrow x\in f^{-1}(B) \\ &\Leftrightarrow f(x)\in B \\ &\Leftrightarrow B(f(x))=1 \end{aligned}$$

故有
$$f^{-1}(B)(x)=B(f(x))$$
※

我们称 $f(A)$为 A 的象,称 $f^{-1}(B)$为 B 的逆象,参见图 7.4.1。

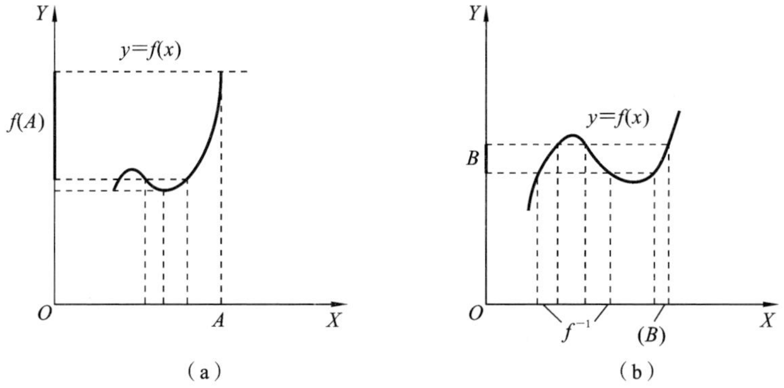

图 7.4.1 经典扩张原理示意图

7.4.2 模糊集合的扩张原理

定义 7.4.2 设 X、Y 为经典集合,给定映射
$$f: X\to Y$$
$$x\mapsto f(x)$$
则可以诱导一个 $\mathscr{F}(X)$到 $\mathscr{F}(Y)$的映射
$$f: \mathscr{F}(X)\to F(Y)$$
$$\underset{\sim}{A}\mapsto f(\underset{\sim}{A})$$
以及一个 $\mathscr{F}(Y)$到 $\mathscr{F}(X)$的映射,又称逆映射
$$f^{-1}: \mathscr{F}(Y)\to\mathscr{F}(X)$$
$$\underset{\sim}{B}\mapsto f^{-1}(\underset{\sim}{B})$$
这里将 $f(\underset{\sim}{A})$与 $f^{-1}(\underset{\sim}{B})$的隶属函数分别定义为
$$\begin{cases} f(\underset{\sim}{A})(y)=\begin{cases}\bigvee\limits_{x\in f^{-1}(y)}\underset{\sim}{A}(x), & f^{-1}(y)\neq\varnothing \\ 0, & f^{-1}(y)=\varnothing\end{cases} & (7.4.3(a)) \\ f^{-1}(\underset{\sim}{B})(x)=\underset{\sim}{B}(f(x)), \quad x\in X & (7.4.3(b))\end{cases}$$
以上两个映射又常称为扩张映射,参见图 7.4.2 及图 7.4.3。

例 7.4.1 设 $X=\{x_1,x_2,x_3,x_4,x_5\}$,$Y=\{a,b,c,d\}$给定映射如下:
$$f: X\to Y$$
$$x\mapsto f(x)$$

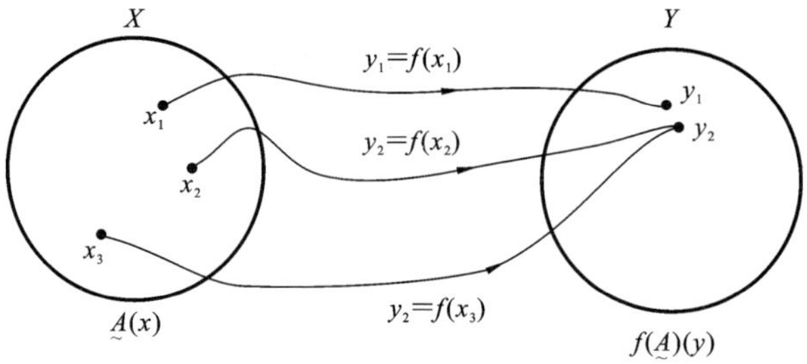

图 7.4.2　模糊映射 $f(\underset{\sim}{A})$

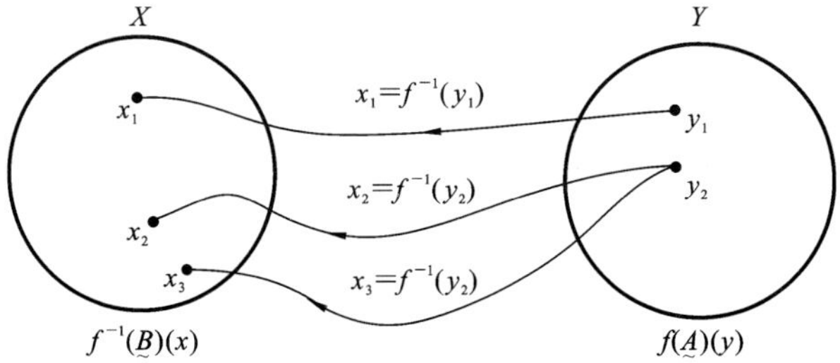

图 7.4.3　模糊映射 $f^{-1}(B)$

$f(x)$的定义

$$\begin{cases} x_1、x_3 \mapsto a \\ x_2、x_4 \mapsto b \\ x_5 \mapsto c \end{cases}$$

现有

$$\underset{\sim}{A}=\frac{1}{x_1}+\frac{0.2}{x_3}+\frac{0.1}{x_4}+\frac{0.9}{x_5}\in\mathscr{F}(X)$$

$$\underset{\sim}{B}=\frac{0.3}{a}+\frac{0.6}{b}+\frac{1}{c}+\frac{0.8}{d}\in\mathscr{F}(Y)$$

按扩张原理求 $f(\underset{\sim}{A})$、$f^{-1}(\underset{\sim}{B})$。

解　分别对每个元素求隶属度。按扩张原理有

$$f(\underset{\sim}{A})(a)=\bigvee_{x\in f^{-1}(a)}\underset{\sim}{A}(x)=\underset{\sim}{A}(1)\vee\underset{\sim}{A}(3)=1$$

$$f(\underset{\sim}{A})(b)=\bigvee_{x\in f^{-1}(b)}\underset{\sim}{A}(x)=\underset{\sim}{A}(2)\vee\underset{\sim}{A}(4)=0.1$$

$$f(\underset{\sim}{A})(c)=\bigvee_{x\in f^{-1}(c)}\underset{\sim}{A}(x)=\underset{\sim}{A}(5)=0.9$$

$$f(\underset{\sim}{A})(d)=\vee\varnothing=0$$

故

$$f(\underset{\sim}{A})=\frac{1}{a}+\frac{0.1}{b}+\frac{0.9}{c}$$

又
$$f^{-1}(\underset{\sim}{B})(x_1)=\underset{\sim}{B}(f(x_1))=\underset{\sim}{B}(a)=0.3$$
$$f^{-1}(\underset{\sim}{B})(x_2)=\underset{\sim}{B}(f(x_2))=\underset{\sim}{B}(b)=0.6$$
$$f^{-1}(\underset{\sim}{B})(x_3)=\underset{\sim}{B}(f(x_3))=\underset{\sim}{B}(a)=0.3$$
$$f^{-1}(\underset{\sim}{B})(x_4)=\underset{\sim}{B}(f(x_4))=\underset{\sim}{B}(b)=0.6$$
$$f^{-1}(\underset{\sim}{B})(x_5)=\underset{\sim}{B}(f(x_5))=\underset{\sim}{B}(c)=1$$

所以
$$f^{-1}(\underset{\sim}{B})=\frac{0.3}{x_1}+\frac{0.6}{x_2}+\frac{0.3}{x_3}+\frac{0.6}{x_4}+\frac{1}{x_5}$$

定理 7.4.1 设已知 $f:X\to Y, x\mapsto f(x)$，由扩张原理可得
$$f:\mathscr{P}(X)\to\mathscr{P}(Y)\text{ 及 }\mathscr{F}(X)\to\mathscr{F}(Y)$$
$$f^{-1}:\mathscr{P}(Y)\to\mathscr{P}(X)\text{ 及 }\mathscr{F}(X)\to\mathscr{F}(Y)$$

(1) 若 $\underset{\sim}{A}\in\mathscr{F}(X)$，则 $f(\underset{\sim}{A})=\bigcup\limits_{\lambda\in[0,1]}\lambda f(A_\lambda)$。

(2) 若 $\underset{\sim}{B}\in\mathscr{F}(Y)$，则
$$f^{-1}(\underset{\sim}{B})=\bigcup_{\lambda\in[0,1]}\lambda f^{-1}(B_\lambda) \tag{7.4.4}$$

证明 (1) $\forall y\in Y$，有
$$\begin{aligned}(\bigcup_{\lambda\in[0,1]}\lambda f(A_\lambda))(y)&=\bigvee_{\lambda\in[0,1]}(\lambda\wedge f(A_\lambda)(y))\\&=\bigvee_{\lambda\in[0,1]}(\lambda\wedge\bigvee_{x\in f^{-1}(y)}A_\lambda(x))\ (\text{由式}(7.4.2))\\&=\bigvee_{\lambda\in[0,1]}(\bigvee_{x\in f^{-1}(y)}(\lambda\wedge A_\lambda(x)))\\&=\bigvee_{\lambda\in f^{-1}(y)}\underset{\sim}{A}(x)\ (\text{由分解定理})\\&=f(\underset{\sim}{A})(y)\ (\text{由定义 }7.4.1)\end{aligned}$$

(2) $\forall x\in X$，有
$$\begin{aligned}(\bigcup_{\lambda\in[0,1]}\lambda f^{-1}(B_\lambda))(x)&=\bigvee_{\lambda\in[0,1]}(\lambda\wedge f^{-1}(B_\lambda))(x)\\&=\bigvee_{\lambda\in[0,1]}(\lambda\wedge B_\lambda f(x))\ (\text{由式}(7.4.2))\\&=\underset{\sim}{B}(f(x))\ (\text{由分解定理})\end{aligned}$$

7.4.3 多元扩张原理

1. 经典集的笛氏积

定义 7.4.3 设 $X_1,X_2,\cdots,X_n$ 是经典集，则它们的笛卡儿(Descartes)积为 $X_1\times X_2\times\cdots\times X_n=\{(x_1,x_2,\cdots,x_n)\mid\forall i\leqslant n,x_i\in X_i\}$，笛氏积集 $X_1\times X_2\times\cdots\times X_n$ 又可记为 $\prod\limits_{i=1}^{n}X_i$。

如用特征函数来表示积集，则有

$$\forall x=(x_1,x_2,\cdots,x_n)\in X=\prod_{i=1}^{n}X_i$$

$$\begin{aligned}\Big(\prod_{i=1}^{n}X_i\Big)(x)=1 &\Leftrightarrow (x_1,x_2,\cdots,x_n)\in X_1\times X_2\times\cdots\times X_n\\ &\Leftrightarrow \forall i\leqslant n, x_i\in X_i\\ &\Leftrightarrow \forall i\leqslant n, X_i(x_i)=1\\ &\Leftrightarrow \bigwedge_{i=1}^{n}X_i(x_i)=1\end{aligned}$$

故有

$$\Big(\prod_{i=1}^{n}X_i\Big)(x)=\bigwedge_{i=1}^{n}X_i(x_i) \tag{7.4.5}$$

2. 模糊集的笛氏积

将上述特征函数推广成隶属函数，便可定义模糊集的笛氏积集。

定义 7.4.4 设 $\underset{\sim}{A}_i\in\mathscr{F}(X_i)\ (i=1,2,\cdots,n)$，$\forall(x_1,x_2,\cdots,x_n)\in\prod_{i=1}^{n}X_i$，令

$$(\underset{\sim}{A}_1\times\underset{\sim}{A}_2\times\cdots\times\underset{\sim}{A}_n)(x_1,x_2,\cdots,x_n)=\bigwedge_{i=1}^{n}\underset{\sim}{A}_i(x_i) \tag{7.4.6}$$

则 $\underset{\sim}{A}_1\times\underset{\sim}{A}_2\times\cdots\times\underset{\sim}{A}_n\in\mathscr{F}(X_1\times X_2\times\cdots\times X_n)$，称$\underset{\sim}{A}_1\times\underset{\sim}{A}_2\times\cdots\times\underset{\sim}{A}_n$ 为$\underset{\sim}{A}_1,\underset{\sim}{A}_2,\cdots,\underset{\sim}{A}_n$ 的笛氏积集，并记为$\prod_{i=1}^{n}\underset{\sim}{A}_i$。

命题 7.4.2

$$\begin{cases}(\underset{\sim}{A}_1\times\underset{\sim}{A}_2\times\cdots\times\underset{\sim}{A}_n)_\lambda=(\underset{\sim}{A}_1)_\lambda\times(\underset{\sim}{A}_2)_\lambda\times\cdots\times(\underset{\sim}{A}_n)_\lambda\\(\underset{\sim}{A}_1\times\underset{\sim}{A}_2\times\cdots\times\underset{\sim}{A}_n)_{\underset{\cdot}{\lambda}}=(\underset{\sim}{A}_1)_{\underset{\cdot}{\lambda}}\times(\underset{\sim}{A}_2)_{\underset{\cdot}{\lambda}}\times\cdots\times(\underset{\sim}{A}_n)_{\underset{\cdot}{\lambda}}\end{cases} \tag{7.4.7}$$

证明 $(x_1,x_2,\cdots,x_n)\in(\underset{\sim}{A}_1\times\underset{\sim}{A}_2\times\cdots\times\underset{\sim}{A}_n)$

$$\begin{aligned}&\Leftrightarrow(\underset{\sim}{A}_1\times\underset{\sim}{A}_2\times\cdots\times\underset{\sim}{A}_n)(x_1,x_2,\cdots,x_n)=\bigwedge_{i=1}^{n}\underset{\sim}{A}_i(x_i)\geqslant\lambda\\&\Leftrightarrow\forall i\leqslant n,\underset{\sim}{A}_i(x_i)\geqslant\lambda\\&\Leftrightarrow\forall i\leqslant n,x_i\in(\underset{\sim}{A}_i)_\lambda\end{aligned}$$

所以

$$(\underset{\sim}{A}_1\times\underset{\sim}{A}_2\times\cdots\times\underset{\sim}{A}_n)_\lambda=(\underset{\sim}{A}_1)_\lambda\times(\underset{\sim}{A}_2)_\lambda\times\cdots\times(\underset{\sim}{A}_n)_\lambda$$

同理可证$(\underset{\sim}{A}_1\times\underset{\sim}{A}_2\times\cdots\times\underset{\sim}{A}_n)_{\underset{\cdot}{\lambda}}=(\underset{\sim}{A}_1)_{\underset{\cdot}{\lambda}}\times(\underset{\sim}{A}_2)_{\underset{\cdot}{\lambda}}\times\cdots\times(\underset{\sim}{A}_n)_{\underset{\cdot}{\lambda}}$。

由命题 7.4.1 及分解定理立即可得

推论

$$\begin{aligned}&(\underset{\sim}{A}_1\times\underset{\sim}{A}_2\times\cdots\times\underset{\sim}{A}_n)\\&=\bigcup_{\lambda\in[0,1]}\lambda((\underset{\sim}{A}_1)_\lambda\times(\underset{\sim}{A}_2)_\lambda\times\cdots\times(\underset{\sim}{A}_n)_\lambda)\end{aligned} \tag{7.4.8}$$

3. 多元扩张原理

定义 7.4.5 设

$$f: X_1 \times X_2 \times \cdots \times X_n \to Y_1 \times Y_2 \times \cdots \times Y_m$$

$$x=(x_1, x_2, \cdots, x_n) \mapsto f(x_1, x_2, \cdots, x_n)=y=(y_1, y_2, \cdots, y_m)$$

可诱导出映射

$$f: \mathscr{F}(X_1) \times \mathscr{F}(X_2) \times \cdots \times \mathscr{F}(X_n) \to \mathscr{F}(Y_1 \times Y_2 \times \cdots \times Y_m)$$

$$(\underset{\sim}{A}_1, \underset{\sim}{A}_2, \cdots, \underset{\sim}{A}_n) \mapsto f(\underset{\sim}{A}_1, \underset{\sim}{A}_2, \cdots, \underset{\sim}{A}_n)$$

和映射

$$f^{-1}: \mathscr{F}(Y_1) \times \mathscr{F}(Y_2) \times \cdots \times \mathscr{F}(Y_m) \to \mathscr{F}(X_1 \times X_2 \times \cdots \times X_n)$$

$$(\underset{\sim}{B}_1, \underset{\sim}{B}_2, \cdots, \underset{\sim}{B}_m) \mapsto f^{-1}(\underset{\sim}{B}_1, \underset{\sim}{B}_2, \cdots, \underset{\sim}{B}_m)$$

其中 $f(\underset{\sim}{A}_1, \underset{\sim}{A}_2, \cdots, \underset{\sim}{A}_n)$ 与 $f^{-1}(\underset{\sim}{B}_1, \underset{\sim}{B}_2, \cdots, \underset{\sim}{B}_m)$ 的隶属度函数规定如下：

$$\forall y=(y_1, y_2, \cdots, y_m) \in \prod_{j=1}^{m} Y_j$$

$$f(\underset{\sim}{A}_1, \underset{\sim}{A}_2, \cdots, \underset{\sim}{A}_n)(y)=\bigvee_{(x_1, \cdots, x_n) \in f^{-1}(y)} \left(\bigwedge_{i=1}^{n} \underset{\sim}{A}_i(x_i)\right) \tag{7.4.9}$$

$\forall x=(x_1, x_2, \cdots, x_n) \in \prod_{i=1}^{n} X_i$，设 $f(x)=(y_1, y_2, \cdots, y_m)$，有

$$f^{-1}(\underset{\sim}{B}_1, \underset{\sim}{B}_2, \cdots, \underset{\sim}{B}_m)(x)=\bigwedge_{j=1}^{m} \underset{\sim}{B}_j(y_j) \tag{7.4.10}$$

以上两个映射又称为多元扩张映射，参见图 7.4.4。

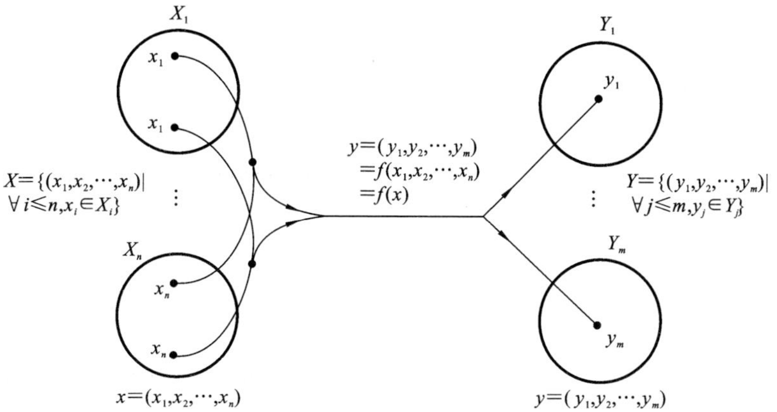

图 7.4.4 多元扩张原理示意图

由定义 7.4.5、定义 7.4.2 及定义 7.4.4 可得

$$f(\underset{\sim}{A}_1, \underset{\sim}{A}_2, \cdots, \underset{\sim}{A}_n)=f(\underset{\sim}{A}_1 \times \underset{\sim}{A}_2 \times \cdots \times \underset{\sim}{A}_n)$$

$$f^{-1}(\underset{\sim}{B_1},\underset{\sim}{B_2},\cdots,\underset{\sim}{B_m})=f^{-1}(\underset{\sim}{B_1}\times\underset{\sim}{B_2}\times\cdots\times\underset{\sim}{B_m})$$

命题 7.4.3 设 $f: X_1\times X_2\times\cdots\times X_n\to Y_1\times Y_2\times\cdots\times Y_m$，又设 f 与 f^{-1} 是两个多元扩张映射，则有下述类似分解定理的形式：

(1) $$f(\underset{\sim}{A_1},\underset{\sim}{A_2},\cdots,\underset{\sim}{A_n})=\bigvee_{\lambda\in[0,1]}\bigcup\lambda f((\underset{\sim}{A_1})_\lambda,(\underset{\sim}{A_2})_\lambda,\cdots,(\underset{\sim}{A_n})_\lambda)$$
$$=\bigcup_{\lambda\in[0,1]}\lambda f((\underset{\sim}{A_1})_\lambda,(\underset{\sim}{A_2})_\lambda,\cdots,(\underset{\sim}{A_n})_\lambda)$$

(2) $$f^{-1}(\underset{\sim}{B_1},\underset{\sim}{B_2},\cdots,\underset{\sim}{B_m})=\bigvee_{\lambda\in[0,1]}\bigcup\lambda f^{-1}((\underset{\sim}{B_1})_\lambda,(\underset{\sim}{B_2})_\lambda,\cdots,(\underset{\sim}{B_m})_\lambda)$$
$$=\bigcup_{\lambda\in[0,1]}\lambda f^{-1}((\underset{\sim}{B_1})_\lambda,(\underset{\sim}{B_2})_\lambda,\cdots,(\underset{\sim}{B_m})_\lambda)$$

证明 只证(1)的第一个等式

$$f(\underset{\sim}{A_1},\underset{\sim}{A_2},\cdots,\underset{\sim}{A_n})=f(\underset{\sim}{A_1}\times\underset{\sim}{A_2}\times\cdots\times\underset{\sim}{A_n})$$
$$=\bigcup_{\lambda\in[0,1]}\lambda f(((\underset{\sim}{A_1})\times(\underset{\sim}{A_2})\times\cdots\times(\underset{\sim}{A_n}))_\lambda)$$
$$=\bigvee_{\lambda\in[0,1]}\bigcup\lambda f((\underset{\sim}{A_1})_\lambda\times(\underset{\sim}{A_2})_\lambda\times\cdots\times(\underset{\sim}{A_n})_\lambda)\tag{7.4.11}$$

又由经典扩张原理有

$$f((\underset{\sim}{A_1})_\lambda,(\underset{\sim}{A_2})_\lambda,\cdots,(\underset{\sim}{A_n})_\lambda)$$
$$=\{y\mid\forall i\leqslant n,\exists x_i\in(\underset{\sim}{A_i})_\lambda \text{ 使 } f(x_1,x_2,\cdots,x_n)=y\}$$
$$=\{y\mid\exists(x_1,x_2,\cdots,x_n)\in(\underset{\sim}{A_1})_\lambda\times(\underset{\sim}{A_2})_\lambda\times\cdots\times(\underset{\sim}{A_n})_\lambda,f(x_1,x_2,\cdots,x_n)=y\}$$
$$=f((\underset{\sim}{A_1})_\lambda\times(\underset{\sim}{A_2})_\lambda\times\cdots\times(\underset{\sim}{A_n})_\lambda)$$

故

$$f((\underset{\sim}{A_1})_\lambda\times(\underset{\sim}{A_2})_\lambda\times\cdots\times(\underset{\sim}{A_n})_\lambda)=f((\underset{\sim}{A_1})_\lambda,(\underset{\sim}{A_2})_\lambda,\cdots,(\underset{\sim}{A_n})_\lambda)\tag{7.4.12}$$

将式(7.4.12)代入式(7.4.11)即证得(1)的第一等式成立，其余等式类似可证。

4. 实数集 R 上的二元运算“ * ”扩张成相应的模糊集运算

有了多元扩张原理，就可以把实数集 **R** 上的任意二元运算“ * ”扩张成 **R** 上模糊集间相应的运算。参见图 7.4.5。

设 $*: \mathbf{R}\times\mathbf{R}\to\mathbf{R}$，$(x,y)\mapsto z=x*y$，按照多元扩张原理有

$$*: \mathscr{F}(\mathbf{R})\times\mathscr{F}(\mathbf{R})\to\mathscr{F}(\mathbf{R})$$
$$(\underset{\sim}{A},\underset{\sim}{B})\mapsto\underset{\sim}{A}*\underset{\sim}{B}\in\mathscr{F}(\mathbf{R})$$

$\underset{\sim}{A}*\underset{\sim}{B}$ 的隶属函数为 $(\underset{\sim}{A}*\underset{\sim}{B})(z)=\bigvee_{x*y=z}(\underset{\sim}{A}(x)*\underset{\sim}{B}(y))$。

特别指出，当 $*$ 为 $+,-,\cdot,\div,\vee,\wedge$ 时，$\underset{\sim}{A}*\underset{\sim}{B}$ 分别为

$$(\underset{\sim}{A}+\underset{\sim}{B})(z)=\bigvee_{x+y=z}(\underset{\sim}{A}(x)\wedge\underset{\sim}{B}(y))=\bigvee_{x\in R}(\underset{\sim}{A}(x)\wedge\underset{\sim}{B}(z-x))$$
$$(\underset{\sim}{A}-\underset{\sim}{B})(z)=\bigvee_{x-y=z}(\underset{\sim}{A}(x)\wedge\underset{\sim}{B}(y))=\bigvee_{x\in R}(\underset{\sim}{A}(x)\wedge\underset{\sim}{B}(x-z))$$
$$(\underset{\sim}{A}\cdot\underset{\sim}{B})(z)=\bigvee_{xy=z}(\underset{\sim}{A}(x)\wedge\underset{\sim}{B}(y))$$

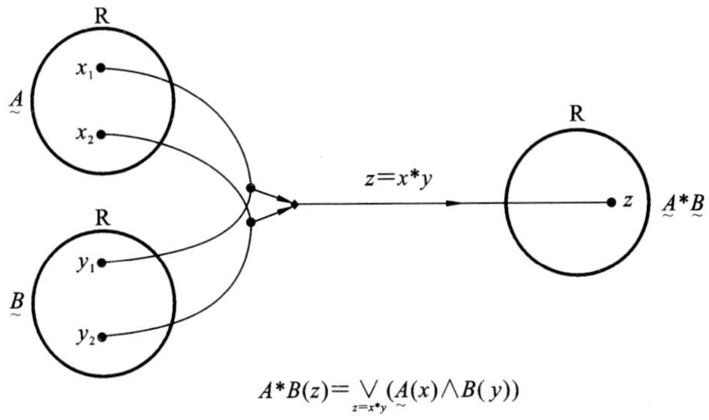

图 7.4.5　二元运算扩张模糊集运算

$$=\begin{cases}\bigvee_{x}(\underset{\sim}{A}(x)\wedge \underset{\sim}{B}(z/x)), & z\neq 0\\ (\underset{\sim}{B}(0)\wedge(\bigvee_{x}\underset{\sim}{A}(x)))\vee(\underset{\sim}{A}(0)\wedge(\bigvee_{y}\underset{\sim}{B}(y))), & z=0\end{cases}$$

$$(\underset{\sim}{A}\div \underset{\sim}{B})(z)=\bigvee_{x\div y=z}(\underset{\sim}{A}(x)\wedge \underset{\sim}{B}(y))$$

$$=\bigvee_{y\in \mathrm{supp}B}(\underset{\sim}{A}(y\cdot z)\wedge \underset{\sim}{B}(y))(0\notin \mathrm{supp}\underset{\sim}{B})$$

$$(\underset{\sim}{A}\vee \underset{\sim}{B})(z)=\bigvee_{x\vee y=z}(\underset{\sim}{A}(x)\vee \underset{\sim}{B}(y))$$

$$(\underset{\sim}{A}\wedge \underset{\sim}{B})(z)=\bigwedge_{x\wedge y=z}(\underset{\sim}{A}(x)\wedge \underset{\sim}{B}(y))$$

例 7.4.2　设 $X=Y=Z=\{0,1,2,\cdots,n\}(n\geqslant 4)$，

$$\underset{\sim}{A}=\text{“近似于 2”}=\frac{0.3}{1}+\frac{1}{2}+\frac{0.3}{3}\in\mathscr{F}(X)$$

$$\underset{\sim}{B}=\text{“近似于 3”}=\frac{0.2}{2}+\frac{1}{3}+\frac{0.2}{4}\in\mathscr{F}(Y)$$

求 $\underset{\sim}{A}+\underset{\sim}{B}$=“近似于 5”。

解

$$(\underset{\sim}{A}+\underset{\sim}{B})(0)=\underset{\sim}{A}(0)\wedge \underset{\sim}{B}(0)=0$$

$$(\underset{\sim}{A}+\underset{\sim}{B})(1)=(\underset{\sim}{A}(1)\wedge \underset{\sim}{B}(0)\vee \underset{\sim}{A}(0)\wedge \underset{\sim}{B}(1))=0$$

$$(\underset{\sim}{A}+\underset{\sim}{B})(2)=(\underset{\sim}{A}(0)\wedge \underset{\sim}{B}(2))\vee(\underset{\sim}{A}(1)\wedge \underset{\sim}{B}(1))\vee(\underset{\sim}{A}(2)\wedge \underset{\sim}{B}(0))=0$$

$$(\underset{\sim}{A}+\underset{\sim}{B})(3)=(\underset{\sim}{A}(0)\wedge \underset{\sim}{B}(3))\vee(\underset{\sim}{A}(1)\wedge \underset{\sim}{B}(2))\vee(\underset{\sim}{A}(2)\wedge \underset{\sim}{B}(1))\vee(\underset{\sim}{A}(3)\wedge \underset{\sim}{B}(0))$$

$$=0.2$$

$$(\underset{\sim}{A}+\underset{\sim}{B})(4)=(\underset{\sim}{A}(1)\wedge \underset{\sim}{B}(3))\vee(\underset{\sim}{A}(2)\wedge \underset{\sim}{B}(2))$$

$$\xlongequal{\text{略去为 0 的项}}(0.3\wedge 1)\vee(1\wedge 0.2)$$

$$=0.3$$

$$(\underset{\sim}{A}+\underset{\sim}{B})(5)=(\underset{\sim}{A}(1)\wedge \underset{\sim}{B}(4))\vee(\underset{\sim}{A}(2)\wedge \underset{\sim}{B}(3))\vee(\underset{\sim}{A}(3)\wedge \underset{\sim}{B}(2))$$

$$=0.2\vee 1\vee 0.2$$
$$=1$$
$$(\underset{\sim}{A}+\underset{\sim}{B})(6)=(\underset{\sim}{A}(3)\wedge \underset{\sim}{B}(3))=0.3$$
$$(\underset{\sim}{A}+\underset{\sim}{B})(7)=(\underset{\sim}{A}(3)\wedge \underset{\sim}{B}(4))=0.2$$

故得

$$\underset{\sim}{A}+\underset{\sim}{B}=\frac{0.2}{3}+\frac{0.3}{4}+\frac{1}{5}+\frac{0.3}{6}+\frac{0.2}{7}=\text{“近似于 5”}$$

7.5 模糊模式识别

模式识别是科学、工程、经济、社会以致生活中经常遇到并要处理的基本问题。这一问题的数学模式就是在已知各种标准类型(数学形式化了的类型)的前提下,判断识别对象属于哪个类型?对象也要数学形式化,有时对象形式化不能做到完整,或者形式化带有模糊性质,此时识别就要运用模糊数学方法。

7.5.1 模糊模式识别的直接方法

1. 问题的数学模型

(1) 第一类模型:在论域 X 上,设有若干模糊集:$\underset{\sim}{A}_1,\underset{\sim}{A}_2,\cdots,\underset{\sim}{A}_n\in\mathscr{F}(X)$,将这些模糊集视为 n 个标准模式,$x_0\in X$ 是待识别的对象,问 x_0 应属于哪个标准模式$\underset{\sim}{A}_i(i=1,2,\cdots,n)$?

(2) 第二类模型:设 $\underset{\sim}{A}\in\mathscr{F}(X)$为标准模式,$x_1,x_2,\cdots,x_n\in X$ 为 n 个待选择的对象,问最优录选对象是哪一个 $x_i(i=1,2,\cdots,n)$?

2. 最大隶属度原则Ⅰ(针对第一类模型)

设$\underset{\sim}{A}_1,\underset{\sim}{A}_2,\cdots,\underset{\sim}{A}_n\in\mathscr{F}(X)$,$x_0\in X$ 是待识对象,若$\underset{\sim}{A}_i$ 满足条件

$$\underset{\sim}{A}_i(x_0)=\max\{\underset{\sim}{A}_1(x_1),\underset{\sim}{A}_2(x_0),\cdots,\underset{\sim}{A}_n(x_0)\} \tag{7.5.1}$$

则认为 x_0 相对隶属于$\underset{\sim}{A}_i$。

3. 最大隶属度原则Ⅱ(针对第二类模型)

设 $\underset{\sim}{A}\in\mathscr{F}(X)$为标准模式,$x_1,x_2,\cdots,x_n\in X$ 为待选对象,若 x_i 满足条件

$$\underset{\sim}{A}(x_i)=\max\{\underset{\sim}{A}(x_1),\underset{\sim}{A}(x_2),\cdots,\underset{\sim}{A}(x_n)\} \tag{7.5.2}$$

则 x_i 为最优录选对象。

以上介绍的两个原则是模糊模式识别中两个常用的方法,称为模式识别的直接方法。

例 7.5.1 设有三个三角形的模糊集:$\underset{\sim}{I}$ 表示“近似等腰三角形”,$\underset{\sim}{R}$ 表示

“近似直角三角形”,$\underset{\sim}{E}$ 表示“近似正三角形”,它们是论域 $X=\{(A,B,C)\mid A+B+C=180,A\geqslant B\geqslant C\geqslant 0\}$上的模糊集,其隶属函数规定如下:

$$\underset{\sim}{I}(A,B,C)=1-\frac{1}{60}\min\{A-B,B-C\}$$

$$\underset{\sim}{R}(A,B,C)=1-\frac{1}{90}|A-90|$$

$$\underset{\sim}{E}(A,B,C)=1-\frac{1}{180}(A-C)$$

因此易验证,当 $A=B$ 或 $B=C$ 时,$\underset{\sim}{I}(A,B,C)=1$,$\underset{\sim}{I}(120,60,0)=0$;当 $A=90$ 时,$\underset{\sim}{R}(A,B,C)=1$,$\underset{\sim}{R}(180,0,0)=0$;当 $A=B=C$ 时,$\underset{\sim}{E}(60,60,60)=1$,$\underset{\sim}{E}(180,0,0)=0$。这说明以上隶属函数在边界情况下是合理的。

现有一个三角形,其三个内角分别为 $A=70$,$B=60$,$C=50$,问这个三角形应该算作哪一类三角形?

解

$$\underset{\sim}{I}(70,60,50)=1-\frac{10}{60}=0.833$$

$$\underset{\sim}{R}(70,60,50)=1-\frac{20}{90}=0.778$$

$$\underset{\sim}{E}(70,60,50)=1-\frac{20}{180}=0.889$$

按最大隶属度原则Ⅰ,这个三角形应该为“近似正三角形”。

例 7.5.2 癌细胞识别问题。

解 在识别癌细胞时,把细胞分成四个标准类型:癌细胞($\underset{\sim}{M}$),重度核异质细胞($\underset{\sim}{N}$),轻度核异质细胞($\underset{\sim}{R}$),正常细胞($\underset{\sim}{T}$)。选取表征细胞状况的七个特征为论域:$X=\{\boldsymbol{x}\mid\boldsymbol{x}=(x_1,x_2,\cdots,x_7)\}$。

x_1:核面积(拍照)　　x_2:核周长

x_3:细胞面积　　x_4:细胞周长

x_5:核内总光密度　　x_6:核内平均光密度

x_7:核内平均透光率

根据病理知识,反映细胞是否癌变的因素有以下六个,它们是 X 上的模糊集。

$$\underset{\sim}{A}:核增大,\underset{\sim}{A}(x)=\left(1+\frac{\alpha_1 x_{10}}{x_1^2}\right)^{-1}\ (x_{10}为正常核面积)$$

$$\underset{\sim}{B}:核染色增深,\underset{\sim}{B}(x)=\left(1+\frac{\alpha_2}{x_5^2}\right)^{-1}$$

$$\underset{\sim}{C}:核浆比例倒置,\underset{\sim}{C}(x)=\left(1+\frac{\alpha_3}{x_1^2}\right)^{-1}$$

$$\underset{\sim}{D}\text{:核内染色质不匀},\underset{\sim}{D}(x)=\left[1+\frac{\alpha_4 x_7^2}{(x_7+\lg x_6)^2}\right]^{-1}$$

$$\underset{\sim}{E}\text{:核畸形},\underset{\sim}{E}(x)=\left[1+\frac{\alpha_5}{\left(\frac{x_2^2}{x_1}-4\pi\right)^2}\right]^{-1}$$

$$\underset{\sim}{F}\text{:细胞畸形},\underset{\sim}{F}(x)=\left[1+\frac{\alpha_6}{\left(\frac{x_4^2}{x_3}-\frac{x_{40}^2}{x_{30}}\right)^2}\right]^{-1}$$（x_{40}，x_{30}是正常细胞周长和正常细胞面积）

上述六个因素中的 $\alpha_1,\alpha_2,\alpha_3,\alpha_4,\alpha_5,\alpha_6$ 是可以调整的参数。

由 $\underset{\sim}{A},\underset{\sim}{B},\cdots,\underset{\sim}{F}$ 这六个因素模糊集，可以组合成如下细胞识别中的几个标准模型（模糊集）。

$$\underset{\sim}{M}\text{:癌},\underset{\sim}{M}=(\underset{\sim}{A}\cap\underset{\sim}{B}\cap\underset{\sim}{C}\cap(\underset{\sim}{D}\cup\underset{\sim}{E}))\cup\underset{\sim}{F}$$

$$\underset{\sim}{N}\text{:重度核异质},\underset{\sim}{N}=\underset{\sim}{A}\cap\underset{\sim}{B}\cap\underset{\sim}{C}\cap\underset{\sim}{M}^{\mathrm{C}}$$

$$\underset{\sim}{R}\text{:轻度核异质},\underset{\sim}{R}=\underset{\sim}{A}^{\frac{1}{2}}\cap\underset{\sim}{B}^{\frac{1}{2}}\cap\underset{\sim}{C}^{\frac{1}{2}}\cap\underset{\sim}{M}^{\mathrm{C}}\cap\underset{\sim}{N}^{\mathrm{C}}$$

$$\underset{\sim}{K}\text{:正常},\underset{\sim}{K}=\underset{\sim}{M}^{\mathrm{C}}\cap\underset{\sim}{N}^{\mathrm{C}}\cap\underset{\sim}{R}^{\mathrm{C}}$$

上述定义中的模糊集$\underset{\sim}{A}^{\frac{1}{2}}$表示其隶属函数为$\underset{\sim}{A}^{\frac{1}{2}}(x)=(\underset{\sim}{A}(x))^{\frac{1}{2}}$，另外两个模糊集$\underset{\sim}{B}^{\frac{1}{2}}$、$\underset{\sim}{C}^{\frac{1}{2}}$的隶属函数有类似的意义。

给定一个待识细胞 $x\in X$，可以测出其七个特征值：$x_1,x_2,\cdots,x_7$，由此计算 $\underset{\sim}{A}(x),\underset{\sim}{B}(x),\cdots,\underset{\sim}{F}(x)$，再由此计算出 $\underset{\sim}{M}(x)$、$\underset{\sim}{N}(x)$、$\underset{\sim}{R}(x)$、$\underset{\sim}{K}(x)$，最后按最大隶属度原则Ⅰ可以鉴别它应归属于 $\underset{\sim}{M}$、$\underset{\sim}{N}$、$\underset{\sim}{R}$、$\underset{\sim}{K}$ 中的哪一类。

例 7.5.3 选择优秀考生。

解 设考试的科目有六门

x_1：政治　　x_2：语文　　x_3：数学

x_4：物理、化学　　x_5：历史、地理　　x_6：外语

考生为 $y_1,y_2,\cdots,y_n$，组成问题的论域 $Y=\{y_1,y_2,\cdots,y_n\}$，设 $\underset{\sim}{A}$="优秀"，是Y上的模糊集，$\underset{\sim}{A}(y_i)$是第 i 个学生隶属于优秀的程度。给定 $\underset{\sim}{A}(y_i)$的计算方法如下：

$$\underset{\sim}{A}(y_i)=\frac{1}{600}\sum_{j=1}^{6}\alpha_j x_{ji}$$

式中 $i=1,2,\cdots,n$ 是考生的编号，$j=1,2,\cdots,6$ 是考试科目的编号，α_j 是第 j 个考试科目的权重系数。

按照最大隶属度原则Ⅱ，就可根据计算出的各考生隶属于"优秀"的程度（隶属度）来排序。

例如若令 $\alpha_1=\alpha_2=\alpha_3=1,\alpha_4=\alpha_5=0.8,\alpha_6=0.7$，有四个考生 $y_1,y_2,\cdots,y_4$，其考试成绩分别如表 7.5.1 所示。

表 7.5.1　考生成绩表

y_i	x_1	x_2	x_3	x_4	x_5	x_6
y_1	71	63	82	90	85	70
y_2	85	82	63	84	91	82
y_3	63	68	95	94	62	70
y_4	92	89	61	63	87	81

则可以计算出

$$\underset{\sim}{A}(y_1)=\frac{405}{600}=0.675$$

$$\underset{\sim}{A}(y_2)=\frac{427.4}{600}=0.712$$

$$\underset{\sim}{A}(y_3)=\frac{399.8}{600}=0.666$$

$$\underset{\sim}{A}(y_4)=\frac{418.7}{600}=0.698$$

于是这四个考生在“优秀”模糊集中的排序为 y_2,y_4,y_1,y_3。

4. 阈值原则

有时我们要识别的问题，并不是已知若干模糊集，求论域中的元素最大隶属于哪个模糊集（第一类模型），也不是已知一个模糊集，对论域中的若干元素选择最佳隶属元素（第二类模型），而是已知一个模糊集，问论域中的元素能否在某个阈值限制下隶属于该模糊集对应的概念或事物，这就是阈值原则。该原则的数学描述如下：

已知 $\underset{\sim}{A}\in\mathscr{F}(X)$，$x\in X$，给定阈值 α，若有

$$\underset{\sim}{A}(x)\geqslant\alpha \tag{7.5.3}$$

则认为 x 隶属于 $\underset{\sim}{A}$ 对应的概念或事物。

阈值原则也可以用截集的概念来描述，即已知 $\underset{\sim}{A}\in\mathscr{F}(X)$，$x\in X$，给定阈值 α，若有

$$x\in A_\alpha \tag{7.5.4}$$

则认为 x 隶属于 $\underset{\sim}{A}$ 对应的概念或事物。

例 7.5.4　对于例 7.5.1 之三角形识别问题，若给定 $\alpha_1=0.85$，则因 $\underset{\sim}{E}(70,60,50)=0.889>\alpha$，所以 $\Delta(70,60,50)$ 可认为属于“近似正三角形”。若给定 α_2

$=0.8$，则因 $\underset{\sim}{I}(70,60,50)=0.833>\alpha_2$，$\underset{\sim}{E}(70,60,50)=0.889>\alpha_2$，所以 $\Delta(70,60,50)$ 可认为既属于"近似等腰三角形"又属于"近似正三角形"。这就是说在模糊集的识别问题中，有时也不是唯一的，也存在着"亦此亦彼"的情况。

例 7.5.5 已知"年轻人"模糊集 $\underset{\sim}{Y}$，其隶属度规定为例 7.1.8 的情况，即

$$\underset{\sim}{Y}(x)=\begin{cases}1, & 0\leqslant x\leqslant 25\\ \left[1+\left(\dfrac{x-25}{5}\right)^2\right]^{-1}, & x>25\end{cases}$$

对于 $x_1=27$ 岁及 $x_2=30$ 岁的人来说，若阈值取 $a_1=0.7$，则因 $\underset{\sim}{Y}(27)=0.862>a_1$，而 $\underset{\sim}{Y}(30)=0.5<a_1$，故认为 27 岁的人尚属"年轻人"，而 30 岁的人则不属于"年轻人"；而若取 $a_2=0.5$，则因 $\underset{\sim}{Y}(27)>a_2$，$\underset{\sim}{Y}(30)>a_2$，故认为 27 岁和 30 岁的人都属于"年轻人"的范畴。

例 7.5.6 按气候谚语来预报地区冬季的降雪量。

内蒙古丰镇地区流行三条谚语：① 夏热冬雪大；② 秋霜晚冬雪大；③ 秋分刮西北风冬雪大。现在根据这三条谚语来预报丰镇地区冬雪降雪量。

为描述"夏热"($\underset{\sim}{A_1}$)、"秋霜晚"($\underset{\sim}{A_2}$)、"秋分刮西北风"($\underset{\sim}{A_3}$)等概念，在气象现象中提取以下特征。

x_1：当年 6—7 月份的平均气温。

x_2：当年秋季初霜日期。

x_3：当年秋分日的风向与正西方向的夹角。

于是模糊集 $\underset{\sim}{A_1}$、$\underset{\sim}{A_2}$、$\underset{\sim}{A_3}$ 的隶属函数可分别定义为

$$\underset{\sim}{A_1}(x_1)=\begin{cases}1, & x_1\geqslant \bar{x}_1\\ 1-\dfrac{1}{2\sigma_1^2}(x_1-\bar{x}_1)^2, & x_1-\sqrt{2}\sigma_1<x_1<\bar{x}_1\\ 0, & x_1<\bar{x}_1-\sqrt{2}\sigma_1\end{cases}$$

其中：$\bar{x}_1$ 是丰镇地区若干年 6—7 月份气温的平均值；σ_1 为方差。实际预报时取 $\bar{x}_1=19$ ℃，$2\sigma_1^2=0.98$。

$$\underset{\sim}{A_2}(x_2)=\begin{cases}1, & x_2\geqslant \bar{x}_2\\ \dfrac{x_2-a_2}{\bar{x}_2-a_2}, & a_2<x_2<\bar{x}_2\\ 0, & x_2\leqslant a_2\end{cases}$$

其中：$\bar{x}_2$ 是若干年秋季初霜日的平均值；a_2 是经验参数。实际预报时取 $\bar{x}_2=17$（即 9 月 17 日），$a_2=10$（即 9 月 10 日）。

$$\underset{\sim}{A}_3(x_3)=\begin{cases}1, & 270^\circ\leqslant x_3\leqslant 360^\circ\\ -\sin x_3, & 180^\circ< x_2< 270^\circ\\ 0, & 90^\circ\leqslant x_3\leqslant 180^\circ\\ \cos x_3, & 0< x_3< 90^\circ\end{cases}$$

取论域 $X=\{\boldsymbol{x}\mid\boldsymbol{x}=(x_1,x_2,x_3)\}$,“冬雪大”可以表示为论域 X 上的模糊集 $\underset{\sim}{C}$,其隶属函数为

$$\underset{\sim}{C}(x)=\underset{\sim}{A}_1(x_1)\wedge\underset{\sim}{A}_2(x_2)\vee\underset{\sim}{A}_3(x_3)$$

采用阈值原则,取阈值 $\alpha=0.8$,测定当年的气候因子 $\boldsymbol{x}=(x_1,x_2,x_3)$,计算 $\underset{\sim}{C}(x)$。若 $\underset{\sim}{C}(x)\geqslant 0.8$,则预报当年冬季“多雪”;否则预报“少雪”。

用这一方法对丰镇 1959—1970 年的降雪量作了预报,除了 1965 年以外,其余预报均符合,历史拟合率达 11/12。

7.5.2 模糊距离与模糊度

在实际问题中,我们常常要比较两个模糊集的模糊距离或模糊贴近度,前者反映两个模糊集的差异程度,后者则表示两个模糊集相互接近的程度,这是一个事情的两个方面。如果待识别的对象不是论域 X 中的元素 x,而是模糊集 $\underset{\sim}{A}$,已知的模糊集 $\underset{\sim}{A}_1,\underset{\sim}{A}_2,\cdots,\underset{\sim}{A}_n$,那么问 $\underset{\sim}{A}$ 属于哪个 $\underset{\sim}{A}_i(i=1,2,\cdots,n)$? 就是又一类模糊模式识别问题。要解决这个问题,就必须先了解模糊集之间的距离或贴近度。

1. 模糊距离

定义 7.5.1 设 $\underset{\sim}{A}$、$\underset{\sim}{B}\in\mathscr{F}(X)$,$X\in\{x_1,x_2,\cdots,x_n\}$,则 $\underset{\sim}{A}$ 与 $\underset{\sim}{B}$ 的距离 $d_p(\underset{\sim}{A},\underset{\sim}{B})$ 可根据其中元素的隶属度,由下式定义:

$$d_p(\underset{\sim}{A},\underset{\sim}{B})=\left(\sum_{i=1}^{n}\left|\underset{\sim}{A}(x_i)-\underset{\sim}{B}(x_i)\right|^p\right)^{1/p},\quad p\geqslant 1 \tag{7.5.5}$$

式中:$d_p(\underset{\sim}{A},\underset{\sim}{B})$ 称为 $\mathscr{F}(X)$ 上的 Minkowski(闵可夫斯基)距离。当 X 是连续区间时,例如 $X=[a,b]$,则 Minkowski 距离定义为

$$d_p(\underset{\sim}{A},\underset{\sim}{B})=\left[\int_a^b\left|\underset{\sim}{A}(x)-\underset{\sim}{B}(x)\right|^p\mathrm{d}x\right]^{1/p},\quad p\geqslant 1 \tag{7.5.6}$$

特别指出:当 $p=1$ 时,称 $d_1(\underset{\sim}{A},\underset{\sim}{B})$ 为 $\underset{\sim}{A}$ 与 $\underset{\sim}{B}$ 的 Hamming(海明)距离;当 $p=2$ 时,称 $d_2(\underset{\sim}{A},\underset{\sim}{B})$ 为 $\underset{\sim}{A}$ 与 $\underset{\sim}{B}$ 的 Euclid 距离。

有时为了方便起见,需限制模糊集的距离在[0,1]中,因此定义模糊集的相对距离 $d'_p(\underset{\sim}{A},\underset{\sim}{B})$ 如下:

(1) 相对 Minkowski 距离

$$d'_p(\underset{\sim}{A},\underset{\sim}{B}) = \left(\frac{1}{n}\sum_{i=1}^{n} |\underset{\sim}{A}(x_i) - \underset{\sim}{B}(x_i)|^p\right)^{1/p} \tag{7.5.7}$$

$$d'_p(\underset{\sim}{A},\underset{\sim}{B}) = \left[\frac{1}{b-a}\int_a^b |\underset{\sim}{A}(x) - \underset{\sim}{B}(x)|^p \mathrm{d}x\right]^{1/p} \tag{7.5.8}$$

(2) 相对 Hamming 距离

$$d'_1(\underset{\sim}{A},\underset{\sim}{B}) = \frac{1}{n}\sum_{i=1}^{n} |\underset{\sim}{A}(x_i) - \underset{\sim}{B}(x_i)| \tag{7.5.9}$$

$$d'_1(\underset{\sim}{A},\underset{\sim}{B}) = \frac{1}{b-a}\int_a^b |\underset{\sim}{A}(x) - \underset{\sim}{B}(x)|^p \mathrm{d}x \tag{7.5.10}$$

(3) 相对 Euclid 距离

$$d'_2(\underset{\sim}{A},\underset{\sim}{B}) = \left(\frac{1}{n}\sum_{i=1}^{n} |\underset{\sim}{A}(x_i) - \underset{\sim}{B}(x_i)|^2\right)^{1/2} \tag{7.5.11}$$

$$d'_2(\underset{\sim}{A},\underset{\sim}{B}) = \left[\frac{1}{b-a}\int_a^b |\underset{\sim}{A}(x) - \underset{\sim}{B}(x)|^p \mathrm{d}x\right]^{1/2} \tag{7.5.12}$$

有时对于论域中的元素的隶属度的差别还要考虑到权重 $W(x)$，此时就有加权的模糊集距离。一般权重函数满足下述条件：

① 当 $X \in \{x_1, x_2, \cdots, x_n\}$ 时，有 $\sum\limits_{i=1}^{n} W(x_i) = 1$；

② 当 $X = [a, b]$ 时，有 $\int_a^b W(x)\mathrm{d}x = 1$。

加权 Minkowski 距离的定义为

$$dw_p(\underset{\sim}{A},\underset{\sim}{B}) = \left(\sum_{i=1}^{n} (W(x_i)|\underset{\sim}{A}(x_i) - \underset{\sim}{B}(x_i)|)^p\right)^{1/p} \tag{7.5.13}$$

$$dw_p(\underset{\sim}{A},\underset{\sim}{B}) = \left[\int_a^b (W(x)|\underset{\sim}{A}(x) - \underset{\sim}{B}(x)|)^p \mathrm{d}x\right]^{1/p} \tag{7.5.14}$$

加权 Hamming 距离的定义为

$$dw_1(\underset{\sim}{A},\underset{\sim}{B}) = \sum_{i=1}^{n} W(x_i)|\underset{\sim}{A}(x_i) - \underset{\sim}{B}(x_i)| \tag{7.5.15}$$

$$dw_1(\underset{\sim}{A},\underset{\sim}{B}) = \int_a^b W(x)|\underset{\sim}{A}(x) - \underset{\sim}{B}(x)|\mathrm{d}x \tag{7.5.16}$$

加权 Euclid 距离的定义为

$$dw_2(\underset{\sim}{A},\underset{\sim}{B}) = \left(\sum_{i=1}^{n} (W(x_i)|\underset{\sim}{A}(x_i) - \underset{\sim}{B}(x_i)|)^2\right)^{1/2} \tag{7.5.17}$$

$$dw_2(\underset{\sim}{A},\underset{\sim}{B}) = \left[\int_a^b (W(x)|\underset{\sim}{A}(x) - \underset{\sim}{B}(x)|)^2 \mathrm{d}x\right]^{1/2} \tag{7.5.18}$$

例 7.5.7 欲将在 A 地生长良好的某农作物移植到 B 地或 C 地，问 B、C

两地哪个更适宜?

解 气温、湿度、土壤是农作物生长的必要条件,因而 A、B、C 三地的情况可以表示为论域 $X=\{x_1$(气温),x_2(湿度),x_3(土壤)$\}$上的模糊集。经测定,这三个模糊集为

$$\underset{\sim}{A}=\frac{0.8}{x_1}+\frac{0.4}{x_2}+\frac{0.6}{x_3}$$

$$\underset{\sim}{B}=\frac{0.9}{x_1}+\frac{0.5}{x_2}+\frac{0.3}{x_3}$$

$$\underset{\sim}{C}=\frac{0.6}{x_1}+\frac{0.6}{x_2}+\frac{0.5}{x_3}$$

设权重系数为

$$W=(0.5,0.23,0.27)$$

计算 $\underset{\sim}{A}$ 与 $\underset{\sim}{B}$ 及 $\underset{\sim}{A}$ 与 $\underset{\sim}{C}$ 的加权 Hamming 距离,得

$$\begin{aligned}dw_1(\underset{\sim}{A},\underset{\sim}{B})&=0.5\times|0.8-0.9|+0.23\times|0.4-0.5|+0.27\times|0.6-0.3|\\&=0.154\end{aligned}$$

$$\begin{aligned}dw_1(\underset{\sim}{A},\underset{\sim}{C})&=0.5\times|0.8-0.6|+0.23\times|0.4-0.6|+0.27\times|0.6-0.5|\\&=0.173\end{aligned}$$

由于 $dw_1(\underset{\sim}{A},\underset{\sim}{B})<dw_1(\underset{\sim}{A},\underset{\sim}{C})$,说明 $\underset{\sim}{A}$,$\underset{\sim}{B}$ 环境比较相似,该农作物宜于移植 B 地。

定义 7.5.2(距离的公理化定义) 设 $\underset{\sim}{A},\underset{\sim}{B},\underset{\sim}{C}\in\mathscr{F}(X)$,映射

$$d:\mathscr{F}(X)\times\mathscr{F}(X)\rightarrow[0,1]$$
$$(\underset{\sim}{A},\underset{\sim}{B})\mapsto d(\underset{\sim}{A},\underset{\sim}{B})$$

称为模糊集的距离,如果满足条件:

(1) $d(\underset{\sim}{A},\underset{\sim}{B})\geqslant 0$,非负性;

(2) $d(\underset{\sim}{A},\underset{\sim}{B})=d(\underset{\sim}{B},\underset{\sim}{A})$,对称性;

(3) $d(\underset{\sim}{A},\underset{\sim}{A})=0$;

(4) $d(\underset{\sim}{A},\underset{\sim}{C})=d(\underset{\sim}{A},\underset{\sim}{B})*d(\underset{\sim}{B},\underset{\sim}{C})$,式中的“$*$”是定义的某种运算。

可以证明对于“+”运算,定义 7.5.1 所给的几种形式的距离,符合上述距离的四个条件。

2. 模糊度

表示模糊集的模糊性程度的数量指标,称为模糊度。

定义 7.5.3 设 $\underset{\sim}{A}\in\mathscr{F}(X)$,$\underset{\approx}{A}\in\mathscr{F}(X)$是与 $\underset{\sim}{A}$ 最接近的普通集,若 $\underset{\approx}{A}$ 的特征函数定义如下(见图 7.5.1):

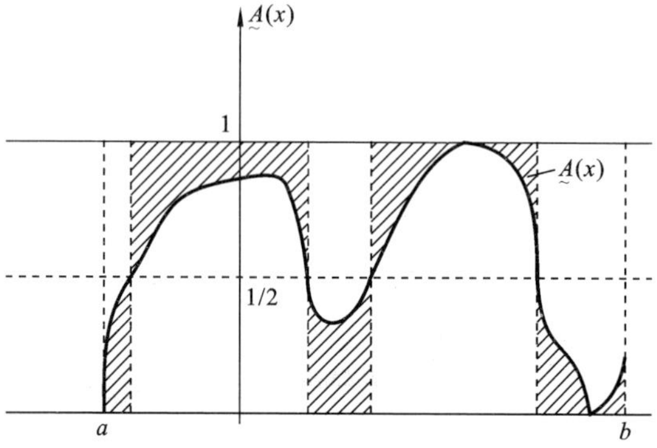

图 7.5.1　与模糊集最接近的普通集 $\underset{\simeq}{A}$

$$\underset{\simeq}{A}(x)=\begin{cases}0, & \underset{\sim}{A}(x)\leqslant 0.5\\ 1, & \underset{\sim}{A}(x)>0.5\end{cases}$$

例 7.5.8　设 $\underset{\sim}{A}=\{0.2/x_1,0.8/x_2,0.5/x_3,0.3/x_4,1/x_5,0/x_6,0.9/x_7,0.4/x_8\}$，则有 $\underset{\simeq}{A}=\{0/x_1,1/x_2,0/x_3,0/x_4,1/x_5,0/x_6,1/x_7,0/x_8\}$。

显然一个模糊集 $\underset{\sim}{A}$ 与其最接近的普通集的距离越远，则其模糊性越大，所以我们就用距离 $d(\underset{\sim}{A},\underset{\simeq}{A})$ 来定义模糊度。

定义 7.5.4　设 $\underset{\sim}{A}\in\mathscr{F}(X)$，与 $\underset{\sim}{A}$ 最接近的普通集为 $\underset{\simeq}{A}$，则 $\underset{\sim}{A}$ 的模糊度 $\nu(\underset{\sim}{A})$ 定义如下。

(1) 对于离散情况：

$$v_1(\underset{\sim}{A})=\frac{2}{n}d_1(\underset{\sim}{A},\underset{\simeq}{A}) \tag{7.5.19}$$

$$v_2(\underset{\sim}{A})=\frac{2}{\sqrt{n}}d_2(\underset{\sim}{A},\underset{\simeq}{A}) \tag{7.5.20}$$

(2) 对于连续情况：

$$v_1(\underset{\sim}{A}) = \frac{2}{b-a}\int_a^b\left|\underset{\sim}{A}(x)-\underset{\simeq}{A}(x)\right|\mathrm{d}x \tag{7.5.21}$$

$$v_2(\underset{\sim}{A}) = \left[\frac{2}{\sqrt{b-a}}\int_a^b\left|\underset{\sim}{A}(x)-\underset{\simeq}{A}(x)\right|^2\mathrm{d}x\right]^{1/2} \tag{7.5.22}$$

式中的分子取 2，是因为 $0\leqslant d(\underset{\sim}{A},\underset{\simeq}{A})\leqslant\frac{1}{2}$，取 2 以后就能保证 $0\leqslant\nu(\underset{\sim}{A},\underset{\simeq}{A})\leqslant 1$。

命题 7.5.1　设 $\underset{\sim}{A}\in\mathscr{F}(X)$，则有

$$\nu(\underset{\sim}{A}) = \frac{2}{n}\sum_{i=1}^{n}(\underset{\sim}{A}\cap\overline{\underset{\sim}{A}})(x_i) \tag{7.5.23}$$

证明 因为

$$(\underset{\sim}{A}\cap\overline{\underset{\sim}{A}})(x)=\begin{cases}1-\underset{\sim}{A}(x), & \underset{\sim}{A}(x)\geqslant\dfrac{1}{2}\\ \underset{\sim}{A}(x), & \underset{\sim}{A}(x)<\dfrac{1}{2}\end{cases}$$

又有

$$|\underset{\sim}{A}(x)-\underset{\simeq}{A}(x)|=\begin{cases}1-\underset{\sim}{A}(x), & \underset{\sim}{A}(x)\geqslant\dfrac{1}{2}\\ \underset{\sim}{A}(x), & \underset{\sim}{A}(x)<\dfrac{1}{2}\end{cases}$$

故有

$$(\underset{\sim}{A}\cap\overline{\underset{\sim}{A}})(x)=|\underset{\sim}{A}(x)-\underset{\simeq}{A}(x)|$$

所以

$$\begin{aligned}v_1(\underset{\sim}{A})&=\frac{2}{n}d_1(\underset{\sim}{A},\underset{\simeq}{A})=\frac{2}{n}\sum_{i=1}^{n}|\underset{\sim}{A}(x_i)-\underset{\simeq}{A}(x_i)|\\&=\frac{2}{n}\sum_{i=1}^{n}(\underset{\sim}{A}\cap\overline{\underset{\sim}{A}})(x_i)\end{aligned}$$

对于 $v_2(\underset{\sim}{A})$，$v_p(\underset{\sim}{A})$的情况亦然。 ※

推论

$$\nu(\overline{\underset{\sim}{A}})=\nu(\underset{\sim}{A}) \tag{7.5.24}$$

证明 因为 $(\underset{\sim}{A}\cap\overline{\underset{\sim}{A}})(x)=(\overline{\underset{\sim}{A}}\cap\underset{\sim}{A})(x)$

所以

$$\begin{aligned}\nu(\overline{\underset{\sim}{A}})&=\frac{2}{n}\sum_{i=1}^{n}(\overline{\underset{\sim}{A}}\cap\overline{\overline{\underset{\sim}{A}}})(x_i)\\&=\frac{2}{n}\sum_{i=1}^{n}(\overline{\underset{\sim}{A}}\cap\underset{\sim}{A})(x_i)\\&=\frac{2}{n}\sum_{i=1}^{n}(\underset{\sim}{A}\cap\overline{\underset{\sim}{A}})(x_i)\\&=\nu(\underset{\sim}{A})\end{aligned}$$ ※

命题 7.5.2 设 $\underset{\sim}{A},\underset{\sim}{B}\in\mathscr{F}(X)$，$\underset{\simeq}{A},\underset{\simeq}{B}\in\mathscr{P}(X)$，则对 $\underset{\simeq}{A}$、$\underset{\simeq}{B}$ 有下列性质：

(1) $\underline{\underset{\sim}{A}\cap\underset{\sim}{B}}=\underset{\simeq}{A}\cap\underset{\simeq}{B}$；

(2) $\underline{\underset{\sim}{A}\cup\underset{\sim}{B}}=\underset{\simeq}{A}\cup\underset{\simeq}{B}$；

(3) $\forall x\in X$，$|\underset{\sim}{A}(x)-\underset{\simeq}{A}(x)|=(\underset{\sim}{A}\cap\overline{\underset{\sim}{A}})(x)$。

其中：(3)已于命题 7.5.1 中证明；(1)(2)易证，证明从略。

例 7.5.9 由例 7.5.8 知

$$\overline{\underset{\sim}{A}}=\{0.8/x_1,0.2/x_2,0.5/x_3,0.7/x_4,0/x_5,1/x_6,0.1/x_7,0.6/x_8\}$$

所以

$$\underset{\sim}{A}\cap\overline{\underset{\sim}{A}}=\{0.2/x_1,0.2/x_2,0.5/x_3,0.3/x_4,0/x_5,0/x_6,0.1/x_7,0.4/x_8\}$$

$$v_2(\underset{\sim}{A})=\frac{2}{8}\sum_{i=1}^{8}(\underset{\sim}{A}\cap\overline{\underset{\sim}{A}})(x_i)=0.425$$

如果已知 $\underset{\sim}{A},\underset{\sim}{B}\in\mathscr{F}(X)$，则模糊度 $\nu(\underset{\sim}{A})$、$\nu(\underset{\sim}{B})$ 可以按照上述定义求出。如果知道 $\underset{\sim}{A}\cap\underset{\sim}{B}$ 及 $\underset{\sim}{A}\cup\underset{\sim}{B}$ 也是模糊集，那么这两个模糊集的模糊度是比 $\underset{\sim}{A}$ 或 $\underset{\sim}{B}$ 的模糊度大还是小？

我们举例来回答这一问题。

例 7.5.10 已知 $\underset{\sim}{A},\underset{\sim}{B},\underset{\sim}{A}',\underset{\sim}{B}'\in\mathscr{F}(x_1,x_2,x_3)$，可以计算出 $\underset{\sim}{A}\cap\underset{\sim}{B},\underset{\sim}{A}'\cap\underset{\sim}{B}'$ 及相应的各模糊集的模糊度如下：

$$\underset{\sim}{A}=\frac{0.2}{x_1}+\frac{0.6}{x_2}+\frac{0.1}{x_3},\quad v_1(\underset{\sim}{A})=0.46$$

$$\underset{\sim}{B}=\frac{0.6}{x_1}+\frac{0.3}{x_2}+\frac{0.8}{x_3},\quad v_1(\underset{\sim}{B})=0.60$$

$$\underset{\sim}{A}\cap\underset{\sim}{B}=\frac{0.2}{x_1}+\frac{0.3}{x_2}+\frac{0.1}{x_3},\quad v_1(\underset{\sim}{A}\cap\underset{\sim}{B})=0.40$$

$$\underset{\sim}{A}'=\frac{0.8}{x_1}+\frac{0.6}{x_2}+\frac{0.8}{x_3},\quad v_1(\underset{\sim}{A}')=0.53$$

$$\underset{\sim}{B}'=\frac{0.4}{x_1}+\frac{0.7}{x_2}+\frac{0.2}{x_3},\quad v_1(\underset{\sim}{B}')=0.60$$

$$\underset{\sim}{A}'\cap\underset{\sim}{B}'=\frac{0.4}{x_1}+\frac{0.6}{x_2}+\frac{0.2}{x_3},\quad v_1(\underset{\sim}{A}'\cap\underset{\sim}{B}')=0.66$$

由此可见，$\underset{\sim}{A}\cap\underset{\sim}{B}$ 的模糊度比 $\underset{\sim}{A}$ 及 $\underset{\sim}{B}$ 的模糊度小，但 $\underset{\sim}{A}'\cap\underset{\sim}{B}'$ 的模糊度又分别比 $\underset{\sim}{A}'$ 及 $\underset{\sim}{B}'$ 的模糊度大。对于 $\underset{\sim}{A}\cup\underset{\sim}{B}$ 的模糊度也有同样的情况。所以，模糊集的交与并的模糊度与原来的模糊集的模糊度相比，不能肯定是大一些还是小一些。

3. 用“熵”来定义模糊度

以上是用距离来定义模糊度。这一定义的缺陷是没有考虑一个模糊集的隶属度的不均匀程度。例如，若有一个模糊集 $\underset{\sim}{A}=\frac{0.1}{x_1}+\frac{0.1}{x_2}+\cdots+\frac{0.1}{x_n}$，则可以计算出 $v_1(\underset{\sim}{A})=0.2$，也就是说这个模糊集 $\underset{\sim}{A}$ 的模糊度很小，其实这个模糊集并无多大意义，因为每个元素的隶属度都很小。

“熵”原是一个热力学概念，统计物理学用它来表示分子不规则运动的程度，信息论中则把它作为随机变量无约束程度的一种度量。用它来表示模糊度，可以突出隶属度的不均匀性。

设系统有 n 个状态，每个状态出现的概率为 $p_1,p_2,\cdots,p_n$，则系统的“熵”定义为

$$H(p_1,p_2,\cdots,p_n)=-\sum_{i=1}^{n}p_i\ln p_i \tag{7.5.25}$$

由此易知

$$H=0(H_{\min}),\quad 当\ p_r=1,r\in\{1,2,\cdots,n\},p_i=0,i\neq r$$

$$H=\ln n(H_{\max}),\quad 当\ p_1=p_2=\cdots=p_n=p=\frac{1}{n}$$

若用下述公式表示熵

$$H(p_1,p_2,\cdots,p_n)=-\frac{1}{\ln n}\sum_{i=1}^{n}p_i\ln p_i \tag{7.5.26}$$

则熵 $H\in[0,1]$，并且有 $H_{\min}=0,H_{\max}=1$。$H=0$ 的状态是系统最不均匀的状态，而 $H=1$ 的状态则是系统达到平衡的状态。

例 7.5.11 设 $\underset{\sim}{A}=\frac{0.7}{x_1}+\frac{0.9}{x_2}+\frac{0}{x_3}+\frac{0.6}{x_4}+\frac{0.5}{x_5}+\frac{1}{x_6}$，令

$$\pi_{\underset{\sim}{A}}(x_i)=\frac{\underset{\sim}{A}(x_i)}{\sum_{i=1}^{6}\underset{\sim}{A}(x_i)}$$

于是有

$$\pi_{\underset{\sim}{A}}(x_1)=\frac{7}{37},\quad \pi_{\underset{\sim}{A}}(x_2)=\frac{9}{37},\quad \pi_{\underset{\sim}{A}}(x_3)=0$$

$$\pi_{\underset{\sim}{A}}(x_4)=\frac{6}{37},\quad \pi_{\underset{\sim}{A}}(x_5)=\frac{5}{37},\quad \pi_{\underset{\sim}{A}}(x_6)=\frac{10}{37}$$

将 $\pi_{\underset{\sim}{A}}(x_i)$ 视作 p_i，应用式(7.5.26)的熵的表示式，就有

$$\begin{aligned}
&H(\pi_{\underset{\sim}{A}}(x_1),\pi_{\underset{\sim}{A}}(x_2),\cdots,\pi_{\underset{\sim}{A}}(x_6))\\
&=-\frac{1}{\ln 6}\sum_{i=1}^{6}\pi_{\underset{\sim}{A}}(x_i)\cdot\ln\pi_{\underset{\sim}{A}}(x_i)\\
&=-\frac{1}{\ln 6}\left(\frac{7}{37}\ln\frac{7}{37}+\frac{9}{37}\ln\frac{9}{37}+\frac{6}{37}\ln\frac{6}{37}+\frac{5}{37}\ln\frac{5}{37}+\frac{10}{37}\ln\frac{10}{37}\right)\\
&=0.89
\end{aligned}$$

定义 7.5.5 设 $\underset{\sim}{A}=\left\{\frac{\underset{\sim}{A}(x_1)}{x_1}+\frac{\underset{\sim}{A}(x_2)}{x_2}+\cdots+\frac{\underset{\sim}{A}(x_n)}{x_n}\right\}$，令

$$\pi_{\underset{\sim}{A}}(x_i)=\frac{\underset{\sim}{A}(x_i)}{\sum_{i=1}^{n}\underset{\sim}{A}(x_i)} \tag{7.5.27}$$

则模糊熵 H 的定义如下：

$$\begin{aligned}&H(\pi_{\underset{\sim}{A}}(x_1),\pi_{\underset{\sim}{A}}(x_2),\cdots,\pi_{\underset{\sim}{A}}(x_n))\\&=-\frac{1}{\ln n}\sum_{i=1}^{n}\pi_{\underset{\sim}{A}}(x_i)\cdot\ln\pi_{\underset{\sim}{A}}(x_i)\\&=\frac{1}{\ln n\cdot\sum_{i=1}^{n}\underset{\sim}{A}(x_i)}\left[\left(\sum_{i=1}^{n}\underset{\sim}{A}(x_i)\cdot(\ln\sum_{i=1}^{n}\underset{\sim}{A}(x_i)\right)-\sum_{i=1}^{n}\underset{\sim}{A}(x_i)\cdot\ln\underset{\sim}{A}(x_i)\right]\end{aligned}\tag{7.5.28}$$

定义 7.5.6 用信息论中的 Shannon(香农)函数 $S(x)$来定义“熵”。香农函数是

$$S(x)=-x\ln x-(1-x)\ln(1-x),\quad x\in(0,1)$$

约定

$$S(0)=\lim_{x\to0^+}S(x)=0,\quad S(1)=\lim_{x\to1^-}S(x)=0$$

设 $\underset{\sim}{A}=\{\underset{\sim}{A}(x_i)/x_i\,|\,i=1,2,\cdots,n\}$，以 $\underset{\sim}{A}(x_i)$代替香农函数中的 x，则模糊集中的 $\underset{\sim}{A}$ 的模糊熵可以定义如下：

$$\begin{aligned}H(\underset{\sim}{A})&=k\sum_{i=1}^{n}S(\underset{\sim}{A}(x_i))\quad\left(\text{取 }k=\frac{1}{n\ln2}\right)\\&=-\frac{1}{n\ln2}\sum_{i=1}^{n}\left[\underset{\sim}{A}(x_i)\ln\underset{\sim}{A}(x_i)+\overline{\underset{\sim}{A}}(x_i)\ln\overline{\underset{\sim}{A}}(x_i)\right]\end{aligned}\tag{7.5.29}$$

注意到熵 H 越接近 1，则系统越接近平衡状态，对模糊集来说，其模糊性的程度越小；而当 H 越接近 0，则系统越不均匀，对模糊集来说，其模糊性的程度越大。但是，就其本质而言，不均匀性、不平衡性与模糊性毕竟是不同的概念，所以用“熵”来表示模糊性并非良策。

7.5.3 贴近度

表示两个模糊集接近程度的度量，称为贴近度。正如“距离”的概念一样，贴近度也有公理化的数学定义。

定义 7.5.7 下述映射 σ 称为贴近度

$$\sigma:\mathscr{F}(X)\times\mathscr{F}(X)\to[0,1]$$

$$(\underset{\sim}{A},\underset{\sim}{B})\mapsto\sigma(\underset{\sim}{A},\underset{\sim}{B})$$

如果满足

条件(σ_1)：$\sigma(\underset{\sim}{A},\underset{\sim}{A})=1$；

条件(σ_2)：$\sigma(\underset{\sim}{A},\underset{\sim}{B})=\sigma(\underset{\sim}{B},\underset{\sim}{A})$；

条件(σ_3)：若 $\underset{\sim}{A},\underset{\sim}{B},\underset{\sim}{C}\in\mathscr{F}(X)$，且

$$|\underset{\sim}{A}(x)-\underset{\sim}{C}(x)|\geqslant|\underset{\sim}{A}(x)-\underset{\sim}{B}(x)|\ (\forall x\in X)$$

有
$$\sigma(\underset{\sim}{A},\underset{\sim}{C})\leqslant\sigma(\underset{\sim}{A},\underset{\sim}{B})$$

贴近度的形式很多，下面介绍几种常见的贴近度公式。

1. 用距离定义贴近度

定义 7.5.8 设 $d_p(\underset{\sim}{A},\underset{\sim}{B})$是 $\mathscr{F}(X)$上的 Minkowski 距离，用 $d_p(\underset{\sim}{A},\underset{\sim}{B})$定义的贴近度 $\sigma_p(\underset{\sim}{A},\underset{\sim}{B})$如下：

$$\sigma_p(\underset{\sim}{A},\underset{\sim}{B})=1-k\left[d_p(\underset{\sim}{A},\underset{\sim}{B})\right]^{\alpha} \tag{7.5.30}$$

其中：k、α 是两个适当选择的参数；$d_p(\underset{\sim}{A},\underset{\sim}{B})=\left[\sum\limits_{i=1}^{n}|\underset{\sim}{A}(x_i)-\underset{\sim}{B}(x_i)|^p\right]^{1/p}$，$p\geqslant 1$。

若取 $k=1,\alpha=1$，取相对闵氏距离 $d'_p(\underset{\sim}{A},\underset{\sim}{B})$，便有相对 Minkowski 贴近度：

$$\sigma'_p(\underset{\sim}{A},\underset{\sim}{B})=1-\left[\frac{1}{n}\sum_{i=1}^{n}|\underset{\sim}{A}(x_i)-\underset{\sim}{B}(x_i)|^p\right]^{1/p} \tag{7.5.31}$$

$$\sigma'_p(\underset{\sim}{A},\underset{\sim}{B})=1-\left[\frac{1}{b-a}\int_a^b|\underset{\sim}{A}(x)-\underset{\sim}{B}(x)|^p\mathrm{d}x\right]^{1/p} \tag{7.5.32}$$

若分别取相对 Hamming 距离($p=1$)和相对 Euclid 距离($p=2$)时，可得相对 Hamming 贴近度：

$$\sigma'_1(\underset{\sim}{A},\underset{\sim}{B})=1-\frac{1}{n}\sum_{i=1}^{n}|\underset{\sim}{A}(x_i)-\underset{\sim}{B}(x_i)| \tag{7.5.33}$$

$$\sigma'_1(\underset{\sim}{A},\underset{\sim}{B})=1-\frac{1}{b-a}\int_a^b|\underset{\sim}{A}(x)-\underset{\sim}{B}(x)|\mathrm{d}x \tag{7.5.34}$$

以及 Euclid 贴近度：

$$\sigma'_2(\underset{\sim}{A},\underset{\sim}{B})=1-\left[\frac{1}{\sqrt{n}}\sum_{i=1}^{n}|\underset{\sim}{A}(x_i)-\underset{\sim}{B}(x_i)|^2\right]^{1/2} \tag{7.5.35}$$

$$\sigma'_2(\underset{\sim}{A},\underset{\sim}{B})=1-\left[\frac{1}{\sqrt{b-a}}\int_a^b|\underset{\sim}{A}(x)-\underset{\sim}{B}(x)|^2\mathrm{d}x\right]^{1/2} \tag{7.5.36}$$

容易验证，上述各式定义的贴近度 σ 均满足定义 7.5.7 的三个条件。

2. 用模糊度表示贴近度

定义 7.5.9 设 $\underset{\sim}{A},\underset{\sim}{B}\in\mathscr{F}(X)$，$\forall x\in X$，令

$$(\underset{\sim}{A}\ominus\underset{\sim}{B})(x)=\frac{1}{2}(1+|\underset{\sim}{A}(x)-\underset{\sim}{B}(x)|) \tag{7.5.37}$$

称$\ominus$为“模糊均差”，显然 $\underset{\sim}{A}\ominus\underset{\sim}{B}\in\mathscr{F}(X)$。

命题 7.5.3 令 $\sigma(\underset{\sim}{A},\underset{\sim}{B})=v_1(\underset{\sim}{A}\ominus\underset{\sim}{B})$，则 $v_1(\underset{\sim}{A}\ominus\underset{\sim}{B})$是 $\mathscr{F}(X)$上的贴近度。

证明 验证 $v_1(\underset{\sim}{A}\ominus\underset{\sim}{B})$ 符合定义 7.5.7 的三个条件。

(σ_1)：$\forall x\in X$，$\forall \underset{\sim}{A}\in\mathscr{F}(X)$，因为 $(\underset{\sim}{A}\ominus\underset{\sim}{A})(x)=\dfrac{1}{2}$，故由式(7.5.19)可知

$$v_1(\underset{\sim}{A}\ominus\underset{\sim}{A})=\sigma(\underset{\sim}{A}\ominus\underset{\sim}{A})=1$$

(σ_2)：因 $\underset{\sim}{A}\ominus\underset{\sim}{B}=\underset{\sim}{B}\ominus\underset{\sim}{A}$，故 $\sigma(\underset{\sim}{A},\underset{\sim}{B})=\sigma(\underset{\sim}{B},\underset{\sim}{A})$。

(σ_3)：设 $|\underset{\sim}{A}(x)-\underset{\sim}{C}(x)|\geqslant|\underset{\sim}{A}(x)-\underset{\sim}{B}(x)|$，则

$$(\underset{\sim}{A}\ominus\underset{\sim}{C})(x)\geqslant(\underset{\sim}{A}\ominus\underset{\sim}{B})(x)\geqslant\frac{1}{2}$$

从而
$$\sigma(\underset{\sim}{A},\underset{\sim}{C})=v_1(\underset{\sim}{A}\ominus\underset{\sim}{C})\leqslant v_1(\underset{\sim}{A}\ominus\underset{\sim}{B})=\sigma(\underset{\sim}{A},\underset{\sim}{B})$$
※

事实上，我们可以很容易验证，若采用式(7.5.23)的定义，则有

$$\begin{aligned}\sigma(\underset{\sim}{A},\underset{\sim}{B}) &= v_1(\underset{\sim}{A}\ominus\underset{\sim}{B}) = \frac{2}{n}\sum_{i=1}^{n}\left|(\underset{\sim}{A}\ominus\underset{\sim}{B})(x_i)\cap(\overline{\underset{\sim}{A}\ominus\underset{\sim}{B}})(x_i)\right| \\ &= \frac{2}{n}\sum_{i=1}^{n}\left|(\overline{\underset{\sim}{A}\ominus\underset{\sim}{B}})(x_i)\right|\left(因为(\underset{\sim}{A}\ominus\underset{\sim}{B})(x_i)\geqslant\frac{1}{2}\right) \\ &= \frac{2}{n}\sum_{i=1}^{n}\left|1-\frac{1}{2}(1+|\underset{\sim}{A}(x_i)-\underset{\sim}{B}(x_i)|\right| \\ &= \frac{2}{n}\sum_{i=1}^{n}\frac{1}{2}[1-|\underset{\sim}{A}(x_i)-\underset{\sim}{B}(x_i)|] \\ &= 1-\frac{1}{n}\sum_{i=1}^{n}|\underset{\sim}{A}(x_i)-\underset{\sim}{B}(x_i)|\end{aligned}$$

这就是 Hamming 贴近度。

3. 用模糊集的内积与外积来表示贴近度

定义 7.5.10 设 $\underset{\sim}{A},\underset{\sim}{B}\in\mathscr{F}(X)$，称

$$\underset{\sim}{A}\circ\underset{\sim}{B}=\vee(\underset{\sim}{A}(x)\wedge\underset{\sim}{B}(x)),\quad x\in X \tag{7.5.38}$$

为 $\underset{\sim}{A}$ 与 $\underset{\sim}{B}$ 的内积，称

$$\underset{\sim}{A}\odot\underset{\sim}{B}=\wedge(\underset{\sim}{A}(x)\vee\underset{\sim}{B}(x)),\quad x\in X \tag{7.5.39}$$

为 $\underset{\sim}{A}$ 与 $\underset{\sim}{B}$ 的外积。

按上述定义可知，模糊集的内积与外积是两个数。

若 $X=\{x_1,x_2,\cdots,x_n\}$，记 $\underset{\sim}{A}(x_i)=a_i$，$\underset{\sim}{B}(x_i)=b_i$，则

$$\underset{\sim}{A}\circ\underset{\sim}{B}=\bigvee_{i=1}^{n}(a_i\wedge b_i)$$

与经典数学中的向量 $\boldsymbol{a}=\{a_1,a_2,\cdots,a_n\}$ 与向量 $\boldsymbol{b}=\{b_1,b_2,\cdots,b_n\}$ 的内积

$$\boldsymbol{a}\cdot\boldsymbol{b}=\sum_{i=1}^{n}a_ib_i$$

比较,可以看出 $\underset{\sim}{A}\circ\underset{\sim}{B}$ 与 $\boldsymbol{a}\cdot\boldsymbol{b}$ 十分相似,只要把经典数学中的内积运算的加"+"与乘"·"换成逻辑加"∨"与逻辑乘"∧"运算,就得到 $\underset{\sim}{A}\circ\underset{\sim}{B}$。

若 $\underset{\sim}{A}\in\mathscr{F}(X)$,记 $\underset{\sim}{A}$ 的"高"为 $\underset{\sim}{A}_h$,$\underset{\sim}{A}$ 的"低"为 $\underset{\sim}{A}_b$,即

$$A_h=\vee\{\underset{\sim}{A}(x)\mid x\in X\} \tag{7.5.40}$$

$$A_b=\wedge\{\underset{\sim}{A}(x)\mid x\in X\} \tag{7.5.41}$$

则

$$\underset{\sim}{A}\circ\underset{\sim}{B}=(\underset{\sim}{A}\cap\underset{\sim}{B})_h \tag{7.5.42}$$

$$\underset{\sim}{A}\odot\underset{\sim}{B}=(\underset{\sim}{A}\cup\underset{\sim}{B})_b \tag{7.5.43}$$

命题 7.5.4 内积与外积运算有以下性质:

(1) $(\underset{\sim}{A}\circ\underset{\sim}{B})^C=\underset{\sim}{A}^C\odot\underset{\sim}{B}^C,(\underset{\sim}{A}\odot\underset{\sim}{B})^C=\underset{\sim}{A}^C\circ\underset{\sim}{B}^C$;

(2) $\underset{\sim}{A}\circ\underset{\sim}{B}\leqslant\underset{\sim}{A}_h\wedge\underset{\sim}{B}_h,\underset{\sim}{A}\odot\underset{\sim}{B}\geqslant\underset{\sim}{A}_b\vee\underset{\sim}{B}_b$;

(3) $\underset{\sim}{A}\circ\underset{\sim}{A}=\underset{\sim}{A}_h,\underset{\sim}{A}\odot\underset{\sim}{A}=\underset{\sim}{A}_b,\underset{\sim}{A}\circ\underset{\sim}{A}^C\leqslant\frac{1}{2},\underset{\sim}{A}\odot\underset{\sim}{A}^C\geqslant\frac{1}{2}$;

(4) $\lambda\in[0,1]$,则 $(\lambda\underset{\sim}{A})\circ\underset{\sim}{B}=\lambda\wedge(\underset{\sim}{A}\circ\underset{\sim}{B})=\underset{\sim}{A}\circ(\lambda\underset{\sim}{B})$;

(5) $\underset{\sim}{A}\subset\underset{\sim}{B}$ 则 $\underset{\sim}{A}\circ\underset{\sim}{C}\leqslant\underset{\sim}{B}\circ\underset{\sim}{C},\underset{\sim}{A}\odot\underset{\sim}{C}\leqslant\underset{\sim}{B}\odot\underset{\sim}{C}$。

证明 仅证性质(1)的第一式,第二式类似。性质(2)~(5)可以根据内积与外积的定义直接验证。

因为

$$\begin{aligned}(\underset{\sim}{A}\circ\underset{\sim}{B})^C&=1-\underset{\sim}{A}\circ\underset{\sim}{B}=1-\vee\{\underset{\sim}{A}(x)\wedge\underset{\sim}{B}(x)\mid x\in X\}\\&\leqslant 1-\underset{\sim}{A}(x)\wedge\underset{\sim}{B}(x)(\forall x\in X)\end{aligned}$$

故 $(\underset{\sim}{A}\circ\underset{\sim}{B})^C$ 是数集 $\{1-(\underset{\sim}{A}(x)\wedge\underset{\sim}{B}(x))\mid x\in X\}$ 的一个下界,从而

$$(\underset{\sim}{A}\circ\underset{\sim}{B})\leqslant\wedge\{1-(\underset{\sim}{A}(x)\wedge\underset{\sim}{B}(x))\mid x\in X\} \tag{7.5.44}$$

以下证明式(7.5.44)中只有等式成立。因为,如果有

$$(\underset{\sim}{A}\circ\underset{\sim}{B})^C<\wedge\{1-(\underset{\sim}{A}(x)\wedge\underset{\sim}{B}(x))\mid x\in X\}$$

即

$$1-\vee\{\underset{\sim}{A}(x)\wedge\underset{\sim}{B}(x)\mid x\in X\}<\wedge\{1-\underset{\sim}{A}(x)\wedge\underset{\sim}{B}(x)\mid x\in X\}$$

于是

$$\vee\{\underset{\sim}{A}(x)\wedge\underset{\sim}{B}(x)\mid x\in X\}>1-\wedge\{1-\underset{\sim}{A}(x)\wedge\underset{\sim}{B}(x)\mid x\in X\}$$

按确界定义,$\exists x_0\in X$,使得

$$\underset{\sim}{A}(x_0)\wedge\underset{\sim}{B}(x_0)>1-\wedge\{1-\underset{\sim}{A}(x)\wedge\underset{\sim}{B}(x)\mid x\in X\}$$

即

$$\wedge\{1-\underset{\sim}{A}(x)\wedge\underset{\sim}{B}(x)\mid x\in X\}>1-\underset{\sim}{A}(x_0)\wedge\underset{\sim}{B}(x_0)$$

这与下确界的定义矛盾，因此式(7.5.44)只有等式成立，即有

$$\begin{aligned}(\underset{\sim}{A}\circ\underset{\sim}{B})^{C}&=\wedge\{1-(\underset{\sim}{A}(x)\wedge\underset{\sim}{B}(x))\mid x\in X\}\\&=\wedge\{(1-\underset{\sim}{A}(x))\vee(1-\underset{\sim}{B}(x))\mid x\in X\}\\&=\wedge\{\underset{\sim}{A}^{C}(x)\vee\underset{\sim}{B}^{C}(x)\mid x\in X\}\\&=\underset{\sim}{A}^{C}\odot\underset{\sim}{B}^{C}\end{aligned}$$

※

例 7.5.12 设 $X=\{x_1,x_2,x_3,x_4,x_5,x_6\}$

$$\underset{\sim}{A}=\frac{0.6}{x_1}+\frac{0.8}{x_2}+\frac{1}{x_3}+\frac{0.8}{x_4}+\frac{0.6}{x_5}+\frac{0.4}{x_6}$$

$$\underset{\sim}{B}=\frac{0.4}{x_1}+\frac{0.6}{x_2}+\frac{0.8}{x_3}+\frac{1}{x_4}+\frac{0.8}{x_5}+\frac{0.6}{x_6}$$

则

$$\begin{aligned}\underset{\sim}{A}\circ\underset{\sim}{B}&=(0.6\wedge0.4)\vee(0.8\wedge0.6)\vee(1\wedge0.8)\vee(0.8\wedge1)\vee(0.6\wedge0.8)\\&\quad\vee(0.4\wedge0.6)\\&=0.8\end{aligned}$$

$$\begin{aligned}\underset{\sim}{A}\odot\underset{\sim}{B}&=(0.6\vee0.4)\wedge(0.8\vee0.6)\wedge(1\vee0.8)\wedge(0.8\vee1)\wedge(0.6\vee0.8)\\&\quad\wedge(0.4\vee0.6)\\&=0.6\end{aligned}$$

定义 7.5.11 设 $\underset{\sim}{A},\underset{\sim}{B}\in\mathscr{F}(X)$，称

$$\sigma_L(\underset{\sim}{A},\underset{\sim}{B})=(\underset{\sim}{A}\circ\underset{\sim}{B})\wedge(\underset{\sim}{A}\odot\underset{\sim}{B})^{C}\tag{7.5.45}$$

或

$$\sigma_L(\underset{\sim}{A},\underset{\sim}{B})=\frac{1}{2}[(\underset{\sim}{A}\circ\underset{\sim}{B})+(\underset{\sim}{A}\odot\underset{\sim}{B})^{C}]\tag{7.5.46}$$

为用内积、外积表示的贴近度(简称内、外积的贴近度)。

这里的贴近度仅是定义的规定。事实上定义式(7.5.45)不满足条件(σ_1)，即 $\sigma(\underset{\sim}{A},\underset{\sim}{A})\neq1$。但是，当 $\forall\underset{\sim}{A}\in\mathscr{F}(X)$，$\underset{\sim}{A}_1\neq\varnothing$，$\mathrm{supp}\underset{\sim}{A}\neq X$ 时，定义式(7.5.45)满足条件(σ_1)、(σ_2)、(σ_3)。由于上述定义计算方便，所以在实际应用中常被选用。

命题 7.5.5 内、外积贴近度有以下性质：

(1) $0\leqslant\sigma_L(\underset{\sim}{A},\underset{\sim}{B})\leqslant1$，$\sigma_L(\varnothing,X)=0$；

(2) $\sigma_L(\underset{\sim}{A},\underset{\sim}{B})=\sigma_L(\underset{\sim}{B},\underset{\sim}{A})$；

(3) $\sigma_L(\underset{\sim}{A},\underset{\sim}{A})=\underset{\sim}{A}_{\mathrm{h}}\wedge(\underset{\sim}{A}_{\mathrm{b}})^{C}$，特别指出，当 $\underset{\sim}{A}_{\mathrm{h}}=1$，$\underset{\sim}{A}_{\mathrm{b}}=0$ 时，$\sigma_L(\underset{\sim}{A},\underset{\sim}{A})=1$；

(4) 若 $\underset{\sim}{A}\subset\underset{\sim}{B}\subset\underset{\sim}{C}$，则 $\sigma_L(\underset{\sim}{A},\underset{\sim}{C})\leqslant\sigma_L(\underset{\sim}{A},\underset{\sim}{B})\wedge\sigma_L(\underset{\sim}{B},\underset{\sim}{C})$。

证明从略。

4. 贴近度的其他表示方法

定义 7.5.12 可以用下列各公式定义贴近度：

(1)
$$\sigma(\underset{\sim}{A},\underset{\sim}{B})=\frac{\sum\limits_{i=1}^{n}(\underset{\sim}{A}(x_i)\wedge\underset{\sim}{B}(x_i))}{\sum\limits_{i=1}^{n}(\underset{\sim}{A}(x_i)\vee\underset{\sim}{B}(x_i))}\tag{7.5.47}$$

(2)
$$\sigma(\underset{\sim}{A},\underset{\sim}{B})=\frac{2\sum\limits_{i=1}^{n}(\underset{\sim}{A}(x_i)\wedge\underset{\sim}{B}(x_i))}{\sum\limits_{i=1}^{n}(\underset{\sim}{A}(x_i)+\underset{\sim}{B}(x_i))}\tag{7.5.48}$$

(3)
$$\sigma(\underset{\sim}{A},\underset{\sim}{B})=\frac{\int_a^b(\underset{\sim}{A}(x)\wedge\underset{\sim}{B}(x))\mathrm{d}x}{\int_a^b(\underset{\sim}{A}(x)\vee\underset{\sim}{B}(x))\mathrm{d}x}\tag{7.5.49}$$

(4)
$$\sigma(\underset{\sim}{A},\underset{\sim}{B})=\frac{2\int_a^b(\underset{\sim}{A}(x)\wedge\underset{\sim}{B}(x))\mathrm{d}x}{\int_a^b(\underset{\sim}{A}(x)+\underset{\sim}{B}(x))\mathrm{d}x}\tag{7.5.50}$$

(5)
$$\sigma(\underset{\sim}{A},\underset{\sim}{B})=\frac{\sum\limits_{i=1}^{n}(\underset{\sim}{A}(x_i)\wedge\underset{\sim}{B}(x_i))}{\sum\limits_{i=1}^{n}(\underset{\sim}{A}(x_i)\cdot\underset{\sim}{B}(x_i))^{1/2}}\tag{7.5.51}$$

(6)
$$\sigma(\underset{\sim}{A},\underset{\sim}{B})=\frac{\sum\limits_{i=1}^{n}(\underset{\sim}{A}(x_i)\cdot\underset{\sim}{B}(x_i))}{\left[(\sum\limits_{i=1}^{n}(\underset{\sim}{A}(x_i))^2)(\sum\limits_{i=1}^{n}(\underset{\sim}{B}(x_i))^2)\right]^{1/2}}\tag{7.5.52}$$

(7)
$$\sigma(\underset{\sim}{A},\underset{\sim}{B})=\frac{\int_a^b(\underset{\sim}{A}(x)\wedge\underset{\sim}{B}(x))\mathrm{d}x}{\int_a^b(\underset{\sim}{A}(x)\cdot\underset{\sim}{B}(x))^{1/2}\mathrm{d}x}\tag{7.5.53}$$

(8)
$$\sigma(\underset{\sim}{A},\underset{\sim}{B})=\frac{\int_a^b(\underset{\sim}{A}(x)\cdot\underset{\sim}{B}(x))\mathrm{d}x}{\left[\left(\int_a^b(\underset{\sim}{A}(x))^2\mathrm{d}x\right)\left(\int_a^b(\underset{\sim}{B}(x))^2\mathrm{d}x\right)\right]^{1/2}}\tag{7.5.54}$$

以上各贴近度的公式，有的不满足条件(σ_3)，但它满足比条件(σ_3)更特殊的条件：若 $\underset{\sim}{A}\subset\underset{\sim}{B}\subset\underset{\sim}{C}$，则 $\sigma(\underset{\sim}{A},\underset{\sim}{C})\leqslant\sigma(\underset{\sim}{A},\underset{\sim}{B})$。在实际应用中，要根据具体情况来选择适当的贴近度公式。

7.5.4 多因素模糊模式识别

1. 择近原则Ⅰ

已知 n 个标准模型(模糊集):$\underset{\sim}{A}_1,\underset{\sim}{A}_2,\cdots,\underset{\sim}{A}_n\in\mathscr{F}(X)$,待识别对象不是 X 中的元素 x,而是 X 上的模糊集 $\underset{\sim}{B}\in\mathscr{F}(X)$,$\sigma$ 为 $\mathscr{F}(X)$ 上的贴近度,若

$$\sigma(\underset{\sim}{A}_i,\underset{\sim}{B})=\max\{\sigma(\underset{\sim}{A}_k,\underset{\sim}{B})\mid k=1,2,\cdots,n\}$$

则认为 $\underset{\sim}{B}$ 与 $\underset{\sim}{A}_i$ 最贴近,判定 $\underset{\sim}{B}$ 属于 $\underset{\sim}{A}_i$ 一类。

例 7.5.13 岩石类识别问题。

岩石按抗压强度可以分成五个标准类型:很差($\underset{\sim}{A}_1$)、差($\underset{\sim}{A}_2$)、较好($\underset{\sim}{A}_3$)、好($\underset{\sim}{A}_4$)、很好($\underset{\sim}{A}_5$)。它们都是 $X=[0,+\infty)$ 上的模糊集,其隶属度如图 7.5.2 所示。

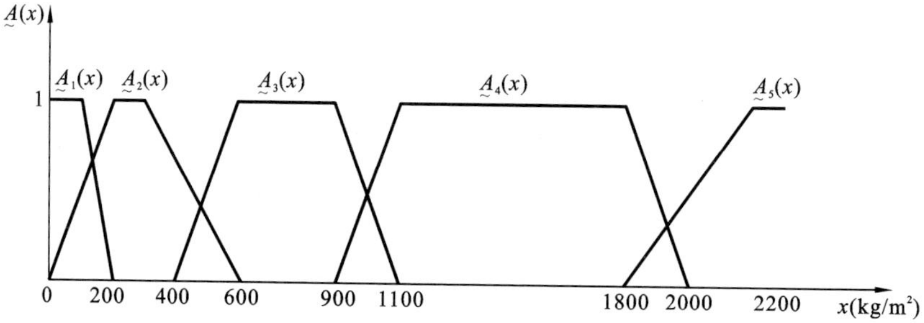

图 7.5.2 岩石按抗压强度分类

$$\underset{\sim}{A}_1(x)=\begin{cases}1, & 0\leqslant x\leqslant 100\\ -\dfrac{1}{100}(x-200), & 100<x<200\\ 0, & x\geqslant 200\end{cases}$$

$$\underset{\sim}{A}_2(x)=\begin{cases}\dfrac{x}{200}, & 0\leqslant x\leqslant 200\\ 1, & 200<x\leqslant 400\\ -\dfrac{1}{200}(x-600), & 400<x\leqslant 600\\ 0, & x>600\end{cases}$$

$$\underset{\sim}{A}_3(x)=\begin{cases}\dfrac{1}{200}(x-400), & 400\leqslant x\leqslant 600\\ 1, & 600<x\leqslant 900\\ -\dfrac{1}{200}(x-1100), & 900<x\leqslant 1100\\ 0, & \text{其他}\end{cases}$$

$$\underset{\sim}{A}_4(x)=\begin{cases}\dfrac{1}{200}(x-900), & 900\leqslant x\leqslant 1100\\ 1, & 1100<x\leqslant 1800\\ -\dfrac{1}{400}(x-2200), & 1800<x\leqslant 2000\\ 0, & \text{其他}\end{cases}$$

$$\underset{\sim}{A}_5(x)=\begin{cases}0, & x\leqslant 1800\\ \dfrac{1}{400}(x-1800), & 1800<x\leqslant 2200\\ 1, & x>2200\end{cases}$$

今有一种岩体,经实测,得出其抗压强度为 X 上的模糊集 $\underset{\sim}{B}$,隶属函数如图 7.5.3 所示。

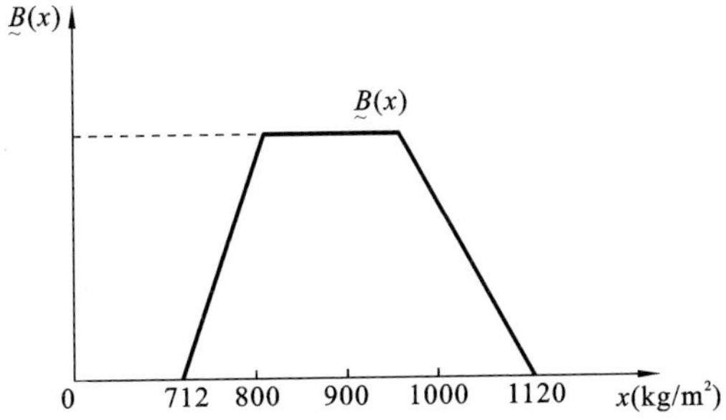

图 7.5.3　待识别岩体的隶属度

$$\underset{\sim}{B}(x)=\begin{cases}\dfrac{1}{88}(x-712), & 712\leqslant x\leqslant 800\\ 1, & 800<x\leqslant 1000\\ -\dfrac{1}{120}(x-1120), & 1000<x\leqslant 1120\\ 0, & \text{其他}\end{cases}$$

试问岩体 $\underset{\sim}{B}$ 应属于哪种类型?

计算 $\underset{\sim}{B}$ 与 $\underset{\sim}{A}_i(i=1,2,\cdots,5)$ 的内、外积贴近度,得

$$\sigma_L(\underset{\sim}{A}_1,\underset{\sim}{B})=0,\quad \sigma_L(\underset{\sim}{A}_2,\underset{\sim}{B})=0,\quad \sigma_L(\underset{\sim}{A}_3,\underset{\sim}{B})=1$$

$$\sigma_L(\underset{\sim}{A}_4,\underset{\sim}{B})=0.68,\quad \sigma_L(\underset{\sim}{A}_5,\underset{\sim}{B})=0$$

按择近原则 Ⅰ,$\underset{\sim}{B}$ 应属于 $\underset{\sim}{A}_3$ 类,即 $\underset{\sim}{B}$ 属于“较好”类的岩石。

若用贴近度公式(7.5.48),可得

$$\sigma_L(\underset{\sim}{A}_1,\underset{\sim}{B})=0,\quad \sigma_L(\underset{\sim}{A}_2,\underset{\sim}{B})=0,\quad \sigma_L(\underset{\sim}{A}_3,\underset{\sim}{B})=0.803$$

$$\sigma_L(\underset{\sim}{A}_4,\underset{\sim}{B})=0.63,\quad \sigma_L(\underset{\sim}{A}_5,\underset{\sim}{B})=0$$

按择近原则Ⅰ,同样应判定 $\underset{\sim}{B}$ 属于"较好"一类。

例 7.5.14 设 $\underset{\sim}{A},\underset{\sim}{B}\in\mathscr{F}(\mathbf{R})$,$\underset{\sim}{A}_1$、$\underset{\sim}{B}$ 均为正态型模糊集,其隶属函数如图 7.5.4 所示。

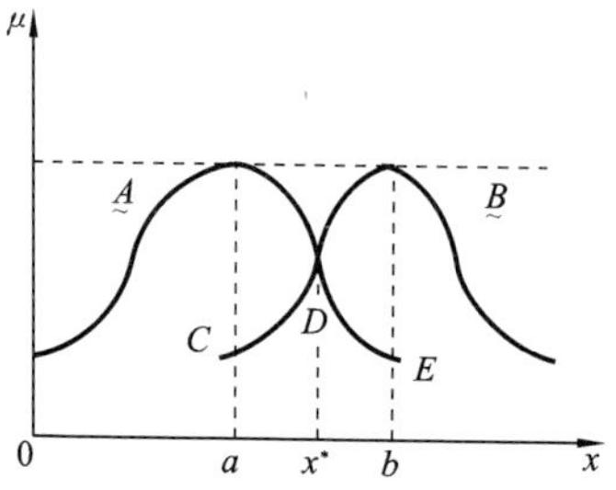

图 7.5.4 正态型模糊集 $\underset{\sim}{A}_1$、$\underset{\sim}{B}$

$$\underset{\sim}{A}(x)=\mathrm{e}^{-\left(\frac{x-a}{\sigma_1}\right)^2},\quad \underset{\sim}{B}(x)=\mathrm{e}^{-\left(\frac{x-b}{\sigma_2}\right)^2}$$

由(7.5.42)式知,$\underset{\sim}{A}\circ\underset{\sim}{B}$ 应为 $(\underset{\sim}{A}\cap\underset{\sim}{B})_h$,隶属度曲线 CDE 部分得峰值,即曲线 $\underset{\sim}{A}(x)$ 与 $\underset{\sim}{B}(x)$ 的交点 x^* 处的纵坐标。为求 x^*,令

$$\left(\frac{x-a}{\sigma_1}\right)=\left(\frac{x-b}{\sigma_2}\right)$$

解得

$$x^*=\frac{\sigma_2 a+\sigma_1 b}{\sigma_1+\sigma_2}$$

于是

$$\underset{\sim}{A}\circ\underset{\sim}{B}=\exp\left[-\left(\frac{x^*-a}{\sigma_1}\right)^2\right]=\exp\left[-\left(\frac{b-a}{\sigma_1+\sigma_2}\right)^2\right] \tag{7.5.55}$$

类似地,由于

$$\lim_{x\to\infty}\underset{\sim}{A}(x)=\lim_{x\to\infty}\underset{\sim}{B}(x)=0$$

故

$$\underset{\sim}{A}_1\odot\underset{\sim}{B}=0 \tag{7.5.56}$$

由此,按式(7.5.45)求得内、外积贴近度为

$$\begin{aligned}\sigma_L(\underset{\sim}{A},\underset{\sim}{B})&=(\underset{\sim}{A}\circ\underset{\sim}{B})\wedge(\underset{\sim}{A}\odot\underset{\sim}{B})^{\mathrm{C}}=\exp\left[-\left(\frac{b-a}{\sigma_1+\sigma_2}\right)^2\right]\wedge(0)^{\mathrm{C}}\\&=\exp\left[-\left(\frac{b-a}{\sigma_1+\sigma_2}\right)^2\right]\end{aligned} \tag{7.5.57}$$

2. 择近原则Ⅱ

已知一个标准模型(模糊集)$\underset{\sim}{A}\in\mathscr{F}(X)$,待选择的对象是 X 的若干模糊集:$\underset{\sim}{B}_1,\underset{\sim}{B}_2,\cdots,\underset{\sim}{B}_m\in\mathscr{F}(X)$,从与 $\underset{\sim}{A}$ 贴近的观点出发,对 $\underset{\sim}{B}_1,\underset{\sim}{B}_2,\cdots,\underset{\sim}{B}_m$ 排序,并决定其中哪一个与 $\underset{\sim}{A}$ 最贴近?

若有

$$\sigma(\underset{\sim}{A},\underset{\sim}{B}_i)=\max\{\sigma(\underset{\sim}{A},\underset{\sim}{B}_k)\mid k=1,2,\cdots,m\}$$

则认为 $\underset{\sim}{B}_i$ 与 $\underset{\sim}{A}$ 最贴近,应优先选择 $\underset{\sim}{B}_i$,按贴近度的大小,可以给 $\underset{\sim}{B}_1,\underset{\sim}{B}_2,\cdots,\underset{\sim}{B}_m$ 排序。

3. 关于模糊集的笛氏积集的模式识别问题

设$\underset{\sim}{A}_1 \in \mathscr{F}(X_1)$，$\underset{\sim}{A}_2 \in \mathscr{F}(X_2)$，…，$\underset{\sim}{A}_m \in \mathscr{F}(X_m)$，$x_1 \in X_1$，$x_2 \in X_2$，…，$x_m \in X_m$，令

$$\underset{\sim}{A} = \underset{\sim}{A}_1 \times \underset{\sim}{A}_2 \times \cdots \times \underset{\sim}{A}_m, \quad \boldsymbol{x} = (x_1, x_2, \cdots, x_m)$$

则 A 是 $X_1 \times X_2 \times \cdots \times X_m$ 上的模糊集的笛氏积集，其隶属函数 $\underset{\sim}{A}(x_1, x_2, \cdots, x_m) = \underset{\sim}{A}(\boldsymbol{x})$应是各个隶属函数$\underset{\sim}{A}_i(x_i)(i=1,2,\cdots,m)$的某种综合，称为综合隶属函数。在扩张原理一节中，我们曾定义：

$$\underset{\sim}{A}(\boldsymbol{x}) = \bigwedge_{i=1}^{m} \underset{\sim}{A}_i(x_i) \ (i=1,2,\cdots,m)$$

其实，对于综合隶属函数，只要满足下列两个条件即可：

(1) 保序性，若$\forall i=1,2,\cdots,m$，$\underset{\sim}{A}_i(x_i) \leqslant \underset{\sim}{B}_i(x_i) \Rightarrow \underset{\sim}{A}(x) \leqslant \underset{\sim}{B}(x)$；

(2) 综合性，$\bigwedge_{i=1}^{m} \underset{\sim}{A}_i(x_i) \leqslant \underset{\sim}{A}(x) \leqslant \bigvee_{i=1}^{m} \underset{\sim}{A}_i(x_i)$。

因此，下列五种形式均可作综合隶属函数 $C_m(\underset{\sim}{A}_1(x_1), \underset{\sim}{A}_2(x_2), \cdots, \underset{\sim}{A}_m(x_m))$。

(1) $C_{m\wedge}$ 型：

$$C_{m\wedge}(\underset{\sim}{A}_1(x_1), \underset{\sim}{A}_2(x_2), \cdots, \underset{\sim}{A}_m(x_m)) = \underset{\sim}{A}(x) = \bigwedge_{i=1}^{m} \underset{\sim}{A}_i(x_i)$$

(2) $C_{m\vee}$ 型：

$$C_{m\vee}(\underset{\sim}{A}_1(x_1), \underset{\sim}{A}_2(x_2), \cdots, \underset{\sim}{A}_m(x_m)) = \underset{\sim}{A}(x) = \bigvee_{i=1}^{m} \underset{\sim}{A}_i(x_i)$$

(3) $C_{m\Sigma}$型：

$$C_{m\Sigma}(\underset{\sim}{A}_1(x_1), \underset{\sim}{A}_2(x_2), \cdots, \underset{\sim}{A}_m(x_m)) = \underset{\sim}{A}(x) = \sum_{i=1}^{m} \alpha_i \underset{\sim}{A}_i(x_i)$$

(4) $C_{m\vee_1}$ 型：

$$C_{m\vee_1}(\underset{\sim}{A}_1(x_1), \underset{\sim}{A}_2(x_2), \cdots, \underset{\sim}{A}_m(x_m)) = \underset{\sim}{A}(x) = \bigvee_{i=1}^{m} \alpha_i \underset{\sim}{A}_i(x_i)$$

(5) $C_{m\vee_2}$ 型：

$$C_{m\vee_2}(\underset{\sim}{A}_1(x_1), \underset{\sim}{A}_2(x_2), \cdots, \underset{\sim}{A}_m(x_m)) = \underset{\sim}{A}(x) = \bigvee_{i=1}^{m} (\alpha_i \wedge \underset{\sim}{A}_i(x_i))$$

在式(3)～式(5)中，$\alpha_i \in [0,1]$，且 $\sum\limits_{i=1}^{m} \alpha_i = 1$。

对于任一元素 $\boldsymbol{x} = (x_1, x_2, \cdots, x_m)$，若已知$\underset{\sim}{A}_i(x_i)$，就可计算出综合隶属函数，于是便可按最大隶属原则来进行直接模糊模式识别(见例 7.5.3)。

更加复杂的模糊模式识别问题表现为标准模糊集与待识模糊集均是若干模糊集的笛氏积集的情况。因为模糊集的笛氏积集仍是模糊集，所以问题就转

化为模糊集与模糊集之间的识别问题，这时就可以用最小距离原则或择近原则来识别。

例如，已知标准模糊集的笛氏积集如下：

$$\left.\begin{aligned}&\underset{\sim}{A}_1=\underset{\sim}{A}_{11}\times\underset{\sim}{A}_{12}\times\cdots\times\underset{\sim}{A}_{1m}\\&\underset{\sim}{A}_2=\underset{\sim}{A}_{21}\times\underset{\sim}{A}_{22}\times\cdots\times\underset{\sim}{A}_{2m}\\&\cdots\\&\underset{\sim}{A}_n=\underset{\sim}{A}_{n1}\times\underset{\sim}{A}_{n2}\times\cdots\times\underset{\sim}{A}_{nm}\end{aligned}\right\}\in\mathscr{F}(X_1\times X_2\times\cdots\times X_m)$$

待识模糊集的笛氏积集如下：

$$\left.\begin{aligned}&\underset{\sim}{B}_1=\underset{\sim}{B}_{11}\times\underset{\sim}{B}_{12}\times\cdots\times\underset{\sim}{B}_{1m}\\&\underset{\sim}{B}_2=\underset{\sim}{B}_{21}\times\underset{\sim}{B}_{22}\times\cdots\times\underset{\sim}{B}_{2m}\\&\cdots\\&\underset{\sim}{B}_l=\underset{\sim}{B}_{l1}\times\underset{\sim}{B}_{l2}\times\cdots\times\underset{\sim}{B}_{lm}\end{aligned}\right\}\in\mathscr{F}(X_1\times X_2\times\cdots\times X_m)$$

则计算贴近度 $\sigma(\underset{\sim}{A}_i,\underset{\sim}{B}_j)(i=1,2,\cdots,n;j=1,2,\cdots,l)$ 就求出第 j 个待识模糊集的笛氏积集与第 i 个标准模糊集的笛氏积集的接近程度，通过比较，按照择近原则就可进行识别(归类)、选优、排序。

有时若干模糊集可以利用综合隶属度 C_m 求综合贴近度 σ_m，即

$$\sigma_m(\underset{\sim}{A}_n,\underset{\sim}{B}_l)=C_m(\sigma(\underset{\sim}{A}_{n1},\underset{\sim}{B}_{l1}),\sigma(\underset{\sim}{A}_{n2},\underset{\sim}{B}_{l2}),\cdots,\sigma(\underset{\sim}{A}_{nm},\underset{\sim}{B}_{lm}))\quad(7.5.58)$$

由此，再直接识别。

例 7.5.15 遥感土地覆盖类型分类。

遥感是根据不同的地物对电磁波谱有不同的响应这一原理，来识别土地覆盖的类型。空间遥感的一个像元相当于地面 0.45 公顷地物的综合。

过去国际上以水体、沙地、森林、城镇、作物、干草作为分类标准类型。虽然遥感的分类精度可达 83.93%，但当分类单位深入到更小的土地覆盖单元，精度就不理想。

现在将分类单位细分为以下五种标准类型。

$\underset{\sim}{A}_1$：公路，$\underset{\sim}{A}_2$：村庄农田，$\underset{\sim}{A}_3$：红松为主的针叶林，$\underset{\sim}{A}_4$：阔、针混交林，$\underset{\sim}{A}_5$：白桦林。

遥感测试采用多波段。1975 年 1 月 22 日美国发射 Landsat-2 卫星，提供了四个波段的数据，即 MSS-4，5，6，7 这四个波段的数据。因此上述五个标准类型在这四个波段上就可分别测出其光谱强度。这四个波段被看成四个论域：

$$X=\{X_1,X_2,X_3,X_4\}$$

各波段上光谱的强度为：$x_1\in X_1,x_2\in X_2,x_3\in X_3,x_4\in X_4$。于是五种标准

类型$\underset{\sim}{A}_i(i=1\sim5)$在不同的波段上形成的模糊集如表 7.5.2 所示。

表 7.5.2　遥感土地覆盖波谱强度模糊集$\underset{\sim}{A}_{ij}$

类　型	MSS-4	MSS-5	MSS-6	MSS-7
$\underset{\sim}{A}_1$	$\underset{\sim}{A}_{11}$	$\underset{\sim}{A}_{12}$	$\underset{\sim}{A}_{13}$	$\underset{\sim}{A}_{14}$
$\underset{\sim}{A}_2$	$\underset{\sim}{A}_{21}$	$\underset{\sim}{A}_{22}$	$\underset{\sim}{A}_{23}$	$\underset{\sim}{A}_{24}$
$\underset{\sim}{A}_3$	$\underset{\sim}{A}_{31}$	$\underset{\sim}{A}_{32}$	$\underset{\sim}{A}_{33}$	$\underset{\sim}{A}_{34}$
$\underset{\sim}{A}_4$	$\underset{\sim}{A}_{41}$	$\underset{\sim}{A}_{42}$	$\underset{\sim}{A}_{43}$	$\underset{\sim}{A}_{44}$
$\underset{\sim}{A}_5$	$\underset{\sim}{A}_{51}$	$\underset{\sim}{A}_{52}$	$\underset{\sim}{A}_{53}$	$\underset{\sim}{A}_{54}$

各波段光谱强度是正态分布的模糊集,故第 i 个标准类型的 MSS-$(j+3)$ 波段上光谱强度的隶属函数为

$$\underset{\sim}{A}_{ij}(x_i)=\exp\left(-\left(\frac{x_j-a_{ij}}{\sigma_{ij}}\right)^2\right)\ (j=1,2,3,4)$$

其中:a_{ij} 为若干个第 i 种类型第 $j+3$ 个波段光谱强度的均值;σ_{ij} 为方差。东北凉水林场的 a_{ij} 与 σ_{ij} 值见表 7.5.3。

表 7.5.3　东北凉水林场测得的 a_{ij} 与 σ_{ij}

标准类型	MSS-4		MSS-5		MSS-6		MSS-7	
	a_{i1}	σ_{i1}	a_{i2}	σ_{i2}	a_{i3}	σ_{i3}	a_{i4}	σ_{i4}
$\underset{\sim}{A}_1$	19.06	0.56	18.24	1.60	51.24	4.32	25.24	1.98
$\underset{\sim}{A}_2$	21.89	2.88	24.68	4.82	47.37	4.09	21.63	2.39
$\underset{\sim}{A}_3$	15.46	1.22	12.58	0.88	36.54	3.55	17.33	2.08
$\underset{\sim}{A}_4$	16.22	0.64	12.78	0.58	42.41	2.87	21.22	1.50
$\underset{\sim}{A}_5$	17	0.82	13.2	0.42	45	0.94	23.20	0.42

选择综合隶属函数的 $C_{m\wedge}$ 型,即取各隶属函数的最小值为综合隶属度,便有

$$\begin{aligned}\underset{\sim}{A}_i(x)&=\underset{\sim}{A}_{i1}\cap\underset{\sim}{A}_{i2}\cap\underset{\sim}{A}_{i3}\cap\underset{\sim}{A}_{i4}\\&=\min_{1\leqslant j\leqslant 4}\underset{\sim}{A}_{ij}(x_j)=\exp\left(-\max_{1\leqslant j\leqslant 4}\left(\frac{x_j-a_{ij}}{\sigma_{ij}}\right)^2\right)\end{aligned}$$

设 $\underset{\sim}{B}$ 为识别对象,所以$\underset{\sim}{A}_i$ 与 B 的贴近综合度为

$$\sigma(\underset{\sim}{A}_i,\underset{\sim}{B})=\bigwedge_{j=1}^{4}\sigma_L(\underset{\sim}{A}_{ij},\underset{\sim}{B}_j)\tag{7.5.59}$$

其中:

$$\sigma_L(\underset{\sim}{A}_{ij},\underset{\sim}{B}_j)=\frac{1}{2}[(\underset{\sim}{A}_{ij}\circ\underset{\sim}{B}_j)+(\underset{\sim}{A}_{ij}\odot\underset{\sim}{B}_j)^{\mathrm{C}}]\tag{7.5.60}$$

按式(7.5.44)及式(7.5.55)有

$$\sigma_L(\underset{\sim}{A}_{ij},\underset{\sim}{B}_j)=\frac{1}{2}\left\{1+\exp\left[-\left(\frac{a_{ij}-a_j}{\sigma_{ij}+\sigma_j}\right)^2\right]\right\} \tag{7.5.61}$$

式中：a_j 与 σ_j 为$\underset{\sim}{B}_j$ 的均值和方差。

现有东北凉水林场空间遥感像元(待识别对象)五个，按式(7.5.59)与式(7.5.61)计算它们与五个标准类型的贴近度，计算结果如表 7.5.4 所示，按择近原则进行识别和判决，准确率为 100%。

表 7.5.4 对五个待识别对象的识别和判决

识别对象	标准类型					max	识判和判决	
	$\underset{\sim}{A}_1$	$\underset{\sim}{A}_2$	$\underset{\sim}{A}_3$	$\underset{\sim}{A}_4$	$\underset{\sim}{A}_5$		结果	效果
$\underset{\sim}{B}_1$	0.92	0.72	0.50	0.50	0.50	0.92	$\underset{\sim}{A}_1$	正确
$\underset{\sim}{B}_2$	0.65	0.99	0.50	0.50	0.50	0.99	$\underset{\sim}{A}_2$	正确
$\underset{\sim}{B}_3$	0.50	0.50	0.99	0.60	0.50	0.99	$\underset{\sim}{A}_3$	正确
$\underset{\sim}{B}_4$	0.50	0.50	0.61	0.99	0.65	0.99	$\underset{\sim}{A}_4$	正确
$\underset{\sim}{B}_5$	0.50	0.50	0.50	0.62	0.89	0.89	$\underset{\sim}{A}_5$	正确

7.6 模糊关系与聚类分析

7.6.1 经典关系

“关系”是一个普通使用的，很重要的概念。例如父子关系、兄弟关系、朋友关系、大小关系、从属关系、买卖关系、供求关系、合作关系等，它表示了事物之间的某种联系。在数学上，关系有严格的定义。

定义 7.6.1 设 X、Y 为两个非空集合。$X\times Y$ 为 X 与 Y 的笛氏积，即 $X\times Y=\{(x,y)\mid x\in X,y\in Y\}$。若有 $R\subset X\times Y$(即 $R\subset\mathscr{P}(X\times Y)$)，则称 R 为 X 到 Y 的二元关系，简称关系。对于任何一个$(x,y)\in X\times Y$，若$(x,y)\in R$，则称 x 与 y 具有关系 R，记作 xRy；若$(x,y)\notin R$，则称 x 与 y 不具有关系 R，记作 $x\bar{R}y$。

若 $X=Y$，R 是从 X 到 Y 的关系，则可称 R 是 X 上的关系。

例 7.6.1 设 X、Y 是实数集，R 是 X 上的“大于”关系，即

$$xRy(\text{或}(x,y)\in R\Leftrightarrow x>y)$$

则 R 是坐标平面上直线 $y=x$(不含直线上的点)那部分平面的点集(见图 7.6.1)。

若 X 与 Y 之间有一规则 R，使得 $\forall x\in X$，按规则 R 唯一地与 $y\in Y$，则 R 决定了 X 到 Y 的映射

$$R: X \mapsto Y$$

$$X \mapsto R(x)=y, (x,y) \in R$$

由此可见,映射中的规则 R,就是关系 R。

从 X 到 Y 的关系 R 是论域 $X \times Y$ 的经典子集。所以经典集的并、交、补运算及其性质,以及经典集的特征函数表示法,对 R 当然适用。

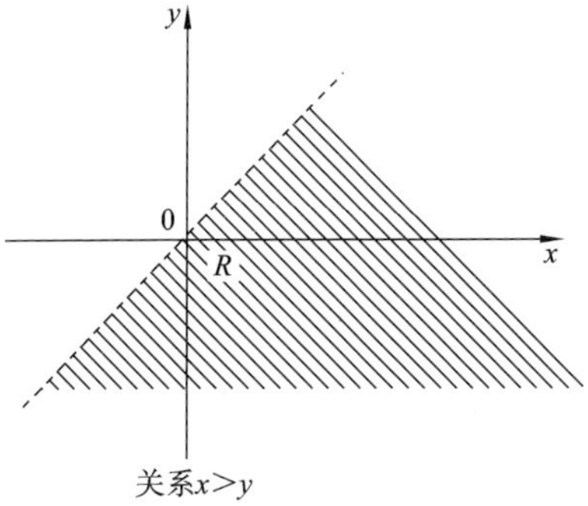

图 7.6.1　关系是映射

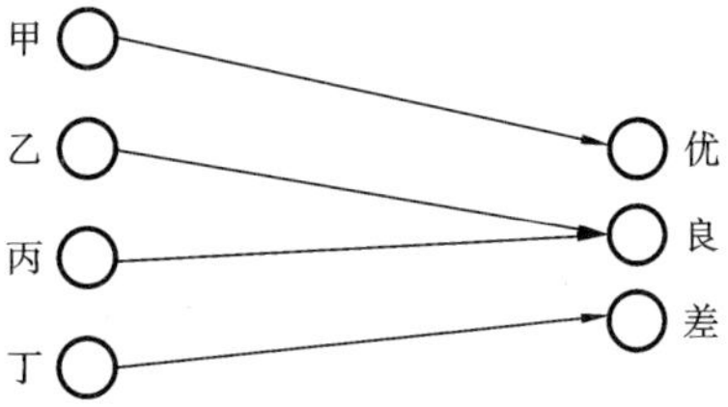

图 7.6.2　关系也是映射

例 7.6.2　设有四个学生甲、乙、丙、丁,用优、良、差来衡量他们的学习成绩。若作出两个集合

$$X=\{\text{甲},\text{乙},\text{丙},\text{丁}\}$$

$$Y=\{\text{优},\text{良},\text{差}\}$$

再作其直积(笛氏积)

$$X \times Y=\{(\text{甲},\text{优}),(\text{甲},\text{良}),(\text{甲},\text{差}),(\text{乙},\text{优}),(\text{乙},\text{良}),(\text{乙},\text{差}),(\text{丙},\text{优}),(\text{丙},\text{良}),(\text{丙},\text{差}),(\text{丁},\text{优}),(\text{丁},\text{良}),(\text{丁},\text{差})\}$$

如果已知甲的成绩是优,乙和丙的成绩是良,丁的成绩是差,则

$$R=\{(\text{甲},\text{优}),(\text{乙},\text{良}),(\text{丙},\text{良}),(\text{丁},\text{差})\}$$

就是 X 与 Y 之间的一个关系,即 $R \subset X \times Y$,它表示了甲、乙、丙、丁四个学生与其成绩的对应关系,所以这个关系也是一个映射,如图 7.6.2 所示。

关系也可以用表格表示(见表 7.6.1)。

表 7.6.1　学习成绩关系表

x	y		
	优	良	差
甲	1	0	0
乙	0	1	0
丙	0	1	0
丁	0	0	1

表中"1"表示$(x,y)\in R$,"0"表示$(x,y)\notin R$。如(甲,优)$\in R$,则在相应的位置上写上"1";(甲,优)$\notin R$,则在相应的位置上写上"0"。表7.6.1形式上可以简洁地用矩阵形式写出:

$$\boldsymbol{R}=\begin{bmatrix}1 & 0 & 0\\ 0 & 1 & 0\\ 0 & 1 & 0\\ 0 & 0 & 1\end{bmatrix}$$

称为关系矩阵。它的一般形式为

$$\boldsymbol{R}=\begin{bmatrix}r_{11} & r_{12} & \cdots & r_{1m}\\ r_{21} & r_{22} & \cdots & r_{2m}\\ \vdots & \vdots & & \vdots\\ r_{n1} & r_{n2} & \cdots & r_{1nm}\end{bmatrix}=(r_{ij})_{n\times m} \tag{7.6.1}$$

经典关系可用特征函数来表示。

定义7.6.2 若$R\in\mathscr{P}(X\times Y)$,则其特征函数表示如下:

$$R(x,y)=\begin{cases}1, & (x,y)\in R\\ 0, & \text{其他}\end{cases}$$

当$X=\{x_1,x_2,\cdots,x_n\}$,$Y=\{y_1,y_2,\cdots,y_m\}$,则二元关系R的特征函数组成一个布尔矩阵(矩阵中的元素或者为0,或者为1),如式(7.6.1)所示。但其中的元素r_{ij}选取如下:

$$r_{ij}=\begin{cases}1, & (x_i,y_j)\in R\\ 0, & \text{其他}\end{cases}$$

定义7.6.3 设R是X到Y的关系,令

$$R^{-1}=\{(y,x)\in Y\times X\mid (x,y)\in R\} \tag{7.6.2}$$

则R^{-1}是Y到X的关系,称R^{-1}为R的逆关系。

定义7.6.4 设R是Y到X的关系,Q是Y到Z的关系,令

$$R\circ Q=\{(x,z)\in X\times Z\mid \exists y\in Y\quad \text{使}(x,y)\in R\text{ 且}(y,z)\in Q\} \tag{7.6.3}$$

则$R\circ Q$是X到Z的关系,称为R到Q的合成(或复合)关系(参见图7.6.3)。

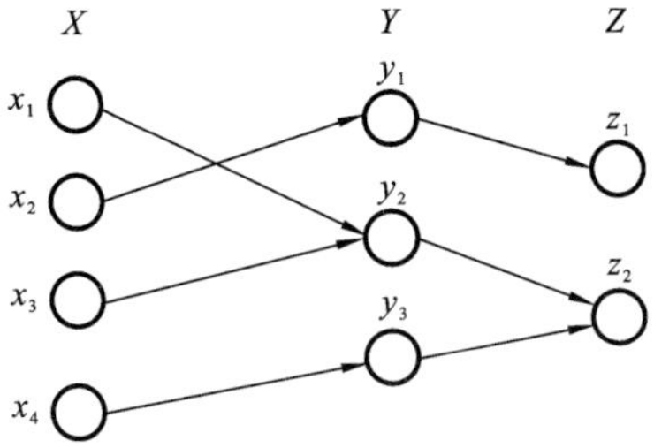

图7.6.3 合成关系 $R\circ Q$

若用特征函数来表示合成运算,则有

$$(R \circ Q)(x,z) = 1 \Leftrightarrow \exists y \in Y$$

使

$$R(x,y) \wedge Q(y,z) = 1$$

因而有

$$(R \circ Q)(x,z) = \bigvee_{y \in Y} [R(x,y) \wedge Q(y,z)] \tag{7.6.4}$$

例 7.6.3 图 7.6.3 所示之例,用特征矩阵写出有

$$R = \begin{bmatrix} 0 & 1 & 0 \\ 1 & 0 & 0 \\ 0 & 1 & 0 \\ 0 & 0 & 1 \end{bmatrix} \begin{matrix} x_1 \\ x_2 \\ x_3 \\ x_4 \end{matrix}, \quad Q = \begin{bmatrix} 1 & 0 \\ 0 & 1 \\ 0 & 1 \end{bmatrix} \begin{matrix} y_1 \\ y_2 \\ y_3 \end{matrix}$$
$$\quad\quad y_1 \; y_2 \; y_3 \quad\quad\quad z_1 \; z_2$$

从图 7.6.3 可以直接看出

$$R \circ Q(x,z) = \begin{bmatrix} 0 & 1 \\ 1 & 0 \\ 0 & 1 \\ 0 & 1 \end{bmatrix} \begin{matrix} x_1 \\ x_2 \\ x_3 \\ x_4 \end{matrix}$$
$$\quad\quad z_1 \quad z_2$$

由式(7.6.4)可以计算出 $R \circ Q(x,z)$。这里和普通矩阵的运算类似,只要用"$\wedge$"代替"$\times$",用"$\vee$"代替"$+$"即可。易知,计算结果与直接观察的结果是相同的。

定义 7.6.5 设 R 是 X 上的经典关系,则有如下定义:

称 R 是自反的 $\Leftrightarrow \forall x \in X, (x,x) \in R$;

称 R 是对称的 $\Leftrightarrow$ 若 $(x,y) \in R$,则 $(y,x) \in R$;

称 R 是传递的 $\Leftrightarrow$ 若 $(x,y) \in R, (y,z) \in R$,则 $(x,z) \in R$;

称 R 是 X 上的等价关系 $\Leftrightarrow R$ 是 X 上的一个自反、对称和传递的关系。

若 R 是 X 上的等价关系,$\forall x \in X$,称

$$R[x] = \{y \in Y, (x,y) \in R\} \tag{7.6.5}$$

为以 x 为代表的模 R 的等价类;称

$$X/R = \{R[x] \mid x \in X\} \tag{7.6.6}$$

为以 X 的模 R 的商集,X/R 是集合的集合。

例 7.6.4 设 X 为整数集,令

$$R = \{(x,y) \in X \times X \mid (x-y)\text{可被 3 整除}\}$$

则 R 是 X 上的等价关系，且 $\forall x\in X$，于是

$$R[0]=R[3]=R[3x]=\{\cdots,-6,-3,0,3,6,\cdots\}$$
$$R[1]=R[3x+1]=\{\cdots,-5,-2,1,4,7,\cdots\}$$
$$R[2]=R[3x+2]=\{\cdots,-4,-1,2,5,8,\cdots\}$$

即 X 的模 R 的等价类只有三个：一个是一切 3 的倍数的集；一个是一切形如 3 的倍数 +1 的数组成的集；一个是形如 3 的倍数 +2 的数组成的集。因此 X 的模 R 的商集只有三个元素：

$$X/R=\{R[0],R[1],R[2]\}$$

定义 7.6.6 设 $\mathscr{A}=\{A_t\mid t\in T\}$ 是 X 上的一个子集族，若它满足以下三个条件，则称 $\{A_t\mid t\in T\}$ 为 X 的一个划分（分类）：

(1) $\forall A_t\in\mathscr{A}, A_t\neq\varnothing$，即每类不空；

(2) 若 $A_t, A_s\in\mathscr{A}, A_t\neq A_s, A_t\cap A_s=\varnothing$，即不同类不相交；

(3) $\bigcup\limits_{t\in T}A_t=X$，即 X 的每一元素必属于一类而且只属于一类。

命题 7.6.1 设 R 是 X 上的等价关系，则 X/R 构成 X 的一个划分，并称为由等价关系 R 诱导的划分。

证明 (1) 先证每类不空，因 R 具有自反性，故有 xRx，从而 $x\in R[x]=A_t$，即 $A_t\neq\varnothing$。

(2) 再证不同类不相交。设 $A_t=R[x], A_s=R[y]$，且 $A_t\neq A_s$，若 $A_t\cap A_s=\varnothing$，取 $z\in A_t\cap A_s$，则 xRz 且 yRz，则由传递性可知，有 xRy。由于 x、y 是任意的，于是有 $R[x]=R[y]$，与假设矛盾，故 $A_t\cap A_s=\varnothing$。

(3) 最后证 $\bigcup\limits_{t\in T}A_t=X$，一方面，$\forall x\in X, x\in R[x]\subset\bigcup\limits_{t\in T}A_t$，即 $X\subset\bigcup\limits_{t\in T}R[x]$。另一方面，显然有 $\bigcup\limits_{t\in T}R[x]\subset X$，因此有

$$X=\bigcup_{t\in T}R[x]=\bigcup_{t\in T}A_t$$

综上所述，X/R 构成 X 的一个划分。 ※

命题 7.6.2 设 $\mathscr{A}=\{A_t\mid t\in T\}$ 为 X 上的一个划分，则 $\mathscr{A}$ 决定了 X 的一个等价关系 R，并且 $X/R=\mathscr{A}$。

证明 在 X 上规定一个关系 R：

$$xRy\Leftrightarrow\exists t\in T,\quad x,y\in A_t$$

可证 R 是 X 上的一个等价关系。

(1) $\forall x\in X$，因 A 是划分，故 $\exists t\in T$，使 $x\in A_t$，故 xRx。

(2) $\forall x,y\in X$，若 xRy，则 $\exists t\in T$，使 $x,y\in A_t$，即 $y,x\in A_t$，从而 yRx。

(3) 若 xRy、yRz，则 $\exists t\in T$，使 $x,y\in A_t$，$y,x\in A_s$，因此 $y\in A_t\cap A_s$，故 $A_t\cap A_s=\varnothing$。类似命题 7.6.1 的证明，可知 $A_t=A_s$，这意味着 $x,z\in A_t$，即有 xRz。 ※

7.6.2 模糊关系的基本概念

经典关系只能说明元素之间关系的有无。现实世界的关系不是简单的有无，而是有不同程度的相关性质。例如家庭成员之间相貌相似的关系，就不是简单的相似或不相似，而是有不同的相似程度。反映这种性质的关系就是模糊关系。

定义 7.6.7 设 X、Y 为两个论域，在 $X\times Y$ 上的任何一个模糊集 $\underset{\sim}{R}\in F(X\times Y)$ 都称为 X 与 Y 之间的模糊关系，即

$$\underset{\sim}{R}:X\times Y\mapsto[0,1]$$

$$(x,y)\mapsto\underset{\sim}{R}(x,y)$$

其中 $\underset{\sim}{R}(x,y)$ 称为 x 与 y 关于 $\underset{\sim}{R}$ 的关系强度。当 $X=Y$ 时，称 $\underset{\sim}{R}$ 为 X 上的模糊关系。

例 7.6.5 医学上常用

$$体重(\mathrm{kg})=身高(\mathrm{cm})-100$$

描述标准体重，这实际上给出了身高(论域 X)与体重(论域 Y)的普通关系。若 $X=\{140,150,160,170,180\}$，$Y=\{40,50,60,70,80\}$，则普通关系由表 7.6.2 给出。它的关系矩阵是个布尔矩阵

$$\boldsymbol{R}=\begin{bmatrix}1&0&0&0&0\\0&1&0&0&0\\0&0&1&0&0\\0&0&0&1&0\\0&0&0&0&1\end{bmatrix}$$

表 7.6.2 体重与身高的普通关系 $R(x_i,y_j)$

x_i	y_i				
	40	50	60	70	80
140	1	0	0	0	0
150	0	1	0	0	0
160	0	0	1	0	0
170	0	0	0	1	0
180	0	0	0	0	1

人有胖瘦不同，所以大部分人并非严格的标准情况，而是与标准情况有不同的接近程度，显然这更能完整、全面地描述身高与体重的关系，如表 7.6.3 所示。

表 7.6.3 体重与身高的模糊关系

x_i	y_i				
	40	50	60	70	80
140	1	0.8	0.2	0.1	0
150	0.8	1	0.8	0.2	0.1
160	0.2	0.8	1	0.8	0.2
170	0.1	0.2	0.8	1	0.8
180	0	0.1	0.2	0.8	1

当 $(x,y)=(170,60)$ 时，$\underset{\sim}{R}(x,y)=0.8$；

当 $(x,y)=(180,50)$ 时，$\underset{\sim}{R}(x,y)=0.1$，这说明身高 170 cm 与体重 60 kg 的人与标准情况接近的程度为 0.8，或其关系强度为 0.8；身高 180 cm 与体重 50 kg 的人与标准情况接近的程度为 0.1，或其关系强度为 0.1。

这个模糊关系的矩阵形式如下：

$$\underset{\sim}{\boldsymbol{R}}=\begin{bmatrix} 1 & 0.8 & 0.2 & 0.1 & 0 \\ 0.8 & 1 & 0.8 & 0.2 & 0.1 \\ 0.2 & 0.8 & 1 & 0.8 & 0.2 \\ 0.1 & 0.2 & 0.8 & 1 & 0.8 \\ 0 & 0.1 & 0.2 & 0.8 & 1 \end{bmatrix}$$

一般地，对于有限论域 $X=\{x_1,\cdots,x_n\}$，$Y=\{y_1,\cdots,y_m\}$ 之间的模糊关系 $\underset{\sim}{R}$ 可用 n 行 m 列（简称 $n\times m$ 阶）的模糊矩阵来表示：

$$\underset{\sim}{\boldsymbol{R}}=(r_{ij})_{n\times m} \tag{7.6.7}$$

其中 $r_{ij}=\underset{\sim}{R}(x_i,y_i)$。

例 7.6.6 设有一组学生 $X=\{$甲、乙、丙$\}$，他们可以选学 $Y=\{$英、法、德、日$\}$ 中的任意几门外语，他们的结业成绩见表 7.6.4。

表 7.6.4 外语成绩表

学生	语种	成绩
甲	英	86
甲	法	84
乙	德	96
丙	日	66
丙	英	78

若把他们的分数除以 100,则得 X 与 Y 之间的一个模糊关系 $\underset{\sim}{R}$,见表 7.6.5。

表 7.6.5　模糊关系表

$\underset{\sim}{R}(x,y)$	英	法	德	日
甲	0.86	0.84	0	0
乙	0	0	0.96	0
丙	0.78	0	0	0.66

它的矩阵形式为

$$\underset{\sim}{\boldsymbol{R}}=\begin{bmatrix}0.86 & 0.84 & 0 & 0\\ 0 & 0 & 0.96 & 0\\ 0.78 & 0 & 0 & 0.66\end{bmatrix}$$

有限论域上的模糊关系除了可以用矩阵表示外,还可以用模糊关系图来表示,如图 7.6.4 所示。

由于模糊关系是一种特殊的模糊集,即 $X\times Y$ 上的模糊集,故其运算与模糊集的运算完全一致,即包含关系,恒等关系,并、交、补的运算都有相同的定义;模糊关系的运算符合幂等、交换、结合、吸收、分配、两极、复原、对偶等规律,但不符合排中律;$\underset{\sim}{R}$ 的 λ 截集$\underset{\sim}{R}_\lambda$ 是 X 与 Y 之间的普通关系,前述的截集的性质也完全适用于截关系。

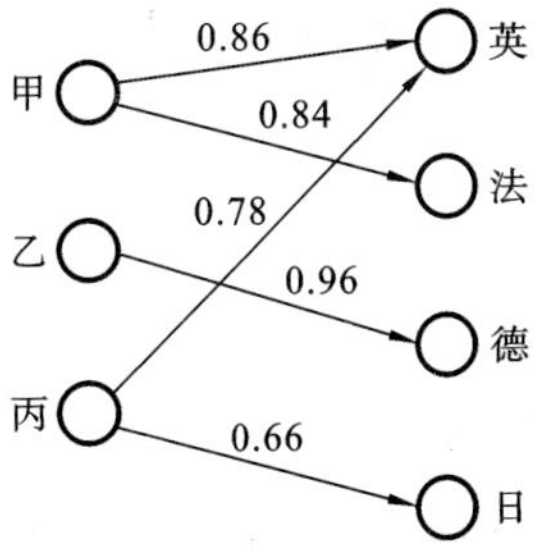

图 7.6.4　模糊关系图

记

$$\boldsymbol{0}=\begin{bmatrix}0 & 0 & \cdots & 0\\ 0 & 0 & \cdots & 0\\ \vdots & \vdots & & \vdots\\ 0 & 0 & \cdots & 0\end{bmatrix},\quad \boldsymbol{I}=\begin{bmatrix}1 & 0 & \cdots & 0\\ 0 & 1 & \cdots & 0\\ \vdots & \vdots & & \vdots\\ 0 & 0 & \cdots & 1\end{bmatrix},\quad \boldsymbol{E}=\begin{bmatrix}1 & 1 & \cdots & 1\\ 1 & 1 & \cdots & 1\\ \vdots & \vdots & & \vdots\\ 1 & 1 & \cdots & 1\end{bmatrix}$$

它们分别称为零矩阵、单位矩阵和全矩阵。

$\underset{\sim}{R}$ 的截关系 R_λ 称为 λ 截矩阵,记为

$$\boldsymbol{R}_\lambda=\begin{bmatrix}\lambda r_{11} & \lambda r_{12} & \cdots & \lambda r_{1m}\\ \lambda r_{21} & \lambda r_{22} & \cdots & \lambda r_{2m}\\ \vdots & \vdots & & \vdots\\ \lambda r_{n1} & \lambda r_{n2} & \cdots & \lambda r_{nm}\end{bmatrix}\tag{7.6.8}$$

其中

$$\lambda r_{ij}=\begin{cases}1, & r_{ij}\geqslant\lambda \\ 0, & r_{ij}<\lambda\end{cases}\tag{7.6.9}$$

类似地，也有强截矩阵的概念。

正如普通关系的合成运算一样，模糊关系也有合成运算。

定义 7.6.8 设 X、Y、Z 是三个论域，$\underset{\sim}{Q}\in\mathscr{F}(X\times Y)$，$\underset{\sim}{R}\in\mathscr{F}(Y\times Z)$，由 $\underset{\sim}{Q}$ 与 $\underset{\sim}{R}$ 作出一个新的模糊关系 $\underset{\sim}{Q}\circ\underset{\sim}{R}\in\mathscr{F}(X\times Y)$，称为 $\underset{\sim}{Q}$ 与 $\underset{\sim}{R}$ 的合成模糊关系，它的隶属函数规定为

$$\underset{\sim}{Q}\circ\underset{\sim}{R}(x,z)=\bigvee_{y\in Y}(\underset{\sim}{Q}(x,y)\wedge\underset{\sim}{R}(y,z))\tag{7.6.10}$$

当 $X=Y=Z$ 时，若 $\underset{\sim}{R}$ 是 X 上的模糊关系，则 $\underset{\sim}{R}$ 与 $\underset{\sim}{R}$ 也可以合成为 $\underset{\sim}{R}\circ\underset{\sim}{R}$，记作$\underset{\sim}{R}^2$，即$\underset{\sim}{R}^2=\underset{\sim}{R}\circ\underset{\sim}{R}$。显然，$\underset{\sim}{R}^2$ 还是 X 上的模糊关系，$\underset{\sim}{R}^2$ 与 $\underset{\sim}{R}$ 还可合成为$\underset{\sim}{R}^2\circ\underset{\sim}{R}$，记作$\underset{\sim}{R}^3$，即$\underset{\sim}{R}^3=\underset{\sim}{R}^2\circ\underset{\sim}{R}$。以此类推，一般有$\underset{\sim}{R}^n=\underset{\sim}{R}^{n-1}\circ\underset{\sim}{R}(n=2,3,\cdots)$。

当 X、Y、Z 为有限论域时，即 $X=\{x_1,\cdots,x_n\}$，$Y=\{y_1,\cdots,y_m\}$，$Z=\{z_1,\cdots,z_l\}$，则 $\underset{\sim}{Q}$、$\underset{\sim}{R}$、$\underset{\sim}{S}=\underset{\sim}{Q}\circ\underset{\sim}{R}$ 均可表示为矩阵形式：

$$\underset{\sim}{\boldsymbol{Q}}=(q_{ij})_{n\times m},\quad \underset{\sim}{\boldsymbol{R}}=(r_{jk})_{m\times l},\quad \underset{\sim}{\boldsymbol{S}}=(s_{ik})_{n\times l}$$

其中

$$s_{ik}=\bigvee_{j=1}^{m}(q_{ij}\wedge r_{jk})\tag{7.6.11}$$

$\underset{\sim}{S}$ 称为模糊矩阵 $\underset{\sim}{Q}$ 与 $\underset{\sim}{R}$ 的乘积。若将“$\vee$”换为“$+$”，将“$\wedge$”换为“$\cdot$”，则模糊矩阵的乘积与普通矩阵的乘积完全相同。

例 7.6.7 设

$$\underset{\sim}{\boldsymbol{Q}}=\begin{bmatrix}0.1 & 0.3 & 0.7\\ 1 & 0 & 0.3\\ 0.2 & 0 & 1\\ 0.6 & 0.4 & 0.8\end{bmatrix},\quad \underset{\sim}{\boldsymbol{R}}=\begin{bmatrix}0.4 & 0.9\\ 0.8 & 0.1\\ 0.3 & 0.7\end{bmatrix}$$

则

$$\underset{\sim}{S}=\underset{\sim}{Q}\circ\underset{\sim}{R}=\begin{bmatrix}0.3 & 0.7\\ 0.4 & 0.9\\ 0.3 & 0.7\\ 0.4 & 0.7\end{bmatrix}$$

命题 7.6.3 模糊关系的合成运算具有下列性质：

(1) 合成运算满足结合律。

$$(\underset{\sim}{Q}\circ\underset{\sim}{R})\circ\underset{\sim}{S}=\underset{\sim}{Q}\circ(\underset{\sim}{R}\circ\underset{\sim}{S})\tag{7.6.12}$$

特别地

$$\underset{\sim}{R}^m \circ \underset{\sim}{R}^n = \underset{\sim}{R}^{m+n} \tag{7.6.13}$$

请读者自证。

(2) 合成运算关于并"∪"满足分配律。

$$(\underset{\sim}{Q} \cup \underset{\sim}{R}) \circ \underset{\sim}{S} = (\underset{\sim}{Q} \circ \underset{\sim}{S}) \cup (\underset{\sim}{R} \circ \underset{\sim}{S}) \tag{7.6.14}$$

$$\underset{\sim}{S} \circ (\underset{\sim}{Q} \cup \underset{\sim}{R}) = (\underset{\sim}{S} \circ \underset{\sim}{Q}) \cup (\underset{\sim}{S} \circ \underset{\sim}{R}) \tag{7.6.15}$$

证明 先证第一式。

$$\underset{\sim}{Q}, \underset{\sim}{R} \in \mathscr{F}(X \times Y), \underset{\sim}{S} \in \mathscr{F}(Y \times Z)$$

设

$$\begin{aligned}
((\underset{\sim}{Q} \cup \underset{\sim}{R}) \circ \underset{\sim}{S})(x,z) &= \bigvee_{y \in Y} [(\underset{\sim}{Q} \cup \underset{\sim}{R})(x,y) \wedge \underset{\sim}{S}(y,z)] \\
&= \bigvee_{y \in Y} [(\underset{\sim}{Q}(x,y) \vee \underset{\sim}{R}(x,y)) \wedge \underset{\sim}{S}(y,z)] \\
&= \bigvee_{y \in Y} [(\underset{\sim}{Q}(x,y) \wedge \underset{\sim}{S}(y,z) \vee \underset{\sim}{R}(x,y) \wedge \underset{\sim}{S}(y,z))] \\
&= [\bigvee_{y \in Y} (\underset{\sim}{Q}(x,y) \wedge \underset{\sim}{S}(y,z))] \vee [\bigvee_{y \in Y} (\underset{\sim}{R}(x,y) \wedge \underset{\sim}{S}(y,z))] \\
&= (\underset{\sim}{Q} \circ \underset{\sim}{S})(x,z) \vee (\underset{\sim}{R} \circ \underset{\sim}{S})(x,z) \\
&= ((\underset{\sim}{Q} \circ \underset{\sim}{S}) \cup (\underset{\sim}{R} \circ \underset{\sim}{S}))(x,z)
\end{aligned}$$

故有$(\underset{\sim}{Q} \cup \underset{\sim}{R}) \circ \underset{\sim}{S} = (\underset{\sim}{Q} \circ \underset{\sim}{S}) \cup (\underset{\sim}{R} \circ \underset{\sim}{S})$。

第二式证明相似。 ※

应注意的是,合成运算不满足交换律,即 $\underset{\sim}{Q} \circ \underset{\sim}{R} \neq \underset{\sim}{R} \circ \underset{\sim}{Q}$。

例如,设

$$\underset{\sim}{\boldsymbol{Q}} = \begin{bmatrix} 1 & 1 \\ 0 & 0 \end{bmatrix}, \quad \underset{\sim}{\boldsymbol{R}} = \begin{bmatrix} 0 & 1 \\ 1 & 0 \end{bmatrix}$$

则

$$\underset{\sim}{\boldsymbol{Q}} \circ \underset{\sim}{\boldsymbol{R}} = \begin{bmatrix} 1 & 1 \\ 0 & 0 \end{bmatrix}, \quad \underset{\sim}{\boldsymbol{R}} \circ \underset{\sim}{\boldsymbol{Q}} = \begin{bmatrix} 0 & 0 \\ 1 & 1 \end{bmatrix}$$

因此 $\underset{\sim}{\boldsymbol{Q}} \circ \underset{\sim}{\boldsymbol{R}} \neq \underset{\sim}{\boldsymbol{R}} \circ \underset{\sim}{\boldsymbol{Q}}$。

合成运算对交"∩"不满足分配律,即有下列二式:

$$(\underset{\sim}{Q} \cap \underset{\sim}{R}) \circ \underset{\sim}{S} \neq (\underset{\sim}{Q} \circ \underset{\sim}{S}) \cap (\underset{\sim}{R} \circ \underset{\sim}{S})$$

$$\underset{\sim}{S} \circ (\underset{\sim}{Q} \cap \underset{\sim}{R}) \neq (\underset{\sim}{S} \circ \underset{\sim}{Q}) \cap (\underset{\sim}{S} \circ \underset{\sim}{R})$$

例如,设

$$\underset{\sim}{\boldsymbol{Q}} = \begin{bmatrix} 1 & 0 \\ 1 & 0 \end{bmatrix}, \quad \underset{\sim}{\boldsymbol{R}} = \begin{bmatrix} 0 & 1 \\ 1 & 1 \end{bmatrix}, \quad \underset{\sim}{\boldsymbol{S}} = \begin{bmatrix} 1 & 1 \\ 1 & 1 \end{bmatrix}$$

则

$$(\underset{\sim}{\boldsymbol{Q}}\circ\underset{\sim}{\boldsymbol{R}})\circ\underset{\sim}{\boldsymbol{S}}=\begin{bmatrix}0&0\\1&1\end{bmatrix}\circ\begin{bmatrix}1&1\\1&1\end{bmatrix}=\begin{bmatrix}0&0\\1&1\end{bmatrix}$$

$$(\underset{\sim}{\boldsymbol{Q}}\circ\underset{\sim}{\boldsymbol{S}})\cap(\underset{\sim}{\boldsymbol{R}}\circ\underset{\sim}{\boldsymbol{S}})=\begin{bmatrix}1&1\\1&1\end{bmatrix}\cap\begin{bmatrix}1&1\\1&1\end{bmatrix}=\begin{bmatrix}1&1\\1&1\end{bmatrix}$$

因此$(\underset{\sim}{\boldsymbol{Q}}\cap\underset{\sim}{\boldsymbol{R}})\circ\underset{\sim}{\boldsymbol{S}}\neq(\underset{\sim}{\boldsymbol{Q}}\circ\underset{\sim}{\boldsymbol{S}})\cap(\underset{\sim}{\boldsymbol{R}}\circ\underset{\sim}{\boldsymbol{S}})$。

同样可以举出反例来说明第一个式子,请读者完成。

(3)

$$\varnothing\circ\underset{\sim}{R}=\underset{\sim}{R}\circ\varnothing=\varnothing,\quad (X\times Y)\circ\underset{\sim}{R}=\underset{\sim}{R}\circ(X\times Y)=\underset{\sim}{R} \tag{7.6.16}$$

请读者自证。

(4) 若 $\underset{\sim}{Q}\subset\underset{\sim}{R}$,则

$$\underset{\sim}{Q}\circ\underset{\sim}{S}\subset\underset{\sim}{R}\circ\underset{\sim}{S},\quad \widetilde{P}\circ\underset{\sim}{Q}\subset\widetilde{P}\circ\underset{\sim}{R},\quad \underset{\sim}{Q}^n\subset\underset{\sim}{\mathbf{R}}^n \tag{7.6.17}$$

读者自证。

定义 7.6.9 设 $\underset{\sim}{R}\in\mathscr{F}(X\times Y)$,定义$\underset{\sim}{R}^{-1}\in\mathscr{F}(X\times Y)$的隶属函数为

$$\underset{\sim}{R}^{-1}(y,x)=\underset{\sim}{R}(x,y)\quad(\forall(y,x)\in Y\times X)$$

称 Y 到 X 的模糊关系$\underset{\sim}{R}^{-1}$为 $\underset{\sim}{R}$ 的逆关系。

命题 7.6.4 逆关系有下述性质:

设 $\underset{\sim}{R},\underset{\sim}{R}_1,\underset{\sim}{R}_2\in\mathscr{F}(X\times Y)$,$\{\underset{\sim}{R}_t\,|\,t\in T\}\subset\mathscr{F}(X\times Y)$,$\underset{\sim}{S},\underset{\sim}{S}_1,\underset{\sim}{S}_2\in\mathscr{F}(Y\times Z)$,则

(1) 若$\underset{\sim}{R}_1\subset\underset{\sim}{R}_2\Rightarrow\underset{\sim}{R}_1{}^{-1}\subset\underset{\sim}{R}_2{}^{-1}$;

(2) $(\underset{\sim}{R}_1{}^{-1})^{-1}=\underset{\sim}{R}$;

(3) $(\underset{\sim}{R}_1\cup\underset{\sim}{R}_2)^{-1}=\underset{\sim}{R}_1{}^{-1}\cup\underset{\sim}{R}_2{}^{-1}$,$(\bigcup\limits_{t\in T}\underset{\sim}{R}_t)^{-1}=\bigcup\limits_{t\in T}\underset{\sim}{R}_t{}^{-1}$;

(4) $(\underset{\sim}{R}_1\cap\underset{\sim}{R}_2)^{-1}=\underset{\sim}{R}_1{}^{-1}\cap\underset{\sim}{R}_2{}^{-1}$,$(\bigcap\limits_{t\in T}\underset{\sim}{R}_t)^{-1}=\bigcap\limits_{t\in T}\underset{\sim}{R}_t{}^{-1}$;

(5) $(\underset{\sim}{R}\circ\underset{\sim}{S})^{-1}=\underset{\sim}{S}^{-1}\circ\underset{\sim}{R}^{-1}$。

请读者自证。

推论 (1) 设 $\underset{\sim}{R}\in\mathscr{F}(X\times X)$,则$\underset{\sim}{R}^{m+n}=\underset{\sim}{R}^m\circ\underset{\sim}{R}^n$($m$、$n$ 为正整数),$(\underset{\sim}{R}^n)^{-1}=(\underset{\sim}{R}^{-1})^n$。

(2) 设 $\underset{\sim}{R},\underset{\sim}{Q}\in\mathscr{F}(X\times X)$且 $\underset{\sim}{R}\subset\underset{\sim}{Q}$,则$\underset{\sim}{R}^n\subset\underset{\sim}{Q}^n$($n$ 为正整数)。

7.6.3 模糊等价关系

定义 7.6.10 设 $\underset{\sim}{R}\in F(X\times X)$,则有

(1) 称 $\underset{\sim}{R}$ 是自反的$\Leftrightarrow\forall$,$x\in X$,$\underset{\sim}{R}(x,x)=1$;

(2) 称 $\underset{\sim}{R}$ 是对称的$\Leftrightarrow\forall$,$x,y\in X$,$\underset{\sim}{R}(x,y)=\underset{\sim}{R}(y,x)$;

(3) 若 $\underset{\sim}{R}$ 是 X 上的自反、对称关系，则称 $\underset{\sim}{R}$ 是 X 上的模糊相似关系，简称相似关系。

命题 7.6.5 设 $\underset{\sim}{R}\in F(X\times X)$，$I(x,y)=\begin{cases}1, & x=y\\ 0, & x\neq y\end{cases}$，则

(1) $\underset{\sim}{R}$ 是自反的$\Leftrightarrow I\subset \underset{\sim}{R}$。

(2) $\underset{\sim}{R}$ 是自反的$\Rightarrow \underset{\sim}{R}^n\subset \underset{\sim}{R}^{n+1}(n\geqslant 1)$且$\underset{\sim}{R}^n$ 也是自反的。

证明 (1) 显然得证。

(2) 用归纳法证明包含式$\underset{\sim}{R}^n\subset \underset{\sim}{R}^{n+1}$，$\forall (x,y)\in X\times X$，有

$$\begin{aligned}\underset{\sim}{R}^2(x,y)&=\bigvee_{t\in X}[\underset{\sim}{R}(x,t)\wedge \underset{\sim}{R}(t,y)]\\ &\geqslant \underset{\sim}{R}(x,x)\wedge \underset{\sim}{R}(x,y)=\underset{\sim}{R}(x,y)\end{aligned}$$

故 $R\subset R^2$。设$\underset{\sim}{R}^{n-1}\subset \underset{\sim}{R}^n$，由此可得

$$\underset{\sim}{R}^{n-1}\circ \underset{\sim}{R}\subset \underset{\sim}{R}^n\circ \underset{\sim}{R}$$

即

$$\underset{\sim}{R}^n\subset \underset{\sim}{R}^{n+1} \tag{7.6.18}$$

因 $I\subset \underset{\sim}{R}\subset \underset{\sim}{R}^n(n\geqslant 1)$，由(1)知$\underset{\sim}{R}^n$ 是自反的。

命题 7.6.6 设 $\underset{\sim}{R},\underset{\sim}{R}_1,\underset{\sim}{R}_2\in \mathscr{F}(X\times X)$，则有

(1) $\underset{\sim}{R}$ 是对称的$\Leftrightarrow \underset{\sim}{R}=\underset{\sim}{R}^{-1}$；

(2) 若$\underset{\sim}{R}_1$、$\underset{\sim}{R}_2$ 都是对称的，则$\underset{\sim}{R}_1\circ \underset{\sim}{R}_2$ 对称$\Leftrightarrow \underset{\sim}{R}_1\circ \underset{\sim}{R}_2=\underset{\sim}{R}_2\circ \underset{\sim}{R}_1$($\underset{\sim}{R}_1$、$\underset{\sim}{R}_2$ 是可以交换的)；

(3) $\underset{\sim}{R}$ 是对称的$\Rightarrow \underset{\sim}{R}^n$ 是对称的($n\geqslant 1$)。

证明 (1)由对称关系的定义得证。

(2) 先证($\Rightarrow$)：若$\underset{\sim}{R}_1\circ \underset{\sim}{R}_2$ 是对称的，因$\underset{\sim}{R}_1$、$\underset{\sim}{R}_2$ 也对称，故$\underset{\sim}{R}_1\circ \underset{\sim}{R}_2=(\underset{\sim}{R}_1\circ \underset{\sim}{R}_2)^{-1}=\underset{\sim}{R}_2{}^{-1}\circ \underset{\sim}{R}_1{}^{-1}=\underset{\sim}{R}_2\circ \underset{\sim}{R}_1$。

再证($\Leftarrow$)：若$\underset{\sim}{R}_1\circ \underset{\sim}{R}_2=\underset{\sim}{R}_2\circ \underset{\sim}{R}_1$，则

$$(\underset{\sim}{R}_1\circ \underset{\sim}{R}_2)^{-1}=\underset{\sim}{R}_2{}^{-1}\circ \underset{\sim}{R}_1{}^{-1}=\underset{\sim}{R}_2\circ \underset{\sim}{R}_1=\underset{\sim}{R}_1\circ \underset{\sim}{R}_2$$

由(1)知，$\underset{\sim}{R}_1\circ \underset{\sim}{R}_2$ 是对称的。

(3) 若 $\underset{\sim}{R}$ 对称，则由命题 7.6.4 的推论(1)有

$$(\underset{\sim}{R}^n)^{-1}=(\underset{\sim}{R}^{-1})^n=\underset{\sim}{R}^n$$

由(1)知，$\underset{\sim}{R}^n$ 对称。 ※

推论 (1) 若 $\underset{\sim}{R}$ 是 X 上的相似关系，则$\underset{\sim}{R}^n$ 也是 X 上的相似关系。

(2) 设 $\underset{\sim}{R}\in\mathscr{F}(X\times X)$是任一模糊关系，则 $\underset{\sim}{R}\circ\underset{\sim}{R}^{-1}$是 X 上的对称关系。

证明 因$(\underset{\sim}{R}\circ\underset{\sim}{R}^{-1})^{-1}=(\underset{\sim}{R}^{-1})^{-1}\circ\underset{\sim}{R}^{-1}=\underset{\sim}{R}\circ\underset{\sim}{R}^{-1}$，由命题 7.6.6(1)知，$\underset{\sim}{R}\circ\underset{\sim}{R}^{-1}$是对称的。

※

定义 7.6.11 设 $\underset{\sim}{R}\in\mathscr{F}(X\times X)$，则称 $\underset{\sim}{R}$ 为传递的$\Leftrightarrow\forall\lambda\in[0,1]$，$\forall x,y,z\in X$，若 $\underset{\sim}{R}(x,y)\geqslant\lambda$，$\underset{\sim}{R}(y,z)\geqslant\lambda$，则 $\underset{\sim}{R}(x,z)\geqslant\lambda$。

命题 7.6.7 设 $\underset{\sim}{R},\underset{\sim}{R}_1,\underset{\sim}{R}_2\in\mathscr{F}(X\times X)$，则

(1) $\underset{\sim}{R}$ 是传递的$\Leftrightarrow\underset{\sim}{R}^2\subset\underset{\sim}{R}$；

(2) 若 $\underset{\sim}{R}$ 是传递的$\Rightarrow\underset{\sim}{R}^n$ 是传递的$(n\geqslant1)$；

(3) $\underset{\sim}{R}_1$、$\underset{\sim}{R}_2$ 是传递的$\Rightarrow\underset{\sim}{R}_1\cap\underset{\sim}{R}_2$ 是传递的。

证明 (1) 先证($\Rightarrow$)：设 $x,y\in X$，$\forall t\in X$，令

$$\lambda_t=\underset{\sim}{R}(x,t)\wedge\underset{\sim}{R}(t,y)$$

则 $\underset{\sim}{R}(x,t)\geqslant\lambda_t$，$\underset{\sim}{R}(t,y)\geqslant\lambda_t$。由于 $\underset{\sim}{R}$ 是传递的，故 $\underset{\sim}{R}(x,y)\geqslant\lambda_t(\forall t\in X)$，于是

$$\underset{\sim}{R}(x,y)\geqslant\bigvee_{t\in X}\lambda_t=\bigvee_{t\in X}[\underset{\sim}{R}(x,t)\wedge\underset{\sim}{R}(t,y)]=\underset{\sim}{R}^2(x,y)$$

由 x、y 的任意性知

$$\underset{\sim}{R}^2\subset\underset{\sim}{R}\tag{7.6.19}$$

再证($\Leftarrow$)：若$\underset{\sim}{R}^2\subset\underset{\sim}{R}$ 且 $\underset{\sim}{R}(x,y)\geqslant\lambda$，$\underset{\sim}{R}(y,z)\geqslant\lambda$，于是

$$\begin{aligned}\underset{\sim}{R}(x,z)&\geqslant\underset{\sim}{R}^2(x,z)=\bigvee_{t\in X}[\underset{\sim}{R}(x,t)\wedge\underset{\sim}{R}(t,z)]\\&\geqslant\underset{\sim}{R}(x,y)\wedge\underset{\sim}{R}(y,z)\geqslant\lambda\end{aligned}$$

由定义知 $\underset{\sim}{R}$ 是传递的。

(2) 若 $\underset{\sim}{R}$ 是传递的，则$\underset{\sim}{R}^2\subset\underset{\sim}{R}$；由$(\underset{\sim}{R}^n)^2=(\underset{\sim}{R}^2)^n\subset\underset{\sim}{R}^n$，由(1)知$\underset{\sim}{R}^n$ 是传递的。

(3) 若$\underset{\sim}{R}_1$、$\underset{\sim}{R}_2$ 是传递的，即${\underset{\sim}{R}_1}^2\subset\underset{\sim}{R}_1$、${\underset{\sim}{R}_2}^2\subset\underset{\sim}{R}_2$，由命题 7.6.3(4)有

$$\begin{aligned}(\underset{\sim}{R}_1\cap\underset{\sim}{R}_2)^2&=(\underset{\sim}{R}_1\cap\underset{\sim}{R}_2)\circ(\underset{\sim}{R}_1\cap\underset{\sim}{R}_2)\subset(\underset{\sim}{R}_1\circ\underset{\sim}{R}_1)\cap(\underset{\sim}{R}_1\circ\underset{\sim}{R}_2)\cap(\underset{\sim}{R}_2\circ\underset{\sim}{R}_1)\cap(\underset{\sim}{R}_2\circ\underset{\sim}{R}_2)\\&\subset{\underset{\sim}{R}_1}^2\cap{\underset{\sim}{R}_2}^2\subset\underset{\sim}{R}_1\cap\underset{\sim}{R}_2\end{aligned}$$

故$\underset{\sim}{R}_1\cap\underset{\sim}{R}_2$ 是传递的。

例 7.6.8 给定有限论域上的模糊关系 $\underset{\sim}{R}$ 如下：

$$\underset{\sim}{\boldsymbol{R}}=\begin{bmatrix}0.2&1&0.4&0.4\\0&0.6&0.3&0\\0&1&0.3&0\\0.1&1&1&0.1\end{bmatrix}$$

则

$$\underset{\sim}{\boldsymbol{R}}^2=\begin{bmatrix}0.2 & 0.6 & 0.4 & 0.2\\ 0 & 0.6 & 0.3 & 0\\ 0 & 0.6 & 0.3 & 0\\ 0.1 & 0 & 0.3 & 0.1\end{bmatrix}$$

由于模糊矩阵$\underset{\sim}{\boldsymbol{R}}^2$ 的元素不超过 $\underset{\sim}{R}$ 对应位置上的元素，因而模糊关系$\underset{\sim}{R}^2\subset\underset{\sim}{R}$，故 R 是传递的。

定义 7.6.12 设 $\underset{\sim}{R}\in F(X\times X)$，若 $\underset{\sim}{R}$ 满足下列三个条件，则称 $\underset{\sim}{R}$ 是 X 上的一个模糊等价关系。

(1) 自反性：$\forall x\in X,\underset{\sim}{R}(x,x)=1$。

(2) 对称性：$\forall x,y\in X,\underset{\sim}{R}(x,y)=\underset{\sim}{R}(y,x)$。

(3) 传递性：$\underset{\sim}{R}^2\subset\underset{\sim}{R}$，即 $\forall(x,z)\in X\times X$，有

$$\bigvee_{y\in X}[\underset{\sim}{R}(x,y)\wedge\underset{\sim}{R}(y,z)]\leqslant\underset{\sim}{R}(x,x)\tag{7.6.20}$$

若 $X=\{x_1,x_2,\cdots,x_n\}$为有限论域时，X 上的模糊等价关系 $\underset{\sim}{R}$ 是一个矩阵（称为模糊等价矩阵），它满足下述三个条件。

(1) 自反性：$r_{ii}=1,i=1,2,\cdots,n$。

(2) 对称性：$r_{ij}=r_{ji},i,j=1,2,\cdots,n$。

(3) 传递性：$\underset{\sim}{R}\circ\underset{\sim}{R}\subset\underset{\sim}{R}$，即

$$\bigvee_{k=1}^{n}(r_{ik}\wedge r_{kj})\leqslant r_{ij}\quad(i,j=1,2,\cdots,n)\tag{7.6.21}$$

条件(1)说明模糊矩阵的对角线元素都是 1；条件(2)意味着模糊等价矩阵是对称矩阵。

定理 7.6.1 设 $\underset{\sim}{R}\in\mathscr{F}(X\times X)$，则

$\underset{\sim}{R}$ 是模糊等价关系$\Leftrightarrow\forall\lambda\in[0,1]$，$R_\lambda$ 是经典等价关系，且 $\alpha>\beta$ 时，$R_\alpha[x]\subset R_\beta[x](\forall x\in X)$。

这里 $R_\lambda=\{(x,y)\in X\times Y\mid\underset{\sim}{R}(x,y)\geqslant\lambda\}$为 $\underset{\sim}{R}$ 的 λ 截关系。

证明 先证($\Rightarrow$)，即若 $\underset{\sim}{R}$ 是模糊等价关系，则对 $\forall\lambda\in[0,1]$需验证 $\underset{\sim}{R}$ 是自反、对称、传递的。

(1) 自反性：$\forall x\in X$，因 $\underset{\sim}{R}$ 自反，即 $\underset{\sim}{R}(x,x)=1\geqslant\lambda$，从而$(x,x)\in\underset{\sim}{R}_\lambda$，$R_\lambda$ 是自反的。

(2) 对称性：若$(x,x)\in R_\lambda$ 即 $\underset{\sim}{R}(x,y)\geqslant\lambda$，因为 $\underset{\sim}{R}$ 是对称的，所以有 $\underset{\sim}{R}(y,x)=\underset{\sim}{R}(x,y)\geqslant\lambda$，故$(y,x)\in R_\lambda$，$R_\lambda$ 是对称的。

(3) 传递性：若$(x,y)\in R_\lambda$且$(y,z)\in R_\lambda$，则$\underset{\sim}{R}(x,y)\geqslant\lambda$且$\underset{\sim}{R}(y,z)\geqslant\lambda$，由$\underset{\sim}{R}$的传递性定义知，$\underset{\sim}{R}(x,z)\geqslant\lambda$，即$(x,z)\in R_\lambda$，故$R_\lambda$是传递的。

由于R_λ是自反、对称、传递的，故R_λ是经典等价关系。

再证($\Leftarrow$)，即设$\lambda\in[0,1]$，R_λ是经典等价关系。验证R_λ是自反、对称、传递的模糊关系。

(1) 自反性：$\forall x\in X$，因为R_λ是自反的，故$(x,x)\in R_\lambda$，即$\underset{\sim}{R}(x,x)=1$，故$R_\lambda$是自反的。

(2) 对称性：$\forall x,y\in X$，令$\lambda=\underset{\sim}{R}(x,y)$，则$(x,y)\in R_\lambda$，由$R_\lambda$的对称性知$(y,x)\in R_\lambda$，即

$$\underset{\sim}{R}(y,x)\geqslant\lambda=\underset{\sim}{R}(x,y)$$

同理可证

$$\underset{\sim}{R}(x,y)\geqslant\underset{\sim}{R}(y,x)$$

综合以上两式得$\underset{\sim}{R}(x,y)=\underset{\sim}{R}(y,x)$，即$R_\lambda$是对称的。

(3) 传递性：$\forall x,y,z\in X,\lambda\in[0,1]$，若$\underset{\sim}{R}(x,y)\geqslant\lambda$且$\underset{\sim}{R}(y,z)\geqslant\lambda$，则$(x,y)\in R_\lambda$且$(y,z)\in R_\lambda$，由$R_\lambda$的传递性知$(x,z)\in R_\lambda$，即$\underset{\sim}{R}(x,z)\geqslant\lambda$，由模糊传递性的定义知$R_\lambda$是传递的。

又因$\alpha>\beta$时有$R_\alpha\subset R_\beta$，$\forall y\in R_\alpha[x]$，则$(x,y)\in R_\alpha\subset R_\beta$，故$y\in R_\beta[x]$，从而$R_\alpha[x]\subset R_\beta[x]$。 ※

本定理说明，若R_λ是X上的模糊等价关系，则其λ截关系是经典等价关系，它们都可将X作一个划分，当λ从1下降到0时，就得到一个划分族，而且由于$\alpha>\beta$时，$R_\alpha[x]\subset R_\beta[x]$，即$R_\alpha$给出的分类结果中的每类，是$R_\beta$给出的分类结果的子类，所以$R_\alpha$给出的分类结果比$R_\beta$给出的分类结果更细。随着$\lambda$的下降，$R_\lambda$给出的分类越来越粗，这样就得到一个动态的聚类图，我们可以根据实际情况的需要，选择某个水平上的分类结果。这是模糊聚类分析的一大优越性。

例 7.6.9 设$X=\{x_1,x_2,x_3,x_4,x_5\}$，给出$X$上的一个模糊等价关系

$$\underset{\sim}{\boldsymbol{R}}=\begin{bmatrix}1 & 0.4 & 0.8 & 0.5 & 0.5\\ 0.4 & 1 & 0.4 & 0.4 & 0.4\\ 0.8 & 0.4 & 1 & 0.5 & 0.5\\ 0.5 & 0.4 & 0.5 & 1 & 0.6\\ 0.5 & 0.4 & 0.5 & 0.6 & 1\end{bmatrix}$$

在以上矩阵中，对角线元素为 1，即 $r_{ii}=1$，所以 $\underset{\sim}{R}$ 是自反的。又因 $\underset{\sim}{R}$ 与其转置矩阵相同，故 $r_{ij}=r_{ji}$，$\underset{\sim}{R}=\underset{\sim}{R}^{-1}$，即 $\underset{\sim}{R}$ 是对称的，可以验证 $\underset{\sim}{R}\circ\underset{\sim}{R}=\underset{\sim}{R}^{2}\subset\underset{\sim}{R}$，故 $\underset{\sim}{R}$ 是传递的，因此 $\underset{\sim}{R}$ 是模糊等价关系。

依次取 λ 截关系 R_λ。R_λ 是经典等价关系，它诱导出 X 上的一个划分 X/R_λ，将 X 分成一些等价类。

当 $\lambda=1$ 时，

$$\boldsymbol{R}_1=\begin{bmatrix}1&0&0&0&0\\0&1&0&0&0\\0&0&1&0&0\\0&0&0&1&0\\0&0&0&0&1\end{bmatrix}$$

$\boldsymbol{R}_1$ 诱导的分类为五类：$\{x_1\}$，$\{x_2\}$，$\{x_3\}$，$\{x_4\}$，$\{x_5\}$。

当 $\lambda=0.8$ 时，

$$\boldsymbol{R}_{0.8}=\begin{bmatrix}1&0&1&0&0\\0&1&0&0&0\\1&0&1&0&0\\0&0&0&1&0\\0&0&0&0&1\end{bmatrix}$$

$\boldsymbol{R}_{0.8}$诱导的分类为四类：$\{x_1,x_3\}$，$\{x_2\}$，$\{x_4\}$，$\{x_5\}$。

当 $\lambda=0.6$ 时，

$$\boldsymbol{R}_{0.6}=\begin{bmatrix}1&0&1&0&0\\0&1&0&0&0\\1&0&1&0&0\\0&0&0&1&1\\0&0&0&1&1\end{bmatrix}$$

$\boldsymbol{R}_{0.6}$诱导的分类为三类：$\{x_1,x_3\}$，$\{x_2\}$，$\{x_4,x_5\}$。

当 $\lambda=0.5$ 时，

$$\boldsymbol{R}_{0.5}=\begin{bmatrix}1&0&1&1&1\\0&1&0&0&0\\1&0&1&1&1\\1&0&1&1&1\\1&0&1&1&1\end{bmatrix}$$

$\boldsymbol{R}_{0.5}$诱导的分类为两类：$\{x_1,x_3,x_4,x_5\}$，$\{x_2\}$。

当 $\lambda=0.4$ 时，

$$\boldsymbol{R}_{0.4}=\begin{bmatrix}1&1&1&1&1\\1&1&1&1&1\\1&1&1&1&1\\1&1&1&1&1\\1&1&1&1&1\end{bmatrix}$$

$\boldsymbol{R}_{0.4}$诱导的分类为一类：$\{x_1,x_2,x_3,x_4,x_5\}$。

随着 λ 由大到小，分类由细到粗，形成一个动态的分类图，如图 7.6.5 所示。

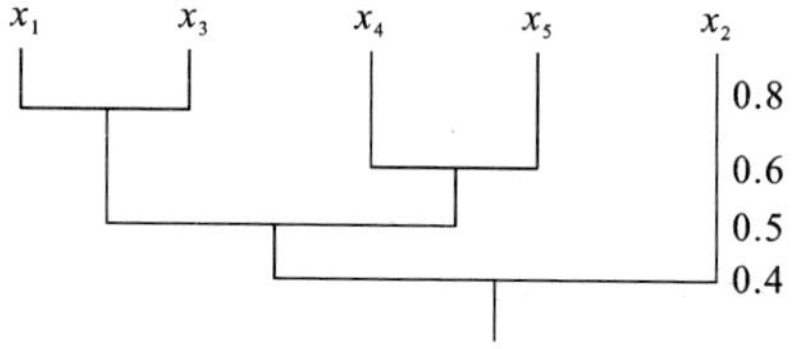

图 7.6.5　动态聚类图

7.6.4　模糊传递闭包和等价闭包

通常的模糊关系，不一定有传递性，它们不是模糊等价关系，对这种模糊关系直接进行分类显然不合理。为此，我们希望寻求一种方法，能将不是等价的模糊关系进行改造。

定义 7.6.13　设 $\underset{\sim}{R}\in\mathscr{F}(X\times X)$，称 $t(\underset{\sim}{R})$ 为 $\underset{\sim}{R}$ 的传递闭包，如果 $t(\underset{\sim}{R})$ 满足：

(1) $(t(\underset{\sim}{R}))^2\subset t(\underset{\sim}{R})$（传递）；

(2) $\underset{\sim}{R}\subset t(\underset{\sim}{R})$（包容）；

(3) 若 是 X 上的模糊传递关系，且 $\underset{\sim}{R}\subset\underset{\sim}{R}'\Rightarrow t(\underset{\sim}{R})\subset\underset{\sim}{R}'$（最小），即 $\underset{\sim}{R}$ 的传递闭包是包含 $\underset{\sim}{R}$ 的最小的传递关系。

定理 7.6.2　设 $\underset{\sim}{R}\in\mathscr{F}(X\times X)$，则

$$t(\underset{\sim}{R})=\bigcup_{n=1}^{\infty}\underset{\sim}{R}^n \tag{7.6.22}$$

证明　(1) 首先证明 $\bigcup\limits_{n=1}^{\infty}\underset{\sim}{R}^n$ 是传递的，即要证明

$$\left(\bigcup_{n=1}^{\infty}\underset{\sim}{R}^n\right)^2\subset\bigcup_{n=1}^{\infty}\underset{\sim}{R}^n$$

$$\begin{aligned}\left(\bigcup_{n=1}^{\infty}\underset{\sim}{R}^n\right)\circ\left(\bigcup_{m=1}^{\infty}\underset{\sim}{R}^m\right)&=\bigcup_{n=1}^{\infty}\left[\underset{\sim}{R}^n\circ\left(\bigcup_{m=1}^{\infty}\underset{\sim}{R}^m\right)\right]\\&=\bigcup_{n=1}^{\infty}\left[\bigcup_{m=1}^{\infty}(\underset{\sim}{R}^n\circ\underset{\sim}{R}^m)\right]=\bigcup_{n=1}^{\infty}\left(\bigcup_{m=1}^{\infty}\underset{\sim}{R}^{n+m}\right)\end{aligned}$$

（令 $n+m=k$，则 k 须从 2 起）

$$=\bigcup_{k=2}^{\infty}\underset{\sim}{R}^k\subset\bigcup_{k=1}^{\infty}\underset{\sim}{R}^k\subset\bigcup_{n=1}^{\infty}\underset{\sim}{R}^n$$

由传递性定义知，$\bigcup_{n=1}^{\infty}\underset{\sim}{R}^n$ 是传递的。

(2) 显然有 $\underset{\sim}{R}\subset\bigcup_{n=1}^{\infty}\underset{\sim}{R}^n$。

(3) 若有$\underset{\sim}{R}'$使$\underset{\sim}{R}\subset\underset{\sim}{R}'$且$\underset{\sim}{R}'$传递，则由 $\underset{\sim}{R}\subset\underset{\sim}{R}'$有

$$\underset{\sim}{R}^2\subset(\underset{\sim}{R}')^2\subset\underset{\sim}{R}'$$

$$\underset{\sim}{R}^3=\underset{\sim}{R}\circ\underset{\sim}{R}^2\subset\underset{\sim}{R}\circ\underset{\sim}{R}'\subset(\underset{\sim}{R}')^2\subset\underset{\sim}{R}'$$

……

一般有 $$\underset{\sim}{R}^n\subset\underset{\sim}{R}'$$

从而

$$\bigcup_{n=1}^{\infty}\underset{\sim}{R}^n\subset\underset{\sim}{R}'$$

即$\bigcup_{n=1}^{\infty}\underset{\sim}{R}^n$ 含于任一包含$\underset{\sim}{R}$ 的传递关系中。

综上所述，$\bigcup_{n=1}^{\infty}\underset{\sim}{R}^n$ 是包含$\underset{\sim}{R}$ 的最小传递关系，因而是$\underset{\sim}{R}$ 的传递闭包，即

$$t(\underset{\sim}{R})\subset\bigcup_{n=1}^{\infty}\underset{\sim}{R}^n$$ ※

在论域为有限集的情况下，传递闭包的计算变得更简捷。

命题 7.6.8 设$|X|=n,\underset{\sim}{R}\in\mathscr{F}(X\times X)$，则

$$t(\underset{\sim}{R})\subset\bigcup_{m=1}^{\infty}\underset{\sim}{R}^m \tag{7.6.23}$$

证明 先证$\forall>n,\underset{\sim}{R}^k\subset\bigcup_{m=1}^{\infty}\underset{\sim}{R}^m$。记

$$(r_{ij})_{n\times n}^{(k)}=\underset{\sim}{R}^k$$

按合成运算定义有

$$r_{ij}^{(2)}=\bigvee_{j_1=1}^{n}(r_{ij_1}\wedge r_{j_1j})$$

$$r_{ij}^{(3)}=\bigvee_{j_1=1}^{n}(r_{ij_1}\wedge r_{j_1j}^{(2)})=\bigvee_{j_1=1}^{n}\bigvee_{j_2=1}^{n}(r_{ij_1}\wedge r_{j_1j_2}\wedge r_{j_2j})$$

……

一般有

$$r_{ij}^{(k)}=\bigvee_{j_1=1}^{n}\bigvee_{j_2=1}^{n}\cdots\bigvee_{j_{k-1}=1}^{n}(r_{ij_1}\wedge r_{j_1j_2}\wedge\cdots\wedge r_{j_{k-1}j})$$

当$k>n$时，上式右端每项下标$j_1,j_2,\cdots,j_{k-1},j$中必有重复出现者(因为X的每行或每列仅有n元素)，若$j_q=j_s(q<s)$，则略去

$$r_{j_qj_{q+1}}\wedge r_{j_{q+1}j_{q+2}}\wedge\cdots\wedge r_{j_{s-1}j_s}$$

显然有

$$r_{ij_1}\wedge r_{j_1j_2}\wedge\cdots\wedge r_{j_{k-1}j}\leqslant r_{ij_1}\wedge\cdots\wedge r_{j_{q-1}j_q}\wedge r_{j_sj_{s+1}}\wedge\cdots\wedge r_{j_{k-1}j}$$

上式右端的项数一定要小于或等于 n，令此项数为 m，即存在 $m\leqslant n$，使得

$$\begin{aligned}r_{ij_1}\wedge r_{j_1j_2}\wedge\cdots\wedge r_{j_{k-1}j}&\leqslant r_{iq_1}\wedge r_{q_1q_2}\wedge\cdots\wedge r_{q_{m-1}j}\\&\leqslant\bigvee_{q_1=1}\bigvee_{q_2=1}\cdots\bigvee_{q_{m-1}=1}(r_{iq_1}\wedge r_{q_1q_2}\wedge\cdots\wedge r_{q_{m-1}j})\\&=r_{ij}^{(m)}\end{aligned}$$

于是

$$r_{ij}^{(k)}=\bigvee_{j_1=1}^{n}\cdots\bigvee_{j_{k-1}=1}^{n}(r_{ij_1}\wedge r_{j_1j_2}\wedge\cdots\wedge r_{j_{k-1}j})\leqslant\bigvee_{m=1}^{n}r_{ij}{}^{(m)}$$

即对任意 $k>n$，总有 $\underset{\sim}{R}^k\subset\bigcup_{m=1}^{\infty}\underset{\sim}{R}^m$，从而

$$t(\underset{\sim}{R})=\bigcup_{k=1}^{\infty}\underset{\sim}{R}^k=(\bigcup_{k=1}^{n}\underset{\sim}{R}^k)\cup(\bigcup_{k=n+1}^{\infty}\underset{\sim}{R}^k)=\bigcup_{k=1}^{n}\underset{\sim}{R}^k=\bigcup_{m=1}^{\infty}\underset{\sim}{R}^m$$

推论 设 $|X|=n$，$\underset{\sim}{R}\in\mathscr{F}(X\times X)$，且 $\underset{\sim}{R}$ 是自反关系，则 $\exists\, m$（正整数）$\leqslant n$，使 $t(\underset{\sim}{R})=\underset{\sim}{R}^m$，且 $\forall\, l>m$ 有 $\underset{\sim}{R}^l=t(\underset{\sim}{R})$。

证明 因 $|X|=n$，故 $t(\underset{\sim}{R})=\bigcup_{k=1}^{\infty}\underset{\sim}{R}^k$。

又 $\underset{\sim}{R}$ 是自反的，由命题 7.6.5 有 $\underset{\sim}{R}\subset\underset{\sim}{R}^2\subset\underset{\sim}{R}^3\subset\cdots$，因而

$$t(\underset{\sim}{R})=\bigcup_{k=1}^{n}\underset{\sim}{R}^k=\underset{\sim}{R}^n$$

在做上述合成运算时，若做到 $m(m\leqslant n)$ 次出现 $\underset{\sim}{R}^m=\underset{\sim}{R}^{m-1}$，则有

$$t(\underset{\sim}{R})=\underset{\sim}{R}^m$$

若有 $l>m$，则有

$$t(\underset{\sim}{R})=\underset{\sim}{R}^m\subset\underset{\sim}{R}^l\subset\bigcup_{k=1}^{\infty}\underset{\sim}{R}^k=t(\underset{\sim}{R})$$

从而

$$\underset{\sim}{R}^l=t(\underset{\sim}{R})$$ ※

上述推论说明，计算有限论域上自反模糊关系 $\underset{\sim}{R}$ 的传递闭包，可以从 $\underset{\sim}{R}$ 开始，反复自乘，依次计算出 $\underset{\sim}{R},\underset{\sim}{R}^2,\underset{\sim}{R}^4,\cdots,\underset{\sim}{R}^{2^i},\cdots$，当第一次出现 $\underset{\sim}{R}^k\circ\underset{\sim}{R}^k=\underset{\sim}{R}^k$ 时，有 $t(\underset{\sim}{R})=\underset{\sim}{R}^k$。

命题 7.6.9 模糊关系的传递闭包 $t(\underset{\sim}{R})$ 有以下性质：

(1) 若 $I\subset\underset{\sim}{R}$，则 $I\subset t(\underset{\sim}{R})$；

(2) $(t(\underset{\sim}{R}))^{-1}=t(\underset{\sim}{R}^{-1})$；

(3) 若 $\underset{\sim}{R}^{-1}=\underset{\sim}{R}$，则 $(t(\underset{\sim}{R}))^{-1}=t(\underset{\sim}{R})$。

证明 (1) 由定理 7.6.2 可得。

(2) 由定理 7.6.2、命题 7.6.4(3)及其推论(1),有

$$(t(\underset{\sim}{R}))^{-1}=(\bigcup_{n=1}^{\infty}\underset{\sim}{R}^{n})^{-1}=\bigcup_{n=1}^{\infty}(\underset{\sim}{R}^{n})^{-1}$$

$$=\bigcup_{n=1}^{\infty}(\underset{\sim}{R}^{-1})^{n}=t(\underset{\sim}{R}^{-1})$$

(3) 由(2)可得。 ※

上述命题中的(1)说明自反关系的传递闭包是自反的,(3)表明对称关系的传递闭包是对称的。

定义 7.6.14 设 $\underset{\sim}{R}\in\mathscr{F}(X\times X)$,称 $e(\underset{\sim}{R})$ 为 $\underset{\sim}{R}$ 的等价闭包,若 $e(\underset{\sim}{R})$ 满足下述条件:

(1) $e(\underset{\sim}{R})$ 是 X 上的模糊等价关系(等价);

(2) $\underset{\sim}{R}\subset e(\underset{\sim}{R})$(包容);

(3) 若 $\underset{\sim}{R}'$ 是 X 上模糊等价关系,且 $\underset{\sim}{R}\subset\underset{\sim}{R}'\Rightarrow e(\underset{\sim}{R})\subset\underset{\sim}{R}'$(最小)。

显然,$\underset{\sim}{R}$ 的等价闭包是包含 $\underset{\sim}{R}$ 的最小的等价关系。

定理 7.6.3 设 $\underset{\sim}{R}\in\mathscr{F}(X\times X)$ 是相似关系(即 $\underset{\sim}{R}$ 是自反、对称模糊关系),则

$$e(\underset{\sim}{R})=t(\underset{\sim}{R})$$

即模糊相似关系的传递闭包就是它的等价闭包。

证明 因 $\underset{\sim}{R}$ 是自反、对称的,由命题 7.6.9 知,$\underset{\sim}{R}$ 的传递闭包 $t(\underset{\sim}{R})$ 是自反、对称的,$t(\underset{\sim}{R})$ 作为 $\underset{\sim}{R}$ 的传递闭包,本身是传递的且包含 $\underset{\sim}{R}$,因此 $t(\underset{\sim}{R})$ 是包含 $\underset{\sim}{R}$ 的模糊等价关系。

若 $\underset{\sim}{R}'$ 也是模糊等价关系,且 $\underset{\sim}{R}\subset\underset{\sim}{R}'$,由于 $\underset{\sim}{R}'$ 是传递的,$t(\underset{\sim}{R})$ 是最小传递关系,故有 $t(\underset{\sim}{R})\subset\underset{\sim}{R}'$。

综上所述,当 $\underset{\sim}{R}$ 是相似关系时,$t(\underset{\sim}{R})$ 是包含 $\underset{\sim}{R}$ 的最小等价关系,因而 $t(\underset{\sim}{R})$ 是 $\underset{\sim}{R}$ 的等价闭包,即

$$e(\underset{\sim}{R})=t(\underset{\sim}{R})$$ ※

推论 设 $|X|=n$,$\underset{\sim}{R}$ 是 X 上的模糊相似关系,则

(1) $\exists m_1\leqslant n$,使 $e(\underset{\sim}{R})=\underset{\sim}{R}^{m_1}$,且 $\forall l\geqslant m_1$ 时有 $e(\underset{\sim}{R})=\underset{\sim}{R}^{l}$。

(2) $\forall\lambda\in[0,1]$,$(e(\underset{\sim}{R}))_\lambda=e(R_\lambda)$。

证明 (1)由命题 7.6.8 的推论及定理 7.6.3 可得。

(2) $\forall\lambda\in[0,1]$,由于 R_λ 也是 X 上的相似关系,于是

由(1)，$\exists\, m_2 \leqslant n$，使 $e(R_\lambda)=\underset{\sim}{R}^{m_2}$，且 $\forall\, l \geqslant m_2$，有 $e(R_\lambda)=R_\lambda^l$。

由(1)又有 $e(\underset{\sim}{R})=\underset{\sim}{R}^{m_1}$ 且 $\forall\, l \geqslant m_1$，于是 $e(\underset{\sim}{R})=\underset{\sim}{R}^l$。

令 $l=\max(m_1,m_2)$，$e(\underset{\sim}{R})=\underset{\sim}{R}^l$，则 $e(\underset{\sim}{R})=\underset{\sim}{R}^l$，因而 $(e(\underset{\sim}{R}))_\lambda=(\underset{\sim}{R}^l)_\lambda$ 且 $e(R_\lambda)=R_\lambda^l$。

对模糊关系的截关系，易于证明(读者自证) $(\underset{\sim}{R}^l)_\lambda=(R_\lambda)^l$，从而

$$(e(\underset{\sim}{R}))_\lambda=e(R_\lambda) \qquad ※$$

在实际问题中建立的模糊关系，多数情况下都是相似关系，定理 7.6.3 给我们提供了一个求相似关系的等价闭包的方法。当论域为有限集时，此法更简便，即对相似矩阵 $\underset{\sim}{R}$，求 $\underset{\sim}{R}^2$，$\underset{\sim}{R}^4$，…，当 $\underset{\sim}{R}^k \circ \underset{\sim}{R}^k=\underset{\sim}{R}^k$ 时，便有 $e(\underset{\sim}{R})=t(\underset{\sim}{R})=\underset{\sim}{R}^k$。

若 $\underset{\sim}{R}$ 不是相似关系，$\underset{\sim}{R}$ 的等价闭包是否存在？若存在，又如何求得其传递闭包？下面的定理回答了这个问题。

定理 7.6.4 设 $\underset{\sim}{R} \in \mathscr{F}(X \times X)$，则 $\underset{\sim}{R}$ 的等价闭包 $e(\underset{\sim}{R})$ 必存在，且 $e(\underset{\sim}{R})=t(\underset{\sim}{R}^*)$，式中的 $\underset{\sim}{R}^*=\underset{\sim}{R} \cup \underset{\sim}{R}^{-1} \cup I$。

证明 先证 $\underset{\sim}{R}^*$ 是包含 $\underset{\sim}{R}$ 的相似关系，因为 $\underset{\sim}{R} \subset \underset{\sim}{R}^*$，$I \subset \underset{\sim}{R}^*$，故 $\underset{\sim}{R}^*$ 是包容 $\underset{\sim}{R}$ 的自反关系。

又有

$$\begin{aligned}(\underset{\sim}{R}^*)^{-1} &= (\underset{\sim}{R} \cup \underset{\sim}{R}^{-1} \cup I)^{-1}=\underset{\sim}{R}^{-1} \cup (\underset{\sim}{R}^{-1})^{-1} \cup I^{-1} \\ &= \underset{\sim}{R}^{-1} \cup \underset{\sim}{R} \cup I^{-1} \\ &= \underset{\sim}{R} \cup \underset{\sim}{R}^{-1} \cup I=\underset{\sim}{R}^* \text{(对称性得证)}\end{aligned}$$

故 $\underset{\sim}{R}^*$ 是包含 $\underset{\sim}{R}$ 的相似关系。由定理 7.6.3 可知，$t(\underset{\sim}{R}^*)$ 是模糊等价关系，且

$$\underset{\sim}{R} \subset \underset{\sim}{R}^* \subset t(\underset{\sim}{R}^*)$$

再证 $t(\underset{\sim}{R}^*)$ 是 X 上包含 $\underset{\sim}{R}$ 的最小等价关系。设 $\underset{\sim}{R}' \in \mathscr{F}(X \times X)$，$\underset{\sim}{R}'$ 是等价关系，且 $\underset{\sim}{R} \subset \underset{\sim}{R}'$，则 $I \subset \underset{\sim}{R}'$，$\underset{\sim}{R}^{-1} \subset (\underset{\sim}{R}')^{-1}=\underset{\sim}{R}'$，从而

$$\underset{\sim}{R}^*=\underset{\sim}{R} \cup \underset{\sim}{R}^{-1} \cup I \subset \underset{\sim}{R}'$$

于是
$$(\underset{\sim}{R}^*)^2 \subset (\underset{\sim}{R}')^2 \subset \underset{\sim}{R}'$$

$$(\underset{\sim}{R}^*)^3=(\underset{\sim}{R}^*)^2 \circ \underset{\sim}{R}^* \subset \underset{\sim}{R}' \circ \underset{\sim}{R}' \subset \underset{\sim}{R}'$$

一般有
$$(\underset{\sim}{R}^*)^n \subset \underset{\sim}{R}'$$

从而
$$t(\underset{\sim}{R}^*)=\bigcup_{n=1}^{\infty} (\underset{\sim}{R}^*)^n \subset \underset{\sim}{R}'$$

综上所述，$t(\underset{\sim}{R}^*)$ 是包含 $\underset{\sim}{R}$ 的最小等价关系，故 $t(\underset{\sim}{R}^*)$ 是 $\underset{\sim}{R}$ 的等价闭包。

当然 $\underset{\sim}{R}$ 的等价闭包是存在的。 ※

例 7.6.10 已知一个模糊相似矩阵 $\underset{\sim}{R}$

$$\underset{\sim}{\boldsymbol{R}}=\begin{bmatrix} 1 & 0 & 0.1 & 0 & 0.8 & 1 & 0.6 \\ 0 & 1 & 0 & 1 & 0 & 0.8 & 1 \\ 0.1 & 0 & 1 & 0.7 & 0.6 & 0 & 0.1 \\ 0 & 1 & 0.7 & 1 & 0 & 0.9 & 0 \\ 0.8 & 0 & 0.6 & 0 & 1 & 0.7 & 0.5 \\ 1 & 0.8 & 0 & 0.9 & 0.7 & 1 & 0.4 \\ 0.6 & 1 & 0.1 & 0 & 0.5 & 0.4 & 1 \end{bmatrix}$$

求 $e(\underset{\sim}{R})$。

解

$$\underset{\sim}{\boldsymbol{R}}^2=\underset{\sim}{\boldsymbol{R}}\circ\underset{\sim}{\boldsymbol{R}}=\begin{bmatrix} 1 & 0.8 & 0.6 & 0.9 & 0.8 & 1 & 0.6 \\ 0.8 & 1 & 0.7 & 1 & 0.7 & 0.9 & 1 \\ 0.6 & 0.7 & 1 & 0.7 & 0.6 & 0.7 & 0.5 \\ 0.9 & 1 & 0.7 & 1 & 0.7 & 0.9 & 1 \\ 0.8 & 0.7 & 0.6 & 0.7 & 1 & 0.8 & 0.6 \\ 1 & 0.9 & 0.7 & 0.9 & 0.8 & 1 & 0.8 \\ 0.6 & 1 & 0.5 & 1 & 0.6 & 0.8 & 1 \end{bmatrix}$$

$$\underset{\sim}{\boldsymbol{R}}^4=\underset{\sim}{\boldsymbol{R}}^2\circ\underset{\sim}{\boldsymbol{R}}^2=\begin{bmatrix} 1 & 0.9 & 0.7 & 0.9 & 0.8 & 1 & 0.9 \\ 0.9 & 1 & 0.7 & 1 & 0.8 & 0.9 & 1 \\ 0.7 & 0.7 & 1 & 0.7 & 0.7 & 0.7 & 0.7 \\ 0.9 & 1 & 0.7 & 1 & 0.8 & 0.9 & 1 \\ 0.8 & 0.8 & 0.7 & 0.8 & 1 & 0.8 & 0.8 \\ 1 & 0.9 & 0.7 & 0.9 & 0.8 & 1 & 0.9 \\ 0.9 & 1 & 0.7 & 1 & 0.8 & 0.9 & 1 \end{bmatrix}$$

$$\underset{\sim}{\boldsymbol{R}}^8=\underset{\sim}{\boldsymbol{R}}^4\circ\underset{\sim}{\boldsymbol{R}}^4=\underset{\sim}{\boldsymbol{R}}^4$$

故

$$e(\underset{\sim}{R})=t(\underset{\sim}{R})=\underset{\sim}{R}^4$$

对等价矩阵 $e(\underset{\sim}{R})=\underset{\sim}{R}^4$ 进行动态聚类，其结果如图 7.6.6 所示。

从上例中可以看出，对于相似矩阵每作一次平方合成运算，模糊矩阵中的元素值便增大一次，也就是 $\underset{\sim}{R}\subset\underset{\sim}{R}^2\subset\underset{\sim}{R}^4\cdots$。其次，我们还可以看到，若对原来的相似矩阵 $\underset{\sim}{R}$，先作其 λ 截集，便可得到一个经典的相似矩阵 R_λ，由于从定理 7.6.3 的推论(2)可知 $(e(\underset{\sim}{R}))_\lambda=e(R_\lambda)$，这样要对 $e(\underset{\sim}{R})$ 作动态聚类时，可以先对相似矩阵作 λ 截集，得到经典的相似矩阵，然后再求经典相似矩阵的等价闭包 $e(R_\lambda)$。

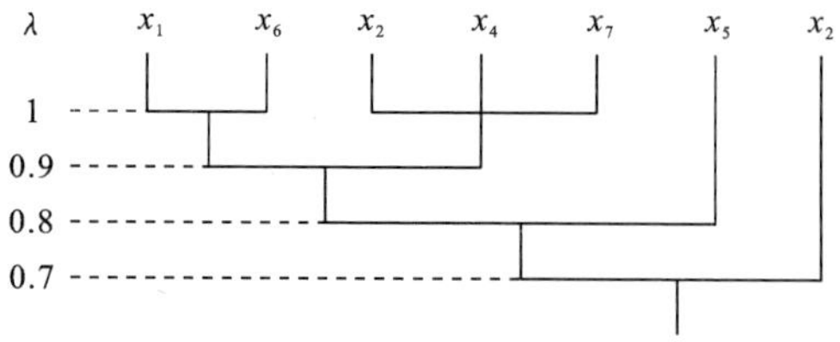

图 7.6.6　动态聚类图

由于经典相似矩阵中的元素仅有 1 与 0(即“非此即彼”)两种,找出所有元素相关值为 1 的元素,加以归并,就可以找出该元素的等价类,从而可以用简单的方法来求 $e(R_\lambda)$,以上所述的理论,在下面的定理中详细说明。

7.6.5　求相似矩阵的等价类的直接方法

定理 7.6.5　设 $|X|=n$,R 是 X 上的经典相似关系,$x\in X$ 时,记 $R[x]=\{y\in x(x,y)\in R\}$,并称 $R[x]$ 为 X 的相似类。

记 $\bar{R}=e(R)=t(R)$,$x_0\in X$,于是

(1) 令 $P_1(x_0)=\bigcup\{R[x]|R[x]\cap R[x]\neq\varnothing\}$(相交而不空的相似类之集),则

$$R[x_0]\subset P_1(x_0)\subset\bar{R}[x_0]$$

(2) 令 $P_2(x_0)=\bigcup\{R[x]|R[x]\cap P_1(x_0)\neq\varnothing\}$,则

$$P_1(x_0)\subset P_2(x_0)\subset\bar{R}[x_0]$$

(3) 设 $P_1(x_0)\subset P_2(x_0)\subset\cdots\subset P_m(x_0)\subset\bar{R}[x_0]$,且 $P_m(x_0)$满足条件:

若

$$R[x]\not\subset P_m(x_0)\Rightarrow R[x]\cap P_m(x_0)=\varnothing \tag{7.6.24}$$

则

$$P_m(x_0)=\bar{R}(x_0)$$

证明　(1) $R[x_0]\subset P_1(x_0)$,显然得证。以下证(1)的包含关系式中右端的包含关系,即验证 $P_1(x_0)\subset\bar{R}[x_0]$。

若 $t\in P_1(x_0)$,则 $\exists x\in X$ 使

$$t\in R[x]\text{且}R[x]\cap R[x_0]\neq\varnothing$$

从而 $\exists x\in X$,$\exists y\in X$ 使

$$(t,x)\in R\subset\bar{R},\quad (x,y)\in R\subset\bar{R},\quad (y,x_0)\in R\subset\bar{R}$$

由 $\bar{R}$ 的传递性,有$(t,x_0)\in\bar{R}$,故

$$t\in\bar{R}[x_0]$$

从而

$$P_1(x_0)\subset\bar{R}[x_0]$$

(2) 证明与(1)的类似。

(3) 只需证明 $\bar{R}[x_0]\subset P_m(x_0)$。

由命题 7.6.8 的推论知,$\exists k\leqslant n$ 使 $\bar{R}=t(R)=R^k$,若 $t\in\bar{R}[x_0]$,则$(x_0,t)\in$

$\bar{R}=R^k$，因 X 为有限集，故 $\exists\, x_1, x_2, \cdots, x_{k-1}\in X$，使

$$(x_0, x_1)\in R,\quad (x_1, x_2)\in R, \cdots,\quad (x_{k-1}, x_t)\in R$$

即

$$x_1\in R[x_0],\quad x_2\in R[x_1],\cdots,\quad t\in R[x_{k-1}]$$

故 $x_1\in R[x_0]\cap R[x_1]\neq\varnothing$，$x_2\in R[x_1]\cap R[x_2]\neq\varnothing$，…，$t\in R[x_{k-1}]\cap R[t]\neq\varnothing$。

由于 $R[x_0]\subset P_m(x_0)$，故

$$\varnothing\neq R[x_0]\cap R[x_1]\subset P_m(x_0)\cap R[x_1]$$

由条件(7.6.24)，有

$$R[x_1]\subset P_m(x_0)$$

故

$$\varnothing\neq R[x_1]\cap R[x_2]\subset P_m(x_0)\cap R[x_2]$$

再利用条件(7.6.24)，有 $R[x_2]\subset P_m(x_0)$。

继续以上步骤，最后得

$$t\in R[x_{k-1}]\subset P_m(x_0)$$

综上所述，我们证明了：若 $t\in\bar{R}[x_0]$，则 $t\in P_m(x_0)$，因而

$$\bar{R}[x_0]\subset P_m(x_0)$$

由于相反的包含式 $P_m(x_0)\subset\bar{R}[x_0]$ 是显然的，综合两个包含式得

$$P_m(x_0)=\bar{R}[x_0]$$ ※

定理 7.6.5 表明：对于一个经典相似关系，可以通过归并相似类的办法，得到它的等价类，所有等价类的并就是它的等价闭包。这样，我们就得到一个求等价类的直接方法，即先用不同的 λ 值作相似矩阵 $\underset{\sim}{R}$ 的截矩阵 R_λ，因 R_λ 是一个经典相似阵，于是便可用本定理的方法通过归并相似类来求等价类。

例 7.6.11 设 $X=\{x_1, x_2, \cdots, x_7\}$，$\underset{\sim}{R}$ 是 X 上的模糊相似关系，

$$\underset{\sim}{\boldsymbol{R}}=\begin{bmatrix} 1 & 0 & 0.5 & 1 & 0.6 & 0.1 & 0.6 \\ & 1 & 0.7 & 0.1 & 0 & 0.8 & 0.1 \\ & & 1 & 0.2 & 0.1 & 0.7 & 0.2 \\ & & & 1 & 1 & 0.2 & 0.3 \\ & & & & 1 & 0.1 & 1 \\ & & & & & 1 & 0.4 \\ & & & & & & 1 \end{bmatrix}$$

试以 $\underset{\sim}{R}$ 为依据将 X 中的元素分类。

解 先用平方法，求 $\underset{\sim}{R}$ 的等价闭包 $e(\underset{\sim}{R})$。

$$\underset{\sim}{\boldsymbol{R}}^2=\begin{bmatrix}1 & 0.5 & 0.5 & 1 & 1 & 0.5 & 0.6\\ & 1 & 0.7 & 0.2 & 0.1 & 0.8 & 0.4\\ & & 1 & 0.5 & 0.5 & 0.7 & 0.5\\ & & & 1 & 1 & 0.3 & 1\\ & & & & 1 & 0.4 & 1\\ & & & & & 1 & 0.4\\ & & & & & & 1\end{bmatrix}$$

再平方

$$\underset{\sim}{\boldsymbol{R}}^4=\begin{bmatrix}1 & 0.5 & 0.5 & 1 & 1 & 0.5 & 1\\ & 1 & 0.7 & 0.5 & 0.5 & 0.8 & 0.5\\ & & 1 & 0.5 & 0.5 & 0.7 & 0.5\\ & & & 1 & 1 & 0.5 & 1\\ & & & & 1 & 0.5 & 1\\ & & & & & 1 & 0.5\\ & & & & & & 1\end{bmatrix}$$

再平方,得 $\underset{\sim}{\boldsymbol{R}}^8=\underset{\sim}{\boldsymbol{R}}^4$。由命题 7.6.8 及定理 7.6.3 知 $e(\underset{\sim}{R})=\underset{\sim}{\boldsymbol{R}}^4$,依次取 λ 截关系 R_λ,R_λ 是经典等价关系,它诱导出 X 上的一个划分 X/R_λ,将 X 分成一些等价类。

当 $\lambda=1$ 时,有

$$e(\underset{\sim}{R})_1=\begin{bmatrix}1 & 0 & 0 & 1 & 1 & 0 & 1\\ 0 & 1 & 0 & 0 & 0 & 0 & 0\\ 0 & 0 & 1 & 0 & 0 & 0 & 0\\ 1 & 0 & 0 & 1 & 1 & 0 & 1\\ 1 & 0 & 0 & 1 & 1 & 0 & 1\\ 0 & 0 & 0 & 0 & 0 & 1 & 0\\ 1 & 0 & 0 & 1 & 1 & 0 & 1\end{bmatrix}$$

$e(\underset{\sim}{R})_1$ 诱导分类为 $\{x_1,x_4,x_5,x_7\}$,$\{x_2\}$,$\{x_3\}$,$\{x_6\}$。

当 $\lambda=0.8$ 时,有

$$e(\underset{\sim}{R})_{0.8}=\begin{bmatrix}1 & 0 & 0 & 1 & 1 & 0 & 1\\ 0 & 1 & 0 & 0 & 0 & 1 & 0\\ 0 & 0 & 1 & 0 & 0 & 0 & 0\\ 1 & 0 & 0 & 1 & 1 & 0 & 1\\ 1 & 0 & 0 & 1 & 1 & 0 & 1\\ 0 & 1 & 0 & 0 & 0 & 1 & 0\\ 1 & 0 & 0 & 1 & 1 & 0 & 1\end{bmatrix}$$

$e(\underset{\sim}{R})_{0.8}$诱导分类为$\{x_1, x_4, x_5, x_7\}$，$\{x_2, x_6\}$，$\{x_3\}$。

当$\lambda=0.7$时，有

$$e(\underset{\sim}{R})_{0.7}=\begin{bmatrix}1&0&0&1&1&0&1\\0&1&1&0&0&1&0\\0&1&1&0&0&1&0\\1&0&0&1&1&0&1\\1&0&0&1&1&0&1\\0&1&1&0&0&1&0\\1&0&0&1&1&0&1\end{bmatrix}$$

$e(\underset{\sim}{R})_{0.7}$诱导分类为$\{x_1, x_4, x_5, x_7\}$，$\{x_2, x_3, x_6\}$。

当$\lambda=0.5$时，有$e(\underset{\sim}{R})_{0.5}=E$，即$e(\underset{\sim}{R})_{0.5}$将$X$分成一类$\{x_1, x_2, x_3, x_4, x_5, x_6, x_7\}$。

随λ由大到小，分类由细到粗，形成一个动态的分类图，如图7.6.7所示。

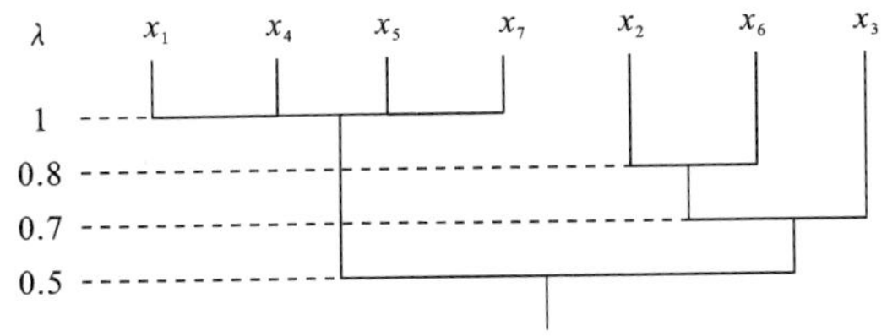

图7.6.7 动态聚类图

现在用直接法，由相似类的归并而求等价类。

先求关于$e(\underset{\sim}{R})_1=e(R_1)$的等价类，为此先列出关于$\lambda=1$的相似类，由于

$$\boldsymbol{R}=\begin{bmatrix}1&0&0&1&0&0&0\\&1&0&0&0&0&0\\&&1&0&0&0&0\\&&&1&1&0&0\\&&&&1&0&1\\&&&&&1&0\\&&&&&&1\end{bmatrix}$$

R_1的相似类是

$$R_1[x_1]=\{x_1, x_4\}\quad(\text{对应于 } r_{14}=1)$$

$$R_1[x_2]=\{x_2\} \quad (\text{对应于 } r_{22}=1)$$

$$R_1[x_3]=\{x_3\}$$

$$R_1[x_4]=\{x_4,x_5\}$$

$$R_1[x_5]=\{x_5,x_7\}$$

$$R_1[x_6]=\{x_6\}$$

在上述相似类中寻找相交不空的元素，然后归并，因为

$$x_4\in R_1[x_1]\cap R_1[x_4]\neq\varnothing$$

于是归并得到

$$P_1(x_1)\in R_1[x_1]\cup R_1[x_4]=\{x_1,x_4,x_5\}$$

又因为有

$$x_5\in P_1(x_1)\cap R_1[x_5]\neq\varnothing$$

再次归并得到

$$P_2(x_1)=R_1[x_1]\cup R_1[x_4]\cup R_1[x_5]=\{x_1,x_4,x_5,x_7\}$$

由于不含于 $P_2(x_1)$ 的 R_1 的相似类(在本例中即 $R_1[x_2]$,$R_1[x_3]$,$R_1[x_6]$)与 $P_2[x_1]$不相交，因此以 x_1 为代表的关于 $e(R_1)=e(\underset{\sim}{R})_1$ 的等价类就是 $P_2(x_1)$。其余类似。在本例中，因其余的相似类两两不相交，不需要归并，它们就是相应的等价类，因而最终得到关于 $e(\underset{\sim}{R})$的等价类为

$$\{x_1,x_4,x_5,x_7\},\{x_2\},\{x_3\},\{x_6\} \tag{7.6.25}$$

其次取 $\lambda_2=0.8$，此时由于 $r_{26}=0.8$，应将 $e(\underset{\sim}{R})_1[x_2]$(即 $R_1[x_2]$)与 $e(\underset{\sim}{R})_1[x_6]$ (即 $R_1[x_6]$)归并，即将等价类(7.6.25)中 x_2 所在的等价类与 x_6 所在的等价类归并(若还有另外的 $r_{ij}=0.8$，类似进行)，归并后得到关于 $e(\underset{\sim}{R})_{0.8}$ 的等价类为

$$\{x_1,x_4,x_5,x_7\},\{x_2,x_6\},\{x_3\} \tag{7.6.26}$$

再次取 $\lambda_3=0.7$，由于 $r_{23}=r_{36}=0.7$，应将等价类(7.6.26)中 x_2 所在的等价类(即$\{x_2,x_6\}$)与 x_3 所在的等价类归并，其他不变，于是得到关于 $e(\underset{\sim}{R})_{0.7}$的等价类如下：

$$\{x_1,x_4,x_5,x_7\},\{x_2,x_3,x_6\} \tag{7.6.27}$$

取 $\lambda_4=0.6$，$r_{15}=r_{17}=0.5$，它们没有给出新的分类结果。

取 $\lambda_5=0.5$，由于 $r_{13}=0.5$，将等价类(7.6.27)中 x_1 与 x_3 所在的等价类归并，得到将全部元素归入一类的结果。

综上所述，最后所得的聚类结果亦如图 7.6.7 所示。

7.6.6 直接聚类的最大树法

用图形来进行直接聚类，更为方便。

设 $\underset{\sim}{\boldsymbol{R}}=(r_{ij})_{n\times n}$是 $X=\{x_1,x_2,\cdots,x_n\}$上的模糊相似关系，$r_{ij}=\underset{\sim}{R}(x_i,x_j)$表示 X 内元素 x_i 与 x_j 的相关程度。在图形上，用顶点表示元素 x_i、x_j，连接 x_i 与 x_j 的线段称为边，边旁标明的数字为 r_{ij} 称为该边的强度，由边依次连接 k 个顶点：$x_{i_1},x_{i_2},\cdots,x_{i_k}$ 称为链。顶点不相同的链称为通道，记为 $L(x_{i_1},x_{i_2},\cdots,x_{i_k})$。通道中各边强度的最小值为该通道的强度，即通道 $L(x_{i_1},x_{i_2},\cdots,x_{i_k})$的强度$=x_{i_1i_2}\wedge\cdots\wedge x_{i_{k-1}i_k}$。

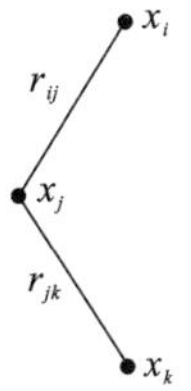

图 7.6.8　通道与链

任意点间都有通道的图形为连通图。起点与终点重合的链称为回路，无回路的连通图称为树（见图 7.6.8）。

用图形法来进行直接聚类时，是把相似类归并为关于 $e(\underset{\sim}{R})$的等价类。归并时，使阈值 λ 逐步从大到小，依次把强度为 λ 的边连接有关的顶点，但注意不连回路，也就得到若干边的强度为 λ 的通道。对 $\lambda\in[0,1]$，在不同 λ 水平上将若干通道相连，就得到若干互不相连的树。每棵树中任意两顶点间通道的强度大于等于 λ，这些互不相连的树就给出了分类的结果：同一棵树的顶点归于同一类。λ 从大到小，直至得到最大的树的过程，给出论域 X 中元素的一个动态分类结果。

例 7.6.12　用最大树法对例 7.6.11 直接聚类。

$\lambda=1$ 时的图形如图 7.6.9 所示，对应的分类为$\{x_1,x_4,x_5,x_7\}$，$\{x_2\}$，$\{x_3\}$，$\{x_6\}$。

$\lambda=0.8$ 时的图形如图 7.6.10 所示，对应的分类为$\{x_1,x_4,x_5,x_7\}$，$\{x_2,x_6\}$，$\{x_3\}$。

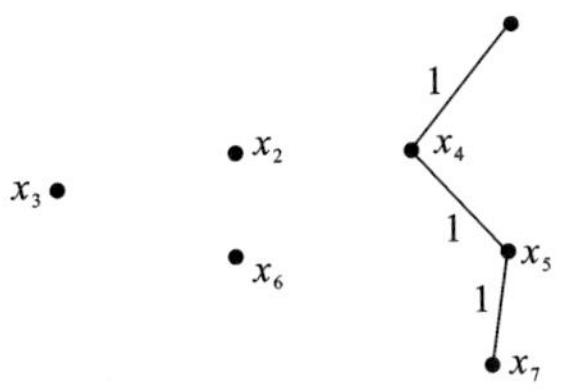

图 7.6.9　$\lambda=1$ 时的连通图

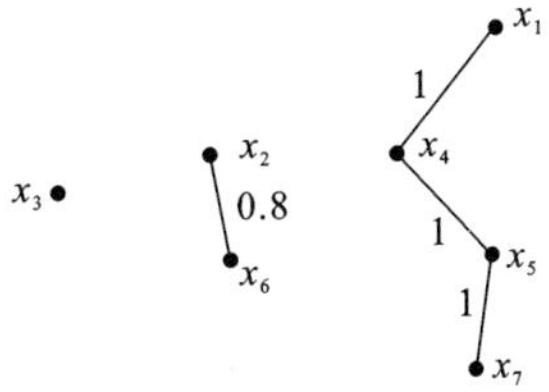

图 7.6.10　$\lambda=0.8$ 时的连通图

$\lambda=0.7$ 时的图形如图 7.6.11 所示，对应的分类为$\{x_1,x_4,x_5,x_7\}$，$\{x_2,x_3,x_6\}$。

$\lambda=0.5$ 时的图形如图 7.6.12 所示，是最大树，对应的分类为$\{x_1,x_2,x_3,x_4,x_5,x_6,x_7\}$。

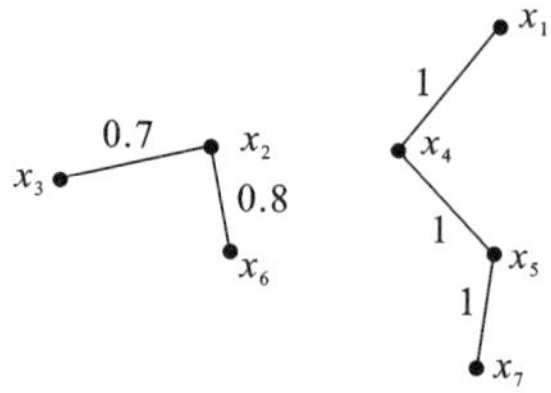

图 7.6.11　$\lambda=0.7$ 时的连通图

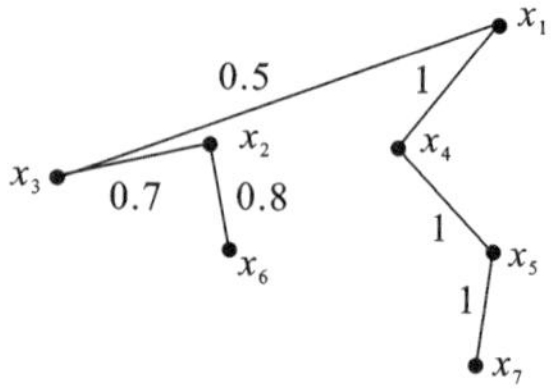

图 7.6.12　最大树(例 7.6.12)

从最大树图中可以看出，若去掉那些强度大于 λ 的边，就把最大树截成互不相连的几棵子树，这就是对应 λ 水平上的一种分类结果，同一棵树上的顶点属于同一等价类。

例 7.6.13　用直接法求例 7.6.10 给出的相似矩阵 $\underset{\sim}{R}$ 的等价类，并作出最大树图。

直接从模糊相似矩阵 $\underset{\sim}{R}$ 来求等价类并作最大树图，先选 x_1 作顶点，并选 $\lambda=1$，此时知相似类为 $R_1[x_1]=\{x_1,x_6\}$，$R_1[x_2]=\{x_2,x_4,x_7\}$，$R_1[x_3]=\{x_3\}$，$R_1[x_5]=\{x_5\}$，各相似类不相交，所以上述相似类即等价类。

其次令 $\lambda=0.9$，则从 $\underset{\sim}{R}$ 可知 $R_{0.9}[x_2]=\{x_2,x_4,x_6\}$，由于 $R_{0.9}[x_2]$ 与 $R_1[x_1]$ 及 $R_1[x_2]$ 都相交，于是可以归并成 $P_1[x_1]=\{x_1,x_2,x_4,x_6,x_7\}$，此外还有 $R_{0.9}[x_3]=\{x_3\}$，$R_{0.9}[x_5]=\{x_5\}$。此时的等价类就是 $P_1(x_1)$，$R_{0.9}[x_3]$，$R_{0.9}[x_5]$，即有 $\{x_1,x_2,x_4,x_6,x_7\}$，$\{x_3\}$，$\{x_5\}$。再令 $\lambda=0.8$，易知 $R_{0.8}[x_5]=\{x_1,x_5,x_6\}$。它与 $P_1[x_1]$ 相交可合并成 $P_2(x_1)=\{x_1,x_2,x_4,x_5,x_6,x_7\}$，此外还有 $R_{0.8}[x_3]=\{x_3\}$。此时的等价类就是 $\{x_1,x_2,x_4,x_5,x_6,x_7\}$，$\{x_3\}$。

当 $\lambda=0.7$ 时，因 $R_{0.7}[x_3]=\{x_{32},x_4\}$ 已与 $P_2(x_1)$ 相交，所以全部元素为一类。

上述过程作出的最大树如图 7.6.13 所示。

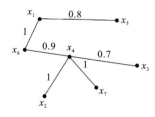

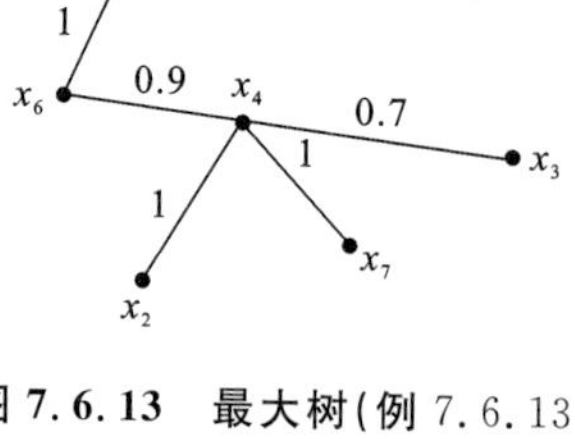

图 7.6.13　最大树(例 7.6.13)

7.6.7　模糊聚类分析

模糊聚类分析在实际问题中有广泛的应用，这是由于实际问题中，一组事物是否属于某一类常带有模糊性，也就是问题的界限不是十分清晰的时候，我们不能明确地回答“是”或“否”，而是只能作出“在某种程度上是”的回答，这就是模糊聚类分析。

本节主要讨论基于模糊等价关系的动态聚类的实际应用。

1. 特征抽取

假设待分类的对象的集合为 $X=\{X_1,X_2,\cdots,X_n\}$，集合中的每个元素具有 m 个特征，设第 i 个对象 X_i 的第 $j(j=1,2,\cdots,m)$ 个特征为 x_{ij}，则 X_i 就可以用这 m 个特征的取值来描述，记

$$X_i=(x_{i1},x_{i2},\cdots,x_{im}) \quad (i=1,2,\cdots,n) \tag{7.6.28}$$

为了计算简便，并使特征仅具有相对的意义，我们要首先对特征的观测值进行预先处理，使各特征值的取值在[0,1]中。

设 X_i 的观测值为 X_i^0，有

$$X_i^0=(x_{i1}^0,x_{i2}^0,\cdots,x_{im}^0) \quad (i=1,2,\cdots,n) \tag{7.6.29}$$

所以用下列各公式来对 $X_i{}^0$ 进行“规格化”的预处理。

(1)
$$x_{ij}=cx_{ij}^0 (i=1,\cdots,n;j=1,\cdots,m) \tag{7.6.30}$$

c 是一个常数，选择 c 使任何 x_{ij} 在[0,1]中。

(2)
$$x_{ij}=x_{ij}^0/\max(x_{ij}^0) \ (i=1,2,\cdots,n;j=1,2,\cdots,m) \tag{7.6.31}$$

选择所有的特征中的最大值作分母。

(3) 当特征值中出现负值时，则用下式压缩到[0,1]：

$$x_{ij}=\frac{x_{ij}^0-\min(x_{ij}^0)}{\max(x_{ij}^0)-\min(x_{ij}^0)} \quad (i=1,2,\cdots,n;j=1,2,\cdots,m) \tag{7.6.32}$$

当特征值不是负值时，当然也可以用式(7.6.32)来“规格化”。

(4)
$$x_{ij}=\frac{|x_{ij}^0-\bar{x}_{ij}|}{\max(x_{ij}^0)-\min(x_{ij}^0)} \quad (i=1,2,\cdots,n;j=1,2,\cdots,m) \tag{7.6.33}$$

式中：$\bar{x}_{ij}=\dfrac{1}{mn}\sum\limits_{i=1}^{n}\sum\limits_{j=1}^{m}x_{ij}^0$，是全部特征值的均值，分子是特征值与均值的距离。用式(7.6.33)“规格化”时应注意：只要与均值的距离相等，特征值大小的方向性就被“湮灭”。

2. 建立 X 上的模糊关系(模糊相似矩阵)

设待分类对象的全体是 $X=\{X_1,X_2,\cdots,X_n\}$，我们首先要鉴别 X 中的元素 X_i 与 X_j 的接近程度(相似程度)。用[0,1]中的数 r_{ij} 来表示 X_i 与 X_j 的相似程度，称为相似系数。相似系数组成一个矩阵 $(r_{ij})_{n\times n}$ 称为相似系数矩阵，它是 X 上的模糊相似关系. 我们对此关系矩阵求其等价闭包或等价类，就能对 X 中的元素进行聚类。

为了确定相似系数，必须使相似系数符合自反、对称的要求，可根据实际情

况选用下列方法之一。

1）数量积法

$$r_{ij}=\begin{cases}1, & i=j\\ \dfrac{1}{M}\sum\limits_{k=1}^{m}x_{ik}x_{jk}, & i\neq j\end{cases} \tag{7.6.34}$$

其中
$$M=\max_{i\neq j}\left(\sum_{k=1}^{m}x_{ik}x_{jk}\right)$$

2）夹角余弦法

$$r_{ij}=\frac{\sum\limits_{k=1}^{m}x_{ik}x_{jk}}{\sqrt{\sum\limits_{k=1}^{m}x_{ik}^{2}}\sqrt{\sum\limits_{k=1}^{m}x_{jk}^{2}}} \tag{7.6.35}$$

3）相关系数法

$$r_{ij}=\frac{\sum\limits_{k=1}^{m}|x_{ik}-\bar{x}_i||x_{jk}-\bar{x}_j|}{\sqrt{\sum\limits_{k=1}^{m}(x_{ik}-\bar{x}_i{}^{2}}\sqrt{\sum\limits_{k=1}^{m}(x_{jk}-\bar{x}_j)^{2}}} \tag{7.6.36}$$

其中
$$\bar{x}_i=\frac{1}{m}\sum_{k=1}^{m}x_{ik},\quad \bar{x}_j=\frac{1}{m}\sum_{k=1}^{m}x_{jk}$$

4）指数相似系数法

$$r_{ij}=\frac{1}{m}\sum_{k=1}^{m}\exp\left[-\left(\frac{x_{ik}-x_{jk}}{s_k}\right)^{2}\right] \tag{7.6.37}$$

其中 s_k 与 m 为常数。

5）绝对值指数法

$$r_{ij}=\exp\left(-\sum_{k=1}^{m}|x_{ik}-x_{jk}|\right) \tag{7.6.38}$$

6）绝对值倒数法

$$r_{ij}=\begin{cases}1, & i=j\\ \dfrac{M}{\sum\limits_{k=1}^{m}|x_{ik}-x_{jk}|}, & i\neq j\end{cases} \tag{7.6.39}$$

其中 M 为适当选择的常数，M 的选择使 $r_{ij}\in[0,1]$。

7）非参数法

令 $x'_{ik}=x_{ik}-\bar{x}_i$，$x'_{jk}=x_{jk}-\bar{x}_j$（$\bar{x}_i$、$\bar{x}_j$ 是 x_{ik} 和 x_{jk} 的均值），n_{ij}^{+} 为 $\{x'_{i1}x'_{j1},x'_{i2}x'_{j2},\cdots,x'_{im}x'_{jm}\}$ 中正数的个数，n_{ij}^{-} 为 $\{x'_{i1}x'_{j1},x'_{i2}x'_{j2},\cdots,x'_{im}x'_{jm}\}$ 中负数的个

数，有

$$r_{ij}=\frac{1}{2}\left(1+\frac{n_{ij}^{+}-n_{ij}^{-}}{n_{ij}^{+}+n_{ij}^{-}}\right) \tag{7.6.40}$$

8）贴近度法

贴近度表示两个模糊向量之间接近的程度，它符合自反、对称的要求，所以可以用来表示相似系数。我们将 X 中的元素 x_ix_j 看成是各自特征的模糊向量，便可以用贴近度来表示相似系数 r_{ij}，有

$$r_{ij}=\sigma(X_i,X_j)$$

（1）当 σ 取内外积贴近度时

$$r_{ij}=\begin{cases}1, & i=j\\ \left[\bigvee_{k=1}^{m}(x_{ik}\wedge x_{jk})\right]\wedge\left[1-\bigwedge_{k=1}^{m}(x_{ik}\vee x_{jk})\right], & i\neq j\end{cases} \tag{7.6.41}$$

或

$$r_{ij}=\begin{cases}1, & i=j\\ \frac{1}{2}\left[\bigvee_{k=1}^{m}(x_{ik}\wedge x_{jk})+\bigwedge_{k=1}^{m}(x_{ik}\vee x_{jk})\right], & i\neq j\end{cases} \tag{7.6.42}$$

（2）最大最小法，当 σ 取式(7.5.47)时

$$r_{ij}=\frac{\sum_{k=1}^{m}(x_{ik}\wedge x_{jk})}{\sum_{k=1}^{m}(x_{ik}\vee x_{jk})} \tag{7.6.43}$$

（3）算术平均最小法，当 σ 取式(7.5.48)时

$$r_{ij}=\frac{2\sum_{k=1}^{m}(x_{ik}\wedge x_{jk})}{\sum_{k=1}^{m}(x_{ik}+x_{jk})} \tag{7.6.44}$$

（4）几何平均最小法，当 σ 取式(7.5.51)时

$$r_{ij}=\frac{\sum_{k=1}^{m}(x_{ik}\wedge x_{jk})}{\sum_{k=1}^{m}(x_{ik}\cdot x_{jk})^{1/2}} \tag{7.6.45}$$

（5）绝对值减数法，当 σ 取距离贴近度时

$$r_{ij}=1-c\,(d_p(X_i,X_j))^{\alpha}$$

式中：c、α 为常数；p 为各种距离的代码系数。

当 $p=1$ 时，d_p 就是海明距离，此时求相似系数的方法称绝对值减数法，其相似系数为

$$r_{ij}=1-c\sum_{k=1}^{m}|x_{ik}-x_{jk}| \tag{7.6.46}$$

当 $p=2$ 时，d_p 就是欧氏距离，此时有

$$r_{ij}=1-c\sqrt{\sum_{k=1}^{m}(x_{ik}-x_{jk})^2} \tag{7.6.47}$$

9）经验法

请有经验的人来分别对 x_i 与 x_j 的相似性打分，设有 s 个人参加评分，若第 k 个人（$1\leqslant k\leqslant s$）认为 x_i 与 x_j 相似的程度为 $a_{ij}^{(k)}$（在[0,1]中），他也对自己评分的自信度打分，若自信度分值是 $b_{ij}^{(k)}$，则可以用式(7.6.48)来计算相似系数

$$r_{ij}=\frac{1}{s}\sum_{k=1}^{s}a_{ij}^{(k)}\cdot b_{ij}^{(k)} \tag{7.6.48}$$

在以上确定相似系数的诸多方法中，究竟选用哪一种合适需要根据问题的具体性质来决定。

例 7.6.14 环境单元分类问题。

每个环境单元可以包括空气、水分、土壤、作物等四个要素。环境单元的污染状况由污染物在四要素中含量的超限度来描写。

假设有五个单元 x_1,x_2,x_3,x_4,x_5，它们的污染数据如表 7.6.6 所示。

表 7.6.6 污染数据

单元	要素			
	空气	水分	土壤	作物
x_1	5	5	3	2
x_2	2	3	4	5
x_3	5	5	2	3
x_4	1	5	3	1
x_5	2	4	5	1

取论域 $X=\{x_1,x_2,x_3,x_4,x_5\}$，按式(7.6.30)“规格化”，取 $c=0.1$，再按式(7.6.46)求相似系数（取 $c=1$），得到模糊相似矩阵

$$\underset{\sim}{\boldsymbol{R}}=(r_{ij})_{5\times 5}=\begin{bmatrix}1 & 0.1 & 0.8 & 0.5 & 0.3\\ 0.1 & 1 & 0.1 & 0.2 & 0.4\\ 0.8 & 0.1 & 1 & 0.3 & 0.1\\ 0.5 & 0.2 & 0.3 & 1 & 0.6\\ 0.3 & 0.4 & 0.1 & 0.6 & 1\end{bmatrix} \tag{7.6.49}$$

3. 聚类

对模糊相似矩阵聚类可以用三种方法。

1）传递闭包法（平方法）

求出模糊相似矩阵的传递闭包 $t(\underset{\sim}{R})$，它就是 $\underset{\sim}{R}$ 的等价闭包 $e(\underset{\sim}{R})=t(\underset{\sim}{R})$，然后求其 λ 截关系 $e(\underset{\sim}{R})_\lambda$。它是经典等价关系，让 λ 从 1 降至 0，当 λ 变化时，可以得到一个动态的分类结果。

求 $\underset{\sim}{R}$ 的传递闭包 $t(\underset{\sim}{R})$ 时，可以用平方法，即求 $\underset{\sim}{R}^2,\underset{\sim}{R}^4,\cdots,\underset{\sim}{R}^k$，若有 $\underset{\sim}{R}^k\circ\underset{\sim}{R}^k=\underset{\sim}{R}^k$，则 $e(\underset{\sim}{R})=t(\underset{\sim}{R})=\underset{\sim}{R}^k$。

经计算可知

$$\underset{\sim}{\boldsymbol{R}}^8=\underset{\sim}{\boldsymbol{R}}^4=\begin{bmatrix} 1 & 0.4 & 0.8 & 0.5 & 0.5 \\ 0.4 & 1 & 0.4 & 0.4 & 0.4 \\ 0.8 & 0.4 & 1 & 0.5 & 0.5 \\ 0.5 & 0.4 & 0.5 & 1 & 0.6 \\ 0.5 & 0.4 & 0.5 & 0.6 & 1 \end{bmatrix}$$

其动态分类如图 7.6.14 所示。

当 $\lambda=1$ 时，分成五类：$\{x_1\},\{x_2\},\{x_3\},\{x_4\},\{x_5\}$。

当 $\lambda=0.8$ 时，分成四类：$\{x_1,x_3\},\{x_2\},\{x_4\},\{x_5\}$。

当 $\lambda=0.6$ 时，分成三类：$\{x_1,x_3\},\{x_2\},\{x_4,x_5\}$。

当 $\lambda=0.5$ 时，分成二类：$\{x_1,x_3,x_4,x_5\},\{x_2\}$。

当 $\lambda=0.4$ 时，分成一类：$\{x_1,x_2,x_3,x_4,x_5\}$。

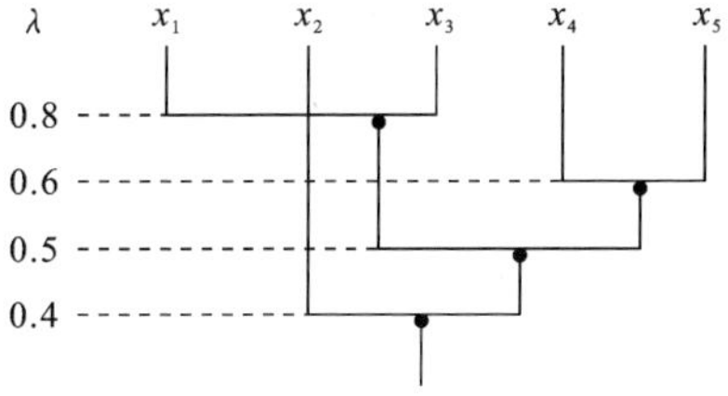

图 7.6.14　动态聚类图

2）直接聚类法

根据模糊相似矩阵(7.6.49)来直接由相似类求等价类。

当 $\lambda=1$ 时，该矩阵只有对角线上的元素为 1，所以不需归相似类，所得到的 $e(\underset{\sim}{R})_1$ 的等价类为 $\{x_1\},\{x_2\},\{x_3\},\{x_4\},\{x_5\}$。

当 $\lambda=0.8$ 时，先求经典矩阵 $R_{0.8}$，由此求得它的相似类是

$$R_{0.8}[x_1]=\{x_1,x_3\},\quad R_{0.8}[x_2]=\{x_2\},\quad R_{0.8}[x_4]=\{x_4\},\quad R_{0.8}[x_5]=\{x_5\}$$

在归并时，找不到与 $\{x_1,x_3\}$ 相交的其他等价类，于是 $e(\underset{\sim}{R})_{0.8}$ 的等价类为

$\{x_1,x_3\},\{x_2\},\{x_4\},\{x_5\}$。

同样$\lambda=0.6$时，相似类为$R_{0.6}[x_1]=\{x_1,x_3\}$，$R_{0.8}[x_2]=\{x_2\}$，$R_{0.8}[x_4]=\{x_4,x_5\}$，也无法再进一步归并，于是$e(\underset{\sim}{R})_{0.6}$的等价类为：$\{x_1,x_3\},\{x_2\},\{x_4,x_5\}$。

当$\lambda=0.5$时，相似类为$R_{0.5}[x_1]=\{x_1,x_3,x_4\}$，$R_{0.5}[x_2]=\{x_2\}$，$R_{0.5}[x_4]=\{x_1,x_4,x_5\}$，因此可以把相似类$R_{0.5}[x_1]$与$R_{0.5}[x_4]$归并，得$P_1(x_1)=R_{0.5}[x_1]\cup R_{0.5}[x_4]=\{x_1,x_3,x_4,x_5\}$最终得到的$e(\underset{\sim}{R})_{0.5}$的等价类为$\{x_1,x_3,x_4,x_5\},\{x_2\}$。

当$\lambda=0.4$时，得到$R_{0.4}[x_2]=\{x_2,x_5\}$，于是可以和$P_1(x_1)$归并，即$P_2(x_1)=\{x_1,x_2,x_3,x_4,x_5\}$，这就是$e(\underset{\sim}{R})_{0.4}$的等价类。

3）最大树法

从$\lambda=1$开始逐步作连通图，直到$\lambda=0$时为止，每作一条边，就在边上写出r_{ij}之值(连通强度)。注意不要作回路。从原则上来说，可以选择任一元素(顶点)作为起始点，但一般总是选有相似类的元素作为起始点。例如在本例中，当$\lambda=0.8$时，就有相似类$\{x_1,x_3\}$，于是就把x_1选为起始顶点，先作出强度为$\lambda=0.8$的边，然后再作强度为0.6的边及强度为0.5和0.4的边，这样就得到最大树，如图7.6.15所示。

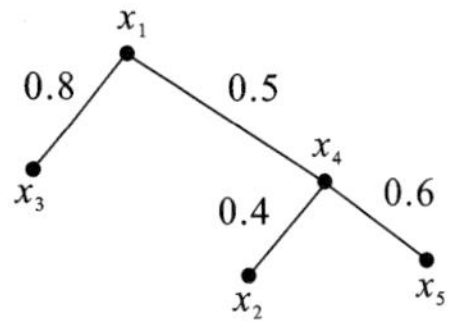

图7.6.15　最大树

在不同λ水平上的分类，就是在最大树中砍去那些强度小于λ的边，再分类.例如$\lambda=0.8$时，砍掉最大树右边的各枝，显然就得到分类：$\{x_1,x_3\},\{x_2\},\{x_4\},\{x_5\}$；而在$\lambda=0.6$时，只砍掉强度为0.5和0.4的边，于是得到的分类就是：$\{x_1,x_3\},\{x_2\},\{x_4,x_5\}$。

应该指出，用模糊等价关系矩阵来分类(或用等价类分类)，所依据的矩阵已经不是原来的矩阵了，这样分类必然带来误差。作者在1983年提出应求相似阵$\underset{\sim}{\boldsymbol{R}}$的最小距离的传递阵$\underset{\sim}{R}_{\min}$，再依据$\underset{\sim}{R}_{\min}$来分类。

7.6.8　模糊ISODATA法

以上介绍的方法，都是基于模糊等价关系的聚类方法，这种聚类方法的优点是聚类灵活，可以根据不同的阈值来聚类，但在聚类前必须作模糊相似矩阵；在聚类过程中，没有充分利用人们已有的分类经验；分类后不知道每一类别的聚类中心的信息，为此人们希望能有一种可以充分利用人们已有的分类经验，且能知道聚类中心信息的软划分。模糊等价关系聚类法，最后是按λ截关系组成的经典矩阵来划分的，这是一种硬划分。我们希望知道各类样本隶属于某类的隶属度，这样就知道有多大的把握将这些样本划分在某类中。以下介绍的模糊 ISODATA(Interactive Self-Organizing Data)法就具有这样的优点。

1. 问题的数学模型

1）已知条件

设已知 n 个待分类的样本，我们可以将它们视为论域 X 中的元素：

$$X=\{X_1,\cdots,X_k,\cdots,X_n\} \quad (k=1,\cdots,n)$$

每个样本(元素)X_k 有 m 个特征：

$$X_k=(x_{k1},\cdots,x_{kj},\cdots,x_{km}) \quad (j=1,\cdots,m)$$

n 个样本(元素)的特征组成一个特征矩阵

$$\boldsymbol{X}_{n\times m}=(x_{kj})_{n\times m}=\begin{bmatrix} x_{11} & \cdots & x_{1j} & \cdots & x_{1m} \\ \vdots & & & & \vdots \\ x_{k1} & \cdots & x_{kj} & \cdots & x_{km} \\ \vdots & & & & \vdots \\ x_{n1} & \cdots & x_{nj} & \cdots & x_{nm} \end{bmatrix}\begin{matrix}\text{第 1 样本}\\ \\ \text{第 } k \text{ 样本}\\ \\ \text{第 } n \text{ 样本}\end{matrix} \quad (7.6.50)$$

式中：x_{kj} 为第 k 个样本的第 j 个特征。

2）求解

(1) 设分成 s 类，求各类的聚类中心，即求

① s 个聚类中心

$$V=\{V_1,\cdots,V_i,\cdots,V_s\}$$

② 各聚类中心的特征

$$V_i=\{v_{i1},\cdots,v_{ij},\cdots,v_{im}\} \quad (i=1,2,\cdots,s)$$

③ 各聚类中心组成的特征矩阵

$$\boldsymbol{V}_{s\times m}=(v_{ij})_{s\times n}=\begin{bmatrix} v_{11} & \cdots & v_{1j} & \cdots & v_{1m} \\ \vdots & & & & \vdots \\ v_{i1} & \cdots & v_{ij} & \cdots & v_{im} \\ \vdots & & & & \vdots \\ v_{s1} & \cdots & v_{sj} & \cdots & v_{sm} \end{bmatrix}\begin{matrix}\text{第 1 聚类中心}\\ \\ \text{第 } i \text{ 聚类中心}\\ \\ \text{第 } s \text{ 聚类中心}\end{matrix} \quad (7.6.51)$$

式中：v_{ij} 为第 i 聚类中心的第 j 特征。

(2) 设分成 s 类，求各样本(n 个)隶属于各类(s 类)的隶属度。

① s 类隶属度

$$U=\{U_1,\cdots,U_i,\cdots,U_s\}$$

② 各样本属于第 i 类的隶属度

$$U_i=\{u_{i1},\cdots,u_{ik},\cdots,u_{is}\} \quad (i=1,2,\cdots,s)$$

③ n 个样本隶属于 s 类的隶属度矩阵

$$\boldsymbol{U}_{s\times n}=(u_{jk})_{s\times n}=\begin{bmatrix} u_{11} & \cdots & u_{1k} & \cdots & u_{1n} \\ \vdots & & \vdots & & \vdots \\ u_{i1} & \cdots & u_{ik} & \cdots & u_{in} \\ \vdots & & \vdots & & \vdots \\ u_{s1} & \cdots & u_{sk} & \cdots & u_{sn} \end{bmatrix}\begin{matrix} \text{各类样本属于第 1 类的隶属度} \\ \\ \text{各类样本属于第 } i \text{ 类的隶属度} \\ \\ \text{各类样本属于第 } s \text{ 类的隶属度} \end{matrix} \tag{7.6.52}$$

2. 解法

用迭代法来求解此问题。

设某聚类中心是 V_i，待分类的样本是 X_k，此样本越接近聚类中心 V_i，则此样本隶属于第 i 类的隶属度越大；若 V_i 是其他各类的聚类中心，此样本越远离 V_j，则此样本越不应被分在其他各类中。式(7.6.53)说明了 X_k 与第 i 类的相对隶属关系(相对距离关系)：

$$d(X_k,V_i)=\left(\frac{|X_k-V_i|}{|X_k-V_j|}\right)^{\frac{1}{r-1}} \tag{7.6.53}$$

式中：r 是正整数，$r=1,2,\cdots,n$，通常取 $r=2$。

易知，$d(X_k,V_i)$越小，X_k 越应划分在第 i 类，也就是说，样本 X_k，隶属于第 i 类的隶属度应越大。综合对各个 V_j 的关系，于是便有

$$u_{ik}=\frac{1}{\sum_{j=1}^{s}\left(\frac{|X_k-V_i|}{|X_k-V_j|}\right)^{\frac{1}{r-1}}} \tag{7.6.54}$$

式中：$X_k=(x_{k1},x_{k2},\cdots,x_{km})$，$V_i=\{v_{i1},v_{i2},\cdots,v_{im}\}$，$V_j=\{v_{j1},v_{j2},\cdots,v_{jm}\}$。$i=j=1,2,\cdots,s$；$r=1,2,\cdots,n$，通常 $r=2$。

若已知第 k 样本的第 j 特征 x_{kj}，又知第 k 样本隶属于第 i 类的隶属度 u_{ik}，那么下列乘积

$$f_{kij}=(u_{ik})^r x_{kj} \tag{7.6.55}$$

就表示了第 k 个样本特征值 x_{kj} 在第 i 类的聚类中心相应的特征值中所占的比例，综合各类样本，就可以求得第 i 类聚类中心的第 j 个特征值为

$$v_{ij}=\frac{\sum_{k=1}^{n}(u_{ik})^r x_{kj}}{\sum_{k=1}^{n}(u_{ik})^r} \tag{7.6.56}$$

式中：$r=1,2,\cdots,n$，通常 $r=2$；$i=1,2,\cdots,s$；$j=1,2,\cdots,m$。

式(7.6.54)与式(7.6.56)是一组迭代公式，v_{ij} 是第 i 个聚类中心的第 j 特征，u_{ik} 是第 k 个样本隶属于第 i 类的隶属度，$|\cdot|$ 是距离。给定 ε(任意小数)，

当 u_{ik} 多次迭代后与前一次 u_{ik} 的差值小于 ε 时,就认为迭代可以终止,此时的 u_{ik} 与 v_{ij} 就是求得的结果。全部迭代过程如图 7.6.16 所示。

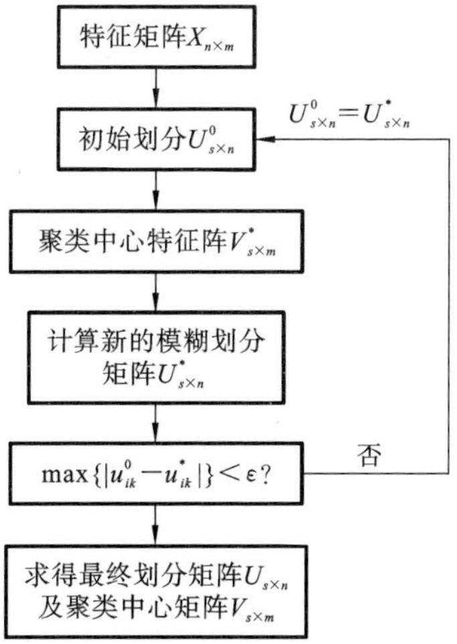

图 7.6.16 模糊 ISODATA 法的流程图

在解具体问题时,初始划分矩阵 $U^0_{s\times n}$ 要按照经验来给定。u_{ik} 的取值越接近各样本在不同类别中的隶属度,迭代收敛越快,分类也越精确,聚类中心值也越接近实际情况。事实表明:若 $U^0_{s\times n}$ 中各元素取相同的值,则迭代一定不收敛,所以初始划分矩阵不能任意选取,否则会出现振荡和发散的情况。此外,模糊划分矩阵 $U_{s\times n}$(包括初始、中间及最终的矩阵)还必须满足以下条件:

(1) $u_{ik}\in[0,1]$(归一性);

(2) $\sum\limits_{i=1}^{s}u_{ik}=1,\forall k$(划分性);

(3) $\sum\limits_{i=1}^{n}u_{ik}>0,\forall i$(非空性)。

关于如何选取初始值的问题,至今尚未见有人作过系统的研究,作者曾在 1984 年的中美双边模糊数学学术讨论会上就此问题与模糊 ISODATA 法的创始人 J. C. Bezdek 博士做过讨论,他也认为这是一个未解决的理论难题。作者此后在 1987 年的《模糊系统与数学》创刊号上发表过一文,特别对模糊等价关系法及模糊 ISODATA 法在理论上存在的问题作了综述。当时作者在文中指出:"研究模糊 ISODATA 法迭代收敛问题的目的,就是要为迭代寻求收敛的准则,收敛与初始值及范数(距离)的关系如何?怎样用数学形式来描述收敛的指标?收敛性如何受到类别 C 及指数 r 的影响?改善收敛性、提高收敛速度应采取什么措施?这些都是为达到目的所必须搞清楚的理论问题。"所幸,经过多年的研究，我国学者已就这些问题获得不少进展。1998年，何清在《模糊系统与数学》第12卷第2期上对十多年来我国及国际上模糊聚类分析的理论及应用研究的进展做了总结，指出："朱剑英教授所提出的寻求失真最小的最优模糊等价矩阵问题在理论上已得到系统、圆满的解决"。但"朱剑英教授关于ISODATA方法提出的几个问题尚未获得系统圆满的回答。"

7.7 模糊综合评判

实际事物常有多种属性或受多种因素影响，人们常需要对这些多种属性因素作出综合的总体评价，这就是综合评判。在多数情况下，这些属性或因素有模糊性，对这种模糊性因素作出综合评价，就是模糊综合评判。

7.7.1 模糊变换

模糊变换是模糊综合评判的理论基础。

图7.7.1表示了一个模糊变换器的原理。方框中的$\underset{\sim}{R}$是一个模糊关系。输入是一个模糊集$\underset{\sim}{A}$，当它输入模糊变换器中后，模糊关系便对它发生作用。从数学角度看，这个作用就是输入$\underset{\sim}{A}$与模糊关系$\underset{\sim}{R}$进行了合成运算，我们用符号"∘"表示这一合成运算。经过作用以后，模糊变换器便得到一个输出$\underset{\sim}{B}=\underset{\sim}{A}\circ\underset{\sim}{B}$。

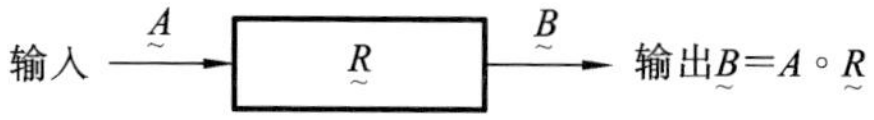

图7.7.1 模糊变换器

定义7.7.1 设$\underset{\sim}{A}\in\mathscr{F}(X)$，$\underset{\sim}{R}\in\mathscr{F}(X\times Y)$，$\underset{\sim}{B}\in\mathscr{F}(Y)$，称下列映射为模糊变换，若映射是唯一的

$$\underset{\sim}{R}:\mathscr{F}(X)\to\mathscr{F}(Y)$$

$$\underset{\sim}{A}\mapsto\underset{\sim}{B}=\underset{\sim}{A}\circ\underset{\sim}{R}$$

特别地，当$X=\{x_1,x_2,\cdots,x_n\}$，$Y=\{y_1,y_2,\cdots,y_m\}$为有限论域时，若$\underset{\sim}{A}=(a_1,a_2,\cdots,a_n)$，$\underset{\sim}{R}=(r_{ij})_{n\times m}$，则经模糊变换后

$$\underset{\sim}{B}=\underset{\sim}{A}\circ\underset{\sim}{R}=(b_1,b_2,\cdots,b_m)$$

其隶属度为

$$b_j=\bigvee_{i=1}^{n}(a_i\wedge r_{ij})\quad(j=1,\cdots,m)\tag{7.7.1}$$

更一般的，$\underset{\sim}{A}$也可以是一个模糊关系，此时通过$\underset{\sim}{R}$变换后，就成为另一个模

糊关系 $\underset{\sim}{B}$。

定义 7.7.2 设 $\underset{\sim}{A},\underset{\sim}{R},\underset{\sim}{B}\in\mathscr{F}(X\times Y)$，若下列映射是唯一的，则称此映射为 X 上的模糊变换：

$$\underset{\sim}{R}:\mathscr{F}(X\times X)\to\mathscr{F}(X\times X)$$

$$\underset{\sim}{A}\mapsto\underset{\sim}{B}=\underset{\sim}{A}\circ\underset{\sim}{R}$$

当 X 为有限域，$\underset{\sim}{A}$、$\underset{\sim}{R}$、$\underset{\sim}{B}$ 均可表示成如下的矩阵形式时：

$$\underset{\sim}{A}=(a_{ij})_{m\times n},\quad \underset{\sim}{R}=(r_{jk})_{n\times l},\quad \underset{\sim}{B}=(b_{ik})_{m\times l}$$

便有

$$(b_{ik})_{m\times l}=(a_{ij})_{m\times n}\circ(r_{jk})_{n\times l} \tag{7.7.2}$$

式中：

$$b_{ik}=\bigvee_{j=1}^{n}(a_{ij}\wedge r_{jk}) \tag{7.7.3}$$

7.7.2 简单模糊综合评判

设因素集是 $X=\{x_1,x_2,\cdots,x_n\}$，评价集是 $Y=\{y_1,y_2,\cdots,y_m\}$。从因素到评价的模糊关系 $\underset{\sim}{R}$ 表示了对各个单因素 x_i 做各种评价的可能性。例如 r_{ij} 就表示对 x_i 作出 y_j 评价的可能性。$\underset{\sim}{A}$ 是一个权重分配，$\underset{\sim}{A}=(a_1,\cdots,a_i,\cdots,a_n)$，它表示各因素在评价中的重要性。例如 a_i 表示因素 x_i 在评价中重要性的权重值。评价的结果是模糊集 $\underset{\sim}{B}=(b_1,b_2,\cdots,b_m)$，它表示做各种评价的隶属度，例如 b_j 表示综合评价为 y_j 的隶属度。

按照 7.7.1 节的模糊变换的原理，模糊综合评判就是做如下的模糊变换：

$$(b_1,b_2,\cdots,b_m)=(a_1,a_2,\cdots,a_n)\circ\begin{bmatrix} r_{11} & \cdots & r_{1j} & \cdots & r_{1m} \\ \vdots & & \vdots & & \vdots \\ r_{i1} & \cdots & r_{ij} & \cdots & r_{im} \\ \vdots & & \vdots & & \vdots \\ r_{n1} & \cdots & r_{nj} & \cdots & r_{nm} \end{bmatrix} \tag{7.7.4}$$

其中

$$b_j=\bigvee_{i=1}^{n}(a_i\wedge r_{ij})\quad (j=1,2,\cdots,m) \tag{7.7.5}$$

若 $b_{j_0}=\max\{b_1,b_2,\cdots,b_m\}$，则得到综合评价为 y_{j_0}。

例 7.7.1 服装评判问题。

假定考虑三种因素：x_1＝花色式样，x_2＝耐穿程度，x_3＝价格，于是构成因素集 $X=\{x_1,x_2,x_3\}$；评价分为四等：y_1＝很欢迎，y_2＝较欢迎，y_3＝不太欢迎，y_4＝不欢迎，这样就得到评价集 $Y=\{y_1,y_2,y_3,y_4\}$。

对于某类服装，我们先做单因素评价。例如，请若干专门人员或顾客单就花色式样(x_1)表态；若有70%的人很欢迎，20%的人较欢迎，10%的人不太欢迎，没有人不欢迎，则关于 x_1 的评价为(0.7,0.2,0.1,0)。类似可以得到：

对耐穿程度 x_2 的评价为(0.2,0.4,0.3,0.1)；

对价格 x_3 的评价为(0.1,0.3,0.4,0.2)。

这样就得到一个该衣服各因素评价的关系矩阵

$$\underset{\sim}{R}=\begin{bmatrix}0.7 & 0.2 & 0.1 & 0\\ 0.2 & 0.4 & 0.3 & 0.1\\ 0.1 & 0.3 & 0.4 & 0.2\end{bmatrix}\begin{matrix}\text{花色式样}\\ \text{耐穿程度}\\ \text{价格}\end{matrix}$$

$$\begin{matrix}\text{很欢迎} & \text{较欢迎} & \text{不太欢迎} & \text{不欢迎}\end{matrix}$$

对不同类的顾客而言，诸因素的权重不同。假设某类顾客对诸因素的考虑权重为

$$\underset{\sim}{A}=(0.5,0.3,0.2)$$

则由模糊合成运算可得综合评判向量如下：

$$\begin{aligned}\underset{\sim}{B}=\underset{\sim}{A}\circ\underset{\sim}{R}&=(0.5,0.3,0.2)\circ\begin{bmatrix}0.7 & 0.2 & 0.1 & 0\\ 0.2 & 0.4 & 0.3 & 0.1\\ 0.1 & 0.3 & 0.4 & 0.2\end{bmatrix}\\ &=(0.5,0.3,0.3,0.2)\end{aligned}$$

因0.5在 $\underset{\sim}{B}$ 中是最大的，故这类服装对该类顾客而言是“很欢迎”的。

例 7.7.2 教师教学质量评价

因素集 $X=\{x_1$(清楚易懂)，x_2(教材熟练)，x_3(生动有趣)，x_4(板书清楚)$\}$

评价集 $Y=\{y_1$(很好)，y_2(较好)，y_3(一般)，y_4(不好)$\}$

通过调查统计，得到单因素评价矩阵为

$$\underset{\sim}{R}=\begin{bmatrix}0.4 & 0.5 & 0.1 & 0\\ 0.6 & 0.3 & 0.1 & 0\\ 0.1 & 0.2 & 0.6 & 0.1\\ 0.1 & 0.2 & 0.5 & 0.2\end{bmatrix}$$

若各因素的权重分配为 $\underset{\sim}{A}=(0.5,0.2,0.2,0.1)$，问对教师甲的教学情况作出何种综合评价？

解 按式(7.7.1)，综合评价的结果为

$$\underset{\sim}{B}=\underset{\sim}{A}\circ\underset{\sim}{R}=(0.5,0.2,0.2,0.1)\circ\begin{bmatrix}0.4 & 0.5 & 0.1 & 0\\0.6 & 0.3 & 0.1 & 0\\0.1 & 0.2 & 0.6 & 0.1\\0.1 & 0.2 & 0.5 & 0.2\end{bmatrix}$$

$$=(0.4,0.5,0.2,0.1)$$

由于 $b_2=\max\{b_1,b_2,b_3,b_4\}$，故该教师讲课质量定为较好。

7.7.3 不完全评判问题

在综合评判中，有 4 个基本要素：

(1) 因素集 $X=\{x_1,x_2,\cdots,x_n\}$；

(2) 评价集 $Y=\{y_1,y_2,\cdots,y_m\}$；

(3) 单因素评判矩阵 $\underset{\sim}{\boldsymbol{R}}=(r_{ij})_{n\times m}$；

(4) 各因素的权重分配

$$\underset{\sim}{A}=(a_1,a_2,\cdots,a_n)$$

由于实际问题的复杂性，有时评价因素很难搞清楚，此时就缺少一个基本要素——因素集。这类评判问题，称为不完全评判问题。对于这类问题，首先要构造一个因素集，使得不完全评判问题“完全化”。

实践表明，对于那些可观察，可划分、可比较的因素，可以用下列方法将因素集 X 和权重分配 $\underset{\sim}{A}$ 同时构造出来。

第一步，构造因素集 X。

(1) 将 X 等分为 m_1 份，按某种原则 α，取出其中一份，记为 x_1，它与总体 X 的比为 k_1；

(2) 将 X 等分为 m_2 份($m_2<m_1$)，按既定原则 α，取出其中一份，记为 x_2，它与 X 的比为 k_2；

⋮

($n-1$)将 X 等分为 m_{n-1} 份($m_{n-1}<m_{n-2}$)，按原则 α，取出其中一份，记为 x_{n-1}，它与 X 的比为 k_{n-1}；

(n)取 $x_n=X$，显然它与 X 的比为 $k_n=1$。

于是得到因素集 $X=\{x_1,x_2,\cdots,x_n\}$。

第二步，构造权重分配 $\underset{\sim}{A}$。

令

$$a_i=\frac{k_i}{\sum_{i=1}^{n}k_i}\quad(i=1,2,\cdots,n)\tag{7.7.6}$$

则 $\underset{\sim}{A}=(a_1,a_2,\cdots,a_n)$便是诸因素的权重分配。

易知，此时构造的因素集是某种类别因素，例如第1类，第2类，……很难说出这个因素是什么，因此权重系数也仅说明某类的权重是多少，当然最后一类的权重就较大。但在作单因素评价矩阵时，相应的就应按每类作出评价，而后加以综合。

例 7.7.3 对中成药糖衣片的“花片”严重程度作评判。

中成药糖衣不均匀的药片俗称“花片”，严重者是不允许出厂的。花片的程度通常分为四等：

$$y_1=\text{极花},\quad y_2=\text{较花},\quad y_3=\text{轻花},\quad y_4=\text{不花}$$

这样，就有决策集 $Y=\{y_1,y_2,y_3,y_4\}$。

然而，影响花片的原因很复杂，故因素集是未知的，因而这是一个不完全的评判问题。

假定生产了一批糖衣药片，随机抽取100片，对其中每一片都做下列的分划(是面积的划分，而非实体割开)，如图7.7.2所示。在分划后的子体中，选取原则 α 定为选择花色程度严重者。

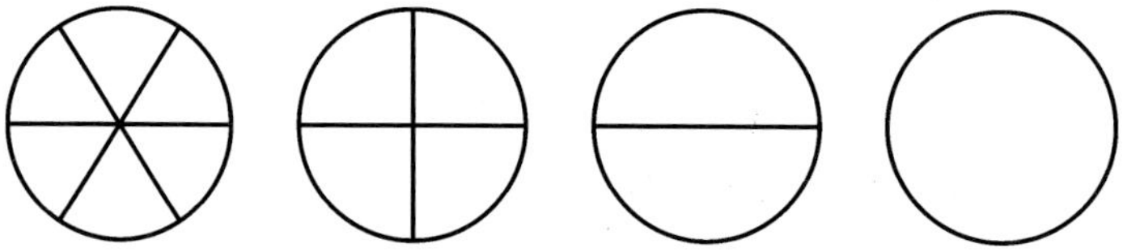

图 7.7.2 剖分图

先对1/6子体 x_1 作单因素决策。在100片药片中，若有10片定为极花，15片定为较花，20片定为轻花，55片定为不花，则得出关于 x_1 的单因素评判向量

$$(0.1,0.15,0.2,0.55)$$

类似地，对1/4子体 x_2、1/2子体 x_3、整体 x_4 如此处理，也得出相应的单因素评判向量

$$(0,0.1,0.3,0.6)$$
$$(0,0,0.2,0.8)$$
$$(0,0,0.15,0.85)$$

由此构造出单因素评判矩阵：

$$\underset{\sim}{\boldsymbol{R}}=\begin{bmatrix}0.1 & 0.15 & 0.2 & 0.55\\0 & 0.1 & 0.3 & 0.6\\0 & 0 & 0.2 & 0.8\\0 & 0 & 0.15 & 0.85\end{bmatrix}$$

另外，由式(7.7.6)计算出权重分配为

$$\underset{\sim}{A}=(0.09,0.13,0.26,0.52)$$

由此立刻算出，综合评判向量

$$\underset{\sim}{B}=\underset{\sim}{A}\circ\underset{\sim}{R}=(0.09,0.1,0.2,0.52)$$

因此这批药片定为不花，可以出厂。

7.7.4 多层次模糊综合评判

当评判问题中考虑的因素很多时，一方面是较难决定权重系数，另一方面，由于要满足“归一化”（即 $\sum a_i=1$）的要求，使每一因素分得的权重系数值很小，不易分出主要因素。加上在合成运算中，取大（$\vee$）、取小（$\wedge$）这两个运算往往会丢失许多有价值的信息，导致最后评判的结果分辨率很差，甚至得不到评判结果。

为此，在因素众多时，常采用分层法来解决上述问题。分层法的要点就是将因素按某些属性分成几类。例如，在高等学校之间评比，可以就校风校貌、教学、科研等几个方面进行考虑，在它们之间确定权重分配，于是可以进行综合评判。而这里的每一方面的单因素评价，又是低一层次的多因素综合的结果。如“教学”的好坏是“师资，教学设施，学生能力”等因素的综合。同样，低一层次的单因素评价（如师资的优劣），也可以是更低一层次的多因素的综合。由此，我们设计出多因素模糊综合评判模型。

多层次模糊综合评判的步骤如下：

(1) 将因素集 $X=\{x_1,x_2,\cdots,x_n\}$ 按某些属性分成 s 个子集

$$X_i=\{x_{i_1},x_{i_2},\cdots,x_{i_{n_i}}\}\quad(i=1,2,\cdots,s)\tag{7.7.7}$$

满足条件：

① $\sum_{i=1}^{s}n_i=n$；

② $\bigcup_{i=1}X_i=X$；

③ $X_i\cap X_j=\varnothing,i\neq j$。

(2) 对每一子因素 X_i，分别作出综合决策，设 $Y=\{y_1,y_2,\cdots,y_m\}$ 为评价集，X_i 中的各因素的权重分配为

$$\underset{\sim}{A}_i=(a_{i_1},a_{i_2},\cdots,a_{i_{n_i}})$$

其中 $\sum_{i=1}^{n_i} a_{it}=1$。若$\underset{\sim}{R}_i$ 为单因素矩阵，则得一级评判向量

$$\underset{\sim}{B}_i=\underset{\sim}{A}_i\circ R_i=(b_{i_1},b_{i_2},\cdots,b_{i_m})\quad(i=1,2,\cdots,s)$$

(3) 将每个 X_i 视为一个因素，记

$$X=\{X_1,X_2,\cdots,X_s\}$$

这样 X 又是一个因素集，X 的单因素决策矩阵为

$$\underset{\sim}{\boldsymbol{R}}=\begin{bmatrix}\underset{\sim}{\boldsymbol{B}}_1\\ \underset{\sim}{\boldsymbol{B}}_2\\ \vdots\\ \underset{\sim}{\boldsymbol{B}}_S\end{bmatrix}=\begin{bmatrix}b_{11} & b_{12} & \cdots & b_{1m}\\ b_{21} & b_{22} & \cdots & b_{2m}\\ \vdots & \vdots & & \vdots\\ b_{s1} & b_{s2} & \cdots & b_{sm}\end{bmatrix}\tag{7.7.8}$$

每个 X_i 作为 X 的一部分，反映了 X 的某种属性，可以按它们的重要性给出权重分配

$$\underset{\sim}{A}=(a_1,a_2,\cdots,a_s)$$

于是得到二级评判向量

$$\underset{\sim}{B}=\underset{\sim}{A}\circ\underset{\sim}{R}=(b_1,b_2,\cdots,b_m)\tag{7.7.9}$$

图 7.7.3 给出了二级评判模型的框图。

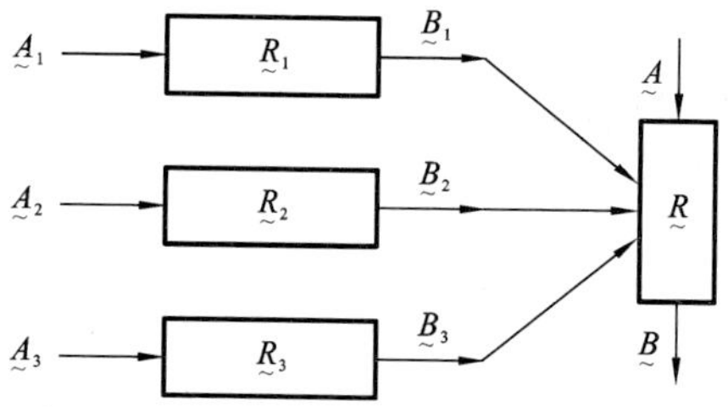

图 7.7.3　二级评判模型

若一级因素集 $X_i(i=1,2,\cdots,s)$ 仍含有较多的因素，还可将 X_i 再分小，于是有三级模型、四级模型，等等。

例 7.7.4　评价一批产品质量，因素集有九项指标，$X=\{x_1,x_2,\cdots,x_9\}$。评价分为四等：y_1＝一等品，y_2＝二等品，y_3＝次品，y_4＝废品，于是 $Y=\{y_1,y_2,y_3,y_4\}$。评判小组由专家、检验人员、用户组成，他们分别从不同的着眼点进行评价，分别得出单因素评判矩阵

$$\underset{\sim}{\boldsymbol{R}}_1=\begin{bmatrix}0.36 & 0.24 & 0.13 & 0.27\\ 0.20 & 0.32 & 0.25 & 0.23\\ 0.40 & 0.22 & 0.26 & 0.12\end{bmatrix}$$

$$\underset{\sim}{\boldsymbol{R}}_2=\begin{bmatrix}0.30 & 0.28 & 0.24 & 0.18\\ 0.26 & 0.36 & 0.12 & 0.20\\ 0.22 & 0.42 & 0.16 & 0.10\end{bmatrix}$$

$$\underset{\sim}{\boldsymbol{R}}_3=\begin{bmatrix}0.38 & 0.24 & 0.08 & 0.20\\ 0.34 & 0.25 & 0.30 & 0.11\\ 0.24 & 0.28 & 0.30 & 0.18\end{bmatrix}$$

将它们合起来，便得到总的单因素评判矩阵

$$\underset{\sim}{\boldsymbol{R}}=\begin{bmatrix}\underset{\sim}{\boldsymbol{R}}_1\\ \underset{\sim}{\boldsymbol{R}}_2\\ \underset{\sim}{\boldsymbol{R}}_3\end{bmatrix}=\begin{bmatrix}0.36 & 0.24 & 0.13 & 0.27\\ 0.20 & 0.32 & 0.25 & 0.23\\ 0.40 & 0.22 & 0.26 & 0.12\\ 0.30 & 0.28 & 0.24 & 0.18\\ 0.26 & 0.36 & 0.12 & 0.20\\ 0.22 & 0.42 & 0.16 & 0.10\\ 0.38 & 0.24 & 0.08 & 0.20\\ 0.34 & 0.25 & 0.30 & 0.11\\ 0.24 & 0.28 & 0.30 & 0.18\end{bmatrix}$$

假定确定出权重分配为

$$\underset{\sim}{\mathbf{A}}=(0.10,0.12,0.07,0.07,0.16,0.10,0.10,0.10,0.18)$$

则容易算出决策向量为

$$\underset{\sim}{\boldsymbol{B}}=\underset{\sim}{\mathbf{A}}\circ\underset{\sim}{\boldsymbol{R}}=(0.18,0.18,0.18,0.18)$$

由此得不出应有的结果。

现在用分层法来解决上述问题。

假定按某种属性，将 X 分为

$$X_1=\{x_1,x_2,x_3\},\quad X_2=\{x_4,x_5,x_6\},\quad X_3=\{x_7,x_8,x_9\}$$

它们对应的单因素评价矩阵为$\underset{\sim}{R}_1,\underset{\sim}{R}_2,\underset{\sim}{R}_3$(同上)。$X_1,X_2,X_3$ 各自的权重分配为

$$\underset{\sim}{\mathbf{A}}_1=(0.30,0.42,0.28)$$

$$\underset{\sim}{\mathbf{A}}_2=(0.20,0.50,0.30)$$

$$\underset{\sim}{\mathbf{A}}_3=(0.30,0.30,0.40)$$

于是便有

$$\underset{\sim}{B}_1=\underset{\sim}{A}_1\circ\underset{\sim}{R}_1=(0.30,0.32,0.26,0.27)$$
$$\underset{\sim}{B}_2=\underset{\sim}{A}_2\circ\underset{\sim}{R}_2=(0.26,0.36,0.20,0.20)$$
$$\underset{\sim}{B}_3=\underset{\sim}{A}_3\circ\underset{\sim}{R}_3=(0.30,0.28,0.30,0.20)$$

令

$$\underset{\sim}{R}=\begin{bmatrix}\underset{\sim}{B}_1\\ \underset{\sim}{B}_2\\ \underset{\sim}{B}_3\end{bmatrix}=\begin{bmatrix}0.30&0.32&0.26&0.27\\0.26&0.36&0.20&0.20\\0.30&0.28&0.30&0.20\end{bmatrix}$$

若 $X=\{x_1,x_2,x_3\}$的权重分配为

$$\underset{\sim}{A}=(0.20,0.35,0.45)$$

则

$$\underset{\sim}{B}=\underset{\sim}{A}\circ\underset{\sim}{R}=(0.30,0.35,0.30,0.20)$$

于是知道这批产品为二等品。

7.7.5 广义合成运算的模糊综合评判模型

上述模糊综合评判中应用的合成运算是$(\vee,\wedge)$型运算。因此,这种模型就简称$(\vee,\wedge)$模型,由于$(\vee,\wedge)$合成运算要失去许多信息,因而人们希望能够有更广义的合成运算,可以根据实际情况来选择。

如果把$\vee$、$\wedge$运算记为更广义的$\overset{*}{\vee}$、$\underset{*}{\wedge}$运算,则当权重分配为$\underset{\sim}{A}$时,综合评判的结果为$\underset{\sim}{B}=\underset{\sim}{A}\otimes R=(b_1,b_2,\cdots,b_m)$,其中

$$b_j=\overset{*}{\bigvee_{1\leqslant k\leqslant m}}(a_k\underset{*}{\wedge}r_{kj})\quad(j=1,2,\cdots,m)\tag{7.7.10}$$

上述运算称为广义合成运算。采用不同的$\overset{*}{\vee}$及$\underset{*}{\wedge}$算子,就得到不同的模型。

(1)$(\vee,\wedge)$模型。此时$\overset{*}{\vee}=\vee$,$\underset{*}{\wedge}=\wedge$。在这类模型中,

$$b_j=\bigvee_{k=1}^{n}(a_k\wedge r_{kj})\quad(j=1,2,\cdots,m)\tag{7.7.11}$$

这个模型的特点是简单、方便,突出了主因素,缺点是在运算过程中失去信息较多。例如,若a_k较大,有$a_k>r_{kj}$,则在作运算$a_k\wedge r_{kj}$后就丢弃了a_k,这就有可能失去了主要因素的影响。而若a_k较小,有$a_k<r_{kj}$,则作运算$a_k\wedge r_{kj}$后丢弃了r_{kj},又失去了大量的单因素评价信息,这是造成这种方法综合评判分辨率差的主要原因。

(2)$(\vee,\cdot)$模型。此时$\overset{*}{\vee}=\vee$,$\underset{*}{\wedge}=\cdot$。在这类模型中,

$$b_j=\bigvee_{k=1}^{n}(a_k r_{kj})\quad (j=1,2,\cdots,m) \tag{7.7.12}$$

$a_k r_{kj}$ 中的乘法运算不会丢失信息，同时式(7.7.12)既最大限度地突出了主要因素，又最大限度地突出了单因素评价隶属度，虽然取大($\bigvee_{k=1}^{n}$)仍可能失去信息，但比式(7.7.11)有改进。

(3) $(\oplus,\wedge)$模型。此时 $\overset{*}{\vee}=\oplus$，$\underset{*}{\wedge}=\wedge$，$\oplus$表示有界和，即

$$a\oplus b=\min\{1,a+b\} \tag{7.7.13}$$

在本模型中

$$b_j=\bigoplus_{k=1}^{n}(a_k\wedge r_{kj})=\min\left\{1,\sum_{k=1}^{n}(a_k\wedge r_{kj})\right\}$$

由于权重分配满足归一条件：$\sum_{k=1}^{n}a_k=1$，所以 $\sum_{k=1}^{n}(a_k\wedge r_{kj})\leqslant 1$，于是

$$b_j=\bigoplus_{k=1}^{n}(a_k\wedge r_{kj})=\sum_{k=1}^{n}(a_k\wedge r_{kj}) \tag{7.7.14}$$

本模型与模型(2)有类似的特点。

(4) $(\oplus,\cdot)$模型。此时 $\overset{*}{\vee}=\oplus$，$\underset{*}{\wedge}=*$。在这个模型中，

$$b_j=\bigoplus_{k=1}^{n}(a_k r_{kj})=\sum_{k=1}^{n}a_k r_{kj} \tag{7.7.15}$$

这就是加权平均模型。

7.8 模糊逻辑与模糊推理

二值逻辑是当前计算机的逻辑基础。因为人的思维逻辑的秘密至今尚未解开，所以计算机要模拟人的智力，用二值逻辑显然是不行的。虽然现在还不能断言模糊逻辑就是人的思维逻辑，但五十多年来的实践表明，模糊逻辑比二值逻辑更接近人的思维规律。尽管计算机本身以二值逻辑为基础，但用计算机来计算和处理信息时，却可以采用非二值逻辑(例如模糊逻辑)来处理，这样做可使计算机的应用领域扩展到知识工程的领域。

7.8.1 模糊逻辑

1. 命题与逻辑符号

定义 7.8.1 一个有意义的陈述句称为命题。如：

(1) 该书是用中文写的。

(2) 4 加 2 等于 6。

(3) 他很年轻。

(4) 今天气温较高。

定义 7.8.2 若陈述句的意义明确，可以分辨真假，这种命题就称为二值命题(简称命题)。

如上述(1)、(2)句。若陈述句的意义是模糊概念，不能用简单的真假分辨，则这种命题就称为模糊命题，如上述(3)、(4)句。

定义 7.8.3 对于二值命题，可以用一些连接词如"或""与""非""如果……，那么……"("若……，则……")等连接起来。

(1) "或"(or)：用符号"$\vee$"表示，与集合中的并"$\cup$"相对应，又称"析取"，即两个命题至少有一个成立。

(2) "与"(and)：用符号"$\wedge$"表示，与集合中的交"$\cap$"相对应，又称"合取"，即两个命题必须同时成立。

(3) "非"(not)：在原命题上加"－"横线，或在命题前加"$\neg$"符号，也称否定，它与集合中的补集相对应。

设有如下两个命题。

P：他爱好英语。

Q：他爱好日语。

则有$P\vee Q$：表示他爱好英语或爱好日语。

$P\wedge Q$：表示他爱好英语和日语。

$\bar{P}$ 或$\neg P$：表示他不爱好英语。

(4) "如果……，那么……"(if…than…)：用符号"$\rightarrow$"(或"$\Rightarrow$")表示，是推断的意思，又称蕴涵，与集合中的包含于"$\subset$"相对应。例如，如果$\triangle ABC$ 是等边三角形(S)，那$\triangle ABC$ 是等腰三角形(T)，用符号写就是：S$\rightarrow$T 或 S$\Rightarrow$T。

(5) "当且仅当"：用符号"$\leftrightarrow$"(或"$\Leftrightarrow$")表示，它表示两个命题等价。

定义 7.8.4 一个命题的真与假，叫做它的真值，真常用"1"表示，假常用"0表示。两个命题构成一个复合命题时，它的真值表如表 7.8.1 所示。

表 7.8.1 复合命题的真值表

命题	P	Q	$P\vee Q$	$P\wedge Q$	$\bar{P}$	$P\Rightarrow Q$	$P\Leftrightarrow Q$
真值	真(1) 真(1) 假(0) 假(0)	真(1) 假(0) 真(1) 假(0)	真(1) 真(1) 真(1) 假(0)	真(1) 假(0) 假(0) 假(0)	假(0) 假(0) 真(1) 真(1)	真(1) 假(0) 真(1) 真(1)	真(1) 假(0) 假(0) 真(1)

2. 模糊命题的真值

模糊命题的取值不是单纯的真和假，但是它反映了真或假的程度。依照模糊集合中隶属函数的形式，模糊命题的真值推广到[0,1]区间上取连续值。

定义 7.8.5 模糊命题$\underset{\sim}{P}$的真值记作

$$T(\underset{\sim}{P})=x \quad (0\leqslant x\leqslant 1)$$

显然，当 $x=1$ 时表示$\underset{\sim}{P}$完全真；$x=0$ 时，表示$\underset{\sim}{P}$完全假。x 介于 0,1 之间时，表示$\underset{\sim}{P}$由假至真的程度。x 越接近于 1，表明表示真的程度越大；x 越接近于 0，表明表示真的程度越小，即假的程度越大。

定义 7.8.6 复合模糊逻辑命题仍用 ∨、∧、¬(或一)连接，其意义分别是：∨ 表示取大值、∧ 表示取小值，(¬或一)表示取补值(即取值 $1-x$，x 是$\underset{\sim}{P}$的真值)。例如，若有 $T(\underset{\sim}{P})=x=0.8$，$T(\underset{\sim}{Q})=y=0.6$，则复合模糊逻辑命题的真值表如表 7.8.2 所示。

表 7.8.2 复合模糊逻辑命题的真值表

模糊命题	$\underset{\sim}{P}$	$\underset{\sim}{Q}$	$\widetilde{P}\vee\underset{\sim}{Q}$	$\widetilde{P}\wedge\underset{\sim}{Q}$	$\underset{\sim}{\bar{P}}$
真值 T	0.8	0.6	0.8	0.6	0.2

由表可知，二值命题的复合运算是模糊命题的复合运算的特例。

模糊命题的"→"(或"⇒")运算，就是模糊推理，将在以后讨论。

3. 格、布尔代数与 De-Morgan 代数

定义 7.8.7(格的定义) 一个集合 L，若在其中定义了"∨"与"∧"两种运算，且具有下述性质。

(1) 幂等律：若 $\forall\alpha\in L$，则有 $\alpha\vee\alpha=\alpha$，$\alpha\wedge\alpha=\alpha$。

(2) 交换律：若 $\forall\alpha,\beta\in L$，则有 $\alpha\vee\beta=\beta\vee\alpha$，$\alpha\wedge\beta=\beta\wedge\alpha$。

(3) 结合律：若 $\forall\alpha,\beta,\gamma\in L$，则有

$$(\alpha\vee\beta)\vee\gamma=\alpha\vee(\beta\vee\gamma)$$

$$(\alpha\wedge\beta)\wedge\gamma=\alpha\wedge(\beta\wedge\gamma)$$

(4) 吸收律：若 $\forall\alpha,\beta\in L$，并有

$$(\alpha\vee\beta)\wedge\beta=\beta,\quad (\alpha\wedge\beta)\vee\beta=\beta$$

则称 L 是一个格，并记为 $L=(L,\wedge,\vee)$。

(5) 分配律：

$$(d\vee\beta)\wedge\gamma=(\alpha\wedge\gamma)\vee(\beta\wedge\gamma)$$

$$(\alpha\wedge\beta)\vee\gamma=(\alpha\vee\gamma)\wedge(\beta\vee\gamma)$$

若格 L 还满足分配律，则称$(L,\wedge,\vee)$是一个分配格。

定义 7.8.8(布尔代数的定义) 除上述性质(1)～(5)外还有

(6) 两极律：在 L 中存在两个元素，记为 0 和 1，如果 $\forall\alpha\in L$，则有

$$\alpha \vee 1=1,\quad \alpha \wedge 1=\alpha$$

$$\alpha \vee 0=\alpha,\quad \alpha \wedge 0=0$$

0 和 1 分别称为最小元和最大元。

在 L 中进一步规定一种一元运算"^{C}"(称为补运算),且满足

(7) 复原律:若 $\forall \alpha \in L$,则有 $(\alpha^{C})^{C}=\alpha$。

(8) 互补律:$\alpha \vee \alpha^{C}=1, \alpha \wedge \alpha^{C}=0$。

则称 $(L,\vee,\wedge,^{C})$ 是一个布尔代数。

例如,$(\{0,1\},\vee,\wedge,^{C})$ 是一个布尔代数,其中运算:$\alpha \vee \beta=\max(\alpha,\beta)$,$\alpha \wedge \beta=\min(\alpha,\beta)$,$\alpha^{C}=1-\alpha$。

定义 7.8.9(De-Morgan 代数的定义) 除上述性质(1)~(7)外,还满足 De-Morgan 律

$$(\alpha \vee \beta)^{C}=\alpha^{C} \wedge \beta^{C}$$

$$(\alpha \wedge \beta)^{C}=\alpha^{C} \vee \beta^{C}$$

的代数系统称为 De-Morgan 代数。

De-Morgan 代数与布尔代数的显著区别在于前者不满足互补律,即在 De-Morgan 代数中,一般有

$$\alpha \vee \alpha^{C} \neq 1,\quad \text{而}\quad \alpha \vee \alpha^{C}=\max(\alpha,1-\alpha)$$

$$\alpha \wedge \alpha^{C} \neq 0,\quad \text{而}\quad \alpha \wedge \alpha^{C}=\max(\alpha,1-\alpha)$$

正因为这一点,它才成为研究模逻辑运算的有力工具。

例如,$([0,1],\vee,\wedge,^{C})$ 是一个 De-Morgan 代数,而不是一个布尔代数,因为互补律不成立。若取 $0.8 \in [0,1]$,则有

$$0.8 \vee (0.8)^{C}=0.8 \vee 0.2=0.8 \neq 1$$

$$0.8 \wedge (0.8)^{C}=0.8 \wedge 0.2=0.2 \neq 0$$

(9) 归约律:由二值逻辑的真值表可以证明:"$\rightarrow$"及"$\leftrightarrow$"两种逻辑运算是非独立的,即存在下述等式

$$P \rightarrow Q=\bar{P} \vee Q$$

$$P \leftrightarrow Q=(\bar{P} \vee Q) \wedge (P \vee \bar{Q})$$

所以在二值逻辑中,独立的逻辑连接词只有三个:"$\vee$""$\wedge$""$^{-}$"。

4. 模糊逻辑函数

定义 7.8.10 若一个逻辑命题的取值是可以变化的,则称这样的逻辑命题为逻辑变量 x。

二值逻辑变量的取值是 $\{0,1\}$,而模糊逻辑变量的取值为 $[0,1]$。

定义 7.8.11 由逻辑变量 x 及逻辑运算 $\vee$、$\wedge$、$-$ 和括号所形成的函数 F 称为逻辑函数(又称逻辑公式)。若变量 x 的取值及逻辑运算是二值的,则称 F

是二值逻辑函数（逻辑公式）；若变量 x 的取值及逻辑运算是模糊的，则称 F 是模糊逻辑函数（逻辑公式）。

例如 $F=x_1 \vee \bar{x}_1$，$F=x_1 \wedge \bar{x}_1$，$F=(x_1 \vee x_2) \wedge \bar{x}_3$ 等都是逻辑函数（公式）。

有时为了书写方便，常将符号“$\vee$”“$\wedge$”及“^{C}”用简便符号“$+$”“$\cdot$”及“$^-$”分别取代，“$\cdot$”有时不写。这样简化后，上述逻辑函数就可简化成：$F=x_1+\bar{x}_1$，$F=x_1 \cdot \bar{x}_1=x_1\bar{x}_1$，$F=(x_1+x_2)\bar{x}_3$，等等。

5. 模糊逻辑转化成多值逻辑

如果我们把模糊变量 x、y、z 看作是模糊集合 X、Y、Z 的隶属函数在某一点 x_0 的值，即

$$x=\mu_X(x_0), \quad y=\mu_Y(x_0), \quad z=\mu_Z(x_0)$$

则模糊逻辑变量的运算便代表了模糊集合的运算。

为了讨论问题方便，常将区间[0,1]分成若干相等部分，使得隶属函数只能在子区间边缘上取值，例如分成五个相等部分，则隶属函数只能在集合

$$M\{0,0.2,0.4,0.6,0.8,1\}$$

中取值，这样模糊逻辑便转化成多值逻辑。在上例中，逻辑值共有 6 个。例如 $x\bar{y}$（或 $X \wedge \bar{Y}$）的真值表列于表 7.8.3。

表 7.8.3　$x\bar{y}(X \wedge \bar{Y})$的真值表

$x(X)$	$y(Y)$					
	0	0.2	0.4	0.6	0.8	1
0	0	0	0	0	0	0
0.2	0.2	0.2	0.2	0.2	0.2	0
0.4	0.4	0.4	0.4	0.4	0.2	0
0.6	0.6	0.6	0.6	0.4	0.2	0
0.8	0.8	0.8	0.6	0.4	0.2	0
1	1	0.8	0.6	0.4	0.2	0

6. 模糊逻辑函数的范式

定义 7.8.12（析取范式）　若 x_{ij} 是逻辑变量，则下列逻辑函数称为析取范式（逻辑并标准形）：

$$F=\sum_{i=1}^{p}\prod_{j=1}^{n}x_{ij} \tag{7.8.1}$$

定义 7.8.13（合取范式）　若 x_{ij} 是逻辑变量，则下列逻辑函数称为合取范式（逻辑交标准形）：

$$F=\prod_{i=1}^{p}\sum_{j=1}^{n}x_{ij} \tag{7.8.2}$$

式中：$\sum$ 表示连加，即 $\cdots \vee \cdots \vee \cdots \vee \cdots$；$\prod$ 表示连乘，即 $\cdots \wedge \cdots \wedge \cdots \wedge \cdots$。所以析取标准型为“积之和”型，而合取标准型为“和之积”型。

一般地，对于一个给定的模糊逻辑函数式，总可以通过等价变换使其成为析取范式或合取范式，或是析取范式和合取范式的组合。

为了把模糊逻辑函数式化成标准型，我们要利用以下两个定理（因证明要占很大篇幅，故略去证明）。

定理 7.8.1 公式 F 在模糊逻辑中为真，当且仅当该公式在二值逻辑中为真（定义：当模糊逻辑公式 F 的取值大于等于$\frac{1}{2}$时，称 F 为真）。

定理 7.8.2 公式 F 在模糊逻辑中可化成标准型，当且仅当 F 在二值逻辑中可化成标准型。

以下举例说明模糊逻辑函数化成标准型的方法。

例 7.8.1 设 x、y、z 均为模糊逻辑变量，它们分别为某些命题的真值，试求模糊逻辑函数

$$F(x,y,z)=[(x\vee y)\wedge z]\vee[(x\vee z)\wedge y]$$

的析取范式和合取范式。

先求析取范式。为此先确定逻辑变量 x、y、z 分别为 0 和 1 时的模糊逻辑函数值（相当于二值逻辑的情况），结果如表 7.8.4 所示。

表 7.8.4 二值逻辑真值表

x	y	z	$F(x,y,z)$
0	0	0	0
1	0	0	0
0	1	0	0
1	1	0	1
0	0	1	0
1	0	1	1
0	1	1	1
1	1	1	1

用逻辑函数 $F(x,y,z)=1$ 时所对应取 1 的逻辑变量求交作为析取范式的一项，例如表中第四行，$F(x,y,z)$等于 1，对应 $x=1$，$y=1$，故 $x\wedge y$ 即析取范式的一项。最后对析取范式的每一项求并，再根据吸收律化简，即可求得析取范式为

$$\begin{aligned}F(x,y,z)&=(x\wedge y)\vee(x\wedge z)\vee(y\wedge z)\vee(x\wedge y\wedge z)\\&=(x\wedge y)\vee(x\wedge z)\vee(y\wedge z)\end{aligned}$$

求合取范式的步骤与上式类同，只不过按 $F(x,y,z)=0$ 时取值为 0 的逻辑变量求并作为合取范式的一项，然后对各项求交后再化简，所得的合取范式为

$$\begin{aligned}F(x,y,z)&=(x\vee y\vee z)\wedge(y\wedge z)\wedge(x\vee z)\wedge(x\vee y)\\&=(x\vee y)\wedge(y\vee z)\wedge(x\vee z)\end{aligned}$$

由以上求得的析取范式与合取范式不难看出，对于同一模糊逻辑函数，两种范式之间是对偶的。

如果逻辑函数式中的逻辑变量有 $\bar{x}$、$\bar{y}$ 或 $\bar{z}$ 的形式，则通过真值表示范式时，选取每一子项应遍历所有变量。例如求析取范式时，根据 $F(x,y,z)=1$ 的那一行，应取 1 的变量和取 0 的变量的补。表 7.8.4 中第四行，当 $F(x,y,z)=1$ 时，$x=1$，$y=1$，$z=0$，故应选 $x\wedge y\wedge\bar{z}$ 为析取范式的一项。当然，在例 7.8.1 中选取每一子项时，也可遍历所有变量，化简后其结果是相同的。

关于化简模糊逻辑函数的问题（极小化问题），限于篇幅在此不进一步讨论了。

7.8.2　模糊语言

语言是人们进行思维和信息交流的工具，分为自然语言与形式语言两种。自然语言是一些词（或字）连接成的句子，一般带有模糊性。形式语言是一些符号按一定规则连接成的符号串，它代表机器的某些单元的状态或操作，一般具有确定性。

随着科学技术的发展，人们不但希望用机器代替人的体力劳动，更希望机器能具有人的智力，模拟人脑的思维推理，使人们从复杂艰难的脑力劳动中解放出来。这样就自然提出了以下两个任务：

(1) 用以二值逻辑为基础的形式语言来处理模糊的自然语言；

(2) 创造某种以模糊逻辑为基础的形式语言来处理模糊性的自然语言。这方面的研究构成了模糊数学的一个分支，现在还很不成熟，但已在人工智能、模糊控制等方面获得了应用。

1. 模糊语言变量

带有模糊性的语言称为模糊语言，如“他很年轻”“小张起床很早”“老李是高个子”等等。模糊语言的核心是模糊集合，如上述语言中的“很年轻”“很早”“高个子”等就分别是论域“年龄”“时间”“身高”上的模糊集。模糊语言还有一定的语法和语义。

语言变量是以自然或人工语言中的字或句作为变量，而不是以数值作为变量。语言变量用来表征那些十分复杂（或定义很不完善）又无法用通常的精确术语进行描述的现象。模糊语言变量与模糊变量相比是一个级别更高的变量，

它是将模糊语言形式化的重要工具。

L. A. Zadah(查德)定义模糊语言变量为如下的五元组：

$$(X, T(X), U, G, M) \tag{7.8.3}$$

其中：X 是语言变量的名称；U 是 X 的论域；$T(X)$是语言变量值的集合，每个语言变量值，是定义在论域 U 上的模糊集合；G 是语法规则，用以产生语言变量 x 值的名称；M 是语义规则，用于产生模糊集合的隶属度函数。

例 7.8.2 以速度为模糊语言变量 X，论域 U 取[60,80](km/h)，速度的语言值集合 $T(X)$为{慢，适中，快}，其中“慢”“适中”“快”为模糊集合。模糊集合的隶属度，用模糊语义规则 M 来决定，具体如图 7.8.1 所示。

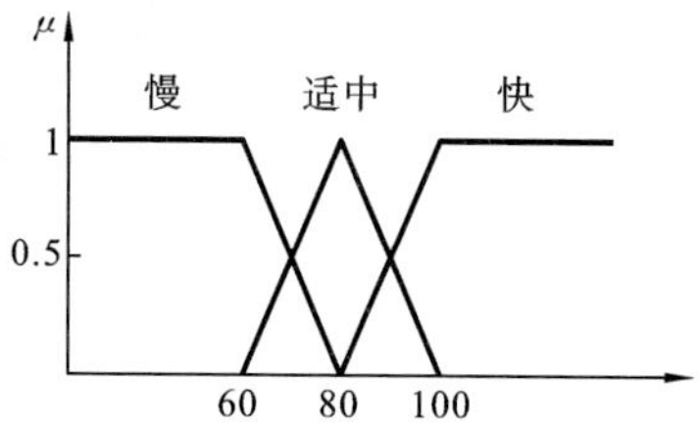

图 7.8.1 模糊语言变量“速度”的隶属度函数

将速度分成若干语言值的规则，就是语法规则 G。在本例中我们把速度分成三个语言值，即“慢”“适中”“快”。图 7.8.2 是速度这个模糊语言变量“速度”的五元组示意图。

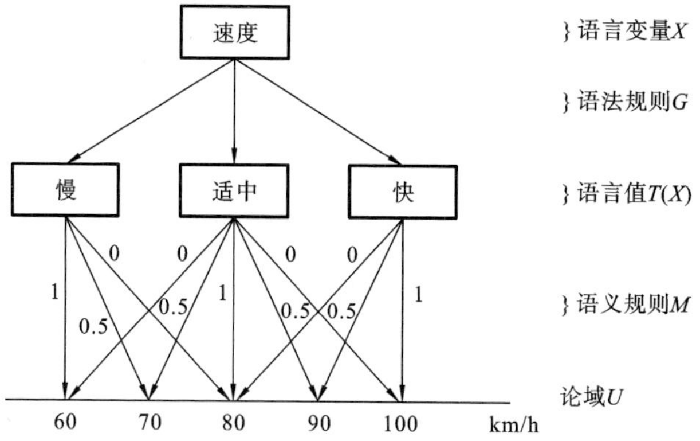

图 7.8.2 模糊语言变量“速度”的五元组

2. 模糊语言算子

自然语言中有一些通过改变语气而改变语义的词，如加强肯定语气的词“很”“非常”“极”等；也有一些使语义变为模糊的词，如“大概”“近似于”等；还有些使语义由模糊变为肯定的词，如“偏向”“倾向于”等。这些词在模糊推理中都可作为语言算子来考虑，相应地分为三种算子。

1）语气算子 H:$(HA)(x)$

语气算子的数学描述是

$$(HA)(x) \triangleq \mu_A^n(x)$$

加强语气的词称为集中算子，此时 $n>1$。

减弱语气的词称为散漫化算子，此时 $n<1$。

例 7.8.3 描述“青年人”的集合为

$$\mu_{\underset{\sim}{A}}(x)=\begin{cases}1, & 15\leqslant x<25\\ \dfrac{1}{1+\left(\dfrac{x-25}{5}\right)^2}, & x\geqslant 25\end{cases}$$

其中，$\underset{\sim}{A}$＝“青年人”，已算得 28 岁和 30 岁的人对于“青年人”的隶属度为

$$\mu_{\underset{\sim}{A}}(28)=0.74,\quad \mu_{\underset{\sim}{A}}(30)=0.5$$

现在我们加上集中算子“很”，取 $n=2$，则

$$\mu_{很年轻}(x)=[\mu_{青年人}(x)]^2=\begin{cases}1, & 15\leqslant x<25\\ \left[\dfrac{1}{1+\left(\dfrac{x-25}{5}\right)^2}\right]^2, & x\geqslant 25\end{cases}$$

分别算出 28 岁和 30 岁对于“很年轻”的隶属度为

$$\mu_{很年轻}(28)=0.54,\quad \mu_{很年轻}(30)=0.25$$

若加上散漫化算子“较”，取 $n=0.5$，则

$$\mu_{较年轻}(x)=\sqrt{\mu_{青年人}(x)}=\begin{cases}1, & 15\leqslant x<25\\ \dfrac{1}{\sqrt{1+\left(\dfrac{x-25}{5}\right)^2}}, & x\geqslant 25\end{cases}$$

分别算出 28 岁和 30 岁对于“较年轻”的隶属度为

$$\mu_{较年轻}(28)=0.86,\quad \mu_{很年轻}(30)=0.71$$

2）模糊化算子 F:$(FA)(x)$

这些算子的作用，是使肯定词转化成模糊的词，如“大概”“近似”“可能”，等等。用隶属度函数图形来表示这类算子的作用，如图 7.8.3 所示。数 4 是一个肯定词，用 $A(4)$（竖线）来表示，而“大约 4”则是一个模糊数，记为 $\underset{\sim}{4}$，它是 $A(4)$ 加上模糊化算子 F 后形成的，记作 $FA(4)$。

3）判定化算子 P:$(PA)(x)$

判定化算子把模糊量转化成精确量，其意义是“倾向于”“接近”“属于”。判定化算子的数学描述为

$$(PA)(x)\triangleq P[\mu_A(x)]$$

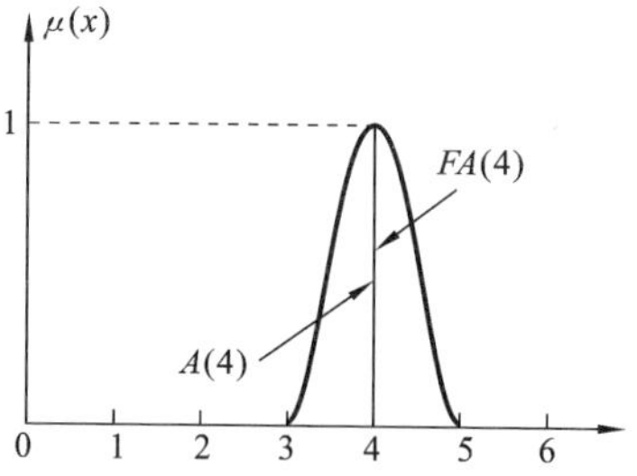

图 7.8.3 模糊化算子的作用

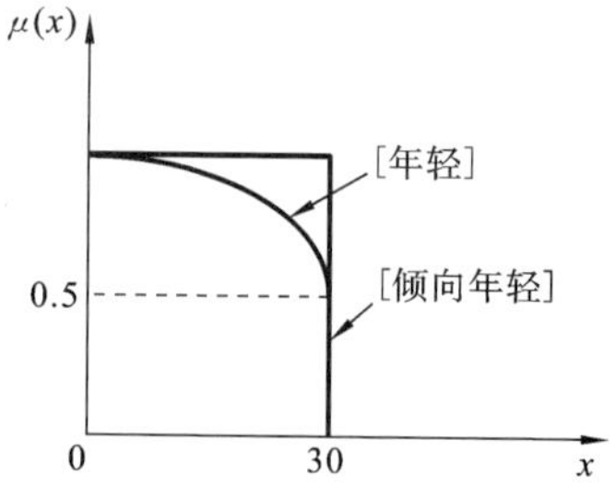

图 7.8.4 判定化算子的作用

其中 $P(\cdot)$是定义在[0,1]区间上的实函数,表示为

$$P(x)=\begin{cases}0, & x\leqslant\alpha \\ \dfrac{1}{2}, & \alpha<x\leqslant1-\alpha\ \left(0<\alpha\leqslant\dfrac{1}{2}\right) \\ 1, & x>1-\alpha\end{cases}$$

若取 $\alpha=\dfrac{1}{2}$,则

$$P(x)=\begin{cases}0, & x\leqslant\dfrac{1}{2} \\ 1, & x>\dfrac{1}{2}\end{cases}$$

例如,用例 7.8.3"青年人"的定义,则"倾向年轻"就可采用上述判定化算子 $P(x)$,其结果如图 7.8.4 所示。

除了上面介绍的三种算子外,还有美化、比喻、联想等算子,因为研究不成熟,此处从略。

7.8.3 模糊推理

1. 判断与推理

人们的思维就是利用概念来进行判断和推理。判断是概念与概念的关联,而推理则是判断与判断的联合。如果概念是模糊的,则判断和推理就是模糊的。

若用符号及其运算来表示思维的过程,就称为思维的形式化。我们的目的,就是要寻求符合思维实际情况的思维形式化的规律与方法。

1)判断句

判断句的句型是"x 是 A",其中 A 是表示概念的一个词或词组,也就是在论域 X 上的一个集合,x 表示论域 X 中的任何一个特定对象,称为语言变量。

如果 A 的外延是清晰的，则 A 所对应的集合是普通集合，若 A 的外延是模糊的，则 A 对应的集合是模糊集合。将判断句"x 是 A"简记作(A)。当 A 为普通集合时，称(A)是普通判断句；当 A 是模糊集合时，称(A)是模糊判断句。

在二值逻辑中，如果 $x\in A$，则称(A)的判断为真，A 就是(A)的真值域；如果 $x\overline{\in} A$，称(A)为假。如图 7.8.5 所示，图中阴影部分表示(A)为真，是判断(A)的真值域。显然有

$$x\in A\leftrightarrow(A)\text{为真} \qquad (7.8.4)$$

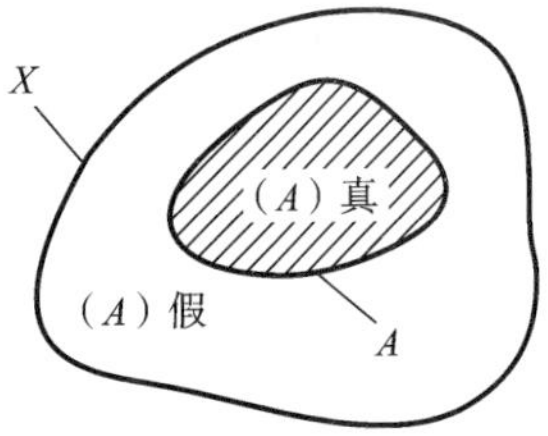

图 7.8.5 判断(A)的真值域

在模糊逻辑中，"x 是 A"的判断没有绝对的真假，将 x 对 $\underset{\sim}{A}$ 的隶属度定义为(A)判断句的真值。

例如"x 是菱形""x 是人"是普通判断句；而"x 是晴天""x 很暖和"就是模糊判断句。

2）推理句

"若 x 是 A，则 x 是 B"型的判断句，称为推理句，简记为"(A)→(B)"。若 A、B 为普通集合，则称此推理句为普通推理句，若 A、B 为模糊集合，则称此推理句为模糊推理句。

例如，"若 x 是菱形，则 x 是平行四边形"是普通推理句，因为"菱形""平行四边形"这些集合是普通集合；而"若 x 是晴天，则 x 很暖和"就是模糊推理句，因为"晴天""暖和"这些集合是模糊集合。

3）推理句的形式化

用符号及运算来表示推理句的过程，称为推理句的形式化。当然这种形式化必须符合推理的真实含义。

在普通集合范围内来考虑"x 是 A，则 x 是 B"这一推理句，我们可用前述定义的符号来代表有关的判断句，即"x 是 A"用(A)，"x 是 B"用(B)，"x 是 A，则 x 是 B"用(A)→(B)来表示。对论域中的所有 x 进行上述推理句考察时，可以分成四种情况：

(1) (A)是真同时(B)也是真，当然(A)→(B)为真。

(2) (A)是真但(B)是假，显然(A)→(B)不成立，即为假。由于(A)为假时(即 x 不在 A 中)，推理句中没有限制"x 是 B"或"x 不是 B"，也就是说(B)为真或为假都可以，即此时(A)→(B)都能成立(为真)。

(3) (A)为假，(B)为真时，(A)→(B)为真。

(4) (A)为假，(B)为假时，(A)→(B)为真。

举一例来说明上述推理,更易理解,例如有下列推理句:

“如果今天下雨,我就在家中。”

显然有:①“如果今天下雨,我就在家”这是真的;②“如果今天下雨,我不在家”是假的;③“如果今天不下雨,我也在家”,这也是可以的(真的);④“如果今天不下雨,我不在家”,这也是可以的(真的)。这是因为③、④两种情况,推理句没有限制,即如果不下雨,我可以在家也可以不在家。

根据上述分析,我们可以作出如表 7.8.5 所示的真值表。

表 7.8.5　蕴涵式 $(A)\rightarrow(B)$ 的真值表

(B)	(A)	
	真	假
真	真	真
假	假	真

根据此真值表,我们可以得出如下推理的形式化模型:

$$(A)\rightarrow(B)=(\overline{A})\vee(B) \tag{7.8.5}$$

或将式(7.8.5)简写成

$$A\rightarrow B=\overline{A}\vee B=(\overline{A-B}) \tag{7.8.6}$$

这就是二值逻辑中归约律的情况。

若令 $A\rightarrow B=C$,则普通推理句“$(A)\rightarrow(B)$”等价于一个判断句“x 是 c”,即

$$(A)\rightarrow(B)\text{对 } x \text{ 为真}\Leftrightarrow x\in C\Leftrightarrow x\in(\overline{A-B}) \tag{7.8.7}$$

$(\overline{A-B})$的真值域如图 7.8.6 所示。为了便于推广到模糊推理的情况,常把式(7.8.6)写成相应真值的等式:

$$(A\rightarrow B)(x)=(\overline{A}\vee B)(x)=(\overline{A-B})(x) \tag{7.8.8}$$

若推理句是一个恒真的判断句,则称它是一个定理,显然有

$$(A)\rightarrow(B)\text{是定理}\Leftrightarrow A-B=\varnothing\Leftrightarrow A\subseteq B \tag{7.8.9}$$

所谓演绎推理的三段论法可以表示为

$$(A)\rightarrow(B)\text{是定理且}(A)\text{对 } x \text{ 为真}\Rightarrow(B)\text{对 } x \text{ 为真} \tag{7.8.10}$$

而用集合描述有

$$A\subseteq B,\quad x\in A\Rightarrow x\in B \tag{7.8.11}$$

图 7.8.7 为三段论集合描述的示意图。

若$(A)\rightarrow(B)$是定理,$(B)\rightarrow(C)$是定理,则$(A)\rightarrow(C)$是定理,这一规则,称为复合原则。用集合表示的复合原则为

$$A\subseteq B,\quad B\subseteq C\Rightarrow A\subseteq C \tag{7.8.12}$$

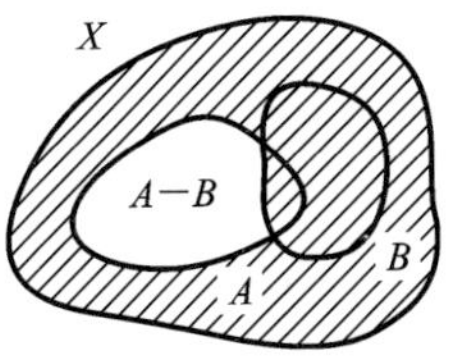

图 7.8.6　$\overline{A}\vee B$ 的真

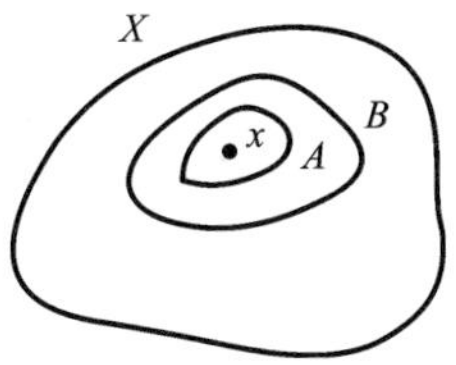

图 7.8.7　三段论集合

2. 模糊蕴涵关系(模糊推理句)

当 A、B 是模糊集合时，上述推理句就称为模糊推理句。模糊推理句的真值可以根据普通推理句的真值公式来定义。

$$(\underset{\sim}{A}\to\underset{\sim}{B})(x)=(1-\underset{\sim}{A}(x))\vee\underset{\sim}{B}(x) \tag{7.8.13}$$

“若 x 是晴天，则 x 很暖和”的模糊推理句的隶属函数曲线如图 7.8.8 所示，其中 $\underset{\sim}{A}$ 表示“晴天”的隶属函数，$\underset{\sim}{B}$ 表示“暖和”的隶属函数，则 $\underset{\sim}{A}\to\underset{\sim}{B}$ 由图中上半部 V 形实线所描述，它给出了“若晴则暖”为真的程度的定量表示。

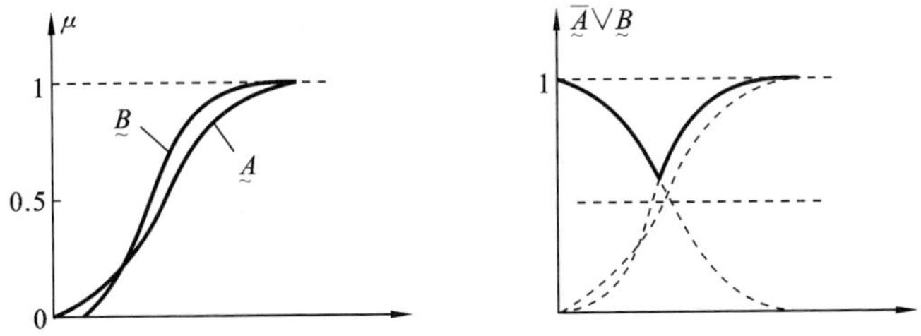

(a)　　(b)

图 7.8.8　$\underset{\sim}{A}\to\underset{\sim}{B}$ 模糊推理句的隶属函数

在较复杂的场合，论域可能不是同一个论域，这样模糊推理句的形式为“若 x 是 $\underset{\sim}{A}$(在论域 X 上)，则 y 是 $\underset{\sim}{B}$(在论域 Y 上)”，此时 $\underset{\sim}{A}\to\underset{\sim}{B}$ 就是 X 和 Y 上的模糊集，也就是从 X 到 Y 的一个模糊关系。许多人对 $\underset{\sim}{A}\to\underset{\sim}{B}$ 的运算规则(即隶属度函数的运算方法)进行了研究，提出许多定义，常见的模糊蕴涵关系的运算方法列举如下(方便起见，以下模糊集符号中的波纹线“～”全部省略)。

1）模糊蕴涵最小运算(Mamdani)

$$R_c=A\to B=A\times B=\int_{X\times Y}(\mu_A(x)\wedge\mu_B(y))/(x,y) \tag{7.8.14}$$

2）模糊蕴涵积运算(Larsen)

$$R_p=A\to B=A\times B=\int_{X\times Y}\mu_A(x)\mu_B(y)/(x,y) \tag{7.8.15}$$

3）模糊蕴涵算术运算(Zadeh)

$$R_a = A \to B = (\bar{A} \times Y) \oplus (X \times B) = \int_{X\times Y} 1 \wedge (1 - \mu_A(x) + \mu_B(y))/(x,y) \tag{7.8.16}$$

4）模糊蕴涵的最大-最小运算(Zadeh)

$$\begin{aligned} R_m = A \to B &= (A \times B) \cup (\bar{A} \times Y) \\ &= \int_{X\times Y} (\mu_A(x) \wedge \mu_B(y)) \vee (1 - \mu_A(x))/(x,y) \end{aligned} \tag{7.8.17}$$

5）模糊蕴涵的布尔运算

$$\begin{aligned} R_b = A \to B &= (\bar{A} \times Y) \cup (X \times B) \\ &= \int_{X\times Y} (1 - \mu_A(x)) \vee \mu_B(y)/(x,y) \end{aligned} \tag{7.8.18}$$

6）模糊蕴涵的标准算法运算(1)

$$R_s = A \to B = A \times Y \to X \times B = \int_{X\times Y} (\mu_A(x) > \mu_B(y))/(x,y) \tag{7.8.19}$$

其中

$$\mu_A(x) > \mu_B(y) = \begin{cases} 1, & \mu_A(x) \leqslant \mu_B(y) \\ 0, & \mu_A(x) > \mu_B(y) \end{cases}$$

7）模糊蕴涵的标准算法运算(2)

$$R_\Delta = A \to B = A \times Y \to X \times B = \int_{X\times Y} (\mu_A(x) \gg \mu_B(y))/(x,y) \tag{7.8.20}$$

其中

$$\mu_A(x) \gg \mu_B(y) = \begin{cases} 1, & \mu_A(x) \leqslant \mu_B(y) \\ \dfrac{\mu_B(y)}{\mu_A(x)}, & \mu_A(x) > \mu_B(y) \end{cases}$$

在应用中，究竟选取哪一种运算方法，应视实际情况而定。

3. 模糊推理

模糊推理又称近似推理(似然推理)。它是在模糊大前提的条件下，给定模糊小前提而推论出模糊结论的推理方法。根据小前提的不同，又分为两类：

(1) 广义正向式模糊推理。其推理规则是

大前提　x 是 A 则 y 是 B(即 $A \to B$)

小前提　x 是 A'

结论　　y 是 $B' = A' \circ (A \to B) = A' \circ R$　　(7.8.21)

(2) 广义逆向式模糊推理,其推理规则是

大前提　x 是 A 则 y 是 B(即 $A \rightarrow B$)

小前提　x 是 B'

结论　　x 是 $A' = (A \rightarrow B) \circ B' = R \circ B'$　　(7.8.22)

式中:$A \rightarrow B$ 是蕴涵关系,即 $X \times Y$ 上的模糊关系,其隶属函数可以选用上述七个公式(7.8.14)至式(7.8.20)中的任一式来运算(尽量与实际情况相符合),而运算符号"。"则表示模糊关系合成运算,通常可以采用如下四种不同的方法:

1) 最大-最小合成法(Zadeh,1973)

$$\mu_{B'}(y) = \bigvee_{x \in X} [\mu_{A'}(x) \wedge \mu_R(x, y)] \tag{7.8.23}$$

2) 最大-代数积合成法(Kaufman,1975)

$$\mu_{B'}(y) = \bigvee_{x \in X} [\mu_{A'}(x) \cdot \mu_R(x, y)] \tag{7.8.24}$$

该法有时也简称为最大-积合成法。

3) 最大-有界积合成法(Mizumoto,1981)

$$\mu_{B'}(y) = \bigvee_{x \in X} [\mu_{A'}(x) \odot \mu_R(x, y)] = \bigvee_{x \in X} \max\{0, \mu_{A'}(x) + \mu_R(x, y) - 1\} \tag{7.8.25}$$

4) 最大-强制积合成法(Mizumoto,1981)

$$\mu_{B'}(y) = \bigvee_{x \in X} [\mu_{A'}(x) \odot \mu_R(x, y)] \tag{7.8.26}$$

其中

$$\mu_{A'} \odot \mu_R(x, y) = \begin{cases} \mu_{A'}(x), & \mu_R(x, y) = 1 \\ \mu_R(x, y), & \mu_{A'}(x) = 1 \\ 0, & \mu_{A'}(x), \mu_R(x, y) < 1 \end{cases}$$

在上述各式中,R 是 $A \rightarrow B$ 蕴涵关系。通常使用最多的是 1)和 2)两种合成运算方法,原因是这两种方法的计算比较简单。

模糊推理过程,可以看成是一个模糊变换器的工作过程。当输入一个模糊子集 A',经过模糊变换器 $R = A \rightarrow B$ 时,输出为 $A' \circ (A \rightarrow B)$,如图 7.8.9 所示。

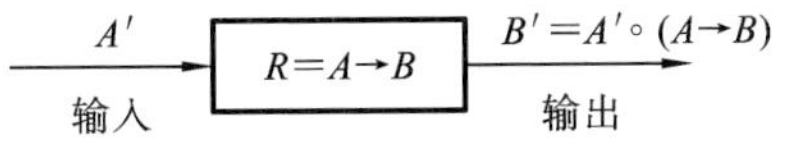

图 7.8.9　模糊变换器

例 7.8.4　若 $A \rightarrow B$ 采用积运算式(7.8.15),合成运算"。"采用最大-最小

合成法，式(7.8.23)给定小前提，分别是 $A' =$ 非常 $A = A^2 = \int_X \mu_A^2(x)/x$，$B' =$ 非(非常 B) $= \int_Y (1-\mu_B^2(y))/y$，求广义正向式模糊推理及广义反向式模糊推理的结论。

解 (1) 广义正向式模糊推理。

由式(7.8.21)可知

$$B' = A' \circ R_p = A^2 \circ R_p = \int_X \mu_A^2(x)/x \circ \int_{X\times Y} \mu_A(x)\mu_B(y)/(x,y)$$

采用最大-最小合成法，可求得

$$\mu_{B'}(y) = \bigvee_{x\in X}(\mu_A^2(x) \wedge \mu_A(x)\mu_B(y)) = \sup_{x\in X}\min\{\mu_A^2(x), \mu_A(x), \mu_B(y)\}$$

(2) 广义逆向式模糊推理。

由式(7.8.22)可知

$$A' = R_p \circ B' = \int_{X\times Y} \mu_A(x)\mu_B(y)/(x,y) \circ \int_Y (1-\mu_B^2(x))/y$$

采用最大-最小合成法，可求得

$$\mu_{A'}(x) = \bigvee_{y\in Y}(\mu_A(x)\mu_B(y) \wedge (1-\mu_B^2(y))) = \sup_{y\in Y}\min\{\mu_A(x)\mu_B(y), 1-\mu_B^2(y)\}$$

例 7.8.5 若工人调节炉温，有如下经验："如果炉温低，则应施加高电压"。试问炉温较低时，应施加怎样的电压？

解 这是一个典型的模糊推理问题，常应用在模糊控制中，设 x 和 y 的论域为

$$X = Y = \{1,2,3,4,5\}$$

设 A 表示炉温低的模糊集合，即有

$$A = \text{“炉温低”} = \frac{1}{1} + \frac{0.7}{2} + \frac{0.4}{3} + \frac{0}{4} + \frac{0}{5}$$

B 表示高电压的模糊集合，即有

$$B = \text{“电压高”} = \frac{0}{1} + \frac{0}{2} + \frac{0.4}{3} + \frac{0.7}{4} + \frac{1}{5}$$

A' 表示炉温较低的模糊集合，即有

$$A' = \text{“炉温较低”} = \frac{1}{1} + \frac{0.6}{2} + \frac{0.4}{3} + \frac{0.2}{4} + \frac{0}{5}$$

这样，上述问题就转化为如下的模糊推理问题：

若 x 低则 y 高；若 x 较低，试确定 y 的大小？

其数学表述为

$$若\ A\ 则\ B(即\ A\rightarrow B);若\ A',试确定\ B'=?$$

即
$$B'=A'\circ R=A'\circ(A\rightarrow B)$$

假定蕴含关系 R 利用式(7.8.17),即

$$R=R_{\mathrm{m}}=A\rightarrow B=\int_{X\times Y}(\mu_A(x)\wedge\mu_B(y))\vee(1-\mu_A(x))/(x,y)$$

可以利用下式来决定 R_{m}:

$$R_{\mathrm{m}}=\overset{\mu_A(x)\wedge\mu_B(y)}{\begin{bmatrix}0&0&0.4&0.7&1\\0&0&0.4&0.7&0.7\\0&0&0.4&0.4&0.4\\0&0&0&0&0\\0&0&0&0&0\end{bmatrix}}\vee\overset{1-\mu_A(x)}{\begin{bmatrix}0&0&0&0&0\\0.3&0.3&0.3&0.3&0.3\\0.6&0.6&0.6&0.6&0.6\\1&1&1&1&1\\1&1&1&1&1\end{bmatrix}}$$

$$=\overset{\mu_{A\rightarrow B}(x)}{\begin{bmatrix}0&0&0.4&0.7&1\\0.3&0.3&0.4&0.7&0.7\\0.6&0.6&0.6&0.6&0.6\\1&1&1&1&1\\1&1&1&1&1\end{bmatrix}}$$

合成运算采用最大-最小合成法,即式(7.8.23),于是求得

$$B'=A'\circ R_{\mathrm{m}}=(1\quad 0.6\quad 0.4\quad 0.2\quad 0)\circ\begin{bmatrix}0&0&0.4&0.7&1\\0.3&0.3&0.4&0.7&0.7\\0.6&0.6&0.6&0.6&0.6\\1&1&1&1&1\\1&1&1&1&1\end{bmatrix}$$

$$=(0.4\ 0.4\ 0.4\ 0.7\ 1)$$

所得的结论是,$B'=\frac{0.4}{1}+\frac{0.4}{2}+\frac{0.4}{3}+\frac{0.7}{4}+\frac{1}{5}$,可以看成是“电压较高”,这一结论是与人们的思维相吻合的。

当然,此例也可以用不同的蕴涵关系式和不同的合成运算方法来求解。计算后可以发现,有的结论符合实际思维逻辑,有的则不符合。可见,关于模糊推理的理论问题的研究,现在还不成熟。

4. 复合模糊条件语句的模糊推理

在模糊推理中,大前提可能不是单一的模糊条件语句,可能是若干条件语句,中间再用一些连接词,如“否则”(else),“与”(and)等连接起来。这类问题的模糊推理称为复合模糊条件语句的模糊推理,分以下几种情况来讨论。

1）句子连接词“and”

模糊推理的规则是

大前提　x 是 A and y 是 B 则 z 是 C

小前提　x 是 A' and y 是 B'

结论　　z 是 C'

大前提中的条件句“x 是 A and y 是 B”可以看成是直积空间 $X\times Y$ 上的模糊集并记为 $A\times B$，“and”表示两种隶属函数的取法：

(1)
$$\mu_{A\times B}(x,y)=\min\{\mu_A(x),\mu_B(y)\} \tag{7.8.27}$$

或者

(2)
$$\mu_{A\times B}(x,y)=\mu_A(x)\mu_B(y) \tag{7.8.28}$$

大前提代表的蕴涵关系记为 $A\times B\to C$，其具体运算方法可以选取前述七种方法之一。例如，若选式(7.8.14)便有

$$\begin{aligned}R_c &= A\times B\to C = A\times B\times C\\ &= \int_{X\times Y\times Z}(\mu_A(x)\wedge\mu_B(y)\wedge\mu_C(z))/(x,y,z)\end{aligned}$$

或者选式(7.8.16)，则有

$$\begin{aligned}R_a &= A\times B\to C = (\overline{A\times B}\times Z)\oplus(X\times Y\times C)\\ &= \int_{X\times Y\times Z}1\wedge[1-(\mu_A(x)\wedge\mu_B(y))+\mu_C(z)]/(x,y,z)\end{aligned} \tag{7.8.29}$$

其余类推。

对于结论 z 是 C'，可用如下的近似推理求出：

$$C'=(A'\times B')\circ R \tag{7.8.30}$$

其中 R 为模糊蕴涵关系，可以用上面定义的任何一种运算来表示，“$\circ$”是合成算符，一般多用最大-最小合成法(式(7.8.23))或者最大-代数积合成法(式(7.8.24))。

2）句子连接词“also”

如果大前提中有一系列的模糊条件规则，其间用连接词“also”连接，成为如下的格式：

大前提　R_1：如果 x 是 A_1 and y 是 B_1 则 z 是 C_1

also　　R_2：如果 x 是 A_2 and y 是 B_2 则 z 是 C_2

⋮

also　　R_n：如果 x 是 A_n and y 是 B_n 则 z 是 C_n

小前提　如果 x 是 A' and y 是 B'

结论　z 是 C'　　　　(7.8.31)

上述大前提中各规则之间用 also 连接，由于各规则之间无次序要求，这就要求“also”运算具有交换性和结合性，求并与交运算均能满足这样的要求。Mizumoto采用不同的模糊蕴涵运算方法和不同的“also”运算相组合，进行了大量的比较研究，最后得出结论认为，模糊蕴涵运算采用 R_C 或 R_p，以及“also”采用求并运算可以得出较好的结果。从实用的观点看，这样的组合选择对于实现运算也是最简单的。

规则 R_i：“如果 x 是 A_i and y 是 B_i 则 z 是 C_i”可以定义为

$$R_i=(A_i \text{ and } B_i)\rightarrow C_i \tag{7.8.32}$$

若选择 R_{ic} 或 R_{ip} 的运算式则有

$$R_{ic}=(A_i \text{ and } B_i)\rightarrow C_i=\int_{X\times Y\times Z}(\mu_A(x)\wedge\mu_B(y)\wedge\mu_C(z))/(x,y,z) \tag{7.8.33}$$

$$R_{ip}=(A_i \text{ and } B_i)\rightarrow C_i=\int_{X\times Y\times Z}(\mu_A(x)\cdot\mu_B(y)\cdot\mu_C(z))/(x,y,z) \tag{7.8.34}$$

n 条规则通过 also 连词连接起来，其总的模糊蕴涵关系可以通过求并运算得到，即

$$R_{总}=\bigcup_{i=1}^{n}R_i \tag{7.8.35}$$

由于选择了两种蕴涵运算 R_{ic} 及 R_{ip}，相应就有两种 $R_{总}$，即 $R_{总c}$，$R_{总p}$。

$$R_{总}=\begin{cases}R_{总c}=\bigcup\limits_{i=1}^{n}R_{ic}\\ R_{总p}=\bigcup\limits_{i=1}^{n}R_{ip}\end{cases} \tag{7.8.36}$$

最后求得的结论为

$$\begin{aligned}C'&=(A' \text{ and } B')\circ R_{总}=(A' \text{ and } B')\circ\bigcup_{i=1}^{n}R_i\\ &=(A' \text{ and } B')\circ\begin{cases}\bigcup\limits_{i=1}^{n}R_{ic}\\ \bigcup\limits_{i=1}^{n}R_{ip}\end{cases}\end{aligned} \tag{7.8.37}$$

其中

$$\mu_{(A' \text{ and } B')}(x,y)=\mu_{A'}(x)\wedge\mu_{B'}(y)$$

或者

$$\mu_{(A' \text{ and } B')}(x,y)=\mu_{A'}(x)\mu_{B'}(y)$$

“∘”是合成运算符，与前述相同，采用最大-最小合成法或最大-代数积合成法。

3）句子连接词“else”或“or”

（1）简单 else 条件句的模糊推理规则是

大前提　如果 x 是 A 则 y 是 Belse$y$ 是 C

小前提　x 是 A'

结论　　y 是 $B'=A'\circ R=A'\circ[(A\rightarrow B)+(\overline{A}\rightarrow C)]$　　(7.8.38)

求解此类问题的关键是决定其相应的蕴涵关系 R。根据其逻辑意义，易知

$$R_c=(A\rightarrow B)+(\overline{A}\rightarrow C)$$

$$=\int_{X\times Y}(\mu_A(x)\wedge\mu_B(y))\vee[1-(\mu_A(x))\wedge\mu_C(y)]/(x,y) \tag{7.8.39}$$

$$R_p=(A\rightarrow B)+(\overline{A}\rightarrow C)$$

$$=\int_{X\times Y}(\mu_A(x)\mu_B(y))\vee[1-(\mu_A(x))\mu_C(y)]/(x,y) \tag{7.8.40}$$

求结论时的“。”运算与前相同，是合成运算。

（2）有时 else 条件语句还有多重的情况，如“若 x 是 A_1 则 y 是 B_1，else(若 x 是 A_2 则 y 是 B_2，else(…(若 x 是 A_n 则 y 是 B_n)…))。此时可以将这一句型改写成：“若 x 是 A_1 则 y 是 B_1，或者若 x 是 A_2 则 y 是 B_2，…，或者若 x 是 A_n 则 y 是 B_n”，这就是“or”型连接词的句型了。

易知 $A_1,A_2,\cdots,A_n$ 是论域 X 上的模糊集；$B_1,B_2,\cdots,B_n$ 是论域 Y 上的模糊子集，则多重语句“若 A_1 则 B_1 或若 A_2 则 B_2，…，或若 A_n 则 B_n”表示从 X 到 Y 的一个模糊关系 $R_{总}$，即

$$R_{总}=(A_1\rightarrow B_1)+(A_2\rightarrow B_2)+\cdots+(A_n\rightarrow B_n) \tag{7.8.41}$$

多重 else 语句的模糊推理规则是

大前提　若 A_1 则 B_1 else(若 A_2 则 B_2 else(…(若 A_n 则 B_n)…))

小前提　x 是 A'

结论　　y 是 $B'=A'\circ R_{总}=A'\circ[(A_1\rightarrow B_1)+(A_2\rightarrow B_2)+\cdots+(A_n\rightarrow B_n)]$

(7.8.42)

求结论时，蕴涵运算“→”及合成运算“∘”的意义同前。

4）复杂的连接词

大前提中的语句代表着模糊关系，有时实际情况很复杂，可能在多重语句中，还同时使用了连接词“and”“else”“or”和“also”。此时，求解问题的关键是正确地决定大前提的总的模糊蕴涵关系 $R_{总}$。

（1）例如，若大前提的语句为“若 x 是 A 则 y 是 B 则 z 是 C else z 是 D”，

则 R 为

$$R=[(A \text{ and } B)\rightarrow C]+[(\overline{A \text{ and } B})\rightarrow D]$$

其中：A 是 X 的模糊集；B 是 Y 上的模糊集；C 和 D 是 Z 上的模糊集；R 则是 $X\times Y\times Z$ 上的模糊关系。

这一问题的结论是

$$z \text{ 是 } C'=(A' \text{ and } B')\circ[(A \text{ and } B)\rightarrow C]+[(\overline{A \text{ and } B})\rightarrow D] \quad (7.8.43)$$

(2) 又如大前提是多重的，即

R_1：若 x 是 A_1 and y 是 B_1 则 z 是 C_1 else z 是 D_1

also R_2：若 x 是 A_2 and y 是 B_2 则 z 是 C_2 else z 是 D_2

⋮

also R_n：若 x 是 A_n and y 是 B_n 则 z 是 C_n else z 是 D_n　　(7.8.44)

则计算 $R_{总}$ 时要把各个 R_i 求并，即

$$R_{总}=\bigcup_{i=1}^{n}R_i$$

其中

$$R_i=[(A_i \text{ and } B_i)\rightarrow C_i]+[(\overline{A_i \text{ and } B_i})\rightarrow D_i] \quad (7.8.45)$$

结论仍是

$$z \text{ 是 } C'=(A' \text{ and } B')\circ\bigcup_{i=1}^{n}R_i \quad (7.8.46)$$

式中："and"的意义仍为"求小"或"求积"，即

$$\mu_{A_i\times B_i}(x,y)=\min\{\mu_{A_i}(x),\mu_{B_i}(y)\}$$

或者

$$\mu_{A_i\times B_i}(x,y)=\mu_{A_i}(x)\cdot\mu_{B_i}(y)$$

第8章 人工神经网络的数学基础

8.1 概述

8.1.1 人工神经网络研究简史

长期以来，人们就致力于研究用机器来代替或协助人进行智能劳动。人的智力中心就是人脑。现代生命科学的研究表明：人的意识、思维、认识活动与人脑神经系统有着密切的关系，因此人们就开始了人工神经网络的研究。

最早的人工神经网络研究可以追溯到20世纪40年代。1943年，心理学家麦克洛奇(W. McCulloch)和数理逻辑学家皮兹(W. Pitts)在分析、总结神经元基本特性的基础上，首先提出了神经元的数学模型。这个模型，现在一般称为M-P神经网络模型，至今仍在应用。在提出这一模型时，W. Pitts是一位年轻的博士生。他们提出的模型很简单，没有受到整个科学界的重视。但这一模型，由于有神经元之间的丰富联系和并行计算的潜力，因此有着巨大的生命力。可以说，人工神经网络的研究时代，就由此开始了。

1949年心理学家赫布(Hebb)提出神经系统的学习规则，为神经网络的学习算法奠定了基础。他指出，学习过程最终发生在神经元之间的突触部位，突触的联系强度随着突触前后神经元的活动而变化。现在，这个规则称为赫布规则，许多人工神经网络的学习规则还遵循这一规则。

1957年，罗森勃拉特(F. Rosenblatt)提出“感知器”(perceptron)模型。第一次把神经网络研究从纯理论的探讨付诸工程实践，掀起了人工神经网络研究的第一次高潮。“感知器”是一种多层神经网络，它由阈值神经元构成。整个模型有学习和自组织的功能。当时有数百个实验室在研究这类机器，因而形成了高潮。

20世纪60年代以后，数字计算机的发展达到全盛时期，人们误以为数字计算机可以解决人工智能、专家系统、模式识别问题，而放松了对“感知器”的研究。当时，微电子技术较落后，实现神经网络的元件是电子管或晶体管，体积大，价格昂贵。特别是在 1969 年，明斯基(Minsky)和佩泊特(Papert)发表了一本专著 *Perceptrons*，指出“感知器”仅能解决一阶谓词逻辑，不能解决高阶谓词问题(例如异或“XOR”这样的问题)。这些论点使相当部分研究人员对人工神经网络的研究前景失去信心。于是从 60 年代末期起，人工神经网络的研究进入了低潮。

20 世纪 70 年代末，人们发现人的自然智能是现有计算机无法比拟的。人可以毫不费力地识别各种复杂事物，能从记忆的大量信息中迅速找到需要的信息，人具有自适应、自学习、自组织等创新知识的能力，而现有的计算机则不能做到。于是，人们又重新将目标转向对神经网络的研究，试图从人脑神经系统的结构和工作机制的分析、研究中，提出解决复杂事物系统问题的新思想、新方法。与此同时，学术界对复杂系统的研究取得了许多进展。普里高京(Prigogine)提出耗散结构理论，获得诺贝尔奖。哈肯(Haken)创立了协同论(synergetics)。近年来又广泛研究了混沌(chaos)动力学和奇异吸引子理论，揭示了复杂系统行为。这些工作，都是研究复杂系统如何通过单元之间的相互作用而进化和发展的。相邻学科的研究成果，大大促进了人们对人工神经网络的研究。

1982 年，美国加州工学院物理学家霍普菲尔德(Hopfield)提出了离散的神经网络模型，标志着神经网络的研究又进入了一个新高潮。他引入李雅普诺夫(Lyapunov)函数(称为“计算能量函数”)，给出了网络稳定判据。1984 年，霍普菲尔德又提出了连续神经网络模型，其中神经元动态方程可以用运算放大器来实现，从而实现了神经网络的电子线路仿真。同时，该模型还可用于联想记忆和优化计算，开拓了计算机应用神经网络的新途径。霍普菲尔德的方法还解决了目前数字计算机不善于解决的问题，其中，最著名的实例就是 TSP(travelling salesman problem)旅行商最优路径问题。

Hopfield 的研究成果未能指出 Minsky 等人 1959 年论点的错误所在。要推动神经网络的研究，还须解除对“感知器”——多层网络算法的疑虑。1986 年，鲁梅哈特(Rumelhart)和麦克雷伦德(Meclelland)提出多层网的“逆推”(或称“反传”，back propagation)学习算法，简称 BP 算法。该算法从后向前修正各层之间的连接权重，通过不断的学习和修正，可以使网络的学习误差达到最小。这一算法可以求解“感知器”所不能解决的问题，从实践上证实了人工神经网络具有很强的运算能力，否定了 Minsky 等人的结论。BP 算法目前是最为重要的、应用最广的人工神经网络算法之一。

除了上述几位学者外，还有不少学者为神经网络的研究作出了杰出的贡献。

(1) 1985 年,Hinton 与 Sejnowsky 提出玻尔兹曼(Boltzmann)机模型;

(2) 1986 年,Rumelhart 与 McClelland 提出 PDP(parallel distributed processing)模型;

(3) 1986 年,Hecht- Nielsen 提出对传(counter-propagation)模型;

(4) 1988 年,G. A. Carpenter 与 S. Grossberg 提出的自适应谐振理论(ART);

(5) 1988 年,T. Kohonen 提出自组织与联想记忆(self-organization and associative memory)模型;

(6) 1992 年,Young Im Cho 等提出神经-模糊推理系统模型(modeling of a neurofuzzy inference systems);

(7) 1994 年,H. C. Andersen 等提出单网间接学习结构(single net indirect learning architecture)模型。

在神经网络的硬件实现方面,学者们遇到许多困难,但还是取得不少进展。目前,人们主要是用硅半导体 VLSI 电路,CMOS 工艺、数字和模拟混合系统来实现硬件系统。1990 年 1 月,日本富士通公司研制成功每秒运算 5 亿次的神经计算机,美国 IBM 公司推出的神经网络工作站已进入市场,此外美国 Bell 实验室、加州理工学院、麻省理工学院以及日本筑波大学等单位都做了很多有关神经网络的制作研究工作。

自 20 世纪 80 年代中期以来,世界上许多国家掀起了神经网络的研究热潮。1987 年,在美国召开了第一届神经网络国际会议,并发起成立了国际神经网络学会(INNS)。为了推动神经网络的研究,出版了几种专门的学术刊物,著名的刊物有 *Neural Networks*,*Connection Science*,*IEEE Transactions on Neural Networks*,*Neural Computation* 等。

进入 20 世纪 90 年代后,神经网络的国际会议接连不断。1991 年,国际神经网络学术会和 IEEE 联合年会在美国西雅图召开;1992 年,国际神经网络学术会议(ICNN)在北京召开;1993 年,国际神经网络学术会议在美国旧金山召开。1994 年,首次将模糊系统、神经网络和进化计算三个方面的内容综合在一起,在美国奥兰多召开了'94 IEEE 全球计算智能大会(WCCI),并决定大会每三年举行一次,在这期间各学会仍单独召开年会。1995 年,ICNN 会议在澳大利亚的 Perth 召开;1996 年,ICNN 会议在美国华盛顿召开。

8.1.2 人脑神经元与人工神经元模型

1. 人脑神经元

人脑约由 10^{11} 个神经单元(neuro)组成,神经元之间的联系多过 10^{14} ~

10^{15}。神经元的结构如图 8.1.1 所示。

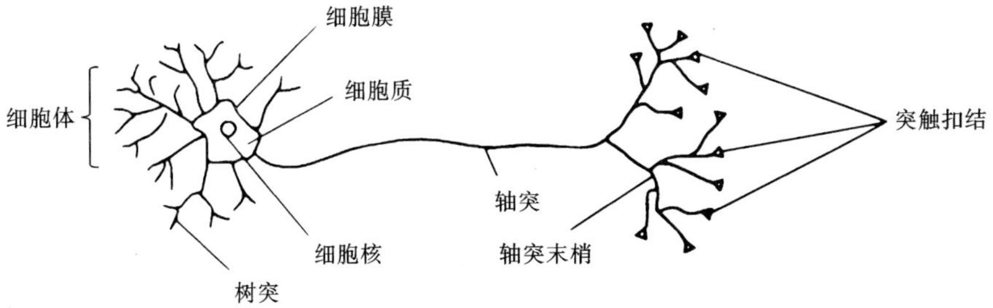

图 8.1.1　神经元的结构

每个神经元由两部分构成:神经细胞体及突起(树突和轴突)。细胞体的直径从 5～100 μm 不等。各神经细胞发出的突起数目、长短、分支各不相同。

(1) 细胞体(soma)。由细胞核(nucleus)、细胞质(cytoplasm)和细胞膜(membrane)组成。细胞膜厚 5～10 nm,它有选择性的通透性,使细胞膜的内外液的成分保持差别,形成膜内外的电位差,称为膜电位,其大小受细胞体输入信号强弱而变化,一般在 20～100 mV 之间。

(2) 树突(dendrite)。由细胞体向外伸出许多树枝状较短的突起,长 1 mm 左右。它用于接受周围其他神经细胞传入的神经冲动。

(3) 轴突(axon)。它是细胞体向外伸出的最长的一条神经纤维,每个神经元只有一个轴突,其长度从数厘米到 1 m。远离细胞体一侧的轴突端部有许多分支,称为轴突神经末梢,其上有许多突触扣结。轴突通过轴突末梢向其神经元传出神经冲动。

(4) 突触(synapse)。神经元之间传递信息的结构称为突触。它是一个神经元的轴突末梢和另一个神经元的树突或细胞体之间形成的联结(图中未画出)。突触的直径为 0.5～2 nm。突触由突触前部、突触间隙和突触后部三部分构成。突触间隙的宽度为 10～50 nm。一个神经元的树突,通过突触从其他神经元接收信号。突触有兴奋型和抑制型两种形式,当传入的神经冲动,通过突触使膜电位开高到阈值(约 50 mV)时,神经细胞进入兴奋状态,产生神经冲动,由轴突输出。相反,若传入的神经冲动,使膜电位下降到低于阈值时,神经细胞进入抑制状态,没有神经冲动输出。一个神经元有 10^3～10^4 个突触,人脑中约有 10^{14} 个突触,神经细胞之间通过突触复杂地结合着,形成了大脑复杂的神经网络系统。

2. 人工神经元模型

人工神经元是一个多输入,单输出的非线性元件,如图 8.1.2 所示。

人工神经元的输入、输出关系可描述为

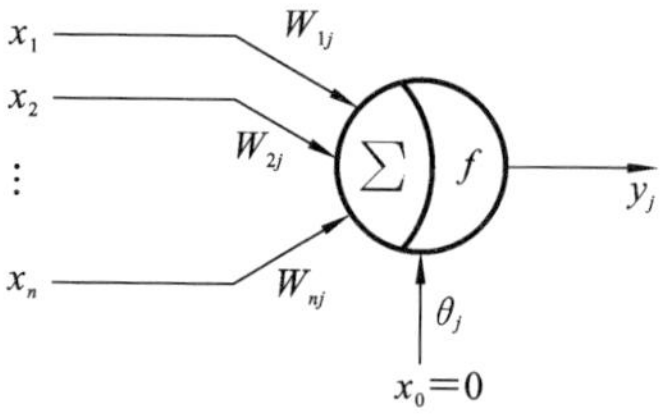

图 8.1.2 人工神经元模型

$$\begin{cases} X_j = \sum_{i=1}^{n} W_{ij} x_i - \theta_j \\ y_j = f(X_j) \end{cases} \tag{8.1.1}$$

式中:$x_i(i=1,2,\cdots,n)$是从其他神经元传来的输入信号;θ_j是阈值;W_{ij}是表示从神经元i到神经元j的连接权值;$f(\cdot)$为传递函数。

有时为了方便,将X_j统一表达成

$$X_j = \sum_{i=0}^{n} W_{ij} x_i \tag{8.1.2}$$

式中:$W_{0j}=-\theta_j, x_0=1$。

传递函数$f(x)$可为线性函数,或S状的非线性函数,或具有任意阶导数的非线性函数。常用的非线性传递函数形式如表8.1.1所示。

表 8.1.1 神经元模型中常用的非线性传递函数

名称	阈值函数	双向阈值函数	S型函数	双曲正切函数	高斯函数
公式	$f(x)=\begin{cases}1, & x\geqslant 0\\ 0, & x<0\end{cases}$	$f(x)=\begin{cases}+1, & x\geqslant 0\\ -1, & x<0\end{cases}$	$f(x)=\dfrac{1}{1+e^{-x}}$	$f(x)=\dfrac{e^{-x}-e^{-x}}{e^{x}+e^{-x}}$	$f(x)=e^{-(x^2/\sigma^2)}$
图形	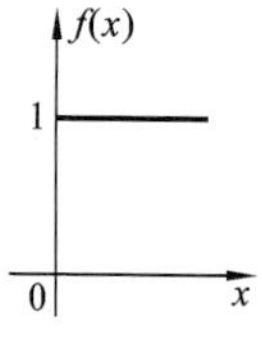	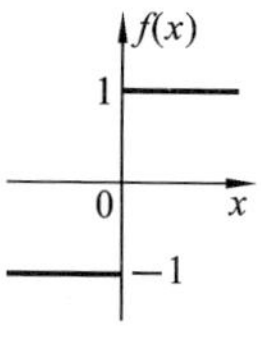	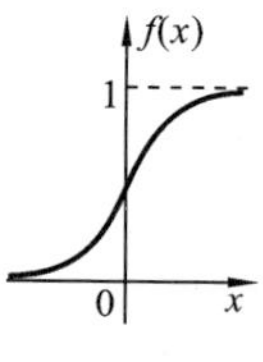	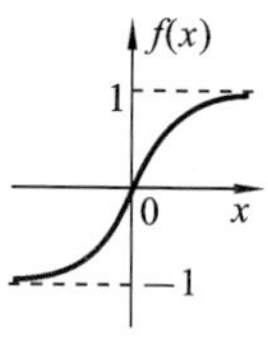	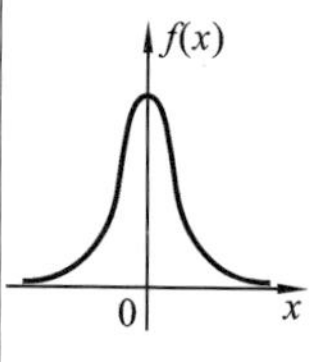

当$f(x)$为阶跃函数,且不考虑输入、输出之间的延时,只处理0和1二值信息时,这种阈值单元模型称为MP模型,是美国心理学家McCulloch和数学家Pitts在1943年提出的。

8.1.3 人工神经网络模型

人工神经网络是由大量的神经元互连而成的网络,按其拓扑结构来分,可以分成两大类。

1. 层次网络模型

神经元分成若干层顺序连接在输入层上,并加入输入(刺激)信息,通过中间各层,加权后传递到输出层后输出(见图 8.1.3(a)),其中有的神经元在同一层中相互连接(见图 8.1.3(b)),有的从输出层到输入层有反馈(见图 8.3(c))。

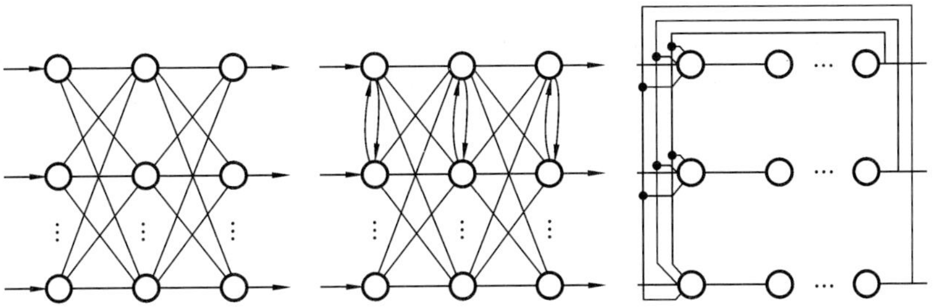

(a)　　(b)　　(c)

图 8.1.3 层次网络模型

2. 互连网络模型

在这类模型中,任意两个神经元之间都有相互连接的关系,如图 8.1.4 所示。在连接中,有的神经元之间是双向的,有的是单向的,按实际情况决定。

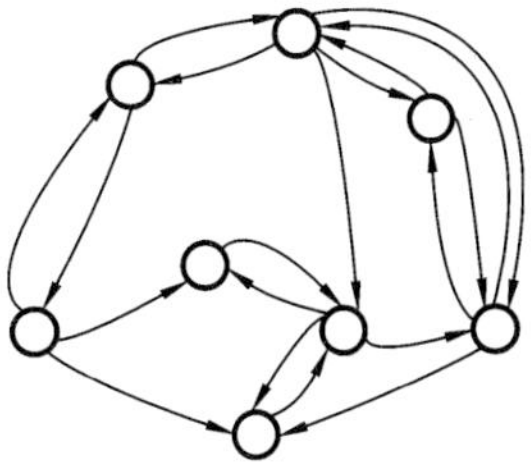

图 8.1.4 互连网络

若按神经网络的功能分类,目前常用的有如下各类:

- 神经网络分类
  - 双值输入
    - 无教师
      - Grossterg 网络
      - Carpenter 网络
    - 有教师
      - Hamming 网络
      - Hopfield 网络
  - 连续输入
    - 无教师——Kohonen 网络
    - 有教师
      - 单层感知器
      - 多层感知器

8.1.4 神经网络的学习规则

学习和记忆是人类智能器官的最主要功能,模拟人脑神经系统的学习功能是人工神经网络的核心任务。

由人工神经元相连接的神经网络系统的全部“知识”，主要体现为网络中全部神经元之间的连接权重。通过一定的规则，根据神经元的输入状态(或活性度)、当时的连接权及有无教师示教的信息来调整连接权重，这就是人工神经网络的学习过程。这里所依据的规则，就称为学习规则。可以说有怎样的学习规则就有怎样的人工神经网络。常用的学习规则扼要说明如下。

1. 联想式学习——Hebb 规则

心理学家 Hebb 在 1949 年提出突触联系的神经群体理论。他指出，突触前、后两个同时兴奋(即活性度高，或称处于激发状态)的神经元之间的连接强度(权重)将增强。虽然他本人没有给出数学表达式，但后来许多研究者用不同的数学公式来表达这一基本思想。Hebb 提出的这一原则被称为 Hebb 规则。

图 8.1.5 表示了两个相连的神经元之间的信号联系。从神经元 u_i 到神经元 u_j 之间的连接权重为 W_{ij}；u_j 与 u_i 被“激活”的程度 $a_j(t)$、$a_i(t)$ 称为活性度；u_j 与 u_i 的输出分别为 y_j 与 y_i；教师的示教信号为 $t_j(t)$。

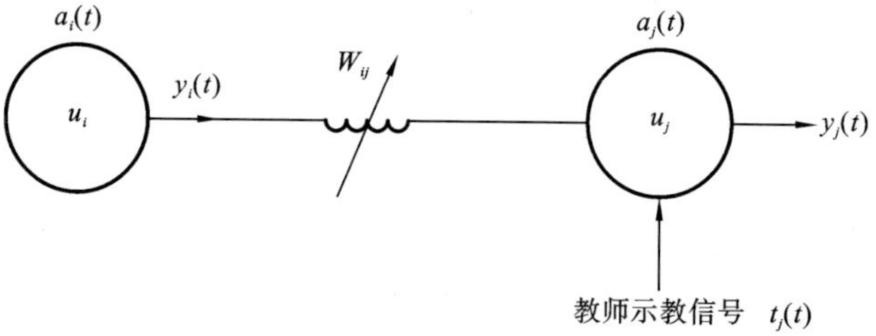

图 8.1.5 Hebb **规则**

输出 y_i、y_j 与活性度 $a_i(t)$、$a_j(t)$ 有关，满足如下关系：

$$\begin{cases} y_i(t)=f_i(a_i(t)) \\ y_j(t)=f_j(a_j(t)) \end{cases} \tag{8.1.3}$$

其中：f_i、f_j 是传递函数(作用函数)。

对于神经元 u_j 而言，其输入(即 u_i 的输出)$y_i(t)$ 可以理解为学习的内容，连接权重 W_{ij} 可以理解为学习的基础，$t_j(t)$ 是教师的指导内容，u_j 的活性度 $a_j(t)$ 可以理解为学习的“积极性”。易知，学习的方式和结果与上述四个要素有关。在人工神经网络中，每一次学习意味着一次权重 W_{ij} 的调整，因此权重变化 ΔW_{ij} 可以用下列函数式表示：

$$\Delta W_{ij}=G[a_j(t),t_j(t)]\times H[y_i(t),W_{ij}] \tag{8.1.4}$$

采用不同的函数 G 和 H，就有不同的学习规则。例如，当上述神经元 u_j 上无教师示教信号时，H 函数仅与 y_i 成正比，则式(8.1.4)改成简单的形式

$$\Delta W_{ij}=\eta a_j(t)y_i(t) \tag{8.1.5}$$

式中：η 是学习速率常数（$\eta>0$）。

式(8.1.5)表明，对一个神经元 u_j 而言，若该元有较大的活性度或较大的输入(即 $y_i(t)$)时，它们之间的连接权重会变大。

2. 误差传播式学习——Delta 学习法则

此时，式(8.1.4)中的函数 G 采用下列形式：

$$G(a_j(t),t_j(t))=\eta_1(t_j(t)-a_j(t)) \tag{8.1.6}$$

其中：η_1 为正数，把差值$(t_j(t)-a_j(t))$称为 δ。

函数 H 仍与神经元 u_i 的输出 $y_i(t)$ 成正比：

$$H(y_i(t),W_{ij})=\eta_2 y_i(t) \tag{8.1.7}$$

其中：η_2 为正数。

根据 Hebb 规则可得

$$\begin{aligned}\Delta W_{ij}&=G[a_j(t),t_j(t)]\times H[y_i(t),W_{ij}]=\eta_1(t_j(t)-a_j(t))\eta_2 y_i(t)\\&=\eta(t_j(t)-a_j(t))y_i(t)\end{aligned} \tag{8.1.8}$$

在式(8.1.8)中，如将教师示教信号 $t_j(t)$ 作为期望输出 d_j，而把 $a_j(t)$ 理解为实际输出 y_i，则该式变为

$$\Delta W_{ij}=\eta(d_j-y_j)y_i(t)=\eta\delta y_i(t) \tag{8.1.9}$$

式中：$\delta=d_j-y_j$ 为期望输出与实际输出的差值。称式(8.1.9)为 δ 规则，又称误差修正规则。根据这个规则可以设计一个算法，即通过反复迭代运算，直至求出最佳的 W_{ij} 值，使 δ 达到最小。这个规则就是 BP(反向传播)网络的算法基础。

从上述简化过程可知，在选用简化的 G 函数时，我们实际上令 $y_j=a_j(t)$，也就是用了线性可分函数。故式(8.1.9)不适用于采用式(8.1.3)的非线性传递函数的情况，此时就需采用广义的 δ 规则(1986 年，Rumelhart 和 Hinton 等人总结)，这将在 BP 网络节中详细介绍。

3. 概率式学习

网络包括输入、输出和隐含层，但隐含层间有互连。这种网络基于统计力学、分子热力学和概率论中关于系统稳态的能量标准进行学习，称为概率式学习。典型的代表是 Boltzmann 机学习规则。这种网络的学习过程是根据神经元 i 和 j 在不同状态时实现连接的概率来调整其间的权重：

$$\Delta W_{ij}=\eta(p_{ij}^{+}-p_{ij}^{-}) \tag{8.1.10}$$

式中：p_{ij}^{+}、p_{ij}^{-} 分别是神经元 i 和 j 在输入、输出固定状态及系统为自由状态时实现连接的概率。调整的原则是：当 $p_{ij}^{+}>p_{ij}^{-}$ 时，增加权重；否则减小权重。

4. 竞争式学习

这种学习是无教师示教学习。网络分成不同的层，网络中的神经元之间分

成兴奋性连接和抑制性连接。在不同的连接机制中引入竞争。竞争的实质是看哪个神经元受到的刺激最大，由此来调整权重：

$$\Delta W_{ij}=\eta\left(\frac{C_{ik}}{n_k}-W_{ij}\right) \tag{8.1.11}$$

式中：C_{ik}为外部刺激k系列中第i项刺激成分；n_k是刺激k系列输入单元的总数。

在竞争中，与输入单元间连接权重变化最大的为优胜者，优胜者的连接权重按式(8.1.11)改变，而失败的单元其ΔW_{ij}为零。

8.2 前向神经网络

8.2.1 感知器

美国学者 Rosenblatt 于 1957 年提出一种用于模式分类的神经网络模型，称为感知器(perceptron)。它是一个单层网络，神经元模型为阈值模型。与 MP 模型的不同之处在于其连接权重可变，因而它具有学习功能。

感知器信息处理的规则为

$$y(t)=f\left(\sum_{i=1}^{n}W_i(t)x_i-\theta\right) \tag{8.2.1}$$

式中：$y(t)$为t时刻的输出；x_i为输入向量的一个分量；$W_i(t)$为t时刻第i个输入的权重；θ为阈值；$f(\cdot)$为阶跃函数。

感知器的学习规则为

$$W_i(t+1)=W_i(t)+\eta(d-y(t))x_i \tag{8.2.2}$$

式中：η为学习速率常数($0<\eta<1$)；d为期望输出(又称教师信号)；$y(t)$是实际输出。感知器的工作原理及学习规则可参见图 8.2.1。

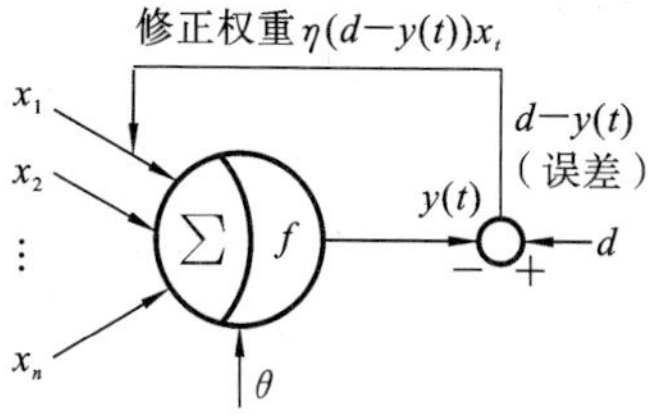

图 8.2.1 学习原理图

通过不断调整权重，使得W对一切样本均保持稳定不变，学习便结束。

Rosenblatt 提出的感知器模型，是由信息处理规则、学习规则及作用函数(传递函数)三个基本要素组成的基本模型，这种模型成为以后出现的许多模型的基础。

8.2.2 有导师学习网络

前向网络是目前研究最多的网络形式之一，如图 8.2.2 所示，它包含输入层、隐含层及输出层。隐含层可以为一层或多层。每层上的神经元称为节点或单元。

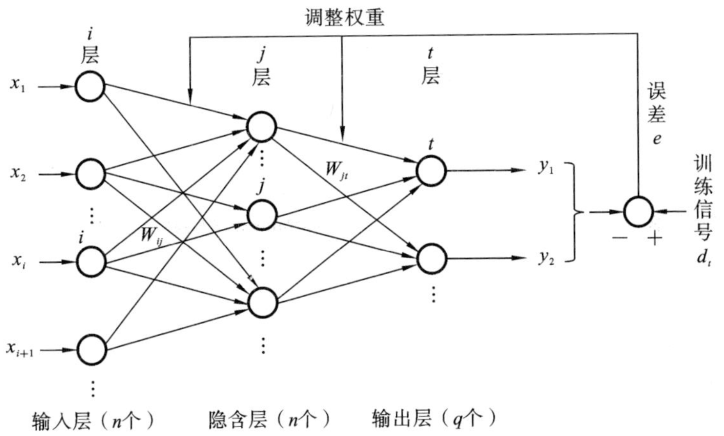

图 8.2.2 BP **网络结构及反向学习原理**

各层神经元之间的连接强度用连接权重 W_{ij} 表示。W_{ij} 表示输入层第 i 单元与隐含层第 j 单元之间的连接强度。各单元的输出取决于前一层单元的输出及相应的连接权重，并由式(8.2.1)决定。网络的"知识"表现为网络中的全部权重 W_{ij}，它可以通过样本的"训练"达到。"训练"就是一种学习。给定样本就是给定一个输入向量 $\boldsymbol{X}=(x_1,x_2,\cdots,x_n)$ 及期望输出向量 $\boldsymbol{Y}=(y_1,y_2,\cdots,y_q)$。"训练"就是按照实际输出最接近期望输出的原则，来修改全部连接权值 W_{ij}。计算实际输出是按向前计算的方向来进行的(即由输入至输出方向进行)，而修改权重 W_{ij} 则是按反向进行的(即由输出至输入方向进行的)，因此称为反向传播网络(back-propagate network)，简称 BP 网络。

在这种网络中，"训练"时要先给定输入向量 $\boldsymbol{X}$ 及期望输出 $\boldsymbol{Y}$，这就好比有教师在"训练"中提供样板数据(样本)。网络学习时是基于"奖惩"式规则，即根据教师提供的数据来调整权重，当网络回答正确时，调整权重朝强化正确(即奖励)的方向变化，当网络响应错误时，调整权重往弱化错误(即惩罚)的方向变化。因此 BP 网络也称为有教师学习网络。

为了更清楚地说明上述网络的作用，下面列举一手写数字识别的例子，如图 8.2.3 所示，用 16×16 的传感器阵列来记录手写体数字：每一传感器对应字板上的一个小方块，传感器记录对应的小方块上有无墨迹，有墨迹为"1"，无墨迹为"0"。传感器阵列信息传送给 BP 网络的输入层，相应的输入层便有 256 个单元。信息通过隐含层送到输出层输出。输出层有 10 个单元，对应 10 个数字。隐含层由设计者自定，各层之间的信息传递强度用权重 W_{ij} 表示，各单元的输出取决于该单元的输入与权重的乘积之和。所以网络的"识别知识"便完全由权重 W_{ij} 所决定。

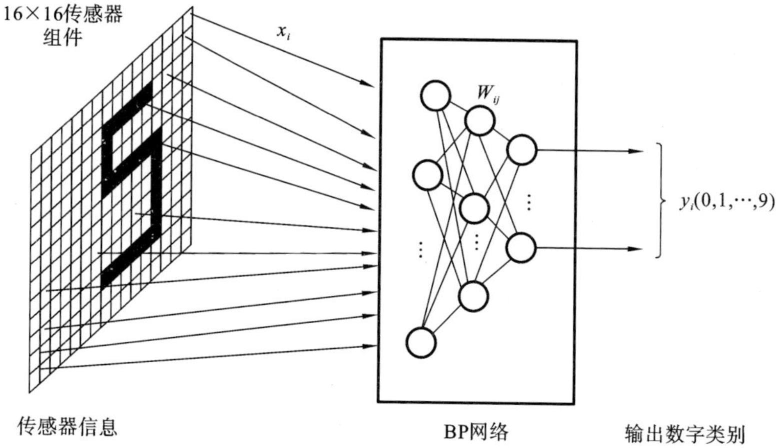

图 8.2.3　手写数字识别网络原理图

训练时，先手写一个数字(例如 5)，要求期望的输出为 d_t(其中 $d_{t5}=1$，而其余的 $d_t=0$)。任意给定初始权重，从网络上可以算出 $y_t(1)$(第一次计算的输出)，比较 $y_t(1)$ 与期望输出 d_t，求得误差值 e_t，按"奖惩"原则，从输出层到输入层逐个调整连接权重 W_{ij}，以减小误差，对每种数字的多种不同图像重复训练，直到网络能对每个手写数字正确归类为止。

BP 算法的过程可以分成两个阶段。第一阶段是由输入层开始逐层计算各层神经元的"净输入"s_j 和输出 y_j 直到输出层为止，这一阶段称为模式前向传输。第二阶段是由输出层开始逐层计算各层神经元的输出误差，并根据误差梯度下降原则来调节各层的连接权重 W_{ij} 及神经元的阈值 θ_j，使修改后的网络的最终输出 y_t 能接近期望值 d_t，亦即误差 e_t 会减小，这一阶段称为误差反向传播。在一次训练以后，还可重复训练，使输出误差更小，直到满足要求为止。

1）模式前向传输

设输入向量为 $X=(x_1,\cdots,x_i,\cdots x_n)$，期望的输出向量为 $D=(d_1,\cdots,d_t,\cdots d_q)$。

在图 8.2.4 中，将各层网络中的任意神经元的连接单独表示出来以便计算。图中 u_i，u_j，u_t 分别为输入层、隐含层、输出层的任意单元。

输入层各单元 u_i 只纯粹传送输入信息，不起其他作用。

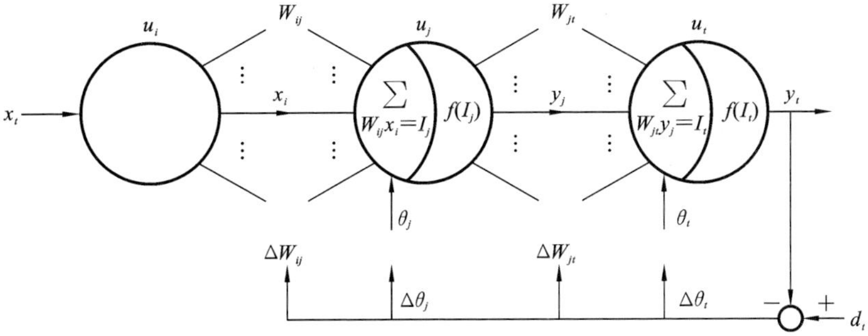

图 8.2.4 BP 网络中的任意单元连接

(1) 计算隐含层各单元的"净输入"I_j。

$$I_j = \sum_{i=1}^{n} W_{ij}x_i - \theta_j \quad (j = 1,2,\cdots,p) \tag{8.2.3}$$

式中:W_{ij} 是输入层第 i 单元与隐含层第 j 单元间的连接权重;θ_j 是隐含层第 j 单元的阈值;p 是隐含层单元总数。

(2) 用 S 型函数计算隐含层各单元的输出 y_j。

$$y_j = f(I_j) = \frac{1}{1+\mathrm{e}^{-I_j}} \quad (j=1,2,\cdots,p) \tag{8.2.4}$$

式中:y_j是隐含层第 j 单元的输出。

(3) 计算输出层各单元的"净输入"I_t。

$$I_t = \sum_{j=1}^{n} W_{jt}y_j - \theta_t \quad (t = 1,2,\cdots,q) \tag{8.2.5}$$

式中:W_{jt} 是隐含层第 j 单元与输出层第 t 单元之间的连接权重;θ_t 是输出层第 t 单元的阈值;q 是输出层单元总数。

(4) 计算输出层各单元的实际输出 y_t。

$$y_t = f(I_t) = \frac{1}{1+\mathrm{e}^{-I_t}} \quad (t=1,2,\cdots,q) \tag{8.2.6}$$

式中:y_t是输出层第 t 单元的实际输出。

2)误差反向传播

由于期望输出 d_t与实际输出 y_t不一致,因而产生误差,通常用方差来表示这一误差:

$$e_t = \frac{1}{2}\sum_{t=1}^{q}(d_t - y_t)^2 \tag{8.2.7}$$

按照误差 e 来修改输出层的权重 W_{jt} 和阈值 θ_t。权重 W_{jt} 和阈值 θ_t 的修改应使 e_t最小,因此 W_{jt} 和 θ_t 应沿 e_t的负梯度方向变化,即修正量 ΔW_{jt} 及 $\Delta\theta_t$ 应与 $(\partial e_t/\partial W_{jt})$ 及 $(\partial e_t/\partial\theta_t)$ 成正比,即

$$\Delta W_{jt}=-\alpha\frac{\partial e_t}{\partial W_{jt}} \tag{8.2.8}$$

$$-\Delta\theta_t=-\alpha\frac{\partial e_t}{\partial\theta_t} \tag{8.2.9}$$

式中：α 为比例常数。

以下分别计算输出层及隐含层各单元的权重修正及阈值修正。

(1) 计算输出层任意单元 u_t 的输出。

y_t 改变时，误差 e_t 的导数为

$$\frac{\partial e_t}{\partial y_t}=y_t-d_t \tag{8.2.10}$$

(2) 计算输出层任意单元 u_t 的“净输入”。

I_t 改变时，误差 e_t 的导数(由式(8.2.10)及式(8.2.6)计算)为

$$\begin{aligned}\frac{\partial e_t}{\partial I_t}&=\frac{\partial e_t}{\partial y_t}\cdot\frac{\partial y_t}{\partial I_t}=(y_t-d_t)f'(I_t)\\&=(y_t-d_t)y_t(1-y_t)\end{aligned} \tag{8.2.11}$$

(3) 计算与输出层任意单元的连接权重 W_{jt} 及 u_t 的阈值 θ_t。

θ_t 改变时，误差 e_t 的导数(由式(8.2.11)及式(8.2.5)计算)为

$$\begin{aligned}\frac{\partial e_t}{\partial W_{jt}}&=\frac{\partial e_t}{\partial I_t}\cdot\frac{\partial I_t}{\partial W_{jt}}=(y_t-d_t)f'(I_t)y_j\\&=(y_t-d_t)y_t(1-y_t)y_j\end{aligned} \tag{8.2.12}$$

$$\begin{aligned}\frac{\partial e_t}{\partial \theta_t}&=\frac{\partial e_t}{\partial I_t}\cdot\frac{\partial I_t}{\partial \theta_t}=(y_t-d_t)f'(I_t)\cdot(-1)\\&=(d_t-y_t)y_t(1-y_t)\end{aligned} \tag{8.2.13}$$

在式(8.2.12)及式(8.2.13)中令 $\delta_t=-\frac{\partial e_t}{\partial I_t}=(d_t-y_t)f'(I_t)=(d_t-y_t)y_t(1-y_t)$，则由式(8.2.8)及式(8.2.9)可求得

$$\Delta W_{jt}=\alpha\delta_t y_j \tag{8.2.14}$$

$$\Delta\theta_t=\alpha\delta_t \tag{8.2.15}$$

此时，称 δ_t 为输出层的调整误差；α 表示学习速率，用来调节学习的收敛速度。

(4) 用同样的方法可以计算与隐含层各单元 u_j 相连的权重修正量 ΔW_{ij} 及 u_j 的阈值修正量 $-\Delta\theta_j$ 为

$$\Delta W_{ij}=-\beta\frac{\partial e_t}{\partial W_{ij}} \tag{8.2.16}$$

$$-\Delta\theta_j=-\beta\frac{\partial e_t}{\partial\theta_j} \tag{8.2.17}$$

式中：β 为比例常数。易知

$$-\frac{\partial e_t}{\partial W_{ij}}=-\frac{\partial e_t}{\partial I_j}\cdot\frac{\partial I_j}{\partial W_{ij}}=\frac{\partial e_t}{\partial y_j}\cdot\frac{\partial y_j}{\partial I_j}\cdot\frac{\partial I_j}{\partial W_{ij}}=-\frac{\partial e_t}{\partial y_j}y_j(1-y_j)x_j \tag{8.2.18}$$

式中：y_j 并不是 u_j 的一个输出，而是与输出层各单元均有连接的 y_j，因此计算 $\frac{\partial e_t}{\partial y_j}$ 时，就要考虑到对输出层各单元的连接，具体算法如下。

$$-\frac{\partial e_t}{\partial y_j}=\sum_{t=1}^{q}-\frac{\partial e_t}{\partial I_t}\cdot\frac{\partial I_t}{\partial y_j}=\sum_{t=1}^{q}\delta_t W_{jt} \tag{8.2.19}$$

令

$$\delta_j=-\frac{\partial e_t}{\partial I_j}=-\frac{\partial e_t}{\partial y_j}y_j(1-y_j)=y_j(1-y_j)\cdot\sum_{t=1}^{q}\delta_t W_{jt} \tag{8.2.20}$$

则有

$$\Delta W_{ij}=\beta\delta_j x_i \tag{8.2.21}$$

同理可求得

$$\Delta\theta_j=\beta\delta_j \tag{8.2.22}$$

式中：δ_j 称为隐含层的调整误差；β 表示学习速率，用来调节学习的收敛速度。

修改了权重及阈值后，可以再次计算各层单元新的输出，然后再计算新的调整误差 δ_j^*、δ_t^*，再计算新的权重修正量 ΔW_{ij}^*、ΔW_{jt}^* 及新的阈值修正量 $\Delta\theta_j^*$、$\Delta\theta_t^*$。如此反复进行，直到误差满足要求（即小于某个给定值 ε）为止。计算流程图如图 8.2.5 所示。

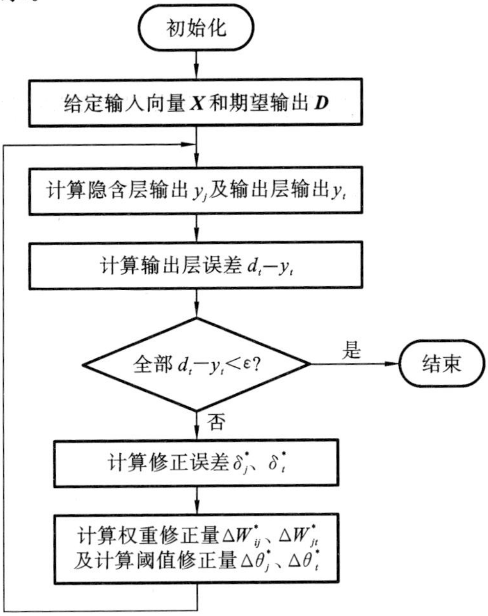

图 8.2.5　BP 算法流程图

BP 算法是一个很有用的算法，因此受到广泛的重视，但也存在一些缺点。缺点主要表现为：存在局部极小值问题；算法收敛速度很慢；新加入的样本会影响已学完样本的学习结果；选取隐含单元数目尚无指导原则。有人证明两层隐含可以作成任意复杂的判决界面，隐含层数越多学习功能越强，但学习速率会下降。

8.2.3 改进的 BP 算法

以 BP 算法为基础，约从 2010 年开始，许多改进算法被提出，列举其中一些重要的算法进行介绍。

1. 调节学习速率的快速 BP 算法（MEBP 算法）

在 BP 算法中，学习速率 α、β 是不变的，这是造成 BP 学习算法收敛很慢的一个重要原因。如果网络中各个参数的调节有各自的学习速率，而且这些学习速率在网络学习过程中可以根据误差曲面上不同区域的曲率变化来自适应调节最优学习速率，那么整个网络的学习收敛便会大大加速。在误差曲面的某一区域，若对某一参数而言，误差曲面有较小的曲率，则在这一参数连续几步的调节中，误差函数对这一参数的偏导数一般具有相同符号；若误差曲面相对这一参数有较大的曲率，则在这一参数连续几步的调节中，误差函数对这一参数的偏导数一般具有不同符号。因此，根据误差函数对网络参数的偏导数符号在这些参数连续几步的调节中是否改变，来决定相应参数的学习速率是否增减。

具体算法如下。

(1) 作用函数采用双曲正切函数形式，有

$$y=f(x)=\frac{1-\mathrm{e}^{-2x}}{1+\mathrm{e}^{-2x}} \tag{8.2.23}$$

则其导数通过计算可得

$$y'=f'(x)=(1+y)(1-y) \tag{8.2.24}$$

(2) 调整误差 δ_t、δ_j 分别变为

$$\delta_t=(d_t-y_t)(1+y_t)(1-y_t)$$

$$\delta_j=\left(\sum_{t=1}^{q}\delta_t W_{jt}\right)(1+y_j)(1-y_j)$$

为了书写方便，以下均以隐含层的参数来写，例如对调整误差，均统一写成

$$\delta_j=\begin{cases}(d-y_j)(1+y_j)(1-y_j), & \text{当 } j \text{ 为输出层单元}\\ \left(\sum_t \delta_t W_{jt}\right)(1+y_j)(1-y_j), & \text{当 } j \text{ 为隐含层单元}\end{cases} \tag{8.2.25}$$

(3) 反向调整各层的权重和阈值。在一次学习中，反向调整时按下列公式修正权重：

$$\begin{cases} W_{ij}(n+1)=W_{ij}(n)+\eta_{ij}(n)\delta_j y_i \\ \theta_j(n+1)=\theta_j(n)+\eta_j(n)\delta_j \end{cases} \tag{8.2.26}$$

式中：y_i为该层单元的输入。当多次模式学习时，则要考虑到各次模式学习的结果加以累加。例如，学习到第 K 个模式时，迭代公式为

$$\begin{cases} W_{ij}(n+1) = W_{ij}(n) + \eta_{ij}(n)\sum_k \delta_{Kj}(n) y_{Ki} \\ \theta_j(n+1) = \theta_j(n) + \eta_j(n)\sum_k \delta_{Kj}(n) \end{cases} \tag{8.2.27}$$

（4）每次调整时，学习速率常数 $\eta_{ij}(n)$要根据误差函数对网络参数的偏导数是否改变符号来决定大小。当符号未改变时，这时的学习速率常数 $\eta_{ij}(n)$可以加大，以便收敛，而在符号改变时，则 $\eta_{ij}(n)$应取较小值。偏导数包含在调整误差 δ_j 中，检查偏导数符号是否改变，则需检查调整误差的符号是否改变，具体公式如下：

$$n_{ij}(n+1) = \begin{cases} \eta_{ij}(n)\alpha, & \left(\sum_K \delta_{kj}(n) y_{ki}(n)\right)\Delta_1(n-1) > 0 \\ \eta_{ij}(n)\beta, & \left(\sum_K \delta_{kj}(n) y_{ki}(n)\right)\Delta_1(n-1) < 0 \\ \eta_{ij}(n), & \left(\sum_K \delta_{kj}(n) y_{ki}(n)\right)\Delta_1(n-1) = 0 \end{cases} \tag{8.2.28}$$

$$n_j(n+1) = \begin{cases} \eta_j(n)\alpha, & \left(\sum_K \delta_{kj}(n)\right)\Delta_2(n-1) > 0 \\ \eta_j(n)\beta, & \left(\sum_K \delta_{kj}(n)\right)\Delta_2(n-1) < 0 \\ \eta_j(n), & \left(\sum_K \delta_{kj}(n)\right)\Delta_2(n-1) = 0 \end{cases} \tag{8.2.29}$$

式中：

$$\begin{cases} \Delta_1(n) = \gamma\Delta_1(n-1) + (1-\gamma)\left(\sum_k \delta_{kj}(n) \cdot y_{ki}(n)\right) \\ \Delta_2(n) = \gamma\Delta_2(n-1) + (1-\gamma)\left(\sum_k \delta_{kj}(n)\right) \\ \Delta_1(0) = \sum_k \delta_{kj}(0) y_{ki}(0) \\ \Delta_2(0) = \sum^k \delta_{kj}(0) \end{cases} \tag{8.2.30}$$

式中：α,β,γ 均为选定的常数因子，$\alpha>1$，$0<\beta<1$，$0<\gamma<1$；$W_{ij}(0)$与 $\theta_j(0)$为初始化的值，在[-1,1]内任意选取；$\eta_{ij}(0)$，$\theta_j(0)$为预先给定的某个小的正数。

仿真结果表明，上述算法的迭代次数仅为 BP 算法的 1/9 至 1/7，值得推广。

2. 改变作用函数陡度的快速 BP 算法(MBP 算法)

这一算法的核心思想是增加一个增益因子 C,以便改变作用函数的陡度。在学习过程中,增益因子 C 随权值 W 及阈值的改变而一起改变,以达到加快 BP 算法收敛的目的。具体修正方法如下:

(1) 单元的作用函数仍选双曲正切函数,只是其值域在[-0.5,+0.5]之间,

$$f(x)=-0.5+\frac{1}{1+\mathrm{e}^{-x}} \tag{8.2.31}$$

这样做的目的是当输入零值样本进行学习时,能够克服权值和阈值的改变而不改变计算的问题。

(2) 在"净输入"I_j 中加入增益因子 C_j,于是输出 y_j 就成为

$$y_j=f(C_jI_j) \tag{8.2.32}$$

(3) 计算权值修正与阈值修正(与 BP 法相同),有

$$\begin{cases}\Delta W_{ij}=\eta_1\delta_jy_i\\ \Delta\theta_{ij}=\eta_2\delta_j\end{cases} \tag{8.2.33}$$

$$\delta_j=\begin{cases}(d-y_j)f'(C_jI_j)C_j, & \text{当 } j \text{ 为输出层单元时}\\ \left(\sum_t\delta W_{jt}\right)f'(C_jI_j)C_j, & \text{当 } j \text{ 为隐含层单元时}\end{cases} \tag{8.2.34}$$

(4) 计算误差 e_t 对增益常数 C_j 的导数及增益的修正量分别为

$$\frac{\partial e_t}{\partial C_j}=\left(\sum_t\delta_tW_{jt}\right)f'(C_jI_j)I_j \tag{8.2.35}$$

$$\Delta C_j=\eta_3\delta_jI_j/C_j \tag{8.2.36}$$

式中:η_1、η_2、η_3 分别为权重、阈值、增益的学习速率(学习步长),只要将 η_3 取为0,C_j 初值取作1,则增益就不起作用。

(5) 采取改变学习步长的策略。在学习过程中,若本次误差大于上次误差,则这次迭代无效,恢复迭代前的学习速率,减小步长增加的幅度重新迭代;反之则本次迭代有效,增大学习速率。

仿真结果表明,与 BP 算法相比,在选用相同的学习训练步数的条件下,MBP 算法的精度远远高于 BP 算法的精度(至少高出三个数量级)。若对于相同精度要求,则 MBP 算法可以在很少的步数内达到精度要求,即收敛速度大大加快。

3. 隐含层单元自构形学习算法

在前向网络中,输入层单元数与输出层单元数是由问题本身决定的。但如何确定隐含层单元数就比较困难。隐含层单元数少了,学习可能不收敛,隐含

层单元数多了，可能单元冗余，收敛速度减慢。最好的办法是网络在学习过程中，自组织和自学习自己的结构。

这种学习过程分为预估和自构形两个阶段。在预估阶段，根据问题的大小及复杂程度，先设定一个隐含层单元数较多的前向网络结构。在自构形阶段，网络根据学习情况合并无用的冗余单元，删除不起作用的单元，最后得到一个合适的自适应网络。

设 y_{ik} 和 y_{jk} 是隐含层单元 i 和 j 在学习第 k 个样本时的输出，$\bar{y}_i$ 和 $\bar{y}_j$ 是隐含层单元 i 和 j 在学习完 n 个样本后的平均输出，n 为训练样本总数，则

$$\bar{y}_i = \frac{1}{n}\sum_{k=1}^{n} y_{ik} \tag{8.2.37}$$

$$\bar{y}_j = \frac{1}{n}\sum_{k=1}^{n} y_{jk} \tag{8.2.38}$$

为了衡量隐含层单元的工作情况，给出隐含层单元间的相关系数及样本分散程度的定义如下：

同层隐含层单元 i 和 j 的相关系数为

$$r_{ij} = \frac{\left(\frac{1}{n}\sum_{k=1}^{n} y_{ik}y_{jk} - \bar{y}_i\bar{y}_j\right)}{\left[\left(\frac{1}{n}\sum_{k=1}^{n} y_{ik}^2 - \bar{y}_i^2\right)^{\frac{1}{2}}\left(\frac{1}{n}\sum_{k=1}^{n} y_{jk}^2 - \bar{y}_j^2\right)^{\frac{1}{2}}\right]} \tag{8.2.39}$$

r_{ij} 表明了隐含层单元 i 和 j 的相关程度，r_{ij} 过大说明单元 i 和 j 的功能重复，需要压缩合并。

样本的分散度定义为

$$S_i = \frac{1}{n}\sum_{k=1}^{n} y_{ik}^2 - \bar{y}_1^2 \tag{8.2.40}$$

S_i 过小，表明隐含层单元 i 的输出值变化很小，它对网络的训练没有起什么作用，这个单元就可以删除。

(1) 合并规则。若 $|r_{ij}| \geqslant C_1$，且 S_i、$S_j \geqslant C_2$，一般取 C_1 为 0.8～0.9，C_2 = 0.001～0.010，也就是相关系数很大，而分散度又不太小时，则同层隐含层单元 i 和 j 可以合并。以下介绍如何修改合并后的权重值。

令 $y_j \approx ay_i + b$，当 r_{ij} 很大时，看成 $r_{ij} \approx 1$，此时由式(8.2.37)、式(8.2.38)及式(8.2.39)可以求得

$$\begin{cases} a = \left(\frac{1}{n}\sum_{k=1}^{n} y_{ik} - y_{jk} - \bar{y}_i\bar{y}_j\right) \Big/ \left(\frac{1}{n}\sum_{k=1}^{n} y_{ik}^2 - \bar{y}_i^2\right) \\ b = \bar{y}_j - a\bar{y}_i \end{cases} \tag{8.2.41}$$

如图 8.2.6 所示，输出层单元 t 的净输入

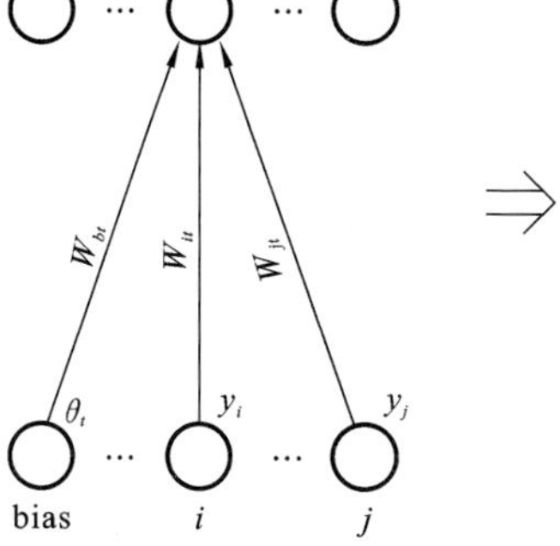

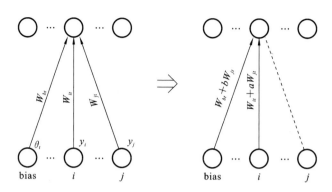

图 8.2.6　隐含层单元 i 与 j 的合并

$$\begin{aligned}I_t &= W_{it}y_i + W_{jt}y_j + W_{bt}\cdot 1 + \sum_{l\neq i,j} W_{lt}y_l \\ &= (W_{it}+aW_{jt})y_i + (W_{bt}+bW_{jt})\cdot 1 + \sum_{l\neq i,j} W_{lt}y_l\end{aligned}$$

式中：W_{bt} 是阈值 θ_t 对应的权重。

从而得合并算法：

$$W_{it}\to W_{it}+aW_{jt},\ W_{bt}=W_{bt}+bW_{jt}$$

(2) 删减规则。若 $S_i<C_2$，则单元 i 可删除。

由式(8.2.38)可知，当 $S_i\approx 0$ 时，可令 $y_i\approx\bar{y}_i$，则输出层单元 t 的净输入为

$$I_t = W_{it}y_i + W_{bt}\cdot 1 + \sum_{l\neq i} W_{lt}y_l = (W_{bt}+W_{it}\bar{y}_i)\cdot 1 + \sum_{l\neq i} W_{lt}y_l$$

式中：W_{bt} 是阈值 θ_t 对应的权重。

所以删减算法为

$$W_{bt}\to W_{bt}+\bar{y}_iW_{it}$$

实际上，删掉的单元 i 的权重合并到输出层单元 t 的阈值 θ_t 中了，如图 8.2.7 所示。

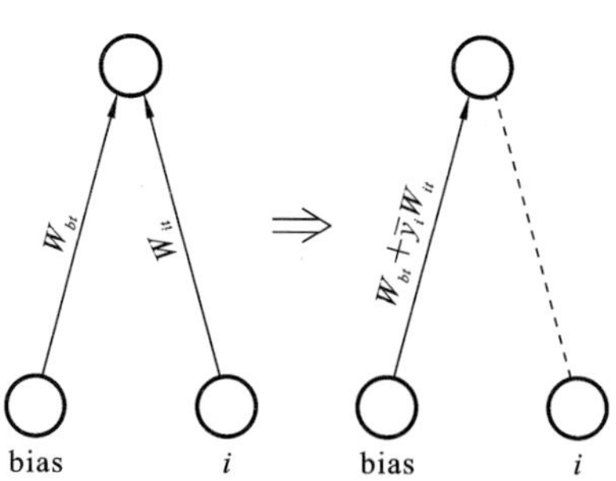

图 8.2.7　隐单元的删除

4. 容错神经网络及其容错 BP 算法

为了提高 BP 神经网络的可靠性和容错能力，文献介绍了一种容错神经网络及其容错 BP 算法。

在 BP 网络中，假定隐含层中有某些单元发生故障，并规定与该故障单元相连的所有连接权重均为零。对于这一类网络，是否还可以使用？

研究表明，在这样的网络中，只要适当构造故障的误差函数，采用同样的沿误差函数对权重的梯度降方向来修改权重，就同样能使用该网络。设样本为

$$\begin{cases} \text{输入 } \boldsymbol{X}=(x_1,\cdots,x_i,\cdots,x_n) \\ \text{期望输出 } \boldsymbol{D}=(d_1,\cdots,d_t,\cdots,d_q) \end{cases}$$

网络无故障时的实际输出 $\boldsymbol{Y}^0=(y_1^0,\cdots,y_t^0,\cdots,y_q^0)$；

网络上隐含层有故障单元 f 时的实际输出 $\boldsymbol{Y}^f=(y_1^f,\cdots,y_t^f,\cdots,y_q^f)$。

有了故障单元 f 后，误差函数的定义应有所变化。误差函数的模型有两种：

(1) 模型 1　此时的误差函数基本上与式(8.2.7)相似，只是将式中的实际输出 y_t 改成 y_t^f，同时对各故障($f=1,\cdots,2,\cdots,p$)的隐含层单元逐个累加其对误差的影响：

$$e_t^f=\frac{1}{2}\sum_{f=0}^{p}\sum_{t=1}^{q}(d_t-y_t^f)^2 \tag{8.2.42}$$

(2) 模型 2　此时的误差函数可看成两部分之和，前部分就是无故障时的误差函数，而后部分则是有故障时的误差函数，但同时加上权重系数 α_f，这样就考虑了不同的故障单元会产生不同的影响(式(8.2.42)对不同的故障则是同等看待)。

$$e_t^f=\frac{1}{2}\sum_{t=1}^{q}(d_t-y_t^0)^2+\frac{1}{2}\sum_{f=1}^{p}\sum_{t=1}^{q}\alpha_f(d_t-y_t^f)^2 \tag{8.2.43}$$

式中：y_t^0 是无故障时的实际输出；y_t^f 是隐含层有故障单元 f 时的实际输出；α_f 是隐含层故障单元 f 的影响权重。

在模型 2 中，若令 $\alpha_f=0$，则此模型即通常的 BP 网络，所以 BP 网络是容错神经网络的一种特例。

容错神经网络的学习方法与 BP 网络没有什么不同，即

$$\begin{cases} \Delta W_{ij}=-\mu\sum\limits_{f=0}^{p}\dfrac{\partial e_t^f}{\partial W_{ij}}\alpha_f, \quad \Delta W_{jt}=-\mu\sum\limits_{f=0}^{p}\dfrac{\partial e_t^f}{\partial W_{jt}}\alpha_f \\ -\Delta\theta_j=-\mu\sum\limits_{f=0}^{p}\dfrac{\partial e_t^f}{\partial\theta_j}\alpha_f, \quad -\Delta\theta_t=-\mu\sum\limits_{f=0}^{p}\dfrac{\partial e_t^f}{\partial\theta_t}\alpha_f \end{cases} \tag{8.2.44}$$

当不考虑不同故障单元有不同影响时，上式中的 $\alpha_f=1$，这时就出现了模型

1 的情况。

在设计容错神经网络时，由于冗余是容错的基础，所以在这种网络中，隐含层中的单元数要比不容错的网络为多，一般容错神经网络的隐含层单元数是不容错网络隐含层单元数的 1～2 倍。

8.3 Hopfield 网络

人能识别记忆中的模式，这种功能称为联想记忆功能。人记忆了许多模式，当感触到（视、听、触等等）某个模式（甚至是不完整的模式）时，就会从记忆中进行联想，寻找出与该模式最接近的模式。例如，人能根据背影认出人群中的一个老朋友，人也能够认出有某种缺损或模糊的字符等。这种特征使人的识别能力具有很强的容错性。正因为如此，人们长期以来就致力于研究能够模仿人脑联想记忆功能的网络。1982 年，美国加州理工学院的 Hopfield 教授提出了一种由非线性元件构成的单层反馈网络，这种网络能把各种样本模式分布式地存储于各神经元之间的连接权重上。Hopfield 在这个网络系统中引入了网络的能量函数。与连接权重相对应的是网络能量函数的局部极小值。当输入一个待识别模式时，与此待识别模式最接近的记忆模式就成为网络计算的目标，网络以步进方式来寻找记忆中的模式。每个神经元的输入/输出特性为一有界的非线性函数（S 型函数），各神经元以随机等概率步进方式进行计算，经过多次迭代，使网络达到能量函数的极小值，这就是一个稳定状态，也就是记忆中的一个模式。

Hopfield 在 1982 年提出的网络是离散型二值网络，即输入、输出信号仅有 1、0 两种状态。1984 年，他又提出了连续型反馈神经网络，并给出了实现这种网络的电子模拟电路。

8.3.1 离散型 Hopfield 网络

这种网络是一种离散的时间动力系统，如图 8.3.1 所示。

由图可知，网络中每个神经元的输出，都通过连接权重与其余各神经元的输入端连接。输入模式为 $\boldsymbol{X}^0=(x_1^0,\cdots,x_i^0,\cdots,x_j^0,\cdots x_n^0)$，其中每个分量均取 $+1$ 或 -1（或 1、0 两状态）；输出模式（即各神经元的状态）为 $\boldsymbol{X}=(x_1,\cdots,x_i,\cdots,x_j,\cdots x_n)$（也取二值）；神经元的个数与输入、输出模式向量的维数相同。样本模式记忆在神经元之间的连接权重上。若有 M 类模式，并设 $\boldsymbol{X}^S=(x_1^S,\cdots,x_i^S,\cdots,x_j^S,\cdots x_n^S)$ 是第 S 类样本。为了存储 M 个类样本，要求存储网络的稳定状态集为 $\{\boldsymbol{X}^S\}$，$S=1,2,\cdots,M$。神经元 i 和神经元 j 之间的权重 W_{ij} 按式（8.3.1）预先

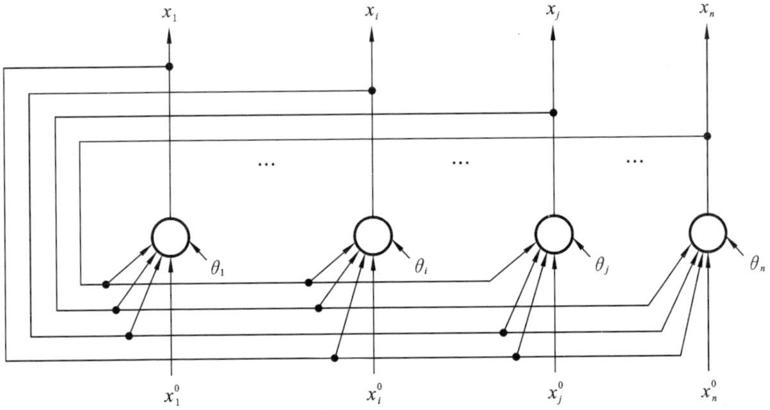

图 8.3.1　离散型 Hopfield 网络

设置：

$$W_{ij}=\begin{cases}\sum_{S=1}^{M}x_i^S x_j^S, & i\neq j;\ i,j=1,2,\cdots,n\\ 0, & i=j\end{cases}\tag{8.3.1}$$

神经元 i 的"净输入"为 u_i，神经元 i 的状态（即输出 x_i）由作用函数（符号函数）和"净输入"u_i决定：

$$\begin{cases}u_i=\sum_{j=1}^{n}W_{ij}x_j\\ x_i=f(u_i)=f\left(\sum_{j=1}^{n}W_{ij}x_j-\theta_i\right)\end{cases}\tag{8.3.2}$$

式中：函数 $f(\cdot)$定义为符号函数，即

$$f(u_i)=\begin{cases}+1, & u_i>0\\ -1, & u_i<0\end{cases}\tag{8.3.3}$$

在网络中引入能量函数

$$E=-\frac{1}{2}\sum_{i=1}^{n}\sum_{j=1}^{n}W_{ij}x_ix_j+\sum_{i=1}^{n}\theta_ix_i\tag{8.3.4}$$

能量函数随状态 x_k的变化为

$$\frac{\partial E}{\partial x_k}=\frac{\Delta E}{\Delta x_k}=-\frac{1}{2}\sum_{i=1}^{n}W_{ki}x_i-\frac{1}{2}\sum_{j=1}^{n}W_{jk}x_j+\theta_k$$

因 $W_{ik}=W_{ki}$，则得

$$\Delta E=-\left(\sum_{j=1}^{n}W_{kj}x_j-\theta_k\right)\Delta x_k$$

把下标 k 换成 i，则上式变成

$$\Delta E = -\left(\sum_{j=1}^{n} W_{ij}x_j - \theta_i\right)\Delta x_i \tag{8.3.5}$$

由式(8.3.2)及式(8.3.3)可知 $\left(\sum_{j=1}^{n} W_{ij}x_j - \theta_i\right)$ 与 Δx_i 同号，故其乘积必大于零，再由式(8.3.5)可以看出 $\Delta E < 0$。这就表明网络系统总是朝着能量减小的方向变化，最终进入稳定状态。

Hopfield 网络算法的具体步骤如下：

(1) 给神经网络各神经元之间的连接权重赋值，即存储样本模式。设 $\boldsymbol{X}^S = (x_1^S, x_2^S, \cdots, x_n^S)$ 是第 S 个模式类的样本模式，则神经元 i 和神经元 j 之间的连接权重为

$$W_{ij} = \sum_{S=1}^{M} x_i^S x_j^S \quad (i, j = 1, 2, \cdots, n; i \neq j)$$

(2) 输入未知模式 $\boldsymbol{X}^0 = (x_1^0, x_2^0, \cdots, x_n^0)$，用 x_i^0 设置神经元 i 的初始状态。若 $x_i(t)$ 表示神经元 i 在 t 时刻的状态(输出)，则 $x_i(t)$ 的初始值为

$$x_i(0) = x_i^0 \quad (i = 1, 2, \cdots, n)$$

(3) 用迭代算法计算 $x_i(t+1)$，直到算法收敛。$x_i(t+1)$ 可根据式(8.3.2)计算，即

$$x_i(t+1) = f\left(\sum_{j=1}^{n} W_{ij}x_j(t) - \theta_i\right) \quad (i = 1, 2, \cdots, n)$$

其中函数 $f(\cdot)$ 由式(8.3.3)决定。计算进行到神经元的输出不随进一步的迭代而变化时，算法收敛。此时神经元的输出即与未知模式匹配最好的样本模式。

(4) 转到第二步，输入新的待识别模式。

1994 年，Hopfield 和 Tank 提出 Hopfield-Tank 连续神经网络模型，并给出了模拟电子线路。他们利用这一反馈型人工神经网络，成功地解决了若干人工智能中的组合优化问题，例如旅行商最优路径问题(travelling salesman problem，缩写为 TSP)。图 8.3.2 给出了 Hopfield-Tank 连续神经网络模型。

在连续时间模型中，神经元由电阻、电容和运算放大器组成。各元件的作用以及连接权重的模拟作用如下：

(1) 电阻 R_i 和电容 C_i 并联，模拟生物神经元输出的时间常数，构成神经元的动态特性。

(2) 神经元 i 和神经元 j 之间的连接权重 W_{ij}，可以看成神经元的输出到神经元的输入之间的互电导，即 $W_{ij} = \frac{1}{R_{ij}}$，它模拟神经元之间的突触特性。

(3) 运算放大器具有正、反向输出 v_i、$\overline{v_i}$，用来模拟生物神经元的非线性特

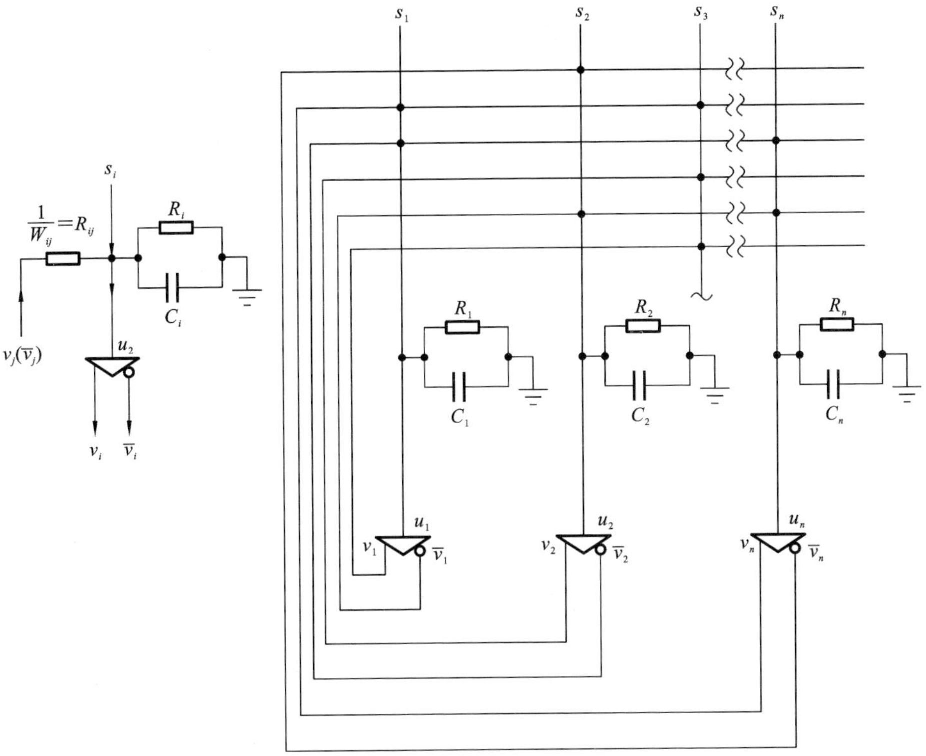

图 8.3.2 Hopfield-Tank **连续神经网络模型**

性。放大器的“+”输出端和“−”输出端分别模拟生物神经元的兴奋和抑制特性。$W_{ij}>0$(对应于兴奋性突触)时,神经元 i 的输入和神经元 j 的“+”输出端相接;$W_{ij}<0$(对应于抑制性突触)时,神经元 i 的输入和神经元 j 的“−”输出端相接。每个神经元的输出(“+”或“−”)通过连接权重与其余神经元的输入连接。

(4) 外加偏置电流 s_i,用来建立一般的兴奋电平。

在网络工作前,与离散型的 Hopfield 网络类似,先要按 M 个样本的输出状态来给定网络的连接权重。设样本 $V^S=(v_1^S,v_2^S,\cdots,v_n^S)$共有 M 个样本,则神经元 i 和神经元 j 之间的权重为

$$W_{ij}=\sum_{S=1}^{M}v_iv_j \tag{8.3.6}$$

当输入一个待识别模式时(通过偏置电流 s_i 给定),网络能从记忆的权重中寻找与输入模式最接近的训练模式,这种“寻找”,就是网络随时间演化不断改变运算放大器的输出状态,最终使网络达到稳定的状态。此时的输出就是与输入的待识别样本最匹配的训练样本。

问题是如此设置的网络能否达到稳定状态。以下加以证明。

证明的关键是给网络定义的能量函数随时间改变时，能否总是朝着能量减小的方向运动？也就是能量函数对时间的导数是否总是负值？

n 个神经元相互作用的动力学性质，可以用如下的微分方程表示：

$$C_i \frac{\mathrm{d}u_i}{\mathrm{d}t} = \sum_{j=1}^{n} W_{ij} v_j - \frac{u_i}{R_i} + s_i \tag{8.3.7}$$

此式是电路学中的基尔霍夫电流平衡方程。等式左端为通过电容器的电流。等式右端第一项是流进单元的反馈总电流（因为是从神经元 j 的输出到神经元 i 的输入之间的总电导），第二项是流进电阻 R_i 的电流，第三项是外加偏置电流（输入的待识别样本）。

神经元 i 的输入、输出关系可以表示为

$$v_i = f(u_i) \tag{8.3.8}$$

$$u_i = f^{-1}(v_i) \tag{8.3.9}$$

这里 $f(u_i)$ 为 S 型函数，定义为

$$f(u_i) = \frac{1}{2}\left[1 + \tanh\left(\frac{u_i}{u_0}\right)\right] \tag{8.3.10}$$

式中：u_0 是神经元 i 的归一化值，用来改变 $f(u_i)$ 的陡度。

Hopfield 连续时间网络模型的系统能量函数定义为

$$E = -\frac{1}{2}\sum_{i=1}^{n}\sum_{j=1}^{n} W_{ij} v_i v_j - \sum_{i=1}^{n} v_i s_i + \sum_{i=1}^{n} \frac{1}{R_i}\int_0^{v_i} f^{-1}(v)\mathrm{d}v \tag{8.3.11}$$

要使网络随时间改变趋于一个稳定状态，E 必须随时间的增加逐渐减小，即必须 $\mathrm{d}E/\mathrm{d}t < 0$。以下对此加以验证。假定 $W_{ij} = W_{ji}$，$C_i > 0$，计算

$$\frac{\mathrm{d}E}{\mathrm{d}t} = \sum_{i=1}^{n} \frac{\mathrm{d}E}{\mathrm{d}v_i} \cdot \frac{\mathrm{d}v_i}{\mathrm{d}t} \tag{8.3.12}$$

根据式(8.3.7)、式(8.3.9)和式(8.3.11)得到

$$\begin{aligned}\frac{\mathrm{d}E}{\mathrm{d}v_i} &= -\frac{1}{2}\sum_{j=1}^{n} W_{ij} v_j - \frac{1}{2}\sum_{j=1}^{n} W_{ji} v_j + \frac{u_i}{R_i} - s_i \\ &= -\frac{1}{2}\sum_{j=1}^{n} (W_{ij} - W_{ji}) v_j - \left(\sum_{j=1}^{n} W_{ji} v_j - \frac{u_i}{R_i} + s_i\right)\end{aligned}$$

因为 $W_{ij} = W_{ji}$，代入上式后利用式(8.3.7)，便有

$$\frac{\mathrm{d}E}{\mathrm{d}v_i} = -C_i \frac{\mathrm{d}u_i}{\mathrm{d}t} = -C_i \frac{\mathrm{d}u_i}{\mathrm{d}v_i} \cdot \frac{\mathrm{d}v_i}{\mathrm{d}t} = -C_i \left(\frac{\mathrm{d}v_i}{\mathrm{d}t}\right) \frac{\mathrm{d}}{\mathrm{d}v_i} f^{-1}(v_i) \tag{8.3.13}$$

所以

$$\frac{\mathrm{d}E}{\mathrm{d}t} = -\sum_{i=1}^{n} C_i \left(\frac{\mathrm{d}v_i}{\mathrm{d}t}\right)^2 \cdot \frac{\mathrm{d}}{\mathrm{d}v_i} f^{-1}(v_i) \tag{8.3.14}$$

由于 $C_i > 0$，并且函数 $f^{-1}(v_i)$ 单调增长，所以可得

$$\frac{\mathrm{d}E}{\mathrm{d}t} \leqslant 0 \tag{8.3.15}$$

而且当$\frac{\mathrm{d}v_i}{\mathrm{d}t}=0$时，有

$$\frac{\mathrm{d}E}{\mathrm{d}t} = 0 \tag{8.3.16}$$

这就是说，随着时间的增加，网络总是朝着能量函数减小的方向运动，网络最终会达到稳定的平衡点，也就是 E 的一个极小值点。

对于理想的运算放大器，网络的能量函数可以简化为

$$E = -\frac{1}{2}\sum_{i=1}^{n}\sum_{j=1}^{n} W_{ij} v_i v_j - \sum_{i=1}^{n} v_i s_i \tag{8.3.17}$$

Hopfield 神经网络模型的局限性主要有两个方面。其一，网络能够记忆和正确回顾的样本数不能太多，否则网络可能收敛于一个不同于所有记忆样本的伪模式。Hopfield 已经证明，记忆不同模式的样本数小于网络神经元数（或模式向量的维数）的 0.15 时，收敛于伪样本的情况才不会发生。其二，如果记忆中的某一样本的某些分量与别的记忆样本的对应分量相同时，这个记忆样本可能是一个不稳定的平衡点。

8.3.2 旅行商问题

旅行商问题（简称 TSP）是一个典型的组合优化问题。该问题是：设有 N 个城市，要求推销员从某一城市开始，非重复地访问其余所有城市后回到原来出发的城市，问如何优化旅行路线，使其总旅行路程最短。

对于 N 个城市，不重复地旅行通过所有城市再回到出发地的不同路径可以有 $(N-1)!/2$，在计算每条路径的长度时，需要进行 N 次相加的加运算，所以解决 TSP 的总计算量为 $N!/2$，即随城市数 N 成阶乘关系增长。如果使用运算速度为 1 亿次/秒的计算机求解，在 $N=10$ 时，约需 1.8×10^{-2} s，但当 $N=25$ 时，则需要花费 25 亿年之久！显然，使用穷举算法来解决较大规模的 TSP 是不现实的。

现在用 Hopfield 网络求解。首先采用一个 N 阶矩阵来表示旅行路径及各城市在旅行中的次序。用矩阵中的行表示城市，用矩阵的列表示旅行路径中的次序。矩阵元素“1”表示访问，“0”表示“不访问”。显然，若矩阵各行各列都仅含一个“1”元素，其余均为“0”元素，则该矩阵描述一条有效访问路径。这种矩阵称为换位矩阵（permutation matrix）。以 A、B、C、D、E 城市 TSP 为例，两城市间的距离用 d_{AB}、d_{AC}、d_{BC}……表示。图 8.3.3(a)表示了一条访问路径：$C\to A\to E\to B\to D\to C$，相应的换位矩阵如图 8.3.3(b)所示。其路径长度为

$$S=d_{CA}+d_{AE}+d_{EC}+d_{BD}+d_{DC}$$

这样 N 个城市 N 个访问次序就排列成 N^2 个矩阵元素(N 行 N 列),每个矩阵元素相当于一个神经元,各神经元状态取值 0 或 1,于是就用神经元阵列代替了换位矩阵。要求神经元阵列在稳定状态时,每一行的神经单元仅有一个处于“1”状态,其余单元为“0”状态,每一列也只有一个单元为“1”状态,其余为“0”状态。在阵列全部单元中,“1”状态单元的总数为 N,这表示每个城市仅访问一次。一个阵列状态图就表示了一条访问路线。这样就为使用神经网络求解 TSP 作好了准备。

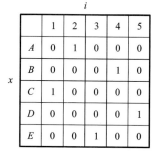

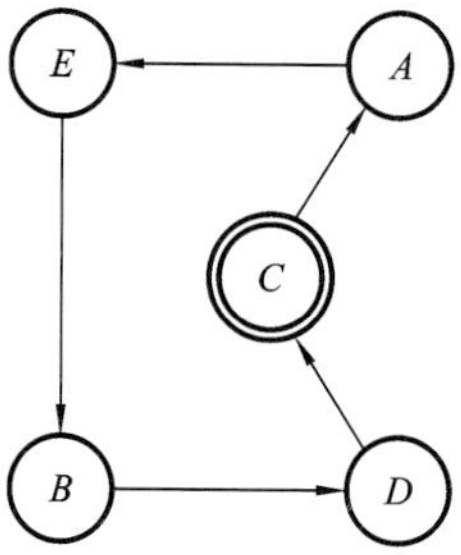

(a) 访问路径

i

	1	2	3	4	5
A	0	1	0	0	0
B	0	0	0	1	0
C	1	0	0	0	0
D	0	0	0	0	1
E	0	0	1	0	0

x

(b) 换位矩阵表示

图 8.3.3　五城市访问路径的换位矩阵表示

用 Hopfield 网络来求解 TSP 时,关键是如何构造能量函数,然后由能量函数再来决定输入的初始权重。当初始权重调整好以后,用偏流 s_i 来给定网络初始状态,然后网络便自动向最小能量状态变动,当稳定后,所得到的网络状态就是问题的解。

1. 构造能量函数

构造能量函数 E,应使其极小值对应于 TSP 的解。为此,根据 TSP 的特点,能量函数必须满足如下的要求:

(1) 对换位矩阵元素给出一定的约束,在组成能量项时,保证满足这些约束时,能量项为最小值,这时的换位矩阵状态便描述了一条有效访问路径。

(2) 能将路程较短的有效访问路径作为 TSP 的解。

考虑到第一个要求时,可选择 TSP 的能量函数为

$$E_1=\frac{A}{2}\sum_{x}\sum_{i}\sum_{j\neq i}v_{xi}v_{xj}+\frac{B}{2}\sum_{i}\sum_{x}\sum_{y\neq x}v_{xi}v_{yi}+\frac{C}{2}\Big(\sum_{x}\sum_{i}v_{xi}-N\Big)^2 \tag{8.3.18}$$

式中:A、B、C 均为正值常数。容易看出上式右边第一项是诸行中任意两个不同列的元素乘积之和,由于各元素仅取值 0 或 1,因此只有当换位矩阵中每行中

“1”的元素个数不多于一个时，此项才等于零。同样只有当每一列中“1”的元素个数不多于一个时，上式右边第二项才等于零。当路径中访问的城市数(等于矩阵中“1”的元素的总数)恰为 N 时，上式第三项为零。因此，能量函数 $E_1=0$ 时，将保证矩阵描述一条有效访问路径。

对于第二个要求，需要考虑路径长度信息。从单元(x,i)计算起，计算 x 城市与 y 城市的路径时，只有两种可能：一种是$(y,i-1)\rightarrow(x,i)$，还有一种是$(x,i)\rightarrow(y,i+1)$。考虑到这两种情况，可以选择下列能量函数：

$$E_2=\frac{D}{2}\sum_{x}\sum_{y\neq x}\sum_{i}d_{xy}(v_{y,i+1}+v_{y,i-1}) \tag{8.3.19}$$

式中：D 为常数。式(8.3.19)正好表示了访问路径的路程总长度。

将式(8.3.18)与式(8.3.19)合并，构成总的能量函数为

$$\begin{aligned}E&=E_1+E_2\\&=\frac{A}{2}\sum_{x}\sum_{i}\sum_{j\neq i}v_{xi}v_{xj}+\frac{B}{2}\sum_{i}\sum_{x}\sum_{y\neq x}v_{xi}v_{yi}+\frac{C}{2}\Big(\big(\sum_{x}\sum_{i}v_{xi}-N\big)^2\\&\quad+\frac{D}{2}\sum_{x}\sum_{y\neq x}\sum_{i}d_{xy}(v_{y,i+1}+v_{y,i-1})\end{aligned} \tag{8.3.20}$$

如果系统 A,B,C,D 取足够大(当访问 10 个城市时，选用 $A=B=D=500$，$C=200$)，那么所有与低能量 E 相应的换位矩阵(或神经元阵列)都将描述一条有效的访问路径。最低能量值意味着相应路径长度最短，表示 TSP 的最优解。

2. 组成神经网络

用 Hopfield 网络来求解 TSP。令 TSP 的能量函数表示式(8.3.20)与连续型 Hopfield 网络的能量函数表示式(8.3.11)相等，通过比较，可以确定网络神经元连接权重 W_{ij} 和外部输入的偏置电流 s_i。采用双下标方式表示，其连接权重为

$$\begin{aligned}W_{xi,yi}=&-A(1-\delta_{ij})\delta_{xy}\text{(行约束)}\\&-B(1-\delta_{xy})\delta_{ij}\text{(列约束)}\\&-C\text{(整体约束)}\\&-Dd_{xy}(\delta_{j,i+1}+\delta_{j,i-1})\text{(路径长度约束)}\end{aligned} \tag{8.3.21}$$

式中：

$$\delta_{ij}=\begin{cases}1, & i=j\\0, & \text{其他}\end{cases},\quad \delta_{xy}=\begin{cases}1, & x=y\\0, & \text{其他}\end{cases} \tag{8.3.22}$$

外部偏置

$$s_{xi}=CN \tag{8.3.23}$$

易知，式(8.3.21)等号右边前面三项体现了 TSP 解有效性方面的约束，最后一项则体现了“路径长度尽可能短”的要求。

将式(8.3.21)、式(8.3.22)用于式(8.3.7)，便得出 Hopfield 网络求解 TSP 的动力学方程

$$C_{xi}\frac{\mathrm{d}u_{xi}}{\mathrm{d}t}=-\frac{u_{xi}}{R_{xi}}-A\sum_{j\neq i}v_{xj}-B\sum_{y\neq x}v_{yi}-C\Big(\sum_{x}\sum_{j}v_{xj}-N\Big)$$
$$-D\sum_{y}d_{xy}(v_{y,i+1}+v_{y,i-1}) \tag{8.3.24}$$

$$v_{xi}=f(u_{xi})=\frac{1}{2}\left[1+\tanh\left(\frac{u_{xi}}{u_0}\right)\right] \tag{8.3.25}$$

式(8.3.25)表示了神经元的非线性特性，其中 u_0 是调节非线性函数的陡度的常数。

3. 神经网络模拟的结果

对于 10 个城市 $A,B,\cdots,I,J$ 的 TSP，选用 $A=B=D=500$，$C=200$，$u_0=0.02$。网络的初始状态是按式(8.3.21)给出权重，再确定从某一城市开始，用式(8.3.23)给出初始输入(即偏流 $s_{xi}=CN$，其余均为 0)，经过电路的时间常数以后，网络便达到稳定状态。整个收敛过程如图 8.3.4 所示，图中方块大小与神经元输出成比例。网络收敛后，神经元输出产生一个稳定的换位矩阵(见图

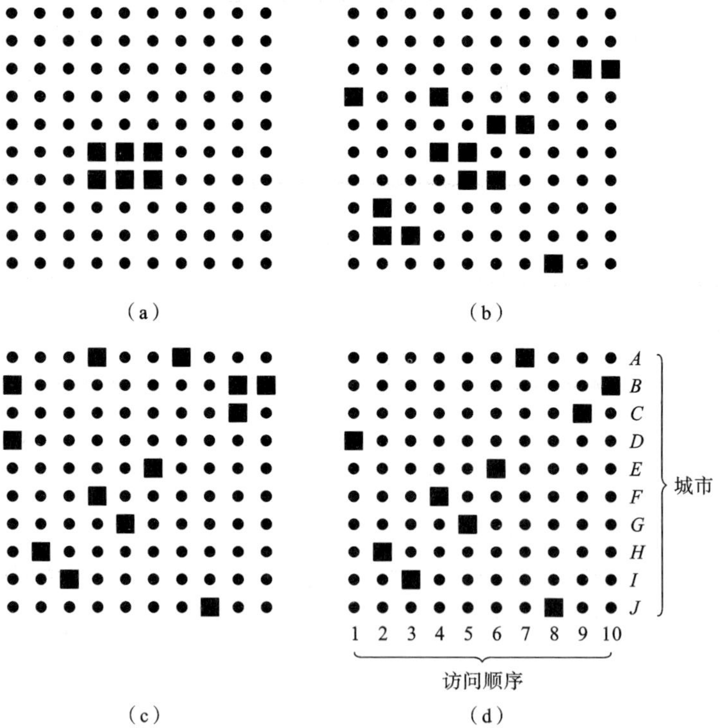

图 8.3.4　TSP 神经网络收敛过程

8.3.4(d))。由图可知,图示的 TSP 的优化解为路径:$D\to H\to I\to F\to G\to E\to A\to J\to C\to B$。

Hopfield 曾用 900 个神经元组成的网络求解 30 个城市的 TSP,路径总数达 $N=10^{30}$,整个网络仅用数秒钟就得到了稳定状态,根据网络动力学方程(8.3.24)及方程(8.3.25),也可以在计算机上模拟神经网络求解 TSP。文献[39]给出了应用 Hopfield 网络在计算机上模拟的程序,有兴趣的读者可以参考此文献。

8.4　自组织神经网络

BP 网络和 Hopfield 网络的学习和分类是以一定的先验知识为条件的,即网络权值的调整是有教师指导的学习调整。而在实际应用中,有时并不能提供所需的先验知识。例如要按实际模式自动聚类,而不是先有样本模式(教师模式),再按样本模式来分类。此时就需要网络有自学习的功能。1981 年,科霍南(Kohonen)提出了自组织神经网络(self-organizing feature map,简称 SOM),这种网络就是具有自学习功能的神经网络。

生理学及脑科学的研究表明,人脑神经网络接受外界刺激时是分区域的,不同区域对不同的输入模式有不同的敏感。一个神经元的输出,对邻近的神经元(在半径为 50～100 μm 的圆以内的神经元)有较强的正反馈(兴奋性反馈)作用,而对较远的神经元(在半径为 100～200 μm 的圆构成的环带内的神经元)则具有抑制性反馈,对于更远的神经元又有较弱的兴奋性反馈,一直可以延伸到若干厘米远。反馈系统随其与圆心之间的距离变化呈一顶墨西哥草帽形式,称为墨西哥草帽形侧反馈,如图 8.4.1 所示。

根据上述脑神经网络自组织的特性,Kohonen 提出的 SOM 网络如图8.4.2 所示,输入模式为 $\boldsymbol{X}=(x_1,\cdots,x_i,\cdots,x_n)$,它就是外界刺激,通过连接权重 W_{ij} 与输出神经元 j 相连,各输出神经元相互有侧反馈相连,所以这种网络实际上是

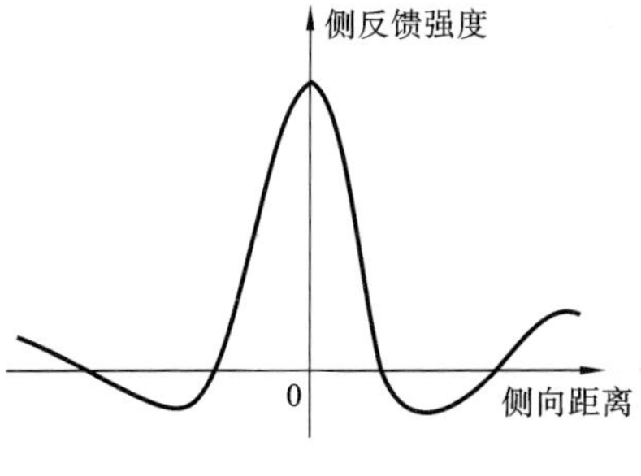

图 8.4.1　墨西哥草帽形侧反馈

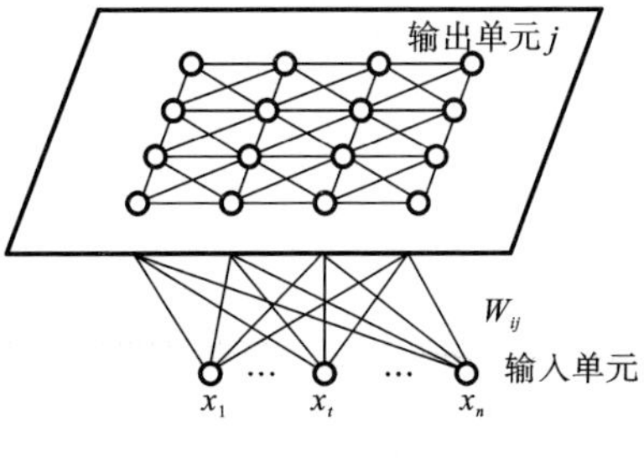

图 8.4.2　自组织神经网络

一种非线性映射关系。

在输出层中，最接近输入状态的单元 j 被激活，此时它与相邻近的同层单元将按墨西哥帽形互相激活，也就是说与 j 单元邻近的单元，也同时有激活的兴奋输出，而其他单元则被抑制而无输出。根据这一状态，再来调节权重 W_{ij}，使其向输入模式 $\boldsymbol{X}$ 靠拢，以便在稳定时，每一邻域的所有单元对某输入具有类似的输出。网络的学习过程是一种竞争型的学习，具体过程如下：

(1) 初始化。将连接权重 W 随机地赋以[0,1]区间的某个较小值。设置处理单元 j 的邻域初始半径 $N_j(0)$，可随机取一大值。

(2) 提供输入。设处理单元 i 的输入模式为

$$\boldsymbol{X}=(x_1,\cdots,x_i,\cdots,x_n)$$

(3) 计算距离。计算 j 单元的各输入 x_i 与连接权重 W_{ij} 的欧氏距离 d_j（注意：这里的连接权重 W_{ij} 可理解为 j 的输出）

$$d_j = \| X - W_j \| = \sqrt{\sum_{i=1}^{n} [x_i(t) - W_{ij}(t)]^2} \tag{8.4.1}$$

(4) 选择最小距离所对应的单元 j^*（j^* 又称为获胜单元）

$$d_{j^*} = \min_j d_j = \min_j \sum_{i=1}^{n} [x_i(t) - W_{ij}(t)]^2 \tag{8.4.2}$$

(5) 校正权。在输出层内，在 j^* 周围半径为 $N_{j^*}(t)$ 以内的邻域中，各单元的连接权重均要加以调整，调整的公式是

$$W_{ij}(t+1)=W_{ij}(t)+\eta(t)[x_i(t)-W_{ij}(t)] \quad (i=1,2,\cdots,n) \tag{8.4.3}$$

式中：$\eta(t)$是学习速率常数，它随时间而衰减，一般定义

$$\eta(t)=\frac{1}{t} \quad 或 \quad \eta(t)=0.2[1-t/10000]$$

$N_{j^*}(t)$一般为圆形或矩形邻域，其大小也是随时间收缩的。

(6) 返回到第(2)步，直至满足$[x_i(t)-W_{ij}(t)]^2<\varepsilon$（$\varepsilon$ 为给定的误差）为止。最后确定获胜单元。

上面的(2)～(5)就是一种竞争学习，当在输入层提供输入模式 $\boldsymbol{X}$ 后，在输出层中寻找连接权重向量与输入单元 i 最靠近的单元 j^*，此时 j^* 及其邻域中各单元被激活，而有输出 1，其他单元的输出为 0，即

$$y_i=\begin{cases}1, & \text{当 } j \text{ 为以 } j^* \text{ 为中心的邻域 } N_{j^*}(t) \text{ 内的单元时} \\ 0, & j \text{ 为其他单元时}\end{cases}$$

在自组织映射网络的学习中，由于学习速率 $\eta(t)$ 随时间的增大而逐渐趋向零，保证了学习过程是收敛的。此外，Kohonen 已经证明，当学习结束时，每个 W_{ij} 近似落入由单元 j 对应类别的输入模式空间的中心，可以认为该连接权重向量形成了这个输入模式空间的概率结构，这种特性使网络的抗干扰能力

较强。

以上讨论的是无教师学习。SOM 也可以进行有教师学习。此时输入模式的类别是预先知道的。将输入模式 $\boldsymbol{X}_S(S=1,2,\cdots,M)$提供给网络后，输出层单元竞争产生出优胜者，例如单元 j^*。如果 j 是单元 $\boldsymbol{X}_S$ 的正确分类，则将单元 j^* 对应的连接权重向量往 $\boldsymbol{X}_S$ 靠拢；否则，将单元 j^* 对应的连接权重向量离开 $\boldsymbol{X}_S$。这个“奖惩”过程可用下式表示：

$$\Delta W_{ij}\cdot(t+1)=\begin{cases}\alpha\eta(t)[x_i^S(t)-W_{ij}\cdot(t)], & j^*\text{是正确分类}\\ -\alpha\eta(t)[x_i^S(t)-W_{ij}\cdot(t)], & j^*\text{是不正确分类}\end{cases} \tag{8.4.4}$$

一般有教师学习所需的学习时间比无教师学习的时间少，分类精度也较高。

8.5 随机神经网络

8.5.1 Boltzmann 分布

在统计物理学中，经常基于能量来考虑系统状态的转移。物质系统在温度为 T 的环境中，系统的能量 $E(x)$和状态 x 均发生变化，设 $p(x)$代表状态 x 发生的概率，则它们之间的关系为

$$p(x)=c\mathrm{e}^{-E(x)/T} \tag{8.5.1}$$

式中：c 为常数。上式就是统计物理学中的 Boltzmann（玻尔兹曼）分布。由式可以看出：能量越小的状态 x，发生的概率越大，即系统总是趋向于能量最小的状态。当温度 T 很高时，系统状态 x 发生的概率就大。事实上，当 $T\to+\infty$时，$E(x)/T\to 0$，$p(x)\to c$，这就是说，T 很大时，不管哪个状态都以大致相同的概率发生。当 T 接近于零时，系统的某个稳定态只有在系统的能量为最小时才有可能。即使在局部最小点，$E(x)$不能$\to 0$，此时 $E(x)$与 T 相比较，仍然较大，所以有 $p(x)\to 0$。这就是说，x 状态出现的概率很小，系统还是不稳定，所以只有系统落入全局能量最小状态时，系统才可能达到某一稳定状态。

8.5.2 模拟退火

在用神经网络解决问题时，往往要让网络朝着能量函数 $E(x)$减小的方向变化。但是一般而言，能量函数有许多极小点，有时很难找到最小点。如图 8.5.1 所示。

为此我们在网络中引入状态的出现概率，并在开始时给出较大的温度，使

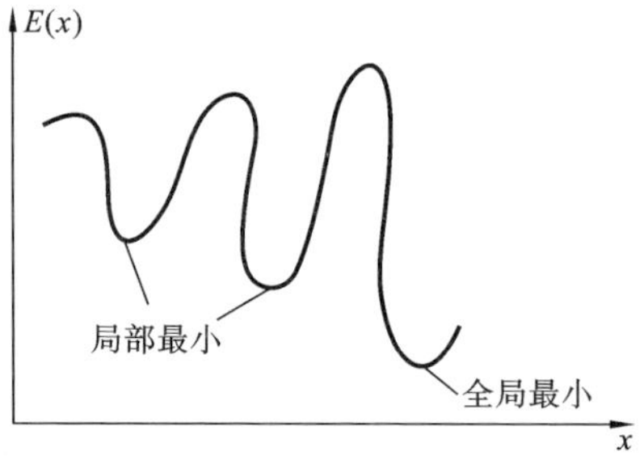

图 8.5.1　能量 $E(x)$ 的局部最小与全局最小

任一状态发生的概率都大致一样，不会落入 $E(x)$ 的极小局部最小状态，即使暂时落入极小状态，也可能“跳”出来。当 T 很小时，只有 $E(x)$ 最小的状态 x 发生的概率最大，也就是说，温度降低，落入 $E(x)$ 最小状态的概率将增大。

上述过程是物质的退火过程。开始时，先加热，使温度超过一定值，此时固体物质内部原子活跃起来，达到自由状态；然后降低温度，固体物质向能量最小状态变化，最后达到稳定状态，从而消除了内部应力。

把这一思想引入神经网络，先对网络施加一个相当高温的参数，使网络内的各状态活跃起来，随机变化；然后逐渐降低温度，慢慢使网络能量下降，跳出局部能量最小陷阱，最终使网络向全局最小能量值方向收敛，这就是模拟退火原理。

8.5.3　随机神经网络的概率分布

神经网络中的能量函数的定义为（假设所有单元互连）

$$E(x) = \frac{1}{2}\sum_i \sum_{j\neq i} W_{ij} x_i x_j + \sum_i (s_i - \theta_i) x_i \tag{8.5.2}$$

式中：x_i、x_j 分别为神经元 i 与 j 的状态；s_i、θ_i 分别为神经元 i 的偏流与阈值；$E(x)$ 为系统状态 $x=(x_1,\cdots,x_i,\cdots,x_j,\cdots,x_n)$ 时的能量函数。

设 $p(x)$ 为状态 x 发生的概率。物理学中的“熵”是表示物质混乱程度或无序性度量的状态函数，在概率论中，“熵”表示系统的平均不确定性，它的定义是

$$H = -\sum_x p(x) \lg p(x) \tag{8.5.3}$$

我们把“熵”的概念引入神经网络，即用“熵”来表示整个神经网络系统的不稳定性。

现在提出如下的问题：在保持熵为常数的条件下，求出使平均能量 $\langle E\rangle$ 最小的 $p(x)$。这个问题在数学上就是一个有约束条件的泛函极值问题。

原始泛函数：

$$\langle E\rangle = \sum_x E(x)P(x) \rightarrow \min$$

约束条件 1：

$$-\sum_x p(x)\lg p(x) = H$$

约束条件 2：

$$\sum_x p(x) = 1$$

用拉格朗日待定系数法可以将此问题转化为一个辅助泛函 $F[p]$的变分为零的求解问题，为此构造辅助泛函

$$\begin{aligned} F[p] &= \langle E\rangle + \lambda\Big[H + \sum_x p(x)\lg p(x)\Big] + \mu\Big[1 - \sum_x p(x)\Big] \\ &= \sum_x E(x)p(x) + \lambda\sum_x p(x)\lg p(x) - \mu\sum_x p(x) + \lambda H + \mu \end{aligned}$$

$F[p]$关于 $p(x)$的变分为

$$\delta F = \sum_x [E(x) + \lambda - \mu + \lambda\lg p(x)]\delta p$$

令 $\delta F=0$，最后

$$p(x) = \mathrm{e}^{\left(\frac{\mu}{\lambda}-1\right)}\mathrm{e}^{-E(x)/\lambda} = c\mathrm{e}^{-E(x)/\lambda}$$

若记 λ 为 T，则有

$$p(x) = c\mathrm{e}^{-E(x)/T}$$

这就是说，使平均能量最小的系统状态 x 的概率分布，服从玻尔兹曼分布规律。由此可知，在神经网络问题求解中，完全可以应用模拟退火的思想，温度不断降低会让网络向着能量最小的方向变动。

8.5.4 多层前馈随机网络

1985 年，Hinton 等人借助统计物理学的概念和方法，提出一种多层、有教师学习的前馈网络，称为多层前馈随机网络，也称 Boltzmann 机网(BM 网)。

此网络的工作原理与前述多层前馈网络相同，即先输入网络的一个样本，激活给定的输入层单元及输出层单元，然后修改连接权重。不同处在于：在多层前馈网络中，是根据误差来调节权重的，而在 BM 网中，则是按温度 T 不断减小，总能量趋向最小时的状态概率分布来调节权重的。后者由于是按随机状态来调节的，因此可以避免局部最小，达到能量函数的全局最小。

设三层 BM 网模型如图 8.5.2 所示。各处理单元间为确定连接(也有的 Boltzmann 机各神经元之间为随机连接)，输入单元为 a_i，隐含层单元为 b_j，输出单元为 c_t，(其中 $i=1,2,\cdots,n;j=1,2,\cdots,p;t=1,2,\cdots,q$)。输入层至隐含层单元的连接权重为 W_{ij}，隐含层单元至输出层单元的连接权重为 W_{jt}，输入学习样

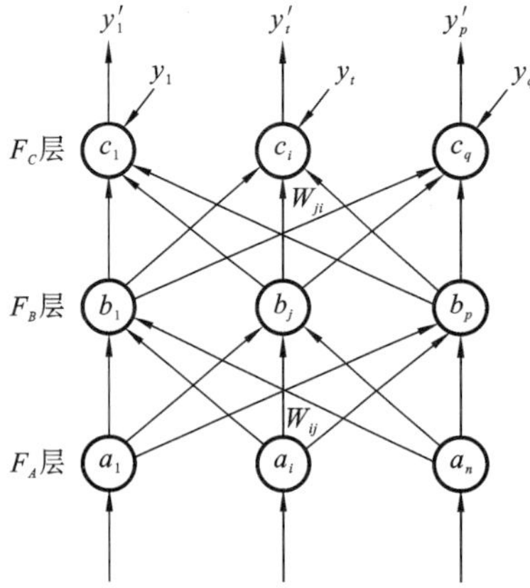

图 8.5.2　三层 BM 网模型

本是 $X=(x_1,\cdots,x_i,\cdots,x_n)$，$Y=(y_1,\cdots,y_t,\cdots,y_q)$，分别激活相应的输入单元 a_i 及输出单元 c_t。

BM 网的学习算法如下：

1. 第一阶段

由样本确定输入、输出层单元的正确状态。

1）初始化

随机确定 F_A 与 F_B 层间的连接权重 W_{ij} 及 F_B 层与 F_C 层之间的连接权重 W_{jt}，取值范围[+1,-1]。

2）起始时刻 $t=1$

① 输入样本 $X=(x_1,\cdots,x_i,\cdots,x_n)$，$Y=(y_1,\cdots,y_t,\cdots,y_q)$，分别激活相应的 a_i，c_t。

② 随机选择 F_B层处理单元的状态 $b_j=\{0,1\}$（即单元 j 的输出）。

③ 计算全局能量及能量变化：全局能量为（略去偏流与阈值）

$$E=\sum_{i}^{n}\sum_{\substack{j=1\\ j\neq i}}^{p}W_{ij}a_ib_j+\sum_{j=1}^{p}\sum_{\substack{t=1\\ t\neq j}}^{q}W_{jt}b_jc_t$$

在隐含层中，使任一单元 b_j状态变化，此时所引起的全局能量变化为

$$\Delta E_j=\sum_{i}^{n}W_{ij}a_i+\sum_{t=1}^{q}W_{jt}c_t$$

④ 计算由 ΔE_j 引出的 Boltzmann 概率分布为

$$p_j=\mathrm{e}^{-\Delta E_j/T(t)}$$

式中：$T(t)$是随时间变化的正值温度系数。

如果 $\Delta E_j>0$，$p_j<r$（r 是某个选定的概率），说明改变了的 b_j状态出现的概率很小，b_j状态不应改变，所以将 b_j的状态还原到原来的状态（步骤②）。

⑤ 选择 F_B 层中一个新的处理单元 b，重复步骤②～④，直到全部隐含层单元状态确定为止。

⑥ 增加 t 到 $t+1$。计算新的温度值为

$$T(t)=\frac{T_0}{1+\lg t}$$

式中：T_0 为起始温度。

⑦ 重复步骤②～⑥，直到对所有 F_B层单元均有 $\Delta E_j=0$，此时网络可实现全局能量最小。

此时 F_B层所有单元的输出值 b_j（$j=1,\cdots,p$）构成一个矢量 D_k（脚标 k 表示

第 k 次迭代），$k=1,2,\cdots,M$（共有 M 次迭代）。在 b_j 的状态下，F_C 层各单元被钳制到一个正确的给定状态。

$$D_k=(d_1^k,\cdots,d_j^k,\cdots,d_p^k),\quad d_j^k=b_j$$

3）计算对称概率 P_{ij} 和 r_{jt}

根据 D_k，计算 F_A 层第 i 单元与 F_B 层第 j 单元的对称概率 p_{ij} 表示为

$$p_{ij}=\frac{1}{M}\left[\sum_{k=1}^{M}\Phi(a_i^k,d_j^k)\right]\quad(i=1,2,\cdots,n;j=1,2,\cdots,p)$$

式中：Φ 定义为

$$\Phi(x,y)=\begin{cases}1, & x=y\\0, & \text{其他}\end{cases}$$

同理，计算 F_C 层第 t 个单元与 F_B 层第 j 个处理单元的对称概率 r_{jt} 可表示为

$$r_{ij}=\frac{1}{M}\left[\sum_{k=1}^{M}\Phi(c_t^k,d_j^k)\right]\quad(t=1,2,\cdots,q;j=1,2,\cdots,p)。$$

2. 第二阶段

仅钳制输入层单元为样本给定状态，输出层单元自由。

① 重复第一阶段各步骤，使网络再次达到温度最低的平衡状态。

② 按第一阶段的公式分别算出各层的对称概率 p'_{ij}、r'_{jt}。

③ 调整连接权重。利用下述公式计算连接权重的调整值

$$\Delta W_{ij}=\alpha(p_{ij}-p'_{ij})$$
$$\Delta W_{jt}=\alpha(r_{jt}-p'_{jt})$$

式中：α 为学习速率，取正的常数值。

④ 重复第一、第二阶段各步骤，直到 ΔW_{ij}、$\Delta W_{jt}\rightarrow 0$ 时为止。

BM 网学习算法比较复杂，计算过程较长，网络要通过多次迭代才能收敛，总的收敛时间很长，但这种算法能够保证网络的能量函数达到全局最小值。

8.6 模糊神经网络

把模糊系统与神经网络系统结合起来，把模糊数学方法与神经网络数学方法结合起来，是近二十年来的热门研究领域。这方面的研究内容和应用领域都十分广泛，本节介绍其主要的数学方法和基础理论。

8.6.1 模糊神经元模型

最基本的模糊神经元与普通神经元有相似的地方，也有相区别的地方。从结构与功能看，两者都是多输入单输出的单元；在单元内部对输入信息进行非线性（包括线性）处理；单元与单元之间有相互作用（激活或抑制），用连接权重

来表示，如图 8.6.1 所示。

模糊神经元与普通神经元的基本区别在于前者输入、输出均是模糊信息，单元内部的加权和信息处理都带有模糊性质，处理的数学方法也是模糊数学的基本方法。根据输入、输出信息的不同及处理的模糊方法的不同，模糊神经元又分为以下几种类型。

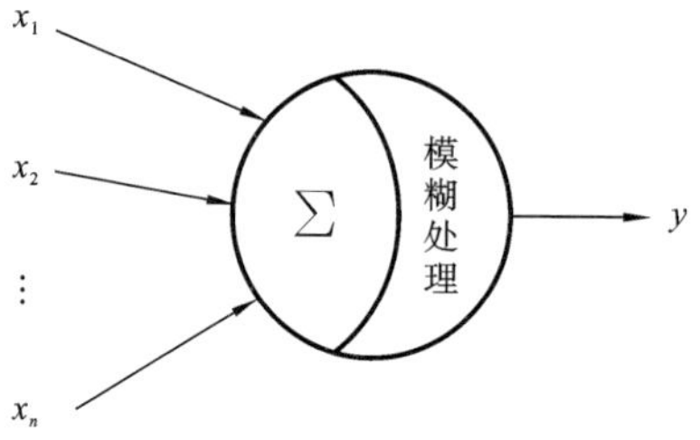

图 8.6.1　模糊神经元的基本模型

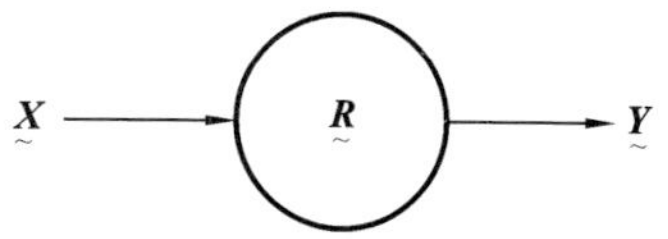

图 8.6.2　第一类模糊神经元模型

1）广义合成运算模型

这种模型的特点是模糊处理运算采用广义模糊合成运算，如图 8.6.2 所示。当输入是向量 $\underset{\sim}{\boldsymbol{X}}=(x_1,x_2,\cdots,x_n)$时，处理单元相当于一个模糊关系 $\underset{\sim}{\boldsymbol{R}}=(r_{ij})_{n\times l}$，输出量是向量 $\underset{\sim}{\boldsymbol{Y}}=(y_1,y_2,\cdots,y_l)$。

这类神经元的输出 $\underset{\sim}{\boldsymbol{Y}}$ 可以由模糊复合运算决定。

$$\underset{\sim}{\boldsymbol{R}}=\underset{\sim}{\boldsymbol{X}}\otimes\underset{\sim}{\boldsymbol{R}} \tag{8.6.1}$$

或者写成向量形式

$$y_j=\overset{n}{\underset{i=1}{\overset{*}{\bigvee}}}(x_i \underset{*}{\wedge} r_{ij})\quad (j=1,2,\cdots,l) \tag{8.6.2}$$

常用的是“最大-最小模型”，即

$$y_j=\bigvee_{i=1}^{n}(x_i \wedge r_{ij})\quad (j=1,2,\cdots,l) \tag{8.6.3}$$

或者用“最大乘积模型”，即

$$y_j=\bigvee_{i=1}^{n}(x_i r_{ij})\quad (j=1,2,\cdots,l) \tag{8.6.4}$$

有时也用“加权平均模型”，即

$$y_j=\sum_{i=1}^{n}x_i r_{ij}\quad (j=1,2,\cdots,l) \tag{8.6.5}$$

2）模糊隶属度模型

这种模型的特点是输入信息的加权操作，就是求得其相应的隶属度，如图 8.6.3 所示。

设 x_i是神经元的第 i 个输入信息，$\mu_i(\cdot)$是第 i 个权的相应隶属度函数，

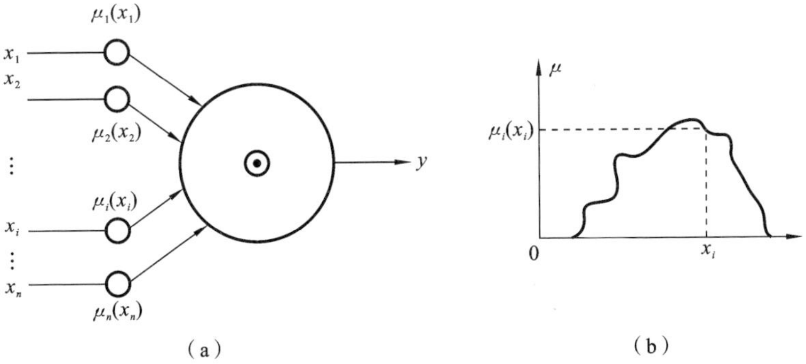

图 8.6.3　输入信息的隶属度与相应的第二类模糊神经元模型

y 是神经元的输出，⊗表示模糊算子，则其输出 y 的数学表达式为

$$y(x_1,x_2,\cdots,x_n)=\mu_1(x_1)\otimes\mu_2(x_2)\otimes\cdots\otimes\mu_n(x_n) \tag{8.6.6}$$

3）全模糊量模型

这种模型的特点是输入为模糊集，加权是对整个隶属函数进行操作，单元内的运算也是模糊运算，如图 8.6.4 所示。

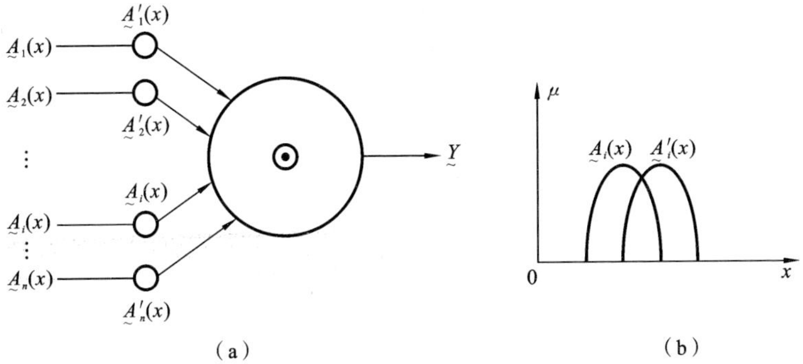

图 8.6.4　隶属度函数整体加权与第三类全模糊量神经元模型

设输入信息是模糊集，其隶属函数是 $A_i(x)$ $(i=1,2,\cdots,n)$，加权处理针对地是整个隶属函数，处理后的隶属函数是 $A'_i(x)$ $(i=1,2,\cdots,n)$，⊗表示模糊算子，则输出亦为模糊集

$$\begin{cases}\underset{\sim}{Y}=\underset{\sim}{A}'_1(x)\otimes\underset{\sim}{A}'_2(x)\otimes\cdots\otimes\underset{\sim}{A}'_n(x)\\ \underset{\sim}{A}'_i(x)=F_i\cdot A_i(x),\quad i=1,2,\cdots,n\end{cases} \tag{8.6.7}$$

式中：Y 是神经元输出模糊集；$\underset{\sim}{A}_i(x)$和 $\underset{\sim}{A}'_i(x)$分别是加权前和加权后的第 i 个输入模糊集隶属函数；F_i是对第 i 个模糊集输入的加权操作。

以上三种类型的模糊神经元，仅从功能和结构上进行分类。在实际应用中，由于一个模糊集要用隶属函数来表示，即要用许多数来表示，而每一个数(隶属度)又都要参与运算，所以还要把上述功能性的神经元再分解成若干基本运算的神经元。每一个基本运算的神经元，仅计算模糊集隶属函数运算中的一个点，若干个这样的神经元才组成一个功能神经元。

8.6.2 模糊 Hopfield 网络

模糊数学与系统的问题，常可用神经网络的方法来求解。本节介绍模糊 Hopfield 网络，用模糊等价关系来求解模糊聚类问题。

模糊 Hopfield 网络，从结构方面看，基本上就是离散型 Hopfield 网络。两者的区别在于：

(1) 模糊 Hopfield 网络是具有自反馈的全互连网络，而离散型 Hopfield 网络则可以是无自反馈的非全互连网络。

(2) 模糊 Hopfield 网络中各神经元之间的连接权重 W_{ij} 用模糊相似关系 $\underset{\sim}{\boldsymbol{R}}=(r_{ij})_{n\times n}$来表示，而离散型 Hopfield 网络的连接权重 W_{ij} 则由样本的学习决定。

(3) 模糊 Hopfield 网络中能量函数的定义与离散型 Hopfield 网络不同，前者由模糊相似关系 $\underset{\sim}{\boldsymbol{R}}$ 决定，后者则由连接权重 W_{ij} 决定。

(4) 模糊 Hopfield 网络神经元的“净输入”运算采用模糊并(∪)运算，而离散型 Hopfield 网络神经元的“净输入”运算则采用求和累加(Σ)运算。

图 8.6.5 表示了模糊 Hopfield 网络，它是一个连接权重为$(r_{ij})_{n\times n}$的全互连自反馈网络。该网络可以用如下的五元组表示其特征：

$$\mathrm{FHN}\langle \boldsymbol{U},\boldsymbol{R},\boldsymbol{\Lambda},\boldsymbol{Y},\boldsymbol{O}\rangle$$

式中：FHN 表示模糊 Hopfield 网络；U 表示神经元集合，$U=\{u_i \mid i=1,2,\cdots,n\}$；$\boldsymbol{R}$ 表示神经元互连权重，它由模糊相似关系矩阵组成：$\boldsymbol{R}=(r_{ij})_{n\times n}\in[0,1]^{n\times n}$；$\boldsymbol{\Lambda}$ 表示神经元阈值向量 $\boldsymbol{\Lambda}=(\lambda_1,\lambda_2,\cdots,\lambda_n)^{\mathrm{T}}\in\{0,1\}^{n\times 1}$。$\boldsymbol{Y}$ 表示神经元输出向量，$\boldsymbol{Y}=(y_1,y_2,\cdots,y_n)^{\mathrm{T}}\in\{0,1\}^{n\times 1}$。即模糊 Hopfield 网络的神经元的输出是二值(0 或 1)输出，用 $\boldsymbol{Y}(t)$表示 t 时刻模糊 Hopfield 网络神经元的状态(0 表示抑制状态，1 表示激活状态)，O 表示模糊神经网络的复合运算模式，通常多采用“最大-最小模型”(见式(8.6.3))或“最大乘积模型”(见式(8.6.4))。用向量形式可以写成

$$O:\begin{cases}\boldsymbol{Y}(t+1)=f(\boldsymbol{R}\circ\boldsymbol{Y}(t)-\boldsymbol{\Lambda})\\ U=\boldsymbol{R}\circ\boldsymbol{Y}(t)-\boldsymbol{\Lambda}(\text{“净输入”运算})\\ f(u_i)=\begin{cases}1, & u_i\geqslant 0\\ 0, & u_i<0\end{cases}(\text{截集运算})\end{cases} \tag{8.6.8}$$

模糊 Hopfield 网络的神经元模型如图8.6.6 所示。图中 $y_j(j=1,2,\cdots,n)$

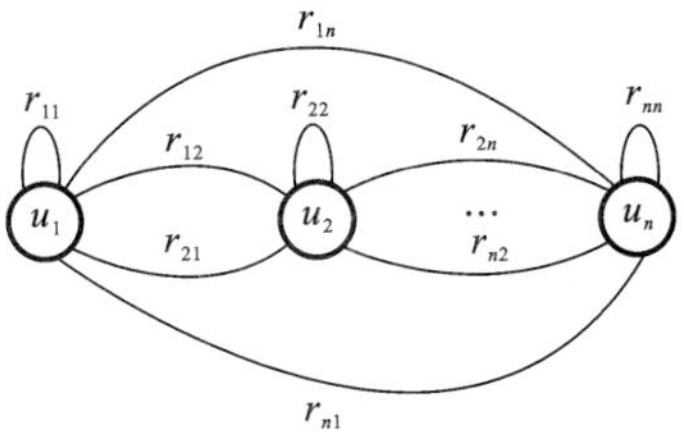

图 8.6.5　模糊 Hopfield 网络

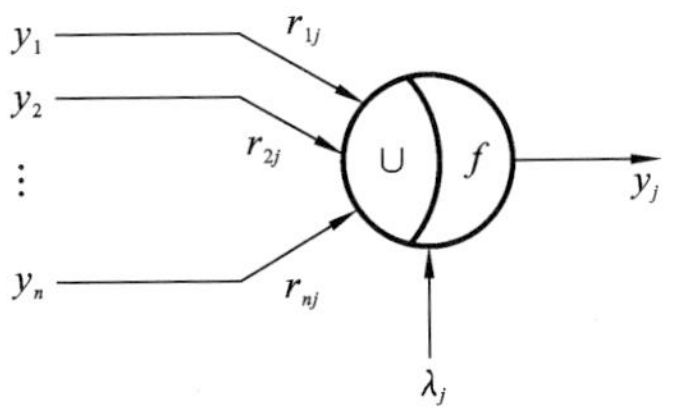

图 8.6.6　模糊 Hopfield 网络的神经元模型

表示第 j 个神经元 u_j 的输出；λ_j $(j=1,2,\cdots,n)$ 表示第 j 个神经元的阈值；∪表示并运算(最大-最小模型或最大乘积模型)；f 表示截集运算。

模糊 Hopfield 网络的工作很简单，首先按给定的几个模式计算其相似矩阵：$\boldsymbol{R}=(r_{ij})_{n\times n}$。按 $\boldsymbol{R}$ 给定网络的初始权重，再给定阈值 $\boldsymbol{\Lambda}=(\lambda_1,\lambda_2,\cdots,\lambda_n)^{\mathrm{T}}$(一般是相同的值)和初始状态 $y_i(0)$ $(i=1,2,\cdots,n)$，然后网络便可自动迭代，达到稳定状态时，各神经元的稳态二值输出即等价关系的聚类结果。

现在要证明模糊 Hopfield 网络最多经过 n 次迭代就能由初始状态收敛至稳定状态。

对于 n 阶模糊 Hopfield 神经网络 $\langle U,\boldsymbol{R},\boldsymbol{\Lambda},\boldsymbol{Y},O\rangle$，其能量函数可以仿照离散型 Hopfield 神经网络来定义，用向量形式可以写成

$$E(t)=\boldsymbol{Y}^{\mathrm{T}}(t)\boldsymbol{R}\boldsymbol{Y}(t)+\boldsymbol{\Lambda}^{\mathrm{T}}\boldsymbol{Y}(t) \tag{8.6.9}$$

若有

$$Y(t+1)=Y(t)\text{或}\ Y(t)=Y(t-1)$$

即

$$\Delta Y(t)=0$$

则称网络达到稳定状态。

我们先证明任一神经元 u_i 的输出 $y_i(t)$ 一旦取 1 值后，在下一时刻 $(t+1)$ 及以后的各个时刻均不会改变，也就是说下述定理成立。

定理 8.6.1　设有 n 阶模糊 Hopfield 神经网络 $\langle U,\boldsymbol{R},\boldsymbol{\Lambda},\boldsymbol{Y},O\rangle$，待分类的模糊集合 $X=\{x_i\,|\,1\leqslant i\leqslant n\}$，$\boldsymbol{R}$ 为 $X\times X$ 上具有自反性的模糊关系，则对于任一时刻 t，

$$\Delta y_i(t)=y_i(t)-y_i(t-1)\geqslant 0\quad(1\leqslant i\leqslant n) \tag{8.6.10}$$

成立。

证明　由 $\boldsymbol{R}$ 的自反性可知，$\forall\, i\in\{1,2,\cdots,n\}$，

$$r_{ii}=1\quad(r_{ii}\in\boldsymbol{R})$$

对于任一时刻 t，若 $y_i(t-1)=1$，则

$$\zeta_i(t)=\bigvee_{i\leqslant j\leqslant n}[r_{ij}\wedge y_i(t-1)]=r_{ij}\wedge y_i(t-1)=1$$

即
$$y_i(t)=f(\zeta_i(t)-\lambda_i)=1$$
故
$$\Delta y_i(t)=y_i(t)-y_i(t-1)=0$$
若
$$y_i(t-1)=0$$
则
$$\Delta y_i(t)=y_i(t)\geqslant 0$$
※

定理 8.6.2 设有 n 阶模糊 Hopfield 网络 $\langle U,\boldsymbol{R},\boldsymbol{\Lambda},\boldsymbol{Y},O\rangle$，模式集合 $X=\{x_i \mid 1\leqslant i\leqslant n\}$，$R$ 为 $X\times X$ 上具有自反性的模糊关系，则

(1) 模糊 Hopfield 网络是稳定的；

(2) 当且仅当能量函数 E 收敛至某一能量值时，模糊 Hopfield 网络达到稳定状态；

(3) 模糊 Hopfield 网络最多经历 n 个时刻，必由初始状态收敛至稳定状态。

证明 采用式(8.6.9)形式的能量函数，若能证明在迭代过程中，其网络的能量是不断增加的，但又有界，则网络的能量函数必须收敛于某一能量值。

$$E(t)=\boldsymbol{Y}^{\mathrm{T}}(t)\boldsymbol{R}\boldsymbol{Y}(t)+\boldsymbol{\Lambda}^{\mathrm{T}}\boldsymbol{Y}(t)\leqslant n^2+n=n(n+1) \tag{8.6.11}$$

又
$$\begin{aligned}\Delta E(t)&=E(t)-E(t-1)\\&=(\boldsymbol{Y}^{\mathrm{T}}(t)\boldsymbol{R}^{\mathrm{T}}+\boldsymbol{Y}^{\mathrm{T}}(t-1)\boldsymbol{R}+\boldsymbol{\Lambda}^{\mathrm{T}})\Delta\boldsymbol{Y}(t)\end{aligned} \tag{8.6.12}$$

故由定理 8.6.1 知

$$\Delta E(t)\geqslant 0$$

即能量函数 E 将收敛至某一能量值。由 $\lambda_i>0(\lambda_i\in\boldsymbol{\Lambda})$，故由式(8.6.12)知，当且仅当 $\Delta Y(t)=0$ 时 E 收敛。故

(1) 若 $\forall i\in\{1,2,\cdots,n\}$，$\Delta\boldsymbol{Y}_i(t)=0$，则网络达稳定状态。

(2) 若 $\exists i\in\{1,2,\cdots,n\}$，$\Delta\boldsymbol{Y}_i(t)\neq 0$，这种情况只有在 $\Delta\boldsymbol{Y}_i(t-1)=0$ 时才有可能，而当 $\Delta\boldsymbol{Y}_i(t)=1$ 时，由定理 8.6.1 知

$$\Delta\boldsymbol{Y}_i(t)=1\Rightarrow\Delta\boldsymbol{Y}_i(t+1)\Rightarrow\Delta\boldsymbol{Y}_i(t+1)=0$$

于是网络也达到稳定。以上情况，最多经历 n 个时刻，所以对整个网络而言，最多经过 n 个时刻后，由于 $\Delta\boldsymbol{Y}_i(t+1)=0$，所以网络处于稳定。

例 8.6.1 设有论域 $X=\{x_1,x_2,x_3,x_4,x_5\}$ 及 $X\times X$ 上的模糊相似关系：

$$\boldsymbol{R}=\begin{bmatrix}1 & 0.1 & 0.8 & 0.5 & 0.3\\0.1 & 1 & 0.1 & 0.2 & 0.4\\0.8 & 0.1 & 1 & 0.3 & 0.1\\0.5 & 0.2 & 0.3 & 1 & 0.6\\0.3 & 0.4 & 0.1 & 0.6 & 1\end{bmatrix}$$

构造模糊 Hopfield 网络 $\langle U,\boldsymbol{R},\boldsymbol{\Lambda},\boldsymbol{Y},O\rangle$。

(1) 令模糊 Hopfield 网络的各神经元连接权重等于 $\boldsymbol{R}$，$\lambda=0.5$，模糊

Hopfield 网络神经元的初始状态为 $e_1=(1,0,0,0,0)$，$e_2=(0,1,0,0,0)$，则模糊 Hop*field* 网络聚类结果如表 8.6.1 所示。

表 8.6.1　$\lambda=0.5$ 时的聚类结果

初始状态 $Y_i(0)$	稳定状态 $Y_i(t)$	分类结果
$e_1=(1,0,0,0,0)$	$(1,0,1,1,1)$	$\{x_1,x_3,x_4,x_5\}$
$e_2=(0,1,0,0,0)$	$(0,1,0,0,0)$	$\{x_2\}$

由表 8.6.1 可知，模式集合 X 中的元素被分成两类：$\{x_1,x_3,x_4,x_5\}$，$\{x_2\}$。

(2) 令 $\lambda=0.6$，模糊 Hopfield 网络聚类结果如表 8.6.2 所示。

表 8.6.2　$\lambda=0.6$ 时的聚类结果

初始状态 $Y_i(0)$	稳定状态 $Y_i(t)$	分类结果
$e_1=(1,0,0,0,0)$	$(1,0,1,0,0)$	$\{x_1,x_3\}$
$e_2=(0,1,0,0,0)$	$(0,1,0,0,0)$	$\{x_2\}$
$e_4=(0,0,0,1,0)$	$(0,0,0,1,1)$	$\{x_4,x_5\}$

由表 8.6.2 可知，当 $\lambda=0.6$ 时，模式集合 X 中的元素被分为三类：$\{x_1,x_3\}$，$\{x_2\}$，$\{x_4,x_5\}$。

(3) 令 $\lambda=0.7$，模糊 Hopfield 网络聚类结果如表 8.6.3 所示。

表 8.6.3　$\lambda=0.7$ 时的聚类结果

初始状态 $Y_i(0)$	稳定状态 $Y_i(t)$	分类结果
$e_1=(1,0,0,0,0)$	$(1,0,1,0,0)$	$\{x_1,x_3\}$
$e_2=(0,1,0,0,0)$	$(0,1,0,0,0)$	$\{x_2\}$
$e_4=(0,0,0,1,0)$	$(0,0,0,1,0)$	$\{x_4\}$
$e_4=(0,0,0,0,1)$	$(0,0,0,0,1)$	$\{x_5\}$

由表 8.6.3 可知，当 $\lambda=0.7$ 时，模式集合 X 中的元素被分为四类：$\{x_1,x_3\}$，$\{x_2\}$，$\{x_4\}$，$\{x_5\}$。

8.7　深度学习：卷积神经网络

8.7.1　概述

最早的神经网络是心理学家 McCulloch 和逻辑学家 Pitts 在 1943 年建立的 MP 模型，后来，心理学家 Hebb 在 1949 年提出神经系统的学习规划，Rosenblatt 在 1957 年提出“感知器”(perceptron)模型，但是由于应用的限制，随着人工智能进入第二次“寒冬”时期，人工神经网络发展也停滞了。

1962 年，Hubel 和 Wiesel 通过对猫的视觉皮层细胞的研究，提出了“感受野”(receptive fields)的概念。1979 年，日本学者 Fukushima 在此概念的基础上，提出神经认知机，这可能是第一个具有“深度”属性的神经网络，也是第一个集成了“感受野”思想的神经网络。

到二十世纪八九十年代，出现了许多神经网络的新模型，开始掀起了对神经网络研究的世界性高潮。其中最受欢迎的模型有：Hopfield 神经网络、玻尔兹曼机和多层感知器。后者可以通过数据分组处理方法进行训练，它可能是最早的深度学习系统。当隐含层的层数多于 1 层时，这种感知器常常称为深层感知器，它实际上是一种由多层节点有向图构成的前馈神经网络，其中每一个非输出节点是具有非线性激活函数(又称作用函数、传递函数)的神经元，每一层与下一层是全连接的。多层感知器能有效地对视觉输入的某些特性起作用，更重要的是它促成了卷积神经网络结构的诞生和发展。卷积神经网络作为一种判别模型，极大地推进了图像分类、识别和理解技术的发展，在大规模评测比赛中成绩显著。

1998 年，LeCun 等人首次使用了权值共享技术。1998 年，LeCun 等人将卷积层和下采样层相结合，设计卷积神经网络的主要结构，形成了现代卷积神经网络的雏形(LeNet)。2012 年，卷积神经网络的发展取得了历史性突破，Krizhevsky 等人采用修正线性单元(Rectified Linear Unit, ReLU)作为激活函数提出了著名的 AlexNet，并在大规模图像评测中取得了优异成绩，成为深度学习发展史上的重要拐点。

在应用方面，卷积神经网络获得巨大成功。除了图像分类外，在人脸识别、交通标志识别、手写字符识别、语音识别、机器翻译、视频游戏、围棋竞赛等方面都取得了令人惊叹的卓越成绩。例如，DeepMind 开发的 AlphaGo 利用深层网络和蒙特卡洛树搜索(Monte Carlo tree search)方法，2015 年 10 月首次在完整的围棋比赛中没有任何让子，以 5 比 0 战胜了欧洲冠军、职业围棋二段选手樊麾。2016 年 3 月，AlphaGo 又以 4 比 1 战胜了世界冠军、职业围棋九段选手李世石。2016 年末至 2017 年初，AlphaGo 在中国棋类网站上以 Master 为注册账号与中日韩数十位围棋高手进行快棋对决，连续 60 局无一败绩。2017 年 5 月，在中国乌镇围棋峰会上，AlphaGo 以 3 比 0 战胜世界排名第一的围棋世界冠军柯洁。

应该说，卷积神经网络在理论上还留有很大的创新空间。现在的实际情况是实践走在了理论的前面。卷积神经网络究竟选多少层？每层选多少个神经元为最佳？激活函数对神经网络的影响规律是怎样的？阈值应该如何设置？初始权值应如何选择？池化层如何设置？如何进行高效、精确的训练？这些问题都鲜有理论的研究结果，这也将促使应用卷积神经网络的广大科技工作者努力攀登更高的创新顶峰。

8.7.2 卷积神经网络的结构

卷积神经网络是一种特殊的多层感知器或前馈神经网络。标准的卷积神经网络一般由输入层(input layer)、交替的卷积层(convolutional layer)和池化层(pooling layer)、全连接层(full connection layer)构成，如图 8.7.1 所示。以图像处理为例，数据输入层主要是对原始图像数据进行预处理，其中包括去均值，把输入数据的各个维度都中心化为 0；归一化，减少各维度数据因取值范围不同而带来的干扰。

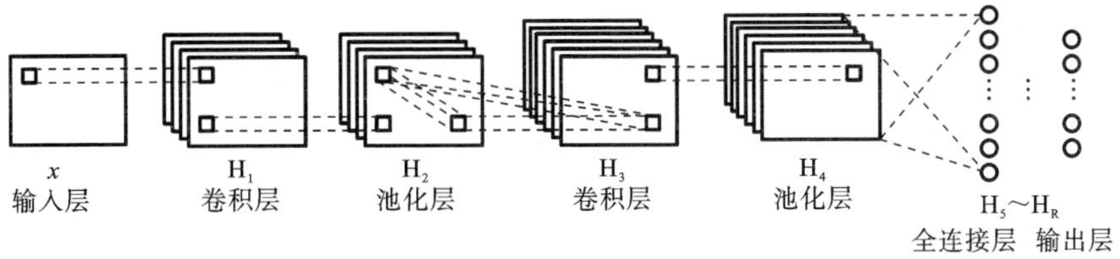

图 8.7.1 标准卷积神经网络

与普通的前馈神经网络的不同之处在于，卷积神经网络包含普通前馈神经网络没有的特征处理器，它是由卷积层和池化层(也称为降采样层)构成的。池化层可以被看作特殊的隐含层。卷积层的权重也称为卷积核。它一般是需要训练的，即通过误差来修改输入权重。但对有的实例，也可以是固定的，比如直接采用 Gabor 滤波器。卷积层的神经元一般按矩阵形式排列，为了减少计算工作量，往往把这个矩阵分割成若干小方阵，称为特征平面(feature map)，同一特征平面的神经元共享权重(卷积核)。共享权重大大减少了网络各层之间的连接，降低了过拟合的风险。

一般的卷积神经网络包含多个卷积层，一个卷积层可以有多个不同的卷积核。通过将多个不同的卷积核进行处理提取出图像的局部特征，每个卷积核映射出一个新的特征图，再将卷积输出结果经过非线性激活函数的处理后输出。具体的计算操作将在 8.7.3 节介绍。

接下来，对激活函数处理的结果进行降采样，也称为池化(pooling)，通常有均值池化(mean pooling)和最大池化(max pooling)两种形式。

池化用于压缩网络参数和数据大小，降低过拟合。如果输入为一幅图像，那么池化层的主要作用就是压缩图像的同时保证该图像特征的不变性。例如，一辆车的图像被缩小了一倍后仍能认出这是一辆车,这说明处理后的图像仍包含着原始图片里最重要的特征。图像压缩时去掉的只是一些冗余信息,留下的信息则是具有尺度不变性的特征,是最能表达图像的特征。池化操作的作用就是把冗余信息去掉,保留重要的信息,这样可以在一定程度上防止过拟合,方便网络的优化。

全连接层,即两层之间所有的神经元权重连接,通常全连接层在卷积神经网络的尾部,与传统的神经网络神经元的连接方式相同。

卷积神经网络的训练算法也同一般的机器学习算法类似,先定义损失函数(loss function)来计算和实际结果的差值,找到最小化损失函数的参数值,利用随机梯度下降法,进行权重调整。

训练卷积神经网络时,网络的参数往往需要进行 fine-tuning,也就是使用已用于其他目标,预训练模型的权重或者部分权重,作为初始值开始训练,这样可以很快收敛到一个较理想的状态。

卷积神经网络通过局部感受野(local reception fields)、权重共享(shared weights)、下采样(sub-sampling)实现位移、缩放和形变的不变性,主要用来识别位移、缩放及其他形式扭曲不变性的二维图形。

权重共享大大降低了网络复杂性,特别是多维输入向量的图像直接输入网络这一特点可避免特征提取和分类过程中数据重建的复杂过程。同一特征映射面上的神经元权重相同,因此网络可以并行学习,这是卷积网络相对于全连接神经网络的一大优势。

关于卷积与权重共享、感受野与池化的具体操作将在 8.7.3 节介绍。

8.7.3 卷积神经网络的基本算法

卷积神经网络起源于感知器。单层感知器结构简单,权重更新计算快速,能够实现逻辑计算中的“非”(not)、“或”(or)、“与”(and)等简单计算。但是对于稍微复杂的“异或”(nor)逻辑操作运算无法解决,其本质缺陷是不能处理线性不可分问题,而在此基础上提出的多层感知器就能解决此类问题。

前面已经叙述过,卷积神经网络实际上就是一种多层感知器或多层前馈神经网络。这种网络实际上就是一种特征信号“产生器”,即将对辨识的图像、语音等采集的信号提取标准化、精确化的不变特征以便后续处理。它将采集到的信号值与权重作卷积运算,减去阈值信号值后,再经激活函数作用,产生输出信号。为了使输出信号能正确地反映辨识对象的特征,必须对权重进行修正。采用的计算方式就是“反向传播”(back propagation,BP)算法。其实质就是利用输出信号与理想信号的差值来修改权重。

上述计算方法就是传统的神经网络的计算方法。由于卷积神经网络中还有许多后续处理，为了统一计算公式所用符号，下面再将上述计算的有关公式分列如下。

1. 关于卷积的数学定义

在卷积神经网络中，涉及两种卷积运算：内卷积和外卷积。在目前的科技文献中，一般都不把这两种卷积明确区分开来，这有时可能引起逻辑和理解上的混乱。虽然卷积神经网络在前向计算时只用到内卷积，但是在设计反向传播学习算法时则要用到外卷积。下面是内卷积和外卷积的数学定义。

1）连续函数内卷积的定义

$$(x \cdot w)(t)=\int_{-\infty}^{\infty} f(\tau)g(t-\tau)\mathrm{d}\tau \tag{8.7.1}$$

式中：$x(t)=f(t)$，$w(t)=g(t)$。

2）离散向量内卷积的定义

$$(x \cdot w)(i,j)=\sum_{\tau=-\infty}^{\infty} f(\tau)g(t-\tau) \tag{8.7.2}$$

3）深度学习应用中，矩阵形式的内卷积和外卷积的定义

假设 $\boldsymbol{A}$ 和 $\boldsymbol{B}$ 为矩阵，大小分别为 $M\times N$ 和 $m\times n$，且 $M\geqslant m$，$N\geqslant n$，则内卷积

$$\boldsymbol{C}=\boldsymbol{A}\overset{\smile}{*}\boldsymbol{B} \tag{8.7.3}$$

的所有元素定义为

$$c_{ij}=\sum_{s=1}^{m}\sum_{t=1}^{n} a_{i+m-s,j+n-t}\cdot b_{st}\quad (1\leqslant i\leqslant M-m+1,1\leqslant j\leqslant N-n+1) \tag{8.7.4}$$

它们的外卷积定义为

$$\boldsymbol{A}\overset{\frown}{*}\boldsymbol{B}=\widehat{\boldsymbol{A}}_{B}\overset{\smile}{*}\boldsymbol{B} \tag{8.7.5}$$

其中，$\widehat{\boldsymbol{A}}=(\widehat{a}_{ij})$ 是一个利用 $\boldsymbol{O}$ 对 $\boldsymbol{A}$ 进行扩充得到的矩阵，大小为 $(M+2m-2)\times(N+2n-2)$，且

$$\widehat{a}_{ij}=\begin{cases} a_{i-m+1,j-n+1}, & m\leqslant i\leqslant M+m-1 \text{ 且 } n\leqslant j\leqslant N+n-1 \\ 0, & \text{其他} \end{cases} \tag{8.7.6}$$

例如，假设矩阵 $\boldsymbol{A}=\begin{bmatrix}1 & 2 & 3\\ 4 & 5 & 6\\ 7 & 8 & 9\end{bmatrix}$、矩阵 $\boldsymbol{B}=\begin{bmatrix}2 & 3\\ 4 & 5\end{bmatrix}$，则对 $\boldsymbol{A}$ 和 $\boldsymbol{B}$ 进行内卷积和外卷积的结果分别为

$$\boldsymbol{A}\breve{*}\boldsymbol{B}=\begin{bmatrix}35 & 49\\77 & 91\end{bmatrix},\quad \boldsymbol{A}\hat{*}\boldsymbol{B}=\begin{bmatrix}2 & 7 & 12 & 9\\12 & 35 & 49 & 33\\30 & 77 & 91 & 57\\28 & 67 & 76 & 45\end{bmatrix} \tag{8.7.7}$$

如果 $\boldsymbol{C}=\boldsymbol{A}\breve{*}\boldsymbol{B}$，且 $\boldsymbol{E}(\boldsymbol{C})$ 是一个关于 $\boldsymbol{C}$ 的任意可微函数，那么有如下卷积链式法则：

$$\frac{\partial \boldsymbol{E}}{\partial \boldsymbol{B}}=\frac{\partial \boldsymbol{E}}{\partial \boldsymbol{C}}\cdot\frac{\partial \boldsymbol{C}}{\partial \boldsymbol{B}}=\boldsymbol{A}\breve{*}\frac{\partial \boldsymbol{E}}{\partial \boldsymbol{C}} \tag{8.7.8}$$

$$\frac{\partial \boldsymbol{E}}{\partial \boldsymbol{A}}=\frac{\partial \boldsymbol{E}}{\partial \boldsymbol{C}}\cdot\frac{\partial \boldsymbol{C}}{\partial \boldsymbol{A}}=\frac{\partial \boldsymbol{E}}{\partial \boldsymbol{C}}\hat{*}\,\mathrm{rot180}(\boldsymbol{B}) \tag{8.7.9}$$

式中：$\mathrm{rot180}(\boldsymbol{B})$ 是矩阵 $\boldsymbol{B}$ 作 180°转置。

2. BP 算法

卷积神经网络的基础是多层前馈神经网络，其工作的关键问题在于如何训练其中各层间的连接权重。解决训练问题有两类方法：一类是将其他连接权重固定，只训练两层间的连接权重。研究者们已从数学上证明了这种方法对所有非线性可分的样本集都是收敛的。另一类即目前普遍应用的 BP 算法。通常使用 sigmoid 和 tanh 等连续函数模拟神经元对激励的响应，使用反向传播对神经网络的连接权重进行训练。以下介绍训练的基本算法（见图 8.7.2）。

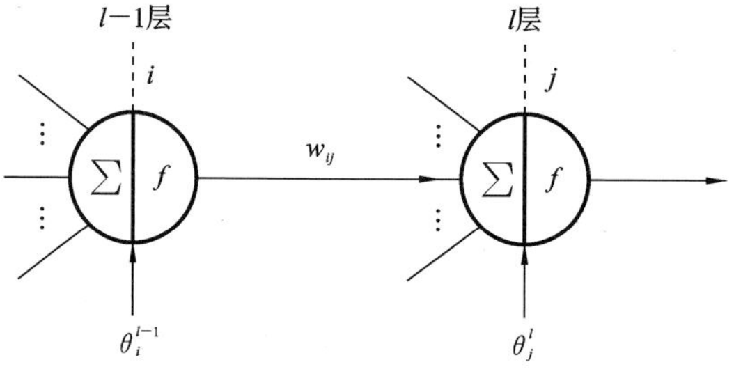

图 8.7.2　卷积神经网络相邻的两个神经元

令 W_{ji}^{l} 表示第 $l-1$ 层的第 i 个神经元到第 l 层的第 j 个神经元的连接权重，x_j^l 表示第 l 层第 j 个神经元的总输入，y_j^l 表示第 l 层第 j 个神经元的输出，θ_j^l 表示第 l 层第 j 个神经元的偏置（阈值），C 代表代价函数（cost function），则有

$$x_j^l=\sum_k w_{ji}^l y_j^{l-1}+\theta_j^l \tag{8.7.10}$$

$$y_j^l=f(x_j^l) \tag{8.7.11}$$

其中，$f(\cdot)$ 表示激活函数，比如 Sigmoid 函数。

训练多层网络的目的就是使代价函数 C 最小化，对于一个单独的训练样本

x,其标签(目标)为 Y,定义代价函数为

$$\boldsymbol{C}=\frac{1}{2}\parallel \boldsymbol{Y}-y^{L}\parallel^{2} \tag{8.7.12}$$

可以看出,这个函数依赖于实际的目标值$\boldsymbol{Y}$, y_j^L 可以看成是权值和偏置的函数,通过不断地修改权重和偏置值,来改变神经网络的输出值。

接下来就要更新权重和偏置值。首先定义误差 δ,令 δ_j^l 等表示第 l 层第 j 个神经元上的误差,可定义为

$$\delta_j^l=\frac{\partial c}{\partial x_j^l} \tag{8.7.13}$$

结合式(8.7.10)和式(8.7.11),由链式法则可得输出层的误差方程为

$$\delta_j^l=\frac{\partial c}{\partial y_j^l}f'(x_j^l) \tag{8.7.14}$$

因为当前层神经元的输入是上一层神经元输出的线性组合,由链式法则可实现通过下层神经元的误差来表示当前层的误差:

$$\delta_j^l=\frac{\partial c}{\partial x_j^l}=\sum_i\frac{\partial c}{\partial x_i^{l+1}}\frac{\partial x_i^{l+1}}{\partial x_j^l}=\sum_i\frac{\partial x_i^{l+1}}{\partial x_i^l}\delta_i^{l+1} \tag{8.7.15}$$

又因 x_i^{l+1} 是 x_j^i 的函数,可得

$$x_i^{l+1}=\sum_j w_{ij}^{j+1}y_j^l+\theta_j^{l+1}=\sum_j w_{ij}^{l+1}f(x_j^l)+\theta_i^{l+1} \tag{8.7.16}$$

对 x_j^l 求偏导,可得

$$\frac{\partial x_k^{l+1}}{\partial x_j^l}=w_{ij}^{l+1}f'(x_i^l) \tag{8.7.17}$$

故有

$$\delta_j^l=\sum_i w_{ij}^{j+1}\delta_i^{l+1}f'(x_j^l) \tag{8.7.18}$$

以上就是反向传播的过程,即第 l 层神经元 j 的误差值,等于第 $l+1$ 层所有与神经元 j 相连的神经元的权重之和,再乘以该神经元 j 的激活函数梯度。

权重的更新可以通过式(8.7.19)获得:

$$x_j^{l+1}=\sum_i w_{ji}^l y_i^{l-1}+\theta_j^l \tag{8.7.19}$$

则

$$\frac{\partial c}{\partial w_{ji}^l}=\frac{\partial c}{\partial x_j^l}\frac{\partial x_j^l}{\partial w_{ji}^l}=\delta_j^l y_i^{l-1} \tag{8.7.20}$$

$$\frac{\partial c}{\partial \theta_j^l}=\frac{\partial c}{\partial x_j^l}\frac{\partial x_i^l}{\partial \theta_j^l}=\delta_j^l \tag{8.7.21}$$

由梯度下降法可得更新规则为

$$w_{ji}^l=w_{ji}^l-\alpha\frac{\partial c}{\partial w_{ji}^l}=w_{ji}^l-\alpha\delta_j^l y_i^{l-1} \tag{8.7.22}$$

$$\theta_j^l = \theta_j^l - \alpha \frac{\partial c}{\partial \theta_j^l} = \theta_j^l - \alpha \delta_j^l \tag{8.7.23}$$

由此可以看出，反向传播过程就是更新神经元误差值，然后再根据所求出的误差值正向更新权重和偏值。

3. 权重共享

从以上叙述可知，卷积神经网络（缩写为 CNN）的核心是卷积，卷积层也称为“检测层”，卷积层的权重称为“卷积核”，它作用于输入信号，形成卷积，再经处理后就能得到相应的输出，例如图像、语音等。

在实际工作中，为了使 CNN 工作更高效，并不需要卷积核中的全部元素都工作。例如在图像识别中，人的单个视觉神经元并不需要对全部图像进行感知，只需要对局部信息进行感知即可。若距离较远，相关性比较弱的元素则不在计算范围内。将此思想应用到卷积计算中，就是在全部卷积核中选择与辨识对象有紧密关系的部分参加计算，这样就能使计算量大大降低。

如图 8.7.3 所示。原始图像的二维输入矩阵是 5×5 矩阵，选择的卷积核（权重）矩阵是 3×3 矩阵。卷积核矩阵缩小了，这样就使计算工作量大大缩小，并且使重要的图像特征更加突出。

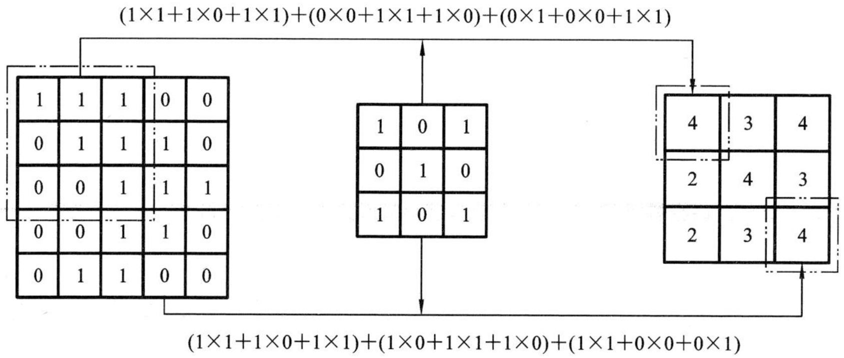

图 8.7.3　二维卷积实例

下面介绍具体的操作。首先将卷积核与原始图像左上角的 3×3 矩阵对应位置的元素相乘求和（输入信号的对应的行与卷积核中对应的列相乘后求和，如图 8.7.3 虚线框内所示），得到的数值作为结果矩阵第 1 行第 1 列的元素值，然后卷积核向右移动一个单位（即步长 stride 为 1），与原始图像前 3 行第 2、3、4 列所对应位置的元素分别相乘并求和，得到的数值作为结果矩阵第 1 行第 2 列的元素值，以此类推。

以上就是卷积核矩阵在一个原始矩阵上从左往右、从上往下扫描，每次扫描移动一格（即一个数据位置），得到一个计算结果，将所有结果组合到一起，得到一个新的结果矩阵的过程。操作如图 8.7.3 所示。

如果将大量图片作为训练集,则最终卷积核会训练成待提取的特征,例如识别飞机,那么卷积核可以是机身或者飞机机翼的形状等。

卷积核与原始图像做卷积操作,符合卷积核特征的部分得到的结果比较大,经过激活函数往下一层传播;不符合卷积特征的区域,获得的数值比较小,往下传播的程度也会受到限制。卷积操作后的结果可以较好地表征该区域符合特征的程度,所以卷积操作后得到的矩阵被称为特征平面。训练完成后的图像的局部特征具有重复性(即与位置无关),这种基本特征图形可能出现在图片上的任意位置。用一个相同的卷积核对整幅图像进行一个卷积操作,相当于对图像做一个全图滤波,选出图片上所有符合这个卷积核的特征。

4. 感受野与池化

感受野(receptive field)是卷积神经网络的重要概念之一,当前流行的各种识别方法的架构大都围绕感受野进行设计。

从直观上讲,感受野就是视觉感受区域的大小,从数学角度看,感受野是 CNN 中某一层上的一个区域,它的输出结果以映射方式对应特征图上的一个点。换言之,特征映射图上的一个点所对应的输入图上的区域就是感受野,如图 8.7.4 所示。

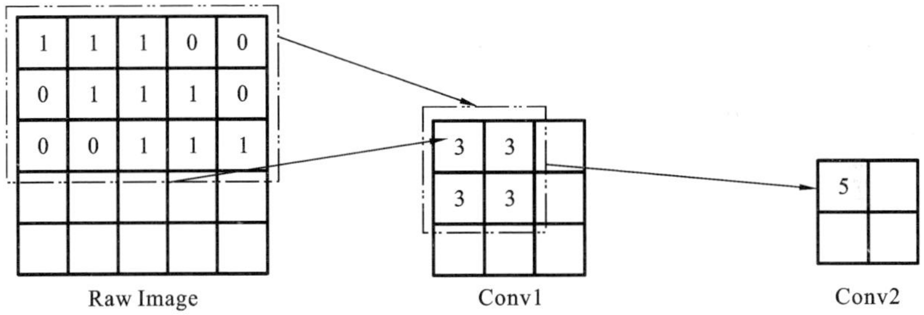

图 8.7.4 感受野示例图

如果一个神经元的大小受到了 $N\times N$ 的神经元区域的影响,那么就可以说该神经元的感受野是 $N\times N$,因为它反映了 $N\times N$ 区域的信息。在图 8.7.4 中,Conv2 的像素点为 5,它是由 Conv1 的 2×2 区域映射而来,而该 2×2 区域,又是由 Raw Image 中的 5×3 区域映射而来,因此该像素的感受野是 5×3。可以看出,感受野越大,得到的全局信息越多。

池化的实质是对数据进行压缩,使图像越来越小,每过一级池化,相当于作一次降采样。特征图经池化压缩变小后,不但简化了网络计算的复杂度,而且还提取了主要特征。

池化实现的方法有两种:一种是通过“步长”不为 1 的卷积来实现,还有一种是通过池化层的直接采样实现。后者的采样操作，常见的有均值池化和最大池化。均值池化是计算图像区域所有元素的平均值作为该区域池化后的值，最大池化则是选取图像区域中元素的最大值作为该区域池化后的值。

池化作用于图像中不重合的区域（这与卷积操作不同，卷积操作可以作用于重合区域）。一般而言，池化操作的每个池化窗口都是不重叠的。池化窗口的大小就等于“步长”(stride)，如图 8.7.5 所示。图中移动步长 stride＝2，采用一个大小为 2×2 的池化窗口，选用最大池化法进行池化，最终在原特征图中提取主要特征，得到图 8.7.5 的右图。

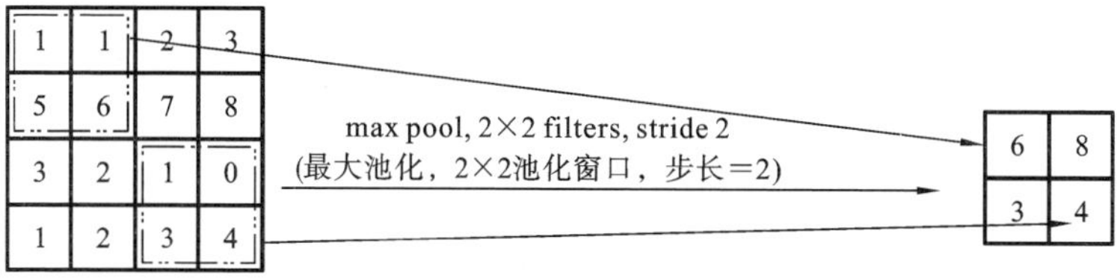

图 8.7.5　最大池化操作示意图

例 8.7.1　设特征图矩阵 $\boldsymbol{A}=\begin{bmatrix}3 & 6 & 8 & 4\\4 & 7 & 7 & 1\\2 & 2 & 4 & 2\\2 & 4 & 3 & 1\end{bmatrix}$，采用 2×2 不重叠均值池化（平均下采样）和最大池化（最大下采样），求池化的结果。

解　设 $D_{\text{avg}}(\boldsymbol{A})$ 为均值池化，$D_{\max}(\boldsymbol{A})$ 为最大池化，则得

$$D_{\text{avg}}(\boldsymbol{A})=\begin{bmatrix}5 & 5\\2.5 & 2.5\end{bmatrix}$$

$$D_{\max}(\boldsymbol{A})=\begin{bmatrix}7 & 8\\4 & 4\end{bmatrix}$$

Zeiler 提出随机池化(stochastic pooling)操作，只需对特征图中的元素按照其概率值大小随机选择，元素被选中的概率与其数值大小正相关，并非如同最大池化那样直接选取最大值。这种随机池化操作不但最大化地保证了取值的最大化，也部分确保不会所有元素都被选取最大值，而造成过度失真。

在池化操作提取信息的过程中，如果选取区域均值，往往能保留整体数据的特征，较好地突出背景信息；如果选取区域最大值，则能更好地保留纹理特征。但最理想的还是小波变换，不但可以在整体上更加细微，还能够保留更多的细节特征。池化操作本质是使特征图缩小，有可能影响网络的准确度，对此我们可以通过增加特征图的深度来弥补精度的缺失。

池化操作为神经网络的研究者提供了广阔的创新空间。

5. 块归一化

块归一化(batch normalization),又称为批量归一化。对神经网络的训练过程进行块归一化,不仅可以提高网络的训练速度,还可以提高网络的泛化能力。块归一化可以理解为将输入数据的归一化扩展到其他层输入数据的归一化,以减小内部数据分布偏移(internal covariate shift)的影响。经过块归一化后,一方面可以通过选择比较大的初始学习速率极大地提升训练速度,另一方面还可以不用太关心初始化方法和正则化技巧的选择,从而减少对网络训练过程的人工干预。

块归一化在理论上可以作用于任何变量,但在神经网络中一般直接作用于隐含单元的输入。块归一化实质上就是一个变换,使变换后的数据满足同一独立分布的假设条件。前提是假定各输入数据块的数据呈同一独立随机分布(如高斯分布)。

块归一化是常用的数据归一化方法,常用在卷积层后,可以用于重新调整数据分布。

假设神经网络某层一个 batch 的输入为 $\boldsymbol{X}=[x_0, x_1, \cdots, x_n]$,其中每一个 x_i 为一个样本,n 为 batch size 也就是样本的数量。

首先,需要求得 mini-batch 里元素的均值:

$$\mu_X = \frac{1}{n}\sum_{i=1}^{n} x_i \tag{8.7.24}$$

其次,求出 mini-batch 的方差:

$$\sigma_X^2 = \frac{1}{n}\sum_{i=1}^{n}(x_i - \mu_X)^2 \tag{8.7.25}$$

这样就可以对每个元素进行归一化,其中 ε 是防止分母为 0 的一个常数:

$$\hat{x}_l = \frac{x_i - \mu_X}{\sqrt{\sigma_X^2 + \varepsilon}} \tag{8.7.26}$$

在实际使用时还要做尺度缩放和偏移操作,例如用下式来实现这一变换:

$$y_l = \gamma \hat{x}_l + \beta \tag{8.7.27}$$

式中:γ 和 β 是修正参数,它们是基于具体的任务学习得来的。

8.7.4 卷积神经网络的演变脉络

卷积神经网络的演变脉络如图 8.7.6 所示。从图中可以看出,现代卷积网络以 LeNet 为雏形,在经过 AlexNet 的历史突破之后,演化生成了很多不同的网络模型,主要包括:加深模型、跨连模型、应变模型、区域模型、分割模型、特殊模型和强化模型等。加深模型的代表是 VGGNet-16、VGGNet-19 和 GoogleNet;跨连模型的代表是 HighwayNet、ResNet 和 DenseNet;应变模型的

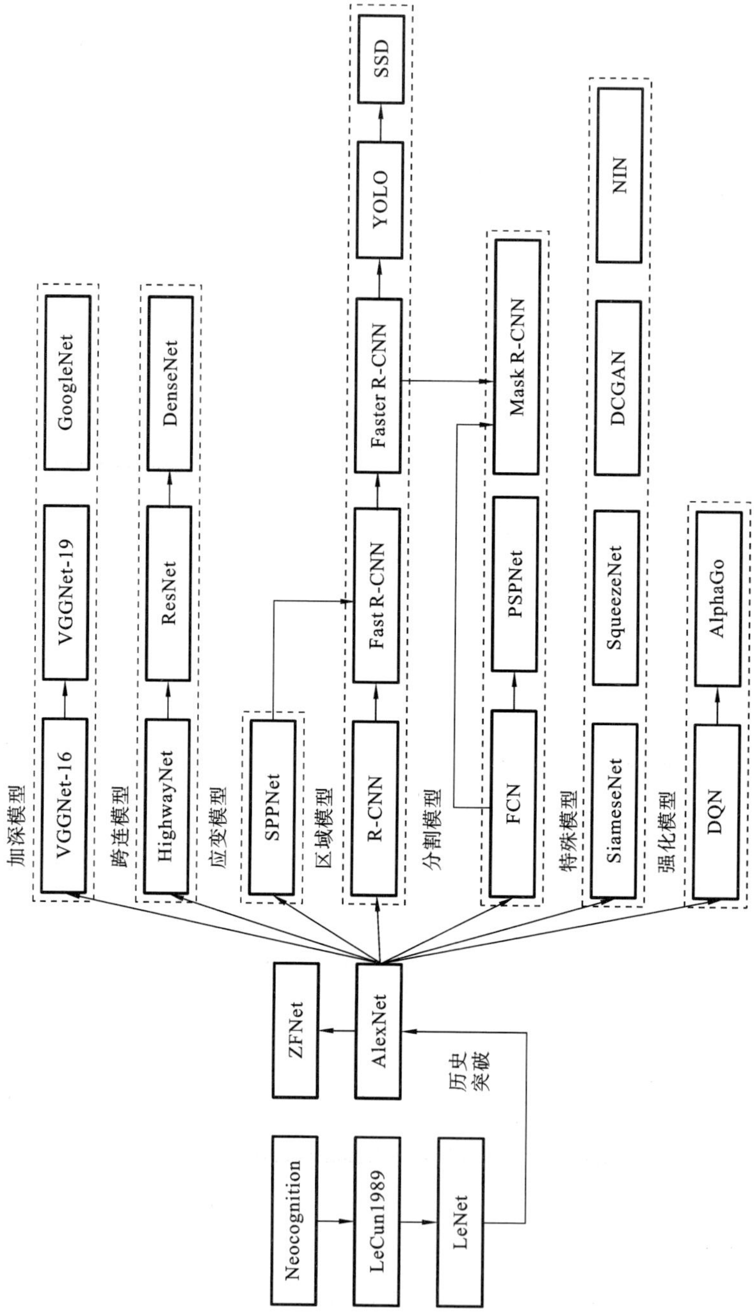

图 8.7.6　卷积神经网络的演变脉络

代表是 SPPNet;区域模型的代表是 R-CNN、Fast R-CNN、Faster R-CNN、YOLO 和 SSD;分割模型的代表是 FCN、PSPNet 和 Mask R-CNN;特殊模型的代表是 SiameseNet、SqueezeNet、DCGAN、NIN;强化模型的代表是 DQN 和 AlphaGo。

第9章 遗传算法

9.1 概述

9.1.1 遗传算法的生物学基础

地球诞生至今约有45.5亿年。地球上出现原始的低级生物至今约35亿年。从低级生物发展到高级生物，乃至发展到万物之灵的人类，这是一个漫长的生物进化过程。

1859年，英国生物学家C. R. Darwin（达尔文，1809—1882年），根据他长期对世界各地的考察和人工选择的实验，发表了巨著《物种起源》，系统地提出并建立了以“优胜劣汰”“适者生存”的自然选择为基础的生物进化论学说。根据他的进化论，生物发展进化主要有三个原因，就是遗传、变异和选择。遗传就是子代的性状、特征总是和亲代相似。正是这种遗传性，使得生物能够繁衍并保持种群，遗传是生物进化的基础。变异是指子代与亲代的某些不相似。变异是生物个体之间区别的基础，它为生物的进化发展创造了条件。选择决定了生物进化的方向，即优胜劣汰、适者生存。通过不断的选择（人工选择或自然选择），使有利于生存发展的变异遗传下去，积累起来，使变异和遗传向着适应环境的方向发展。经过长时间的遗传、变异和选择，生物便逐渐从简单到复杂，从低级到高级不断地进化和发展。

19世纪中叶，生物学领域的另一个巨大成就，就是遗传学（Genetics）的创立。1865年，奥地利生物学家G. Mendel（孟德尔，1822—1884年）发表了著名论文《植物杂交试验》，在当时并没有引起学术界足够重视。事隔35年后，三位植物学家同时彼此独立地重新发现了孟德尔发现的遗传规律。到20世纪初，许多科学家通过试验和观察，都证实了孟德尔的遗传规律的普遍意义。Mendel的遗传学说认为，遗传是作为一种指令遗传码封装在每个细胞中，并以基因（gene）的形式包含在染色体（chromosome）中，每个基因有特殊的位置并控制某种特性，基因杂交和基因突变可能产生对环境适应性强的后代，通过优胜劣汰的自然选择，使适应性强的基因结构保存下来。

20 世纪遗传学的重大发展，就是从细胞水平向分子水平的发展。1953 年，美国人 J. D. 沃森和英国人 H. C. 克里克提出了 DNA 分子结构的双螺旋模型。这是 20 世纪的三大伟大发现之一（另两大发现是量子力学与相对论），他们二人也因此于 1962 年获得诺贝尔生理学或医学奖。DNA 是一种高分子化合物，称为脱氧核糖核酸，组成它的基本单位是脱氧核苷酸（见图 9.1.1）。每个脱氧核苷酸由一分子磷酸（P），一分子脱氧核糖（S）和一分子含氮碱基（A、T、G、C）组成。组成脱氧核苷酸的含氮碱基有四种，它们是腺嘌呤（A）、鸟嘌呤（G）、胞嘧啶（C）和胸腺嘧啶（T）。相应地由不同碱基组成的脱氧核苷酸也就分别称为脱氧腺苷酸、脱氧鸟苷酸、脱氧胞苷酸和脱氧胸苷酸。多个脱氧核苷酸一个连一个，形成脱氧核苷酸链。DNA 大分子是由两条头尾方向相反的脱氧核苷酸长链、以右手螺旋的方式盘绕着同一中心轴而形成的，有点像右旋扶梯。每对碱基都处于同一平面，与中心轴垂直，两个碱基平面相互平行，间距 0.34 nm，螺旋的直径为 2 nm，10 个碱基对就在螺旋上转一圈。碱基对的组成依据严格的配对规律，即腺嘌呤（A）通过两个氢键与胸腺嘧啶（T）配对，鸟嘌呤（G）通过三个氢键与胞嘧啶（C）配对。这种对应关系叫做碱基互补配对原则，可以用图 9.1.2 来表示。

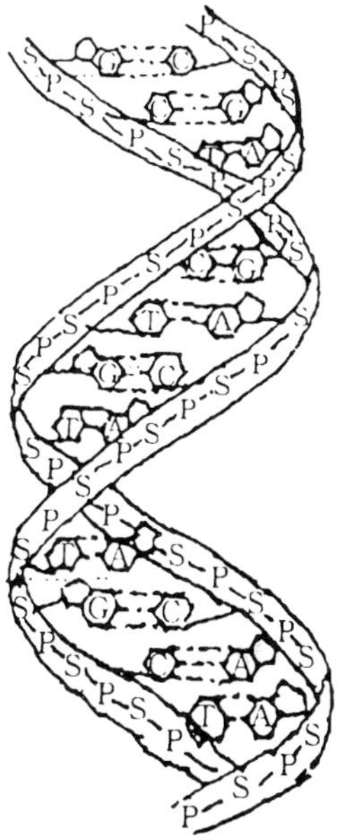

P—磷酸，S—脱氧核糖，
A，G，C，T—四种含氮碱基

图 9.1.1 DNA 的双螺旋结构

碱基：…	A	C	G	T	C	A	G…
氢键：	‖	‖‖	‖‖	‖	‖‖	‖	‖‖
碱基：…	T	G	C	A	G	T	C…

图 9.1.2 碱基互补配对

在 DNA 的分子结构中，两条长链上的脱氧核糖（S）与磷酸（P）交替排列的顺序是稳定不变的；而长链中碱基对的排列组合方式却是千变万化的。科学实验表明，生物的特性及遗传的信息，都贮存在 DNA 分子的碱基对中，不同的碱基对的排列组合，对应了不同的生物体。DNA 分子中有遗传效应的片段称为基因，每个 DNA 分子含有很多基因。染色体是由 DNA 分子与蛋白质一起构成的。1944 年，科学家 O. T. 埃弗里等人做了一个著名的实验，证明了决定遗传性的物质不是蛋白质，而是 DNA。所以染色体的遗传性就取决于基因，基因是控制生物性状的遗传物质的功能单位和结构单位。每个基因中可以含有成百上千个脱氧核苷酸。人基因组 DNA(即编码在螺旋形 DNA 里的全部遗传信息)大约由 30 亿个脱氧核苷酸组成，其信息量约为 120 亿比特，可以编码 20 万种蛋白质。不同的基因，碱基排列顺序不同。人类大约有 10 万个基因，现在科学家已把人类全部基因的排列顺序搞清楚了。上述染色体-DNA-基因的结构就成为当今遗传算法(genetic algorithm，简称 GA)的基础之一。

分子遗传学的另一重要研究领域就是遗传的动态机制。研究表明，DNA 分子可以自我复制，自我复制时就保留了原来的碱基对的组合。DNA 分子还可以把碱基原型按照碱基互补配对的原则“转录”到核糖核酸(RNA)中，但用尿嘧啶(U)代替了 DNA 中的 胸腺嘧啶(T)，如图 9.1.3 所示。

DNA：…—A—T—G—C—…

⋮ ⋮ ⋮ ⋮

RNA：…—U—A—C—G—…

图 9.1.3 DNA 与 RNA

可见，通过转录，DNA 的遗传信息就传递到 RNA 上，这种 RNA 称为信使 RNA。信使 RNA 分子可以控制合成不同蛋白质的氨基酸。这一过程称为“翻译”。现已发现 RNA 中每三个碱基(称为三联体)决定一种氨基酸，这种碱基的组合可以达到 64($4^3=64$)种。氨基酸的种类有 20 多种，大多数氨基酸与几个三联体对应。例如：UUU 决定苯丙氨酸；CGU 决定精氨酸；UUU 和 UUC 都编码决定苯丙氨酸。遗传学上把信使 RNA 上决定一种氨基酸的三个相邻的碱基叫做“密码子”。1966 年，科学家破译了全部密码子。在 64 种可能的组合中，有 61 种可用于编码各种氨基酸，另外三种核苷酸组合(UAA，UAG，UGA)并不编码任何氨基酸。它们都是编码终止信号，表示氨基酸链合成的终止。由于 RNA 中 A、G、C、U(亦即 DNA 中 A、G、C、T)碱基的无穷无尽的排列组合，制造了无穷无尽的不同的蛋白质，它们有不同的功能，形成了生物体内千变万化的生理过程和千差万别的生物种群。

科学研究还发现，RNA 也可以自我复制。在蛋白质合成过程中，不单是 DNA 决定 RNA，RNA 同样也可以反过来决定 DNA。在分子遗传学说中，把 DNA 分子的自我复制及 DNA 分子通过 RNA 分子的“转录”再控制(“翻译”)氨基酸的合成过程统一称为“中心法则”。RNA 的自我复制及 RNA 与 DNA 的相互作用，是对“中心法则”的重要补充。1973 年，美国的科恩(S. N. Cohen)和博耶(H. W. Boyer)演示了世界上第一例基因工程，用化学方法完成了 DNA

的基因重组,改变了遗传密码。这是一个划时代的发现,从此用人工方法改变基因,创造新生物品种的遗传工程便开始了。

基因的复制、重组、交换、变异等操作,就成为遗传算法的另一个基础。

9.1.2 遗传算法发展简史

将达尔文的进化论和孟德尔的遗传学说用于解决工程和科研中所遇到的搜索和优化问题的思想,早在 20 世纪 60 年代初期便已提出。1962 年,A. S. Fraser 在《理论生物学杂志》上发表了《遗传系统的模拟》一文,提出了和现在的遗传算法十分相似的概念和思想。但是,Fraser 和其他的一些学者并未认识到自然遗传算法可以转化为人工遗传算法。与此同时,美国密歇根大学 Holland 教授发表了“使用细胞状计算机程序的适应系统”的研究成果,提出一种能模拟自然选择遗传机制的一般性的理论和方法。后来 Holland 教授一直致力于研究遗传算法的数学形式,并将这种人工遗传操作应用到自然系统和人工系统中。从 20 世纪 60 年代末到 70 年代初,密歇根大学的许多博士研究生进行了遗传算法的应用研究。1967 年,Bagley 在他的博士论文中首次提出了遗传算法的术语,并讨论了遗传算法在自动博弈中的应用。他提出的选择、交叉和变异操作,已与目前遗传算法的操作十分接近。同一时期,Rosenberg,Cavicchio 和 Weinberg 等人均对遗传算法进行了研究。Rosenberg 提出不少独特的遗传操作,Cavicchio 对遗传算法的自我调整做了有特色的研究,Weinberg 则提出多级遗传算法。第一个把遗传算法用于函数优化的是 Hollstien。1971 年他在博士论文《计算机控制系统中的人工遗传自适应》中,着重讨论了二变量函数的优化问题,对优势基因的控制、交叉和变异以及各种编码技术进行了深入研究,并把遗传算法用于数字反馈控制。

1975 年在遗传算法研究的历史上,是一个称得上里程碑的年份。这一年,Holland 教授出版了他的著名专著《自然系统与人工系统中的适应性》,这标志着遗传算法的创立。该书系统地阐述了遗传算法的基本理论和方法,给出了大量的数学理论证明,并提出了对遗传算法的研究与发展极为重要的模式理论(schemata theory)。同年,De Jong 完成了他的博士论文《遗传自适应系统的行为分析》。他把 Holland 的模式理论与他的计算实验结合起来,不但把选择、交叉和变异操作进一步完善和系统化,而且还提出了诸如代沟(generation gap)等新的遗传操作技术。De Jong 的工作为遗传算法及其应用打下了坚实的基础,他所得出的许多结论,迄今仍具有指导意义。

20 世纪 80 年代是遗传算法发展兴盛的时期。在理论上进一步完善了遗传算法的基本操作,提出了许多优化和学习的规则。在应用上拓宽到几乎所有的工程领域，如管道控制、导弹控制、生产规则、通信网络设计、喷气发动机设计、图像处理、组合优化、模式识别、信号处理、机器人、人工生命，等等。1989 年，D. E. Goldberg 教授出版了专著《应用于搜索、优化和机器学习的遗传算法》，对遗传算法的方式、理论及应用作了全面系统的总结。

20 世纪 90 年代是遗传算法与其他智能计算方法结合、交叉、渗透进一步发展的时期。这一时期，遗传算法出现了许多引人注目的新动向。首先是遗传算法与模糊数学方法、神经网络理论、混沌理论等智能计算方法相互渗透和结合，这对开拓 21 世纪的新的智能计算方法与发展智能计算机具有重要意义。二是遗传算法与组合优化方法相结合，解决了许多组合优化的难题。三是遗传算法与机器学习相结合，解决了专家系统中的分类器设计问题及其他知识工程的知识获取问题。四是遗传算法与并行处理相结合，发展并行遗传算法，并促进智能计算机体系结构的研究。五是遗传算法与人工生命相结合，发展各种人工生命系统。六是遗传算法与计算机科学相结合，利用计算机网络和智能体(agent)发展各种基于多智能体的网络合作系统，解决复杂的工程问题。

从 20 世纪 80 年代以来，遗传算法的国际学术活动十分活跃。1985 年开始举行国际遗传算法会议，即 ICGA(International Conference on Genetic Algorithm)，每两年举行一次。欧洲从 1990 年开始也每隔一年举办一次类似的会议，即 PPSN(Parallel Problem Solving from Nature)会议。此外关于进化规划 EP(Evolution Programming)和进化策略 ES(Evolutional Strategy)的国际会议也不断召开。1992 年，IEEE NNC 发起召开了首届 IEEE 进化计算国际会议。1994 年，在美国奥兰多召开了'94 IEEE 全球计算智能大会(WCCI)，会上把进化计算、模糊系统、神经网络列为会议的三项主题，说明这三者已成为智能计算的基础，这三者的相互渗透与结合已成为重要的研究方向。

9.1.3 遗传算法的特点

遗传算法是基于自然选择和基因遗传学原理的一种群体寻优的搜索算法，特别适合处理传统搜索方法难以解决的复杂和非线性问题，广泛地用于组合优化、机器学习、自适应控制、规划设计、智能机器系统、智能制造系统、系统工程、人工智能、人工生命等领域，是 21 世纪智能计算中的关键技术之一。有人把遗传算法(GA)、进化策略(ES)、进化规划(EP)三者统称为进化算法(即 EA，evolutional algorithm)或进化计算(即 EC，evolutional computation)。实际上，遗传算法的名称应用更广泛，进化算法并没有本身特有的理论基础或比遗传算法更高一级的理论基础，所以在实际上，常把进化算法与遗传算法看成同样的概念。

与其他寻优算法相比，遗传算法的特点是：

(1) 遗传算法是群体寻优，不是从一个点开始，而是从许多点开始搜索，因而可以防止搜索过程收敛于局部最优解，有可能寻求得到全局最优解；

(2) 遗传算法通过适应函数来选择优秀种群，而不需要其他推导和附属信息，因而对问题的依赖性较小，求解的鲁棒性较好；

(3) 遗传算法对寻优的函数(适应函数)基本无限制，既不要求函数连续，也不要求可微；既可以是显函数，也可以是隐函数(可以是映射矩阵，也可以是神经网络)，因而应用广泛；

(4) 遗传算法是一种启发式搜索，它不是穷举法，也不是完全的随机测试，只要基因位置选择恰当，遗传操作合适，搜索效率往往很高，仅通过有限次迭代，便可得到接近最优的解；

(5) 遗传算法具有并行计算的特点，可以用大规模并行计算来提高计算速度；

(6) 遗传算法可以用分解成不同染色体的基因串的方法来解决问题，因而很容易与多智能体(multi-agent)相对应，所以遗传算法很容易应用于解决智能网络求解的问题；

(7) 遗传算法特别适用于复杂大系统问题的优化求解。

9.2 基本的遗传算法

基本的遗传算法(或称标准的遗传算法)由初始化、选择、交叉和变异四个部分组成，其流程如图 9.2.1 所示。

先把待寻优的参数或变量表示成“染色体串”(一般是用二进制码串表示)，染色体中的基因是最基本的单位，用一个二进制码表示。有遗传特性的基因串，称为基因型。染色体即由这些基因型组成。每个染色体所代表的生物体的性状(即搜索空间的参数或解)称为染色体的表现型。所以在使用遗传算法时，要进行两个基本的数据转换操作：一个是从表现型到基因型的转换，此过程又称为编码(coding)；另一个是从基因型到表现型的转换，此过程又称为译码(decoding)。

每一基因型有相应的适应度(fitness)，表示该基因型生存与复制(reproduction)的能力，适应度 f_i 越大的染色体，复制下一代种群数(染色体个数)越多(表示“适者生存”)。在下一代染色体种群中，还要进行基因型之间的交换(crossover，又称杂交)，并在某个基因型的某个或某几个位置上进行代码的突变(mutation，又称变异)。这样就得到交换和变异以后的下一代染色体种群。

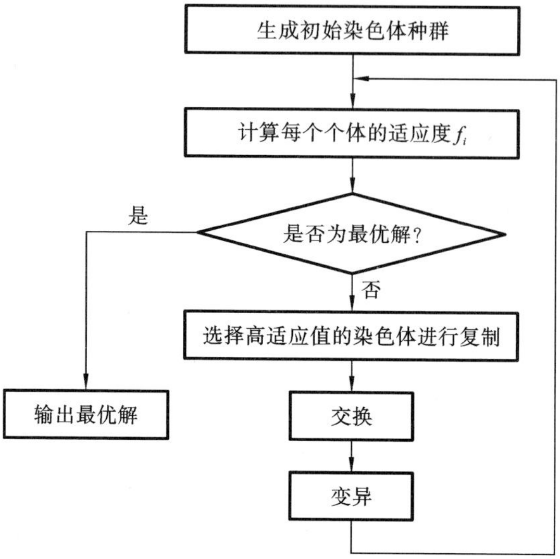

图 9.2.1 遗传算法的基本流程

然后再进行适应度计算,若收敛于最优解,遗传计算便结束,输出最优解,否则继续复制、交换和变异,再进行迭代计算,直到求得最优解为止。

为了更清楚地说明上述过程的细节,我们举一实例。设需要求解的问题是:当自变量 x 在 0～31 之间取整数时,寻找函数 $f(x)=-x^2+31x+10$ 的最大值。若要用枚举方法来求解,则要比较 x 从 0 至 31 的所有值,尽管此法是可靠的,但这是一种效率很低的方法。而若要做到小数点后若干位,枚举法甚至由于计算工作量过大而成为不可能,下面我们运用遗传算法来求解这个问题。

1. 编码(决定初始化种群)

其目的是将寻求优化解的参数用若干代码串来表示。这种代码串就称为染色体,这个过程便称为编码。编码的方法很多,最简单的办法就是用二进制代码来编码。编码的基本要求是要为染色体的基因型(代码串)和表现型(参数值)建立对应关系,采用二进制代码时,这种对应关系就是二进制数与十进制数的转换关系。在本例中,x 值在 0～31 之间变化,所以有 5 位二进制代码串就可组成所有染色体的基因型,即所有的染色体基因型在 00000～11111 之间,接下来是要选择初始染色体种群的个体数及个体的具体基因型。一般种群的个体数要适中,太少了可能迭代次数要增加,甚至得不到结果;太大了会增加很多计算工作量,降低效率。在本例中,我们设种群大小为 4,即有 4 个个体。基因型的选取是随机的,一般在 x 值的定义域中较均匀地随机分布,我们在本例中随机取 4 个 x 值:1,28,8,19。相对应的 4 个基因型为

00001

11100

01000

10011

这样便完成了遗传算法的准备工作，产生了初始染色体种群的基因型。

2. 计算适应度

决定适应度 f_i 的计算公式是一个技巧性很高，但理论研究又很不充分的复杂问题。一般要根据优化的目标函数来决定。在本例中，选择求解最大值的函数 $f(x)=-x^2+31x+10$ 来作适应度 f_i 的计算公式。对应所选的 4 个个体，计算出的适应度 f_i 的值分别是：40，94，194，238，如表 9.2.1 所示。

表 9.2.1　复制操作之前的各项数据

串号	初始种群（基因型）	x 值（表现型）	适应度 f_i $f_i(x)=-x^2+31x+10$	复制概率 $f_i/\sum f_i$	期望复制数 $f_i/\overline{f}_i$	复制数 R_i
1	00001	1	40	0.071	0.283	0
2	11100	28	94	0.166	0.664	1
3	01000	8	194	0.343	1.371	1
4	10011	19	238	0.420	1.682	2
总计			566	1.00	4.00	4
平均值			141.5	0.25	1.00	1
最大值			238	0.42	1.682	2

3. 复制

按照达尔文的适者生存理论，越能适应环境的生物品种，越能繁衍（复制）其后代，而不适应环境的生物，其生存和繁衍能力则较低，甚至被淘汰。在本例中，初始种群的适应度 f_i 已计算出来。复制的原则是：适应度 f_i 越高的染色体，其复制的可能及复制的个数越多。具体的计算是利用随机方法来实现的。首先按式(9.2.1)来计算复制概率为

$$p_i=\frac{f_i}{\sum f_i}\tag{9.2.1}$$

再用式(9.2.2)来计算期望的复制个数为

$$\overline{R}_i=\frac{f_i}{\overline{f}_i}\tag{9.2.2}$$

式中：$\overline{f}_i$ 是 f_i 的期望值（平均值）。

根据四舍五入的规则，将 $\overline{R}_i$ 圆整为整数 R_i。本例经过上述步骤后所得的结果为：串 1 被淘汰掉，串 2 被复制一次，串 3 被复制一次，而串 4 则被复制了两

次。复制后的新种群的 4 个染色体基因型如表 9.2.2 所示。

4. 交换

交换分两个步骤。第一步是选择两两匹配的对象，通常是随机选取的。在本例中，选择新串号 1 与 4 匹配，新串号 2 与 3 匹配，这样选取是为了避免让新串号 3 与 4 匹配(因为两者的基因型相同，这对交换操作没有实际意义)。第二步是决定交换点及交换规则。在遗传算法中，对此步骤的研究也不多，现在一般还是随机选取。例如在本例中，新串 1 与 4 的交换点选在左起第 3 位，交换规则是第 3 位以后的 2 位代码交换；新串 2 与 3 的交换点选在左起第 2 位，交换规则是第 2 位以后的 3 位代码交换，具体过程如下：

$$\left\{\begin{array}{l}\text{新串 1}:111 \vdots 00 \\ \qquad\qquad\quad \updownarrow \\ \text{新串 4}:100 \vdots 11\end{array}\right. \quad \rightarrow \quad \begin{array}{l}11111 \\ \\ 10000\end{array}$$

$$\left\{\begin{array}{l}\text{新串 2}:01 \vdots 000 \\ \qquad\qquad\quad \updownarrow \\ \text{新串 3}:10 \vdots 011\end{array}\right. \quad \rightarrow \quad \begin{array}{l}01011 \\ \\ 10000\end{array}$$

这样就得到了新种群的 4 个染色体基因型，如表 9.2.2 所示。

表 9.2.2　复制操作之后的各项数据

串号	复制种群（基因型）	匹配对象（随机选取）	交换点（随机选取）	新种群（基因型）	x 值（表现型）	适应度 f_i
1	11100	4	3	11111	31	10
2	01000	3	2	01011	11	230
3	10011	2	2	10000	16	250
4	10011	1	3	10000	16	250
总计						740
平均值						185
最大值						250

5. 变异

变异是生物体中某一个或某几个基因位变化，这种概率是很小的，在自然选择中，通常是千分之几或百分之几。在人工选择中，为了得到某个新品种，有时人为改变某几个基因，而造成转基因物种。在遗传算法中，变异就是随机选取的串位的代码由 1 变成 0 或由 0 变成 1。变异操作可以防止染色体中丢失一些有用的遗传因子，保证物种基因型的多样性。在本例中，若变异概率取为 0.001，则对于种群的总共 20 个基因位(4 个个体，每个个体有 5 位，所以总共有

20 位)，期望的变异位数为 $20\times0.001=0.02$(位)，所以本例无变异位。

6. 迭代

经过复制、交换、变异操作后得到新一代种群的基因型，对此种群再进行适应度计算，这一过程称为迭代。根据新一代个体的适应度值，按照预先确定的评判规则来估计是否已得到最优解，通常使用的评判规则如下：

$$E(f_i^{(k+1)},f_i^{(k)})=\frac{\max(f_i^{(k+1)})-\max(f_i^{(k)})}{\max(f_i^{(k)})}<\varepsilon? \qquad (9.2.3)$$

式中：$E(f_i^{(k+1)},f_i^{(k)})$是两次迭代的相对误差；$\max(f_i^{(k)})$与$\max(f_i^{(k+1)})$分别为第 k 次迭代和第 $k+1$ 次迭代时各染色体的最大适应度(从 $k=0$ 开始)；ε 是给定的评判标准(一般取百分之一到千分之一)。若相对误差小于给定的标准，则遗传算法结束，输出最优解；否则继续进行复制、交换和变异。

在本例中，第一次迭代的最大适应度 $\max(f_i^{(1)})=250$，初始种群的最大适应度 $\max(f_i^{(0)})=238$，由此计算出两代种群最大适应度的相对误差为

$$E(f_i^{(1)},f_i^{(0)})=\frac{250-238}{250}=0.05$$

若选择 $\varepsilon=0.01$，则判定遗传算法还要继续进行。第一次迭代以后进行复制及交换操作的计算结果如表 9.2.3 所示。由此表可知，在这一次得到的新种群中，已有两个染色体基因型保持未变，其适应度仍为 250。这就是说，本次计算的最大适应度与上次相同，相对误差为 0，遗传算法便结束，所得的最优解是：$x=16$，$f(x)=250$。由此例可见，仅通过一次迭代便得到结果，遗传算法的效率是很高的。

从数学分析可知，函数 $f(x)=-x^2+31x+10$ 的极值点为 $x=15.5$，最大函数值为 $\max(f(x))=250.25$。可见用遗传算法计算的结果也是很精确的。

表 9.2.3　第一次迭代以后的各项数据

新串号	复制概率 $f_i/\sum f_i$	期望复制数 $f_i/\bar{f}_i$	复制 R_i	复制种群(基因型)	匹配对象	交换点	新种群(基因型)	x 值	适应度 $f_i^{(2)}$
1	0.014	0.054	0	01011	2	3	01000	8	194
2	0.311	1.243	1	10000	1	3	10011	19	238
3	0.338	1.352	1	10000	4	2	10000	16	250
4	0.338	1.351	2	10000	3	2	10000	16	250
总计									932
平均值									233
最大值									250

9.3 遗传算法的基本理论与方法

从9.2节的介绍可知，遗传算法是一个以适应度函数为目标函数，对种群中的各个个体施加遗传操作，实现群体结构重组，经过迭代处理，达到总体优化，最后求得逼近的最优解的过程。其主要有下述七个重要的步骤：参数编码，初始种群设定，适应度函数设定，复制（选择）操作，交换（杂交）操作，变异（突变）操作，算法控制参数设定。到目前为止，对上述七个步骤完整的系统的理论研究还进行得很不够，许多设定或操作设计还是凭经验或试验确定。关于遗传算法的稳定性、鲁棒性、收敛性及速度等理论问题的研究，就更为欠缺。本节我们仅介绍某些基本的理论研究成果。

9.3.1 模式定理

定义 9.3.1 若符号“*”既可作为“0”，也可作为“1”，则称“*”为“无关符”或“通配符”。

有了通配符“*”后，二值字符集{0,1}就可扩展为三值字符集{0,1,*}，由此可以产生诸如0101*、*10*1、1*1*0、0**01、10**1等新字符串。

定义 9.3.2 字符串的位数称为字符串的长度 l。例如，*101*的字符串的长度为5，1*0011*的字符串长度为7，等等。

定义 9.3.3 基于三值字符集{0,1,*}所产生的字符串称作模式（schema）。例如，01010、*1*00、01*10等都是模式。但不含通配符*的模式，只描述了一个串的集合，如模式01010只描述了{01010}一个串的集合，而模式*1*00却描述了四个串的集合{01000,01100,11000,11100}。一般而言，模式描述了某些结构相似的字符串集，即某些位为常值的那些字符串集。

显然，一个长度为 l 的二进制编码的三值字符串，有 $(2+1)^l$ 个模式。例如前述的5位字串，每一位可取0、1或*，因此总共有 $3^5=243$ 种模式。一般而言，若串的基为 k，长度为 l，则总共有 $(k+1)^l$ 种模式。可见模式的数量要大于实际串的数量 k^l。

定义 9.3.4 称一个模式与一个特定的串相匹配是指：该模式中的1与串中的1相匹配，模式中的0与串中的0相匹配，模式中的*可以匹配串中的0或1。例如：模式01*10匹配两个串为{01010,01110}，模式1*0*1匹配四个串为{10001,10011,11001,11011}。可以看出，定义模式的好处就是使我们容易描述串的相似性。

我们还可以从另一个角度来看匹配，即一个确定的字符串可以是若干与其相匹配的模式的成员。例如,10 这个串就可以是下列四种模式的成员:* *,* 0,1 *,10。一般地,一个串若有 l 位,则此串可以是 2^l 种模式的成员(又称此串包含有 2^l 种模式)。例如,串 10110 是 2^5 种模式的成员,因为它可以与每个串位是 * 或这个串位的原确定代码的任一模式相匹配,即每一匹配模式的每一位可以有 2 种选择(或者是 *,或者是原来的确定代码),如 10110,1011 *,101 * 0,101 * *,等等。因此,对于大小为 n 的种群(若其个体串的长度为 l),则包含有最多达 $n\times 2^l$ 种模式。

模式与模式之间是有差别的。例如,模式 01 * 1 ** 比模式 *** 0 * 包含更加确定的相似性,而模式 1 *** 1 * 比模式 1 * 1 ** 跨越的长度要长。为此,我们又引入两个有关模式属性的定义:模式 H 的阶 $O(H)$ 与模式 H 的定义距(定义长度)$\delta(H)$。

定义 9.3.5 模式 H 中确定代码(0 或 1)位置的个数称为该模式的阶,记作 $O(H)$。

比如模式 H=011 * 0 * 的阶数为 4,记为 $O(H)=4$,而模式 H= *** 0 * 的阶数为 1,记为 $O(H)=1$。显然,一个模式的阶数越高,其匹配的个体串(又称样本)数越少,因而确定性越高,样本的相似性越高。

定义 9.3.6 模式 H 中第一个确定代码位置和最后一个确定代码位置之间的距离(用位数来表示)称为该模式的定义距,记作 $\delta(H)$。

比如模式 H=011 * 1 ** 的第一个确定代码位置是第 1 位,最后一个确定代码位置是第 5 位。其定义距为 5−1=4,记为 $\delta(H)=4$,而模式 H= **** 0 * 的定义距为 0,记为 $\delta(H)=0$。

以下,我们来分析遗传算法的几个重要的操作对模式 H 的影响。

1. 复制(选择)对模式的影响

用 $A(t)$ 表示 t 代种群,$A(t)$ 可用二进制串表示

$$A(t)=a_1a_2\cdots a_i\cdots a_l \tag{9.3.1}$$

这里每个 a_i 代表一个二值代码(也称基因),$i=1,2,\cdots,l$,所以每个个体串的总长度是 l。$A(t)$ 中的个体串记为 $A(j=1,2,\cdots,n)$,表示 t 代种群中的第 j 个个体串。群体 $A(t)$ 中模式 H 所能匹配的样本数为 m,记为

$$m=m(H,t) \tag{9.3.2}$$

在复制中,一个串是按适应度 f 进行复制的,更确切地说是按概率 $p_i=f_i/\sum f_i$ 进行选择复制的,其中 f_i 是个体 $A(t)$ 的适应度。假设一代中群体大小(群体中个体的总数)为 n,且个体两两互不相同,则模式 H 在第 $t+1$ 代中的样本数

$$m(H,t+1)=m(H,t)n\frac{f(H)}{\sum f_i} \tag{9.3.3}$$

式中：$f(H)$是模式 H 所有样本的平均适应度。令群体平均适应度为 $\bar{f}=\sum f_i/n$，则有

$$m(H,t+1)=m(H,t)\frac{f(H)}{\sum \bar{f}} \tag{9.3.4}$$

可见，经过复制操作后，特定模式数量的增减，按该模式的平均适应度与群体的平均适应度的比值成比例地改变。那些平均适应度高于群体平均适应度的模式，特定模式数量将在下一代中增加，而那些平均适应度低于群体平均适应度的模式，特定模式数量将在下一代中减少。

假设模式 H 的平均适应度一直高于群体平均适应度，高出部分为 c，则有

$$f(H)=(1+c)\bar{f} \tag{9.3.5}$$

于是上面的方程可以写成如下的差分方程

$$m(H,t+1)=m(H,t)(1+c)$$

若 c 为常数，则有

$$m(H,t+1)=m(H,0)(1+c)^t \tag{9.3.6}$$

可见，高于平均适应度的模式数量将呈指数形式增长。

对复制过程进行分析可知，复制能按适者生存的原则，控制着高适应度的模式数量呈指数增长，或丢弃某些低适应度的个体，但不会产生新的模式结构，因而性能的改进是有限的。

2. 交换对模式的影响

交换是串之间的有规则的信息交换，它能创建新的模式结构，但又最低限度地破坏了复制过程所选择的高适应度的模式。

为了搞清楚在交换过程中模式遭破坏（或生存）的概率，我们举个具体的实例来进行说明。

设有下述 $l=6$ 的串及此串所包含的两个模式

$$A=010110$$

$$H_1=*1***0$$

$$H_2=***11*$$

假定 A 被选中进行交换，交换点的选择是等概率的，即交换点落在左起 1、2、3、4、5 位置的概率相同。这里不妨假定交换点在位置 3 后，并以分隔符“|”表示交换点的位置，即有

$$A=010|110$$

$$H_1=*1*|**0$$

$$H_2=***|11*$$

由于 H_1 的确定位（第 2 位的“1”与第 6 位的“0”）在分隔符的两边，而 H_2

的确定位(第 4 位的 1 与第 5 位的“1”)在分隔符的同一边(右边),所以当 A 与任何其他的串 A' 交换时,除非 A' 的确定位与模式 H_1 的确定位相同,在其他情况下,交换后模式 H_1 将遭到破坏(即交换后的下一代不可能是模式 H_1 的成员,或称下一代中不能隐含 H_1 模式),而 H_2 模式将依然生存。因为 H_2 中的确定位 4 的“1”和确定位 5 的“1”,不管 A' 为何串,都将传入下一代。例如 $A'=101001$,则 A 与 A' 交换后产生的后代为 $A_1=010001$,$A_2=101110$,显然 A_1 与 A_2 都不是 H_1 的样本,但却是 H_2 的样本。

当然交换点如果选在位置 4,则 H_2 模式的确定位就位于分隔线的两边,H_2 也可能遭到破坏,不能生存到交换后的下一代中。但是从概率的观点看,由于交换点是等概率产生的,所以模式 H_1 遭破坏的概率(在位置 2、3、4、5 交换都遭破坏)大大超过模式 H_2 遭破坏的概率(只在位置 4 交换遭破坏),即 H_2 的“生命力”要强于 H_1。

显然,模式 H 的定义距(头尾两个确定位之间的位数)越大则确定位被分隔在交换分隔符两边的概率越大,也就是遭破坏的概率越大,例如 H_1 的定义距为 4,那交换点在 $6-1=5$ 个位置随机产生时,H_1 遭破坏的概率为

$$p_d=\frac{\delta(H_1)}{l-1}=\frac{4}{5}$$

换言之,其生存概率为

$$p_s=1-p_d=\frac{1}{5}$$

而模式 H_2 的定义距为 1,则 H_2 遭破坏的概率为

$$p_d=\frac{\delta(H_2)}{l-1}=\frac{1}{5}$$

即生存概率为 $p_s=4/5$。

一般而言,模式 H 只有当交换点落在定义距之外才能生存。在单点交换条件下,H 的生存概率

$$p_s=1-\frac{\delta(H)}{l-1} \tag{9.3.7}$$

而交换本身也是以一定的概率 p_c 发生的,所以模式 H 的生存概率为

$$p_s=1-p_c\frac{\delta(H)}{l-1} \tag{9.3.8}$$

考虑到交换发生在定义距内时,模式 H 还有可能不破坏。例如在前面的例子中,若 A 的配偶串在 A' 位置 2、6 上有一位与 A 相同,则 H_1 将被保留。由此可见,式(9.3.8)给出的生存概率只是一个下界,即有

$$p_s\geqslant 1-p_c\frac{\delta(H)}{l-1} \tag{9.3.9}$$

若综合考虑复制和交换的共同作用，则模式 H 在下一代中的数量可以用式(9.3.10)来综合估计

$$m(H,t+1) \geqslant m(H,t)\frac{f(H)}{\bar{f}}\left[1-p_c\frac{\delta(H)}{l-1}\right] \tag{9.3.10}$$

显然，那些平均适应度高于群体平均适应度，且具有短的定义距的模式，将以指数级增长出现在下一代中。

3. 变异对模式的影响

变异是对串中单个位置进行代码替换(以一定的概率 p_m)。该位置不变的概率为 $1-p_m$。一个模式 H，在变异作用下若要不受破坏，则其中所有确定位置(为“0”或“1”的位)必须保持不变。因此模式 H 保持不变的概率为

$$p_s=(1-p_m)^{O(H)}$$

式中：$O(H)$ 为模式 H 的阶数。当 $p_m \ll 1$ 时，上式可以近似地表示为

$$p_s=(1-p_m)^{O(H)} \approx 1-O(H)p_m \tag{9.3.11}$$

综合考虑上述复制、交换及变异操作，可得 H 的子代样本数为

$$m(H,t+1) \geqslant m(H,t)\frac{f(H)}{\bar{f}}\left[1-p_c\frac{\delta(H)}{l-1}\right](1-O(H)p_m)$$

若忽略上式中的极小项 $(p_c\delta(H)/(l-1))O(H)p_m$，则上式可以近似地表示为

$$m(H,t+1) \geqslant m(H,t)\frac{f(H)}{\bar{f}}\left[1-p_c\frac{\delta(H)}{l-1}-O(H)p_m\right] \tag{9.3.12}$$

式(9.3.12)表示了下述的模式定理。

定理 9.3.1(模式定理)　在遗传算子选择、交换、变异的作用下，具有低阶、短定义距以及平均适应度高于群体平均适应度的模式，在子代中将以指数级增长。

模式定理是遗传算法的理论基础，其意义是深远的。根据模式理论，在遗传算法的迭代过程中，那些短的、低阶数的、高适应度的模式越来越多，最终趋向全局的最优解。

9.3.2　误导问题

模式定理说明低阶、短距及平均适应度高于群体平均适应度的模式，在子代中将以指数级增长。这个定理只说明了寻找全局最优解的必要条件，即寻找全局最优解的可能性，而没有证明上述模式在遗传算子作用下能生成高阶、长距、高平均适应度的模式，即最终能生成全局最优解。

虽然大量的遗传算法应用实例都表明，遗传算法在寻求全局最优解方面均已获得成功，但实例不等于理论证明。长期以来，人们做了大量的工作，希望找

到上述假设的理论证明，或者更精确地说，希望找到可以保证遗传算法能达到或接近全局最优解的条件，如 Bagley 和 Rosenberg 早年的工作，Bethke 和 Holland 等人近年来的工作。但遗憾的是至今仍未有完整的令人满意的结果。

由于证明全局最优解问题较难，于是人们又改变了一个角度来探讨这一问题，即给定一些带有误导性的初始条件，“迷惑”遗传算法，使其偏离全局最优解。通过这样的研究，看一看遗传算法会不会偏离全局最优解？如果会偏离，那么误导的初始条件是怎样的条件？我们称这样的遗传算法问题为误导问题(deceptive problem)。以下以实例来介绍这种研究方法的主要思想和研究结果。

假设有一个由 4 个阶数为 2(即有 2 个确定位置)的模式构成的集合，各模式具有如下的适应度：

(1) * * *0* * * * *0* $f(00)$；

(2) * * *0* * * * *1* $f(01)$；

(3) * * *1* * * * *0* $f(10)$；

(4) * * *1* * * * *1* $f(11)$。

$|\leftarrow\delta(H)\rightarrow|$

其中：$f(00)$，$f(01)$，$f(10)$，$f(11)$分别是各对应模式的平均适应度，并假定为常值，其中有一个是全局最优值，不妨假定 $f(11)$是全局最优值，即有

$$f(11)>f(00),\quad f(11)>f(01),\quad f(11)>f(10) \tag{9.3.13}$$

现在，设法引入“误导”遗传算法的条件。考虑 4 个一阶模式的适应度，即 $f(*0)$，$f(*1)$，$f(0*)$以及 $f(1*)$。一阶模式的适应度等于其包含的所有二阶模式适应度的平均值，即有

$$f(*0)=\frac{f(00)+f(10)}{2} \tag{9.3.14}$$

$$f(*1)=\frac{f(01)+f(11)}{2} \tag{9.3.15}$$

$$f(0*)=\frac{f(00)+f(01)}{2} \tag{9.3.16}$$

$$f(1*)=\frac{f(10)+f(11)}{2} \tag{9.3.17}$$

所谓“误导”条件，即那些导致原来假定的全局最优解 $f(11)$不是全局最优解的条件，亦即包含全局最优解 $f(11)$的一阶模式的适应度小于不包含最优解的一阶模式的适应度的条件，也就是

$$f(0*)>f(1*) \tag{9.3.18}$$

$$f(*0)>f(*1) \tag{9.3.19}$$

由式(9.3.14)～式(9.3.17)有

$$\frac{f(00)+f(01)}{2}>\frac{f(10)+f(11)}{2} \tag{9.3.20}$$

$$\frac{f(00)+f(10)}{2}>\frac{f(01)+f(11)}{2} \tag{9.3.21}$$

式(9.3.20)、式(9.3.21)给出了“误导”条件。以下我们来讨论“误导”条件会不会迷惑遗传算法，使其偏离全局最优解 $f(11)$。

可以看出，式(9.3.20)和式(9.3.21)并不能同时成立，否则就有 $f(00)>f(11)$(根据两个不等式同边相加，不等式仍保持成立，即可证)，从而违背了 $f(11)$是全局最优解的假定。不失一般性，不妨假定式(9.3.20)成立，由此，通过一个全局条件($f(11)$为全局最优值)和一个“误导”条件($f(0*)>f(1*)$)，就确定了一个“误导”问题。

将上述各适应度值按 $f(00)$进行规一化处理：

$$r=\frac{f(11)}{f(00)},\quad c=\frac{f(01)}{f(00)},\quad c'=\frac{f(10)}{f(00)} \tag{9.3.22}$$

则全局条件式(9.3.13)可以表示为

$$r>1,\quad r>c,\quad r>c' \tag{9.3.23}$$

则“误导”条件式(9.3.20)可以表示为

$$1<1+c-c' \tag{9.3.24}$$

由式(9.3.23)和式(9.3.24)，可以推出

$$c'<1,\quad c'<c \tag{9.3.25}$$

由式(9.3.25)可以看出，存在着如下两类“误导”问题。

类型Ⅰ：$f(01)>f(00)(c>1)$。

类型Ⅱ：$f(00)\geqslant f(01)(c\leqslant 1)$。

显然，一阶问题(仅有一个确定位)中是不可能存在“误导”问题的，因为无法找到与全局条件相适应的“误导”条件，因此上述2阶“误导”问题是可能存在的最小(阶)“误导”问题。

为了达到“误导”的目的(使遗传算法偏离全局最优解)，应使得具有全局最优值的模式在遗传算子作用下减少，则由模式定理可得

$$\frac{f(11)}{\bar{f}}\left[1-p_c\frac{\delta(11)}{l-1}\right]\leqslant 1$$

这里假设 $p_m=0$。

我们已经知道，模式定理所得到的生存概率 p_s 只是一个下界。因为在交换算子作用下，即使交换点落在定义距内，模式也不一定会遭到破坏，这取决于配偶的情况。在上述“误导”问题中，00 与 01 交换产生 01 和 00，父模式并未发生丢失，只有当一个模式确定位置与其配偶互为补数时(二进制串)，才会发生

丢失。比如 00 和 11 交换产生 01 和 10;同理,01 与 10 交换产生 11 和 00。该问题中各模式相互交换的结果由表 9.3.1 表示,其中 S 表示子代与父代完全相同。

表 9.3.1　2 阶问题各模式相互交换的结果

X	00	01	10	11
00	S	S	S	01 10
01	S	S	00 11	S
10	S	00 11	S	S
11	01 10	S	S	S

由表 9.3.1 可以看到,互补的模式(确定位互补)在交换算子作用下遭到破坏,然而另一对互补的模式通过交换,又会重新产生遭到破坏的模式。通过表 9.3.1,可以列出在简单选择(按适应度比例选择)、简单交换(单点交换)以及等概率配对的情况下,4 个竞争模式在子代中的期望样本数为

$$P_{11}^{t+1}=P_{11}^{t}\frac{f(11)}{\overline{f}}\left[1-p_c'\frac{f(00)}{\overline{f}}P_{00}^{t}\right]+p_c'\frac{f(01)f(10)}{\overline{f}^2}P_{01}^{t}P_{10}^{t} \tag{9.3.26}$$

$$P_{10}^{t+1}=P_{10}^{t}\frac{f(10)}{\overline{f}}\left[1-p_c'\frac{f(01)}{\overline{f}}P_{01}^{t}\right]+p_c'\frac{f(00)f(11)}{\overline{f}^2}P_{00}^{t}P_{11}^{t} \tag{9.3.27}$$

$$P_{01}^{t+1}=P_{01}^{t}\frac{f(01)}{\overline{f}}\left[1-p_c'\frac{f(10)}{\overline{f}}P_{10}^{t}\right]+p_c'\frac{f(00)f(11)}{\overline{f}^2}P_{00}^{t}P_{11}^{t} \tag{9.3.28}$$

$$P_{00}^{t+1}=P_{00}^{t}\frac{f(00)}{\overline{f}}\left[1-p_c'\frac{f(11)}{\overline{f}}P_{11}^{t}\right]+p_c'\frac{f(01)f(10)}{\overline{f}^2}P_{01}^{t}P_{10}^{t} \tag{9.3.29}$$

其中:P_{ik}^{j} 是模式在第 j 代中样本的比例;变量 $\overline{f}$ 是当前代中群体的平均适应度,用式(9.3.30)表示为

$$\overline{f}=P_{00}^{t}f(00)+P_{01}^{t}f(01)+P_{10}^{t}f(10)+P_{11}^{t}f(11) \tag{9.3.30}$$

参数 p_c' 是交换发生在模式定义距内的概率,计算式为

$$p_c'=p_c\frac{\delta(H)}{l-1} \tag{9.3.31}$$

其中:p_c 为发生交换的概率。

式(9.3.26)~式(9.3.29)描述了模式 H 在子代中的样本比例的逐代变化情况,显然,遗传算法收敛于全局最优解的一个必要条件是:全局最优模式的样

本比例在足够多代后趋近于 1,即

$$\lim_{t\to\infty} P_{11}^{t}=1 \tag{9.3.32}$$

通过许多实例,按式(9.3.26)～式(9.3.29)计算后可以得到如下结论。

(1) 对于类型Ⅰ最小"误导"问题,在一般初始条件下,(4 个模式的初始样本数非 0),任何类型Ⅰ"误导"问题都能收敛到全局最优解,即条件式(9.3.32)能够达到。

(2) 对于类型Ⅱ最小"误导"问题,在大多数初始条件下,类型Ⅱ都收敛到了全局最优解($\lim\limits_{t\to\infty} P_{11}^{t}=1$),但在模式 00 有很大初始样本数时,模式 11 可能被丢弃,而不能收敛到最优解(模式 11 的某个样本),只能达到次最优解(模式 00 的某个样本)。

以上的分析只是基于固定编码方式(二进制编码)和简单的遗传操作(选择、交换、变异)。采用其他编码方式和复杂的遗传操作研究对全局最优解的影响,可能还会有新的发现,但至今这方面的研究还不多。

9.3.3 编码

1. 编码与映射

实际问题用遗传算法求解时,首先要把实际问题的有关参数,转换成遗传算法空间的代码串(染色体),这一转换操作称为编码(coding),也可以称为表示(representation)。当用 GA 方法求得最优解时,还要把这个用代码串表示的最优解再转换成实际问题的相应参数,这一逆转换操作称为译码(decoding)。

从数学角度看,编码是由问题空间向 GA 空间的映射,而译码则是由 GA 空间向问题空间的映射。在图 9.3.1 中,问题空间中的参数(个体,又称表现型)为 A、B,通过虚线映射为 GA 空间的 A'、B'(个体,又称基因型)。在 GA 空间中,个体 A'与 B'可以产生交换、变异,生成新的个体 C,再通过虚线箭头表示的逆映射,在问题空间中生成解个体 C,这个过程就是译码。

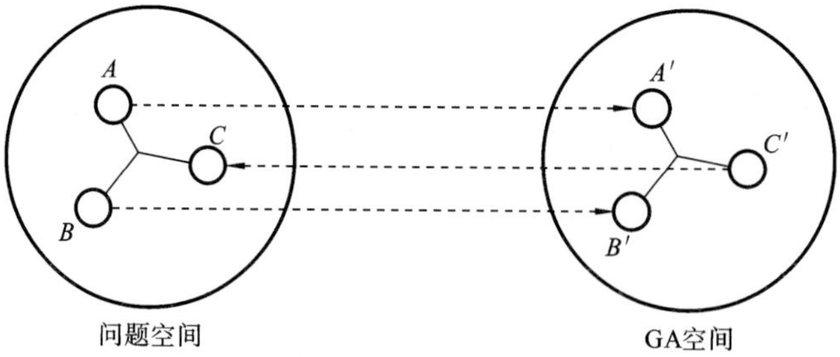

图 9.3.1 编码与映射

2. 编码规范与编码原理

编码与译码既然是映射与逆映射，为了能求得最优解，显然编码与译码应符合以下规范：

(1) 完备性(completeness) 问题空间中的所有点(候选解)，都能作为GA空间中的点(染色体)；

(2) 健全性(soundness) GA空间中的染色体能对应所有问题空间中的候选解；

(3) 非冗余性(nonredundancy) 染色体和候选解一一对应。

以上规范，只涉及解的存在与否，不涉及GA算法的效率，因此缺乏指导性。为此，De Jong又提出如下两条编码原理：

(4) 有意义积木块编码规则 所定的编码应当易于生成与所求问题相关的短距、低阶、高适应度的模式(称为积木块)；

(5) 最小字符集编码规则 所定的编码应采用最小字符集以使问题得到最简单的表示和最自然的处理。

规则(4)是使GA能更有效地产生最优解。但理论上现在还没有可以基于具体问题找到相对应的较好的积木块的编码结构。

规则(5)提供了一种更为实用的编码原则。采用二值编码符合规则(5)的设计思想。

染色体中每个基因位的状态代表了一个最基本的信息单元。例如在一个二值编码系统中，每个基因可以有3个状态：{0,1,*}(*表示或0或1)，而在十进制编码系统中，每个基因位可以有11个状态：{0,1,2,…,8,9,*}。任何一个参数可以用不同的编码系统来编码，表达该参数的总的信息单元数，应为

$$N=l\times s \tag{9.3.33}$$

式中：N是总的信息单元数；l是位数(长度)；s是每位的状态数。

可以证明，表示同一参数时，总的信息单元数最少的“进制”基数为e≈2.718，也就是说“二进制”或“三进制”是较好的。考虑到在二进制编码中，每个基因位可以有3个状态{0,1,*}，所以采用二进制编码可以得到最小字符集的编码。

3. 编码技术

1) 一维染色体编码

所谓一维染色体编码是指问题空间的参数转换到GA空间时，其相应的染色体是由许多位基因一维排列构成的。这里，每个基因位可以用不同的基数或

符号表示,如

$$A=3\ 2\ 6\ 7\ 5$$

$$B=a\ c\ d\ f\ m$$

$$C=1\ 0\ 1\ 0\ 1$$

式中:大写英文字母 A、B、C 表示染色体,它由一系列字符串表示,这些字符串中的每一位称为基因位,可以由十进制数、小写英文字母或二进制数表示。

应用最多的是二进制数表示的二值字符串。在一般情况下,其一维染色体写成如下的字符串

$$A=a_1a_2a_3a_4a_5$$

式中 A 表示用二值字符串表示的一维染色体(个体);$a_1,a_2,\cdots,a_5$ 表示基因,它可以取值 1 或 0。在一般情况下,基因取值与其位置(基因座)有关,即不同位置取不同值就是不同的字符串。如果基因值与基因座的位置无关(在自然界,生物染色体是如此的),这种编码就是重置编码。

2）多参数映射编码

当优化的系统参数为多个时,就要应用多参数编码。例如在如图 9.3.2 所示的倒立摆系统中,其优化控制参数有 3 个。

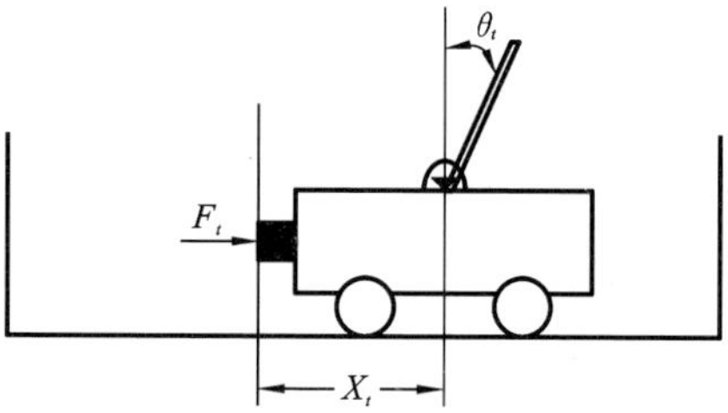

图 9.3.2　倒立摆

X_t:小车的速度。

θ_t:摆倾斜角度。

$\dot{\theta}_t$:摆的角速度。

对此类问题编码时,应将每一个参数都进行二值编码,得到一个子串,然后再把这些子串连接起来,形成一个完整的染色体。

在形成子串时,参数 U 的范围$[U_{\min},U_{\max}]$应该正好落在子串的最大值与 0 之间。以子串长度 $l=4$ 为例,便有下列映射关系:

$$0\ 0\ 0\ 0 \rightarrow U_{\min}$$

$$\vdots$$

$$1\ 1\ 1\ 1 \rightarrow U_{\min}$$

所以任何参数 U,对应的二值编码的数值 u 为

$$u=\frac{U-U_{\min}}{U_{\max}-U_{\min}}(2^l-1) \tag{9.3.34}$$

编码精度 Π 的计算式为

$$\Pi=\frac{U_{\max}-U_{\min}}{2^l-1} \tag{9.3.35}$$

以图 9.3.2 所示倒立摆为例，若各子串长度 l 均为 4，三个参数对应的二值编码为：$X_t=1001$，$\theta_t=0110$，$\dot{\theta}_t=0010$，则完整的染色体为 12 位二进制码串，其中包括 3 个子串，分别对应于 X_t、θ_t、$\dot{\theta}_t$，即

1001	0110	0010
X_t	θ_t	$\dot{\theta}_t$

一般而言，在多参数编码中，各子串的长度可以不同，各子串对应的参数范围$[U_{\min},U_{\max}]$也可以不同。

3）变长度编码

在自然界里，生物在进化过程中，染色体的长度不是固定不变的。根据这一思想，在遗传算法中引入了变长度编码。变长度编码常常是由于相配的两个父代个体在不同的交换点处切断与拼接而造成的。例如在图 9.3.3 所示的例子中，两个亲代个体的长度均为 9，但由于交换点在不同的基因座处，经过切断和拼接后形成的子代染色体长度分别为 6 和 12。

父代 1	111|111111	→	子代 1	111|000
父代 2	000000|000	→	子代 2	000000|111111
	切断			拼接

图 9.3.3　切断与拼接后形成不同长度的子代

4）二维编码

当求解的问题是二维或多维时，若采用一维编码就很不方便，尤其是交换操作很不直观。在这种场合，宜采用二维或多维编码。

例如一维图像可以看作是像素在一维空间的排列，每个基因对应一个像素，这样就得到一个二维的基因座的排列(矩阵)，如图 9.3.4 所示。

在自然界中，单倍体(haploid)是最简单的染色体结构，多出现在不太复杂的低级生物体中。而在高级生物体中，则多含有较复杂的二倍体(diploid)或多倍体(polyploid)的染色体结构。例如，其下所示为二倍体结构染色体：

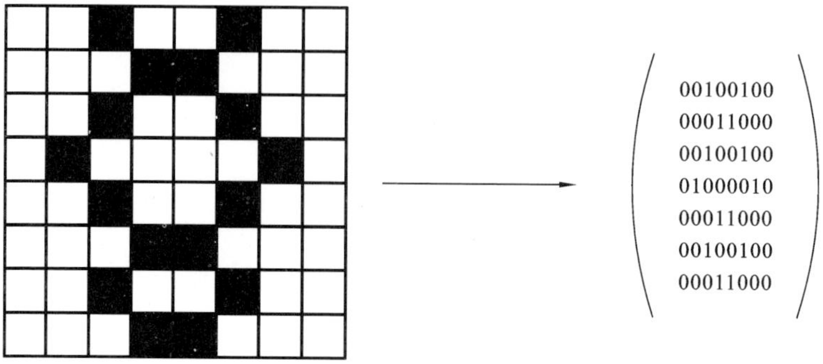

图 9.3.4　二维图形与其对应的二位编码

$$AbCDe$$
$$aBcde$$

每个字母代表一个基因位，大写字母表示显性基因，小写字母表示隐性基因。所谓显性与隐性，在生物学上是指在染色体的表现型中，基因的性质是否能表现。例如上述二倍体的表现型为

$$ABCDe$$

我们可以看到，显性基因总是被表现，而隐性基因只有当两个同型染色体中的等位基因皆为隐性基因时才能被表现。

生物体为什么采用这种冗余的信息编码结构及显性算子的屏蔽保护技术，至今仍是遗传学遗留的问题。有一种遗传学的解释是：二倍体这种结构及显性规则，保护了被记忆的曾经有用的基因免受有害选择所破坏。自然界的生态环境常发生或大或小、或好或坏、或快或慢的变化，有生命力的生物应能迅速适应环境的变化，二倍体结构能提供冗余的记忆能力，而显性基因则能唤醒对旧知识的记忆，验证一下旧知识的效果，因而能表现更强的自适应环境的能力。

编码方法对遗传算法有很大的影响，要结合具体问题来考虑。在大多数情况下，一般多用二进制编码，对多参数问题，常用不同长度子串连接的多参数编码法，在二维问题中，多采用二维编码（平面编码）。

除了以上介绍的编码方法外，还有树结构编码、非二值编码、带有修饰基因的二倍体编码法等，此处不再一一介绍了。

9.3.4　群体设定

遗传算法是一种群体寻优的算法。在编码方法决定以后，就要设定初始群体，即给定开始时的群体大小，也就是个体的数目。其次在每次进化计算后，各代群体如何决定？哪些个体是优秀的个体，因而要保留到后代中？哪些个体在遗传操作后改变了亲代的基因而产生新的子代？这些问题就是在进化过程中

的群体决定问题。下面主要介绍初始群体的设定方法，至于进化过程中的群体决定问题，将在选择操作中讨论。

初始群体的大小，对遗传算法的影响很大。模式定理表明，若群体规模为 M，则可以从这 M 个个体中生成 M^3 个模式。模式数越多，则经遗传操作后获得最优解的机会越高。也就是说，群体规模越大，算法陷入局部优化的危险越小。所以，从群体的多样性和全局优化的观点出发，群体规模应较大。但群体规模也不是越大越好。群体规模过大，使适应度评估次数增加，计算量增加，从而影响计算效率。其次，当群体规模数很大时，由于个体生存概率的计算采用和适应度成比例的算法，这样产生的许多低概率的个体会遭淘汰，而少数适应度高的个体被选择而生存下来，结果影响了配对库的形成。另一方面，群体规模太小，会使搜索空间中的分布范围过小，而使搜索过早停止，引起未成熟收敛(premature convergence)现象。一般取群体规模 n 为几十至几百。

确定了 n 后，在决定具体的个体时，可以采用下列方法。

(1) 随机法 例如编码采用 l 位二进制码，则染色体由 l 位二进制码的基因座串联而成，此时可以选 l 个硬币，分别代表位基因，抛掷这 l 个硬币，就得到不同面的基因串，也就得到了一个个体，对这 l 个硬币，抛掷 n 次，就得到 n 个个体的群体。

(2) 均匀分布法 仍以二进制编码为例，将 l 位二进制数分成 n 等份，然后用式(9.3.36)计算间隔数为

$$I=\frac{2^l-1}{n} \tag{9.3.36}$$

然后以二进制数：$I,2I,3I,\cdots,2^l-1$ 来编码，就得到分布均匀的 n 个个体组成的初始群体。

(3) 逐步完善法 先随机生成一定数目的个体，然后从中挑出最好的个体加到初始群体中。这种过程不断迭代，直到群体的个数达到了预先确定的规模。

9.3.5 适应度函数

1. 与目标函数对应的适应度函数

在遗传算法中，对适应度函数的限制较少，它可以不是连续可微函数，其定义域可以为任意集合。由于要由适应度函数计算生存概率，而概率又是正值，所以对适应度函数的唯一要求是它的值必须为非负值。

有两类优化问题，一是求代价函数 $g(x)$ 的最小值，另一是求效能函数 $u(x)$ 的最大值。在通常的搜索方法中，为了把最小化问题转化成最大化问题，只需要简单地把代价函数乘以 -1 即可，但对遗传算法而言，就不能用这一方法。代价函数与效能函数都是目标函数，适应度函数是由目标函数求得的，为了保证

适应度函数是非负值函数,可以采用以下几种方法。

1) 最大系数法

在最小值问题中,与代价函数 $g(x)$ 对应的适应度函数 $f(x)$ 为

$$f(x)=\begin{cases} c_{\max}-g(x), & g(x)<c_{\max} \\ 0, & \text{其他} \end{cases} \tag{9.3.37}$$

式中:$c_{\max}$是最大系数,它可以是迄今为止进化过程中 $g(x)$ 的最大值或当前群体中 $g(x)$ 的最大值,也可以是前 k 代中 $g(x)$ 的最大值,$c_{\max}$最好与群体无关。

2) 最小系数法

在最大值问题中,与效能函数 $u(x)$ 对应的适应度函数 $f(x)$ 为

$$f(x)=\begin{cases} u(x)+c_{\min}, & u(x)+c_{\min}>0 \\ 0, & \text{其他} \end{cases} \tag{9.3.38}$$

式中:$c_{\min}$是最小系数,它是当前群体中或前 k 代群体中 $u(x)$ 的最小值,也可以是群体的方差的函数。

3) 相对系数法

无论哪一类问题,都以群体中的目标函数 $d(x)$ 的相对值作为适应度函数值。

对于最大值问题有

$$f(x)=\frac{d(x)-d(x)_{\min}}{d(x)_{\max}-d(x)_{\min}} \tag{9.3.39}$$

对于最小值问题有

$$f(x)=\frac{d(x)_{\max}-d(x)}{d(x)_{\max}-d(x)_{\min}} \tag{9.3.40}$$

上面两式中,$d(x)_{\max}$、$d(x)_{\min}$分别是当前群体中或前 k 代群体中目标函数 $d(x)$ 的最大值及最小值。

2. 适应度函数定标

"适者生存"是自然选择的基本规律,在遗传算法中表现为适应度高的个体生存概率大。但对群体而言,却有些复杂的情况。有两种不利于优化的现象,应引起我们的注意。

(1) 异常个体引起早熟收敛。这种现象常出现在小规模群体中。在遗传进化的早期,一些超常的个体的适应度很大,在群体中占有较大的比例,这些异常个体因竞争力太突出而控制了选择过程,结果使算法过早收敛,从而影响求得全局最优解。

(2) 个体间差距不大,引起搜索成为随机漫游。当群体中个体的适应度相差不大,个体间的竞争力减弱,特别是平均适应度已接近最佳适应度时,最佳个体与其他许多个体在选择过程中就会有大体相等的选择机会,从而使有目标的

优化搜索过程变成无目标的随机漫游，同时影响求得全面最优解。

对于上述第一种情况，我们要抑制这些超常个体，通过缩小相应的适应度函数值的方法，降低这些异常个体的竞争力。而对于上述第二种情况，我们则要拉开个体之间的差距，通过放大相应的适应度函数值的方法，提高个体间的竞争力。这种对适应度函数值的缩小、放大调整称为适应度函数定标(scaling)。目前，定标方法大致有以下几种。

1）线性定标

设原适应度函数为 f，定标后的适应度函数为 f'，则线性定标可采用下式：

$$f'=af+b \tag{9.3.41}$$

式中：系数 a 和 b 可以有多种设定途径。对于异常个体和竞争力弱的个体可以采用不同的系数。但不管怎样设定，定标要满足三个条件。

(1) 原适应度的平均值 $\bar{f}$ 要等于定标后的适应度的平均值 $\bar{f}'$。这是为了保证在以后的选择处理中，前代的平均贡献可遗传给下代子孙。

(2) 定标后适应度函数的最大值 $f'_{\max}$ 要等于原适应度函数平均值 $\bar{f}$ 的给定的倍数，即

$$f'_{\max}=C\cdot\bar{f} \tag{9.3.42}$$

式中：C 是为了得到所期望的最优个体而给定的复制数。实验表明，当群体不太大时($n=50\sim100$)，C 在 1.2～2.0 范围内取值。

(3) 定标后适应度函数的最小值 $f'_{\min}$ 不得为负值。有时，为了把 $f_{\max}$、$\bar{f}$、$f_{\min}$ 拉开差距，会出现 $f'_{\min}$ 变成负数的情况。为了不产生负值，同时又不改变系数 C，可以在 f' 上加一个正数 d，即

$$\begin{cases}f''=f'+d\\ d=-f'_{\min}\end{cases} \tag{9.3.43}$$

这样，当 $f'_{\min}$ 为负值时，$f''_{\min}=0$，也就是把定标后的适应度函数值提高了一个水平 d。

2）σ 截断

σ 是群体适应度函数值的标准方差。为了保证定标后的适应度值不出现负值，在定标前对原适应度值做预处理。方差 σ 表示了适应度值的离散程度，显然 σ 值越大，适应度函数值越分散，当原 f 值较小时，定标后就容易出现负值，因此可采用式(9.3.44)来进行预处理

$$f'=f-(\bar{f}-C\sigma) \tag{9.3.44}$$

式中：常数 C 要适当选择。当 σ 较大时，上式括号中的负值越大，也就是附加项越大，这样便能保证 f' 为正值。式(9.3.44)与式(9.3.43)的不同，在于式(9.3.44)是定标前进行的预处理，而式(9.3.43)则是在定标后进行的后处理。

3）乘幂标

对原适应度函数 f 进行乘幂处理，如

$$f'=f^{K} \tag{9.3.45}$$

式中，幂指数 K 根据问题决定，且在进化计算过程中可按需要修改。一般 K 在 1～1.2 之间选择，Gillies 曾在机器视觉实验中采用 $K=1.005$，取得较好结果。

3. 适应度函数对遗传算法的影响

(1) 适应度函数决定了遗传算法优化搜索的性能。如前所述，采用定标技术可克服早熟收敛和随机漫游现象，从而提高了全局优化的性能。

(2) 适应度函数决定了遗传算法迭代停止的条件，通常以群体中某个体的最大适应度值不再改变为迭代停止的评定条件。这一条件表明：群体中个体的进化已趋于稳定状态，即群体中一定比例的个体已完全是同一个体，这时优秀后代的个数已不再变化，进化过程便暂告结束。

(3) 在适应度函数中考虑约束条件。以上讨论的适应度函数都是针对无约束优化问题的，但在实际问题中，我们常常碰到有约束的优化问题。此时，可以用一种十分自然的方法来考虑约束条件，即在进化过程中，每迭代一次就检测一下新的个体是否违背了约束条件。如果没有违背，就作为有效个体，反之，作为无效个体而被淘汰。这种方法对于弱约束问题的求解还是有效的，但对于强约束问题求解效果不佳。这是因为，此时寻找一个有效个体的难度不亚于寻找最优个体。

为了解决这类问题，我们可以采用一种惩罚方法(penalty method)。该方法的基本思想是设法对个体违背约束条件的情况给予惩罚，在适应度函数中用惩罚函数来具体体现这种惩罚。这样，就把一个约束优化问题转化成一个带有惩罚的非约束优化问题。

例如，一个约束最小化问题的数学模型是

$$\begin{cases}\min\ f(\boldsymbol{x}),\\ \text{s.t.}\ \ g_i(\boldsymbol{x})\geqslant 0,\quad i=1,2,\cdots,n\end{cases} \tag{9.3.46}$$

式中：$\boldsymbol{x}$ 为一向量；$f(\boldsymbol{x})$ 为目标函数(适应度函数)；$g_i(\boldsymbol{x})$ 为约束条件。采用惩罚函数，可以把上述问题转化为非约束问题：

$$\min f(\boldsymbol{x})+r\sum_{i=1}^{n}P[g_i(\boldsymbol{x})] \tag{9.3.47}$$

式中：P 为惩罚函数；r 为惩罚系数。

惩罚函数有许多确定方法，常用下列形式：

$$P[g_i(\boldsymbol{x})]=g_i^2(\boldsymbol{x}) \tag{9.3.48}$$

惩罚系数 r 的取值接近无穷大时，非约束解可收敛到约束解。在实际问题中，r 的取值还可针对不同的约束条件取不同的值，这样可使惩罚更加适当。把惩罚函数加到适应度函数中的思想很简单、直观。但是惩罚函数值在约束边界

处会发生急剧变化，应予注意。关于更具体的约束优化问题的遗传算法，请参阅 9.4.2 节的有关内容。

9.3.6 选择

遗传算法中的遗传操作是实现优胜劣汰进化的一个关键过程，通过遗传操作，问题逐代优化，最后逼近最优解。

遗传操作包括三个基本的遗传算子(genetic operator)：①选择(selection)；②交换(crossover)；③变异(mutation)。本节讨论选择，以后再逐节讨论其他两个算子。

选择操作又称复制或再生(reproduction)，其目的是把优化的个体直接遗传到下一代或通过配对交换产生新的个体再遗传到下一代。选择操作是以个体适应度的计算为基础的，目前常用的方法有以下几种。

1）适应度比例法(fitness proportional model)

这种方法是目前最常用的方法，也称赌轮或蒙特卡罗(Monte Carlo)法。该方法的基本原则是：个体被选择的概率和其适应度成正比。

设群体大小为 n，个体的适应度为 f_i，则 i 被选择的概率为

$$p_i = \frac{f_i}{\sum_{j=1}^{n} f_j} \tag{9.3.49}$$

当各个个体的被选择概率计算出来以后，在决定哪些个体被选出时，可以用赌轮方法(见图 9.3.5)。即把各个个体按概率 p_i 在转轮上划分成扇形区域，使转轮随机转动，转轮停止时，指针所指的扇区，就表示其相应的个体被选中。转轮要转动 n 次，个体 i 指定几次，就意味着被选中几次。若转动 n 次，一次也没有被指到，就意味着该个体应被淘汰。图 9.3.5 表示了一个有 14 个个体的赌轮选择方法，该赌轮转动 14 次，各扇形被指针指到的次数，就是对应的个体被选中的次数。

为了避免早熟收敛和随机漫游现象，常对原适应度作定标处理，然后根据定标的适应度计算被选择的概率 p_i 和使用赌轮方法。

2）最佳个体保存法(elitist model)

将群体中适应度最高的个体不进行配对交换，而直接复制到下一代中，此种操作又称拷贝(copy)。

采用这种选择方法的优点是，进化过程中某一代的最优解可不被交换和变异操作所破坏。但也使获得局部最优解的可能性增加。也就是说，该方法牺牲了全局搜索能力，而加快了搜索速度。此法比较适合于单峰性质的搜索问题求

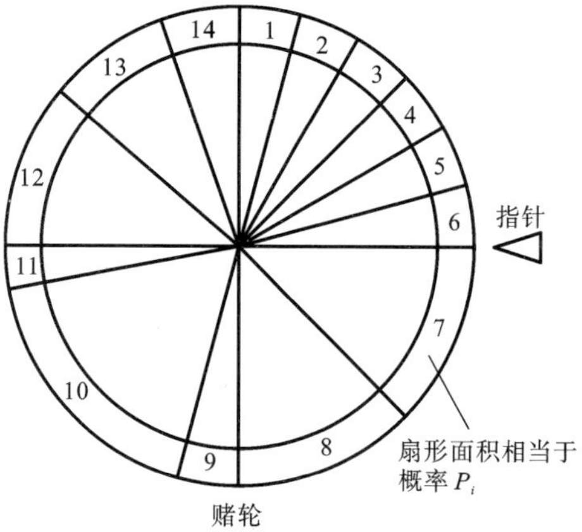

图 9.3.5 使用赌轮方法决定被选择的个体

解，对于多峰搜索问题要与其他选择方法结合使用。

3）期望值方法(expected value model)

采用赌轮方法时，可能会产生随机误差，也就是说，适应度高的个体也可能被淘汰，适应度低的个体也可能被选中。这种误差在群体数较大时更易发生，因为每个个体被选中的概率 p_i 都较小。为了克服这种误差，可采用期望值方法。期望值方法的基本思想已在 9.2 节的实例中表述过了，此处再系统地加以总结。

(1) 先计算适应度的期望值 $\bar{f}_i$

$$\bar{f}_i = \frac{1}{n}\sum_{i=1}^{n} f_i \tag{9.3.50}$$

(2) 再计算群体中每个个体在下一代生存的期望数

$$\bar{R}_i = \frac{f_i}{\bar{f}_i} \tag{9.3.51}$$

(3) 按四舍五入的原则将 $\bar{R}_i$ 圆整为整数 R_i，R_i 即个体 i 被选中的个数（复制的个数）。若 $R_i=0$（即 $R<0.5$），则个体 i 被淘汰。

Dejong 曾对以上三法的遗传算法性能进行过对比，实验表明，采用期望值法的遗传算法，其离线性能与在线性能均高于采用另外两种方法的遗传算法性能。

4）排序选择法(rank-based model)

这种方法的思想是按适应度的大小顺序排序，然后按序号选择个体及确定个体数目。事先设计好序号选择表，例如对一个 $n=10$ 的搜索问题，可以设计一张按序选择表如表 9.3.2 所示。由表可知，选择概率和适应度无直接关系，而仅与序号有关。

表 9.3.2 按序选择表

按适应度的大小排序	1	2	3	4	5	6	7	8	9	10
按序所定的选择数目	4	2	2	1	1	0	0	0	0	0

这种方法的不足之处在于要事先确定选择概率和序号的关系(设计按序选择表)。此外,它和适应度比例法一样都是一种基于概率的选择,所以仍有统计误差。

5) 联赛选择法(tournament selection model)

此法的操作思想是,从群体中按一定数目(称为联赛规模)随机选择个体,把其中适应度最高的个体保存到下一代。这一过程反复执行,直到保存到下一代的个体数达到预先设定的数目为止。显然,联赛规模不可过大,否则适应度较高的个体保存过多,容易达到局部解。一般联赛规模取 2。

6) 排挤法(crowding model)

这种方法是一种确定下一代群体的补充方法。通常群体规模 n 是一定的,但也可以不是常数。在各代中,群体的个数可多可少,就像自然界中一样。但在自然界中,当同一种群大量繁殖时,为争夺有限的生存资源,该种群中的个体之间的竞争压力必然加剧,因此个体的寿命和出生率也因此降低。排挤法即基于这一思想,在同一种群中,排挤掉相似的旧父代个体。从而提高群体的多样性。具体操作过程如下:

(1) 确定排挤参数(CF,crowding factor);

(2) 从群体中随机挑选 CF 个个体组成个体集(新的个体不包括在内);

(3) 从个体集中淘汰掉一个个体,该个体与新个体的海明距离最短。

以上操作中的新个体是由其他方法决定的。这种方法决定的下一代群体的规模可能有增有减,其最大的优点是能保证群体的多样性。

以上介绍的是目前常用的几种选择方法。每种方法对遗传算法性能的影响各不相同。在具体使用时,应根据实际情况采用较合适的方法,或者把它们结合起来使用。

9.3.7 交换

在自然界中,父体与母体的结合,使各自的遗传基因重组,经过基因的交换与变异,产生新一代。在遗传算法中,模仿了自然界的交换与变异操作,通过配对个体的交换与变异,产生新一代个体。

交换操作应保证前一代个体的优秀性能可以在后一代新个体中尽可能地得到遗传和继承。同时交换操作应与编码设计相互联系起来考虑,使二者能协调工作。以下介绍几种基本的交换操作(以二值编码为例)。

1）一点交换(one-point crossover)

一点交换又称简单交换。具体操作是：在两个个体串中随机设定一个交换点，实行交换。

$$\text{配对个体}\begin{cases}\text{个体 }A\text{：}1010|1101\rightarrow 10100100 & \text{新个体 }A' \\ \text{个体 }B\text{：}0101|0100\rightarrow 01011101 & \text{新个体 }B'\end{cases}$$

交换点

其中，交换点设置在第 4 和第 5 基因座之间，采用交换点后的两个个体的部分码串互相交换（也可以选择交换点前的部分码串相互交换），生成新的个体 A' 及 B'。

当染色体长度为 n 时，可能有 $n-1$ 个交换点设置方案，所以一点交换可能有 $n-1$ 个不同的交换结果。

2）二点交换(two-point crossover)

随机设定两个交换点，在两个交换点之间的码串相互交换，其余保持不变。二点交换举例如下：

$$\text{配对个体}\begin{cases}\text{个体 }A\text{：}01|1001|10\rightarrow 01001110 & \text{新个体 }A' \\ \text{个体 }B\text{：}10|0011|00\rightarrow 10100100 & \text{新个体 }B'\end{cases}$$

交换点

在此例中，两个交换点分别设置在第 2、3 基因座和第 6、7 基因座之间。A、B 两个个体在这两个交换点之间的码串相互交换，分别生成新个体 A' 和 B'。

对两点交换而言，若染色体长度为 n 位，则可能有 $(n-2)(n-3)$ 种交换点的设置方案，相应地就可能有 $(n-2)(n-3)$ 种不同的交换结果。

3）多点交换(multi-point crossover)

这是前述两种交换的推广。例如，3 点交换时，个体 A、B 在前两个交换点之间的码串相互交换，同时在第 3 点后的码串相互交换，如图 9.3.6 所示。又如，4 点交换时，个体 A、B 在 1、2 交换点间的码串及 3、4 交换点间的码串相互交换，如图 9.3.7 所示。

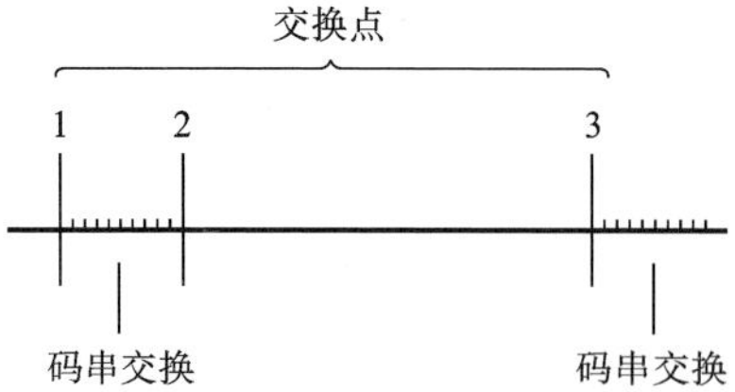

图 9.3.6　3 点交换

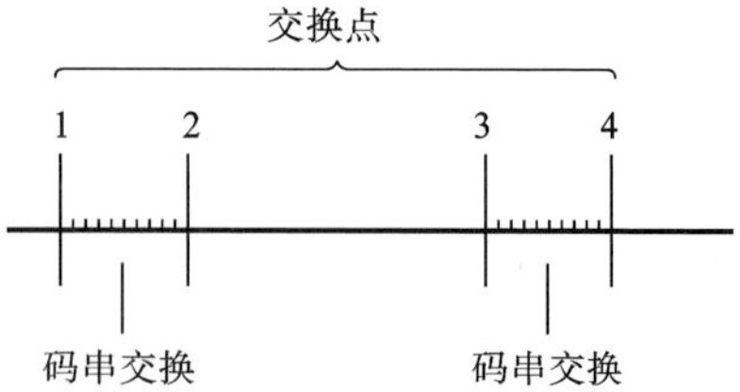

图 9.3.7　4 点交换

一般而言，多点交换较少采用。因为在多点交换时，被保存的结构很少，也就是说，多点交换不能有效地保存某些重要的模式。

4）一致交换(uniform crossover)

一致交换通过设定屏蔽字(mask)来实现。图 9.3.8 表示了一致交换的屏蔽作用。在进行交换操作时，当屏蔽字中的位为 0 时，新个体 A' 继承旧个体 A 中对应的基因码，当屏蔽字中的位为 1 时，新个体 A' 继承旧个体 B 中对应的基因码，由此生成一个完整的新个体 A'。反之，可以生成新个体 B'。

旧个体 A	011011
旧个体 B	100100
屏蔽字	010110
新个体 A'	001101
新个体 B'	110010

图 9.3.8　一致交换

显然，一致交换包括在多点交换范围内。

5）其他交换方法

针对不同的问题，还可以提出各种交换方法。如在二维编码中，相对应的就有二维交换。在 TSP 问题中，还有部分匹配交换(PMX)、顺序交换(OX)和循环交换(CX)等，这些将在专门的 TSP 问题(9.6 节)中讨论。

以上仅讨论了一些交换的基本方法。交换操作对遗传算法的性能及收敛性影响很大，但遗憾的是，至今关于这方面仍无系统而全面的论述。不过交换操作有很大的实用性，许多用一般搜索算法很难收敛的问题，对于基于交换操作的遗传算法而言，反而是收敛很快的、简单可解的问题了。

9.3.8　变异

在自然界中，生物体可能发生某些基因的变异而产生新的个体。同样，在遗传算法中，某些基因座上的基因值可以发生改变。以二值码为例，基因值在变异时取反，即 1→0 或 0→1。

引入变异操作的目的有两个：一是使遗传算法具有局部的随机搜索能力。当遗传算子在接近最优解时，利用变异操作的局部随机搜索能力，加速向最优解收敛；二是使遗传算法维持群体的多样性。特别是在进化过程中，搜索落入某个局部范围而不能摆脱时，通过变异操作，能够跳出局部优化解。显然，当搜索已接近最优解时，若过多地进行变异，也会使最优解的搜索遭到破坏。一般变异操作概率应取较小值。

在遗传算法中，交换操作主要用来增强全局搜索能力，而变异操作则主要用来增强局部搜索能力，这两种操作要配合使用。

以下介绍常用的变异操作。

1）基本变异操作

随机地挑选一个或多个个体，使其中一个或多个基因座的基因值发生改变。以下是一个变异操作的例子。

个体 A ：1 0 0 1 1 0 $\xrightarrow{\text{变异}}$ 1 1 0 1 0 0 新个体 A'

变异基因座

2）逆转操作

逆转操作的基本方法是：在个体码串中随机挑选两个逆转点，在两个逆转点之间，将其基因值以逆转概率 p_i 进行逆向排列。二值码串的逆转操作如下所示：

个体 A ：01 1011 01 $\xrightarrow{\text{逆转}}$ 01110101 新个体 A'

逆转点

由上可见，两个逆转点之间的码串 1011 经逆转操作后，变成了 1101。

上述这种逆转操作等效为一种变异操作。但逆转操作的真正目的并不在于变异，而是为了实现重新排序。

在自然界中，有时个体的基因进行重新组合时，并不改变该个体的主要特征，而仅提高该个体的繁殖率。把这种机制应用到遗传算法中，就要求有一种操作，既可对基因进行重新排序，又不改变其适应度值。为此，设计了一种编号的逆转操作。其思想是，将每个基因编号，基因值与编号成固定对应关系，在逆转操作以后，虽然基因座位置改变了，但基因值并不改变，这样其适应度值依然保持与原个体一样。上例经编号对应后，其逆转操作如下：

编　号：12 3456 78　　12654378　新编号

个体 A ：01 1011 01 $\xrightarrow{\text{逆转}}$ 01110101　个体 A'

逆转点

此时，每个基因都从 1～8 进行了编号。例如在个体 A 中第 6 基因座（编号为 6）的基因值是 4，经过逆转操作后，第 6 基因座移到个体 A 的第 3 基因座，其编号仍为 6，此位置的基因值仍为 4。所以个体 A' 的适应度值没有改变，但基因的顺序发生了改变。

Goldberg 等人将这种逆转操作与交换操作结合起来，形成一种特殊的交换操作（PMX，OX，CX）应用在 TSP 问题中，效果很好（参见 9.6 节）。

9.3.9 性能评估

遗传算法涉及编码、初始群体设定、适应度函数设计、遗传操作设计、算法过程控制参数设定等要素，各要素在设计时又有不同的策略和方法。因此，在不同的环境下，即使是同一问题，采用不同的遗传算法也有不同的结果。这样，就希望有统一的评估准则来对不同遗传算法的性能进行评估和比较。

目前，遗传算法的评估指标，大多依据各代中最优个体的适应度值和群体的平均适应度值。De Jong 提出两个用于定量分析遗传算法性能的指标：离线性能指标和在线性能指标。前者测量收敛性，后者测量动态性。

1. 在线性能评估准则

定义 9.3.7 设 $X_e(s)$为环境 e 下策略 s 的在线性能，$f_e(t)$为时刻（第 t 代）时相应于环境 e 的平均适应度函数，则 $X_e(s)$可以表示为

$$X_e(s) = \frac{1}{T}\sum_{t=1}^{T} f_e(t) \tag{9.3.52}$$

此式表明，在线性能可以用从第一代起到当前代优化过程中的各代平均适应度值的世代平均值来表示。

2. 离线性能评估准则

定义 9.3.8 设 $X_e^*(s)$为环境 e 下策略 s 的离线性能，则 $X_e^*(s)$可以表示为

$$X_e^*(s) = \frac{1}{T}\sum_{t=1}^{T} f_e^*(t) \tag{9.3.53}$$

式中：

$$f_e^*(t) = \text{best}\{f_e^{(1)}, f_e^{(2)}, \cdots, f_e^{(t)}\} \tag{9.3.54}$$

此式表明，离线性能是特定时刻最佳性能的累积平均。式(9.3.54)表示，它是到当前代为止，各代中的最佳适应度或累积平均最佳适应度。

9.3.10 收敛性

遗传算法收敛性问题，即遗传算法能否达到全局最优解和达到全局最优解的速度问题，是遗传算法理论分析至今尚未解决的问题。目前普遍认为，标准遗传算法并不能保证全局最优收敛，但是在一定的约束条件下，遗传算法可以实现这一点。此外，关于早熟收敛问题，许多研究者从实际经验出发，给出了许多防范措施及改进对策。以下将着重介绍这两方面的论证结果，而略去繁杂的证明过程。

1. 标准遗传算法的收敛性

定义 9.3.9 对初始群体，以比例法进行选择操作（按个体适应度占群体适

应度的比例进行复制)，以概率 $p_c \in [0,1]$ 进行交换操作，以概率 $p_m \in (0,1)$ 进行变异操作的群体寻优算法，称为标准遗传算法。

定理 9.3.2 标准遗传算法(参数如定义 9.3.9)不能保证收敛至全局最优解(证明从略)。

上述定理无疑是一个令人沮丧的结论。然而，值得庆幸的是，只要对标准遗传算法作一些改进，就能保证其收敛性。

定理 9.3.3 具有定义 9.3.9 所示参数，且在选择操作后保留当前最优值的遗传算法，最终能收敛到全局最优解(证明从略)。

定理 9.3.4 具有定义 9.3.9 所示参数，且在选择操作前保留当前最优值的遗传算法，最终能收敛到全局最优解(证明从略)。

由上可知，标准的遗传算法在任意初始化、任意交换、任意变异操作(简单的或复杂的)和任意适应度函数下的比例选择操作，都不能保证收敛至全局最优解，而通过改进遗传算法，即在选择操作前或后保留当前最优解，则能保证收敛至全局最优解。这就是说，收敛至全局最优解，实际上是不断地保留当前最优解的结果。

值得注意的是，尽管证明了改进的遗传算法(保留当前最优解)最终能收敛至全局最优解，但收敛的时间可能是很长的。关于遗传算法的收敛速度问题，初始化对收敛性的影响以及其他非标准遗传算法的收敛问题至今仍未有深入研究。也许是由于这些研究需要涉及更深的数学理论，因此关于遗传算法收敛性的问题，已经成为当前数学研究的难题。

2. 未成熟收敛及其对策

未成熟收敛是用遗传算法解决实际问题时常碰到的现象，它的表现是：

(1) 群体中的个体很快陷于局部极值，进化停止；

(2) 接近最优解的个体总是被淘汰，进化过程不收敛。

导致未成熟(早熟)收敛的因素，在遗传算法的每个环节上都可能发生，大致有以下几方面：

(1) 在进化初始阶段，生成了具有很高适应度的个体 X；

(2) 在比例选择下，其他个体被淘汰，大部分个体与 X 一致；

(3) 配对不好导致两个相同的个体进行交换操作，从而未能产生新个体；

(4) 通过变异或逆转所生成的个体适应度高但数量少，所以被淘汰的概率很大；

(5) 群体中的大部分个体处于与 X 一致的状态。

为了防止早熟，许多研究者做了大量的工作，把他们的经验加以总结，可以列出如下的对策。

1）尽量维持群体中个体的多样性

（1）适当考虑群体的初始规模。当然，也不能规模太大，否则会增加计算工作量。

（2）采用可变群体规模。在进化计算过程中，在保证个体差异的前提下，群体的规模可增可减。

（3）使早熟现象局部化。把群体分割成若干子群体，每个群体独立进行选择操作，如果因出现不适当的个体而产生早熟时，早熟收敛也只发生在局部。

（4）淘汰掉相同的个体。但也要注意不能过分，因为适者生存是遗传算法的基本原则，优秀的个体总是在后代中有较多的繁衍。

（5）增大配对个体的距离，尽量避免近亲相配。可用海明距离来判断配对个体的相似度，选择距离较大的个体相配。

2）改进选择操作

（1）不采用比例法而采用保留当前最优解法。

（2）不采用赌轮法而采用期望值法。

（3）适当采用联赛选择法和排挤法来选择操作。

（4）对选择概率进行加权处理，例如用乘幂法来加大相近概率的距离。

3）改进交换操作

（1）适当设定交换点，保证交换操作能继承前一代优秀个体的基因。这里的困难是事先难以确定最佳基因座的位置。可以用试验法来调整。

（2）采用一致交换法，适当设定屏蔽字。其目的是产生能继承上一代优良特性的新个体。

（3）把交换操作与编码设计结合起来考虑，实行编码-交换设计。

（4）选择距离较大的配对亲体进行交换操作。

4）改进变异操作

（1）在进化初始阶段提高变异概率，以加强遗传算法的随机搜索能力。

（2）采用编号的逆转操作，在保持适应度的前提下对基因座进行重新排列。

（3）把逆转操作与交换操作相结合，形成独特的交换操作（PMX、OX、CX），参见9.6节。

5）对适应度恰当定标

参见9.3.5节。

9.4 非线性问题寻优的遗传算法

一般非线性问题的优化函数具有较复杂的结构，如非凸性和不连续性等。

这类函数及其导数常不能用解析式表示；有时优化函数虽有解析表达式，但其导数不连续。对于这类非线性优化问题，就不能用微分法求解，通常用直接搜索法。由于直接搜索法构思直观、使用方便，所以有些即使利用微分法也可以求优化解的问题，也常用直接搜索法来求解。

遗传算法 GA 是直接搜索法中的一种方法，它是一种自适应启发式迭代寻优的概率性搜索算法，可以较好地解决各种非线性优化问题的全局最优性、鲁棒性和并行运算性等问题，因而得到了广泛应用。

9.4.1 一般非线性优化问题的遗传算法

一般非线性优化问题的数学模型如下：

$$\begin{cases} \max\ f(x_1, x_2, \cdots, x_r) \\ \text{s.t.}\ \ a_i \leqslant x_i \leqslant b_i,\ i=1,2,\cdots,r \end{cases} \tag{9.4.1}$$

式中：x_i 为未知变量；a_i、b_i 为实常量；f 为非线性目标函数。

利用 GA 来求解上述问题的步骤如下。

1）编码

就是将未知量 x_i 编成位长为 l 的二进制代码字符串。若变量 x_i 的变化范围是$[a_i, b_i]$，则用前述公式(9.3.34)来确定十进制数 x_i 与其对应的二进制整数$(x_i)_b$ 之间的关系为

$$x_i = a_i + \frac{(x_i)_b}{2^l - 1}[b_i - a_i] \tag{9.4.2}$$

例如，二进制整数$(x_i)_b=21$，若位数 l 取 5 位，其对应的二进制代码为

10101

又若 $a_i=30$，$b_i=54$，则对应有

$$x_i = 30 + \frac{21}{2^5 - 1}[54 - 30] = 46.258$$

对于$(x_1, x_2, \cdots, x_r)$，其对应的字符串由每个 x_i 对应的字符串串联而成，所以总长度为 lr。

2）确定初始群体

群体的个体数（群体的规模）n 应取得适中，n 选得过小，不易求得全局最优解，且容易过早收敛，n 选得过大，运算量过大，收敛速度减慢，通常取 n 为编码长度的两倍，即 $2lr$ 较好。

确定了 n 的大小后，便要具体决定 n 个染色体串，也就是 n 个长度为 lr 的代码串。此时可以用前述的掷硬币随机法产生，也可以在区间$[a_i, b_i]$内随机选择 x_i，然后利用式(9.4.2)决定对应的二进制整数$(x_i)_b$，再由$(x_i)_b$ 决定二进制字符串。

3）决定适应度函数 f_i

对于非线性优化问题，通常定义目标函数 $f(x_1,x_2,\cdots,x_r)$ 为该字符串的适应度函数。当 $f(\cdot)$ 有负值而无法作适应度函数时，则对 $f(\cdot)$ 做如下修正：

设第 t 代规模为 n 的群体对应的目标值为 $f_i(i=1,2,\cdots,n)$，则修正值 f'_i 为

$$f'_i=f_i-f_{\min}+\frac{1}{n}(f_{\max}-f_{\min}) \tag{9.4.3}$$

其中

$$f_{\min}=\min_{1\leqslant i\leqslant n} f_i,\quad f_{\max}=\max_{1\leqslant i\leqslant n} f_i$$

4）进行复制操作

为防止已经搜寻到的最优结果丢失，我们把上一代群体中适应度最大的 10％的个体不进行复制、交换、变异三种操作，而直接进入下一代群体中，对另外 90％的个体进行上述三种操作。每个个体复制的比例由适应度决定：

$$\text{比例}=\frac{f_i}{\sum_{i=1}^{n} f_i}\times 0.9 \quad (i=1,2,\cdots,n)$$

5）进行交换操作

交换只对由复制产生的 0.9n 个个体进行。此时应适当地选取交换的概率 p_c，p_c 越大，产生新个体的机会越大，搜索效率越高，但 p_c 过大，则已搜索到的较好的个体可能会丢失。一般 p_c 以 0.85 为好。由于保留了 10％ 的个体直接进入下一代，此时取 $p_c=0.95$ 较好。

6）进行变异操作

变异操作的作用是防止丢失有用的可能解，保证可搜索到空间的重要点，使算法具有全局收敛性。变异的概率较小，在实际运算中，通常取 0.01～0.05。

7）令 $t=t+1$，继续计算适应度 f_i

8）判断终止条件是否满足

通常选取的终止条件是如式(9.2.3)所示的最佳适应度无明显提高，用相对差值 ε 来判断。若相对差值小于 ε，则停止，否则返回步骤 4)。停止条件也有用迭代次数(即代数)N 来决定的，当 n 为 $2lr$ 时，选取 $N=30$。

9）结束过程

找出最佳串 S_m，并将 S_m 对应的字符串利用式(9.4.2)换算出最佳未知量$(x_1,x_2,\cdots,x_r)_m$ 及其对应的最佳适应度函数值 $f(x_1,x_2,\cdots,x_r)_m$，过程结束。

9.4.2 约束最优化的遗传算法

1. 带有不等式约束的非线性优化问题

这类问题的数学模型是

$$\begin{cases} \max \quad f(x_1, x_2, \cdots, x_r) \\ \text{s.t.1} \quad g(x_1, x_2, \cdots, x_r) \leqslant 0 \\ \text{s.t.2} \quad a_i \leqslant x_i \leqslant b_i, \quad i=1,2,\cdots,r \end{cases} \tag{9.4.4}$$

处理这类问题的方法是将此类问题转化成式(9.4.1)所述的标准问题。

设第 t 代规模为 n 的群体对应的目标值为 $f_i(i=1,2,\cdots,n)$，取修正值

$$f'_i = f_i - f_{\min} + \frac{1}{n}(f_{\max} - f_{\min})$$

其中

$$f_{\min} = \min_{1 \leqslant i \leqslant n} f_i, \quad f_{\max} = \max_{1 \leqslant i \leqslant n} f_i$$

再次修正

$$f''_i = \begin{cases} f'_i, & \text{第 } i \text{ 个个体满足 s.t.1，即 } g_i \leqslant 0 \\ 0, & \text{其他} \end{cases}$$

则模型(9.4.4)即化为模型(9.4.1)。

2. 带有等式约束的非线性优化问题

$$\begin{cases} \max \quad f(x_1, x_2, \cdots, x_r) \\ \text{s.t.1} \quad g(x_1, x_2, \cdots, x_r) = 0 \\ \text{s.t.2} \quad a_i \leqslant x_i \leqslant b_i, \quad i=1,2,\cdots,r \end{cases} \tag{9.4.5}$$

处理这类问题的思路是将 s.t.1 中的函数 g，构造成一个“惩罚函数”附加到优化的目标函数 f 上。“惩罚函数”是单调减函数，它附加到 f 上，只会使总的优化函数减小，好像是一种“惩罚”，只有满足 s.t.1 时，$g=0$，目标函数才最大。这样构造新的优化函数后，问题也转化成标准式(9.4.1)。由于构造方法的不同，可以有三种形式。

1）加法形式

构造

$$\begin{cases} \max \quad \{f(x_1, x_2, \cdots, x_r) + P(g(x_1, x_2, \cdots, x_r)^2)\} \\ \text{s.t.2} \quad a_i \leqslant x_i \leqslant b_i, \quad i=1,2,\cdots,r \end{cases} \tag{9.4.6}$$

其中 $P(\cdot)$ 为单调减函数，模型(9.4.6)就成为标准模型。$P(\cdot)$ 可以选二次型

$$P(y) = -Cy^2, C>0 \tag{9.4.7}$$

或钟型

$$P(y) = \frac{1}{\sqrt{2\pi}\delta} \exp\left\{-\frac{y^2}{2\delta^2}\right\}, \quad \delta>0 \tag{9.4.8}$$

C 或 δ 越大，式(9.4.6)的解从理论上讲，越能使条件 $g(x_1,x_2,\cdots,x_r)$ 接近于 0。但是，由于遗传算法的特点，当 C 或 δ 很大时，某代适应度值完全由 $P(\cdot)$ 控制，$f(\cdot)$ 几乎不起作用，使 GA 无法收敛。C 或 δ 取较小时，s. t. 1 误差太大。

2）乘法形式

构造

$$\begin{cases} \max \quad \{f(x_1,x_2,\cdots,x_r)\times P(g(x_1,x_2,\cdots,x_r))\} \\ \text{s. t. } 2 \quad a_i \leqslant x_i \leqslant b_i, \quad i=1,2,\cdots,r \end{cases} \tag{9.4.9}$$

其中 $P(\cdot)$ 也是单调减函数。但模型(9.4.9)必须满足条件 $f(\cdot)\geqslant 0$ 和 $P(\cdot)\geqslant 0$（这样才能使总的优化函数为正）。$P(\cdot)\geqslant 0$ 的条件在构造时容易满足（如采用模型(9.4.8)的形式）。为了使 $f(\cdot)\geqslant 0$，可以在 $f(\cdot)$ 上加一个大数 M 来修正，即

$$f^0(\cdot)=f(\cdot)+M \tag{9.4.10}$$

但这样做后，GA 的收敛较慢。

3）浮动乘法形式

对目标函数 $f(\cdot)$ 采用式(9.4.3)来修正，获得 $f'_i(i=1,2,\cdots,n)$。再求得该群体对应的 $P(\cdot)$ 函数值 $P_i(i=1,2,\cdots,n)$。然后取综合适应度值为 $f'_i\times P_i$。试验表明，采用式(9.4.8)计算 $P(\cdot)$ 时，若取得较大，s. t. 条件误差较大，若取得很小，则算法收敛太慢，几乎难以收敛。当选取 δ 为 $g(\cdot)$ 平均取值的 0.1 时，s. t. 1 相对误差为 0.02%左右。

9.5 背包问题

9.5.1 问题描述

1. 0/1 背包问题

设有尺寸为 $S_1,S_2,\cdots,S_n$ 的 n 个物体及容量为 C 的背包，此处 $S_1,S_2,\cdots,S_n$ 和 C 都是正整数。要求找出 n 个物体的一个子集，使其尽可能多地填满容量为 C 的背包。

上述背包问题(knapsack problem)的数学形式如下：

$$\begin{cases} \max \ \sum_{i=1}^{n} S_i X_i \\ \text{s. t. } \ \sum_{i=1}^{n} S_i X_i \leqslant C \\ \qquad X_i \in \{0,1\}, \quad 1\leqslant i\leqslant n \end{cases} \tag{9.5.1}$$

式中：X_i 表示物体 i 是否在所选的子集中，若是，则 $X_i=1$，否则 $X_i=0$。

2. 广义背包问题

已知两个向量：$\boldsymbol{S}=(S_1,S_2,\cdots,S_n)$，$\boldsymbol{P}=(P_1,P_2,\cdots,P_n)$及常量 C。设 X 为一整数集合：$X=\{1,2,3,\cdots,n\}$，T 为 X 的子集。广义背包问题就是找出满足约束条件 $\sum_{i=1}^{n} S_iX_i \leqslant C$，而使目标函数 $\sum_{i=1}^{n} S_iX_i$ 最大的子集 T，即求 S_i 和 P_i 的下标子集。其数学形式如下：

$$\begin{cases} \max \quad \sum_{i=1}^{n} P_iX_i \\ \text{s. t.} \quad \sum_{i=1}^{n} S_iX_i \leqslant C \\ \qquad X_i \in \{0,1\}, \quad 1 \leqslant i \leqslant n \end{cases} \tag{9.5.2}$$

广义背包问题可以有不同的应用场合。例如可应用在经济活动中求最大收益的资源有效分配。此时，$\boldsymbol{S}$ 的元素是 n 项经营活动各自所需的资源消耗，C 是所能提供的资源总量，$\boldsymbol{P}$ 的元素是人们从每项经营活动中得到的利润或收益，则背包问题就是在资源有限的条件下，追求总的最大收益的资源有效分配。

显然，在广义背包问题中，若 $\boldsymbol{P}=\boldsymbol{S}$，则广义背包问题便简化为 0/1 背包问题。

背包问题在计算理论中属于 NP-完全问题，其计算复杂度为 $O(2^n)$；若允许物件可以部分地装入背包，即允许 X_i 可取 0.00 到 1.00 闭区间上的实数，则背包问题就简化为极简单的 P 类问题，此时计算复杂度为 $O(n)$。

9.5.2 背包问题的遗传算法求解

设有一个 0/1 背包问题，已知

$\boldsymbol{S}=\{$253,245,243,239,239,239,238,238,237,232,231,231,230,229,228,227,224,217,213,207,203,201,195,194,191,187,187,177,175,171,169,168,166,164,161,160,158,150,149,147,141,140,139,136,135,132,128,126,122,120,119,116,116,114,111,110,105,105,104,103,93,92,90,79,78,77,76,76,75,73,62,62,61,60,60,59,57,56,53,53,51,50,44,44,42,42,38,36,34,28,27,24,22,18,12,10,7,4,4,1$\}$

$$C=6666$$

$$X_i \in \{0,1\}, \quad 1 \leqslant i \leqslant n$$

求使 $\sum_{i=1}^{n} S_i X_i$ 最大且满足约束条件

$$\sum_{i=1}^{n} S_i X_i \leqslant C, \quad X_i \in \{0,1\} \quad (0 \leqslant i \leqslant n)$$

的解矢量 $\boldsymbol{X}$。

遗传算法求解如下：

(1) 采用二进制编码法，以矢量 $\boldsymbol{X}$ 作为遗传编码的矢量，$\boldsymbol{X}$ 的元素为 1 表示该元素所对应的物件被选中装入背包，$\boldsymbol{X}$ 的元素为 0 表示该元素所对应的物件没有被选中。例如 $X=(0,1,1,0,1,0,1)$表示第 2、3、5、7 这四个物件被选中装入背包。

(2) 采用惩罚函数，将约束优化问题转化成标准优化问题。此时可按式(9.5.3)来构造适应度函数：

$$f(X) = \begin{cases} \sum_{i=1}^{n} S_i X_i, & \sum_{i=1}^{n} S_i X_i \leqslant C \\ \sum_{i=1}^{n} S_i X_i - \alpha\left(\sum_{i=1}^{n} S_i X_i - C\right), & \sum_{i=1}^{n} S_i X_i > C \end{cases} \tag{9.5.3}$$

式中：$\sum_{i=1}^{n} S_i X_i$ 为背包问题的目标函数值；α 为惩罚系数，在本例中取 $\alpha = 1.10$。

(3) 遗传算法的参数及操作。群体规模取 100，交换概率 $p_c=0.88$，变异概率 $p_m=0.0088$；选用比例选择机制复制，采用随机选点的一点交换策略，位点随机选用；初始种群以随机方式产生。

(4) 求解结果。该问题在 386 微机上执行 123 秒，经 14 代迭代计算，求得最优结果：

$$\begin{aligned} X=\{&1,1,0,0,1,1,1,1,1,0,\\ &0,0,0,1,0,1,1,1,1,1,\\ &0,0,0,1,1,0,1,1,0,1,\\ &0,1,1,0,0,0,1,0,1,0,\\ &1,0,0,0,1,0,1,0,1,1,\\ &1,0,0,1,0,0,1,0,0,0,\\ &1,1,0,1,0,1,1,1,0,0,\\ &1,1,1,0,0,1,0,1,1,1,\\ &0,0,0,1,1,0,0,1,1,0,\\ &1,0,1,0,0,1,0,0,0,1\} \end{aligned}$$

$$\sum_{i=1}^{n} S_i X_i = 6666$$

9.5.3 进一步的讨论

(1) 对于简单的背包问题(即物体个数不多的问题),遗传算法的效率并不高。但是对于大容量问题,由于遗传算法不太需要基于问题的知识,且在计算的通用性、鲁棒性及复杂问题求解方面具有优异的特点,这种方法确实能较好地解决实际问题。

(2) 采用"与/或"交换操作求解背包问题的收敛速度更快。"与/或"交换操作的实现方法如下:

① 按赌轮选择机制选取两个父串 $F1$ 和 $F2$;

② 由 $F1$ 和 $F2$ 按位进行"与"逻辑运算产生一子串 $C1$;

③ 由 $F1$ 和 $F2$ 按位进行"或"逻辑运算产生一子串 $C2$。

例如,选择的父串为

$$F1:0100101101$$

$$F2:1101110100$$

则由"与/或"交换操作产生的两个子串分别为

$$C1:0100100100$$

$$C2:1101111101$$

显然,这一交换方法使子代继承了双亲的同型基因。对于双亲的杂型基因,"与/或"交换方法采取了两种不同的"支配"方式:"与"运算是一种 0 支配 1 的方法,而"或"运算则是一种 1 支配 0 的"支配"方式。

实验表明,"与/或"交换操作获得全局最优解所需的时间仅为"一点交换"策略的 1/9 到 1/3,而且其在线性能指标与离线性能指标均明显优于"一点交换"策略。此外,这种"与/或"操作还为遗传算法的硬件实现创造了条件。

9.6 旅行商问题

在第 8 章中我们已经用神经网络法求解过旅行商(TSP)问题,本节我们将用遗传算法来求解 TSP 问题。为什么我们对 TSP 问题特别关心呢?主要有以下几方面的原因。

(1) TSP 问题是一个典型的、易于描述却难以处理的 NP-完全问题。有效地解决 TSP 问题在可计算理论上有着重要的理论价值。

(2) TSP 问题是许多应用领域复杂问题的概括形式。因此,有效地解决 TSP 问题有着重要的实际应用意义。

(3) TSP 问题因其典型性已成为各种启发式搜索、优化算法(如神经网络优化、列表寻优(TABU)法、模拟退火法等)的比较标准。研究遗传算法在 TSP 问题中的应用,对于构造合适的遗传算法框架、建立有效的遗传操作、深入探讨遗传算法的理论和应用问题均有重要意义。

TSP 问题的描述很简单,简言之,就是寻找一条最短的遍历 n 个城市而不重复的路径,其数学描述如下:

设有城市集 $V=\{v_1,v_2,\cdots,v_n\}$,城市 v_i 与 v_j 间的距离定义为 $d(v_i,v_j)$,搜索整数子集 $X=\{1,2,\cdots,n\}$(X 的元素表示对 n 个城市的编号)的一个排列 $\pi=(X=\{v_1,v_2,\cdots,v_n\})$,使总路径

$$T_d = \sum_{i=1}^{n-1} d(v_i,v_{i+1}) + d(v_1,v_n) \tag{9.6.1}$$

取最小值。

9.6.1 编码与适应度

在求解 TSP 问题的各种遗传算法中,遍历城市的次序排列编码方法多被采用。如码串 12345678 表示自城市 1 开始,依次经城市 2、3、4、5、6、7、8,最后返回城市 1 的遍历路径。显然这是一种很自然的编码方法,其主要缺陷是在交换操作后引起非法路径问题(TSP 问题规定遍历所有城市且只经过一次,违反了这条规定,就称为引起非法路径)。为了消除这一缺陷,曾经考虑过不少方法,但都不理想。因此现行应用中仍是采用上述遍历城市的编码方法。

适应度函数常取路径长度 T_d 的倒数,即 $f=1/T_d$。考虑到遗传操作以后会出现非法路径,此时的适应度函数要考虑到因非法路径而加入的惩罚系数。具体的适应度函数可以表示为

$$f=1/(T_d+\alpha N_t) \tag{9.6.2}$$

式中:N_t 是对 TSP 路径非法的度量(如取 N 为未遍历的城市的个数);α 为惩罚系数,常取城市间最长距离的两倍多一点(如 $2.05d_{\max}$)。

9.6.2 遗传操作

1. 选择操作

构成新一代群体有许多方法,可以全更新(称为 N 方式)、保留一个最好的父串(称为 E 方式)、按一定比例部分更新(称为 G 方式)、从子代和父代中挑选若干个体组成新群体(称为 B 方式)等。一般而言,N 方式的全局搜索性能最好,但收敛速度最慢;B 方式收敛速度最快,但全局搜索性能最差;E 方式和 G 方式的性能介于 N 方式和 B 方式之间,在求 TSP 问题的应用中,多选用 E 方式。

2. 交换操作

采取顺序编码法后，若用简单的一点交换或多点交换，必然会导致未能完全遍历所有城市的非法路径。如8城市的TSP问题的父路径为

$$1234|5678$$

$$8765|4321$$

若采取一点交换，交换点随机选为4，则交换后产生的两个后代为

$$87655678$$

$$12344321$$

显然，这两个子路径均未能遍历所有8个城市，都违反了TSP问题的约束条件。解决这一问题，可以采取上述构造惩罚函数的方法，但试验效果不佳。

既要进行交换操作，又要满足约束条件，就必须对交换操作进行修正。常用的几种修正的交换操作方法介绍如下。

1）部分匹配交换(PMX, partially matched crossover)法

PMX操作是由Goldberg和Lingle于1985年提出的。在PMX操作中，先随机地产生两个交换点，定义两交换点之间的区域为一匹配区，进行两个父串的匹配区的交换操作。考虑下面的实例，两个父串A、B为

$$A=984|567|1320$$

$$B=871|230|9546$$

首先交换A和B的两个匹配区的码，得到

$$A'=984|230|1320$$

$$B'=871|567|9546$$

可见A'、B'出现了匹配区外的遍历重复。如果能对匹配区外的重复通过修改使其不重复，则非法路径问题便得到解决。易知，只要把原来在匹配区内的映射关系，即$5\leftrightarrow2$，$6\leftrightarrow3$，$7\leftrightarrow0$再按反映射关系施行到重复的编码上，就能消除非法路径现象。例如A'匹配区以外的2，3，0分别以5，6，7替换，则得

$$A''=984|230|1657$$

同理可得

$$B''=801|567|9243$$

这样，子串仍是遍历的，但每个子串的次序部分地由其父串确定。

2）顺序交换(OX, order crossover)法

与PMX法相似，Davis(1985)等人提出了一种OX。此法开始也是选择一个匹配区域：

$$A=984|567|1320$$

$$B = 871|230|9546$$

根据匹配区域的映射关系，在其区域外的重复位置标记 H，得到

$$A' = 984|567|1\mathrm{HHH}$$

$$B' = 8\mathrm{H}1|230|9\mathrm{H}4\mathrm{H}$$

移动匹配区到起点位置，且在其后预留相等于匹配区域的空间（H 数目），然后将其余的码按其相对次序排列在预留区后面，得到

$$A'' = 567\mathrm{HHH}1984$$

$$B'' = 230\mathrm{HHH}9481$$

最后将父串 A、B 的匹配区域相互交换，并放置到 A''、B'' 的预留区内，即可得到两个子代：

$$A''' = 567|230|1984$$

$$B''' = 230|567|9481$$

虽然，PMX 法与 OX 法非常相似，但它们处理相似特性的手段却不同。PMX 法趋向于所期望的绝对城市位置，而 OX 法却趋向于期望的相对城市位置。

3）循环交换(CX，cycle crossover)法

Smith 等人提出的 CX 方法与 PMX 法和 OX 法不同。循环交换执行的是以父串的特征作为参考，使每个城市在约束条件下进行重组。设两个父串为

$$C = 9821745063$$

$$D = 1234567890$$

不同于选择交换位置，我们从左边开始选择一个城市

$$C' = 9\ -\ -\ -\ -\ -\ -\ -\ -\ -$$

$$D' = 1\ -\ -\ -\ -\ -\ -\ -\ -\ -$$

再从另一父串中的相应位置，寻找下一个城市

$$C' = 9\ -\ -\ 1\ -\ -\ -\ -\ -\ -$$

$$D' = 1\ -\ -\ -\ -\ -\ -\ -\ 9\ -$$

再轮流选择下去，最后可得

$$C' = 9231547860$$

$$D' = 1824765093$$

关于 PMX、OX、CX 方法更进一步的分析，可参见 Oliver 等人的论文。

4）基于知识的交换方法

这种方法是一种启发式的交换方法，它按一些知识来规划构造后代。

(1) 随机地选取一个城市作为子代圈的开始城市。

(2) 比较父串中与开始城市邻接的边，选取最小的边添加到圈的路径中。

(3) 重复第(2)步，如果发现按最小边选取的规划产生非法路径（重复经过

同一城市)，则按随机法产生一合法的边，如此反复，直至形成一完整的TSP圈。

使用这一方法，可以获得较好的结果。实践表明，在200个城市的TSP优化方面，此法已产生了接近由模拟退火算法所计算出的优化结果。

关于TSP问题，还有各种各样的修改的交换操作方法，一般而言，交换方法应能使父串的特征遗传给子串，子串应能部分或全部地继承父串的结构特征或有效基因。

3. 变异操作

在遗传算法中，变异操作不是主要的操作，它只是一种补充的操作，用以防止在选择、交换中可能丢失某些遗传基因，在TSP问题中主要的变异操作如下。

1）位点变异

以小概率对串的某些位作值的变异。

2）逆转变异

对两点内的码进行逆转操作，如

$$A=123|456|7890$$

逆转操作后变为

$$A'=123|654|7890$$

所以这种操作对TSP问题而言，属于一种细微调节，因而局部精度较高，对全局优化的作用不大。

3）对换变异

随机选择两个交换点，使交换点处的码值交换。如对于串 A

$$A=1\ 2\ 3\ \underbrace{4\ 5\ 6\ 7}_{\text{交换点}}\ 8\ 9$$

在4、7交换点处交换，得到

$$A'=123756489$$

这种变异操作在TSP问题中常被采用。

4）插入变异

从串中随机选择一个码，将此码随机插入各码中间。例如在上述 A 中，随机选择插入码5，插入2～3之间，则有

$$A'=125346789$$

9.6.3 实例

文献[48]对一个 n 个城市的TSP问题做了实验验证，所采用的遗传算法框

图如图9.6.1 所示。

该例采用 n 城市的遍历顺序编码法，适应度函数取总长度 T 的倒数（无惩罚函数）。选择机制是保留 M 个较优个体，在每一代运算中，个体被选中的概率与其在群体中的相对适应度成正比。交换操作采用修改的 OX 法。此法的重点举例如下。

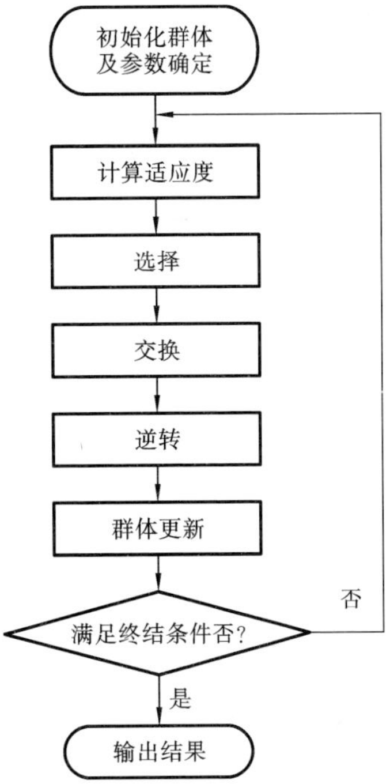

图 9.6.1　求解 TSP 问题的遗传算法框图

（1）在串中随机选择交配区域，如两父串及交配区选定为

$$A=12|3456|789$$

$$B=98|7654|321$$

（2）将 B 的交配区域加到 A 的前面（或后面），A 的交配区域加到 B 的前面（或后面）得到

$$A'=7654|123456789$$

$$B'=3456|987654321$$

（3）在 A'中从交配区域后依次删除与交配区相同的城市码，得到最终的两个子串为

$$A''=765412389$$

$$B''=345698721$$

在本实验中，变异操作的概率很小，一旦发生，则用随机方法产生交换次数 K，对所需变异操作的串进行 K 次对换（对换的两个码位也是随机产生）。

引入逆转操作，对于给定的串，随机给定两个逆转点，在两逆转点之间进行逆转，若逆转后适应度提高，则执行逆转。如此反复，直至不存在这样的逆转操作为止。这一操作，可以改良它的局部极点。

实验在 386 微机上进行，群体规模定为 100，交换概率为 0.95，变异概率为 0.003，初始群体由随机法产生。实验结果表明：

（1）当 $n\leqslant15$ 时，本算法可以 100％搜索到穷举法求得的最优解；

（2）当 $15<n\leqslant30$ 时，本算法能收敛到"最好解"（难以确认其最优性）；多次实验误差结果为 0；与模拟退火法相比，时间约为模拟退火法的 1/6；

（3）对 $n=50$，$n=60$，$n=80$ 及 $n=100$，…的测试结果表明，遗传算法在求解质量上略优于模拟退火法（SA），优化效率则大大高于模拟退火法，如表 9.6.1 所示。

表 9.6.1 SA 法和 GA 法求解 TSP 问题的实验结果

城市数 n	最优解	最优解	时间/s	时间/s
	SA 法(相对值)	GA 法(相对值)	SA 法	GA 法
50	106.33	105.88	540	98
60	105.11	104.22	480	120
80	103.22	101.34	600	150
100	99.11	98.05	1080	360
200	98.67	97.91	3400	660

表中所列 TSP 路径长度为相对长度,其值计算公式为

$$T_d = \frac{T_d}{0.765X\sqrt{n}} \tag{9.6.3}$$

式中:T_d 为实际路径长度;X 为包含 TSP 所有城市的最小正方形的边长;n 为 TSP 问题的城市数目。图 9.6.2 为城市规模 $n=100$ 的 TSP 问题的初始群体的路径,图 9.6.3 为经遗传算法优化后得到的最佳路径。

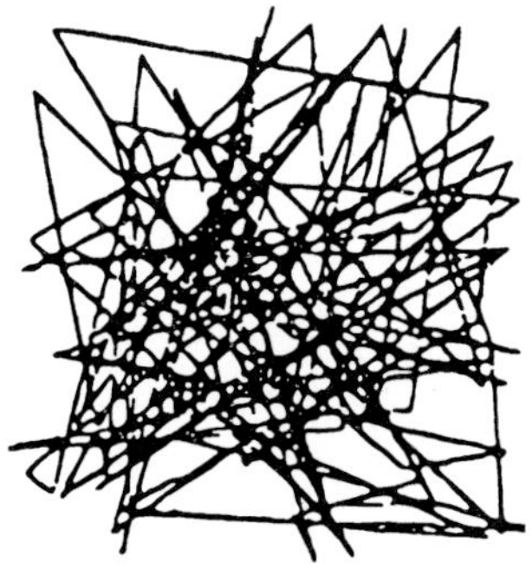

图 9.6.2 100 城市 TSP 问题的初始路径($G=0$ 代)

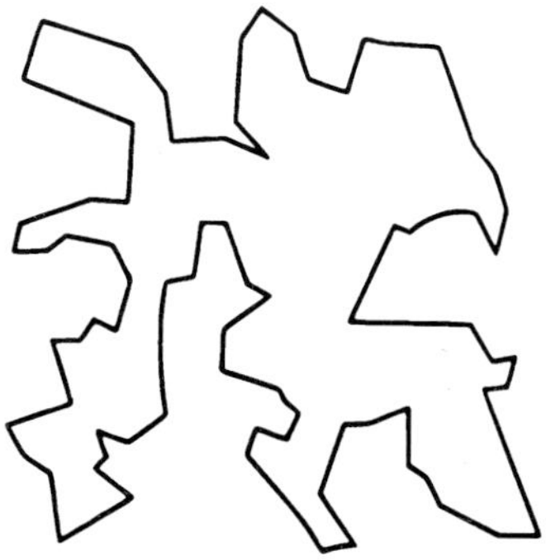

图 9.6.3 100 城市 TSP 问题经遗传算法优化后得到的最佳路径($G=200$ 代)

9.7 调度问题

9.7.1 问题概述

1. 调度

调度(scheduling)就是为了实现某种目的而对共同使用的资源实行时间分

配。例如，车间作业调度问题（JSSP，job shop scheduling problem）就是为处理多项作业而分配机器设备（共同资源）的工作顺序及时间，使总的作业时间最少。一般认为，这种 JSSP 是 NP-完全问题中最困难的问题。即使是 JSSP 中比较简单的流动车间调度问题（FSSP，flow shop scheduling problem），也是与 TSP 问题的难度相当的同一类型的问题。

2. 车间作业调度问题的描述

1）标准的车间作业调度问题

设在车间的 m 台设备上处理 n 项作业（n 个不同的零件），各台设备处理不同作业的时间是预先给定的。如果每个作业均用到 m 台设备（即有 m 个操作，或 m 个工序），则可有 $(n!)^m$ 种不同的调度方式在实际工作中，通常还有一些约束条件。最一般的约束条件是：每台设备不能同时处理两项以上的作业，每项作业也不能同时在两台设备上被处理。另一个较普通的约束条件是：每项作业都规定一种技术顺序，即该项作业所需设备的使用顺序（不同操作的次序）。所以标准的车间作业调度（即流动车间调度）问题就是在满足任务配置和技术顺序两个约束条件下，为给定的作业求最佳的设备工作次序和时间分配，使完成全部作业所需的时间最少。

2）约束条件不同的车间作业调度问题

有时，有的作业不需要给定技术顺序，即该作业没有操作顺序的要求，可以在不同的设备上以不同的次序工作。这种车间就称为开放式车间，显然这种车间调度的灵活性要大于上述标准车间作业调度的灵活性。

对设备、作业、操作的数量、时间、次序、优先级等有不同的要求便构成不同的约束条件，例如：不同作业使用的设备种类和数量不相等；各作业的数量不相等；有的设备上可以同时完成不同的作业和操作；允许作业中断或不允许作业中断；各作业的操作之间有优先级的要求；同种设备、作业和操作有不同数量；作业处理的时间全部相等或处理时间不限制，等等。

3）单资源、双资源及多资源调度问题

上述车间作业调度问题中，只规定使用机器设备一种资源，称为单资源调度问题。如果把操作工人也作为一种资源，那么就称为双资源调度问题。由于工人的技术熟练程度与工作能力的不同，不同工人操作设备的种类和数量也是不同的。这样，这种双资源的调度问题就更加复杂。两个以上资源的调度问题是多资源调度问题，目前处理这类复杂的调度问题还没有较好的数学方法。

4）不同目标函数的作业调度问题

通常用于作业调度问题的目标函数是总的作业时间。最佳化准则就是寻求总的作业时间最小的作业调度。还可以采用不同的目标函数作评定标准，例如，可以选择平均设备利用率，它是各设备利用率（设备工作时间/设备占用时间）的平均值。车间调度要求平均设备利用率最高。又如，在双资源问题中，选择平均工人生产率或作业总成本等作为目标函数。

9.7.2 调度问题的遗传算法求解

1. 调度问题的 Gantt 图表示

表 9.7.1 给出了一个 4 作业 3 设备的车间作业调度问题的例子。对不同的作业(i)预先给定了不同的技术顺序(j)、相应的各操作所用的设备(k)及操作的时间(t_{ijk})，所以三元组(i,j,k)及对应的操作时间(t_{ijk})就代表了所给定的调度问题的前提。

表 9.7.1 JSSP 例子

作业(i)	技术顺序(j)					
	1		2		3	
	设备(k)	时间(t_{ijk})	设备(k)	时间(t_{ijk})	设备(k)	时间(t_{ijk})
1	1	5	2	8	3	2
2	3	7	1	3	2	9
3	1	1	3	7	2	10
4	2	4	3	11	1	7

为了表示 JSSP 的解，通常应用 Gantt 图，如图 9.7.1 所示。图中列出各设备上处理不同作业的技术顺序及相应的操作时间。每个三元组(i,j,k)用一个方框表示，它表示第 i 作业第 j 操作在第 k 设备上执行，方框的长度表示操作(i,j,k)的处理时间 t_{ijk}，在图 9.7.1 所示的方框中，填入三元组(i,j,k)。有时为了简化，可以仅填作业 i 的编号。

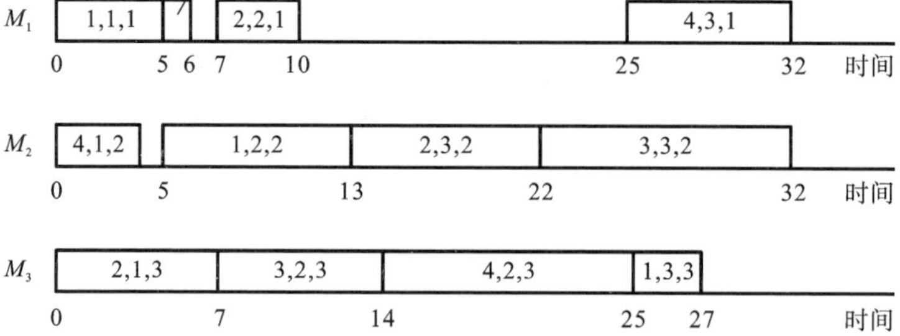

图 9.7.1 Gantt 图

在 Gantt 图上，一种可行的调度方案应保证各方框的位置满足操作优先的顺序要求，并且同一作业的方框之间不发生重叠。JSSP 的处理准则是寻找出总的处理时间最短的 Gantt 图。

2. 简单 GA 求解举例

考虑一个 6×6（用 6 台设备处理 6 件作业）问题，作业 i 的第 j 操作在设备 k 上执行的时间为 t_{ijk}，作业的技术顺序和操作时间如表 9.7.2 所示，作业的约束条件是一般 JSSP 的约束条件，即每台设备不能同时处理两项以上的作业，每项作业不能同时在两台设备上处理。各作业的操作之间有优先次序的要求。

表 9.7.2　一个 6×6 的 JSSP 例子

作业号(i)	技术顺序(j)											
	1		2		3		4		5		6	
	设备号(k)	时间(t_{ijk})	设备号(k)	时间(t_{ijk})	设备号(k)	时间(t_{ijk})	设备号(k)	时间(t_{ijk})	设备号(k)	时间(t_{ijk})	设备号(k)	时间(t_{ijk})
1	3	1	1	3	2	6	4	7	6	3	5	6
2	2	8	3	5	5	10	6	10	1	10	4	4
3	3	5	4	4	6	8	1	9	2	1	5	7
4	2	5	1	5	3	5	4	3	5	8	6	9
5	3	9	2	3	5	5	6	4	1	3	4	1
6	2	3	4	3	6	9	1	10	5	4	3	1

1）GA 的编码方法

用 GA 求解 JSSP，首先要给出初始的染色体种群，为此先要确定染色体的编码方法。编码可以用十进制数码也可以用二进制数码。二进制数码比较简单，但染色体的长度较长，求解以后还要把用二进制数码表示的基因型转换成用十进制数码表示的表现型。不过通常使用较多的还是二进制码。

我们知道，JSSP 的解表示成 Gantt 图形式，它是一种以设备为基础的作业次序时间安排。在本题中每一台设备上要安排 6 个作业，各个作业有不同的操作时间。所求调度解，应在满足约束条件的前提下使完成全部作业的总时间最少。

我们采用二进制数码来表示种群。为了反映作业操作的优先顺序，采用一种 JSSP 的“位表示法”，如图 9.7.2 所示。

作业 1<作业 2：	1	*	*	1	0	*
作业 1<作业 3：	0	*	1	*	0	*
作业 1<作业 4：	1	*	0	0	*	0
作业 1<作业 5：	1	1	*	*	*	0
作业 1<作业 6：	*	1	*	0	0	0
作业 2<作业 3：	1	0	1	0	*	*
作业 2<作业 4：	*	*	1	1	0	*
作业 2<作业 5：	1	*	*	*	1	1
作业 2<作业 6：	1	1	*	*	*	0
作业 3<作业 4：	*	1	*	*	0	1
作业 3<作业 5：	*	*	*	1	*	0
作业 3<作业 6：	*	*	1	*	0	1
作业 4<作业 5：	1	*	*	*	*	0
作业 4<作业 6：	*	1	*	*	1	*
作业 5<作业 6：	*	*	1	0	0	*

图 9.7.2　一种 JSSP 的有限序列位表示法(注:"<"表示优先于)

图中"作业 1<作业 2"表示作业 1 优先于作业 2,该行后面的位序按作业 1 使用的设备顺序排列。例如作业 1 的设备顺序按题所定为设备 3→设备 1→设备 2→…。按照这一顺序,比较作业 1 的各操作是否优先于作业 2:若是优先,则用代码 1 表示;若是相反,则用 0 表示;若无优先级要求,则用 * 表示。这样,6 台设备就产生了一个 6 位的位序列。其他作业的位序列图也可类似地产生。

图中有代码 1 和 0 的地方,是问题给定的优先级约束条件,而符号 * 则表示无相应的优先级要求。如果没有任何优先级要求则全部代码都是 * 。不过规定了技术顺序,常相应地给定了某些优先级要求,例如作业 1 的第 1 操作是在设备 3 上执行的,而作业 2 的第 2 操作也是在设备 3 上执行的,所以设备 3 对作业 1 和作业 2 的优先关系而言,最好是作业 1 优先于作业 2,也就是要用代码 1 表示。当然,由于某种原因,也可以要求给定相反的优先关系。这样,在编排 Gantt 图时,为了满足这样的要求就会占用较多的总作业时间。

图 9.7.2 所示的一个矩阵代码就代表了种群中的一个染色体(二维代码),此时图中 * 符号,全部用 1 或 0 代表。若干个如图 9.7.2 所示的矩阵就构成了初始染色体种群。

2)从基因型到表现型的转换

有了染色体种群以后,便要对其进行适应度计算,以便优选下代品种,并进行遗传操作(复制、交换、变异)。所有这些计算的前提是要确定染色体从基因型到表现型的转换。具体的遗传操作可以参见前述方法,此处不再赘述,以下仅介绍从基因型到表现型的转换。

在本例中,基因型就是图 9.7.2 所示的"位表示法"矩阵,而表现型则是与其相对应的 Gantt 图。为了进行这一转换，先要把“位表示法”矩阵转化成如图 9.7.3 所示的基于设备的作业顺序矩阵。例如，图中第一行表示在设备 1 上进行作业的顺序是：

作业 1→作业 4→作业 3→作业 6→作业 2→作业 5

设备 1:1 4 3 6 2 5

设备 2:2 4 6 1 5 3

设备 3:3 1 2 5 4 6

设备 4:3 6 4 1 2 5

设备 5:2 5 3 4 6 1

设备 6:3 6 2 5 1 4

图 9.7.3 基于设备的作业顺序矩阵

作这样转换的好处是明显的。因为图 9.7.2 的“位表示法”中有 15 个 6 位序列，其总长度是 90，这种基于位序列表示的候选解的数目是 $2^{90} \approx 10^{27}$，而基于图 9.7.3 所示的作业顺序矩阵表示的候选解的数目是 $(6!)^6 \approx 10^{17}$，这个数目比 10^{27} 小了许多。

那么如何完成这一转换呢？下面给出一个简便的方法假定表 9.7.3 给出了一个优化解的基因型，其中每一行均按相应作业号的技术顺序排列，各基因位用二进制代码表示，代码 1 表示有相应的作业优先顺序，代码 0 表示相反的优先关系。先把图 9.7.2 改变成表 9.7.3，该表是以设备为基础的各作业优先级的代码表示图。图中把设备号顺次列出（不以作业的技术顺序列出），并将各作业的相互优先关系全部列出。显然在每个作业栏中每一纵列中代码 1 的个数，就表示了在该设备上作业的顺序。例如，对设备 1 而言，在第 1 纵列中，作业 1 的代码 1 为 5 个，作业 4 的代码 1 为 4 个，作业 3 的为 3 个，作业 6 的为 2 个，作业 2 的为 1 个，作业 5 的为 0 个，所以基于设备 1 的作业优先顺序为 1→4→3→6→2→5。同理，基于设备 2 的作业优先顺序为 2→4→6→1→5→3……最后便得到完整的基于设备的作业顺序矩阵图，如图 9.7.3 所示。

表 9.7.3 基于设备的作业顺序基因

作业相互优先关系			设备号 1 2 3 4 5 6
作业 1<	作业	2	1 0 1 1 0 0
		3	1 1 0 0 0 0
		4	1 0 1 0 0 1
		5	1 1 1 1 0 0
		6	1 0 1 0 0 0

续表

作业相互优先关系			设备号 1 2 3 4 5 6
作业 2<	作业	3	0 1 0 0 1 0
		4	0 1 1 0 1 1
		5	1 1 1 1 1 1
		6	0 1 1 0 1 0
		1	0 1 0 0 1 1
作业 3<	作业	4	0 0 1 1 1 1
		5	1 0 1 1 0 1
		6	1 0 1 1 1 1
		1	0 0 1 1 1 1
		2	1 0 1 1 0 1
作业 4<	作业	5	1 1 0 1 0 0
		6	1 1 1 0 1 0
		1	0 1 0 1 1 0
		2	1 0 0 1 0 0
		3	1 1 0 0 0 0
作业 5<	作业	6	0 0 1 0 1 0
		1	0 0 0 0 1 1
		2	0 0 0 0 0 0
		3	0 1 0 0 1 0
		4	0 0 1 0 1 1
作业 6<	作业	1	0 1 0 1 1 1
		2	1 0 0 1 0 1
		3	0 1 0 0 0 0
		4	0 0 0 1 0 1
		5	1 1 0 1 0 1

有了图 9.7.3 所示的基于设备的作业顺序矩阵，就可以根据问题给定的各作业在各设备上被处理的时间 t_{ijk} 来排出 Gantt 图，但要保证各方框相对同一作业号 i 不重叠，同时使总的作业时间最短。这一转换是一个比较困难的数学问题。从图 9.7.3 可知，如果不考虑上述约束条件，则候选解的数目是 $(6!)^6 \approx 10^{17}$，这是一个巨大的数目，考虑了约束条件后，虽然这个数目会减少很多，但仍

然是较大的数目，在其中又要求出使总的作业时间最短的解，可见这本身就是一个难度较大的优化问题。许多研究者对此进行了研究，提出了一些研究方法，例如文献介绍的全局调和(GH)算法。限于篇幅，此处仅列出研究的结果，而略去方法的介绍。根据图 9.7.3 及约束条件(各方框相对同一作业号不重叠)文献给出的本例题的优化解如图 9.7.4 所示。

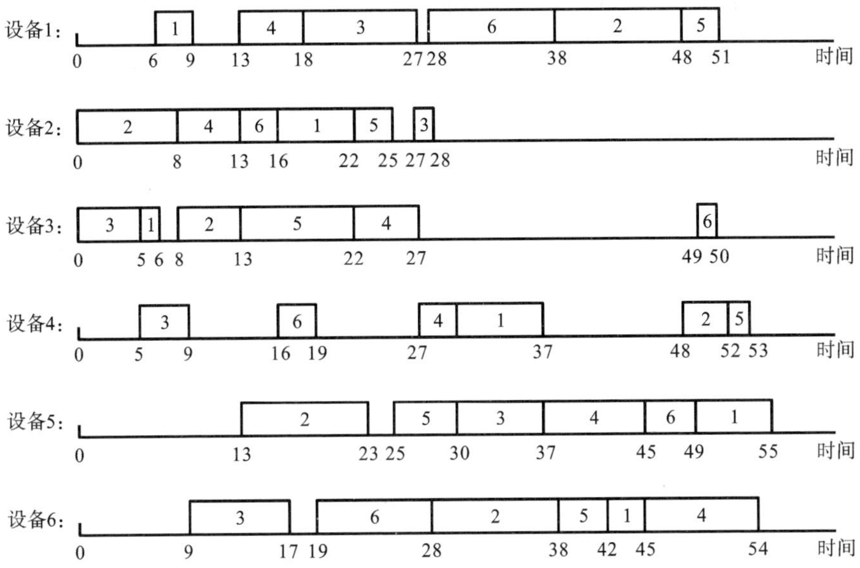

图 9.7.4　最优调度(总作业时间最少)

9.8　混合遗传算法

9.8.1　遗传算法优化神经网络

神经网络优化方法的缺点是：要求目标函数连续可微(因为要沿着能量梯度降的方向来修改权值)、训练速度较慢、全局搜索能力弱、易陷入局部极值。遗传算法正好相反，它既不要求目标函数连续，也不要求可微，甚至不要求目标函数有显函数的形式，它仅要求该问题可计算；它的搜索遍及整个解空间，因此容易得到全局最优解；遗传操作比较灵活，只要选择得当，遗传计算的收敛速度会比神经网络计算的收敛速度快。由此可见，用遗传算法来优化神经网络，可以使神经网络具有全局自学习、自组织、自适应和自进化的能力，通常这种优化有下述三种方案。

1. 用遗传算法优化神经网络的连接权值

神经网络连接权值包含神经网络系统的全部知识。传统的神经网络方法都是采用某种确定的权值变化规则，通过学习、训练不断调整，最终得到一个较好的权值分布。这种方法的训练时间过长，甚至可能因陷入局部极值而得不到适当的权值分布。如用遗传算法来优化神经网络的连接权值，可望解决这个问题。该法的主要步骤如下。

(1) 决定初始种群，把神经网络的节点编号，各节点之间的连接权值 W_{ij} 形成一个矩阵 $\boldsymbol{W}=(W_{ij})_{N\times N}$，其中 N 是网络的节点数，$W_{ij}=0$ 表示节点 i 到节点 j 之间没有连接。

图 9.8.1 是一个前向神经网络的例子，其中输入层有 2 个节点，隐含层有 3 个节点，输出层有 2 个节点。同一层各节点间无连接，网络无反馈，各节点自身也无反馈。各节点处有阈值 θ_i、θ_j 也形成一个矩阵：$\boldsymbol{\theta}=(\theta_i)_N$。对应这一网络的连接权值矩阵及阈值矩阵如下：

$$\boldsymbol{W}=(W_{ij})_{7\times 7}=\begin{bmatrix} 0 & 0 & W_{13} & W_{14} & W_{15} & 0 & 0 \\ 0 & 0 & W_{23} & W_{24} & W_{25} & 0 & 0 \\ 0 & 0 & 0 & 0 & 0 & W_{36} & W_{37} \\ 0 & 0 & 0 & 0 & 0 & W_{46} & W_{47} \\ 0 & 0 & 0 & 0 & 0 & W_{56} & W_{57} \\ 0 & 0 & 0 & 0 & 0 & 0 & 0 \\ 0 & 0 & 0 & 0 & 0 & 0 & 0 \end{bmatrix} \tag{9.8.1}$$

$$\boldsymbol{\theta}=(\theta_i)_7=(\theta_1\theta_2\theta_3\theta_4\theta_5\theta_6\theta_7) \tag{9.8.2}$$

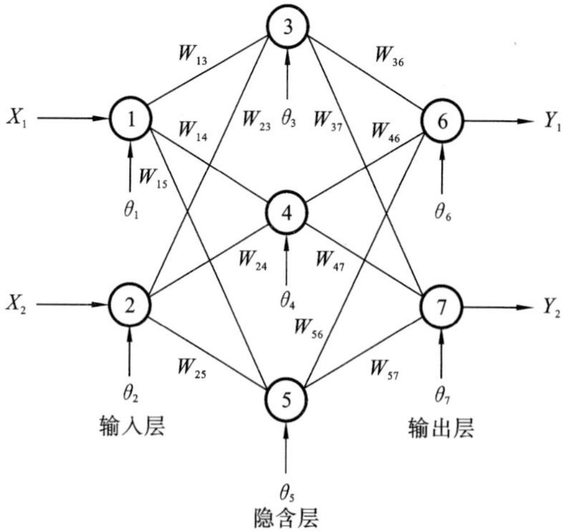

图 9.8.1　前向神经网络例子

连接权值矩阵是一个下三角为零的矩阵，这是因为上述神经网络是一个无反馈的前向网络，网络中仅有 12 个元素，表示了全部网络的连接权值。阈值矩阵是一个 7 元素矩阵，通常输入层无阈值，即 $\theta_1=\theta_2=0$。这样要决定的阈值就是 5 个，总计连接权值与阈值共有 17 个。

通常用二进制码串来表示种群中的个体（染色体）。上述 12 个连接权值和 5 个阈值组成一组数据，就代表一个个体，若干个这样的数据组便构成初始种群。下面介绍将数据组转换成二进制代码串的方法。

假设所有的权值与阈值在某范围以内，即 $W_{ij}\in[(W_{ij})_{\max},(W_{ij})_{\min}]$，用 l 位二进制数来表示上述范围内的权值与阈值，则实际权值（或阈值）与二进制字符串表示的值之间有下列关系：

$$W_{ij}=(W_{ij})_{\min}+\frac{(W_{ij})_b}{2^l-1}[(W_{ij})_{\max}-(W_{ij})_{\min}+1] \tag{9.8.3}$$

式中：W_{ij} 是实际权值；$(W_{ij})_b$ 是由 l 位字符串表示的二进制整数；$[(W_{ij})_{\max},(W_{ij})_{\min}]$是各连接权值的变化范围。表 9.8.1 给出了一个权值范围在 $-127\sim+128$ 之间的 8 位二进制数编码方案。

表 9.8.1　8 位二进制数编码方案

权　值	二进制编码	权　值	二进制编码
−127	0 0 0 0 0 0 0 0	0	0 1 1 1 1 1 1 1
−126	0 0 0 0 0 0 0 1	1	1 0 0 0 0 0 0 0
−125	0 0 0 0 0 0 1 0	⋮	⋮
−124	0 0 0 0 0 0 1 1	125	1 1 1 1 1 1 0 0
⋮	⋮	126	1 1 1 1 1 1 0 1
−2	0 1 1 1 1 1 0 1	127	1 1 1 1 1 1 1 0
−1	0 1 1 1 1 1 1 0	128	1 1 1 1 1 1 1 1

将所有的权值和阈值对应的 0/1 代码串联在一起，就得到一个初始种群的个体。随机地选取若干个这样的个体，便得到全体初始种群。也可以用十进制数来编码，但遗传操作要在两组实数上进行，原有的二进制代码的遗传操作算子不能直接使用，要为实数的遗传操作单独设计运算规则。

(2) 计算适应度。计算适应度的方法有多种，基本上都是以神经网络的输出节点的误差 e 或相应的网络能量函数 E 为基础，下列四种方案可供选择。

$$F=C-e \tag{9.8.4}$$

$$F=1/e \tag{9.8.5}$$

$$F=C-E \tag{9.8.6}$$

$$F=1/E \tag{9.8.7}$$

式中：C 为一常数；

e 为误差，计算式为

$$e=\sum_{m}\sum_{k}(d_{mk}-y_{mk}) \tag{9.8.8}$$

E 为网络的能量函数，计算式为

$$E=\sum_{m}\sum_{k}(d_{mk}-y_{mk})^2 \tag{9.8.9}$$

d_{mk} 及 y_{mk} 分别为第 m 个训练样本的第 k 个输出节点的期望输出与实际输出。

由式(9.8.4)～式(9.8.7)可以看出，误差越大，则适应度越小。

(3) 选择(复制)操作选择若干适应度函数值最大的个体，直接复制遗传给下一代。

(4) 交换及变异操作，对当前一代群体进行交换及变异操作，产生下一代群体。

(5) 重复步骤(2)、(3)、(4)，使初始权值及阈值分布不断修正进化，直到训练目标得到满足为止。

把遗传算法用于决定神经网络的连接权时，还可以把遗传进化法与神经网络的基于梯度下降的反向传播训练方法结合起来，形成一种神经网络的混合训练方法。这种训练方法可以取两种方法的各自特点。遗传算法有利于全局搜索，而 BP 算法则有利于局部搜索，所以首先用遗传算法对初始权值分布进行优化，在解空间定位出一个较好的搜索空间，然后用 BP 算法，在这个较小的解空间中搜索出最优解。一般而言，混合训练的效率和效果比单独用遗传算法或单独用 BP 算法的效率和效果要好。

2. 用遗传算法优化神经网络的结构

神经网络的结构包括网络拓扑结构和传递函数两部分。网络拓扑结构即网络的层次、节点及节点间的连接方式。网络拓扑结构的优劣对网络处理问题的能力有很大的影响。一个好的结构应能圆满解决问题，同时又无冗余点和冗余连接。遗憾的是，至今对神经网络的结构设计仍无系统的方法，还停留在依靠人为经验的阶段。人们只好采用试验或探测的方法来选择较好的神经网络结构。至于传递函数，通常多采用 S 型函数或双曲正切函数。一般讲神经网络的结构即指其拓扑结构。

用遗传算法优选神经网络的结构的步骤如下。

(1) 随机产生 N 个结构，对每个结构进行编码。编码的方法可以采用上述连接权矩阵的结构编码方法。若节点间无连接，则连接权值为 0，若节点数和层数不同，则编码的矩阵大小不同，编码串的长度不同。每个编码串对应一个结构，这就是种群中的个体。

(2) 用不同的初始权值分布对种群中的各个结构进行训练（此时采用相同的样本）。

(3) 根据训练的结果或其他策略确定每个个体的适应度（例如可以用式(9.8.4)～式(9.8.7)中的某一公式来计算适应度）。

(4) 选择若干适应度最大的个体，直接遗传给下一代。

(5) 对当前一代群体进行交换和变异等遗传操作，以产生下一代群体。

(6) 重复步骤(2)～(5)步，直到当前一代种群中的某个个体（对应着一个网络结构）能满足要求为止。

3. 用遗传算法优化神经网络的学习规则

学习规则在神经网络系统中决定了系统的功能。同一个网络，学习规则不同，其效率与效果大不相同。在神经网络一章中，我们介绍过几种学习规则；对于在 BP 网络中应用较多的广义 δ 规则，我们还介绍过不同的改进算法。在这里，我们采用遗传算法来设计神经网络的学习规则，其步骤如下。

(1) 选择不同的学习规则，每一个学习规则为一个个体，不同的学习规则常体现在学习参数上，所以对学习规则进行编码就是对学习参数进行编码。

(2) 给定一个神经网络和一个训练集（输入、输出集），用不同的学习规则进行训练。

(3) 计算每个学习规则的适应度（可以用式(9.8.4)～式(9.8.7)中的某一公式来计算适应度）。

(4) 根据适应度进行选择。

(5) 对每个被编码的学习规则（个体）进行遗传操作，产生下一代群体。

(6) 重复步骤(2)～(5)，直到达到目的为止。

目前，用遗传算法来改进神经网络学习规则的研究还不多，这是一个非常有前途的研究领域。

9.8.2 遗传算法优化模糊推理规则

模糊推理规则通常采用"if-then"规则（为了简化，所有模糊集均不标"～"），例如：

R_i: if x_i is A_{i1} and x_2 is A_{i2} and … and x_m is A_{im}, then y is y_i $(i=1,2,\cdots,n)$

其中：R_i 表示第 i 条规则；$x_1,x_2,\cdots,x_m$ 为 m 个模糊输入；$A_{i1},A_{i2},\cdots,A_{im}$ 为第 i 条规则对应的输入模糊集合，y_i 是对应的输出。应用上述推理规则的模糊控制或模糊模式识别系统的输入/输出关系如图 9.8.2 所示。图中左边的圆圈表示隶属度生成层，产生输入变量所对应的隶属度。

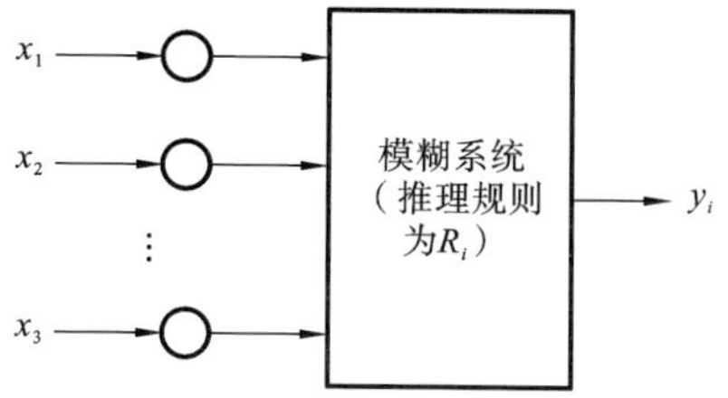

图 9.8.2　用模糊推理规则表示的模糊系统

若对上述系统给定了 p 个训练模式(即 p 个输入和输出集)：

$$(x_{1k},x_{2k},\cdots,x_{jk},\cdots,x_{mk},y_k)\quad (k=1,2,\cdots,p)$$

则模糊推理规则的优化问题可以表述为：为了寻求一组优化的模糊推理规则，当该系统的输入为训练模式的输入时，系统的计算输出与训练模式的输出最接近。也就是说，要寻求最优的模糊集合 A_{ij}(条件部分)和相应的输出 y_i(结论部分)。

用遗传算法来求优化的模糊推理规则的基本思想和方法与 9.9.1 节所述的相似，即先以一定的编码形式来表示所解问题的初始种群，在此就是用某种编码串来代表模糊集合 A_{ij} 及输出 y_i；然后再计算适应度和进行遗传操作，以便产生下代种群；由此重复计算适应度和进行遗传操作，直到达到目的为止。

对于本节提出的问题：特殊的地方如何编码？如何计算适应度？如何进行遗传操作？如何调整隶属度？以下分别介绍一些方法，以供参考。

1. 编码

在本问题中，编码的初始种群应表示"if-then"规则中的条件部分(A_{ij})及结论部分(y_i)。条件部分采用三角形隶属函数，结论部分则为实数值，每个个体的隶属度函数的编码由三部分组成，如图 9.8.3 所示。

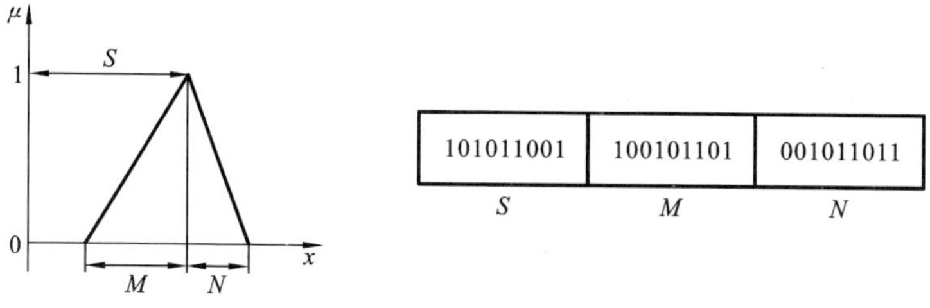

图 9.8.3　隶属度函数的编码

(1) 条件部分隶属函数的顶点横坐标 S;

(2) 以顶点横坐标为基点,至底边两端点的距离 M 和 N。

一个完整的个体,应包含全部隶属函数 A_{ij} 及输出 y_i,如图 9.8.4 所示。图中每一个隶属度函数 A_{ij} 要用三段串联的代码 $S_{ij}M_{ij}N_{ij}$ 表示,每一个输出 y_i 要用一段代码表示。

S_{11}	M_{11}	N_{11}	S_{12}	M_{12}	N_{12}	…	S_{1m}	M_{1m}	N_{1m}	…

S_{i1}	M_{i1}	N_{i1}	S_{i2}	M_{i2}	N_{i2}	…	S_{im}	M_{im}	N_{im}	…

S_{n1}	M_{n1}	N_{n1}	S_{n2}	M_{n2}	N_{n2}	…	S_{nm}	M_{nm}	N_{nm}	y_1	y_2	y_n	…

图 9.8.4 模糊推理规则的个体编码

2. 适应度函数

为了计算适应度函数,首先要计算训练信号的输出值和对应于输入值的计算输出值之间的误差平方和 E。可以有多种方法来计算给定输入值时模糊系统的输出值(参见 7.8 节),这取决于如何设计模糊系统的推理机制。以下介绍一种比较简单的方法。

设模糊推理规则中条件部分的各隶属度函数为 A_{ij},相应的结论部分的输出为 y_i,则相对于第 k 个训练模式的计算输出 y_{kc} 可以表示为

$$\mu_{ik} = \prod_{j=1}^{m} A_{ij}(x_{jk}) \tag{9.8.10}$$

$$y_{kc} = \frac{\sum_{i=1}^{n} \mu_{ik} y_i}{\sum_{i=1}^{n} \mu_{ik}} \tag{9.8.11}$$

式中:x_{jk} 为第 k 个训练模式的第 j 个输入;m 为输入的个数;n 为模糊规则数;μ_{ik} 是第 k 个训练模式第 i 条推理规则的综合隶属度;A_{ij} 为模糊集合;y_i 为结论部分的实数值。

在本例中,要采用模糊神经网络来实现上述模糊推理的话,可以用神经网络方法中计算误差平方和 E 的公式来进行计算。设在对第 k 个训练模式训练时,网络进行第 t 回学习时的输出值为 y_{tk},则相对全部训练模式的误差平方和为

$$E = \sum_{k=1}^{p} \frac{1}{2}(y_{kc} - y_{tk})^2 \tag{9.8.12}$$

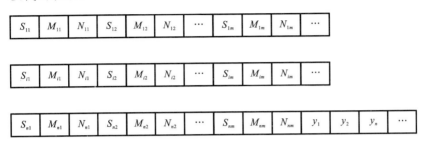

得到 E 以后，可以利用式(9.8.4)～式(9.8.7)中的某一公式来计算适应度函数 $F(T_i)$，其中 T_i 表示种群中的第 i 个个体。

3. 交换操作

在某一世代群体中，随机选取 A 和 B 两个个体，进行遗传算法的交换操作。交换操作可以在个体的某一段上进行，例如仅在隶属函数的 S 段上执行。选择单点交换，以交换点为界，分为左右两侧，交换操作分成四种情况，如图9.8.5 所示。

(1) 交换点左侧，继承 A 左侧的遗传信息；右侧按比例继承 A 的部分信息。

(2) 交换点左侧，继承 B 左侧的遗传信息；右侧按比例继承 B 的部分信息。

(3) 交换点左侧，按比例继承 A 部分信息；右侧继承 A 右侧的遗传信息。

(4) 交换点左侧，按比例继承 B 部分信息；右侧继承 B 右侧的遗传信息。

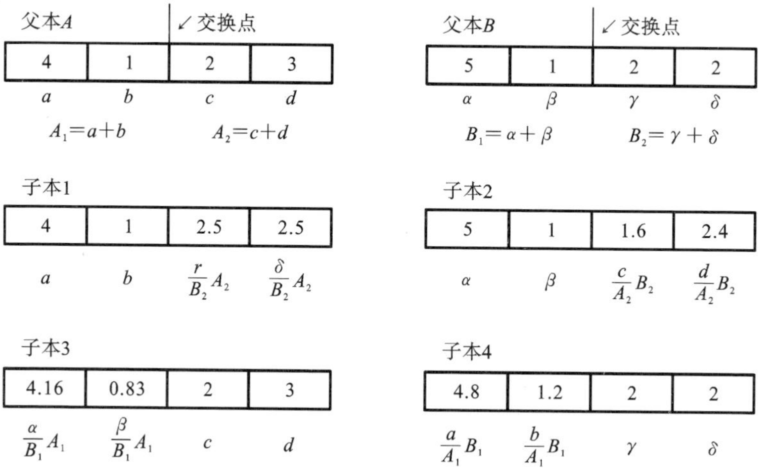

图 9.8.5 交换操作

其他遗传操作如变异、选择等可按常规方法，通过遗传算法对隶属度函数进行初调，确定隶属度函数的粗略形状，再采用神经网络方法对模糊推理规则的条件部分和结论部分进行细调。

4. 模糊推理规则的细调整

下面介绍采用神经网络的 δ 规则对条件部分三角形隶属度函数的底边以及结论部分的实数值进行调整的方法。

1）三角形隶属度函数底边的调整

这里采用的是遗传算法和神经网络的混合训练法，用遗传算法决定三角形隶属度函数的顶点位置，而用神经网络学习法对隶属度函数的底边进行调整。采用 δ 规则进行调整的公式如下：

$$D(t+1) = D(t) - \alpha \frac{\partial E}{\partial D(t)}$$

$$= y_i(t) - \alpha \frac{\prod_{j \neq k}^{m} A_{ij}(x_{jk})}{\sum_{i=1}^{n} \mu_{ik}} \times (y_{kc} - y_{tk})(y_i(t) - y_{kc}) \qquad (9.8.13)$$

式中：$D(t)$为第 t 回学习中，隶属度函数底边端点间的距离；α 为学习参数；$y_i(t)$为在第 t 回学习中，第 i 条规则对应的结论部分的实数值。

2）结论部分的调整

结论部分实数值 y_i 的调整公式为

$$y_i(t+1) = y_i(t) - \beta \frac{\partial E}{\partial y_i(t)}$$

$$= y_i(t) - \beta \frac{\mu_{ik}}{\sum_{i=1}^{n} \mu_{ik}} \times (y_{kc} - y_{tk})^2 \qquad (9.8.14)$$

式中：β 为学习参数。

9.9 群体智能算法

9.9.1 概述

现代最优化算法是现代经济、社会、科技、军事领域中普遍应用的算法。群体智能(swarm intelligence)优化算法是一种新型的最优化算法。由于它不需要提供全局精确的数学模型，没有集中控制，仅利用群体的优势来执行搜索任务，比传统的优化方法能更快地求得复杂组合优化问题的最优解，并为解决这类任务提供了新的思路，因此在系统工程、自动控制、模式识别、信息技术、电气工程、管理工程等领域，特别是在当今的热点——人工智能技术领域获得了广泛的应用。

群体智能优化算法通过模拟自然界生物群体行为来实现寻优，它是从 20 世纪 90 年代发展起来的新型最优化算法。经过 30 多年的发展，已提出许多分枝的算法，如人工鱼群算法、蚁群算法、萤火虫算法、蜂群算法、鸟群算法、蝙蝠算法、狼群算法、细菌觅食算法、猫群算法、粒子群算法，等等。这些群体智能优化算法为解决上述各领域的实际问题作出了杰出的贡献，并成为仿生计算理论研究的重要方向。

群体智能优化算法还提供了广泛的创新空间，特别适合人们在人工智能领域，如语音识别、人脸识别、图像技术、虚拟现实、增广现实以及国民经济各部门的智能大系统领域进行创新研究。目前的实际情况是群体智能优化的实践远远走到理论的前面,因此关于群体智能优化的理论研究就显得特别重要,它是广大科研人员特别是高校研究生的重要研究任务。

在上述众多的群体智能优化算法中,有两种算法:蚁群算法(ant colony optimization,简称 ACO)和粒子群算法(particle swarm optimization,简称 PSO)应用最广泛。前者是对蚂蚁群体采集事物的模拟,已成功解决了许多离散的优化计算问题,由意大利学者 M. Dorigo 于 1991 年首次提出。粒子群算法是受鸟群、鱼群等猎食时的搜索策略的启发而形成的,由美国学者 J. Kennedy 和 R. C. Eberhart在 1995 年提出,已在函数优化、神经网络训练、模式识别与分类、模糊系统控制以及其他工程领域得到了广泛的应用。本书将对这两种算法作重点介绍。

9.9.2 蚁群算法

21 世纪是信息化世纪,信息化的核心技术就是智能化技术(人工智能技术)。“智能”从何而来? 只能从模拟生物和人的智能而来。当然,人类的智能远高于其他生物的智能,所以首先受到关注的就是模拟人类大脑神经系统。1943 年,心理学家 W. McCulloh 和数理逻辑学家 W. Pitts 首先提出了神经元的数学模型,M-P 神经网络模型。1965 年,计算机自动控制专家 L. A. Zadeh 在美国杂志 *Information and Control* 上发表了世界上第一篇模糊集合论的论文。1967 年,美国密歇根大学的博士生 J. D. Bagley 在他的博士论文中首次提出了遗传算法的术语,后来该校的 J. H. Holland 教授于 1975 年发表了关于遗传算法的专著。

到 20 世纪末,人们发现除了人类社会以外,还有许多社会性生物,如蚂蚁、蜜蜂、鸟类、鱼类等。它们个体虽然很简单,但却表现出高度结构化的组织性。它们具备了社会性的三要素:有组织、有分工、有信息交换。生物学家和仿生学家经观察研究发现,蚂蚁在觅食走过的路径上释放了一种特有的分泌物——信息素(pheromone),蚂蚁个体之间正是通过这种信息素传递信息,从而相互协作,完成从蚁穴到食物源寻找最短路径的复杂任务。

1. 蚁群算法的由来

从蚂蚁群体寻找最短路径的觅食行为受到启发,意大利学者 M. Dorigo 于 1991 年在巴黎召开的第一届欧洲人工生命大会上最早提出蚂蚁算法的概念,后来又于 1992 年在他的博士论文中首次系统地总结了一种模拟自然界蚁群行为的模拟进化算法——人工蚁群算法。其主要的特点是通过正反馈、分布式协作来寻找最优路径。这是一种基于种群寻优的启发式搜索算法。它充分利用了蚁群通过个体间简单的信息传递，根据集体寻优的特点，搜索从蚁穴至食物间的最短路径。在蚁群算法中，每个蚂蚁个体只能给出小范围的局部信息，但通过群体协作，就能显示出复杂的求解性能，这也就是人工生命和复杂性科学的根本规律。

M. Dorigo 等人的实验研究表明，蚁群算法在求解节点数为 5～100 的组合优化问题上，只要选用合适的参数，其优化结果普遍好于遗传算法(GA)、进化算法(EP)和模拟退火算法(SA)。蚁群算法在解决 TSP 问题、车间作业调度问题、二次指派问题、背包问题中，都显示了其优越的特点。近年来，蚁群算法已被大量应用于国民经济各个领域和人工智能各学科中，取得了令人惊叹的成绩。

2. 蚂蚁觅食的行为特性

在介绍蚁群算法之前，我们先了解一下蚂蚁觅食的具体过程。

蚂蚁觅食时，当它们碰到一个还没有走过的路口时，就会随机地选择一条路径前行，与此同时会在路径上释放出一定的信息素。后来的蚂蚁再次碰到这个路口时，就选择信息素浓度较高的路径走过去，同时释放一定的信息素，由此形成了一个正反馈。最优路径上的信息素浓度将会越来越大，而其他路径上的信息素浓度却会随时间的流逝而逐渐消减。最终，整个蚁群便能寻找到食物源与巢穴之间的一条最短路径。具体的觅食过程如图 9.9.1 所示。

图 9.9.1(a)为蚁群觅食的最初情况。当一只侦察蚁发现食物后，回巢告之其他成员，于是蚂蚁成群结队地从巢穴出发去搬运食物。因为在巢穴和食物之间有一障碍物，觅食初始，障碍物两侧的蚂蚁是随机选择路径的，蚂蚁在两条路径上的分布基本是均等的。随着时间流逝，蚂蚁倾向于向信息浓度高的方向移动。相等时间内较短路径上的信息素遗留得较多，因此较短路径上的蚂蚁也随之增多，如图 9.9.1(b)所示。不难看出，由大量蚂蚁组成的蚁群系统表现出了一种正反馈现象。最终，蚁群系统结构发生了变化，即某一路径上通过的蚂蚁越多，后面的蚂蚁选择此路径的概率越大。于是，所有蚂蚁将沿着最短路径行进，如图 9.9.1(c)所示。

3. 蚁群算法的基本数学模型与流程

M. Dorigo 是基本依据 TSP 问题的算法，提出蚁群算法数学模型的。设 m 是蚁群中蚂蚁的个数，n 为城市数，$d_{ij}(i,j=1,2,\cdots,n)$为城市 i 和城市 j 之间的距离，$\tau_{ij}(t)$表示 t 时刻在路段(ij)上多的信息量强度，则在时刻 t 第 k 只蚂蚁从 i 点向 j 点转移的概率 $p_{ij}^{k}(t)$常表示为

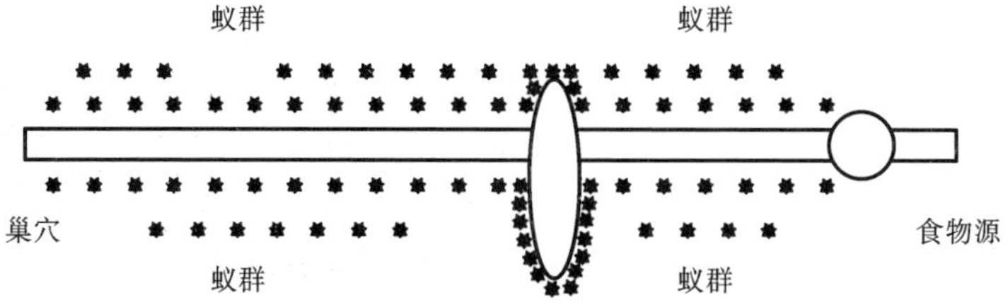

(a)

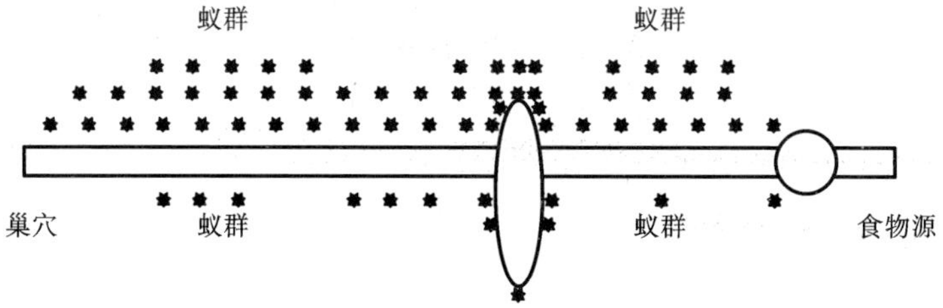

(b)

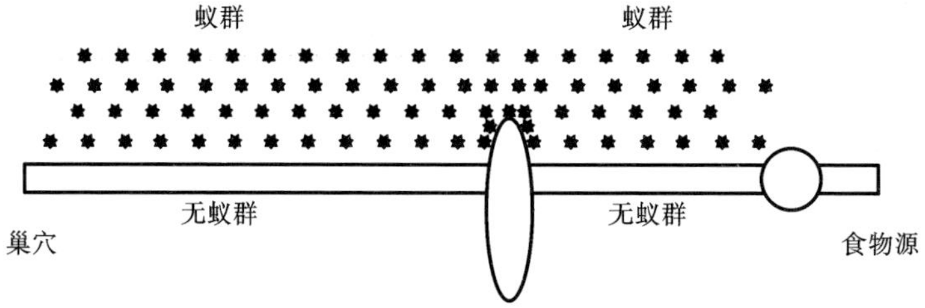

(c)

图 9.9.1　蚁群觅食路径

$$p_{ij}^{k}(t)=\frac{[\tau_{ij}(t)]^{\alpha}[\eta_{ij}]^{\beta}}{\sum\limits_{S\in \text{allowed}_k}[\tau_{ij}(t)]^{\alpha}[\eta_{ij}]^{\beta}},\quad S\in \text{allowed}_k \tag{9.9.1}$$

式中：$\text{allowed}_k=\{n-\text{tabu}_k\}$，表示$\text{allowed}_k$ 为蚂蚁 k 向下一点城市运动时允许选择的城市集合(亦指未被访问的节点集合)。tabu_k 是该蚂蚁已访问的城市集合(又称禁忌表(tabu list))。禁忌表是为了满足蚂蚁必须经过的所有 n 个不同城市这个约束条件而设计的一个表。它记录了在 t 时刻蚂蚁已经走过的城市，不允许(即禁忌)该蚂蚁在本次循环中再经过这些市。当本次循环结束后，禁忌表用来计算该蚂蚁所经历过的路径长度。S 是在本次循环中允许访问的城市，它是allowed_k 这个集合中的元素。α 与 β 的相对大小决定了蚂蚁对路段信息素和质量的取向偏好。$\eta_{ij}=1/d_{ij}$ 表示路段(ij)的“能见度”，可理解为信息素被打折扣的程度。

经过 T 时刻，所有蚂蚁完成一次循环，信息素的强度需要调整。由于信息素在路段上随时间的流逝会有所蒸发，设信息素蒸发率为 $1-\rho$，每次循环结束时，路段(ij)上的信息素强度为

$$\tau_{ij}(t+T)=\rho\tau_{ij}(t)+\Delta\tau_{ij} \tag{9.9.2}$$

式中：$\Delta\tau_{ij}^{k}$表示第 k 只蚂蚁在本次循环中留在路径(ij)上的信息量，$\Delta\tau_{ij}=\sum\limits_{k=1}^{m}\Delta\tau_{ij}^{k}$。

根据 $\Delta\tau_{ij}^{k}$不同的定义，M. Dorigo 给出了三种不同的蚂蚁系统模型，分别称为“蚁周”模型(ant-cycle)、“蚁量”模型(ant-quantity)，“蚁密”模型(ant-density)。第一种模型利用的是整体信息，后两种模型利用的是局部信息，在 TSP 问题求解中，第一种模型性能较好，通常用它作为基本模型。

求解 TSP 问题的蚁群算法的具体步骤如下：

(1) 初始化，设最大循环次数 N_{cmax}，初始化信息量 τ_{ij}，信息素增量 $\Delta\tau_{ij}=0$，令当前循环次数 $N_c=0$，将 m 只蚂蚁置于 n 个顶点(城市)上；初始禁忌表为空，$\text{tabu}_k=\varnothing$；

(2) 循环次数 $N_c=N_c+1$；

(3) 对每只蚂蚁 $k(k=1,2,\cdots,m)$，按式(9.9.1)移至下一顶点 $j,j\in(n-\text{tabu}_k)$；

(4) 更新禁忌表，将每个蚂蚁上一步走过的城市移动到该蚂蚁的个体禁忌表中；

(5) 根据式(9.9.2)更新每条路径上的信息量；

(6) 若 $N_c\geqslant N_{cmax}$，算法终止，并输出最短路径和路径长度，否则返回到步骤(2)，并清空禁忌表。

基本蚂蚁算法的流程图如图 9.9.2 所示。

4. 改进的蚁群优化算法

基本蚁群算法的缺点是当“城市”数较多时，或各路径长度相差不大时，计算循环数大量增加，收敛速度减慢，甚至“停滞”。研究表明，改进的方向都是集中在搜索策略上，要根据具体问题作灵活有效的改进。

蚁群算法过去十多年都是欧美学者研究与应用较多。21 世纪以来，我国由于人工智能技术的飞速发展，蚁群算法的研究与应用也随之快速发展并取得了许多创新成就。

表 9.9.1 列出蚁群算法的一些重要改进及创新进展。限于篇幅及本人的见闻，可能遗漏不少优秀之作，敬请读者谅解。

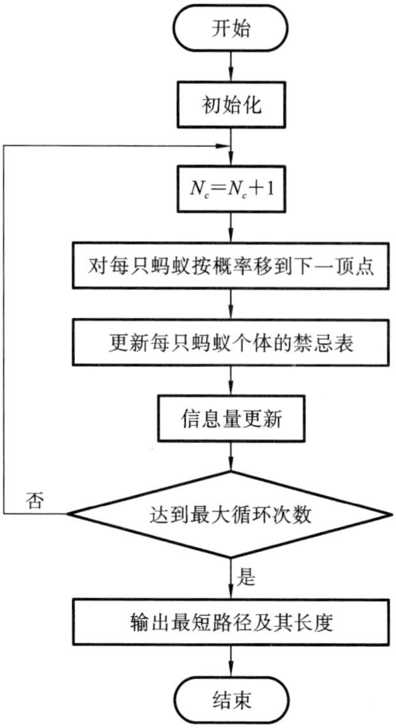

图 9.9.2　基本蚂蚁算法流程图

表 9.9.1　蚁群算法的重要改进及创新进展

算法改进及应用进展	研　究　者	年　份
Elitist Strategy	M. Dorigo, Maniezzo and Colorni	1991
Ant-Q System	L. Gambardella, M. Dorigo	1995
MMAS	Stützle and HooS	1997
ASRank	Bullnheimer	1997
HAS	Gambardella	1999
改进方法汇总	李士勇，陈永强，李研编著(图书)	2004
TSP 问题	冯祖洪，徐宗本(工程数学学报)	2002
TSP 问题	许能闻(软件导刊)	2018
小波逼近	谢喜云，李宏民，李文，曾靖(计算机应用与软件)	2018
聚度、混沌	刘明霞，游晓明，刘升(计算机工程与应用)	2019
云计算	王清云，邵清(软件导刊)	2019
新进展	覃远年，梁仲华(计算机工程与科学)	2019

9.9.3 粒子群算法

1. 粒子群算法的由来及其创新思想

粒子群算法，也称粒子群优化算法（particle swarm optimization，PSO），是一种新型的仿生算法，由 J. Kennedy 和 R. C. Eberhart，在 1995 年 IEEE 的国际神经网络学术会议上首次提出。Kennedy 的思想来源于 20 世纪 90 年代建立的人工生命和演化计算理论。众所周知，单个生物如蚁、鸟、鱼、虫等并不是智能的，但这些生物的群体却表现出处理复杂问题的能力。Reynolds 对鸟群觅食行为的研究发现，每只鸟仅仅追踪有限数量的邻居，但最终结果是整个鸟群好像在某个中心的控制之下飞行。这一现象说明，复杂的全局行为可以由简单规则的相互作用形成，其表现取决于群体搜索策略和群体信息之间的交换。

1987 年，Reynolds 提出了一种名为 Boids、具有生命行为特征的人工生命系统。该人工生命系统依据三条简单的规则，模拟了自然界中鸟类等群居动物聚类飞行的行为。群体中的每个个体只需依据三条规则调整自己的行动，即可使群体表现出非常复杂的行为模式，其具体规则为如下。

（1）分离：尽力避免与邻近个体发生碰撞。

（2）结盟：尽力与邻近的个体保持相同的速率。

（3）凝聚：尽力朝与其邻近的个体的平均位置移动。

仿真实验结果表明，在这三条简单规则的指引下，Boids 系统就能呈现非常逼真的群体聚集行为，鸟类成群地在空中飞行，当遇到障碍时它们会分开绕行而过，随后再重新聚集为群体。这是首次将生命科学中的概念引入计算机科学。不过，Reynolds 仅仅将其作为复杂适应系统（CAS）的一个实例进行仿真研究，而未用于优化计算，故没有实用价值。

Kennedy 和 Eberhart 改进了 Boids 模型。他们根据鸟群的觅食行为，来优化鸟群系统的寻优过程和寻优结果。具体而言，他们用一点来表示食物，所有的鸟根据其他鸟的觅食信息调整自己的行为方式。实验结果发现，该模型在多维空间中具有很强的寻优能力。以此为基础，作者进而采用无质量、无体积的“粒子”（particle）来表示每一个个体，并依据粒子的觅食要求，为每个粒子规定了简单的行为规则，将问题的目标函数度量成个体对环境的适应能力，将生物的优胜劣汰过程类比为可行解变换优化的迭代过程，从而形成一种以“生成＋检验”为特征的人工智能算法，即粒子群算法。

从创新的角度看，粒子群算法的主要创新思想有：

（1）分布式算法。类似于 Boids 群的仿生运动，个体按照既定规则运动，而群体行为则是个体行为的分布式涌现。

（2）两种极值迭代。人们在决策过程中，使用了两类重要的信息，一种是自身的经验，另一种是他人的经验。在粒子群算法中，创立者则提出每个个体根据个体极值和全局极值进行迭代，从而达到整个种群不断接近最优解的目的。

（3）保持稳定性和适应性。粒子群的群体，通过各粒子自身的最佳位置信息和种群的最佳位置来对周围环境的品质因素作出响应，并采用一定方式分配这种反应，从而体现出种群的多样性；只有当粒子群中的最优粒子发生改变时，粒子行为才发生改变，因此保持了粒子群的稳定性和适应性。

（4）惯性权重的设置。早期的粒子算法是没有惯性权重的，被称为原始PSO。为了平衡算法的全局搜索能力和局部搜索能力，创立者提出惯性权重的概念，用以调节算法的继承性和发展性。惯性权重的实质是体现了算法对粒子原有速度继承的多少：在一定范围内的惯性权重越大，则粒子受原速度的影响越大，受当前环境的影响越小，表现为粒子的发散性越强，因此算法的全局搜索能力越好；反之，惯性权重越小，则粒子受原速度的影响越小，受当前环境的影响越大，表现为粒子的收敛性越强，因此算法的局部搜索能力越好。通常将包含惯性权重的粒子群优化算法称为标准粒子群优化算法。

2. 标准的粒子群优化算法及其流程

Kennedy 和 Eberhart 最初提出的粒子群优化的算法称为原始粒子群算法。他们将每个粒子视为优化问题的一个可行解，粒子的好坏由一个事先设定的适应度函数来确定。每个粒子将在可行解空间中运动，并由一个速度变量决定其方向和距离。通常粒子将追随当前的最优粒子，并经逐代搜索最后得到最优解。在每一代中，粒子将跟踪两个极值：一个是粒子本身迄今为止找到的最优解，另一个是整个群体迄今为止找到的最优解。

因此，Kennedy 设计的寻优算法，由下列粒子在 $t+1$ 时刻的位置及速度更新公式组成：

$$\begin{cases} v_{id}^{t+1}=v_{id}^{t}+c_1 r_1 (p_{id}^{t}+x_{id}^{t})+c_2 r_2 (p_{gd}^{t}+x_{id}^{t}) \\ x_{id}^{t+1}=x_{id}^{t}+v_{id}^{t+1} \end{cases} \tag{9.9.3}$$

式中：$x_i^t=(x_{i1}^t,x_{i2}^t,\cdots,x_{id}^t)^{\mathrm{T}}$，表示粒子 i 在 t 时刻的位置矢量 $i=1,2,\cdots,m$，$x_{id}^t=[L_d,U_d]$，L_d、U_d 分别为搜索空间的下限和上限，$d=1,2,\cdots$。d 是 n 维空间；$v_i^t=(v_{i1}^t,v_{i2}^t,\cdots,v_{id}^t)^{\mathrm{T}}$ 表示粒子 i 在 t 时刻的速度矢量；$v_{id}^t\in[v_{\min,d},v_{\max,d}]$，$v_{\min}$、$v_{\max}$ 分别为最小和最大速度；$p_i^t=(p_{i1}^t,p_{i2}^t,\cdots,p_{id}^t)^{\mathrm{T}}$ 表示个体最优位置；$p_g^t=(p_{g1}^t,p_{g2}^t,\cdots,p_{gd}^t)^{\mathrm{T}}$ 表示全局最优位置；其中 $1\leqslant d\leqslant D$，$1\leqslant i\leqslant M$（D 为空间的维数，M 为粒子的个数）。

式(9.9.3)是原始粒子群算法的数学模型。式中的 c_1 和 c_2 为学习因子，也称加速常数(acceleration constant)，根据经验，通常 $c_1=c_2=2$。r_1 和 r_2 为[0,1]范围内的均匀随机数。式(9.9.3)的上式右边由三部分组成，第一部分为“惯性”(inertia)或“动量”(momentum)部分，反映粒子的运动“习惯”(habit)，代表粒子有维持自己先前速度的趋势。第二部分为“认知”(cognition)部分，反映粒子对自身历史经验的记忆(memory)或回忆(remembrance)，代表粒子有向自身历史最佳位置逼近的趋势。第三部分为“社会”(social)部分，反映了粒子间协同合作与知识共享的群体历史经验，代表粒子有向群体或邻域最佳位置逼近的趋势。

考虑到粒子对原有速度继承性的影响及环境对速度的影响因素，从而在粒子速度更新公式中增加了权重 w，如式(9.9.4)所示：

$$\begin{cases} v_{id}^{t+1}=wv_{id}^{t}+c_1r_1(p_{id}^{t}-x_{id}^{t})+c_2r_2(p_{gd}^{t}-x_{id}^{t}) \\ x_{id}^{t+1}=x_{id}^{t}+v_{id}^{t+1} \end{cases} \tag{9.9.4}$$

式(9.9.4)称为标准粒子群优化算法的迭代公式。

标准粒子群优化算法的流程图如图 9.9.3 所示。

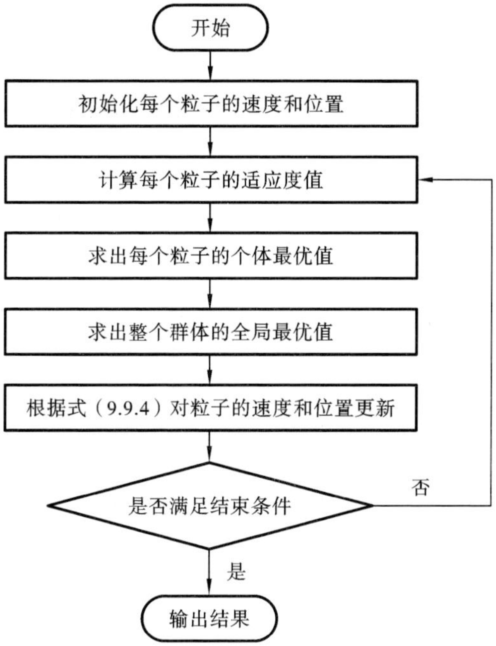

图 9.9.3　粒子群优化算法流程图

限于篇幅，上述图中关于初始化的取值，适应度、个体最优值、全局最优值、惯性权值等的选取和计算方法均未介绍，有兴趣的读者请参阅参考文献。

3. 粒子群优化算法的特点及其改进

粒子群优化算法本质上是一种随机的搜索算法，并能以较大概率收敛于全局最优解。实践证明，粒子群优化算法适合在动态、多目标优化环境中寻优。粒子群优化算法与传统的优化算法相比具有更快的速度和更好的全局搜索能力，其具体特点如下：

(1) 粒子群优化算法是通过群体中粒子间的合作与竞争产生的群体智能指导优化搜索算法。与各种进化算法相比，粒子群优化算法是一种更为高效的并行搜索算法。

(2) PSO 与 GA 有很多共同之处，两种都是随机初始化种群，使用适应度函数值来评价个体的优劣程度和进行一定的随机搜索。但 PSO 是根据自己的速度来决定搜索，没有 GA 的交叉和变异。与进化算法相比，PSO 保留了种群全局搜索策略，但是因其采用了速度-位移模型，操作简单，避免了复杂的遗传操作。

(3) PSO 有良好的机制来有效地平衡搜索过程的多样性和方向性。

(4) 在 PSO 中有每个粒子的最优信息(gbest)可以传递给其他粒子，这是一个单向的信息流动，因此在多数情况下，所有粒子可能更快地收敛于最优解。

(5) PSO 特有的记忆使其可以动态地跟踪当前的搜索情况并调整其搜索策略。

(6) PSO 在算法结束时，仍然保持个体的极值，而遗传算法在结束时只能得到最后一代个体的信息，前面迭代的信息没有保留，因此将 PSO 用于调度和决策问题时可以给出多种有意义的选择方案。

(7) PSO 在搜索时可以同时采用连续变量和离散变量而不发生冲突，所以 PSO 可以很自然、很容易地处理混合整数非线性规划问题。

(8) 粒子群优化算法对种群大小不是十分敏感，即当种群数目下降时，性能下降不是很大。

粒子群优化算法目前存在的问题如下：

(1) 粒子群优化算法理论研究不深入，该算法收敛模型的建立和收敛性分析都很困难。

(2) 粒子群优化算法在解决高维或超高维复杂问题时往往会遇到早熟收敛，容易陷入局部极值陷阱。

(3) 粒子群优化算法的运行与它所采用的参数取值有较大的关系,因此算法的参数会影响算法的性能和效率。

(4) 在收敛的情况下,由于所有粒子都向最优解方向飞去,粒子趋向同一化,失去了多样性,在收敛后期使收敛速度明显变慢,以致算法收敛到一定精度时无法继续优化。

(5) 粒子群优化算法存在应用领域的局限。扩大应用领域、改进 PSO 的拓扑结构、精选 PSO 的参数和采用混合粒子群算法是发展 PSO 的重要研究方向。

参考文献

[1] 徐利治,朱梧檟,等.关于悖论的定义、成因和 Russell 对悖论的解决方案[C]//江苏省哲学社会科学联合会 1981 年年会逻辑论文选,1982.

[2] 莫绍揆.数理逻辑初步[M]. 上海:上海人民出版社,1980.

[3] 莫绍揆.数理逻辑概貌[M]. 北京:科学技术文献出版社,1989.

[4] 莫绍揆.数理逻辑教程[M]. 武汉:华中工学院出版社,1982.

[5] 朱梧檟.肖奚安.数学基础概论[M].南京:南京大学出版社,1996.

[6] 朱梧檟.几何基础与数学基础[M]. 沈阳:辽宁教育出版社,1987.

[7] 朱梧檟.数理逻辑引论[M].南京:南京大学出版社,1995.

[8] 朱梧檟,肖奚安.集合论导引[M]. 南京:南京大学出版社,1991.

[9] ZADEH L A. Fuzzy sets [J]. Information and Control, 1965,8:338-353.

[10] SHAW K M. Logical paradoxes for many-valued systems[J]. Journal of Service Learning,1954,19:37-40.

[11] 戴汝为,王珏.关于巨型智能系统的探讨[J]. 自动化学报,1993,19(6):645-655.

[12] 戴汝为,王珏,田捷.智能系统的综合集成[M]. 杭州:浙江科学技术出版社,1995.

[13] 钱敏平,陈传涓. 利用模糊方法进行癌细胞识别[J]. 生物化学与生物物理学进展,1979(1):66-71.

[14] 陈国范,曹鸿兴. 模糊数学在天气预报中的应用[C]//孔佑坤.模糊数学在气象中的应用(会议文集),1981.

[15] 冯晋臣. 遥感土地覆盖类型精确分类的模糊数学模型之研究[J]. 模糊数学,1981(2):75.

[16] 沈有鼎(SEN YU TING). Paradoxes for many-valued systems[J]. Journal of Service Learning,1953,18:114.

[17] 钱学森,宋健.工程控制论(修订版)[M].北京:科学出版社,1980.

[18] 钱学森.论系统工程[M].长沙:湖南科学技术出版社,1982.

[19] 钱学森.关于思维科学[M].上海:上海人民出版社,1986.

[20] 钱学森,于景元,戴汝为.一个科学新领域——开放的复杂巨系统及其方法论[J].自然杂志,1990,13(1):3-10.

[21] MCCULLOCH W S, PITTS W. A logical calculus of the ideas immanent nervous activity [J]. Bulletin of Mathematical Biophysics, 1943, 5: 115-133.

[22] HEBB D O. The organization of behavior[M]. New York:Wiley, 1949.

[23] ROSENBLATT F. Principles of neurodynamics [M]. Spartan Book, 1962.

[24] MINSKY M L, PAPERT S A. Perceptrons [M]. MIT Press, 1969.

[25] HOPFIELD J J. Neural networks and physical systems with emergent collective computational abilities[J]. Proceedings of the National Academy of Sciences of the United States of America, 1982, 79(8):2554-2558.

[26] HOPFIELD J J. Neurons with graded respone have collective computational properties like those of two state neurons[J]. Proceedings of the National Academy of Sciences of the United States of America, 1984, 81: 3088-3092.

[27] ACKLEY D H, HINTON G E, SEJNOWSKI T J. A learning algorithm for boltzmann machines [J]. Readings in Computer Vision, 1987: 522-533.

[28] RUMELHART D E, HINTON G E, WILLIAMS R J. Learning representations by back-propagating errors[J]. Nature, 1986, 323(6088): 533-536.

[29] RUMELHART D E, MCCLELLAND J L. Parallel distributed processing[M]. Cambridge, MA:MIT Press, 1986.

[30] MONTAGUE G, MORRIS J. Neural-network contributions in biotechnology[J]. Trends in Biotechnology, 1994, 12(8): 312-324.

[31] HECHT-NIELSEN R. Counterpagation networks[J]. Applied Optics, 1987,26(23):4979-4984.

[32] GROSSBURG S. Networks and natural intelligence [M]. MIT Press,1988.

[33] CARPENTER G A, GROSSBERG S. ART-2: self-organization of stable category recognition codes for analog input patterns[J]. Applied Optics,

1987,26(23):4919-4930.

[34] CARPENTER G A, GROSSBERG S. ART-3: hierarchical searching using chemical transmitters in self-organizing pattern recognition architecture[J]. Neural Networks, 1990,3:129-152.

[35] KOHONEN T. Self-organization and associative memory[M]. Berlin: Springer Verlag, 1988.

[36] 何清. 模糊聚类分析理论与应用研究进展[J]. 模糊系统与数学,1998,12:2.

[37] ANDERSEN H C. et al. Single net indirect learning architecture[J]. IEEE Transactions on Neural Networks, 1994, 5(6): 1003-1005.

[38] 何华灿. 人工智能导论[M]. 西安:西北工业大学出版社,1988.

[39] 史忠植. 神经计算[M]. 北京:电子工业出版社,1993.

[40] 傅京孙. 模式识别及其应用[M]. 戴汝为,胡启恒,译. 北京:清华大学出版社,1983.

[41] 傅京孙,蔡自兴,徐光裕. 人工智能及其应用[M]. 北京:清华大学出版社,1987.

[42] 蔡自兴. 智能控制[M]. 北京:电子工业出版社,1990.

[43] 蔡自兴,徐光裕. 人工智能及其应用[M]. 北京:清华大学出版社,1996.

[44] 迈克尔斯基 R S,卡伯内尔 J G,米切尔 T M. 机器学习[M]. 王树林,等译. 北京:科学出版社,1992.

[45] 朱剑英. 应用模糊聚类法应注意的若干关键问题[J]. 模糊系统与数学,1987,1:1.

[46] 朱剑英. 应用模糊数学方法的若干关键问题及处理方法[J]. 模糊系统与数学,1992,6:2.

[47] 朱剑英. 智能系统非经典数学方法[J]. 武汉:华中科技大学出版社,2001.

[48] 陈国良,等. 遗传算法及其应用[M]. 北京:人民邮电出版社,1996.

[49] 陈明. 神经网络模型[M]. 大连:大连理工大学出版社,1995.

[50] FRASER A S. Simulation of genetic systems[J]. Journal of Theoretical Biology, 1962,2: 329-346.

[51] HOLLAND J H. Adaptation in nature and artificial systems[M]. The University of Michigan Press, 1975.

[52] SHEONFIELD J R. Mathematical logic[M]. Addison-Wesley Publishing Company, 1967.

[53] MCCULLOCH W S, PITTS W. A logical calculus of the ideas immanent in nervous activity[J]. Bulletin of Mathematical Biophysics, 1943, 5: 115-133.

[54] HEBB D. The organization of behavior: a neuropsychological theory [M]. New York: Psychology Press, 1949.

[55] BAGLEY J D. The behavior of adaptive system which employ genetic and coorelation algorithm[D]. Ann Arbor: University of Michigan, 1967:68-7556.

[56] ROSONBERG R S. Simulation of genetic populations with bioche-mical properties[J]. Mathematical Biosciences,1970,8:1-37.

[57] CAVICCHIO D J. Adaptive search using simulated evolution[D]. Ann Arbor:University of Michigan,1970.

[58] WEINBERG R. Computer simulation of a living cell[D]. Ann Arbor:University of Michigan, 1970: 71-4766.

[59] HOLLSTIEN R B. Artificial genetic adaptation in computer control systems[D]. Ann Arbor:University of Michigan,1971.

[60] HARP S, et al. Towards the genetic synthesis of neural networks[J]. ICGA, 1989: 360-369.

[61] MILLER G, et al. Designing neural networks using genetic algorithm [C]. Proceedings of ICGA, 1989.

[62] KARR C L. Design of an adaptive fuzzy logic controller using a genetic algorithm[C]. Proceedings of the 4th ICGA, 1991:450.

[63] FOGEL D B. Applying evolutionary programming to selected traveling salesman problems[J]. Cybernetics and Systems, 1993, 24:27-36.

[64] RUDOLPH G. Convergence analysis of canonical genetic algorithms[J]. IEEE Transactions on Neural Networks, 1994,5(1): 96-101.

[65] BRAWN H. On solving travelling salesman problems by genetic algorithms[J]. Morgan Kaufman,1991: 129-133.

[66] PETTEY C B, LEUTZE M R, GREFENSTETTE J J. A parallel genetic algorithm[C]. Proceedings of the second ICGA, 1987: 155-161.

[67] DE JONG K A. An analysis of the behavior of a class of genetic adaptive systems[D]. Ann Arbor:University of Michigan,1975:76-9381.

[68] LANGTON C G. Artificial life[M]. Addison Wesley,1989.

[69] KIMURA F. Product and process modeling as a kernel for virtual manufacturing environment[J]. Annal of the CIRP, 1993,42(1): 147-150.
[70] SHOHAM Y. Agent-oriented programming[J]. Artificial Intelligence, 1993(60): 51-92.
[71] JIN Y, LU S C Y. An agent-supported approach to collaborative design [J]. Annals of the CIRP, 1998,47(1): 107-110.
[72] ELMARAGHY H, PATEL V, ABDALLAH I B. A genetic algorithm based approach for scheduling of dual-resource constrained manufacturing systems[J]. Annals of the CIRP, 1999,48(1):369-372.
[73] 庄镇泉,等. 神经网络与神经计算机[M]. 北京:科学出版社,1996.
[74] 王耀南. 智能控制系统[M]. 长沙:湖南大学出版社,1996.
[75] 孙增圻,等. 智能控制理论与技术[M]. 北京:清华大学出版社,1997.
[76] ROSENBLATT F. The perceptron: a probabilistic model for information storage and organization in the brain[J]. Psychological Review, 1958,65(6):386-408.
[77] MINSKY M, PAPERT S. Perceptrons: an introduction to computational geometry[M]. Cambridge: MIT Press, 1969.
[78] MINSKY M, PAPERT S. Perceptron[M]. MIT Press,1972.
[79] GROSSBERG S. Some networks that can learn, remember, and reproduce any number for complicated space-time patterns[J]. Journal of Mathematics and Mechanics, 1969,19(1): 53-91.
[80] SHANNON C, WEAVER W. The mathematical theory of communications[M]. Illini Books,1983.
[81] SHAW M J. Knowledge-based scheduling in flexible manufacturing systems[J]. TI Tech. J. ,1987,54-61.
[82] MCCARTHY J. Recursive functions of symbolic expression and their computation by machine[J]. Communication of the ACM, 1960, 7: 184-195.
[83] NEWELL A, SHAW J C, SIMON H A. Report on a general problem solvering program[C]. Proceedings of the International Conference on Information Processing,Paris,1959:256-264.
[84] NILSSON N J. Principle of artificial intelligence[M]. Tioga Publishing Corporation, 1980.

[85] NILSSON N J. Problem solving methods in artificial intelligence[M]. New York:McGraw-Hill Book Company, 1971.

[86] RICH E. Artificial intelligence[M]. New York:Mcgraw-Hill Book Company, 1983.

[87] 中国国务院. 中国制造 2025. 2015.

[88] 中国国务院. 国务院关于积极推进"互联网+"行动的指导意见. 2015.

[89] 中国工信部等三部委. 机器人产业发展规划(2016-2020). 2016.

[90] 中国科技部等四部委. "互联网+"人工智能三年行动实施方案. 2016.

[91] 中国国务院. 新一代人工智能发展规划(国发[2017]35 号). 2017.

[92] 中国工信部. 促进新一代人工智能产业发展三年行动计划(2018—2020年)(工信部科[2017]315 号). 2017.

[93] 中国电子技术标准化研究院. 人工智能标准化白皮书(2018 版). 2018.

[94] 清华大学中国科技政策研究中心. 中国人工智能发展报告 2018. 2018.

[95] 清华大学-中国工程院知识智能联合研究中心. 2019 人工智能发展报告. 2019.

[96] 美国国家科技局(National Science and Technology Council). 国家人工智能研发战略计划(The National Artificial Intelligence Research and Development Strategic Plan). 2016.

[97] 美国国家科技局(National Science and Technology Council). 国家人工智能研发战略计划:2019 更改版(The National Artificial Intelligence Research and Development Strategic Plan:2019 Update). 2019.

[98] KAUFMANN A. Introduction to the theory of fuzzy subsets[M]. Academic Press,1975.

[99] BEZDEK J C. Pattern recognition with fuzzy objective function algorithms[M]. New York:Plenum Press, 1981.

[100] 汪芳庭,等. 数理逻辑[M]. 合肥:中国科学技术大学出版社,2010.

[101] 李小五. 现代逻辑学讲义:数理逻辑[M]. 广州:中山大学出版社, 2005.

[102] 石纯一,王家钦. 数理逻辑与集合论[M]. 北京:清华大学出版社, 2000.

[103] 杜岫石,王政挺,谷振诣. 形式逻辑与数理逻辑比较研究[M]. 长春:吉林人民出版社, 1987.

[104] 张家龙. 数理逻辑发展史　从莱布尼茨到哥德尔[M]. 北京:社会科学文献出版社, 1993.

[105] 王宏,杨明. 数理逻辑与集合论(第 2 版) 精要与题解[M]. 北京:清华大

学出版社，2001.
[106] 汉密尔顿(Hamilton A G). 数理逻辑[M]. 朱水林，译. 上海：华东师范大学出版社，1986.
[107] 叶尔绍夫，巴鲁金. 数理逻辑[M]. 沈百英，叶瑞芬，译. 上海：华东化工学院出版社，1990.
[108] 郝兆宽，杨跃. 集合论　对无穷概念的探索[M]. 上海：复旦大学出版社，2014.
[109] NEWELL A, SIMON H A. The logic theory machine[J]. IRE Transactions on Information Theory, 1956, IT-2(3): 61-79.
[110] NEWELL A, SHAW J C, SIMON H A. A variety of intelligent learning in a general problem solver[M]. YOVITS M, CAMERON S(eds). Self-organizing systems. New York: Pergamon Press, 1960.
[111] NEWELL A, SHAW J C, SIMON H A. Empirical explorations of the logic theory machine: a case study in heuristics[J]. Proceedings of the 1957 Wester Joint Computer Conference, Wester Joint Computer Conference, 1957: 218-230.
[112] SHOENFIELD J R. Mathematical logic[M]. Addison-Wesley Publishing Company, 1967.
[113] 曲钦岳. 当代百科知识大辞典[M]. 南京：南京大学出版社，1990.
[114] 夏征农. 辞海[M]. 上海：上海辞书出版社，1980.
[115] 梁宗巨. 数学家传略辞典[M]. 济南：山东教育出版社，1989.
[116] 胡世华，陆钟万. 数理逻辑基础(上、下册)[M]. 北京：科学出版社，1983.
[117] 刘治旺，等. 数理逻辑讲义. 郑州大学哲学系印，1982.
[118] 邱伟德，胡美琛. 数理逻辑、集合[M]. 北京：人民邮电出版社，1987.
[119] 李志才，等. 逻辑学辞典[M]. 长春：吉林人民出版社，1983.
[120] 新华辞典编纂组编. 新华词典[M]. 上海：商务印书馆，1981.
[121] 李匡武. 中国逻辑史·现代卷[M]. 兰州：甘肃人民出版社，1989.
[122] 中国大百科全书总编辑委员会《数学》编辑委员会. 中国大百科全书·数学[M]. 北京：中国大百科全书出版社，1988.
[123] 王世飞，吴春青. 概率论与数理统计[M]. 苏州：苏州大学出版社，2017.
[124] 黄清龙，阮宏顺. 概率论与数理统计[M]. 2版. 北京：北京大学出版社，2011.

[125] 陈魁. 应用概率统计[M]. 北京:清华大学出版社,2000.
[126] 盛骤,谢式千,潘承毅. 概率论与数理统计[M].4 版. 北京:高等教育出版社,2008.
[127] 何春雄. 概率论与数理统计学习指导[M]. 广州:华南理工大学出版社,2018.
[128] 陆宜清. 概率论与数理统计[M]. 上海:上海科技出版社,2019.
[129] 何其祥. 概率论[M].2 版. 上海:上海财经大学出版社,2018.
[130] 庞常词,李宗成. 概率论与数理统计[M]. 北京:北京邮电大学出版社,2018.
[131] 郑书富. 概率论与数理统计[M]. 厦门:厦门大学出版社,2018.
[132] 赵喜林,余东. 概率论教程[M]. 武汉:武汉大学出版社,2018.
[133] 齐小忠. 概率论与数理统计[M]. 天津:天津科学技术出版社,2018.
[134] 白淑敏,崔红卫. 概率论与数理统计[M]. 北京:北京邮电大学出版社,2018.
[135] 应坚刚,何萍. 概率论[M]. 上海:复旦大学出版社,2016.
[136] 林伟初著. 概率论与数理统计[M]. 重庆:重庆大学出版社,2017.
[137] 谢永钦. 概率论与数理统计[M].3 版. 北京:北京邮电大学出版社,2017.
[138] 许丽利,宋春红. 概率论与数理统计[M]. 上海:上海交通大学出版社,2017.
[139] 王梓坤. 概率论基础及其应用[M]. 北京:北京师范大学出版社,2007.
[140] SHELDON ROSS. 概率论基础教程[M].赵选民,等译.6 版.北京:机械工业出版社,2006.
[141] 威廉·费勒. 概率论及其应用[M].胡迪鹤,译.3 版. 北京:人民邮电出版社,2006.
[142] 埃维森,等. 统计学[M]. 吴喜之,等译.北京:高等教育出版社;柏林:施普林格出版社,2000.
[143] 比克尔 P J,道克苏 K A. 数理统计[M]. 李泽慧,等译.兰州:兰州大学出版社,1990.
[144] 柯尔莫哥洛夫. 概率论导引[M].周概容,肖慧敏,译. 北京:教育科学出版社,2006.
[145] BILLINGSLEY P. Probability and measure [M]. John Wiley & Sons,1986.
[146] DURRETT R. Probability: theory and examples[M]. 3rd edition.

Thomson,2003.
[147] FELLER W. Probability theory and its application[M]. John Wiley & Sons, 1959(Vol I), 1970(Vol Ⅱ).
[148] 黄加增,胡世录. 概率论与数理统计[M]. 南京:东南大学出版社,2018.
[149] 胡大义. 管理运筹学方法[M]. 武汉:武汉大学出版社,2018.
[150] 刘蓉,熊海鸥. 运筹学[M].2 版. 北京:北京理工大学出版社,2018.
[151] 王晓原,孙亮,刘丽萍. 运筹学[M]. 成都:西南交通大学出版社,2018.
[152] 杨云,李建波. 简明运筹学[M]. 上海:上海财经大学出版社,2017.
[153] 明杰秀,周雪,刘雪. 概率论与数理统计[M]. 上海:同济大学出版社,2017.
[154] 梅述恩. 运筹学解题方法技巧归纳[M]. 武汉:华中科技大学出版社,2017.
[155] 孙萍,安小合. 运筹学[M]. 北京:北京理工大学出版社,2016.
[156]《运筹学》教材编写组. 运筹学[M].4 版. 北京:清华大学出版社,2016.
[157] 陈香萍. 工程运筹学原理与实务[M]. 重庆:重庆大学出版社,2016.
[158] 韩伯堂. 管理运筹学[M]. 4 版.北京:高等教育出版社,2014.
[159] 邓成梁,黄卫来,周康. 运筹学的原理和方法[M]. 3 版.武汉:华中科技大学出版社,2014.
[160] 胡运权,等. 运筹学基础及应用[M].6 版. 北京:高等教育出版社,2014.
[161] 韩继业,俞建. 赵民义与中国运筹学[M]. 贵阳:贵州大学出版社,2010.
[162] 王可定,周献中. 运筹决策理论方法新编[M]. 北京:清华大学出版社,2010.
[163] 罗党,王淑英. 决策理论与方法[M]. 北京:机械工业出版社,2010.
[164]《现代应用数学手册》编委会. 运筹学与最优化理论卷[M]. 北京:清华大学出版社,1997.
[165] FREDERICK S H, GERALD J L. Introduction to operations research [M]. 8th edition. McGraw-Hill,2005.
[166] 王正元. 基于状态转移的组合优化方法[M]. 西安:西安交通大学出版社,2010.
[167] 孙文瑜,徐成贤,朱德通.最优化方法[M]. 北京:高等教育出版社,2005.
[168] 张忠桢. 凸规划:投资组合与网络优化的旋转算法[M]. 武汉:武汉大学出版社,2004.
[169] 赵民义. 组合优化导论[M]. 杭州:浙江科学技术出版社,2001.

[170] 张勇传,瞿继恂. 组合最优化——计算机算法和复杂性[M]. 武汉:华中理工大学出版社,1994.

[171] 陈庆华,等. 组合最优化技术及其应用[M]. 长沙:国防科技大学出版社,1989.

[172] 帕帕季米特里乌(PAPADIMITRIOU C H),施泰格利茨(STEIGLITZ K). 组合最优化算法和复杂性[M]. 刘振宏,蔡茂诚,译. 北京:清华大学出版社,1988.

[173] 富尔兹(FOULDS I R). 组合最优化[M]. 沈明刚,等译. 上海:上海翻译出版公司,1988.

[174] 姚恩瑜,何勇,等. 数学规划与组合优化[M]. 杭州:浙江大学出版社,2001.

[175] 陈光迪. 组合优化[M]. 南京:南京大学出版社,1993.

[176] 王景恒. 最优化理论与方法[M]. 北京:北京理工大学出版社,2018.

[177] 李学文,等. 最优化方法[M]. 北京:北京理工大学出版社,2018.

[178] 专祥涛. 最优化方法基础[M]. 武汉:武汉大学出版社,2018.

[179] 王燕军,等. 最优化基础理论与方法[M]. 2 版. 上海:复旦大学出版社,2018.

[180] 姚寿文,崔红伟. 机械结构优化设计[M]. 2 版. 北京:北京理工大学出版社,2018.

[181] 尹静. 资源调试优化及工程应用[M]. 北京:冶金工业出版社,2018.

[182] 辛斌. 面向复杂优化问题求解的智能优化方法[M]. 北京:北京理工大学出版社,2017.

[183] 梁礼明. 优化方法导论[M]. 北京:北京理工大学出版社,2017.

[184] 刘大莲. 稀疏非平行支持向量机与最优化[M]. 北京:北京邮电大学出版社,2017.

[185] 王喜宾,文俊浩. 基于优化支持向量机的个性化推荐研究[M]. 重庆:重庆大学出版社,2017.

[186] 董海. 网络化制造模式下供应链设计与优化技术[M]. 北京:冶金工业出版社,2017.

[187] 王攀,等. 优化与控制中的软计算方法研究[M]. 武汉:湖北科学技术出版社,2017.

[188] 李庆东. 实验优化设计[M]. 成都:西南大学出版社,2016.

[189] 孙祥凯. 非线性最优化问题——对偶性理论及相关分析[M]. 成都:西南

交通大学出版社,2016.
[190] 曾东波,伍锦群. 网络规划与优化[M]. 北京:北京理工大学出版社,2016.
[191] 赫向良,葛照强. 最优化与最优控制[M].2版. 西安:西安交通大学出版社,2015.
[192] 陈文宇,等. 神经网络在路径优化问题中的应用[M]. 成都:电子科技大学出版社,2014.
[193] 黄雍检,等. MATLAB在最优化计算中的应用[M]. 长沙:湖南大学出版社,2014.
[194] 陈立周,俞必强. 机械优化设计方法[M].4版. 北京:冶金工业出版社,2014.
[195] 陈磊,郭全魁,王秀华. 系统决策优化案例分析[M]. 北京:北京邮电大学出版社,2013.
[196] 王晓陵,陆军. 最优化方法与最优控制[M]. 哈尔滨:哈尔滨工程大学出版社,2008.
[197] 王凌. 智能优化算法及其应用[M]. 北京:清华大学出版社,2001.
[198] 雷欧(RAO S S).工程优化原理及应用[M]. 祁载康,译.北京:北京理工大学出版社,1990.
[199] 威斯默(WISMER D A),查特吉(CHATTERGY R). 非线性最优化引论[M]. 邓乃扬,刘宝光,译.北京: 北京工业学院出版社,1987.
[200] 王日爽,徐兵,魏权龄.应用动态规划[M].北京:国防工业出版社,1987.
[201] 张润琦.动态规划[M].北京:北京理工大学出版社,1989.
[202] 王建华. 对策论(清华大学应用数学丛书第3卷)[M].北京:清华大学出版社,1986.
[203] 魏权龄,等. 数学规划与优化设计[M].北京:国防工业出版社,1984.
[204] DANTZIG G B. Linear Programming and extensions[M]. Princeton: Princeton University Press, 1963.
[205] GASS S L. Linear programming[M]. 4th ed. New York: McGraw-Hill, 1975.
[206] BAZARAA M S, JARVIS J J. Linear programming and network flows [M]. New York: Wiley, 1977.
[207] BAZARAA M S, SHETTY C M. Nonlinear programming: theory and algorithms[M]. New York:Wiley, 1979.

[208] AVRIEL M. Nonlinear programming: anatysis and methods[M]. Prentice-Hall, Inc. , 1976.

[209] MCCORMICK G P. Nonlinear programming: theory, algorithms and applications[M]. New York:John Wiley & Sons, 1983.

[210] KARMARKAR N. A new polynomial time algorithm for linear programming[J]. Combinatorica, 1984,4(4): 373-395.

[211] TAHA H A. Integer programming[M]. New York:Macmillan, 1978.

[212] GARFINKEL R S, NEMHAUSER G J. Integer programming[M]. New York: Wiley,1972.

[213] LUENBERGER D G. Introduction to linear and nonlinear programming [M]. Addison-Wesley, 1973.(线性与非线性规划引论(中译本).夏尊铨,等译.北京:科学出版社,1982.)

[214] 李玉鑑,张婷,单传辉,刘兆英,等. 深度学习:卷积神经网络从入门到精通[M]. 北京:机械工业出版社,2018.

[215] 言有三. 深度学习之图像识别:核心技术与案例实战[M]. 北京:机械工业出版社,2019.

[216] 杨英杰.粒子群算法及其应用[M]. 北京:北京理工大学出版社,2017.

[217] LAWLER E L, WOOD D E. Branch and bound methods: a survey[J]. Oper. Res. ,1966, 14: 699-719.

[218] BALAS E. An additive algorithm for solving linear programs with zero-one variables[J]. Oper. Res. , 1965,13: 517-546.

[219] NEMHAUSER G L, WOLSEY L A. Integer and combinatorial optimization[M]. New York:Wiley, 1987.

[220] SCHRIJVER A. Theory of linear and integer programming[M]. John Wiley & Sons, 1986.

[221] BELLMAN R E. Dynamic programming[M]. Princeton: Princeton University Press, 1957.

[222] BEELLMAN R E, DREYFUS S E. Applied dynamic programming [M]. Princeton: Princeton University Press, 1962.

[223] DENARDO E V. Dynamic programming, models and application[M]. New Jersey, Englewood Cliffs:Prentice-Hall, Inc. , 1982.

[224] LARSON R E, CASTI J L. Principles of dynamic programming[M]. Part II, Marcel Dekker, Inc. , 1982.

[225] GAREY M R, JOHNSON D S. Computers and intractability: a guide to the theory of NP-compleleness[M]. San Francisco: Freeman, 1979.

[226] CHANGKONG V, HAIMES Y Y. Multi-objective decision making: theory and methodology[M]. North-Holland Publising Company,1983.

[227] SCHRIJVER A. Theory of linear and integer programming[M]. John Wiley & Sons, 1986.

[228] NEMBAUSER G L, WORSEY L A. Integer and combinatorial optimization[M]. New York: Wiley, 1987.

[229] WANG JIANHUA. Theory of games, oxford mathematical monographs[M]. Oxford: Oxford University Press, 1988.

[230] FORD L R, FULKERSON D R. Flow in networks[M]. Princeton: Princeton University Press, 1962.

[231] FOULDS L R. Graph theory: a survey on its use in operations research [J]. New Zealand Oper. Res. ,1982, 10(1): 35-65.

[232] HAKEN W, APPEL K I. Every planar map is four colorable[J]. Bulletin of the American Mathematical Society,1976, 82: 711-712.

[233] STEUER R E. Multiple criteria optimization:theory, computation, and applications[M]. John Wiley & Sons,1986.

[234] KOHONEN T. Correlation matrix memories[J]. IEEE Transactions on Computers, 1972, 100(4):353-359.

[235] PALM G. On associative memory [J]. Biological Cybernetics, 1980,36 (1):19-31.

[236] HAYKIN S, LIPPMANN R. Neural networks: a comprehensive foundation[J]. International Journal of Neural Systems, 1994, 5(4): 363-364.

[237] FUKUSHIMA K. Neural network model for a comprehensive foundation[J]. IEICE Technical Report, 1989, 62(10): 658-665.

[238] FUKUSHIMA K. Neocognitron: a self-organizing neural network for a mechanism of pattern recognition unaffected by shift in position [J]. Biological Cybernetics, 1980, 36(4): 193-202.

[239] FUKUSHIMA K. Artificial vision by multi-layered neural networks: neocognitron and its sdvances [J]. Neural Networks, 2013, 37: 103-119.

[240] CYBENKO G. Approximation by superpositions of a sigmoid function [J]. Mathematics of Control, Signals, and Systems, 1989, 2(4): 303-314.

[241] FUNAHASHI K. On the approximate realization of continuous mappings by neural networks [J]. Neural Networks, 1989, 2(3):183-192.

[242] HOCHREITER S, BENGIO Y, FRASCONIJ P, SCHMIDHUBER J. Gradient flow in recurrent nets: the difficulty of learning long-tern dependencies[M]. New York: Wiley, 2001.

[243] HOCHREITER S, INFORMATIK F. Long short-term memory[J]. Neural Computation, 1997, 9(8): 1735-1780.

[244] MARTENS J. Deep learning via hessian-free optimization[C]. Proceedings of ICML, 2010: 735-742.

[245] LECUN Y, BOSER B, DENKER J S, et al. Backpropagation applied to handwritten zip code recognition[J]. Neural Computation, 1989, 1(4): 541-551.

[246] LECUN Y, BOTTOU Y, HAFFNER P. Gradient based learning applied to document recognition[J]. IEEE, 1998, 86(11): 2278-2324.

[247] KRIZHEVSKY A, SUTSHEVER I, HINTON G E. Imagenet classification with deep convolutional neural networks[C]. Proceedings of NIPS, 2012: 4-13.

[248] RUSSAKOVSKY O, DENG J, SU H, et al. Imagenet large scale visual recognition challenge[J]. Journal of Computer Vision, 2015, 115(3): 211-252.

[249] HUBEL D H, WIESEL T. Receptive fields, binocular interaction, and functional architecture in the cat's visual cortex [J]. Journal of Physiology, 1962, 160(1): 106-154.

[250] WIESEL D H, HUBEL T N. Receptive fields of single neurones in the cat's striate contex [J]. Journal of Physiology, 1959, 148(3): 574-591.

[251] CORTES C, VAPNIK V. Support vector network [J]. Machine Learning, 1995, 20(3): 273-297.

[252] HINTON G E, OSINDERO S, TEH Y. A fast learning algorithm for deep belief nets [J]. Neural Computation, 2006, 18(7): 1527-1554.

[253] HINTON G E, SARAKHUTDINOV R R. Reducing the dimensionality of data with neural networks[J]. Science, 2006, 313(9): 504-507.

[254] FISHER A, IGER C. Training restricted boltzmann machines: an introduction[J]. Pattern Recognition, 2014, 47(1): 25-39.

[255] SALAKHUTDINOV R, HINTON G E. Deep boltzmann machine[C]. Proceedings of AIS, 2009: 448-455.

[256] POON H, DOMINGOS P. Sum-product networks: a new deep architecture [C]. Proceedings of ICCV, 2011: 689-697.

[257] DENG L, HE X, GAO J. Deep stacking networks for information retrieval[C]. Proceedings of ICASSP, 2013: 3153-3157.

[258] MNIH V, KAVUKCUOGLU V, SILVER D, et al. Human-level control through deep reinforcement learning [J]. Nature, 2015, 518 (7540): 529-533.

[259] GOODFELLOW I, ABADIE J, MIRZA M, et al. Generative adversarial nets[C]. Proceedings of 28th NIPS, 2014: 2672-2680.

[260] NAGI J, DUCATELLE F, CARO G A, et al. Max-pooling convolutional neural networks for vision-based hand gesture recognition[C]. Proceedings of ICSIPA,2011: 342-347.

[261] HINTON G E, SRIVASTAVA N, KRIVASTAVA N, KRIZHEVSKY, et al. Improving neural networks by preventing co-adaptation of feature detectors [J]. Computer Science, 2012, 3 (4): 212-223.

[262] WAN L, ZEILER M, ZHANG X, et al. Regularization of neural networks using dropconnect[C]. Proceedings of JCML, 2013: 2095-2103.

[263] MOHAMED A, DAHL G E, HINTON G E. Acoustic modeling using deep belief networks[J]. IEEE Transactions on Audio, Speech, and Language Processing, 2012, 20(1): 14-22.

[264] BENGIO Y. Learning deep architectures for AI[J]. Foundation and Trends in Machine Learning, 2009, 2(2): 1-127.

[265] HASTAD J, GOLDMANN M. On the power of small-depth threshold circuits[J]. Computational Complexity, 1991, 1(2): 113-129.

[266] LECUN Y, BOSER B, DENKER, et al. Backpropagation applied to handwritten zip code recognition[J]. Neural Computation, 1989,1(4):

541-551.

[267] KRIZHEVSKY A, SUTSHEVER I, HINTON G E. Imagenet classification with deep convolutional neural networks[C]. Proceedings of NIPS, 2012: 4-13.

[268] STUHLSATZ A, LIPPEL J, ZIELKE T. Feature extraction with deep neural networks by a generalized discriminant analysis[J]. IEEE Transaction on Neural Networks and Learning Systems, 2012, 23(4): 596-608.

[269] JI S, XU W, YANG M, et al. 3D convolutional neural networks for human action recognition [J]. IEEE transactions Pattern Analysis Machine Intelligence, 2013, 35(1): 221-231.

[270] MAAS A L, HANNUN A Y, NG A Y. Rectifier nonlinearities improve neural network acoustic models[C]. Proceedings of ICML, 2013: 723-729.

[271] HE K M, ZHANG X Y, REN S Q, et al. Delving deep into rectifiers: surpassing human-level performance on imagenet classification[C]. Proceedings of ICCV, 2015: 1026-1034.

[272] CLEVERT D, UNTERTHINER T, HOCHREITER S. Faster and accurate deep network learning by exponential linear units(ELUs)[C]. Proceedings of ICLR, 2016: 256-265.

[273] CHOPRA S, HADSELL R, LECUN Y. Learning a similarity metric discriminatively, with application to face verification[C]. Proceedings of CVPR, 2005: 539-546.

[274] SRIVASTAVA R K, GREFF K, SCHMIDHUBER J. Highway networks. arXiv: 1505.00387, 2015.

[275] SIMONYAN K, ZISSERMAN A. Very deep convolutional networks for large-scale image recognition. arXiv: 1409.1556, 2014.

[276] HE K M, ZHANG X Y, REN S Q, et al. Delving deep into rectifiers: surpassing human-level performance on imagenet classification[C]. Proceedings of ICCV, 2015:1026-1034.

[277] SZEGEDY C, LIN W, JIA Y, et al. Going deeper with convolutions [C]. Proceedings of CVPR, 2015: 1-9.

[278] LIN M, CHEN Q, YAN S. Network in network. arXiv: 1312.

4400, 2013.

[279] GIRSHICK R, DONAHUE J, DARRELL T. Rich feature hierarchies for accurate object detection and semantic segmentation[C]. Proceedings of CVPR, 2014: 580-587.

[280] HE K M, ZHANG X Y, REN S Q, et al. Spatial pyramid pooling in deep convolutional networks for visual recognition[J]. IEEE Transactions on Pattern Analysis and Machine Intelligence, 2015, 37(9): 1904-1916.

[281] GIRSHICK R. Fast R-CNN [C]. Proceedings of ICCV, 2015: 1385-1394.

[282] REN S Q, HE K M, GIRSHICK R, et al. Faster R-CNN: towards real-time object detection with region proposal networks[C]. Proceedings of NIPS, 2015: 1-9.

[283] REDMON J, DIVVALA S, GIRSHICK R, et al. You only look once: unified, real-time object detection[C]. Proceedings of CVPR, 2016: 779-788.

[284] LIU W, ANGUELOV D, ERHAN D, et al. SSD: single shot multibox detector[C]. Proceedings of ECCV, 2016: 21-37.

[285] JADERBERG M, SIMONYAN K, ZISSERMAN A, et al. Spatial transfer network[C]. Proceedings of NISP, 2015:2017-2025.

[286] HE K M, GKIOXARI G, DOLLAR P, et al. Mask R-CNN[C]. Proceedings of ICCV, 2017: 2980-2988.

[287] SRIVASTAVA N, HINTON G E, KRIZHEVSKY A, et al. Dropout: a simple way to prevent neural networks from overfitting [J]. Journal of Machine Learning Research, 2014, 15(1): 1929-1958.

[288] IOFFE S, SZEGEDY C. Batch normalization: accelerating deep network training by reducing internal covariate shift [C]. Proceedings of ICML, 2015: 448-456.

[289] HE K M, ZHANG X Y, REN S Q, et al. Deep residual learning for image recognition[C]. Proceedings of CVPR, 2016: 770-778.

[290] IANDOLA F N, HAN S, MOSKEWICZ, et al. Squeezenet: alexnet-level accuracy with 50x fewer parameters and <0.5 MB model size. arXiv: 1602.07360, 2016.

[291] HAN S, MAO H, DALLY W J. Deep compression: compressing deep neural networks with pruning, trained quantization and huffman coding [C]. Proceedings of ICLR, 2016.

[292] SILVER D, HUANG A, MADDISON C J, et al. Mastering the game of go with deep neural networks and tree search[J]. Nature, 2016, 529 (7587): 484-489.

[293] STUHLSATZ A, LIPPEL J, ZIELKE T. Feature extraction with deep neural networks by a generalized discriminant analysis[J]. IEEE Transactions on Neural Networks and Learning Systems, 2012, 23(4): 596-608.

[294] ZEILER M D, FERGUS R. Visualizing and understanding convolutional networks[J]. Lecture Notes in Computer Science, 2014: 818-833.

[295] 李荣钧,李小龙,等. 基于微生物行为机制的粒子群优化算法[M]. 广州:华南理工大学出版社,2015.

[296] 李丽,牛奔. 粒子群优化算法[M]. 北京:水利水电出版社,2006.

[297] 徐星. 热力学粒子群优化算法研究及其应用[M]. 天津:天津大学出版社,2011.

[298] 李士勇,陈永强,李研. 蚁群算法及其应用[M]. 哈尔滨:哈尔滨工业大学出版社,2004.

[299] 吴启迪,汪雷. 智能蚁群算法及应用[M]. 上海:上海科技教育出版社,2004.

[300] 邹亚锋. 多目标蚁群算法在农村居民点空间布局优化中的应用研究[M]. 北京:中国经济出版社,2017.

[301] 陈崚,秦玲. 基于分布均匀度的自适应蚁群算法[J]. 软件学报,2003, 14(8): 1379-1387.

[302] 冯祖洪,徐宗本. 用混合型蚂蚁算法求解 TSP 问题[J]. 工程数学学报,2002,19(4):35-39.

[303] 郜庆路,罗欣,基于蚂蚁算法的混流车间动态调度研究[J]. 计算机集成制造系统-CIMS, 2003, 9(6); 456-459.

[304] 郝晋,石立宝. 求解复杂 TSP 问题的随机扰动蚁群算法[J]. 系统工程理论与实践,2002, 22(9): 88-91.

[305] 洪炳熔,金飞虎. 基于蚁群算法的多层前馈神经网络[J]. 模式识别与人工智能, 2003,35(7):823-825.

[306] 蒋建国,骆正虎,基于改进型蚁群算法求解旅行 Agent 问题[J]. 模式识别与人工智能,2003, 16(1): 6-11.
[307] 李勇,段正澄. 动态蚁群算法求解 TSP 问题[J]. 计算机工程与应用, 2003, 39(11):103-106.
[308] 杨勇,宋晓峰,蚁群算法求解连续空间优化问题[J]. 控制与决策, 2003, 18(5):573-576.
[309] 张宗水,孙静,谭家华. 蚁群算法的改进及其应用[J]. 上海交通大学学报,2002,36(11):1564-1567.
[310] 郑向伟,刘弘. 多目标进化算法研究进展[J]. 计算机科学, 2007, 34(7): 187-192.
[311] 汪文彬,钟声. 基于改进拥挤距离的多目标进化算法[J]. 计算机工程, 2009(5):211-213.
[312] 马金玲,唐普英. 一种新的多目标粒子群优化算法[J]. 计算机工程与应用,2008,17:37-39.
[313] 金欣磊,马龙华,刘波,钱程新. 基于动态交换策略的快速多目标粒子群优化算法研究[J]. 电路与系统学报,2007,4(12):2.
[314] 都延丽,吴庆宪,姜长生,等. 改进协同微粒群优化的模糊神经网络控制系统设计[J]. 控制与决策,2008,23(12):1327-1332,1337.
[315] 高尚,汤可宗,蒋新姿,等. 粒子群优化算法收敛性分析[J]. 科学技术与工程,2006,6(12):1625-1627,1631.
[316] 黄建江,须文波,孙俊,等. 量子行为粒子群优化算法的布局问题研究[J]. 计算机应用,2006,26(12):3015-3018.
[317] 贾东文,张家树. 基于混沌变异的小生境粒子群算法[J]. 控制与决策, 2007, 22(1): 117-120.
[318] 储颖. 基于粒子群优化的快速细菌群游算法[J]. 数据采集与处理,2010, 25(4):442-448.
[319] 贾东立,郑同莘. 基于混沌和高斯局部优化的混合差分进化算法[J]. 控制与决策,2010, 25(6):899-902.
[320] 池元成,方杰,蔡国飒. 中心变异差分进化算法[J]. 系统工程与电子技术,2010, 32(5):1105-1108.
[321] 崔艳华,曲晓军,董爱军,等. 细菌群体感应系统的研究[J]. 生物技术通报,2009(4):50-54.
[322] 刘朝华,张英杰,章兢,等. 一种双态免疫微粒群算法[J]. 控制理论与应

用,2011,28(1):65-72.

[323] 刘小龙,李荣钧,杨萍. 基于高斯分布估计的细菌觅食优化算法[J]. 控制与决策,2011,8:1233-1238.

[324] FOGER D B. Applying evolutionary programming to selected control problems[J]. Computers & Mathematics with Applications, 1994, 27(11): 89-104.

[325] REYNOLDS C W. Flocks herds and schools: a distributed behavioral model[J]. Computer Graphics, 1987,21(4): 25-34.

[326] HEPPNER F, GRENANDER U. A stochastic nonlinear model for coordinated bird flocks[M]//KRASNER S. The ubiquity of chaos. Washington, D. C.: AAAS Publications, 1990.

[327] SHI Y, EBERHART R C. A modified particle swarm optimizer[C]. Proceedings of the IEEE International Conference on Evolutionary Computation, Anchorage,USA. IEEE Press, 1998: 69-73.

[328] SHI Y, EBERHART R C. Fuzzy adaptive particle swarm optimization[C]. Proceedings of Congress on Evolutionary Computation, Seoul, Korea, 2001:101-106.

[329] KENNEDY J, EBERHART R C. Particle swarm optimization[C]. Proceedings of the IEEE International Conference Neural Networks, Perth, Australia,1995: 1942-1948.

[330] KENNEDY J, EBERHART R C. Swarm intelligence[M]. San Francisco: Morgan Kaufmann Publisher, 2001.

[331] ALBERTO COLORNI, MARCO DORICO, VITTORIO MANIEZZO, et al. Distributed optimization by ant colonies[C]. Proceedings of the 1st European Conference on Artificial Life, 1991: 134-142.

[332] DORIGO M. Optimization, learning and natural algorithm[D]. Politecnico di Milano, Italy, 1992.

[333] DORIGO M, MANIEZZO V, COLORNI A. Introduction to natural algorithms[J]. Rivista-di-Informatica,1994,24(3): 173-197.

[334] DORIGO M, MANICZZO V, COLORNI A. Ant system: optimization by a colony of cooperation agents[J]. IEEE Transactions on Systems, Man, and Cybernetics,1996, Part B, 26(1): 29-41.

[335] DORIGO M, GAMBARDELLA L M. Ant colony system: a coopera-

tive learning approach to the traveling salesman problem[J]. IEEE Transaction on Evolutionary Computation, 1997, I(1): 53-66.

[336] DORIGO M, STUTZLE T. Ant colony optimization [M]. MIT Press, 2004.

[337] GAMBARDELLA L M, DORIGO M. Ant-Q: a reinforcement learning approach to the traveling salesman problem[C]. Proceedings the 12th International Conference on Machine Learning, Palo Alto, CA. Morgan Kaufmann, 1995:252-266.

[338] Gambardella L M, Dorigo M. Solving symmetric and asymmetric TSP by ant colonies[C]. Proceedings of the 1996 IEEE International Conference on Evolutionary Computation. IEEE Press, 1996:622-627.

[339] GAMBARDELLA L M, DORIGO M. HAS-sop: a hybrid ant system for the sequential ordering problem[R]. Technical Report IDSIA 11-97, IDSIA, Lugano, Switzerland,1997.

[340] MCCULLEN R. An ant colony optimization approach to addressing a JIT sequencing problem with multiple objectives[J]. Artificial Intelligence in Engineering,1998, 15(3): 308-317.

[341] STUTZLE J, HOOS H. MAX-MIN ant system and local search for the traveling salesman problem [C]. Proceedings of IEEE International Conference on Evolutionary Computation. IEEE Press,1997: 309-314.

[342] MANIEZZO V, COLORNI A. The ant system applied to the suadratic assignment problem[J]. IEEE Transaction on Data Engineering, 1999, 11(5): 769-778.

[343] BONABEAU E, DORIGO M, THERAULAZ G. Swarm intelligence: from natural to artificial systems [D]. New York: Oxford University,1999.

后记

本书，作者笔耕两年，终于完稿了。笔耕中，积累了一些感言，想与读者谈谈。

本书是专为在人工智能领域工作的青年学者而写的。当前，人工智能已成为人类有史以来最具革命性的技术之一，它对人类文明和社会发展的影响将越来越广泛和深远。我国在“十四五”规划和 2035 年远景目标中已将人工智能列为前沿科技领域的“最高优先级”。在此领域工作的我国广大青年学者要勇敢地肩负起国家赋予的重任，志存高远，脚踏实地，攻坚克难，努力创新，将中国的人工智能科学技术推向世界的最高峰。

希腊哲学家柏拉图在两千多年前曾说过：“数学是一切知识中的最高形式。”马克思也说过：“一种科学只有在成功地运用数学时，才算达到了真正完善的地步。”人工智能科学也不例外。它只有奠基在数学的基础上，才能达到“真正完善的地步”。但是由于人的思维逻辑不是二值逻辑，模拟人类智能的人工智能当然不能奠基于以二值逻辑为基础的经典数学上，它必须奠基于一种以非二值逻辑（或称为“智能逻辑”）为基础的数学（或称为“智能数学”）上。遗憾的是，这样的逻辑和数学至今还未出现。实现人工智能的唯一工具是计算机，而现今的计算机应用的逻辑仍然是二值逻辑。40 多年前，日本东京大学教授元冈达就提出要研制一种能模拟人思维的“智能计算机”，后来全世界许多科学家都想这样做，但至今都未能成功。在人类智能本质不清楚，“智能逻辑”“智能数学”未形成，计算机基本智能逻辑元件没有制成的背景下，智能计算机是不可能实现的。怎么办？许多有远见的科学家认为当前根本不可能制造出可以代替人脑的智能计算机，电脑不可能代替人脑，人脑也不可能代替电脑（电脑是不知疲倦的）。最好的选择是：发展人机共生（人机交互）的智能系统。这方面的研究工作现在刚刚开始，它将是未来重点研究的领域。

为配合我国人工智能领域工作的青年学者更好地开展创新研究工作，本书特在第 1～3 章介绍了智能系统、智能数学、人工智能发展简史、智能计算机、三次数学危机及其启示和数理逻辑及集合论。请读者注意:这三章的内容比后六章的具体算法更重要。

希望读者认真领悟全书中深远的创新思想,学习并发展前人丰富的算法知识,勇于实践,攻坚克难,在自己的研究工作中,做出振兴中华的伟大成绩。

朱剑英

2022 年 1 月 3 日

国家出版基金项目
NATIONAL PUBLICATION FOUNDATION

国家出版基金资助项目
“十三五”国家重点图书出版规划项目
智能制造与机器人理论及技术研究丛书
总主编　丁汉　孙容磊

物联制造技术

孙树栋　张映锋◎著

WULIAN ZHIZAO JISHU

華中科技大學出版社
http://www.hustp.com
中国·武汉

内 容 简 介

物联制造技术是先进制造技术与现代信息技术有机融合的产物，是现代制造企业追求的一种新型制造模式和信息服务模式。它是增强企业自主创新能力、提升企业经营管理和服务水平的重要途径。它促进了制造企业由生产型制造向服务型制造转变，为企业抢占产业价值链高端提供了重要的技术支撑。本书通过系统梳理物联制造技术所涵盖的内容，在对其技术体系进行全面分析的基础上，重点介绍了物联制造的定义、架构、核心技术与应用等内容，形成了理论和实践、技术和工具、研究和应用相结合的物联制造技术知识体系。

本书适合于高等学校工业工程、机械制造及其自动化、电子、通信、计算机、自动控制等专业的教师与学生参考，也可作为制造企业及相关行业科研和管理人员的参考书。

图书在版编目(CIP)数据

物联制造技术/孙树栋，张映锋著. —武汉：华中科技大学出版社，2019.11
(智能制造与机器人理论及技术研究丛书)
ISBN 978-7-5680-5786-8

Ⅰ.①物… Ⅱ.①孙… ②张… Ⅲ.①互联网络-应用-研究 ② 智能技术-应用-研究 ③ 智能制造系统-研究 Ⅳ.①TP393.4 ②TP18 ③TH166

中国版本图书馆 CIP 数据核字(2019)第 227711 号

物联制造技术 孙树栋 张映锋 著
Wulian Zhizao Jishu

策划编辑：俞道凯
责任编辑：程 青
封面设计：原色设计
责任监印：周治超
出版发行：华中科技大学出版社(中国·武汉) 电话：(027)81321913
武汉市东湖新技术开发区华工科技园 邮编：430223
录 排：武汉三月禾文化传播有限公司
印 刷：湖北新华印务有限公司
开 本：710mm×1000mm 1/16
印 张：15.75
字 数：260 千字
版 次：2019 年 11 月第 1 版第 1 次印刷
定 价：128.00 元

智能制造与机器人理论及技术研究丛书

作者简介

孙树栋　西北工业大学机电学院教授，博士生导师。主要研究领域包括制造系统优化控制、仿生优化算法、多机器人协调控制等。撰写专著、主编教材9部，发表学术论文300余篇，其中150余篇被SCI、EI收录。研究成果获国家科学技术进步奖二等奖1项、省部级科学技术进步奖8项。曾获教育部优秀青年教师奖，获陕西省“三秦学者”、高等学校教学名师等称号，入选陕西省“新世纪三五人才工程”。

张映锋　西北工业大学机电学院教授，博士生导师。主要研究领域包括智能制造系统、信息物理系统、工业大数据等。出版英文学术专著1部，中文学术专著与教材3部，发表SCI论文80余篇，多次入选由爱思唯尔(Elsevier)发布的“中国高被引学者”（工业和制造工程领域）。获国家自然科学奖一等奖1项，授权发明专利10余项，担任2个国际期刊副主编。曾获教育部新世纪优秀人才和陕西省青年科技新星称号。

总序

近年来，“智能制造＋共融机器人”特别引人瞩目，呈现出“万物感知、万物互联、万物智能”的时代特征。智能制造与共融机器人产业将成为优先发展的战略性新兴产业，也是中国制造2049创新驱动发展的巨大引擎。值得注意的是，智能汽车与无人机、水下机器人等一起所形成的规模宏大的共融机器人产业，将是今后30年各国争夺的战略高地，并将对世界经济发展、社会进步、战争形态产生重大影响。与之相关的制造科学和机器人学属于综合性学科，是联系和涵盖物质科学、信息科学、生命科学的大科学。与其他工程科学、技术科学一样，它也是将认识世界和改造世界融合为一体的大科学。20世纪中叶，*Cybernetics* 与 *Engineering Cybernetics* 等专著的发表开创了工程科学的新纪元。21世纪以来，制造科学、机器人学和人工智能等领域异常活跃，影响深远，是“智能制造＋共融机器人”原始创新的源泉。

华中科技大学出版社紧跟时代潮流，瞄准智能制造和机器人的科技前沿，组织策划了本套“智能制造与机器人理论及技术研究丛书”。丛书涉及的内容十分广泛。热烈欢迎专家、教授从不同的视野、不同的角度、不同的领域著书立说。选题要点包括但不限于：智能制造的各个环节，如研究、开发、设计、加工、成形和装配等；智能制造的各个学科领域，如智能控制、智能感知、智能装备、智能系统、智能物流和智能自动化等；各类机器人，如工业机器人、服务机器人、极端机器人、海陆空机器人、仿生/类生/拟人机器人、软体机器人和微纳机器人等的发展和应用；与机器人学有关的机构学与力学、机动性与操作性、运动规划与运动控制、智能驾驶与智能网联、人机交互与人机共融等；人工智能、认知科学、大数据、云制造、物联网和互联网等。

本套丛书将成为有关领域专家、学者学术交流与合作的平台，青年科学家茁壮成长的园地，科学家展示研究成果的国际舞台。华中科技大学出版社将与施普林格(Springer)出版集团等国际学术出版机构一起,针对本套丛书进行全球联合出版发行,同时该社也与有关国际学术会议、国际学术期刊建立了密切联系,为提升本套丛书的学术水平和实用价值,扩大丛书的国际影响营造了良好的学术生态环境。

近年来,高校师生、各领域专家和科技工作者等各界人士对智能制造和机器人的热情与日俱增。这套丛书将成为有关领域专家学者、高校师生与工程技术人员之间的纽带,增强作者与读者之间的联系,加快发现知识、传授知识、增长知识和更新知识的进程,为经济建设、社会进步、科技发展做出贡献。

最后,衷心感谢为本套丛书做出贡献的作者和读者,感谢他们为创新驱动发展增添正能量、聚集正能量、发挥正能量。感谢华中科技大学出版社相关人员在组织、策划过程中的辛勤劳动。

华中科技大学教授
中国科学院院士
熊有伦
2017 年 9 月

前言

以工业 4.0(Industry 4.0)和信息物理系统(cyber-physical system,CPS)为代表的新一代制造模式与技术正席卷全球,任何国家的制造企业都不可能在这一浪潮中置身事外。被动卷入或主动参与这一伟大的时代变革,决定了企业未来在全球行业中的地位与角色。

我国政府主动应对全球制造业发展趋势,适时提出了“中国制造 2025”发展规划,这是我国政府应对制造技术与信息技术深度融合、促进我国由制造大国向制造强国迈进而勾画的战略蓝图,也是我国制造业发展的必然选择。

物联制造技术是先进制造技术与现代信息技术有机融合的产物,是现代制造企业追求的一种新型制造模式和信息服务模式。它是增强企业自主创新能力、提升企业经营管理和服务水平的重要途径。它促进了制造企业由生产型制造向服务型制造转变,为企业抢占产业价值链高端、满足个性化生产需求提供了重要的技术保障与支撑。它能够增加产品附加值,加速企业转型升级,降低生产成本,减少能源消耗,推动制造企业向全球化、信息化、服务化、绿色化、智能化方向快速发展。

本书在全面梳理物联制造技术所涵盖内容的基础上确定了体系及架构,全书共分 8 章。第 1 章对物联制造的基本概念、内涵及技术特征进行了介绍;第 2 章重点从制造资源智能化、多元信息主动感知与增值、过程动态优化、质量信息监控与全程追溯等方面梳理了物联制造技术体系;第 3 章介绍了物品编码、物品自动识别、制造过程信息采集技术等内容;第 4 章从制造系统常用传感器入手,对智能传感器及其组成的智能传感网进行了详细阐述;第 5 章从制造资源模型及其分布式应用两个方面，论述了制造资源智能化技术；第 6 章从多单元协同运作机制、协同调度模型、协同调度算法等方面，详细论述了制造单元分布式协同调度解决方案；第 7 章结合制造过程质量数据特点，对混合流形学习与支持向量机算法、降维决策分析算法、制造过程质量分析与改进算法进行了系统阐述；第 8 章结合航空优良制造中心，对智能制造单元以及由此组成的智能工厂进行了论述。作者希望通过上述努力，力争形成理论与实践、学术与技术、研究与应用融合的物联制造知识体系。

本书基于作者近年来承担并完成的国家自然科学基金项目（51675441，51475383，51175435，51075337，50805116）、863 计划项目（2007AA04Z187，2003AA411110，2001AA412150）等的研究成果，同时借鉴了国内外同行在相关领域的最新研究成果撰写而成，其中第 1、2、5 三章由张映锋教授撰写，孙树栋教授对全书的体系架构进行了规划，撰写了其余章节，并完成全书统稿工作。

本书适合于高等学校工业工程、机械制造及其自动化、电子、通信、计算机、自动控制等专业的教师与学生参考，也可作为制造企业及相关行业科研和管理人员的参考书。

本书在前期规划及撰写过程中，得到了司书宾教授、王军强教授、杨宏安教授、蔡志强教授的大力帮助，部分内容取材于作者指导且已经毕业的于晓义博士、李海宁博士、王萌博士的博士学位论文，对此表示感谢！

张洁教授认真审阅了本书，并提出了许多建设性意见和建议，对改进、提升本书的质量起到了至关重要的作用，作者对此表示衷心感谢！

本书获邀入选华中科技大学出版社“智能制造与机器人理论及技术研究丛书”，在撰写过程中得到俞道凯等编辑的大力支持，作者表示衷心感谢！

本书涉及的相关理论、方法、技术与应用正处于不断发展与丰富中，尽管相关内容为作者多年来从事智能制造领域的科研和教学工作的总结，但限于作者的认知水平，书中可能还存在许多不足之处，恳请读者不吝赐教，作者在此谨表示衷心的感谢。

孙树栋，张映锋

2018 年 12 月于西安

目录

第 1 章 绪论

1.1 物联制造的概念

1.1.1 物联网的概念

进入 21 世纪以来，以互联网和计算机为代表的信息、技术对生产制造产生了巨大的影响，促进了制造业的转型升级。基于知识和信息的制造已经成为先进制造技术发展的重要方向，出现了无线制造、绿色制造、敏捷制造、网络化制造和云制造等多种新型制造模式。一方面，中国是制造大国，面对现今资源和环境等方面的各种制约，从传统制造走向智能制造是未来制造业发展的必经之路。另一方面，当今制造技术的发展趋势是全球化、个性化和绿色化，这也有力地推动着智能制造等先进制造技术的迅速发展。因此，由新一代信息技术物联网支撑的物联制造应运而生。

物联制造的基础是物联网。关于物联网，1995 年比尔·盖茨在《未来之路》一书中曾经提及，但未引起广泛重视。

1999 年，美国麻省理工学院建立了“自动识别中心”，提出“万物皆可通过网络互联”，阐明了物联网的基本含义。初期的物联网主要是使用射频识别(radio frequency identification，RFID)技术建立的物流网络。

2003 年，美国《技术评论》提出传感网络技术将位列未来改变人们生活与工作的十大技术之首。

2004 年，日本总务省提出了 u-Japan 计划，这个计划力图实现人与人、物与物、人与物之间的连接，并希望将日本建成一个任何人和物体都可以随时随地连接的泛在网络社会。

2005 年,国际电信联盟(International Telecommunication Union,ITU)发布《ITU 互联网报告 2005:物联网》,扩充丰富了物联网的概念。

2006 年,韩国提出了 u-Korea 计划,其目的是建立网络无所不在的社会,在人们生活环境中构建智能型网络和应用各类新技术,让人们能够随意地享受智能科技的服务。2009 年,韩国通信委员会出台了《物联网基础设施构建基本规划》,并将物联网确定为新的经济增长动力,提出到 2012 年实现"通过构建世界最先进的物联网基础设施,打造未来广播通信融合领域超一流信息通信技术强国"的目标。

2009 年,奥巴马就任美国总统后,与美国工商业领袖举行了一次"圆桌会议",IBM 首席执行官彭明盛首次提出"智慧地球"这一概念,建议新政府投资新一代的智慧型基础设施。当年,美国将新能源和物联网列为振兴经济的两大重点。

2009 年 8 月,温家宝总理提出"感知中国",把我国物联网领域的研究和应用开发推向了高潮,无锡市率先建立了"感知中国"研究中心,中国科学院、运营商及多所大学在无锡建立了物联网研究院,无锡市江南大学还建立了全国首家实体物联网工厂学院。自温总理提出"感知中国"以来,物联网被正式列为国家五大新兴战略性产业之一,写入政府工作报告,物联网受到了全社会极大的关注。

中国物联网校企联盟将物联网定义为当下几乎所有技术与计算机、互联网技术的结合,实现物体与物体、环境以及状态信息的实时共享以及智能化的收集、传递、处理、执行。广义而言,当下涉及信息技术的应用,都可以纳入物联网的范畴。

早期物联网仅依托 RFID 技术,按照约定的协议,把物品与互联网连接起来,进行数据和信息的交换。但随着技术和应用的不断发展,物联网的内涵和范围变得越来越广,发生了很大变化,不再局限于 RFID 技术。国际电信联盟在其所发布的报告中,对物联网做了如下定义:通过二维码识读设备、RFID 装置、红外感应器、全球定位系统和激光扫描器等信息传感设备,按约定的协议,把任何物品与互联网相连接,进行信息交换和通信,以实现智能化识别、定位、跟踪、监控和管理的一种网络。根据这个定义,物联网主要解决物品与物品

(thing to thing, T2T)、人与物品(human to thing, H2T)、人与人(human to human, H2H)之间的互联。但是与传统互联网不同的是,H2T是指人利用通用装置与物品之间的连接,从而使得物品连接更加简化,而H2H是指人与人之间不依赖计算机(PC)而进行的互联。因为互联网并没有考虑到任何物品连接的问题,故使用物联网来解决这个传统意义上的问题。简单来说,就是实现"物物相连的互联网"。

1.1.2 物联网的体系架构和关键技术

目前普遍认可的物联网体系架构主要包括:用来感知数据的感知层(底层)、用来传输数据的网络层(中间层)、应用层(最上层),如图1-1所示。

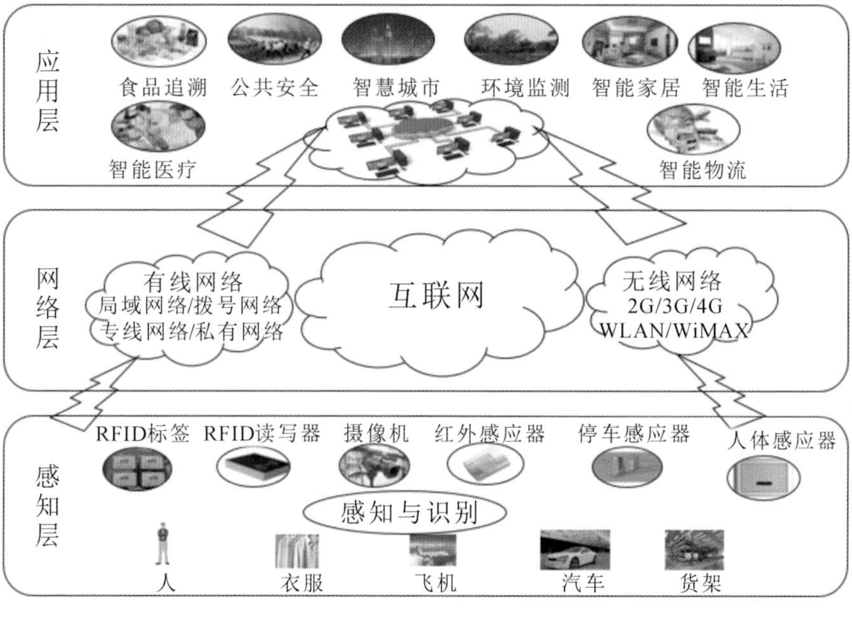

图1-1 三层物联网体系架构

感知层主要完成数据采集、通信和协同信息处理,涉及RFID、传感器、二维码、ZigBee和实时定位等技术。感知层是物联网体系架构的最底层,是构建物联网的基础和前提,也是物联网发展和应用的基础,它能够实现物联网的全面感知。作为物联网的最基本一层,感知层具有十分重要的作用,一般包括数据采集和数据短距离传输两部分。

网络层主要实现更加强大的互联网功能,需要传感器网络与移动通信技术、互联网技术相融合。在物联网中，网络层主要承担着数据传输的功能，要求能够把感知层感知到的数据无障碍、高可靠、高安全地进行传送，它解决的是感知层所获得的数据在一定范围内，尤其是远距离的传输问题。

应用层主要依据从感知层收集的数据，形成与需求计划相适应，并且能够实时更新的动态数据资源库，为各种业务提供所有的信息资源，从而实现物联网在各个行业领域中的广泛应用。应用层对感知和传输来的信息进行分析和处理，做出正确的控制和决策，实现智能化的管理、应用和服务，主要解决的是信息处理和人机界面的问题。

1.1.3 物联网关键技术

物联网的关键技术可以根据感知层、网络层和应用层来划分。

1. 感知层关键技术

感知层的关键技术有传感器技术、物品识别技术（RFID 和二维码技术）以及短距离无线传输技术（ZigBee 和蓝牙技术）等，其中 RFID 技术是核心技术。

传感器的本质是一种检测和转换装置，首先它能感受到被测的信息，其次它能够将感受到的信息，按一定数学或物理规律变换成相应的信号输出，如电信号等，以满足信息的传输、处理、显示、控制、记录和存储等要求。传感器是实现信息自动检测和应用自动控制的基础。

RFID 技术是一种能让物品“开口说话”的技术，是物联网感知层的一个关键技术。在对物联网的构想中，RFID 标签中存储着规范且具有互用性的信息，通过有线或无线的方式把它们自动采集到中央信息系统，实现物品（商品）的识别，进而通过开放式的计算机网络实现信息交换和共享，实现对物品的“透明”管理。

二维码（2-dimensional bar code）技术也是物联网实现感知的关键技术之一。二维码是一种新型的条码技术，以矩阵的形式表达，能够存储的信息容量是一维码的几十倍，并且可以将文字、声音、影像等多媒体信息整合，可靠性高、保密防伪性强，而且成本低、易于制作。从技术原理上看，二维码技术借鉴了计算机内部逻辑运算的“0”和“1”比特流的概念，将各种信息保存在与二进制相对应的几何图形中，并能通过手机等光电扫描设备或各种图像输入设备识读图形后，实现相关信息的自动处理。

ZigBee是一种低数据传输速率技术，传输距离短（介于蓝牙技术和无线标记技术的传输距离之间），它主要应用在小范围传输并且数据传输速率不高的各种电子产品的通信中。同时，ZigBee技术的通信范围较小和速率低的特点也决定了ZigBee技术只适合于进行较小数据流量的业务。ZigBee技术具有低成本、低复杂性和低功耗等特点，网络容量大，可以嵌入较多设备，在物联网中发挥着重要作用。

蓝牙（bluetooth）是一种无线技术标准，可以用来实现固定设备与移动设备之间的短距离数据交换，和ZigBee一样，具有数据传输距离短的特点。除此之外，蓝牙还具有一些独有的特点，如它可以同时进行语音与数据的传输，可以建立临时性的对等连接，接口标准具有开放性等。蓝牙实质是一种电缆代替技术，能够极大地简化设备之间的通信方式，让通信变得更加快速高效，也让无线通信方式变得更加多样化。

2. 网络层关键技术

网络层的关键技术包括Internet、移动通信网和无线传感器网络。

Internet作为物联网主要的传输网络之一，将使物联网无所不在、无处不在地深入社会每个角落。凡是使用TCP/IP协议，并能与Internet中任意主机进行通信的计算机，无论是何类型，采用何种操作系统，均可看成Internet的一部分，可见Internet覆盖范围之广。物联网也被认为是Internet的进一步延伸。

移动通信网由无线接入网、核心网和骨干网三部分组成。无线接入网的主要任务是为移动终端提供接入网络服务，而核心网和骨干网则主要用于传输和交换相互之间的信息。移动通信网为人与人之间的通信、人与网络之间的通信、物与物之间的通信提供服务。当前比较热门的接入技术有4G、5G和Wi-Fi等。

无线传感网（wireless sensor networks，WSNs）是由大量在监测范围内的微型传感器节点所组成的，通过无线通信方式形成的一个多跳自组织网络，是一种分布式网络。无线传感网的三个要素分别是传感器、感知对象和观察者。传感器感知、采集感知对象的相关信息，并将各自采集的数据通过无线网络传输给观察者，用来实现对空间分散范围内的物理或环境状况的协作监控。

3. 应用层关键技术

应用层的关键技术有人工智能（artificial intelligence，AI）、M2M（machine

to machine)、云计算(cloud computing,CC)和数据挖掘(data mining,DM)等。

人工智能是探索研究使各种机器模拟人的某些思维过程和智能行为,如学习、推理、思考、规划等,使人类的智能得以物化与延伸的一门学科。人工智能技术主要研究机器如何能够像人一样进行思考或行动,完成一些只有人类智能才能够胜任的复杂任务。该领域的研究包括机器人、图像识别、语言识别、专家系统和自然语言处理等。

M2M是现阶段物联网普遍的应用形式,是实现物联网的第一步。M2M可以将各种通信类型的技术有机地结合在一起,实现数据在终端之间的相互传送,让机器之间能够进行对话。M2M技术可以实现更透彻的感知和度量,更全面的互联互通与更深入的智能洞察和控制,"网络一切"(network everything)是其核心理念。

云计算是分布式计算(distributed computing)、并行计算(parallel computing)和网格计算(grid computing)的发展,或者说是这些计算机科学概念的商业实现。云计算是将计算分布在大量的分布式计算机上,通过共享基础资源(硬件、平台、软件)的方法,用户可以在多种场合,利用各类终端,通过互联网接入云计算平台来共享资源。企业和用户无须再购置各类设备,可节省一大笔费用,只需要按使用量进行费用支付。同时,云计算具有超大规模、高可靠性、虚拟化和通用性等特点。

数据挖掘是指从大量的、模糊的及随机的实际收集数据中,挖掘出隐藏的、对决策有潜在价值的信息的过程。数据挖掘主要分为描述型数据挖掘和预测型数据挖掘两种。描述型数据挖掘包括聚类、数据总结及关联分析等;预测型数据挖掘包括回归、分类及时间序列分析等。数据挖掘是一门多学科交叉的技术,包括统计学、机器学习、数据库技术和信息科学等。

1.1.4 物联制造的概念

由物联网的定义可知,从某种意义上来说,物联制造就是应用物联网技术使得在制造生产过程中制造资源的信息和数据能够被制造系统实时地感知,从而再根据所需生产计划活动来动态调整、组织和优化制造资源,确保生产过程的高质、高效运行,进一步推动制造向全球化、绿色化、透明化、智能化和个性化的方向发展。

《计算机集成制造系统》期刊在“制造物联与RFID技术”专栏征稿通知中将制造物联定义为：“制造物联是将网络、嵌入式、RFID、传感器等电子信息技术与制造技术相融合，实现对产品制造与服务过程及全生命周期中制造资源与信息资源的动态感知、智能处理与优化控制的一种新型制造模型。”传统制造的发展过程是从机械化、自动化、数字化到最终实现智能化，物联制造就是实现智能化的一种新型制造模式。

北京航空航天大学刘继红教授等提出了利用“信息标识-数据清洗-数据融合-状态评估”四层结构的基于制造物联航天产品研制过程技术状态控制模型。利用RFID、传感器等物联网技术，构建一个面向航天产品研制的制造物联网络，实现对航天研制现场资源的识别、跟踪、监控等，并对采集到的实物数据进行数据清洗、数据融合和对比评估，使其满足技术状态实时可靠性获取和控制的需求，达到提高航天产品研制技术状态管理水平、提升航天总装制造能力、缩短航天产品研制时间、提高航天产品生产质量的目的。

华南理工大学姚锡凡教授等认为IoMT/SM/SF(Internet of manufacturing things/smart manufacturing/smart factory)都是物联网增强的智能制造模式，也是物联网与智能制造技术相融合的产物。它通过泛在的实时感知、全面的互联互通和智能信息处理，实现产品/服务全生命周期的优化管理与控制以及工艺和产品的创新。

西北工业大学张映锋教授等提出的基于物联技术的制造执行系统(manufacturing execution system, MES)是指通过在传统的MES中引入物联网技术，形成各类制造资源物物互联、互感，在此基础上通过采用实时多源制造信息驱动的优化管理技术，实现从生产订单下达至产品完成整个过程的制造执行过程的主动感知、动态优化和生产过程在线监控，并通过多源信息的增值和决策技术实现制造执行过程高效运作的优化管理系统。

科学技术部《“十二五”制造业信息化科技工程规划》指出：制造物联技术基于互联网以及嵌入式系统技术、射频识别(RFID)技术和传感网等，构建现代制造物联网络；以中间件、海量信息融合处理和系统集成技术等为基础，基于物联网络开发服务平台与应用系统，解决产品设计、制造与服务过程中的信息综合感知、可靠传输和智能处理问题，提高产品技术附加值，增强制造与服务过程的管控能力，催生新的现代制造模式。

智能制造领导联盟(Smart Manufacturing Leadership Coalition,SMLC)从工程角度出发,认为智能制造是高级智能系统的深入应用,即在从原材料采购到成品市场交易等各个环节中的广泛应用,为跨企业(公司)和整个供应链的产品、运作和业务系统创建一个知识丰富的环境,以实现新产品的快速制造、产品需求的动态响应及生产制造和供应链网络的实时优化。智能制造也是一种新型的企业运作模式,是网络化信息技术在制造和供应链企业中普适(pervasive)而深入的应用。

另外,与智能制造相关的概念还有智能工厂(smart factory, SF)、U-制造等。德国斯图加特大学的 Dominik Lucke 认为,智能工厂是帮助人和机器执行任务的情景感知工厂,在这种情景感知的制造环境下,利用分布信息和通信技术来处理生产的实时扰动,实现生产过程的优化管理。浙江大学机械工程学院唐任仲教授认为,U-制造是将 U-计算技术引入制造系统,以此开展产品研发、采购、生产、销售、使用、维护和回收等一系列活动所形成的制造模式。

1.2 物联制造的技术特征

从上述各种对物联制造的定义可以看出,物联制造的技术特征如下:

(1) 泛在感知。通过普适计算随时随地获取所需要的信息和服务。

(2) 智能的行动和反应。在一般情况下,通过对信息的分析、推理和预测,结合已有知识和相关情景感知,自行做出判断和决策。

(3) 全面的互联互通。通过互联网和物联网等实现任何物品之间的联通。

(4) 协同性。通过全面的互联互通实现企业内部和企业之间的合作协同。

(5) 自主性。主动采集与制造资源相关的信息,并进行相应的分析和判断,最后做出决策。

(6) 实时性。通过物联网的动态感知对生产异常和问题做出实时调整。

(7) 敏捷性。能够快速响应用户的需求。

(8) 绿色化。对环境的负面影响小,资源使用率高,并能使企业的经济效益和社会效益达到最优。

(9) 自组织性。根据计划任务自行调整系统结构。

(10) 产业边界模糊化。制造与服务相融合。

（11）生产/决策分布化。根据已知的数据、信息和知识等，在正确的时间和地点做出合理的判断或决策。

（12）人及其知识集成。通过物联网把人与物相互连接，能形成互动，并可以改善系统的性能。

（13）安全与预测。通过感知层的实时监控，把握生产状况，保障生产的安全性，并根据历史记录和相关信息对即将发生的问题或异常进行预测，可以防患于未然，减少企业的损失。

1.3 物联制造的内涵

物联制造是物联网增强的智能制造模式，也是物联网与智能制造技术相结合的产物，它主要由三个部分构成：智能产品、智能生产和智能服务。

智能产品是发展智能制造的前提和基础，由三种部件构成，分别为物理部件、智能部件和连接部件。物理部件主要有微处理器、传感器、存储装置和控制软件等；智能部件主要作用是进一步提升物理部件的功能和价值；连接部件主要有接口和各种连接协议等，它主要的作用是让数据和信息可以在产品、系统、企业和用户之间畅通无阻，并且可以让产品的部分价值脱离产品本身，创造更多的价值。

智能产品具有四个方面的功能，分别为监测、控制、优化和自主。监测指智能产品通过内部的传感器和外部数据感应源对自身所处的环境和状态进行全面的监测，如果出现异常情况，产品能够自动向用户或者企业发出警告信息。控制指针对不同的状态和环境在产品内部设置相对应的算法和命令，产品根据这些算法和命令做出反应和调整。优化指对产品的历史记录和实时数据进行分析，并通过相应算法，提高产品的生产效率。自主指将监测、控制和优化相互融合，使产品达到更高的智能化程度。

智能生产指以智能制造系统为核心，通过智能工厂这个载体，使用物联网和设备监控技术，在工厂和企业之间形成互联互通的数据网络，以掌握产品的各个流程，加强对生产过程的控制，实时地采集数据，进而合理安排计划与进度，实现产品生产过程的实时管理和优化。智能生产涵盖了产品的工艺设计、底层智能设备、自动化生产线、制造执行系统和企业管理系统等。

智能服务是一个大的生态系统，是未来行业产业创新集群的集中体现。随着"互联网+"和智能制造的发展,与此相适应的智能服务将迎来新一轮的爆发增长期。它指将传感器采集到的设备数据,由网络上传到企业的数据中心,经系统软件对上传的数据进行分析,判断设备的运行状态和是否需要进行设备维护处理。

发展物联制造的核心是提高企业的生产效率,扩大企业的效益,拓展企业的增值空间。它主要表现在下面几个方面:首先,能够大大缩短新产品的研制周期,通过物联制造,一个产品从理念设计到最终传递到用户手中的时间相较传统制造会大大缩短。通过系统的远程监控和预测性维护,可以减少生产设备的故障时间,提高机器和设备的使用效率,从而获得更大的效益。其次,能让生产制造更加灵巧,通过采用智能化的设备和产品,建立互联互通的网络,上层生产系统能够随时随地获得当前的生产活动状况,并根据相应的计划自主调整制造资源,实现整个系统的最优化生产,开启了大规模批量定制甚至个性化生产的大门。最后,能够创造新价值,通过发展或采用物联制造,企业的中心会由产品转向服务,利用服务在产品整个生命周期中找到价值的突破点。

1.3.1 物联制造执行系统

制造执行系统(MES)是一种新型的生产组织控制模式,是制造技术与信息技术相结合的产物,它与传统的工业制造生产技术相比,具有控制能力强和效率高等诸多优势。

MES由美国先进制造研究机构首先提出,其功能和用途是为生产制造企业的执行层提供信息形式的相关辅助服务。美国先进制造研究机构给出的MES的定义是:"位于上层的计划管理层(ERP系统)与底层的工业控制层(FCS)之间的面向车间层的管理信息系统。"它明确了MES的作用是填补计划管理层和底部控制层之间的空缺,如图1-2所示,并表明了MES的本质就是一个信息管理系统。

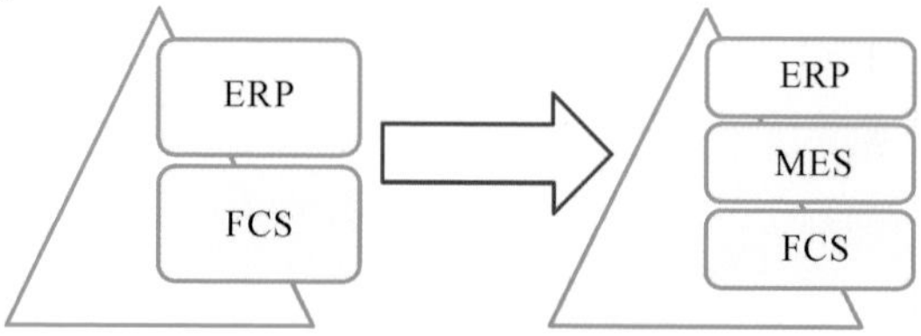

图1-2 MES的作用

MES 被提出之后很快受到行业相关研究者的广泛重视。制造执行系统协会(Manufacturing Execution System Association,MESA)给出的 MES 的定义是:“MES 能通过信息传递,对从订单下达到产品完成的整个生产过程进行优化管理。当工厂里面有实时事件发生时,MES 能及时做出反应、报告,并用当前的准确数据对它们进行指导和处理。这种对状态变化的迅速响应使得 MES 能够减少企业内部没有附加值的活动,有效地指导工厂的生产运作过程,从而保证既能提高工厂的及时交货能力,改善物料的流通性能,又能提高生产回报率。MES 还通过双向的直接通信在企业内部和整个产品供应链中提供有关产品行为的关键任务信息。”这个定义从多个角度阐述了 MES 的含义,包括物料管理、信息传输、生产任务和数据处理等。

MESA 给出的定义重点突出了下面三点:

(1) MES 涵盖了生产车间产品制造过程的所有环节,并对各个环节进行改善,而不是单单改变某一个环节。

(2) MES 实现的前提和基础是数据采集能力,同时还要保证数据的实时可靠性。

(3) MES 的通信功能是必不可少的,在计划管理层和底部控制层之间对数据信息的交换提供网络支持,才能对各层的信息进行整合。

MES 可以为全部接触管理和操作的工作人员展示需求、计划、执行等不同层次的实时动态。其定义一方面可以理解为构建面向生产车间的数据信息网络,实现对生产车间的全部资源(包括工作人员和物品)进行实时的追踪记录,并能够快速地分析和处理相关信息;另一方面,实现从顶部控制层到底部生产车间控制层的信息集成,让生产调度和资源管理等达到最优化水平,旨在让企业实时处于最佳状态,并能对问题和异常做出快速反应。

1.3.2 MES 与各层之间的关系

MES 是生产制造信息管理系统,是企业计划管理层(ERP 系统)和底层工业控制层(FCS)的衔接层,各层关系如图 1-3 所示。它主要针对 ERP 计划到底层控制的实现过程及生产现场信息实时记录和分析的实现条件,解决传统企业信息化管理中的断层。但是 MES 不能对设备生产动作进行具体的控制,这是由车间底层控制系统完成的。

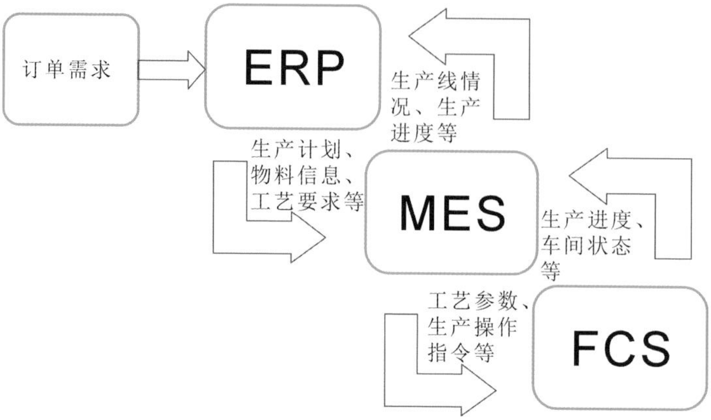

图 1-3　MES 与各层关系

现在,ERP 技术在静态的企业资源计划管理等方面已经比较成熟,为企业实现信息化管理带来了很多好处,但面对动态的生产车间时,就有些不足。在 ERP 系统中,实现面向生产车间的计划功能主要依靠物料需求计划(material requirement planning,MRP),通过对未来产品市场的预测或者对订单需求的分析,经一系列算法,得到生产计划的数据和采购的参考值,依据其做出相应的车间执行动作,达到对生产进行开环控制的效果。

但是因为得不到及时的反馈,ERP 系统根据车间状态做出反应的响应时间比较慢。而且,应用场合不同,ERP 系统的实施粒度就不同,工作中心也不确定。一般将一组设备资源看作 ERP 系统的工作中心,因为对生产成本来说设备的消耗是一个很大的部分,同时也是反馈信息的基本单元。在收集生产车间加工数据时,ERP 系统基本靠手工录入,不仅效率低、可靠性差,而且会有时间上的滞后。

MES 是面向车间制造的专业化信息管理系统,它基于实时的信息反馈,计划调度功能更加强大,调度更迅速,也更加详细有效,补足了 ERP 这方面的不足。

MES 建立的基础是车间的设备控制系统,其强大的功能提高了设备控制系统的水平。MES 从通信网络、监测以及智能逻辑等常规工作现场模式的角度强化了控制系统的性能,为之后的智能化提供了先决条件。

1.3.3 MES的功能

目前，对MES的研究越来越深入，MES的功能也越来越完善。1993年，美国先进制造研究机构根据三层结构的特点提出了MES的一个集成模型，其主要功能由过程监督/数据分析、状态管理和操作任务编排等组成。1997年，制造执行系统协会（MESA）进一步归纳出MES的十一个功能，相应的集成模型如图1-4所示。该模型将MES描述为一个可以与其他信息系统相互联系与沟通的信息体，即可以根据不同的应用场合或需求在功能上与其他信息系统相互合作。这十一个功能理应可以组成很多的MES应用，根据不同的重点，可以概括出物料、设备和人力等不同方向。

图1-4 MES的集成模型

1）资源分配及状态管理（resource allocation and status）

对设备、原料、工具、人员以及其他生产实体，例如加工前需要准备的工艺参数文件和数控机床加工程序等文档资料进行管理，保证生产活动的正常进行。它还需要提供相应资源使用情况的历史记录，保证设备可以正确安装和运转，并记录实时的情况。同时，对这些资源的管理还应包括为满足生产安排计划目标对其所做的调度。

2）操作/详细排产（operations/detail scheduling）

在某一具体生产操作中，根据相对应的优先顺序（priorities）、性质（attributes）、特性（characteristics）等，提供作业排程功能。例如，当根据形状和其他特征对颜色顺序进行合理排序时，可最大限度减少生产过程中的准备时间。主要通过识别重复性、代替性或并行性的操作来精确计算设备换料时间，并根据变化做出相应调整。

3）生产单元分配(dispatching production units)

以作业、订单、批量和工作单等形式管理生产单元间工作的流动，分配信息用于作业顺序的制定以及车间有事件发生时的实时变更。生产单元分配功能具有变更车间已制定的生产计划的能力，对返修品和废品进行处理，用缓冲区管理的方法控制任意位置的在制品数量。

4）过程管理(process management)

监控生产过程、自动纠错或向用户提供决策支持以纠正和改进制造过程活动。这些活动具有内操作性，主要集中在被监控的机器和设备上，同时具有互操作性，跟踪从一项到另外一项作业的流程。过程管理还包括让车间人员知道允许的计划变更情况，并且通过数据采集接口让智能设备和MES交换数据。

5）人力资源管理(labor management)

提供及时更新的内部人员状态，作为作业成本核算的基础。包括出勤报告、人员的认证跟踪以及追踪人员的辅助业务能力，如设备操作人员、物料库或工具库工作人员上岗情况。劳务管理与资源分配功能相互作用，共同确定最佳分配。

6）维修管理(maintenance management)

跟踪和指导作业活动，维护设备和工具以确保它们能正常运转并安排进行定期检修，以及对突发问题进行即刻响应或报警。它还能保留以往的维护管理历史记录和问题，帮助进行问题诊断。

7）质量管理(quality management)

对生产制造过程中获得的测量值进行实时分析，以保证产品质量得到良好控制，质量问题得到确切关注。该功能还可针对质量问题推荐相关纠正措施，包括对症状、行为和结果进行关联以确定问题原因。质量管理还包括统计过程控制(statistics process control，SPC)的应用、线下检修操作和分析管理等。

8）文档控制(document control)

管理和分发与产品、工艺过程、设计等有关的信息，包括工作命令、设计图纸、标准工艺过程的记录和表格等，并能够根据生产需求编辑相关信息。它将各种指令下达给操作层，包括向操作者提供操作数据或向设备控制层提供指令。此外，它还包括对环境、健康和安全制度信息，以及标准信息的管理与完整性维护，例如纠正措施控制程序。当然，它还有存储历史信息的功能。

9）生产跟踪及历史（product tracking and genealogy）

提供工件在任一时刻的位置和状态信息。其状态信息包括进行该工作的人员信息，按供应商划分的组成物料、产品批号、序列号、当前生产情况、警告、返工或与产品相关的其他异常信息。在线跟踪功能也可创建一个历史记录，使得零件和每个末端产品的使用具有追溯性。

10）性能分析（performance analysis）

提供及时更新的实际生产运行性能结果的报告信息，对过去记录和预想结果进行比较。运行性能结果包括资源利用率、资源可获取性、产品生产周期、与排程表的一致性、与标准的一致性等指标的测量值。性能分析包含 SPC 等，该功能从度量操作参数的不同功能提取信息，当前性能的评估结果以报告或在线公布的形式呈现。

11）数据采集（data collection/acquisition）

通过数据采集接口，获取生产单元的记录和表格上填写的各种作业生产数据和参数。这些数据既可以从车间以手工方式录入，也能够自动从设备上获取并实时更新。

综上所述，MES 可以帮助强化过程管理和控制，达到精细化管理的目的；提高生产数据统计分析的及时性、准确性，避免人为干扰，促使企业管理标准化；加强各生产部门的协同业务能力，提高工作效率，降低生产成本。

与已有的 MES 相比，基于物联技术的 MES 的核心目标是通过更精确的过程状态跟踪和更完整的实时数据来获取更丰富的信息，并在科学的决策支持下对生产现场进行更科学的管理。它通过分布在物理制造资源中的物联技术，基于多源信息的融合及复杂信息处理与快速决策技术，主动发现异常，采用实时多源制造数据对生产过程进行全方位的监控与优化。制造资源的物物互联与互感、生产过程的主动感知与监控、多源信息的透明与增值、执行过程的动态优化，以及管理的智能化等是基于物联技术的 MES 的重要特征。

1.4 物联制造的发展概况

物联制造涉及的内容非常广泛,它不是将物联网简单地应用到制造业中,如前所述,它具有鲜明的特征和深刻的内涵。物联网被预言为继互联网之后全球信息产业的又一次科技与经济浪潮,受到各国政府、企业和学术界的重视,美国、欧盟、日本等甚至将其纳入国家和区域信息化战略。当前,物联制造已成为制造业信息化的前沿课题和研究热点。在我国,"十二五"制造业信息化科技工程规划已将物联制造作为重点攻关课题。在美国,继 IBM 提出的"智慧地球"上升为国家战略之后,奥巴马总统于 2011 年 7 月 24 日宣布实施先进制造联盟计划(Advanced Manufacturing Partnership Plan)。同日,美国智能制造领导联盟(SMLC)发表题为《实现 21 世纪智能制造》(Implementing 21st Century Smart Manufacturing)的报告,制定了智能制造的发展蓝图和行动方案,试图通过采用 21 世纪的数字信息和自动化技术加快对现有工厂的现代化改造过程,以改变以往的制造方式,借此获得经济、效率和竞争力方面的多重效益,除了节省时间和成本外,还可以优化能源使用效率、降低能耗并促进环境的可持续发展。此外,还可以降低工厂维护成本,改善产品、人员和工厂安全,减少库存,提高产品定制能力和产品供货能力。在欧盟特别是德国,提出了智能工厂的概念,旨在利用物联网技术和设备监控技术加强信息管理和服务,掌握产销流程,提高生产过程的可控性,减少生产线上的人工干预,即时准确地采集生产线数据,以及合理地安排生产计划与生产进度,并利用智能技术构建一个高效节能、绿色环保、环境舒适的人性化工厂。随着普适计算在车间的引入,产生了一个由网络化设备构成的动态网络,即面向制造的物联网。从更广泛的意义上来说,可将普适计算(ubiquitous computing, pervasive computing, ambient intelligent 等)统称为 U-计算,将其引入制造系统,就形成了 U-制造。与此概念相关的还有日本提出的 u-Japan 计划以及韩国提出的 u-Korea 计划等。

2010 年,Chand 和 Davis 在著名杂志《时代周刊》上发表题为"What is Smart Manufacturing"的文章,将智能制造目标分为三个阶段:① 工厂和企业范围的集成,通过整合不同车间工厂和企业的数据,实现数据共享,以更好地协调生产的各个环节,提高企业整体效率;② 通过计算机模拟和建模对数据加以处理，生成“制造智能”，使柔性制造、生产优化和更快的产品定制得以实现；③由不断增长的制造智能激发工艺和产品的创新，引起市场变革，改变现有的商业模式和消费者的购物行为。

1.4.1 德国工业 4.0

在德国学术界和产业界的建议和推动下，“工业 4.0”在 2013 年 4 月的汉诺威工业博览会上被正式推出，这一战略的目的主要是使德国在新一轮工业革命中占领先机。这是 2010 年 7 月德国政府《2020 高技术战略》确定的十大未来项目之一，旨在支持工业领域新一代革命性技术的研发与创新。

德国是全球制造业中最具竞争力的国家之一，其装备制造行业全球领先。这是由于德国在创新制造技术方面的研究、开发和生产，以及在复杂工业过程管理方面的高度专业化。德国拥有强大的机械制造实力，在全球信息技术能力方面占据前沿地位，在嵌入式系统的研究和自动化工程的应用领域具有很高的技术水平，这些都表明了德国在全球制造工程领域中的领导地位。德国以其独特的优势开拓新型工业化的潜力，推行工业 4.0。

前三次工业革命源于机械化、电力和信息技术，现在，将物联网和服务应用到制造业正在引发第四次工业革命。工业革命的发展历程如图 1-5 所示。将来，企业将建立全球网络，把它们的机器、存储系统和生产设施融入虚拟网络——信息物理系统(CPS)中。在制造系统中，这些虚拟网络——信息物理系统包括智能机器、存储设备和生产设施，能够相互独立地自动交换数据，并自主进行动作和控制。这有利于从根本上改善包括生产制造、资源利用、物流供应和产品生命周期管理的工业过程。正在兴起的智能工厂采用了一种全新的生产方法。智能产品通过独特的形式能够随时随地地被识别和定位，能记录和察觉它们自己的历史情况和实时状态，并能找到实现其目标状态的候补路线。嵌入式制造系统实现了工厂和企业在业务流程这一环节上的纵向网络连接，实现了在分散的价值网络上的横向连接，并可实现从开始下单直到物流配送的实时管理。此外，它们形成的端到端工程贯穿于整个价值链。

工业 4.0 拥有巨大的潜力。智能工厂使个体顾客的需求得到满足，这意味着即使是生产一次性的产品也能获利。在工业 4.0 中，动态业务和变动的制造过程使得生产在任何时刻都能发生变化，能让供应商可以灵活应对生产过程中

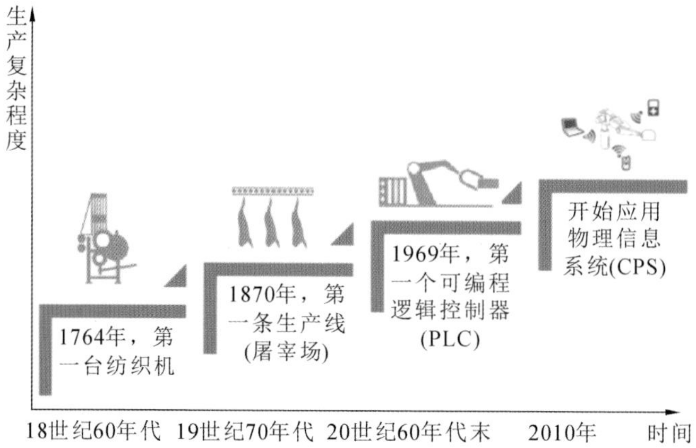

图 1-5　工业革命的发展历程

的诸多干扰与失控。制造过程中提供的端到端的透明度有利于优化决策。工业 4.0 也将带来创造价值的新方式和新的商业模式。特别是，它将为各个新生企业和小型企业提供更多的发展机遇。

此外，工业 4.0 将应对并解决当今世界所面临的一些挑战，如资源和能源利用效率、城市生产和人口结构变化等。工业 4.0 使资源生产率和效率增益不间断地贯穿于整个价值网络，使工作的组织考虑到人口结构变化和社会因素。智能辅助系统将工人从执行例行任务中解放出来，使他们能够专注于创新、增值的活动。鉴于即将发生的技术工人短缺问题，这将允许年长的工人延长其工龄，保持更长的生产力；让工作组织变得更加灵活，工人能更好地平衡他们的工作和生活，进而继续进行更加高效的专业工作，为企业和社会创造更多价值。

在制造工程领域，全球竞争愈演愈烈，德国不是唯一已经认识到要在制造行业引入物联网和服务的国家。再者，不仅亚洲各国大力发展先进制造，对德国工业构成竞争威胁，美国也正在采取行动，通过各种战略来应对去工业化，促进先进制造业的发展。

1.4.2　中国制造 2025

“中国制造 2025”是在新的国际国内环境下，中国政府立足于国际产业变革大势，做出的全面提升中国制造业发展质量和水平的重大战略部署，是实施制造强国战略第一个十年的行动纲领。虽然我国制造业体量比较大，但存在能耗高、产业附加值比较低等问题，并且中国制造的传统竞争优势不断被削弱，企业只有实现技术突破和品牌建设，实现智能化，提高产品质量和定制化程度，才可以向更高端方向发起挑战，获取更高的利润率。《中国制造 2025》提出：加快机械、航空、船舶、汽车、轻工、纺织、食品、电子等行业生产设备的智能化改造，提高精准制造、敏捷制造能力；统筹布局和推动智能交通工具、智能工程机械、服务机器人、智能家电、智能照明电器、可穿戴设备等的产品研发和产业化；发展基于互联网的个性化定制、云制造等新型制造模式，推动形成基于消费需求动态感知的研发、制造和产业组织方式等。

智能制造工程紧密围绕重点制造领域关键环节，开展新一代信息技术与制造装备融合的集成创新和工程应用；支持政产学研用联合攻关，开发智能产品和自主可控的智能装置并实现产业化；依托优势企业，紧扣关键工序智能化、关键岗位机器人替代、生产过程智能优化控制、供应链优化，建设重点领域智能工厂/数字化车间；在基础条件好、需求迫切的重点地区、行业和企业中，分类实施流程制造、离散制造、智能装备和产品、新业态新模式、智能化管理、智能化服务等试点示范及应用推广；建立智能制造标准体系和信息安全保障系统，搭建智能制造网络系统平台，把握好智能生产、智能装备、智能产品和智能服务这几个重要方面。

智能生产是以智能工厂为核心，将人、机、法、料、环连接起来，是多维度融合的过程。智能生产的侧重点在于将人机互动、3D 打印等先进技术应用于整个工业生产过程，并对整个生产流程进行监控、数据采集，便于进行数据分析，从而形成高度灵活、个性化、网络化的产业链。生产流程智能化是实现工业 4.0 的关键。通过先进制造、信息处理、人工智能等技术的集成与融合，形成具有感知、分析、推理、决策、执行、自主学习及维护等自组织、自适应功能的智能生产系统以及网络化、协同化的生产设施。

智能化装备已成为制造业转型升级的基础能力。从个人 3D 打印设备到智能汽车，各种智能产品在最近几年纷纷出现。目前市场上的智能产品主要有智能工业产品、智能交通产品、智能医疗产品、智能终端产品、智能家居产品、智能物流/金融产品、智能电网等。无论多高端的科技，最终都要服务于人类，融入日常生活。真正实用的功能和更低的使用门槛是智能产品的发展方向。

智能服务的体系结构可以分为三层：交互层、传送层、智能层。智能服务系统是信息交互、信息传送、执行反馈相互协作的系统。在智能服务中，信息感应与服务反应是面向一个服务系统的，具备与对象进行信息交互、需求判断等功能的联动系统。

1.5 本章小结

本章主要介绍了物联制造的相关内容。首先介绍了物联网的概念，并介绍了物联网的体系构架和实现的关键技术。物联网与制造业深度融合，由此产生了一种新的制造模式——物联制造。然后介绍了物联制造的概念，指出物联制造的核心就是智能制造，同时介绍了实现物联制造的关键技术等。其次介绍了制造执行系统的相关内容，它是一种全新的信息化生产技术，与传统的工业制造生产技术相比，它具有控制能力强和效率高等诸多优势，填补了计划管理层和底部控制层之间的空缺。最后，结合德国工业 4.0 和中国制造 2025，阐述了智能制造在当前先进制造业中的重要性。

第2章 物联制造体系架构

物联制造旨在通过向制造工厂提供专业化、标准化和高水准的系统平台及解决方案，将信息化从产业链和企业级延伸至生产车间级，直达最底层的生产设备级，从而构建数字化透明工厂，提升制造过程的透明性、敏捷性和自修复性。

本章将在功能方面从多种层次，在实现技术方面从多种视角来描述物联制造系统的体系架构，以期较为全面地概括物联制造系统在功能和实现机制两方面的全貌，从而给出物联制造系统的体系架构。

2.1 物联制造的基本组成

在介绍物联制造的基本组成之前，本节首先分析和讨论典型物联网基本架构及现有的关于物联制造系统架构的研究；然后根据物联制造的目标和技术特征，给出一种基于物联技术的制造执行系统体系构架；在此基础上，介绍物联制造的基本元素及组成。

图 2-1 所示是一个典型的四层物联网基本架构，该架构主要包括感知层、网络层、管理层和应用层。感知层的主要功能是识别物体、采集信息和自动控制，是物联网识别物体、采集信息的来源；网络层由互联网、无线网等组成，负责信息传递、路由和控制；管理层的功能是在高性能计算和海量存储技术的支撑下，将大规模数据高效、可靠地组织起来，为上层行业应用提供智能的支撑平台，包括信息处理、海量数据存储、数据挖掘与人工智能等技术；应用层实现所感知信息的应用服务，主要的应用有智能物流、智能电网、智能交通和智能工厂等。

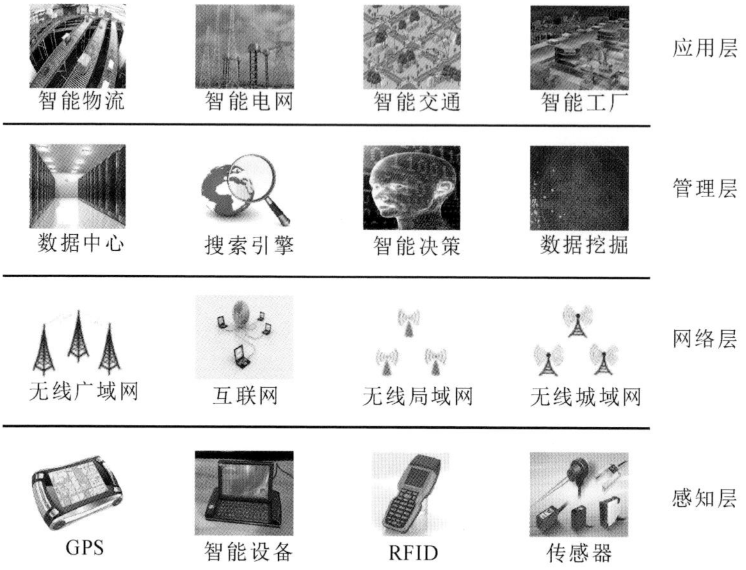

图 2-1　物联网基本架构

近年来，国内外学者在物联网基本架构的基础上，对物联制造体系结构进行了广泛、深入的研究，提出了多种具有不同形式的体系架构。

华南理工大学姚锡凡教授等通过分析现有制造模式，论述了物联制造的特征，探讨了物联制造体系结构和关键技术，并讨论了物联制造、智能制造及云制造之间的关系。

中国海洋大学丁香乾教授等基于物联制造的目标和技术特征，提出物联制造技术构架主要分为工厂（车间）级技术架构、企业级技术架构和产业链（企业间）级技术架构三部分。工厂（车间）级物联制造技术架构主要是针对现场的制造资源和产品信息数据的采集和协同应用要求而构建的。企业级物联制造技术架构主要是针对企业内部整个制造过程信息数据的采集和协同应用，为了满足产品全生命周期过程对设计、加工、配送、服务和再制造等多个环节的数据协同性要求而构建的。而产业链（企业间）级物联制造技术架构主要是针对整个产业链多企业间制造过程信息数据的采集和协同应用，为了满足多企业之间制造资源和能力的虚拟化和服务化而构建的。

西北工业大学张映锋教授等提出了一种基于物联技术的制造执行系统体系架构。该体系架构主要由物物互感、对象感知、信息整合、应用服务和数据服务中心五部分构成。

李伯虎院士等为了解决大规模的协同制造问题，分析了目前应用服务提供商和制造网格等网络化制造模式存在的问题，并阐述了高性能计算、云服务和物联网的概念及相互关系。结合物联网体系架构，提出了面向服务的物联制造新模式——云制造的体系结构。

北京航空航天大学陶飞教授等提出了一种基于云计算和物联网的云制造服务系统架构(CCIoT-CMfg)，并分析了云制造、物联网和云计算之间的关系，构建了实现该架构的关键技术体系，认为在该体系架构下，制造资源的全面共享、动态分配和智能匹配等可以实现。

北京航空航天大学刘继红教授等针对航空产品生产的特点和要求，基于物联网技术，提出了一个航空产品生产车间物联制造综合管理架构。在该架构下，航空产品生产过程的物理信息可以被自动地识别和获取。基于这些多源异构信息，可以实现生产车间和实时技术状态综合监测评估，最终达到提高管理水平、提升制造能力、缩短开发时间、提高产品质量的目的。

上海交通大学张洁教授等针对物联制造环境下车间运行过程中产生的海量、多源、高维、异构制造数据，考虑其动态和不确定特性，提出了一种大数据驱动下“关联＋预测＋调控”的车间运行分析与决策新模式。根据新的决策模式设计了包括车间制造数据预处理方法、车间制造数据时序分析方法、车间制造数据关系网络建模方法、车间运行状态预测方法和车间运行决策方法的物联制造智能车间运行分析与决策体系架构。

重庆大学刘飞教授等以物联制造过程中最核心的制造资源——智能机床为研究对象，分析了目前智能机床技术研究的问题，给出了在物联制造环境下智能机床的技术特征，阐述了智能机床的功能特征以及各功能特征间的相互关系，并最终基于物联网技术和物联制造的技术特征，提出了智能机床的技术体系架构。

针对上述基于四层物联网基本架构所构建的通用物联制造体系架构缺少具体实现方法的问题，一种基于无线射频识别技术的物品电子编码(electronic product code，EPC)系统架构应运产生。如图 2-2 所示，该系统架构由 EPC 标签、EPC 读写器、EPC 中间件、电子物品编码信息系统(electronic product code information system，EPCIS)、物品域名服务(object name service，ONS)以及企业的其他内部系统组成，主要用于制造资源的跟踪和管理。目前，物联网应用多数沿用 EPC 体系架构。但这种广泛应用的 EPC 体系架构并不能满足物联制造的需求，物联制造更强调智能技术在产品全生命周期中的应用和业务的协同，需要根据制造业的特点和应用需求来研究物联网的应用体系架构。

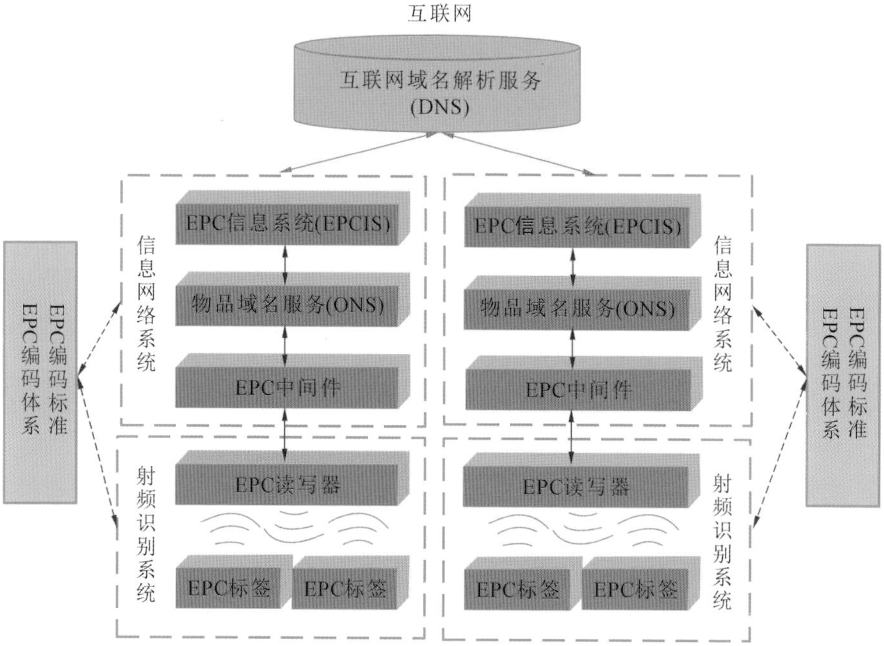

图 2-2　EPC 系统架构

随着信息技术、网络技术、智能计算及先进数据分析方法的不断发展，一些学者对物联制造的概念进行了扩展和延伸，催生了一些新的现代制造模式和概念，如智能制造、智能工厂、无线制造（wireless manufacturing，WM）、U-制造和云制造等。

针对智能制造的实际需求，智能制造联盟制定了实现智能制造的技术路线图，并基于物联网的架构和思想，提出了如图 2-3 所示的智能制造平台架构。

德国斯图加特大学的 Dominik Lucke 指出智能工厂应用系统应该由硬件系统和情景感知的应用软件组成。硬件系统包含嵌入式系统、无线通信技术、自动识别技术和定位技术；应用软件包括联邦平台、情景识别和传感器融合。基于以上分析最终提出了如图 2-4 所示的智能工厂体系架构。

香港大学黄国全教授提出了如图 2-5 所示的基于 RFID 技术的无线制造装

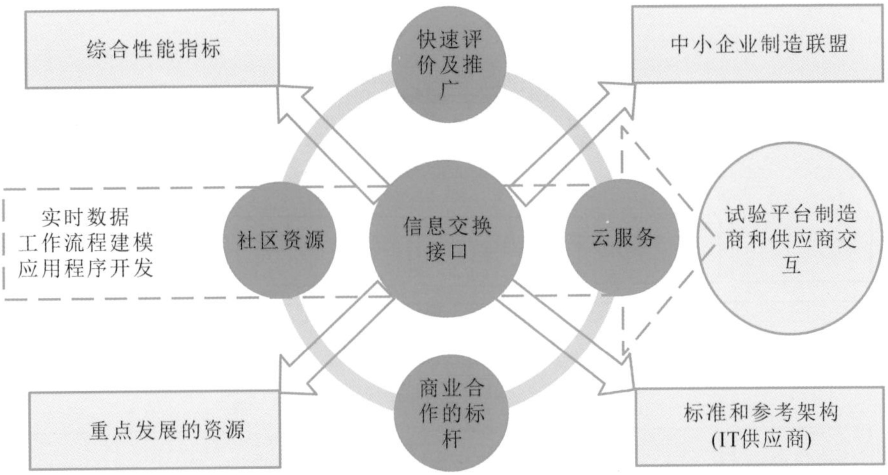

图 2-3　智能制造平台架构

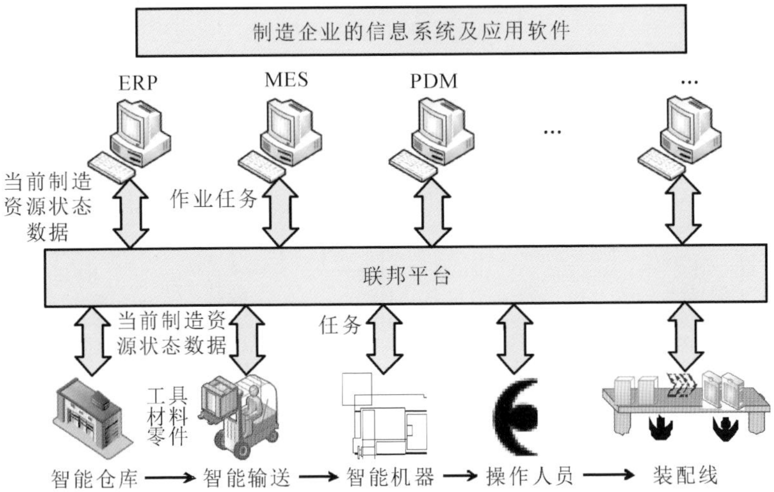

图 2-4　智能工厂体系架构

配车间的体系架构，详细分析和讨论了如何针对不同的制造资源来配置不同的智能设备(如 RFID 标签、读写器)，以构建无线制造环境的问题。在为生产车间的人员、设备和物料等制造资源配备读写器和智能卡等设备的基础上，设计了相应的协同工作流程和应用系统，展示了物联技术在无线制造装配车间中的应用价值。

浙江大学唐任仲教授认为，U-制造是将 U-计算技术引入制造系统，以此开展产品研发、采购、生产、销售、使用、维护和回收等一系列生命周期活动所形成

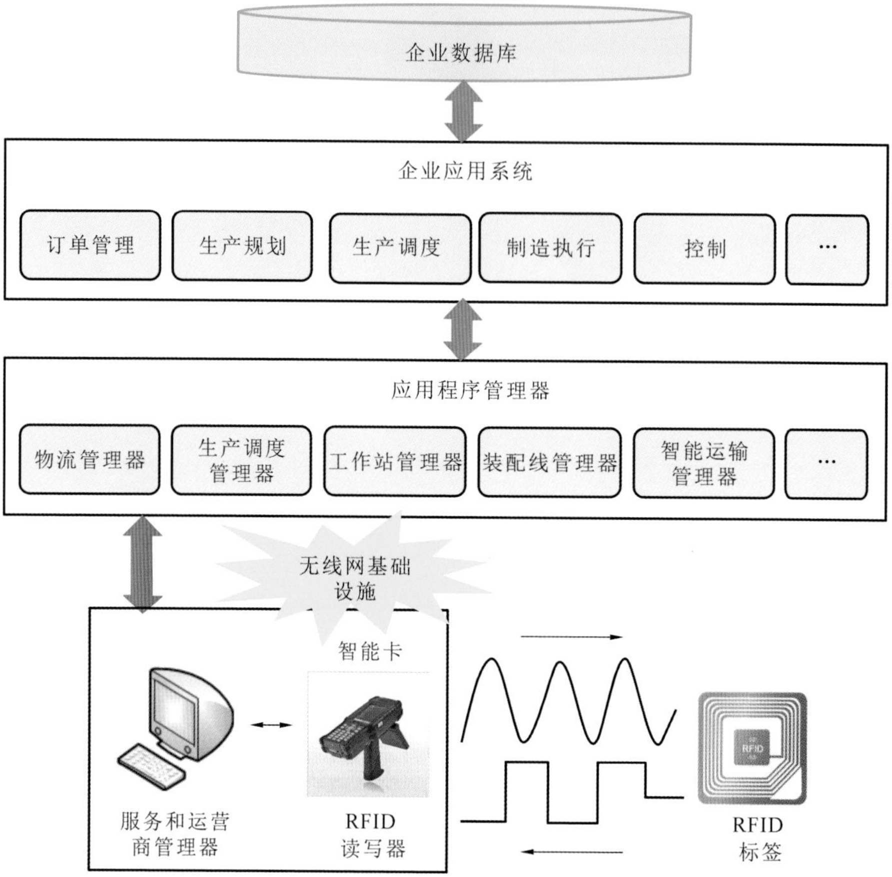

图 2-5　基于 RFID 技术的无线制造装配车间的体系架构

的制造模式，建立了如图 2-6 所示的 U-制造参考体系架构。该体系架构主要包含业务环境层、信息交互层、信息处理层、智能服务层和系统支撑层。

结合网络化制造、云计算和物联网等技术和相关研究成果，云制造被认为是一种利用网络和云制造服务平台，按用户需求组织网上制造资源（制造云），为用户提供各类按需制造服务的一种网络化制造新模式。另外一种概念认为，云制造是在先进计算技术、物联网技术、面向服务的技术和虚拟化技术等先进管理技术的支持下，从现有先进制造模式（如柔性制造、敏捷制造、网络化制造和制造网格等）发展而来的一种面向服务的制造模式。根据此概念，相关学者提出了如图 2-7 所示的基于物联网的云制造资源智能感知体系架构，该架构主要由资源层、感知层、网络层、服务层和应用层组成。

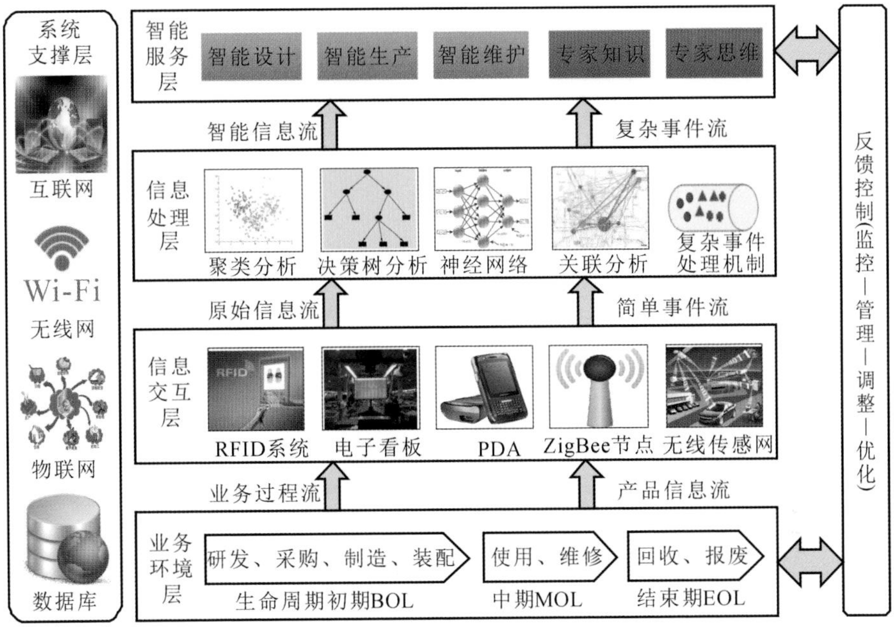

图 2-6　U-制造参考体系架构

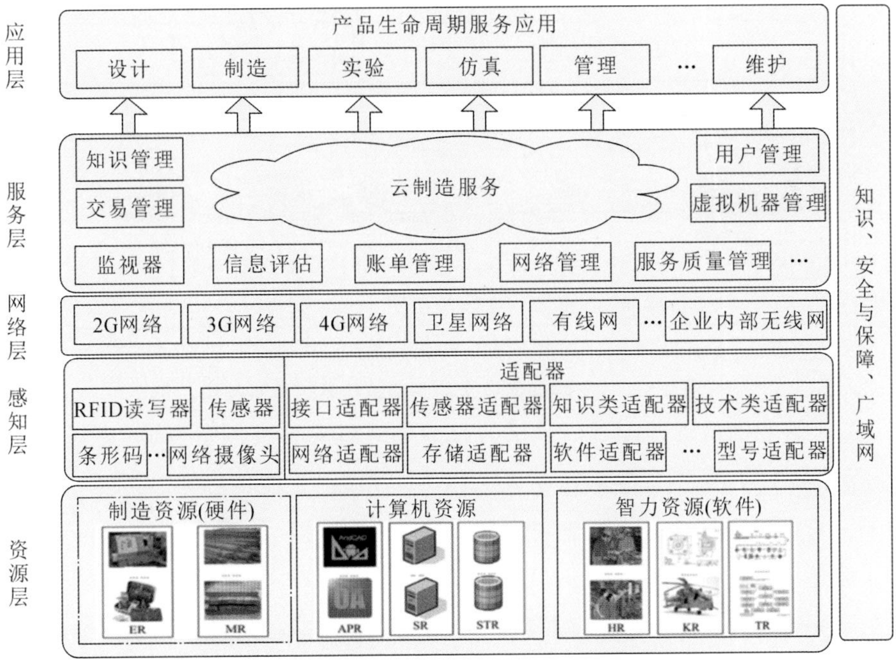

图 2-7　基于物联网的云制造资源智能感知体系架构

为进一步探索和应用物联网技术在制造过程主动感知与动态优化方面的优势，在分析现有关于物联制造系统架构研究的基础上，设计如图 2-8 所示的一种基于物联网技术的制造执行系统体系架构。该体系架构主要由智能制造资源配置、制造过程事件感知与获取、制造过程数据处理与集成、综合应用与服务四部分构成。

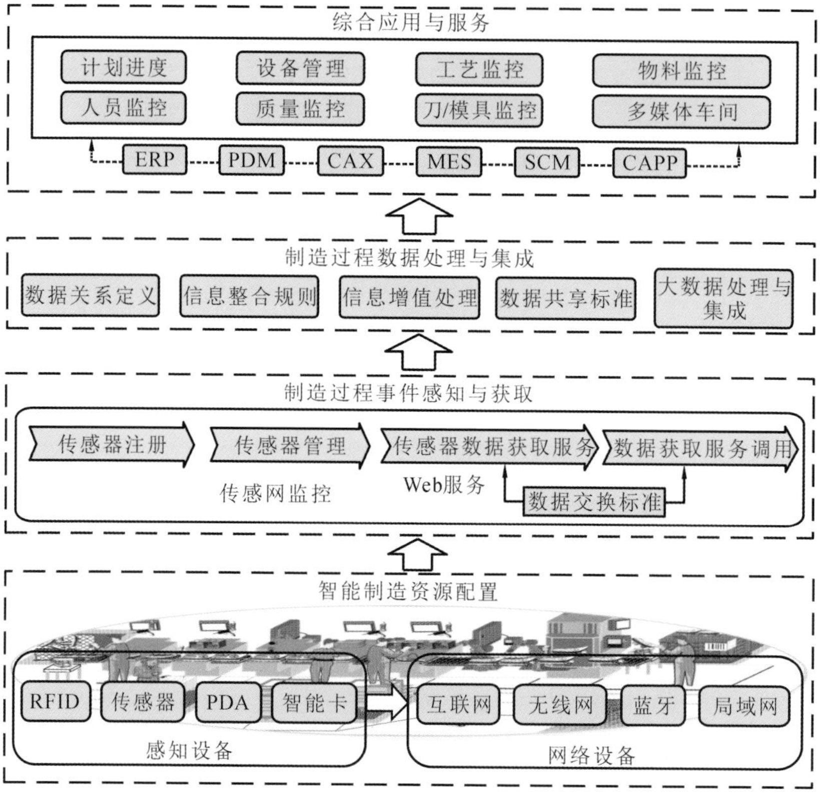

图 2-8　基于物联网技术的制造执行系统体系架构

（1）智能制造资源配置。该层的目的是通过对各类制造资源（如机床、物料、操作员工等）配置智能感知设备（如 RFID 设备、智能传感器、智能卡等），提升制造资源的感知能力。智能制造资源之所以“智能”，是因为在物理的制造资源上配备了自动身份识别（auto-ID）装置，使其具有了“智能”的特征。

（2）制造过程事件感知与获取。在配置了智能制造资源的基础上，生产过程中传感设备实时的原始事件能被主动地感知和获取。制造过程事件感知与获取过程主要由传感器注册、传感器管理、传感器数据获取服务和数据获取服务调用四个模块组成。

(3) 制造过程数据处理与集成。在制造过程中，大量的实时多源制造信息不能直接被上层的企业信息系统所利用，制造数据处理与集成模块主要负责将制造过程数据转化为有意义的制造信息。其中包括数据关系定义、信息整合规则、信息增值处理、数据共享标准和大数据处理与集成技术。

(4) 综合应用与服务。该层主要利用实时的制造过程数据，为制造企业提供重要的实时应用服务，主要包括计划进度、设备管理、工艺监控、物料监控、人员监控、质量监控、刀/模具监控和多媒体车间等八类应用服务。

综合分析以上物联网及物联制造系统的架构，可以得到物联制造的基本元素及组成有以下几方面。

(1) 数据终端。数据终端(如传感器、RFID 设备、信息管理系统等)用来连接生产指挥系统和生产现场，是上下位信息沟通的桥梁和纽带。其功能和可靠性是决定生产执行功能能否实现、系统运行和维护成本高低的关键，影响到物联制造系统能否被生产一线人员所接受，也直接决定了物联制造实施的成败。

(2) 电子看板。建立在物联网基础上的电子看板的数据来源于实时数据库，通过多种播放模式(如滚屏、翻页等)展示大量的车间工作人员需要的信息，将生产动态和异常暴露于现场所有人的眼前，起到信息共享、协作支持、互相监督、快速响应的作用，能够大大改善传统制造车间信息闭塞的状况，显著提升生产效率。

(3) 信息平台。信息平台负责按照预先的设置，将生产异常事件或请求发送给相关责任人员，相关责任人员必须按事先规定的响应时间回应，逾期不回应，此信息将会转发给其上级主管。此方式能将责任落实到人，并实现对生产异常的快速响应，提高时间效率。

(4) 网络服务。网络是物联制造最重要的基础设施之一。网络在物联制造系统中连接数据终端、电子看板和信息平台，具有强大的纽带作用，在物联制造过程中要求网络服务能够高效、稳定、及时、安全地传输上下层的数据。互联网、无线宽带网、无线低速网和移动通信网络是目前物联制造系统中应用较多的网络形式。

2.2 物联制造的技术体系

物联制造涉及信息、计算机、自动化、工业管理、智能决策等多个学科的理论、方法和技术。本节主要从制造资源的智能化及由此形成的实时制造信息驱动的生产过程主动感知和动态优化方面所涉及的基于无线传感网的制造资源智能化技术、制造过程多源信息主动感知与增值技术、制造过程动态优化技术、生产过程质量信息监控和全程追溯技术等四个方面来阐述物联制造的技术体系。

2.2.1 基于无线传感网的制造资源智能化技术

基于无线传感网的制造资源智能化技术是物联制造过程实时信息主动感知的前提和基础，其目标是针对制造过程涉及的多源信息的采集，在传统制造资源中引入多传感器技术，为实现不同制造资源的多源制造信息的实时互感提供技术支持。图 2-9 所示为基于传感网的制造资源智能化技术的体系架构，主要包括传感网优化配置方法和智能制造资源建模两个方面。

1）传感网优化配置方法

底层通信网络是物联制造系统能展开应用的前提和重要保障。如图 2-9 所示，由于制造过程涉及的制造信息存在多源、异构和复杂的特征，如操作员工、在制品、物料等的移动信息和状态信息，工件的加工信息，设备的工况信息等；同时，传统的有线网络解决方案和基于无线 AP(access point)的网络解决方案由于存在受到车间场地限制、制造资源移动性强和通信盲点等问题，并不适用于复杂车间环境中动态制造信息的传输。因此，需选用具有动态自行组网和最大可能的消除盲点特性的异构多跳网络，以实现复杂车间环境中动态制造信息的可靠传输。

2）智能制造资源建模

制造资源具有感知交互能力是物联制造系统的重要特征。如图 2-9 所示，通过为不同制造资源（如人、设备、物料、工具等）配备相应的传感设备，使得制造资源具有一定的逻辑行为能力，能主动感知其周围制造环境的变化，同时也能基于传感网反映该制造资源的实时运行状态和环境变化数据，这种由传统制造资源与先进传感设备相结合而组成的新的制造对象被定义为智能制造资源。借助 Agent 建模思想，智能制造资源能够按照预定义的工作流模型实现自身的事务逻辑以及与其他智能制造资源之间进行交互与协同工作，感知和分析制造环境中的动态变化。

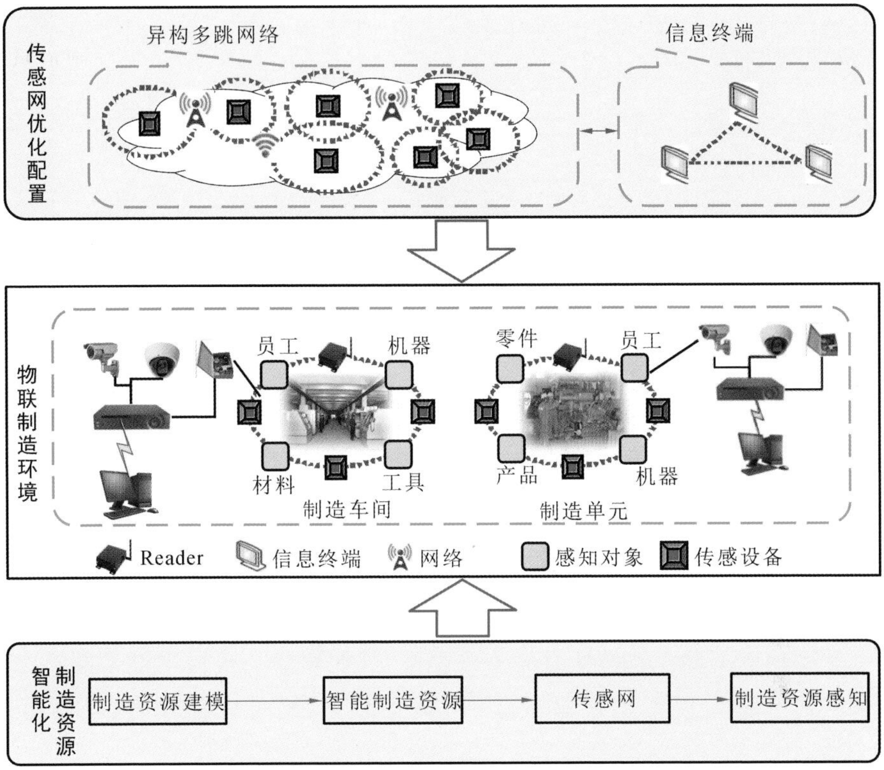

图 2-9　基于传感网的制造资源智能化技术的体系架构

2.2.2　制造过程多源信息主动感知与增值技术

生产过程的多源信息主动感知与增值，是物联制造系统主动获取制造过程动态信息的重要方式，也为物联制造过程的动态优化决策提供了增值信息。图 2-10 所示为物联制造过程多源信息主动感知与增值技术的整体实现架构，主要包括多层次事件数据模型与描述、制造过程主动感知模型和多源制造信息增值技术三个部分。

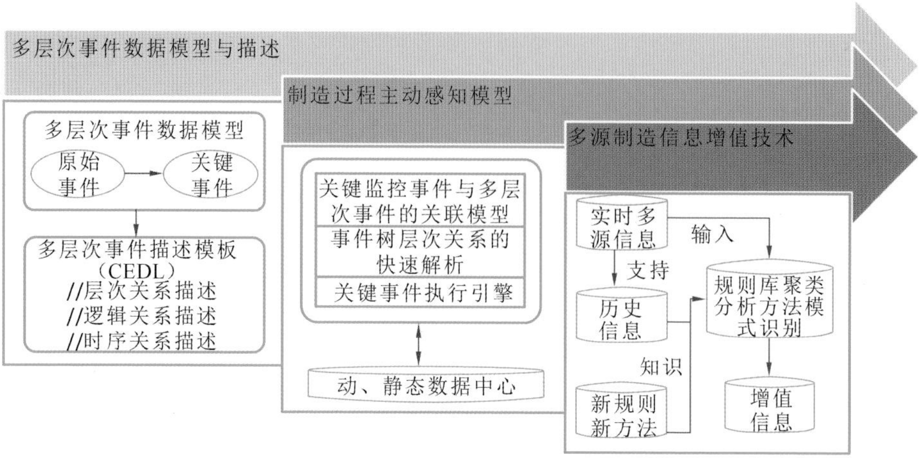

图 2-10　物联制造过程多源信息主动感知与增值技术的整体实现架构

1）多层次事件数据模型与描述

如图 2-10 左侧部分所示，在此架构中设计了面向制造过程的多层次事件体系（原始事件和关键事件）结构。为了更好地描述多层次事件间的时序关系和逻辑关系，建立了一种基于 XML（extensible markup language）的面向关键事件的可扩展事件描述语言 CEDL（critical event description language），对多层次事件的数据模型进行描述。采用操作符对关键事件和原始事件的关系进行描述。主要用到的操作符包括时序关系操作符（如顺序关系）、逻辑关系操作符（如与、或关系）、层次关系操作符（如包含关系）和运算操作符（如数学运算）等。

2）制造过程主动感知模型

如图 2-10 中部所示，制造过程主动感知模型主要是基于事件驱动的方式进行的，每当检测到新事件发生时，通过该原始事件与关键事件的数据模型，获得相应的制造过程现况。其实现过程简述如下：首先，基于多层次事件数据模型和描述模板，面向制造过程的关键监控点（如生产任务执行监控、设备负荷监控、在制品库存监控等）及关键事件，建立多层次事件间的关联模型；进而采用操作符构建关键事件模式树和对应的动态存储结构，建立基于时序关系和逻辑关系的关键事件处理的操作符；最后，应用关键事件执行引擎对关键事件所涉及的各级多层次事件进行遍历、匹配和执行，并结合各类传感设备在制造执行层捕获的实时数据进行操作运算，以获得制造执行过程关键监控点的感知结果。

3）多源制造信息增值技术

如图 2-10 右侧部分所示，多源实时信息的增值主要是基于规则库、组合运算、数据挖掘等方法实现的，面向不同的用户，提供基于实时信息加工后的增值信息。

2.2.3 制造过程动态优化技术

制造执行过程动态优化技术的实现框架如图 2-11 所示，主要包括基于制造过程关键监控点感知的动态优化策略和基于目标层级分析法的制造执行过程动态优化方法。

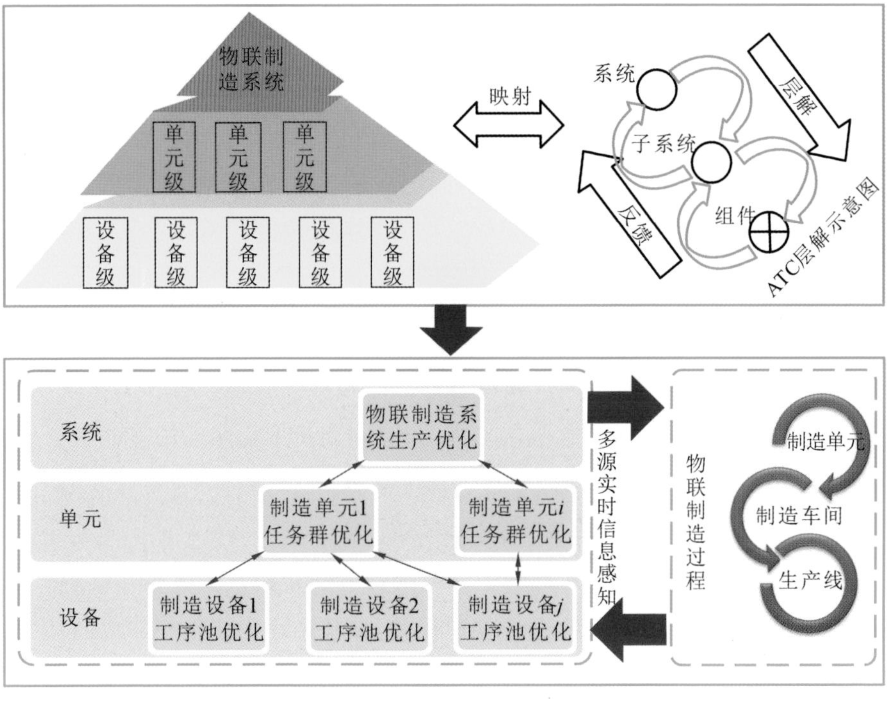

图 2-11 制造执行过程的动态优化技术实现框架

1）基于制造过程关键监控点感知的动态优化策略

为了降低动态优化的求解复杂度、提高求解速度，在动态优化策略层面，根据制造资源的层级结构，设计了如图 2-11 上部所示的动态优化策略。该策略基于制造设备、制造单元和制造系统中对制造任务的不同规划目标，采用层级式决策模型实现对不同资源层级的全局或局部优化。在此模型下，首先根据制造系统的目标按时段向各个单元进行分解，进而各单元按预分配的目标向各个设备分解相应的任务，各设备在任务执行时，基于生产过程感知的实时信息，逐级向上反馈。如果设备端实际加工序列与计划有偏离，首先在设备端进行局部优化，如不能解决，则继续向上反馈，即在该单元内重新调度，直至在制造系统级内进行全局优化。

2）基于目标层级分析法的制造执行过程动态优化方法

基于上述分时段动态优化策略，结合制造执行过程涉及的制造执行系统的层级结构（如制造车间/单元/工作中心/设备），设计了如图 2-11 下部所示的基于目标层级分析法（analytical target cascading，ATC）的降维协调优化方法。根据制造资源的层级结构，将问题分解为三个层级：制造执行系统层、制造单元层和制造设备层。其中，制造执行系统层面向一个较长时间内（如月或周）生产能力的优化目标；制造单元层面向较短的时间内（如日或班次）的任务群加工次序、起始时间等的优化目标；而加工设备层面向设备端任务池序列加工顺序的优化目标。

2.2.4 生产过程质量信息监控和全程追溯技术

生产过程质量信息监控和全程追溯是确保和提升产品质量的关键。图 2-12所示为物联制造系统生产过程质量信息监控和全程追溯技术的实现框架，主要涉及生产过程在线质量信息的监控与诊断，质量问题驱动的多制造资源质量信息全程关联追溯两个方面。

1）生产过程在线质量信息的监控与诊断

如图 2-12 下部所示，由于影响工件生产过程质量的因素复杂多样，例如设备的工况异常、刀具的磨损、夹具的定位误差，以及产品的多工序造成的加工误差累积。因此，采用基于 XML 的多源实时质量信息模板对影响加工质量的各类信息进行分类抽取，通过载入制造设备的工况量和工件的长度、几何误差等几何量等各类实时质量信息，采用动态工序能力评价、基于支持向量机的工况状况监控、多质量信息间耦合效应分析、质量控制图等对实时信息进行综合、全面分析和比对，基于数理统计知识和专家系统对生产过程的质量信息进行在线监控与诊断。

2）质量问题驱动的多制造资源质量信息全程关联追溯

所建立的质量问题驱动的多制造资源质量信息全程关联追溯模型如图2-12上部所示。该追溯模型分别从不同维度和深度，对可能引起质量问题的各种因素进行信息追溯，如基于生产设备工况历史数据对设备质量信息进行追溯，基于制造 BOM 对与该问题工序相关的所有已完成的其他工序质量信息进行追溯，以及对与产生的问题相关的制造工艺过程进行追溯等。采用标准的追溯信息表达模板实现质量追溯全程信息的视图，实现对生产过程质量信息的诊断与追溯，为分析造成质量问题所涉及的各类不同制造资源，快速排查和锁定最可能造成质量问题的制造资源提供全方位的质量信息。

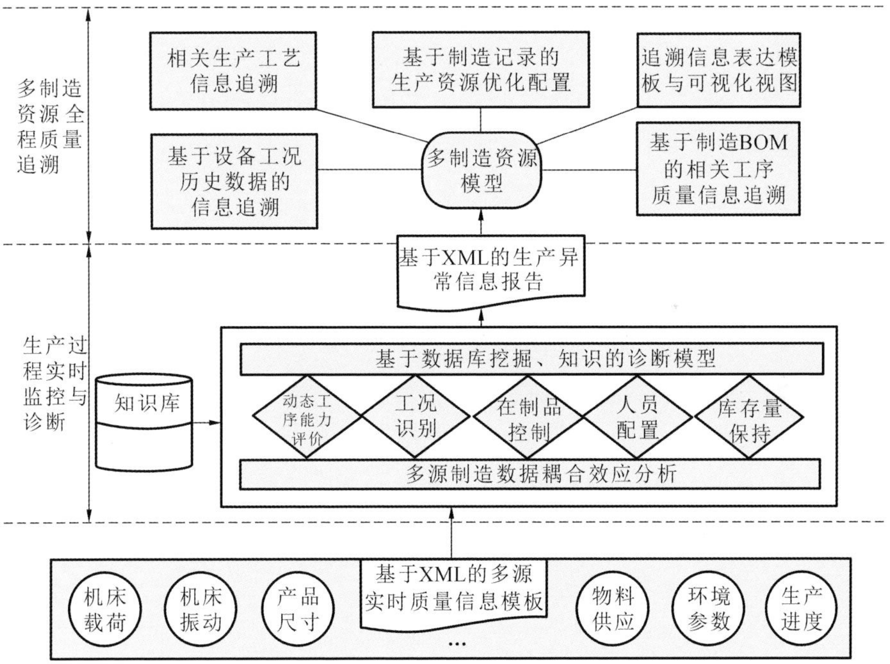

图 2-12　生产过程质量信息监控和全程追溯技术的实现框架

2.3　物联制造的关键技术

综合以上关于物联制造的体系架构、技术体系以及相关文献研究成果，得到物联制造的关键技术如下。

1）网络化传感器技术

实现生产过程制造资源数据的（人、产品物料、计划进度、设备状态效率、工艺参数、质量数据）主动感知，并对生产现场进行管理，最终实现各种制造资源的互联和互感。利用传感器网络采集到的大量的实时生产数据，还可以实现信息交流、自动控制、模型预测、系统优化和安全管理等功能。

2）中间件技术

当企业利用上述传感网时，需要对产品整个制造过程的数据进行无缝交换，进而进行设计、制造、维护和商业系统管理。而这些数据常常存在于不同终端、不同企业信息系统和不同的应用软件上，因此，开发和利用可靠的中间件技术实现不同系统和应用软件信息的无缝连接尤其重要。中间件能够为底层与上层之间的数据传递提供很好的交互平台，实现各类信息资源之间的关联、整合、协同、互动和按需服务等。另外，物联制造的中间件是依托互联网进行的，因此保持网络通信的顺畅、采取通用的网络传输协议、应用开源的系统平台等，是促进物联制造过程中数据共享顺利进行的有效手段。目前，物联制造中间件的主要代表是 RFID 中间件，其他还有通用中间件、嵌入式中间件等。

3）多尺度动态建模与仿真

多尺度动态建模与仿真能够使业务计划与实际操作完美地结合在一起，也可使企业间合作、企业与供应链的大规模优化成为可能。多尺度动态建模与仿真和传统的产品模型相比具有许多优点，例如它更接近实际产品，因此在前期开发过程中节省了大量的人力、物力和财力，也促进了企业间合作，大幅度提高了设计效率。动态建模的过程依赖于流畅的数据互操作，基于物联制造的动态建模仿真可以由不止一个开发者合作完成，而开发者之间的信息交互通畅程度也决定了合作开发能否顺利进行。

4）数据挖掘与知识管理

现有数字化企业中普遍存在数据爆炸但知识匮乏的现象，而以物联网普适感知为重要特征的物联制造将产生大量的生产过程数据，如何从这些海量、多源、异构的数据中提取有价值的知识并加以有效地管理和应用，是物联制造的关键问题之一，也是实现物联制造的技术基础。

5）智能自动化

物联制造应高度智能化和具有学习能力，能够结合已有知识和情景感知自行做出判断决策，进行智能和自适应的控制。在面向服务和事件驱动的服务架构中，智能自动化尤为重要。这是因为对资源的分析、服务流程的制定、生产过程的实时控制涉及大量信息需要迅速处理，这一过程不可能由人工来完成，也很难由人工全程监控，需要依赖可靠的决策和生产管理系统，通过自身的学习功能和技术人员的改进，为物联制造系统中的各个对象提供更快更准确的服务。因此发展智能自动化，对物联制造系统的发展、生产过程的改进甚至整个供应链的顺利运行都是非常必要的。

6）可伸缩的多层次信息安全系统

物联制造以现代互联网为基础，互联网的信息安全问题始终是人们关注的对象。物联制造系统中庞杂的信息包括大量的企业商业机密，甚至涉及国家安全，这些信息一旦泄露后果不堪设想。信息量巨大且信息种类繁多，但并不是所有信息都需要特别保护，根据信息的不同制订不同的信息安全计划，是物联制造应该解决的关键问题之一。

7）物联网的复杂事件处理

物联网中的传感器产生的大量的数据流事件需要进行复杂事件处理（complex event processing，CEP）。物联网的CEP功能是将数据转化为信息的重要途径。通过对传感器网络采集到的大量数据进行处理分析，去掉无用数据，就可以得到能反映一定问题的简单事件。通过事件处理引擎进一步将一系列简单事件提炼为有意义的复杂事件，以便为接下来的数据互操作、动态建模和流程制定等节省数据存储空间，提高存储和传输效率。

8）事件驱动的面向物联制造的服务架构

物联制造中的事件和服务同时存在，面向服务与事件驱动是物联制造的重要需求，物联制造体系架构必须满足这样的需求。物联制造系统平台作为物联制造的中枢，其主要任务就是收集和处理相关信息，这些信息既包括来自服务提供方的可用设备信息，也包括来自服务需求方的服务要求和流程要求。经过处理分析提炼的每一条有效信息都将作为一个事件进入平台，这就要求物联制造体系是面向服务与事件驱动的。

9）可视化技术

可视化技术是解释物联制造过程中大量、多源、异构数据最有效的手段之一。由于可视化的方式比文字更容易被用户理解和接受，并能够形象化地处理和显示分析结果，因此其在很多领域得到了迅速且广泛的应用。将大量的、种类繁多的物联制造过程数据以操作人员容易理解的图形或图像的形式在电子看板或显示屏上显示出来，并进行交互处理，是物联制造应该解决的关键问题。

2.4 本章小结

本章从物联网典型的体系架构出发，首先分析和介绍了现有关于物联制造系统架构的研究，以及与物联制造相关的几个新的制造模式的概念和体系架构。根据物联制造的目标和技术特征，给出了一种基于物联技术的制造执行系统体系构架。在此基础上，介绍了物联制造的基本元素及组成，认为物联制造系统主要由数据终端、电子看板、信息平台和网络服务四部分组成。

其次，从制造资源的智能化技术、制造过程多源信息主动感知与增值技术、制造过程动态优化技术、生产过程质量信息监控和全程追溯技术等四个方面阐述了物联制造的技术体系，并给出了相应的实现框架。

最后，介绍了物联制造的关键技术，主要包括网络化传感器技术、中间件技术、多尺度动态建模与仿真、数据挖掘与知识管理、智能自动化、可伸缩的多层次信息安全系统、物联网的复杂事件处理、事件驱动的面向物联制造的服务架构和可视化技术等。

第 3 章 物品标识技术

物品标识技术是指对物品进行有效的、标准化的编码与识别的技术手段，它是实现物品管理信息化的重要基础性工作，包括三大组成部分，即物品编码、识别和解码。

（1）物品编码。物品编码是表示特定事物的一个或一组字符。这些字符可以是阿拉伯数字、拉丁字母或便于人与机器识别与处理的其他符号；可以将编码转化成条码符号，并印制在载体上；还可以将编码转化成二进制数据写入RFID 标签中等。

（2）识别。识别就是对标识信息进行处理和分析，从而实现对事物进行描述、辨认、分类和解释的过程。能够自动获取标识信息并完成识别的过程称为自动识别，涉及的自动识别技术主要包括存储识别技术和特征识别技术，如条码技术和射频识别技术属于存储识别技术，指纹识别和语音识别属于特征识别技术。

（3）解码。解码是将代码还原为物品本身属性信息的过程，是编码的逆运算，编码与解码共同构成了物品标识体系的基础。

3.1 物品编码

编码技术是一种描述数据特性的信息技术，编码技术规定了信息段的含义，可为物品标识提供技术保障。为了使人们能够分清不同的物品及其特性，需要赋予物品唯一的编号，且要求各部门采用同样的编码规则，使得大多数物品有统一的、唯一的编码。

3.1.1 编码方法

物品编码是指按一定规则对物品赋予计算机和人能够容易地识别和处理的代码。物品编码是人类认识事物、管理事物的一种重要手段，特别是随着计算机的产生和广泛应用，物品编码作为信息化的基础，重要性更加突出。

代码是一组有序字符的组合。它必须便于计算机和人识别与处理。代码的重要性表现在以下几个方面：① 可以唯一地标识一个分类对象(实体)；② 规范化输入信息，便于计算机存储和检索，节省存储空间；③ 使数据的表达标准化，简化处理程序，提高处理效率；④ 能够被计算机系统识别、接收和处理。

物品编码系统是指由不同数据结构、不同应用领域、不同承载方式的物品编码构成的系统。该系统是国家物品识别网络的基石，用于为上层自动识别系统提供数据采集内容。

物品编码系统分为通用物品编码系统和专用物品编码系统两大类。通用物品编码系统是指跨行业、跨部门开放流通领域应用的物品编码系统，是开放流通领域物品的唯一身份标识。它包括商品条码编码系统和采用射频识别技术的产品电子代码系统等。通用物品编码系统是各领域、各种流通物品都适用的物品编码系统，也是开放流通领域必须使用的编码标准。通用物品编码是目前应用最为广泛的编码，与其他编码不同，这些编码在采用条码、射频识别标签等自动识别数据载体进行承载时，一般采用标准规定的数据载体，或在数据载体中采用特殊规定的、确定的数据标识进行区分。因此，在物品标识体系中，通用物品编码的确定可以在数据载体层进行，无须在编码层添加另外的特殊标识。

专用物品编码系统是指在特定领域、特定行业或企业使用的物品编码系统。专用物品编码一般由各个部门、行业、企业自行编制，在本部门、本企业或本行业采用。专用物品编码系统都是针对特定的应用需求而建立的，例如固定资产分类与代码、集装箱编码等。由于专用物品编码受限于其适用范围，一般采用通用的数据载体，因此，在数据编码层需要增加特殊的标识进行区分。

物品编码需具备以下特性，才具有较好的规范性、适用性、可推广性：

(1) 科学性。物品编码体系的建立需遵循人类认识事物的基本方法和一般规律,首先应对物品编码体系的各构成要素及其关系进行透彻的研究和分析。在此基础上,归纳和分析对象并且将二者结合起来,建立一个结构明确、易于使用和维护的体系框架,体系之间各要素的联系要符合科学发展规律。

(2) 唯一性。经济全球化的发展,必然要求各国确保物品编码在全球的唯一性,这需要一个国际机构统一组织管理,推动物品编码实现国际互认、互通。

(3) 兼容性。物品编码体系应该能实现各子系统内容的兼容,尤其是在开放流通领域中,各编码系统的兼容是打破信息孤岛、实现信息共享的必然要求。

(4) 全面性。物品编码体系需面向各行各业的所有物品,如交通、能源、化工、服装等行业,它是一个全面的编码体系,可以在物品的贸易运输、商品结算、产品追溯等多个环节应用。

(5) 可扩展性。按照实际发展情况和需求的变化,物品编码体系需满足扩展性要求,保留一定的扩展位,为新的物品编码需求提供发展空间。

3.1.2 物品编码标准

全球统一物品标识系统由美国统一代码委员会(Universal Code Council, UCC)于 1973 年创建。UCC 采用 12 位数字标识代码(universal product code, UPC),1974 年,标识代码和条码符号首次在贸易活动中应用。继 UPC 系统成功之后,欧洲物品编码协会即现在的国际物品编码协会,于 1977 年开发了一套在北美以外使用,与 UPC 系统兼容的系统——EAN(European article numbering)。EAN 系统采用 13 位数字标识代码。EAN 系统与 UPC 系统融合发展,形成了 14 位数字标识代码字段的全球贸易项目代码(global trade item number, GTIN),以及可对单品进行标识的产品电子编码(electronic product code, EPC)体系。

EPC 体系包括系列化全球贸易标识代码(serialized global trade identification number, SGTIN)、系列化全球位置代码(serialized global location number, SGLN)、系列化货运包装箱代码(serial shipping container code, SSCC)、全球可回收资产标识代码(global returnable asset identifier, GRAI)和全球个人资产

标识代码(global individual asset identifier,GIAI)等。

全球统一物品标识系统是以商品条码为核心,在世界范围内通过对商品、服务、运输单元、资产和位置提供唯一标识,为对全球跨行业的供应链进行有效管理提供的一套开放式国际标准。这些编码以条码符号表示,便于进行电子识读。EAN-UCC 系统适用于任何行业和贸易部门,致力于通过标准的实施,提高贸易效率以及对客户的反应能力,简化商务流程,降低企业成本。

目前,国际上针对贸易和统计等方面的需求,已经制定了相关物品编码标准,如产品总分类(central product classification,CPC)、商品名称及编码协调制度(the harmonized commodity description and coding system,HS)、国际贸易标准分类(standard international trade classification,SITC)、联合国标准产品与服务分类代码(United Nations standard products and services code,UNSPSC)、全球统一标识系统(globe standard 1,GS1)、全球产品分类(global product classification,GPC)、欧盟经济活动产品分类体系(classification of products and the activities,CPA)、联邦物资编码系统(federal coding system,FCS)等。

1988 年,中国物品编码中心成立,负责统一组织、协调、管理我国的物品编码,该中心同时也是国家标准制定的组织、实施单位。为了推进国内生产、物流、销售、服务等行业的信息化、规范化、标准化,我国物品编码标准体系紧跟国际发展趋势,及时推出了相对应的国家标准。

3.2 条码技术

条码可分为一维条码和二维条码。一维条码按照应用场合可分为商品条码和物流条码,商品条码包括 EAN 码和 UPC 码,物流条码包括 128 码、ITF 码、39 码、库德巴码(Codabar)等;二维条码根据构成原理和结构形状的差异,可分为两大类:一类是行排式二维条码(2D stacked bar code),另一类是矩阵式二维条码(2D matrix bar code)。部分条码示例如图 3-1 所示。

图 3-1　条码示例

3.2.1　一维条码

条码可表示数字及字符，条码符号是按照编码规则组合排列的，不同码制条码的编码规则一旦确定，就可将数字码转换成条码符号。条码是一种信息代码，一维条码通常是一种用黑白条纹表示的信息，它利用条纹、间隔或宽窄条纹（间隔）构成二进制的"0"和"1"，并以它们的组合来表示某个数字或字符，以反映某种信息；不同码制的条码在编码方式上不同。

条形码一般由前缀码、制造厂商代码、商品代码和校验码等组成。前缀码共 3 位，是用来标识国家或地区的代码，赋码权在国际物品编码协会。我国前缀码使用范围为 690～699，特定领域前缀码包括连续出版物（如期刊等）使用 977，图书使用 978 和 979，应收票据使用 980，普通流通券使用 981 和 982，优惠券使用 990～999 等。制造厂商代码的赋码权在各个国家或地区的物品编码组织，在我国由中国物品编码中心行使；商品代码赋码权在产品生产企业。

条码的校验码一般是编码的最后一位码，若条码的编码仅由数字组成，其确定规则如下：将条形码（不含校验码）从右往左依次编序号为"1，2，3，4，…"，从序号 2 开始把所有偶数序号位上的数相加求和得 A；用 A 乘以 3 得 B；从序号 3 开始把所有奇数序号上的数相加求和得 C；B 和 C 求和得 D；10 减去 D 的个位数，就得出校验码；如果 D 的个位数为零，则校验码就是零。

EAN 码是定长的纯数字型条码，它表示的字符集为数字 0～9。在实际应用中，EAN 码有两种版本：标准版和缩短版。标准版 EAN 码由 13 位数字组成，称为 EAN-13 码或长码，如图 3-2 所示；缩短版 EAN 码由 8 位数字组成，称为 EAN-8 码或者缩短码。EAN 码由左侧空白区、起始符、左侧数据符、中间分隔符、右侧数据符、校验符、终止符、右侧空白区组成；用宽窄不同的黑条和白空表示，最窄的条和空称为模块，宽度为 0.33 mm，二进制"1"用条表示，二进制"0"用空表示，宽的条或空是最窄的条或空的宽度的整数倍；条码下面的数字共 13 位，前三位数字是前缀码，图 3-2 中，690 表示该商品的产地位于中国。目前广泛使用的代码范围是 690～693，以 690 和 691 开头时，制造厂商代码为四位，商品代码为五位，而以 692 和 693 开头时，制造厂商代码是五位，商品代码是四位。最后的数字 2 是校验码。

图 3-2 EAN-13 **码示例**

39 码是一种可表示数字、字母等信息的条码，主要用于工业及票证等方面的自动化管理，目前使用极为广泛。库德巴码也可表示数字和字母信息，主要用于医疗卫生、图书情报、物资等领域的自动识别。

条码是一种比较特殊的图形，生成技术要靠印制来实现。印制时必须严格按照其编码规则达到印制质量标准及技术指标的要求。此外，条码是通过条码识读设备来识别的，这就要求条码符合光电扫描器的某些光学特性。条码的印制是条码技术应用中一个相当重要的环节，也是一项专业性很强的综合性技术。它与条码符号载体、所用涂料的光学特性以及条码阅读设备的光学特性和性能都有着密切的联系。

条码符号是图形化的代码。对条码符号的识别，一般要借助一定的专用设备，以判断识读到的图形符号是否为某一码制的条码符号，确定其中含有的编码信息并转换成计算机可识别的数字信息。

近年来，随着数字成像技术的快速发展，条码识读设备的扫描系统也逐渐由激光光源向 CCD、CMOS 转换，特别是数字成像技术的直接使用，使得许多智能手机可以十分方便地给条码符号拍照，并快捷地实现条码的自动识别。

通过复合条码、应用标识符等技术，一维条码的应用领域不断推广，实现了物品的单品跟踪追溯管理。但是，由于信息容量的限制，一维条码符号仅仅是对物品信息代码的标识，缺乏对物品的描述。

3.2.2 二维条码

二维条码具有密度高、容量大等特点，可以用它表示数据文件（包括汉字文件）、图片等。它是各种证件及卡片等大容量、高可靠性信息实现存储、携带并自动识别的最理想的方法。

二维条码可以表示包括汉字在内的小型数据文件；在有限的面积（如电子芯片）上表示大量信息；对“物品”进行精确描述；防止各种证件、卡片及单据的伪造；在远离数据库和不便联网的地方实现数据采集。

二维条码根据编码原理、结构形状的差异，可分为行排式（或堆积式）二维条码和矩阵式（或棋盘式）二维条码两大类。行排式二维条码的编码原理建立在一维条码的基础之上，按需要堆积成两行或多行。它在编码设计、检验原理、识读方式等方面继承了一维条码的特点，识读设备、条码印刷与一维条码技术兼容。但由于行数的增加，行的鉴别、译码算法和软件与一维条码不完全相同。有代表性的二维条码有 Code 49、Code 16K、PDF417 等。矩阵式二维条码以矩阵的形式组成。在矩阵相应元素位置上，用点（方点、圆点或其他形状的点）的出现表示二进制的“1”，点的不出现表示二进制的“0”，点的排列组合确定了矩阵码所代表的意义。矩阵码是建立在计算机图像处理技术、组合编码原理等基础上的一种新型图形符号自动识读方式。具有代表性的矩阵码有 Code one、Data Matrix、Maxicode、QR 等。二维条码示例如图 3-3 所示。

QR　　Aztec Code　　Data Matrix

图 3-3　二维条码示例

1. 行排式二维条码

Code 49 码是一种多层、连续型、可变长度的条码符号，它可以表示全部的128 个 ASCII 字符。每个 Code 49 码符号可由 2～8 层组成，每层有 18 个条、17 个空。层与层之间由一个层分隔条分开。每层包含一个层标识符，最后一层包含表示符号层数的信息。

Code 16K 码是一种多层、连续型、可变长度的条码符号，可以表示 ASCII 字符集所有的 128 个字符及扩展 ASCII 字符。它采用 UPC 及 Code 128 字符。一个 16 层的 Code 16K 码可以表示 77 个 ASCII 字符或 154 个数字字符。Code 16K 码通过唯一的起始符或终止符标识层号，便于自动识别与自动处理，通过字符自校验及两个模为 107 的校验字符进行错误校验。

PDF417 码是一种多层、可变长度、具有高容量和错误纠正能力的连续型二维条码。每个 PDF417 码可以表示超过 1100 个字节、1800 个 ASCII 字符或 2700 个数字的数据，具体数量取决于所表示数据的种类及表示模式。PDF417 码可通过线性扫描器、光栅激光扫描器或二维成像设备识读。

2. 矩阵式二维条码

Code one 码是一种由成像设备识别的矩阵式二维条码。Code one 码符号中包含可由快速线性探测器识别的识别图案。Code one 码共有 10 种版本及 14 种尺寸，如版本 H 可以表示 2218 个数字、字母型字符或 3550 个数字，以及 560 个错误纠正符号字符。

Data Matrix 码是矩阵式二维条码符号。它有两种类型，即 ECC000-140 和 ECC200。ECC000-140 具有几种不同等级的卷积错误纠正功能，而 ECC200 则通过 Reed-Solomon 算法生成多项式计算错误纠正码词。不同尺寸的 ECC200

符号有不同数量的错误纠正码词。

Maxicode 码是一种固定长度(尺寸)的矩阵式二维条码,它由紧密相连的多行六边形模块和位于符号中央的定位图形组成。Maxicode 码共有 5 种模式,可表示全部 ASCII 字符和扩展 ASCII 字符。

QR 码是日本电装公司在 1994 年向世界公布的快速响应矩阵码的简称。QR 码能容纳大量信息,可表示 7089 个数字字符;密度高,约是普通条码的 100 倍,可节省印刷空间;可对英文、数字、汉字进行编码;可全方位高速读取;即使部分损坏或污损也可以读取信息;具有识读速度快、数据密度大、占用空间小的优势。

汉信码是一种矩阵式二维条码,是我国自主创新、拥有全部自主知识产权的二维条码。汉信码支持 GB 18030 中规定的 160 万个汉字信息字符;采用 12 比特的压缩比率,每个符号可表示 12～2174 个汉字字符;可以用来表示数字、英文字母、汉字、图像、声音、多媒体等一切可以二进制化的信息;可以对照片、指纹、掌纹、签字、声音、文字等可数字化的信息编码;是第一种在码制中预留加密接口的条码。汉信码可以与各种加密算法和密码协议进行集成,具有极强的保密防伪性能;可以附着在常用的平面或桶装物品上,并且可以在缺失两个定位标的情况下进行识读;采用世界先进的数学纠错理论,采用太空信息传输中常采用的 Reed-Solomon 纠错算法,纠错能力可以达到 30%。汉信码提供四种纠错等级,用户可以根据自己的需要在 8%、15%、23%和 30%几种纠错等级上进行选择,因此具有高度的适应能力。利用现有的点阵、激光、喷墨、热敏/热转印、制卡机等打印技术,可在纸张、卡片、PVC,甚至金属表面上印出汉信码。汉信码支持 84 个版本,可以由用户自主选择条码符号的形状。

3.2.3 条码识读技术

条码识读系统由阅读系统、信号整形系统、译码系统三部分组成。阅读系统由光学系统及探测器(光电转换器件)组成,它完成对条码符号的光学阅读,并通过光电探测器,将条码条空图案的光信号转换成电信号。信号整形部分由信号放大、滤波、波形整形组成,它将条码的光电阅读信号处理成标准点位的矩形波信号,其高低电平的宽度与条码符号的条空尺寸相对应。译码部分由计算机方面的软硬件组成,它对得到的条码矩形波信号进行译码,并将结果输出到条码应用系统中的数据采集终端。

阅读系统的主体是光学结构，具备以下两个功能：一是产生光点的阅读光路，该光点在人工或自动控制下沿某一轨迹做直线运动且通过一个条码符号的左侧空白区、起始符、数据符、终止符及右侧空白区；二是条码符号反射光的接收系统，它能够接收阅读光点从条码符号上反射回来的漫反射光。

自动阅读是指条码阅读器内部含有使阅读光束做阅读运动的装置，如旋转镜组、摆镜等。自动阅读的阅读光源为激光，阅读光束从激光器发出，穿过半反半透镜面，再通过周期性旋转的棱镜的各反射镜面，形成激光束的阅读运动。与此同时，照明光点在条码符号上的反射光通过旋转棱镜的镜面，经半反半透镜面反射，经过会聚透镜汇聚在光电探测器上。在这个阅读结构中，激光的阅读光束未经过接收光的透镜系统，保持着激光光束细窄、光能集中的特点。在透镜系统外，激光光束和接收系统的光轴保持重合，这样就保证了激光的照明点就是探测器的接收点。

电荷耦合装置(charge coupled device，CCD)是一种电子自动阅读的光电探测器，由光电二极管构成，如图 3-4 所示。阅读器首先将条码符号的整个图像呈现在线阵的 CCD 上，然后 CCD 对器件上的光信号进行光电转换并进行自动阅读，并不需要增加运动机构。

(a) 手持式

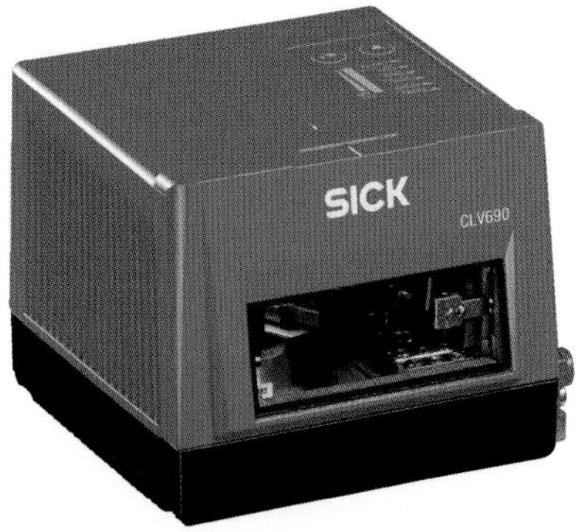

(b) 固定式

图 3-4 CCD **条码阅读器**

在信号整形系统中，首先要将阅读系统传来的光信号转换成电信号，经过放大和滤波后再进行整形。由于阅读光斑具有一定尺寸、条码印刷时的边缘模糊性以及一些其他原因，经过电路放大的条码电信号是一种平滑的起伏信号，并不呈现条码符号亮暗条之间泾渭分明的特征，这种信号边缘常被称为条码的“模拟电信号”。这种信号还需经整形电路尽可能准确地将边缘恢复出来，变成通常所说的“数字信号”。通常，信号整形是由硬件来完成的。在 ISO/IEC 15416 条码符号质量评价国际标准中，阅读反射率曲线分析法采用的确定条码信号条空边界的方法是一种标准化的方法。它是一种软件方法，用于确定条码符号的尺寸，接近主流条码识读器中信号整形电路的性能。

全角度阅读识读器数据采集量大，传输速率高，对译码单元的译码速度和条码信号辨别及处理能力的要求也高。在这种情况下，目前普遍采用软硬件紧密结合的方法。对于激光自动阅读系统，译码器以及集成在一起的微处理器要承担许多工作。自动阅读器每秒能进行多次阅读操作，译码单元应该确保在一次条码识读中将同一条码数据重复输入到条码的输入终端。这时的条码译码单元一般都和阅读器集合为一体，阅读器中的微处理器可以协调阅读系统、译码等多个单元的运行。对于用于超市的全向条码阅读器（主要针对 UPC、EAN 码），有些译码器还具有左右码段自动拼接功能。

3.3 射频识别技术

射频识别技术是一种非接触式的自动识别技术，它通过射频信号自动识别目标对象并获取相关数据。

RFID 系统通常由电子标签（射频标签）和读写器组成，根据其工作频段和工作方式特点应用于不同场合，如表 3-1 所示。

表 3-1　RFID 系统工作频段分类及特性

参数	低频率	高频率	超高频率	微波
	125～134 kHz	13.56 MHz	868～915 MHz	2.4～5.8 GHz
读取距离	1.2 m	1.2 m	4 m	15 m
速度	慢	中等	快	非常快
环境影响	无影响	无影响	影响较大	影响较大
全球接收频率	是	是	欧美国家	非欧盟国家
应用领域	畜牧业和动物管理	智能卡、门禁、产品标识	物流和供应管理	不停车收费、托盘标识

RFID 系统的工作流程为：读写器通过发射天线发送一定频率的射频信号，当电子标签进入读写器天线工作区时，电子标签天线产生足够的感应电流，电子标签获得能量被激活，将自身信息通过内置天线发送出去；读写器天线接收载波信号，读写器调节、解码，所得数据被送至系统高层进行处理；系统高层根据逻辑判断标签的合法性，并针对不同的设定做出相应处理，发出指令信号，控制执行机构动作。RFID 系统工作原理示意图如图 3-5 所示。

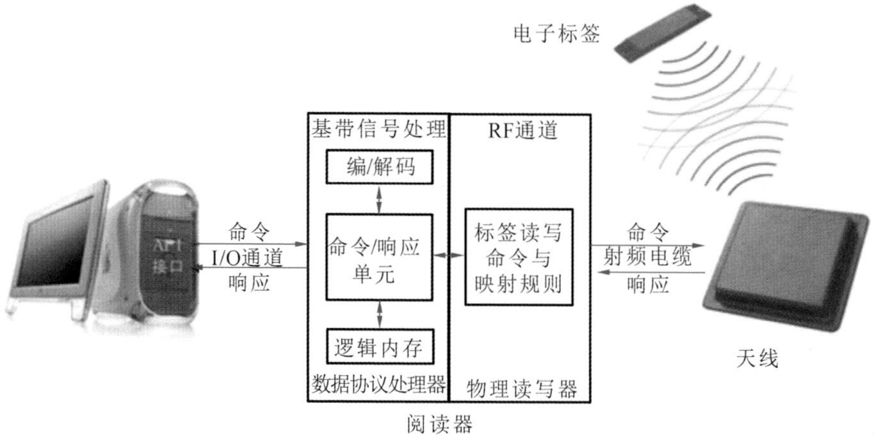

图 3-5　RFID 系统工作原理示意图

电子标签可存储一定格式的数据电文，并以此作为待识别物品的标识信息。电子标签可分为无源电子标签和有源电子标签两类，如图 3-6 所示。无源电子标签发展最早，市场应用最广泛，如公交卡、食堂餐卡、银行卡、宾馆门禁卡、二代身份证等，在日常生活中随处可见。标签的主要工作频率有低频 125 kHz、高频 13.56 MHz、超高频 433 MHz 及 915 MHz。有源电子标签具有远距离自动识别的特性，这决定了其巨大的应用空间和市场潜质，如智能医院、智能停车场、智能交通、智慧城市、智慧地球及物联网等。标签的主要工作频率有超高频 433 MHz、微波 2.45 GHz 和 5.8 GHz。

在基于 RFID 技术的物品标识体系中，典型的应用是产品电子编码（EPC）体系。EPC 在全球统一标识体系中具有战略地位，是一项真正具有革命性意义的新技术，得到了世界上众多国家的重视。

EPC 是为了提高物流供应链管理水平、降低成本而发展起来的一项现代物流信息管理新技术，可以实现对所有单个实体对象（包括零售商品、物流单元、

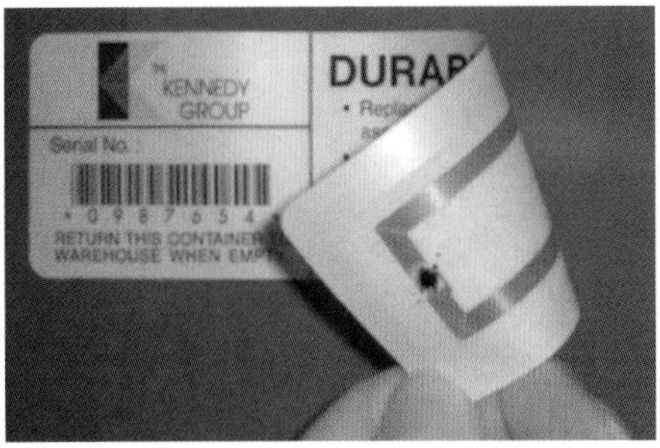

(a) 无源电子标签

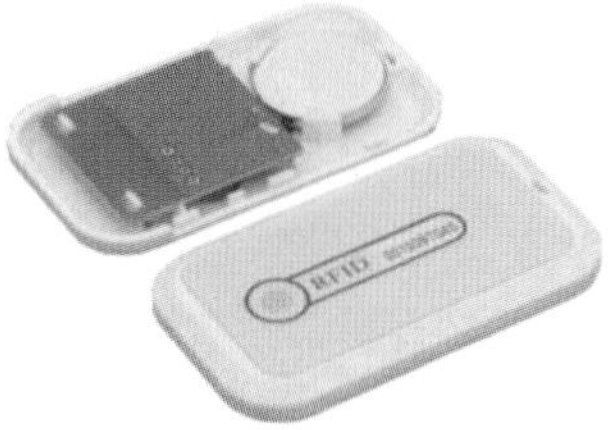

(b) 有源电子标签

图 3-6　电子标签示例

集装箱、货运包装等)的唯一、有效标识,被誉为具有革命性意义的现代物流信息管理新技术。EPC 通过全球产品电子代码管理中心推广应用。

根据设想,人们可为世界上的每一件物品都赋予一个唯一的编号,EPC 标签即是这一编号的载体。当 EPC 标签贴在物品上或内嵌在物品中的时候,即将该物品与 EPC 标签中的唯一编号建立起了一对一的对应关系。

EPC 标签从本质上来说还是一个电子标签,通过射频识别系统的电子标签识读器可以实现对 EPC 标签内存信息的读取。识读器获取的 EPC 标签信息送入互联网 EPC 体系中的 EPCIS 后,即实现了对物品信息的采集和追踪。进一步利用 EPC 体系中的网络中间件等,可实现对所采集的 EPC 标签信息的利用。

在物品标识体系中,当编码采用全球产品电子代码 EPC 编码体系时,它满足与 GTIN 兼容的编码标准;标识是将 EPC 代码转换成二进制数据电文存储于 RFID 标签的芯片里面;识别是通过 RFID 读写装置,将数据电文找到、读取、编译、传送至计算机终端,还原成 GTIN 代码,从而实现对物品的跟踪、追溯和管理。

3.4　物品自动识别

物品自动识别技术是将物品代码自动采集和识读、自动输入计算机的重要方法和手段。近几十年来,物品自动识别技术在全球范围内迅猛发展,先后出现了条形码技术、RFID 技术、图像识别技术、磁条识别技术、IC 卡识别技术等，初步形成了一个集计算机、光、电、通信和网络技术为一体的高技术分支。

一种基于 RFID 技术的物品自动识别系统如图 3-7 所示，它由应用系统、读写器系统和电子标签等组成。读写器系统完成系统的采集和存储工作，应用系统软件对读写器系统所采集的数据进行处理，而应用程序接口软件则提供读写器系统和应用系统软件之间的通信接口，将读写器系统采集的数据信息转换成应用系统软件可以识别和利用的信息，并进行数据传递。

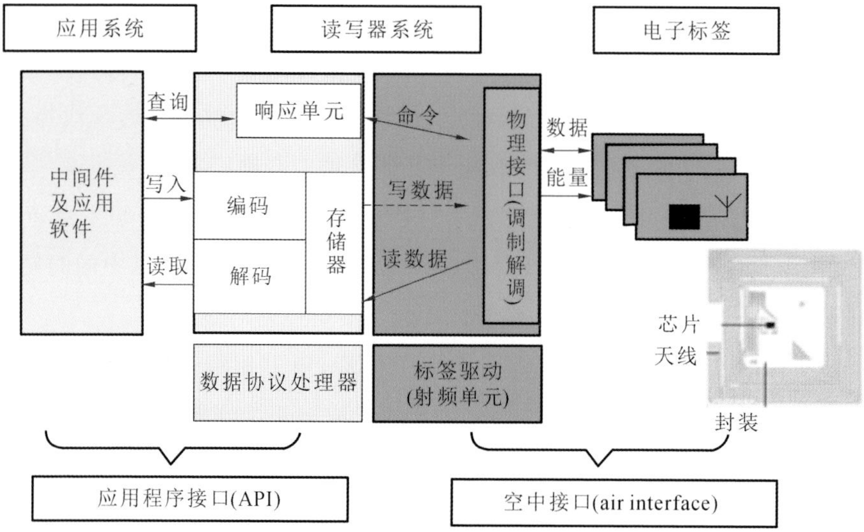

图 3-7　物品自动识别系统

读写器系统通过中间件或者接口将数据传输给后台处理计算机，计算机对所采集到的数据进行处理或者加工，最终形成对人们有用的信息。在部分场合，中间件本身就具有数据处理的功能。中间件还可以支持单一系统、不同协议产品的工作。自动识别系统将人从重复的手工劳动中解放出来，提高了系统信息采集的实时性和准确性，为生产的实时调整、财务的及时总结以及决策的正确制定提供了准确参考依据。

自动识别技术根据识别对象的特征可以分为两大类，分别是数据采集技术和特征提取技术。这两大类自动识别技术的基本功能都是完成物品的自动识别和数据的自动采集。数据采集技术的基本特征是被识别的物体需要具有特定的识别特征载体(如标签等)，而特征提取技术则根据被识别物体本身的行为特征(包括静态的、动态的和属性的特征)来完成数据的自动采集。

3.5 本章小结

物品标识技术是自动化生产过程中必不可少的重要技术,是制造过程信息采集自动化的核心与基础。本章从物品编码方法、物品编码标准、物品标识方法、物品自动识别等方面对物品识别技术进行了介绍,特别是对制造过程广泛采用的条码技术、RFID 技术等进行了较深入的阐述。

第 4 章
制造过程信息采集传感器与无线传感网

传感器是获取信息的重要工具，它在工业生产、国防建设和科学技术领域发挥着巨大的作用。制造系统自动化、智能化的发展，要求传感器的准确度高、可靠性强、稳定性好，而且具备一定的数据处理能力，并能够自检查、自校正、自补偿。传统的传感器已不能满足这种要求。

嵌入式计算机和传感器融合，使传感器技术发生了巨大变革，产生了功能强大的智能传感器。由大量智能传感器与无线网络技术融合而成的无线传感网，正在改变传统的生产组织与管理模式，使生产过程更透明、管理效率更高、订单响应更及时，极大提高了企业的产出效益。

4.1 智能传感器概述

智能传感器是由传统的传感器和嵌入式计算机（或微处理器）相结合而构成的，它能充分利用计算机的计算和存储能力，对传感器的数据进行处理，并能对它的内部行为进行调节，使采集的信息更准确。

与传统传感器相比，智能传感器具有以下特点：① 高精度。智能传感器采用自动校正、自动标定及统计处理等方法来消除系统误差及偶然误差，以确保其高精度。② 高可靠性与高稳定性。智能传感器能自动补偿因工作条件与环境参数发生变化引起的系统特性的漂移，从而保证了智能传感器的高可靠性与高稳定性。③ 高信噪比与高分辨率。由于智能传感器具有数据存储、记忆与信息处理功能，通过软件进行数字滤波、相关分析等处理，可以去除输入数据中的噪声；通过数据融合、神经网络技术，可以消除多参数状态下交叉灵敏度的影响，从而保证在多参数状态下对特定参数测量的分辨能力，故智能传感器具有高的信噪比与分辨率。④ 强自适应能力。由于智能传感器具有判断、分析和处理功能，它能根据系统工作情况决策各部分的供电情况与上位计算机的数据传输速率，使系统工作在最优低功耗状态并优化传输速率。⑤ 高性价比。智能传感器通过与微处理器/ 计算机相结合，采用廉价的集成电路工艺和芯片，以及强大的软件来实现上述性能，具有很高的性价比。⑥ 具备自诊断能力。传感器可定时对自身系统进行检测，当发现某个部件有故障倾向时，传感器将此信息上报给传感器管理平台，供维护人员参考。管理平台也可定期或不定期地对传感器下发自检指令，并及时对返回的传感器系统信息进行分析处理。传感器的自诊断功能将故障消除在萌芽阶段，有效提高了传感器节点的安全稳定性。

随着科学技术的发展，智能传感器的功能还将进一步增强，利用人工神经网络、人工智能、信息融合技术、模糊理论等，传感器将具有分析、判断、自适应、自学习等更高级的智能，可以完成图像识别、特征检测、多维检测等复杂任务。

智能传感器主要由传感器、微处理器及相关电路组成。如图 4-1 所示，传感器将被测的物理量转换成相应的电信号，送到信号调理电路中进行滤波、放大、A/D 转换后，送到微处理器。微处理器是智能传感器的核心，它不但可以对传感器测量数据进行计算、存储、数据处理，而且可以通过反馈回路对传感器进行调节。微处理器充分发挥了各种软件的功能，可以完成硬件难以完成的任务，从而有效降低了传感器制造的难度及成本，提高了传感器的性能，降低了传感器的成本。

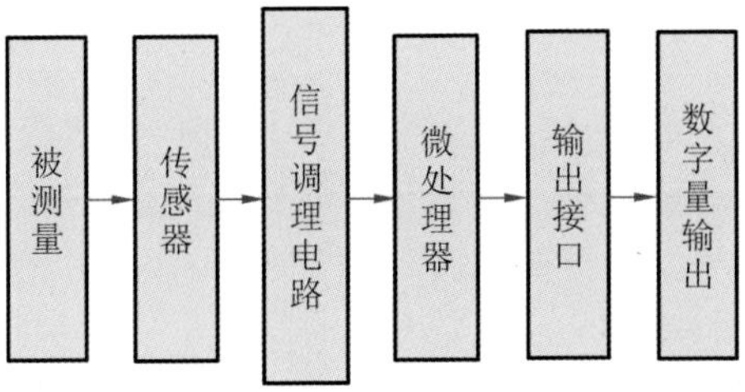

图 4-1 智能传感器原理图

智能传感器按结构形式可以分为集成式、混合式和模块式三种。集成式智能传感器指将一个或多个敏感器件与微处理器、信号调理电路集成在同一硅片上，其具有集成度高、体积小、使用方便等特点。混合式智能传感器将传感器和微处理器、信号调理电路制作在不同的硅片上，其集成度次于集成式智能传感器。模块式智能传感器由许多互相独立的模块组成，如微处理器模块、信号调理电路模块、输出电路模块、显示电路模块和传感器模块等，将这些模块装配在一起构成传感器，其集成度低、体积较大。智能位移传感器实物如图 4-2 所示。

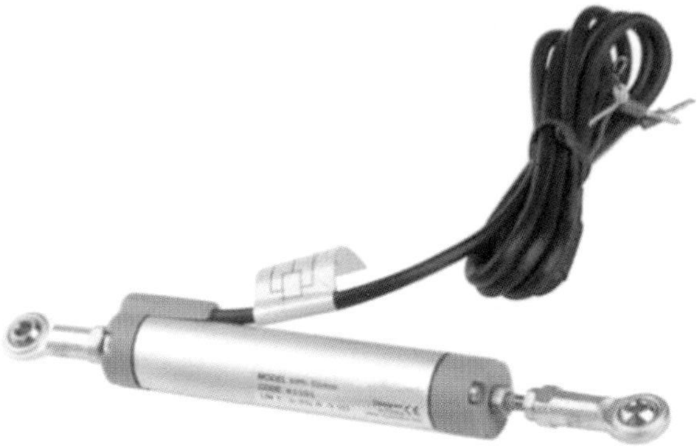

图 4-2　智能位移传感器实物

多功能传感器能转换两种以上的不同物理量，如使用特殊的陶瓷把温度和湿度敏感元件集成在一起，制成温湿度传感器；把检测钠离子和钾离子的敏感元件集成在一个硅片上，制成测量血液中离子成分的传感器；在同一硅片上制作应变计和温度敏感元件，制成同时测量压力和温度的多功能传感器等。多功能传感器和微处理器、信号调理电路结合起来，构成多功能智能传感器。

4.2　传感器工作原理及选择

传感器可利用声、光、热、电、力学、化学、生物、位置等来采集需要的信息、识别物体，包括光纤传感器、温度传感器、湿度传感器、光电传感器等。

4.2.1　常用传感器

1）光纤传感器

光纤传感器主要由光源、光纤、敏感元件、光电探测器和信号处理系统等部分组成。由光源发出的光通过传输光纤到达敏感元件（传感头），光的某一性质在此受被测量调制，已调制的光信号经光电探测器转变为电信号，最后经信号处理系统处理后得到测量信息，如图 4-3 所示。

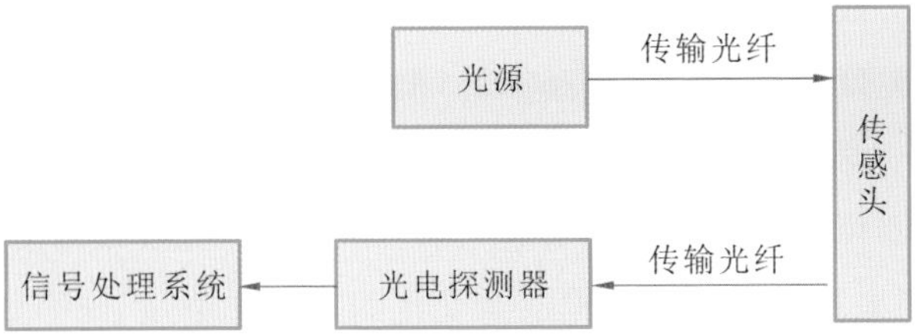

图 4-3　光纤传感器结构示意图

根据光纤在传感器中的作用，光纤传感器可分为功能型、非功能型和拾光型三大类。在功能型光纤传感器中，光纤既是导光介质又是敏感元件，光在光纤内受被测量调制而发生变化。这类传感器的优点是结构紧凑、灵敏度高，但是需要特殊光纤和先进的检测技术，成本较高。在非功能型光纤传感器中，光纤仅仅起导光作用，光要照在非光纤型敏感元件上才会受被测量调制。这类光纤传感器不需特殊光纤及其他特殊技术，因此较易实现且成本较低，但灵敏度也较低，适用于对灵敏度要求不高的场合。目前，已实用化或尚在研制的光纤传感器大都是非功能型的。拾光型光纤传感器用光纤作为探头，接收由被测对象辐射的光或被其反射、散射的光。以下是几种常用的光纤传感器。

(1) 光纤光栅传感器。在光纤上制造一段或几段光栅，即成光纤光栅传感器，它可用来测量应力、振动或温度。其工作原理是激光射入光纤，若在光纤段遇到应力、振动或温度变化，则反射光的特性会改变，通过观测光的特性改变，可以测量被测物的应力、振动或温度。

(2) 光纤拉曼效应传感器。利用光纤的拉曼效应来测量应力或温度，不需光栅。所谓拉曼效应，即光纤遇到温度或应力变化时，反射激光的偏振特性会改变或产生脉冲，可用仪器检测，但反射效率约为 1%，因此需要高灵敏度的接收设备。

(3) 特种光纤传感器。经过特殊加工可制造出各种特种光纤传感器，如具有法拉第效应的光纤，所谓法拉第效应即磁场可改变光纤中光的偏振度。利用法拉第效应，光纤可测量高压线中的电流。由于光纤是绝缘的，避免了在高压端安装难以绝缘的电子线路的弊端。

2) 超声波温度传感器

把刻有栅纹的薄片贴附在物体(如变压器等)上，当该物体温度变化时，薄片的栅纹密度会改变，将超声波射到该薄片的栅纹上，从反射波可测得温度的变化。超声波温度传感器的优点是无源，但其作用距离仅几米。

3）光电传感器

光电传感器可用于检测直接引起光量变化的非电量，如光照度、温度、气体成分等；也可用来检测能转换成光电量变化的其他非电量，如零件直径、表面粗糙度、应变位移、振动速度、加速度，以及物体形状、工作状态等。光电传感器具有非接触、响应快、性能可靠等特点，在工业自动化装置中获得了广泛应用。

4）液位传感器

利用流体静力学原理测量液位，是压力传感器的一项重要应用，适用于石油化工、冶金、电力、制药、供排水、环保等行业各种介质的液位测量。

5）湿度传感器

湿度传感器分为电阻式和电容式两种，产品的基本形式都为在基片涂覆感湿材料形成感湿膜。空气中的蒸汽吸附于感湿材料后，元件的阻抗、介质常数会发生很大的变化，制成的湿敏元件适用于湿度监测。

6）力传感器

力传感器是将各种力学量转换为电信号的器件。力传感器的种类繁多，诸如电阻应变片压力传感器、半导体应变片压力传感器、压阻式压力传感器、电感式压力传感器、电容式压力传感器、谐振式压力传感器及电容式加速度传感器等。其中应用最普遍的是压阻式压力传感器，此类传感器广泛应用于各种工业自控环境，涉及航空航天、水利水电、铁路交通、智能建筑、石油化工等众多行业。

4.2.2 传感器应用

1）机床运行监测

将传感技术应用于切削过程的目的在于优化切削过程的精确度、降低制造成本以及提高生产效率。在切削过程中，需要检测的指标有切削力的变化情况、切削过程中的颤振情况、切削刀具和被切工件的接触情况以及切削的状态，其中最重要的几个传感参数包括切削力的变化、切削过程中颤振和功率的变化等。在机床的运行过程中，需要检测的指标有轴承、驱动装置温度等。

某数控机床主轴的智能化检测配置如图 4-4 所示，主轴工况诊断和振动控制 Vibroset 3D 系统是智能化、数字化主轴的核心，由三维振动测量 V3D 传感器、工况诊断模块 SDM 和工况分析软件 SDS 组成。机床用户不仅可以在屏幕上观测到主轴的工况，还可以通过 Profibus 和互联网与机床制造商保持联系，诊断机床主轴当前的运行状态。

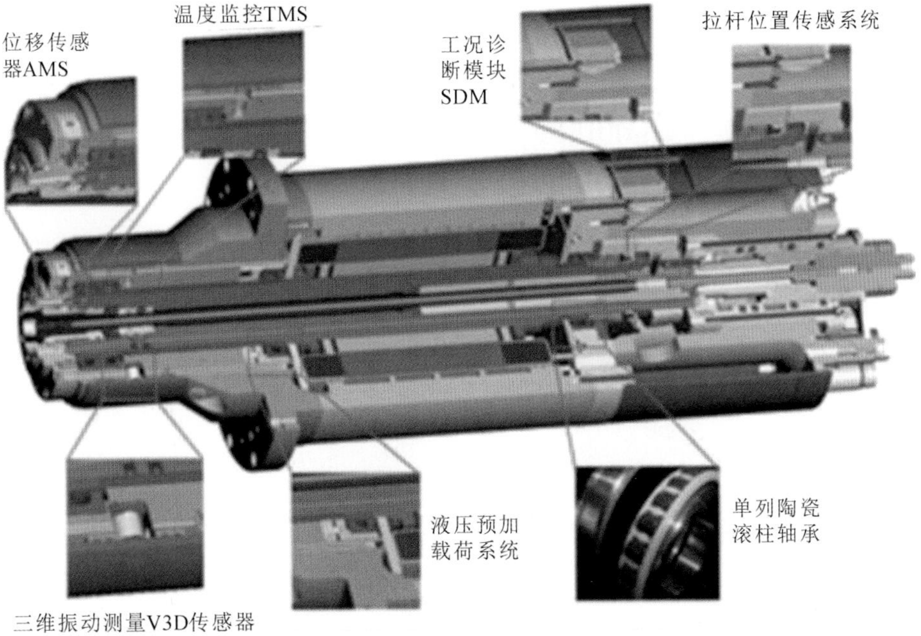

图 4-4　数控机床主轴的智能化检测配置

2）工件加工过程监测

工件加工过程监测包括工件识别、工序识别、位姿识别等。工件识别就是辨别被送入机床的工件是否是待加工的工件；工序识别指辨别出所要执行的加工工序是否是要求的工序；位姿识别要求系统能够判断出待加工工件的位姿是否符合工艺规程的要求等。

图 4-5 所示为雷尼绍（Renishaw）公司生产的一种机床在线检测系统，它由测头和光学收发接口组成。OMP60 测头采用调制光学传输方法，具有较强的抗光干扰能力；OMI-2 是集成型的光学收发接口，用于传输和处理工件检测测头与数控系统之间的信号。该在线检测系统能够像刀具一样安装在

刀库或机床主轴上，测量信号从光学式测头传输到光学接收器，然后再传输到机床的控制系统。

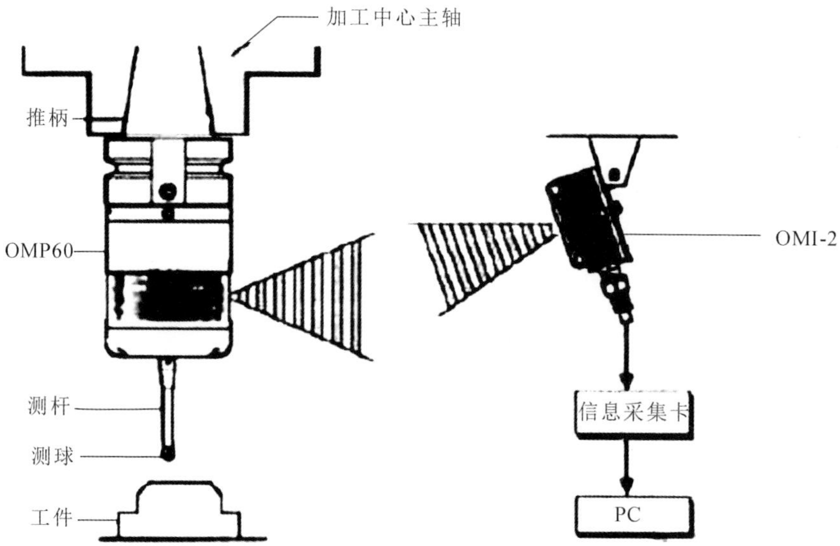

图 4-5　机床在线检测系统

3）刀具检测

切削和磨削是机械制造中最重要的工件加工方法。据资料统计，在工业生产中，引起机床故障停机的第一大因素就是刀具或砂轮失效，该故障时间能占到机床总停机时间的 20％～35％。因此，当刀具和砂轮磨损程度超过某一阈值或出现破损情况时，及时发现并报警提示，可最大程度降低损失。

在切削或磨削加工过程中，刀具或砂轮所受到的负载和多种因素有关，其中较大的影响因素包括主轴转速、切削（磨削）深度、进给速度以及加工材料等。传感器可以实时采集以上因素的数据并传输给计算机，通过计算得出刀具或砂轮的负载模型，进而得出刀具或砂轮的磨损程度和寿命，避免由于刀具或砂轮失效而导致的质量事故。

刀具在线检测包括切削力、主轴功率、声发射等方式。图 4-6 所示为基于切削力的刀具在线检测，可以根据切削力的突变检测刀具磨损或破损状态。

(a) 刀具切削力检测

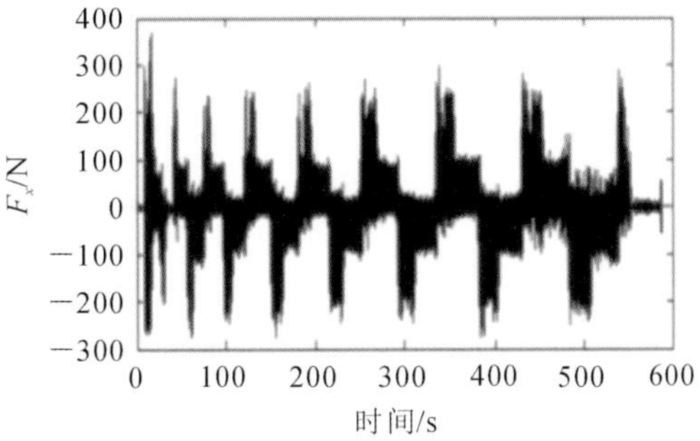

(b) 切削力信号

图 4-6　基于切削力的刀具在线检测

4.3　无线传感网

无线传感网(WSNs)是由部署在监测区域内的大量传感器节点相互通信而形成的自组织网络系统,是物联网底层网络的重要技术形式。随着无线通信、传感器技术、嵌入式应用和微电子技术的日趋成熟,WSNs 可以在任何时间、任何地点、任何环境下获取人们所需的信息,为物联网(Internet of things, IoT)的发展奠定基础。WSNs 具有自组织、部署迅捷、高容错性和强隐蔽性等技术优势,非常适用于目标定位、数据收集、智能交通和海洋探测等众多领域。

WSNs 网络体系架构如图 4-7 所示,数量巨大的传感器节点以随机散播或者人工放置的方式部署在监测区域中,通过自组织方式构建网络。由传感器节点监测到的区域内数据经过网络内节点的多条路由传输,最终到达汇聚节点。数据有可能在传输过程中被多个节点执行融合和压缩,最后通过卫星、互联网或者无线接入服务器达到终端的管理节点。用户可以通过管理节点对 WSNs 进行配置管理、任务发布以及安全控制等反馈式操作。

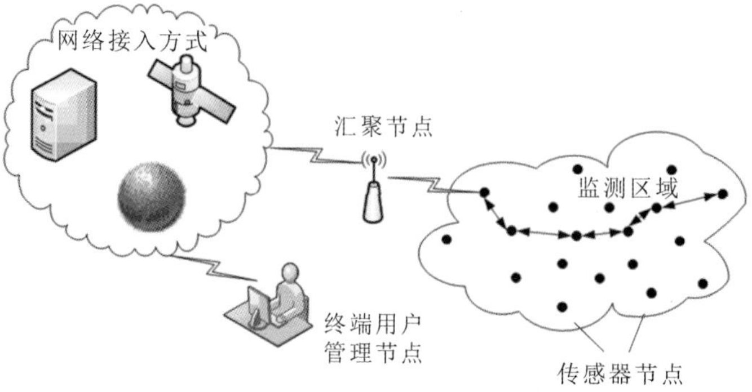

图 4-7　WSNs 网络体系架构

4.3.1　信息采集系统设计

对于在 WSNs 中工作的传感器节点，有一些重要的系统设计需要有效的 WSNs 网络模型、系统平台和操作系统等技术的支持。

1）WSNs 网络模型

可以根据不同的通信功能、数据传输模型和网络动态性对 WSNs 进行分类。一个以服务为中心的无线传感器网络模型，通过 WSNs 提供面向应用需要的服务，并且把网络当作一个服务提供者。这种以服务为中心的模型只提供了一个度量和表现 WSNs 功能的宏观方法。基于簇树结构的网络建模尽管提供了一个总体和灵活的框架，但是该模型的节点功能是分层的，簇头节点通常会传输大量的数据包，能量消耗较大。在这种情况下，网络节点能量消耗不均将降低网络的生存周期。以数据为中心的 WSNs 模型依赖于数据标识和指定的节点位置，不适用于动态且随机分布的 WSNs，并且其收敛性较弱。一种基于元胞自动机（cellular automata，CA）的 WSNs 模型，可以确保 WSNs 的连续性和有效性，这样的模型结构不仅保证了网内节点的公平性，实现了能量的均衡分布，而且保证了动态网络拓扑条件下的强收敛性，有较好的发展前景。

2）系统平台和操作系统

目前的 WSNs 模型主要支持大范围的传感器节点布置，但是每个生产厂商的传感器节点产品在无线通信模块、微处理器和存储空间方面不尽相同。这对于将多类型传感器节点融合到统一的系统平台是一个巨大的挑战。因为不同节点的硬件设计存在差异，且资源受限的节点同样需要进行原始数据处理。

WSNs 操作系统必须支持相应的传感器平台，这样能保证感知数据处理的高效性。WSNs 需要利用低功耗短距离无线通信技术进行数据的发送和接收，而 IEEE 802.15.4 协议具有低功耗、低成本等特性，与 WSNs 无线传输要求存在相似之处，因此，众多厂商将该技术协议作为 WSNs 的无线通信标准。由于传感器节点资源受限，因此一个有效的存储模型对满足资源和查询需求是必要的。WSNs 数据的存储可分为网络外部存储、本地存储和以数据为中心的存储，相对于另外两种方式，以数据为中心的存储方式可以在通信效率和能量消耗等方面取得平衡。

4.3.2 网络服务支持

在 WSNs 中，传感器节点配置、处理和控制服务用于协调和管理传感器节点，这些网络服务在能量、任务分布和资源利用方面强化了整个网络的性能。数据管理和控制服务在 WSNs 中扮演了重要角色，因为它们提供了必要的中间件服务支持，如时间同步、数据压缩和融合、安全保障、跨层优化等。WSNs 作为一种功能性很强的应用网络，不仅要完成数据传输，而且还要对数据进行一系列的融合、压缩和控制。如何保证任务执行的机密性、数据融合的可靠性以及传输的安全性，是 WSNs 的关键技术服务需求。

节点配置可以适时地将诸如能量和带宽等资源进行最有效的分配。节点配置有两个方面的应用：网络覆盖度和定位。网络覆盖度需要保证监测区域在高可靠度的前提下被完全覆盖。覆盖度对 WSNs 来说非常重要，因为它影响着需要配置的传感器节点的数量、位置、连通性和能量。定位信息是传感器节点感知数据过程中不可缺少的参量，缺少位置信息的感知数据通常没有任何意义。确定感知数据节点的位置或者确定事件发生的方位是 WSNs 最基本的技术。

1. 时间同步机制

就时间同步技术而言，由于 WSNs 节点受价格和体积的约束，因此时间同步算法必须考虑能量消耗因素。目前的传统网络时间同步算法通常只专注于最小化同步误差，并没有考虑通信和计算方面的限制。因此，诸如全球定位系统（global positioning system，GPS）、网络时间协议（network time protocol，NTP）等现有的时间同步机制并不适用于 WSNs，需要设计新的时间同步机制来满足 WSNs 的网络需求。一般来讲，在 WSNs 中绝大多数节点都需要通过时间同步算法来交换时间同步消息，保证网络时间的同步。在研究 WSNs 时间同步算法时，需要从扩展性、稳定性、鲁棒性和能量有效性等几个方面来综合考虑设计因素，在保证时间最大精度和最小能耗之间取得平衡。

根据同步机制，可将现有的 WSNs 时间同步算法分为四类：① 基于接收端-接收端的同步算法，RBS（reference broadcast synchronization）、BTSA（bioinspired time synchronization algorithm）和 SCTS（self-correcting time synchronization）属于此类同步机制，其特点是误差来源主要集中在接收节点之间的处理时间上，同步精度较高；② 基于发送端-接收端的单向同步算法，FTSP（flooding time synchronization protocol）和 DMTS（delay measurement time synchronization）属于此类同步机制，其特点是通信量较低、能量高效、可实现全网同步；③ 双向同步算法，TPSN（timing-sync protocol for sensor networks）属于此类同步机制，在不能忽略传播时延的应用环境中，通常采用此类型的同步机制，但其只能实现相位偏差瞬时同步；④ 基于多种机制相互融合的同步算法，其特点是收敛速度快和能量消耗低，但是对于较大规模网络，其同步精度及能耗存在较大的不确定性。

目前绝大多数 WSNs 的相关应用的理论研究都假设系统时钟已经保持同步，然而在实际应用系统中，时钟总会存在一定的偏移，应用效果必然会受到影响。RBS 算法利用数据链路层的广播信道特性，接收同一参考广播的多个节点的信息，通过比较接收到信息的本地时间来消除接收端的误差。然而接收节点间的时钟频率漂移、接收节点的数量以及传播过程的不确定性等，都将产生新的同步误差。FTSP 算法利用单个广播信息使得发送节点和它相邻的节点达到时间同步，采用同步时间数据线性回归方法估计时间频率漂移和相位偏差。然而 FTSP 采用的估计方法对偏离正常误差范围的数据极其敏感，一个错误数据都可能造成估计结果的失真。TPSN 算法对所有节点进行分层处理，每个节点与它的上一级节点同步，使所有节点与根节点达到同步。它的一个明显缺点就是没有考虑根节点的失效问题，新节点加入网络时对整个网络的鲁棒性会造成较大影响。

同时利用容错、时分等策略可以进一步提高同步网络的抗毁性能，其基本思想可以理解为一个无声的同步拍手过程。当有人发起拍手活动之后，个体仅仅通过对周围人群的同步拍手过程的观察自动加入该过程，最终实现所有人同时拍手。这样的方式可以提高网络的鲁棒性，但随着网络节点数量的增加，网络同步收敛时间会急剧增加，网络开销明显提高。FTS(full-scale time synchronization)算法从整体角度对传感器网络实施逐轮次的推送式时间同步操作，并通过少量抽样节点的反馈数据计算时间同步操作的有关参数。该算法具有收敛快速、资源高效、同步精度高和运算复杂度低的特点。REEGF(geographic forwarding protocol with reliable and energy-Efficient)数据收集协议使用了具有双无线信道协作通信结构的网络节点，以利用唤醒信道发送和侦听忙音，减少节点的空闲侦听时间。利用无线传感器网络的时间同步算法和依赖于本地节点密度、节点剩余能量的概率同步调度算法，REEGF 使处于监测状态的网络节点以概率在每个网络侦听周期同步唤醒，减少冗余节点的空闲侦听时间，确保网络节点局部连通度的一致性和稳定性。在网络节点处于数据传递状态时，REEGF 依赖于节点的位置信息，采用候选接收节点竞争的方式，选取朝向目标汇聚节点前进距离最大的邻节点，作为下一跳中继接收节点。

2. 网络节点定位

定位技术是利用信息网络的交互通信，告诉用户或者控制中心某一目标的位置信息。目前，最专业的定位系统是 GPS，其具有全天候、高精度、自动化等显著特点，但 GPS 信号无法穿透建筑物，不能满足室内环境应用需求。WSNs 定位不同于传统的蜂窝定位和无线局域网定位，具有低功耗、低成本、分布式、自组织、高精度等优点，是当前无线定位技术的研究热点。

目前对 WSNs 定位技术的研究主要分为两大类，一种是基于测距(range-based)的定位算法，另一种是非测距(range-free)定位算法。相比之下，基于测距的定位算法的定位精度高，但对网络的硬件设施要求很高，同时在定位过程中要产生大量计算和通信开销。非测距定位算法的缺点是定位精度较差，优点是不需要附加硬件支持来实现节点间的距离测量，该定位算法凭借其在成本、功耗方面的优势，受到越来越多的关注。

基于测距的定位算法常用的测距方法有到达角度(angle of arrival，AOA)、到达时间(time of arrival，TOA)、到达时间差(time difference of arrival，TDOA)及基于信号接收强度估计(received signal strength indicator，RSSI)的测距算法。常用的非测距定位算法有质心算法、DV-Hop(distance vector-Hop)

算法等。

3. 网络拓扑覆盖

在 WSNs 中,网络拓扑控制能力对整个网络的性能影响极大。有效的网络拓扑控制结构能够为其他网络服务支持技术提供基础,提高网络通信协议的应用效率,同时有利于延长网络的生命周期。WSNs 网络拓扑控制技术可在满足网络连通性和覆盖度的要求下,通过网络内节点选择策略,避免节点间的冗余通信链路,从而形成数据转发优化的网络结构。WSNs 拓扑控制可以分为两个方面:层次型拓扑控制和功率控制。层次型拓扑控制采用分簇机制,选择部分网内节点作为簇头节点,由簇头节点形成数据处理和转发的传输体系。功率控制通过调整网络中节点的发射功率,在网络保证连通性的前提下,均衡节点路由邻居节点的数量和网络能量消耗。

目前在层次型拓扑控制和功率控制方面,已经有了一系列改进算法,但是现有的算法通常只针对网络拓扑的某一方面进行优化和设计,相关研究缺乏系统性。WSNs 的拓扑控制研究还处于理论研究阶段,随着相关技术的发展,可以将多种方式相结合来达到降低网络能耗、加速拓扑形成以及提高网络鲁棒性等目的。

4. 数据融合与压缩

WSNs 中的数据收集模式主要分为基于查询、基于周期汇报和基于事件汇报的数据收集模式。其中基于查询的数据收集模式只有当网络接收到用户端发来的查询指令时才进行数据收集,并随之将收集结果上报给用户,适用于用户突然对某处监测数据感兴趣的情况,或者用户需要了解一段时间内被监测对象的变化趋势等时。基于周期汇报的数据收集模式指用户不需要向网络发送查询指令,网络自动持续收集数据,并根据预先设定好的汇报周期向用户汇报监测结果的数据收集方式,通常适用于远距离大范围的监控。基于事件汇报的数据收集模式指当被监测区域内有特殊情况发生时,网络主动收集并上报数据,一般适用于灾难预警等突发状态的监测。

基于上述应用环境,在 WSNs 中应用数据融合与压缩算法应该满足以下两方面的需求:

(1) 冗余数据处理能力。WSNs 数据管理系统可视为一个分布式的数据库,每个节点分别进行数据的采集与存储。若网络只需查询某一节点某一时刻的监测值，或只需要返回小区域内较少的数据量，那么数据融合与压缩就会失去其应有的作用。反之，若节点需要上报的数据量很大，或上报区域涉及多个甚至全网范围的节点，如用户要查询整个被监测区域一段时间内的数据变化情况或全网节点需要进行周期性的数据汇报等，信息量将迅速膨胀，传输的海量数据就会给能力受限的节点带来巨大的压力甚至可能造成网络瘫痪。由于数据自身随时间变化的特性以及节点的密集冗余部署等，数据之间存在着很大的冗余，而应用数据融合与压缩能够有效地消除数据冗余。因此在网络需要收集的数据中存在大量冗余信息时应用数据融合与压缩算法，能够有效精简信息，缓解网络通信压力，延长网络寿命。

（2）允许数据时延。WSNs 数据融合与压缩的应用要允许一定的数据时延。只有收集到足够多的数据，再对其进行处理才具有现实意义。无论是节点基于一段时间内自身监测数据的处理，还是基于相邻节点间冗余信息的处理，都需要付出一定的时间开销。因此数据融合与压缩只适用于对时间要求不高的数据收集模式，如基于周期汇报的数据收集模式。而对于基于事件汇报的数据收集模式，由于信息需要及时反馈，并不适用数据压缩算法。

在 WSNs 中应用数据融合与压缩，需要在保证用户所需信息量与信息精度的前提下，对网内原始监测数据的冗余性进行处理，以减少传输的数据量。在 WSNs 中应用数据融合与压缩有三方面的作用：

（1）提高传输效率。WSNs 中原始监测数据的信息量非常大，若将这些原始信息不加任何处理地全部传输，无疑会给网络带来巨大的压力，可能会造成信道拥堵甚至网络瘫痪等情况。数据融合与压缩极大地减少了网络中的数据传输量，能够有效地改善信道拥堵问题，节省传输带宽，提高数据的传输效率。

（2）节省通信能耗。大多数传感器节点中射频收发模块的能耗通常要高于其他部件的能耗，因此节省通信能耗是设计 WSNs 中各类通信协议与算法时需要遵循的首要准则。利用数据融合与压缩减少网内参与通信的数据，可以有效降低射频收发模块的工作量，从而节省节点的通信能耗。

（3）获取准确信息。WSNs 由于环境差异的影响，获取的信息有时存在着不可靠性，只收集少部分传感器节点的数据通常较难保证获取信息的准确性。因此，必须对同一个监测对象的多个传感器的感知数据进行融合和压缩，这样才能有效提高感知数据的可信度。与此同时，由于同一区域的传感器节点所获得的感知数据差异不大，如果某一节点所获得的数据超出正常的误差范围，在数据融合和压缩时很容易将其排除。

5. 网络安全机制

WSNs 的安全策略包括安全路由、访问控制、入侵检测、认证以及密钥管理等。在传统的计算机网络中，主机之间是采用固定网络连接的，采用分层的体系网络结构，同时提供了多种网络服务，充分地利用了网络资源，包括命名服务和目录服务等，并在此基础上提出了相关的安全策略，如加密、解密、认证、访问控制、权限管理和防火墙技术等。由于 WSNs 分散连接，每个节点都可以随意移动，节点间通过无线信道连接，节点自身充当路由器，不能提供命名服务、目录服务等网络功能，致使传统网络中的安全机制不再适用于 WSNs 网络。

WSNs 能够提供随时随地的连接，从而产生了许多新的服务项目和应用领域，同时它也面临着许多新的安全威胁。例如无线信道使 Ad hoc 网络很容易受到被动窃听、主动入侵、信息阻塞、信息假冒等各种方式的攻击。并且由于节点的能量有限，处理器的计算能力较低，无法实现庞大复杂的加密算法，增加了被窃密的可能性；节点在野外时，由于缺乏足够的安全保护措施，很可能被恶意侵占。因此，恶意攻击除了来自网络自身之外，还很有可能来自网络外部。为了获得更高的安全性，WSNs 应该具备分布式安全结构。大型的 WSNs 中包含成百上千个节点，安全策略应该具有较好的可扩展性，以满足网络规模日益增大的需求。

4.4 传感网入网协议

面向不同的应用，WSNs 网络内部可能由数百甚至上千个节点组成，每个传感器节点通过协议栈以多跳的形式将信息传递给汇聚节点。目前，WSNs 通信协议栈研究的重点集中在数据链路层、网络层和传输层，以及它们之间的跨层交互。数据链路层通过介质访问控制来构建底层基础结构，控制节点的工作模式；网络层的路由协议决定感知信息的传输路径；传输层确保了源节点和目标节点处数据的可靠性和高效性。

4.4.1 ZigBee 协议

ZigBee 联盟是一个高速增长的非盈利业界组织，成员包括国际著名半导体生产商、技术提供者、代工生产商以及最终使用者，主要目的是通过加入无线网络功能，为消费者提供更加灵活、更易使用的电子产品。自从 2004 年 12 月 ZigBee 联盟推出 ZigBee 1.0 版本规范以来，ZigBee 协议的各种修订版本相继发布，致力于使 ZigBee 网络更加安全可靠、灵活简单、可扩展性更强。ZigBee 体系结构如图 4-8 所示。

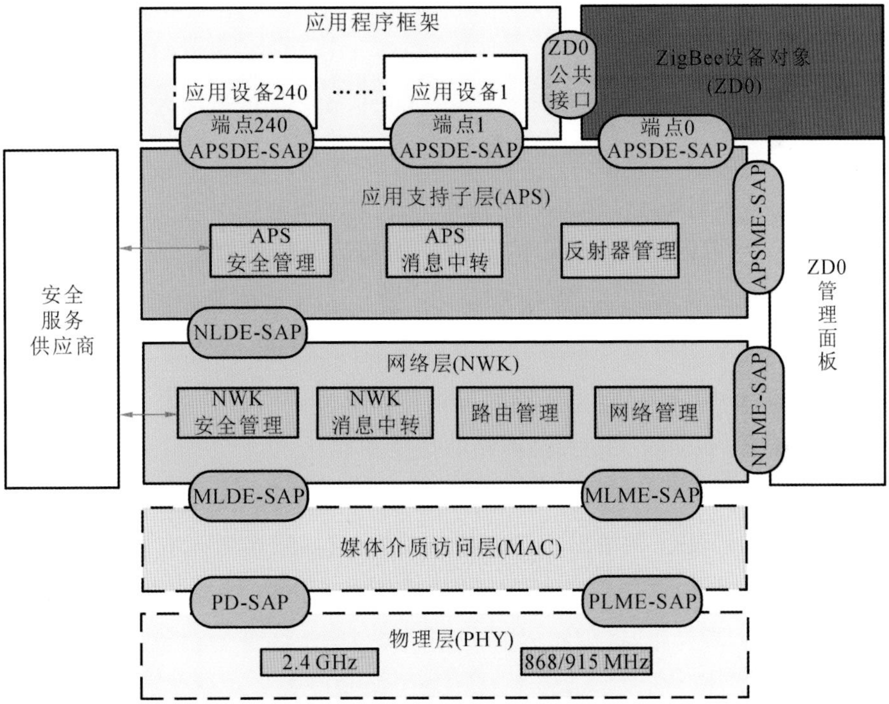

图 4-8　ZigBee 体系结构

IEEE 802.15.4 协议规定了网络的物理层和媒体接入控制层；ZigBee 协议则规定了网络层和应用层。IEEE 802.15.4、ZigBee 网络协议具有组网灵活方便、成本低廉、能量消耗低等特点，WSNs 通常采用该网络协议作为其无线通信标准。

IEEE 802.15.4、ZigBee 协议的宗旨是在保证数据传输质量的基础上达到较小的功率消耗。虽然协议本身采取了一定的方法来降低能耗，如防碰撞机制、超帧结构、避免冲突的载波检测多路接入技术等，但目前的理论研究成果都已证实现有的协议还没有将其技术的良好性能完全发挥出来。尽可能地降低网络能量消耗一直是研究人员追求的目标。

目前对 IEEE 802.15.4 协议物理层的研究还不够深入，仅仅停留在物理层的低能耗无线电收发器的设计或者对物理层的软件仿真上，几乎没有协议改进的研究。IEEE 802.15.4 媒体接入控制层的研究重点是解决隐藏节点、精确同步、竞争管理、异步唤醒策略等方面的问题。当然，研究的核心是如何节约能量。已有研究者提出了一种简单、高效、耗能小的用于多簇无线传感器网络隐藏节点问题的解决机制。该机制在预先设置好的网络当中把节点分为不存在隐藏节点问题的若干个组，避免了隐藏节点的检测过程，该机制同时也简化了节点的加入过程。针对 IEEE 802.15.4 协议中节点在信道接入时造成大量的冗余竞争信息，导致信道的利用率降低的问题，研究者提出了一种自适应的竞争控制策略。该策略采用记忆性的退避方案来检测网络负载并且动态地调整退避窗的大小，以此解决 IEEE 802.15.4 中的数据传输效率问题。为了解决网络中的能量消耗和冗余，研究者研究并建立了节点能量消耗模型，以该模型为基础分析了如何通过调节异步唤醒间隔减少网络的耗能和延长节点的生存时间。对 IEEE 802.15.4 的研究虽然已取得一些进展，但主要还停留在仿真论证阶段，如何较大地提高网络的性能如能耗、延迟、吞吐量等是亟需解决的问题。

目前对于 ZigBee 网络层的研究相对较少，只局限于对现有协议的分析和完善，几乎所有的研究都是围绕节约能量展开的。由于目前大部分的研究主要针对协议自身，内容相对庞杂，因此很难有一个系统的分类。研究者提出了短径树路由协议，通过使用 ZigBee 协议中规定的邻居表来减少路由费用，进而减少能量损耗；研究了 ZigBee 网络中树路由算法，并提出了基于邻居表的改进树路由算法，即找到源节点和目的节点的公共邻居节点，建立一种邻居节点选择策略。该算法在一定程度上可以解决树路由原有算法不灵活的缺点，节省地址空间，提高路由效率。对于 ZigBee 网络层，未来的研究方向主要集中在进一步降低网络能耗、延长网络寿命等路由算法方面。

4.4.2　6LoWPAN 协议

物联网包含如下两层含义：① 互联网是物联网的核心和基础，物联网必须在互联网的基础上进行延伸和扩展；② 终端用户延伸和扩展到了所有物品与物品之间，它们之间可以进行信息交换和通信。国际电信联盟将射频识别技术、传感器技术、纳米技术、智能嵌入式技术列为物联网的关键技术。当前阶段，物联网所要解决的关键问题之一是底层异构网络与互联网的相互融合。

IEEE 802.15.4 通信协议是短距离无线通信标准，更适用于物联网底层异构网络设备间的通信。IPv6 是下一代互联网网络层的主导技术，在地址空间、报文格式、安全性方面具有较大的优势。因此，在 IPv6 协议的基础上，实现物联网底层异构网络与互联网的相互融合是未来无线网络的主要发展方向。然而，在 6LoWPAN (IPv6 over low power wireless personal area network)技术出现以前，将基于 IEEE 802.15.4 通信协议的 WSNs 与基于 IPv6 协议的互联网无缝连接几乎是不可能完成的任务。6LoWPAN 协议架构如图 4-9 所示。

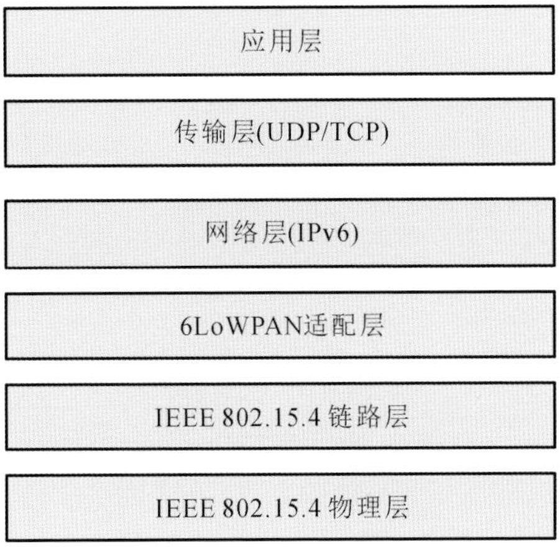

图 4-9　6LoWPAN 协议架构

在网络层和数据链路层之间引入的适配层，主要完成接入过程中的以下功能：① 为了高效传输对 IPv6 数据包进行分片与重组；② 网络地址自动配置；③ 为了降低 IPv6 开销对 IPv6 分组进行报头压缩；④ 确定有效路由算法。其中，网络地址自动配置以及 IPv6 报头压缩两类功能，对于识别接入物联网的每个终端节点，使节点间能够进行资源共享和信息交换具有重要意义。围绕以上两个方面，在 6LoWPAN 适配层的基础上，相关研究者提出了物联网中基于 IEEE 802.15.4 通信协议的底层异构网络与基于 IPv6 协议的互联网的统一寻址方法，保证了物联网时代网络层向传输层提供灵活简单、无连接、满足 QoS 需求的数据服务。

4.5 本章小结

本章通过系统分析面向物联网的 WSNs，提出了未来 WSNs 发展的新思路。WSNs 作为物联网底层网络的重要感知技术之一，在国家安全和国民经济等诸多方面具有广泛的应用前景和社会意义。WSNs 未来的发展将实现地球和外太空综合一体化的信息感知网络，形成物理世界和虚拟世界的网络接口，并深入到人们生活领域的各个方面，从而改变人与自然的交互方式。研究人员应该通过掌握和拥有更多的自主知识产权，使 WSNs 逐步成为信息时代助推我国经济腾飞的新引擎。WSNs 的快速发展对提高我国在高新技术领域的国际地位，带动相关产业的全面发展具有重要意义。

第5章
制造资源智能化

5.1 制造资源分类

为了适应制造业信息化、数字化和网络化的发展现状，增强对制造资源的合理利用，充分发挥制造资源的存在价值，实现资源信息的共享，必须对制造资源进行分类，从而实现其合理的配置和充分的利用。国内外许多学者对此进行了大量的研究，并取得了很多有价值的研究成果。

制造资源是指企业中所有具有成本的财产或在产品生命周期中所涉及的所有硬件及软件的抽象，包括广义制造资源和狭义制造资源。广义制造资源是指完成产品整个生命周期的所有生产活动的软、硬件资源和人力资源，包括概念设计、生产制造、运输及回收等相关活动过程中涉及的所有元素，如图5-1所示。狭义制造资源是指加工一个零件所需要的物质元素，是面向制造系统底层的制造资源，包括机床、刀具、夹具、量具和材料等。

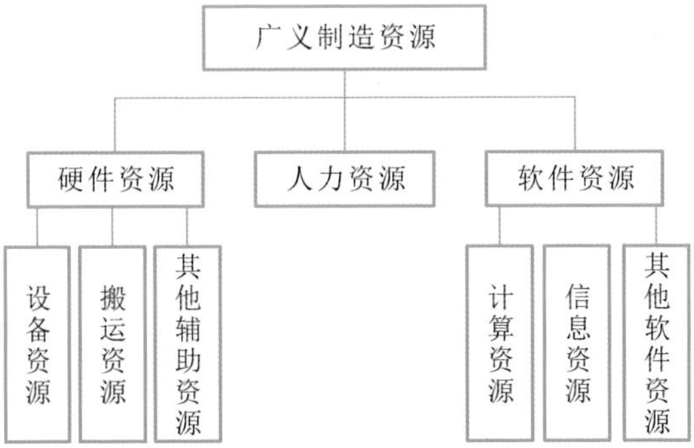

图5-1 广义制造资源模型

制造资源分类是制造资源管理的基础和重要组成部分。制造资源分类是把具有某种共同属性或特征的制造资源归并到一起。由于制造资源多种多样，只有通过合理的分类才能使其发挥最大的作用。

目前已经产生了许多合理的分类方法，较为常见的有两种。第一种分类方法是按照制造资源的类型进行分类，这是一种标准统一的分类方法。它把基本相同的制造资源归为一类，使得用户能够较快地进行资源的分类和查询，方便用户使用。第二种分类方法是按照制造资源的具体位置进行分类，这种分类方法便于区域内资源的集成管理。不同的分类方法对应不同的生产过程和具体的资源种类。对于不同的生产过程，所适合的分类方法可能不同，用户需根据自身的现状以及资源种类来进行综合考虑，得出一种与自身匹配的资源分类方法，才能获得最大的便利与收益。

通过分析现有的制造资源分类模型，结合物联制造的环境背景，这里提出了一种针对在物联制造环境下，生产车间内制造资源的分类标准，如图 5-2 所示。

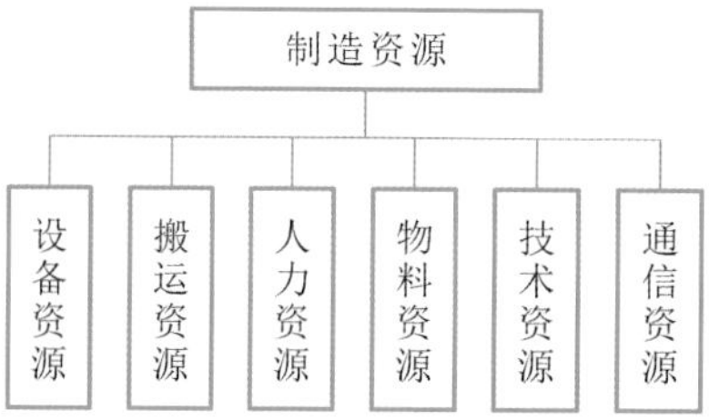

图 5-2　物联制造环境下的资源分类

（1）设备资源：在生产过程中可以提供加工服务的基础设备。按照加工功能来分，包括锻造设备、机加工设备、焊接设备、磨加工设备、热处理设备和铸造设备等。

（2）搬运资源：由于物料资源的转移，搬运工具不可或缺，其要求能根据成本、交货期的不同要求合理地进行物料资源的搬运。

（3）人力资源：根据车间的生产过程，人力资源可以分为加工人员、搬运人员和其他辅助人员等。

（4）物料资源：在生产过程中生产某种产品所需要的原材料、零部件和成品。

(5) 技术资源：主要包括产品加工工艺，数据库管理系统，产品数据管理(PDM)、ERP 系统等。

(6) 通信资源：主要是基于物联网技术的软、硬件，硬件包括 RFID 标签和 RFID 读写器等，软件包括资源之间统一化的信息交互语言等。

5.2 制造资源模型

目前制造企业在管理层和车间运作层的交互方面有许多不足：不能实现车间底层信息的获取和收集，导致车间运作过程不透明；不能为车间或企业管理者收集有效准确的信息，使其无法及时做出正确的决策，严重影响了企业的经济效益。

物联制造系统通过在制造车间内部署基于物联网技术的感知交互设备，将信息化技术运用到企业的方方面面，甚至是最基础的机器加工设备上，从而建立起一个数字化的生产环境。制造资源模型从底层制造资源入手，利用物联网技术进行建模，进而感知制造资源的状态，同时可以进行信息的交互，实现互感互知的智能化。

制造资源模型可以收集各种传感器信息，然后通过 RFID 技术等物联技术，实现制造资源的相互联系与感知，确保生产过程中的实时信息能够快速地获取。在获得生产实时信息的前提下，通过信息整合把来自生产环境中不同传感器的分散信息转化为有助于决策的标准化制造信息。最后针对不同的用户，通过基于这种物联制造技术的智能平台提供不同的应用服务，如生产过程的实时监控、制造资源的动态调度、物料的及时配送、制造过程的协同配合以及其他辅助应用，最终实现物联制造执行过程的信息透明、过程感知和动态优化。

5.2.1 制造资源物理建模

将物联技术引入设备层，可提高底层加工设备的感知交互及主动发现问题的能力，实现对制造活动的精确感知。

首先，以设备端的人、物料、搬运小车、加工工件几何量等信息的采集为目标，附加相应的传感节点到底层加工设备。例如，对人、物料、搬运小车信息的实时感知，可通过采用 RFID 技术的解决方案来实现，如图 5-3 所示；对工件几何量信息的感知，可采用数显游标卡尺等数字化测量仪来实现。在制造过程中，当设备端的传感点感知到相应的事件（数据）时，能及时进行信息传输，进行事件的定位。

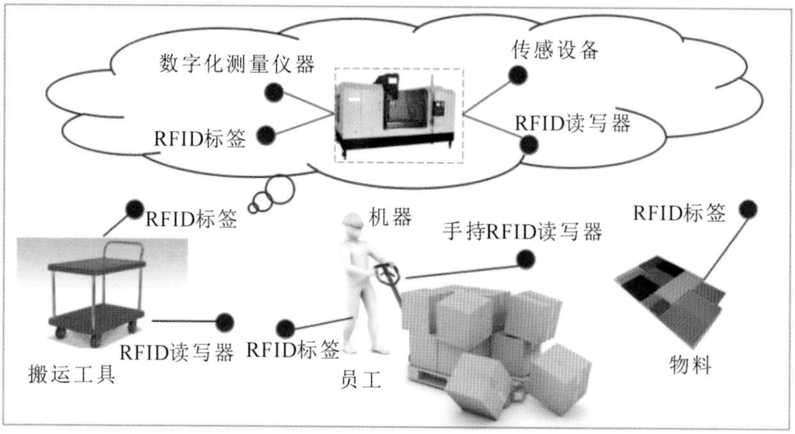

图 5-3 具有感知交互能力的制造资源模型

与此同时，RFID 设备被系统地部署在车间的各个生产场所，如图 5-4 所示。

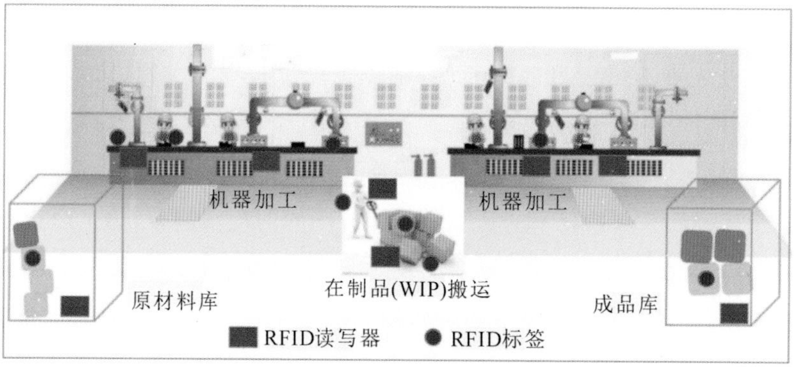

图 5-4 车间 RFID 设备部署模型

（1）将固定读写器部署在仓库原材料装卸区，并以在原材料上贴标签的方式对其进行标记。

（2）将固定读写器放置于成品仓库接收区，用来取下和回收标签。

（3）将标签贴在搬运工具上，使其转换成智能制造资源设备，在整个生产阶段提供生产数据。

(4) 将固定读写器部署在每台生产设备上，使其转换为智能制造资源设备，它能够检测 RFID 标签并帮助工人安排生产计划。每个工人都有一个 RFID 员工卡，用于识别个人身份及工作内容。

(5) 每个搬运人员携带一个移动读写器，用于频繁的交付工作。

(6) 无线网络设备，如无线网络或蓝牙部署在适当的位置以保证信号的覆盖，使得智能制造设备可以及时捕捉生产数据，并将它们传递给数据库及其他层。

通过在车间内各种资源上部署 RFID 设备等，将车间内的制造资源变成能够感知交互的智能制造设备，这些智能制造设备的组合，创造了一个能够实时感知现实工况的智能车间。

在智能车间的生产环境下，企业的生产经营和决策活动将发生重大变化。详细操作说明如下。

(1) 原材料放在带有 RFID 标签的搬运工具上进行搬运，每次搬运会视为一个作业。搬运人员使用移动读写器来感应标签，同时物流任务被自动确认。如果有错误的标签感应，则将给予警告。搬运任务完成之后，材料就被移动到下一个制造阶段的缓冲器，物料搬运人员在自己的 RFID 员工卡被接收员读取之后完成材料的移交。

(2) 移交操作完成后，生产计划被自动释放到作业池的第一制造阶段。随后机器操作员用员工卡感应部署在机器上的固定读写器，实现一个任务作业的自动分配。搬运人员通过随身携带的移动读写器获取需要从车间移动到机器缓冲区的材料信息。材料到货后，机器操作员需要读写员工卡进行确认。机器操作员通过固定读写器获取作业指导、技术参数和检验标准等相关生产信息，同时在加工完成后，按下读写器按钮通知检查人员进行质量检查。检查结束后，检查员读取机器操作员的员工卡，并通知物流人员移动材料到下一个生产阶段。

(3) 物流操作人员在获取物流任务之后，首先利用移动读写器确认某批次材料的标签，确认无误之后将物料移动到下一个处理级的缓冲器。

(4) 在接下来的处理阶段，和(2)相同的操作将被执行。在最后的处理阶段，成品将被物流人员从机器缓冲器移动到仓库。

(5) 工作人员通过移动读写器获取并确认某成品批次被运送到仓库的消

息，确认无误之后将其移动到成品接收区，成品接收员使用固定读写器取下和回收标签。

在此基础上，建立了一种基于智能代理(Agent)的智能制造资源模型，如图5-5所示。

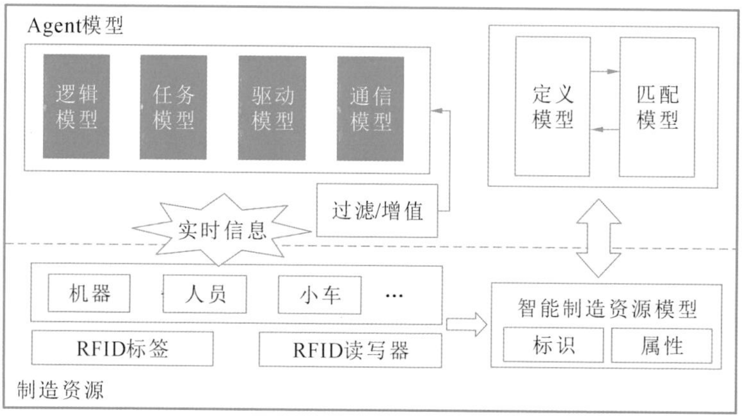

图 5-5　基于 Agent 和 RFID 技术的智能制造资源模型

图5-5所示为基于Agent和RFID技术的智能制造资源模型。该模型主要包括两个部分的内容：第一部分是通过与RFID技术结合，实现具有感知交互能力的制造资源感知模型；第二部分是将Agent通过软硬件的方式与设备进行结合，建立起基于Agent的智能制造资源模型。其中，Agent作为智能核心，用于处理设备通过RFID所感知到的实时信息，根据其内部的不同功能模块，识别感知到的生产实时信息，在此基础上，对事件进行分析和判断，最后，根据分析判断的结果对资源设备进行控制调整。

之所以将资源与Agent相结合，是因为在多Agent系统中，Agent是自主的，它们可以是不同的个人或组织。同时Agent是采用不同的设计方法和计算机语言开发而成的，可能是完全异质的，既没有全局数据，也不存在全局控制。这是一种开放的系统，Agent的加入和离开都是自由的。系统中的Agent通过共同协作，协调各自的能力和目标以解决单个Agent无法解决的问题。对于现实世界中存在的事物，可以将其个体或组织视作多智能体，对每个智能体按照其本质属性赋予行为规则。在Agent活动空间中，Agent按照各自的规则行动。随着时间的变化，系统会形成不同的场景，这些场景可以用来辅助人们判断、分析现实世界人们无法直接观察到的复杂现象。

5.2.2 制造资源服务建模

在物理模型建立的基础上，如何实现制造资源统一的信息交互，成为亟待解决的问题。

这里主要介绍针对底层加工制造设备的统一化服务建模方法。首先设计加工设备端加工服务的建模架构，对制造资源的加工服务能力进行形式化描述，并采用集合论对加工服务进行定义；其次利用本体论和语义 Web 技术，构造加工服务的本体模型；最后利用 OWL-S 语言描述模型的数据结构。基于多种制造资源协同生产的需要，研究制造设备资源的结构形式，应用面向对象技术，利用 UML 建模工具建立面向对象的制造资源模型。研究者提出一种基于 XML 的制造资源标记语言，它以统一的方式描述制造资源的静态及动态信息（如设备类型、生产能力、当前任务、加工参数等），可实现在云平台下不同系统间的制造资源数据交换，为后续的制造任务提供帮助。

制造资源服务建模主要是通过对制造资源的个体特征及相互之间的联系进行标准化描述，实现对制造资源的服务化建模。它是一种通过数据化建模来进行制造资源描述的形式和方法，主要目标是对资源进行集成与整合。因此，制造资源服务建模要着重于对资源的统一整合，并且通过服务模型进行特征资源的搜寻和查看，使得用户能够准确掌握制造资源的加工服务能力，从而做出正确决策，提高生产效率，提升经济效益。

传统的加工服务建模主要考虑了服务的基本属性，包括服务名称、服务序号等。制造资源加工能力建模主要考虑了加工设备的性能参数等。然而这些都是加工设备的静态信息，加工服务实时状态等动态信息没有被考虑在内。而在物联制造系统中，必须采集加工设备端的实时状态信息来掌握其忙闲、负载状况等，以便在任意时刻能够进行服务和任务匹配。基于物联制造平台下的业务模式，必须对所有注册、发布到平台中的加工服务进行评价以得到其服务质量的信息。基于以上考虑，本小节针对加工服务进行建模，主要对加工服务的基本属性、加工能力、实时状态、服务质量（QoS）这四个方面进行定义和描述，如图 5-6 所示。

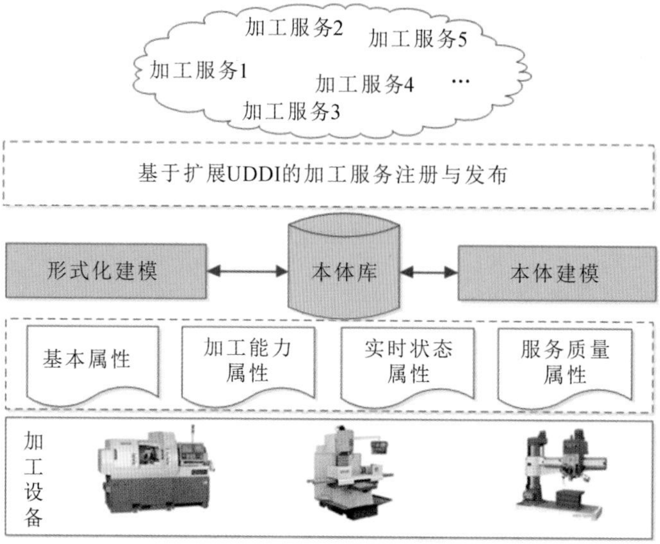

图 5-6 加工服务建模架构

定义加工服务 PS＝{PSBasicInfo，PSCapaInfo，PSStateInfo，PSQoS}。PS 即 processing service，表示加工服务。加工服务由一个四元组组成，其中 PSBasicInfo 表示加工服务的基本属性，PSCapaInfo 表示加工服务的加工能力属性，PSStateInfo 表示加工服务的实时状态属性，PSQoS 表示加工服务的服务质量属性。

1. 加工服务基本属性建模

加工服务的基本属性是对加工设备最基本的描述，同时这些基本属性也是在物联制造平台中的最基础的注册信息，是该加工服务在系统中的唯一标识。对基本属性进行科学完备的描述有助于在进行服务和任务匹配时快速搜索、定位相关的加工服务。基于这些原则，构建了如图 5-7 所示的模型。

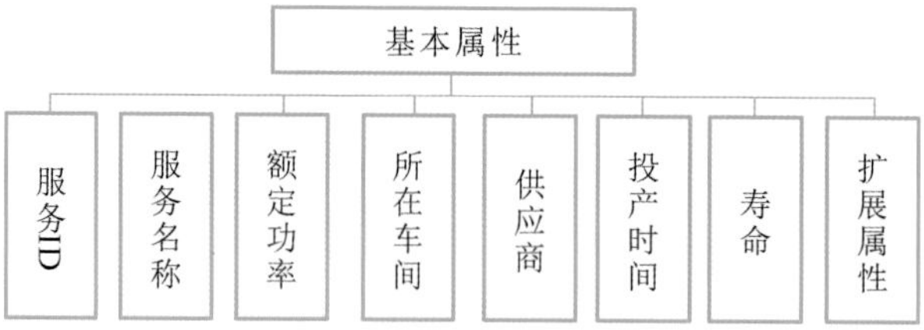

图 5-7 基本属性模型

定义加工服务基本属性：PSBasicInfo＝{PSID，PSName，PSPower，PS-

Location，PSSupplier，PSPurTime，PSLife，PSBIEx}。其中 PSID 表示加工服务的 ID 序号；PSName 表示加工服务的服务名称；PSPower 表示加工服务的额定功率，用来衡量加工设备的功耗情况；PSLocation 表示加工服务所属车间；PSSupplier 表示加工设备的供应商；PSPurTime 表示加工设备投产的日期，用于计算设备的折旧等；PSLife 表示加工设备的使用寿命；PSBIEx 表示加工设备基本属性的扩展信息，服务提供商可在此标识出加工服务的其他信息说明。

2. 加工服务加工能力属性建模

加工服务的加工能力是加工设备最重要的表征。加工能力直观表现出加工设备的加工性能，包括其加工范围及加工水平。在进行服务和任务匹配的过程中，最基础的就是要求服务提供商的加工服务满足任务加工能力的需求，同时对加工服务进行科学规范的建模能够保证匹配的精准和高效。具体模型如图 5-8 所示。

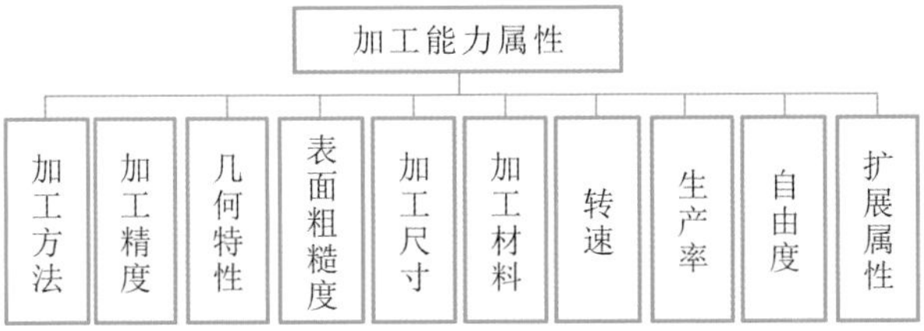

图 5-8　加工能力属性建模

定义加工服务加工能力属性 PSCapaInfo＝{PSMethod，PSPrecision，PSFeature，PSRoughness，PSSize，PSMaterial，PSSpeed，PSRate，PSDOF，PSCIEx}。其中 PSMethod 表示加工设备的加工方法，包括机加工、热处理等；PSPrecision 表示加工设备的加工精度，包括尺寸精度、位置精度等；PSFeature 表示加工设备能够加工的几何特征，例如平面、曲面等；PSRoughness 表示零件表面粗糙度；PSSize 表示加工设备的加工尺寸范围；PSMaterial 表示加工零件的材料，常见的有铸铁、钢、铝合金等；PSSpeed 表示加工设备的转速；PSRate 表示加工设备的生产率；PSDOF 表示加工设备的自由度(degree of freedom)；PSCIEx 表示加工设备的扩展属性，可由服务提供商自定义。

3. 加工服务实时状态属性建模

在物联制造管理平台中，系统需要对大量异地离散分布的加工服务资源进行实时管理。当有制造任务请求时，系统需要立即进行服务、任务的匹配，快速准确地找到合适的加工服务，并高效完成资源配置。在此过程中，系统必须随时采集加工设备端的实时状态信息并更新服务池，以便敏捷应对海量制造任务。结合物联网、信息网络等技术，可实现加工设备端的实时工作参数的采集。实时状态属性的建模如图 5-9 所示。

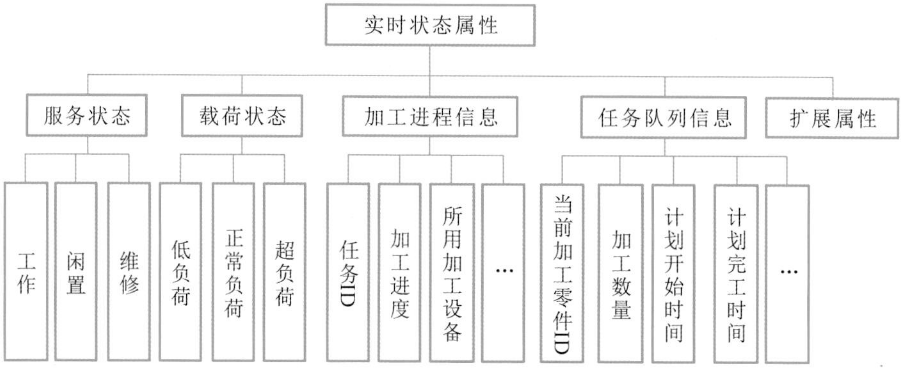

图 5-9　实时状态属性建模

定义加工服务实时状态属性 PSStateInfo＝{PSState，PSLoad，PSProcess，PSTaskList，PSSIEx}。其中 PSState 表示加工服务的服务状态，可分为工作、闲置、维修三种情况；PSLoad 表示加工设备的载荷状态，包括低负荷运载、正常负荷运载和超负荷运载三种情况；PSProcess 表示加工服务的进程、当前任务 ID，以及零件的加工进度和加工零件所用的加工设备、操作员等；PSTaskList 表示加工服务的任务队列，包括当前加工零件的 ID 及加工数量，该零件计划开工、完工时间，下一加工零件的 ID 等；PSSIEx 表示实时状态的扩展信息，可由服务提供商自定义。

4. 加工服务服务质量属性建模

在服务、任务匹配过程中，加工服务的服务质量是在满足任务需求加工能力的基础之上，对加工服务进行进一步评价的重要因素。在本章中对加工服务的服务质量的描述主要分为两方面。首先是在物联制造平台中，服务提供商提供的加工服务的历史数据，包括服务次数、产品的合格率等客观数据信息。这些数据在物联制造数据库中实时更新并反馈给任务需求方。其次是加工服务所属企业的社会等级、信誉等。在完成制造任务后，任务需求方对加工服务进行打分，给出用户满意度。加工服务的服务质量属性建模如图 5-10 所示。

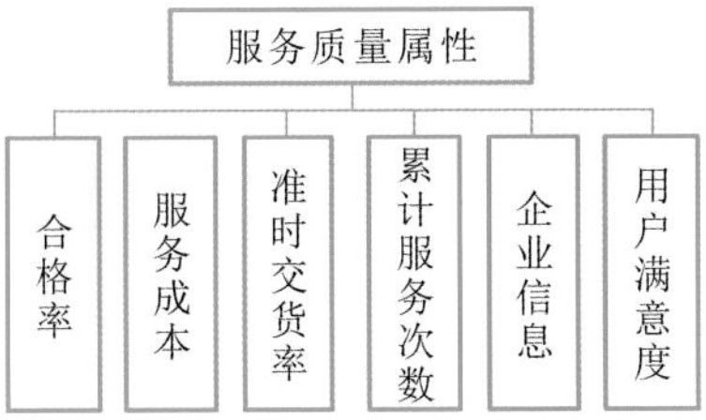

图 5-10　服务质量属性建模

定义加工服务服务质量属性 PSQoS＝{Pop，PSCost，OTDR，PSTimes，PSEnterInfo，CS}。其中 Pop(percent of pass)表示产品合格率，是衡量产品质量的最直观、最重要的指标；PSCost 表示加工服务的成本；OTDR(on-time delivery rate)表示加工服务准时交货率；PSTimes 表示加工服务的累计服务次数，次数越多表明加工服务越熟练，经验越丰富；PSEnterInfo 表示加工服务所属企业的信息，包括企业的社会等级、企业的信誉评级等；CS(customer satisfaction)表示用户满意度，满意度越高意味着服务质量越高。

在此基础上，利用基于语义 Web 的本体建模来描述领域本体的概念类、关系、函数、公理和实例，结合前文加工服务的形式化描述，构建本体模型，运用 OWL-S 语言对模型进行描述。

为了更加合理地运用这些信息，这种基于 OWL-S 的本体模型需要在 UDDI 环境下注册和发布，因此需将模型使用的数据结构转换成 UDDI 能够处理的数据结构。OWL-S 的 ServiceProfile 中的部分元素信息可以直接与 UDDI 中相应的数据结构对应，但还有部分元素信息在 UDDI 中没有可直接对应的数据结构。因此，需要利用 tModel 对 UDDI 进行扩展，采用广泛使用的、由 Srinivasan 等提出的方法，将 ServiceProfile 中的所有元素信息都一一映射到 UDDI 中，从而实现加工服务的注册与发布。本章针对加工服务的服务化过程设计了基于扩展 UDDI 的加工服务注册与发布框架，如图 5-11 所示。

基于扩展 UDDI 的加工服务注册与发布框架共分为三部分，包括服务注册、服务发布及服务搜索。

(1) 服务注册模块：对加工服务的基本属性、加工能力属性、实时状态属性、服务质量属性进行形式化建模；从本体库中，选择相应的领域本体，进行本体建模；运用 OWL-S 来描述本体模型的数据结构。其中加工服务本体的 OWL-S

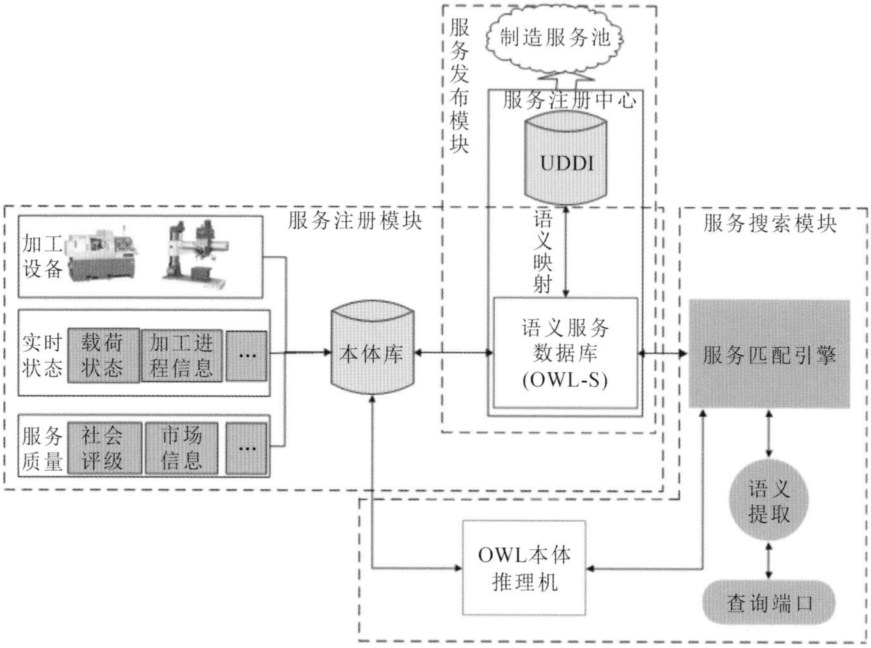

图 5-11 基于扩展 UDDI 的加工服务注册与发布框架

描述数据结构与 UDDI 中所支持的数据结构形成映射(UDDI 与语义服务数据库形成语义映射)。

(2) 服务发布模块:加工服务的基本信息及其属性在服务注册中心进行注册,在 UDDI 中存入基本信息,在语义服务数据库中存入服务功能的语义描述。通过标准化接口注册和发布异地、离散分布的加工服务,形成制造服务池。

(3) 服务搜索模块:在加工服务注册和发布后,可以通过服务查询端口输入查询内容,进行语义提取。若查询内容为基本信息,则可通过 UDDI 直接查询。若内容为功能性语义描述,首先输入服务匹配引擎,服务匹配引擎在语义服务数据库中选择相关的语义服务。然后通过 OWL 本体推理机对本体库中与服务相关的概念进行逻辑推理,得到相关概念在服务本体语法树中的最小距离,即语义匹配度,由此匹配出与请求最相近的服务。最后根据此服务,将其定位到 UDDI 中,获得其加工服务的服务 ID,返回最终结果。

大量异地分布、离散的加工制造资源发布到物联制造平台后,需要系统对加工服务进行有效管理和监控,从而保证所有的服务资源得到最大限度的利用。同时,当制造任务发布到物联制造平台后,系统需要将加工服务、任务进行语义匹配，确保资源的优化敏捷配置。

5.3 制造资源分布式应用

基于上述制造资源的物理模型与服务模型，制造资源可以描述成一个智能体，这里统称为智能制造资源。智能制造资源能够实现资源之间的状态互感、信息共享及协同调整，大大提高生产效率，减少资源分配不均、黑箱操作等普遍问题，提高生产系统的稳定性。这里主要介绍四种应用前景广阔的制造资源分布式应用：生产过程的感知监控、制造资源的动态协同、制造资源的自组织配置以及制造资源的自适应协同。

5.3.1 生产过程的感知监控

这类应用主要利用 RFID 技术，对实时监控制造车间内的异常生产事件进行研究，对制造车间内的生产过程及异常生产事件进行实时监控，实现对异常事件的及时响应、分析和确认，从而提高企业对车间生产异常事件的快速反应能力，保障车间的正常生产。

这里使用了一套基于 RFID 技术的复杂事件处理的体系结构。该结构定义了 RFID 事件模型与复杂事件运算符，并以脚本的方式导入复杂事件处理计算引擎，从 RFID 原始数据中提炼出系统状态信息以实现生产实时监控。

底层主要在基于 RFID 技术的智能车间中读取生产过程的实时基础信息。然后通过事件处理机制，逐层分析，得到原始事件、简单事件和复杂事件。最后对事件进行整体分析，得到上层应用所需的订单管理、库存管理、交货期管理等一系列增值信息，如图 5-12 所示。

RFID 事件处理系统被集成至 RFID 覆盖的生产车间中，以实现对现场复杂事件的实时监控。该系统覆盖了所有的生产过程，包括加工装配线、仓库，带有 RFID 标签的制造资源对象有产品、物料、机器、人员和托盘等。本事件处理系统负责的实时监控功能包括：

（1）检验加工装配线和工作台的生产步骤、原材料及人员是否规范；

（2）检验仓库是否需要供应物料；

（3）检验加工过程中产品种类和数量是否与订单一致；

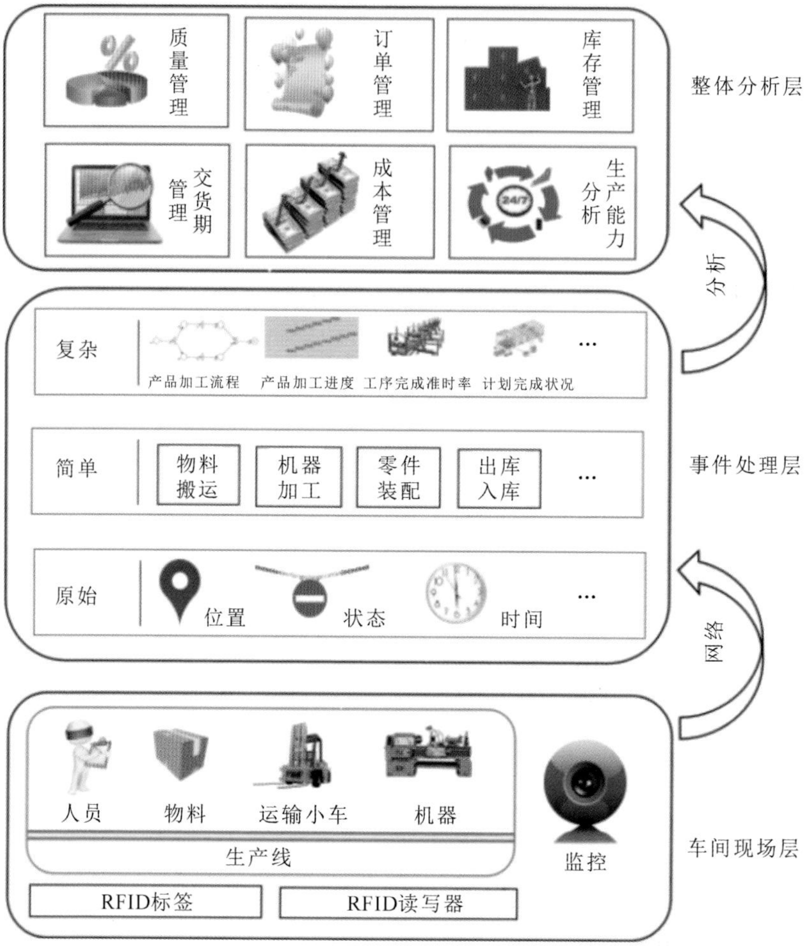

图 5-12　制造系统实时监控与性能分析模型

(4) 检验物料的搬运与任务是否一致，是否及时到达指定区域；

(5) 检验工人的位置、工作效率、工作时长是否满足要求；

(6) 检验机器是否发生故障，运行是否正常等。

以此为基础，即可获取车间内所有资源在各个时间的位置和状态信息，并且通过信息的结合得到简单的入库、出库、节点的加工及装配信息。通过对这些节点信息的连接和分析，可以实现对产品的加工工艺路线、工序加工的准时率等状况的实时监控。通过信息增值、筛选及总结可以获得更加概括抽象的车间重要参数，实现对库存、订单、交货期等的管理。

5.3.2 制造资源的动态协同

基于物联技术的智能制造设备是一种通过获得底层制造资源数据并抽象相关信息，在信息加工的基础上实现各种功能的智能制造设备。图 5-13 描述了系统是如何通过采集数据然后实现功能的。

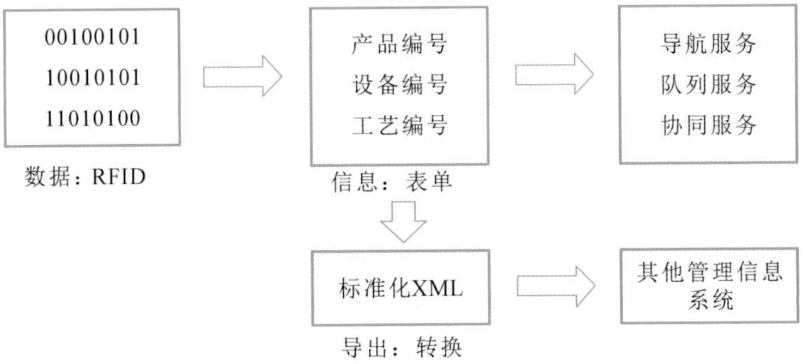

图 5-13 数据到功能的抽象

设计的智能制造资源的动态协同整体框架如图 5-14 所示。设备通过自动识别设备采集标记有 RFID 标签的制造资源数据，对数据进行整理并生成相应的信息。然后将信息传输至数据库，数据库将与其匹配的各种信息（员工信息、工件信息、工艺信息等）返回至设备端，设备按照程序规范对信息进行加工和增值，实现高级功能。

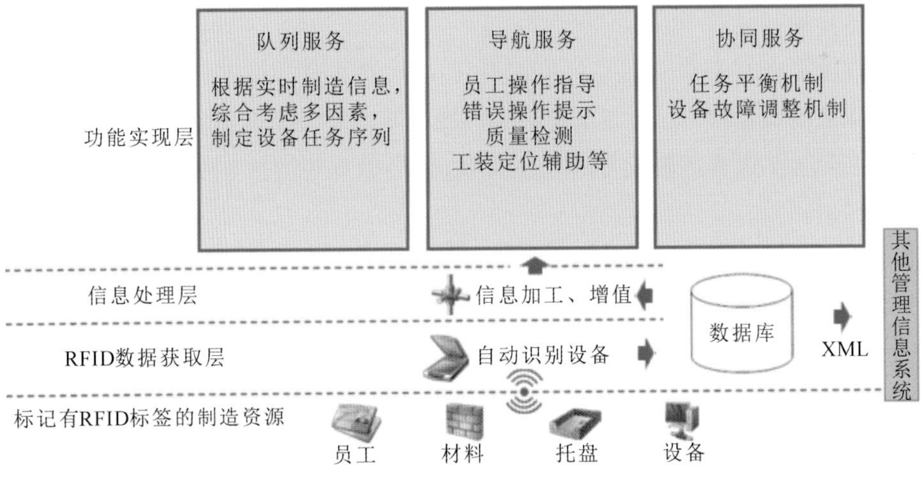

图 5-14 智能制造资源动态协同整体框架

1. 系统基本功能

系统基本功能主要包括三方面。

(1) 队列服务:用于优化设备端加工任务队列,考虑多因素对加工进度的影响,优化任务队列,提高单机加工效率。

(2) 导航服务:用于引导员工完成加工制造过程,为员工提供加工全过程的技术指导,辅助员工操作设备,并对关键操作进行监控。

(3) 协同服务:用于平衡设备间、工序间的加工进度,减小单机加工队列变动对车间整体加工进度的影响。

1) 队列服务

制造设备每天按照车间生产计划进行加工生产,然而车间生产计划是从车间层整体效率的角度来制订的,许多时候并不符合单机设备的实际情况,导致单机设备上经常出现原料不足或在制品堆积等加工异常情况。

队列服务则在车间生产计划的基础上综合考虑原料、刀具、工艺等多方面因素,根据对应的算法,为每一个因素赋权值,并计算每一项任务的综合得分,再根据排列原则生成更为优化、适合不同单机设备的任务队列,从而减少等待和停滞时间,提高单机设备的生产效率。

2) 导航服务

导航服务为员工提供具体的操作指导,在员工执行每一项操作时,导航服务都会给予指导,使那些并不熟练的操作工人能够自主完成加工任务而不需要向他人求助。

导航服务伴随员工的整个加工周期,既包括工件吊装和夹具定位,又包括加工工艺和质量检测。通过文字、图像、视频等多种类型的信息表述,同时将原本复杂的加工过程拆解成多个动作要领,给员工直观的操作引导,使员工实现所见即所做。

3) 协同服务

协同服务主要从车间层解决制造能力分配不均的问题。当设备按照队列服务生成的优化队列生产时,可能会影响车间层的加工过程的连贯性。为了解决这一问题,我们加入了协同服务,协同服务通过设备间的信息传递,统一加工进度,平衡设备任务分配。

如图 5-15 所示,设备 A 用于完成工序 i,设备 B 用于完成工序 $i+1$,两设备存在工序先后关系。设备 A 根据自己的队列服务相关信息,生成与之对应的传递信息,信息通过协同服务发送给设备 B。设备 B 在接收到传递信息后,对信息进行处理,提取供需信息传递给队列服务,作为其优化队列的参考。这一过程是双向同步进行的。

图 5-15　设备间协同服务信息传递

2. 设备整体工作流程

设备的工作流程根据设备的具体工种会有所不同,这里只介绍一个通用的工作流程。整体工作流程如图 5-16 所示。

3. 调用队列和协同服务

在员工查阅个人信息的同时,设备及人员的任务列表也被传送到设备端。设备调用队列服务,对任务列表进行优化,并将优化完成后的结果显示出来。员工按照优化列表进行加工。

协同服务传递的信息是队列服务中的一个重要因素,所以在调用队列服务的同时,协同服务也被调用。协同服务会根据设备当前任务队列的具体情况,将对应的信息传递给存在工序关联的其他设备,其他设备再利用这些信息优化自己的任务队列。

4. 工件加工及导航服务

设备检测到员工进入加工状态后,会首先调取位于任务列表顶端的任务信息,将信息传递给数据库,获取相对应的工艺信息和导航信息。此时导航服务开始工作。

导航服务涵盖加工全过程,并对关键操作过程进行监控,及时发现错误操作并给予警示。如果错误操作可以修复则提示修复方法,如不可修复,提示员工放弃当前工件,进行下一项加工任务,从而减少不必要的劳动,提高效率。

导航服务同样对产品的质量检验给予指导,这在某些对加工质量要求极高的行业中十分必要。

5. 加工完成后的循环及问题处理

完成了工件加工和检验后,协同服务会自动生成在制品信息,更新工件信

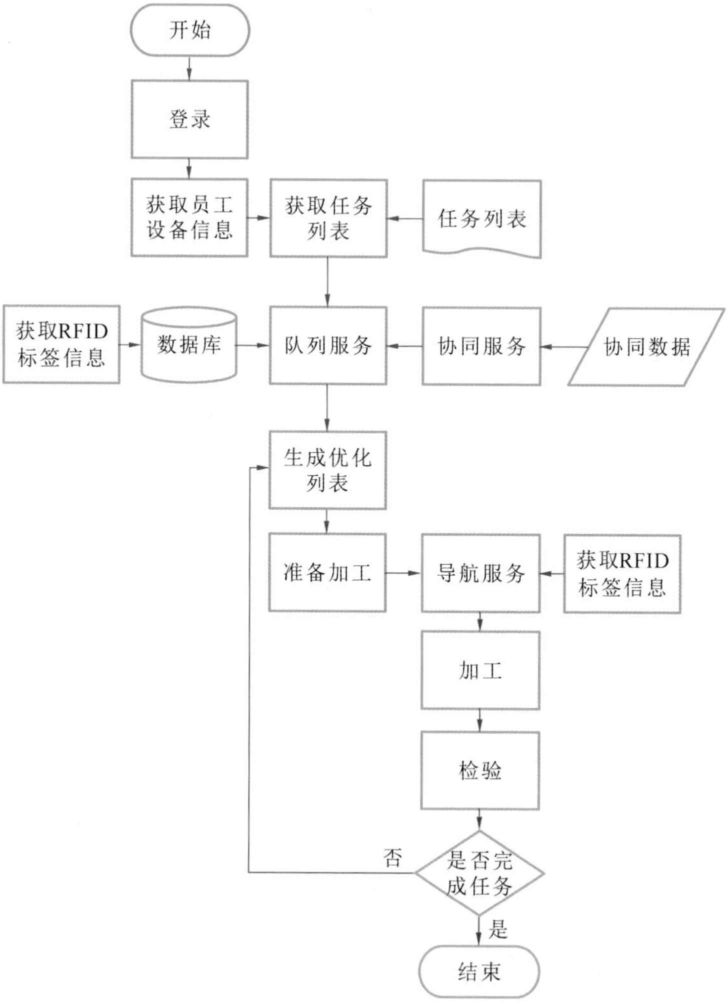

图 5-16　整体工作流程

息，将工件的加工任务派遣给下一道工序的加工设备端。同时队列服务再次生成新的队列，员工按照新的队列进行加工。

当队列服务无法使任务列表中的所有任务都如期完成时，协同服务会再次被调用，此时协同服务会将堆积的任务返回给位于上一道工序的设备端，由上一道工序设备端的协同服务进行任务再分配，从而平衡同工种设备间的工作量。

5.3.3 制造资源的自组织配置

任务分配的策略是影响车间整体工作效率的关键因素。目前传统的车间的任务分配是由调度排班实现的，排班的合理与否很大程度上取决于调度员的经验水平，无法保证任务的最优分配。此外，即使借助计算机软件，由于缺少能够直接应用于实际生产环境的调度算法，车间的任务分配工作仍然面临重大挑战。

为应对这一问题，利用物联网技术与 RFID 技术，张映锋等人提出了在物联网技术支持下的一种主动任务发现策略。考虑到智能车间环境中，各设备及车辆都会在模型结构中对外发布自身的加工能力信息或运输能力信息，这里将上述策略拓展为智能车间中的任务分配方案。

制造设备、运输车辆均会向数据网络组播自身的能力信息，制造任务、运输任务与维护任务也都拥有一个或多个任务列表，共同存储于网络端的任务池中。需求信息与能力信息可以交互配对，由设备和车辆主动从任务池中选取符合自身能力的任务去完成。任务池则负责根据任务优先级、要求完成时间、剩余可用时间对任务分别赋予一定的权重系数，保证设备在自主选取任务的同时也能兼顾任务的优先级，这一过程可以用图 5-17 表示。

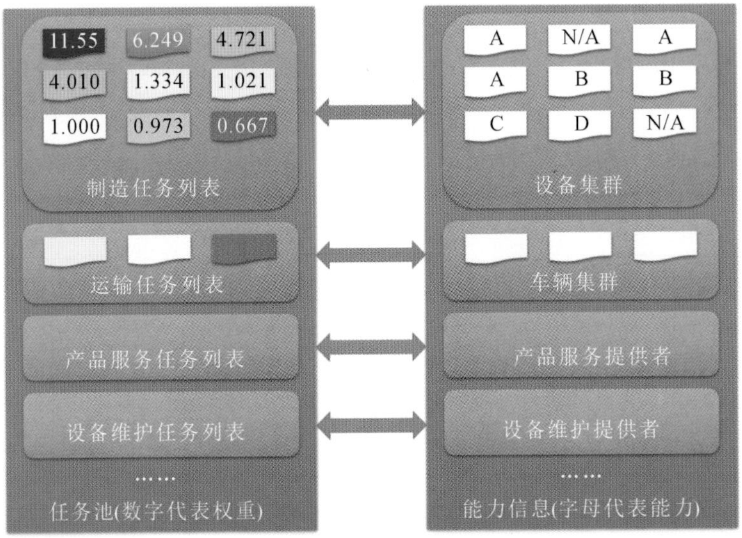

图 5-17　智能车间内的任务分配策略

在智能车间环境下，考虑到任务权重因素，智能体节点（设备、车辆等）在进行任务选取时，会筛选出能力覆盖范围内的所有任务项，再根据任务权重将这些任务项降序排列。最后综合任务权重、车辆行驶距离或设备运转工时等信息，从备选任务列表里选中并确定最终选取的任务。

自组织理论是 20 世纪 70 年代出现的研究非线性复杂系统及其自组织形成过程的学说，包括耗散结构理论、协同学、突变论、超循环理论、混沌理论、分形理论等。自组织可定义为：一个系统的要素按彼此的协同性、相干性或某种默契形成特定结构与功能的过程。自组织是一种不依靠任何外来的干预，而形成的一种空间、时间或功能的结构。

自组织系统是一个复杂系统，它的内在组成具有一定的自主性，广泛应用于开放的制造系统或者环境中。当环境或系统内部状态发生变化时，内在个体按照一定自组织机制进行组织调整，从而使系统整体的结构、状态等得到优化，进而使系统适应环境的变化，更好地实现设计目标。在物联制造环境下，自组织主要体现在任务与资源的主动匹配和优化配置上。

本小节将自组织理论应用于分散、异构的制造资源的配置过程，在物联制造资源与制造任务匹配的平台中结合复杂系统自组织的特性，提出了制造资源的自组织配置总体架构。该架构主要由制造单元的建模、需求任务的分解、制造资源的自组织过程以及资源配置四部分组成，如图 5-18 所示。

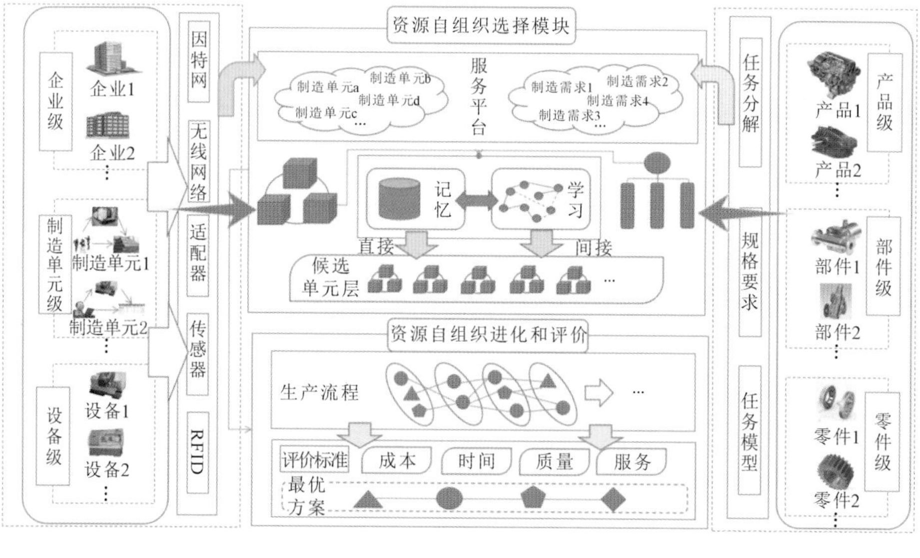

图 5-18　物联制造背景下的资源自组织模型

这类应用主要根据物联制造模式特点，在研究制造资源的资源结构的基础上，利用物理和服务的制造资源模型，满足各合作企业间制造资源的协同整合，实现对分散异构的制造资源的合理利用。

将各类制造资源按照一定的加工能力重组成相对独立的基本制造单元，再通过对制造单元的制造能力进行封装来提供某种制造服务，完成相应的网络任务。同时根据用户的任务信息，将作业任务分为产品级别、部件级别、零件加工工艺段级别、工序级别等四种情形，任务根据产品的基本结构分解成子任务，子任务分解为下层子任务，然后依次分解，直至分解为最小子任务或达到执行标准，并发布到任务池，等待制造资源匹配。在此基础上，当有制造任务发布时，通过自组织演化模型，生成制造资源候选服务集，并通过层次分析法(analytic hierarchy process，AHP)，建立基于成本、质量、时间和服务的评价体系，完成对制造资源和制造任务的自动匹配并进行记忆。当再次有任务发布时，首先进行相似任务的检索，并由系统自动完成制造过程的学习和演化，完成制造过程的自组织过程。自组织配置系统通过不断地进化和学习，其自身组织结构和执行机制趋于完善，对任务的调节能力和市场的适应能力不断增强。这个自组织配置模型包括以下几个方面：自组织仿生模型、自组织学习方法、自组织记忆机制以及配置评价方法。

1. 制造资源自组织仿生模型

该仿生模型包括输入、输出、学习策略和记忆等四个部分，如图 5-19 所示。① 输入就是仿生模型(大脑)的信息采集模块，其负责向大脑提供资源数据和资源使用信息，资源数据是大脑中累积的原始素材，资源使用信息是大脑学习过程的支撑数据。② 输出就是大脑的信息执行机构，其负责资源的筛选与增值和信息的输出，资源筛选与增值指从大脑中删除无用信息，包装有用信息，进而把包装好的信息输出给用户，满足用户的需求。③ 学习部分包括资源树的生成模仿演化和制造服务最终的反馈强化两部分。④ 记忆部分实现历史数据库关于单元加工能力历史数据的存储及历史需求任务数据的跟踪记录。

2. 制造资源自组织学习方法

学习机制是生物系统自组织的主要特点。物联制造资源管理系统将具有越来越明显的学习机制，其特点是越使用越“聪明”。通过制造资源信息自行学习和优化，制造资源的配置和协同将更加灵敏、有序、迅速、有效。

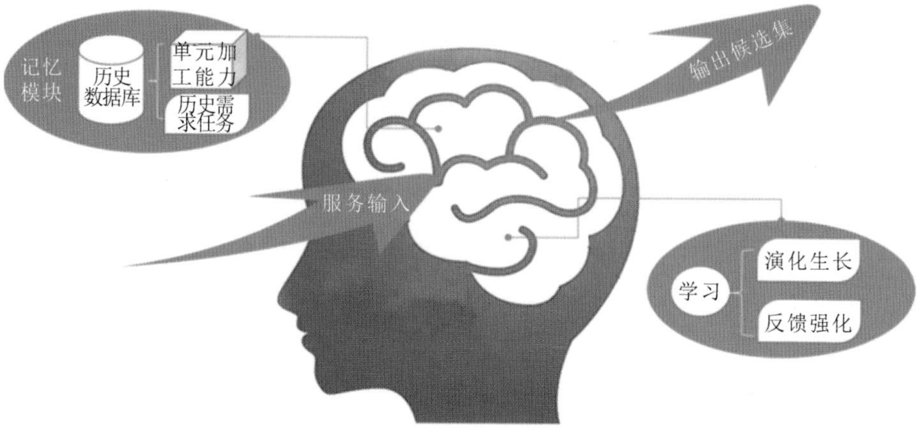

图 5-19　制造资源自组织仿生模型

学习机制有两个关键组成部分：制造资源关联演化生长机制和反馈强化学习机制。前者是指资源间的相互关系要随着用户的使用而发生变化以更好地满足多变的用户需求。后者是指通过后续对候选服务集的评价及制造资源的配置，最终通过用户的反馈对新的配置方法进行记忆或删减，即基于强化机制，以学习机制作为一种手段来评估过去演化的结果。这样，过去不好的演化结果将被删减修改，好的结果及其产生的积极的影响将被记忆跟踪，并存储于历史数据库中，下次服务发布时便能直接检索到相关服务，使系统越使用越“聪明”。

3. 制造资源自组织记忆机制

制造资源仿生自组织管理的记忆方法，很多研究中又称为自组织地图(SOM)，其作用主要是有效跟踪和记录各种资源间的相互关联方式，即对某一制造任务所需的制造资源单元间的关联方式进行数据存储。

制造资源划分为相关制造资源和相似制造资源。围绕某一制造对象，例如针对某一凸轮轴的制造，其加工过程中所用到的制造资源集群称为相关制造资源，用数学语言描述为 $MT=\{MR_1, MR_2, MR_3, \cdots, MR_n\}$。MT 代表制造任务，MR 表示制造资源，这个集合就表示针对某一制造任务的相关制造资源的集合。相似制造资源是指可近似相互取代的制造资源，即针对某一制造任务，具有相同功能、能达到相同制造要求的制造资源。物联制造资源的自组织记忆分为两个部分，第一部分是根据制造任务的发布，用户对最优配置的制造资源使用数据进行存储；第二部分就是对制造单元的制造能力数据进行存储。当新的制造任务发布时，就可对历史数据库中的制造任务进行匹配，先查找相似制造任务的制造资源集群，再将其中的制造资源用相似的资源替换，生成不同的资源组合，实现自组织的配置过程。

4. 基于AHP的制造资源候选集配置评价方法

基于制造资源自组织记忆、学习机制配置，生成了能够完成制造任务的资源配置候选集合。这里将在自组织记忆、学习机制的基础上完成自组织配置的最后一步：筛选进化过程，即利用AHP对候选服务进行评价。

应用AHP解决实际问题，首先应明确需要解决的问题，然后通过分析讨论将其理论化和层次化。AHP要求的递阶层次结构一般由以下三个层次组成：目标层（最高层），涉及决策的目的、要解决的问题；准则层（中间层），涉及决策时的备选方案；方案层（最低层），涉及考虑的因素、决策的准则。

分析复杂问题，首先要明确需要解决的问题及理想目标，将该目标作为目标层的元素，需要说明的是，这个目标必须是唯一的。

其次找出影响目标实现的准则，作为准则层因素。在一些复杂的问题中，影响目标的准则可能有很多，这时要详细分析各准则因素间的相互关系，分清楚哪些是主要准则，哪些是次要准则，在此基础上根据相互之间的关系将准则又分成不同的层次。在某些关系复杂的层次结构中，有时上一层的若干元素同时对下一层的若干元素起支配作用，形成相互交叉的层次关系，但上下层的隶属关系应该是固定不变的。

最后分析在上述准则下，解决决策问题（实现决策目标）有哪些最终解决方案（措施），并将它们作为方案层因素，放在递阶层次结构的最下面（最低层）。明确各个层次的因素及其位置，并将它们之间的关系用连线连接起来，构成递阶层次结构。

对于满足制造任务需求的制造服务候选集，采用AHP的系统评价方法，从时间、质量、成本及服务四方面对其进行科学的权衡，从中选出令用户满意的方案，从而完成制造服务的自动执行过程。构造的评价指标体系如图5-20所示。

1）加工时间

加工时间是指制造单元完成所匹配任务的实际时间，是衡量一个资源配置过程的重要指标，在任务完成质量相同的情况下，制造资源配置越科学、越合理

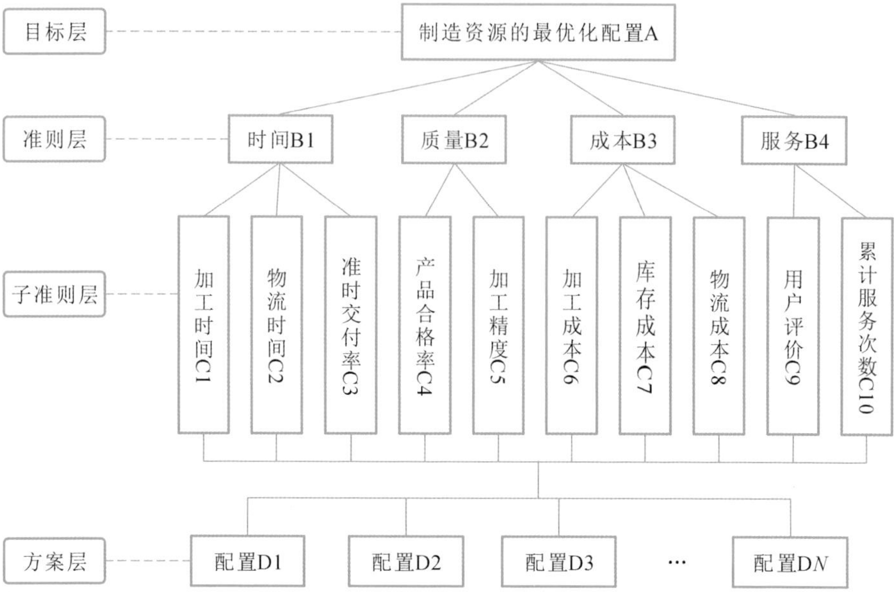

图 5-20　制造服务 AHP 评价指标体系

则加工时间越短，配置情况越优。

2）物流时间

物流时间是指由于制造资源的分散、异构的特点，位于不同空间位置的制造资源在组合后协同完成制造任务的过程中产品的运送时间。在相同的制造要求下，物流时间越短，配置方法越优。

3）准时交付率

准时交付率是指制造单元在加工完产品后，按照规定日期交付产品的成功率。将某制造单元完成制造任务的次数记为 N，其中按时交付的次数为 n，则准时交付率 $N_0=\frac{n}{N}$。

4）加工成本

加工成本即制造资源的使用成本，包括设备的制造加工费用、材料费用等。在完成相同制造任务的情况下，制造单元的加工成本越低越优。

5）库存成本

库存成本是指制造任务在制造单元间加工时，单元内进行产品的滞留管理所花费的保管维护成本。一般情况下，库存成本越低越好。

6）物流成本

由于这里研究的制造资源是离散、异构的，在制造单元间关联制造时，会产生单元间产品运输的物流成本。总成本是单元至单元间单位运输成本与产品批数的乘积。

7）产品合格率

产品合格率是衡量单元加工服务生产质量的主要依据。通过记录在此制造资源单元上累计服务次数与产生合格产品数量的比值，即可得到单元的产品合格率。

8）加工精度

加工精度就是利用制造资源对产品进行加工后，产品按要求所达到的精度等级。

9）累计服务次数

累计服务次数是指该制造单元在云平台中提供服务的总次数，可通过查询其历史加工数据得到。

10）用户评价

用户评价是对单元制造完成情况最直接的评价依据。用户在任务完成交付后，对制造单元的服务完成情况进行评价。

最后通过构造判断矩阵及一致性检验等步骤得出最优的配置结果。

5.3.4 制造资源的自适应协同

通常，在实际生产过程中，由于生产任务种类繁多、数量少及加工要求高等特点，车间生产环境十分复杂，极易出现生产异常。异常事件的产生和过慢的异常排除速度会导致生产效率降低，影响工厂的稳定发展。这些异常因素包括工厂内部条件变化的不确定性和工厂外部环境的不确定性。对于大多数的制造企业，车间里的异常事件通常包括物料的异常、设备的故障、人员的懈怠或工艺错误。车间内的异常事件经常会导致车间整体效率降低，不能及时完成生产任务，甚至会影响产品的生产质量。如何及时响应异常、及时消除异常成为急需解决的问题。

当下的各类系统愈来愈呈现出一种高度分布式的态势，然而系统的使用需求又常常要求将尽可能多的这些专门化、种类各异、运行环境不一的部件（从嵌入式传感器到云服务等)与数据流(从网络数据一直到传感器数据)进行整合处理。开发、配置、维护这类系统是很困难且费时的,而自适应系统(self-adaptive system, SAS)能有效地改善这一问题。

自适应模型能够应对外界运行环境的变化并自动调整自身的运行状态。这种应对环境变化的调整是通过系统属性参数来实现的。自适应系统有一种自我适应、自我管理的能力。在系统失效时可以进行自我配置与自我修复,或在应对潜在系统威胁时进行自我优化与自我保护。为了达到这一目的,自适应系统应该能够获取系统自身与外界的感知信息。

考虑上述问题,图 5-21 给出了一种智能车间环境下的自适应问题的分类结构,以帮助我们更好地分析智能车间中自适应模型的设计定位。

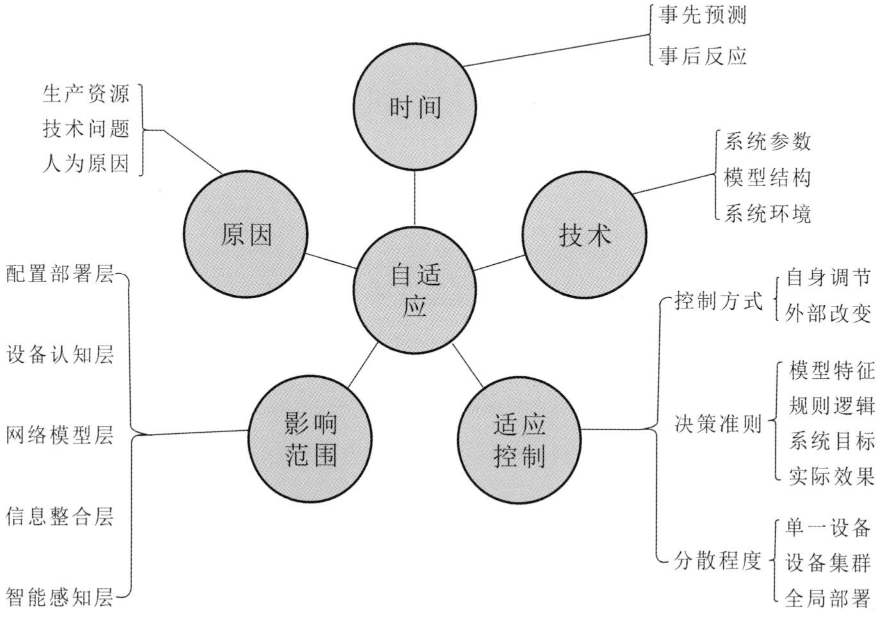

图 5-21　智能车间环境下的自适应问题的分类结构

运用自适应模型的原因也就是车间发生异常的原因,这里归结为三类:由生产资源问题造成的异常,如原材料短缺、在制品检测结果不合格等;由技术原因造成的异常,如软硬件设备工作状态不佳、现有知识库无法完成某项操作等;人为原因,如订单变更、操作员失误等。

自适应行为的发生一般会对智能车间内所有层次的模块产生影响。自适应行为对异常的处理结果会发送至配置部署层，影响原计划的执行指令，同时影响智能感知层或得到的数据信息。自适应的发生代表着生产环境或诸多因素发生了变化且与预期计划不符，设备认知层需要调整资源的调配等一系列问题来保证工作的继续进行。这一改变也来自网络模型层中模型参数的变化。同时，系统的自我学习功能会分析这个异常，进而将分析结果输入信息整合层中的规则定义服务，以避免类似的异常再次发生。

本节提出的物联制造环境下的制造资源自适应协同生产体系架构主要分为五个层次，分别为感知层、监控层、智能层、自适应层及数据库。感知层主要用来部署智能设备，并通过传输网络向其他层级传输实时信息；监控层主要通过对基础的生产实时信息进行整合和组合分析，实现对生产的实时监控和性能分析，从而使系统在生产出现异常时能及时发现并判断异常；智能层主要将被动的智能设备和 Agent 技术结合，得到具有自主行动和执行能力的新型智能设备，使之更加智能并且能高效灵活地完成协同生产工作；自适应层主要用于异常的确认，进而判断异常的大小及自适应的范围，通过异常消除知识来消除异常。这里根据异常大小将异常分为三个层级：资源层、单元层、车间层。基于智能制造资源的自适应模型具体的框架如图 5-22 所示。

这里提出的三层结构的车间自适应模型分为资源个体层、内部单元层、车间整体层。资源个体层的自适应主要针对单个设备，内部单元层的主要对象为同类资源，车间整体层主要用于车间所有资源的整体自适应协同生产。整体架构如图 5-23 所示。

生产中遇到的异常多种多样，异常的大小对车间生产的影响大小也不一样。有的异常只需要机器进行内部的调节就能消除，而有的异常则需要车间进行整体的协同调度。基于这样的原因，引入一种自适应分层机制，如图 5-24所示。

首先，对智能制造资源进行异常预测，同时做出相应的调整，保证正常生产。如果生产在做出调整后保持一段时间的稳定，那么这种调整将被记录入知识库，为以后的生产提供一种有效的调整方法。当生产体系判断出系统发生异常时，系统开始确定异常的大小及影响范围。如果影响较小，只需要个体资源微小调整，系统将通过个体 Agent 进行资源内部的自适应控制来调整自身的状态，完成异常的消除；如果异常大小适中，需要在同类资源之间进行调整，则系

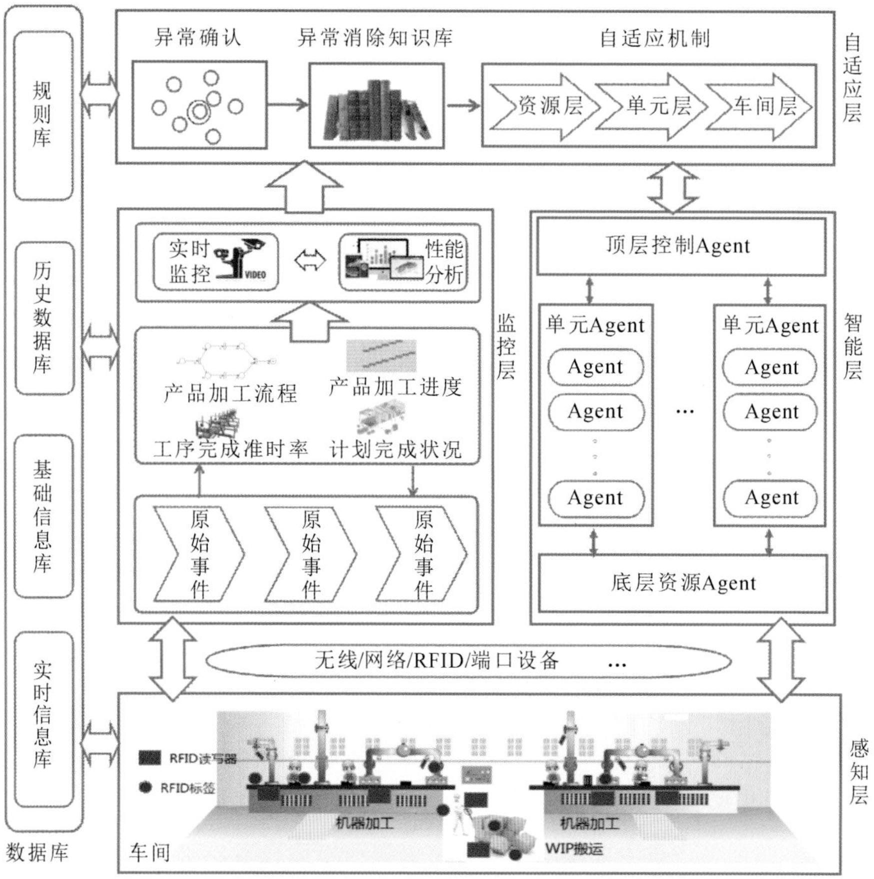

图 5-22　基于智能制造资源的自适应模型具体的框架

统通过单元 Agent 进行同类之间的协同配合调整，完成异常的消除；当异常的影响较大或者范围很广时，系统将通过车间层 Agent 对所有资源进行重新分配，以自适应协同控制完成异常的消除。当初始异常分析出现错误、异常不能及时消除时，Agent 向上一层 Agent 发出请求，通过相应的自适应策略完成异常的消除。每次异常消除的记录将被记录，作为以后异常解决方法的参考和依据。当此自适应方法不能消除异常时，及时通知车间管理者。个体 Agent 自适应调整过程如图 5-25 所示。

Agent 通过初始参数对制造资源进行控制驱动，当输出参数显示异常时，对异常参数进行反馈，这时，可以通过两种自适应方法进行异常的消除。第一

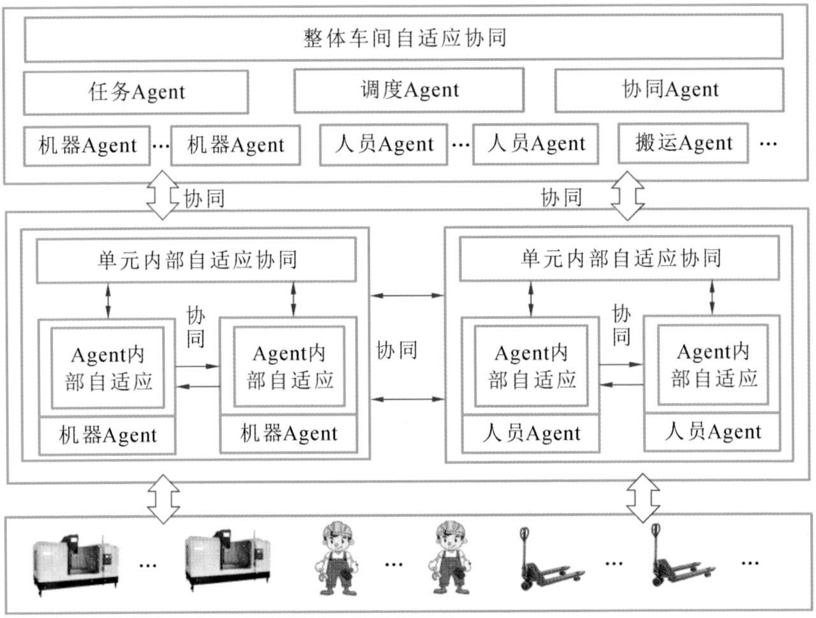

图 5-23　智能车间自适应协同模型架构

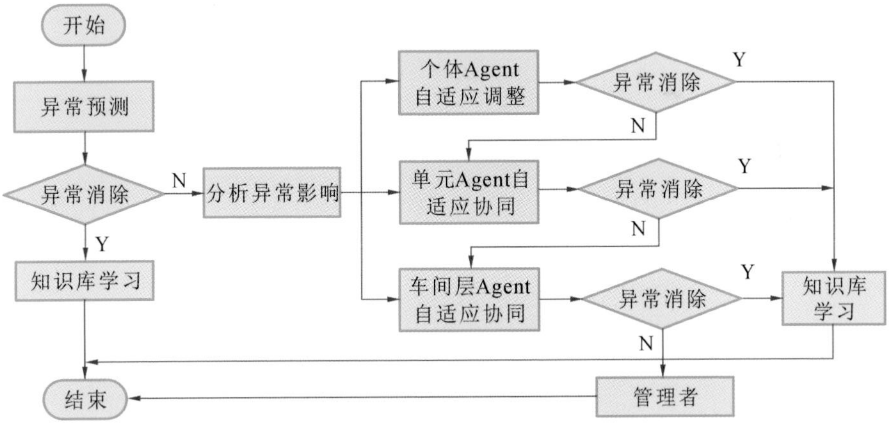

图 5-24　自适应分层机制

种方法是查找基础信息(数据)库,找到对应工序的加工工艺及技术要求,然后进行匹配操作,根据加工标准与要求得出异常资源的理想参数,最后通过控制器对异常资源进行自适应调节。第二种方法是对其他同类正常机器的实时加工参数及历史加工数据进行分析,得出一个有效的稳定参数,随后通过控制器对资源进行自适应控制。个体 Agent 自适应控制相对简单,只需简单的反馈调

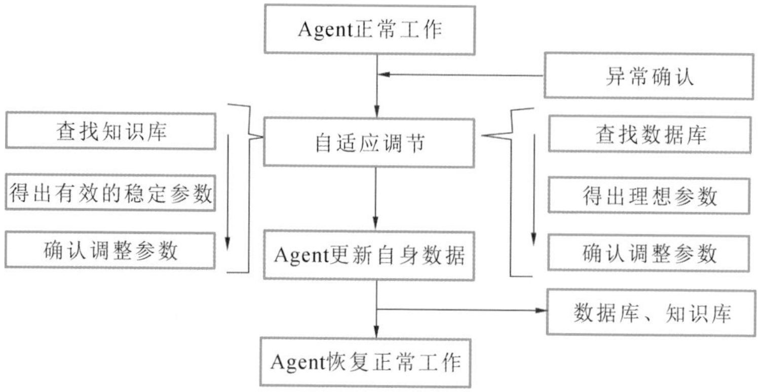

图 5-25　个体 Agent 自适应调整过程

节与逻辑模型就能快速地消除异常，这里不再赘述。单元 Agent 自适应协同过程如图5-26所示。

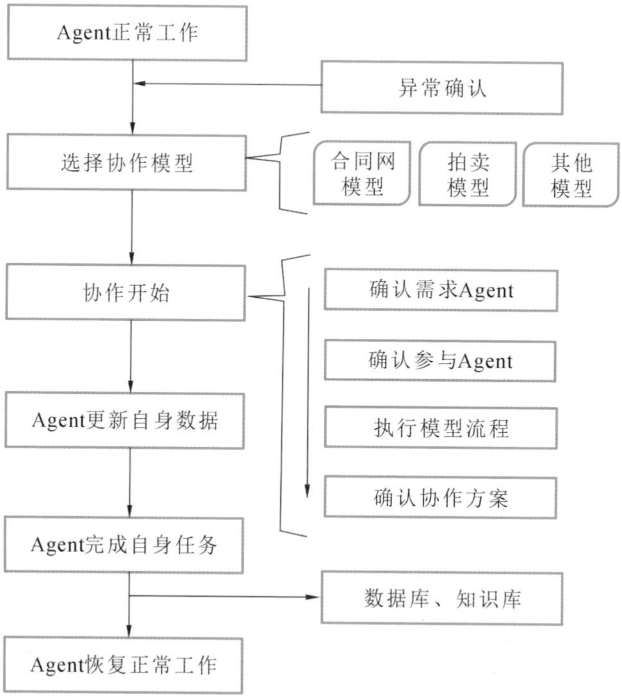

图 5-26　单元 Agent 自适应协同过程

单元优化策略主要由同类资源之间的 Agent 协作模型实现。

在模型方面，系统知识库已经预存了多个模型用于自适应调节。这些模型相对比较简单，主要进行局部调整，尽量不影响其他单元的现有状态，使总体变化相对小。单元 Agent 自适应模型主要针对机器故障和工序变化两种异常状态。

当异常的影响范围很广，严重影响车间的正常生产时，采用单元 Agent 自适应不足以消除异常或者效果不好的时候，将采用车间层 Agent 自适应协同优化策略。而车间层 Agent 的自适应协同趋向于对车间的任务进行重新分配，也就是重调度问题。对于重调度问题，相关的目标模型和求解方法的研究很多，这里主要运用自适应机制，根据不同的重调度模型，完成整个车间的自适应协同。

不同于上述的个体与单元 Agent，这里的车间层 Agent 是对所有资源的集中控制，不考虑原先的车间生产过程，只考虑出现异常后车间现有的人物和资源，利用重调度模型进行任务资源的重新分配，如图 5-27 所示。

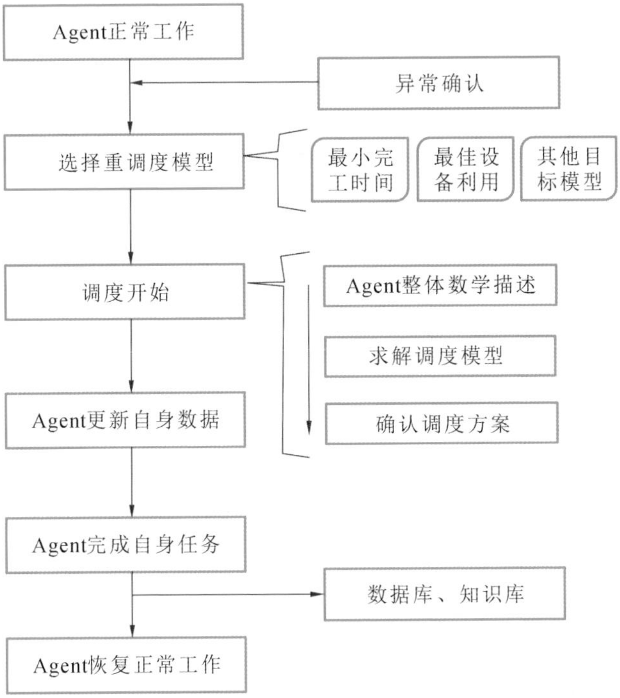

图 5-27　车间层 Agent 自适应重调度过程

这种智能制造资源的自适应协同过程，理论上能有效地减少车间内的异常扰动，提高车间的生产效率，进而提高企业的生产效益。

5.4 本章小结

本章首先通过分析现有的制造资源分类模型，给出了一种针对物联制造生产环境的制造资源分类方法。然后通过将物联制造技术引入设备端，对制造资源进行物理建模，形成一种智能制造资源模型，实现设备之间的互感、互知、互动；在此基础上，针对底层加工设备资源，进行一种服务建模，实现在云平台下不同系统间制造资源的数据交换，为后续的制造任务提供帮助。最后介绍了四种典型的智能制造资源的分布式应用：生产过程的感知监控、制造资源的动态协同、制造资源的自组织配置和制造资源的自适应协同。

第6章 制造单元分布式协同调度

在物联制造环境下，制造网络中分布式的制造资源之间需要协作才能完成任务，要求其调度系统既要具有常规的局部优化能力，又要具有全局协同优化能力；既要处理好作业与资源的优化匹配与管理、控制问题，又要处理好分布式制造资源的协同问题。这进一步增加了调度的求解难度。

本章以产品订单为纽带，针对物联制造单元在产品制造过程中的协作，重点研究多制造单元协同调度问题，建立有效的协同调度方法与优化策略，实现各协作制造单元的无缝衔接。目的是将各协作制造单元的零组件产品（right product）在正确的时间（right time），按照正确的数量（right quantity）、适当的质量（right quality）和正确的状态（right status）交付到正确的地点（right place），即6R，并保证订单最短完工时间、资源的高利用率等生产目标。

物联制造中调度研究具有重要的实际意义，为了完成订单任务，常常需要在多企业制造单元之间进行协作，实现异地、分布、协同制造。本章内容将为多制造单元协同生产管理提供有益帮助。

6.1 多制造单元协同调度问题

建立多制造单元协同制造网络之目的在于解决单个制造单元难以处理的复杂生产问题，即任务在时间或空间上的复杂性超越了单个制造单元的能力，仅依靠单个制造单元的生产难以完成或经济性差。多制造单元协同制造网络是一个由多个制造单元组成的分布式协同制造网络，制造单元为了完成某些产品的制造任务而形成彼此紧密相连的协作关系。

具体而言，多制造单元协同制造网络围绕订单任务，使复杂产品制造过程中的零组件任务，分别由制造网络中多个制造单元所提供的制造服务完成。各制造服务之间按照一定顺序组合成一个整体的服务网。这些节点制造单元的制造活动既相互联系又相互制约。因而，在制造过程中，协同制造网络所有制造单元之间的协同非常重要。在服务网中，每一个节点制造单元都是一个制造服务，节点之间的先后顺序关系由零件的结构特点、技术要求来确定。多制造单元协同制造网络是基于物料清单(bill of material，BOM)和任务分配方案建立的。由 BOM 确定订单中所有零组件任务的上下级关联关系，通过任务分配实现任务与制造单元资源的映射，同时将任务之间的关联关系转化为制造单元之间的协作关系，形成完成客户订单的多制造单元协同制造网络。多制造单元协同制造网络中制造单元之间的组织结构可分为三种：线型结构、树型结构及网状结构。

1. 线型结构

线型结构是最简单的协同制造模式，制造单元之间的关系是纯粹的上下游关系，上游制造单元生产出的半成品，转移到下游继续加工，如图 6-1 所示。这种类型的结构类似于单一制造单元的一条生产流水线，制造单元之间的协同调度主要体现在上下游制造单元充分了解对方的生产状况并协调作业调度，确保上游企业能够按时交付，下游制造单元及时进行生产准备，在上游制造单元的半成品到达时能即刻组织生产，以节省库存费用。

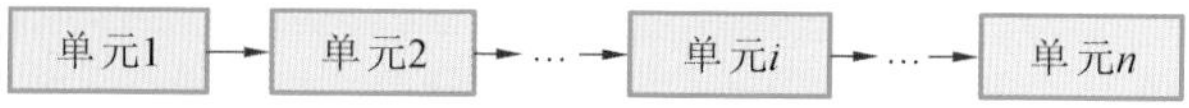

图 6-1　线型结构

2. 树型结构

装配型企业采用的协同制造模式是一种典型的树型结构，如图 6-2 所示。该结构协同调度的原则是，协调制造单元 1 与制造单元 i 各自的生产进度，以期在同一交货期将零组件运输到制造单元 j，同时合理安排制造单元 q 和制造单元 k 的生产进度，使制造单元 j 和制造单元 k 同时将零组件输送到下游制造单元 n，由制造单元 n 进行总装，产出成品。

3. 网状结构

网状结构是多制造单元协同制造网络中最复杂的一种结构，也是实际生产中最为常见的一种结构。线型结构和树型结构是网状结构的两种特殊情况。

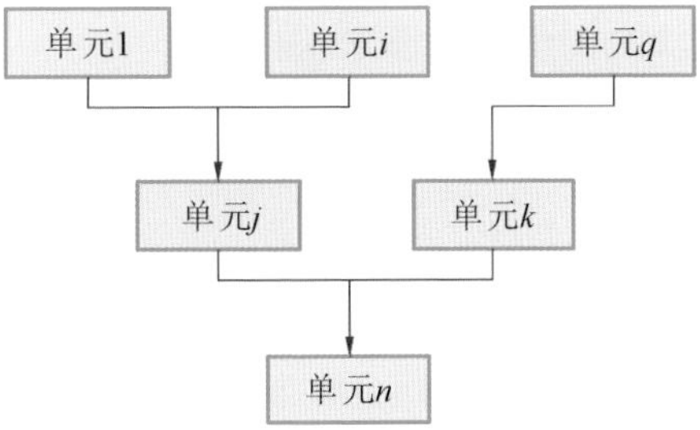

图 6-2　树型结构

网状结构的调度原则较复杂,在树型结构中制造单元协调只要关注同层次制造单元的生产进度即可。而在网状结构中,由 BOM 确定的任务间的线/树型关联关系,通过任务分配映射到制造单元,使制造单元之间呈现出一种复杂的网络关联关系。尤其当存在多类复杂产品任务时,这些任务被分配至各承制单元,任务间复杂的关联关系被映射到制造单元之间,这时制造单元之间的关联关系将更加复杂。如图 6-3 所示,制造单元 i 是制造单元 1 的下游;而以制造单元 m 为参照,制造单元 i 又是制造单元 2 的上游,制造单元 i 在不同的任务关系中分属上下游。这种错综复杂的关系,大大增加了多制造单元协同调度的难度,然而这种结构最能反映实际生产的协同组织结构,对此进行研究将具有重要意义。

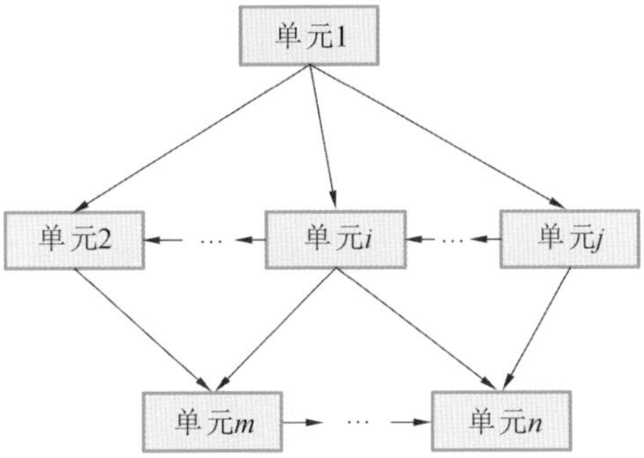

图 6-3　网状结构

本章针对网状结构的多制造单元协同调度进行深入的研究,通过产生有效的协同调度方案,使制造单元生产快速、有序,实现在正确的时间,将数量正确的零组件按正确的要求组织生产,最终达到降低整个协同制造网络运作成本、保证协同制造网络中物流平稳顺畅的目的。

6.1.1 多制造单元协同调度特点

多制造单元协同调度是保障多制造单元生产过程顺畅、高效的根本，它是多制造单元在相互信任的基础上，以协同运作机制为保障，为所承担的生产任务详细制定计划调度决策的过程，以期达到各制造单元局部利益与多制造单元协同制造网络整体利益的均衡。在制定多制造单元协同调度决策的过程中，对于每个制造单元，不但要考虑本制造单元内部的作业调度优化，而且更应该从制造单元之间物流顺畅与协同制造网络的整体优化出发，进行全面的优化控制。

多制造单元协同调度模式与传统调度模式相比，既有继承，又有发展，其主要特点是：

（1）多个制造单元通过紧密协同运作完成一系列存在时序约束的生产活动，以完成企业订单任务。指导制造单元生产活动的计划调度决策产生于分布式的、各个自治的制造单元主体中，各制造单元的计划调度决策是相互关联的，实现局部与整体的统一。

（2）不确定性和动态性因素多。生产过程的持续多变是多制造单元协同调度的主要不确定因素，同时由于众多协作制造单元的关联作用，某些生产过程的多变性是呈网络状传递的。单个制造单元所考虑的问题一般仅局限于制造单元自身生产任务的完成，计划调度所面对的不确定性和动态性因素相对较少。而在协同制造网络环境下，各成员制造单元除了要完成自身内部的生产任务外，还要考虑与其他制造单元一起协作，来共同完成复杂关联的生产任务。所以要考虑更多的不确定性和动态性因素，相应也对计划调度的柔性和敏捷性提出了更高的要求。

（3）生产进度控制难度大。在多制造单元协同制造环境下，零部件的生产工艺过程涉及多制造单元之间的协作。而各制造单元的生产提前期各不相同，并且提前期又与协作制造单元的产品组合、调度有关。这显然增加了生产进度的控制难度。

（4）多制造单元协同调度是一个协同进化的过程。传统的计划调度模式是针对单一制造单元内部生产活动的一种资源优化调度决策，没有考虑面向多制造单元协作的协同计划调度方案。为保证计划调度决策适应实际的生产状况，必须考虑多个制造单元协作生产的特点，由此也就决定了其计划调度的决策模式是分布式、群体决策的过程。每个协作制造单元在制定计划调度决策的过程中都会受到其他制造单元计划调度决策的影响，需要各制造单元之间进行协调，消除可能发生的冲突，实现制造单元局部利益与企业全局利益的平衡。

因此，研究多制造单元协同调度方法不能一味地照搬传统的调度方法模式，而需以协同运作为核心，从协同调度模式、协同优化技术等方面进行突破，以使多制造单元协同制造更有效地进行。

6.1.2 多制造单元协同调度方式

现代制造过程涉及多业务部门的复杂交互，离散制造面向企业的最优任务规划和资源配置，需要在整个制造过程，包括任务规划、生产调度等之间实现紧密的协同工作。为了实现不同的业务之间信息、过程、知识的协同，需要建立任务分配和计划调度一体化的协同工作模式。

在传统的制造单元层次控制结构中，底层为以可编程控制器(PLC)为主的控制器，中间层是 MES，上层则是 ERP 等企业级的应用。本质上，这种结构采用的是自上而下的计划调度指令下达与自下而上的信息反馈方式，是一种和组织结构平行的、递阶的信息传递模式，是基于计划控制的业务模型。这符合制造业现状，但缺乏柔性。多制造单元协同制造网络环境下的信息传递基于网络化的管理，传统的计划控制模型不能适应协同生产的需要。

多制造单元协同制造网络中，连接桥梁是物流、信息流和过程流。实时共享供需信息、物流及计划调度信息，对优化协调上下游制造单元内部的生产运作十分必要。因为对下游的生产制造单元而言，准确的物料和零部件的交付是保证计划有效性的关键。多制造单元协同调度模式可以协调解决协作制造单元之间供需不平衡及局部优化的问题，在确保多制造单元协同制造网络中的物流、信息流及生产过程的顺畅的同时，实现全局优化。

6.2 多制造单元协同运作机制

为了研究多制造单元协同计划调度模式，首先需要对多制造单元协同运作机制进行研究。由于在现代制造系统中单个制造单元不具备足够的能力、资源或信息去完成一项生产任务，因此多制造单元协同制造是必要的。多个制造单元之间相互交换信息、协调各方利益、消解冲突、有效利用企业资源，可以发挥协同正效应，以尽可能快的速度和经济的手段完成订单。

6.2.1 协同的内涵

为了准确地理解协同的内涵，先给出相关定义。

定义 6.1 协同(collaboration)：指多个主体围绕一个共同目标相互作用、彼此协作而产生增值的过程。

协同的目的在于，通过多主体的并行性协作行为提高任务的完成效率；通过共享资源扩大可完成任务的能力范围；通过建立协商/协调机制，平衡各主体利益，减少并消解任务间的冲突。总的说来，根据系统任务的不同，协同的目的一般可以分为两类：一是增强生产系统的性能，如敏捷性、可靠性、适应性及高质量等；二是有效地利用资源，如信息、知识、生产设备等。

定义 6.2 协调(coordination)：指主体对自己的局部进行推理，并估计其他主体的行为，以保证协作行为以连贯的方式进行的过程。

典型的协调活动包括主体之间及时地传送信息，保证相关主体行为的同步，避免冗余问题的求解等。

定义 6.3 协商(negotiation)：实现协同和解决冲突的一种方法。协商是通过结构化地交换相关信息而改进有关共同观点或共同计划的过程。

在协同计划调度研究中，常使用协商机制来协调平衡多个协作制造单元的计划调度决策。当协同系统中出现冲突时，首先依据各主体的状态、目标等进行协商，达成多方认可的各主体的策略调整方向；然后，各主体依据确定的策略调整方向进行内部协调；最终，通过各主体的内部协调，达到协商的目标，化解冲突。因此，为保证协同系统的和谐性，协商是方法，而协调是具体实现手段。

根据主体之间协同的紧密程度，可以将协同分为如下五种类型。

(1) 完全协同型：系统中的所有主体都围绕一个共同的全局目标，各主体没有自己的局部目标，所有主体全力以赴地协作。

(2) 一般协同型：系统中的所有主体具有一个共同的全局目标，同时各主体还有与全局目标一致的局部目标。

(3) 一般自私型：系统中的主体不存在共同的全局目标，各主体都为自己的局部目标工作，且目标之间可能存在冲突。

(4) 完全自私型：系统中的主体不存在共同的全局目标，各主体都为自己的局部目标工作，并且不考虑任何协作行为。

(5) 协同与自私共存型：系统中的各主体存在一些共同的全局目标，某些主体也可能具有与全局目标无直接联系的局部目标。

多制造单元协同是制造网络中，各制造单元为了提高协同制造网络的整体竞争力，而进行的彼此协调和相互努力。订单生产任务间的关联、任务与制造单元资源之间的映射，使各制造单元结成一种网络式的联合体，在这一协同网络中，多个制造单元可动态地共享信息，紧密协作。按照上述协同方式分类，多制造单元协同制造网络属于第五种类型：协同与自私共存型。制造网络中的节点制造单元有组织地结合在一起，每个节点制造单元既是独立又是非独立的个体。在没有接收到协同制造网络分配订单的时期，非协同制造网络中的节点制造单元是独立的，可以独立接收订单，自发组织生产。这时制造单元只考虑本制造单元自身的利益。而当协同制造网络发出订单信息后，节点制造单元在某种意义上讲又不是独立的，它需要服从协同制造网络的统一调配。这时要考虑的不仅仅是自身的利益，而且还包括协同制造网络的全局利益。

6.2.2 多制造单元协同机制

目前，针对不同的应用，已有了多种协同机制，如合同网、市场机制、多主体规划、多主体组织等。这些协同机制可通过协议或承约的形式嵌入主体中，从而使主体自动地实现大型复杂问题的协同求解。但在多制造单元协同制造网络中，由于协同制造网络的复杂性，这些协同机制的应用均存在一定的困难。

合同网(contract net protocol，CNP)是协同系统中最常用的协商协议，它规定了合同管理者如何向其他合同方公告任务，潜在的合同方如何向管理者投标，以及管理者如何向合同方授予合同等，如图 6-4 所示。但从图中可以看出其存在以下缺陷：合同方只投标一次，管理者按照合同方的唯一投标选择合同方，选中的合同方有可能不是最佳的合同方；管理者没有对合同方的投标期限做出限制，一些有潜力的合同方可能由于未能及时做出回应而被淘汰，因此选中的合同方也可能不是最佳的合同方；管理者只向选中的合同方发送任务授予信息，而并没有给未被选中的合同方发送未被选中信息，这些合同方有可能一直等待管理者的回应，而影响其自身的其他工作；选中的合同方接到任务授予信息后可能反悔，重新评估任务后又决定不接受任务，这样管理者必须重新进行协商过程，会造成时间的浪费与延迟。

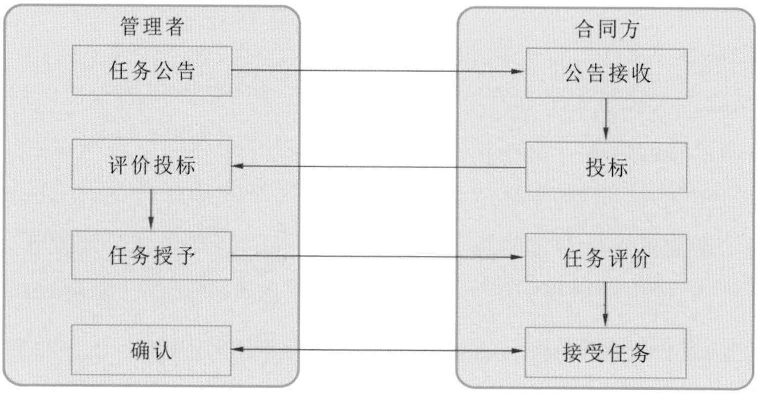

图 6-4　合同网协商

针对上述不足，虽然很多学者对合同网进行了改进与扩展，如提出了带有时间令牌的单步协商与带有时间令牌的多步反复协商，但是，这些改进的合同网仍不能满足多制造单元协同调度问题中的协商需求。主要原因是合同网协商过程本质上是双边协商过程，而多制造单元协同调度问题中所涉及的制造单元往往较多，是一个多边协商过程。其次，多制造单元协同调度问题中包含众多相互冲突的约束，制造单元之间由于任务的复杂关联约束的存在而相互制约。如采用合同网进行协商往往出现双方协商成功，但与其他制造单元协商决策冲突，甚至破坏已达成的协商决策的情况。这样，要获得所有制造单元的协商决策，往往需要多次重复协商，甚至最终无法协商成功。另外，合同网协商过程不为参与协商的主体反馈协商过程中的各决策的评价信息，使得各主体不能有效利用已有的评价信息进行内部协调，不能引导协调优化方向，造成协商周期较长。

针对多制造单元协同计划调度模式，建立一个支持多边单议题协商协调或多边多议题协商协调机制，如图 6-5 所示。该机制包含多个制造单元计划调度优化主体及一个多制造单元协同计划调度优化主体。前者通过协调优化重组计划调度方案，以产生新的计划调度方案，使制造单元计划调度达到优化；后者通过协调优化重组协同计划调度方案，使协同计划调度效用最大化。两者自主交互协商评价，并将每一次协商评价信息反馈至各参与协商的优化单元，通过协调重组对应的制造单元计划调度方案与协同计划调度方案，引导参与协商的各优化单元快速寻优，实现在满足整体计划调度效用最大化的同时平衡各制造单元计划调度效用。

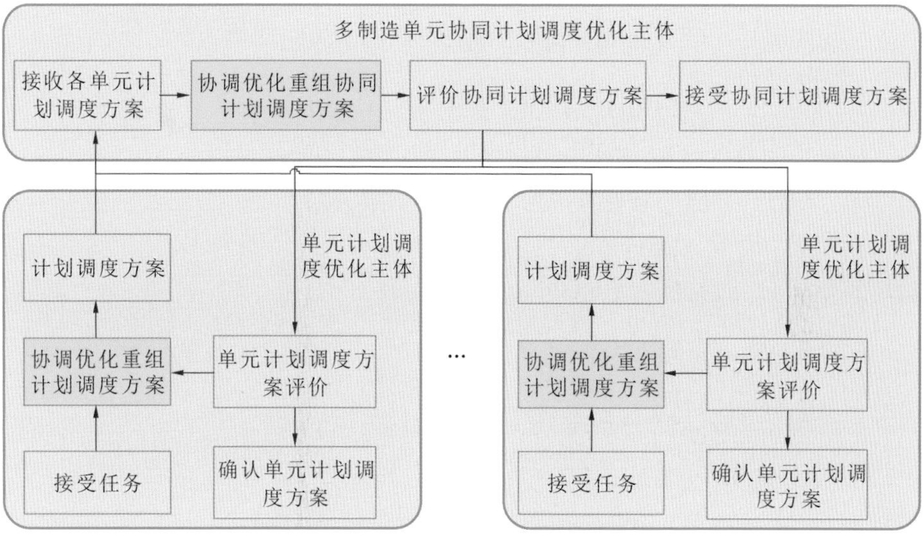

图 6-5　多制造单元协同运作机制

由此可见，该协同运作机制中，通过单元计划调度优化主体与协同计划调度优化主体的协商，实现多个制造单元局部利益与协同制造网络全局利益的平衡；在通过协同优化调度方案获得全局最优计划调度方案的过程中，消除多个制造单元调度决策间的冲突，以保证制造过程的顺畅；通过协调制造单元的计划调度方案，消解制造单元内部冲突，在优化局部利益的同时达成协商目标。

6.3　多制造单元协同计划调度模型

协同计划调度模型旨在满足制造企业复杂产品的协同生产需求，以获取制造有效性、经济性为首要目标，以制造资源的快速有效集成利用为基本原则，统筹考虑任务组合、供需平衡、生产能力约束等，实现复杂产品协同制造的任务均衡分配、过程柔性响应以及资源优化配置。

6.3.1 协同计划调度功能模型

针对协同制造的需求，构建多制造单元分布式协同计划调度功能模型，如图 6-6 所示。

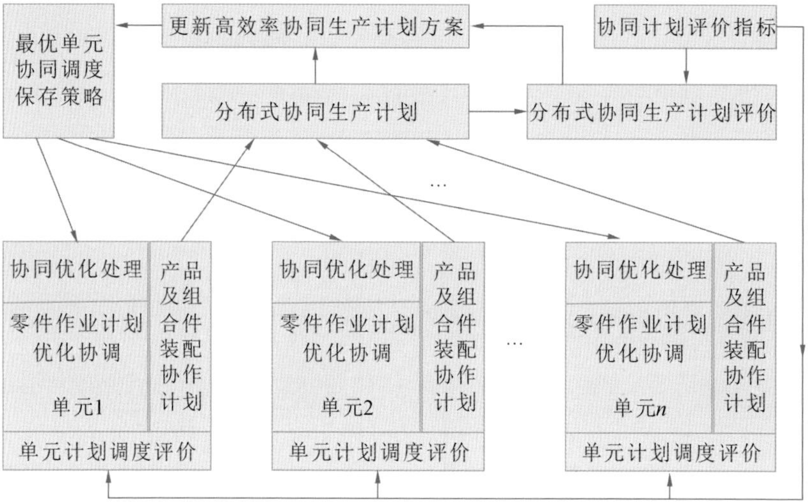

图 6-6　多制造单元分布式协同计划调度功能模型

该模型从功能上考虑到各制造单元在生产过程中竞争与协作并存，通过各制造单元协同优化作业调度计划，产生各制造单元的分布式协同生产计划，以实现制造资源的整体协调优化以及制造网络整体目标与制造单元局部目标的均衡，从而提高协同制造网络的效率，增加竞争力。

6.3.2 协同计划调度过程模型

针对多制造单元分布式协同计划调度功能模型，构建基于分布式协同整体优化思想的多制造单元协同计划调度过程模型，如图 6-7 所示。此模型中分布式协同生产计划编制的主要过程为：首先对根据订单拆解的零组件生产任务在多个制造单元之间进行任务的预分配；然后，各制造单元根据资源能力相互协调优化，产生各制造单元的作业调度计划、零件生产计划及装配计划。与传统的严格按照计划顺序执行主生产计划、物料需求计划和作业计划的机制不同，该模型引入整体协同优化机制，通过任务、过程、资源三者之间的协同优化，综合平衡生产能力，制订出最优的任务协同规划、各制造单元的零组件作业计划、零组件协同生产计划以及生产准备计划。

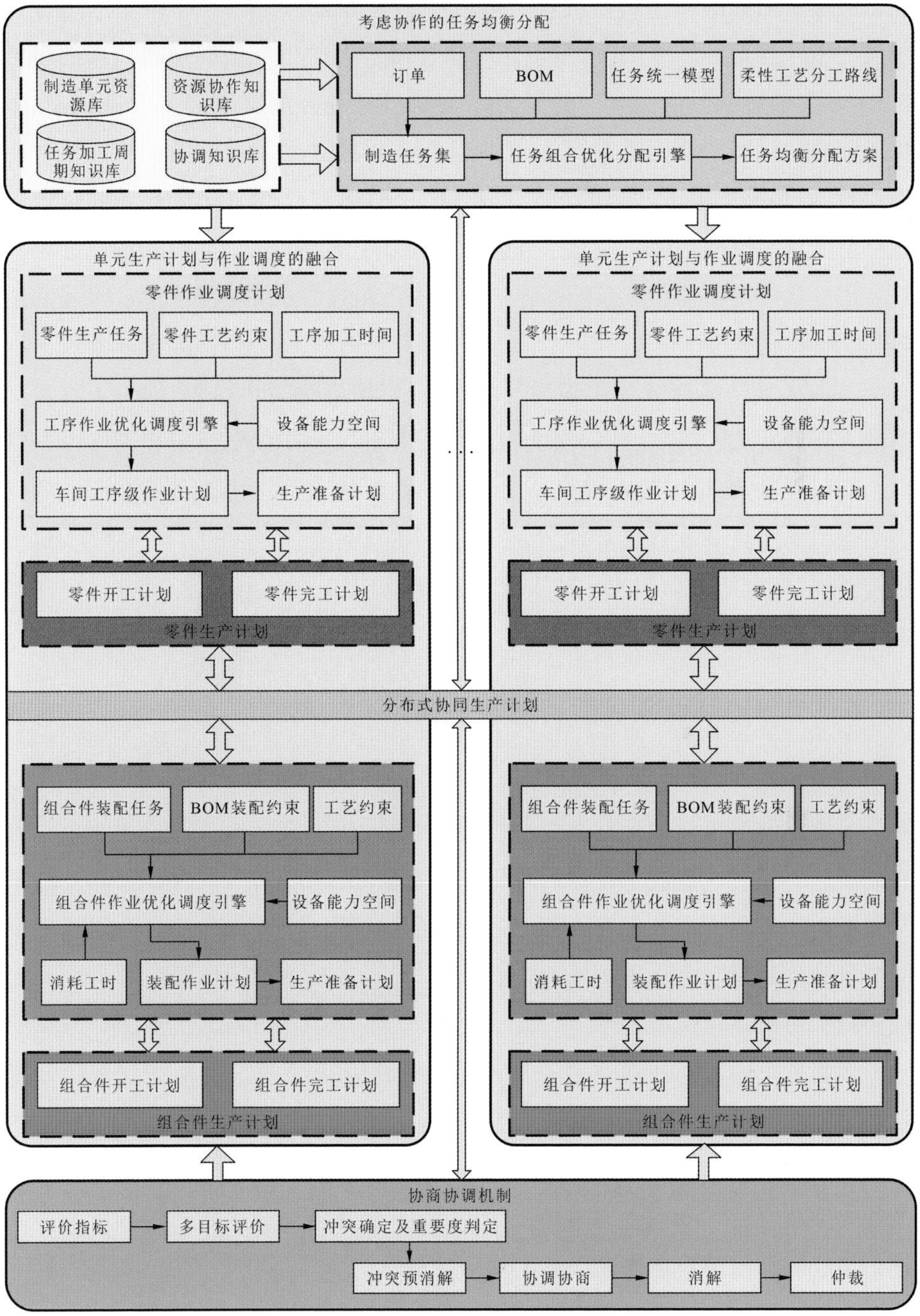

图 6-7　多制造单元协同计划调度过程模型

为了清晰地解释该模型，有必要对协同制造网络中复杂的供需关系进行研究。制定协同计划调度决策过程中的时序约束可分为工序时序约束与组合件装配约束。这两种约束的并存，使协同制造网络中的生产活动呈现典型的多层次、多环节的链状供需结构。该供需结构通过任务分配映射到多个制造单元，构成复杂的供需制造网络。因此，多制造单元协同计划调度中的供需关系主要有两种，一种是上下工序间的供需关系；另一种是组合件装配过程中的子项零组件与父项组件间的供需关系。作为企业生产管理的核心，计划与调度必须同时考虑上述两种供需关系，协调制造网络中各制造单元的供需活动，实现制造资源的整体优化。

单纯从某产品形成的供需关系看，制造资源是纵向协作的，但多个供需关系的并存，使制造资源呈现网状的横向协作关系。因此该模型研究的重点是纵向上实现各供需链的协调，横向上实现制造资源的整合。协调各制造单元的供需关系的本质是对制造资源的协调优化，通过对作业任务进行合理排序，实现供需协调；通过协调上下工序的供需关系、零组件装配的供需关系，分别实现制造单元内部资源的协调与制造单元之间资源的协调。

6.3.3 协同计划调度协商决策模型

目前，对计划调度方案评价决策的研究通常建立在某些假设的基础上，没有针对特定制造单元的计划调度目标进行分析，认为设定的目标适用于企业所有的制造单元。这造成了设定的目标与制造单元实际不符，以致计划调度结果与制造单元实际生产状况严重脱节，实用性差。从协同的角度，对计划调度中的多目标优先判定方法进行研究，我们提出用于多制造单元协同计划调度的加权多目标协商决策模型。

多制造单元协同计划调度的加权多目标协商决策模型类似于加权评分函数，认为协同制造网络整体协同计划调度效用受 m 个制造单元的效用及制造单元的协同效用，即 $m+1$ 个要素的影响。使用 n 个目标准则，对各制造单元计划调度方案及协同计划调度方案进行评价，用于评价各制造单元计划调度及协同计划调度的加权多目标协商决策模型可以表示为

$$F_e(s^{m+1}) = \sum_{i=1}^{m} \beta_i F_i(s^i) + \beta_{m+1} F_{m+1}(s^{m+1})$$

$$s^i \in S^i, \quad s^{m+1} \in S, \quad S = S^1 \times S^2 \times \cdots \times S^m, \quad \sum_{i=1}^{m+1} \beta_i = 1$$

$$F_i(s^i) = \sum_{k=1}^{n} \omega_k^i f_k(s^i) \quad i = 1,2,\cdots,m, \quad k = 1,2,\cdots,n, \quad \sum_{k=1}^{n} \omega_k^i = 1$$

$$F_{m+1}(s^{m+1}) = \sum_{k=1}^{n} \omega_k^{m+1} f_k(s^{m+1}), \quad k = 1,2,\cdots,n$$

$$s^{m+1} = s^1 \oplus s^2 \oplus \cdots \oplus s^m, \quad \sum_{k=1}^{n} \omega_k^{m+1} = 1$$

其中：s^i——第 i 个制造单元的某一确定的计划调度方案；

S^i——第 i 个制造单元所有计划调度方案 s^i 的集合；

s^{m+1}——确定的协同计划调度方案；

S——所有制造单元计划调度方案组合构成的协同计划调度方案集；

$F_e(s^{m+1})$——在确定的协同计划调度方案 s^{m+1} 条件下，协同制造网络整体计划调度效用；

β_i——评价协同制造网络整体计划调度方案 $s^{m+1}=s^1 \oplus s^2 \oplus \cdots \oplus s^m$ 时，第 i 个目标准则的相对重要性；

$F_i(s^i)$——第 i 个制造单元的计划调度方案 s^i 对应的制造单元 i 的计划调度效用；

$f_k(s^i)$——第 i 个制造单元的计划调度方案 s^i 在第 k 个目标准则下的评分；

ω_k^i——评价计划调度方案 s^i 时，第 k 个目标准则的相对重要性，即权值，在评价不同制造单元效用时，需根据制造单元特点状况，确定各目标准则的权值；

$F_{m+1}(s^{m+1})$——协同计划调度方案 s^{m+1} 对应的协同效用评分；

$f_k(s^{m+1})$——协同计划调度方案 s^{m+1} 在第 k 个目标准则下的评分；

ω_k^{m+1}——评价协同计划调度方案 s^{m+1} 时，第 k 个目标准则的相对重要性。

需要注意的是，评价各制造单元计划调度效用采用的目标准则与评价多制造单元协同计划调度效用采用的目标准则虽然相同，但面向的层次对象是不同的，制造单元计划调度效用评价是从局部微观的角度，以制造单元计划调度方案、零组件生产任务及制造单元内部的设备资源为对象；而多制造单元协同计划调度效用评价是从宏观的角度，以协同计划调度方案、订单任务及各生产制造单元能力为对象。对协同制造网络整体计划调度效用的评价，是从全局均衡的角度进行的，目的是取得整体计划调度效用最优的同时，均衡各制造单元的局部计划调度效用。

可见，在评价过程中要解决两个方面的问题：一是确定各目标准则的相对重要性；二是确定制造单元计划调度方案及多制造单元协同计划调度方案在各目标准则下的评分。在此采用层次分析法获得各目标准则的权值。

首先，按照层次分析法的原理，构造协同计划调度协商决策层次结构模型，如图 6-8 所示；然后，构造判断矩阵。使用常用的九分位表（见表 6-1）给出各目标准则两两之间的相对重要程度的比值，由这些比值构成一个$(m+1)\times(m+1)$的判断矩阵 $\boldsymbol{O}$-$\boldsymbol{C}$ 与 $m+1$ 个 $n\times n$ 判断矩阵 $\boldsymbol{C}_i$-$\boldsymbol{P}$。最后，求解判断矩阵的最大特征值 $\lambda_{\max}$下的特征向量，对特征向量进行标准化，则可将此标准化后的特征向量近似作为相对应的各目标准则的权值。

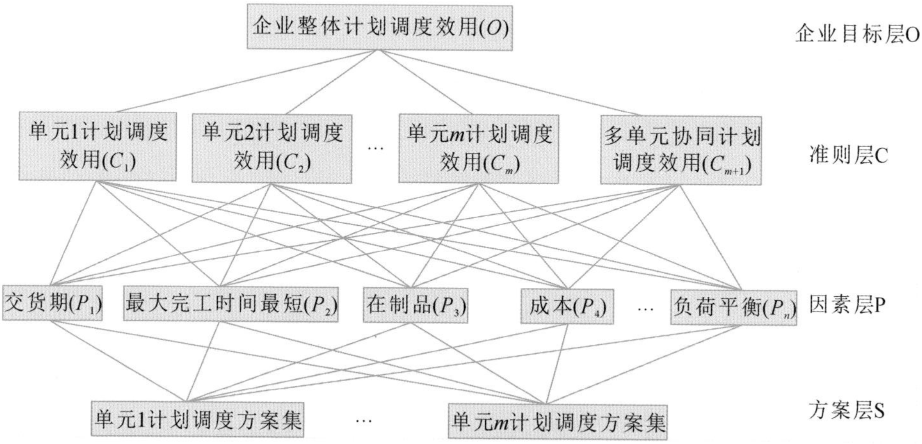

图 6-8　协同计划调度协商决策层次结构模型

表 6-1　九分位表

两目标比较	特别重要	很重要	重要	比较重要	同等重要	比较不重要	不重要	很不重要	特别不重要
取值	9	7	5	3	1	1/3	1/5	1/7	1/9

$$
\boldsymbol{O}\text{-}\boldsymbol{C}=\begin{bmatrix} r_{1,1} & r_{1,2} & \cdots & r_{1,m+1} \\ r_{2,1} & r_{2,2} & \cdots & r_{2,m+1} \\ \vdots & \vdots & & \vdots \\ r_{m+1,1} & r_{m+1,2} & \cdots & r_{m+1,m+1} \end{bmatrix} \quad \boldsymbol{C}_i\text{-}\boldsymbol{P}=\begin{bmatrix} r_{1,1} & r_{1,2} & \cdots & r_{1,n} \\ r_{2,1} & r_{2,2} & \cdots & r_{2,n} \\ \vdots & \vdots & & \vdots \\ r_{n,1} & r_{n,2} & \cdots & r_{n,n} \end{bmatrix}
$$

6.4 多制造单元协同调度框架

负荷均衡的目的是充分发挥各制造单元的制造能力，合理调用制造单元资源。面向负荷均衡的协同任务规划研究的重点是建立制造单元负荷均衡模型，研究负荷均衡算法以及任务规划评估与优化技术，基于制造单元生产计划对任务规划的实际约束，考虑协作成本的任务规划方案评估，以实现各制造单元负荷总量的均衡、制造单元各制造周期的负荷均衡、最小协作成本为目标，实现任务规划的优化。

在制造企业中，柔性工艺分工路线是企业级工艺部门编制的用于制造单元生产任务安排的指导文件，其作用是保证在工艺可操作的基础上，进行任务组合优化分配。在制造单元负荷均衡模型中，协同任务规划的主要流程为：接收客户订单，依据制造 BOM 分解后，结合任务统一模型与分解的任务的工艺特性要求，对任务的描述进行统一标准化，构成待分配的制造任务集。从制造单元资源库、资源协作知识库与任务加工周期统计知识库中，分别提取每个制造任务的可选制造单元集、制造任务的消耗工时、相关联制造任务的协作时间及制造单元间的单位协作成本数据。然后，依据上述各类数据通过任务组合优化分配引擎，获得考虑制造单元协作成本的负荷总量均衡的任务优化分配方案，初步确定各制造单元分派的生产任务。此时的任务分配方案，未考虑制造单元在各个时段上的负荷平衡，是一个预优化分配。各制造单元针对分配任务制订生产计划后，依据协商机制采用相应的协调策略，分别对任务规划与生产计划进行协同优化调整。

6.4.1 一体化的协同计划调度优化

确定了各制造单元分派的任务及零件生产任务，在满足工艺约束、设备能力约束的条件下，依据工序加工时间统计数据，通过工序作业优化调度引擎，获得工序级作业计划、零件开/完工计划，并发布共享各自的零件开/完工计划，形成初始的分布式协同生产计划。每个制造单元以分布式协同生产计划为基础，考虑组合件的装配约束、工艺约束及设备能力约束，通过组合件作业优化调度引擎，制订装配作业计划、组合件开/完工计划，同时发布共享组合件开/完工计划，并更新分布式协同生产计划。在各制造单元所有组合件生产任务的生产计划制订完成后，共享的生产计划为完整的分布式协同生产计划。根据通过评价分析获得的分布式协同生产计划，确定各制造单元的协同优化策略，指导各制造单元的优化过程，直至获得最终的分布式协同计划优化方案。

从上述过程可以看出，协同计划调度与传统的生产计划模式的不同之处在于：提前期不是事先确定的、固定不变的量，而是反映企业实际状况的统计量；零组件级生产计划与工序级作业调度计划被融合在一起同时产生，而不是采用分层的、自上而下的顺序计划制订模式。

6.4.2 冲突消解

协同的核心在于解决冲突，多制造单元协同调度模式中冲突类型可概括为任务冲突、过程冲突和资源冲突三种。面向多制造单元协同的生产计划调度，在规划层、运作层与执行层均存在冲突，拟采用冲突预消解、消解、协商和仲裁四步消解逻辑来消解冲突。

（1）预消解。在问题定义阶段和方案设计阶段发现冲突，并解决冲突。

（2）消解。在问题求解阶段检测到冲突后，及时运用知识、工具等资源予以解决，对不能解决的问题，转入协商。

（3）协商。对于问题求解者无法解决的冲突，与其他求解者进行协商。

（4）仲裁。当对冲突无法达成一致协议时，提请上一层级进行仲裁。仲裁后要求申请者执行相关决议。

针对规划层、运作层、执行层等不同层级，分别采取规划消解、运作消解、执行消解。不同层级间的消解方法相互关联、相互影响。下一层级的消解方法是在上一层级消解方法的基础上构建的，同时也是对上一层级消解方法的细化。当下一层级消解方法无法解决冲突时，向上一层级反馈冲突，并通过调整上一层级的消解方法，实现冲突的最终消除。

多制造单元协同调度过程中包含任务优化分配流程、生产计划编制及作业计划编制等流程之间的业务功能衔接。通过协商机制可消解流程之间的冲突，基于上述思想构建的多制造单元协同调度协商冲突消解机制如图 6-9 所示。

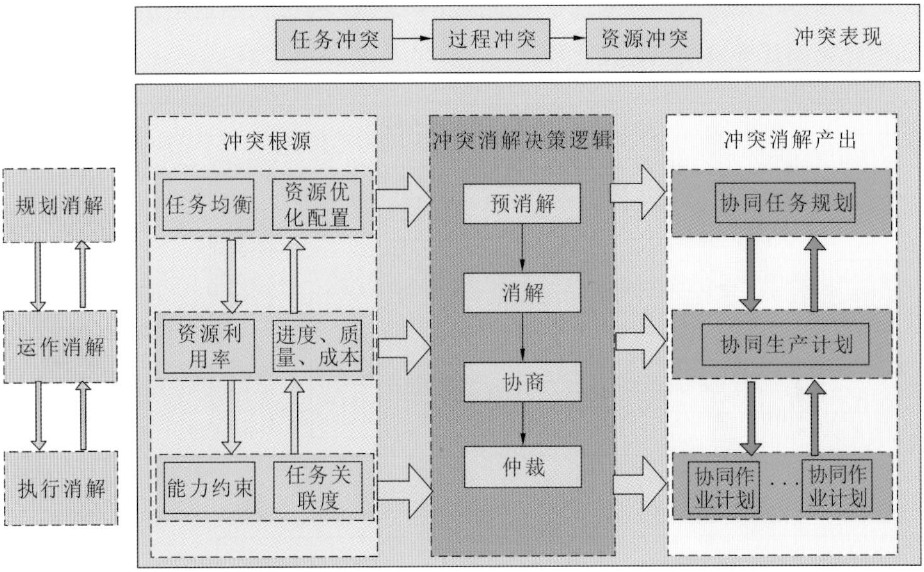

图 6-9　冲突消解机制

任务优化分配与协同生产计划以任务均衡生产为目标。生产计划在任务规划预定条件下进行编制，通过评价分布式生产计划方案，修正任务分配的优化方向。通过任务规划流程与计划编制流程的反复协商，实现任务规划与协同生产计划的整体优化。

分布式协同生产计划与制造单元作业调度计划的编制以提高资源利用率、缩短生产周期等为目标。分布式协同生产计划的编制，依据各制造单元的作业调度计划，通过对分布式协同生产计划的评估分析，协调指导各制造单元作业调度计划的优化方向。通过分布式协同生产计划流程与各制造单元的作业计划编制流程的反复交互协调，实现作业计划与分布式协同生产计划的整体优化。

通过上述自主协商策略，可实现任务规划、分布式协同生产计划及作业调度计划的整体优化，在消解制造系统冲突的过程中，实现多制造单元协同调度系统的全局优化。

6.4.3 协同调度系统框架

多制造单元协同调度系统框架如图 6-10 所示，可分为制造单元作业调度协同优化层和任务协同组合优化层。

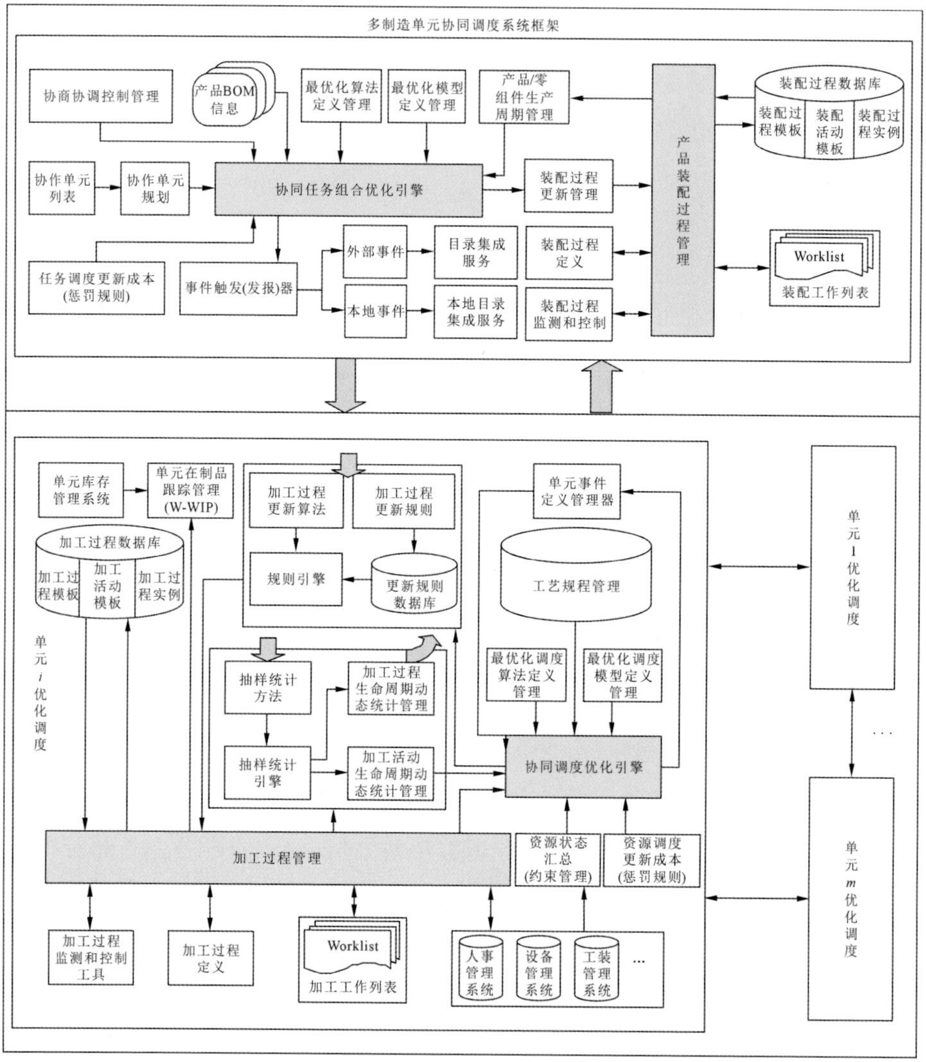

图 6-10　多制造单元协同调度系统框架

每一个确定的零组件生产任务，在制造单元作业调度层被转化为一个对应的加工过程，由生产任务的工序作业任务序列及这些工序作业任务在任意时间可知的状态组成。制造单元作业调度协同优化层，负责为协同并发的加工过程优化分配资源。任务协同组合优化层，负责将接收的客户订单信息依据装配 BOM 进行任务分解，并在各制造单元中进行任务优化分配。通过两个层次间、层次内部的协商，保证生产过程的顺畅，实现生产物流的供需协调以及多制造单元协同调度的全局优化。

由图 6-10 可见，该框架具有下述特点：在任务规划阶段，不仅可确保各制造单元任务总量的负荷均衡，而且可保证各制造单元在各个时间段上的负荷均衡，支持各层级制造单元的能力整合，允许制造单元有多种工艺能力，支持柔性工艺路线，支持多层次的、复杂供需关系环境下的资源规划优化问题，可处理长、中、短期资源整体协同优化问题。生产计划与作业调度计划制订过程中，各制造单元的生产计划与作业调度计划决策相互影响，通过协商机制，可使各制造单元的生产计划与作业调度计划根据环境自适应地调整，实现分布式协同整体优化。采用任务加工周期统计知识库，可保证计划决策支撑数据的动态更新，使制订的计划与调度方案更贴近实际生产，确保任务分配、计划、调度方案的稳定性，减少协商/协调调整次数，提高系统的效率与实用性。

6.5 多制造单元协同调度算法

任务分配是各类系统提高效率的基础和关键，任务分配问题既是一类典型的组合优化问题，又是一类常见的 NP-Complete 问题。近年来出现的一些启发式算法，如模拟退火、遗传算法及蚁群算法等，为解决此类 NP-Complete 问题提供了新途径。

将生产制造系统中的任务分配按层次划分为三类：第一类为联盟企业间的任务分配问题；第二类为制造单元之间的任务分配问题；第三类为制造单元内部设备间的任务分配问题。各个层次任务分配的目标与对象不同，对应有不同的分配方法。第一类问题通常采用博弈论、协商/谈判机制、Agent 技术实现，第三类问题即通常所说的制造单元作业调度问题，主要采用智能算法实现。第二类问题是伴随着柔性工艺的出现而新出现的一类任务分配问题。当前企业生产中仍然以经验方式进行该类任务分配，经常出现任务分配不均衡的状况。该类任务分配的对象是生产制造单元，目标是在考虑任务协作成本的情况下，解决制造单元之间任务分配不均衡的问题。

从上述层次划分中可见，第二类任务分配起到承上启下的作用，以第一类任务分配方案为数据输入，产生的新的制造单元任务分配方案将作为第三类任务分配方案的重要数据支撑和决策依据。因此，制造单元之间的任务优化分配对于整个制造系统的性能优化具有重要的作用，对该问题的研究既有重要的理论意义，又具有实际的应用价值。

在此，将免疫算法（immune algorithm，IA）引入考虑任务协作的面向负荷均衡的任务组合优化分配研究中。这种基于群体的随机搜索算法，能有效克服其他智能算法中的早熟现象、群体多样性不足及搜索速度慢等问题；通过免疫选择、免疫自调节、疫苗接种等免疫机制，能提高搜索效率，加快全局收敛的速度，在合理的时间内得到协作任务分配的优化解。

6.5.1 多制造单元任务分配优化模型

在柔性工艺环境下，企业接收的订单按 BOM 分解成相互关联的零组件加工装配任务，由传统的每个任务有指定的承制单元，转变为每个任务根据其工艺特点可以有多个可选的承制单元，在此条件下产生了多制造单元的负荷均衡优化问题。制造单元任务分配的本质是任务与制造单元资源的映射。

由于任务是按照 BOM 分解的，所以任务之间的关联关系呈现出树状结构。用一个无向图 $GT(V,E)$ 描述任务之间的关联：顶点 $|V|=N$ 表示待分配的 N 个生产任务，用 ω_i 表示任务 i 的加工/装配周期；边 E 表示两个任务之间的关联，用 e_{ij} 表示边 $(i,j)\in E$ 连接的两个任务 i 与 j 由不同制造单元生产时的协作消耗工时。

用一个无向完全图 $GP(P,D)$ 描述 K 个制造单元的关联关系，d_{pq} 表示边 $(p,q)\in D$ 连接的两个制造单元 p 与 q 的单位协作成本。

设每个任务在 K 个制造单元中能且只能被分配一次。

式(6-1)、式(6-2)分别表示各制造单元的负荷与企业的协作成本。

$$\mathrm{Load}_p=\sum_{i\in V,M(i)=p}\omega_i \quad 1\leqslant p\leqslant K \tag{6-1}$$

$$\mathrm{Coll}=\sum_{(i,j)\in E,M(i)\neq M(j)} e_{ij}d_{M(i)M(j)} \quad 1\leqslant i,j\leqslant N \tag{6-2}$$

式中：$M(i)$——任务 i 的承制单元，如 $M(i)=p$ 表示任务 i 被分配给制造单元 p 进行生产；

Load_p——制造单元 p 的负荷，即所有分配到 p 的任务 i 所消耗的资源 ω_i 之和。

式(6-2)中，当任务 i 与 j 被分配到不同的制造单元，即 $M(i)\neq M(j)$ 时才产生协作成本。协作任务 i 与 j 被分配到制造单元 $M(i)=p$ 与 $M(j)=q$ 时产生的协作成本为，任务 i 与 j 的协作消耗工时 e_{ij} 乘以不同的承制单元 p 与 q 的单位协作成本 d_{pq}。

图 6-11、图 6-12 所示为一个多制造单元任务分配问题的例子。图 6-11 描述了一个 $N=20$ 个任务的无向图 GT，图 6-12 给出了 $K=5$ 个制造单元的关联关系图 GP。图中圆圈中的数字分别代表任务与制造单元编号。图 6-11 中顶点与边上的数字分别代表任务的生产周期与协作消耗工时。图 6-12 中边上的数字代表两制造单元的单位协作成本。表 6-2 给出了一个关于图 6-11、图 6-12 的任务分配方案。

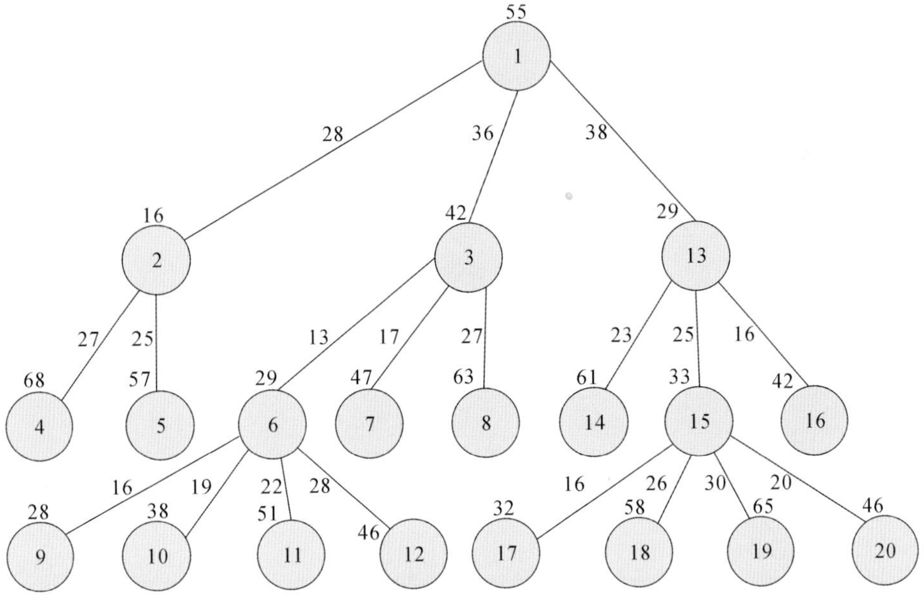

图 6-11　任务无向图 GT

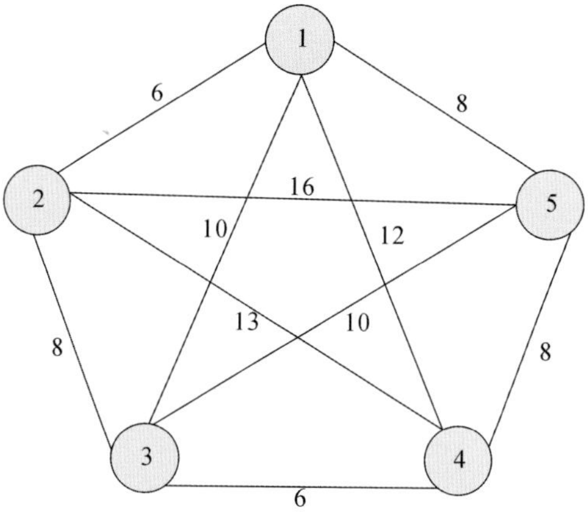

图 6-12　制造单元关联关系图 GP

表 6-2　分配方案示例

i	1	2	3	4	5	6	7	8	9	10	11	12	13	14	15	16	17	18	19	20
$M(i)$	1	2	5	3	4	2	1	3	5	4	1	2	3	3	2	5	1	4	2	5

采用一个 $K \times N$ 的任务资源匹配矩阵描述任务与资源的匹配状态。矩阵的元素 s_{pi}，代表任务 i 分配到制造单元 p 的概率值，因此 s_{pi} 的取值区间为 [0,1]，并且每一列的和为 1。s_{pi} 的初始值在满足柔性工艺规程时取为 $1/K_i'$（K_i' 为任务 i 的可选承制单元数量），否则取为 0。当最终分配方案被获得时，s_{pi} 趋近于 0 或 1，$s_{pi}=1$ 是指任务 i 被分配给制造单元 p 生产。

表 6-3、表 6-4 分别显示了与图 6-11、图 6-12 所示的示例相关的任务资源匹配矩阵初始状态和一个分配方案状态的任务资源匹配矩阵，不失一般性，取 $K_i'=K$。

表 6-3　任务资源匹配矩阵初始状态

制造单元	s_{pi}																			
	任务编号																			
	1	2	3	4	5	6	7	8	9	10	11	12	13	14	15	16	17	18	19	20
1	1/5	1/5	1/5	1/5	1/5	1/5	1/5	1/5	1/5	1/5	1/5	1/5	1/5	1/5	1/5	1/5	1/5	1/5	1/5	1/5
2	1/5	1/5	1/5	1/5	1/5	1/5	1/5	1/5	1/5	1/5	1/5	1/5	1/5	1/5	1/5	1/5	1/5	1/5	1/5	1/5
3	1/5	1/5	1/5	1/5	1/5	1/5	1/5	1/5	1/5	1/5	1/5	1/5	1/5	1/5	1/5	1/5	1/5	1/5	1/5	1/5
4	1/5	1/5	1/5	1/5	1/5	1/5	1/5	1/5	1/5	1/5	1/5	1/5	1/5	1/5	1/5	1/5	1/5	1/5	1/5	1/5
5	1/5	1/5	1/5	1/5	1/5	1/5	1/5	1/5	1/5	1/5	1/5	1/5	1/5	1/5	1/5	1/5	1/5	1/5	1/5	1/5

表 6-4　分配方案状态的任务资源匹配矩阵

制造单元	s_{pi}																			
	任务编号																			
	1	2	3	4	5	6	7	8	9	10	11	12	13	14	15	16	17	18	19	20
1	1	0	0	0	0	0	1	0	0	0	1	0	0	0	0	0	1	0	0	0
2	0	1	0	0	0	1	0	0	0	0	0	1	0	0	1	0	0	0	1	0
3	0	0	0	1	0	0	0	1	0	0	0	0	1	1	0	0	0	0	0	0
4	0	0	0	0	1	0	0	0	0	1	0	0	0	0	0	0	0	1	0	0
5	0	0	1	0	0	0	0	0	1	0	0	0	0	0	0	1	0	0	0	1

目标函数如式(6-3)所示，目的是平衡各制造单元的负荷(式(6-1))，同时最小化企业的协作成本(式(6-2))。

$$F(s)=\sum_{i=1}^{N}\sum_{j\neq i}\sum_{p=1}^{K}\sum_{p\neq q}e_{ij}s_{pi}s_{jq}d_{pq}\times\sum_{p=1}^{K}\left(\frac{\sum_{i=1}^{N}s_{pi}\omega_{i}}{C_{p}}-1\right)^{2} \tag{6-3}$$

式中：e_{ij}——任务 i 与任务 j 的协作交互量(通常用协作消耗工时度量)；

ω_i——任务 i 的资源消耗量(通常用加工/装配周期表示)；

d_{pq}——制造单元 p 与制造单元 q 的单位协作成本；

s_{pi}——任务 i 被分配给制造单元 p 的概率；

C_p——制造单元 p 的能力总和。

从式(6-3)可以看出目标函数由两部分组成。第一部分表示当任务 i 与任务 j 分别被分配到不同的制造单元 p 与 q 时的协作成本，当协作交互量大的两个任务都被分配到同一制造单元生产时，第一部分协作成本取得最小值。第二部分是一个平方和函数，它是每个制造单元的能力利用率与满负荷的差值的平方和函数，在各个制造单元的负荷分配均匀时该函数取得最小值。由于第一部分与第二部分都要求极小化，在式(6-3)中未采用权重累加的方式合成目标函数，而是采用乘积的方式，这样更能体现每一部分对目标函数影响的敏感性。

6.5.2　基于免疫算法的协同优化算法

免疫算法是模仿生物免疫系统处理机理和基因进化机理，通过人工方式构造的一类全局寻优搜索算法。尽管免疫系统具有许多优良的计算性能，但现有免疫算法模型仍存在一些问题，主要表现在抗体的评价形式、抗体的促进和抑制以及记忆库的使用上。抗体评价主要依据抗体与抗原的亲和度，促进高亲和度抗体和抑制低亲和度抗体，往往易陷入局部优化，导致早熟。并且，记忆库仅在产生初始种群时被使用，在算法以后的过程中仅更新记忆库而不再利用它，这没有起到加速收敛的效果。根据期望繁殖率对抗体进行降序排列，然后一次性消除期望繁殖率低的抗体可对免疫算法进行改进。试验表明这会使收敛速度有所提高，但会使不少较优抗体被一块消除。在此提出基于动态任务资源匹配矩阵的免疫算法流程，如图 6-13 所示。

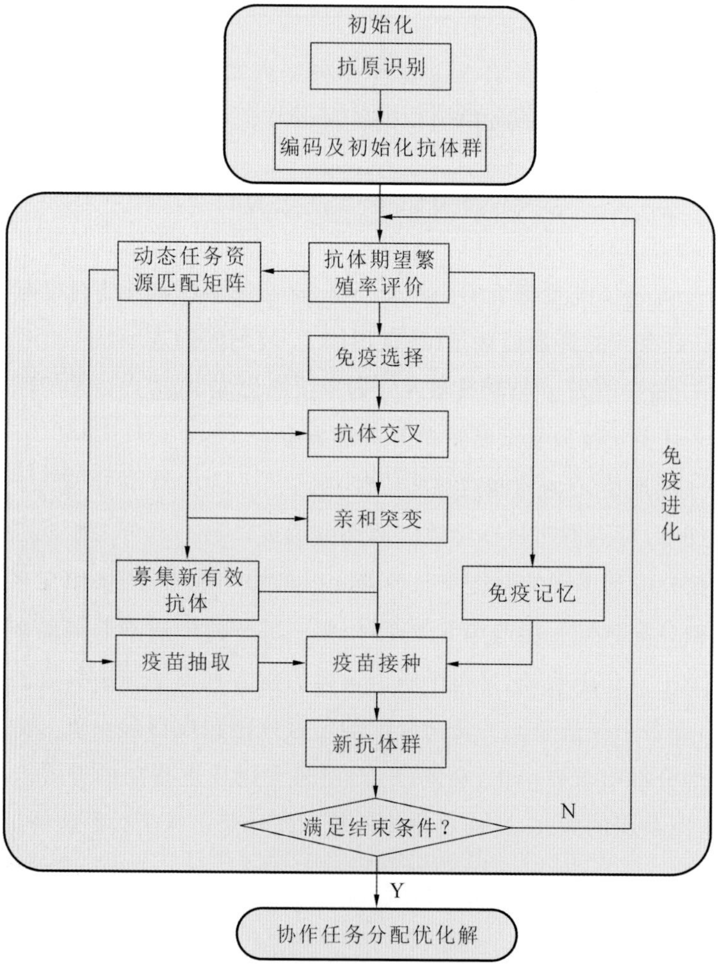

图 6-13　基于动态任务资源匹配矩阵的免疫算法流程

免疫进化时首先进行抗原识别，分析问题及解的特性并进行抗体编码。采用 K 进制编码，对参与协同制造的制造单元资源按 1，2，…，K 进行编码，抗体长度为任务数 N。若抗体第 i 个基因位对应的值为 p，则表示任务 i 被分配到制造单元 p 进行生产加工。此编码直观、易于操作，且不需要解码。

免疫进化过程中，首先根据任务资源匹配初始矩阵，随机产生规模为 popsize 的初始抗体群体 antiby(t)。抗体群体根据抗体繁殖率进行免疫选择，高繁殖率的抗体（优化解）被促进，低繁殖率的抗体（非优解）被抑制。通过促进/抑制抗体的进化，既突出适者生存，又防止个别个体绝对占优，实现免疫系统的动态平衡自调节功能。接着，在这些必要、有效的抗体群体基础上进行免疫操作。经过免疫操作进行免疫进化后，将会产生免疫接种抗体种群 antiby_v、交叉克隆的抗体种群 antiby_c、亲和突变的抗体种群 antiby_m，以及募集的新的抗体种群 antiby_n，将这些免疫种群与记忆的较优抗体种群 antiby_o 合并，生成下一代免疫进化的抗体种群 antiby($t+1$)。再在此进化基础上循环进化，直到满足进化的终止条件，输出免疫进化的结果。

1. 抗体的评价与选择

免疫进化过程中，需要对各抗体进行评价。如果以抗体的适应度为评价指标，当群体中的某个抗体占据了相当规模，而又不是最优解时就极易导致过早收敛。采用抗体浓度来抑制规模较大又不是最优解的抗体，并以信息熵作为衡量相似度的指标，以期望繁殖率作为评价抗体的标准。抗体 v 的繁殖率 e_v 计算如下：

$$\begin{cases} e_v = \dfrac{\text{fit}(v)}{c_v} \\ \text{fit}(v) = \dfrac{1}{F(v)} \\ c_v = \dfrac{1}{\text{popsize}} \sum_w ac_{v,w} \\ ac_{v,w} = \begin{cases} 1 & ax_{v,w} \geqslant \lambda_{ac} \\ 0 & \text{其他} \end{cases} \\ ax_{v,w} = \dfrac{1}{1+H(2)} \\ H(2) = \dfrac{1}{N} \sum_i^N H_i(2) \\ H_i(2) = \sum_{p=1}^{K'_i} P_{pi} \lg P_{pi} \end{cases} \tag{6-4}$$

式中：$\mathrm{fit}(v)$——抗体 v 的适应度；

$F(v)$——将抗体 v 作为分配方案代入目标函数式(6-3)时对应的函数值；

c_v——抗体浓度；

λ_{ac}——亲和度阈值；

$\alpha x_{v,w}$——抗体 v 与抗体 w 之间的亲和度；

$H(2)$——抗体 v 和抗体 w 的信息熵，两抗体所有基因都相同时，$H(2)=0$；

N——抗体的基因长度，即为待分配任务数；

$H_i(2)$——两个抗体第 i 个基因位的信息熵；

K_i'——第 i 个基因位可选字符个数，其代表满足柔性工艺约束，可进行第 i 个任务的制造单元个数；

P_{pi}——第 i 个基因位出现 p 的概率。

由式(6-4)可见，抗体的期望繁殖率反映了适应度、亲和度和浓度的关系，综合考虑了抗体与抗原之间的关系(即抗体的适应度)、抗体与抗体之间的关系(通过抗体的亲和度来评价抗体间的相似程度，抗体的浓度表示抗体与其相似的抗体的规模)。

免疫选择是指在抗体群中依据抗体的期望繁殖率选择抗体。从免疫机理的角度，免疫选择反映了抗体选择的不确定性以及抗体的抑制与促进机制。按照比例选择规则选择抗体，在免疫种群 G 中抗体 s_i 被选择的概率为

$$P(s_i)=\frac{e_{s_i}}{\sum_{s_j\in G}e_{s_j}} \tag{6-5}$$

2. 疫苗的抽取与接种

有效的疫苗对算法的收敛性和有效性具有重要的正面作用。本算法从动态任务资源匹配矩阵中抽取疫苗，每代进化过程任务资源匹配矩阵是动态更新的。通过该方式来获得有效的疫苗，在深层次上隐含了疫苗也是随抗体进化而不断进化的思想，更加符合生物的进化规律。通过式(6-6)计算免疫进化过程中每代对应的任务资源匹配矩阵，其中 P_{pi} 表示第 i 个基因位出现 p 的概率，$g_v(i)$表示个体第 i 个基因位的编码值。根据任务资源匹配矩阵中的概率值，当某等位基因上的概率 P_{pi} 最大且大于某个设定阈值时，将其作为该等位基因上的疫苗，最终提取的疫苗如式(6-7)所示。

$$P_{pi}=\frac{1}{\text{popsize}}\sum_{v=1}^{\text{popsize}}a_{v,i}\quad a_{v,i}=\begin{cases}1 & g_v(i)=p\\0 & \text{其他}\end{cases}\tag{6-6}$$

$$Y=(y_1,y_2,\cdots,y_N)\quad y_i=\begin{cases}p_i & \max(P_{pi})\geqslant T,T\ \text{为给定阈值}\\0 & \text{其他}\end{cases}\tag{6-7}$$

疫苗接种进行特异性免疫(specific immunity),有导向性地产生特异性抗体,利用待求解问题的先验知识有效地加速算法的收敛。针对每代进化得到的抗体种群,以事先设定的免疫概率,随机选择父代群体中要进行接种的抗体 g_1。对选中的抗体 g_1,将疫苗 Y 的基因码依次接入,通过置换抗体相应基因位置上的码值产生新的免疫抗体 g_2,最终形成免疫种群 antiby_v。疫苗接种的一个示例如图 6-14 所示。

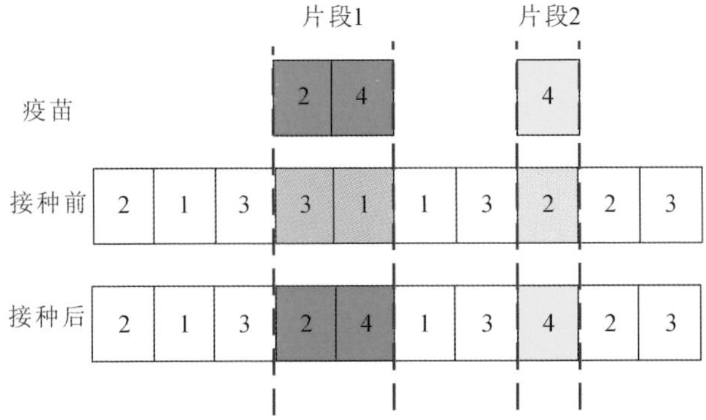

图 6-14　疫苗接种示例

3. 抗体交叉与变异

交叉是在肯定基因位进化的基础上,通过基因重新组合产生新的抗体,使子代能够继承父代的优良基因,优秀抗体的基因模式得以迅速繁殖并在种群中扩散,使进化向最优方向进行。当交叉由于基因的局部相似而无法产生新的抗体时,通过变异可避免寻优过程陷入局部最优,改善种群的多样性,引导进化探索新的搜索空间。

本算法的交叉/变异操作采用两点交叉/变异。对于交叉操作,根据交叉概率,随机地从免疫种群中选取两个抗体 g_1 和 g_2 作为父代,在 g_1 中随机选取两个非零且不相等的基因位 x_1 和 x_2,得到交叉区间[$\min(x_1,x_2)$,$\max(x_1,x_2)$],在 g_2 上找到对应的交叉区间,将这两个区间内的基因互换,就产生了两个新的子代抗体 g_3 和 g_4,这些子代抗体最终组成一个交叉种群 antiby_c。对于变异操作,根据变异概率,随机从免疫种群中选择抗体 g_1。在 g_1 中随机选取两个非零且不相等的基因位 x_1 和 x_2,得到变异区间[$\min(x_1,x_2)$,$\max(x_1,x_2)$],对该区间上每一个基因位,根据动态任务资源匹配矩阵相应的选择概率,重新组合该区间上的基因,从而形成新的抗体 g_2,这些抗体最终组成变异种群 antiby_m。

4. 算法特点

本算法中,免疫选择使进化群体中较好的候选解确定性地选择参与进化,提供开拓更好候选解的机会。免疫记忆不仅为问题的解决提供高效求解的机会,而且为算法的局部搜索提供必要的准备。这一操作与抗体交叉操作及亲和突变操作共同作用,增强了算法的局部搜索能力,使算法有更多机会探测更好的候选解。浓度抑制可确保种群中相同或相似的抗体不会大量繁殖,其作用不仅在于保存好、中、差的抗体,而且减轻了免疫选择算子选择存活抗体时的选择压力。免疫选择的作用在于,不仅给适应度高的抗体提供更多的选择机会,而且给适应度及浓度皆低的抗体提供生存机会,使得存活的抗体种群具有多样性。免疫选择主要反映了抗体促进和抑制机理以及抗体选择的随机性。在抗体种群初始化与募集新成员时,采用基于动态任务资源匹配矩阵的抗体产生方法,通过该方法产生的抗体能够微调群体多样性及增强全局搜索能力。而且由于考虑了动态的任务资源匹配概率,该方法能够加快算法的寻优速度,同时由于随时有自我抗体被引入,算法具有开放式特点。

综上所述,本算法中抗体的选择受适应度与浓度的制约,是确定性和随机性的统一;抗体交叉与变异体现了邻域搜索及并行搜索的特性;搜索过程是开采、探测、选择、自我调节的协调合作过程,体现了体液免疫应答中抗体学习抗原的行为特性;搜索过程开放,随时有自我抗体被加入进化群体,以增强群体多样性,在提供产生更好解的机会的同时能够加快算法的寻优速度。

6.6 仿真算例

仿真工具采用 MATLAB7.0。基于动态任务资源匹配矩阵的免疫算法参数选取为:进化代数 100,种群规模 50,种群中交叉产生的个体比率为 0.4,变异产生的个体比率为 0.2,接种疫苗的个体比率为 0.2,募集的新个体比率为 0.1,

记忆的优良个体比率为 0.1，优异基因抽取阈值为 0.85，亲和度阈值为 0.85。

在算法运行初期，会出现优异的基因未能达到抽取的阈值的情况，导致在接种操作时无疫苗可用，而能够体现基因特异性信息的任务资源匹配矩阵随着抗体种群的进化而不断进化，此时采用依据动态任务资源匹配矩阵产生新的抗体种群是疫苗接种种群的最佳替代，可有效避免无疫苗可用引起的算法的寻优效率降低的缺点。对 6.5.1 节中的示例问题进行仿真，该问题中所有制造单元的初始负荷为 0，其免疫进化过程如图 6-15 所示。

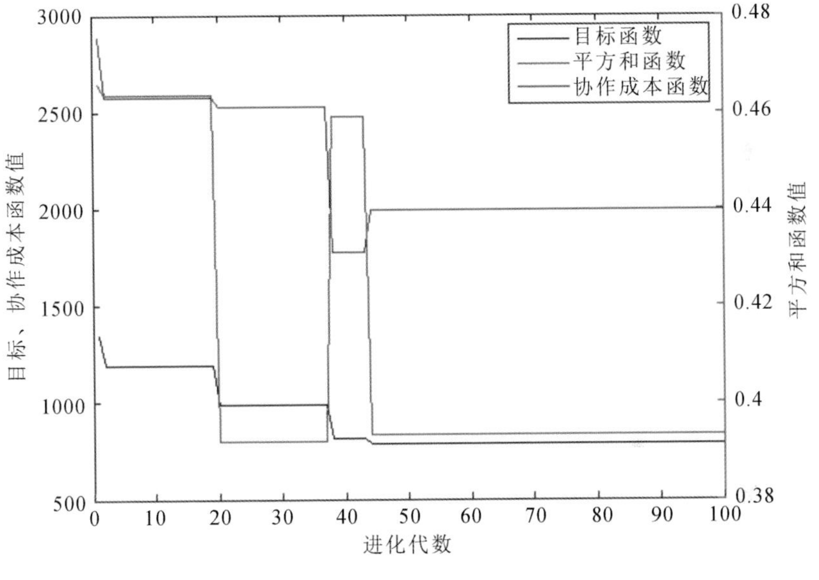

图 6-15　免疫进化过程

图 6-15 中标识了每代最优任务分配方案对应的目标函数值、协作成本函数值及平方和函数值，分别对应式(6-3)的函数值及式(6-3)中第一、二部分的函数值。其中目标函数值与协作成本函数值都对应图中左侧纵坐标轴，平方和函数值对应右侧纵坐标轴。从图中可见，算法进化至第 44 代取得最优分配方案。由于该问题中设定 $K_i'=K$，决定了制造单元之间具有互换性，因此算法进化过程中将寻找到多个最优分配方案，并且当 $K_i'=K$ 且初始负荷为 0 时，多个最优方案中的任何一个方案对该问题都是无差别的。表 6-5 给出了最优分配方案。

表 6-5　多制造单元任务最优分配方案

任务	1	2	3	4	5	6	7	8	9	10	11	12	13	14	15	16	17	18	19	20
制造单元	2	5	2	5	4	4	1	2	4	4	1	4	1	1	3	5	3	3	3	5

图 6-16 标识了该最优分配方案对应的各制造单元的能力、负荷、利用率、最高利用率、平均利用率及最低利用率状态。综合图 6-15 与图 6-16 可见，这里提出的算法实现了平衡各制造单元的负荷的同时最小化协作成本。

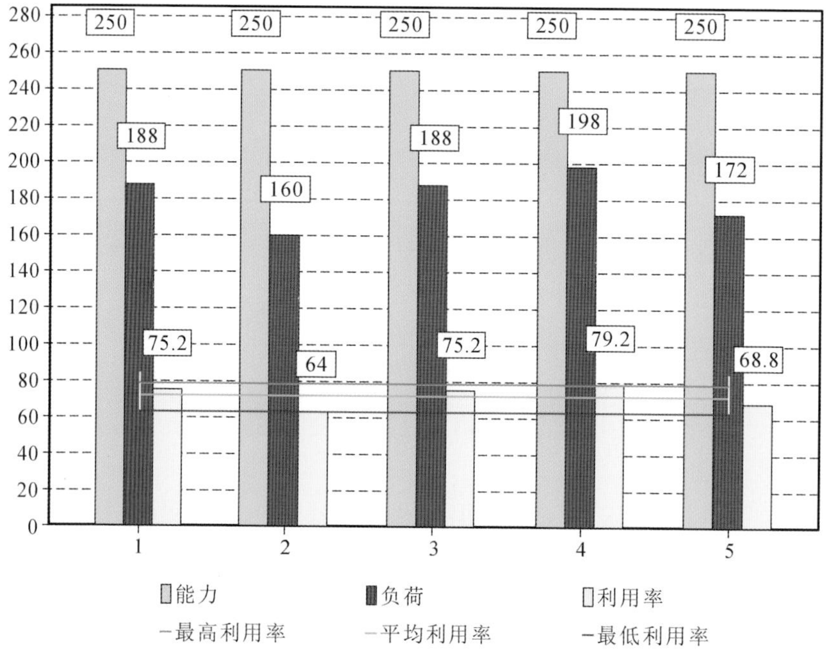

图 6-16　制造单元负荷状态

在实际的生产中有新订单、废品等情况，存在为新增加任务进行分配的问题。解决该问题有两种方式：一是将新任务与原任务作为一个整体重新进行任务分配；二是在保持原任务分配方案不变的前提下，对新增加的任务再分配。现假设企业有新订单到达，需对新增任务进行分配。图 6-17 给出了新增任务的任务关联图，根据柔性工艺获得的新增任务的任务资源匹配初始矩阵如表 6-6 所示。若某个工件需要在几个制造单元加工，则假定各制造单元的初始负荷相同。

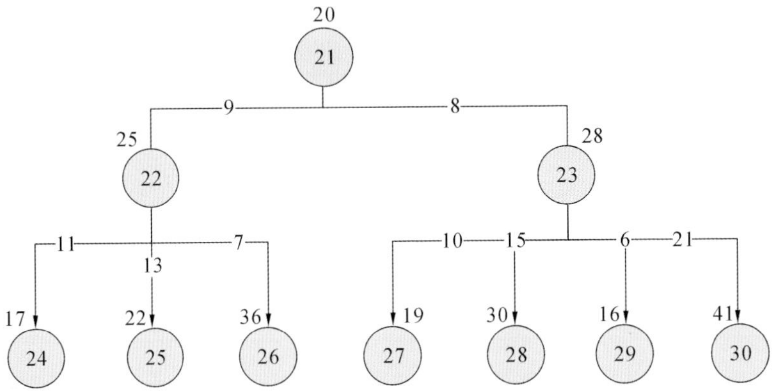

图 6-17　新增任务的任务关联图

表 6-6　新增任务与资源匹配初始矩阵

制造单元	s_{pi}									
	新增任务									
	30	21	22	23	24	25	26	27	28	29
1	1/3	1/4	0	1/5	1/4	1/3	0	1/4	1/5	0
2	1/3	1/4	1/3	1/5	1/4	1/3	1/3	1/4	1/5	1/2
3	1/3	0	1/3	1/5	1/4	0	1/3	0	1/5	0
4	0	1/4	0	1/5	1/4	0	0	1/4	1/5	0
5	0	1/4	1/3	1/5	0	1/3	1/3	1/4	1/5	1/2

对于第一种方式，采用本算法重新计算即可，但在实际生产中由于产生的分配方案将作为计划调度等系统的重要数据输入，该种方式不但涉及任务重新分配计算成本，而且还将涉及重计划/调度等成本。故在实际应用中，该方式较第二种方式虽然可能获得相对较高质量的解，但仍较少采用。此处给出在保证原分配方案不变的基础上，运用提出的免疫算法对新增任务进行分配，即动态的任务再分配。由表 6-6 可知，此时问题的初始状态为 $K_i' \neq K$，且由于是在已有任务分配的基础上进行任务分配，因此各制造单元的初始负荷不为 0。故对新增任务进行再分配，不仅可以验证该算法在处理新增任务分配问题时的灵活性，而且还可以将其作为一个当 $K_i' \neq K$ 且初始负荷不为 0 的新的任务分配问题（$K_i' \neq K$、初始负荷不为 0，更能代表实际生产中的多制造单元任务分配问题），说明该算法在解决实际的多制造单元任务分配问题时的实用性。

表 6-7 给出了在表 6-5 给出的任务分配方案的基础上，进行任务再分配获得的新增任务的优化分配方案。图 6-18 给出了任务再分配后新的优化方案对应的制造单元负荷状态。从图 6-18 中可以看出，该任务再分配结果可以满足实际的生产需要，同时验证了本章提出的算法在解决多制造单元任务组合优化分配问题中的有效性。

表 6-7　任务再分配优化方案

新增任务	21	22	23	24	25	26	27	28	29	30
制造单元	1	1	5	2	3	2	3	4	2	5

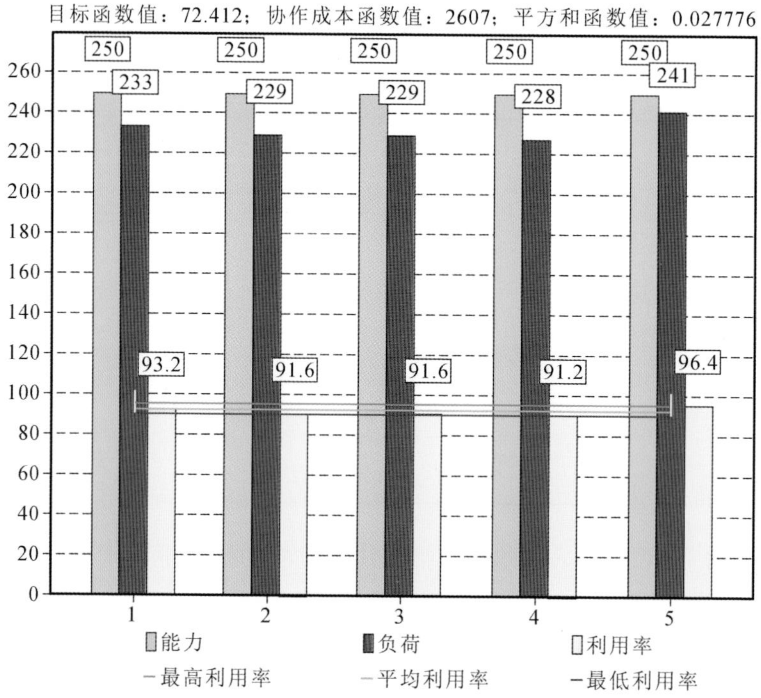

图 6-18　任务再分配后的制造单元负荷状态

6.7　本章小结

本章对物联制造中常见的分布式生产环境下的调度问题进行研究，提出了多制造单元的分布式协同调度模式，建立了多制造单元协同调度优化模型。基于免疫算法建立了多制造单元协同调度优化算法，通过仿真实例，对提出的模型与算法进行了验证。

第 7 章 质量数据及学习算法

7.1 质量数据概述

质量是制造业的核心竞争力。我国制造业在近几十年迎来了高速发展，产品质量也取得了长足进步。随着我国由制造大国向制造强国转变，进一步提高质量已经成为众多企业追求的目标。

质量分析与改进途径包含两个方面：其一是采用质量控制方法维持现有的质量水平；其二是主动采取措施，使质量在原有的基础上有突破性提高。质量分析与改进是提高企业核心竞争力的主要手段。它能够减少不合格品带来的损失，有效提高投资收益率，并能促使企业设计流程和生产工艺的改进。质量分析与改进在提高产品质量的同时，还能够促进新产品的开发，帮助企业提高产品的适应性和市场竞争力。

7.1.1 质量因素与质量数据

造成制造过程质量波动的原因，可分为六大要素。

(1) 人(man)：操作者对质量的认知、操作熟练程度、健康状况等。

(2) 机器(machine)：设备状况、设备故障率、工具状况等。

(3) 材料(material)：材料产地、材料状况、材料性能等。

(4) 方法(method)：工艺选择、工装选择、操作规程等。

(5) 测量(measurement)：测量方法、测量参数、测量结果等。

(6) 环境(environment)：温度、湿度、照明、噪声等。

以上因素简称 5M1E，这些因素在加工过程中不断波动。每个因素的变化都可能对产品最终质量造成影响。随着制造业信息化程度的不断提高，5M1E六大因素所涉及的质量分支因素也在增多，如图 7-1 所示。由于 CAD/CAM、PDM、ERP、MES 等信息系统的使用，质量相关数据呈现出高维、海量、复杂的新形态。质量数据形态的变化也要求质量分析与改进算法随之改进。

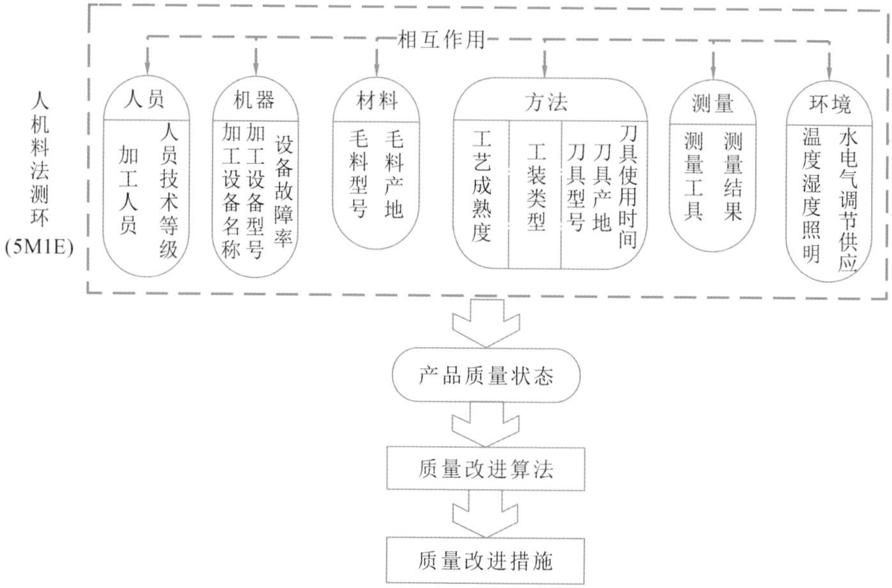

图 7-1　5M1E 质量因素分析

7.1.2　质量分析与改进方法

质量管理的发展大致分为五个阶段，即质量检验阶段、统计过程质量控制阶段、全面质量管理阶段、田口质量管理阶段、计算机辅助质量管理阶段。质量检验阶段的质量改进以人工为主；统计过程质量控制阶段、全面质量管理阶段、田口质量管理阶段的质量改进依靠统计过程控制方法；计算机辅助质量管理阶段的质量改进主要使用数据挖掘方法。

统计过程控制是质量管理最常用的方法，其来源于休哈特提出的经典控制图方法，该方法的假设前提是工序质量数据服从正态分布。统计过程控制方法简单易用，在质量管理中得到了广泛的应用。

全面质量管理与田口质量管理的管理工具也以统计方法为主。但是，由于统计过程控制方法要求各因素独立、同分布，许多学者提出了多元统计过程控制方法，如主成分分析法(principal component analysis，PCA)、偏最小二乘法(partial least squares，PLS)等。

质量管理进入计算机辅助管理阶段后，以数据挖掘为代表的、包括多元统计在内的计算机辅助分析工具发挥了重要作用。

由于制造业信息化程度不断提高，制造过程质量数据的收集日益全面。当前制造过程质量数据具有以下四个特点：

(1) 质量目标分布不均衡。制造过程质量数据分布于制造过程的每个阶段，很难找到统一的质量目标进行质量改进。因而需要针对不同阶段的生产情况制定相应的质量目标。

(2) 维度灾难问题。随着射频识别技术、条码技术、实时监控技术等在生产领域的大量使用，制造过程质量数据的采集粒度愈加细致，制造过程质量数据的维度越来越高。

(3) 混合数据类型。采集的制造过程质量数据往往不能由一种数据类型进行描述，需采用多种数据类型，如名词型数据、数值型数据、区间型数据和布尔型数据等。

(4) 数据耦合。某一质量因素需要多个分支因素联合描述。这些分支因素与质量目标之间不一定独立，为质量分析与改进带来了挑战。

具备上述特点的制造过程质量数据，其分析与改进的问题实质是数据挖掘中高维、海量、复杂数据的分类问题。

7.2 混合流形学习与支持向量机算法

本节提出基于优化核空间的混合流形学习与支持向量机算法，该算法的研究重点是使用流形学习算法压缩样本数据后，在低维嵌入空间中使用一种基于流形学习的 ISOMAP(isometric mapping)核函数进行分类预测，以优化支持向量机算法的分类精度。在提出 ISOMAP 核函数之后，需要证明其是符合 Mercer 条件、具有半正定性的支持向量机算法的有效核函数。最后选取 UCI 机器学习数据库中标准的分类数据集作为仿真样本，比较 ISOMAP 核函数与常用核函数在仿真数据上的表现，以验证其有效性。

7.2.1 核方法与核函数

近年来,核方法已经成为数据挖掘与模式识别研究中的热点问题。核方法采用核技巧向高维特征空间映射,可以将非线性问题转化为线性问题来求解,这种核技巧还能够避免因升高维度而带来额外计算开销。因此,基于核方法的分类算法是数据挖掘与模式识别的重要方法。常用的核分类方法有核主成分分析、核费舍尔判别分析(kernel Fisher discriminant,KFD)及支持向量机等。

1. 核函数

核函数的重点是核技巧。假设输入空间中的一个点 $\boldsymbol{x}_i$ 通过非线性映射函数 $\varphi(\boldsymbol{x}_i)$映射到特征空间,其映射关系为 $\varphi(\boldsymbol{x}_i)=\varphi(\boldsymbol{x}_{i1},\boldsymbol{x}_{i2},\cdots,\boldsymbol{x}_{iN})$。由于$\varphi(\boldsymbol{x}_i)\varphi(\boldsymbol{x}_j)$可以由核函数 $k(\boldsymbol{x}_i,\boldsymbol{x}_j)=\varphi(\boldsymbol{x}_i)\varphi(\boldsymbol{x}_j)$得到,因此核技巧的优势是通过数据升维将非线性问题转化为线性问题,却未增加计算复杂度。

常用的核函数包括:高斯核函数 $k(\boldsymbol{x}_i,\boldsymbol{x}_j)=\exp[-\|\boldsymbol{x}_i-\boldsymbol{x}_j\|^2/(2\sigma^2)]$,其中 σ 是高斯核函数的参数;多项式核函数 $k(\boldsymbol{x}_i,\boldsymbol{x}_j)=(\boldsymbol{x}_i^{\mathrm{T}}\boldsymbol{x}_j+1)^d$,其中 d 是多项式核函数的参数;线性核函数 $k(\boldsymbol{x}_i,\boldsymbol{x}_j)=\boldsymbol{x}_i^{\mathrm{T}}\boldsymbol{x}_j$;等。

由上述核函数可知,有些核函数含有参数。因此,对核函数的优化不仅是选择某个核函数,而且还需要对该核函数的参数做相应的优化。

2. 支持向量机

支持向量机是核方法应用的典型代表。运用支持向量机算法解决非线性问题的关键在于使用核技巧将原始数据映射到高维核空间,从而将非线性问题转化为线性问题。图 7-2 展示了在高维核空间中将非线性问题转化为线性问题的原理,图中使用的核函数为高斯核函数。核函数的选择对支持向量机算法的分类精度有着至关重要的影响。对于许多带有参数的核函数(如高斯核函数、感知机核函数和多项式核函数等),优化核函数的参数常常作为优化支持向量机算法分类精度的一种手段。

提高支持向量机算法分类精度的另一强有力手段是提出新的核函数,以达到优化支持向量机算法分类精度的目的,如研究者们提出了一种字符型的核函数用于支持向量机分类;提出了支持向量机的小波核函数(wavelet kernel function),并验证了小波核函数优于高斯核函数;提出了一种多功能核函数,用于解决数据挖掘系统中基因表达数据的分析问题;提出了切比雪夫核函数,并用双

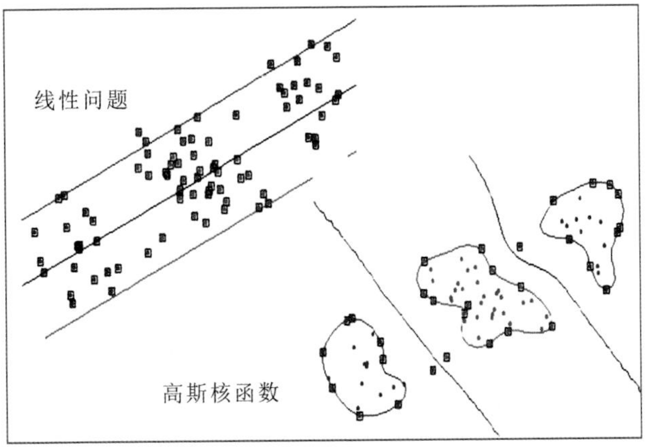

图 7-2 核技巧原理示意图

螺旋线及 UCI 数据集验证其优越性等。由上可知，发现并提出新的核函数是优化支持向量机算法分类精度的一种有效方法。

3. ISOMAP 降维法

流形学习方法是一种能够精确计算高维输入数据的低维嵌入空间，并发现其重要特征的维度约简方法。ISOMAP 算法是流形学习的经典算法之一。ISOMAP 算法是线性的多维坐标变换法在流形空间的推广，其易用性是其他流形学习算法所不能替代的。ISOMAP 算法通过对流形空间上点的距离邻接图使用经典的多维坐标变换法，得到高维流形空间在低维空间上的重变换。ISOMAP 算法分为以下三步。

(1) 构造邻接图 G。针对每个点设置其最近邻居参数 k，在图 G 上计算与点 $i(i=1,2,\cdots,n)$ 相邻的最近的 k 个点的欧氏距离 $d(\boldsymbol{x}_i,\boldsymbol{x}_j)$，图中的边设为所计算的欧氏距离 $d(\boldsymbol{x}_i,\boldsymbol{x}_j)$。

(2) 计算最短路径。如果点 j 是点 i 的邻居，则设定边为测地距离，并初始化测地距离为 $d_G(\boldsymbol{x}_i,\boldsymbol{x}_j)=d(\boldsymbol{x}_i,\boldsymbol{x}_j)$。如果点 i、j 不相邻，则 $d_G(\boldsymbol{x}_i,\boldsymbol{x}_j)=\infty$。对于每个 $k(k=1,2,\cdots,n)$，计算其流形空间中的最短距离，最短距离的计算公式为 $d_G(\boldsymbol{x}_i,\boldsymbol{x}_j)=\min\{d_G(\boldsymbol{x}_i,\boldsymbol{x}_j),d_G(\boldsymbol{x}_i,\boldsymbol{x}_k)+d_G(\boldsymbol{x}_k,\boldsymbol{x}_j)\}$。最后，将图 G 上的边作为矩阵上的元素组成距离阵 $\boldsymbol{S}=\{d_G(\boldsymbol{x}_i,\boldsymbol{x}_j),i、j=1,2,\cdots,n\}$。

(3) 构建 d 维低维嵌入空间。使用多维坐标变换法对 $-\frac{1}{2}\boldsymbol{HSH}$ 做特征值分解，得到其特征值 $\lambda_1,\lambda_2,\cdots,\lambda_n$ 及特征向量 $\boldsymbol{v}_1,\boldsymbol{v}_2,\cdots,\boldsymbol{v}_n$。$d$ 维低维嵌入空间

$(\boldsymbol{y}_1, \boldsymbol{y}_2, \cdots, \boldsymbol{y}_n)^{\mathrm{T}}$ 就等于$(\sqrt{\lambda_1}\boldsymbol{v}_1, \sqrt{\lambda_2}\boldsymbol{v}_2, \cdots, \sqrt{\lambda_n}\boldsymbol{v}_n)$。

当核函数是等方核函数时，核主成分分析法可以转化为多维坐标变换法。由流形空间推广的 ISOMAP 法与核主成分分析法一样可以有自己的核空间，该核空间是 $\boldsymbol{K}_{\mathrm{ISOMAP}} = -\frac{1}{2}\boldsymbol{HSH}$。由于对 ISOMAP 核空间的研究都局限于流形学习领域，如何将该核空间引入质量分析领域是本章的研究重点。

7.2.2 混合流形学习与支持向量机算法设计

为了分析复杂的高维数据，提出一种基于优化核空间的混合流形学习及支持向量机算法（kernel based hybrid manifold learning and support vector machine algorithm，KML-SVM）。算法采用流形学习算法压缩数据，并对流形学习的低维嵌入空间使用支持向量机算法进行分类预测与分析，采用优化支持向量机核函数来提高分类准确率。

KML-SVM 算法流程如图 7-3 所示，步骤如下。

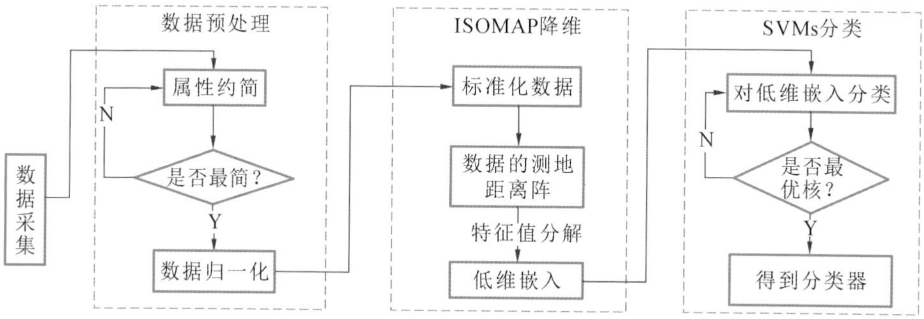

图 7-3　KML-SVM 算法流程

（1）数据采集。针对某一特定问题选择或采集相关数据。数据采集可以是对数据库中所涉及问题的数据表的集合，也可以建立相关问题视图。在数据采集过程中应当尽量全面收集问题的相关因素。

（2）数据预处理，对数据类型及量纲进行统一。对 KML-SVM 算法来说，数据预处理的关键问题包括将非数值型数据转化为数值型数据和量纲的统一两个方面。量纲的统一对于结论的有效性也非常重要。因为流形学习会将数据置于流形空间，如果每个维度上数据量纲差别过大，会造成数据空间畸形，进而影响降维效果。

(3) 数据压缩。计算数据中的主要成分,在对主坐标进行分类时可以提高支持向量机算法的分类精度,并降低计算代价。流形学习是非线性降维的有效方法,对处理复杂的关系型数据库数据非常有效。在 KML-SVM 算法中采用经典的等距映射法作为降维方法。

(4) 数据分类。支持向量机算法的分类精度与核函数的选择密切相关,KML-SVM 算法通过核函数的优化来提高分类正确率。

(5) 样本预测。使用优化核函数得到支持向量机决策函数,对未知样本进行分类。

先降维再分类的混合算法广泛用于解决高维数据的分类问题。常用的降维方法有线性降维方法和非线性降维方法。KML-SVM 算法属于混合分类算法,它采用对于非线性问题降维效果更好的流形学习方法 ISOMAP 算法进行降维,采用支持向量机算法提高分类精度。一般而言,降维是一种数据压缩方式。在压缩数据的同时会丢失数据的部分原始信息。如何在提高效率的同时达到高精度是 KML-SVM 算法需要研究的重点。

7.2.3 原空间与核空间关系

支持向量机算法的分类优化在于核函数及其参数。对于不同的问题和不同的样本会有不同的最优核函数和参数。对于先降维后分类的混合方法有原空间与核空间的差异,需要对该问题做进一步的研究。

流形学习低维嵌入的核空间与原空间的核空间差异较大,会产生分类误差。研究并发现新的核函数可以大大改善低维嵌入空间中支持向量机算法的分类精度。

1. 支持向量机算法的分类错误率

支持向量机算法的目的是寻找一个分类超平面,使其最大化所分割两类之间的间隔。寻找这个超平面需要解决一个二次规划问题,这个问题的数学模型描述如下。

设 $\boldsymbol{x}_1,\boldsymbol{x}_2,\cdots,\boldsymbol{x}_n$,并且 $y_i\in\{-1,1\}$,其中 $i=1,2,\cdots,n$。$\boldsymbol{x}$,y 共同组成一组带有类标号的训练数据 $\{(\boldsymbol{x}_i,y_i),i=1,2,\cdots,n\}$,其中 y_i 为类标号。令 $\boldsymbol{w}$、b 为平面的参数,则支持向量机算法的决策函数为

$$f(\boldsymbol{x})=\boldsymbol{w}^{\mathrm{T}}\boldsymbol{x}+b \tag{7-1}$$

支持向量机算法的目的就是优化其中的 $\boldsymbol{w}$、b，为了在二次规划中解决这个问题，需要引入松弛变量 $\boldsymbol{\xi}=(\xi_1,\xi_2,\cdots,\xi_i,\cdots,\xi_n)$ 和惩罚因子 C。

支持向量机算法的分类模型可以建立为

$$\begin{cases}\min:\dfrac{1}{2}\boldsymbol{w}\boldsymbol{w}^{\mathrm{T}}+C\sum\limits_{i=1}^{n}\xi_i \\ \text{s. t. }: y_i(\boldsymbol{w}^{\mathrm{T}}\boldsymbol{x}_i+b)\geqslant 1-\xi_i,\xi_i\geqslant 0,\forall i\end{cases} \tag{7-2}$$

通过式(7-2)的二次规划问题可以建立支持向量机算法的分类器，并通过分类器得到预测样本的类标号，分类器见式(7-3)，其中 sign(·)是区分函数。

$$Y=\operatorname{sign}\left[\sum_j \alpha_j\cdot y_j\cdot(\boldsymbol{x},\boldsymbol{x}_j)+b\right] \tag{7-3}$$

支持向量机算法之所以被称为经典的核方法应用，是因为在大多数情况下，对非线性问题不能使用式(7-2)建立由式(7-3)定义的分类器，这需要通过核技巧将原始问题映射到高维核空间中转换为线性问题来解决。假设 $k(\boldsymbol{x})$ 是将向量 $\boldsymbol{x}$ 通过函数 k 映射到核空间的数学变换，式(7-2)可以被改写为

$$\begin{cases}\min:\dfrac{1}{2}\boldsymbol{w}\boldsymbol{w}^{\mathrm{T}}+C\sum\limits_{i=1}^{n}\xi_i \\ \text{s. t. }: y_i(\boldsymbol{w}^{\mathrm{T}}\cdot k(\boldsymbol{x}_i)+b)\geqslant 1-\xi_i,\xi_i\geqslant 0,i=1,2,\cdots,n\end{cases} \tag{7-4}$$

为了方便求解式(7-4)，将式(7-4)改写为它的对偶形式，其中 $\boldsymbol{\alpha}=(\alpha_1,\alpha_2,\cdots,\alpha_n)$ 为拉格朗日乘子：

$$\begin{cases}\max:\sum\limits_{i=1}^{n}\alpha_i-\dfrac{1}{2}\sum\limits_{i,j=1}^{n}\alpha_i\cdot\alpha_j\cdot y_i\cdot y_j\cdot k(\boldsymbol{x}_i,\boldsymbol{x}_j) \\ \text{s. t. }: \boldsymbol{y\alpha}=0,\boldsymbol{\alpha}=(\alpha_1,\alpha_2,\cdots,\alpha_n),0\leqslant\alpha_i\leqslant C\end{cases} \tag{7-5}$$

由式(7-5)建立的分类器为

$$Y=\operatorname{sign}\left[\sum_j \alpha_j\cdot y_j\cdot k(\boldsymbol{x},\boldsymbol{x}_j)+b\right] \tag{7-6}$$

由式(7-2)和式(7-6)所建立的支持向量机算法的分类模型可知，支持向量机算法的最大错误分类率 N_1 的计算式为

$$N_1\leqslant(2R/\gamma)^2 \tag{7-7}$$

式中：$\gamma=y_i(\boldsymbol{w}^{\mathrm{T}}\cdot k(\boldsymbol{x}_i)+b)$，$\|\boldsymbol{w}\|=1$，$R=\max\|k(\boldsymbol{x}_i)\|$。

2. 支持向量机算法的核空间

根据支持向量机算法的最大错误分类率可知，γ 是距离式，即分类的错误率

与距离有关。在混合流形学习与支持向量机算法中，流形学习的降维会带来数据信息的损失。这个损失会影响支持向量机算法的分类精度。因此，流形学习降维后所选择的核空间与原空间的差异越小，支持向量机算法的分类正确率就会越高。

定理 7.1 如果存在一个非线性映射函数 $\boldsymbol{x}=k(\boldsymbol{y})$，将 $\boldsymbol{y}_i\subset\mathbf{R}^d$ 映射到 $\boldsymbol{x}_i\subset\mathbf{R}^N$，其中 $\boldsymbol{y}_i$ 是低维嵌入空间数据，$\boldsymbol{x}_i$ 是原始数据。则低维嵌入空间与原始空间是一对几何结构误差最小的映射。误差低于低维嵌入空间中的 SVM 常用核函数包括线性核函数、多项式核函数和高斯核函数。

证明 核空间与原空间的差异可以通过距离来描述，其差异函数 L 定义为

$$L=\sum_i\sum_j\{k(\boldsymbol{y}_i,\boldsymbol{y}_j)-d[\varphi(\boldsymbol{y}_i),\varphi(\boldsymbol{y}_j)]\}^2/\left[\sum_i\sum_j k(\boldsymbol{y}_i,\boldsymbol{y}_j)^2\right]\tag{7-8}$$

由式(7-8)可知原空间与低维嵌入的核空间差异越小，函数 L 的值越小，反之 L 的值则越大。

由于 ISOMAP 方法是多维坐标变化法的流形推广，$k(\boldsymbol{y}_i,\boldsymbol{y}_j)$ 可以将数据直接映射回原始空间，因此 $k(\boldsymbol{y}_i,\boldsymbol{y}_j)=\|\boldsymbol{x}_i-\boldsymbol{x}_j\|^2=d(\boldsymbol{x}_i,\boldsymbol{x}_j)$。这两个空间之间的距离差异为

$$\begin{aligned}L_{\text{ISOMAP}}&=\sum_i\sum_j\{k(\boldsymbol{y}_i,\boldsymbol{y}_j)-d[\varphi(\boldsymbol{y}_i),\varphi(\boldsymbol{y}_j)]\}^2/\left[\sum_i\sum_j k(\boldsymbol{y}_i,\boldsymbol{y}_j)^2\right]\\&=\sum_i\sum_j[k(\boldsymbol{y}_i,\boldsymbol{y}_j)-d(\boldsymbol{x}_i,\boldsymbol{x}_j)]^2/\left[\sum_i\sum_j k(\boldsymbol{y}_i,\boldsymbol{y}_j)^2\right]=0\end{aligned}\tag{7-9}$$

而其他常用的核函数如线性核函数、多项式核函数和高斯核函数，它们与低维嵌入空间的距离差别分别为

$$\begin{aligned}L_{\text{linear}}&=\sum_i\sum_j\{k(\boldsymbol{y}_i,\boldsymbol{y}_j)-d[\varphi(\boldsymbol{y}_i),\varphi(\boldsymbol{y}_j)]\}^2/\left[\sum_i\sum_j k(\boldsymbol{y}_i,\boldsymbol{y}_j)^2\right]\\&=\sum_i\sum_j[\boldsymbol{y}_i\boldsymbol{y}_j^{\mathrm{T}}-d(\boldsymbol{x}_i,\boldsymbol{x}_j)]^2/\left[\sum_i\sum_j k(\boldsymbol{y}_i,\boldsymbol{y}_j)^2\right]\\&=\sum_i\sum_j[\boldsymbol{y}_i\boldsymbol{y}_j^{\mathrm{T}}-\|\boldsymbol{x}_i-\boldsymbol{x}_j\|^2]^2/\left[\sum_i\sum_j k(\boldsymbol{y}_i,\boldsymbol{y}_j)^2\right]>0\end{aligned}\tag{7-10}$$

$$\begin{aligned}L_{\text{polynomial}}&=\sum_i\sum_j\{k(\boldsymbol{y}_i,\boldsymbol{y}_j)-d[\varphi(\boldsymbol{y}_i),\varphi(\boldsymbol{y}_j)]\}^2/\left[\sum_i\sum_j k(\boldsymbol{y}_i,\boldsymbol{y}_j)^2\right]\\&=\sum_i\sum_j[(\boldsymbol{y}_i\boldsymbol{y}_j^{\mathrm{T}}+1)^d-d(\boldsymbol{x}_i,\boldsymbol{x}_j)]^2/\left[\sum_i\sum_j k(\boldsymbol{y}_i,\boldsymbol{y}_j)^2\right]\\&=\sum_i\sum_j[(\boldsymbol{y}_i\boldsymbol{y}_j^{\mathrm{T}}+1)^d-\|\boldsymbol{x}_i-\boldsymbol{x}_j\|^2]^2/\left[\sum_i\sum_j k(\boldsymbol{y}_i,\boldsymbol{y}_j)^2\right]>0\end{aligned}\tag{7-11}$$

$$
\begin{aligned}
L_{\text{Gaussian}} &= \sum_i \sum_j \{k(\boldsymbol{y}_i,\boldsymbol{y}_j) - d[\varphi(\boldsymbol{y}_i),\varphi(\boldsymbol{y}_j)]\}^2 / \left[\sum_i \sum_j k(\boldsymbol{y}_i,\boldsymbol{y}_j)^2\right] \\
&= \sum_i \sum_j \{\exp[-\|\boldsymbol{y}_i - \boldsymbol{y}_j\|^2/(2\sigma^2)] - d(\boldsymbol{x}_i,\boldsymbol{x}_j)\}^2 / \\
&\qquad \left[\sum_i \sum_j k(\boldsymbol{y}_i,\boldsymbol{y}_j)^2\right] \\
&= \sum_i \sum_j \{\exp[-\|\boldsymbol{y}_i - \boldsymbol{y}_j\|^2/(2\sigma^2)] - \|\boldsymbol{x}_i - \boldsymbol{x}_j\|^2\}^2 / \\
&\qquad \left[\sum_i \sum_j k(\boldsymbol{y}_i,\boldsymbol{y}_j)^2\right] > 0
\end{aligned} \tag{7-12}
$$

由式(7-9)至式(7-12)可知,流形学习所建立的测地距离空间与降维后的低维嵌入空间之间的差别最小。因此,由上述证明可知原空间与低维嵌入空间之间的数据结构最相似,距离误差最小。

如果训练集确定,错误分类率与分类间隔 γ 成反比,而 γ 又与数据间的距离相关。因此,则支持向量机算法的错误分类率与距离有关。在支持向量机算法理论中,如果存在某个非线性的映射函数 $\boldsymbol{x}=k(\boldsymbol{y})$,将 $\boldsymbol{y}_i \subset \mathbf{R}^d$ 映射到 $\boldsymbol{x}_i \subset \mathbf{R}^N$,并在空间 $\mathbf{R}^d$ 中得到的错误分类率 N_1 约等于在空间 $\mathbf{R}^N$ 中得到的,那么在低维嵌入空间得到的分类器相当于在原空间得到的分类器。

由定理 7.1 可知,如果存在某个核函数将低维嵌入空间中的数据映射到原始空间,那么这个映射将会到达两个目的:其一是在核技巧中通过将低维非线性数据映射到高维核空间中,使非线性问题线性化;其二是映射到与原空间近似的核空间中时,由于空间之间的差异小,提高了分类精度。

7.2.4 ISOMAP 核函数

虽然 ISOMAP 核函数可以找到其核空间 $\boldsymbol{K}_{\text{ISOMAP}}$,但是该核空间仅仅局限于流形学习的范畴。在 KML-SVM 算法中,影响算法分类精度的核心在于 SVM,而将 $\boldsymbol{K}_{\text{ISOMAP}}$ 作为 SVM 的核空间进行研究是一个新探索。$\boldsymbol{K}_{\text{ISOMAP}}$ 是否能与 SVM 有效地结合是一个非常重要的问题。同时,SVM 对核空间的要求非常严格,需要证明 $\boldsymbol{K}_{\text{ISOMAP}}$ 是否满足 Mercer 条件来验证其能否作为 SVM 的核空间。

1. ISOMAP 核函数

确定 $\boldsymbol{K}_{\text{ISOMAP}}$ 核函数的关键问题是求解 $d_G(\boldsymbol{x}_i,\boldsymbol{x}_j)$ 与 $d(\boldsymbol{y}_i,\boldsymbol{y}_j)$ 之间的关系,需要计算特征值、特征向量与流形学习算法。由特征值、特征向量的定义可知,

如果输入空间为 $\boldsymbol{x}_1,\boldsymbol{x}_2,\cdots,\boldsymbol{x}_i,\cdots,\boldsymbol{x}_n$，$\boldsymbol{XV}=\lambda\boldsymbol{V}$，其中 $\boldsymbol{X}=(\boldsymbol{x}_1,\boldsymbol{x}_2,\cdots,\boldsymbol{x}_i,\cdots,\boldsymbol{x}_n)$，$\boldsymbol{V}=(\boldsymbol{v}_1,\boldsymbol{v}_2,\cdots,\boldsymbol{v}_i,\cdots,\boldsymbol{v}_n)$，则基于流形学习的 ISOMAP 算法得到的 d 维低维嵌入空间是 $(\boldsymbol{y}_1,\boldsymbol{y}_2,\cdots,\boldsymbol{y}_n)^{\mathrm{T}}=(\sqrt{\lambda_1}\boldsymbol{v}_1,\sqrt{\lambda_2}\boldsymbol{v}_2,\cdots,\sqrt{\lambda_d}\boldsymbol{v}_d)$。

定理 7.2 ISOMAP 核函数为 $k(\boldsymbol{y}_i,\boldsymbol{y}_j)=-2\|\boldsymbol{y}_i-\boldsymbol{y}_j\|^2+\Delta_{ij}$，$\Delta_{ij}=(\sum_{i=d+1}^{n}\lambda_i\boldsymbol{v}_i\boldsymbol{v}_i^{\mathrm{T}})_{ij}$。

证明 由 ISOMAP 降维算法可知，输入空间 $\boldsymbol{x}_1,\boldsymbol{x}_2,\cdots,\boldsymbol{x}_i,\cdots,\boldsymbol{x}_n$ 之间的测地距离阵 $\boldsymbol{S}$ 经过中心化处理后变为 $-\frac{1}{2}\boldsymbol{HSH}$，对其做特征值分解得到 d 维低维嵌入空间。

根据矩阵变换法，对 $-\frac{1}{2}\boldsymbol{HSH}$ 做特征值分解则有 $-\frac{1}{2}\boldsymbol{HSH}=\boldsymbol{V\Lambda V}^{\mathrm{T}}$，其中 $\boldsymbol{V}$ 为由特征值组成的对角矩阵，$\boldsymbol{\Lambda}$ 为由特征值对应的特征向量所组成的矩阵。

$$\begin{aligned}-\frac{1}{2}\boldsymbol{HSH}&=\boldsymbol{V\Lambda V}^{\mathrm{T}}=(\boldsymbol{V\Lambda}^{\frac{1}{2}})^{\mathrm{T}}(\boldsymbol{\Lambda}^{\frac{1}{2}}\boldsymbol{V})\\&=(\sqrt{\lambda_1}\boldsymbol{v}_1,\cdots,\sqrt{\lambda_N}\boldsymbol{v}_N)^{\mathrm{T}}(\sqrt{\lambda_1}\boldsymbol{v}_1,\cdots,\sqrt{\lambda_N}\boldsymbol{v}_N)\\&=\sum_{i=1}^{d}\lambda_i\boldsymbol{v}_i\boldsymbol{v}_i^{\mathrm{T}}+\sum_{j=d+1}^{N}\lambda_j\boldsymbol{v}_j\boldsymbol{v}_j^{\mathrm{T}}\end{aligned}$$

即

$$-\frac{1}{2}\boldsymbol{HSH}=\sum_{i=1}^{d}\lambda_i\boldsymbol{v}_i\boldsymbol{v}_i^{\mathrm{T}}+\sum_{j=d+1}^{N}\lambda_j\boldsymbol{v}_j\boldsymbol{v}_j^{\mathrm{T}}\tag{7-13}$$

令 $\boldsymbol{Y}$ 是由 $\boldsymbol{y}_1,\boldsymbol{y}_2,\cdots,\boldsymbol{y}_n$ 组成的矩阵，其中 $\boldsymbol{y}_i$ 是被中心化后的向量，可以得到 $\sum_{i=1}^{n}y_{ik}=0,k=1,2,\cdots,N$。由上述的表示符号可知，$-\frac{1}{2}\boldsymbol{HSH}$ 可以被改写为 $-\frac{1}{2}\boldsymbol{HSH}=\boldsymbol{Y}^{\mathrm{T}}\boldsymbol{Y}$。

$\boldsymbol{y}_i,\boldsymbol{y}_j$ 之间的距离可以表示为

$$d(\boldsymbol{y}_i,\boldsymbol{y}_j)=\|\boldsymbol{y}_i-\boldsymbol{y}_j\|^2=(\boldsymbol{y}_i-\boldsymbol{y}_j)^{\mathrm{T}}(\boldsymbol{y}_i-\boldsymbol{y}_j)=\boldsymbol{y}_i^{\mathrm{T}}\boldsymbol{y}_i+\boldsymbol{y}_j^{\mathrm{T}}\boldsymbol{y}_j-2\boldsymbol{y}_i^{\mathrm{T}}\boldsymbol{y}_j\tag{7-14}$$

$$\frac{1}{n}\sum_{i=1}^{n}d(\boldsymbol{y}_i,\boldsymbol{y}_j)=\frac{1}{n}\sum_{i=1}^{n}\boldsymbol{y}_i^{\mathrm{T}}\boldsymbol{y}_i+\boldsymbol{y}_j^{\mathrm{T}}\boldsymbol{y}_j\tag{7-15}$$

$$\frac{1}{n}\sum_{j=1}^{n}d(\boldsymbol{y}_i,\boldsymbol{y}_j)=\boldsymbol{y}_i^{\mathrm{T}}\boldsymbol{y}_i+\frac{1}{n}\sum_{j=1}^{n}\boldsymbol{y}_j^{\mathrm{T}}\boldsymbol{y}_j\tag{7-16}$$

$$\frac{1}{n^2}\sum_{i=1}^{n}\sum_{j=1}^{n}d(\boldsymbol{y}_i,\boldsymbol{y}_j)=\frac{2}{n}\sum_{i=1}^{n}\boldsymbol{y}_i^{\mathrm{T}}\boldsymbol{y}_i \tag{7-17}$$

将式(7-15)、式(7-16)和式(7-17)代入式(7-14)中，式(7-14)可以被改写为

$$\boldsymbol{y}_i^{\mathrm{T}}\boldsymbol{y}_j=-\frac{1}{2}\left[d(\boldsymbol{y}_i,\boldsymbol{y}_j)-\frac{1}{n}\sum_{i=1}^{n}d(\boldsymbol{y}_i,\boldsymbol{y}_j)-\frac{1}{n}\sum_{j=1}^{n}d(\boldsymbol{y}_i,\boldsymbol{y}_j)+\frac{1}{n^2}\sum_{i=1}^{n}\sum_{j=1}^{n}d(\boldsymbol{y}_i,\boldsymbol{y}_j)\right]$$

令 $a_{ij}=d(\boldsymbol{y}_i,\boldsymbol{y}_j),a_{i.}=\frac{1}{n}\sum_{j}a_{ij},a_{.j}=\frac{1}{n}\sum_{i}a_{ij},a_{..}=\frac{1}{n^2}\sum_{i}\sum_{j}a_{ij}$，$\boldsymbol{y}_i^{\mathrm{T}}\boldsymbol{y}_j$ 可以被改写为

$$\boldsymbol{y}_i^{\mathrm{T}}\boldsymbol{y}_j=-\frac{1}{2}(a_{ij}-a_{i.}-a_{.j}+a_{..}) \tag{7-18}$$

如果令 $\boldsymbol{A}=[a_{ij}]$，由式(7-18)可知，$-\frac{1}{2}\boldsymbol{HSH}=\boldsymbol{Y}^{\mathrm{T}}\boldsymbol{Y}$，即

$$-\frac{1}{2}\boldsymbol{HSH}=\sum_{i=1}^{d}\lambda_i\boldsymbol{v}_i\boldsymbol{v}_i^{\mathrm{T}}+\sum_{j=d+1}^{N}\lambda_j\boldsymbol{v}_j\boldsymbol{v}_j^{\mathrm{T}}=-\frac{1}{2}\boldsymbol{HAH} \tag{7-19}$$

如果 $\boldsymbol{y}_1,\boldsymbol{y}_2,\cdots,\boldsymbol{y}_n$ 是 d 维低维嵌入空间，能够得到$\|\boldsymbol{y}_i-\boldsymbol{y}_j\|^2=\sum_{i=1}^{N}\lambda_i\boldsymbol{v}_i\boldsymbol{v}_i^{\mathrm{T}}$。令

$$\Delta_{ij}=(\sum_{i=d+1}^{n}\lambda_i\boldsymbol{v}_i\boldsymbol{v}_i^{\mathrm{T}})_{ij},\quad \|\boldsymbol{y}_i-\boldsymbol{y}_j\|^2=\sum_{i=1}^{d}\lambda_i\boldsymbol{v}_i\boldsymbol{v}_i^{\mathrm{T}}+\sum_{j=d+1}^{N}\lambda_j\boldsymbol{v}_j\boldsymbol{v}_j^{\mathrm{T}}$$

可以找到 d 维低维嵌入空间之间的距离与原输入空间中点与点之间的测地距离 $d_G(\boldsymbol{x}_i,\boldsymbol{x}_j)$之间的关系。因此将 d 维低维嵌入空间映射到流形学习核空间 $\boldsymbol{K}_{\mathrm{ISOMAP}}=-\frac{1}{2}\boldsymbol{HSH}$ 的核函数是

$$k_{\mathrm{ISOMAP}}(\boldsymbol{y}_i,\boldsymbol{y}_j)=-2(\|\boldsymbol{y}_i-\boldsymbol{y}_j\|^2+\Delta_{ij}),\quad \Delta_{ij}=(\sum_{i=d+1}^{N}\lambda_i\boldsymbol{v}_i\boldsymbol{v}_i^{\mathrm{T}})_{ij} \tag{7-20}$$

2. ISOMAP 核函数半正定性

判定式(7-20)给出的核函数是否可以用于支持向量机分类，需要验证它能否满足 Mercer 条件。如果该核函数满足 Mercer 条件对核函数的要求，则该核函数可以用于分类，否则该核函数不是有效的核函数。

Mercer 条件(连续型)：对于任意的有限函数 $g(\boldsymbol{x})$，指定的核函数 $k(\boldsymbol{x}_i,\boldsymbol{x}_j)$ 应该保证下式成立：

$$\iint k(\boldsymbol{x}_i,\boldsymbol{x}_j)g(\boldsymbol{x}_i)g(\boldsymbol{x}_j)\mathrm{d}\boldsymbol{x}_i\mathrm{d}\boldsymbol{x}_j\geqslant 0 \tag{7-21}$$

Mercer 条件(离散型):假设一组数据样本 $\boldsymbol{x}_1,\boldsymbol{x}_2,\cdots,\boldsymbol{x}_n\subset\mathbf{R}^N$ 和一组系数 $\alpha_1,\alpha_2,\cdots,\alpha_n$,指定的核函数 $k(\boldsymbol{x}_i,\boldsymbol{x}_j)$应当满足以下条件:

$$\sum_{i,j=1}^{n}\alpha_i\alpha_j k(\boldsymbol{x}_i,\boldsymbol{x}_j)\geqslant 0 \tag{7-22}$$

上述 Mercer 条件可用于验证核函数是否是能用于支持向量机算法的有效核函数,因而也是提出新核函数的依据。

推论 7.1 ISOMAP 核空间 $\boldsymbol{K}_{\text{ISOMAP}}=-\frac{1}{2}\boldsymbol{HSH}$ 在连续极限的条件下是半正定的格拉姆矩阵。

证明 在连续极限的光滑流形上,任意两点间的测地距离与该流形在低维嵌入空间中的对应点之间的欧氏距离成比例。因此,ISOMAP 法是多维坐标变换法在流形空间上的推广。

由定理 7.2 的推导可知,核空间 $\boldsymbol{K}_{\text{ISOMAP}}$是由特征空间上两点之间的测地距离组成的,即 $k_{\text{ISOMAP}}(\boldsymbol{y}_i,\boldsymbol{y}_j)=-2(\|\boldsymbol{y}_i-\boldsymbol{y}_j\|^2+\Delta_{ij})$。因此,可以得到 $\boldsymbol{K}_{\text{ISOMAP}}$是等方的、对称的矩阵。

假设$[\boldsymbol{K}_{\text{ISOMAP}}]_{ij}$能够被一组正交基 $\boldsymbol{\delta}_i(i=1,2,\cdots,k)$所表示,那么$[\boldsymbol{K}_{\text{ISOMAP}}]_{ij}$可以表示为

$$[\boldsymbol{K}_{\text{ISOMAP}}]_{ij}=b_{1k}\boldsymbol{\delta}_1+b_{2k}\boldsymbol{\delta}_2+\cdots+b_{(k-1)k}\boldsymbol{\delta}_{k-1} \tag{7-23}$$

因此,由$(\varphi(\boldsymbol{y}_1),\varphi(\boldsymbol{y}_2),\cdots,\varphi(\boldsymbol{y}_n))=\boldsymbol{\delta}^{\mathrm{T}}\boldsymbol{B}$,并且 $\boldsymbol{\delta}=(\boldsymbol{\delta}_1,\boldsymbol{\delta}_2,\cdots,\boldsymbol{\delta}_k)$,$\boldsymbol{B}=\begin{bmatrix}1 & b_{12} & \cdots & b_{1k}\\ 0 & 1 & \cdots & b_{2k}\\ \vdots & \vdots & & \vdots\\ 0 & \cdots & \cdots & 1\end{bmatrix}$,$\boldsymbol{K}_{\text{ISOMAP}}$被重写为

$$\boldsymbol{K}_{\text{ISOMAP}}=(\varphi(\boldsymbol{y}_1),\cdots,\varphi(\boldsymbol{y}_n))(\varphi(\boldsymbol{y}_1),\cdots,\varphi(\boldsymbol{y}_n))^{\mathrm{T}}=\boldsymbol{\delta}^{\mathrm{T}}\boldsymbol{B}(\boldsymbol{\delta}^{\mathrm{T}}\boldsymbol{B})^{\mathrm{T}}=\boldsymbol{\delta}^{\mathrm{T}}\boldsymbol{\delta}$$

因为 $\boldsymbol{\delta}=(\boldsymbol{\delta}_1,\boldsymbol{\delta}_2,\cdots,\boldsymbol{\delta}_k)$是正交向量,所以 $\boldsymbol{K}_{\text{ISOMAP}}=\boldsymbol{\delta}^{\mathrm{T}}\boldsymbol{\delta}=\prod_{i=1}^{k}\boldsymbol{\delta}_i\boldsymbol{\delta}_j\geqslant 0$ 是半正定矩阵。又因为 $\boldsymbol{K}_{\text{ISOMAP}}$ 是对称矩阵,所以 $\boldsymbol{K}_{\text{ISOMAP}}$ 是半正定的格拉姆矩阵。

定理 7.3 核函数 $k_{\text{ISOMAP}}(\boldsymbol{y}_i,\boldsymbol{y}_j)=-2(\|\boldsymbol{y}_i-\boldsymbol{y}_j\|^2+\Delta_{ij})$是条件半正定的。

证明 由定理 7.2 和式(7-14)可知,对于任意一组系数 $\sum_{i=1}^{n}\alpha_i=0$ 及核函数 $k_{\text{ISOMAP}}(\boldsymbol{y}_i,\boldsymbol{y}_j)=-2(\|\boldsymbol{y}_i-\boldsymbol{y}_j\|^2+\Delta_{ij})$可以得到

$$\begin{aligned}\sum_{i,j=1}^{n}\alpha_i\alpha_j k(\boldsymbol{y}_i,\boldsymbol{y}_j)&=-2\sum_{i,j=1}^{n}\alpha_i\alpha_j(\|\boldsymbol{y}_i-\boldsymbol{y}_j\|^2+\Delta_{ij})\\&=-2\sum_{i,j=1}^{n}\alpha_i\alpha_j(\boldsymbol{y}_i^{\mathrm{T}}\boldsymbol{y}_i+\boldsymbol{y}_j^{\mathrm{T}}\boldsymbol{y}_j-2\boldsymbol{y}_i^{\mathrm{T}}\boldsymbol{y}_j+\Delta_{ij})\\&=4\sum_{i,j=1}^{n}\alpha_i\alpha_j\boldsymbol{y}_i^{\mathrm{T}}\boldsymbol{y}_j-2\sum_{i,j=1}^{n}\alpha_i\alpha_j\Delta_{ij}\end{aligned}$$

由于在降维方法中 Δ_{ij} 是极小量,与 $4\sum_{i,j=1}^{n}\alpha_i\alpha_j\boldsymbol{y}_i^{\mathrm{T}}\boldsymbol{y}_j$ 相比,$2\sum_{i,j=1}^{n}\alpha_i\alpha_j\Delta_{ij}$ 可以看作高阶无穷小并表示为 $O(\Delta_{ij})$,$\sum_{i,j=1}^{n}\alpha_i\alpha_j k(\boldsymbol{y}_i,\boldsymbol{y}_j)$ 可以被重新表示为

$$\sum_{i,j=1}^{n}\alpha_i\alpha_j k(\boldsymbol{y}_i,\boldsymbol{y}_j)=-2\sum_{i,j=1}^{n}\alpha_i\alpha_j(\|\boldsymbol{y}_i-\boldsymbol{y}_j\|^2+\Delta_{ij})=4\sum_{i,j=1}^{n}\alpha_i\alpha_j\boldsymbol{y}_i^{\mathrm{T}}\boldsymbol{y}_j-O(\Delta_{ij})\geqslant 0$$

由推论 7.1 可知核函数 $k_{\text{ISOMAP}}(\boldsymbol{y}_i,\boldsymbol{y}_j)=-2(\|\boldsymbol{y}_i-\boldsymbol{y}_j\|^2+\Delta_{ij})$可以推导出半正定的格拉姆矩阵 $\boldsymbol{K}_{\text{ISOMAP}}$,并且 $k_{\text{ISOMAP}}(\boldsymbol{y}_i,\boldsymbol{y}_j)=-2(\|\boldsymbol{y}_i-\boldsymbol{y}_j\|^2+\Delta_{ij})$满足支持向量机核函数在离散情况下的 Mercer 条件。因此,$k_{\text{ISOMAP}}(\boldsymbol{y}_i,\boldsymbol{y}_j)=-2(\|\boldsymbol{y}_i-\boldsymbol{y}_j\|^2+\Delta_{ij})$是满足支持向量机算法要求条件的、半正定的核函数。

7.2.5 UCI 数据集的仿真实验

选取 UCI 机器学习数据库中的多个标准分类数据集做仿真实验。通过 KML-SVM 算法在各种数据集上的表现,验证所提出的算法在高维数据分类上的有效性。所采用的数据集分为两大类:数值型与混合型。其中数值型数据集的属性值都为数值,混合型数据集的所有属性值由数值型、名词型等多种数据类型混合而成。

1. 仿真环境及参数设置

由于仿真采用标准的分类测试数据集,因此 KML-SVM 算法中的第(1)步和第(2)步可以省去,直接选择相应的测试数据集。与 ISOMAP 核函数做对比的常用核函数有线性核函数、多项式核函数和高斯核函数。其中,多项式核函数与高斯核函数含有参数 d 和 σ,需要对参数进行优化,其优化空间如表 7-1 所示。

表 7-1　参数优化空间

核函数	参数	搜索空间
多项式核函数	d	2,3,4,5,6
高斯核函数	σ	0.01,0.1,0.5,1,2,3,5,7,10,20,100

在 ISOMAP 降维算法中，有两个参数需要预先设置，即 k 最近邻居中的 k 和降维后所得的 d 维低维嵌入空间中的 d。在实验中 k 被设为 30，d 的选择需要根据残差确定。残差的定义是 $1-R^2(\boldsymbol{D}_{\mathrm{M}},\boldsymbol{D}_{\mathrm{Y}})$，其中 R 是标准线性相关系数，$\boldsymbol{D}_{\mathrm{Y}}$ 是在低维嵌入空间上的欧氏距离阵，$\boldsymbol{D}_{\mathrm{M}}$ 是内部流形距离的最佳估计。在支持向量机算法中，拉格朗日乘子数量需要被预先设定，在实验中拉格朗日乘子 C 被设定为 200。

所有的计算程序由 MATLAB V7.11 编制，其中的 ISOMAP 选择由 Tenenbaum 提供的工具箱，支持向量机选择由 Gunn 提供的工具箱。

2. 仿真数据集

测试数据集来自 UCI 数据库中的标准数据集，为了符合 KML-SVM 算法解决高维数据分类的特点，选择的 UCI 数据集都具有较高维度，所选择的 13 个标准分类数据集是 Breast cancer、Steel plate faults、Hill valley、Ionosphere、Magic gamma telescope、Spambase、Sonar、Spectf heart、Statlog project、Wine、CANE9、ISOLET 和 Madelon。13 个仿真数据集的属性规模、训练样本与测试样本规模如表 7-2 所示。

表 7-2　仿真数据集概况

数据集	属性规模	训练样本规模	测试样本规模
Breast cancer	10	80	80
Magic gamma telescope	11	200	200
Wine	13	40	39
Steel plate faults	27	200	200
Ionosphere	34	100	100
Statlog project	36	200	200

续表

数据集	属性规模	训练样本规模	测试样本规模
Spectf heart	44	80	80
Spambase	57	200	200
Sonar	60	100	108
Hill valley	100	200	200
CANE9	857	200	200
ISOLET	617	200	200
Madelon	500	200	200

3. 仿真结果分析

在 KML-SVM 算法中,支持向量机算法是对流形学习降维后的低维嵌入空间做分类。在优化核空间之前需要对表 7-2 中的 13 个数据集使用 ISOMAP 法降维,其降维后的残差如图 7-4 所示,根据残差图选择每个数据集上的低维嵌入空间的维度。

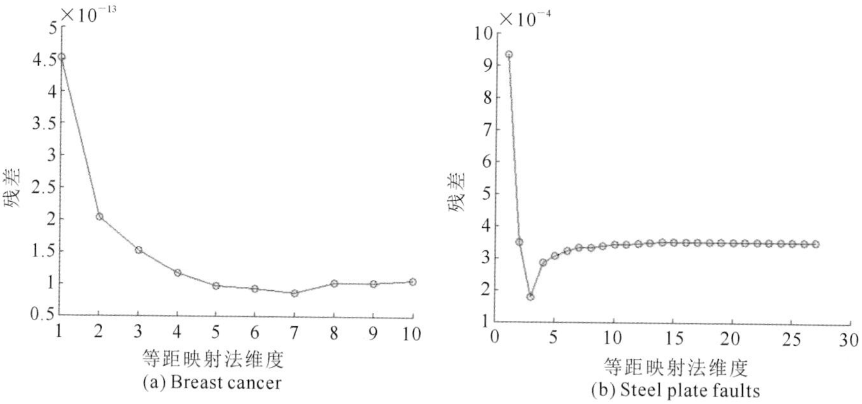

图 7-4　13 个数据集降维的残差

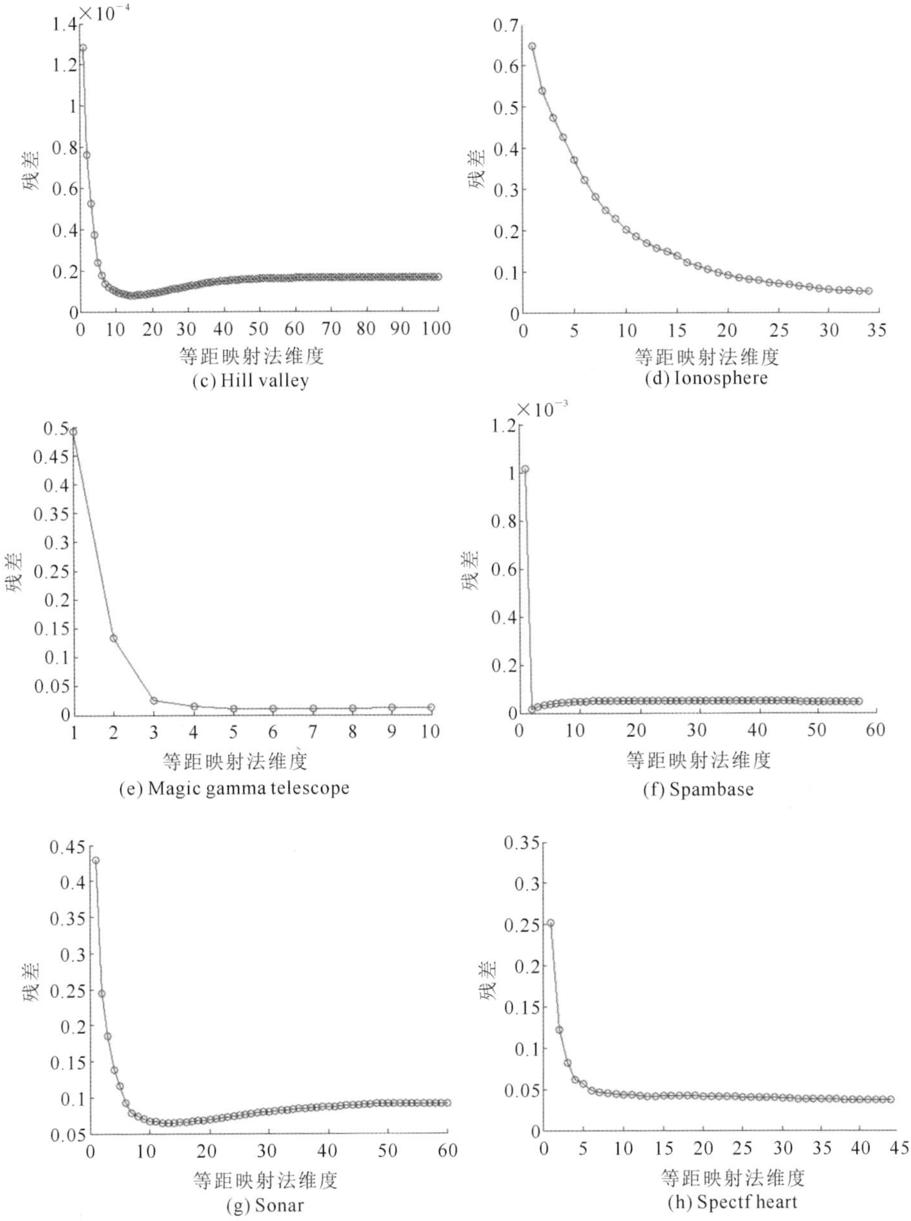

(c) Hill valley　(d) Ionosphere

(e) Magic gamma telescope　(f) Spambase

(g) Sonar　(h) Spectf heart

续图 7-4

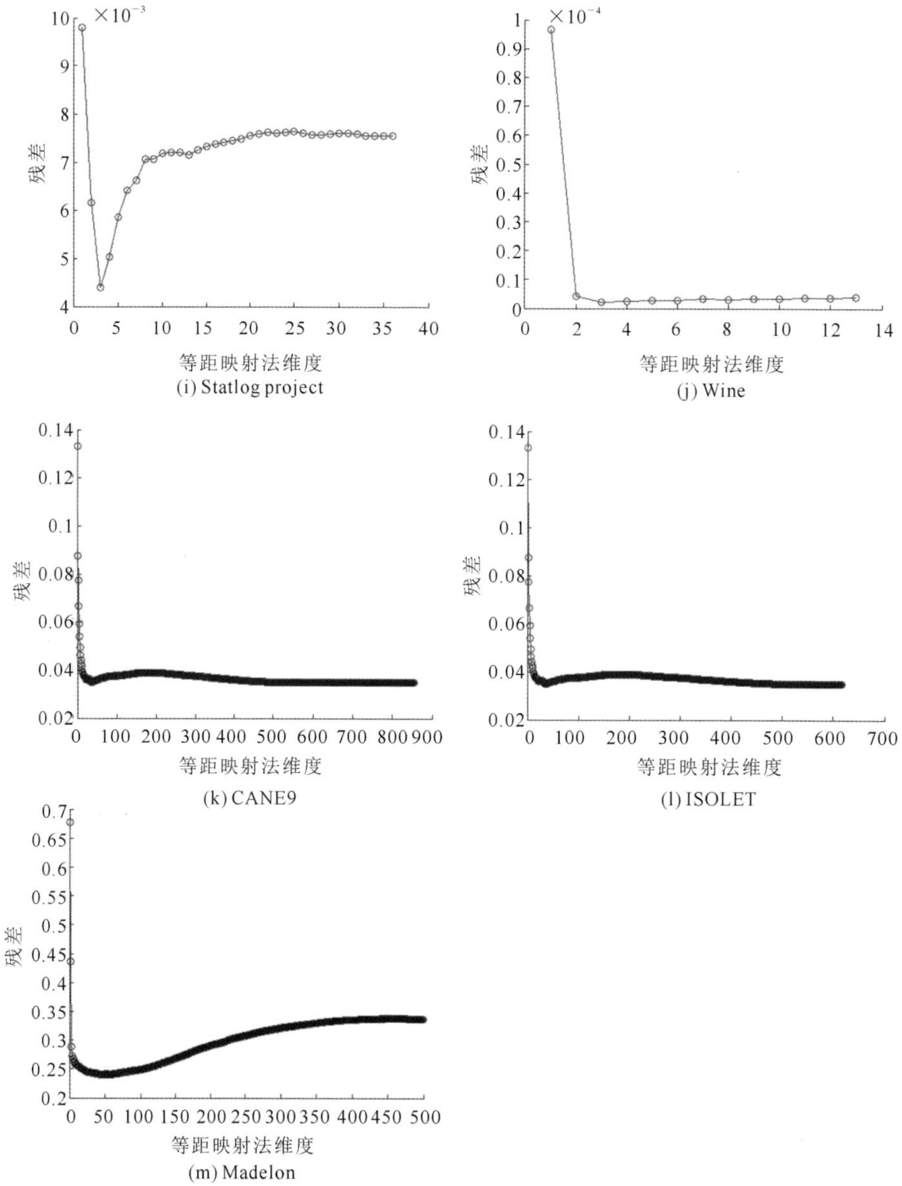

续图 7-4

按照图 7-4 中的数据集排列顺序，13 个数据集的低维嵌入空间维度分别选择为 5、6、9、15、3、2、8、5、9、2、11、12 和 13。选择这些数值的原因是，这些维度对应的点之后的曲线逐渐变光滑，说明残差在这些点之后不再发生剧烈变化。

7.3 降维决策分析算法

7.3.1 基于等价支持子集的决策分析算法

基于流形学习降维的决策分析算法是一种复合算法，通过对低维数据进行分析可以抽取到有效的决策规则。本节提出一种基于等价支持子集重要度(support subset significant algorithm based on equivalence relation，S3ER)的决策分析算法。它使用集合论与粗糙集理论中的等价关系、支持度和属性重要度的概念，定义了基于等价支持子集的属性重要度，来计算样本的属性重要度，预测未知样本，并根据支持子集提出改进规则。

1. 基于等价支持子集的决策分析算法

对于决策信息系统，如果某个条件属性值是重要的，那么它对决策属性值的支持度就高，或者该条件属性值的补集对该决策属性值的补集的支持度也高。因此，由上面的直观描述可以刻画出条件属性值的区分能力及属性重要度。基于等价支持子集的属性重要度及属性区分能力算法流程如图 7-5 所示。

在定义属性区分能力及重要度之前，先对决策信息系统进行定义，记为 S。S 是一个四元组$(U,C\cup\{d\},\{V_a\}_{a\in C\cup\{d\}},R)$。$U=\{\boldsymbol{x}_1,\boldsymbol{x}_2,\cdots,\boldsymbol{x}_n\}$是非空的有限集合，$\boldsymbol{x}_i(i=1,2,\cdots,n)$是由条件属性 C 和决策属性 d 组成的 n 个向量数据。$C=\{C_1,C_2,\cdots,C_k\}$表示非空的条件属性的集合，k 为条件属性的个数，d 表示非空决策属性集合。$V_a,a\in C\cup\{d\}$是所有属性值的集合。记 $V_{C_i}=\{1,2,\cdots,t,\cdots,l\},i=1,2,\cdots,k$ 表示条件属性 C_i 的所有属性值的非空集合，$V_{C_i=t}$表示条件属性 C_i 的值为 t，$V_d=\{1,2,\cdots,r,\cdots,m\}$表示所有决策属性值的非空集合。$R$ 表示论域 U 上的等价关系集合。

定义 7.1 根据属性 C_i 的属性值 V_{C_i} 将论域中的元素 $\boldsymbol{x}_1,\boldsymbol{x}_2,\cdots,\boldsymbol{x}_n$ 的一个等价划分记为$[\boldsymbol{x}]_{C_i}$，其中对 $V_{C_i=t}$ 的等价类记为$[\boldsymbol{x}]_{C_i=t}$，其补集记为$[\boldsymbol{x}]_{C_i\neq t}$，$[\boldsymbol{x}]_{C_i=t}\cup[\boldsymbol{x}]_{C_i\neq t}=U$。

定义 7.2 某个条件属性值对决策属性值的正支持度和补支持度分别为

$$S_{\text{pos}}(C_i=t,R,d=r)=|[\boldsymbol{x}]_{C_i=t}\cap[\boldsymbol{x}]_{d=r}|/|[\boldsymbol{x}]_{C_i=t}| \tag{7-24}$$

$$S_{\text{com}}(C_i\neq t,R,d=r)=|[\boldsymbol{x}]_{C_i\neq t}\cap[\boldsymbol{x}]_{d=r}|/|[\boldsymbol{x}]_{C_i\neq t}| \tag{7-25}$$

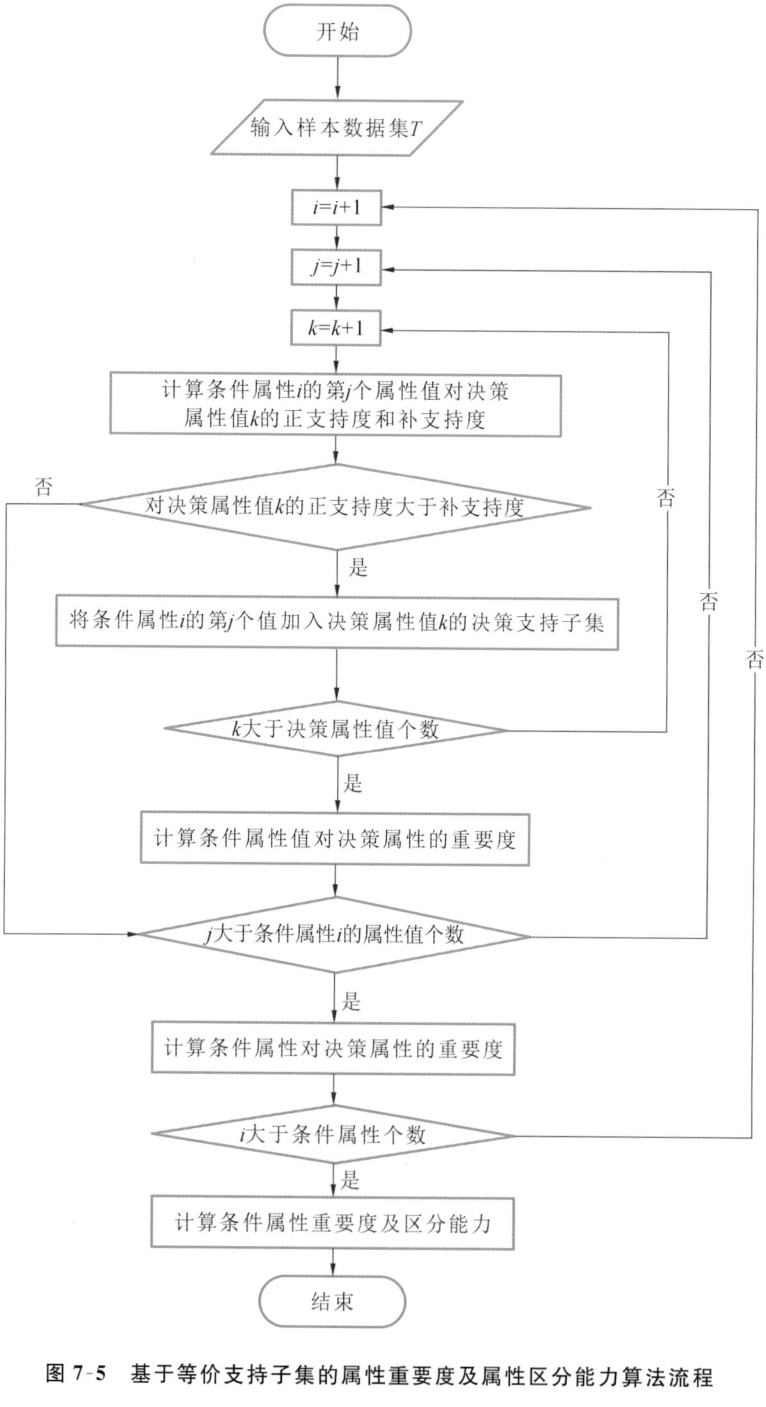

图 7-5　基于等价支持子集的属性重要度及属性区分能力算法流程

其中正支持度 $S_{pos}(C_i=t,R,d=r)$ 表示条件属性值 $C_i=t$ 对决策属性值 $d=r$ 的支持度；补支持度 $S_{com}(C_i\neq t,R,d=r)$ 表示条件属性值 $C_i\neq t$ 对决策属性值 $d=r$ 的支持度。

定义 7.3 决策属性值 $d=r$ 的等价支持子集为 $S_{d=r}, r\in V_d$：

如果 $S_{pos}(C_i=t,R,d=r)>S_{com}(C_i\neq t,R,d=r)$，则将条件属性值 t 加入决策属性值 $d=r$ 的支持子集 $S_{d=r}, r\in V_d$ 中。

令 $W_{pos}^{C_i=t}$ 表示条件属性值 t 对决策属性 d 的正重要度，$W_{com}^{C_i=t}$ 表示条件属性值 t 对决策属性 d 的补重要度，条件属性值 t 对决策属性的重要度可以由下面的条件属性值对决策属性重要度算法计算得出。

条件属性值对决策属性重要度算法：

For 对每个 $r\in V_d$，初始化 $W_{pos}^{C_i=t}=0$ 和 $W_{com}^{C_i=t}=0$

  If $S_{d=r}, r\in V_d$

  Then $W_{pos}^{C_i=t}=W_{pos}^{C_i=t}+S_{pos}(C_i=t,R,d=r)$

  Else $W_{com}^{C_i=t}=W_{com}^{C_i=t}+S_{com}(C_i\neq t,R,d=r)$

End

由条件属性值对决策属性重要度算法得到的条件属性值对决策属性 d 的重要度为

$$W_{C_i=t}=W_{pos}^{C_i=t}+W_{com}^{C_i=t} \tag{7-26}$$

性质 7.1 对于任意值 $t\in V_{C_i}$ 和 $S_{d=r}, r\in V_d$，$0\leqslant W_{pos}^{C_i=t}\leqslant 1.0$ 且 $0\leqslant W_{com}^{C_i=t}\leqslant 1.0$。

由性质 7.1 可知 $0\leqslant W_{pos}^{C_i=t}\leqslant 1.0$ 且 $0\leqslant W_{com}^{C_i=t}\leqslant 1.0$，因此 $W_{C_i=t}=W_{pos}^{C_i=t}+W_{com}^{C_i=t}$ 在区间[0,2.0]上。通过下述变换可将取值区间变换为[0,1.0]：

$$D_{C_i=t}=\frac{1}{2}(W_{pos}^{C_i=t}+W_{com}^{C_i=t}) \tag{7-27}$$

将在[0,1.0]区间上的重要度称为属性区分能力。

定义 7.4 属性 V_{C_i} 的属性区分能力，即条件属性 V_{C_i} 对决策属性 d 的重要度为

$$W_{C_i}=\frac{1}{k}\sum_{t=1,2,\cdots,l}D_{C_i=t} \tag{7-28}$$

2. 基于等价支持子集的预测及规则提取算法

将属性按照重要度 W_{C_i} 的大小排列，选取某一阈值 $\alpha=v$，v 在区间[0,1]上，

区分重要属性 I 和非重要属性 N，$I \cup N=C$。得到决策支持子集 S_d 后，对每个决策目标 r 的支持子集 $S_{d=r}$，$r \in V_d$ 中的重要属性值做排列组合得到标准决策规则，如表 7-3 所示。

表 7-3 决策规则

决策目标	决策规则
1	$\mathrm{Rule1}_1, \cdots, \mathrm{Rule}N_1$
⋮	⋮
r	$\mathrm{Rule1}_m, \cdots, \mathrm{Rule}N_m$

决策规则预测及验证算法流程如图 7-6 所示，过程如下。

对于测试集合 $T=\{x_{n+1}, x_{n+2}, \cdots, x_{n+p}\}$，记测试样本 $x_j \subset T$ 的条件属性值 t 对决策属性值 r 的区分能力为 $x_{jr}^{C_i=t}$。

For 对每个 $x_j \subset T$

If　x_j 满足标准决策规则$\{\mathrm{Rule1}_1, \cdots, \mathrm{Rule}N_m\}$中任意一条，则 x_j 的类别为 r

Else

　For 对每个条件属性 $C_i \in I$

　　For 对每个 $t \in V_{C_i}$

　　　For 对每个 $r \in V_d$

　　　　IF $r \in S_{d=r}$

　　　　Then $x_{jr}^{C_i=t}=D_{C_i=t} \cdot S_{\mathrm{pos}}(C_i=t, R, d=r)$

　　　　Else $x_{jr}^{C_i=t}=0$

　　　End

　　End

　End

不满足标准决策规则的测试数据类别是

$$c=\max\left(\sum_{t \in V_{C_1}} x_{j1}^{C_i=t}, \cdots, \sum_{t \in V_{C_r}} x_{jr}^{C_i=t}, \cdots, \sum_{t \in V_{C_m}} x_{jm}^{C_i=t}\right)$$

End

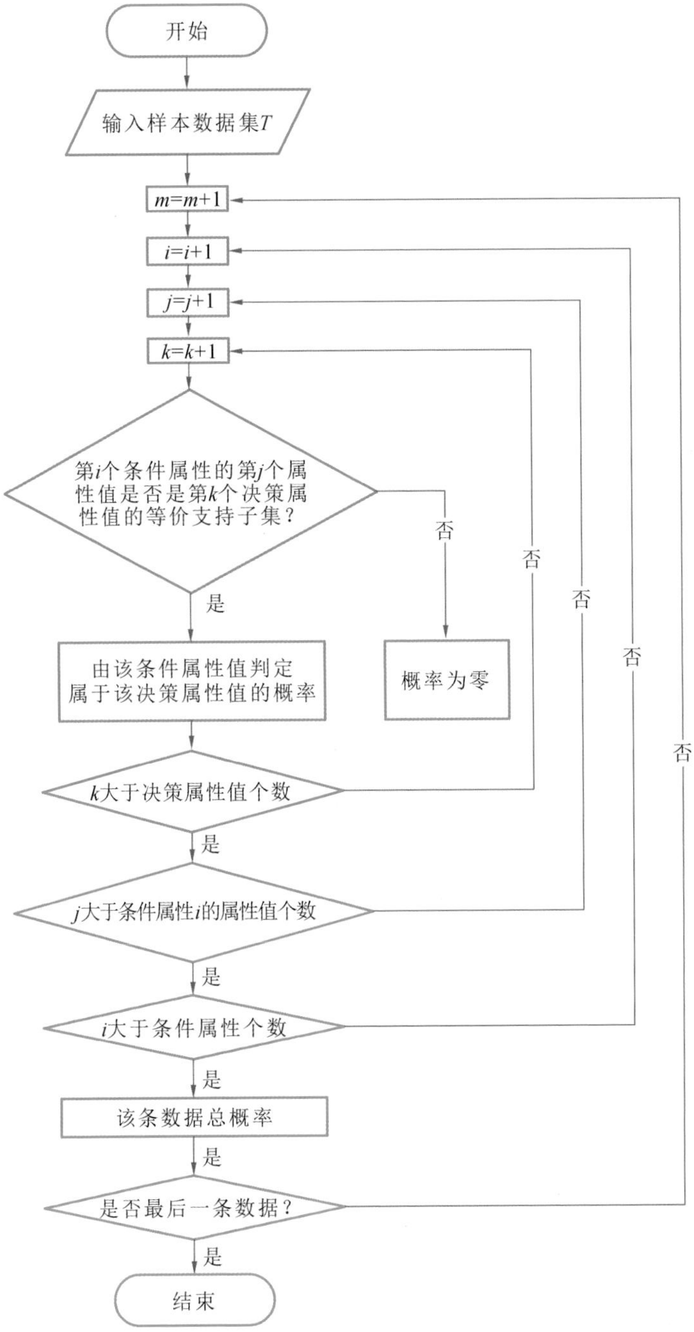

图 7-6　基于等价支持子集的决策规则预测及验证算法流程

S3ER 算法关键步骤描述如下。

(1) 对每个列属性的每个属性值，计算 $S_{pos}(C_i=t,R,d=r)$ 和 $S_{com}(C_i\neq t,R,d=r)$，$C_i\in C$。

(2) 采用定义 7.3 和条件属性值对决策属性重要度算法，计算每个决策属性的支持子集 $S_{d=r}$，$r\in V_d$。

(3) 计算每个属性值的重要度 $W_{C_i=t}$ 和属性区分能力 $D_{C_i=t}$，并计算每个属性的重要度 W_{C_i}。

(4) 根据样本支持子集 $S_{d=r}$，$r\in V_d$ 抽取决策规则。

(5) 按照未知样本预测算法，预测未知样本的类别。

3. 算法验证

对于分类预测算法，最直接的有效性验证方法是观察该方法的分类表现。下面的实验将使用 UCI 数据库中的标准分类数据集，观察 S3ER 算法在各数据集上的表现。选取的 UCI 数据集的概况如表 7-4 所示。

表 7-4 测试数据集概况

数据集名称	数据集规模	属性数量
Iris	140	4
Breast cancer	178	13
Wine	699	10
Spectf heart	267	44
Ionosphere	351	34

由于使用的数据集都是连续型数值，首先需要对数据进行离散化处理。传统的离散化一般采用等距间隔法，但是等距间隔法的离散化结果过分依赖间隔设定的合理性，不能有效反映数据间的自然分布规律。在实验中采用 k 均值聚类算法(k-means)对数据进行离散化。k-means 算法摆脱了分类间隔的束缚，能够通过聚类的方法反映数据真实的分布规律。实验中将 k-means 算法中的 k 设定为 3。

对于数值型数据，需要将其归一化，以消除不同量纲对数值大小的影响：

$$a_{ij}'=\frac{a_{ij}-a_{i\min}}{a_{i\max}-a_{i\min}} \tag{7-29}$$

式中：a_{ij}——将要归一化的属性值；

$a_{i\max}$，$a_{i\min}$——第 i 列属性值中的最大值与最小值。

下面将通过两个实验对算法有效性进行验证。实验一是重要度有效性验证，将对比 k 最近邻居分类算法（KNN）与带有权重的 KNN 算法的分类精度。通过精度的比较来验证 S3ER 算法中属性重要度的有效性，其中带有权重的 KNN 算法中的权重就是 S3ER 算法所得属性重要度。实验二是分类算法精度对比，将 S3ER 算法的分类结果与 KNN、C4.5 决策树分类算法的分类精度做对比，验证 S3ER 算法的有效性。

1）算法重要度验证

使用 KNN 算法与带有权重的 KNN 算法对同一数据集进行分类，对比两种算法的分类精度。KNN 算法的思想是计算训练样本与测试样本之间的距离，取测试样本的 k 个最近邻居，通过投票得到测试样本的类别。测试样本与训练样本的距离计算公式为 $\left(\sum(x_i-y_i)^2\right)^{1/2}$。而带有权重的 KNN 算法与 KNN 算法的区别在于距离的计算公式，其计算公式为 $\left[\sum(w_i(x_i-y_i))^2\right]^{1/2}$，其中 w_i 代表权重，在实验中 w_i 就是 W_{C_i}。W_{C_i} 的计算结果如表 7-5 所示，KNN 算法与带有权重的 KNN 算法的分类精度如表 7-6 所示。

表 7-5　属性重要度计算

数据集	属性 1	属性 2	…	属性 n	最大值	最小值
Iris	0.72	0.79	…	0.89	0.89	0.72
Breast cancer	0.54	0.72	…	0.82	0.86	0.54
Wine	0.75	0.73	…	0.86	0.86	0.61
Spectf heart	0.56	0.58	…	0.63	0.74	0.50
Ionosphere	0.85	0.50	…	0.51	0.85	0.51

表 7-6　KNN 算法与带有权重的 KNN 算法的分类精度对比

数据集名称	KNN 算法	带有权重的 KNN 算法
Iris	91.9%	92.6%
Breast cancer	84.75%	89.74%
Wine	93.5%	95.8%

续表

数据集名称	KNN 算法	带有权重的 KNN 算法
Spectf heart	78.3%	88.9%
Ionosphere	75%	81%

由表 7-6 可知，带有权重的 KNN 算法在 5 个数据集上的表现都优于 KNN 算法，证明 W_{C_i} 权重符合数据的真实规律，是数据集属性重要度的正确反映。

2）预测精度对比实验

S3ER 算法采用未知样本类别预测算法，对实验数据的类别做预测。将预测分类精度与 KNN 算法和 C4.5 算法的分类精度做对比，结果如表 7-7 及图 7-7所示。

表 7-7　三种算法分类精度对比

数据集名称	KNN 算法	C4.5 算法	S3ER 算法
Iris	91.9%	93.2%	94.4%
Breast cancer	84.75%	87.85%	91.2%
Wine	93.5%	95.5%	96.1%
Spectf heart	78.3%	84%	84.6%
Ionosphere	75%	86.5%	87.1%

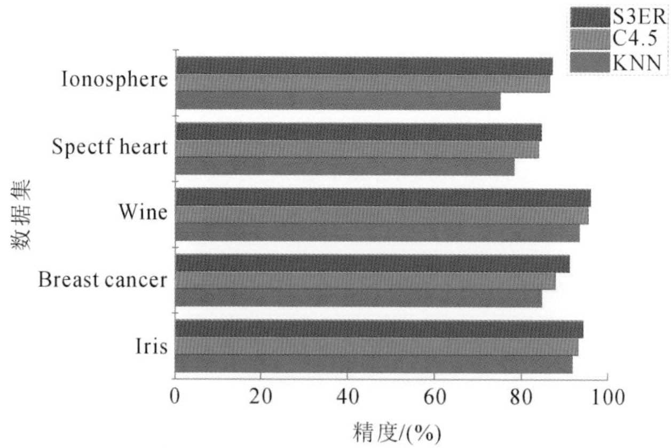

图 7-7　三种算法分类精度示意图

由表 7-7 和图 7-7 可知，S3ER 算法的分类精度略高于 C4.5 算法，比 KNN 算法的分类精度有明显提高，证明 S3ER 算法是一种较好的分类算法。

7.3.2 基于流形学习降维的决策分析算法

基于等价支持子集的决策分析算法能够有效地分析属性值的重要度和区分能力，而基于流形学习的 ISOMAP 算法能够有效地分析数据的主坐标和主成分。两种方法相结合就能够从横向和纵向两个方面分析高维的决策数据，从而抽取有效的决策规则。本小节提出基于流形学习降维的决策分析算法，结合 7.3.1节中的属性值决策分析算法，达到对低维数据进行决策并抽取有效决策规则的目的。

1. 耦合属性的决策分析

对基于流形学习的 ISOMAP 算法分析可知，$\boldsymbol{x}_1,\boldsymbol{x}_2,\cdots,\boldsymbol{x}_i,\cdots,\boldsymbol{x}_n$ 是原始数据，属于空间 $\mathbf{R}^N$，N 是空间维度，n 是样本数，由 $\boldsymbol{x}_i$ 所组成的矩阵为 $\boldsymbol{X}$；$\boldsymbol{y}_1,\boldsymbol{y}_2,\cdots,\boldsymbol{y}_i,\cdots,\boldsymbol{y}_n$ 是流形学习的低维嵌入空间，属于空间 $\mathbf{R}^d$，d 是空间维度；$d_G(\boldsymbol{x}_i,\boldsymbol{x}_j)$，$i,j=1,2,\cdots,n$ 是 $\boldsymbol{x}_i,\boldsymbol{x}_j$ 之间的测地距离；而基于流形学习的 ISOMAP 算法得到的 d 维低维嵌入空间是 $(\boldsymbol{y}_1,\boldsymbol{y}_2,\cdots,\boldsymbol{y}_n)^{\mathrm{T}}=(\sqrt{\lambda_1}\boldsymbol{v}_1,\sqrt{\lambda_2}\boldsymbol{v}_2,\cdots,\sqrt{\lambda_d}\boldsymbol{v}_d)$，$\lambda_1,\lambda_2,\cdots,\lambda_i,\cdots,\lambda_n$ 是矩阵 $\boldsymbol{K}_{\mathrm{ISOMAP}}$ 的特征值（降序排列），$\boldsymbol{v}_1,\boldsymbol{v}_2,\cdots,\boldsymbol{v}_i,\cdots,\boldsymbol{v}_n$ 是与 $\lambda_1,\lambda_2,\cdots,\lambda_i,\cdots,\lambda_n$ 相对应的特征向量。

矩阵 $\boldsymbol{X}$ 的协方差矩阵是 $\boldsymbol{S}=(n-1)^{-1}\boldsymbol{X}^{\mathrm{T}}\boldsymbol{X}$，$\boldsymbol{x}_1,\boldsymbol{x}_2,\cdots,\boldsymbol{x}_i,\cdots,\boldsymbol{x}_n$ 是中心化后的数据；求 $\boldsymbol{S}$ 的特征值 u_i，$i=1,2,\cdots,N$ 和特征向量 $\boldsymbol{\zeta}_i$，$i=1,2,\cdots,N$，其中第 i 个主成分是 $\boldsymbol{p}_i=\boldsymbol{\zeta}_i^{\mathrm{T}}\boldsymbol{X}$。已知 $\boldsymbol{B}=\boldsymbol{X}\boldsymbol{X}^{\mathrm{T}}$，而基于流形学习的 ISOMAP 算法将 $\boldsymbol{B}$ 中的欧氏距离代换为测地距离，其特征值与特征向量分别为 $\lambda_1,\lambda_2,\cdots,\lambda_i,\cdots,\lambda_n$ 和 $\boldsymbol{v}_1,\boldsymbol{v}_2,\cdots,\boldsymbol{v}_i,\cdots,\boldsymbol{v}_n$，其中，$\boldsymbol{X}\boldsymbol{X}^{\mathrm{T}}=\boldsymbol{X}^{\mathrm{T}}\boldsymbol{X}$。

对于 $\boldsymbol{X}\boldsymbol{X}^{\mathrm{T}}$ 的非零特征向量，有

$$\boldsymbol{X}\boldsymbol{X}^{\mathrm{T}}\boldsymbol{v}_i=\lambda_i\boldsymbol{v}_i \tag{7-30}$$

等式两边同时左乘 $\boldsymbol{X}^{\mathrm{T}}$，得

$$(\boldsymbol{X}^{\mathrm{T}}\boldsymbol{X})\boldsymbol{X}^{\mathrm{T}}\boldsymbol{v}_i=\lambda_i(\boldsymbol{X}^{\mathrm{T}}\boldsymbol{v}_i) \tag{7-31}$$

考虑到

$$\boldsymbol{X}\boldsymbol{X}^{\mathrm{T}}\boldsymbol{\zeta}_i=u_i\boldsymbol{\zeta}_i \tag{7-32}$$

矩阵 $\boldsymbol{S}$ 与 $\boldsymbol{B}$ 的特征值相同，即 $u_i=\lambda_i$，二者的特征向量之间的关系是

$$\boldsymbol{\zeta}_i = \boldsymbol{X}^{\mathrm{T}}\boldsymbol{v}_i \tag{7-33}$$

因此，$\boldsymbol{\zeta}_i^{\mathrm{T}}\boldsymbol{\zeta}_i=\boldsymbol{v}_i^{\mathrm{T}}\boldsymbol{X}\boldsymbol{X}^{\mathrm{T}}\boldsymbol{v}_i=\lambda_i$。如果 $\boldsymbol{\zeta}_i$ 是归一化后的特征向量，前 d 个主成分在原始数据上的得分是

$$\begin{aligned}\boldsymbol{X}(\lambda_1^{-1}\boldsymbol{\zeta}_1,\cdots,\lambda_d^{-1}\boldsymbol{\zeta}_d) &= \boldsymbol{X}(\lambda_1^{-1}\boldsymbol{X}^{\mathrm{T}}\boldsymbol{v}_1,\cdots,\lambda_d^{-1}\boldsymbol{X}^{\mathrm{T}}\boldsymbol{v}_d)\\ &= (\lambda_1^{-1}\boldsymbol{X}\boldsymbol{X}^{\mathrm{T}}\boldsymbol{v}_1,\cdots,\lambda_d^{-1}\boldsymbol{X}\boldsymbol{X}^{\mathrm{T}}\boldsymbol{v}_d)\\ &= (\lambda_1^{-1}\boldsymbol{v}_1,\cdots,\lambda_d^{-1}\boldsymbol{v}_d)\end{aligned}$$

主成分与原始数据之间的关系式为

$$\begin{cases}\boldsymbol{\zeta}_1 = l_{11}\boldsymbol{x}_1+\cdots+l_{1n}\boldsymbol{x}_n\\ \quad\vdots\\ \boldsymbol{\zeta}_d = l_{d1}\boldsymbol{x}_1+\cdots+l_{dn}\boldsymbol{x}_n\end{cases} \tag{7-34}$$

其中 $\begin{pmatrix} l_{11} & \cdots & l_{1n}\\ \vdots & & \vdots\\ l_{d1} & \cdots & l_{dn}\end{pmatrix}=(\lambda_1^{-1}\boldsymbol{v}_1,\cdots,\lambda_d^{-1}\boldsymbol{v}_d)$。

2. 基于流形学习降维的决策分析算法流程

质量数据的特点是混合型数据、数据耦合和维度灾难。通过流形学习降维可以找到数据主坐标并发现原始数据的低维嵌入，而主坐标可以转化为数据主成分。通过对主成分的分析发现数据耦合的规律，并由低维嵌入代替原始数据可大幅降低数据维度，解决维度灾难问题。

在此提出基于流形学习降维的决策分析算法（decision analysis algorithm based on manifold learning，DAML），算法流程如图 7-8 所示，步骤如下。

(1) 数据归一化。消除多维数据间量纲的差别。

(2) ISOMAP 降维。对高维数据降维，得到数据的低维嵌入与主坐标。

(3) 主坐标转化主成分。按式(7-33)和式(7-34)所提出的转化方法，将主坐标转化为主成分。

(4) 主成分离散化。为了方便建立决策规则，将主成分数据离散化。

(5) 主成分数值区分能力计算。在主成分离散化后建立主成分与决策目标的决策信息系统。通过提出的基于等价支持子集的决策分析方法，计算每个主成分数值的区分能力。

(6) 计算等价支持子集。根据第(5)步中计算的数值区分能力,提取对决策目标的等价支持子集。

(7) 抽取决策规则。根据第(6)步中得到的等价支持子集,按照排列组合的方法抽取决策规则。

(8) 规则验证。根据提出的决策规则预测算法对抽取规则在 UCI 数据集上的分类能力进行验证。

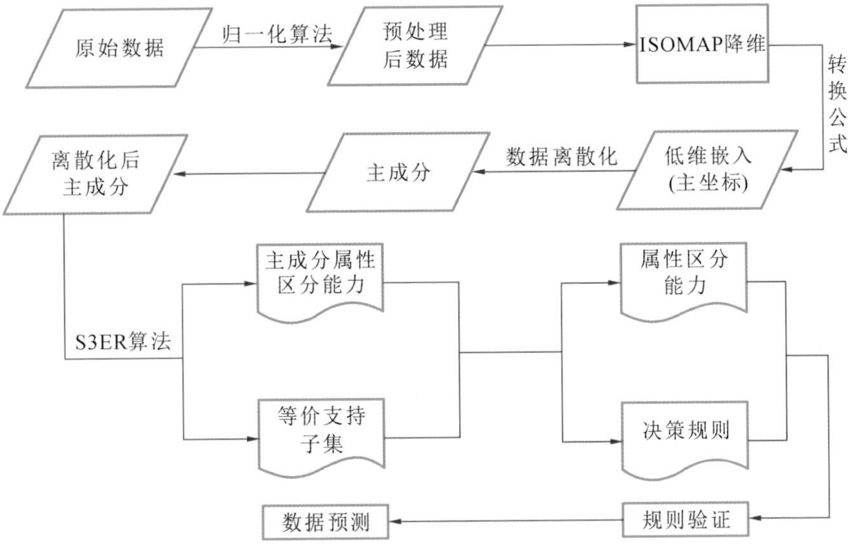

图 7-8　DAML 算法流程

3. 数值型数据的仿真实验

实验使用 UCI 数据库中的标准分类数据集,如表 7-8 所示。采用 k-means 算法对数据进行离散化并使用式(7-29)对数据做归一化处理。

表 7-8　数值型数据集概况

数据集名称	数据集规模	属性数量
Iris	140	4
Breast cancer	178	13
Wine	699	10
Spectf heart	267	44
Ionosphere	351	34

对采集的数据使用式(7-29)做归一化处理后，用 ISOMAP 方法降维，其中邻域值为 $k=30$。根据残差计算得到样本降维残差曲线，如图 7-9 所示。降维点可以选在曲线较为平滑处，根据图 7-9 可知，Iris、Breast cancer、Wine、Spectf heart 和 Ionosphere 数据集的低维嵌入空间维度分别是 2、4、2、5 和 10。

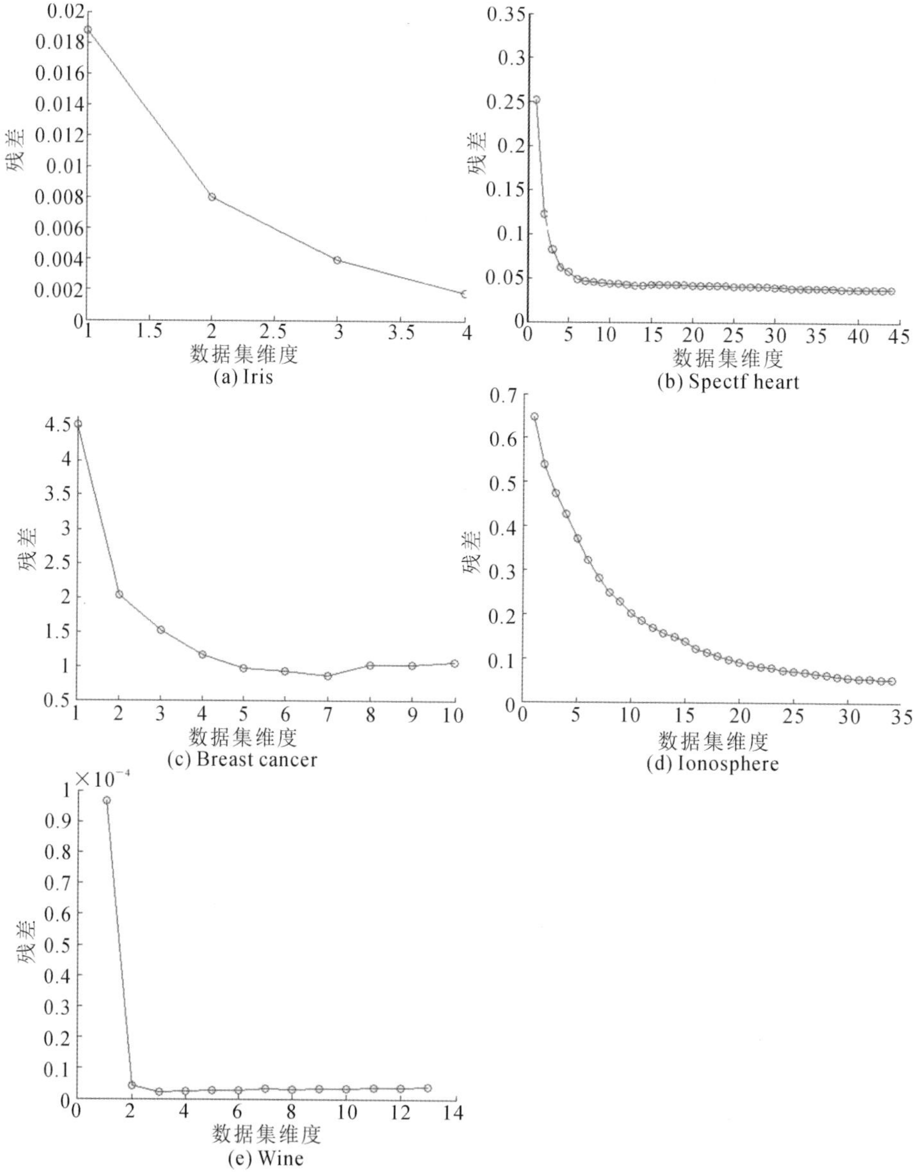

图 7-9　样本降维残差曲线

将 Iris、Breast cancer、Wine、Spectf heart 和 Ionosphere 数据集的低维嵌入用 k-means 算法离散化，可以得到低维嵌入与决策属性的决策表。以数据集 Iris为例，其低维嵌入的离散化数据如表 7-9 所示，等价支持子集如表 7-10 所示。

表 7-9　Iris 低维嵌入离散化数据

数据标号	主成分 1	主成分 2	决策属性
1	3	2	1
2	3	3	1
3	3	3	1
4	3	1	1
⋮	⋮	⋮	⋮
136	1	2	3
137	1	1	3
138	1	3	3
139	1	3	3
140	1	1	3

表 7-10　Iris 低维嵌入的等价支持子集

成分	类别 1	类别 2	类别 3
主成分 1	3	2	1
主成分 2	2,3	1	2

根据表 7-10 所示的等价支持子集，按照属性值排列组合方法抽取决策规则如下。

规则 1：如果主成分 1=3 并且主成分 2=2，那么类别=1。

规则 2：如果主成分 1=3 并且主成分 2=3，那么类别=1。

规则 3：如果主成分 1=2 并且主成分 2=1，那么类别=2。

规则 4：如果主成分 1=1 并且主成分 2=2，那么类别=3。

得到标准决策规则后，根据决策规则预测算法预测测试数据。为了证明算法的有效性，将其预测分类精度与 KNN 算法和 C4.5 算法在低维嵌入上的分类精度做对比。Iris、Breast cancer、Wine、Spectf heart 和 Ionosphere 数据集的验证结果如表 7-11所示，精度对比如图 7-10 所示。

表 7-11 数值型数据集上三种分类算法的分类精度对比

数据集名称	KNN 算法	C4.5 算法	DAML 算法
Iris	89.5%	90.3%	93.6%
Breast cancer	79.75%	81.25%	85.3%
Wine	84.5%	85.5%	90.2%
Spectf heart	71.8%	81%	82.3%
Ionosphere	69%	80.6%	83.2%

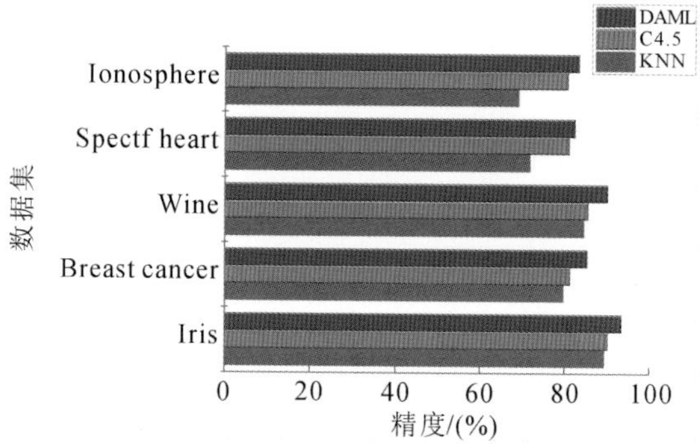

图 7-10 数值型数据集上分类精度对比

由图 7-10 可知，在低维嵌入上基于流形学习降维的决策分析算法的分类精度略高于 C4.5 算法而比 KNN 算法有明显提高，说明基于流形学习降维的决策分析算法是一种较好的分类算法。

4. 混合型数据仿真实验

实验选取 UCI 机器学习数据库中的四个混合型分类数据集，并采用 DAML 算法做决策抽取与数据预测。UCI 数据集的概况如表7-12所示。

表 7-12 混合型数据集概况

数据集名称	数据集规模	属性数量
German Credit Data	1000	20
Heart statlog	270	13
Meta data	528	22
Teaching Assistant Evaluation	151	5

将混合型数据集中的非数值型数据转化为数值型数据，然后使用参数为 $k=30$ 的 ISOMAP 算法降维。ISOMAP 降维残差曲线如图 7-11 所示。由图可知，实验数据集 German Credit Data、Heart statlog、Meta data 和 Teaching Assistant Evaluation 降维后的维度均取 3。由 DAML 算法可知，在使用 ISOMAP 算法降维后，对降维数据使用 S3ER 算法做决策分析，抽取决策规则并进行数据预测。以四个实验数据集中的 Teaching Assistant Evaluation 为例，其离散化后的主成分如表 7-13 所示，低维嵌入等价支持子集如表 7-14 所示。

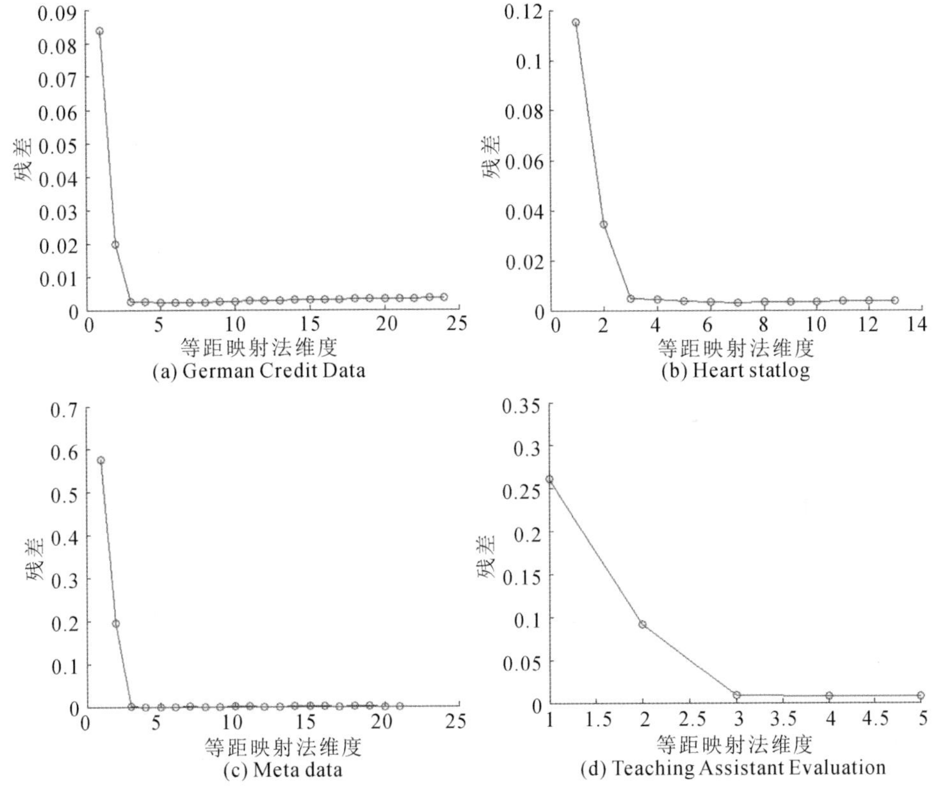

图 7-11　混合型数据集降维残差曲线

表 7-13　Teaching Assistant Evaluation 低维嵌入离散化后的主成分

数据标号	主成分 1	主成分 2	主成分 3	决策属性
1	1	2	2	3
2	1	2	3	4

续表

数据标号	主成分 1	主成分 2	主成分 3	决策属性
3	2	2	2	3
4	3	3	1	3
⋮	⋮	⋮	⋮	⋮
147	3	3	1	1
148	1	3	1	1
149	2	3	3	1
150	2	2	2	1
151	3	1	1	1

表 7-14　Teaching Assistant Evaluation 低维嵌入等价支持子集

成分	类别 1	类别 2	类别 3
主成分 1	2,3	1,2	1,3
主成分 2	2,3	1	2
主成分 3	1,2	2,3	3

根据表 7-14 中的等价支持子集抽取标准决策规则。按照属性值排列组合方法抽取决策规则如下。

规则 1:如果主成分 1=2,主成分 2=2 并且主成分 3=1,那么类别=1。

规则 2:如果主成分 1=2,主成分 2=3 并且主成分 3=1,那么类别=1。

规则 3:如果主成分 1=2,主成分 2=2 并且主成分 3=2,那么类别=1。

规则 4:如果主成分 1=2,主成分 2=3 并且主成分 3=2,那么类别=1。

规则 5:如果主成分 1=3,主成分 2=2 并且主成分 3=1,那么类别=1。

规则 6:如果主成分 1=3,主成分 2=3 并且主成分 3=1,那么类别=1。

规则 7:如果主成分 1=3,主成分 2=2 并且主成分 3=2,那么类别=1。

规则 8:如果主成分 1=3,主成分 2=3 并且主成分 3=2,那么类别=1。

规则 9:如果主成分 1=1,主成分 2=1 并且主成分 3=2,那么类别=2。

规则 10:如果主成分 1=1,主成分 2=1 并且主成分 3=3,那么类别=2。

规则 11:如果主成分 1=2,主成分 2=1 并且主成分 3=2,那么类别=2。

规则 12：如果主成分 1=2，主成分 2=1 并且主成分 3=3，那么类别=2。

规则 13：如果主成分 1=1，主成分 2=2 并且主成分 3=3，那么类别=3。

规则 14：如果主成分 1=3，主成分 2=2 并且主成分 3=3，那么类别=3。

在得到标准决策规则后，采用决策规则预测算法，预测测试数据。为了验证算法的有效性，将预测分类精度与 KNN 算法和 C4.5 算法在低维嵌入上的分类精度做对比。预测结果如表 7-15 所示，精度对比如图 7-12 所示。

表 7-15　混合型数据集上三种分类算法的分类精度对比

数据集名称	KNN 算法	C4.5 算法	DAML 算法
German Credit Data	76.75%	83.67%	85.25%
Heart statlog	81.00%	86.50%	90.00%
Meta data	67.67%	75.34%	78.77%
Teaching Assistant Evaluation	83.00%	91.00%	93.00%

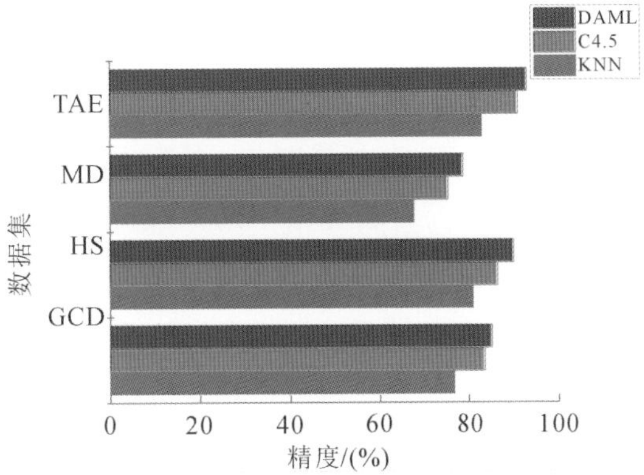

图 7-12　混合型数据集分类精度对比

由图 7-12 可以看到，在低维嵌入上基于流形学习降维的决策分析算法的分类精度略高于 C4.5 算法，而比 KNN 算法有明显提高，说明基于流形学习降维的决策分析算法在处理混合型数据时是一种较好的分类算法。图 7-12 中，German Credit Data、Heart statlog、Meta data 和 Teaching Assistant Evaluation 数据集名称分别用 GCD、HS、MD、TAE 代替。

7.4 质量分析及改进算法

7.4.1 基于数据挖掘的质量分析及改进算法

制造企业需要高效并准确地对所收集到的质量数据进行分析，并抽取质量改进规则。因此需要根据制造过程质量数据的特点提出相应的数据挖掘算法。我们提出了基于数据挖掘的质量分析及改进(quality analysis and improvement algorithm based on data mining，QAIDM)算法，算法流程如图 7-13 所示。

QAIDM 算法分为六大步骤，即数据采集、数据预处理、数据降维、数据分类、数据分析和质量改进。

(1) 数据采集。影响产品质量的因素贯穿于生产、库存和检验等产品全生产周期的各个环节中，需要根据质量目标的不同选择与之相关的质量因素。数据采集包含质量目标的确定及相关质量数据的采集。

(2) 数据预处理。数据预处理分为三步：属性约简、统一数据类型和统一数据量纲。

采集到的数据有些是冗余的，在分类中并不影响最终分类目标的取值。需要在分类及数据压缩前进行约简并将保留下来的数据归一化。采集的数据往往具有多种表现形式：加工数据或者测量数据往往表现为数值型；反映人员、设备状况的数据往往表现为名词型。在进行分类时需要将它们的类型统一转化为数值型，以便于 SVM 进行分类处理。

(3) 数据降维。高维的质量数据往往具有较强的耦合性，ISOMAP 算法能够有效地找到样本数据的主坐标，即 d 维低维嵌入。样本 d 维低维嵌入的抽取能够保证主坐标之间的耦合性最低，同时能提高算法效率，抽取更加有效的规则。

(4) 数据分类。使用支持向量机算法能够通过分析样本获取分类器。分类器的获取能够对样本外的质量数据做预测，节省质量检验时间，提高生产效率。另外一个目的是抽取支持向量，以进一步简化样本。结合流形学习降维和支持向量的抽取，从横向和纵向都对样本进行了约简，使得后续的决策分析步骤只分析最有用的数据，提高了后续算法的效率和准确性。

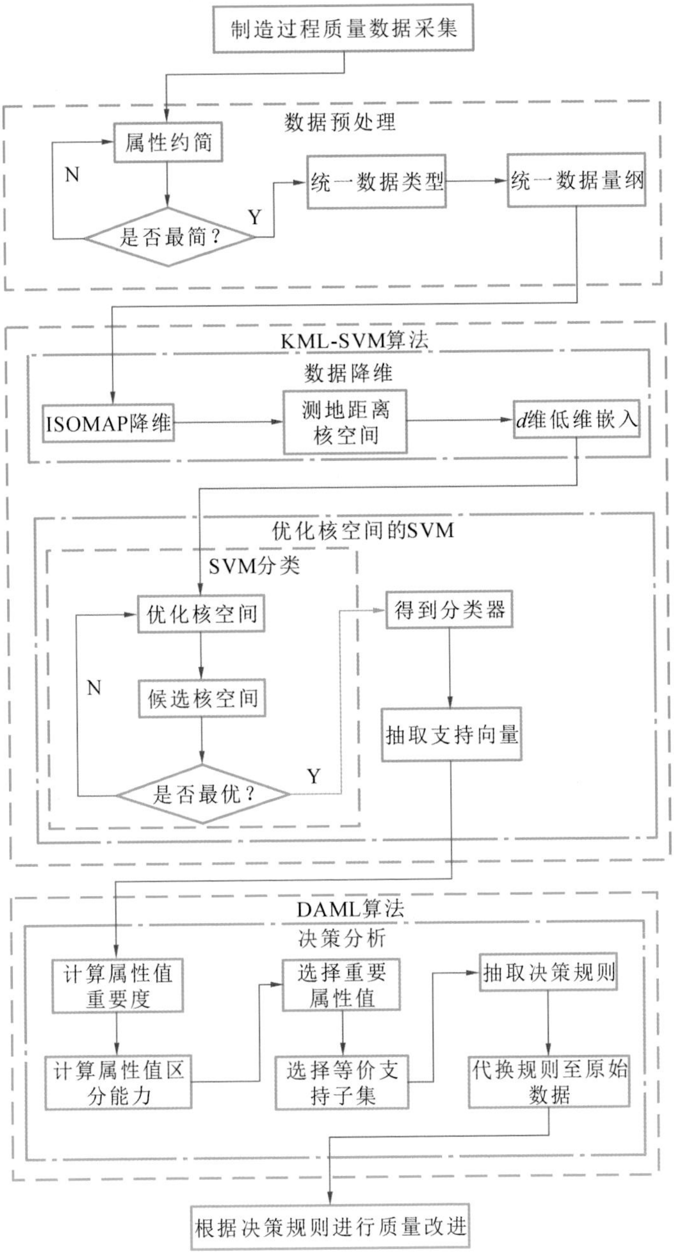

图 7-13　基于数据挖掘的质量分析及改进算法流程

(5) 数据分析。首先，通过对属性重要性的分析，迅速对影响质量结论的各种因素做相关的排序，从而非常直观地确定该生产系统中最重要的生产环节。

其次，通过决策分析算法能够提取决策规则来改进质量，使得生产系统的生产效率更高，生产成本则相应降低。

（6）质量改进。根据决策规则改进工艺、工人技能、设备等与该生产系统质量相关的生产因素。

7.4.2 企业应用实例

1. 实例数据基本情况

质量数据源自某航空制造企业X零件的A工序，质量目标是针对X零件的A工序做质量分析与改进。采集关于该工序的120个制造过程质量数据，其中100个作为训练样本，20个作为测试样本。其中正常数据与异常数据各占一半。制造过程质量数据属性及其属性值如表7-16所示。

表7-16 质量数据属性及其属性值

属性名称	属性值
工序名称	3022312
工序号	A
加工人员	{巩亮，王靖波}
技术等级	{5，3}
设备编号	{SJ-35-2，SJ-35-4}
设备故障率	{0.98，0.90}
原材料型号	{La030，La031}
原材料产地	{西安，上海}
工艺版次	{1，2}
工装类型	夹具
刀具型号	YUAA010
刀具厂家	{上海，洛阳}
工具使用时间	[0，120]
测量参数1	[30.455，30.6]
测量参数2	[30.38，30.59]
测量参数3	[28.462，28.475]

续表

属性名称	属性值
测量参数 4	[33.033,33.04]
测量参数 5	[16.28,16.31]
测量参数 6	[0.001,0.019]
测量参数 7	[0.005,0.01]
测量参数 8	[28.462,28.475]
测量参数 9	[33.033,33.038]
测量参数 10	[16.085,16.12]
测量参数 11	[0.005,0.097]
测量参数 12	[0.005,0.097]
测量参数 13	[0.015,0.039]
质量结论	{1,−1}

由表 7-16 可知，与人员相关的属性为加工人员、技术等级；与设备相关的属性为设备编号、设备故障率；与材料相关的属性为原材料型号、原材料产地；与方法相关的属性为工艺版次、工装类型、刀具型号、刀具厂家、工具使用时间；与测量相关的属性为测量参数 1 至测量参数 13。从表中的属性数据可知，该生产系统中的制造过程质量数据为高维数据，共有 27 个属性，其中条件属性 26 个，决策属性 1 个。在 26 个条件属性中名词型属性 10 个，数值型属性 16 个。决策属性是一个二元属性，由 −1 和 1 组成，分别代表不合格与合格。

2. 实验数据预处理

1）属性约简算法

在 QAIDM 算法的第(1)步中，首先是属性约简。根据以往的经验，许多名词型数据往往不会对质量结论产生影响。如监控某一道关键工序时，采集到的工序名称与工序号的属性完全一样，可以将该属性约简。根据粗糙集中等价关系及支持度的概念建立以下过滤标准。

设整个数据集为 U，建立一个属性约简的等价关系 R，U 在 R 下的划分为 $U/R=\{[X]_1,[X]_2,\cdots,[X]_n\}$；定义等价关系 $S=\{$质量结论$\}$，U 在 S 下的划分为 $U/S=\{W_1,W_2\}$。

定义 7.5 每个等价类对决策属性 1 与 −1 的支持度可以分别表示为 $S_{\rm p}=|[X]_i\cap W_1|/|U|$ 与 $S_{\rm n}=|[X]_i\cap W_2|/|U|$，其中 $i=1,2,\cdots,n$，从而得到约简系数为

$$R=S_{\rm p}-S_{\rm n}<\alpha \tag{7-35}$$

这里 α 可以自定义。如果 $R<\alpha$，则该属性可以被约简掉。

根据式(7-35)，实验中取 $\alpha=0.1$，对等价关系 $R=${工序名称，工序号，工装类型，刀具型号}所形成的等价类计算其约简系数，得 $R=0<0.1$，则这四个属性可以被约简。

2）类型统一算法

KML-SVM 算法能够非常有效地对高维数值型数据进行分类与预测。针对该实例需要将名词型数据转化为数值型数据。若名词型数据类型为二值属性，则转化非常简单。如表 7-16 中的原材料产地为{西安，上海}，转化为数值型数据为{0,1}。若名词型数据类型为多值属性，则转化比较复杂，这里介绍一种简单转化算法，可以将名词型数据的每个属性转化为数值型数据的新一列。但这样会造成数据维度的不断扩张，如表 7-17 所示的表格维度就可能很高，给分类算法带来许多困难。

表 7-17 属性转化示例

原始数据	数值型		
	扩展数据		
	A	B	C
A	1	0	0
B	0	1	0
C	0	0	1

对于加工人员、工艺版次、设备编号、原材料型号、原材料产地、刀具厂家这样的二值属性，可以将其转化为{1,0}。经过以上处理，数据全部转化为数值型。

3）量纲统一算法

量纲统一算法与前述算法相同，采用式(7-29)所示的数据归一化算法。

表 7-16 经过数据预处理后的数据如表 7-18 所示。表 7-18 中的数据由 22 个条件属性和 1 个决策属性组成，并且数据已完全数值化，为下一步的 KML-SVM 算法做好了数据准备。

表 7-18　实例数据预处理后

属性名称	值域
加工人员	{1,0}
技术等级	{5,3}
设备编号	{1,0}
设备故障率	{0.98,0.90}
原材料型号	{1, 0}
原材料产地	{1,0}
工艺版次	{1,0}
刀具厂家	{1,0}
工具使用时间	[0,120]
测量参数 1	[30.455,30.6]
测量参数 2	[30.38,30.59]
测量参数 3	[28.462,28.475]
测量参数 4	[33.033,33.04]
测量参数 5	[16.28,16.31]
测量参数 6	[0.001,0.019]
测量参数 7	[0.005,0.01]
测量参数 8	[28.462,28.475]
测量参数 9	[33.033,33.038]
测量参数 10	[16.085,16.12]
测量参数 11	[0.005,0.097]
测量参数 12	[0.005,0.097]
测量参数 13	[0.015,0.039]
质量结论	{1,−1}

3. KML-SVM **算法应用**

1）ISOMAP 算法降维

QAIDM 算法的第(3)步和第(4)步联合起来为 KML-SVM 算法。KML-SVM 算法在 QAIDM 算法中所起到的作用为降低数据维度，预测质量数据和计算支持向量。

根据 KML-SVM 算法可知，算法首先使用基于流形学习的 ISOMAP 算法对表 7-18 中的数据降维。算法中取邻域值 $k=30$。建立样本间测地距离阵 $\boldsymbol{D}_G$，求其特征值及对应的特征向量，根据残差计算得到样本降维残差曲线，如图 7-14所示。从图 7-14 中可知，当维度 $d \geqslant 5$ 时曲线平缓，残差基本不变，因此该实例样本特征维度为 5。

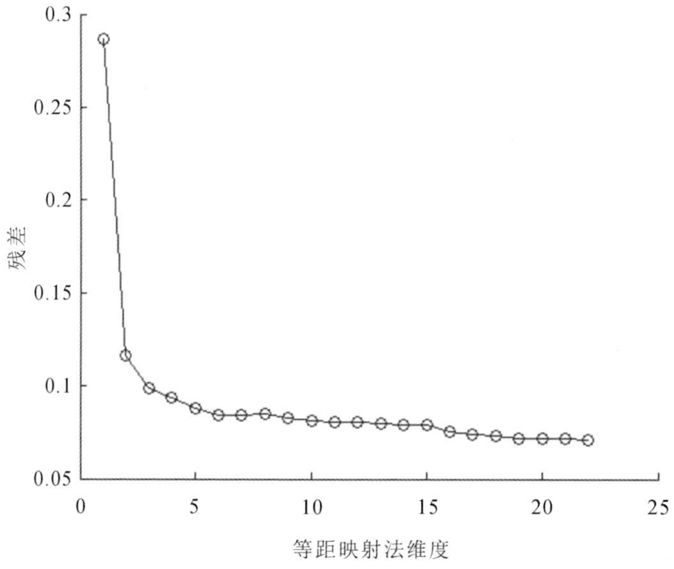

图 7-14　实例数据降维残差曲线

2）SVM 分类预测

经过 ISOMAP 降维后，数据变为纵向是 5 维、横向为 100 维的低维数据集。然后在 5×100 的低维嵌入空间内使用支持向量机算法分类，并优化支持向量机算法的核函数，以达到提高支持向量机算法分类精度的目的。在算法最后计算支持向量，从横向上减少数据维度。

将所提出的 ISOMAP 核函数与常用的线性核函数、多项式核函数、高斯核函数及感知机核函数对比。其中，高斯核函数、多项式核函数及感知机核函数中都带有参数，而提出的 ISOMAP 核函数无参数。需要对三个有参数核函数进行参数优化，选取最优分类结果与 ISOMAP 核函数对比。与 ISOMAP 核函数做对比的核函数如表 7-19 所示，参数范围如表 7-20 所示，参数在仿真实验中的优化情况如图 7-15 所示。由图 7-15 可见，多项式核函数、高斯核函数、感知机核函数最高的分类精度分别为 85%、90%和 90%。五种核函数的分类精度比较结果如图 7-16 所示。由图 7-16 可见，ISOMAP 核函数的分类精度最高，达到 95%，高斯核函数、感知机核函数、多项式核函数和线性核函数的分类精度分别可以达到 90%、90%、85%和 80%。ISOMAP 核函数在 KML-SVM 方法中具有特殊的优势，分类结果优于其他四种常用核函数。

表 7-19　常用核函数

核函数名称	核函数
线性核函数	$k(x_i,x_j)=x_i \cdot x_j$
多项式核函数	$k(x_i,x_j)=(x_i \cdot x_j+1)^d$
高斯核函数	$k(x_i,x_j)=\exp[-(x_i-x_j)^2/(2\sigma^2)]$
感知机核函数	$k(x_i,x_j)=\tanh[\gamma(x_i \cdot x_j)]$

表 7-20　核函数参数空间

核函数名称	核函数参数	参数范围
多项式核函数	d	2,3,4,5,6,7
高斯核函数	σ	0.01,0.1,0.5,1,3,5
感知机核函数	γ	1,2,3,4,5,6

3）相关系数计算与支持向量抽取

在低维嵌入数据中必然含有某种可以被分类器识别的模式，分析降维后的样本主坐标数据，利用式(7-33)和式(7-34)计算原坐标与主坐标之间的相关系数，即原数据在主成分上的载荷，计算结果如表 7-21 所示。

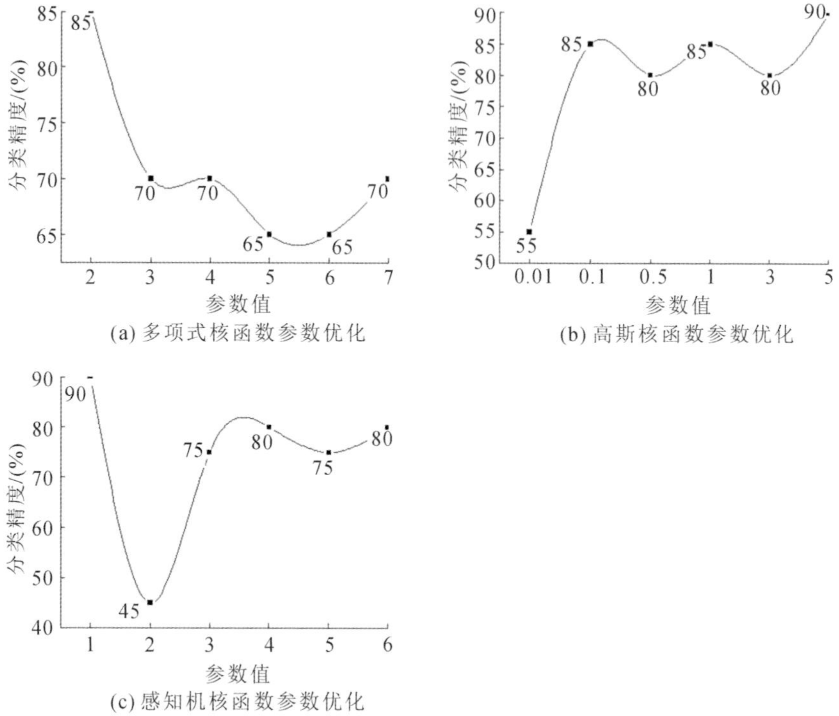

图 7-15　核函数参数优化结果

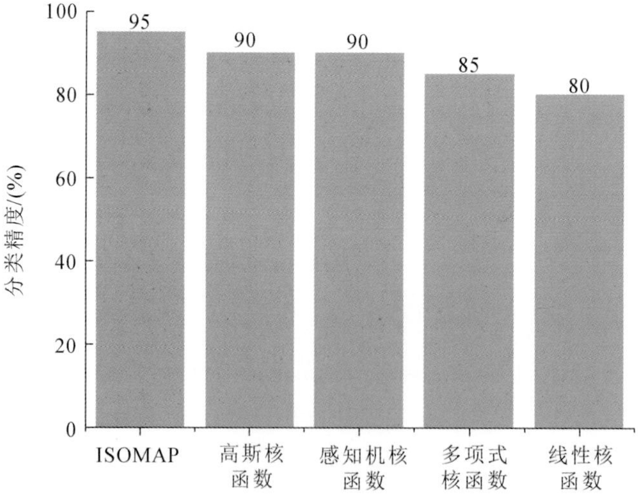

图 7-16　分类精度对比

表 7-21 仿真实例相关系数计算结果

质量因素	主坐标 1	主坐标 2	主坐标 3	主坐标 4	主坐标 5
加工人员	0.87	−0.26	−0.23	0.35	0.1
技术等级	0.87	−0.26	−0.23	0.35	0.1
设备编号	−0.05	0.92	−0.26	0.15	0.05
设备故障率	−0.06	0.87	−0.31	0.26	0.05
原材料型号	0.87	0.3	0.23	−0.06	−0.006
原材料产地	0.87	0.3	0.23	−0.06	−0.006
工艺版次	0.63	−0.13	0.57	−0.37	−0.17
刀具厂家	0.81	0.43	0.09	−0.31	0.11
工具使用时间	−0.12	−0.22	0.004	−0.26	0.4
测量参数 1	−0.31	−0.25	−0.24	−0.31	−0.03
测量参数 2	−0.24	−0.34	−0.08	−0.26	0.12
测量参数 3	−0.27	−0.15	0.52	0.18	0.2
测量参数 4	0.07	0.18	0.07	−0.02	−0.24
测量参数 5	−0.3	0.15	0.1	0.22	−0.24
测量参数 6	−0.07	0.17	−0.28	−0.26	0.18
测量参数 7	−0.1	−0.36	−0.39	−0.32	0.1
测量参数 8	0.1	0.55	−0.14	−0.17	0.17
测量参数 9	0.032	−0.14	0.23	0.21	−0.29
测量参数 10	0.07	0.02	0.15	0.22	−0.08
测量参数 11	0.02	0.05	−0.007	0.18	−0.11
测量参数 12	0.02	−0.13	0.09	−0.14	−0.02
测量参数 13	0.38	0.08	0.07	0.06	−0.49

从主坐标 1 可知，其与加工人员及其技术等级、原材料型号及其产地、工艺版次、刀具厂家、参数 8 和参数 13 有较大相关性。加工该道工序时，影响最终质量结论的因素与加工人员技术、材料选购、工艺版次、刀具选购有较大正相关性，应该着重从人员的技能水平、原材料和刀具采购及工艺稳定性问题着手。这些方面的改进有助于提高参数 8 和参数 13 的合格率。

主坐标 2 与设备情况有较大正相关性，说明这一影响质量的原因在于设备故障，保持加工设备的稳定运行是在解决第一个问题之后需要重点关注的。

主坐标 3 显示对工具版次的优化有助于提高参数 3 的合格率。

主坐标 4 显示人员技能的提高和设备故障率的下降与参数 9 和参数 10 有较大正相关性。

由于表 7-21 所表示的只是主坐标与哪些原始数据具有一致的变化规律，而无法抽取到直观的决策规则以指导质量改进，因此需要进入下一步的决策分析。

支持向量机算法中所得到的支持向量，能够将与分类无关的数据舍去，只保留与分类相关的数据。进入决策分析步骤之前需要对数据的横向做进一步的约简，即抽取支持向量。在 KML-SVM 算法中，支持向量机算法选取 ISOMAP 核函数进行分类预测时抽取的支持向量作为下一步的输入对象。KML-SVM 算法的样本数据集规模是 100×23。经过抽取后，支持向量为 39 组，ISOMAP 算法得到的主成分为 5 维。在经过双向数据约简之后，支持向量的规模变为 39×6，如表 7-22 所示。

表 7-22　仿真实例主成分的支持向量

数据标号	主成分 1	主成分 2	主成分 3	主成分 4	主成分 5	决策属性
1	0.979504	−1.30975	−0.78925	−0.00831	0.419148	1
2	−1.13811	−1.62495	0.902895	−0.58228	0.489083	1
3	−0.19938	0.328951	1.838323	−0.47399	0.181103	1
4	−1.4647	2.529237	1.170032	−1.10408	−0.32369	1
5	1.619056	1.862803	−0.69754	−0.35074	−0.63573	1
6	1.333175	2.388313	−1.10065	−0.26248	−0.03271	1
7	1.094608	1.944349	−0.96248	−0.60286	−0.17471	1
8	0.727291	−1.30584	−0.98152	1.649021	−0.49916	−1
9	0.653812	−1.29633	−0.97013	1.561911	−0.8134	−1
10	0.9574	−1.2512	−0.74183	0.004857	0.481553	−1
11	2.119751	0.346459	0.719443	−0.02222	−0.25796	−1
12	0.925341	1.888984	−1.00924	−0.60349	−0.4195	−1

续表

数据标号	主成分1	主成分2	主成分3	主成分4	主成分5	决策属性
13	-0.23705	0.296873	1.8566	-0.29189	0.139122	-1
14	1.401456	-1.4091	-0.61673	-0.13388	-0.42665	-1
15	-0.21036	0.302993	1.921283	-0.362	-0.00829	-1
16	1.391776	-1.36021	-0.69045	0.020762	0.177156	-1
17	1.326375	-1.31651	-0.6602	-0.0784	-0.06156	-1
18	2.106886	0.352521	0.717145	0.009273	-0.15603	-1
19	2.262904	0.301272	0.624204	-0.20466	-0.65644	-1
20	0.926099	2.253438	-0.96584	1.307266	-0.76853	-1
21	1.554275	-1.38169	-0.73705	0.030806	0.233315	-1
22	1.115932	-1.24295	-0.66524	-0.00592	0.542562	-1
23	1.108071	2.105274	-0.98146	-0.18357	0.308576	-1
24	1.258622	2.086966	-0.93398	-0.08003	0.760941	-1
25	2.295033	0.3743	0.275039	-0.17974	0.605146	1
26	-2.7884	0.381144	-0.69798	0.145026	0.246106	1
27	0.199649	-1.8305	-0.39417	-0.55465	0.048365	1
28	1.436571	-1.50086	-0.71148	-0.03338	-0.27931	1
29	1.863209	-1.47877	-0.76214	-0.08593	-0.71557	1
30	1.022189	-1.00715	-1.04986	-0.25468	-1.3276	1
31	1.421973	-1.40961	-0.59703	-0.00728	-0.32166	1
32	2.131591	0.267597	0.761413	0.014487	-0.62941	-1
33	1.345369	0.570206	1.679935	1.413564	0.605073	-1
34	1.461146	1.954619	-0.89362	-0.31972	0.115338	-1
35	1.181317	2.043506	-1.01735	-0.45898	-0.17627	-1
36	1.326269	-1.34481	-0.69967	-0.05107	0.19097	-1
37	0.958689	-1.34893	-0.7687	-0.0759	0.284662	-1
38	1.346855	-1.37865	-0.79318	0.00262	0.152526	-1
39	2.116681	0.33337	0.738899	-0.04553	-0.44243	-1

4. DAML **算法应用**

在使用 DAML 算法对数据做决策分析及定性分析之前，需要对数据做离散化。离散化算法选择 k-means 算法，参数 k 选择 3。其实际意义为将主成分的每一列都划分为三类，即高、中、低。高代表质量数据中必然满足质量标准的数据，中代表质量数据中符合质量标准的数据，低代表质量数据中不符合质量标准的数据。离散化划分标准遵循每一个主成分数据的自然几何分布规律。使用 k-means 算法的优势能够很好地体现出来，即只有质量人员主观给定类别数而不主观给定每一类的区分阈值。这样处理的数据能够比较自然地体现合格与不合格数据的几何分布，离散化后的数据如表 7-23 所示。

表 7-23　离散化后的仿真实例主成分的支持向量

数据标号	主成分 1	主成分 2	主成分 3	主成分 4	主成分 5	决策属性
1	1	3	1	1	1	1
2	3	3	3	3	1	1
3	2	2	3	3	1	1
4	3	1	3	3	2	1
5	1	1	1	3	2	1
6	1	1	1	1	3	1
7	1	1	1	3	3	1
8	1	3	1	2	2	−1
9	1	3	1	2	2	−1
10	1	3	1	1	1	−1
11	1	2	3	1	3	−1
12	1	1	1	3	2	−1
13	2	2	3	3	1	−1
14	1	3	1	1	2	−1
15	2	2	3	3	3	−1
16	1	3	1	1	1	−1
17	1	3	1	1	3	−1

续表

数据标号	主成分 1	主成分 2	主成分 3	主成分 4	主成分 5	决策属性
18	1	2	2	1	3	−1
19	1	2	2	1	2	−1
20	1	1	1	2	2	−1
21	1	3	1	1	1	−1
22	1	3	1	1	1	−1
23	1	1	1	1	1	−1
24	1	1	1	1	1	−1
25	1	2	2	1	1	1
26	3	2	1	1	1	1
27	2	3	1	3	3	1
28	1	3	1	1	3	1
29	1	3	1	1	2	1
30	1	3	1	3	2	1
31	1	3	1	1	3	1
32	1	2	2	1	2	−1
33	1	2	3	2	1	−1
34	1	1	1	3	1	−1
35	1	1	1	3	3	−1
36	1	3	1	1	1	−1
37	1	3	1	1	1	−1
38	1	3	1	1	1	−1
39	1	2	2	1	2	−1

将表 7-23 中的数据作为 DAML 算法的输入数据，能够非常快速地计算出决策属性每个主成分的属性值的重要度及其区分能力，进而得到决策属性的等价支持子集。主成分的重要度如表 7-24 所示。

表 7-24　主成分属性重要度

属性	重要度
主成分 1	0.5835
主成分 2	0.515
主成分 3	0.6156
主成分 4	0.5941
主成分 5	0.5604

根据表 7-24 可知，对于最终的质量状态，各个主成分的影响顺序是：主成分 3>主成分 4>主成分 1>主成分 5>主成分 2。因此，质量人员在对该生产系统进行改进的时候，应该首先改进与主成分 3 相关的属性，与主成分 3 相关的属性如表 7-21 所示。由表 7-21 可知，与主成分 3 最相关的属性是工艺版次和测量参数 3，因为这两个属性的相关程度都大于 0.5。我们不妨将主成分 3 称为工艺技术主成分，对该主成分进行质量改进时，应首先按照相关顺序调整工艺版次和测量参数 3 的相关加工工艺。这些属性的调整能够直接影响主成分 3 的走向，而主成分 3 的走向对于质量状态最为关键。最后关注的是主成分 2，与主成分 2 最为相关的是设备编号和设备故障率，我们不妨称为设备主成分。由上述的定性分析可知，该生产系统中最重要的是生产工艺，最后是设备情况。按照这样的方式能够对主成分 1～5 做一一分析，在此不再赘述。

通过直观分析可以得到定性的改进措施。而如果需要定量分析，则需要分析该生产系统的决策支持子集，以抽取相关决策规则。根据 DAML 算法所计算的质量状态等价支持子集如表 7-25 所示。

表 7-25　质量状态等价支持子集

成分	质量合格	质量不合格
主成分 1	1	2,3
主成分 2	2,3	1
主成分 3	1,2	3
主成分 4	1	2,3
主成分 5	1	2,3

对表 7-25 中的定性数值的分析结束后，根据 k-means 算法可以得到每个离

散化的属性值所对应的数据范围，统计结果如表 7-26 所示。根据表 7-26 可以得到每个属性值所对应的数据区间，以便定量表示根据决策等价支持子集抽取的决策规则。

表 7-26　主成分对应数据范围

成分	属性值对应的数据范围		
	1	2	3
主成分 1	[0.65,2.3]	[−0.24,0.2]	[−2.79,−1.14]
主成分 2	[1.89,2.53]	[0.27,0.57]	[−1.6,−1]
主成分 3	[−1.1,0.6]	[0.26,0.76]	[0.72,1.92]
主成分 4	[−0.26,0.02]	[1.31,1.65]	[−1.1,−0.29]
主成分 5	[0.13,0.76]	[−1.32,−0.32]	[−0.32,0.05]

根据表 7-25 得到的决策等价支持子集能够抽取决策规则，所抽取的决策规则如表 7-27 所示。

表 7-27　根据决策等价支持子集抽取的决策规则

规则序号	主成分 1 的值	主成分 2 的值	主成分 3 的值	主成分 4 的值	主成分 5 的值	质量状态
1	If (1)	And if (2)	And if (1)	And if (1)	And if (1)	合格
2	If (1)	And if (2)	And if (2)	And if (1)	And if (1)	合格
3	If (1)	And if (3)	And if (1)	And if (1)	And if (1)	合格
4	If (1)	And if (3)	And if (2)	And if (1)	And if (1)	合格
5	If (2)	And if (1)	And if (3)	And if (2)	And if (2)	不合格
6	If (2)	And if (1)	And if (3)	And if (2)	And if (3)	不合格
7	If (2)	And if (1)	And if (3)	And if (3)	And if (2)	不合格
8	If (2)	And if (1)	And if (3)	And if (3)	And if (3)	不合格
9	If (3)	And if (1)	And if (3)	And if (2)	And if (2)	不合格
10	If (3)	And if (1)	And if (3)	And if (2)	And if (3)	不合格
11	If (3)	And if (1)	And if (3)	And if (3)	And if (2)	不合格
12	If (3)	And if (1)	And if (3)	And if (3)	And if (3)	不合格

按照式(7-33)和式(7-34)可以求得主成分与其分量之间的系数矩阵 $\begin{pmatrix} l_{11} & \cdots & l_{1n} \\ \vdots & & \vdots \\ l_{d1} & \cdots & l_{dn} \end{pmatrix}$,系数矩阵的每个值代表每个分量在主成分中的系数。

系数矩阵计算结果如表 7-28 所示。由表 7-28 可知:

主成分 1＝加工人员×(－0.79)＋技术等级×(－0.79)＋设备编号×(－0.97)＋设备故障率×(－0.08)＋…＋测量参数 13×0.005。

规则 1 中的 If (1) 可以理解为加工人员×(－0.79)＋技术等级×(－0.79)＋设备编号×(－0.97)＋设备故障率×(－0.08)＋…＋测量参数 13×0.005＝1。

根据表 7-26 可知主成分 1 所在的区间是[0.65,2.3],则可以得出:

加工人员×(－0.79)＋技术等级×(－0.79)＋设备编号×(－0.97)＋设备故障率×(－0.08)＋…＋测量参数 13×0.005 ∈[0.65,2.3]。

通过如上的转化,决策规则 1～12 可以转化为相应的质量改进规则,达到质量改进的目的。

表 7-28　主成分与其分量系数

分量名称	主成分 1	主成分 2	主成分 3	主成分 4	主成分 5
加工人员	－0.78696	－2.90315	－4.47602	0.514852	－0.48111
技术等级	－0.78696	－2.90315	－4.47602	0.514852	－0.48111
设备编号	－0.96775	－1.88133	2.296986	3.740131	－2.09368
设备故障率	－0.07742	－0.15051	0.183759	0.29921	－0.16749
原材料型号	－0.48111	－4.99849	1.237161	－1.36814	－0.55995
原材料产地	－0.83062	－4.88557	1.220915	－1.59243	－0.54391
工艺版次	－0.39359	－3.17679	0.297953	2.3475	3.019831
刀具厂家	0.405255	－4.76663	1.793932	－0.61215	0.551736
工具使用时间	0.32044	－0.03803	－0.01189	0.011378	－0.00797
测量参数 1	－0.00948	0.06648	0.014127	－0.01785	0.080139
测量参数 2	0.027664	0.079917	0.00718	－0.07007	0.088405
测量参数 3	0.005019	0.005819	－0.00093	－0.00526	－0.00267

续表

分量名称	主成分 1	主成分 2	主成分 3	主成分 4	主成分 5
测量参数 4	0.001604	−0.0009	0.002259	−0.00165	−0.001
测量参数 5	0.026039	0.090398	0.048405	−0.01127	−0.03229
测量参数 6	0.021365	0.008383	−0.00928	0.011504	−0.00227
测量参数 7	0.004051	0.002834	0.00046	0.000242	0.004417
测量参数 8	0.003301	−0.00195	0.002293	0.002695	−0.0029
测量参数 9	0.00236	0.002077	−0.00226	−0.00395	−0.00111
测量参数 10	−0.00721	0.011697	0.001765	−0.00283	−0.01853
测量参数 11	−0.00095	0.000649	−0.00151	0.001555	−0.00098
测量参数 12	−0.00017	0.001328	−0.00261	−0.00108	0.000682
测量参数 13	0.004587	−0.0099	−0.00368	−0.01013	0.006515

7.5 本章小结

本章展示了数据挖掘算法全过程，包括质量数据采集、数据预处理、算法设计、样本训练、数据预测、规则提取及规则应用，提出了基于数据挖掘的质量分析及改进(QAIDM)算法。

QAIDM 算法适用于处理高维的、复杂的质量数据，通过将采集的质量数据从横向与纵向两方面进行约简，大大降低了数据规模，提高了算法效率。QAIDM 算法不仅能够抽取决策规则对质量数据做定性分析，还能够对决策规则进行解析，达到定量分析的效果，真正做到定性与定量分析相结合，为质量人员提供有力的决策支持，帮助质量人员更好地制定质量改进方案，最大限度地发现生产系统问题，改进生产系统效率，节约企业成本。

第 8 章 智能制造单元与工厂

8.1 智能工厂组成

智能工厂是实现智能制造的重要载体，由其制造的产品集成了动态数字存储器，具有感知和通信能力，承载着整个供应链和生命周期中所需的各种信息；整个生产价值链中所集成的生产设施能够实现自组织，根据当前的状况灵活地决定生产过程；其目标是建立一个高度灵活的个性化和数字化的产品与服务的生产模式。

图 8-1 所示为企业基于信息物理系统（cyber-physical system，CPS）和工业物联网构建的智能工厂体系结构，主要包括物理层、信息层、大数据层、工业云层和决策层。其中，物理层包含工厂内不同层级的硬件设备，从嵌入式设备和基础元器件开始，到感知设备、生产设备、制造单元和生产线，相互间均可实现互感互联互通；以此为基础，构建了一个“可测可控、可产可管”的纵向集成环境。信息层涵盖企业经营业务各个环节，包含研发设计、生产制造、营销服务、物流配送等各类经营管理活动，以及由此产生的众创、个性化定制、电子商务、可视追踪等相关业务；在此基础上，形成了企业内部价值链的横向集成环境，实现了数据和信息的流通和交换。纵向集成和横向集成均以 CPS 和工业物联网为基础，产品、设备、制造单元、生产线、工厂等制造系统的互感互联互通，及其与企业不同环节业务的集成统一，通过数据应用和工业云服务实现，并在决策层基于产品、服务、设备管理支撑企业最高决策。这些共同构建了一个智能工厂完整的价值网络体系，为用户提供端到端的解决方案。

由于产品制造工艺过程的明显差异，离散型制造业和流程型制造业在智能工厂建设的重点内容上有所不同。对于离散型制造业，产品往往由多个零部件经过一系列不连续的工序加工、装配而成，其过程包含很多变化和不确定因素，在一定程度上增加了离散型制造生产组织的难度和配套复杂性。企业常常按照主要的工艺流程安排生产设备的位置，以使物料的传输距离最短。面向订单的离散型制造企业具有多品种、小批量的特点，其工艺路线和设备的使用较灵活，因此，离散型制造企业更加重视生产模式的柔性，其智能工厂建设的重点是智能制造单元。

流程型制造业的特点是采用管道式物料输送方式，生产连续性强，流程比较规范，工艺柔性比较小，产品比较单一，原料比较稳定。对于流程型制造业，由于原材料在整个物质转化过程中进行的是物理化学过程，难以实现数字化，而工序的连续性使得上一个工序对下一个工序的影响具有传导作用。因此，流程型智能工厂建设的重点在于实现生产工艺和生产全流程的智能优化，即智能感知生产条件变化，自主决策系统控制指令，自动控制设备，预测异常，在出现异常工况时进行自愈控制，排除异常，实现安全优化运行；在此基础上，智能感知物流、能源流和信息流的状况，自主学习和主动响应，实现自动决策。

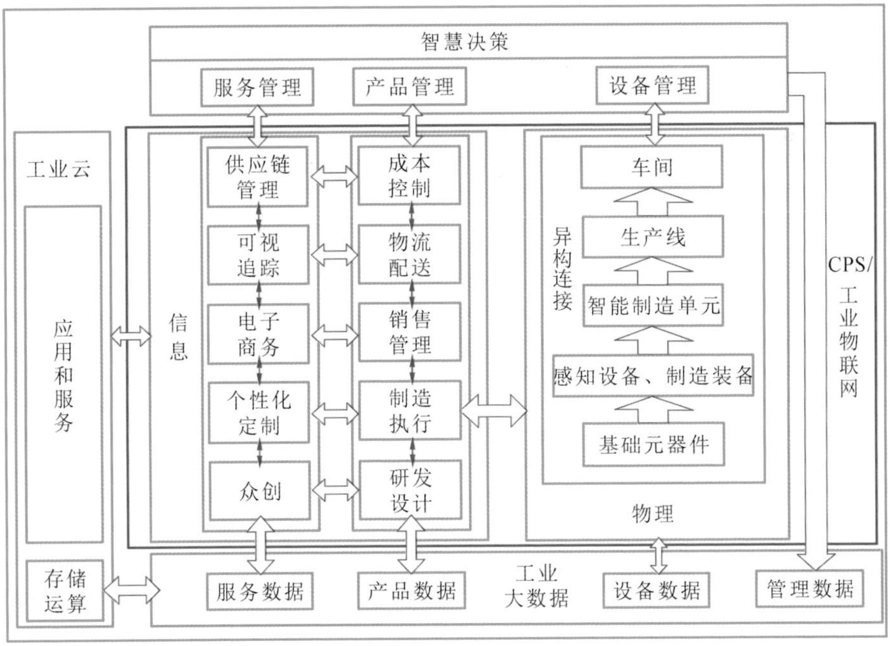

图 8-1　智能工厂体系结构

8.2 智能工厂发展模式

依据各个行业的产品对象、生产流程、管理模式之特点，智能工厂有以下几种不同的发展模式。

8.2.1 智能制造单元模式

在航空、航天、机械、汽车、船舶、轻工、家用电器和电子信息等离散型制造领域，企业发展智能制造的核心目的是拓展产品价值空间，侧重从单台设备自动化和产品智能化入手，基于生产效率和产品效能的提升实现价值增长。因此其智能工厂建设模式为：一是推进生产设备（制造单元）智能化，通过引进各类符合生产所需的智能装备，建立基于 CPS 的车间级智能生产单元，提高精准制造、敏捷制造能力；二是拓展基于产品智能化的增值服务，利用产品的智能装置实现与 CPS 的互联互通，支持产品的远程故障诊断和实时诊断等服务；三是推进车间级与企业级系统集成，实现生产和经营的无缝集成及上下游企业间的信息共享，开展基于横向价值网络的协同创新；四是推进生产与服务的集成，基于智能工厂实现服务化转型，提高企业效率和核心竞争力。

国内某航空发动机制造企业在其信息化实施战略中，已建成企业管理平台（ERP）、发动机设计改进与试验管理系统（PDM）、制造工艺数字化平台（CAD/CAPP/CAM）、制造执行系统（MES）、发动机装配大修服务与保障平台（AM-RO）等生产智能化管控系统，如图 8-2 所示，基本实现了制造资源跟踪、生产过程监控，计划、物流、质量集成管控下的均衡化生产。

8.2.2 生产过程数字化模式

在石化、钢铁、冶金、建材、纺织、造纸、医药、食品等流程制造领域，企业发展智能制造的内在动力在于产品品质可控，侧重从生产数字化建设起步，基于品质控制需求从产品末端控制向全流程控制转变。因此其智能工厂建设模式为：一是推进生产过程数字化，在生产制造、过程管理等单个环节信息化系统建设的基础上，构建覆盖全流程的动态透明可追溯体系，基于统一的可视化平台实现产品生产全过程跨部门协同控制；二是推进生产管理一体化，搭建企业

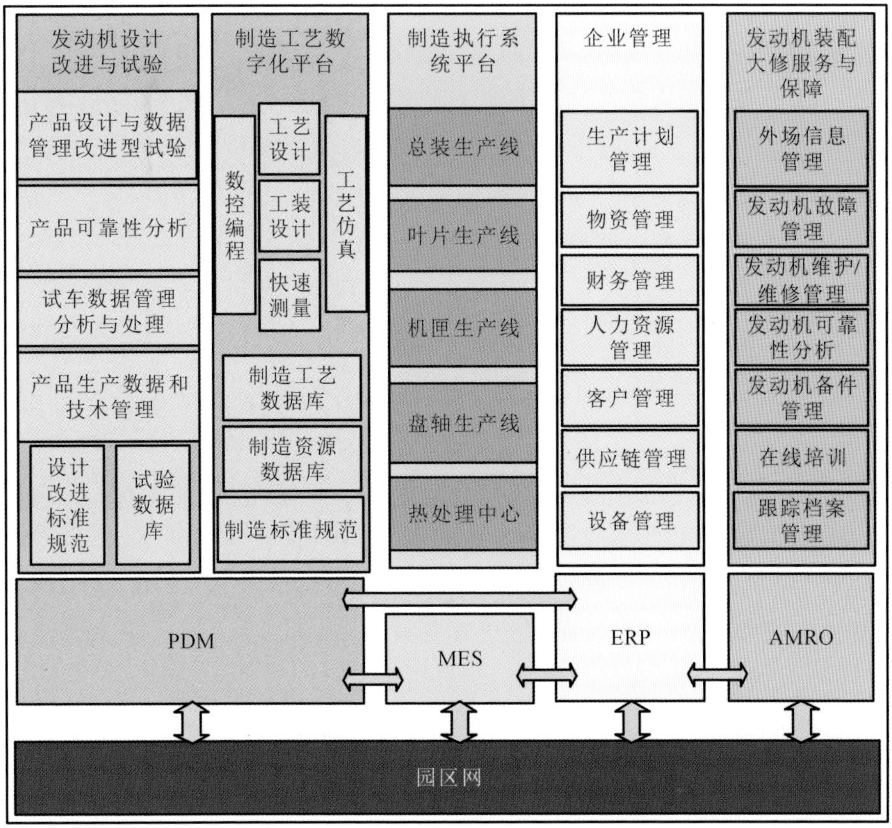

图 8-2 某航空发动机制造企业信息化平台

CPS,深化生产制造与运营管理、采购销售等核心业务系统集成,促进企业内部资源和信息的整合与共享;三是推进供应链协同化,基于原材料采购和配送需求,将 CPS 拓展至供应商和物流企业,横向集成供应商和物料配送协同资源与网络,实现外部原材料供应和内部生产配送的系统化、流程化,提高工厂内外供应链运行效率;四是整体打造大数据化智能工厂,推进端到端集成,开展个性化定制业务。

8.2.3 个性化定制模式

在家电、服装、家居等距离用户最近的消费品制造领域,企业发展智能制造的重点在于充分满足消费者多元化需求的同时实现规模经济生产,侧重通过互联网平台开展大规模个性化定制模式创新。因此其智能工厂建设模式为:一是推进个性化定制生产，引入柔性化生产线，搭建互联网平台，促进企业与用户深度交互，广泛征集用户需求，基于需求数据模型开展精益生产；二是推进设计虚拟化，依托互联网逆向整合设计环节，打通设计、生产、服务数据链，采用虚拟仿真技术优化生产工艺；三是推进制造网络协同化，变革传统垂直组织模式，以扁平化、虚拟化新型制造平台为纽带聚集产业链上下游资源，发展远程定制、异地设计、当地生产的网络协同制造新模式。

8.3 智能工厂关键技术

8.3.1 虚拟仿真设计技术

随着三维数字化技术的发展，传统的以二维图纸为主的设计模式逐渐转变为基于三维建模和仿真的虚拟设计模式，使未来的智能工厂能够通过三维数字建模、工艺虚拟仿真、三维可视化工艺现场应用，摒弃二维、三维之间的转换，提高产品研发设计效率，保证产品研发设计质量。

随着仿真技术的发展，原有的对工件几何参数及干涉进行校验的几何仿真逐渐转变成产品加工、装配、拆卸、切削和成形过程的物理仿真，使未来的智能工厂可实现在复杂虚拟环境下对产品生产运行效果进行仿真分析和验证，以达到产品开发周期和成本的最小化、产品设计质量的最优化和生产效率的最高化，增强企业的竞争力。

未来应着重突破 MBD 技术、物理仿真引擎系统架构、仿真模型三个环节，具体如表 8-1 所示。

表 8-1　三维物理仿真设计关键技术及发展方向

重点环节	关键技术及发展方向
MBD 技术	建立针对产品定义、工艺设计和制造特点的三维标注标准和规范； 充分利用三维模型所具备的表现力，探索便于用户理解、更具效率的设计信息表达方式
物理仿真引擎系统架构	针对复杂虚拟应用环境，搭建实时物理仿真体系架构，从底层数据结构到上层方法逐一分析实现
仿真模型	通过建立路径约束和动力学约束，进行轨迹仿真，实现移动性能等有关数据的分析

8.3.2 网络化智能设备

生产设备的智能化程度将在网络化条件下得到快速提升，传统制造模式出现颠覆性的变革，具体表现在生产设备高度集成化、智能化和制造方式的柔性化等方面。

随着技术的进步和人工成本的逐渐上升，未来工厂内所有工作将逐渐由系统控制的核心生产设备来实现，工作人员不直接参与生产一线工作，只从事一些新产品开发、生产工艺改进、新设备发明创新等高质量复杂劳动。高集成化的生产设备将使未来智能工厂的生产成本逐渐降低、产品质量大幅提升。

在生产设备智能化方面，生产设备联网助力未来工厂日益智能化。生产设备依托安全的生产网络和系统，能够实现智能校正、智能诊断、智能控制、智能管理等功能和生产设备之间的智能化信息交换，协同性和开放性明显提升。智能化生产设备的应用，使未来智能工厂生产过程更加灵活、高效并具有可持续发展性。

在柔性化制造方式方面，3D 打印等增材制造方式促进智能工厂日渐绿色化和柔性化。传统的材料去除加工方法将逐渐被低耗能、低污染甚至无污染的增材制造方式所取代，这种制造方式尤其适合动力设备、航空航天、汽车等高端产品上的关键零部件的生产。

根据以上发展方向，应当重点突破的关键技术及发展方向如表 8-2 所示。

表 8-2 网络化智能生产设备关键技术及发展方向

重点环节	关键技术及发展方向
工业机器人	增强工业机器人关键零部件研发能力，提升工业机器人性能的可靠性、稳定性和精确性； 优化机器人产业生态体系，加强机器人厂商与应用企业之间的互动，推进机器人的产业化进程； 大力培养工业机器人骨干企业，积极发展创新型中小企业，提升信息网络、公共服务平台等基础设施水平，培育具有核心竞争力的工业机器人产业集群
数控机床	提高数控机床关键零部件的产业化能力，发展高精度数字化在线测量装置等； 加大高速加工技术、复合加工技术、智能加工技术研究力度

续表

重点环节	关键技术及发展方向
M2M 技术	建立资源和信息共享平台，利用云计算、大数据等新一代信息技术，加快 M2M 高端技术的研发； 加快制定统一规范的通信接口和传输内容方面的标准
工业控制系统的安全性	加快采用防火墙、身份认证、访问控制、审计与核查、系统与通信保护等技术，增强网络边界防护； 增加认证功能、信息安全层等提高工业通信协议的安全性； 加快安全控制器在实际系统中的应用，提高物理设施的安全性
3D 打印	加快制定 3D 打印相关技术标准； 加快 3D 打印原材料开发，降低成本； 加大 3D 打印新技术研发力度

8.3.3 模块化定制生产

多批次、小产量的生产盈利能力在模块化生产方式下逐渐得到提升，产品日益满足消费者个性化需求，具体表现在模块生产和模块组装等方面。

在模块生产方面，生产可自由组合的模块助力智能工厂日益集约化。传统的固定生产线将因无法满足客户定制化需求而逐渐消失，可动态组合的模块化生产方式成为主流。在模块化生产方式下，产品被分解成无数个具有不同用途或性能的模块，各个模块将通过制造执行系统生产出来，降低或杜绝浪费环节，保证质量，优化成本，缩短周期。

在模块组装方面，标准化和通用化模块之间的组合可提升智能工厂定制化生产盈利能力。根据产品的性能、结构选择满足需求的模块，通过模块结构的标准化，将选取的模块自由组装成满足客户个性化需求的产品，这使得智能工厂产品的品种更丰富、功能更齐全、性能更稳定。

在模块化定制生产环节中，应突破的关键技术及发展方向如表 8-3 所示。

表 8-3 模块化定制生产环节关键技术及发展方向

重点环节	关键技术及发展方向
模块化制造系统	基本加工模块 模块化驱动单元 模块化制造工具 可重构控制系统
模块接口标准	不同功能模块组合标准 功能模块可互换标准

8.3.4 基于大数据的精益管理

通过工业大数据挖掘和分析，使产品的研发、生产和管理方式不断得到创新，工厂管理日趋精益化，具体表现在客户价值管理、精益生产和精益供应链等方面。

在客户价值管理方面，基于大数据的客户价值提升趋势明显。随着移动互联、物联网等新一代信息技术逐渐渗透到产品生产的各个环节，大数据配套软硬件的日益完善，安全性和标准化程度的逐步提升，通过对客户与工业企业之间的交互和交易行为方面大数据的分析，产品的研发设计呈现出众包化发展趋势，同时产品售后服务得到不断改进和完善。

在精益生产方面，基于大数据的生产制造日益精益化。制造企业通过实时收集生产过程中所产生的大数据，对生产设备用电量、能耗、质量事故等方面进行分析与预测，能够及时发现生产过程中的错误与瓶颈并进行优化。通过运用大数据技术，智能工厂能实现生产制造的精益化，提升生产过程的透明度、绿色性、安全性和产品质量。

在精益供应链方面，基于大数据的供应链优化趋势显著。随着大数据基础条件的日益成熟，制造企业能够获得完整的产品供应链方面的大数据，通过对这些大数据的分析，预测零配件价格走势、库存等情况，克服传统供应链中缺乏协调和信息共享等方面的问题，避免牛鞭效应的发生，实现供应链的优化。基于大数据的精益供应链管理降低了智能工厂整个供应链中的成本，提升了仓储和配送效率，实现了低库存或无库存。

在基于大数据的精益管理方面，需要突破的关键技术及发展方向如表 8-4 所示。

表 8-4　基于大数据的精益管理关键技术及发展方向

重点环节	关键技术及发展方向
客户价值管理	企业智能检索知识库 决策支持 企业运营指标分析 员工量化评价
精益生产	生产计划精益化 生产流程精益化 库存管理精益化

续表

重点环节	关键技术及发展方向
精益供应链	供应商管理 销售商管理 服务商管理 合作生产商管理

8.3.5 人机交互新技术

人与机器的信息交换方式随着技术融合步伐的加快向更高层次迈进，新型人机交互方式被逐渐应用于生产制造领域，具体表现在智能交互设备柔性化和智能交互设备工业领域应用等方面。

在智能交互设备柔性化方面，技术和硬件的不断更新有利于智能交互设备日益柔性化优势的形成。随着移动互联、物联网、云计算、人机交互和识别技术等核心技术的发展，交互设备硬件日趋柔性化，智能交互设备逐渐呈现出设计自由新颖、低功耗、耐用、符合人体工效学等优势，这为智能工厂新型人机交互的实现提供了基础。

在智能交互设备工业领域应用方面，柔性化智能交互设备助力智能工厂新型人机交互方式的实现。柔性化智能交互设备从个人消费领域被逐渐引入制造业，作为生产线装配及特殊环节工作人员的技术辅助工具，使工作人员能与周边的智能设备进行语音、体感等新型交互。智能交互设备工业领域的应用，提升了智能工厂的透明度和灵活性。

在新型人机交互方面，需要突破的关键技术及发展方向如表 8-5 所示。

表 8-5　新型人机交互的关键技术及发展方向

重点环节	关键技术及发展方向
传感设备	激光探测器、微机电系统（MEMS）、传感器等的研发，提高信息获取的准确性
软件算法	加强数学模型和软件的研究，实现手势识别、语音识别、表情识别、眼部识别、情感识别等智能识别在工业领域的应用
云计算平台	搭建工厂智能交互云平台，实现以云计算为基础的信息存储、分享和数据挖掘
增强现实技术	开发新型硬件设备，降低增强现实（AR）系统的硬件成本； 加快三维注册技术的研究，达到虚实无缝融合

续表

重点环节	关键技术及发展方向
体感交互设备	将现有的各种体感交互设备应用到生产制造领域； 研发更多的工业体感交互设备
可穿戴智能设备	加快柔性显示技术的开发； 实现触摸屏的柔性化； 加大多媒体、传感器和移动互联等技术的研发力度，开发更多的可穿戴工业设备

8.4 智能制造单元示例

按照专业化、高效化的生产单元组织原则，借鉴世界主要航空发动机制造企业的技术发展趋势，我国某航空发动机制造企业通过对原有制造组织模型的重组、优化，已经初步建成了覆盖航空发动机叶片类、机匣类、盘环类、盘轴类等关键零部件的智能制造单元——航空优良制造中心（center of excellence，COE），以提升该类关键零部件的制造能力。

8.4.1 航空优良制造中心(COE)特点

COE 是在某一领域拥有特殊知识和专门技能的组织机构，并且能够将这些知识和技能综合到一个协同的环境中，从事该领域相关产品的研发、生产、质量控制和服务保障，在一定范围内能够体现企业核心研发能力和生产能力。

相对于传统的航空发动机制造企业生产组织管理模式，COE 是一种全新的生产组织方式，它将企业中的多产品生产线，按照专业序列进行划分，并与企业各部门协调发展，形成企业内相对独立又不孤立存在的制造单元。COE 对该单元产品的全生命周期负责，具有工艺设计、采购、制造、检测、交付等所需的全部功能。

航空发动机制造企业成立 COE 改变了企业原有的计划模式，企业采取抓大放小的原则，不再制订零件工序加工的详细计划，而是以产品结构特点中相似零部件的加工来划分，制订组合件等零部件的交付计划。

企业计划以订单的形式下达到 COE，在 COE 内部完成组合件的 BOM 拆分、零部件工序加工及组装等工作，COE 按期向企业交付组合件成品。航空

COE 与传统车间的比较如表 8-6 所示。

表 8-6　COE 与传统车间的比较

对比要素	COE	传统车间
接收任务粒度	相对独立的组合件或零件	零件
生产线布局	以加工对象或产品相似性布局	以工艺加工布局
计划组织	兼顾组合件分解及零件工序分解	零件工序分解
协作性	协作性低，相对独立	多车间协作
质量控制	内部检验审批	涉及多部门的审批
责任划分	独立加工，责任清晰	多车间合作，责任模糊
财务核算	独立核算	相对核算
封闭性	封闭	不封闭
生产效率	高	低

8.4.2　机匣 COE 的产品及工艺特点

航空发动机机匣可分为前后两端，前端与压气机等其他部件连接，装配各种尺寸较大的静力涡轮叶片；后端是复杂的法兰盘结构，除了复杂的孔系之外，还沿环周分布着放气孔。图 8-3 所示的是某航空发动机风扇机匣组件的实物照片。

图 8-3　航空发动机风扇机匣组件

机匣类零件材料多为高温合金、钛合金等难加工材料，并且多为薄壁环形件，采用悬臂、对开结构。组合方法多数采用焊接，少数采用装配。另外，机匣类零件普遍精孔较多，尤其在安装边、法兰等装配精度较高的部位。此类零件的加工难点主要体现在以下方面：

（1）零件的变形控制。机加工、焊接等工艺方法会造成零件不同程度的变形。因此，应采用设计合理的工装夹具，合理安排加工顺序，并在精加工之前安排专门的平基准工序等，以进行零件变形控制。

（2）精密尺寸的测量难度。公差要求在 0.1 mm 以内的直径尺寸、尖点尺寸、特征点尺寸都属于难测量尺寸，位置度、同轴度等几何公差只能采用三坐标测量仪进行测量，在加工过程中只能采用准用的标准件及专用测量工具进行制作和测量。

（3）多组孔之间孔位置度的保证。每一个机匣类零件都有多组精孔和大量孔组，各组孔相互之间具有复杂的角向关系，加工中的装夹、找正等任何加工因素都会导致孔位置度的偏差。为了最大限度地消除各种影响孔位置度的因素，在加工中尽量采用五坐标加工中心实现零件孔组的一次装夹、一次找正、一次测量。

（4）异种合金焊接难度。当一个组件由两个材料不同的零件焊接组成时，就对焊接工艺提出了巨大考验。必须根据零件装配时的受力情况，选择合理的径向和端面定位位置，并确定合理的焊接参数和焊接方法。

8.4.3 机匣 BOM 结构及其关重件的典型工艺路线

机匣整机作为航空发动机的核心部件之一，其内部包含四层配套关系。机匣中心每月接收到的订单任务大部分都是机匣整机或部分关重件等的粗粒度计划任务。机匣 COE 在编制当月生产计划时，需要对订单任务中的组合件任务进行 BOM 分解，而 COE 内部的 BOM 分解采用重新执行 MRP 计划的方法，其工作量较大，复杂度较高，且计算较为粗糙。

在机匣 COE 内部引入高级计划排程（APS）功能，采用组合件级提前/拖期（E/T）调度来实现机匣中心计划与调度的一体化编制。采用 E/T 调度这种精细化、以交货期为核心的计划编制方式，有助于精细化评估、测算和推演 COE 内部的月计划任务，改变了传统月计划编制仅仅考虑数量和种类，而忽略生产成本、在制品积压、拖期影响等众多生产因素的方式。

1. 机匣 BOM 结构

图 8-4 所示的是某型航空发动机机匣组件的部分 BOM 结构。从图 8-4 可

以看出，航空发动机零部件配套层级多，装配关系复杂。COE 计划员在编制生产计划时，BOM 分解和计算的工作量大。

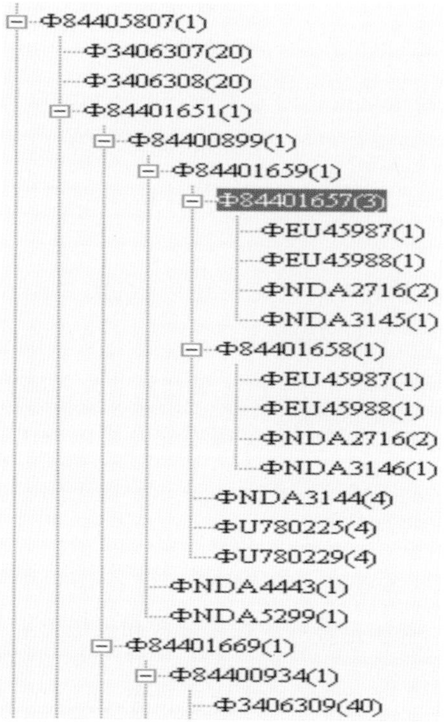

图 8-4　某机匣组件的部分 BOM 结构

2. 机匣典型工艺路线

某型航空发动机机匣的典型工艺如表 8-7 所示。

表 8-7　某型航空发动机机匣的典型工艺

零件工序号	工序名称	加工时间/min	设备名称
0	镗大端面	120	镗床
5	铣安装边	60	加工中心
10	铣结合面	120	加工中心
15	铣窝	300	数控镗铣床
20	铣安装面	360	数控镗铣床
25	组立机匣	60	—
30	标记	60	—

续表

零件工序号	工序名称	加工时间/min	设备名称
35	镗小端	300	镗床
40	车大端安装边	270	数控车床
45	车小端面及内孔	240	数控车床
50	镗平行孔	300	数控车床
55	铣结合面缺口	1320	铣床
60	铣中间安装边外径	30	铣床
65	粗铣机匣外壁	300	铣床
70	转移标记	300	—
75	车大端面及外圆	300	数控车床
80	车小端平行槽	60	数控车床
85	车大端平行槽	60	数控车床
90	消除应力	360	—
95	分解	240	—
100	精铣结合面	360	数控镗铣床
105	刮研结合面	60	—
110	铣结合面背面	240	数控镗铣床
115	组立机匣	30	—
120	镗小端	180	镗床
125	转移标记	60	—
130	车大端面外圆	300	数控车床
135	钻镗定位孔	60	数控镗铣床
140	精铣机匣外壁	300	铣床
145	分解	120	—
150	铣一侧拐角	120	数控铣床
155	铣另一侧拐角	180	数控铣床
160	精铣角部	360	数控镗铣床
165	锪孔	180	数控铣床
170	钻铰孔	360	数控镗铣床

续表

零件工序号	工序名称	加工时间/min	设备名称
175	锪孔	60	—
180	去毛刺	60	—
185	清洗	60	—
190	中检	30	—
195	装配	180	—
200	转移标记	180	—
205	车小端	90	数控车床
210	车大端外圆	90	数控车床
215	钻镗大端面孔	180	数控镗铣床
220	钻镗小端面孔	60	数控镗铣床
225	铣结合面安装边外侧	180	数控铣床
230	标记	60	—
235	铣上表面	300	铣床
240	铣大端背面	120	铣床
245	铣小端背面	300	铣床
250	车小端面外圆	360	数控车床
255	车大端面槽	300	数控车床
260	车大端内型面	60	数控车床
265	车小端内型面	600	数控车床
270	钻大孔	90	数控铣床
275	钳修	60	—
280	清洗	60	—
285	中检	60	—
290	装配	60	—
295	清洗	60	—
300	消除应力	60	—
305	分解	60	数控铣床
310	入库	—	—

从表 8-7 所示的机匣工艺路线可以看出，航空发动机机匣零件涉及镗、铣、车、表面处理、焊接和钳工等多种工艺方法，零件工序数量多，涉及加工设备多。对于这样一类加工周期较长、涉及环节众多的关重件，传统 E/T 调度只控制零件末道工序的做法较为粗糙，且会导致中间加工过程失控，从而使整个零件交付延误。采用工序级准时制(JIT)调度这类精细化管控方法，通过对工艺路线中的关键工序、关键节点等设置交付或完工时间节点，通过精细化的工序过程节点控制来尽可能保证整个零件的按期交付，无疑是一种合理、有效的精细化过程管控方式。

8.5 智能制造单元计划调度系统

以西北工业大学系统集成与工程管理研究所开发的 Workshop Manager 2.0 制造执行系统(manufacturing execution system, MES)软件原型系统为基础，结合机匣 COE 的组织机构、管理现状、业务流程、工艺特点等，研制中国西北航空公司的机匣 COE 计划调度系统软件。

在机匣 COE 计划调度系统中，主要将组合件、零件、工序三级的 E/T 计划调度模型和算法封装成模块组件，并嵌入 Workshop Manager 2.0 软件的计划管理和作业调度功能模块中，以此来探索适合国内航空发动机制造行业的精细化计划调度的新模式、新方法和新工具。

8.5.1 机匣 COE 计划调度流程

图 8-5 所示为一个完整的三级 E/T 计划调度驱动的机匣 COE 运作流程。从图中可以看出，机匣 COE 计划调度系统包含了从接收上级 MRPⅡ计划任务开始，至机匣成品检验入库的完整信息化解决方案。其中，计划调度主线作为整个 COE 运作的核心，依次采用基于组合件级的 E/T 作业计划编制、面向各制造单元的零件级 E/T 计划调度、面向班组的工序级 E/T 作业调度三级控制方式，对机匣订单任务进行逐级分解和逐步细化。

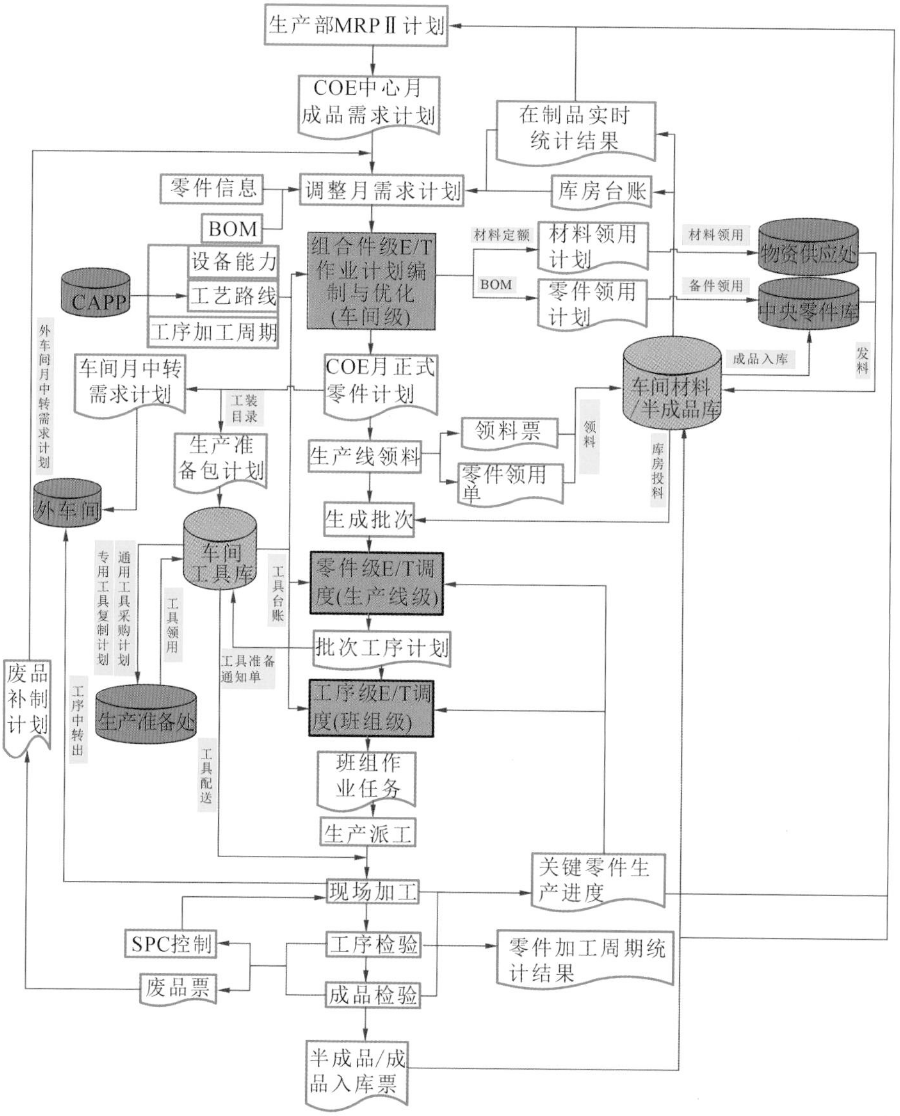

图 8-5　机匣 COE 计划调度流程

(1) 基于组合件级的 E/T 作业计划编制。由 COE 中心计划员负责编制和优化,其计划任务来源为机匣成品订单任务,中心计划员根据 COE 内部库存、在制品加工进度、投料情况等,对该订单任务进行调整和修订,然后调用组合件 E/T 作业计划模块,进行组合件 BOM 分解、提前/拖期惩罚成本评估,经过多次平衡和评估,最终形成指导整个 COE 的月份正式零件生产计划任务,并将此计划结果下发至 COE 内部的各个相关制造单元。

（2）面向各制造单元的零件级 E/T 计划调度。各制造单元在接收到中心计划员下发的月份零件计划任务，实际领料作业完成后，根据其制造单元内部的在制品进度、加工能力等，结合零件计划任务中的交付时间节点要求，调用零件级 E/T 计划调度模块进行较细粒度的计划编制。同时，考虑到制造单元的加工任务饱满，且发动机型号任务种类较多，单元计划员必须对承制任务中的关重件设置最终交付日期(deadline)约束，在此条件下，对整个单元的计划调度结果进行模拟评估，最终确定出满足关重件交货期和 deadline 时间要求、可行且合理的零件作业计划结果。

（3）面向班组的工序级 E/T 作业调度。班组是 COE 内部的最底层单位，同时也是加工任务的具体承担者，班组管理、生产派工更贴近生产现场，时效性更强。因此，各班组在接收到单元计划员下发的零件作业计划任务后，结合班组内的人员出勤情况、工序加工进度等因素，编制工序粒度的、以班次为计算单位的工序级作业调度方案，形成班组作业任务甘特图，从而进行班组内的生产派工、工序加工等日常作业活动。

8.5.2 机匣 COE 计划调度系统的功能及信息集成

基于组合件、零件、工序三级计划调度模式，定制开发完成机匣 COE 计划调度软件系统，其为机匣 COE 提供从订单任务接收到成品交付、覆盖 COE 全生产过程的信息化解决方案。机匣 COE 计划调度系统的管理范围覆盖 COE 所有计划管理部门和业务。

机匣 COE 计划调度系统主要由计划管理、作业调度、生产监控、库存管理、质量管理、工具管理、设备管理、资料管理、决策支持、工人门户、基础数据管理和系统管理等共 14 个子系统组成，如图 8-6 所示。整个系统以零件号为主线，实现了零件任务接收、计划下达、投料控制、工装准备、工序加工、在制品流转、成品入库、统计分析等生产全过程管理，同时提供与企业现有的各种信息系统，如 ERP、PDM 等系统的信息集成，如图 8-7 所示。

图 8-6　机匣 COE 计划调度系统

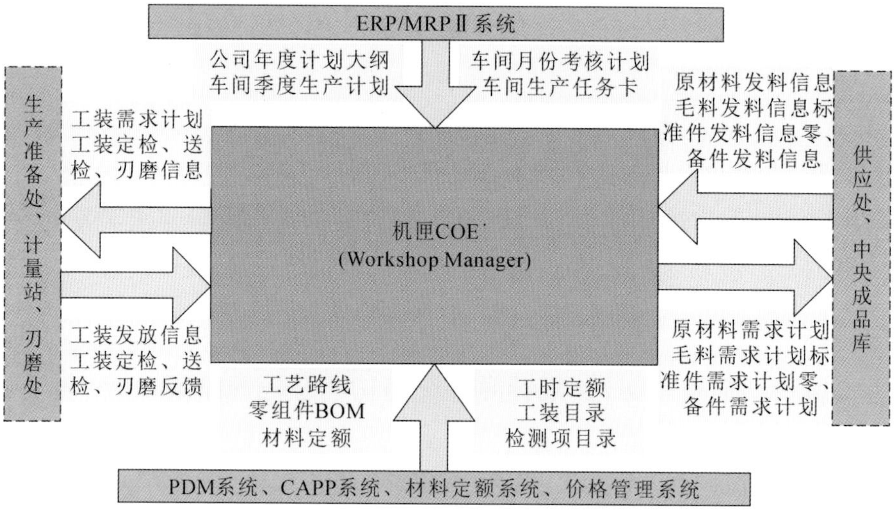

图 8-7　机匣 COE 计划调度系统信息集成

8.5.3　机匣 COE 计划拉动生产准备模式

在整个机匣 COE 系统内部，图 8-8 展示了其中主要功能子系统之间的相互关系。其中，三级不同粒度、不同对象和不同时期的计划调度是整个机匣 COE 计划调度系统的主线，通过这三级计划调度来拉动机匣 COE 内部的原材料、备件、刀具、夹具等的并行化生产准备。

图 8-9 对三级计划的层级划分、时间周期、拉动对象等进行了图形化展示，其中组合件级的 E/T 计划是指导整个中心的月正式生产计划。生产准备科室依据此计划任务要求的时间节点和加工数量，完成相关的生产作业准备工作，从而为保证整个月计划的顺利完成提供物资和条件保障。零件级的 E/T 计划

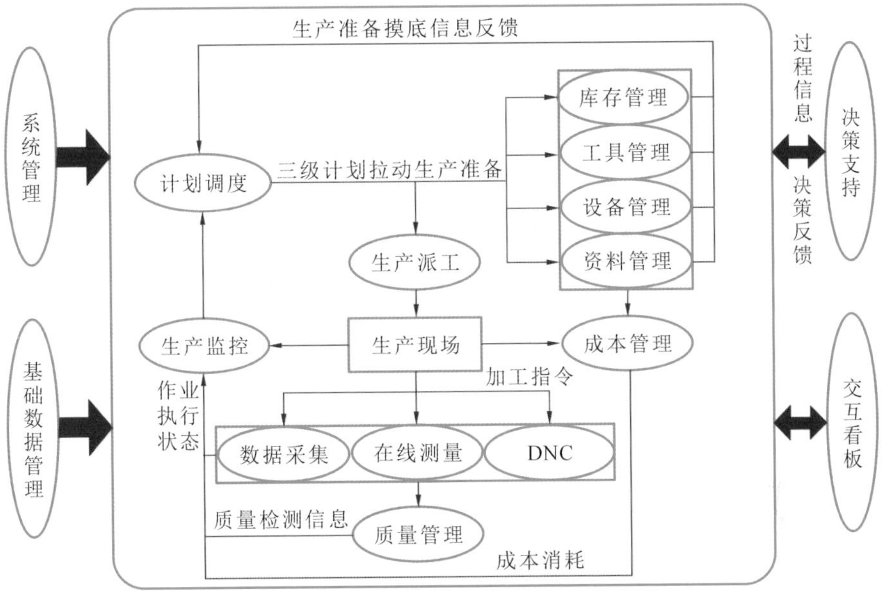

图 8-8　机匣 COE 内部各主要模块的关系

指导制造单元每周的零件加工任务，同时形成生产准备包清单。工序级的 E/T 调度指导生产现场派工和人员调度，同时确保工序加工所需工装、夹具的及时配送。

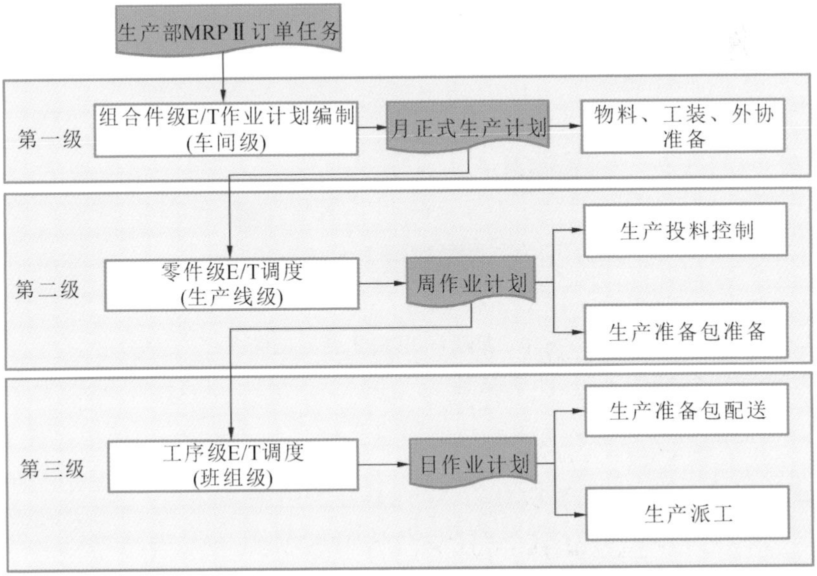

图 8-9　机匣 COE 计划拉动生产准备模式

8.5.4 机匣 COE 计划调度系统应用效果

机匣 COE 计划调度系统上线运行以来，以上述三级计划拉动生产准备为主线，管理范围涵盖机匣 COE 所有科室，而且将信息流延伸至生产现场的设备端，由此将一线的操作工人和加工设备纳入整个 COE 的信息化框架内，实现了全科室、全流程、全人员的信息化全覆盖。机匣 COE 计划调度系统同时与企业现有的信息平台实现了无缝集成。

1. 机匣 COE 计划调度系统的主要实施模块

机匣 COE 计划调度系统以计划调度、生产准备、质量检验和配套监控等四个核心业务为实施应用重点。计划调度主要以三级 E/T 调度为核心；生产准备以毛料库、备件库、工具库为重点；质量检验以工序检验、不合格品管理和员工质量档案为重点；配套监控以在制品加工进度、配套缺件、缺件进度跟踪等为实施重点。机匣 COE 计划调度系统的主要实施模块如图 8-10 所示。

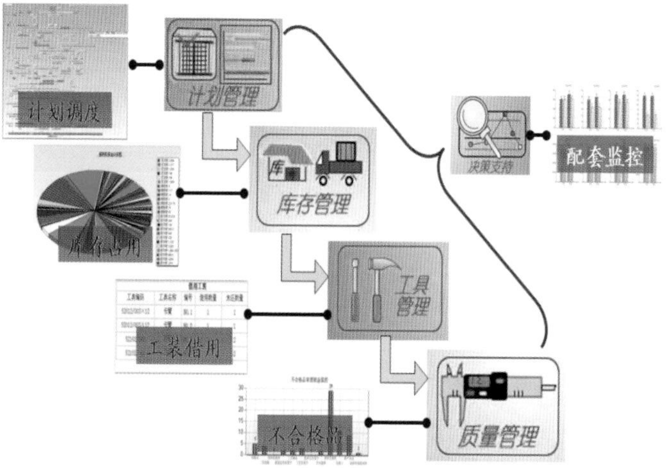

图 8-10 机匣 COE 的主要实施模块

2. 机匣组合件的 E/T 计划编制

COE 计划员在接收到上级下达的组合件生产任务时，其中的组合件 BOM 分解和计算是一项工作量大、涉及基础数据多的复杂工作。应用 APS 的组合件 E/T 调度算法，通过 0-1 规划 BOM 拆分算法，以及 APS 混合整数规划模型和遗传算法，中心计划员进行组合件订单任务的 BOM 拆分、作业计划编制和任务评估。图 8-11 和图 8-12 展示的是组合件 E/T 计划编制时的人机交互界面。

图 8-11　获取组合件生产计划

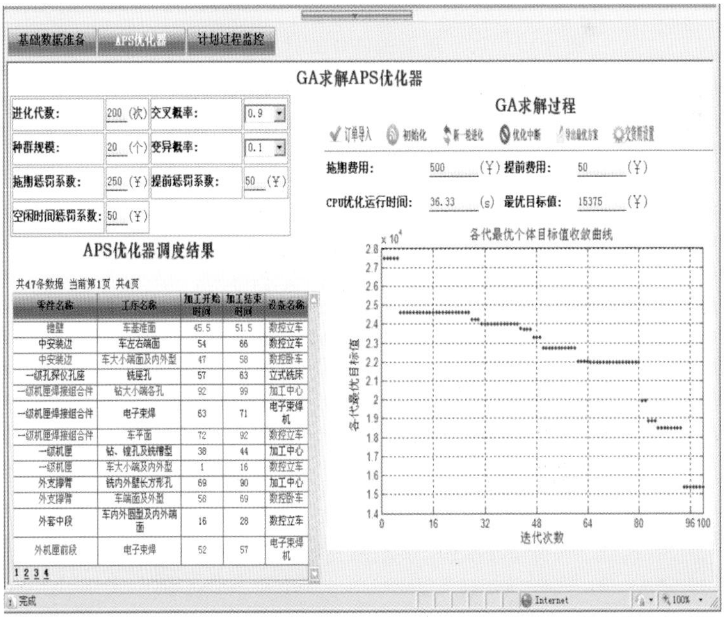

图 8-12　遗传算法求解组合件 E/T 调度的人机交互界面

3. 零件级/工序级的作业调度

图 8-13 展示了机匣某关重件作业计划的编制结果，图 8-14 展示了其甘特图。图 8-15 展示了加工该零件的承制设备在某段时间内的设备任务负荷情况。图 8-16 展示了班组调度员编制的工序调度结果甘特图。

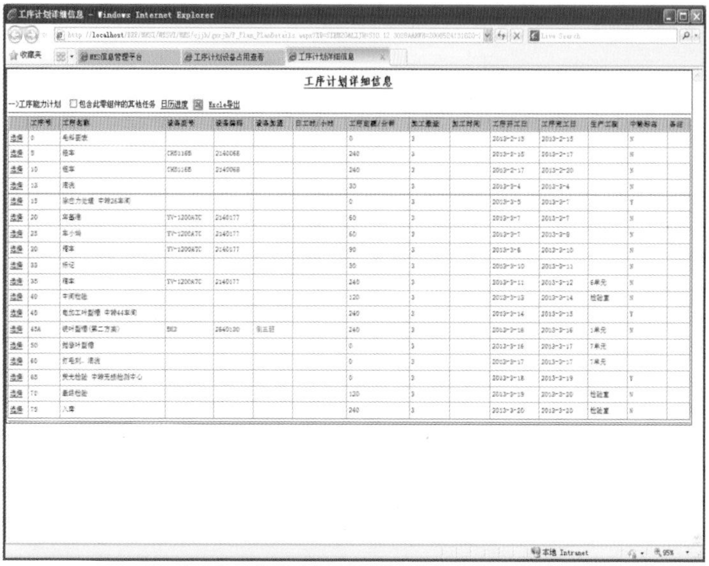

图 8-13　机匣某关重件作业计划的编制结果

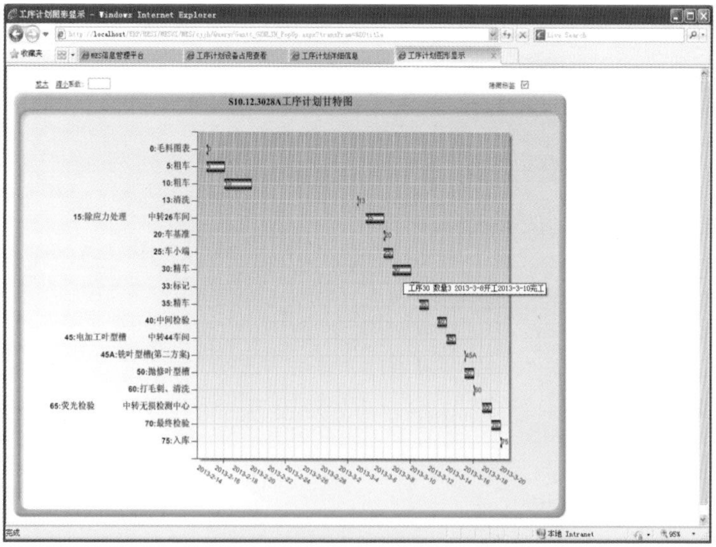

图 8-14　机匣某关重件作业计划编制结果的甘特图

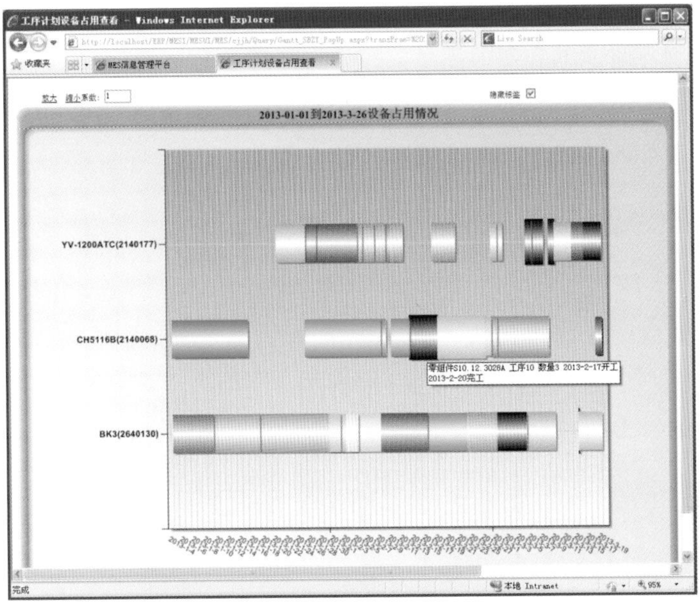

图 8-15　机匣某关重件承制设备负荷情况

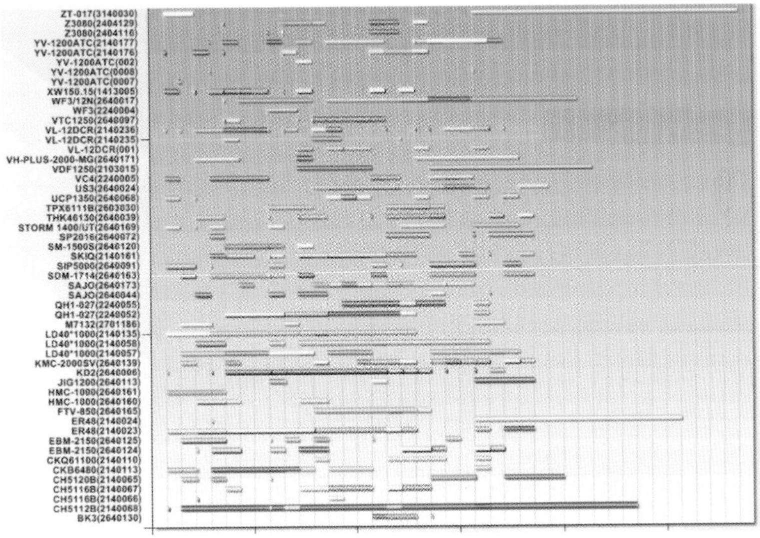

图 8-16　工序调度结果甘特图

4. 生产过程动态监控

根据机匣 COE 月、周、日三级作业计划与调度任务安排，以及来源于设备端的采集数据，可以动态掌控各类计划任务的完成情况，从而为生产决策提供数据支持。以下展示了机匣 COE 计划调度系统在生产过程监控方面的部分应用效果，机匣零件及其在制品数量监控界面如图 8-17 所示，工序计划执行情况动态监控界面如图 8-18 所示，不合格品审理状态监控界面如图 8-19 所示，机匣 COE 主要设备运行状态监控界面如图 8-20 所示。

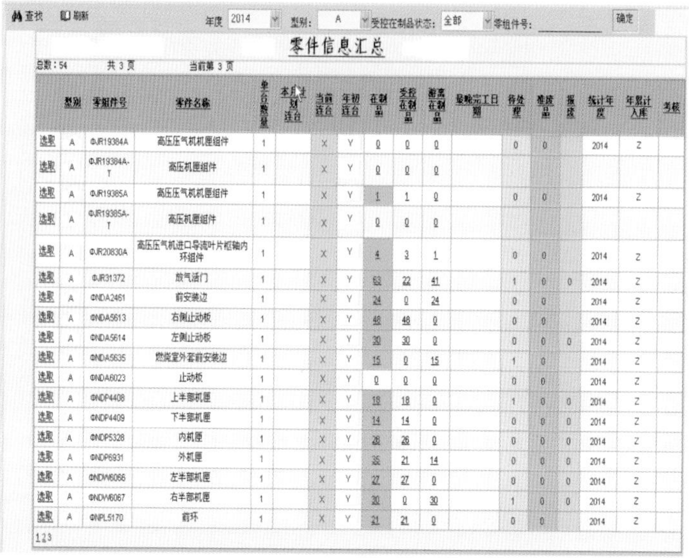

	型别	零组件号	零件名称	单台数量	本月计划连台	当前连台	年初连台	在制品	受控在制品	游离在制品	最晚完工日期	待处理	堆废品	报废	统计年度	年累计入库	考核
选取	A	ΦJR19384A	高压压气机机匣组件	1		X	Y	0	0	0		0	0		2014	Z	
选取	A	ΦJR19384A-T	高压机匣组件	1		X	Y	0	0	0							
选取	A	ΦJR19385A	高压压气机机匣组件	1		X	Y	1	1	0		0	0		2014	Z	
选取	A	ΦJR19385A-T	高压机匣组件	1		X	Y	0	0	0							
选取	A	ΦJR20830A	高压压气机进口导流叶片枢轴内环组件	1		X	Y	4	3	1		0	0		2014	Z	
选取	A	ΦJR31372	放气活门	1		X	Y	63	22	41		1	0	0	2014	Z	
选取	A	ΦNDA2461	前安装边	1		X	Y	24	0	24		0	0		2014	Z	
选取	A	ΦNDA5613	右侧止动板	1		X	Y	48	48	0		0	0		2014	Z	
选取	A	ΦNDA5614	左侧止动板	1		X	Y	30	30	0		0	0	0	2014	Z	
选取	A	ΦNDA5635	燃烧室外套前安装边	1		X	Y	15	0	15		1	0		2014	Z	
选取	A	ΦNDA6023	止动板	1		X	Y	0	0	0		0	0		2014	Z	
选取	A	ΦNDP4408	上半部机匣	1		X	Y	18	18	0		1	0	0	2014	Z	
选取	A	ΦNDP4409	下半部机匣	1		X	Y	14	14	0		0	0	0	2014	Z	
选取	A	ΦNDP5328	内机匣	1		X	Y	26	26	0		0	0	0	2014	Z	
选取	A	ΦNDP6931	外机匣	1		X	Y	35	21	14		0	0	0	2014	Z	
选取	A	ΦNDW6066	左半部机匣	1		X	Y	27	27	0		0	0	0	2014	Z	
选取	A	ΦNDW6067	右半部机匣	1		X	Y	30	0	30		1	0	0	2014	Z	
选取	A	ΦNPL5170	前环	1		X	Y	21	21	0		0	0		2014	Z	

图 8-17　机匣零件及其在制品数量监控界面

选择	工序号	工序名称	设备型号	计划开工日	计划完工日	计划数量	已派次数	在制品	生产工段	中转标志
选择	0	毛料		2014-3-15	2014-3-15	12	0	0		N
选择	5	划线	9.4单元	2014-3-16	2014-3-18	12	12	0		N
选择	11	镗大端面	EBM-2150	2014-3-19	2014-3-23	12	12	0		N
选择	12	铣安装边	EBM-2150	2014-3-24	2014-3-28	12	12	0		
选择	13	铣结合面	EBM-2150	2014-3-24	2014-3-28	12	12	0		
选择	14	铣结合面并钻孔	EBM-2150	2014-3-24	2014-3-28	12	12	0		
选择	15	铣窝(本工序仅用于ΦNDW6067)	WF3	2014-3-28	2014-4-3	12	0	0		
选择	20	铣结合面安装边背面	WF3	2014-3-28	2014-4-3	12	12	0		
选择	25	组立机匣	9.4单元	2014-4-4	2014-4-5	12	12	0		
选择	30	标记	9.4单元	2014-4-4	2014-4-5	12	12	0		
选择	35	镗小端	TPX6111B	2014-4-5	2014-4-10	12	12	0		N
选择	40	车大端安装边及内型	CH5112B	2014-4-11	2014-4-13	12	12	0		
选择	55	铣结合面缺口	QH1-027	2014-4-14	2014-4-16	12	12	0		
选择	60	铣中间安装边的外径	QH1-027	2014-4-14	2014-4-16	12	12	0		
选择	65	粗铣机匣外壁	QH1-027	2014-4-14	2014-4-16	12	12	0		
选择	70	转移标记	9.4单元	2014-4-17	2014-4-17	12	0	0		N
选择	75	车大端面及外圆	CH5112B	2014-4-18	2014-4-22	12	12	0		N
选择	80	车小端内五个平行槽	CH5112B	2014-4-23	2014-4-27	12	12	0		N
选择	85	车大端内六个平行槽	CH5112B	2014-4-28	2014-5-2	12	12	0		N

图 8-18　工序计划执行情况动态监控界面

刷新 查询
不合格品审理状态监控
800
600
400
200
0
630
2
0
13
0
14
4
70
30
35
15
1
检验员
二次检验
闭环拒收单
质量技术员签字
工艺确认
工艺员签字
技术主任签字
开呈报单
闭环呈报单
待派工
排产未派
原材料报废闭环
共有173条数据 当前第 1页 共 12页
拒收单号 生成日期 型别 零件号 批次号 工序号 工序名称
查看 A-ZJ406140011 2014-2-27 A ΦEV70715 406140101-2 20 在结合面相对的一面铣加工
查看 A-ZJ406110444 2011-8-20 A ΦEV70715 406110705-14 20 在结合面相对的一面铣加工
查看 A-ZJ406110147 2011-4-7 A ΦEV44502 406110101-5 180 阳极化（中转27车间）
查看 B-ZJ406140049 2014-7-29 B S10.37.1029 406140502-4 35 精车内外型面
查看 B-ZJ406110175 2011-5-27 B S10.33.1803 406110505-2 15 车大端
查看 C-ZJ406100047 2010-10-10 C P14.15.4044 406091103-28 65 检验
查看 D-ZJ406100155 2010-6-18 D H80040108 406090401-3 45 检验
查看 A-ZJ406130048 2013-2-6 A ΦEV75285 406130102-13 10 粗铣结合面
查看 A-ZJ406120251 2012-9-24 A ΦEV75285 406120805-4 20 粗铣端面及花边
查看 A-ZJ406101076 2010-11-29 A ΦEV49872 406100906-12 90 检验
查看 A-ZJ406130145 2013-6-27 A ΦEV74145 406130504-5 75 沿机匣周围加工各孔
查看 A-ZJ406130199 2013-11-15 A ΦEV75285 406131009-13 25 铣结合面内型及内部端面
Internet

图 8-19　不合格品审理状态监控界面

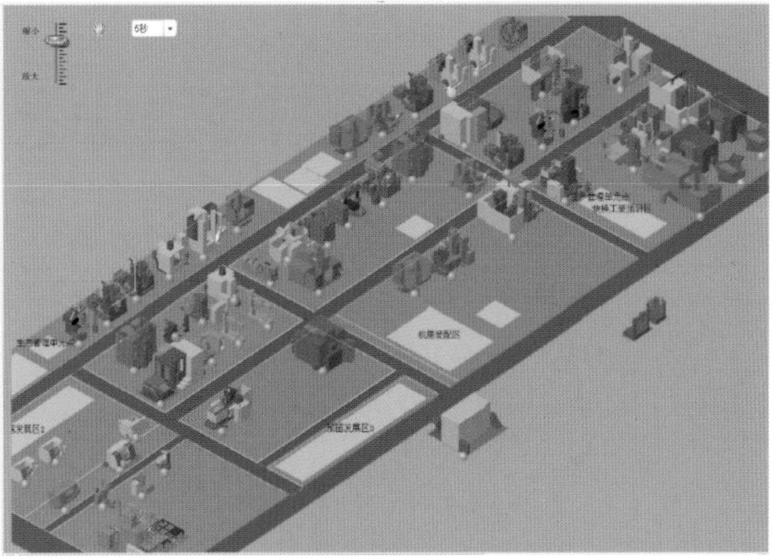
缩小
放大
5秒

图 8-20　机匣 COE 主要设备运行状态监控界面

8.6 本章小结

本章对智能工厂的组成、发展模式及其关键技术等问题进行了阐述；以某航空发动机制造企业为例，对以航空优良制造中心为代表的智能制造单元计划调度模式进行了深入分析；以自主开发的面向离散型制造业的制造单元可重构生产管理与控制系统 Workshop Manager 2.0 为对象，对其在航空优良制造中心的应用进行了展示。

参考文献

[1] 比尔·盖茨. 未来之路[M]. 北京:北京大学出版社,1996.

[2] 周明，孙树栋. 遗传算法原理及应用[M]. 北京:国防工业出版社,1999.

[3] BERNHARD S, SMOLA A J. Learning with kernels: support vector machines, regularization, optimization, and beyond[M]. Massachusetts: The MIT Press, 2001.

[4] 孙利民，李建中，陈渝，等. 无线传感器网络[M]. 北京：清华大学出版社，2005.

[5] 孙树栋. 生产运作与管理[M]. 北京:科学出版社, 2010.

[6] 丁雪芳. 物联网技术与应用[J]. 电脑知识与技术,2011,07(18):4457-4458,4472.

[7] 刘云浩. 物联网导论[M]. 北京:科学出版社,2011.

[8] 张映锋，赵曦滨，孙树栋. 面向物联制造的主动感知与动态调度方法[M]. 北京:科学出版社,2015.

[9] ZHANG Y F, TAO F. Optimization of manufacturing systems using the Internet of things[M]. Amsterdam:Elsevier, 2016.

[10] 李伯虎,张霖,王时龙,等. 云制造——面向服务的网络化制造新模式[J]. 计算机集成制造系统,2010,16(1):1-7.

[11] 李伯虎，柴旭东，侯宝存,等. 一种基于云计算理念的网络化建模与仿真平台——“云仿真平台”[J]. 系统仿真学报, 2009, 21(17):5292-5299.

[12] 刘飞，李聪波，曹华军,等. 基于产品生命周期主线的绿色制造技术内涵及技术体系框架[J]. 机械工程学报, 2009, 45(12):115-120.

[13] 张洁,高亮,秦威,等. 大数据驱动的智能车间运行分析与决策方法体系

[J]. 计算机集成制造系统,2016,22(5):1220-1228.

[14] 鄢萍,阎春平,刘飞,等. 智能机床发展现状与技术体系框架[J]. 机械工程学报,2013,49(21):1-10.

[15] 孙林夫. 面向网络化制造的协同设计技术[J]. 计算机集成制造系统,2005, 11(1):1-6.

[16] 徐光祐,史元春,谢伟凯. 普适计算[J]. 计算机学报,2003,26(9):1042-1050.

[17] 王时龙,宋文艳,康玲,等. 云制造环境下的制造资源优化配置研究[J]. 计算机集成制造系统,2012,18(7):1396-1405.

[18] 钱志鸿,王义君. 面向物联网的无线传感器网络综述[J]. 电子与信息学报,2013,35(1):215-227.

[19] 刘林峰,金杉. 无线传感器网络的拓扑控制算法综述[J]. 计算机科学,2008,35(3):6-12.

[20] TAO F, ZUO Y, XU L D, et al. IoT-based intelligent perception and access of manufacturing resource toward cloud manufacturing[J]. IEEE Transactions on Industrial Informatics, 2014, 10(2):1547-1557.

[21] 刘继红,余杰,朱玉明. 基于制造物联的航天产品研制过程的技术状态控制技术[J]. 计算机集成制造系统,2015,21(7):1781-1789.

[22] 姚锡凡,于淼,陈勇,等. 制造物联的内涵、体系结构和关键技术[J]. 计算机集成制造系统,2014,20(1):1-10.

[23] 姚锡凡,金鸿,李彬,等. 事件驱动的面向云制造服务架构及其开源实现[J]. 计算机集成制造系统,2013,19(3):654-661.

[24] 侯瑞春,丁香乾,陶冶,等. 制造物联及相关技术架构研究[J]. 计算机集成制造系统,2014,20(1):11-20.

[25] HUANG G Q, ZHANG Y F, JIANG P Y. RFID-based wireless manufacturing for walking-worker assembly islands with fixed-position layouts [J]. Robotics and Computer-Integrated Manufacturing, 2007, 23(4):469-477.

[26] DAVIS J, EDGAR T, PORTER J, et al. Smart manufacturing, manufacturing intelligence and demand-dynamic performance[J]. Computers

& Chemical Engineering, 2012, 47(12):145-156.

[27] LUCKE D, CONSTANTINESCU C, WESTKAMPER E. Smart factory—A step towards the next generation of manufacturing[M]. London:Springer, 2008.

[28] 唐任仲，白翱，顾新建. U-制造:基于 U-计算的智能制造[J]. 机电工程，2011，28(1):6-10.

[29] 乔立红，张毅柱. PDM 与 ERP 系统之间信息集成的实现方法[J]. 北京航空航天大学学报，2008，34(5):587-591.

[30] CHOI B K, KIM B H. MES(manufacturing execution system) architecture for FMS compatible to ERP (enterprise planning system)[J]. International Journal of Computer Integrated Manufacturing, 2002, 15(3): 274-284.

[31] JAMES T. Smart factories[J]. Engineering & Technology, 2012, 7(6): 64-67.

[32] CHOUDHARY A K, HARDING J A, TIWARI M K. Data mining in manufacturing: a review based on the kind of knowledge[J]. Journal of Intelligent Manufacturing, 2009, 20(5): 501-521.

[33] 崔敬巍，谢里阳，刘晓霞. 一种集成 SPC 与 EPC 的过程控制方法[J]. 东北大学学报(自然科学版)，2007，28(9)：1317-1320.

[34] 殷建军，余忠华，吴昭同. 基于现场总线的嵌入式 SPC 系统研究[J]. 浙江大学学报(工学版)，2004，38(6)：756-760.

[35] GRASSO M, ALBERTELLI P, COLOSIMO B M. An adaptive SPC approach for multi-sensor fusion and monitoring of time-varying processes [J]. Procedia CIRP, 2013, 12: 61-66.

[36] ZHANG Y, YANG M S. A coordinate SPC model for assuring designated fit quality via quality-oriented statistical tolerancing[J]. Computers & Industrial Engineering, 2009, 57(1): 73-79.

[37] 杨继平，李平. 我国航空工业企业质量管理模式的建立及其应用[J]. 系统工程理论与实践，2006，26(9)：135-140.

[38] 潘尔顺，李庆国. 田口损失函数的改进及在最佳经济生产批量中应用[J].

上海交通大学学报，2005，39(7)：1119-1122.

[39] 刘明周，张凤琴，吴俊峰，等. 基于田口质量观的机械产品选配方法[J]. 机械工程学报，2006，42(10)：127-131.

[40] 金垚，仓婷，潘尔顺，等. 基于田口质量损失函数和控制图设计的经济生产批量模型[J]. 计算机集成制造系统，2011，17(10)：2224-2230.

[41] MACGREGOR J F，KOURTI T. Statistical process control of multivariate processes[J]. Control Engineering Practice，1995，3(3)：403-414.

[42] YU J B. Local and global principal component analysis for process monitoring[J]. Journal of Process Control，2012，22(7)：1358-1373.

[43] YANG T，TSAI T-N，YEH J. A neural network-based prediction model for fine pitch stencil-printing quality in surface mount assembly[J]. Engineering Applications of Artificial Intelligence，2005，18(3)：335-341.

[44] ERZURUMLU T，OKTEM H. Comparison of response surface model with neural network in determining the surface quality of moulded parts [J]. Materials & design，2007，28(2)：459-465.

[45] SHAHBAZ M，SRINIVAS M，HARDING J，et al. Product design and manufacturing process improvement using association rules[J]. Proceedings of the Institution of Mechanical Engineers，Part B：Journal of Engineering Manufacture，2006，220(2)：243-254.

[46] TSENG T-L，KWON Y，ERTEKIN Y M. Feature-based rule induction in machining operation using rough set theory for quality assurance[J]. Robotics and Computer-Integrated Manufacturing，2005，21(6)：559-567.

[47] ROKACH L，MAIMON O. Data mining for improving the quality of manufacturing：a feature set decomposition approach[J]. Journal of Intelligent Manufacturing，2006，17(3)：285-299.

[48] KÖKSAL G，BATMAZ I，TESTIK M C. A review of data mining applications for quality improvement in manufacturing industry[J]. Expert Systems with Applications，2011，38(10)：13448-13467.

[49] WAN C H，LEE L H，RAJKUMAR R，et al. A hybrid text classification ap-

proach with low dependency on parameter by integrating K-nearest neighbor and support vector machine[J]. Expert Systems with Applications, 2012, 39(15): 11880-11888.

[50] SHAO Y E,HOU C-D,CHIU C-C. Hybrid intelligent modeling schemes for heart disease classification[J]. Applied Soft Computing, 2014, 14: 47-52.

[51] GOVINDARAJAN M,CHANDRASEKARAN R M. Intrusion detection using neural based hybrid classification methods[J]. Computer Networks, 2011, 55(8): 1662-1671.

[52] KHAN F H, BASHI S, QAMAR U. TOM: Twitter opinion mining framework using hybrid classification scheme[J]. Decision Support Systems, 2014, 57: 245-257.

[53] HAN X H, QUAN L, XIONG X Y, et al. Facing the classification of binary problems with a hybrid system based on quantum-inspired binary gravitational search algorithm and K-NN method[J]. Engineering Applications of Artificial Intelligence, 2013, 26(10): 2424-2430.

[54] CHOU J S, CHENG M-Y,WU Y-W. Improving classification accuracy of project dispute resolution using hybrid artificial intelligence and support vector machine models[J]. Expert Systems with Applications, 2013, 40(6): 2263-2274.

[55] YANG P, ZHANG Z, ZHOU B B, et al. A clustering based hybrid system for biomarker selection and sample classification of mass spectrometry data[J]. Neurocomputing, 2010, 73(13-15): 2317-2331.

[56] WU C-H, KEN Y, HUANG T. Patent classification system using a new hybrid genetic algorithm support vector machine[J]. Applied Soft Computing, 2010, 10(4): 1164-1177.

[57] SCHÖLKOPF B, SMOLA A, MÜLLER K-R. Nonlinear component analysis as a kernel eigenvalue problem[J]. Neural computation, 1998, 10(5): 1299-1319.

[58] ROWEIS S T,SAUL L K. Nonlinear dimensionality reduction by locally

linear embedding[J]. Science, 2000, 290(5500): 2323-2326.

[59] TENENBAUM J B, SILVA V D, LANGFORD J C. A global geometric framework for nonlinear dimensionality reduction[J]. Science, 2000, 290(5500): 2319-2323.

[60] HADID A, PIETIKÄINEN M. Demographic classification from face videos using manifold learning[J]. Neurocomputing, 2012, 100: 197-205.

[61] CHAHOOKI M A Z, CHARKARI N M. Shape classification by manifold learning in multiple observation spaces[J]. Information Sciences, 2014, 262: 46-61.

[62] 杨晓超,周越,署光,等. 基于 Gabor 相位谱和流型学习的步态识别方法[J]. 电子学报, 2009, 37(4): 753-757.

[63] YOON J-C, LEE I-K. Visualization of graphical data in a user-specified 2D space using a weighted Isomap method[J]. Graphical Models, 2014, 76(2): 103-114.

[64] ZHENG Y, FANG B, TANG Y Y. Learning orthogonal projections for Isomap[J]. Neurocomputing, 2013, 103: 149-154.

[65] PARK H. ISOMAP induced manifold embedding and its application to Alzheimer's disease and mild cognitive impairment[J]. Neuroscience Letters, 2012, 513(2): 141-145.

[66] 高小方,梁吉业. 基于等维度独立多流形的 DC-ISOMAP 算法[J]. 计算机研究与发展, 2013, 50(8): 1690-1699.

[67] 程起才,王洪元,吴小俊,等. 一种用于人脸识别的有监督核化多类多流形 ISOMAP 算法[J]. 控制与决策, 2012, 27(5): 713-718.

[68] SINGLA A, PATRA S, BRUZZONE L. A novel classification technique based on progressive transductive SVM learning[J]. Pattern Recognition Letters, 2014, 42: 101-106.

[69] CHOUDHURY S, GHOSH S, BHATTACHARYA A, et al. A real time clustering and SVM based price-volatility prediction for optimal trading strategy[J]. Neurocomputing, 2013, 131: 419-426.

[70] ZHU W，ZHONG P. A new one-class SVM based on hidden information [J]. Knowledge-Based Systems，2014，60：35-43.

[71] 雷蕾，王晓丹，邢雅琼，等. 结合 SVM 和 DS 证据理论的多极化 HRRP 分类研究[J]. 控制与决策，2013，28(6)：861-866.

[72] 吴军，邓超，熊强强，等. 基于 Bootstrap 与 SVM 集成的可靠性评估方法[J]. 计算机集成制造系统，2013，19(5)：1058-1063.

[73] 李松斌，黄永峰，卢记仓. 基于统计模型及 SVM 的低速率语音编码 QIM 隐写检测[J]. 计算机学报，2013，36(6)：1168-1176.

[74] BRUNNER C，FISCHER A，LUIG K，et al. Pairwise support vector machines and their application to large scale problems[J]. Journal of Machine Learning Research，2012，13(1)：2279-2292.

[75] ABE S. Support vector machines for pattern classification[M]. London：Springer，2010.

[76] LIN C-F，WANG S-D. Fuzzy support vector machines[J]. IEEE Transactions on Neural Networks，2002，13(2)：464-471.

[77] CHAPELLE O，VAPNIK V，BOUSQUET O，et al. Choosing multiple parameters for support vector machines[J]. Machine Learning，2002，46(1-3)：131-159.

[78] SELAKOV A，CVIJETINOVIĆ D，MILOVIĆ L，et al. Hybrid PSO-SVM method for short-term load forecasting during periods with significant temperature variations in city of Burbank[J]. Applied Soft Computing，2014，16：80-88.

[79] MEHRKANOON S，MEHRKANOON S，SUYKENS J A K. Parameter estimation of delay differential equations：an integration-free LS-SVM approach[J]. Communications in Nonlinear Science and Numerical Simulation，2014，19(4)：830-841.

[80] 胡荣华，楼佩煌，唐敦兵，等. 基于 EMD 和免疫参数自适应 SVM 的滚动轴承故障诊断[J]. 计算机集成制造系统，2013，19(2)：438-447.

[81] 白春华，周宣赤，林大超，等. 消除 EMD 端点效应的 PSO-SVM 方法研究[J]. 系统工程理论与实践，2013，33(5)：1298-1306.

[82] MULLER K, MIKA S, RATSCH G, et al. An introduction to kernel-based learning algorithms[J]. IEEE Transactions on Neural Networks, 2001, 12(2): 181-201.

[83] MIN J H, LEE Y-C. Bankruptcy prediction using support vector machine with optimal choice of kernel function parameters[J]. Expert Systems with Applications, 2005, 28(4): 603-614.

[84] ZHANG L, ZHOU W D, JIAO L C. Wavelet support vector machine [J]. IEEE Transactions on Systems, Man, and Cybernetics, Part B(Cybernetics), 2004, 34(1): 34-39.

[85] ZHANG R, WANG W J. Facilitating the applications of support vector machine by using a new kernel[J]. Expert Systems with Applications, 2011, 38(11): 14225-14230.

[86] CHEN Z Y, LI J P, WEI L W, et al. Multiple-kernel SVM based multiple-task oriented data mining system for gene expression data analysis [J]. Expert Systems with Applications, 2011, 38(10): 12151-12159.

[87] YOU C H, LEE K A, LI H Z. An SVM kernel with GMM-supervector based on the Bhattacharyya distance for speaker recognition[J]. IEEE Signal Processing Letters, 2009, 16(1): 49-52.

[88] OZER S, CHEN C H, CIRPAN H A. A set of new Chebyshev kernel functions for support vector machine pattern classification[J]. Pattern Recognition, 2011, 44(7): 1435-1447.

[89] 井小沛,汪厚祥,聂凯. 基于修正核函数SVM的网络入侵检测[J]. 系统工程与电子技术, 2012, 34(5): 1036-1040.

[90] 赵金伟,冯博琴,闫桂荣. 泛化的统一切比雪夫多项式核函数[J]. 西安交通大学学报, 2012, 46(8): 43-48.

[91] WANG Y S, YANG M, WEI G, et al. Improved PLS regression based on SVM classification for rapid analysis of coal properties by near-infrared reflectance spectroscopy[J]. Sensors and Actuators B: Chemical, 2014, 193: 723-729.

[92] DONG S J, LUO T H. Bearing degradation process prediction based on

the PCA and optimized LS-SVM model[J]. Measurement, 2013, 46(9): 3143-3152.

[93] CHAVES R, RAMÍREZ J, GÓRRIZ J M, et al. Association rule-based feature selection method for Alzheimer's disease diagnosis[J]. Expert Systems with Applications, 2012, 39(14): 11766-11774.

[94] 杨曦,李洁,韩冰, 等. 一种分层小波模型下的极光图像分类算法[J]. 西安电子科技大学学报(自然科学报), 2013,40(2): 18-24.

[95] 杨淑平,易国栋,袁修贵, 等. 一种基于分块小波的人脸识别算法[J]. 中南大学学报 (自然科学版), 2013, 44(5):1902-1909.

[96] 韩华,谷波,任能. 基于主元分析与支持向量机的制冷系统故障诊断方法[J]. 上海交通大学学报, 2011, 45(9): 1355-1361.

[97] LIN F Y,YEH C-C, LEE M-Y. The use of hybrid manifold learning and support vector machines in the prediction of business failure[J]. Knowledge-Based Systems, 2011, 24(1): 95-101.

[98] KUANG F J, XU W H, ZHANG S Y. A novel hybrid KPCA and SVM with GA model for intrusion detection[J]. Applied Soft Computing, 2014, 18: 178-184.

[99] BU Y D, CHEN F Q, PAN J C. Stellar spectral subclasses classification based on Isomap and SVM[J]. New Astronomy, 2014, 28: 35-43.

[100] 李学军,杨大炼,郭灯塔, 等. 基于基座多传感核主元分析的故障诊断[J]. 仪器仪表学报, 2011, 32(7): 1551-1557.

[101] 王向红,朱昌明,毛汉领, 等. 基于核主成分分析及支持向量机的水轮机叶片裂纹源定位[J]. 振动与冲击, 2010, 29(11): 226-229.

[102] FAN T-F, LIAU C-J, LIU D-R. A relational perspective of attribute reduction in rough set-based data analysis[J]. European Journal of Operational Research, 2011, 213(1): 270-278.

[103] CHAI J Y, LIU J N K. A novel believable rough set approach for supplier selection[J]. Expert Systems with Applications, 2014, 41(1): 92-104.

[104] MANDAL S K, CHAN F T S, TIWARI M K. Leak detection of pipe-

line: An integrated approach of rough set theory and artificial bee colony trained SVM[J]. Expert Systems with Applications, 2012, 39(3): 3071-3080.

[105] 赵涛,肖建. 基于包含度的区间二型模糊粗糙集[J]. 自动化学报, 2013, 39(10): 1714-1721.

[106] 葛浩,李龙澍,杨传健. 基于冲突域渐减的属性约简算法[J]. 系统工程理论与实践, 2013, 33(9): 2371-2380.

[107] 卢鹏,王锡淮,肖健梅. 基于粗糙集和图论的电力系统故障诊断方法[J]. 控制与决策, 2013, 28(4):511-516.

[108] FARID D M D, ZHANG L, RAHMAN C M, et al. Hybrid decision tree and Naïve Bayes classifiers for multi-class classification tasks[J]. Expert Systems with Applications, 2014, 41(4): 1937-1946.

[109] MANTAS C J, ABELLÁN J. Credal-C4. 5: decision tree based on imprecise probabilities to classify noisy data[J]. Expert Systems with Applications, 2014, 41(10): 4625-4637.

[110] RUTKOWSKI L, JAWORSKI M, PIETRUCZUK L, et al. The CART decision tree for mining data streams[J]. Information Sciences, 2014, 266: 1-15.

[111] 孟祥福,马宗民,张霄雁, 等. 基于改进决策树算法的 Web 数据库查询结果自动分类方法[J]. 计算机研究与发展, 2013, 49(12): 2656-2670.

[112] 黄浩,李兵虎,吾守尔・斯拉木. 区分性模型组合中基于决策树的声学上下文建模方法[J]. 自动化学报, 2012, 38(9): 1449-1458.

[113] 王雪松,潘杰,程玉虎, 等. 基于相似度衡量的决策树自适应迁移[J]. 自动化学报, 2013, 39(12): 2186-2192.

[114] HU M Q, CHEN Y Q, KWOK J T-Y. Building sparse multiple-kernel SVM classifiers[J]. IEEE Transactions on Neural Networks, 2009, 20(5): 827-839.

[115] WILLIAMS C K I. On a connection between kernel PCA and metric multidimensional scaling[J]. Machine Learning, 2002, 46(1-3): 11-19.

[116] BALASUBRAMANIAN M, SCHWARTZ E L. The Isomap algorithm

and topological stability[J]. Science, 2002, 295(5552): 7.

[117] SCHOLKOPF B. The kernel trick for distances[J]. Advances in Neural Information Processing Systems, 2001: 301-307.

[118] CHOI H, CHOI S. Robust kernel Isomap[J]. Pattern Recognition, 2007, 40(3): 853-862.

[119] FAYYAD U, PIATETSKY-SHAPIRO G, SMYTH P. From data mining to knowledge discovery in databases[J]. AI Magazine, 1996, 17(3): 37-54.

[120] 于晓义. 多车间协同调度算法研究[D]. 西安：西北工业大学，2008.

[121] 王萌. 混合分类算法及其在质量改进中的应用研究[D]. 西安：西北工业大学，2014.

[122] 李海宁. 航空优良制造中心提前/拖期调度算法研究与应用[D]. 西安：西北工业大学，2014.

[123] WU Z G, SUN S D, XIAO S C. Risk measure of job shop scheduling with random machine breakdowns[J]. Computers & Operations Research, 2018, 99:1-12.

[124] XIAO S C, SUN S D, JIN J H. Surrogate measures for the robust scheduling of stochastic job shop scheduling problems[J]. Energies, 2017, 10(4):543.

[125] 肖世昌,孙树栋,杨宏安. 混合分布估计算法求解随机 Job shop 提前/拖期调度问题[J]. 控制与决策,2015,30(10):1854-1860.

[126] 肖世昌,孙树栋,国欢,等. 求解随机 Job Shop 调度问题的混合分布估计算法[J]. 机械工程学报,2015,51(20):27-35.

[127] 王萌,孙树栋,杨宏安,等. 基于等价支持子集重要度的质量改进算法[J]. 机械工程学报,2014,50(4):185-191.

[128] 王萌,孙树栋,杨宏安,等. 基于流形学习降维的决策分析算法[J]. 系统工程理论与实践,2014,34(9):2432-2437.

[129] 赵小磊,孙树栋,牛刚刚. 采用精英进化策略的 JSP-DCPT 混合求解算法[J]. 计算机集成制造系统,2013,19(10):2493-2502.

[130] 王萌,孙树栋. 基于相异度核空间的支持向量机算法[J]. 系统工程理论

与实践,2013,33(6):1596-1600.

[131] 王萌,孙树栋. 基于优化核空间的制造过程质量分析算法[J]. 机械工程学报,2012,48(22):182-188.

[132] 李海宁,孙树栋,杨宏安. TS/MP 混合算法求解作业车间 JIT 调度问题[J]. 计算机集成制造系统,2012,18(6):1176-1181.

[133] YANG H A, SUN Q F,CAN S G,et al. Job shop scheduling based on earliness and tardiness penalties with due dates and deadlines: an enhanced genetic algorithm[J]. The International Journal of Advanced Manufacturing Technology,2012,61(5-8):657-666.

[134] ZHAI Y N,SUN S D,WANG J Q,et al. Job shop bottleneck detection based on orthogonal experiment[J]. Computers & Industrial Engineering,2011,61(3):872-880.

[135] NIU G G,SUN S D,LAFON P,et al. A decomposition approach to job-shop scheduling problem with discretely controllable processing times [J]. Science China Technological Sciences,2011,54(5):1240-1248.

[136] 李兢尧,孙树栋,黄媛,等. 基于时窗的双资源约束车间调度研究[J]. 机械工程学报,2011,47(16):150-159.

[137] 牛刚刚,孙树栋,李兢尧,等. 一种求解加工时间离散可控作业车间调度问题的混合算法[J]. 机械工程学报,2011,47(4):186-191,198.

[138] 李兢尧,孙树栋,黄媛,等. 求解双资源约束车间调度问题的继承式双目标遗传算法[J]. 控制与决策,2011,26(12):1761-1767,1776.

[139] 翟颖妮,孙树栋,王军强,等. 大规模作业车间的瓶颈分解调度算法[J]. 计算机集成制造系统,2011,17(4):826-831.

[140] 翟颖妮,孙树栋,杨宏安,等. 大规模作业车间多瓶颈调度算法[J]. 计算机集成制造系统,2011,17(7):1486-1494.

[141] ZHANG Y F, REN S, LIU Y, et al. A framework for big data driven product lifecycle management[J]. Journal of Cleaner Production, 2017, 159:229-240.

[142] ZHANG Y F, XI D, YANG H D, et al. Cloud manufacturing based service encapsulation and optimal configuration method for injection

molding machine[J]. Journal of Intelligent Manufacturing, 2017.

[143] ZHANG Y F, ZHANG G, TING Q, et al. Analytical target cascading for optimal configuration of cloud manufacturing services[J]. Journal of Cleaner Production, 2017, 151: 330-343.

[144] ZHANG Y F, REN S, LIU Y, et al. A big data analytics architecture for cleaner manufacturing and maintenance processes of complex products[J]. Journal of Cleaner Production,2017,142: 626-641.

[145] ZHANG Y F, WANG J, LIU S, et al. Game theory based real-time shop floor scheduling strategy and method for cloud manufacturing[J]. International Journal of Intelligent Systems, 2017, 32 (4): 437-463.

[146] ZHANG Y F, ZHANG G, LIU Y, et al. Research on services encapsulation and virtualization access model of machine for cloud manufacturing[J]. Journal of Intelligent Manufacturing, 2017, 28(5): 1109-1123.

[147] ZHANG Y F, QIAN C, LV J X, et al. Agent and cyber-physical system based self-organizing and self-adaptive intelligent shopfloor[J]. IEEE Transactions on Industrial Informatics, 2017, 13 (2): 737-747.

[148] ZHANG Y F, WANG W B, WU N Q, et al. IoT-enabled real-time production performance analysis and exception diagnosis model[J]. IEEE Transactions on Automation Science and Engineering, 2016, 13 (3):1318-1332.

[149] ZHANG Y F, XI D, LI R, et al. Task-driven manufacturing cloud service proactive discovery and optimal configuration method[J]. The International Journal of Advanced Manufacturing Technology, 2016, 84 (1-4): 29-45.

[150] ZHANG Y F, LIU S, LIU Y, et al. Smart box-enabled product-service system for cloud logistics[J]. International Journal of Production Research, 2016, 54 (22): 6693-6706.

[151] ZHANG Y F, ZHANG G, DU W, et al. An optimization method for shopfloor material handling based on real-time and multi-source manufacturing data[J]. International Journal of Production Economics,

2015，165:282-292.

[152] ZHANG Y F，XU J X，SUN S D，et al. Real-time information driven intelligent navigation method of assembly station in unpaced lines[J]. Computers & Industrial Engineering，2015，84：91-100.

[153] ZHANG Y F，ZHANG G，WANG J Q，et al. Real-time information capturing and integration framework of the Internet of manufacturing things[J]. International Journal of Computer Integrated Manufacturing，2015，28 (8)：811-822.

[154] ZHANG Y F，HUANG G Q，SUN S D，et al. Multi-agent based real-time production scheduling method for radio frequency identification enabled ubiquitous shopfloor environment[J]. Computers & Industrial Engineering，2014，76:89-97.

[155] 张映锋，杨腾，王军强，等. 实时生产信息驱动的装配活动智能导航方法[J]. 计算机集成制造系统，2014，20(1):28-36.

[156] ZHANG Y F，JIANG P，HUANG G，et al. RFID-enabled real-time manufacturing information tracking infrastructure for extended enterprises [J]. Journal of Intelligent Manufacturing，2012，23 (6)：2357-2366.

[157] ZHANG Y F，JIANG P. Task-driven e-manufacturing resource configurable model[J]. Journal of Intelligent Manufacturing，2012，23(5)：1681-1694.

[158] 张映锋，赵曦滨，孙树栋，等. 一种基于物联技术的制造执行系统实现方法与关键技术[J]. 计算机集成制造系统，2012，18(12):2634-2642.

[159] ZHANG Y F，QU T，OSCAR K H，et al. Agent-based smart gateway for RFID-enabled real-time wireless manufacturing[J]. International Journal of Production Research，2011，49 (5)：1337-1352.

[160] ZHANG Y F，QU T，OSCAR K H，et al. Real-time work-in-progress management for smart object enabled ubiquitous shop floor environment [J]. International Journal of Computer Integrated Manufacturing，2011，24 (5):431-445.

[161] ZHANG Y F, HUANG G Q, QU T, et al. Agent-based smart objects management system for real-time ubiquitous manufacturing[J]. Robotics and Computer Integrated Manufacturing, 2011, 27 (3):538-549.

[162] ZHANG Y F, HUANG G Q, QU T, et al. Agent-based workflow management for RFID-enabled real-time reconfigurable manufacturing [J]. International Journal of Computer Integrated Manufacturing, 2010, 23 (2):101-112.

[163] ZHANG Y F, HUANG G Q, NGAI B K K. Case-based polishing process planning with fuzzy set theory[J]. Journal of Intelligent Manufacturing, 2010, 21(6):831-842.

[164] ZHANG Y F, JIANG P Y, HUANG G Q. RFID-based smart Kanbans for Just-In-Time manufacturing[J]. International Journal of Materials and Product Technology, 2008, 33(1-2):170-184.

[165] WANG J Q, FAN G Q, ZHANG Y Q, et al. Two-agent scheduling on a single parallel-batching machine with equal processing time and non-identical job sizes[J]. European Journal of Operational Research, 2017, 258(2):478-490.

[166] WANG J Q, CHEN J, ZHANG Y Q, et al. Schedule-based execution bottleneck identification in a job shop[J]. Computers & Industrial Engineering, 2016,98:308-322.

[167] WANG J Q, FAN G Q, YAN F Y, et al. Research on initiative scheduling mode for a physical Internet-based manufacturing system[J]. The International Journal of Advanced Manufacturing Technology, 2016,84 (1-4):47-58.

[168] WANG J Q, LEUNG J Y T. Scheduling jobs with equal-processing-time on parallel machines with non-identical capacities to minimize makespan[J]. International Journal of Production Economics, 2014, 156:325-331.

[169] WANG J Q, ZHANG Z T, CHEN J, et al. The TOC-based algorithm for solving multiple constraint resources: a re-examination[J]. IEEE

Transactions on Engineering Management, 2014,61(1):138-146.
[170] 王军强,崔福东,张承武,等. 面向云制造作业车间的机器能力界定方法[J]. 计算机集成制造系统, 2014,20(9):2146-2163.
[171] 王军强,王烁,张承武,等. 面向 job shop 调度的关系传播链[J]. 计算机集成制造系统, 2014,20(8):1914-1929.
[172] 王军强,郭银洲,崔福东,等. 基于多样性增强的自适应遗传算法的开放式车间调度优化[J]. 计算机集成制造系统, 2014,20(10):2479-2493.
[173] 王军强,周雪明,郭银洲,等. 可扩展制造执行系统软件体系结构设计与实现[J]. 计算机集成制造系统,2014,20(5):1035-1050.
[174] 王军强,康永,陈剑,等. 作业车间瓶颈簇识别方法[J]. 计算机集成制造系统, 2013,19(3): 540-551.
[175] 王军强,陈剑,王烁,等. 作业车间区间型多属性瓶颈识别方法[J]. 计算机集成制造系统, 2013,19(2): 429-437.
[176] 王军强,张松飞,陈剑,等. 一种求解资源受限多项目调度问题的分解算法[J]. 计算机集成制造系统, 2013,19(1):83-96.
[177] 王军强,孙树栋,牛刚刚,等. 基于 TOC 和 IA 的能力受限产品组合优化[J]. 计算机集成制造系统, 2011,17(6):1247-1256.
[178] 王军强,陈剑,翟颖妮,等. 扰动情形下瓶颈利用对作业车间调度的影响[J]. 计算机集成制造系统, 2010,16(12):2680-2687.
[179] 王军强,孙树栋,翟颖妮,等. 考虑工序外协的 TOC 产品组合优化研究[J]. 航空学报,2010,31(9):1880-1891.
[180] WANG J Q, SUN S D, SI S B, et al. Theory of constraints product mix optimisation based on immune algorithm[J]. International Journal of Production Research, 2009,47(16):4521-4543.
[181] 王军强,孙树栋. 考虑外包混合形式的 TOC 产品组合优化研究[J]. 航空学报, 2007, 28(5):1216-1229.
[182] 王军强,孙树栋,张树生. 考虑外包形式受限的约束理论产品组合优化研究[J]. 计算机集成制造系统, 2007, 13(10):1891-1902.
[183] 王军强,孙树栋,杨宏安,等. 基于组件的约束理论产品组合优化器的研究与实现[J]. 计算机集成制造系统, 2007,13(6):1087-1096.

[184] 王军强,孙树栋,于晓义,等. 约束理论的产品组合优化新型运作逻辑研究[J]. 计算机集成制造系统, 2007,13(5):931-939.

[185] 王军强,孙树栋,余建军,等. 基于约束理论和免疫算法的产品组合优化研究[J]. 计算机集成制造系统, 2006,12(12):2017-2026.

[186] 王军强,孙树栋,李翌辉. 考虑外包能力拓展的 TOC 产品组合优化研究(Ⅰ)[J]. 系统仿真学报, 2006, 18(11):3287-3293.

[187] 王军强,孙树栋,司书宾. 考虑外包能力拓展的 TOC 产品组合优化研究(Ⅱ)[J]. 系统仿真学报, 2006, 18(12):3452-3458.

[188] 王军强,孙树栋,王东成,等. 基于约束理论的制造单元管理与控制研究[J]. 计算机集成制造系统, 2006,12(7):1108-1116.

[189] 王军强,孙树栋,韩光臣,等. 基于组件的可集成车间生产 BOM 管理系统[J]. 计算机集成制造系统, 2006,12(4):609-615.

[190] 王军强,孙树栋,司书宾,等. 组件化和集成化车间生产管理系统的研究与实现[J]. 计算机集成制造系统, 2006,12(2):231-239.

[191] 王军强,孙树栋,余建军,等. 集成化生产计划管理与控制模型[J]. 计算机集成制造系统, 2005,11(9):1223-1228.

[192] 王军强,孙树栋,司书宾,等. 基于组件的设备管理信息系统的研究与实现[J]. 计算机集成制造系统, 2004, 10(9):1095-1099.

[193] ZHANG Y F, GUO Z G, LV J X, et al. A framework for smart production-logistics systems based on CPS and industrial IoT[J]. IEEE Transactions on Industrial Informatics, 2018,14 (9): 4019-4032.

[194] ZHANG Y F, ZHU Z F, LV J X. CPS-Based smart control model for shopfloor material handling[J]. IEEE Transactions on Industrial Informatics, 2018,14 (4):1764-1775.

[195] 张映锋,郭振刚,钱成,等. 基于过程感知的底层制造资源智能化建模及其自适应协同优化方法研究[J]. 机械工程学报,2018,54(16),1-10.